油气矿藏地质与评价

牛嘉玉　蒋凌志　史卜庆 等　编著

科 学 出 版 社
北　京

内 容 简 介

本书立足沉积盆地，从有机质赋存方式和类型、组分构成与成烃特征入手，分析沉积有机质富集成矿的地质环境和相应的油气矿藏类型，既包括符合油气生、运、聚的“经典油气藏”，又包括页岩气（油）、致密砂岩气（油）、煤岩油、煤层气、油页岩、天然气水合物等各类非常规油气矿藏；系统总结和论述各类油气矿藏的地质特征、资源潜力和关键开发技术。

本书可供从事石油天然气地质评价与勘探开发研究的科研工作者和高等院校师生参考。

图书在版编目(CIP)数据

油气矿藏地质与评价/牛嘉玉等编著. —北京：科学出版社. 2013.7
ISBN 978-7-03-038166-8

Ⅰ. ①油… Ⅱ. ①牛… Ⅲ. ①石油天然气地质-研究 Ⅳ. ①P618.130.2

中国版本图书馆 CIP 数据核字 (2013) 第 159600 号

责任编辑：韩 鹏 王 运 王淑云／责任校对：鲁 素 邹慧卿
责任印制：钱玉芬／封面设计：耕者设计工作室

科学出版社 出版
北京东黄城根北街 16 号
邮政编码：100717
http://www.sciencep.com

北京通州皇家印刷厂 印刷
科学出版社发行 各地新华书店经销
*
2013 年 7 月第 一 版 开本：787 × 1092 1/16
2013 年 7 月第一次印刷 印张：49 1/4
字数：1 170 000

定价：348.00 元

(如有印装质量问题，我社负责调换)

序

上百年来，石油地质学，包括中国陆相石油地质学，是以常规石油地质和成藏条件为基础的。随着油气勘探开发新技术和方法的不断研发与应用，过去认为是“非常规”的油气资源类型和相应矿藏陆续被投入商业性规模勘探和开采。将非流体渗流的非常规油气地质统一研究成系统理论，尚处于初步进行阶段或尝试阶段。

该书主要作者自 1984 年开始，在中国石油勘探开发研究院一直从事油气藏地质研究与勘探评价，先后开展了全国重油与油砂资源地质特征（1987～1991）、科探井选位研究与部署（1991～1999）、全国油气预探区带综合评价与战略方向（1999～2003，中国石油天然气股份有限公司项目）、中国东部老油区精细勘探地质评价与关键技术（2001～2013，国家“十五”至“十二五”油气专项）、全球非常规油气资源评价（2008～2011，国家“十一五”油气重大专项）等课题研究，对常规和非常规油气矿藏的地质特征和评价有许多新的见解和认识。

该书从有机质赋存方式、组分类型和成烃演化路径入手，系统分析和总结了有机质富集成矿、成藏的地质条件与特征以及构成的相应油气矿藏类型。基于油气藏形成的基本要素，初步尝试提出了常规与非常规油气矿藏分类方案和各类的基本特征；重点论述了各类非常规油气矿藏的地质评价、资源潜力和关键开发技术。以典型含油气盆地为例，分析了各种油气资源类型在沉积盆地中的成生联系和分布特征。这种对常规与非常规油气矿藏地质特征与评价的尝试和论述与总结尚属首次，也是长期从事石油地质研究的团队的集体成果。深信该书的出版会与广大石油科技工作者一起深入讨论石油地质学的发展，并将共同对丰富和发展石油地质学起到重要的推动作用。

中国工程院院士

胡见义　邱中建

2012 年 12 月

前　言

20 世纪 30 年代美国石油地质学家协会(AAPG)组织出版了一系列有关著作和文章，阐述了石油生成、运移、聚集和油气藏类型等基本概念，这标志着经典石油地质学理论已基本成型。1951 年，K. K. Landes 先生率先出版了《石油地质学》。A. I. Levorsen 先生在 1954 年也编著了《石油地质学》，该书于 1959 年在我国翻译出版，流传较广。在近代中国石油地质事业发展中，老一辈地质学家在极其艰难的条件下，在“唯海相生油论”学术气氛的笼罩下，通过在中国的不断实践，提出了陆相生油等石油地质新认识，丰富和完善了世界经典石油地质学理论。

近年来，随着油气勘探开发的不断深入、规模不断扩大，以及新技术和方法的不断应用，新型油气矿藏不断被发现、探索和商业性开发，对各类油气矿藏研究的深度和广度也不断加大，极大丰富了石油地质学的内容。例如，地下裂解和压裂等技术的出现，使丰富的页岩油气和致密砂岩油气得以商业性开采；页岩、煤岩和油页岩等既可作为烃源岩，又可作为非常规的储集岩和封堵岩，形成了“自生自储自封型”的页岩油气矿藏和煤岩油气矿藏等。从而，油气藏形成的基本要素——生储盖的含义和类型都得到了前所未有的扩展。当今的“油气矿藏”既包括传统石油地质学所论述的符合油气生成、运移和聚集规律的“经典油气藏类型”，也包括各类非常规的油气矿藏类型，如页岩气、页岩油、煤岩油、煤层气、油页岩、可燃冰和致密砂岩气等。

因此，从油气矿藏形成的共同基本要素入手，系统论述和总结各类常规和非常规油气矿藏的地质特征、评价方法与开发技术，是非常必要的，也是对传统石油地质学的发展和完善。

本书试图立足油气形成和演化的基本单元——沉积盆地，从有机质赋存方式和类型、组分构成与成烃特征，系统论述沉积有机质富集成矿的地质环境与相应的油气矿藏类型，梳理出各类油气矿藏在沉积盆地中的成生联系和分布特征；并系统总结和论述各类油气矿藏的地质特征、资源潜力和关键开发技术，尤其突出各种非常规矿藏类型的系统论述，以便供相关科技工作者和院校师生参考。不足之处，请广大同仁指正！

作者虽长期从事油气藏地质研究与勘探评价，但若不依托项目或课题研究团队中各位成员多年的研究成果，是无法完成本书的。他们也是本书的编著者。现将本书依托的研究成果和相应科研人员名单对应列出，以表敬意和感谢。

油页岩：瞿辉、郑民、周长迁、吴晓智等；

页岩气：董大忠、王社教、李登华、黄金亮、王玉满、吕维宁等；

煤层气：刘人和、拜文华、汤达祯、昌燕、臧焕荣、梁峰等；

致密砂岩气：王朋岩、孔凡志、宫广胜等；

油砂：刘人和、梁峰、康永尚、法贵方、拜文华、昌燕等；

重油：朱世和、谢寅符、陈刚、刘亚明、刘乃震、马中振、白国斌、李星民等。

全书由牛嘉玉、蒋凌志、史卜庆统编，各章的编写和整理分工如下：

第一章至第二章：牛嘉玉、蒋凌志、史卜庆；

第三章：牛嘉玉、蒋凌志、史卜庆、蒲泊伶、李春光；

第四章：牛嘉玉、蒋凌志、李春光、陈建平、胡永乐、吴小洲、刘海涛；

第五章：牛嘉玉、蒲泊伶、蒋凌志、史卜庆；

第六章：蒋凌志；

第七章：牛嘉玉、侯创业、金军、王好平；

第八章：蒋凌志、史卜庆；

第九章：蒋凌志、牛嘉玉、梁文杰、钱家麟；

第十章：牛嘉玉、蒲泊伶、蒋凌志、史卜庆；

第十一章：蒋凌志、牛嘉玉；

第十二章：牛嘉玉、蒋凌志、宫广胜。

最后，对胡见义、童晓光和马宗晋三位院士及方朝亮教授等相关领导和同仁给予的技术指导和帮助，深表谢意！

作　者

2012 年 10 月

目　　录

第一章 概 述

第一节 油气矿藏地质研究与评价的内容和目的

油气矿藏是对富含烃类化合物的有机物质在地下以流体、半固体或固体相态富集并保存下来的所有矿床的总称。它既是油气勘探所寻找的目标，也是油气开发的对象。可见，油气矿藏是油气在地下赋存的基本单元。石油地质学家和勘探家最感兴趣的是油气矿藏的分布位置、储存油气规模的大小、分布的成带性或规律性等，以便通过研究和预测，开展有把握的钻探，不断发现和获取地下赋存的油气资源。油气矿藏既包括传统石油地质学所论述的符合油气生成、运移和聚集规律的“油气藏”类型，也包括各类非常规的油气矿藏类型，如页岩气、页岩油、煤岩油、煤层气、油页岩、可燃冰和致密砂岩气等矿藏。

传统“油气藏”被定义为赋存于单一圈闭内，具有统一的热力、压力系统和油（气）水界面的油气聚集基本单元（胡见义等，1991）。然而，随着各种勘探和开发技术与工艺的不断发展和进步，许多非常规的油气矿藏越来越多地被投入商业性开发和利用。这些非常规油气矿藏都需要现代石油地质学对“油气藏”的定义和其生、储、盖等基本要素的含义进行扩展和完善。

油气矿藏由封堵层（物）、储集介质体和油气三部分构成。对常规油气矿藏来讲，封堵物是指较致密的岩石，通过与储集岩石的接触界面，对储集介质体实施相对封堵。这一接触界面可以是沉积界面、断层面和不整合面，这些界面的组合或单一界面的弯曲对储集体的封堵更为有效。而对非常规油气矿藏来讲，储集体对外围或边界封堵条件要求相对较低，甚至由储集岩石自身特征来完成自身封堵，构成“自储自封型”圈闭。

对常规油气矿藏来讲，储集岩主要是指具有连通孔隙和渗透性的岩石，具备流体渗流和储存的空间。油气作为流体，大部分是以游离相态赋存于颗粒孔隙或裂缝之中，其流动符合渗流力学原理。而对非常规油气矿藏来讲，除重油和油砂矿藏之外，油气储集空间相对致密，尤其是渗透性差，油气多以吸附相态赋存于岩石颗粒微小孔隙或微裂缝之中，油气的渗流已不符合渗流力学原理。这些非常规储集层包括致密砂岩、页岩和煤岩等。例如，在煤岩中，除部分油气以游离相和吸附相存在外，大量似烃类物质则是以分子状态或非共价键的化学方式储集于煤岩有机大分子结构中。因此，油气矿藏的储集层可以由砂岩、碳酸盐岩、火山岩和变质岩组成，也可由泥岩、页岩和煤岩等致密性岩石类型构成，只不过是致密性岩石的储集方式已明显不同于常规储集岩。

而油气作为储集体赋存物，可以是储集介质自生的，也可以是外部运移进来的。显然，封堵层和储集介质体构成“圈闭”，而油气则是赋存于圈闭中的储集空间。因此，圈闭为一个能够允许油气聚集或赋存的空间场所，它具备良好的储集空间和不渗透的边界遮挡层（物）。非常规油气矿藏的圈闭均具有“自储自封”的倾向或特点，部分矿藏还具备“自生自储自封”的特征。这种“自储自封”的圈闭边界常由生烃岩体或储集砂体的边界构成，其油气聚集通常具有大面积、连续分布的特征。然而，只有满足当前经济和技术条件的“甜点”式油气富集区才是真正的非常规油气矿藏商业开采区。因此，在非常规油气的勘探评价过程中，以经济和技术关键参数为核心，刻画和圈定出其“甜点”式油气富集区的边界，是非常重要的。

近年来，随着油气勘探开发的不断深入以及新技术、新方法的不断出现和应用，各种新型的油气藏被不断发现、并投入商业性开发。从而，极大丰富了石油地质学的涵盖内容。例如，地下裂解和压裂等技术的出现，使丰富的页岩油气得以商业性开采；煤岩液化等工艺的提出，使资源丰富的煤岩油得以经济开发和加工。可见，页岩、煤岩和油页岩等既可作为烃源岩，又可作为非常规的储集岩和封堵岩，形成了“自生自储自封型”的页岩油气矿藏和煤岩油气矿藏。为此，作为油气藏形成基本要素的生储盖含义和类型都有所扩展和完善。

因此，作为石油地质理论的核心内容，油气矿藏地质研究与评价包括系统研究常规和非常规油气矿藏形成与分布的过程和特征。包括各类油气矿藏的构成要素、形成环境和条件、油气富集时间和期次、后期改造和调整，以及各类油气矿藏在各级地质单元中的展布特征等。从研究发展趋势来看，油气矿藏的研究和评价将从静态到动态，从宏观到微观，从定性到定量，从过去、现在到未来预测，不断发展。即从油气矿藏形成的基本要素、形成条件、形成时间和形成机制的全过程来研究，以揭示各类油气矿藏的地质特征与资源潜力。

第二节　油气矿藏地质研究与评价的发展历程

油气矿藏地质研究和评价的历程也是石油地质学与石油勘探发展的历史。回顾国内外油气矿藏地质研究的发展历程与勘探实践，一般都会发现：在一个地区的油气勘探过程中，只有当人们的理论认识逐渐符合客观地质规律之后，才会陆续获得油气的大发现和大突破。大油气田陆续被发现之后，人们面临的主要是一些相对规模较小的油气田，勘探目标也会更隐蔽，勘探难度加大，人们又开始寻找新区和非常规油气资源等。因此，国内外各个地区的发展历程整体上都经历了三个大的发展阶段：石油地质理论认识形成阶段、油气田大发现阶段，以及老区精细勘探和新领域、新类型探索阶段。本书以美国和中国油气地质理论发展和勘探实践为例，来回顾和对比三个发展阶段的特征。总体对比上看，中国各个发展阶段的起始时间都比美国的相应阶段晚 25 年左右（图 1.1）。其中，许多理论认识的提出和开始推广以及专项技术的研发和应用，也相应晚约 25 年。但针对我国地质特征，中国学者却建立和形成了具有中国特色的“陆相石油地质学理论和勘探方法”。

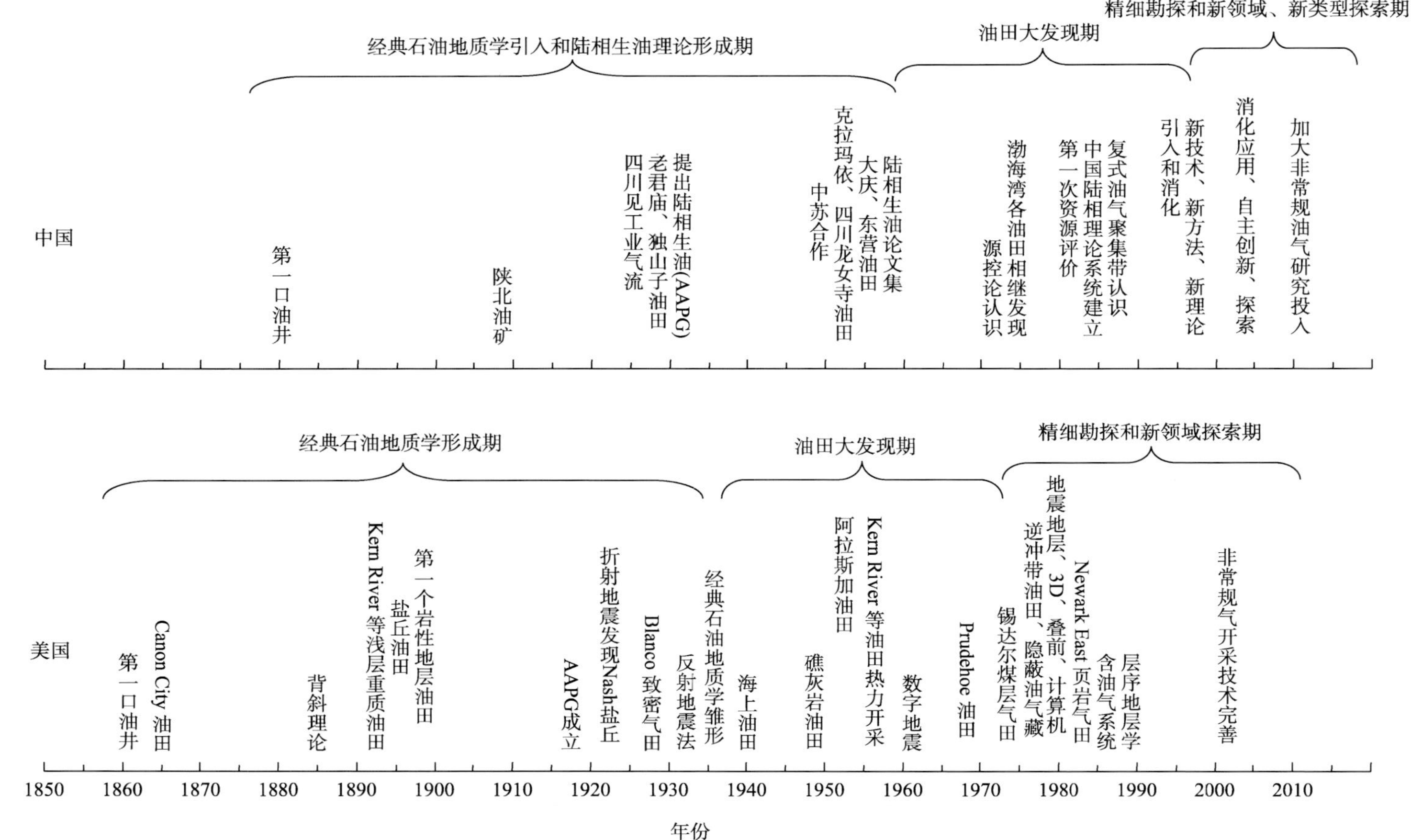

图 1.1 中国与美国油气藏勘探和研究发展历程对比

一、美国油气藏研究和勘探历程

从 1859 年完钻世界上第一口油井至今,美国 100 多年的油气勘探和研究历程大致经历了三个时期：第一个时期为经典石油地质学形成期（1935 年之前），第二个时期为油田大发现期（1935～1975 年），第三个时期为老区精细勘探和新领域探索期（1975 年之后）。

（一）经典石油地质学形成期（1935 年之前）

美国是世界上最早以蒸汽机为动力进行钻井勘探开发油气田的国家。1859 年，美国人 E. L. Drake 在阿巴拉契亚（Appalachian）山区，以蒸汽机为动力，于宾夕法尼亚州（Pennsylvania）Tiluswille 区，成功钻探了世界上第一口工业油井，井深 21.69m，获得原油 1.817m^3/d，标志着世界石油工业的产生。1883 年，地质学家 I. C.White 研究了美国阿巴拉契亚区油气井后，指出石油聚集与背斜构造有密切关系。随后，在背斜顶部拟定了 3 口井位，先后获得油气流。1885 年开始，I. C.White 和 E.Orton 以大量实例论述了背斜储集、有机生成、储层的孔隙度和渗透率等一整套有关石油的地质认识，并按照这种认识在西弗吉尼亚州（West Virginia）钻探成功，证实了 I. C.White 和 E.Orton 地质理论认识的正确性。1860 年以 H. D. Rogers 为首的一批地质学家提出了石油海相生成等认识。1862～1896 年，在美国落基山区和得克萨斯州（Texas）等地区发现了 Canon City、Kern River 和 Midway Sunset 等一系列浅层重质大油田。1990 年 W. W. Orcutt 为联合石油公司组建了第一个指导勘探的地质研究部，效果显著。其他石油公司争相效仿。1901 年发现了第一个盐丘油田——纺锤顶油田，也是第一个自喷油田。1905 年在中陆区发现了第一个重要的地层圈闭油田——Glenn Pool 油田。1914 年开始，各石油公司雇用的地质人员迅速增加，石油地质工作的重要性日益突出。1917 年在塔尔萨城召开的石油地质研讨会上，正式成立了由 94 名会员构成的“西南石油地质学家协会”。1918 年，在俄克拉何马城召开的会议上，改名为“美国石油地质学家协会（AAPG）”。1924 年，首次应用折射地震法寻找地下石油圈闭，在得克萨斯州发现了 Nash 盐丘。1927 年发现了圣胡安盆地的致密砂岩气藏。

进入 20 世纪 30 年代，人们已开始充分认识到，完全由沉积或地层条件变化就可形成一种圈闭类型——地层圈闭（包括岩性圈闭）。至此，经典石油地质学的雏形已基本构成。美国石油地质学家协会组织出版和发表了一系列有关的专门著作和文章。1934 年出版了《石油地质问题》文集，阐明了有关石油生成、运移、聚集和油气藏类型等基本概念，标志着经典石油地质学概念已在世界上基本形成（胡文海和陈冬晴，1995）。随后的 1941 年出版了《典型地层油气藏》一书。并在 1954 年，A. I. Levorsen 先生编著了较为系统的《石油地质学》一书，1959 年被我国翻译出版。

（二）油田大发现期（1936～1975 年）

20 世纪 30 年代中后期，由于地质理论认识的成熟和反射地震法的开始应用，先后发现了墨西哥湾北岸的 Old Ocean 油田、伊利诺伊（Iuinois）州的 Salem 油田，以及墨西哥湾上的第一个海上 Creole 油田。1943 年在俄克拉荷马州（Oklahoma）发现了地层圈闭大油田——West Edmond 油田。1948 年在得克萨斯州西部发现了 Scurry Reef 礁灰岩油田，推动了世界其他地区寻找类似油田。1951 年在阿拉斯加州（Alaska）的库克湾发现了 Swanson River 油田。20 世纪 50 年代初开始，早期发现的以 Kern River 为代表的浅层重质油田平均含水率已达 80%以上。因此，50 年代中后期出现的热力开采技术，包括热水增产、蒸汽吞吐和蒸汽驱动等的出现，成为这些老油田复苏的关键起因，也掀起了开发老油田的热潮。美国油页岩主要为绿河组和密西西比纪，50 年代开始，一些石油公司建立了不少干馏炉，如联合石油公司建立了日处理量高达 1×10^4t 油页岩的岩石泵型干馏炉，但未长期生产，环境污染和成本等问题是阻碍其发展的主要原因。60 年代初，数字地震技术的出现，提高了构造成像和圈闭识别的精度，扩大了勘探领域和勘探深度。1968 年在阿拉斯加州北坡发现了美国最大的 Prudehoe 油田，可采储量达 100×10^8Bbl①。美国在 1923 年原油的年产量就已达 1×10^8t，原油最高年产量为 1970 年的 4.55×10^8t，之后原油产量逐年下降。天然气产量的高峰年则略有滞后，为 1973 年的 6414×10^8m^3，之后天然气产量逐年下降。进入 70 年代中期，每年新获得的原油可采储量呈下降趋势，造成剩余可采储量下降、储采比降低和原油产量的下降，新油气田的发现已不能弥补老油田的产量综合递减，也标志着美国油田大发现期的结束。

（三）老区精细勘探和新领域探索期（1975 年之后）

自 20 世纪 70 年代中后期开始，美国油气勘探进入了老区精细勘探和新领域、新类型探索时期。老区大量的边际油藏和非常规油气藏对技术和方法有着更高的需求。新的勘探远景地区都是一些地面和地下条件复杂的地区，同样需求新技术和新方法。地震采集技术的改进、计算机技术的发展、三维地震技术的出现，以及叠前处理技术、水平钻井、丛式井、大型压裂等技术的出现，使上述目的的实现逐步成为了可能。1976 年，在落基山逆掩断裂带中发现了油气田，开辟了新的勘探领域。1977 年，AAPG 出版了《地震地层学》专辑，又大大推动了地震地质解释的向前发展。1984 年，Masse 首次提出了“含油气系统”的概念。1987 年，Vail 等正式提出“层序地层学”概念，表述为研究一套由不整合面及其相应的整合面为边界的，具有成因联系的年代地层格架内岩层间相互关系的一门学科，能提供一种更为精确的地质年代对比、岩相古地理再造和钻前预测生储盖组合的方法（Vail，1987）。1994 年，Magoon 和 Dow（1994）正式系统提出了以“四图一表”为核心的“含油气系统”研究方法，把“含油气系统”定义为一套成熟烃源岩和它们所产生烃类的所有聚集。它属于含油气盆地和成藏组合两个含油气地质单元之间的一个地质单元层次。这一概念和研究方法的提出，使地质学家对盆地和区带的石油地质评价更可靠、更清晰、更简易。这些分支学科和技术的发展都为老区精细勘探和新领域探索提供了强有力的支持。

① 1Bbl = 158.987L

随着常规油气储量的下降以及1973年石油禁运等政治因素的影响，人们的目光，自20世纪70年代开始，才逐步转向了煤制油和更难开采的煤层气、页岩气、致密砂岩气等非常规油气资源。美国能源部1977年实施的“煤层甲烷回采计划”，推动了80年代后期美国煤层气工业的全面发展。自90年代开始，随着政策变化以及压裂技术和水平井技术的进步，美国页岩气和致密砂岩气产量逐步增加。2000年之后，各类非常规天然气产量增加迅速。受20世纪70年代中后期石油危机的影响，石油公司也陆续开始了煤液化技术的研发，80年代中期基本成熟，但石油价格的回落和低迷，使煤制油技术的工业化生产一直没有实施。地下转化工艺技术的出现，也使油页岩资源的开发利用获得了避免环境污染的新途径。可见，技术的进步可使各类非常规油气资源逐步具有更高的商业价值，发挥出接替常规油气资源日益不足的重要作用。

二、中国油气藏研究与勘探历程

1878年，中国在台湾省苗粟地区用顿钻完成了第一口深120m油井，被认为是标志着中国近代石油天然气工业的开始。一百多年来，通过反复地实践和认识，几代石油地质工作者已较为系统地研究和建立了具有中国特色的石油地质理论——中国陆相石油地质理论。中国油气矿藏勘探和研究的发展历程也经历了三个阶段：第一阶段为经典石油地质学引入和陆相生油理论形成期（1878～1960年），第二个阶段为油田大发现期（1961～2000年），第三个阶段为老区精细勘探和新领域、新类型探索期（2000年之后）。

（一）经典石油地质学引入和陆相生油理论形成期（1878～1960年）

1907年，清政府聘请了日本技师，用顿钻在陕北地区打出了第一口油井。20世纪20年代至30年代初，老一辈地质学家在陕北和四川等地进行了系列地质调查。1932年谢家荣先生编著出版《石油》一书，这是中国第一本关于石油地质学的书籍，该书主要汇编了外国书刊的石油地质理论认识，对中国问题论述较少。1934年，陕北油矿勘探处成立，陆续发现了延长油田和七里村油田，但所采原油主要用于照明。1937年，新疆独山子构造钻探了第一口出油井。1939年玉门老君庙背斜构造钻探，井深88m，获得10t/d自喷油流，发现了老君庙油田。1941年，潘钟祥先生根据对陕北三叠系和四川侏罗系（当时定为白垩系）的调查以及前人工作，在美国石油地质家协会杂志上发表了《论中国陕北及四川白垩系陆相生油》的论文，明确提出了“石油的非海相成因”，认为“石油不仅来自海相地层，也能够来自淡水沉积物”，向当时流传的只有海相才能生油的论点提出了挑战。至1949年，已发现的油田包括玉门老君庙油田、陕北延长油田、台湾的出磺坑油田和竹头崎油田、新疆独山子油田、四川圣灯山气田等，累计发现石油地质储量2900×10^4t，累计生产原油67.17×10^4t，累计生产天然气$0.11\times10^8m^3$。

新中国成立后，开展中苏合作。1955年，准噶尔盆地西北缘部署位于南里油山背斜的1号探井，井深620m，完钻获19.62t/d商业油流，发现了克拉玛依大油田。1958年在四川的龙女寺、南充等背斜相继获得工业油流，陆续发现四个油田。1956年石油工业部成立华北石油勘探大队，开钻了华北的第一口石油参数井——华 1 井。1958 年又在长春市成立了松辽石油勘探局，为中国石油勘探的重点由西向东转移做好了组织准备。1959 年，松辽平原上的松基 3 井获高产油流，发现了大庆油田（翟光明，1996）。大庆油田的发现也标志着中国陆相油气地质理论的初步系统成型（包括陆相生油、沉积、储层和油气聚集等）。1960 年石油工业出版社正式出版了《中国陆相沉积生油和找油论文集》。

（二）油气田大发现期（1961～2000 年）

1961 年在山东东营凹陷辛镇构造钻探了华 8 井，在古近系东营组首次获得工业油流，证实了渤海湾盆地的含油气潜力。1963 年，黄骅坳陷黄 3 井在新近系获得工业油流。1964 年抽调大庆油田部分队伍，进入渤海湾盆地开展全面的石油地质研究与勘探。至 20 世纪 80 年代初，陆续发现了胜利、大港、冀中、中原、辽河及渤中等含油气区。这也是继大庆油田发现之后，我国石油勘探重点东移的第二个巨大成果。在渤海湾油区发现和发展的过程中，中国陆相油气地质理论也进一步得到了充实和提高，提出了渤海湾盆地复式油气聚集带理论，这一规律认识是在反复实践和全面综合研究的基础上逐步总结出来的。油气聚集带油气藏类型和数量众多，一次勘探是不能完成的。因此，提出勘探开发交叉进行，从而诞生了滚动勘探开发方法。

进入 20 世纪 80 年代，随着理论认识的深化、经验的积累、新技术和新方法的出现，以及装备的更新，勘探不断取得大突破和大发现，包括准噶尔盆地腹部、吐哈油田、渤海湾海域和滩海、鄂尔多斯盆地中部古生界大气田、四川气区的扩展等。1981～1985 年，我国开展了全国第一次油气资源评价研究，第一次资源评价全面、系统地总结了新中国成立 36 年来的石油天然气勘探历程、成果、经验和石油地质特征，丰富和发展了石油地质理论，也为形成我国资源评价理论和方法系列奠定了基础；预测石油资源量 787×10^8t，天然气资源量 $33\times10^{12}m^3$。80 年代中后期，我国陆续开展了重油油砂、油页岩和致密砂气的研究与勘探。90 年代初，开展了煤层气的研究与勘探，开辟了大城、晋城和吴堡等三个试验区。90 年代中后期，在渤海湾盆地的辽河和胜利等油区的年增储量和产量中，重油沥青所占比例已经过半。1992～1994 年，开展了第二次资源评价研究工作，对我国石油、天然气进行评价，并对重油及低渗透油气资源等也进行了初步的评价；预测全国石油资源量为 940×10^8t，天然气资源量 $38\times10^{12}m^3$，为全国油气产量及储量的不断增长提供了科学依据和物质基础。自 1989 年成立塔里木石油会战指挥部，开始塔里木盆地新一轮的大规模油气勘探之后，至 1997 年，在库车坳陷前缘隆起发现了一个陆相凝析油气带（包括牙哈等六个凝析油气田），并坚持库车坳陷逆冲断裂带的山地地震和预探评价。1998 年克拉 2 井在逆冲断裂带古近系获得高产气流，发现了克拉 2 气田。

（三）老区精细勘探和新领域、新类型探索期（2000 年以后）

老区是指勘探开发时间长、勘探程度高、资源探明率大于 50%、精细勘探发现储量比例较大的老油区。据初步统计，至2005年，中国17个主要含油气盆地的探明石油地质储量就已占这些盆地总石油资源量的30%，这些盆地中的老油区已进入石油勘探的高成熟期。尽管盆地面积大于$10\times10^4km^2$的10个大盆地平均探明率约30%，但部分油区的石油探明率高达70%。进入勘探高成熟期的含油气盆地或油区中，正向构造圈闭的油气藏多被发现和探明，而非构造油气藏，即所谓的隐蔽油气藏，则成为油气勘探的主要对象。目前老油区主要包括松辽和渤海湾盆地各探区、准噶尔盆地西北缘、四川盆地川中等地区，勘探实践表明老区依然是我国增储上产的主战场。依托层序地层学、二次三维地震采集和高精度连片处理技术、储层地球物理反演和预测技术、低阻油气层识别和解释技术、欠平衡钻井技术、定向井技术、快速钻井技术和酸化压裂等油层改造技术，精细勘探发现的年增探明储量均占全盆地的50%以上，老区精细勘探已形成了行之有效的思路和做法，油气勘探效果非常显著。

在渤海湾盆地，立足富油气凹陷，开展精细勘探，在复杂断块、滩海、岩性、潜山以及火山岩等领域取得了丰硕的勘探成果，发现了多个亿吨级的大油田。2005年准噶尔盆地西北缘精细勘探也有了重大突破，新增三级储量超过2×10^8t，探明和控制的储量占全盆地新增的96%以上。在四川盆地，川中探区磨溪气田和广安气田是有着30年以上勘探历史的老气田。近年通过重新认识和深化勘探，仅广安地区的须家河组天然气新增三级储量规模就超过$1\times10^{11}m^3$。嘉陵江组在磨溪老构造，2005年新增探明储量就达$300\times10^8m^3$。在松辽盆地，扶杨油层和葡萄花油层的精细勘探也已构成若干个亿吨级场面。在吉林探区，红岗北及周边地区通过深化石油地质认识和突出效益勘探，扶余油层形成了亿吨级储量规模的勘探成果；在大庆探区，2005年通过对他拉哈-常家围子等地区葡萄花油层的精细研究和整体评价，已提交预测储量1×10^8t以上。大庆探区扶杨油层也新增探明储量近6700×10^4t。可见，老区精细勘探潜力巨大，对确保我国储量的持续稳定和增长有着举足轻重的作用。

从国外引入的“含油气系统”和“成藏组合”等概念，尽管学者论述颇多，但在勘探实践中却遇到了“水土不服”的现象。因为在勘探实践活动中，中国勘探家们依然习惯和继承应用我国老一辈地质学家总结的“源控论”、（复式）油气聚集带或区带等概念去寻找油气矿藏。

同时，新方法和新技术的发展也新区、新领域和非常规油气藏的探索提供了强有力的支持。2000年之后，我国天然气勘探进入了大发展时期。2000～2005年，17个以背斜构造圈闭为主的气田累计探明储量达22 $805\times10^8m^3$，平均每个气田的储量为$1267\times10^8m^3$。其中储量大于$1000\times10^8m^3$的气田有松辽盆地的徐深气田、塔里木盆地的克拉2气田、鄂尔多斯盆地的苏里格气田和子洲气田以及四川盆地的普光气田。

此外，面对近年来美国页岩气、煤层气和致密砂岩气产量的较快速增长，我国三大油公司也开始逐步加大各类非常规油气资源勘探开发的投入，已分别初步评价了我国各类非常规油气资源的潜力和有利区，为我国现代化进程提供重要的能源安全保障。

参考文献

胡见义，黄第藩，徐树宝，等. 1991. 中国陆相石油地质理论基础. 北京：石油工业出版社

胡文海，陈冬晴. 1995. 美国油气田分布规律和勘探经验. 北京：石油工业出版社

翟光明. 1996. 中国石油地质志（卷一）总论. 北京：石油工业出版社

Magoon L B, Dow W G. 1994. The petroleum system—from source to trap. AAPG Mem，60: 1–24

Vail P R. 1987. Seismic stratigraphy interpretation procedure. *In*: Bally A W. Atlas of Seismic Stratigraphy. AAPG studies in Geology, 27: 1–10

第二章　沉积盆地油气矿藏形成的物质基础

沉积盆地，作为一种构造地质实体，是指地质历史某一阶段形成的被水域占据的一个断陷或凹陷地带（田在艺和张庆春，1996）。它以持续沉降为主，形成盆地中间厚度大、向盆地边缘逐渐减薄的沉积体。它的三维空间内容纳了地质历史沉积过程中充填的各种无机矿物质和生物有机物质等，由盆源水系带入的陆源无机和有机物质以及盆地水体内滋生的各种生物构成。从数量上来看，形成沉积物中有机物质的四种最重要生物是浮游植物、浮游动物、高等植物和细菌。浮游植物一般是指漂浮在水中的微小藻类植物，具有色素和色素体，能吸收光能和二氧化碳，进行光合作用，制造有机物质；浮游动物是指在水中浮游，本身不制造有机物的异养型无脊椎动物和脊索动物幼体的总称；高等植物在形态上有根、茎、叶的分化，是苔藓植物、蕨类植物和种子植物（裸子和被子植物）的总称；细菌一般是指不含叶绿素和细胞壁、无纤维素成分的单细胞原核微生物。由于很难被保存下来，高等动物（如鱼类等）对沉积物中有机质的贡献可以忽略不计（Tissot and Welte，1978）。虽然目前人们对地质历史过程中各类生物质对沉积有机质的贡献进行定量评价是很困难的，但仍可依据生命进化过程中食物链等基本关系判断出一些定性的趋势。例如，自养浮游植物与异养浮游动物的存在和分布上有着直接的关系，那就意味着高产率的浮游植物区一般也是较高产率的浮游动物区。从现有的研究依据看，对于分散型沉积有机质，浮游生物（包括浮游动物和浮游植物）的贡献最大，细菌次之，高等植物位居第三；而对于聚积型沉积有机质，高等植物的贡献最大，浮游生物等次之。每一历史时期的水介质、古气候和沉积环境等古地理特征，决定了生物繁殖的强度和种属分布或分带性。因此，沉积盆地构成了一个相对完整的沉积体系、构造体系、生物体系、温压体系以及有机质赋存和反应体系，为油气矿藏的形成奠定了物质基础。

第一节　沉积盆地有机质赋存方式与组分类型

沉积盆地有机质富集程度和类型与地壳运动特征、古气候变迁、自然界生物演化以及沉积环境变化等密切相关。古气候条件和地壳运动特征是沉积盆地有机质富集和保存的重要条件。一般在潮湿–半潮湿温暖条件下，盆地持续下沉，湖盆才能保持较大的水体面积和深度，从而有利于生物的发育和繁盛。在不同的地质历史时期，生物种属不断发生演变，沉积有机质类型、组分构成和性质也随之变化。同一地质历史时期，沉积盆地不同构造部位和沉积环境的变化，使发育的生物种类出现差异，堆积下来的有机质组成性质和赋存方式也有变化。因此，沉积盆地中，有机质的聚积、赋存和类型，无论在纵向不同层系上，还是在同一发育时期的平面分布上，均有较强的非均质性和差异性。

一、古气候条件和地壳运动特征控制沉积盆地有机质的富集和保存

沉积盆地作为一种负向构造单元，是在地壳变动过程中产生的。无论在何种大地构造背景上形成的盆地，在温暖潮湿的气候条件下，不断的持续沉降才是有机质富集和保存的必要条件。地质历史发展过程中，地壳运动和古气候变迁的多旋回性控制着有机质聚积的周期性变化（图 2.1）。

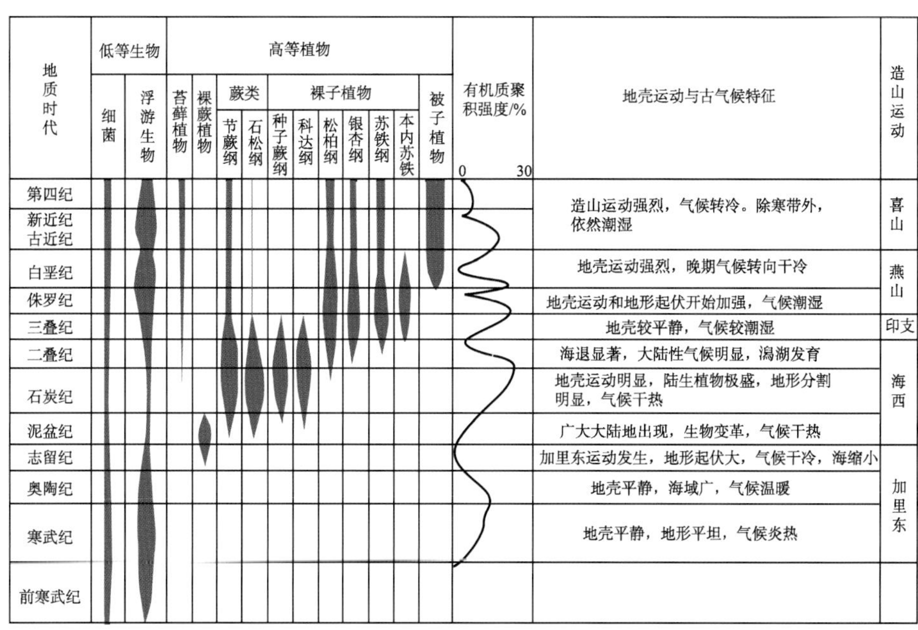

图 2.1 中国地史时期有机质聚积作用与生物和气候演变的关系

我国自中元古代至第四纪各沉积盆地中，沉积岩层具有海相、海陆过渡相和陆相三大类。其中，海相主要发育在石炭纪及其以前的各地质时代，在稳定地台区以浅水碳酸盐岩相为主，深海盆地则发育巨厚的复理石建造；海陆过渡相主要发育在石炭纪至三叠纪，以陆源碎屑沉积为主；陆相沉积主要发育在三叠纪至第四纪，以河流、湖泊相为主。

早古生代，地壳运动较为平静，地形平坦，海洋面积大。在海洋边缘斜坡地区或边缘海盆地，营养丰富，有利于生物的生存和繁殖，不仅大量发育低等的菌藻类，还有海绵和腕足类等动物。以藻类为主的浮游和底栖生物群死亡后，大量堆积，构成了中国地史上第一套重要的有机质聚积层或腐泥煤层以及寒武系—奥陶系海相烃源岩层。在我国南方早古生代地层中常见透镜状的高变质腐泥煤，镜下显微组分中以隐结构藻类体、结构藻类体和沥青质体为主，其中以沥青质体最为常见，未见任何木质结构的组分。而较深水相烃源岩分散型有机质干酪根类型以Ⅰ型为主，Ⅱ型次之。

晚古生代，陆地面积显著增长，陆缘海岸山系初具规模。由泥盆纪进入石炭纪，气候转为温湿，陆地蕨类植物开始繁盛，出现巨大的石松类和楔叶类。在石炭纪中、晚期，

形成了分布广泛的滨海沼泽及含煤的海陆交互相沉积。中国地质历史上第一次出现了较大规模的富含有机质湖沼沉积。在中国北方，石炭纪—二叠纪有机质聚积作用以持续时间长、分布范围广、聚积强度高而闻名于世，主要为腐殖煤，也存在少量腐泥煤和角质煤。进入二叠纪晚期，准噶尔等盆地形成了巨大的湖盆，沉积了富含有机质的泥岩、页岩和油页岩等，成为我国西北部重要的烃源岩层。

中、新生代是湖相有机质富集的重要地质时代。从印支运动开始，中国西南部的海水逐步退出，大陆逐渐扩大，湖泊广布，水生和陆源有机质丰富。三叠纪晚期，气候由干燥转为温湿。中国北方的鄂尔多斯盆地、南方的四川盆地以及西北的天山南北山前，都发育广阔的深水湖泊和湖沼相，构成了一套良好的生烃层系。晚三叠世的聚煤层主要分布在秦岭以南；早、中侏罗世继承了晚三叠世的气候特征，地壳运动依然较为平静，植物繁茂生长，成煤植物以苏铁和银杏为主，补偿型盆地发育，湖沼广布，有机质聚积层非常发育。但在四川和西北地区，也存在部分非补偿型湖泊，发育了富含分散型有机质的生烃岩，常与煤层、碳质页岩或油页岩构成横向上和纵向上的交替出现。例如，吐哈盆地早、中侏罗世既发育湖相烃源岩又发育煤层和碳质泥岩；白垩纪我国祁连山—秦岭一带以北地区气候条件主要为潮湿和半潮湿，发育淡水或半咸水湖泊，各种水生生物相当繁盛，成煤植物以松柏和银杏为主，构成了我国东北地区重要的富含有机质层系。

新生代是地史发展的晚期，生物以被子植物和哺乳动物大发展为主要特征。在古近纪和新近纪，中国存在一条纵贯中部分布的干燥气候带。古近纪潮湿气候分布于西北北部、东北和华北东部地区。此时，我国东部发育多个近海湖泊，西部则为内陆湖泊。新近纪潮湿气候主要分布在东南沿海和西藏地区，喜马拉雅期较为强烈的造山运动后，气候转冷。东北及华北东部古近纪湖盆形成了厚达2000m的富含分散型有机质的生烃岩以及厚煤层和油页岩，煤的成因类型主要为腐殖煤；个别盆地中，则为腐泥煤、腐殖腐泥煤和油页岩的连续沉积，镜下显微组分中树脂较多。新近纪湖盆远不及古近纪发育，我国西部气候干燥，厚度较大的新近系主要发育于强烈隆起的山前带，如柴达木和塔里木盆地的南缘存在与新近系油源相关的油气田。新近纪的煤岩主要分布在小型内陆山间盆地，常形成巨厚煤层；在滨海地区沉积有近海型含煤岩系，煤层多而薄。聚煤盆地往往呈南北向和北西向展布，多继承性发育，有机质聚积作用从古近纪一直延续到第四纪，剖面上常表现为从古近纪软褐煤过渡到第四纪泥炭。

从上述中国自早古生代以来的气候条件和地壳运动特征的变化，可看出两者对富含有机质层系（煤岩、油页岩和生烃岩等）的形成与分布有着直接的控制作用，构成了寒武—奥陶系、石炭系—二叠系、三叠系—中下侏罗统、下白垩统、古近系和新近系、第四系等6套富含有机质层系，也是中国最好的聚煤层系和生烃层系。除元古代至早古生代海相有机质广泛发育外，晚古生代是生物界征服陆地的重要发展时期。随着石炭纪温湿气候的开始，真蕨类植物空前繁盛，脊椎动物中两栖类崛起。植物开始明显有了根、茎、叶的分化和相当发达的体内维管组织，具备陆地生存和繁衍的条件，造成了地史上第一套重要的成煤期，我国现有的无烟煤主要赋存于上古生界的石炭系—二叠系。由于深水湖相不发育，沉积有机质主要源于糖类、蛋白质和木质素的腐殖物质，该阶段的生烃岩以生气为主。进入中新生代，蕨类植物很快相继灭绝，有着更完善根、茎、叶分化的裸子植物开始兴盛，也完成了繁殖方式从孢子向种子的演变。至白垩纪，适应性更强的被子植物又开始繁盛，成为现今数量与类型最多、生存场所最广的植物类群。从此，在湖泊水域，各种水生生物如藻类、介形类等也十分繁盛，为陆相煤岩和油气的富集奠定了丰富的物质基础，构成了中、新生代三叠系—中下侏罗统、下白垩统、古近系和新近系、第四系等4套富含有机质层系。

二、沉积盆地有机质赋存方式

众所周知，沉积盆地中富含有机质的岩石类型包括暗色的泥岩、页岩、泥灰岩、灰岩、煤岩、油页岩和碳质页岩等。沉积环境无论是海相还是陆相，均可在这些岩石类型中保存有机质。有机质聚积程度最高的是煤岩，其次是油页岩和碳质页岩。其他岩石类型中，有机质基本上是以分散状态与矿物基质一起赋存于岩石之中，有机碳含量（TOC）一般小于5%，最大不超过10%，石油地质学家习惯称之为“生烃岩”（图2.2）。油页岩在20世纪70年代提出之时，并没有准确的地质或化学定义，仅是从工业提取油的意义上提出的，认为任何能在热解时产生有工业意义油料的浅层岩石都可被称为油页岩（Tissot and Welte，1978），对其灰分、含油率和热变质程度的界定都是后人逐步提出的。油页岩中无机物主要由黏土矿物组成，但也可是泥灰岩和泥质灰岩。美国绿河页岩就是含少量石英、长石和黏土矿物的碳酸盐岩。各类油页岩的典型特征就是由有机质和矿物质薄层（厚度通常小于1mm）交互组成的纹层，其矿物质或者是从水介质溶液中沉淀出来的碳酸盐，或者是异地搬运而来的黏土矿物或粉砂。

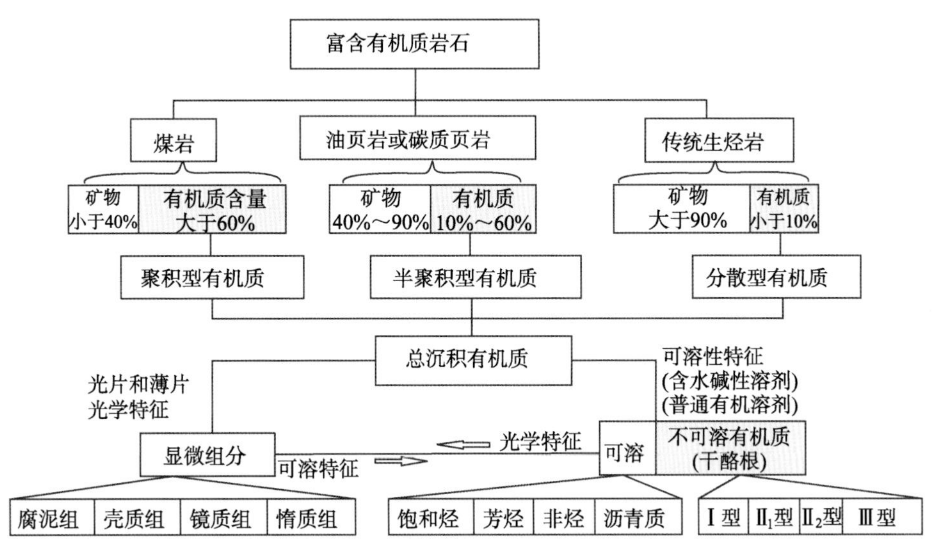

图2.2　沉积有机质赋存方式、类型与组分构成图

煤岩和油页岩由于其可直接燃烧的特性，两千多年前就已开始被人类认识和利用，但其科学研究是伴随着18世纪工业革命开始的。上述富含分散型有机质的暗色泥（页）岩和碳酸盐岩等，随着20世纪70年代经典石油地质学的产生，均被定义为“生烃岩”或“烃源岩”（其TOC含量一般大于0.5%，有的门限值为0.4%）。这些生烃岩产生的油气，经过排烃和运移，在异地聚集成“油气藏”。据前人研究和不完全统计，煤岩、油页岩、碳质页岩和传统生烃岩的区分与差异见表2.1。

表2.1　富含有机质岩石分类表

指标	煤岩	油页岩	碳质页岩	传统生烃岩
有机质含量/%	>50	50～10	50～10	10～0.5
含油率（质量分数）/%	>10	>3.5	—	—
热变质程度	低—高	低—中	中—高	低—高
灰分（质量分数）/%	<50	50～90	50～90	>90

从表2.1可以看出，煤岩和油页岩或碳质页岩的区分主要在灰分含量（无机矿物含量）上。传统生烃岩与其他类型的区分主要在有机质含量（TOC）上。油页岩与碳质页岩的区分主要表现在热变质程度上，即当油页岩随埋深加大，热变质作用增强，进入较高变质阶段（R^o>1.1%左右）之后，将变为碳质页岩。因此，从有机质含量来看，实际上是把富含有机质的岩石分为三类，即煤岩、油页岩或碳质页岩，以及传统生烃岩。在上述三类岩石中有机质的赋存方式也依次由煤岩的聚积型、油页岩或碳质页岩的半聚积型变为传统生烃岩的分散型。由于在沉积盆地中，分散型有机质所赋存的暗色泥岩、页岩和碳酸盐岩广泛发育，分散型有机质反而比煤岩和油页岩以及储集层中的油气量要丰富1000倍（Tissot and Welte，1978）。

三、沉积有机质的组分类型

对于聚积型和分散型沉积有机质的组分类型，人们通过有机岩石学和有机地球化学以及两方面的相互结合，开展了大量的深入研究。尽管煤和油都源自于生物组织，其形成主要取决于沉积环境和后期演化。但一般认为煤，尤其是腐殖煤，更多地源于高等植物。而油更多地源于低等植物和细菌。针对煤岩，利用光片和薄片研究其镜下光学特征，识别有机质的原始状态与结构，便于确定成因，建立一套较为成熟的显微组分划分方案。针对富含分散型有机质的生烃岩，由于有机质总量低，以及大多腐泥型或偏腐泥型有机质的无形和无结构特性，采用干酪根分析方法，主要依据物理和化学特征，辅助光学特性，对有机质的类型和成因进行了深入研究，划分出Ⅰ型、Ⅱ型和Ⅲ型干酪根。因此，关于沉积有机质类型的划分，已构成了分别针对煤岩和生烃岩的全岩体系和干酪根体系（图2.2、表2.2）。目前，两大体系已相互扩展和相互结合，对全部沉积有机质的类型和成因进行了较为系统的研究。

表 2.2　沉积有机质组分构成与分类对应表

有机质组分构成			H/C*（原子比）	O/C*（原子比）	有机质成因
显微组分组（光学分类）	显微组分*（光学分类）	干酪根（演化分类）			
惰质组	丝质体 半丝质体 粗粒体 碎屑惰质体 菌类体	Ⅲ型	0.45～0.3	0.3～0.02	木质纤维组织碳化作用
镜质组	结构镜质体 无结构镜质体 碎屑镜质体	$Ⅱ_2$型、Ⅲ型	1.0～0.3	0.4～0.02	木质纤维组织凝胶化作用
壳质组	孢子体 树脂体 角质体 木栓质体 碎屑壳质体	$Ⅱ_2$型为主	1.4～0.3	0.2～0.02	类脂的膜质物质和分泌物
腐泥组	藻类体 沥青质体 矿物沥青基质	Ⅰ型、$Ⅱ_1$型	1.7～0.3	0.1～0.02	藻类等低等水生生物及其降解产物
次生组分	渗出沥青体 油滴 微粒体				热变质成烃产物、富氢组分次生产物

*显微组分分类据赵长毅和程克明（1995）修改

在煤岩全岩体系下，干酪根组分大部分表现为一种无定形物质，小部分可呈现为有形、有结构的组分，如孢子、花粉、植物组织碎片、藻类、胶凝化组织、树脂分泌物等，特性与世界分布量少的腐泥煤相近。国际上，一般将腐泥煤划分为藻煤、藻烛煤和烛煤三类。构成腐泥煤的主要显微组分是藻类体和沥青质体，孢子体次之，三者之和可占全部有机质的90%以上。Ⅲ型干酪根富含陆相植物物质，特性与腐殖煤相近，含有更多可鉴别的植物碎屑显微组分。煤岩一般保存着不同来源的各种植物组织，这些组织常与植物的某些部分有关，如角质层、木质结构、花粉等。一般将煤岩分为三种显微组分，即稳定组或壳质组、镜质组和惰质组。近年来，针对分散型有机质多源于菌藻植物和浮游生物，镜下大多组分呈现无定形、无结构的光学特征，石油地质工作者更习惯于把沉积有机质的显微组分划分为四类，即腐泥组、壳质组、镜质组和惰质组。腐泥组主要包括沥青质体、藻类体和矿物沥青基质等。然而，物理化学分析表明：光性上所属的无定形类干酪根，在化学组分上也包括了一些腐殖类干酪根。可见，对无定形干酪根成因类型的鉴别还存在很大的难度，尽管理论上可划分出惰质无定形体、腐殖无定形体、藻类无定形体、菌解无定形体等（肖贤明和金奎励，1990），但目前实际应用意义不大，需进一步探索。现将沉积有机质各种显微组分的特征分述如下。

（一）腐泥组

腐泥组主要包括藻类体、沥青质体和矿物沥青基质等，后两者组分大多呈现为无定形。

1. 藻类体

藻类体是指保存了藻类形态和结构或者源于藻类的显微组分，是良好的生烃母质，一般分为结构藻类体（呈负荧光变化）和层状藻类体（呈正荧光变化）[图 2.3（a）、（d）、（e）和图 2.4（f）]。在腐殖煤中，很少见到藻类体，这可能与源于藻类的有机质易被分解成沥青质体，或与腐殖凝胶混合形成基质镜质体有关。当藻体演变成为无定形沥青

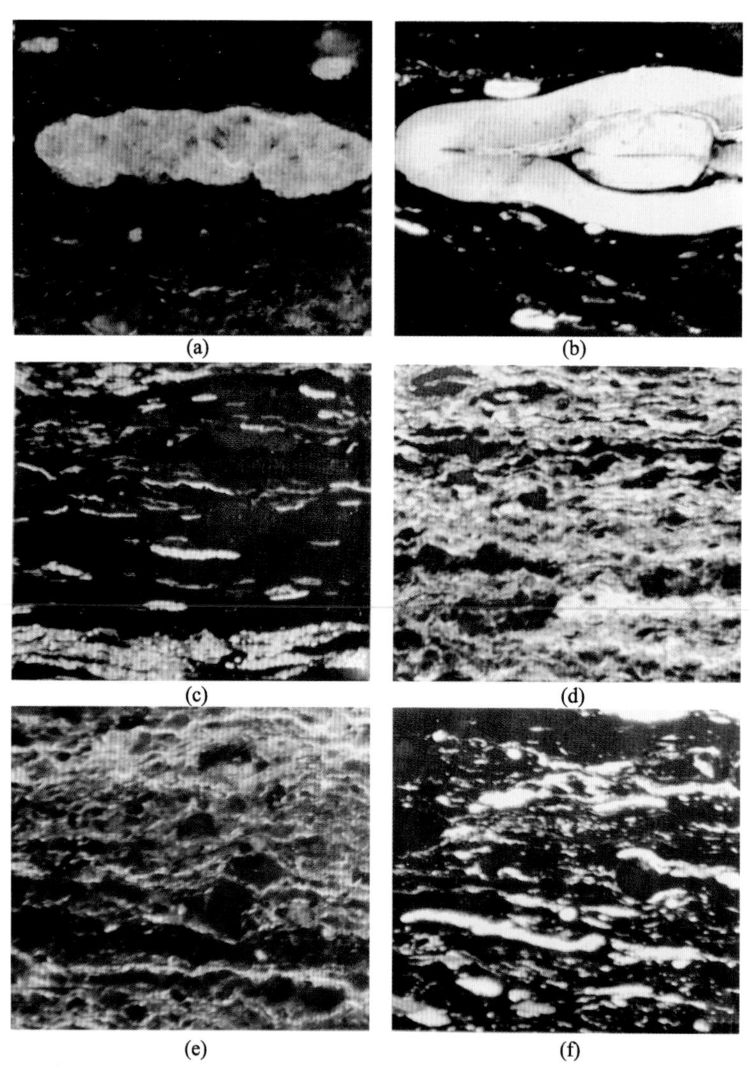

图 2.3　吐哈盆地侏罗纪煤系源岩透射光显微镜图片（王昌桂等，1998）

（a）结构藻类体存在于矿物沥青基质中，反射荧光，×200，台参 1 井 2803～2809m 泥岩，R^o 为 0.45%；（b）基质镜质体中含大孢子体和少量小孢子体，反射荧光，×200，桃树园侏罗系煤岩，R^o 为 0.63%；（c）基质镜质体中含小孢子体、碎屑类脂体和碎屑惰质体，反射荧光，×200，葡北 101 井 3798～3800m 煤岩，R^o 为 0.53%；（d）沥青质体和层状藻类体，反射荧光，×200，台参 1 井 2803～2809m 泥岩，R^o 为 0.45%；（e）矿物沥青基质中的层状藻类体、碎屑类脂体，反射荧光，×200，台参 1 井 2853～2859m 泥岩，R^o 为 0.47%；（f）基质镜质体（具弱荧光性）中含小孢子体、碎屑类脂体和碎屑惰质体，反射荧光，×200，柯柯亚侏罗系煤岩，R^o 为 0.61%

质体和基质镜质体之后，已无法识别出藻体形态。在腐泥煤中，有形的藻类体十分常见。浮游藻类主要繁殖在湖沼远岸富氧的水面，死亡后才沉入水底贫氧的还原地带（傅家谟等，1990）。煤中保存的藻类主要是皮拉藻和轮奇藻两种富烃的藻类。在生烃岩干酪根光片或薄片下，藻类体很难找到，大多表现为无定形特征的沥青质体，或与无机矿物混合成基质形态。

2. 沥青质体

沥青质体以其无特定形状为特征，常作为藻类体、孢子体及其他有机组分的基质出现。大多为藻类与浮游生物等在细菌作用下的降解产物（Teichmuller，1974），但另有学者认为主要与藻类有关。韩德馨（1996）认为沥青质体性质和成因有一定的变化范围，明显不同于形态有机质，一部分为陆源高等植物的菌解产物，一部分为动物有机质和其他类脂物以及细菌本身的强烈降解产物。它与渗出沥青体的区别在于，沥青质体更具原生成分。在垂直层理切片上，沥青质体通常以线纹或透镜体产状出现[图 2.3（d）]；在水平层理的水平切片上，表现为各种形状的等径颗粒。

3. 矿物沥青基质

一般认为，对于泥质生烃岩来讲，矿物沥青基质是沥青质体和黏土矿物的复合体（赵长毅和程克明，1995），即生烃岩中无机矿物内部或外部吸附或结合了有机物质。这种有机物质比其他显微组分更具油气倾向（韩德馨，1996）。尽管理论上这种有机质部分可能源于镜质组和惰质组，本书从成烃作用的重要性和无定形特征考虑，将其归入腐泥组分组。在未熟和成熟生烃岩中，矿物沥青基质是以吸附有机质而导致不同程度荧光强度为特征的。随成熟度增加，其荧光强度下降。下降开始于 R^o 为 0.5%处，结束于 R^o 为 1.3%～1.5%。荧光色由浅黄色变为浅红色。未成熟时，以强的正荧光变化为特征；成熟时，以负荧光变化为特征；过成熟时，以无变化为特征。因此，矿物沥青基质的荧光变化是成熟度的一个良好指标。

（二）壳质组

壳质组主要源于高等植物中的孢粉外壳、木栓层和角质层等较稳定的器官和组织，以及树脂和精油等植物代谢产物，包括孢子体、角质体、树脂体、木栓质体和碎屑壳质体等。在四大类显微组分组中，壳质组的氢含量、挥发分和产烃率仅次于腐泥组。

1. 孢子体

孢子体来自于植物的繁殖器官孢子和花粉。花粉是种子植物的繁殖器官，镜下形态与小孢子（一般长度小于 100μm）很相似，难以区别。因此，有学者提出把小孢子和花粉统称为“冒孢子”，我国部分学者也常统称为“孢粉体”。但在干酪根样品中可见小孢子体表面常具三射线裂纹，而花粉不具这一特征。孢子是孢子植物的繁殖器官。孢子细胞内部是原生质，孢子壁是由内壁、外壁和周壁所构成。孢子中的原生质、内壁与周壁在生物化学降解中易被破坏。而外壁主要由孢粉素组成，孢粉素致密，抗分解能力强。因此，岩石中所见的孢子主要是孢子的外壁。各门类孢子植物孢子的大小和外形均不同，一般把长度大于 100μm 的孢子称为大孢子体。在煤岩切片中，大孢子体呈扁平状，外缘多光滑，表面有时具有瘤状、棒状和刺状等纹饰。透光下，大孢子壁可显示粒状结构。小孢子体纵切面多呈扁环状、断线状或蠕虫状，并沿层理分布[图 2.3（b）、（c）、（f）]。孢子腔，尤其是大孢子腔，可充填类脂凝胶体、腐殖凝胶体或矿物质。在透射光下，低变质煤岩中的孢子为黄色。随变质程度增加，射光下孢子逐步变为红褐色至黑色不透明，在荧光下孢子荧光强度减弱至不发荧光，荧光波长向长波方向偏移（傅家谟等，1990）。

2. 角质体

角质体主要源自于植物的叶、枝、叶柄和芽、果实表皮的角质层和角质蜡。角质层是由植物表皮细胞向外分泌而形成的。作为角质层主要成分的角质是脂肪酸脱水或聚合作用的产物，或是高分子脂肪酸与纤维素的脂。显微镜下，角质体的光学性质与大孢子体比较相近，但形态有较大不同。角质体呈厚度不等的细长条带出现，外缘比较平滑，内缘大多呈锯齿状。角质体抗生物化学降解的能力不如孢子体，但比与其共生的叶肉组织抗生物化学降解作用强。当叶肉组织完全分解时，角质体还可堆积、保存下来。角质体在透射光下多呈浅黄色至橙黄色。受氧化时，颜色发红；反射光干物镜下为深灰色，中等突起；油浸反射光下为灰黑色，具黄至褐黄色荧光（韩德馨，1996）。

3. 树脂体

树脂体主要由植物中的树脂、树蜡、树胶、胶乳、芳香油和脂肪等转变而来的。煤片中，以细胞充填物，呈分散状或层状出现，一般呈椭圆形和卵形，大小不等地分布在煤岩中。在透射光下，低变质煤岩中的树脂体色较浅，多呈淡黄色至黄褐色。油浸反射色深于孢子体和角质体，多呈暗灰色和灰色。当树脂体经较强的氧化，反射色呈亮白色时，则转变成惰质组分。前人一般把树脂体分为若干亚类，其中萜烯树脂体是煤岩中树脂体的主要类型。树脂体是以萜烯为主，含脂、酚、高级醇、树脂酸的复杂混合物（Stach et al.，1982）。

4. 木栓质体

木栓质体主要源自植物树皮的木栓组织及根的表面和茎、果实上的木栓化细胞壁[图 2.4（c）～（e）]。木栓组织由多层扁平的长方形木栓细胞组成，常呈宽条状块体或碎片状。木栓化细胞壁由纤维素、木质化纤维素和木栓质组成，细胞腔多为团块镜质体。木栓质体也是重要的成烃母质之一。

5. 碎屑壳质体

国际硬煤显微组分分类方案中，把煤岩中呈细小颗粒状（一般小于 10μm）出现的各种壳质组碎屑称为碎屑壳质体。普通光学显微镜下，无法辨认其植物来源。反射白光下识别困难，主要依赖高倍荧光显微镜加以辨别。荧光颜色不一，反映出母质来源的多样性。一般认为是由孢子体、树脂体和角质体的碎屑或分解残余物组成的。

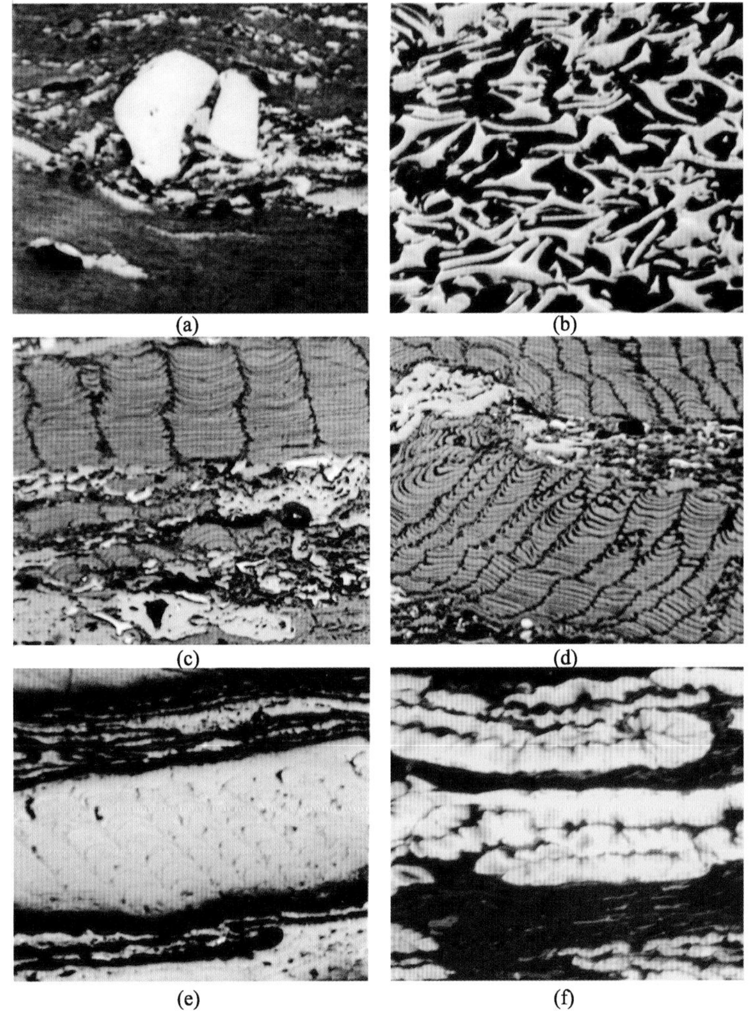

图 2.4　吐哈盆地侏罗纪煤系源岩透射光显微镜图片（王昌桂等，1998）

（a）基质镜质体中含小孢子体和碎屑惰质体，油浸反射光，×320，恰 1 井 2892～2893m 煤岩，R^o 为 0.65%；（b）火焚丝质体，油浸反射荧光，×320，三道岭矿侏罗系煤岩，R^o 为 0.54%；（c）木栓质体，表现为叠瓦状的木栓化细胞壁，细胞腔中充填团块镜质体，木栓组织呈条带状，油浸反射光，×200，柯柯亚侏罗系煤岩，R^o 为 0.58%；（d）木栓质体，表现为叠瓦状的木栓化细胞壁，细胞腔中充填团块镜质体，木栓组织呈条带状，油浸反射光，×200，煤窑沟矿侏罗系煤岩，R^o 为 0.62%；（e）木栓质体，镜质体中明显可见木栓化细胞壁，油浸反射光，×500，煤窑沟矿侏罗系煤岩，R^o 为 0.76%；（f）结构藻类体存在于基质镜质体中，反射荧光，×200，柯柯亚侏罗系煤岩，R^o 为 0.59%

（三）镜质组

镜质组主要是由植物中的树干、树皮、梗茎、根和叶等的木质组织及薄壁组织，在泥炭化阶段和热变质作用阶段，经凝胶化作用形成的。凝胶化作用可分为生物化学凝胶化和地球化学凝胶化两种作用。有机质在泥炭化阶段主要受生物化学凝胶化作用的影响。当埋深和温度加大，微生物活动减弱并消失时，有机组分主要受地球化学凝胶化作用的影响，开始转变成为镜质组分。在低变质作用阶段，镜质组的透光色为橙-橙红色；

反射光下为灰色，无突起；油浸反射光下为深灰色。随着变质作用增强，镜质组反射色变浅。至高变质作用阶段，反射色呈白色。因此，人们更习惯使用镜质组反射率来反映有机质热变质程度或成熟度。在四大类显微组分组中，镜质组的氧含量最高，氢含量和挥发分介于惰质组和壳质组之间。依据镜质组的原始植物组织保存程度和凝胶化程度，可将镜质组分组划分为如下组分和亚组分。

1. 结构镜质体

结构镜质体指能在镜下见到植物木质部等一定结构形态的镜质组组分。在各种镜质组组分中，结构镜质组的反射率往往最高。在低变质煤岩中，可见到具有较明显植物细胞结构的镜质体，细胞腔常充填无结构凝胶体。根据结构镜质体所显示的解剖结构，可按原始植物种类进一步划分出显微组分的种，如鳞木结构镜质体、封印木结构镜质体和科达木结构镜质体等。鳞木和封印木等石松纲植物的结构镜质体大多是凝胶化的周皮。蕨类植物的结构镜质体主要是茎和根的木质部，而裸子植物的主要是木质部和树叶。

2. 无结构镜质体

无结构镜质体指由于经过强烈的凝胶化作用，在普通光学显微镜下观察不到植物细胞结构的镜质组。依据形态和成因，无结构镜质体可进一步划分出如下四种显微亚组分。

1）均质镜质体

均质镜质体多呈较宽的条带状或透镜状，表面均一，组成纯净，轮廓清晰，是反映有机质成熟度的镜质组反射率测定对象或标准组分。荧光显微镜下，基本不显示荧光。

2）基质镜质体

基质镜质体指胶结其他显微组分和同生矿物的凝胶化基质。在微亮煤和微亮暗煤中，所占比例大，占镜质组含量的 50%以上，呈条带状，有时与均质镜质体逐渐过渡，无明显边缘。镜质组反射率比均质镜质体低一些。在我国西北侏罗系煤岩中，镜下观察表面不均匀，表面多为不均匀云雾状、团絮状。荧光镜下见有较多分布在基质镜质体中的碎屑壳质体[图 2.4（a）]。

3）团块镜质体

团块镜质体指植物细胞壁分泌的鞣质体，以及凝胶体充填细胞腔构成的假鞣质体，主要源于植物树皮中大量分布的鞣质、针叶植物的茎和根。与基质镜质体相比，团块镜质体在薄片中呈现为较暗的团块。在光片中，反射率常比周围细胞壁的高。在吐哈盆地侏罗系煤岩中，团块镜质体主要充填在木栓化细胞壁的胞腔中，团块镜质体与木栓质体紧密共生[图 2.4（c）～（e）]。

4）胶质镜质体

胶质镜质体是指在泥炭化作用和低变质作用阶段腐殖溶胶充填在死亡植物的细胞或其他空腔中的胶状沉淀物，是真正的腐殖凝胶物。

3. 碎屑镜质体

碎屑镜质体是指小于 10μm 的镜质体颗粒，在泥质生烃岩中占有较大的比例，散布于矿物基质中，但在煤岩中，属于少见的镜质体组分。

（四）惰质组

惰质组是植物木质纤维组织丝炭化作用的产物。丝炭化可由氧化、火焚、真菌侵袭等因素引起。依据形成丝炭化物质的分解、氧化程度和植物组织的特性，可进一步划分出丝质体、半丝质体、粗粒体、碎屑惰质体和菌类体等组分。惰质组的透射色呈深棕色至黑色，反射色呈略带黄或灰色调的白色，具正突起，一般无荧光或具弱荧光。在吐哈盆地侏罗系煤岩中，可见数层丝炭分层，主要由火焚丝质体组成[图 2.4（b）]。

惰质组的碳含量高，氧和氢含量低，芳构化程度高。焦化过程中大多数惰质组组分不软化，具有惰性。加氢液化时，转化率很低。植物茎干、根和枝的木质部遭受强烈丝炭化作用时，形成丝质体。丝炭化作用中等或较弱时，形成半丝质体。粗粒体是一种无定形的凝胶状惰质组组分。碎屑惰质体是指长度小于 10μm 的惰质组组分，反射率变化大，是泥质生烃岩中的主要惰质组组分，多呈细小的高反射碎片散布于矿物基质中。菌类体是由真菌遗体或树脂等分泌物所形成的高突起、高反射率惰质组组分。

（五）次生组分

次生组分主要是腐泥组和壳质组等富氢组分在热演化过程中形成的次生产物，包括渗出沥青体、油滴和微粒体。易流动的次生产物主要为胶质和沥青质等重质烃类组分。沥青质体在生烃之后留下的固体残渣为微粒体。由此可见，渗出沥青体和油滴等大多次生组分应属沉积有机质中的可溶部分。

在干酪根体系下，干酪根被定义为既不溶于含水的碱性溶剂，也不溶于普通有机溶剂的沉积岩有机组分（Tissot and Welte，1978），主要是针对沉积岩中分散有机质的不溶部分而提出的，干酪根是由杂原子键或脂肪链联结的缩合环状核所形成的大分子。镜下观察表明，生烃岩中的干酪根同煤相近，也是各种有机残余物的集合体。干酪根的类型和生烃潜力取决于集合体中类脂组分（藻类体、孢粉体、木栓质体、角质体等）与腐殖组分（由木质素和纤维素形成的各种镜质体和纤维体）的相对比例。Ⅰ型干酪根中，类脂组分所占比例大，生烃潜力也大；Ⅲ型干酪根中，腐殖组分所占比例大，生烃潜力就大。因此，不同干酪根类型具有不同的生烃潜力：Ⅰ型干酪根的生烃潜力>Ⅱ型干酪根>Ⅲ型干酪根。按每吨干酪根最大产沥青量计，Ⅰ型、Ⅱ型和Ⅲ型干酪根的最大产沥青量分别为 270kg、180kg 和 70kg（傅家谟等，1987）。前人对于干酪根类型的具体划分方案很多，大多都划分为三类，各大类干酪根的整体特征均是相同的。

通过上述讨论可知，煤岩的有机组分比传统生烃岩更加混杂和多样。按照干酪根体系，煤岩有机组分也可划分为或归为Ⅰ型、Ⅱ型和Ⅲ型。傅家谟等（1990）研究了各类煤岩干酪根类型的生烃潜力和演化特征，指出各类煤岩均与对应的生烃岩类型有着共同的生烃潜力变化和生烃演化规律，尽管存在一定的差别。图 2.5 列出了中国一些代表性煤岩的元素组成特征，树脂煤具有典型的Ⅰ型干酪根特征，产烃能力很高；云南的泥炭藓褐煤具有典型的Ⅱ型干酪根特征，镜质体反射率 R^o 仅为 0.24%；苏桥的残殖煤和抚顺镜煤具有典型的Ⅲ型干酪根特征，产气为主。可见，无论传统生烃岩还是煤岩，其有机质母质类型越好，生烃潜力就越高。

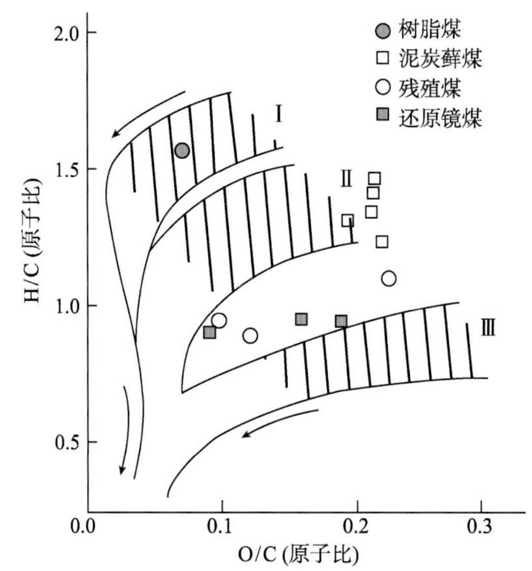

图 2.5　几种煤岩干酪根类型的 van Krevelen 图（傅家谟等，1990）

油页岩中的干酪根与传统生烃岩中的干酪根最相近，没有显著不同。在镜下观察，也仅有一小部分有机遗体可识别，大部分为无定形的干酪根（Ⅰ型或Ⅱ型）。H/C（原子比）较高（一般大于 1.25），O/C（原子比）变化比较大（一般为 0.02～0.20）。整体来看，油页岩干酪根的组成和结构特征介于煤岩和生烃岩之间。现将全部沉积有机质的各种干酪根类型的特征分述如下。

1. Ⅰ型干酪根

Ⅰ型干酪根主要由类脂物质组成。因而富含主要存在于某些藻类沉积物和微生物再造的有机质。与其他类型相比，多芳香族核，杂原子键含量低，脂族链含量高。在 500℃以上温度的热解作用下，Ⅰ型干酪根会产生更多的挥发性组分，产烃率很高。Ⅰ型干酪根具有较高的 H/C（原子比），一般大于 1.5；O/C（原子比）一般小于 0.1。中国陆相Ⅰ型干酪根 H/C（原子比）大于 1.3（黄第藩，1984）。

2. Ⅱ型干酪根

Ⅱ型干酪根的特征介于Ⅰ型和Ⅲ型之间，是传统生烃岩中最常见的有机质类型。与Ⅰ型相比，含有较多的芳香族和环烷族化合物，热解产量较低，多源于还原环境保存下来的浮游生物和微生物的混合有机物质。H/C 和 O/C（原子比）也介于上述两类之间。常含有大量的硫，或位于杂环化合物中，或成为硫化物的键（Tissot and Welte，1978）。饱和物质是由大量中等长度的脂族链状化合物和环烷化合物组成。在共生的沥青中，环状结构很丰富（包括环烷烃、芳香烃、噻吩化合物等）。

3. Ⅲ型干酪根

Ⅲ型干酪根主要源于陆地植物，含有更多的可识别植物碎屑，由大量的多芳香族核和杂原子酮以及羧酸基组成。但无酯基，即主要含有缩合的多环芳香族化合物和含氧的官能团。Ⅲ型干酪根具有较低的 H/C（原子比），一般小于 1.0；O/C（原子比）可高达 0.3。Ⅲ型干酪根与Ⅰ型和Ⅱ型相比，生油条件不利，热解产量小，更利于生气。

上述三种干酪根类型，随着埋藏深度的增加，各类干酪根均有着各自的演化途径。Ⅲ型干酪根与腐殖型煤岩的演化途径和特征相近。而油页岩和腐泥型煤岩则表现为Ⅰ型和Ⅱ型干酪根的演化途径和特征。当埋藏很大时，各类干酪根中的碳含量变得很高，甚至接近 100%，干酪根的组成特征趋向一致（图 2.6）。

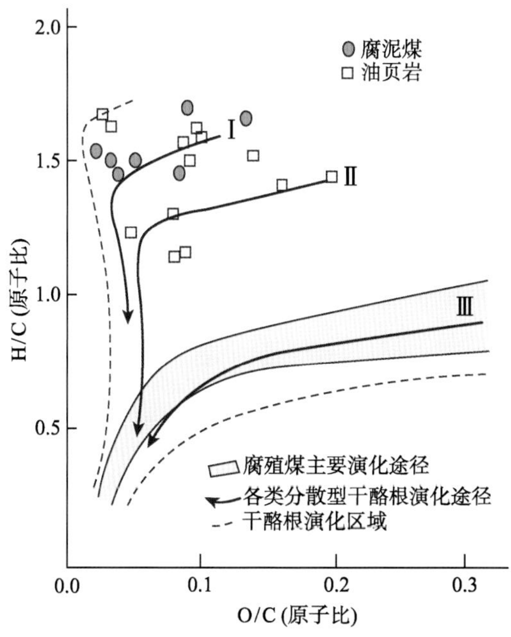

图 2.6　油页岩、腐泥煤、腐殖煤和分散型干酪根演化途径对比图（Tissot and Welte，1978，略修改）

第二节　沉积有机质的组分构成与成烃特征

一、沉积有机质的化学组成

所有生物体均由 C、H、O、S、N 等元素组成，构成蛋白质、类脂、碳水化合物及高等植物的木质素四大类物质。前已述及，细菌、浮游生物和高等植物是沉积有机质的主要贡献者。因此，不同地区和时代的生物种类和所占比例的差别，决定了沉积并保存下来的有机质化学组成和类型。这是由于不同化合物分子结构的明显不同，向沉积有机质转化过程中的稳定性出现差异而导致的。

蛋白质是由多种氨基酸单元构成的含氮化合物，结构复杂，但高度有序，具有强烈的亲水性，易发生水解和生物降解。地质环境中发现的一些氨基酸结构如图 2.7 所示。

碳水化合物是单糖与其聚合体的总称，包括单糖、低聚糖和多糖。纤维素和甲壳质均是自然界中分布最普遍的多糖。存在于生物支撑组织中的一些大分子碳水化合物分子结构如图 2.8 所示。在死亡植物体中的碳水化合物易遭受水解和生物降解；木质素是由苯基丙烷单元构成的芳香族高分子聚合物，相对较稳定。一般动物不合成芳香族化合物，但

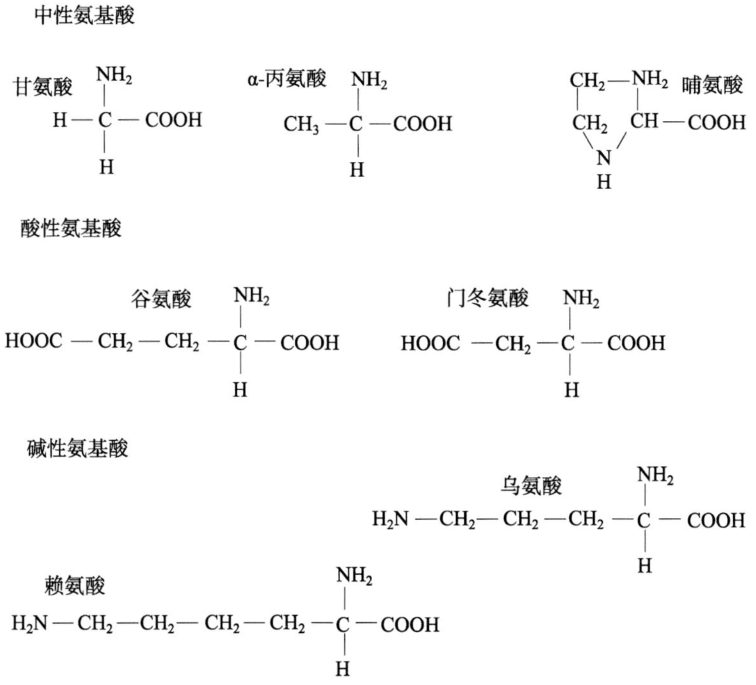

中性氨基酸

甘氨酸 α-丙氨酸 哺氨酸

酸性氨基酸

谷氨酸 门冬氨酸

碱性氨基酸

乌氨酸

赖氨酸

图 2.7　地质环境中发现的中性、酸性和碱性氨基酸结构实例（Tissot and Welte，1978）

纤维素

果胶

甲壳质

藻朊酸

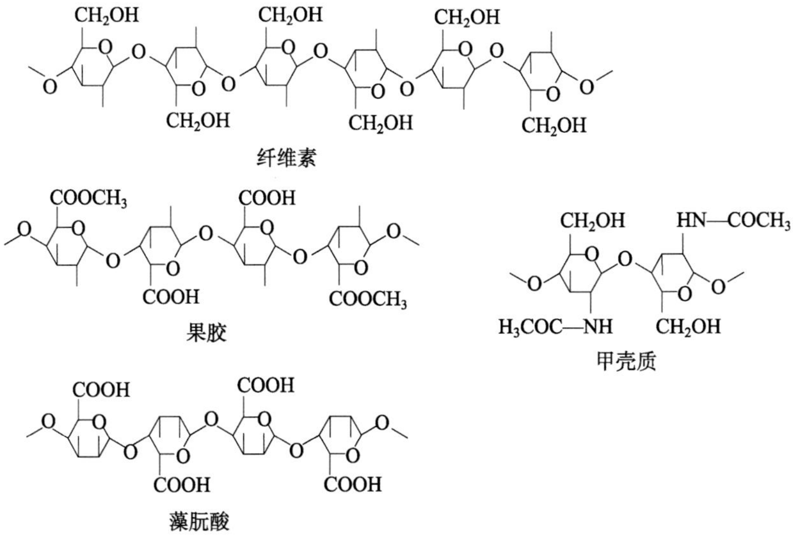

图 2.8　存在于生物支撑组织中的大分子碳水化合物结构（Tissot and Welte，1978）

图中单竖线表示 OH 基

它们在植物组织中却很普遍。在植物中，木质素由芳香醇（如松醇和香豆醇等）的缩合与脱水而合成。一些木质素化合物的分子结构如图 2.9 所示；类脂是一类结构复杂、种类繁多的化合物大类，不溶于水，常温常压下稳定性高，但可被氯仿等有机溶剂溶解。类脂主要包括有机体用来储存能量的脂肪物质，如动物脂肪、植物油和植物叶子表膜上的蜡等。自然界中出现的脂肪主要是各种三甘油酯的混合物。三甘油酯分子结构如图 2.10 所示。

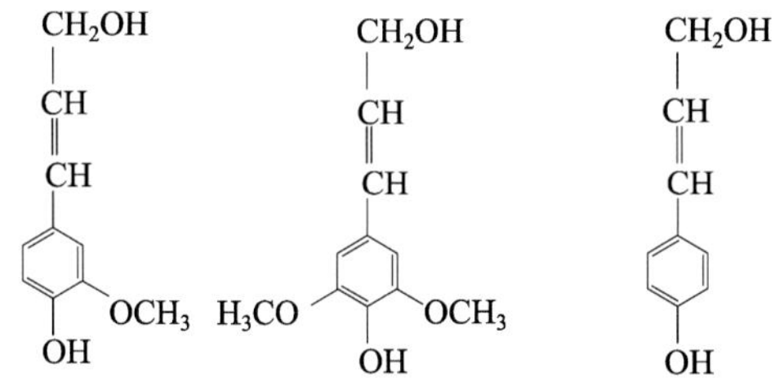

松醇　芥子醇　对-香豆醇

图 2.9　木质素基本结构单元（Tissot and Welte，1978）

三甘油酯

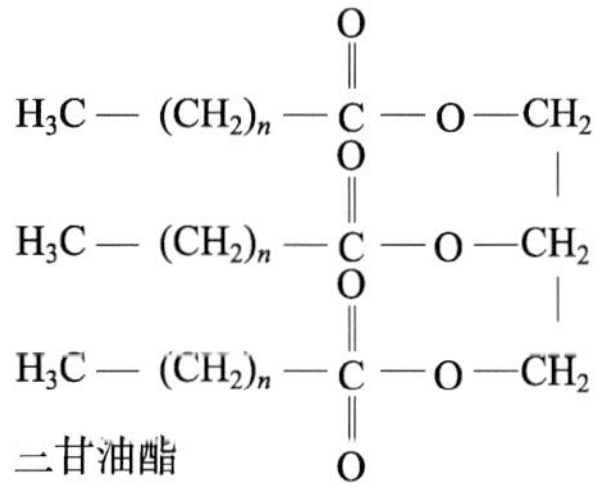

图 2.10　三甘油酯分子结构（Tissot and Welte，1978）

总体来看，上述四大类物质的稳定性由高到低的顺序是：类脂>木质素>碳水化合物>蛋白质。因此，在沉积有机质化学组分中，类脂和木质素是被保存比例最高的两大类物质，对石油和煤的形成具有特别重要的意义。

不同生物体中化合物的相对含量变化很大。高等植物的茎干和叶以木质素、纤维素和半纤维素为主，细胞内含物主要为类脂化合物和蛋白质，保护组织和孢粉壁等，主要由类脂化合物构成。木质素在木质部组织中最为丰富，而低等植物以蛋白质和脂肪含量较高为特征，碳水化合物含量也相对较高，但木质素含量很低或缺乏。动物和菌类则由蛋白质、非纤维类的碳水化合物以及类脂化合物组成，不含木质素。不同植物的化学组成见表 2.3 和表 2.4。

表 2.3　不同生物有机族组成　（单位：%）

种类或部位	类脂化合物	木质素	碳水化合物	蛋白质
细菌	5～20	0	12～28	50～80
绿藻	10～20	0	30～40	40～50
苔藓	8～10	10	30～50	15～20

续表

种类或部位		类脂化合物	木质素	碳水化合物	蛋白质
蕨类		3～5	20～30	50～60	10～15
草类		5～10	20～30	50～70	5～10
针叶和阔叶树		1～3	20～30	60～70	1～7
木本植物不同部位	木质部	2～3	20～30	60～75	1
	叶	5～8	20	65	8
	木栓	25～30	10	60	2
	孢粉	90	0	5	5
	原生质	10	0	20	70

表 2.4　不同植物和有机族组分（质量分数）的元素组成

种类或成分	C/%	H/%	O/%	N%
浮游植物	45.5	7.0	45.0	3.0
陆生植物	54.5	6.0	37.0	2.8
纤维素	44.4	6.2	49.4	
木质素	62.0	6.1	31.9	
蛋白质	53.0	7.0	23.0	16.0
脂肪	77.5	12.0	10.5	
蜡质	81.0	13.5	5.5	
角质	81.5	9.1	9.4	
树脂	80.0	10.5	9.0	
孢粉质	59.3	8.2	32.5	

二、沉积有机质的成烃演化特征

上节所述的构成生物体的四大类物质，经生物降解和缩合等作用后，以沉积物的形式，选择性赋存下来，构成沉积物中的腐殖和腐泥物质。它们伴随着沉积物的成岩作用，真正开始了有机质的成烃演化过程，逐步向熵值和热值等能量参数更高的石油转化。在元素组成上，生物体、沉积有机质（腐殖和腐泥等物质）与石油均由 C、H、O、S 和 N 等五种元素组成，这些元素都以有机化合物的形式存在。尽管石油化合物组成也很复杂，但相对前二者而言，其化合物组成和化学结构却要简单得多。石油主要由 C 和 H 等元素构成的烃类化合物和含有 O、S 和 N 等元素的非烃类化合物两大类构成。尽管石油中大多数形成的烃类结构简单，但还是展示了与原始生物体物质的亲缘关系。石油中的部分碳氢化合物仍保留有类似于原始生物成因的结构。可见，因原始生物体类型和种群的不同，沉积有机质显微组分类型和所占数量比例上的差异，不同地区的石油会有很大差别。因此，研究沉积有机质中各种显微组分的成烃特征十分重要。通过对干酪根类型（Tissot et al.，1974）与煤岩显微组分的 van Krevelen 图解（van Krevelen，1961）进行比较，可发现全岩体系下煤岩显微组分与干酪根体系下有机质类型有着相对应的演化途径，表明两大体系下有机质类型具有共同或相近的显微组分特征，从而造成有着相同或相似的成烃演化规律与路径。傅家谟等（1990）通过对中国几种煤岩的元素分析（图 2.5），也展示出腐泥煤与Ⅰ型、Ⅱ型干酪根演化路径相同，而还原镜煤等腐殖煤与Ⅲ型干酪根演化路径更贴近。图 2.6 表明两大体系下相同或相近显微组分成烃结果的一致性。由于干酪根体系下各种类型有机质成烃研究较为深入和完善，本书将在对照分析的基础上，重点论述沉积有机质主要显微组分的成烃演化与生烃潜力。核磁技术是研究沉积有机质显微组分复杂大分子网络结构的重要手段，带有磁性的原子自旋时产生磁矩，一种核在分子中所处的化学结构环境不同，其磁共振频率也不同。因此，可根据它在共振谱线图上的化学位移来确定其结构属性，即来确定不同碳官能团类型和相对含量。不同碳官能团类型的生油和生气潜力有较大差异，因此，首先论述沉积有机质显微组分的核磁共振波谱（^{13}C CP/MAS）特征是十分必要的。

（一）显微组分核磁共振波谱特征

对沉积有机质显微组分不同碳官能团的化学位移归属是谱图解析的基础。表 2.5 展示了聚积型沉积有机质（煤岩）谱图中各类碳官能团化学位移归属值。各类碳官能团在谱图上均有各自具体的位置。秦匡宗等（1990）在干酪根体系下，对有机质组成中不同结构碳划分出油潜力碳（C_o）、气潜力碳（C_g）和芳构碳（C_a）。油潜力碳包括脂构碳中的亚甲基、次甲基和季碳，其化学位移为 25～45ppm①，是成油的主要母质成分。气潜力碳主要包括脂甲基、芳甲基、氧接脂碳及羧基、羧基碳等，化学位移为 0～25ppm、45～90ppm 和 165～220ppm。而芳构碳是指化学位移为 90～165ppm 的组成部分，对成烃的贡献很小。

（二）沉积有机质显微组分的生烃潜力

在沉积有机质显微组分当中，藻类体等腐泥组分中油潜力碳含量高，具有最大的生油潜力。孢子体和角质体等壳质组分中油潜力碳含量中等，生油潜力次之。而镜质体和丝质体等生油潜力最小。赵长毅和程克明（1997）依据吐哈盆地数据和前人资料，编制了煤岩显微组分 ^{13}C NMR 不同结构碳分布三角图。从图 2.11 可以看出，藻类体集中在油潜力碳端元，具有最高的生油潜力。孢子体和角质体等散布在三角图的中部区域，生油潜力中等，但生气潜力增大。丝质体等靠近芳构碳端元，生烃潜力较差。

关于各类显微组分的热解产烃性质，前人已开展了大量实验和研究。本书将以吐哈盆地为例，总结煤岩中各类显微组分的成烃特征与潜力。赵长毅和程克明（1997）采用美国 CDS-820 热解色谱仪对 6 种显微组分，按 7 个温度段（①<300℃；②300～360℃；③360～390℃；④390～420℃；⑤420～450℃；⑧450～500℃；⑦500～600℃）进行了测试。热解气相色谱是热解炉内瞬间完成的，尽量避免了二次反应产物的发生，其裂解产物基本代表了各种键合于干酪根大分子上的原始组分。各类显微组分热解热模拟实验结果如下。

① $1ppm = 10^{-6}$

1. 孢子体

在正构烃碳数分布上，其正构烃碳数分布范围为 C_5～C_{30}，主峰碳为 C_{15}，并在 C_{25} 以后正构烃表现为低含量。

C_1～C_5：总生气量（即 300～600℃产气量之和）为 85.2mg/g，总气油比为 0.5。在 360℃以前 C_1～C_5 气体组分含量较少，仅占 C_{1+}总烃的 4%～10%，气油比小于 0.11；在 360℃以后气态烃含量明显增高；360～450℃为 35%；而 450℃以后则上升到 50%以上，气油比相应地由 0.53 上升到 1.0 以上。

C_{6+}：总产油量（即 300～600℃产油量之和）可达 169mg/g。在 300～360℃产油量为 9.92mg/g，仅占总产油量的 6%，其中 C_6～C_{14} 组分占 45%；在 360～390℃温度区间，产油量达 38.61mg，占总产油量的 20%，其中 C_6～C_{14} 组分占 40%；生油高峰在 390～420℃温度段（约在 410℃），产油量达 78.18mg/g，占总产油量的 50 %，其中 C_6～C_{14} 组分占 30%；在 420℃以后，产油量下降，并在 450℃以后急剧下降，且其中 C_6～C_{14} 组分所占全油比例也明显增加（图 2.12）。

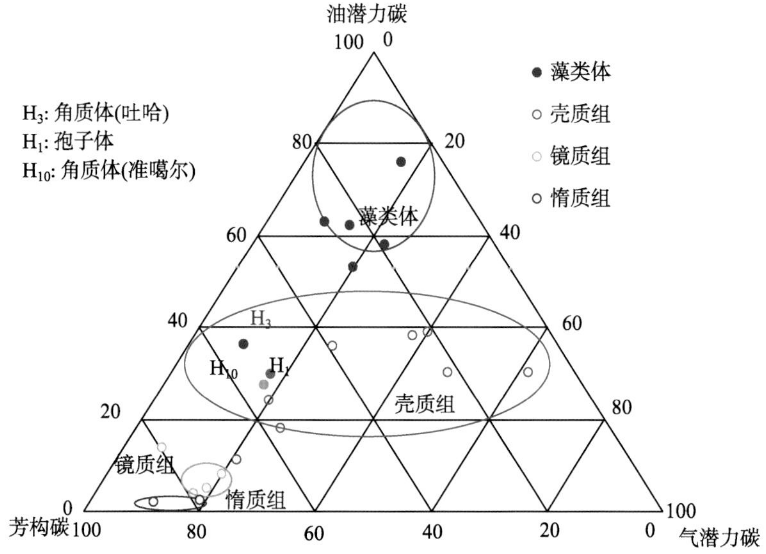

图 2.11　煤岩显微组分 ^{13}C NMR 不同结构碳分布三角图

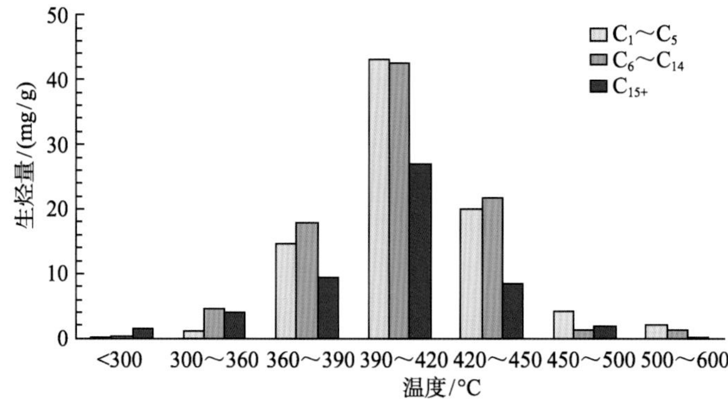

图 2.12　孢子体不同热解温度 PY-GC 油气分布对比

2. 角质体

在正构烃碳数分布上，其正构烃碳数分布范围为 C_5～C_{30}，主峰碳为 C_{15}，并在 C_5～C_{19} 范围内具有较高含量。

C_1～C_5：总生气量为 46.83mg/g，总气油比为 0.31。在 360℃以前 C_1～C_5 气体组分达 5.18mg/g，占总产气量的 11%，该阶段气油比为 0.48；在 360～390℃，生气量达 11.71mg/g，占总生气量的 25%，此时气油比达 0.34；生气高峰在 390～420℃，生气量达 16.93mg/g，占总产气量的 37%；420℃以后，气体产量下降，气油比增高，至 450℃以后气油比接近于 1.0。

C_{6+}：角质体总产油量为 149.52mg/g，较孢子体稍低。其中在 300～360℃产油量为 9.05mg/g，仅占总产油量的 6%；在 360～390℃产油量达 34.26mg/g，占总产油量的 23%；生油高峰也在 390～420℃，达 79.42mg/g，占总产油量的 53%；在 450℃以后，生油量急剧下降，以生气为特征。在生油高峰前，油中 C_{15+} 组分高于 C_6～C_{14} 组分，在生油高峰及以后，所生原油以 C_6～C_{14} 组分高于 C_{15+} 组分为特征（图 2.13）。

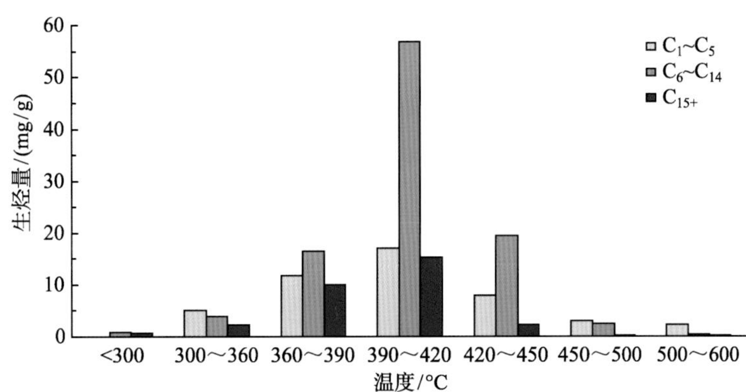

图 2.13　角质体不同热解温度 PY-GC 油气分布对比

3. 基质镜质体

在正构烃碳数分布上，正构烃碳数分布以 C_{20} 为界呈双峰形，主峰碳分别为 C_8 和 C_{23}，而且前峰群远高于后峰群。

C_1～C_5：总生气量为 83.59mg/g，与孢子体相当。总气油比为 1.0，为气油比最高的组分。在 300～360℃，C_1～C_5 组分为 6.76mg/g，占总生气量的 8%，气油比为 0.59；在 360～390℃，生气量有显著增加，达 17.84mg/g，占总生气量的 21%，气油比为 0.9；生气高峰在 390～420℃，达 26.58mg/g，占总生气量的 32%，气油比达 1.14，为孢子体一半，但高于角质体。与孢子体和角质体比较，气体生成范围宽，并在生气高峰及其以后气油比大于 1.0。

C_{6+}：总产油量为 84.46mg，为孢子体生油量的一半，角质体的 56%。在 300～360℃时生油量已达 11.53mg/g，占总生油量的 14%，明显早于孢子体；生油高峰也在 390～420℃，更接近 390℃，也早于孢子体。生油高峰期生油量为 26.58mg/g，占总生油量的 32%；生油高峰后生油量迅速下降。在 390～420℃之前，油中 C_6～C_{14} 组分与 C_{15+} 组分含量相当.而在之后，C_{15+} 组分含量明显低于 C_6～C_{14} 组分（图 2.14）。

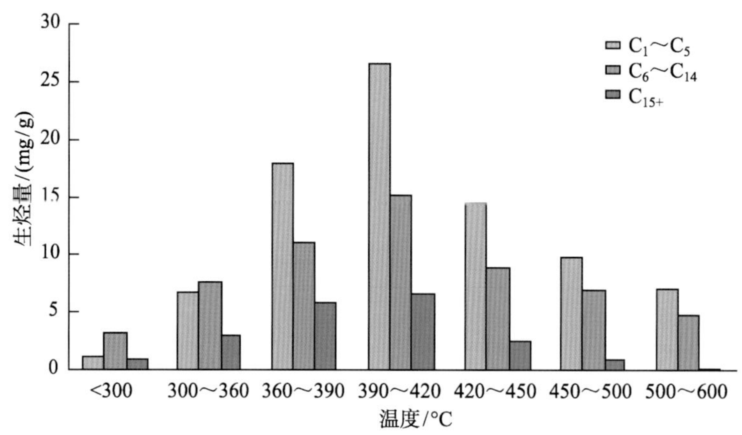

图 2.14　基质镜质体不同热解温度 PY-GC 油气分布对比

4. 丝质体

在正构烃碳数分布上，其碳数分布范围为 C_6～C_{30}，在 C_6～C_{14} 显示一整体峰群，在 C_{14} 以后含量大大降低。

C_1～C_5：总生气量仅为 10.62mg/g，为孢子体和基质镜质体的 1/8，角质体（吐哈）的 1/4。在 300～390℃气体生成量由 1.43mg/g 降低至 0.67mg/g，随后逐渐增大，至 600℃达 2.76mg/g。

C_{6+}组分：丝质体总生油量仅为 18.07mg/g。若除去 300℃时的吸附烃，其生油量仅为 6.46mg/g，可见丝质体生油能力非常差（图 2.15）。

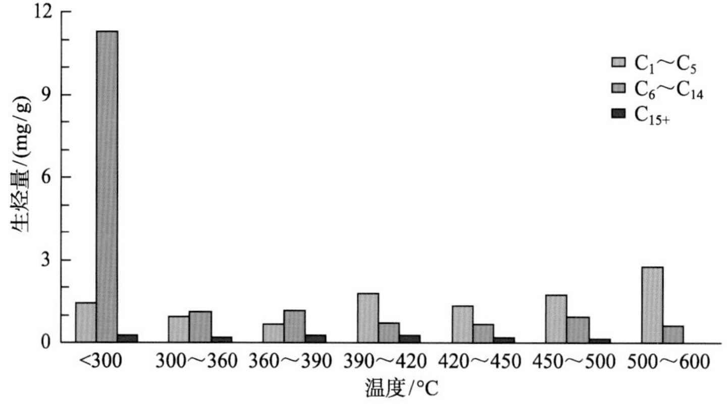

图 2.15　丝质体不同热解温度 PY-GC 油气分布对

5. 木栓质体

在正构烃碳数分布上，其碳数分布范围为 C_6～C_{32}，呈双峰分布，前峰主峰碳为 C_7，

而后峰主峰碳为 C_{21}。

C_1～C_5：总产气量为 31.55mg/g，是孢子体的 37%，角质体的 67%，基质镜质体的 37%。总气油比为 0.45。在 360℃以前产气量很低；360～390℃时达 4.44mg/g；最高产气量在 390～420℃，达 9.63mg/g，此时气油比为 0.39；在 420℃以后，气体生成量稍有下降，但基本在 5.0mg/g 左右，变动不大。

C_{6+}组分：木栓质体总生油量为 69.95mg/g，最大生油高峰也在 390～420℃，生油量达 24.73mg/g，占总生油量的 35%。在生油高峰及其之前热演化阶段，原油中 C_{15+}组分明显高于 C_6～C_{14} 组分，而在生油高峰后，C_{15+}组分含量低于 C_6～C_{14} 组分含量（图 2.16）。

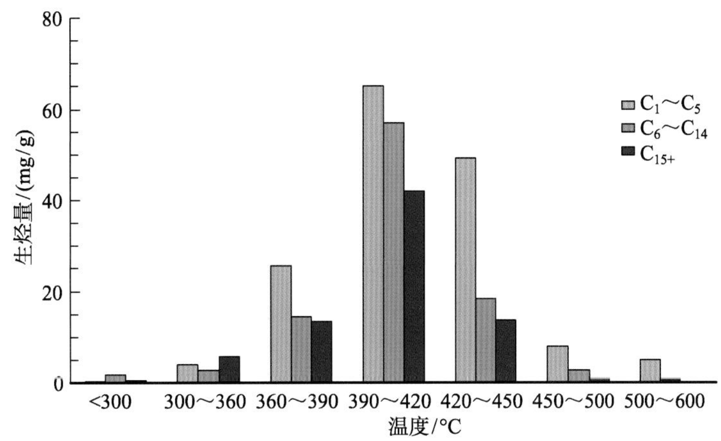

图 2.16 木栓质体不同热解温度 PY-GC 油气分布对比

6. 角质体（准噶尔）

在正构烃碳数分布上，其碳数分布范围为 C_6～C_{30}，并表现为 C_6～C_{23} 含量较高。略显双峰，主峰碳分别为 C_7 和 C_{19}，在 C_{26} 以后迅速降低。

C_1～C_5 组分：总生气量为 157.23mg/g，为吐哈盆地角质体的 3.36 倍。总气油比为 0.8，也是吐哈角质体气油比的 2.6 倍。在 360℃以前产气量较少，仅占总生气量的 3%，在 360～390℃开始大量生气，达 25.65mg/g；最大生气高峰在 390～420℃，达 110mg/g，占总生气量的 70%；至 450℃以后，生气量急剧下降，仅占总生气量的 2%多。

C_{6+}组分：总生油量达 196.60mg/g，为吐哈角质体的 1.3 倍。最大生油高峰在 390～420℃，生油量达 110.39mg/g，占总生油量的 56%，此时 C_{15+}组分含量高于 C_6～C_{14} 组分含量，二者比例为 1:1.3；在 450℃以后生油甚微（图 2.17）。

关于各显微组分的生油气量的对比和先后次序，赵长毅和程克明（1997）提出：①显微组分总生气量由大到小顺序为：角质体（准噶尔）>孢子体、基质镜质体>角质体（吐哈）>木栓质体>丝质体；进入最大生气高峰时间先后为基质镜质体、角质体（吐

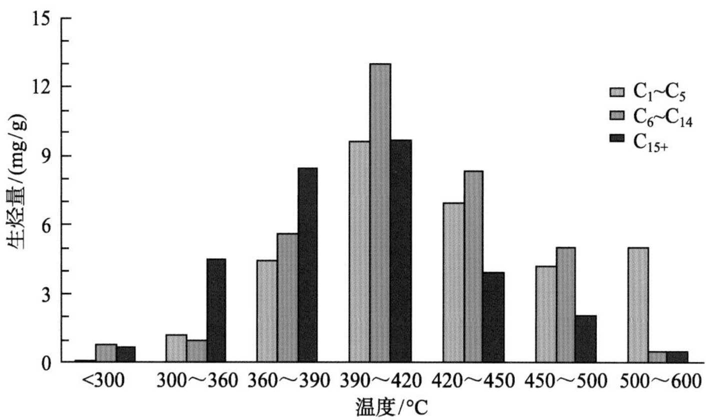

图 2.17 角质体（准噶尔）不同热解温度 PY-GC 油气分布对比

哈）、木栓质体、角质体（准噶尔）和孢子体；生气高峰时生气量占总气量的比例为 30%～50%。②总生油量由大到小顺序为角质体（准噶尔）、孢子体、角质体（吐哈）、基质镜质体、木栓质体和丝质体；最早进入生油高峰顺序为基质镜质体、角质体（吐哈）、木栓质体、角质体（准噶尔）、孢子体；生油高峰各显微组分生油量占总生油量比例由大到小顺序为角质体（准噶尔，56%）、角质体（吐哈，53%）、孢子体（46%）、木栓质体（35%）和基质镜质体（28%）。图 2.18 为各演化阶段显微组分生烃潜力与基质镜质体生烃潜力对比图，更直观地反映了不同显微组分在各阶段下产烃量的差异。

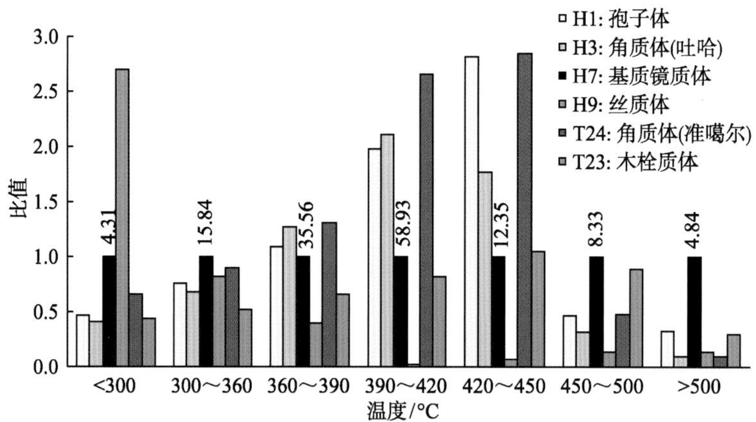

图 2.18 各演化阶段显微组分生烃潜力与基质镜质体生烃潜力对比图（赵长毅和程克明，1997）

图中所标注的数据为基质镜质体的生烃量（mg/g）

依据上述测试结果和荧光演化特征，赵长毅和程克明（1997）提出了吐哈盆地煤岩各类显微组分的生烃模式（图 2.19），指出各类显微组分的成烃窗口有明显差异，树脂体和沥青质体等组分生烃窗口偏上，生烃时间早，而孢子体等生烃时间晚。

演化阶段			煤产烃率曲线		显微组分生烃曲线							
煤阶	R^o/%	成熟程度	液态烃/(mg/g) 10 20 30 40	气态烃/(mL/g) 50 100 150	基质镜质体/(mg/g) 20 40 60 80	角质体/(mg/g) 50 100	孢子体/(mg/g) 50 100	木栓质体/(mg/g) 20 40 60 80	藻类体/(mg/g) 40 80 120 160	沥青质体/(mg/g) 40 80 120 160	树脂体/(mg/g) 40 80 120 160
泥炭	0.25	未熟									
褐煤											
长焰煤	0.50	成熟									
	0.65										
气煤											
	0.90										
肥煤											
	1.30	高成熟									
焦煤	1.70										
瘦煤	1.90										
贫煤	2.50	过成熟									
无烟煤											

图 2.19　吐哈盆地煤岩各类显微组分的生烃模式（赵长毅和程克明，1997，略修改）

傅家谟等（1990）对煤岩各类显微组分也开展了热模拟实验，以研究煤岩的产气特征和产气率。实验结果表明，不同显微组分与分散型干酪根的类型有着相对应的演化途径或产烃特征（图 2.20）；从不同显微组分的热解产气率曲线（图 2.21）来看，原油对

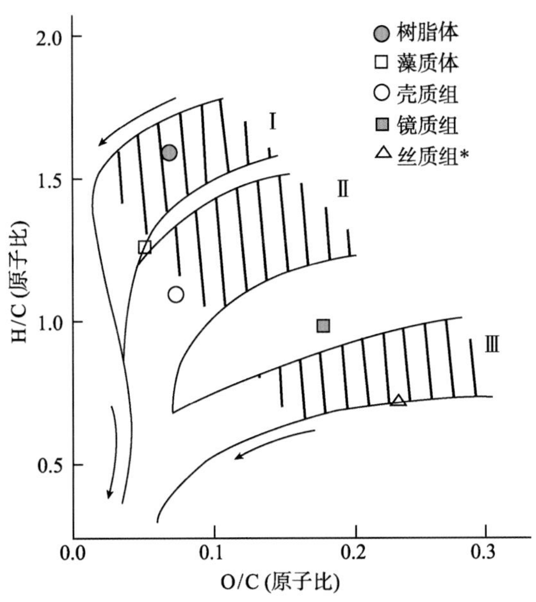

图 2.20　不同煤岩显微组分的热演化途径（傅家谟等，1990，略修改）

*表示丝质组不充填其他有机组分

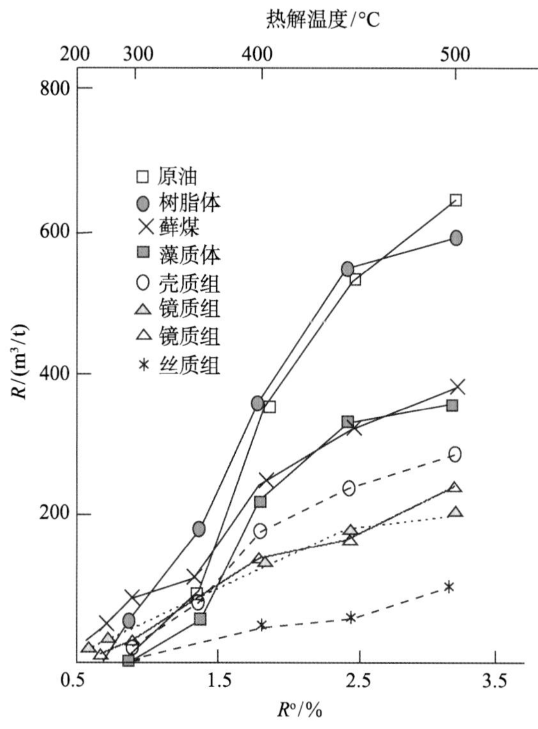

图 2.21　不同煤岩显微组分热解产气率曲线（傅家谟等，1990）

应于树脂体；Ⅰ型干酪根对应于藻质体和藓煤（腐泥煤）；Ⅱ型干酪根对应于壳质组；Ⅲ型干酪根对应于镜质组和丝质组。其中，树脂体和藻质体的产烃率最高，丝质体最低，即越富氢的组分，其生烃潜力就越高。

综观国内外学者对沉积有机质各类显微组分的生烃门限、生烃范围和生烃潜量等方面的研究，尽管在认识上有一定的差异，但有如下三点共识：

（1）沥青质体、木栓质体和树脂体生烃门限（R^o 值）普遍较低，主要变化范围为 0.35～0.5，生油高峰变化范围为 0.5～0.7；成烃窗口埋深相对较浅，生烃潜力较高。

（2）藻质体、孢子体和角质体等生烃门限（R^o 值）变化范围为 0.45～0.7，生油高峰变化范围为 0.7～1.1，生烃潜力高，其中藻质体最高。

（3）丝质体和除基质镜质体以外的其他镜质体，生烃潜力较差。

可见，生烃岩和煤岩在显微组分构成上的明显差异，造成两者在生烃演化方面也存在明显的不同。通过对比两者的成烃演化特征（图 2.22），可以发现赋存聚积型沉积有机质的煤岩成烃范围宽，烃类生成时间早，可出现在 R^o<0.4%的范围内，早、中期热演化阶段均存在轻质油。同时，聚积型沉积有机质的成烃演化未出现类似于分散型沉积有机质的明显生气高峰，从早期至晚期的各个演化阶段均有相当数量的天然气生成。

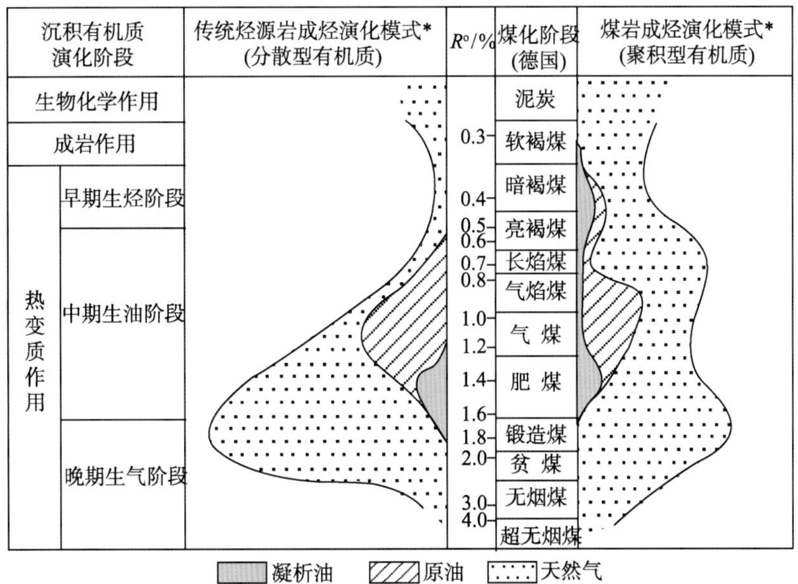

图 2.22　生烃岩和煤岩沉积有机质演化阶段与成烃特征对比

标*者据傅家谟等（1990）

第三节　沉积有机质富集成矿的地质环境与类型

前已述及，沉积有机质主要源于浮游生物、高等植物和细菌等生物体。而现今或任何一个地质历史时期，生物圈中生物群落和种属的分布均与气候、温度和湿度等水圈、气圈和地圈的特征有关。沉积有机质的保存主要依赖于水圈贫氧水体的保护，其最终保存程度完全取决于水体的贫氧程度和时间长短。换言之，除沼泽、湖泊和海洋之外，单纯陆地是无法保存任何有机质的。由于生物群落和种属在各地区发育的差异性，生物死亡、沉积后的赋存环境不同，沉积有机质的特征、组成和数量有所不同，地质演化过程中形成的油气矿藏类型、规模和组分也有很大差别，主要的矿藏类型包括腐殖煤、腐泥煤、油页岩、沥青矿、稠油藏、稀油藏和气藏等。不同有机质矿藏之间存在着相互成生的密切关系。

一、生物群落和种属发育的分带性

从陆地高山、冰川向海、湖水体方向，生物发育的分带性变化明显，主要表现在生物类型和数量两个方面。地理环境变化上表现为由生物贫瘠的高山冰川区，依次变为温带森林和草原、湖泊沼泽或近海，以及开阔深水区。植物光合作用是把太阳能固定并转化为一切生物能够利用的化学键能，这一生产过程是生态系统中能量储存最基本的方式，被称为初级生产或第一性生产。单位时间内被同化的全部太阳能数量或合成的干有机物质量被称为第一性生产率。从不同植物群落初级生产率和生产总量来看（图 2.23），沼泽区初级生产率最高，温暖雨林区生产总量最高。生产总量与初级生产率的不一致性，与陆地森林植物的生长寿命期长有关，而深水区浮游生物寿命短，常常几十天后死亡，造成深水区生物初级生产率远高于生物总量。可见，只要水体具备对死亡有机生物体的良好保存条件，生物发育的初级生产率将是决定地层岩石中沉积有机质丰度的关键要素。滨岸沼泽区极高的初级生产率，使其成为沉积有机质丰度最高和最富集的地区，常发育煤岩层。

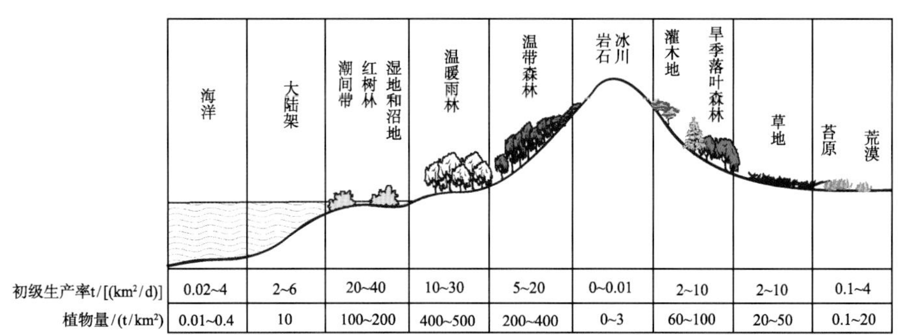

	海洋	大陆架	潮间带、红树林、湿地和沼地	温暖雨林	温带森林	岩石、冰川	灌木地、旱季落叶森林	草地	苔原、荒漠
初级生产率t/[(km²/d)]	0.02~4	2~6	20~40	10~30	5~20	0~0.01	2~10	2~10	0.1~4
植物量/(t/km²)	0.01~0.4	10	100~200	400~500	200~400	0~3	60~100	20~50	0.1~20

图 2.23　地球不同地区植物群落初级生产率和生产总量对比（武吉华等，2009）

二、沉积有机质的保存与富集

水体与陆地，对生物发育来讲，是两个十分不同的世界。与陆地特征相反，水体中生物是相互连通的，生物可在其内部相互散布和流动，相互的界限难以确定。水体的这一特征，使生物死亡后，其有机体可被全部或一定程度地保存下来。对于盆地水体来讲，可划分出沼泽、滨岸浅水和开阔深水等三个区域，以论述生物的发育和有机质的富集与保存的特征。

（一）沼泽区

在不同的沼泽环境下，覆水深度、水介质酸度、氧化还原电位和发育的生物种类等均有不同，造成有机质类型和组分也有较大差异。Teichmuller（1974）研究了德国下莱茵地区中新世的成煤沼泽环境及煤岩类型，认为自陆地高位沼泽向湖泊开阔水域方向，沼泽特征和煤岩类型依次为（图 2.24）：①红杉树沼泽，覆水条件很差，仅见树桩层，成煤作用差；②杨梅科-西里拉科植物沼泽，具有一定的覆水条件，以含少量煤化树干

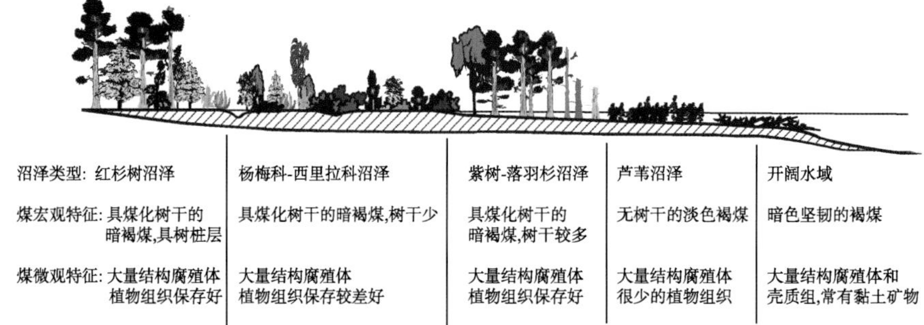

图 2.24　德国下莱茵地区中新世成煤沼泽环境及煤岩类型（Teichmuller，1974；杨锡禄等，1996）

的褐煤为主；③紫树-落羽杉沼泽，覆水条件变好，植物结构保存好，以含较多煤化树干的褐煤为代表；④芦苇沼泽，具良好的覆水条件，含大量碎屑腐殖体，无煤化树干，以淡色褐煤为主；⑤开阔水体，因水体较深，含大量壳质组分和腐殖体碎屑，加之含有较多的黏土矿物，形成了较坚韧的暗色褐煤。

依据水源补给来源，可将沼泽分为低位、中位和高位等沼泽类型。由地下水、地表径流和大气降水同时补给的，称为低位沼泽。低位沼泽覆水条件好，营养丰富，生物茂盛，种属繁多，但有时无机矿物质等灰分含量相对较高。对于滞水的低位沼泽，其还原性更强，易形成含较多富氢显微组分的煤岩，甚至腐泥煤。对于流通性好的低位沼泽，因含氧量高，生物降解较充分，有机质富氢显微组分易于流失，多形成腐殖煤，甚至残殖煤。仅由大气降水补给的，称为高位沼泽，由于缺乏矿物质，植物矮化，种属单一，植物组织分解、合成的腐殖酸大量聚积，不利于微生物的生存活动，覆水条件较差，易形成植物结构保存好的低硫煤。由于其主要接受大气带来的无机物，煤岩灰分含量一般很低。而中位沼泽位于低位和高位之间，补给水源既来自地下水，又来自于大气降水，形成中营养泥炭。

单纯从植物种类和群落来看：①以木本植物为主的种属，以木质纤维组分为主。在覆水条件好的沼泽环境下，易形成凝胶化物质占优势的光亮煤和半亮煤。而在覆水条件差、多氧的沼泽环境下，则易形成富丝质组的半暗煤和暗淡煤。②以芦苇等半水生植物为主的种属，组分以纤维素和蛋白质为主，易形成含较多富氢显微组分的煤岩。③以半水生植物和浮游生物为主的沼泽，在深覆水的条件下，也易形成含较多富氢显微组分的煤岩或油页岩，但硫分和灰分相对较高。④以苔藓植物为主的高位沼泽，覆水条件较差，易形成有机质惰性组分较高、低灰分的半暗煤和暗淡煤。

通过上述论述可知，随着自高位沼泽向低位沼泽开阔水体方向，覆水深度的加大，水体同外界沟通或流通的能力加强，黏土等无机物的混入或输入量加大。同时，生物产率和生物总量也明显降低。因此，向开阔水体方向，沉积有机质丰度不断下降，但有机质富氢显微组分含量明显增加。Overbeck（1950）对德国西北部湖泊和沼泽环境下的植物分带与不同类型有机泥形成的研究，也证实了这一规律（图 2.25），在较开阔的相对

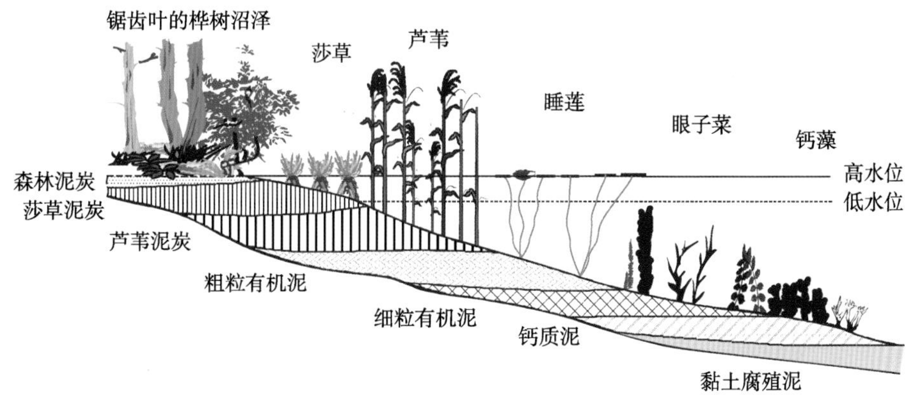

图 2.25　湖泊和沼泽环境下的植物分带与不同类型有机泥的形成
（Overbeck，1950；转自杨锡禄等，1996）

深水部位，含有更多的黏土等无机物，发育的浮游和底栖的藻类植物也富含更多的有机质腐泥组分。

（二）滨岸浅水区

滨岸浅水区与前人述及的低位沼泽开阔水体区域相近或相同。对于水体流通相对停滞的陆相湖泊，一般多为中小型湖泊，水体相对较浅，繁盛的生物以藻类为主，可形成腐泥煤、油页岩和腐泥腐殖煤等。对于滨海和大型湖泊浅水区，由于风浪作用强，水体含氧量较高，陆源无机物输送量大。尽管利于生物繁殖，但不利于死亡生物有机体的保存，沉积有机质丰度低，这也正是许多滨浅海相或滨浅湖相不发育优质生烃岩的根本原因。但对于滞水型的滨浅湖相，也可发育较好的烃源岩，甚至油页岩。

（三）开阔深水区

开阔深水区包括海洋和湖泊的深水区域。在深水区的光合作用仅是由构成浮游植物的单细胞生物进行的，这里的生物产率远远低于陆地。依据海洋生物分带特征，可将深水区的垂向分带划分为光合作用层、比重渐变层和深水层。光合作用层的厚度可从几十米变化到近 200m，具体厚度取决于特定的水体区域。该透光带还伴随着阳光的加热作用和风浪的混合作用，透光带之下没有足够的阳光支持光合作用。在湖泊或海洋的深处约几百米以下，为阳光基本无法达到的黑暗带。这个温度寒冷、几乎不变的带被称为深水层，它具备有机质保存的最佳条件。深水层与光合作用层之间的快速过渡层被称为比重渐变层，这个带内的水密度、温度及盐度迅速变化。三个带当中，光合作用层的生物浓度远远高于其他带，这些浮游生物死亡后，最终进入深水层，沉积于海底，并被部分或全部保存下来。浮游植物的生产力是由光照和养分二者共同控制的。因此，一个地区的浮游生物产率受季节控制。例如，在北大西洋东部，浮游植物在春季迅速繁殖，那时的阳光总量增加，并且比重渐变层也向表面上升。浮游植物的增加是极其迅速的，速率有不可预测性。迅速的繁殖可使养分在几天内耗尽，从而又造成大量的浮游生物死亡。这些死亡的生物碎屑可黏结在一起，形成大片的“海雪”（marine snow），沉入海底，或者成为底栖动物的食物，或者被沉积，保存下来。现代海底都是由淤泥和软泥覆盖着的，这些软泥主要源自生活在上方水体中的生物残余有机物，大部分由浮游植物碎屑构成，少部分为浮游动物和比较大的生物身体碎片。这一现象展示了地质历史时期深水相优质生烃岩的形成过程。

由上述生物种属的分带性和盆地水体沉积分区的特性可知，自盆地边缘的沼泽区、滨岸浅水区至开阔深水区，有机质赋存方式由聚积型变为分散型；生物母质类型由木本植物变为浮游生物；含有机质岩石由煤岩变为含分散型有机质的暗色生烃岩。然而，在沉积盆地地质演化过程中，由于生物群落的发育程度、沉积环境、覆水保存条件、陆源无机物输入等方面的变化，上述理想展布模式产生不完整，并构成各种组合。

三、沉积有机质地下成矿路径与矿藏类型

水体中生物群落和种属发育的分带性，以及沉积赋存和热变质的地质环境特征等，最终决定了沉积有机质的成矿路径与矿藏类型。前已述及，在沼泽相和滨浅水相，极高的生物生产率弥补了保存条件不佳的特征，造成大量偏腐殖型有机质的聚积，显微组分以镜质组和壳质组为主。而开阔深水区的低生物生产率又受到了极佳保存条件的补充，造成了偏腐泥型分散有机质的较好赋存，镜下显微组分以腐泥组和壳质组为主。因此，在不同的发育环境，生物有机质的赋存方式和组分构成，就已奠定了成矿的物质基础和成矿方向。例如，沼泽和滨浅水区赋存的聚积型有机质经生物化学、成岩和热变质作用，原地开始向煤岩与油页岩转化，并生成一定数量的油气。由于有机质的吸附作用，仅少量煤岩油气可构成异地富集成藏；较深水区赋存的分散型有机质经生物化学、成岩和热变质作用，开始向煤岩与烃类转化，并自生烃岩向储集岩运移和富集，构成异地聚集成矿（图 2.26）。依据控制沉积有机质演化的主要作用因素，可将其成矿途径分为三个大的阶段：沉积与生物化学作用阶段、成岩作用阶段和热变质作用阶段。在成矿过程中，无论是聚积型有机质还是分散型有机质，由于其构成的显微组分类型和所占比例的不同，表现出的成烃特征和生烃潜力也会有很大差别。现今世界已构成了煤炭和石油两大相对独立的工业体系，来分别开发和利用这些可燃有机矿产。

（一）聚积型有机质的成矿路径与特征

1. 沉积与生物化学作用阶段

在生物生产率极高的沼泽和滨浅水区形成的聚积型沉积有机质，主要源于高等植物的木质纤维组织，其次是低等植物和浮游生物的蛋白质与脂肪。这些有机质组分在后期的生物化学作用下，均形成富含水分的有机软泥。其中高等植物木质纤维组织可承受相当程度的氧化作用。在活水多氧的环境下，构成镜质组分主体的木质纤维组织被氧化分解和散失；构成壳质组分主体的类脂化合物，因不溶于水，相对富集，后期若能被及时覆盖，可形成含氢量相对较高的残殖煤，这一过程也称为残殖煤化作用；若在干燥、充分氧化的环境下，木质纤维组织在真菌等微生物的参与下，发生脱氢和脱水作用，形成高碳、高芳构化、高反射率的丝炭化物质，这一过程被称为丝炭化作用。然而，富含蛋白质与脂肪的低等植物和浮游生物则完全无法承受氧化作用，在多氧环境下，将被完全破坏和分解，无法保存下来。

上述两个来源的木质纤维组织和蛋白质与脂肪在还原环境下，经生物化学作用，均可得到很好地保存，相应形成泥炭和腐泥。木质纤维组织在强覆水还原环境下，形成腐殖酸和沥青质，原有的组织结构会产生变化，甚至消失，这一过程称为凝胶化作用。在煤炭工业，木质纤维组织的凝胶化、残殖化和丝炭化等作用被统称为聚积型有机质的泥炭化作用。而富含蛋白质与脂肪的低等植物和浮游生物遗体，在还原环境厌氧细菌的参与下，会被分解、合成为富含水分和沥青质的有机软泥，藻类和有机质的原有结构会被

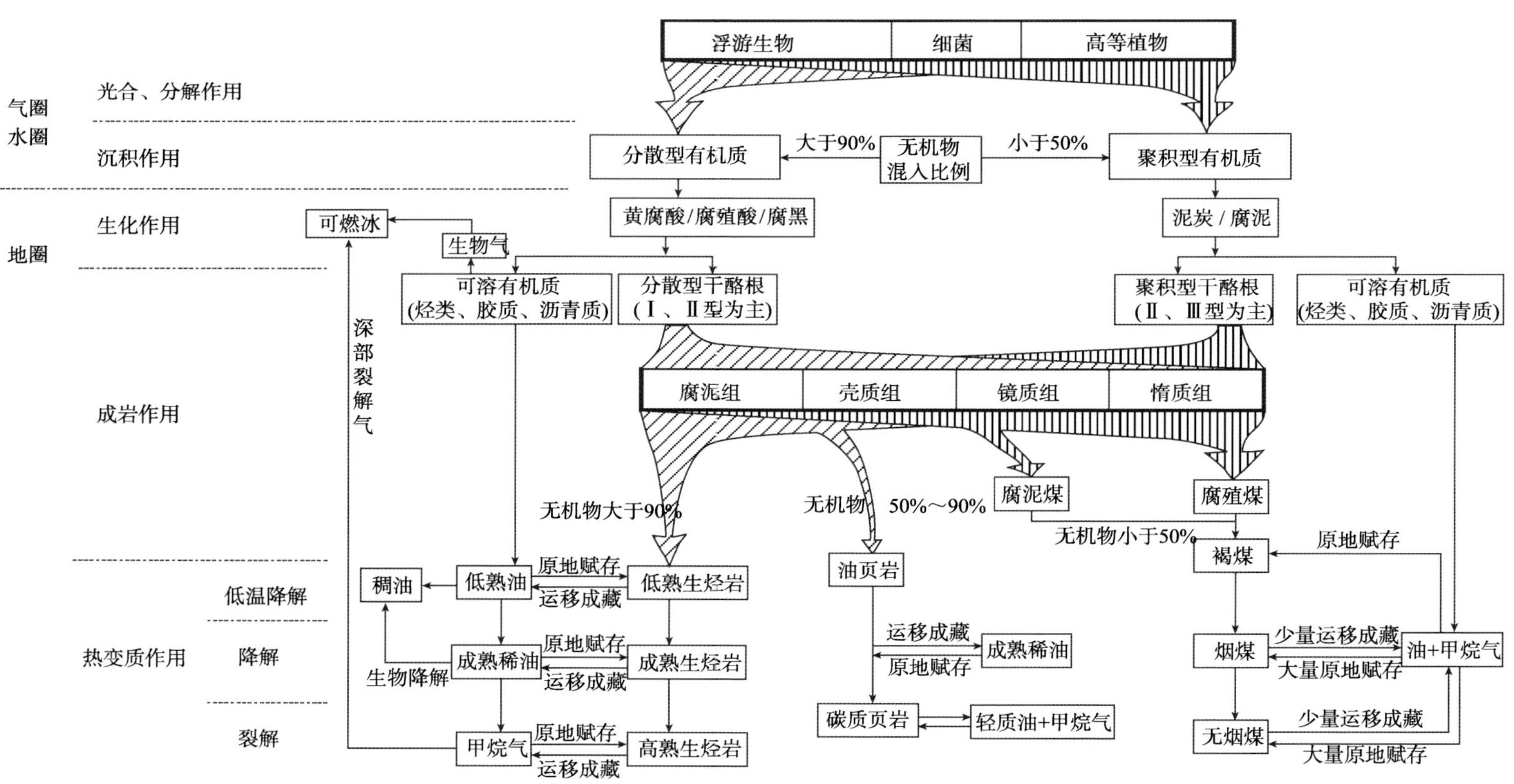

图 2.26　沉积有机质演化与成矿路径示意图

全部破坏，一般仅呈现轮廓形态，这一过程称为腐泥化作用。煤炭工业所称的泥炭和腐泥中，有机物质对应于石油地球化学上所称的黄腐酸、腐殖酸、腐黑和沥青质等物质。泥炭中腐殖酸占有较高的比例，腐泥中沥青质则占有较大的比例。

2. 成岩作用阶段

随着深埋加大，该阶段主要表现为沉积物质的压实和脱水，沉积有机质不断发生缩聚作用和官能团的损失，使腐殖酸等物质向干酪根转化。随着沉积物质的固结成岩，泥炭和腐泥就完成了分别向腐殖褐煤和腐泥褐煤转化的过程。在显微镜下观察，腐殖褐煤有机质显微组分主要为镜质组，其次为惰质组和壳质组。干酪根类型以Ⅲ型和$Ⅱ_2$型为主；而腐泥褐煤显微组分主要为壳质组和腐泥组，其次为镜质组。干酪根类型主要为Ⅰ型和$Ⅱ_1$型；油页岩的成岩和组分等特征近似于腐泥褐煤，主要差别在于其无机物含量超过50%（质量分数），表明二者都形成于开阔的较深水地区。

3. 热变质作用阶段

该阶段的主要影响因素是温度，其次为时间和压力。由于显微组分构成和化学结构等方面的差异，腐殖煤和腐泥煤有着明显不同的热变质特征。未变质腐泥煤分子的基本结构单元以链状脂肪烃为主。随着变质作用的增强，首先脱出其不稳定的含氧基团，随后其长链脂肪结构断裂，排出大量液态烃，主要分子结构转变为以较稳定的芳香型为主，最终朝石墨方向转化。其整体生烃特征和潜力均与Ⅰ型和Ⅱ型干酪根相近。

腐殖煤分子化学结构以芳香型为主，氧主要以不稳定的C═O和COOH形式存在。自泥炭固结成岩、转变为褐煤之后，随着埋深的增加，大分子结构和芳香稠环逐步缩合，许多短支链基团开始脱落，相当数量的甲烷气和轻质液态烃生成。大多学者认为腐殖煤生烃时间要早于传统生烃岩的R^o=0.5%门限值，大约开始于R^o=0.35%。随着变质程度的加深，腐殖煤在传统生烃岩生油窗范围内，除生成较重质液态烃外，依然生成相当数量的轻质烃。同时，煤岩依次转变为长焰煤、气煤、肥煤和焦煤。进一步转变为无烟煤时，煤岩以生成干气为主，最终也朝石墨方向发展。油页岩的变质途径和生烃特征与腐泥褐煤相近。只是当其变质程度大约超过R^o=1.0%之后，由于相当数量的烃类生成和排出，岩石含油率已大幅降低，此时的油页岩一般被称为“碳质页岩”。

（二）分散型有机质的成矿途径与特征

1. 沉积与生物化学作用阶段

分散型沉积有机质主要形成于相对开阔的深水区域，主要源于低等植物和浮游生物。异地搬运而来或原地生存的生物遗体和碎片，与无机矿物质一起，在缺氧的较深水体底层沉积赋存下来。首先在微生物的参与下，有机物质发生分解和缩合作用，生物原有聚合物遭到破坏或分解，其组分逐渐呈现为干酪根前身的新缩聚结构（Tissot and Welte，1978）。上述作用等同于聚积型沉积有机质发生的凝胶化和腐泥化作用，作用产物包括黄腐酸、腐殖酸和腐黑等。由于分散型沉积有机质在沉积物中的丰度较低以及含有更多的富氢显微组分，不能像聚积型沉积有机质一样，承受一定程度的氧化作用。因此，需要良好的缺氧还原环境来保存自己。若分散型沉积有机质在局部聚积成为块状，则其作用产物将呈现为腐泥或泥炭形式。

2. 成岩作用阶段

成岩作用阶段所有沉积物均主要表现为压实和脱水。有机物质进一步发生缩合和聚合作用，腐殖酸向腐殖质转化。有机质在该阶段的转化过程中产生的最重要烃类是甲烷气以及 CO_2、H_2O 和一些重杂原子组分。当成岩作用结束时，上一阶段的各种干酪根前身产物已全部转化成干酪根。一般把可抽提腐殖酸减少到最小量处，确定为沉积有机质成岩作用结束的标志。该阶段等同于聚积型沉积有机质的褐煤形成阶段。Tissot 和 Welte（1978）把该处界定为镜质体反射率 R^o 值为 0.5%。分散型沉积有机质的干酪根显微组分构成与聚积型沉积有机质有所不同，主要为富氢的腐泥组、壳质组和基质镜质组等。生物结构大多消失，多呈无定形状态。

3. 热变质作用阶段

该阶段的主要影响因素同样是温度，其次才是时间和压力。随着埋深和温度的增加，一般认为干酪根在镜质体反射率 R^o 值为 0.4%～0.5%时就开始生烃，不同地区会有差别。表 2.5 展示了不同地区生烃门限对应的深度和温度值。在 R^o 值为 0.6%之前生成的液态烃被称为低熟油。由于干酪根的降解率主要取决于温度和时间，即较长时间可弥补较低的

表 2.5 国内外部分盆地生烃门限值对应的时间和温度数据表（王启军，1988）

资料来源	地区	岩石类型	地层时代	地温梯度 /（℃/100m）	层组年龄 /Ma	门限温度 /℃	门限深度 /m
Albrecht	杜阿拉盆地	粉砂质泥岩	K	5.0	70	85	1200
PHilippi	洛杉矶盆地	页岩	N	3.9	12	115	2440
PHilippi	文图拉盆地	页岩	N	2.66	12	127	2740
Tissot	巴黎盆地	页岩	J	3.1	180	60	1400
Connan	阿奎坦因盆地	碳酸盐岩	K	2.5	112	90	3300
	法国卡马尔格盆地	岩性变化	N	2.5	38	106	3250
	阿尤恩区奥诺河	碳酸盐岩、页岩	K	—	105	85	2740
	沙巴苏洛海区	砂页岩	N	—	12	120	3050
	塔拉纳基盆地（海）	页岩、粉砂岩	K	—	70	80	2900
	巴西亚逊盆地	页岩	C	—	359	62	1750
	塔拉纳基盆地（陆）	砂页岩	N	—	23	95	3350
李永康等	松辽盆地	泥岩	K	5	150	70	1330
周光甲等	东营凹陷	泥岩	E	3.6	40	93	2200
王启军等	泌阳凹陷	泥岩	E	4.1	37	95	1800
田克勤等	黄骅拗陷	泥岩	E	3.4	40	90	2200
江继纲等	江汉盆地	蒸发岩系	E	3.7	40	90	2200
程克明等	酒泉西部	泥岩	K	3.1	150	76	2100
梁狄刚等	冀中拗陷	泥岩	E	2.9	40	95	2700
杨少华等	下辽河西斜坡	泥岩	E	3.64	40	90	2200

温度不足。因此，若生烃岩被深埋在 R^o 值为 0.4%～0.6%之后，没有被继续深埋，长期处于较低的热降解水平，会生成相当规模的低熟油。此时的干酪根降解作用使类脂组分和基团发生弱键断裂，除部分直接成烃外，大部分成为可溶的胶质和沥青质。这些低熟油在遭受一定的稠变作用之后，可形成低熟重质油藏或低熟稠油藏。例如，在渤海湾盆地辽河西部凹陷北段，具有先深埋至低熟范围、后沉降停滞的特征，古近系沙四段生烃岩以生排低熟烃为主，就近形成了高升等低熟油田。此外，该阶段还具有少量的源自在成岩阶段就已出现的可溶有机质部分，包括烃类、胶质和沥青质，这部分有机物中具有一些地球化学化石标志性化合物，可追踪其原有生物体特征。这部分可溶有机质也被一些石油地球化学家称为“未熟油”。在这些低熟-未熟油族组分中，非烃含量很高，其次才是芳烃和沥青质与烷烃。因此，其物理特征大多表现为高黏度和相对低的比重，这与成熟油经生物降解等作用形成的重质油或稠油有明显的不同。

当生烃岩演化至 R^o 值为 0.8%～1.0%时，可溶的胶质和沥青质在黏土矿物的催化加氢作用下，大量转化成液态烃类，干酪根达到液态烃生成高峰。这一时段形成的液态烃，若遭受生物降解、水洗和氧化等作用，烷烃会被首先消耗掉，将会转化成为富含胶质和沥青质组分的稠油。当 R^o 值大于 1.3%后，干酪根本身降解速率变得很低，芳香度大幅提高，热降解作用不断增强，除早期生成部分凝析油外，干酪根变为碳质残余物，液态烃也开始大量裂解形成甲烷气，有机质演化进入大量生气阶段。需要提及的是，当深部裂解气进入地层浅部或海底板时，在低温高压条件下，可构成“可燃冰”矿藏。

回顾上述沉积有机质的主要成矿途径和特征，可以看出沉积有机质成矿的场所表现为原地赋存和异地富集两类。两大成矿路径主干包括分散型沉积有机质异地富集成藏和聚积型沉积有机质原地赋存成煤。这两条主干路径已支撑了当今世界的石油和煤炭两大工业体系百年有余。由于烃类化合物的高热值、可流动和相对清洁等特点，其已成为世界工业体系中的最佳燃料品与化工原料。因此，石油早已成为世界的“黑色黄金”。两大主干路径上异地富集的油气已受到人们的广泛重视，对其开展了系统研究、开发和利用，已形成较为成熟的相关理论和技术系列。但两大主干路径上原地赋存的油气（包括煤岩中赋存的油气与传统生烃岩中赋存的油气）却未受到人们的足够重视，甚至忽视。尤其是聚积型沉积有机质原地赋存所形成的煤岩或煤炭，大多都被用于直接燃烧，含油气的煤炭资源的高效利用已成为世界经济发展的当务之急。随着近年新技术的建立和发展，人们已开始着眼于这类原地赋存的油气矿藏类型（包括页岩油气矿藏和煤岩油气矿藏等）。

参 考 文 献

傅家谟，刘德汉，盛国英. 1990. 煤成烃地球化学. 北京：科学出版社

傅家谟，盛国英，陈德玉，等. 1987. 一种可能的煤成油母质——泥炭藓煤的有机地球化学特征. 地球化学，17（1）: 1–9

韩德馨. 1996. 中国煤岩学. 徐州：中国矿业大学出版社

黄第藩. 1984. 陆相有机质演化和成烃机理. 北京：石油工业出版社

秦匡宗，陈德玉，李振广. 1990. 干酪根的 ^{13}C-NMR 研究——用有机碳三种结构组成表征干酪根的演化. 科学通报，35（22）: 1729–1733

田在艺，张庆春. 1996. 中国含油气沉积盆地论. 北京：石油工业出版社

王昌桂，程克明，徐永昌，等. 1998. 吐哈盆地侏罗系煤成烃地球化学. 北京：科学出版社

王启军. 1988. 油气地球化学. 北京：中国地质大学出版社

武吉华，张绅，江源，等. 2009. 植物地理学（第四版）. 北京：高等教育出版社

肖贤明，金奎励. 1990. 中国陆相源岩显微组分的分类及其岩石学特征. 沉积学报，8（3）: 23–33

杨锡禄，王煦曾，孙文涛，等. 1996. 中国煤炭工业百科全书（地质・测量卷）. 北京：煤炭工业出版社

赵长毅，程克明. 1995. 吐哈盆地煤成油有机岩石学特征. 石油勘探与开发，22（4）: 25–26

赵长毅，程克明. 1997. 吐哈盆地煤及显微组分生烃模式. 科学通报，42（19）: 2103–2105

Krevelen V. 1961. Coal. Amsterdam: Elsevier: 395

Stach E, Mackowdky M, Teichmullei M, et al. 1982. Coal Petrology. Berlin: Gebriider Borntraeger: 535

Teichmuller M. 1974. Uber neue macerale der liptinit gruppe und die entstehrung des micrinits. Fortschr Geol Rheinldu Westf, 24: 37–64

Tissot B P, Duiand B, Espitalie J, et al. 1974. Influence of nature and diagenesis of organic matter in formation of petroleum. AAPG Bull, 58（3）: 499–506

Tissot B P, Welte D H. 1978. Petroleum Formation and Occurrence. Berlin Heidelberg: Springer-Verlag

第三章　油气矿藏构成的基本要素

第一节　生　烃　岩

由于原地赋存和异地富集两类油气矿藏的存在，区分和明确烃源岩和生烃岩之间的差别是非常必要的。生烃岩是指含有比较丰富有机质，并能生成相当数量油气的沉积岩，一般为暗色泥岩、页岩、油页岩、煤岩、灰岩或泥灰岩等。烃源岩是指自身生成的相当数量石油和天然气经运移，对异地工业性油气聚集有一定贡献的生烃岩。生烃岩或烃源岩可依据岩性特征分为泥质、碳酸盐质和煤质生烃岩或烃源岩等三大类。有效烃源岩一般是指质量中等及以上的烃源岩，强调对异地工业性油气聚集的较大贡献。这里的“源”是指“异地商业性油气聚集”的来源。生烃岩只强调油气的生成，而烃源岩既强调油气的生成，又强调油气的排出。可见，烃源岩肯定是生烃岩，但生烃岩不一定是烃源岩，或者说好的生烃岩不一定是好的烃源岩。排烃效率是评价烃源岩好坏的关键指标之一。由于地质历史过程中岩石排烃机理和影响因素复杂，目前地球化学研究工作者们对排烃研究大多局限于经验统计、室内对地下条件的粗略模拟和定性分析等方面。与油气生成研究相比，排烃定量评价工作与认识也存在较大的争议。目前所有的烃源岩研究与评价基本上都是依据岩石中现今残留的各种有机化合物特征和含量，通过各种模型，来尝试恢复烃源岩原始的有机质丰度等特征，并描述其随地质演化的生烃特征。这也正是多年来地球化学家们围绕烃源岩评价存在较大争议的原因所在。针对泥质烃源岩和碳酸盐质烃源岩，大多学者认为有机质丰度是评价烃源岩好坏的最基础指标，已建立了相对系统的评价参数和标准。而对于煤岩和油页岩，基于煤岩排烃效率低和油页岩成熟度低的整体认识，大多学者认为不是优质烃源岩。但煤岩、油页岩和具有较低排烃效率的泥质岩却是优质的生烃岩或潜在的优质生烃岩，为原地赋存型的页岩油气和煤岩油气矿藏的形成提供了十分有利的物质基础条件。

一、泥质和碳酸盐质烃源岩或生烃岩的评价参数

有机质丰度是评价烃源岩好坏的最基础指标或参数，其他评价参数包括干酪根类型和有机质成熟度等。烃源岩中有机质的丰度通常用总有机碳（TOC）、氯仿沥青“A”、总烃含量、生烃潜量（S_1+S_2）等参数来表征。原始有机质丰度一般是指烃源岩在生油门限前未大量生烃、排烃时的有机质含量，而烃源岩生烃、排烃后所测得的有机质含量则是残余有机质含量，包括岩石中的可溶有机质（氯仿沥青“A”）和不溶有机质（干酪根）。随着埋藏深度和地温的不断增加，当烃源岩达到生烃门限温度时，干酪根开始热降解大量生烃、排烃，有机质含量不断降低。对高成熟-过成熟烃源岩来说，若用残余

有机碳含量进行烃源岩评价或计算油气资源量，结果将会失真。因此，许多学者尝试利用模拟实验数据，采用多种方法，探讨地质演化过程中原始有机质丰度的恢复问题。烃源岩在演化过程中，只要发生排烃作用，残余有机碳总量必然小于原始有机碳总量。一般采用恢复系数来对原始有机碳总量或丰度进行恢复。恢复系数与烃源岩有机质类型、热演化程度和烃源岩排烃效率有关。烃源岩有机质类型越好，热演化程度和排烃效率越高，恢复系数也就越高。周总瑛（2009）对烃源岩演化中有机碳总量与丰度变化定量分析研究认为：在完全排烃（排烃效率为 100%）条件下，具Ⅰ型、$Ⅱ_1$型、$Ⅱ_2$ 型和Ⅲ型干酪根烃源岩，其有机碳总量补偿系数最大值分别为 2.104、1.360、1.169 和 1.099。不同类型泥质烃源岩都存在一个排烃效率阈值：Ⅰ型为 20 %，$Ⅱ_1$型为 30 %，$Ⅱ_2$型和Ⅲ型为 60%，当排烃效率小于这个阈值时，不管烃源岩的演化程度如何，其残余有机碳含量普遍大于原始有机碳含量；当排烃效率大于这个阈值时，残余有机碳含量普遍小于原始有机碳含量。在完全排烃（排烃效率为 100%）条件下，Ⅰ型、$Ⅱ_1$型、$Ⅱ_2$型和Ⅲ型干酪根泥质烃源岩有机碳含量最大减少幅度大致分别为 43%、20%、10%和 10%。钟宁宁等（2004）认为在成熟演化过程中，只有生烃潜力很高的Ⅰ型有机质岩石，在生烃降解率和排烃效率极高的“理想”条件下，才表现为明显的增长“减碳”进程，这种情形下的原始有机碳恢复才成为必要。在地质体中的烃源岩生排烃效率条件下，生排烃作用不会造成有机碳值的明显降低。过分强调“减碳”的进程，可能会美化原本比较差的烃源岩。因此，整体来看，关于原始有机碳总量或丰度的恢复问题依然存在许多争议。此外，碳质泥岩一般作为油页岩进入较高热演化阶段后的产物，应属于优质的烃源岩。

二、泥质和碳酸盐质烃源岩或生烃岩的评价标准与分类

对于泥质烃源岩的评价参数和标准，国内外比较一致，大都采用 TOC = 0.3%～0.5% 作为下限值。1995 年我国对泥质烃源岩评价提出的行业标准见表 3.1。但对于碳酸盐岩烃源岩有机碳下限值争论不一，国内外不同研究机构和学者提出的评价标准差别较大（表 3.2）。总的来看，国外提出的下限值为 0.10%～0.30%，而我国学者提出的下限值范围较大，为 0.05%～0.50%，这是因为中国海相碳酸盐岩普遍具有较低的有机质丰度（绝

表 3.1　陆相泥质烃源岩评价表

指标	湖盆水体类型	非烃源岩	烃源岩类型			
			差	中等	好	最好
TOC/%	淡水-半咸水	小于 0.4	0.4～0.6	大于 0.6～1.0	大于 1.0～2.0	大于 2.0
	咸水-超咸水	小于 0.2	0.2～0.4	大于 0.4～0.6	大于 0.6～0.8	大于 0.8
“A” /%	—	小于 0.015	0.015～0.05	大于 0.05～0.1	大于 0.1～0.2	大于 0.2
$HC/10^{-6}$	—	小于 100	100～200	大于 200～500	大于 500～1000	大于 1000
（S_1+S_2）/（mg/g）	—		小于 2	2～6	大于 6～20	大于 20

注：表中评价指标适应用于烃源岩（生油岩）成熟度较低（R^o=0.5%～0.7%）阶段的评价，当烃源岩热演化程度高时，由于油气大量排出以及排烃程度不同，上列有机质丰度指标失真，应进行恢复后评价

表 3.2 不同研究机构及学者提出的碳酸盐岩有机质丰度下限值

机构或学者	TOC/ %	机构或学者	TOC/ %
美国地球化学公司	0.12	田口一雄	0.20
法国石油研究所，1987	0.24	帕拉卡斯，1990	0.30 ，0.50
罗诺夫等	0.20	郝石生，1984	0.30
挪威大陆架研究所	0.20	戴金星，1997	0.5
庞加实验室	0.25	陈丕济等，1985	0.10
Hunt，1979	0.29，0.33	傅家谟和刘德汉，1982	0.08 ，0.10
Tissot et al.，1978	0.30	梁狄刚等，2000	0.50
埃勃	0.30	刘宝泉等，1985	0.05 ，0.10

大部分样品小于 0.2%）和较高的有机质成熟度（R^o 值大多大于 1.5%）。这样的碳酸盐岩能否作为烃源岩，一直是中国油气地球化学界关注和争议较大的问题。我国许多学者所提出的有机质丰度下限明显低于国际标准。

据夏新宇和戴金星(2000)对国外一些典型商业油藏碳酸盐岩烃源岩的统计(表 3.3)，其碳酸盐岩烃源岩有机碳一般都在 0.5%以上。碳酸盐岩烃源岩基本都为泥灰岩和泥质灰岩，纯碳酸盐岩的例子较少。世界上主要的碳酸盐岩油田烃源岩主要都是有机碳含量大于等于 0.5%的海相碎屑岩和富含泥质的、有机质丰度较高的碳酸盐岩。

表 3.3 国外一些含油气区中碳酸盐岩有机质丰度（夏新宇和戴金星，2000）

产地	层位	最大值/ %	最小值/ %	平均值/ %	样品数/块	油气产状	岩性
澳大利亚东 Officer 盆地 Wilkinson-1 井	ϵ	0.68	0.15	0.36	15	油浸裂缝	泥晶碳酸盐岩
澳大利亚东 Officer 盆地 Wallira West-1 井	ϵ	0.54	0.06	0.40	5	油浸裂缝	泥晶碳酸盐岩
澳大利亚东 Officer 盆地 Marla-1 井	ϵ	4.56	0.08	0.68	10	无显示	细粒碳酸盐岩夹泥晶灰岩、泥岩
美国密歇根（Michigan）盆地 尼亚加拉礁体	S	>0.6	0.28	0.50		商业油藏	白云岩
美国密歇根盆地	O_2	4.23	1.3				页岩、灰岩
美国 Smackover 走向带	J_3	2.52	0.05	0.48	22	商业油藏	泥灰岩
美国南佛罗里达盆地	K_1	12.3	0.26	2.35	32	商业油藏	泥灰岩
美国奥斯汀	K_1	7.36	0.05	1.73	101	商业油藏	含生物碎屑灰泥
西班牙卡萨布兰卡	E	4.73	0.5	2.93	42	商业油藏	泥灰岩
俄罗斯 东西伯利亚尤罗勒钦	Z	拗陷中 2.4～8.7				商业油藏	泥灰岩+泥岩
哈萨克斯坦田吉兹	C_2—P_1	1.2～4				商业油藏	泥灰岩
美国密歇根盆地 奥尼安–斯西皮奥	O_2	0.5～1.5				商业油藏	石灰岩、泥岩

秦建中等（2004）依据碳酸盐岩有机质丰度、有机质类型、模拟实验结果、成熟度等，提出了碳酸盐烃源岩的划分标准（表 3.4），将烃源岩分为很好、好、中等和差四类。

表 3.4　碳酸盐岩烃源岩的划分标准

演化阶段	有机质类型	指标	很好烃源岩	好烃源岩	中等烃源岩	差烃源岩	非烃源岩
未成熟↓成熟	Ⅰ	有机碳/%	大于 1.4	0.7～1.4	0.4～0.7	0.2～0.4	小于 0.2
		S_1+S_2/（mg/g）	大于 10	5～10	2～5	1～2	小于 1
	$Ⅱ_1$	有机碳/%	大于 1.8	1～1.8	0.5～1	0.3～0.5	小于 0.3
		S_1+S_2/（mg/g）	大于 10	5～10	2～5	1～2	小于 1
	$Ⅱ_2$	有机碳/%	大于 2.8	1.4～2.8	0.7～1.4	0.4～0.7	小于 0.4
		S_1+S_2/（mg/g）	大于 10	5～10	2～5	1～2	小于 1
高成熟↓过成熟	Ⅰ	有机碳/ %	大于 0.55	0.3～0.55	0.2～0.3	0.1～0.2	小于 0.1
	$Ⅱ_1$		大于 0.9	0.5～0.9	0.25～0.5	0.15～0.25	小于 0.15
	$Ⅱ_2$		大于 1.6	0.8～1.6	0.4～0.8	0.25～0.4	小于 0.25

三、煤质生烃岩的评价标准与分类

煤层作为烃源岩或生烃岩，其显著的地球化学特征是富含有机质，TOC 值高，沥青“A”与总烃含量绝对值均很高。表 3.5 展示了我国部分地区煤层及碳质泥岩的有机质丰度值。按传统生烃岩或烃源岩的沥青“A”与总烃含量评价标准，表中所列举的煤层及碳质泥岩均已达到优质生烃岩范畴。但由于煤岩的 TOC 值太高，其沥青“A”/TOC 值与总烃含量/TOC 值均很低，远低于传统生烃岩或烃源岩的相应评价标准。因此，煤

表 3.5　我国部分地区煤层及碳质泥岩有机质丰度值统计表（肖贤明等，1996）

地区	层位	岩性	TOC/%	沥青“A”/%	总烃/$\times10^{-6}$	沥青“A”/ TOC	总烃/ TOC
鄂尔多斯	$J_{1\text{-}2}$	煤岩	63.45	2.27	7180	0.0357	0.0113
	$J_{1\text{-}2}$	泥岩	3.04	0.07	281	0.0230	0.0092
	C—P	煤岩	74.50	0.13	443	0.0017	0.0006
	C—P	泥岩	3.28	0.07	249	0.0287	0.0081
华北冀中	C—P	煤岩	63.75	1.35	4946	0.0211	0.0077
		泥岩	6.67	0.16	596	0.0243	0.0089
四川盆地	T_3	煤岩	58.45	0.33	1064	0.0056	0.0018
		泥岩	6.05	0.08	222	0.0132	0.0036
吐哈盆地	J	煤岩	70.04	0.42	2543	0.0060	0.0036
准噶尔东部	J	煤岩	73.22	0.58	2575	0.0079	0.0035
伊宁盆地	J	煤岩		0.51	1587		
伊通盆地	E	煤岩	69.38	1.06	3465	0.0152	0.0050
百色盆地	N	煤岩	75.14	0.46	1309	0.0061	0.0017
		泥岩	13.10	0.16	559	0.0172	0.0043
塔里木库车	$J_{1\text{-}2}$	煤岩	70.43	1.95	9044	0.0276	0.0128

质生烃岩或烃源岩的评价标准与分类是不能套用传统生烃岩或烃源岩评价标准与分类方案的。目前，对于煤岩的排烃效率问题依然存在争议，许多学者认为煤岩中有机物质的高吸附性使其排烃效率很低，不足以为工业性的油气聚集提供充足的油气源。目前，与世界煤岩发育的巨大规模相比，已发现的相关商业性油气聚集油藏规模太小，仅发现少量气藏和轻质油藏。这表明煤岩无法大量排烃，不能成为较大规模商业性油气聚集的有效烃源岩。可见，煤岩可以成为优质的生烃岩，但不是好的烃源岩。

（一）煤岩物理结构模型

从地层中有机物质的化学组成和物理结构来看，煤岩是未发生相分离到大部分发生相分离的原始体系。在该体系中，早、中期赋存有大量未发生相分离的天然气和似“石油”组分。长期以来，人们只是根据能源的赋存宏观形态划分为富碳的固态煤[H/C（原子比）<1.0]、浓分散相的稠油和超稠油流体[H/C（原子比）为 1.4～1.7]、低分散相流体和液态常规石油[H/C（原子比）为 1.7～2.0]与富氢的气态天然气[H/C（原子比）为 2～4]。其中，天然气的混合物组成最为简单；石油次之；煤最为复杂，包含了化石有机物质的全部族组分。在煤岩中，三种相态物质同时存在，有机富碳物质以碳基质的形式构成了煤岩的大分子刚性固相主体结构，煤岩中的气“煤层气”作为气态的存在早已受到重视，并被勘探和开发，但中间相态的液态物质和过渡态物质[H/C（原子比）为 0.9～1.4]的存在却因工艺技术等方面的原因，被人们忽视了。

关于煤岩的物理结构，自 20 世纪 80 年代以来，Given（1986）以化学共价键结合力为基础的煤岩两相结构概念得到普遍认同。大部分煤岩科学家都认为，煤岩网络结构基本上是通过化学共价键连接的，只有在低阶煤中存在少量的离子键。两相结构概念将煤岩有机质归属两个组成部分：一部分是相对分子质量相对较小，以可溶有机质为主的可动相（mobile phase）；另一部分则是由有机结构单元之间通过化学共价键结合，以三维交联结构形式存在的大分子刚性相（rigid phase）。近年来，国外一些学者对烟煤的非共价键缔合结构进行了研究，提出了煤大分子结构单元之间相互以物理力缔合，而不是以化学键结合的缔合结构（associate structure）模型。在分析了干酪根、煤岩和石油沥青质组分结构和模型后，结合 Yen（1974）、Yen 等（1984a；1984b）提出的原油沥青质缔合结构模型和 Speight 和 Moschopedis（1979）建立的石油胶体分散体系模型，并通过分析不同化石能源中主要族组分结构模型，本书提出了化石能源组成的特征物理模型，即化石能源是由骨干相和枝干相组成的碳基质，以及过渡相和低分子相组成的油基质构成，如图 3.1 所示。这一物理模型的特征按以下形式存在。

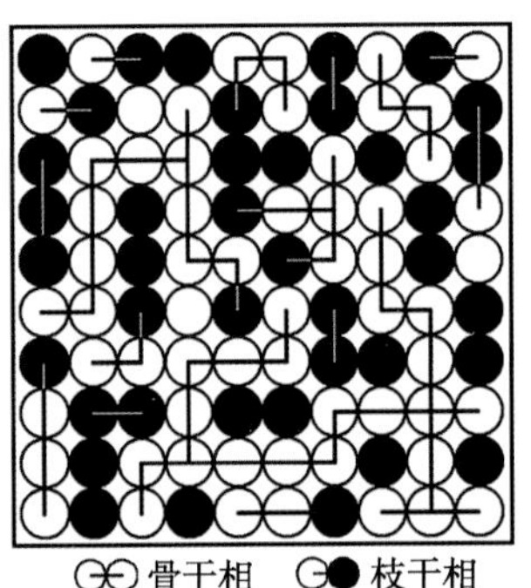

图 3.1　煤岩结构物理模型示意图

煤岩是由固定态的碳基质和可流动态油基质组成的。再依据分子结构特征，碳基质可被进一步划分为骨干相和枝干相，油基质被划分为过渡相和低分子相。相态内分子是通过化学键连接，相态间则主要以物理力缔合。可见，依此物理模型，碳基质构成了煤岩的储集介质和格架，而油基质则构成了煤岩的“可流动”似石油烃类物质，即构成了煤岩中储存的“油”。

油基质在宏观形态上呈特超稠油组成与结构特征，是混有烃类化合物的烃类转化基质，可溶解于多元有机溶剂。其过渡相和低分子相分别具有如下特征。

过渡相：相对分子质量数百至数千。大部分相当于石油沥青质和胶质组分，具有更开放的分子结构，并有较强分子极性。它们以各种非共价键物的形式与骨干相或枝干相分子中的极性基团相缔合，或自身相互缔合，形成非共价键缔合网络结构。它可以溶于超强溶剂或分散在烃类溶剂中。热解时，大芳环部分缩聚为“稠环结构单元”进入三维交联网络结构，支链部分分子则进入低分子相。

低分子相：主要为相对分子质量小于数百的非极性分子，包括各种饱和烃和芳香烃。由于烃类化合物是非极性的，与含杂原子极性分子形成的非化学键作用较弱。它受过渡相分子的束缚，多呈束缚态或半游离态被限制在以上三部分构成的网络结构之中；包络于非共价键网络结构中的烃类组分，随着非共价键网络的破坏可游离出来，成为可溶有机组分的组成部分。而在共价键网络结构中“笼状”的烃类和部分相对分子质量较小的非烃化合物则不易被有机溶剂所抽提。

（二）煤岩油基质组分的特征

几十年来，国内外许多学者围绕煤岩的成烃开展了大量研究。从富含分散有机质烃源岩的传统评价方法和煤岩的组分构成与排烃问题，确认煤岩可以生烃，并排出少量的轻质烃类化合物，但不是一种好的油源岩。这使煤岩中富含的大量似稠油或超稠油的油基质组分被石油研究者们忽视了，因为这一组分不属于狭义概念上的传统“石油”，也无法用传统方法进行研究和评价。

由于煤岩组分的复杂性和大分子结构的封闭性，煤岩抽提物比泥质生油岩抽提物要复杂得多。采用不同的溶剂，泥质生油岩抽提物的性质和数量变化不大，但煤岩抽提物却变化很大。对于低变质的褐煤，若用极性大的吡啶抽提，可得 30%的抽提物；若用氯仿，则一般可得 4%～5%的抽提物。近几年来，煤化学家们发现了能强力溶解煤的二元或多元新溶剂，如 CS_2 和 *N*-甲基-2-吡咯烷酮（NMP）的二元混合溶剂等，新的强力溶剂对煤的抽出率高达 150～300mg/g 有机碳，甚至对有的特定煤种溶剂抽提率高达 600～800mg，为氯仿抽出率的数倍至几十倍。抽提物中主要为沥青质、胶质和少量烃类组分，表明煤岩中确实含有大量的胶质、沥青质和似沥青质化合物，从而扩大了传统的煤岩抽提物范围，提高了人们对煤沥青质的数量和质量的认识。

在 Yen（1990）根据溶剂的溶解度提出的沥青质族组分分类方案的基础上，本书结合化石能源物理模型和各组分 H/C（原子比），提出了煤岩族组分分类对比方案（表 3.6）。

表 3.6　煤岩族组分分类对比方案

本书组分分类	分子相	Yen 组分分类	H/C(原子比)	溶解度	备注
油基质	低分子相	烃类	>1.6	丙烷可溶	饱和烃与芳烃
		胶质	1.3～1.6	丙烷不溶、戊烷可溶	
	过渡相	沥青质	1.1～1.3	戊烷不溶、苯可溶	
		碳青质	1.0～1.1	苯不溶、CS_2 可溶	ASTM 以 CCl_4 代替苯
		焦沥青	0.9～1.0	CS_2 不溶、吡碇可溶	
		中间相	0.65～0.9	吡碇不溶	
				NMP	吡啶不溶物中的溶解物
				CS_2/NMP	NMP 不溶物中的溶解物
碳基质	枝干相		<0.65	CS_2/NMP	CS_2/NMP 不溶物中的溶胀物
	骨干相		<0.40	CS_2/NMP	CS_2/NMP 不溶物中的不溶胀物

为了解不同煤阶下低分子化合物的组成，本书选用不同成熟度的煤种、泥炭、褐煤、长焰煤、肥煤、焦煤、贫煤、无烟煤共 8 种，采用 CS_2/NMP（体积比 1:1），混合溶剂抽提，对不同煤阶煤种的可溶有机质的基本性质进行了分析和研究，并与辽河稠油进行了对比，煤岩油基质（CS_2/NMP 抽提物）是比辽河特超稠油“更重”的特超稠油。分析结果表明，抽提物的 H/C（原子比）为 1.20～1.30，O/C（原子比）为 0.005～0.16；抽提物的最终热成烃量在煤岩成熟度 R^o=0.3～0.8 范围内有最大值。

因此，应把煤岩作为固态油气矿藏，依据煤岩的 H/C、O/C、HI、热解生烃量和煤岩组分等指标，对煤岩进行分类和评价。本书把煤岩的 H/C 和 O/C（原子比）作为划分的第一指标，挥发分含量（V_{daf}）作为划分的第二指标，辅助煤岩其他的组成特征，提出了煤质生烃岩等级的划分方案 （表 3.7）。

表 3.7　煤质生烃岩分级表

分类指标		差	中等	较优	优质	特优
显微组分含量/%	壳质组	0～5	10～30	30～50	50～70	>70
	镜质组+惰质组	>90	70～90	50～70	30～50	<30
地球化学特征	H/C	<0.70	0.70～0.80	0.80～0.95	0.95～1.25	>1.25
	O/C	>0.18	0.18～0.12	0.12～0.07	0.07～0.05	<0.05
	HI/（mg/g·COT）	<100	100～150	150～250	250～500	>500
热解生烃量/%	液体烃	<5	5～12	12～25	25～45	>45
	气态烃	8～12	8～12	8～12	8～12	8～12
煤质特征	V_{daf}/%	<25.0	25.0～35.0	35～50	50～65	>65

特优煤质生烃岩：主要由水生低等生物体和少量陆生植物碎屑体的混合物，在开阔水体强还原环境中形成。煤岩类型主要为腐泥煤，煤岩显微组分主要是藻类体、沥青质体及矿物沥青基质中的有机质。煤岩的 H/C（原子比）一般大于 1.25，O/C（原子比）一般小于 0.05。挥发分一般大于 65%。液体烃的热解生烃量一般大于 45%。

优质煤岩生烃岩：主要是陆生植物富集残体和叶片与水生低等生物体的混合物，在浅湖-半深湖相的还原环境中形成；煤岩类型为暗煤，壳质组含量一般为50%～70%。煤种主要为褐煤和长焰煤。煤岩的H/C（原子比）一般为0.95～1.25，O/C（原子比）一般为0.07～0.05。挥发分一般为45%～65%。液体烃的热解生烃量一般为25%～45%。

较优质煤岩生烃岩：主要是高等植物残体在湖泊边缘沼泽的弱氧化-还原环境中形成，植物残体中角质体较为富集。煤岩类型主要为亮煤，壳质组含量一般为30%～50%。煤种主要为褐煤、长焰煤和气煤。煤岩的H/C（原子比）一般为0.95～0.8，O/C（原子比）一般为0.07～0.12。挥发分一般为45%～33%。液体烃的热解生烃量一般为25%～12%。

中等煤岩生烃岩：主要为镜煤，壳质组含量一般为30%～50%。煤种主要为气煤、肥煤和焦煤。煤岩的H/C（原子比）一般为0.7～0.8，O/C（原子比）一般为0.18～0.12。挥发分一般为25%～33%。液体烃的热解生烃量一般为5%～12%。

差等煤岩生烃岩：主要为丝煤，煤种为较高变质煤，如贫煤和无烟煤等。挥发分一般小于25%，热解生烃量均小于5%。

第二节 储 集 岩

具有连通孔隙和渗透性的岩石或岩层称储集岩（层）。这只是一个相对的概念，从传统意义上讲，储集岩（层）必须具有储存空间（孔隙性）和储存空间的一定连通性（渗透性），它只说明具备流体储存和流通空间的条件而并不考虑其中是否有油气的存在，如储集层中储存了油气则称之为含油气层。储集岩按岩石类型可分为砂岩、泥岩、碳酸盐岩、火山岩和变质岩等类型。按储集空间性质可分为孔隙型、裂缝型和孔-缝型等。

储集岩（层）的基本特征之一是其孔隙性。储集层的孔隙（包括裂缝和孔洞）是指岩石中未被固体物质充填的空间。地壳中不存在没有孔隙的岩石，但是不同的岩石的孔隙大小、形状和发育程度是不同的。因此，岩石孔隙发育程度直接影响储存油气的数量。岩石孔隙发育程度用孔隙度（孔隙率）来表示，即岩石的孔隙体积与岩石体积之比（以百分数表示）。岩石的孔隙按其大小（孔隙直径或裂缝宽度）可分为3类：①超毛细管孔隙。指管形孔隙直径大于0.5mm或裂缝宽度大于0.25mm的孔隙，这种孔隙中的流体可以在重力作用下自由流动。岩石中的大裂缝、溶洞及未胶结或胶结疏松的砂岩层孔隙大部分属此类。②毛细管孔隙。指管形孔隙直径为0.0002～0.5mm，或裂缝宽度为0.0001～0.25mm的孔隙。在这种孔隙中的流体，由于毛细管力的作用，不能自由流动。要使流体在其中流动，需要有明显的超过重力的外力去克服毛细管阻力。一般砂岩的孔隙属于此类。③微毛细管孔隙。指管形孔隙直径小于0.2μm，或裂缝宽度小于0.1μm的孔隙，一般泥岩、页岩中的孔隙属于此类。只有那些彼此连通的孔隙才是有效的油气储集空间，即有效孔隙。有效孔隙度（P_e）是指岩石有效孔隙体积（V_e）和岩石总体积（V_t）之比。

储集岩（层）的另一基本特性是流体在孔隙中流动的能力，也就是储集层的渗透性。

它是指在一定的压力差下，岩石允许流体通过其连通孔隙的性质。岩石渗透性的好坏，用渗透率表示。实验表明，当单相流体以游离状态通过孔隙介质沿孔隙通道呈层状流时，遵循达西定律，即液体通过孔隙介质的流量（Q）与两端的压力差（ΔP）和横截面面积（F）成正比，而与液体的黏度（μ）和孔隙介质的长度（L）成反比。应用达西公式，在单相条件下求得的渗透率为绝对渗透率。储集层孔隙中常为两相，甚至三相（油、气和水）流体共存，各相流体彼此干扰和互相影响。有效渗透率是指储集层中有多相流体共存时，岩石对其中每一单相的渗透率。相对渗透率为有效渗透率与绝对渗透率之比值。在流体流动符合达西定律的常规储层中，浮力是油气运移的主要动力，只有当遇到盖层的小喉道足以克服浮力、阻挡其通过时，油气才能聚集起来。但在低渗透或特低渗透的非常规储层中，烃类化合物主要以吸附等非游离状态存在于孔隙，流体流动则不遵循直线渗滤定律，渗流特性更为复杂，浮力已不再是油气运移的主要驱动力，而是需要足够的流体压差来克服毛细管阻力，确保油气的运移。Nelson（2009）依据前人的分析数据，展示了依次从常规储层、致密砂岩气储层、页岩的孔喉宽度到烃类化合物分子大小的变化序列（图 3.2），认为常规储层的孔喉宽度一般大于 2μm，致密砂岩气储层的孔喉宽度为 0.03～2μm，页岩的孔喉宽度为 0.005～0.05μm（部分样品上限可达 0.1μm）。页岩中最小的孔喉宽度与沥青质大分子的直径相当，并比水和甲烷分子直径宽约 10 倍。在常规油气藏中，砂岩储层孔喉宽度（大于 2μm）与泥岩盖层（小于 0.05μm）差异明显，而

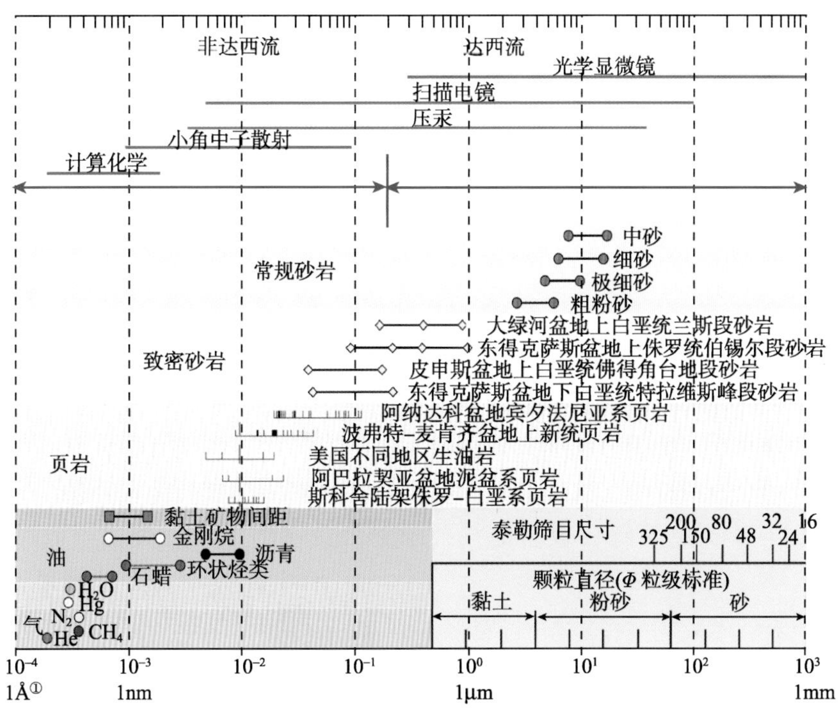

图 3.2　沉积碎屑岩孔喉大小、储集化合物分子直径和黏土矿物间隙分布图（Nelson，2009）

① 1Å = 10^{-10}m

在低渗透砂岩含气层系中，产层与非产层的孔喉宽度差别很小或无差别。Nelson（2009）还提出孔喉宽度上一个数量级的变化大致对应于渗透率上两个数量级的变化。

关于储集岩的分类和评价，除按岩性分类外，主要依据孔渗性和技术条件来分类和评价。依据当前技术条件，可将储集层分为常规和非常规两类。常规储层（岩）一般是指应用当前已成熟勘探开发技术可识别或商业性开发的一类储集层，否则，就为非常规类储集层（岩）。而依据储集层孔渗性大小，可将碎屑岩和碳酸盐岩依次分为特高、高、中、低和特低等若干级别（表 3.8 和表 3.9，据国家石油天然气行业标准、油气储层评价方法，SY/T6285—1997）。

表 3.8　碎屑岩储层孔渗性分级标准

孔隙度 Φ/%		渗透率 $K/10^{-3}\mu m^2$	
分级	数值	分级	数值
特高孔	$\Phi \geq 30$	特高渗	$K \geq 2000$
高　孔	$25 \leq \Phi < 30$	高　渗	$500 \leq K < 2000$
中　孔	$15 \leq \Phi < 25$	中　渗	$50 \leq K < 500$
低　孔	$10 \leq \Phi < 15$	低　渗	$10 \leq K < 50$
特低孔	$5 \leq \Phi < 10$	特低渗	$1 \leq K < 10$
超低孔	$\Phi < 5$	超低渗	$0.1 \leq K < 1$
		非渗	$K < 0.1$

表 3.9　碳酸盐岩储层孔渗性分级标准

孔隙度 Φ/%		渗透率 $K/10^{-3}\mu m^2$	
分级	数值	分级	数值
高　孔	$\Phi \geq 20$	高　渗	$K \geq 100$
中　孔	$12 \leq \Phi < 20$	中　渗	$10 \leq K < 100$
低　孔	$4 \leq \Phi < 12$	低　渗	$1 \leq K < 10$
特低孔	$\Phi < 4$	特低渗	$K < 1$

近年来，随着油气开发技术的不断创新、发展和完善，低孔低渗或特低渗透油气藏也逐步得以商业性开采，同时也有着调低低孔和低渗储层界限值的要求。只要岩石中储存有较为丰富的油气，无论岩石的孔渗性有多低，岩石中烃类化合物以何种方式赋存于储集介质之中，通过新技术的人工造缝，都可使储存的油气被商业性开发。因此，储集岩中是否赋存有丰富的油气已成为油气开发更为关键的因素。美国等把渗透率小于 0.1mD 的含气砂岩储集层称为“致密砂岩气（tight sand gas）”。经济性储集岩的涵盖范围已被大大拓宽，页岩等泥质岩和煤岩也可成为有效的油气储集岩，因为新技术会大幅度地提高这类储集岩的孔渗性。

一、砂岩储集层

据统计，中国陆相碎屑岩油田占油田总数 80%以上，储量占 90%以上。从中国储集层分布特点来看，古生代为海相或海陆过渡相，中、新生代则以陆相为主。碎屑岩类储集层由砂岩、砾岩等碎屑岩构成。影响碎屑岩储集空间主要因素为碎屑颗粒的成分、粒度、分选程度、胶结物成分和胶结类型及储集层埋藏深度，以及颗粒之间孔隙和微裂缝的发育程度等。

我国陆相碎屑岩具有高物源、近物源、堆积快、变化大的特点。岩石结构成熟度和矿物稳定度均较低，大多为长石砂岩、岩屑长石砂岩、长石岩屑砂岩和岩屑砂岩，少数为石英砂岩。砂岩类型的不同主要取决于母岩区岩石性质及离物源区的远近。例如，我国东部地区母岩区多为长英质变质岩类，如混合花岗岩、花岗片麻岩等，多形成长石砂岩；在我国西部陆相地区，母岩多为火山岩类。按沉积体系类型，储集体（层）可分为以下几种类型。

（一）洪积、冲积扇相储集层

1. 沉积特征

洪积、冲积扇相砂砾岩体多分布于山地河流或间歇性洪流出口进入冲积平原处。坡度突然变缓，河流流速减低，水流分散，导致河流搬运能力下降，从而使大量碎屑物质（即砾石、泥、砂）在山口处快速堆积下来，形成向平原方向倾斜，并延伸较长的扇体或较短的锥体，称为洪积或冲积扇体。洪积或冲积扇体经常成群出现，沿山麓分布，侧向相连形成扇群，成为沉积盆地边缘显著的边缘相。当盆地边界大断层活动时，山脉抬升，风化剥蚀加快，产生的碎屑物质增多时，扇体规模变大。

例如，渤海湾盆地东营凹陷南部的乐安新近系馆陶组洪积扇，它是鲁西隆起与广饶凸起之间的山口向北（凹陷方向）堆积的粗碎屑扇体。岩性为砂岩、含砾砂岩、砾状砂岩、砾岩和泥岩。砾石成分为页岩、火成岩，砾石直径1～3cm，大者可达8～10cm。砾石磨圆度差，分选差，一般上部较细，底部粗，岩石颗粒被红色泥质胶结。砾石层取出的岩心多为散砾石，扇体面积250km^2，厚度20～30m。对这样一个面积较大、储集层较厚，胶结疏松的扇体，孔隙度变化为25%～34%，渗透率好（$1836\times10^{-3}\mu m^2$），埋藏浅（800～1000m）。这种洪积扇相砂砾岩体在渤海湾盆地各凹陷边缘的浅层层位中数量较多，但发现大油田者却不多见。

2. 储集特征

洪积或冲积扇体的组成物质主要是河道沉积的砂砾和溢岸漫流的泥、砂。扇体由扇根、扇中和扇端三部分组成。扇根部位泥质含量很高，渗透率较低；扇中部位因泥质减少而使渗透率增高；扇端以泥岩为主，只有少量薄层砂岩或含砾砂岩。

例如，克拉玛依油田三叠、侏罗系洪积、冲积扇相砾岩体，砾岩多为近物源强水流沉积，粒度分选极差，分选系数多为3～8，泥质含量为10%～18%，一般为正韵律，但颗粒的韵律性变化不强。砾岩渗透率变化大，非均质性强（表3.10），渗透率变异系数在0.8以上。砾岩微观结构复杂，孔喉半径均值为0.1～2.0μm，孔喉比高达30～150，孔喉配数为2～3，孔喉分选系数3.7～4.0。

表 3.10　克拉玛依油田洪积、冲积扇砾石储集层物性对比数据表

层位	有效孔隙度/%			水平空气渗透率/$10^{-3}\mu m^2$		
	扇根（不等粒砾岩）	扇中（小砾岩）	扇端（砂质砾岩）	扇根（不等粒砾岩）	扇中（小砾岩）	扇端（砂质砾岩）
J_1b	16.0	18.0	16.7	36～300	54～4200	24～87
T_2^3	14.7	10.0～22.6	6.9～7.0	76	15～3500	21.7
T_2^1	10.0～23.0	12.5～21.6	11.6～18.4	27～1000	30～1559	8～427

（二）河流相储集层

1. 沉积特征

河流是陆地上主要的地质营力，特别是在长期缓慢沉降盆地或地区，气候又多呈半干旱到潮湿条件。河流相通常只限于冲积平原上，即从冲积扇扇端到三角洲平原上第一个分流点这一大段地貌单元内的河流沉积物。

河流相砂体的分布严格受古地形和水动力条件的控制。常见的是地堑带中的河流充填和侵蚀河谷中的河流充填沉积。前者如渤海湾盆地东营、车镇、歧口、板桥、南皮、东濮等凹陷的古近系沙二段沉积期普遍发育部分河流沉积，后者如松辽、鄂尔多斯等盆地分别在下白垩统、侏罗-二叠系发育河流体系的充填沉积。另外，渤海湾盆地新近系是广泛的河流冲积平原，沉积物已脱离了湖水的影响（仅局部暂时性汇水洼地），沉积了馆陶组辫状河流砂体及明化镇组曲流河砂体。

河流一般由河道（床）、边滩、天然堤、决口扇、泛滥平原和废弃河道次一级地貌单元组成（图 3.3、表 3.11），它们各由相应的沉积物组成沉积微相。在地表，河流形态千姿百态是河流相沉积的又一特征。Rust 和 Waslenchuk（1976）根据河道的辫状指数和弯曲度两个系数，将河流形态划分为四种形式：当辫状指数小于 1 时，弯曲度小于 1.5 者为单河道顺直河，弯曲度大于 1.5 者为单河道曲流河；当辫状指数大于 1 时，弯曲度小于 1.5 者为多河道辫状河，弯曲度大于 1.5 者为多河道网状河（图 3.3）。所谓顺直河是指弯曲度很小，河岸比较稳定的单一河道河流。辫状河是一条宽而浅的河流，河道被很多心滩分割，水流成多河道绕着众多心滩不断分叉又重心汇合。曲流河则是以弯曲的单一河道为特征，比辫状河坡降小，河深大，宽深比小，携带的碎屑物中推移质/悬浮质小，

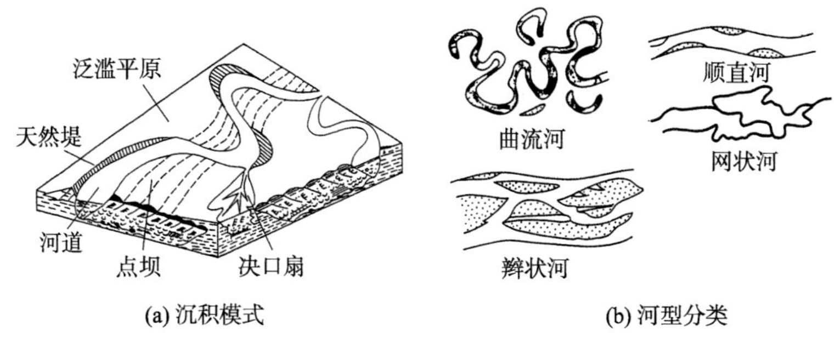

图 3.3　河流相沉积图（吴崇筠等，1992）

表 3.11　河流亚相含义和沉积特征表

亚相	含义（定义）	沉积特征
河道	河道填积是指河道中某种原因，使被搬运的碎屑物在较短的时间内，以填塞整个河道的方式堆积下来，并发生粗略的重力分异作用	底部由滞留粗粉砂及粗树干及河岸垮塌泥块组成。底面为冲刷面，向上砾石减少，岩性变细，以细砂、粉砂及含砾砂岩为主。砂砾中可见大型槽状交错层理及块状层理，细砂、粉砂岩中可见小型斜层理及平行层理
边滩	边滩沉积是指河道凸岸一侧河道内的沉积物，是河道凹岸侧蚀迁移过程中在凸岸同时发生的侧向加积所形成	砂、粉砂岩为主，次为泥岩，含少量砾石。碎屑成分复杂，长石和岩屑含量高。层理构造类型多，常见槽状、板状及平行层理
天然堤	天然堤沉积是河流泛滥溢岸时，溢出河道的悬移质碎屑物于河道两侧堆积而成	粉砂、细砂岩与泥岩的薄互层为主，可见小型波状层理、爬升层理、水平层理，并可见干裂、雨痕、植物根及钙质结核和虫迹构造
决口扇	决口扇沉积是洪泛冲开某处天然堤，碎屑物被决口的河水携出，向泛滥平原散失时的沉积，以放射状分流呈扇形散开	粉、细砂岩为主，可见小型交错层理和冲刷充填构造
泛滥平原	泛滥平原低地是指河道两侧泛滥平原相对的低洼地，一般只在泛洪时接受一些泥质沉积，大洪泛滥时也可接受少量粉砂和极细砂沉积	主要为粉砂岩和泥岩，有小型波状层理、爬升层理、水平层理，常见钙、铁质结核、植物立生根、充填构造
废弃河道	废弃河道沉积是河道某一段被截流后的沉积物	多数为洪水带来的细粒悬浮物质，有离河道近的废弃河道中有比较粗的堆积物质

流量变化也相对小一些。网状河是沿固定的心滩流动的多河道河流，河道因心滩和河岸坚固而稳定，这也是网状河与辫状河的主要区别。

2. 储集特征

不同河流微相砂体有不同物性变化特点，通常是河道边滩微相砂体的孔渗性最好，决口扇微相砂体较差。鄂尔多斯盆地侏罗系延安组和富县组不同河流微相砂体储集物性见表 3.12。其中，边滩微相和河道微相砂体孔渗性最好。

表 3.12　鄂尔多斯盆地不同河流微相物性统计表

层位	河道微相		边滩微相		决口微相		泛滥平原微相	
	孔隙度/%	渗透率/$10^{-3}\mu m^2$	孔隙度/%	渗透率/$10^{-3}\mu m^2$	孔隙度/%	渗透率/$10^{-3}\mu m^2$	孔隙度/%	渗透率/$10^{-3}\mu m^2$
J_1y（侏罗系延安组）	12.3	30.9	14.2	41.4	8.9	1.0	—	0.7
J_1f（侏罗系富县组）	13.6	15.5	14.8	40.8	—	—	4.3	0.8

（三）河流三角洲相储集层

1. 沉积特征

三角洲的位置处于河流入湖或海地区，从岸上河流下游第一个分流点开始，经岸上三角洲分流平原带，向前穿越滨浅湖（海）地带，前临深湖（海）地区，背靠宽缓的河流冲积平原。离物源区远，地形比较平缓，母岩风化的碎屑物质经过较长距离的搬运。

三角洲沉积比河流沉积细，以砂、泥为主；河口水下地带的坡度也较平缓，沉降速度与沉积速度相近，保持浅水缓坡的特征。三角洲具有三带沉积分布特征，在平面上由岸上到湖心的排列都是由三角洲平原—三角洲前缘—前三角洲的顺序构成，称为三角洲三带（层）结构（表 3.13、图 3.4）。

表 3.13　三角洲亚相含义与沉积特征表

相	亚相		含　义	沉积特征
三角洲	三角洲平原		位于河流下游第一个分流点至湖岸之间的三角形岸上部分，称三角洲平原	以分流河道沉积和道间的漫滩沉积为特征。河道弯曲度小，多呈分叉的放射状或树枝状和平行状
	三角洲前缘	水下分流河道	是三角洲平原上分流河道向湖内延伸部分；河流作用越强，水下河道越长；呈条带状垂直岸线分布	岩性剖面为多层正韵律砂层形成叠合砂岩，周围泥岩为灰、灰绿至暗紫色含湖相化石的滨浅湖相泥岩
		河口砂坝	是三角洲中主要砂体之一，多分布在三角洲平原上的分流河道入湖的河口处	砂坝以纯净、分选好、具反韵律为特征
		席状砂	是河口坝周围和前方呈大范围分布的薄层砂岩称席状砂	以薄层粉砂岩与泥岩层呈薄互层为特征
	前三角洲		位于三角洲前缘亚相的前方	以暗色泥岩为主，夹薄层粉砂岩

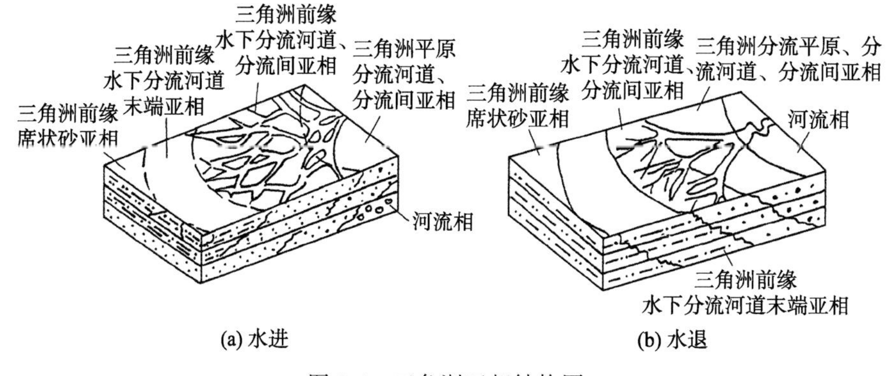

图 3.4　三角洲亚相结构图

2. 储集特征

三角洲储集层砂体类型多样，根据刘卫红等（2006）研究表明，胜坨油田沙二段三角洲相储层有分流河道（包括水下部分）、砂坝、砂坝侧缘、天然堤、废弃河道、远砂坝、河漫滩等微相，其中分流河道、砂坝、砂坝侧缘、天然堤砂体占主体。不同的沉积微相，储层物性不同（表 3.14）。

（1）分流河道。占沙二段三角洲相储集砂体的 38%，孔隙度呈双峰分布，主要是由于分流河道分选性差，均质性也较差。河道砂体正韵律的上部粒度较细，孔隙度较小，主要集中在 0～5%，正韵律下部孔隙度主要集中在 25%～30%，孔隙度平均值约为 21.84%；渗透率平均值约为 $432.2\times10^{-3}\mu m^2$，主要集中在 $0\sim250\times10^{-3}\mu m^2$。

（2）河口砂坝。占沙二段三角洲相储集砂体的 27%，河口砂坝孔隙度、渗透率分布曲线均呈单峰形，说明其均质性较好。孔隙度主要集中在 25%～30%，孔隙度平均值约为 26.67%。渗透率平均值约为 $465.93 \times 10^{-3}\mu m^2$，含油饱和度平均值约为 51.38%。河口砂坝孔渗性最好，这主要是由于河口砂坝长期处于动荡的水动力条件下，从而使储层砂体成分成熟度中等，结构成熟度高，其孔隙度高，渗透性好，形成最好的储层。

表 3.14　不同沉积微相内砂岩储层物性特征（刘卫红等，2006）

沉积微相	岩石特征		储集性能		
	分选	粒度	孔隙度 Φ/%	渗透率 $K/10^{-3}\mu m^2$	泥质含量(质量分数)/%
			最小～最大 平均	最小～最大 平均	最小～最大 平均
分流河道	粉细砂	差	0.03～34.12 21.84	0～4490.4 432.2	2.58～83.97 23.43
河口砂坝	粉细砂	好	2.15～35.57 26.67	0～2368.2 465.93	0.98～94.35 12.73
砂坝侧缘	粉砂、泥	中等	1.5～35.73 25.59	0～2190.8 330.73	1.01～97.59 26.3
天然堤	粉砂、泥	中等	0.22～35.17 11.67	0～3136.2 261.52	4.45～79.98 27.2
废弃河道	粉砂、泥	差	0.3～36.09 22.49	0～2062.9 193.6	4.16～76.52 28.55

（3）砂坝侧缘。占沙二段三角洲相储集砂体的 21%，孔隙度呈双峰状分布，平均孔隙度约为 25.59%，平均渗透率约为 $330.73 \times 10^{-3}\mu m^2$，平均含油饱和度约为 42.54%。砂坝侧缘分选中等，孔隙度较高，但泥质含量较大，从而导致孔渗率降低，但总体上属较好的储层。

（4）天然堤。占沙二段三角洲相储集砂体的 9%。孔隙度呈单峰正态分布，范围主要集中在 25%～30%，孔隙度平均值约为 11.67%，渗透率平均值约为 $261.52 \times 10^{-3}\mu m^2$，平均含油饱和度约为 30.534%。可以看出，天然堤微相砂体与分流河道、河口砂坝及砂坝侧缘相比，其储集性能较差。

（5）废弃河道。占沙二段三角洲相储集砂体的 2%。孔隙度分布直方图上呈双峰分布，主峰值为 25%～30%，次峰值为 0～5%，平均孔隙度为 22.49%，渗透率平均值为 $193.6 \times 10^{-3}\mu m^2$，平均含油饱和度约为 26.61%。

可见，在河流三角洲储集层微相砂体中，河口砂坝的储层物性最好，其次是分流河道、砂坝侧缘；天然堤孔隙度较小，但渗透性好；废弃河道孔隙度大，但渗透性较差。

（四）扇三角洲相储集层

1. 沉积特征

扇三角洲（fan-delta）最早由 Holmes 和 Goodell（1964）将其定义为“从邻近高地进入稳定水体的冲积扇”。Nemec 等（1988）又提出修改的定义：扇三角洲是由冲积扇体系提供物质并沉积在活动扇与静止水体界面间的大部分或全部堆积在水下的沿岸沉积体。这里强调的是它所处的部位，即水上与水下环境活动界面处，该定义较以前的概念更明确。扇三角洲的主要特征：①一般位于山麓附近，且与湖盆边界断层相伴生，多于湖盆短轴陡坡一侧；②向陆一侧通常以断层为界，近源沉积物常以角度不整合超覆于基岩之上；③以出现大量的砾石、砂砾岩和砂泥质砾岩为典型特征，也可出现粗砂岩和中砂岩二元结构不明显的正韵律或反韵律，成熟度较低，磨圆和分选较差，沉积结构多以块状层理、递变层理为主，交错层理不发育，自然电位呈箱形；④河口坝发育很差甚至缺少；⑤几何形态为一楔形碎屑体，向盆地变薄变细而消失。

扇三角洲的形成机制类似于陆上冲积扇，以突发性大量卸载过程为主，而在环境上处于水陆交互的浅水地带，因此它属于三角洲沉积。在平面展布和垂向演化规律上也可类似于三角洲划分为 3 个亚相，即扇三角洲平原、前缘和前扇三角洲。世界上几个著名的扇三角洲的沉积特征列于表 3.15。在陡岸带发育的扇三角洲体系，其平原亚相特征不明显，相带展布较窄；扇三角洲前缘亚相是其主体，由于其为冲积扇入湖快速沉积的产物，冲积扇所特有的泥石流沉积在前缘亚相特别是在水下分流水道大量出现，其岩石学表征为杂基支撑的砾岩，这也是识别扇三角洲的一个重要标志。扇三角洲前缘亚相划分出水下分流水道和分流间湾两个微相，反旋回的河口砂坝微相发育差或基本不发育。水

表 3.15　世界上六个著名扇三角洲沉积特征表（吴崇筠等，1992）

名称	扇三角洲平原	扇三角洲前缘	扇三角洲泥	层序	作者
阿拉斯加铜河扇三角洲（现代）	辫状分流河道，粗至细砂沉积，发育大型交错层理，还有沼泽有机质泥	潮间至潮下浅水带，潮汐潟湖。沙坪、泥坪、潮沟为富砂带潮下浅水堤岛，海滩砂坝，细极细砂沉积，分选好，反粒序	前三角洲泥过渡为陆棚泥	向上变粗	Galloway，1976
牙买加亚拉黑斯扇三角洲（现代）	辫状河道，砂、砾石沉积，还有废弃河、泛滥平原、盐水湖、草沼	过渡带为砂、砂砾和砾质海滩，另有较陡的岛棚沉积和点礁	伸入陆坡上部至海底峡谷顶部，水深 1110m，发育重力流	向上变粗	Wescott Ethridge
得克萨斯莫比蒂扇三角洲（宾夕法尼亚纪）	辫状河道纵向沙坝，为侵蚀坑槽砂质沉积，槽状层理，沼泽有细粉砂沉积	砂坝、砂嘴、滨外砂坝具交错和平行层理的砂岩，可含生物屑和鲕粒	盆地泥质沉积或陆棚碳酸盐沉积	向上变粗	Dutton，1982
利比亚西部扇三角洲（奥陶系）	上部三角洲平原多为河道砂质沉积，呈中至大型交错层理。下部三角洲平原为辫状河沉积，含泥砾及中、细砂沉积	水下分流河道由中、细或粉砂岩、页岩，呈中至小型交错层理。分流河口浅滩和冲流坝以分选好细砂岩为主，有沙纹、包卷层理、滑塌构造	含云母粉砂质页岩及薄层粉砂质透镜体	向上变粗	Vos，1982
死海裂谷扇三角洲（更新世）	扇根为砾、砂岩见中至大型交错层理	扇前端具波状交错层理的砂岩与钙质泥岩互层，有文石纹层与砂、泥岩互层，砂岩中有鲕粒、见波状层理	白、灰白色白垩纹层交互及石膏、黏土、粉砂薄层	向上变细	Amihai Sheh
挪威赫尔伦盆地扇三角洲（中泥盆世）	近源冲积相	过渡相	末端湖相	向上变粗	Pollard et al.，1982

下分流水道以灰黑色的杂基支撑含砾砂岩、粗砂岩为主要岩性，一般层理不发育或者发育块状层理，分选性差；分流间湾以灰色或灰绿色粉细砂岩和暗色泥岩互层为主。在地震剖面上，地震反射呈楔形向前收敛，内部反射在根部为杂乱，向湖盆方向为层状。扇三角洲具体微相特征见表 3.16。

表 3.16　扇三角洲沉积微相对比（刘招君等，2010）

沉积亚相	沉积微相	岩石组合	层理特征	生物扰动	成分与结构成熟度	杂基含量/%	概率累计曲线	测井特征
扇三角洲平原	水上分流河道	杂色砾岩、中粗砂岩，一般砂砾岩层中夹薄煤层	块状层理、递变层理	低	成分与结构成熟度均较低，部分杂基支撑	12～15	以低角度的两段式为主、斜率均小于 1	中高幅钟形或箱形-钟形组合
	河道间沼泽	灰黑色碳质泥岩、煤	块状层理、水平层理	中等				
	泥石流	杂色砾岩、砂砾岩	块状层理、递变层理	无	成分、结构成熟度均低，杂基支撑	>15	一段式，斜率小于 1	高幅箱形
扇三角洲前缘	水下分流河道	灰白色含砾粗砂、中细砂岩	平行层理、槽状交错层理、爬升层理	低	成分、结构成熟度中等	7～13	跳跃组分斜率较高的二段式，斜率 1～1.4	中幅箱形-钟形组合
	水下分流间湾	浅灰色、灰色泥岩、粉砂岩	块状层理、水平层理	中等	成分、结构成熟度较低		悬浮组分为主的一段式	
	河口坝	灰白色细砂岩、粉砂岩，呈现下细上粗的反韵律	平行层理、压扁层理、小型斜层理、双向交错层理	中等	成分、结构成熟度较好	5～9	三段式，跳跃组分含量 76%，斜率为 1.7	中幅漏斗形或齿化漏斗形
	席状砂	灰白色粉砂岩、细砂岩和泥岩互层	波状层理、透镜状层理、变形层理	高	成分、结构成熟度好	6～8	高角度的二段式，斜率为 1.8	中低幅齿化指形
前扇三角洲	前扇三角洲	灰色、深灰色泥岩	水平层理、透镜状层理	高	主要为黏土矿物沉积			光滑平直线形局部夹微齿线形

2. 储集特征

相对而言，扇三角洲储集体内部非均质性强，侧向上相变快，沉积微相对储层物性具有明显的控制作用。不同沉积微相的岩性、粒度、分选、填隙物特征以及砂体的时空展布特征均有不同，导致不同微相内砂体发育的规模和其物性特征各不相同。据史文东和赵卫卫（2003）对沾化凹陷弧北洼陷沙三段扇三角洲沉积微相砂砾岩的孔渗性研究表明，扇三角洲前缘水下分流河道砂砾岩体物性最好（图 3.5），平均孔隙度为 15.9%，渗透率为 $20.5\times10^{-3}\mu m^2$。主要由厚层状砂砾岩、砾状砂岩和含砾砂岩组成。岩层底部具有冲刷面，向上依次为具递变层理、块状层理及平行层理的细砾岩、砾状砂岩及中-粗砂岩；该区河口砂坝沉积微相极不发育且形状不明显，主要由薄层细砂岩、粉砂岩或含砾细砂岩组成，孔渗性相对较差；扇三角洲平原亚相水上辫状河道微相砂体孔隙度和渗透率变化范围较大，从极差到极好；主要由灰白色砾岩、砂质砾岩和砾状砂岩所构成，发育许多冲刷面。其砾石成分复杂，大小不等，呈次棱角-棱角状，分选差。砾岩多为碎屑支撑，砾石间多为混合杂基充填，发育块状构造、递变层理。

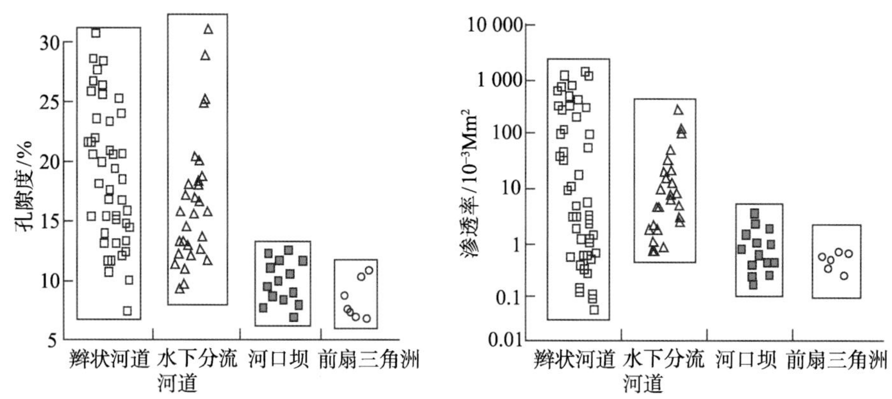

图 3.5　孤北洼陷沙三段砂砾岩体沉积微相与储层孔渗性的关系（史文东和赵卫卫，2003）

（五）重力流成因砂岩储集层

1. 重力流沉积机制

重力流沉积是指沉积物（包括砾、砂、粉砂、黏土等）或沉积物与水组成的混合物，在重力驱动作用下，沿斜坡向下运动形成的一系列沉积块体。20 世纪 60 年代鲍马层序的提出，成为深水环境浊积岩体和各种深水扇的指导性模式。但长期以来，关于沉积物重力流的划分方案一直存在争议，Middleton 和 Hampton（1973；1976）提出：沉积重力流按支撑沉积物的颗粒机制，可分为四类。①颗粒流（grain flows）：沉积物直接由颗粒与颗粒间的相互作用（碰撞或紧密靠近）所产生的分散应力支撑；②碎屑流（debris flows）：沉积物中较粗颗粒由基质支撑，基质是较细的沉积物与孔隙内流体的混合物，有一定的屈服强度；③液化流（liquified or fluidized flows）：沉积物由粒间逸出的向上运动的流体支撑；④浊流（turbidity current）：沉积物主要由流体湍流的向上的分力支撑（图 3.6）。

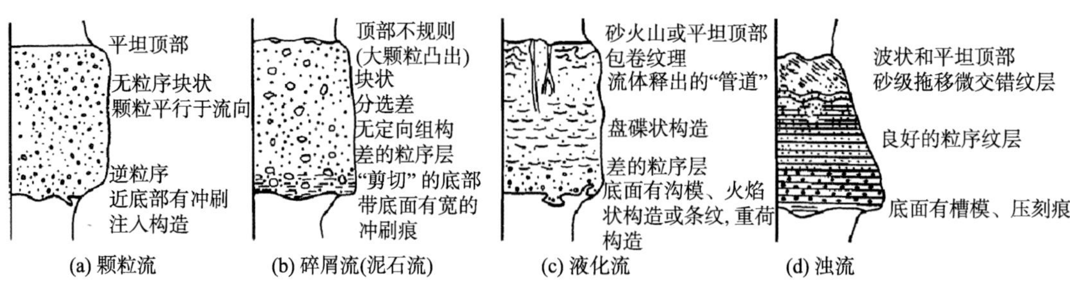

图 3.6　单一机制的沉积物中由不同类型的水下重力流所产生的结构、沉积构造和接触面的垂向序列（Middleton and Hampton，1973）

Mutti（1992）在前人划分方案的基础上，认为虽然颗粒流、液化流和流体态流等在理论概念上很重要，但上述各种流动机制不能将沉积物进行有效的远距离搬运，属于重力流演变过程中的过渡类型。因此，他认为黏滞碎屑流和浊流是搬运沉积物和大量浊流沉积物形成的两种主要机制；并将浊积岩的概念扩大到除滑动和滑塌之外的所有重力流沉积物，而不只包括由浊流形成的沉积物，因此，可称之为浊积岩体系。

近年来，Shanmugam 等（2009）突出强调了砂质碎屑流的概念，认为原来被解释的浊积岩大多数为砂质碎屑流成因。砂质碎屑流沉积与前人分类的对比如图 3.7 所示。

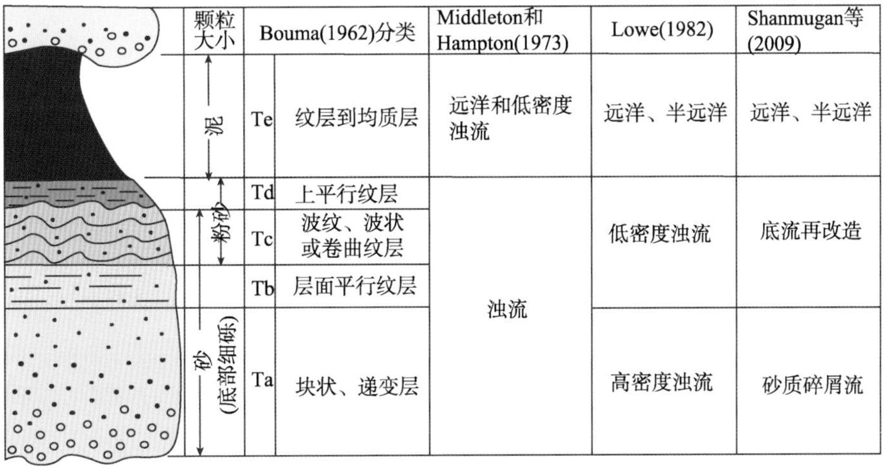

颗粒大小	Bouma(1962)分类		Middleton和Hampton(1973)	Lowe(1982)	Shanmugan等(2009)
泥	Te	纹层到均质层	远洋和低密度浊流	远洋、半远洋	远洋、半远洋
粉砂	Td	上平行纹层	浊流	低密度浊流	底流再改造
	Tc	波纹、波状或卷曲纹层			
	Tb	层面平行纹层			
砂(底部细砾)	Ta	块状、递变层		高密度浊流	砂质碎屑流

图 3.7 不同学者对鲍马序列的解释（Shanmugan et al.，2009）

归纳起来，可将前人对重力流沉积的研究分为滑塌沉积、碎屑流沉积和浊流沉积等三种类型，形成的主要次序和过程与 Shanmugam 和 Moiola（1994）提出的重力流沉积过程相一致（图 3.8）。其各自的主要特征如下。

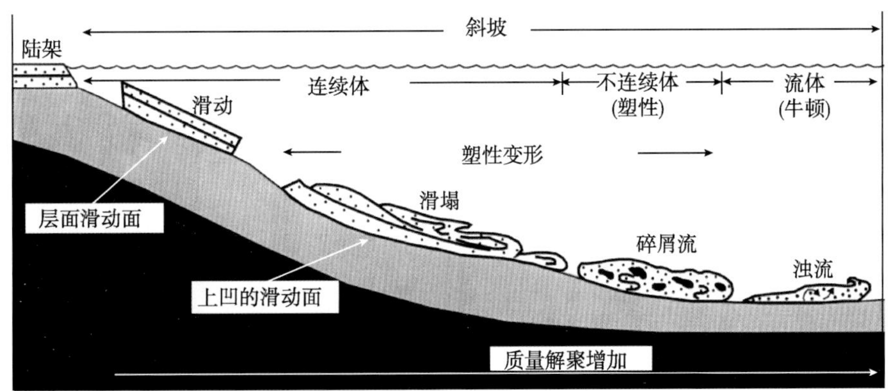

图 3.8 重力流沉积过程（Shanmugam and Moiola，1994）

1）浊流沉积

浊流是一种沉积物呈悬浮状态由紊流搬运的沉积物重力流（Middleton，1993），大多为在陆坡下部深水、较深水环境中形成的重力流沉积。其流体流动符合牛顿流变学原理。一些学者认为浊流以形成简单的正粒序为特征，鲍马序列中只有具正粒序的 A 段是浊流沉积；深海牵引构造（交错层理和有波痕的细粒沉积）应解释为深海底牵引流成因，故具牵引构造的鲍马序列中的 B 段、C 段、E 段应为深海牵引流沉积。可见，鲍马序列应为深水碎屑沉积的综合序列，代表着能量衰减运动构成的流变机制演变而形成的沉积组合。Shanmugam 等（2009）为了区分他所强调的“砂质碎屑流”沉积，提出了新的浊积岩识别标志：①正粒序；②突变界面位于底部，顶部为渐变界面；③砂岩呈席状砂体产出。

2）碎屑流沉积

碎屑流既可以发生在水上，也可以发生在水下。它主要指通过颗粒间的直接相互作用，或由颗粒间基质力量起支撑作用，或依赖向上运动的颗粒间流，在重力的拖拽作用下顺坡向下缓慢运动的流体沉积，主要以塑性流变（层流）为特征。

砂质碎屑流是黏滞碎屑流和非黏滞碎屑流（颗粒流）的中间阶段。黏滞碎屑流、砂质碎屑流和非黏滞碎屑流构成了连续的过程。颗粒流的形成需要相当大的坡度（18°～28°），在地质历史中颗粒流的实例很少。沉积物支撑机制包括颗粒间作用、基质强度、分散压力和浮力。Shanmugam 等（2009）认为砂质碎屑流沉积的特征主要包括：①漂浮的泥岩碎屑集中出现在块状砂岩层的顶部附近；②受流动强度和浮力的影响，碎屑呈逆粒序特征；③在细粒砂岩中含有漂浮的石英砾石（塑性介质流动）；④板状碎屑组构；⑤易碎的页岩碎屑，说明流体流态为层流；⑥上部接触面为不规则，沉积物具侧向尖灭的几何形体特征，揭示了原始沉积体的整体冻结（freezing）过程；⑦碎屑杂基的存在，指示了流体的高浓度流动和塑性流变学特征。

3）滑塌沉积

滑塌沉积主要是指由滑动和滑塌作用形成的沉积。滑动表现为固结或半固结沉积物在重力作用下呈整体状态搬运，滑动作用继续发展，则可演变为滑塌。滑动沉积总体表现为整体呈块状，层内可发育揉皱变形，无明显分异，滑动面为一平面；滑塌则表现为原始地层揉皱破碎，无明显成层性，滑动面多呈上凹状。斜坡沉积物剪切强度实验表明沉积速率、坡度和沉积物的性质等决定了斜坡之上沉积物的稳定状态（Nardin and Henyey，1978）。大型滑动和滑塌前端处于挤压应力环境，可发育逆冲断层或挤压揉皱构造，与其上下地层表现为明显的不协调现象。但这种逆冲断层并不是构造成因，而是沉积成因。

2. 沉积体系与砂体储集特征

目前，关于重力流沉积机制，许多学者做了大量探讨。但相应形成的沉积体系分布、有利砂体和储集物性等方面的特征，还依然局限在经典方法研究和认识之上。本书以陆相湖盆重力流沉积为例，论述重力流沉积体系及相关砂体的储层特征。

陆相重力流沉积包括由三角洲或其他湖岸沉积物在外力作用下发生滑动或滑塌经再搬运和再沉积作用形成的。成因机制包括洪水重力流和滑塌重力流，形态上有扇状和非扇状两种类型。近年来，众多学者根据重力流的沉积层序、平面展布特征和展布位置等，将其分为近岸水下浊积扇（深水期近岸水下扇）、远岸水下浊积扇、三角洲前缘滑塌浊积岩等，一般将远岸浊积扇和三角洲前缘滑塌浊积岩统称为湖底扇（牛嘉玉等，2007）。

1）近岸水下浊积扇

近岸水下浊积扇分布在断陷湖盆的陡岸。在湖盆深陷扩张阶段，湖盆水体较深，深水环境直抵陡岸。山地洪流沿斜坡直接入湖并很快进入深湖环境，形成沉积物重力流继续沿陡坡迁移，并在深水区坡度变缓处迅速将碎屑物质堆积下来，形成近岸水下浊积扇体。由于在较陡坡度条件下形成的沉积物重力流能量很大，进入湖底后仍有继续向前推进和下切的能力，因此形成辫状水道，并将一些较细的碎屑颗粒继续向前搬运和沉积，形成规模较大的粗碎屑含量高的浊积扇体。其岩相组合主要为一套深灰色泥岩夹角砾岩、含砾砂岩及砂岩，如东营北带、廊固凹陷大兴断裂下降盘、南堡凹陷柏各庄断层下降盘、辽河西部凹陷冷东断层下降盘、泌阳凹陷双河近岸水下浊积扇（图 3.9）等。近岸水下浊积扇在空间上常沿边界大断层下降盘成裙带状分布。

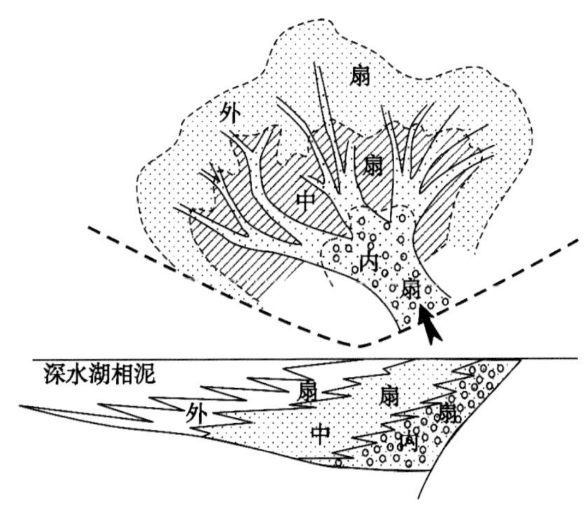

图 3.9　双河近岸水下浊积扇沉积特征图

近岸水下浊积扇在纵向剖面上呈楔状，在横向剖面上呈透镜体。单个扇体贴近在湖底基岩面上，在平面上向湖心伸张，并逐渐向深湖相暗色泥岩、油页岩过渡。近岸水下浊积扇在平面上也具有三带结构，分为内扇、中扇和外扇三个微相带（图 3.10）。其中，中扇辫状水道发育，物性好，是油气的最佳储集部位。

内扇由一条或多条水道组成，在垂向上一般位于一个浊积扇序列的底部。岩性主要为基质支撑的混杂砾岩、颗粒支撑的正递变砾岩，具碎屑流沉积的特征。自然电位曲线多为低幅齿状，或者为箱形。

中扇为辫状水道区，在平面上位于内扇的前方，是浊积扇的主要部分。在垂向序列上位于内扇和外扇之间的中部。其岩性为含砾砂岩和块状砂岩多次叠加组成的叠合砂岩。在垂向上，构成向上变细的正旋回结构，由它们构成了扇主体最重要的岩相组合。自然电位曲线为箱形、齿化箱形、齿化漏斗–钟形等。

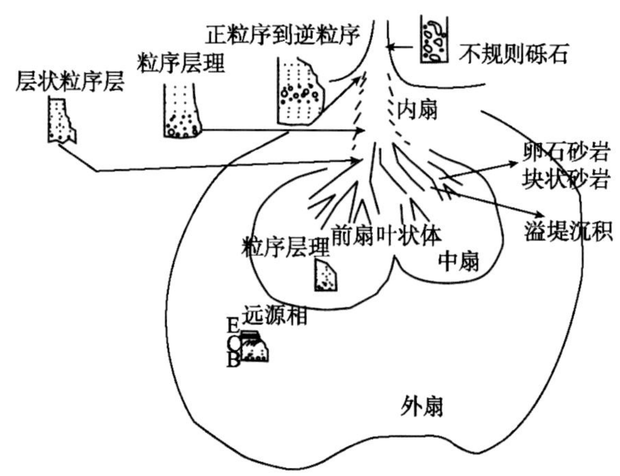

图 3.10 浊积扇沉积模式和沉积序列（Walker，1978）

外扇在平面上位于中扇的前端，在垂向上常位于浊积扇序列的最上部。其岩相组合为暗色泥岩夹发育薄层鲍马序列的粉、细砂岩。自然电位曲线多为齿状。

例如，东营凹陷东北部的广利近岸浊积扇，所在层位为沙河街组四段，面积 100km^2，厚度 50m 左右。该扇体在横向剖面上砂岩从水道中心向两侧减薄并尖灭，或成楔状，扇根靠近基岩断层面，砂层向湖心伸展，划分为扇根、扇中、扇端，或称内扇、中扇、外扇三部分。该扇体为 NNW 走向，长 15km，平均宽度 8km，面积 100km^2，内扇位于西北部，其供给水道（也称补给水道）距永北沙四段砂砾岩体仅 5km。扇体上覆层为一套厚度 80～100m 油页岩，下伏层为深灰或灰黑色泥岩。扇砂体由 3 个扇体组成，砂岩总厚度 50m 左右。位于上部的第一扇面积最大，位于中下部第二、三扇面积依次减小。在供给水道部位出现砂岩下切（侵蚀）现象，粒度中值变大、泥质含量减少，渗透率变好（表 3.17）。

表 3.17 广利近岸浊积扇岩心分析数据表

沉积相	井号	孔隙度		渗透率		灰质含量		泥质含量		粒度中值		分选系数	
		样品数/块	平均值/%	样品数/块	平均值/$10^{-3}\mu m^2$	样品数/块	平均值/%	样品数/块	平均值/%	样品数/块	平均值/mm	样品数/块	平均值
内扇	莱 41	54	25.2	46	1795	16	0.93	26	3.85	26	0.260	26	1.54
	莱 1-检 2	57	25.2	55	1097	25	1.63	57	5.17	57	0.216	57	1.54
	莱 38-8	135	25.0	115	229	39	3.12	65	7.20	65	0.102	65	1.54
中扇	莱 1-213	28	23.6	28	303	13	4.21	17	6.80	17	0.123	17	1.43
	莱 1-9	103	25.6	102	557	27	2.72	43	5.00	43	0.173	43	1.47
	莱 1-检 1	36	24.8	36	437	—	—	18	6.64	18	0.137	18	1.44

2）远岸水下浊积扇

远岸水下浊积扇分布在湖盆短轴缓坡一侧的深陷带。在湖盆低水位期发育的辫状河道，在水进期往往成为陆源物质向湖底搬运的通道，使得入湖洪流难于在边缘堆积成近岸浅水砂体，而是沿河道或沟槽往前继续搬运，直至湖底才将大量碎屑物质堆积下来，形成离岸较远的具粗碎屑物质的浊积扇。其岩相组合主要为深灰色泥岩、油页岩夹含砾杂砂岩和杂砂岩。辽河西部凹陷发育了多个比较典型的带供给水道的远岸水下浊积扇砂体，如锦欢地区沙三段发育的远岸水下浊积扇（图 3.11）。远岸水下浊积扇一样具有三分相带特征，也分为内扇、中扇和外扇，其中中扇辫状水道发育，物性好，是最好的储集部位。

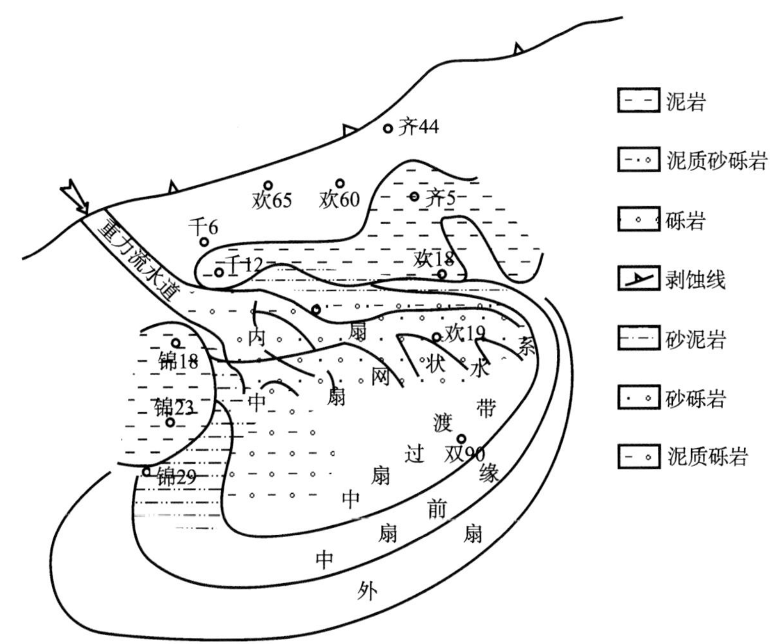

图 3.11　辽河西部凹陷西斜坡沙三段远岸水下浊积扇（高延新等，1985）

内扇位于扇根的部位，由一条或多条水道组成。其岩相组合主要为泥质杂基支撑的细角砾、砂质团块与泥质团块混杂堆积而成的角砾岩组成的碎屑流沉积组合和块状含砾砂岩组成的重力流主水道沉积。

中扇位于浊积扇的中部，主要由辫状水道组成。其岩相组合以发育冲刷面、递变层理、块状层理的含砾长石石英杂砂岩及粗粒长石石英杂砂岩组成的向上变细正旋回序列为主。辫状水道发育典型的叠合砂岩，单一层序粒级变化由下向上依次为砾岩、砂砾岩、砂岩。中扇前缘区，水道特征已不明显，粒度变细，主要发育具有鲍马层序的经典浊积岩。

外扇位于浊积扇的远端部位，其岩相组合以深灰色泥岩与发育冲刷面、鲍马序列长石石英杂砂岩互层为特征。

远岸水下浊积扇和近岸水下浊积扇的形态、分带和岩性很相似，都是粗碎屑浊积岩，但远岸水下浊积扇粒度较细，粗角砾岩和粗砾岩不发育，以含砾杂砂岩、杂砂岩为主，单个扇体规模往往较大。远岸浊积扇有较长的供给水道，且物源在缓坡一侧；而近岸水下浊积扇水道不太发育，物源在陡坡一侧。

例如，东营凹陷梁家楼远岸浊积扇砂砾岩体，呈NE走向，长26km、宽20km，面积约450km^2，砂砾岩厚度一般为20～40m，最厚102m（河4井）。其岩性在平面上由南向北由粗变细，从中心（指砂砾岩体长轴）向两翼也由粗到细并有明显的对称。由南向北由砾岩、砾状砂岩变成含砾砂岩，变成粗中砂岩，再变成粉细砂岩，再变成泥岩。砂砾岩体的这种形态、厚度和岩性的变化，说明它的沉积是由南向北延伸的（图3.12）。

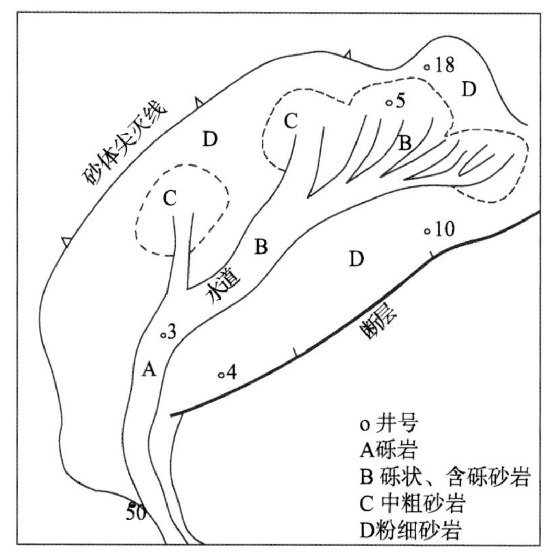

图3.12 梁家楼远岸浊积扇岩性分布图

梁家楼远岸浊积扇的供给水道在扇体南部可延伸至纯化镇古隆起的斜坡上，水道的宽度1.3km，钻井所控制的长度为7.0km。水道内的纯47-1井粒度中值为0.67mm，多为砾岩、砾状砂岩，泥质含量只有1.67%，很像河流沉积中的清洁砂，水道部位砂砾岩沉积时，对下伏地层有明显的侵蚀作用，如同河流对河床的下切作用。从内扇、中扇到外扇方向由于灰质、泥质含量增加，粒度中值减小，其孔、渗性有变差的趋势（表3.18），但由于砂砾岩体厚度大，埋藏适中，仍是中高渗透层的优质储集层。

表3.18 梁家楼远岸浊积扇岩心分析数据表

沉积相	井号	井段/m	孔隙度		渗透率		灰质含量		泥质含量		粒度中值		分选系数	
			样品数/块	平均值/%	样品数/块	平均值/$10^{-3}\mu m^2$	样品数/块	平均值/%	样品数/块	平均值/%	样品数/块	平均值/mm	样品数/块	平均值
内扇	纯47-1	2376.46～2418.00	267	22.8	101	1929.0	87	1.91	96	1.67	103	0.67	103	1.65
中扇	梁28	2809.80～2878.88	142	18.8	130	513.5	44	4.40	70	4.35	70	0.45	70	1.87
外扇	河29	2435.75～2451.29	58	25.0	37	1630.0	14	3.99	28	6.34	23	0.21	27	1.61

3）三角洲前缘滑塌浊积体

滑塌浊积体主要分布在湖盆深陷带，是由浅水三角洲、扇三角洲砂体的前缘砂体滑塌再搬运形成。在渤海湾断陷湖盆深水区，滑塌浊积体较为发育，如辽河西部凹陷西斜坡大型三角洲斜坡下部、东营凹陷永安镇三角洲前缘斜坡下部、惠民凹陷临南三角洲前缘斜坡下部等。由于滑塌浊积体系三角洲前缘砂体滑塌至深水区堆积而成，属于事件性堆积，故单个砂体规模一般较小，面积为 0.5～1km^2，层薄，厚 6～10m 不等。但在大型三角洲前缘下部发育多个这样的透镜砂体，它们随着三角洲的摆动进退，因而浊积体也随之进退叠覆，形成平面上连片、纵面上多层叠置的特征，在三角洲前缘下部逐渐演化成大规模滑塌浊积体群，如牛庄洼陷沙三段中部滑塌浊积岩，并与沙三段上部梁家楼等地区远岸浊积岩叠合连片，面积约 200km^2（图 3.13、图 3.14）。

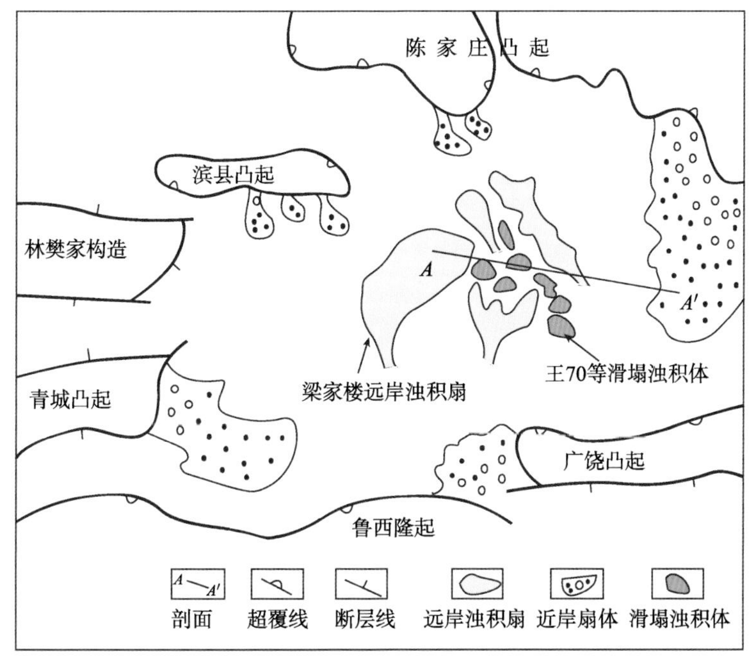

图 3.13　东营凹陷沙三段中上部远岸与滑塌浊积岩分布图（李春光，1992，修改）

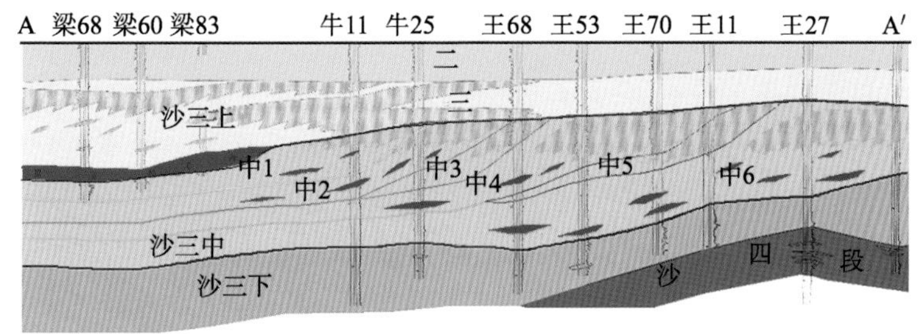

图 3.14　东营凹陷牛庄洼陷带滑塌浊积体油藏分布图

剖面位置见图 3.13，图中沙三上为梁家楼远岸浊积岩油藏；沙三中为牛庄三角洲滑塌浊积岩油藏；红色为油层

滑塌浊积体属于再搬运沉积产物，岩性较细，以粉砂岩为主，含有大量的内碎屑，砂岩中常见完整的和不完整的鲍马层序，并普遍发育明显的滑动面、变形构造、滑塌构

造等。滑塌浊积体的砂体形态多样，常呈扇形、透镜体、席状等。

二、碳酸盐岩储集层

碳酸盐岩主要由方解石和白云石组成，岩石类型为石灰岩和白云岩。此类岩石在地壳中分布广泛，占沉积岩总量的 1/5～1/4。在我国，约占沉积岩总出露面积的 55%。它们分布于各个地质时代的地层中，且年代越老其分布越多。碳酸盐岩是重要的矿产资源，既是工农业原料、材料，又是石油、天然气和地下水的储集岩。

碳酸盐岩储集层在世界油气分布上占有重要的地位。由该储集层构成的油气田常常形成储量大、产量高的大型油气田。目前，世界上已确认的日产原油 1×10^4t/d 以上的油井都是碳酸盐岩储集层。波斯湾盆地、利比亚锡尔特盆地、墨西哥环礁带、俄罗斯伏尔加-乌拉尔含油气区、北美地台密歇根盆地、伊利诺伊盆地、二叠盆地、西内部盆地及阿尔伯达地区等世界重要产油气区的储集层都是以碳酸盐岩为主。华北地区主要分布在中晚元古代、寒武纪、奥陶纪、石炭纪；华南地区分布在奥陶纪至三叠纪；西北地区的塔里木盆地主要分布在寒武纪和奥陶纪的地层中。在我国渤海湾盆地、塔里木盆地、四川盆地和鄂尔多斯盆地的碳酸盐岩层系中也发现并探明一些大、中型油田或气田。

碳酸盐岩是良好的烃源岩和储集岩。据统计，世界上与碳酸盐岩有关的油气田占油气总储量的 50%，产量占 60%。我国的任丘油田、塔河油田是地质储量分别超过 4.0×10^8t、7.0×10^8t 的大油田。靖边气田、普光气田是地质储量分别超过 $3.0\times10^{11}m^3$、$2.5\times10^{11}m^3$ 的大气田，也都以碳酸盐岩为储集层。碳酸盐岩孔洞形状不一，大小悬殊，小者为几毫米，大者的体积可达数千立方米，常沿裂缝及地层倾斜方向分布。

（一）岩石结构与储集空间类型

1. 岩石结构特征

碳酸盐岩的矿物成分比较简单，主要为方解石和白云石，但其成因却很复杂，既有机械沉积，也有生物和化学沉积，更有些属于交代作用的产物。不同的岩石成因导致不同的岩石结构，主要有粒屑结构、生物骨架结构和晶粒结构等类型。

1）粒屑结构

“粒屑”相当于碎屑岩中的碎屑，但它不是陆源物质，即非母岩风化破碎、搬运、沉积而成，而是在沉积水盆内部由化学作用、生物作用和波浪、流水的机械作用形成的“碎屑状”堆积物。粒屑的成分单一，均为碳酸岩。常见的粒屑有内碎屑、生物碎屑、鲕粒和团粒等。

2）生物骨架结构

生物骨架结构由原地固着生长的群体造礁生物构成，如群体珊瑚、海绵、苔藓虫、钙藻等，其空隙可充填泥晶和亮晶。

3）晶粒结构

晶粒结构是生物化学作用、化学作用、交代作用和重结晶作用形成的碳酸盐结构，按粒度大小可分为六级：大于 4mm 者为巨晶；1～4mm 者为极粗晶；0.5～1mm 者为粗晶；0.25～0.5mm 者为中晶；0.05～0.25mm 者为细晶；< 0.05mm 者为隐晶。石灰岩的结构分为三个类型：颗粒–灰泥石灰岩、晶粒石灰岩、生物格架–礁石灰岩。

2. 储集空间特征

碳酸盐岩的储集空间主要为原生孔隙、溶洞和裂缝三类，构成了孔隙型、溶蚀型、裂缝型和复合型等四种碳酸盐岩储集空间类型。与砂岩储集层相比，碳酸盐岩储集层的储集空间类型多，次生变化大，具有更大的复杂性和多样性（图 3.15）。一般说来，地层时代老的碳酸盐岩孔隙度、渗透率很低，特别是那些连续下沉埋藏的碳酸盐岩更是如此，而具有孔隙演化与沉积、构造演化及有机质演化最佳配置关系的碳酸盐岩储集层，都有较高孔渗性。据统计，四川盆地自震旦系至中、下三叠统碳酸盐岩储集层中的非孔洞层平均孔隙度为 1.5%～3.0%，孔洞层的孔隙度为 4.0%～10.0%，渗透率为 0.1×10^{-3}～$1.0\times10^{-3}\mu m^2$（表 3.19）。

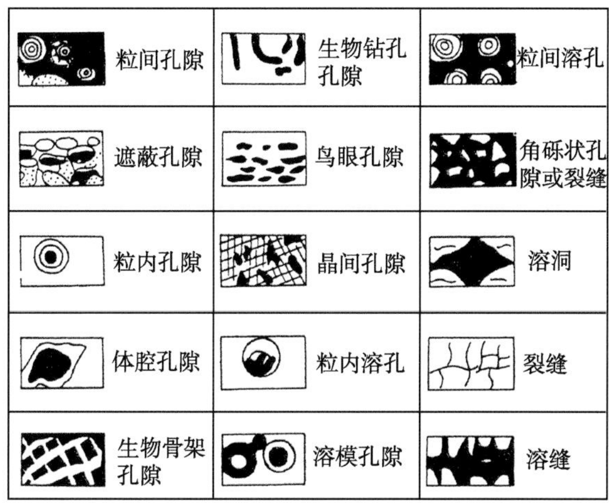

图 3.15　碳酸盐岩孔隙类型示意图（张万选和张厚福，1984）

注：黑影部分为孔缝

表 3.19　四川盆地碳酸盐岩储集层物性数据表

储集层名称	储集层厚度/m	孔隙度/%				渗透率/$10^{-3}\mu m^2$				孔洞层数据				
		样品数/块	最大值	最小值	平均值	样品数/块	最大值	最小值	平均值	层数/层	单层厚度/m	累积厚度/m	占储集层总厚度的比例%	孔洞层平均孔隙度/%
T_2l_3	200	642	29.54	0.04	2.73	268	128	< 0.01	2.31	20	0.1～8.5	74	38	4.38
T_1j_5	30	567	19.72	0.14	2.23	422	12.18	< 0.01	0.24	6	1～3	12	40	5.57
$T_1j_4^3$	40	78	15.37	0.01	1.35	81	6.5	< 0.01	0.16	6	1～3	10	25	5.60
T_1j_4-T_1j_3	150	834	19.72	0.48	1.63	347	62.61	< 0.01	1.52	3～5	0.5～5	7	4.7	5.70
T_1j_2	80	329	29.44	0.05	2.56	215	289.7	< 0.01	6.14	4	0.5～3	6	7.5	8～10
$T_1j_2^1$ -T_1j_1	200	1059	19.24	0.03	1.58	622	35.68	< 0.01	0.49	5	0.5～3	5	2.5	5
T_1f_3	150	1629	11.54	0.13	1.11	—	—	—	—	3～6	0.5～4	8	5	4
T_1f_1	130	572	4.19	0.12	0.78	—	—	—	—	—	—	—	—	—

续表

储集层名称	储集层厚度/m	孔隙度/%				渗透率/$10^{-3}\mu m^2$				孔洞层数据				
		样品数/块	最大值	最小值	平均值	样品数/块	最大值	最小值	平均值	层数/层	单层厚度/m	累积厚度/m	占储集层总厚度的比例/%	孔洞层平均孔隙度/%
P_2^2	120	1 230	—	0.13	1.51	—	—	—	—	0～12	0.6～6	0～50	—	5
P_1^3	180	5 345	21.59	0.06	0.84	839	30.33	< 0.01	0.08	—	—	—	—	—
P_1^2	100	482	20.88	0.16	1.09	118	1.09	< 0.01	0.10	2～5	1～3	6	6.0	4
C_2	30	3 136	23.27	0.14	3.47	122	26.18	< 0.01	2.50	1～6	0.5～5	15	20～60	6
O	40	—	—	—	—	—	—	—	—	—	—	—	—	—
Z_2	650	1 528	8.80	0.10	1.76	—	—	—	—	47	0.5～4	80	14	3
合计	2 100	17 440	—	—	1.70	—	—	—	—	—	—	246	11.7	5

（二）碳酸盐岩储层形成的控制因素

碳酸盐岩储集性能除受岩石类型或沉积相等原始基本条件控制外，后期白云石化、溶蚀和构造破裂等作用也起着重要的控制作用。而胶结和压实作用则是碳酸盐岩储层孔渗性变差的主要因素。对我国广泛分布的古生代海相碳酸盐岩储层来讲，由于后期改造时间长，溶蚀和构造破裂作用应是形成有利储层的主要控制因素。

众所周知，不同沉积相带有着不同的岩石结构和岩性，从而控制了岩石原生孔隙的发育程度。由于原生孔隙的存在为溶蚀作用的发生提供了必要的条件，从而也影响着溶蚀孔隙的发育。例如，在川东北地区二叠纪长兴期生物礁储层中，以台地边缘礁滩相礁白云岩和颗粒白云岩储集性最好。

白云石化作用是改善碳酸盐岩储层质量的重要因素。从四川盆地川东北飞仙关组鲕滩气藏储层岩性的特征来看，具有一定规模的大中型气藏储层均为白云岩。白云石化形成大量晶间孔，最发育的时候晶间孔的孔隙度可达到10%以上。但随着后期白云石自形边的增厚，晶间孔又逐渐缩小，甚至完全消失，成为嵌晶白云岩。

溶蚀作用是形成优质储层的关键因素。碳酸盐沉积物的溶解作用可发生于沉积物埋藏历史的任一阶段，相应的古岩溶作用可分为表生成岩期和埋藏成岩期两大类岩溶作用。各期古岩溶作用的机制有着显著的不同。以渤海湾盆地冀中拗陷中上元古界和下古生界碳酸盐岩潜山储层为例，其岩石类型主要为白云岩，其次为灰岩。在长期暴露剥蚀和埋藏压实过程中，发育各种岩溶型储层，可以概括为表生期和埋藏期的五种岩溶模式（赵贤正等，2012）。

1. 表生期岩溶特征

表生期岩溶是指碳酸盐岩裸露地表，在常温常压开启环境下，大气淡水淋滤所发生的岩溶作用，可进一步划分为同生期层间岩溶、暴露期不整合岩溶、暴露期断层岩溶等三种岩溶模式。

1）同生期层间岩溶模式

同生期层间岩溶一般为碳酸盐岩沉积期间或沉积后暂暴露地表，接受大气淡水渗淋滤而发育的岩溶（图 3.16）。周期性海平面下降引起的大气淡水岩溶作用及准同生期白云石化作用是内幕型储层的基础，后期构造裂缝、表生大气水及有机酸溶蚀作用对内幕型储层的最终形成具有积极影响。层间岩溶通常发育在沉积旋回层的顶部，旋回层一旦抬升暴露，便可发育岩溶。一个旋回层相当于一个层间岩溶带，溶蚀突变面即是层间岩溶暴露于大气淡水环境的溶蚀面。本区普遍存在的长期或短期暴露剥蚀，经历了大气淡水的溶蚀作用，为内幕型储层的形成奠定了基础。同沉积期及沉积后不久暴露大气淡水的溶蚀作用，具有普遍性，可能是“层间”型储层的重要形成机理，主要受海平面升降、古地貌和溶孔保存等控制。

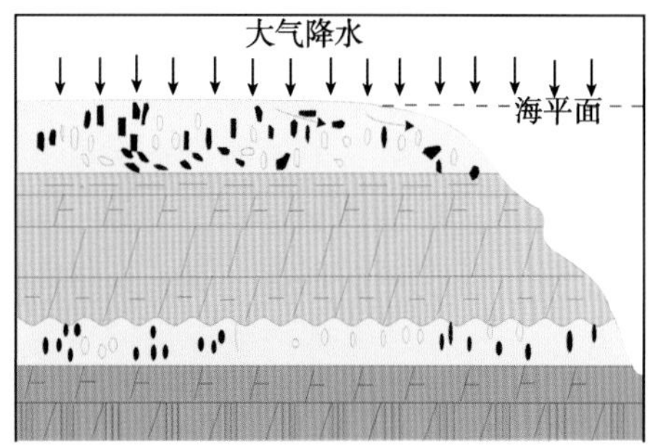

图 3.16　碳酸盐岩层间岩溶模式（赵贤正等，2012）

2）暴露期不整合岩溶模式

暴露期不整合岩溶一般发育在古隆起或低凸起周围，是指随着地壳整体抬升，碳酸盐岩长期暴露地表，遭受大气淡水淋滤并伴随风化壳形成而发育的岩溶，是碳酸盐岩潜山岩溶形成的主要方式（图 3.17）。暴露期不整合岩溶纵向具有明显的分带性，平面上具有较好的分区性特征。在纵向上，由上而下可依次划分为垂直渗流带、水平潜流带和深部缓流带。在平面上，暴露期不整合岩溶按照古地貌又可分为岩溶高地、岩溶斜坡、岩溶低地。通常，岩溶高地和岩溶斜坡顶部发育垂直渗流带，是风化壳型潜山岩溶最发育的区带。而岩溶斜坡主体及岩溶低地的顶部被上覆岩层覆盖，风化壳型岩溶不发育，其内幕储层主要依靠水平潜流带和深部缓流带形成溶孔、溶洞，因此最有利于深埋成岩期的潜山内幕岩溶型储层的形成和保存。

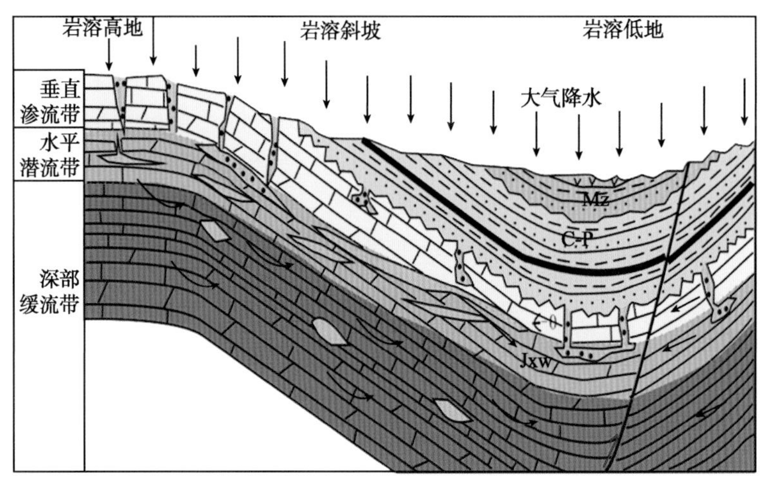

图 3.17　碳酸盐岩暴露期不整合岩溶模式（赵贤正等，2012）

3）暴露期断裂岩溶模式

暴露期断裂岩溶主要分布在古近系断陷盆地陡坡带，通常发育在一级断裂的上升盘。

由于断裂的剧烈活动，埋藏的碳酸盐岩潜山地层抬升，通过断面暴露地表遭受淋滤形成的岩溶（图 3.18）。该种岩溶模式纵向上的分带性和平面上的分区性特征依然明显。其中，纵向上的垂直渗流带、水平潜流带和深部缓流带等分布特征与暴露期不整合岩溶模式基本相当，但三个带的平面分布位置存在一定差异。一般地，断棱部位为古地貌高点，风化壳型岩溶发育好，垂直渗流带纵向延伸大。大气淡水沿断面向下垂直渗透至古潜水面位置，往往顺碳酸盐岩地层倾向产生顺层溶蚀，形成潜山内幕储层的溶蚀孔洞。溶蚀产生的钙、镁等多种产物在地层下倾部位重新发生胶结作用，形成致密岩层。因此，翘倾断块的主断棱深部及其向下倾方向延伸的一段距离内是潜山内幕储层发育的有利区带。

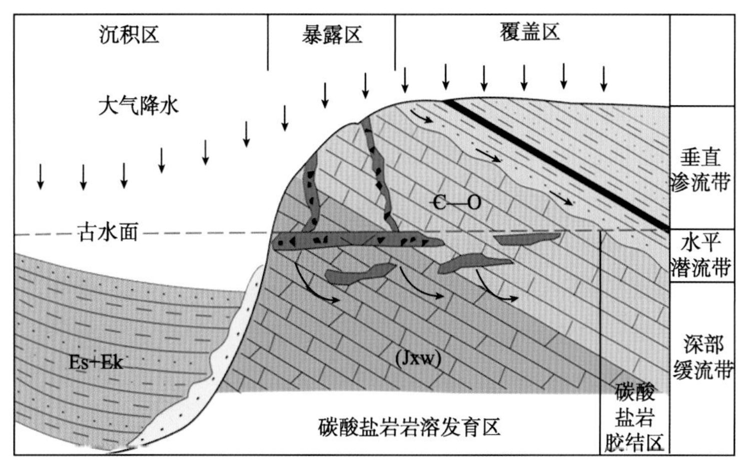

图 3.18　碳酸盐岩暴露期断裂岩溶模式（赵贤正等，2012）

2. 埋藏期岩溶特征

埋藏期岩溶主要指碳酸盐岩遭受深埋，在高温高压的封闭环境下，地下深处酸性地层水或热液引起的岩溶作用，又称深部岩溶。埋藏期岩溶与表生期岩溶是相辅相成的关系，二者的发育既有先后，也有一定的序列性。上文所描述的同生期层间岩溶、暴露期不整合岩溶、暴露期断层岩溶三种表生期岩溶模式是潜山内幕储层形成的基础和前提。但埋藏期岩溶作用是储层形成的主导和直接因素。古岩溶储层在经历漫长的暴露岩溶作用之后，随着地壳的快速沉降和海水推进即进入埋藏阶段。在埋藏过程中，受压实、充填和胶结作用的影响和破坏，造成大量孔隙损失。然而，许多油气田古岩溶储层仍能保持良好的储渗性能，其关键就是与后期埋藏溶蚀作用的改造密切相关。埋藏期岩溶可归纳出压释水岩溶和热液岩溶等两种模式。

1）压释水岩溶模式

压释水岩溶主要是指在地层压力差驱动下，上覆地层成岩压实过程中不断挤出压实水（包括石炭—二叠煤系地层或古近系烃源岩地层有机质成熟产生的富含有机酸、CO_2 和 H_2S 的酸性压释水），压释水渗入灰岩地层中通过对流循环而发育的岩溶（图 3.19）。发育的孔、洞、缝中或多或少地充填有自生石英、黄铁矿、沥青质及铁白云石、铁方解石等。该岩溶模式需要上覆岩层具有一个超压封闭的环境，地层超压和上覆盖层的良好封闭，使流体压力随流体体积增大而逐渐增加，并在流体压力驱动下渗入相对低压或常压的岩层开放体系，形成各种溶蚀孔洞。

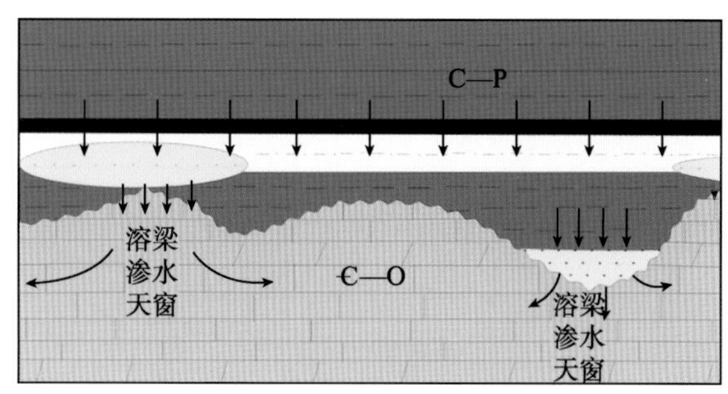

图 3.19　碳酸盐岩压释水岩溶模式

2）热液岩溶模式

热液岩溶一般分布在深大断裂附近，各种热液在承压状态下沿深大断裂向上运移，具有溶蚀能力的深循环热水对可溶岩产生溶蚀形成的岩溶（图 3.20）。热液的产生一般与深部岩浆活动、地热增温、有机质热成熟作用等有关，深大断裂附近往往是热液的泄压点，也是溶蚀集中发育的部位。因此，碳酸盐岩热液岩溶型储层主要发育在深大断裂附近，纵向上沿断面可形成串珠状的一系列溶蚀孔洞，但横向延伸距离相对较短。

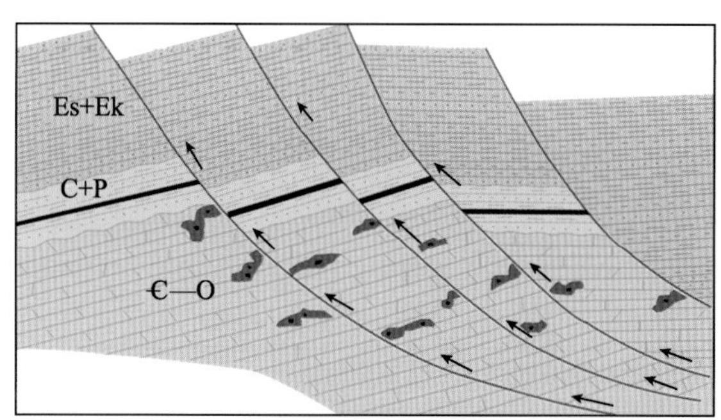

图 3.20　碳酸盐岩热液岩溶模式（赵贤正等，2012）

（三）碳酸盐岩储层的主要类型

针对中国海相碳酸盐岩储层的主要类型，朱如凯等（2007）根据碳酸盐岩储层发育的沉积相带、成岩作用及岩性组成，将中国海相碳酸盐岩储层分为礁-滩型储层、岩溶型储层、白云岩储层、裂缝型储层等四类（表 3.20）。但从油气勘探的实践来看，也存在许多复合型储层。例如，在渤海湾盆地前第三系潜山中岩溶-裂缝复合型储层是比较常见的。生物礁储层在我国四川盆地上二叠统长兴组发育最为典型；鲕滩储层以四川盆地川东三叠系飞仙关鲕滩储层最为典型；生屑滩、砂屑滩储层以塔里木盆地石炭系生屑灰岩段发育较为典型；在渤海湾盆沙一段湖湾相碳酸盐岩储层中，鲕滩、生屑滩和砂屑滩等也很发育；礁-滩复合体储层以塔里木盆地塔中地区中、上奥陶统最为典型；岩溶型储层则较为普遍，以塔里木盆地轮南–塔河油田的寒武—奥陶系、四川盆地的震旦—古生界及鄂尔多斯盆地的奥陶系、渤海湾盆地的震旦—奥陶系等较为典型；白云岩储层则存在于四川盆地的震旦系—寒武系、三叠系雷口坡组及嘉陵江组，塔里木盆地的震旦—奥陶系，鄂尔多斯盆地奥陶系、渤海湾盆地的震旦系等；裂缝型储层则分布广泛。我国典型的碳酸盐岩油气田储层特征分述如下。

表 3.20　中国海相碳酸盐岩储层特征及成因类型综合表（朱如凯等，2007）

项目			礁-滩型储层	岩溶型储层	白云岩储层	裂缝型储层
地质环境			沉积环境、热演化、溶蚀作用	多期构造运动、沉积间断、表生成岩作用	沉积环境、热演化、溶蚀作用	局部构造破裂、埋藏成岩作用
主要岩性			生物碎屑灰（云）岩、礁灰（云）岩、鲕粒灰（云）岩	各种灰岩、白云岩	白云岩、碎屑云岩、藻云岩	各种灰岩、白云岩
主要沉积相			礁、滩相	各种环境	潮坪、局限、蒸发台地	各种环境
储集空间			孔隙型	裂缝-孔隙型、孔隙-裂缝型	孔隙型	裂缝-溶孔型
储集空间组合			粒间孔-粒间溶孔（洞）	溶孔-溶洞-裂缝组合	晶间孔-晶间溶孔组合	缝合线-微孔-裂缝组合
裂缝意义			不起控制作用	裂缝的作用主要是沟通孔洞，决定产能		裂缝不仅是渗滤通道，也是储集空间
孔隙演化	成岩	准同生	+ +	+	+ +	–
	早期	浅埋	+ +	+或–	+ +	–
	晚期	深埋	+或/	+或/	+	+或–
	表生期		+或/	+ +	+	+ +
主要成岩作用			压实作用、胶结作用、白云石化作用、溶解作用	多期淋滤、溶解作用	早期白云石化作用、溶解作用	构造破裂作用、晚期溶解作用
典型实例			塔中 O_{2+3}、四川 T_1f	轮南—塔河 O、鄂尔多斯 O、华北 Z—O	四川 C、T_1f	四川 T_1j，C，P

注：+ + 代表强烈作用；+ 代表作用中等；/ 代表作用较弱；– 代表不作用

1. 流花 11-1 生物礁滩油田

流花 11-1 油田位于南海珠江口盆地东沙隆起西部，由流花 4-1、流花 11-1 和流花 11-1 东三个背斜圈闭组成，含油层位为新近系珠江组，储集层为灰岩礁滩。

生物礁、滩是在碳酸盐台地背景上发育起来的，其发育过程可分为四种类型。

1）缓坡型

早中新生世海水缓慢侵入，海平面上升速度和生物礁的生长速度两者比较接近时，在台地缓坡区易形成加积型的点礁和塔礁。

2）陆架型

海侵扩大，拗陷由半封闭海变成阔海。由于水流的活跃和季风带来丰富的营养物质和充足氧气，台地斜坡边缘的礁体以加积方式迅速生长，并发育成台地边缘礁。礁前为滑塌堆积，礁石为生物礁，在潟湖区有补丁礁或生物礁，从而形成台地边缘礁-台地边缘滩-潟湖及补丁礁组合系列。

3）水退孤岛型

早中新世末期台地发生一次大规模海退，在海平面下降90m后的一次相对静止期，出现以水平方式向盆地方向进积，形成向外侧递降的复礁体，并形成环绕岩隆分布的水退岩礁。

4）水进孤岛型

海侵进一步扩大使整个东沙隆起区侵入水下，由于礁的生长速度小于海平面上升速度，礁体终止生长并被泥岩覆盖。但在个别水下高地，因造礁生物仍继续生长，故也能形成浅海陆棚中的孤岛型礁体，有塔礁及环礁。

流花11-1油田的流花4-1构造位于台地边缘礁相带，流花11-1构造位于台地边缘礁带之后的边缘礁滩相带；流花11-1东构造位于潟湖带相带。在三个相带，中边缘礁滩相带物性最好，边缘礁相带次之，潟湖相带较差（表3.21）。

表3.21　不同相带的储油物性及储层类别统计表

背斜名称	相带	平均孔隙度/%	平均渗透率/$10^{-3}\mu m^2$	块数	各类储层厚度比例/%				
					一类	二类	三类	四类	五类
流花11-1	礁滩相	21.9	651	381	72.1	14.4	10.8	2.6	0
流花4-1	台地边缘礁相	12.2	234	221	3.3	69.5	14.3	0	12.9
流花11-1	东潟湖相	9.2	3.4	79	10.8	16.7	41.5	23.8	7.4

2. 四川盆地普光鲕滩白云岩气田

四川盆地普光气田为下三叠统飞仙关组鲕滩白云岩含气，位于四川盆地川东断褶带东北段双石庙-普光构造带。探明含气面积约87km^2，天然气地质储量超过$3.5\times10^{11}m^3$。飞仙关组储集层由下向上划分为飞一段、飞二段和飞三段。其岩性由鲕粒白云岩、残余鲕粒白云岩、糖粒状残余鲕粒白云岩、含砂屑泥晶白云岩和结晶白云岩等组成，分布在飞一段至飞三段。各类鲕粒白云岩形成的大套溶孔型鲕粒白云岩组合是气田的主要储集层。

飞仙关组鲕粒白云岩储集层平均孔隙度为8.17%，平均渗透率为$94.42\times10^{-3}\mu m^2$，总体上以中孔中渗和高孔高渗储集层为主，储集性较好。纵向上飞一、飞二段比飞三段好，横向上气田北部比南部好。飞一段和飞二段有效储集层厚度普遍大于150m，最厚达300m，厚度中心（指厚度大的地区）位于普光2井区；飞三段有效储集层厚度大于30m，最厚达70m。横向上飞仙关组鲕滩储集层分布广泛，以普光1、普光2井为中心的滩体规模大，呈北西—南东向延伸；纵向上飞二段最发育，飞一段次之，飞三段相对差些。

3. 塔里木盆地塔河灰岩风化壳油田

塔河油田位于塔里木盆地北部沙雅隆起中段南翼的阿克库勒凸起西南斜坡。探明含油面积约960km^2，石油地质储量超过7.0×10^8t，年产油398.3×10^4t。塔河油田有3套含油层系，但以奥陶系碳酸盐岩风化壳的缝、洞型储集层为主。奥陶系储集层随着阿克库勒凸起的演化，先后经历了加里东中晚期、海西早期、海西晚期、印支-燕山期和喜马拉雅期 5 期构造运动，形成了复杂的断裂和裂缝系统。由抬升剥蚀遭受大气淡水淋滤所形成的溶洞与前者共同构成了油气赋存的主要储集空间。

（1）孔隙：普遍存在于奥陶系颗粒灰岩、白云岩储集层中。灰岩经过白云化后，其晶间孔与粒间孔很发育，晶间溶蚀孔隙、晶间孔隙和粒间方解石胶结物溶蚀孔隙占 5.5%～22.2%。

（2）溶洞：溶洞的发育常常与裂缝的持续扩溶紧密相关。位于塔河油田东北部的阿克库勒凸起轴部碳酸盐岩裂缝最发育，表明此处是水动力条件最好的部位。深部古岩溶作用所形成的开放性流动，导致水文系统水体沿裂缝发生渗透和流动，促使岩溶空间不断扩大，从而形成了复杂的储集网络体系。在钻井中发现的较大洞穴也说明了这一点，如 548 井 5364.24～5370.00m 下奥陶统灰岩段，钻井放空达 1.56m。又如 547 井 5360.5～5367.5m 奥陶系灰岩岩心，观察中发现中、小孔洞发育呈蜂窝状，面孔率达 10%左右。

（3）裂缝：该油田奥陶系灰岩裂缝主要有构造缝、溶蚀缝和压溶缝三种类型。垂直缝和斜交缝（即中、高角度缝）约占裂缝的 90%；微小裂缝占裂缝总数的 70.5%。

4. 渤海湾盆地任丘潜山油田

任丘油田为蓟县系雾迷山组白云岩油藏。雾迷山组由不同结构的白云岩组成，其中锥状叠层石白云岩和凝块石白云岩形成于潮下中高能环境，孔渗性好，为Ⅰ类储集层；砂粒屑白云岩及泥细晶白云岩形成于潮间或潮上带中低能环境，孔渗性较好，为Ⅱ类储集层；层纹石白云岩及含泥白云岩形成于潮间或潮上带中低能环境，孔渗性差，为Ⅲ类储集层（表 3.22）。

表 3.22 任丘潜山油藏雾迷山组白云岩储集层厚度与孔渗性统计表

岩石类型	厚度/m	物性			缝洞统计			类别
		孔隙度/%	渗透率/$10^{-3}\mu m^2$	缝线密度/（条/m）	有效缝面孔率/%	有效洞面孔率/m	总孔面率/m	
含泥白云岩、层纹石白云岩	19.53	1.40	14.41	99	1.48	0.08	1.56	Ⅲ
砂屑白云岩、泥细晶白云岩	32.53	1.88	27.15	236	1.99	1.20	3.19	Ⅱ
凝块石、锥状叠层石白云岩	81.21	3.52	72.54	156	2.97	2.70	5.67	Ⅰ

任丘潜山含油面积约 81km^2，探明石油地质储量超过 4.0×10^8t。整个潜山储集体的孔、缝、洞连通性好，具有统一的油水界面（–3510m）、压力系统、水动力系统和热力系统。油井单井产油量高，全油田有 28 口千吨井，其中任 9 井获得 5434t/d 的高产。

三、变质岩储集层

早在 20 世纪 50 年代，我国就已发现酒西盆地鸭儿峡变质岩基底含油。近年来，又陆续在渤海湾、松辽等盆地发现了许多以变质岩为储集层的油气藏。这类储集层甚至成为一些盆地、凹陷或地区重要的油气产层。在许多含油气盆地，这种变质岩系通常成为沉积盖层的基底。当变质岩受剥蚀风化及地下水的淋滤作用，可在表层形成风化孔隙带。同时，后期构造作用产生的裂缝（包括构造缝、溶蚀缝、风化缝和晶间缝等）也使变质岩孔隙性和渗透性增加，成为油气的良好储集层。

（一）变质岩的基本特征

变质岩是指地壳中原有岩石（主要包括火成岩和沉积岩）受构造运动、岩浆活动或地壳内热流变化等内营力影响，使其矿物成分、结构构造发生不同程度变化而形成的一类岩系。按照原有岩石大类，变质岩可相应分为两大类：火成岩形成的变质岩称为正变质岩，沉积岩生成的变质岩称为副变质岩。依照原有岩石变质作用的成因、方式和规模，可划分为以下四种主要类型。

（1）区域变质作用。岩石变质的分布范围是区域性的，变质的因素多而复杂，包括温度、压力、化学活动性的流体等。凡寒武纪以前的古老地层出露的大面积变质岩及寒武纪以后“造山带”内所见到的变质岩分布区，均属于区域变质作用类型。变质的岩石类型包括板岩、千枚岩、片岩、大理岩与片麻岩等。

（2）混合岩化作用。这是在区域变质的基础上，地壳内部的热流继续升高，在某些局部地段，熔融浆发生渗透、交代或贯入于变质岩系（包括板岩、千枚岩、片岩、大理岩与片麻岩等）之中，形成一种深度变质的混合岩，称之为混合岩化作用。

（3）接触变质作用。当岩浆沿地壳的裂缝上升侵入到上部地层围岩中，由于高温，发生热力变质作用，围岩在化学成分基本不变的情况下，出现重结晶和化学交代等作用。例如，中性岩浆入侵到石灰岩地层中，使原来石灰岩中的碳酸钙熔融，发生重结晶作用，晶体变粗，形成大理岩。又如页岩变成角岩，也是接触变质造成的。

（4）动力变质作用。由地壳构造运动所引起的，使局部地带的岩石在强大的、定向压力之下发生变质，产生的变质岩石非常破碎。岩石类型包括破碎角砾岩、碎裂岩、糜棱岩等。在断层带上经常可见此种变质作用现象。

此外，按变质作用程度，变质岩还可分为低级、中级和高级变质三类。变质级别越高，变质程度越深。例如， 泥质岩在低级变质作用下，形成板岩；在中级变质时形成云母片岩；在高级变质时形成片麻岩。

1. 变质岩的构造和结构特征

变质岩的构造是指变质岩中各种矿物的空间分布和排列方式。按成因可分为：①变余构造，指变质岩中保留的原岩构造，如变余层理构造、变余气孔构造等；②变成构造，指变质结晶和重结晶作用形成的构造，如板状、千枚状、片状、片麻状、条带状、块状构造等。

变质岩的结构是指变质岩中矿物的粒度、形态及晶体之间的相互关系。同样，按成因可划分为以下类型。

1）变余结构

变余结构是指由于变质结晶和重结晶作用不彻底而保留下来的原岩结构的残余。用前缀“变余”命名，如变余砂状结构、变余辉绿结构、变余岩屑结构等。

2）变晶结构

变晶结构是变质岩的主要特征，是指岩石在变质结晶和重结晶作用过程中形成的结构。常用后缀“变晶”命名，如粒状变晶结构、鳞片变晶结构等。按矿物粒度的大小、相对大小，可分为粗粒（大于 3mm）、中粒（1～3mm）、细粒（小于 1mm）变晶结构和等粒、不等粒、斑状变晶结构等；按变质岩中矿物的结晶习性和形态，可分为粒状、鳞片状、纤状变晶结构等；按矿物的交生关系，可分为包含、筛状、穿插变晶结构等。

3）交代结构

交代结构是指由交代作用形成的结构。用前缀“交代”命名，如：①交代假象结构，表示原有矿物被化学成分不同的另一种新矿物所置换，但仍保持原来矿物的晶形甚至解理等内部特点；②交代残留结构，表示原有矿物被分割成零星孤立的残留体，包在新生矿物之中；③交代条纹结构，表示钾长石受钠质交代，沿解理呈现不规则状钠长石小条等。

4）碎裂结构

碎裂结构是指岩石在定向应力作用下，发生碎裂、变形而形成的结构，如碎裂结构、碎斑结构、糜棱结构等。

2. 变质岩的常见类型

原岩类型和变质作用性质是变质岩分类的主要基础。原岩类型的复杂性和变质作用类型的多样性，给变质岩的分类带来许多困难。长期以来，关于变质岩的具体分类和命名一直未能统一。归纳起来，主要的岩石类型包括以下 16 类。

（1）板岩类：属于区域变质作用中的低级变质产物，具板状构造。由黏土岩类、黏土质粉砂岩和中酸性凝灰岩变质而来，如碳质板岩、钙质板岩、黑色板岩等。

（2）千枚岩类：具有千枚状构造的变质岩，原岩类型与板岩相似，在其片理面上闪耀着强烈的丝绢光泽，并往往有变质斑晶出现。变质程度较板岩相对较高，如绢云母千枚岩、绿泥石千枚岩等。

（3）片岩类：属低至中高级变质产物，片理构造十分发育，原岩已全部重新结晶，由片状、柱状、粒状矿物组成，具鳞片、纤维、斑状变晶结构，常见的矿物有云母、绿泥石、滑石、角闪石、阳起石等。粒状矿物以石英为主，长石次之。片岩是区域变质岩系中最多的一类变质岩，包括云母片岩、滑石片岩、角闪石片岩等。另外，常用绿色片岩之名，系由中性和基性的火山岩、火山碎屑岩等变质而来。

（4）片麻岩类：属低-高级变质产物，具片麻状或条带状构造的变质岩。原岩不一定全是岩浆岩类，有黏土岩、粉砂岩、砂岩和酸性、中性的岩浆岩。具粗粒的鳞片状变晶结构。其矿物成分主要有长石、石英和黑云母、角闪石；次要的矿物成分则视原岩的化学成分而定，如红柱石、蓝晶石、阳起石、堇青石等。片麻岩可进一步命名，根据矿物成分，如花岗片麻岩、黑云母片麻岩。片麻岩是区域变质作用中颇为常见的变质岩。

（5）长英质粒岩类：可形成于不同的变质条件下，主要由长石和石英组成的细粒粒状变质岩石。变晶粒度一般为 0.1～0.5mm。长石和石英含量大于 50%，长石含量大于25%。矿物分布比较均匀，分为变粒岩和浅粒岩两大类。

（6）石英岩类：几乎整个岩石均由石英组成（石英含量大于 75%），浅色、粒状。一般为块状构造、粒状变晶结构。它是由较纯的砂岩或硅质岩类经区域变质作用，重新结晶而形成，如纯石英岩、长石石英岩、磁铁石英岩等。

（7）斜长角闪岩类：形成于高绿片岩相到角闪岩相的变质条件，是主要由斜长石和角闪石组成的变质岩。其原岩是基性火成岩和富铁白云质泥岩。具粒状变晶结构、块状微显片理构造，如石榴子石角闪岩、透辉石角闪岩等。

（8）麻粒岩类：是一种颗粒较粗、变质程度较深的岩石，属高温条件下形成的区域变质岩。基本上由浅色的石英、斜长石、铁铝榴石、辉石等矿物组成，无云母和角闪石。具粒状变晶结构、块状或条带状构造，如暗色麻粒岩、浅色麻粒岩等。

（9）铁镁质暗色岩类：主要由辉石类、角闪石类、云母类、绿泥石类等组成，包括透辉石岩、石榴子石角闪石岩等。

（10）榴辉岩类：一般认为榴辉岩的原岩相当于基性岩。主要矿物为绿辉石和富镁的石榴子石，类型包括镁质榴辉岩、铁质榴辉岩等。

（11）大理岩类：碳酸盐岩石经重结晶作用变质而成，具粒状变晶结构、块状或条带状构造，由于它的原岩石灰岩含有少量的铁、镁、铝、硅等杂质，因而在不同条件下，形成不同特征的变质矿物，出现蛇纹石、绿帘石、符山石、橄榄石等。大理岩见于区域变质的岩系中，也有不少见于侵入体与石灰岩的接触变质带中。岩石类型包括白云质大理岩、硅灰石大理岩、透闪石大理岩等。

（12）矽卡岩类：主要由钙、镁硅酸盐矿物通过接触交代作用形成，分为钙质矽卡岩和镁质矽卡岩两大类。

（13）角岩类：由泥质岩在侵入体附近由接触变质作用而产生的变质岩。颜色呈深暗或灰色，硬度比原岩显著增加，如云母角岩、长英质角岩等。

（14）动力变质岩类：属各种岩石受动力变质作用的产物，包括碎裂岩和糜棱岩两大类。

（15）气–液变质岩类：指由气–水热液作用于已经形成的岩石，使其化学成分、矿物成分及结构构造发生变化而形成的一类变质岩石，如蛇纹岩、青磐岩、云英岩、滑石菱镁岩等。

（16）混合岩类：由混合岩化作用形成的变质岩，由基体和脉体两部分组成。基体是指混合岩形成过程中残留的变质岩，如片麻岩、片岩等，具变晶结构、块状构造，颜色较深；脉体是指混合岩形成过程中新生的脉状矿物（或脉岩），贯穿其中，通常由花岗质、细晶岩或石英脉等构成，颜色比较浅淡。 混合岩具明显的条带状构造，并普遍可见交代现象，以此与区域变质作用形成的变质岩区别开来，但它是在区域变质的基础上发展起来的。按混合岩化的强度，混合岩类可分为混合质变质岩、混合岩以及花岗质混合片麻岩和混合花岗岩等。

（二）变质岩的储集特征

变质岩储层发育的控制因素包括岩石类型、变质作用、构造作用、物理风化作用和化学淋滤作用、岩浆侵入、矿物充填等。变质岩有利储层的形成和分布主要依赖于溶蚀和裂缝两大系统的发育程度。值得提及的是，利用现有方法，对裂缝发育的变质岩孔隙度和渗透率的测定结果，无法真实反映裂缝对提高岩石孔渗性的贡献，测定的数值普遍较低、甚至很低，从油气勘探的大量实践来看，较大规模变质岩油气藏储层的形成均是由多期风化淋滤溶蚀和构造产缝作用造成的。以辽河大民屯凹陷曹台潜山变质岩油气储层为例，变质岩主要经历了三期风化淋滤溶蚀和构造产缝作用（图 3.21）。同时，变质岩系中众多岩石类型的特性差异较大，反映在变质岩储集物性上的非均质性也很强，这是由变质原岩的矿物组分、变质程度和作用方式等因素造成的。在相同的温压条件下，暗色矿物含量越高的岩性，塑性越强，越不易产生裂缝。而浅色矿物含量越高的岩性，脆性越强，越容易产生裂缝、成为有利储集岩（图 3.22）。孟卫工等（2007）提出了辽河变质岩系易于裂缝发育的“优势岩性”序列，由易到难的顺序为石英岩、浅粒岩、变粒岩、混合花岗岩、片麻岩、煌斑岩与辉绿岩岩脉、斜长角闪岩。下面以几个较为典型的变质岩油气藏为例，介绍变质岩储层的储集特征。

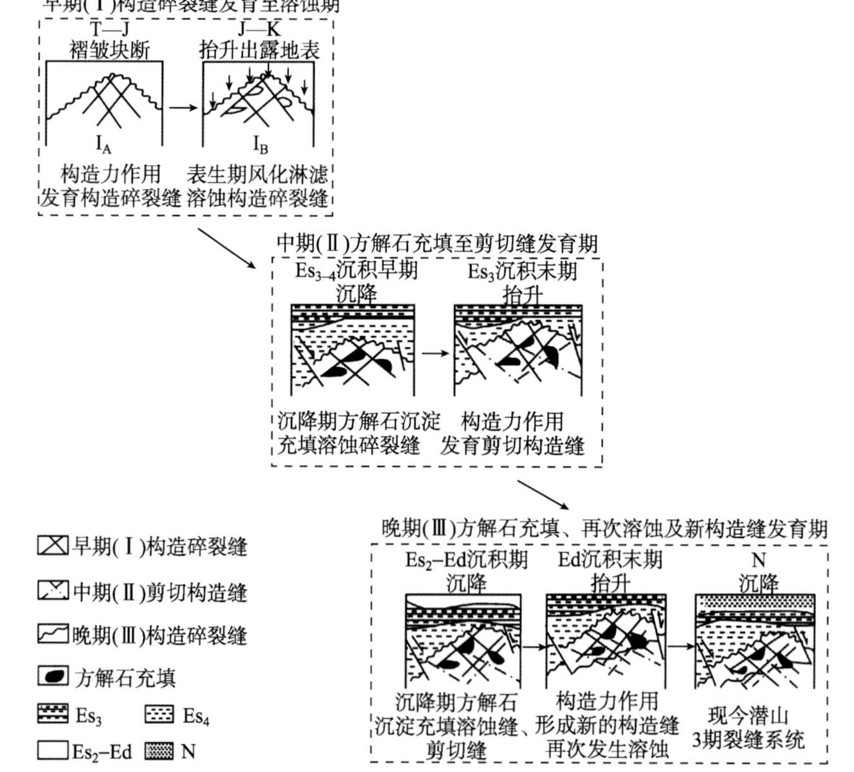

图 3.21 辽河大民屯凹陷曹台潜山变质岩储层裂缝发育模式（傅强等，2003，略修改）

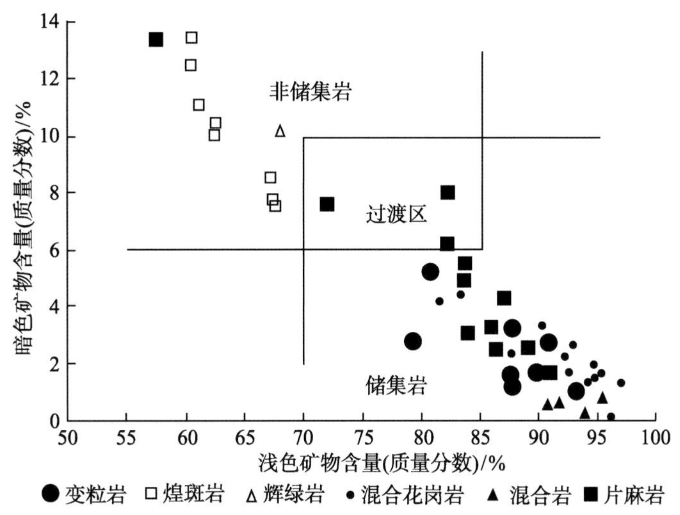

图 3.22　辽河潜山变质岩矿物含量与储集性能关系图（刘兴周，2009）

1. 酒泉盆地鸭儿峡油藏变质岩储集层

鸭儿峡油藏的储集层为志留系变质岩基底。志留系地层为一套海相泥页岩、砂岩和灰岩遭受低级区域变质形成的浅变质岩，岩性由板岩、千枚岩和变质砂岩组成，其上被下白垩统泥砾岩与砂质泥岩不整合覆盖，下白垩统为盆地主要烃源岩层系。鸭儿峡志留系变质岩油藏依靠天然能量开发已超过 50 年，迄今未发现具统一油水界面的边、底水。尽管区内全部数量油井或先或后陆续产出一定量的地层水，但一直未发现略具规模的水体。变质岩潜山高、中、低部位相差近千米，但各处均有油和少量水的产出（李辉，2006），直接反映出变质岩裂缝发育并具有很强的非均质性。根据岩心描述和测定结果，变质岩裂缝较发育，裂缝密度普遍大于 40 条/m，这些裂缝提供了大量的储集空间。在断层附近裂缝率高，连通性好，故高产油井主要沿断裂分布。

在变质岩潜山中，裂缝的发育程度越高，变质岩储集性能越好 。志留系千枚岩原生孔隙度很低，储集空间以裂缝为主，局部地区发育有溶蚀晶洞。主要储集空间类型有风化裂缝、层理微裂缝和构造裂缝。根据岩心资料，志留系变质岩大体发育 3 组裂缝，平均密度为 39 条/m，其中倾角较大的裂缝发育较好，与油气关系也比较密切。而低角度裂缝充填较严重，与油气关系较差。早期构造裂缝多被白云石、方解石、石英等充填；晚期构造裂缝未充填或半充填，是油气储渗的主要空间。千枚岩储层测定的平均孔隙度为 2.34%，测定的空气渗透率一般小于 $0.1\times10^{-3}\mu m^2$。这些孔渗性参数的测定已无法真实反映裂缝型变质岩的情况，尤其是其渗透特征。不过，油井初产量一般为 1～10t/d，但也有少数油井初产高达 30～100t/d，说明由于裂缝发育，储层具严重的非均质性。

变质岩储层的发育主要受古构造的位置和距离风化界面深度的控制。构造高部位风化剥蚀强烈，裂缝发育，而低部位则裂缝发育差，充填胶结严重。油气主要分布在剥蚀面以下 200m 左右的深度范围内，其下油气的分布较为零星。

2. 渤海湾盆地王庄油田变质岩储集层

王庄油田位于渤海湾盆地东营凹陷西北部。该油藏是在极其偶然的条件下发现的，1982 年目的层为沙三段的郑 4 井完钻，对沙三段砂岩试油，证实为干层。但对非勘探目的层——具荧光显示的变质岩进行试油，获得原油 1095t/d，天然气 32618m^3/d。从而，发现了这个高产的太古界变质岩潜山油气藏。潜山呈北西走向，由两个高点组成。主高点位于郑 10 井西 300m 处，埋深 1470m；次高点位于郑 16 井东北约 700m 处，埋深 1600m。潜山圈闭面积 4.7km^2，闭合高度 200m（图 3.23）。

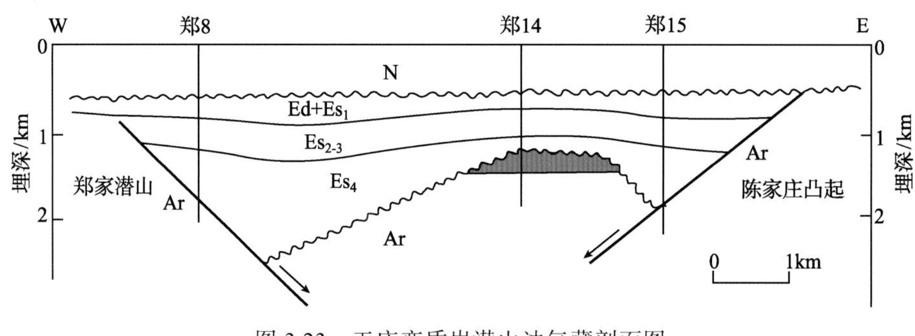

图 3.23　王庄变质岩潜山油气藏剖面图

1）变质岩储层岩石学特征

储集层是太古界泰山群深变质的区域变质岩，主要岩性为片麻岩和变粒岩。其中，片麻岩是一种浅灰、浅肉红色中粗粒鳞片状变晶结构的岩石，以块状构造为主，有的可见到片麻状构造和残余角砾，并具碎裂岩的结构构造。矿物成分主要为灰白色斜长石（占 40%左右）、肉红色钾长石（占 25%～30%）和无色石英，暗色矿物多为绿泥石化黑云母（约占 5%）。副矿物有锆石、榍石、磷灰石、磁铁矿、磁黄铁矿，次生矿物有绿泥石，绿帘石、黝帘石、绢云母、铁方解石、铁白云石和黄铁矿等。根据以上特征，可具体定名为碎裂状混合岩化黑云二长片麻岩。

变粒岩矿物成分中，斜长石占 55%左右，聚片双晶发育，绢云母化或钠黝帘石化明显，有的含磷灰石包裹体。钾长石约占 5%，双晶不发育。石英占 20%左右，波状消光较强。黑云母约占 20%，半定向排列，几乎都已变成了绿泥石，见少量氧化铁残体。角闪石约占 5%，均方解石化。副矿物有磷灰石、锆石和磁黄铁矿等。次生矿物有绿泥石、帘石类、铁方解石和绢云母等。该变粒岩混合岩化现象较明显，基体和脉体两部分的界线较清楚，常见碎裂现象。基体呈灰色，为细粒等粒鳞片状变晶结构、块状构造。脉体呈浅肉红色，由粗大的钾长石、斜长石和石英晶体组成，呈不规则的脉状存在于基体之中。根据以上特征，定名为碎裂状混合岩化黑云斜长变粒岩。

2）储集空间发育特征

据测井解释王庄变质岩储层孔隙度在 10%左右，郑 14 至郑 17 井井组干扰试井证明两井油气储层连通性很好，渗透率高达 $600 \times 10^{-3}\mu m^2$。郑 4 井原油产量 1100t/d 以上，连续稳产超过 200 天。

根据岩心观察，王庄变质岩储层主要为裂缝孔隙储油，高产井中裂缝非常发育。例如，郑 10 井 1562.23～1563.74m 岩心见到主要裂缝。两组近于垂直，它们交角为 30°左右；另一组与岩心垂向成 45°左右的夹角，斜交于前两组直立缝（图 3.24）。裂缝度达 10%左右，裂缝宽度一般为 0.1mm。最宽缝约 1mm。有的裂缝还有溶蚀扩大现象。除此之外，还有矿物裂缝和张开的节理缝。岩心上见有 20mm×10mm 的溶洞，在基体和脉体均可见到。溶孔直径一般为 0.1～0.2m，大者可达 1～2m，溶孔分布不均，但在裂缝附近相对较发育，其成因与地下水沿断裂带溶蚀有关。根据郑 10、郑 14、郑 16 和郑 29 井岩心物性分析，单井平均最大孔隙度为 8.7%，渗透率为 $7.2 \times 10^{-3}\mu m^2$。因为好的裂缝孔隙发育段在取心过程中已被破坏，所保存下来的则是一些裂缝欠发育或不发育的岩心段，利用这样的岩心在实验室测出来的孔渗数据自然不能反映变质岩储层的真实物性。

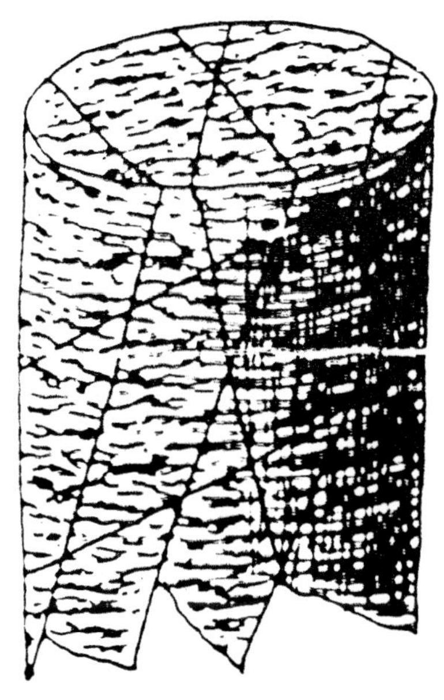

图 3.24　王庄油田郑 10 井 1562.92m 处岩心三组裂缝素描图（赵澄林等，1999）

3. 渤海湾盆地渤海海域锦州南变质岩油田

位于渤海湾盆地渤海东北部辽东湾海域的锦州南油田，其太古界含油层系为花岗片麻岩储集层系。该潜山油藏为正常温压系统，属块状裂缝底水油藏，地面原油密度为 $0.864 \sim 0.901 g/cm^3$。

1）变质岩的岩石特征

根据 7 口取心井岩心和井壁取心的薄片资料，本区太古界岩性较均一，以浅灰色片麻岩及其形成的碎裂岩为主，即以二长片麻岩和斜长片麻岩为主，具有中-粗粒、片状-粒状变晶结构及弱片麻状-片麻状构造。上述两种片麻岩的矿物成分相同，但含量相差较大（表 3.23）。区内岩石矿物结晶较粗，暗色矿物含量较低，碎裂作用较强，为储集层发育提供优越的地质条件。

表 3.23　锦州南油藏太古界片麻岩矿物含量表　（单位：%）

岩性	斜长石	钾长石	石英	黑云母	角闪石
二长片麻岩	25～50	20～40	20～25	5～10	2～5
斜长片麻岩	50～70	5～10	10～20	7～10	5～10

2）变质岩的储集空间及储集物性

根据岩心观察，太古界变质岩储集层裂缝线密度为 4～160 条/m，有效面孔率为 0.2%～3.41%，裂缝平均间距为 0.9～2.8cm，裂缝平均宽度为 0.3～1.2mm，裂缝倾角以 45°～60°高角度斜交缝为主。发育两组以上裂缝：一组为 NE-SW 向，另一组为 NNW-SSE 向，裂缝总体呈网状分布。其中，张开裂缝占 25%，半张开者占 29%，合计为 54%。根据 6 口井 121 块岩心样品实验室分析，平均孔隙度 6.9%，平均渗透率 $21.4\times10^{-3}\mu m^2$。

4. 海拉尔盆地苏德尔特潜山变质岩储集层

该变质岩潜山油藏位于海拉尔盆地贝尔断陷苏德尔特地区。据张吉光等（2007）开展的系统分析表明：布达特群为一套岩性较为复杂的轻变质岩系，主要包括碎裂安山凝灰岩、英安质凝灰岩、蚀变火山岩（安山岩、流纹岩）、轻微蚀变碎裂不等粒砂岩、坍塌角砾岩、碎裂碳酸盐化凝灰质不等粒砂岩、含粉砂碎裂凝灰质泥岩、碎裂绿泥石化凝灰岩等。岩石具有变余结构，重结晶作用强，泥质已变为霏细结构的硅质或绢云母类矿物。

1）变质岩储集物性特征

布达特群变质岩的储集空间主要为次生的裂缝和各种溶蚀孔隙（溶孔和溶洞等），其次为基质孔隙。布达特群变质岩储集层的基质部分储集物性较差。根据岩心分析数据（仅反映基质孔隙特征），孔隙度均小于 5%，渗透率小于 $1.0\times10^{-3}\mu m^2$，具有特低孔隙度和特低渗透率特征。但其岩石裂缝和溶孔、溶洞却十分发育。根据岩心观察，发育剪切缝、高角缝和垂直缝，裂缝宽度一般为 1～30mm，其中以 2～10mm 宽的裂缝较常见，裂缝长度为 5～140 mm，平均为 30 mm。裂缝的倾角为 15°～90°，其中剪切缝的倾角一般为 30°～60°，高角缝的倾角为 60°～85°。裂缝密度为 0.84～4.21 条/m，局部裂缝密度可达 250～640 条/m。受地下水长期溶蚀和沉淀作用，裂缝的形状和宽度变化较大。高值背景下的相对低电阻率值，且深浅侧向有较大幅度差，密度相对降低时，说明裂缝较宽，延伸较远。含油段裂缝充填物少，未充填和溶蚀裂缝占 35.0%，主裂缝周围的微裂隙均含油。半充填裂缝占 63.0%，有的裂缝段充填可达 90%，基本不含油。由于岩心易碎，不易进行实验室分析，因此孔隙度和渗透率资料少。

2）变质岩储集特征的分带性

依据单井的电性特征以及岩心孔隙和裂缝的发育特征，前中生界布达特群自上而下可分为三个带。

（1）风化破碎带：由于长期遭受风化、淡水淋滤和构造运动等作用，变质岩顶部破碎严重，发育网状裂缝和溶孔。测井曲线表现为井径曲线幅度大；深、浅侧向视电阻率为 80～100Ω·m，且幅度差大；声波时差曲线为锯齿状；密度曲线呈现较低值，密度约为 2.5g/cm^3；成像测井显示为以网状缝为主（图 3.25）；伊利石结晶度为 0.34～0.36，显示其低变质或未变质的特征。该段厚度为 40～45m。

（2）裂缝、溶孔、溶洞发育带：在陡崖处，由于湖水浸泡的缘故，往往在陡崖处的半腰形成大的溶孔、溶洞，而顶部未被湖水浸泡，仅遭受表层风化作用。因此，该段具有上部以裂缝为主，而下部以溶孔、溶洞为主并夹杂有裂缝的序列。其双侧向电阻率值为 100～200Ω·m，且幅度差较大；体积密度为 2.45～2.7g/cm^3，变化幅度也较大；中子孔隙度增大；伊利石结晶度为 0.2～0.34；成像测井反映有较大的溶孔、溶洞，并伴有裂缝。该段厚度为 40～150m。

（3）致密带：井径曲线平直，井眼规则；声波时差曲线变化小；体积密度值为 2.65～2.7g/cm^3，且曲线趋于平直；深、浅侧向视电阻率超过 250Ω·m，无幅度差；中子孔隙度较小；成像测井反映几乎无裂缝或有被矿物充填的微细缝；伊利石结晶度小于 0.2。该带厚度较大，未钻穿。

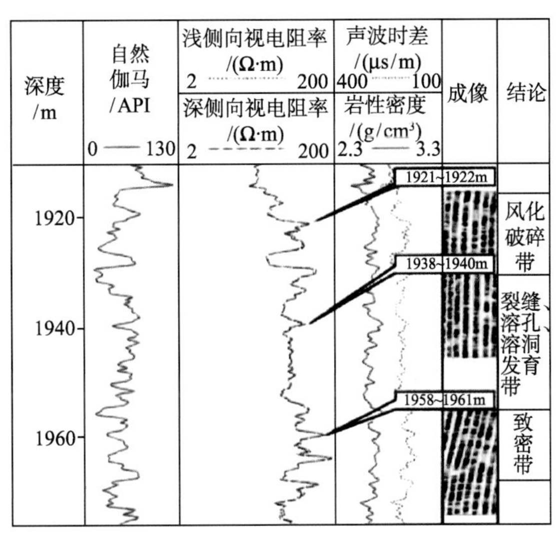

图 3.25 B28 井布达特群变质岩井段储集性分带特征（张吉光等，2007）

南屯组为该区主要的生烃岩层，布达特群变质岩储层与上覆及侧翼的南屯组、兴安岭群黑色泥岩相配置，构成了该区最重要的一套含油气储盖组合。纵向上处于风化破碎带和裂缝、溶孔、溶洞发育带的储层均具有储集物性优越、油质好、产能高的特点。尤其是在反向屋脊高部位，因裂缝、溶孔、溶洞发育而使其油气富集高产。变质岩潜山油藏的油柱高度受主控断层控制，差异较大。低断块变质岩潜山多为层状不规则油藏，高断块变质岩潜山则为侵蚀残丘块状油藏（图 3.26）。

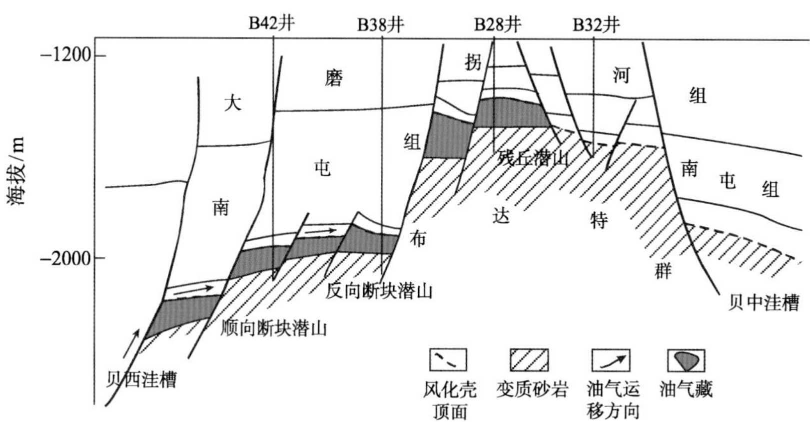

图 3.26 贝尔断陷苏德尔特变质岩潜山油气成藏模式（张吉光等，2007）

5. 辽河拗陷潜山油藏变质岩储层

经过多年的油气勘探，辽河拗陷已发现兴隆台-马圈子、齐家、东胜堡等多个变质岩潜山油藏。随着理论认识上的不断深入，已突破原有的受古潜山风化壳控制的含油认识，钻探层系和已发现的含油底界不断下延。以兴隆台潜山为例，为探索其含油底界，在主体部位部署的兴古 7 井揭露太古界变质岩层系厚度达 1640 m，揭示了潜山内幕变质岩系多层段富含油气的特点（图 3.27）。

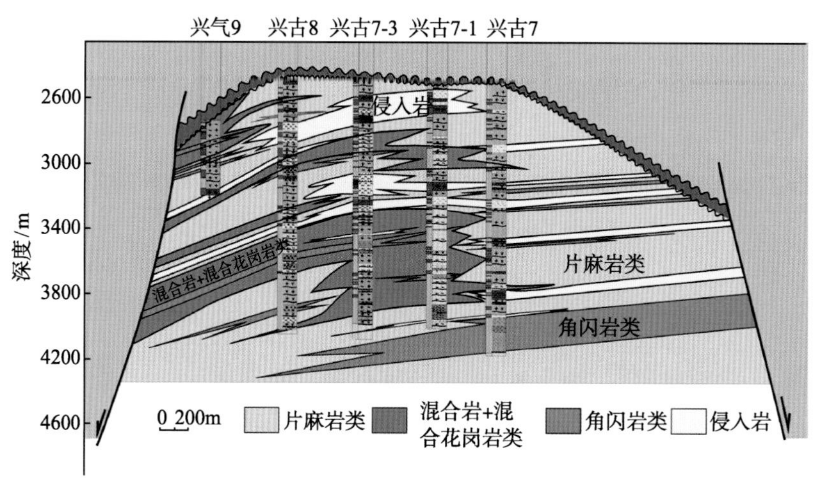

图 3.27 兴隆台潜山变质岩内幕岩性对比剖面图（谢文彦等，2012）
图中单井剖面中红色为含油气层

辽河拗陷变质岩由一套区域变质岩、混合岩和碎裂变质岩组成。区域变质岩类分为片麻岩类、角闪质岩类、长英质粒岩类，主要岩石可见浅粒岩、变粒岩、角闪岩、黑云母斜长片麻岩、角闪斜长片麻岩等；混合岩类主要岩石包括混合岩化片麻岩和混合花岗岩等；碎裂变质岩类受构造作用影响较大，岩石多发生严重破碎，包括碎裂岩和糜棱岩等。辽河变质岩储集空间类型，除由于风化淋滤作用形成的孔洞外，还发育各种裂缝，如构造缝、溶蚀缝、砾间缝、风化缝和晶间缝等。据谢文彦等（2012）开展的系统研究和分析，在辽河拗陷变质岩系中，由于不同岩石类型所含矿物成分的比例不同，裂缝发育的类型、规模和程度均有差异。

粒状岩石类易形成大裂缝，构成裂缝型储层，尤以太古宇的浅粒岩、浅粒岩质混合岩和大红峪组石英岩为特征。它们的共同特点是岩石结构构造均匀，均为中细晶或中细粒结构，含暗色矿物，泥质含量很少，具有强刚性特点。在相同的构造作用下，易形成大裂缝。例如，大民屯凹陷东胜堡潜山、西部凹陷牛心坨潜山等都是由浅粒岩所组成，西部凹陷杜家台古潜山由大红峪组石英岩组成，它们形成的储层均为裂缝型储层。

黑云母斜长片麻岩及其混合岩类，岩石结构构造非均质性强，主要为片麻状构造、条带状构造，结构上结晶粗细不均，多为粗晶，并常有交代斑晶出现，而且暗色矿物含量很高，使这类岩石刚性程度减弱。在相同的构造变动下，易形成岩石的片麻解理缝、长石类矿物的解理缝、粗大晶体的晶间缝等微裂缝型储层，如大民屯凹陷边台潜山、西部凹陷兴隆台潜山等就属于这种类型。

据物性资料分析，不同地区不同岩性的基岩储层的储集物性不同。但总的来说，它们的储集物性都偏低，孔隙度一般小于 10%。不同地区不同岩性的变质岩储层的储集物性略有差异（表 3.24）。以兴隆台变质岩潜山为例，不同潜山部位的变质岩储层的储集物性也不相同。据 6 口井 38 块样品的物性资料分析，位于兴隆台潜山顶部储层的孔隙度为 1.7%～13.3%，平均为 5.78%；渗透率为 0.1×10^{-3}～$4\times10^{-3}\mu m^2$，平均为 $0.77\times10^{-3}\mu m^2$。据兴古 7 井 9 块样品的物性资料分析，位于兴隆台潜山中深部储层的孔隙度为 0.6%～7.8%，平均为 3.5%；渗透率为 0.09×10^{-3}～$0.36\times10^{-3}\mu m^2$，平均为 $0.22\times10^{-3}\mu m^2$（表 3.25）。

表 3.24　变质岩储层储集物性统计表

凹陷	潜山	主要储层	总有效孔隙度%
大民屯	东胜堡	浅粒岩、变粒岩、混合岩	4.6
	边台	黑云斜长片麻岩	4.4～4.9
	曹台	斜长浅粒岩及其碎裂岩以及混合岩	4.6
西部	牛心坨	浅粒岩、混合花岗岩	5.1
	齐家	混合花岗岩	2.1
	冷家	浅粒岩、变粒岩、混合岩	5.7～8.1
	兴隆台	中酸性火山岩岩脉、黑云斜长片麻岩	5.3～6.0
东部	茨榆坨	斜长片麻岩	3.7

表 3.25　兴隆台潜山不同部位储层储集物性统计表

部位	井号	样品数/块	孔隙度/%			渗透率/$10^{-3}\mu m^2$		
			范　围		平均	范围		平均
潜山顶部	兴古 2	2	5.4	13.3	9.35	0.31	0.32	0.315
	兴古 4	9	1.7	3.9	2.84	0.10	0.56	0.33
	兴 70	4	6.4	8.8	7.48	小于 1	小于 1	小于 1
	兴 229	9	4.5	13.3	7.19	0.24	4.00	1.29
	兴 603	9	2.4	7.2	5.56	0.09	3.74	1.31
	兴古 7	5	5.9	8.4	6.96	0.36	0.84	0.61
潜山中深部	兴古 7	9	0.6	7.8	3.50	0.09	0.36	0.22

四、火山岩储集层

火山岩储集层主要包括火山熔岩和火山碎屑岩两大类，喷发岩常见的有玄武岩、辉绿岩、安山岩、粗面岩、流纹岩等。火山碎屑岩主要包括各种成分的集块岩、火山角砾岩和凝灰岩等。火山岩储集层在许多含油气盆地中均有分布，包括我国的渤海湾盆地、准噶尔盆地、塔里木盆地、二连盆地、松辽盆地等。

（一）火山岩类型

以渤海湾盆地火山岩为例，火山岩类型主要为玄武岩，其次是辉绿岩、流纹岩、安山岩、玄武安山岩、粗面岩、火山碎屑岩等。火山岩分类方法较多。按火山作用的产物分，火山岩可以分为熔岩和火山碎屑岩两大类；按化学成分分，火山岩可以分为酸性、中性、基性和超基性等火山岩。结合火山作用的产物、产出环境，产状结构和岩石化学成分等，可将辽河拗陷的火山岩划分为火山熔岩类、火山碎屑岩类和脉岩类火山岩。根据化学成分中 SiO_2 的含量，火山熔岩类进一步分为酸性、中性、基性和超基性火山岩。根据 SiO_2 对全碱（Na_2O+K_2O）的关系，这四类火山岩又可以进一步分为钙碱质、弱碱质和碱质 3 个系列、20 个族。根据火山物质来源和生成方式，火山碎屑岩类进一步划分为火山碎屑熔岩、火山碎屑岩和沉火山碎屑岩三类。根据粒级组分，又进一步划分为集块岩、火山角砾岩和凝灰岩。脉岩类（或称为次火山岩类）在辽河拗陷只见一种主要类型——辉绿岩。以渤海湾盆地辽河拗陷为例的分类及特征见表 3.26。

表 3.26　辽河拗陷火山岩分类表

<table>
<tr><th>大类</th><th>亚类</th><th>SiO_2 含量/%</th><th>族</th><th>主要岩石学特征</th><th>主要分布区</th></tr>
<tr><td rowspan="5">火山熔岩类</td><td>酸性火山岩</td><td>>70</td><td>流纹岩</td><td>具斑状结构，斑晶为石英、透长石和斜长石，基质为隐晶质或玻璃质</td><td>主要产于中生界，分布在三界泡和东部凸起</td></tr>
<tr><td rowspan="4">中性火山岩</td><td rowspan="4">53.5～62</td><td>粗面岩</td><td>颜色为灰色、绿灰色，具块状构造、斑状结构。基质具粗面结构。斑晶主要为碱性长石，斜长石较少，暗色矿物少量；基质以微晶碱性长石为主，含少量斜长石，长石排列具定向性</td><td>主要分布在黄沙坨、欧利坨子、于楼、热河台等地区，大平房地区也有少量分布</td></tr>
<tr><td>粗安岩</td><td>颜色为深浅灰色、绿灰色、灰绿色等，具块状构造、气孔-杏仁构造和斑状结构、似板状结构。基质具粗面结构、交织结构、霏细结构。斑晶和基质为碱性长石，含少量蚀变暗色矿物</td><td>主要分布在热河台、欧利坨子、黄沙坨地区，在红 17、界 16 等井区也有分布</td></tr>
<tr><td>安山岩</td><td>颜色为浅灰色，具块状构造、杏仁构造和斑状结构。基质具安山结构、交织结构。斑晶成分以斜长石为主，半自形板状；基质以微晶斜长石为主，蚀变深，杂乱分布，含少量蚀变暗色矿物、玻璃质、点尘状铁质</td><td>主要产于中生界，如界 12 井、界 16 井和荣 76 井等</td></tr>
<tr><td>玄武安山岩</td><td>颜色为灰色、深灰色、深绿灰色，具块状构造、杏仁构造和斑状结构、似斑状结构。基质具交织结构、填间结构。斑晶成分以斜长石为主，基质以斜长石微晶为主，半定向排列，次为粒状辉石，含少量玻璃质、针状、点尘状铁质</td><td>东部凹陷的小 24 井、桃 12 井、大 22 井、大 25 井、热 21 井、热 26 井、红 15 井等</td></tr>
</table>

续表

大类	亚类	SiO_2含量/%	族	主要岩石学特征	主要分布区
火山熔岩类	基性火山岩	44～53.5	玄武岩	颜色为灰黑色、深灰色，具杏仁构造、块状构造和斑状结构、似斑结构。基质具填间结构、填隙结构、间粒间隐结构、隐晶玻璃结构、交织结构、辉绿结构。斑晶以斜长石为主，基质以微晶斜长石为主，半定向排列，也有排列杂乱者。含少量隐晶-玻璃质、磁铁矿、点尘状铁质	分布广泛，主要产于房身泡组、沙河街组和东营组
			安山玄武岩	具杏仁构造、块状构造和斑状结构、似斑状结构、少斑结构。基质具间隐结构、隐晶玻璃质结构、填间结构、交织结构、玻基交织结构。斑晶为斜长石，呈半自形-自形板状、长板状，基质为微晶斜长石，半定向排列。含少量点尘状、针状铁质和玻璃质	主要分布在桃园、大平房地区，如桃12、大25、大32、大33和大34等井区
			碱性橄榄玄武岩	为富含橄榄石的玄武岩，具斑状结构。斑晶为斜长石、伊丁石化的橄榄石和辉石。基质具拉斑玄武结构，主要为斜长石微晶和辉石	主要分布在热河台地区，如热103、热104等井
	超基性火山岩	<44	苦橄岩	主要由橄榄石和辉石组成，有少量磁铁矿，呈细粒状或斑状结构	少见
			麦美奇岩	由粗大的橄榄石斑晶和黑色玻璃组成，橄榄石斑晶已部分蛇纹石化，玻基中含有含钛普通辉石微晶	
火山碎屑岩类	火山碎屑熔岩		集块熔岩	具碎屑熔岩结构，块状构造。熔岩部分含有数量不定的斑晶，呈斑状结构，或气孔杏仁构造。火山碎屑物质主要是晶屑、玻屑和岩屑	少见
			角砾熔岩		
			凝灰熔岩		
			集块岩	主要由粒径大于64mm的粗火山碎屑物质组成。物质成分主要是熔岩的碎块和其他物质的碎块，颜色自黑色一直到紫红色都有	多分布于火山口附近，比较少见
			火山角砾岩	由大于2mm的火山角砾组成的岩石。火山角砾的成分主要是熔岩碎块，也有晶屑和其他的碎屑混入物	主要分布在欧12、小27和热105等井区
			凝灰岩	由粒径小于2mm的火山碎屑物质组成。颜色为灰黑色、浅灰色、深灰色、暗绿灰色，具典型的凝灰结构，多为块状构造	主要分布在欧利坨子、热河台、黄沙坨地区，如欧28和欧8等井
	沉火山碎屑岩		沉集块岩	是火山碎屑岩和正常沉积岩间的过渡类型岩石	主要分布在黄沙坨与欧利坨子和铁匠炉的过渡区
			沉火山角砾岩		
			沉凝灰岩		
次火山岩类	辉绿岩		辉绿岩	呈岩脉状产出，颜色为浅绿灰色或灰白色与灰黑色混杂，具典型的辉绿结构，个别见嵌晶含长结构。斜长石呈自形-半自形长条状，普遍发育双晶，少数见环带；普通辉石，半自形-他形。副矿物见榍石，菱形切面。次生变化主要为绿泥石化，辉石可见绢云母化	主要分布在红星—驾掌寺和青龙台地区，如开27、驾40、龙47、龙607等井，多产于沙三段和沙一段

（二）火山岩岩相类型及岩相模式

火山岩岩相指的是火山岩形成环境及其在相应环境下所形成的火山岩组构特征的总和。对火山岩油气藏的研究表明，火山岩岩相可以直接影响火山岩储层中储集空间的分布和发育程度，并对其产生深远的影响。渤海湾盆地古近系和新近系火山活动主要有浅成-超浅成侵入以及火山喷溢和爆发等形式，这些不同的喷发形式之间常在时间或空间上存在密切联系。根据火山岩的形成环境、产出形态、火山产物的分布位置、组构特征等，渤海湾盆地火山岩可划分出火山通道充填相、侵入相、爆发相、溢流相、沉火山岩相等岩相类型（图 3.28）。根据火山产物组构以及分布位置等，又可进一步划分出亚相类型。

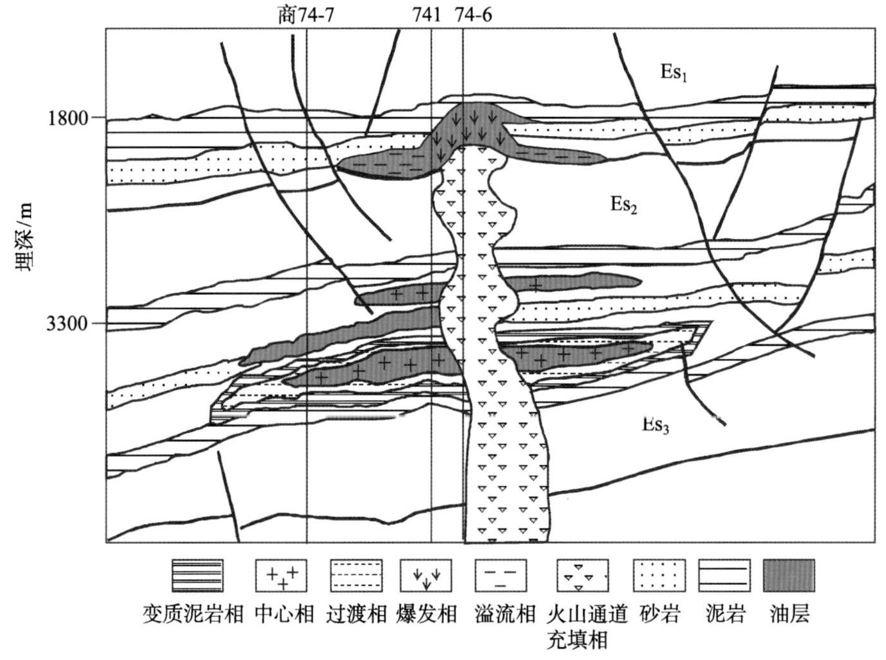

图 3.28　商 741 井区火山岩岩相与含油模式图（牛嘉玉等，2002a，修改）

1）火山通道充填相

分布于火山通道中，岩性主要为侵出相火山熔岩、熔结火山角砾岩，是火山活动趋于停止时火山物质充填火山通道而成，熔岩或角砾间充填的熔岩物质冷凝相对较慢，结晶程度变好，其物性一般较差，裂缝较不发育，储集空间主要为孤立的气孔及火山碎屑间孔。例如，商 74-6 井下部 2541.71～2548.27m 井段的火山通道充填相熔岩，实测孔隙度为 13.1%～16.4%，渗透率为 0.10×10^{-3}～$6.95\times10^{-3}\mu m^2$，在火山通道充填相的熔岩中还常见发育的柱状节理构造，从而形成良好的储集空间。

2）侵入相

渤海湾盆地古近系和新近系呈侵入产出的侵入岩主要为超浅成-浅成的辉绿岩。辉绿岩岩体中不同的位置在冷凝结晶过程中的冷凝速率不同，从而导致岩体中组构的分带性。一般根据岩性、结构等特征，可进一步分为边缘亚相、过渡亚相和中心亚相。

边缘亚相：位于火成岩靠近围岩一侧。由于位于岩体边部，岩浆冷却速度快，在结构上具粗玄结构、粗玄-辉绿结构等。当侵入的深度浅时，常发育气孔、杏仁构造，岩性主要为隐晶-细粒辉绿岩。该亚相的厚度一般小于 20m，电性上表现为薄层间互。该相带由于厚度小，不利于构造裂缝的形成，发育部分冷凝收缩缝。因此，储集空间主要为原生气孔、收缩缝等，储集物性相对较差，是不利储集相带。

中心亚相：位于火成岩侵入体的中部，一般厚度大于 60m。由于冷凝缓慢，矿物结晶时间充分，岩石主要为中-粗晶结构。岩性主要为辉绿岩、辉长辉绿岩。从处于该相带的岩心资料分析，储集空间主要为裂缝、溶解孔隙、晶间孔等微孔隙，其中裂缝占主导，发育构造裂缝和收缩缝，储集物性较好，是最为有利的储集相带。

过渡亚相：位于边缘亚相和中心亚相之间，岩性和结构特征介于两者之间，岩石结晶时间较充分，一般为中粒斑状结构，储集空间以较发育裂缝、溶孔等为特征，储集物性较好，是较为有利的储集相带。

此外，对于侵入相来说，还存在一个与火成岩有关的特殊相带——变质相带，位于火成岩和正常围岩之间，是由于火成岩烘烤作用，火成岩附近的沉积岩遭受烘烤变质而成。该带岩性主要为石榴石辉石角岩、含石榴石角岩、斑点板岩、变余纹理泥灰岩，电性上特征突出，表现为“一高两低”的特点，即自然伽马高值、自然电位负异常、电阻率低值或为零。由于岩石脆性较大，易发育构造裂缝。因此该相带也可能形成有利的储集相带。

3）爆发相

爆发相是火山强烈爆发形成的火山碎屑在地表堆积而成的，地貌形态呈锥形。爆发相在玄武质岩浆活动的早期以及在粗面质岩浆活动过程中容易形成。参照现代火山岩相分布规律，火山锥可划分出火山口亚相和火山斜坡亚相两个亚相带。

火山口亚相：平面上位于火山锥体的中部，与火山通道的形态相似，但规模稍大，由火山角砾岩及熔结角砾状玄武岩组成的二元结构岩相组合。熔结角砾状玄武岩的物性相对较差，孔隙、裂缝较不发育。

火山斜坡亚相：平面位于火山锥体斜坡上，是由火山角砾岩及火山凝灰岩组成的岩相组合，中间夹有薄层的正常沉积岩，反映了火山喷发的多期性。该相带也是较为有利的储集相带。

4）溢流相

其分布受古地形影响较大，一般分布于熔岩锥及其附近位置，由宁静溢流的火山岩所组成。其成分以玄武质为主，也出现粗面质熔岩。熔岩中一般不见火山碎屑。岩石中还可发育不同程度的气孔构造，野外研究表明气孔的发育具有明显的分带性。

（1）Ⅰ带。位于火山锥的近中心位置（火山口和近火山口），岩浆的活动最为活跃，岩浆的不断溢流加上岩浆流出火山口以后溢流的距离近，未能迅速降温，使得岩浆结晶时间较充分，岩浆中的矿物的结晶程度一般较好，粗玄-辉绿结构较常见；而由于岩浆冷凝缓慢，在此过程中岩浆中携带的挥发组分挥发殆尽，因而气孔构造发育较差，但也可以形成一定程度的柱状节理构造。

（2）Ⅱ带。位于火山斜坡带，由于较远离火山口，岩浆在流动过程中降温较快，熔岩的结晶程度降低，间粒-间隐结构较常见。由于岩浆中的挥发组分压力的降低而迅速逸出并被有效地封固于岩浆中，从而形成发育的气孔构造，这是溢流相熔岩中气孔最发育的位置。

（3）Ⅲ带。位于火山斜坡的坡脚及其以外，岩浆冷凝速度快，熔岩结晶程度低，间隐-玻璃质结构常见，熔岩厚度小、气孔发育程度差。

5）沉火山岩相

由火山喷发物空落在水中或者水下火山锥中火山喷发物因水的震荡而发生剥蚀、搬运，进而沉积下来的火山碎屑物堆积而成。位于火山锥的底部，也可分布于火山锥附近甚至远离的位置。岩性表现为火山碎屑颗粒间含大量的水化学胶结物，并显示一定的层理或粒序构造。此外，岩石中还可出现少量的陆源碎屑，或有时和泥岩呈渐变关系，如东部凹陷欧利坨子地区西侧和黄沙坨地区北侧的沙三段。

（三）火山岩储层储集特征

火山岩储集层的物性主要受火山岩相和裂缝等因素的控制，以及同一期次、单个喷发岩体分布的局限性，使火山岩储集层的物性特征比碎屑岩储集层具有更大的复杂性和更强的非均质性。

1. 储集空间类型

火山岩作为油气储层，其储集空间同碎屑岩、碳酸盐岩等沉积岩既有相同之处，又具有其特殊性。古近系已发现的火山岩油气藏的储集空间系统研究表明火山岩中的储集空间分为以下类型。

1）原生储集空间

原生储集空间指火山岩在岩浆侵入、喷发、冷却、结晶等形成过程中至成岩作用前所形成的孔隙和裂缝，并被保存至今。其中原生孔隙按成因又可分为原生气孔、粒间孔、晶间孔，原生裂缝主要有冷凝收缩缝和炸裂缝。

原生气孔：主要见于火山角砾岩的角砾和玄武岩中。气孔大小不一，形态多样，有的呈圆形、椭圆形，有的呈不规则形，在岩石中多呈孤立状分布，但岩石中发育的裂缝（构造裂缝、收缩缝）常切穿裂缝，使多个孤立的气孔间相连通。

原生粒间孔：见于火山碎屑岩中，特别是火山角砾岩中常见，孔隙特征同碎屑岩中的粒间孔相似。下辽河拗陷原生粒间孔主要发育于沙三下亚段以及各时期火山岩的自碎熔岩中。

原生晶间孔、缝：结晶矿物间产生的孔隙或缝隙，岩石结晶程度越高，此类孔隙越发育，其在各类火山岩均可见。晶间孔、缝规模一般较小。虽然其规模小，但对提高岩石的孔隙度、增强岩石的渗透性具有较大的作用。

冷凝收缩缝：在岩浆结晶或冷凝过程中，热量的散失、熔体冷却收缩产生张应力，使岩体破碎而形成收缩裂缝，又称为节理缝，按产状可分为垂直节理和水平节理。

炸裂缝：岩浆喷出地表，由于爆炸力作用，岩浆中的早期形成的矿物晶体、岩屑等发生破裂，而形成分布于颗粒内部的微裂缝，其主要见于火山碎屑岩基自碎熔岩中。

2）次生储集空间

次生储集空间指火山岩固结成岩以后，遭受热液蚀变、溶解、构造应力、风化作用等外营力作用而形成的各种孔隙和裂缝。其中次生孔隙主要指溶解作用所形成的各种孔隙，火山岩中各种不稳定组分都可能发生溶解作用，如滨南古近系玄武岩油藏，其储集空间主要为溶解孔隙，被溶组分有杏仁体、基性火山玻璃、暗色矿物斑晶等。次生溶解孔隙按结构可分为溶洞、溶孔、晶内溶孔、溶蚀微裂缝等。次生裂缝按成因可分为构造拱张裂缝、构造剪切缝、成岩收缩缝和风化裂缝等。

2. 孔渗性特征

我国含油气盆地火山岩储集层主要发育在古生界、中生界和新生界。由于所属岩相和遭受的改造作用不同，其孔渗性的变化范围很大（表 3.27）。

表 3.27　中国含油气盆地火山岩储集层特征（邹才能等，2011）

界	系	群、组、段	盆地、凹陷	岩性	孔隙度/%	渗透率/$10^{-3}\mu m^2$
新生界	新近系	盐城群	高邮凹陷	灰黑、灰绿、灰紫色玄武岩	20	37
		馆陶组底	东营凹陷	橄榄玄武岩	25	80
			惠民凹陷	橄榄玄武岩	25	80
	古近系	三垛组	高邮凹陷	玄武岩	22	19
		沙一段	东营凹陷	玄武岩、安山玄武岩、火山角砾岩	25.5	7.4
		沙三段	惠民凹陷	橄榄玄武岩	10.1	13.2
			辽河东部凹陷	玄武岩、安山玄武岩	20.3～24.9	1～16
		沙四段	沾化凹陷	玄武岩、安山玄武岩、火山角砾岩	25.2	18.7
		新沟嘴组	江陵凹陷	灰黑、灰绿、灰紫色玄武岩	18～22.6	3.7～8.4
		孔店组	潍北凹陷	玄武岩、凝灰岩	20.8	90
中生界	白垩系	营城组	松辽盆地	玄武岩、安山岩、英安岩、流纹岩、凝灰岩、火山角砾岩	1.9～10.8	0.01～0.87
		青山口组	齐家-古龙凹陷	中酸性火山角砾岩、凝灰岩	22.1	136
		苏红图组	银根盆地	玄武岩、安山岩、火山角砾岩、凝灰岩	17.9	111
	侏罗系	兴安岭群	二连盆地	玄武岩、安山岩	3.57～12.7	1～214
			海拉尔盆地	火山碎屑岩、流纹斑岩、粗面岩、凝灰岩、安山岩、安山玄武岩、玄武岩	13.68	6.6
古生界	石炭系—二叠系		准噶尔盆地	安山岩、玄武岩、凝灰岩、火山角砾岩	4.15～16.8	0.03～153
	二叠系		塔里木盆地	英安岩、玄武岩、火山角砾岩、凝灰岩	0.8～19.4	0.01～10.5
			三塘湖盆地	安山岩、玄武岩	2.71～13.3	0.01～17
			四川盆地	玄武岩	5.9～20	

我国东部盆地中、新生代火山岩储集层比较发育，其储集空间，由孔、缝和洞三者交织在一起，这种火山岩的储集空间可作为油气的储集空间。这种储集空间的形成与火山岩的风化作用紧密相关。这是因为火山岩经风化溶蚀作用不仅能形成风化壳使火山岩孔、洞增多增大，并通过溶蚀通道使孔、缝、洞联系起来，从而扩大火山岩的储集空间而成为油气的储集层。在辽河拗陷，通过火山岩岩性、岩相和储集条件等多方面的综合分析，可将火山岩储集层按孔隙度、渗透率值分为三类，尽管火山岩的孔隙度和渗透率相关性弱，说明此种储集岩储集空间连通性较差，非均质性较强，但仍能将高、中、低三类储层用定量值区分出来（表 3.28）。

表 3.28　辽河拗陷中、新生界火山岩储集层物性分类表

类别	孔隙度/%	渗透率/$10^{-3}\mu m^2$	储层评价
Ⅰ类	>15	>5	高孔、高渗储集层
Ⅱ类	10～15	1～5	中孔、中渗储集层
Ⅲ类	5～10	0.1～1	低孔、低渗储集层

在松辽盆地徐家围子断陷北部的汪家屯、宋站和安达地区，火山岩面积 710km^2，其营城组火山岩储集层可分为三期：第一期火山岩分布范围较广，主要为中基性火山喷发岩，东、西部较薄，中部较厚，其火山岩相以液流相为主；第二期火山岩分布范围也较广，厚度也较大，以中酸性火山喷发岩为主，火山岩相以爆发相为主，是火山多次爆发叠加的结果；第三期火山岩分布呈明显的区带性，厚度相对较薄，西部以喷发相为主，东部以液流相为主，火山岩相主要为爆发相和喷溢相上部为主，处于有利的储集相带，为本区主要储集层。据 14 口井统计，该区营城组火山岩储集层单井平均厚度 327m。其火山岩的岩性主要为玄武岩、玄武质安山岩、安山岩、安山质凝灰岩、流纹质凝灰岩和流纹岩。达深 1 井营城组火山岩中上部 3077.53～3099.17m 井段 44 块岩石样品实验室物性检验结果显示，平均孔隙度 5.58%，平均渗透率 $0.857\times10^{-3}\mu m^2$。本区火山岩储集层的孔隙类型主要以晶间孔、粒间孔、溶蚀孔、原生气孔、微孔隙及构造裂缝为主。例如，汪深 1 井 2995.8m 流纹岩晶间孔隙半径为 70～80μm，3252.6m 发育原生气孔及溶蚀缝。该井 2955～3015m 井段，裂缝平均宽度 1.0～2.1mm，裂缝孔隙度 0.1%～0.7%，在 3022～3024 井段，裂缝密度为 2 条/m，平均宽度为 0.7mm。

五、泥质岩储集层

泥质岩是指含有大量黏土矿物，且粒径小于 3.9μm 的沉积岩。泥质岩主要由黏土矿物（高岭石、蒙脱石、水云母等）、碎屑矿物（石英、长石、云母等）和某些自生非黏土矿物（铁、锰的氧化物、氢氧化物和碳酸盐矿物等）组成。泥质岩常见胶状、豆状、鲕粒状结构和鳞片状、毡状、格子状构造。因形成条件不同，泥质岩呈灰、灰黑、白、黄、绿、红褐、棕等各种颜色。对于暗色泥质岩来讲，还含有相当部分的有机物质。泥质岩在成岩阶段主要发生压实作用以及矿物成分和有机质的转变，一般按照有无纹层和页理的发育来区分泥岩和页岩。页岩是指具有薄页状或薄片层状节理的泥质岩，这种薄页状构造大多是由黏土矿物的定向排列而呈现出来的特性。根据其混入物的成分，可分为钙质页岩、铁质页岩、硅质页岩、碳质页岩、黑色页岩、油页岩等。

目前，国内外已发现的多个泥岩裂缝油气藏（田）和“页岩气”或“页岩油”矿藏表明，泥质岩已成为油气资源的重要储集层。前者，因裂缝的发育，表现为常规“商业”储集层，具有良好的连通性和储存空间；后者，因富含有机质和具有较高的产烃能力，通过人工造缝，表现为非常规“商业”储集层。例如，俄罗斯西西伯利亚盆地的萨累姆油田，产层为上侏罗统巴热诺夫组富含有机质的常规裂缝型页岩，有机质含量很高，其本身也是生油层。估算储量高达 13.7×10^{8}t。该组地层自下而上可分为 3 部分：下部主要为石灰质页岩、薄层泥灰岩和石灰岩；中部为块状富含沥青质的页岩；上部为薄层页岩。巴热诺夫沥青页岩的孔隙度为 2%～16%，平均有效孔隙度为 8%，渗透率为 2.4mD。水平裂缝比垂直裂缝更发育，两者交织、呈网状。巴热诺夫组油层的埋藏深度为 2800～3000m，具有异常高地层压力。

我国在渤海湾、柴达木、四川、苏北、南襄和江汉等盆地也发现了许多常规型的泥岩裂缝油气藏。例如，柴达木盆地油泉子油田，产层为上新统暗色裂缝性泥岩，一般单井日产量为 0.5～4t，少数高产井日产量可达数百吨；在济阳拗陷的沙三、沙四段泥岩地层中也有数十口井获得工业油流，泥岩有效孔隙度大多小于 11%，渗透率多小于 0.1 mD。

美国 50 个州中有 26 个州分布富含有机质的泥盆和密西西比系黑色泥页岩，已成为非常规的“商业”储集层。在得克萨斯州沃斯堡盆地， 通过廉价的水力压裂和水平钻井等新技术的人工造缝，Barnett 页岩已成为最高产的页岩气区。Barnett 页岩的平均孔隙度变化为 4%～5%，一些研究者认为天然气主要储存在基质孔隙之中。美国东部的阿巴拉契亚（Appalachia）、伊利诺伊、密歇根 3 个州都分布有上泥盆统黑色有机质页岩，其中所蕴藏的天然气资源约 $25\times10^{12}\text{m}^{3}$。

（一）泥质岩储集空间特征

泥质岩的储集空间类型主要包括裂缝和孔隙两类。裂缝储集空间从成因角度进一步分为构造缝、层间页理缝、成岩收缩缝和异常压力缝等。孔隙则包括矿物颗粒间的粒间孔、晶间孔、矿物溶蚀孔、有机物质的生物组织孔及气胀孔等。表 3.29 列出的特征表明，泥质岩的储集空间主要依赖于裂缝，尤其是构造裂缝的发育；而孔隙类型则以微孔隙和超微孔隙占绝对优势。

表 3.29　泥质岩储集空间类型与特征一览表

大类	类型	成因与特征	孔缝大小*
裂缝	构造缝	由构造应力变化引起岩石破裂而形成的裂缝，可分为引张缝、剪切缝、挤压缝等，多与断层或褶皱等伴生	缝宽多大于 20μm
	成岩缝	压实埋藏过程中受成岩作用影响而发生破裂形成的裂缝，包括岩石收缩裂缝、层间页理缝、差异压实缝和溶蚀裂缝等	缝宽为 5～20μm
	异常压力缝	有机质生烃造成的层内压力达到岩石破裂强度时，会产生大量微裂隙	缝宽多小于 15μm

续表

大类	类型	成因与特征	孔缝大小*
孔隙	粒间孔	主要指黏土矿物等颗粒之间的孔隙，空间形状不规则，呈蜂窝状或网络状，具有很大的内表面积	孔喉为 8～100nm
	晶间孔	各种矿物晶体所围限的空间，孔喉大小要比粒间孔小得多	0.8～2nm
	矿物溶蚀孔	可溶性矿物在成岩过程中发生溶蚀形成的，大多孤立分布	大于 20nm
	生物组织孔	多由岩石中赋存的植物组织形成，形状与植物组织结构有关，这些孔隙常被后生矿物或烃类化合物所充填	大于 1nm
	气胀孔	岩石中的有机质在成岩过程中，由于生烃而留下的孔隙空间，多呈规则或不规则的圆形与椭圆形	大于 5nm

* 裂缝宽度数据主要参考苗建宇等（2003）；孔喉数据主要参考 Nelson（2009）

1. 裂缝储集空间

1）构造裂缝

构造裂缝是指在构造运动的作用下，因构造应力变化而引起的各种岩石破裂。根据应力场作用的力学机制，一般可分为引张缝、剪切缝和挤压缝。构造裂缝的空间分布一般具有较强的方向性。野外露头观察，构造缝的发育规模大小不一，大的裂缝可长达几米，小的不到 1cm；缝宽也同样如此，宽的可达几厘米，窄的非常严密。其中，引张缝的破裂面多不平整，常被完全充填或部分充填；剪切缝破裂面光滑，局部可见充填物。缝面不规则、粗糙，可见擦痕现象。薄片中和扫描电镜下也观察到各种微观裂缝，张性裂缝最常见，裂缝张开度可达几十微米。据刘魁元等（2001）对罗家地区沙三段下部泥质岩中构造裂缝的研究，裂缝方向主要为北东向和北西向两组，与该区的古构造应力场基本吻合。新义深 9 井沙三段下部 15.8m 岩心，可识别出构造裂缝 18 条，线密度约为 1.14 条/m。

2）成岩缝

成岩缝主要指泥质岩在压实埋藏过程中受成岩作用影响而发生破裂形成的裂缝。包括岩石收缩裂缝、层间页理缝、差异压实缝和溶蚀裂缝等。层间页理缝主要出现于页理发育的泥质岩中。据马在平和张洪（2005）对济阳拗陷沙三段泥质岩储集层的研究，页岩和泥岩的层理面上多含砂质，使页理缝的连通性变好、储集空间也变大，其中郭 7 井 2670.7m 的薄片中页理缝非常发育，多数被完全充填，张开度为 20μm 左右，一端与高角度张性缝连通；而成岩收缩缝在扫描电镜下常发现存在于泥岩层和具有水平层理泥灰岩的泥质夹层中，连通性较好，张开度一般为 5～15μm，部分充填，对储油有效。泥质岩差异压实缝则较为少见。

3）异常压力缝

在成岩演化过程中，有机质的生烃增压作用，使泥质岩层内部的压力超过岩石破裂强度值，产生大量的微裂隙，即是异常压力缝。这种作用过程也是排烃的一种作用机制。缝面多不规则，不成组系，多充填有机质。马在平和张洪（2005）认为车镇凹陷大 92 井 2662.62m、郭 9 井 2902.0m 处的岩石薄片中均发育大量的异常压力缝，其产状呈不稳定的树枝状、脉状，并被有机质或沥青质浸染。

2. 孔隙储集空间

泥质岩属于粒径小于 3.9μm 的细碎屑沉积岩，其孔隙储集空间与其他沉积岩类型有着许多相近的特征，只是其储集空间更加微型化。微孔隙和超微（或纳米级）孔隙占绝对优势，粒间孔大多小于 100nm。晶间孔则要比粒间孔小得多，一般在 1nm 左右。矿物溶蚀孔、有机物质的生物组织孔及气胀孔等的大小则变化范围较大，最小仅几个纳米，大到几毫米。暗色页岩中有机质内微孔隙是十分丰富的（图 3.29）。这些微孔隙丰富的

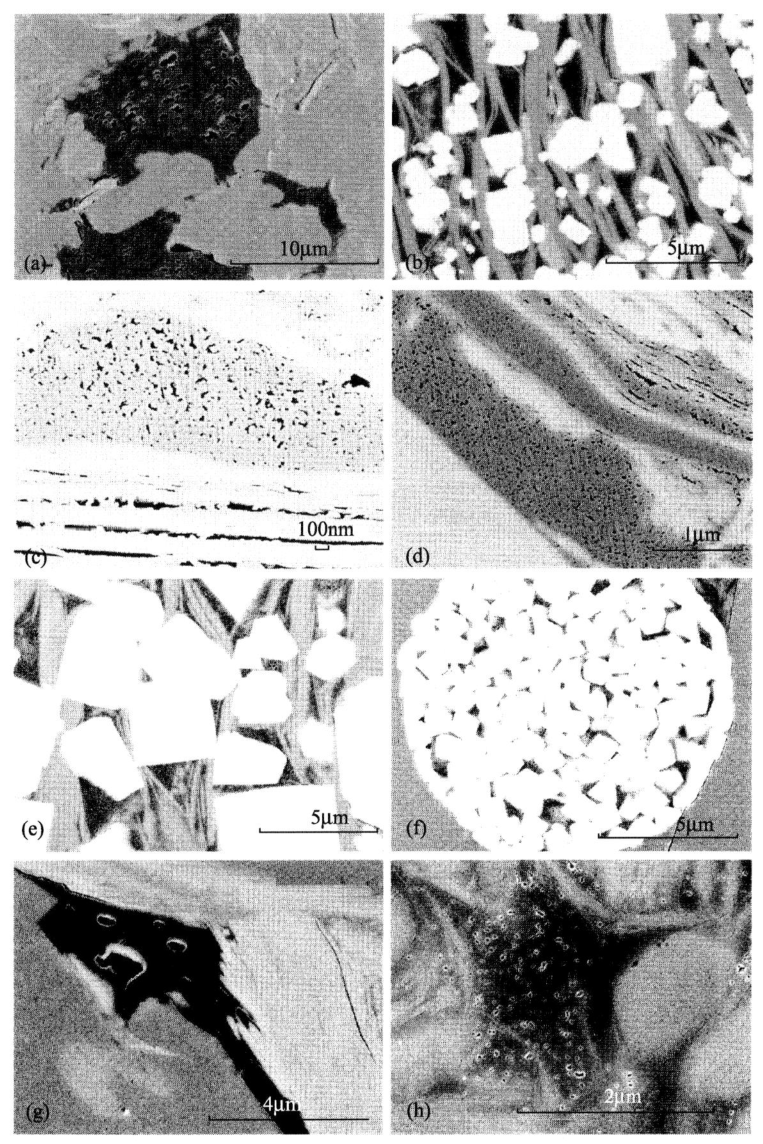

图 3.29　四川盆地下古生界页岩有机质微孔隙分布特征（邹才能等，2011）

（a）四川盆地长心 1 井龙马溪组黑色页岩有机质近圆形微孔隙；（b）四川盆地长心 1 井龙马溪组黑色页岩伊利石、黄铁矿间散布的有机质纳米级孔隙；（c）、（d）为四川盆地威 201 井龙马溪组黑色页岩分散状、纹层状有机质纳米级孔隙；（e）、（f）为威 201 井九老洞组砂质页岩黄铁矿晶间散布的有机质纳米级孔隙；（g）、（h）为威 201 井九老洞组砂质页岩粒间有机质微米、纳米级孔隙

内表面积，通过吸附方式，可储存大量的烃类化合物。有学者认为，泥质岩中有机母质块体的吸附能力比黏土矿物颗粒等无机物质要强得多。

综上所述，当泥质岩中发育有足够的各级天然构造裂缝、成岩裂缝、异常压力微裂缝和微孔隙，并构成一个连通的网络体系时，泥质岩就可成为有效的常规“商业”储集层。当富有机质的泥质岩中发育有大量的各种微裂缝和微孔隙，经压裂改造后可产生大量人造缝，并与天然微型孔缝共同构成同样的连通网络和储存体系时，泥质岩，尤其是页岩，完全可以成为有效的油气储集体或自生自储自封型的页岩油气矿藏。可见，天然裂缝的发育程度直接影响了泥质岩的储集能力和潜在的油气开采效益。泥质岩中天然和人造裂缝系统越有助于富有机质岩层中游离态油气体积的增加和吸附态油气的解吸，泥质岩油气矿藏的品质就越高，产量也就越高。但由于裂缝发育类型、密度和规模上的不均匀性，泥质岩储集物性的各向异性均很强。因此，泥岩油藏不同部位的产量会变化较大，产量通常也不稳定，许多油田放喷时产量高，压力保持期限短，如西西伯利亚有的井放喷产油 750t/d。又如，柴达木盆地咸水泉油田中新统泥岩油藏一口井初始产量达800t/d，但几天后就不再产油。这与岩石矿物组成、构造位置和成岩作用等因素均有关联。但目前水平钻井和大型水力压裂等新技术的应用，使这一传统问题得到了良好的改善，尤其是在“页岩气和页岩油”的开采方面。

（二）泥质岩储集物性的主控因素

泥质岩储集物性的主控因素包括黏土矿物含量、有机质含量、脆性矿物含量、所处的构造部位和成岩作用特征等。一般来说，泥质岩中黏土矿物含量越低、脆性矿物含量和有机质含量越高，所处的构造部位应力越集中，处于异常高压力带，则泥质岩越易发育裂缝。

1. 岩石组分的影响

1）黏土矿物含量

通常认为黏土矿物含量越高，泥质岩的可塑性变大。北美页岩气的开采实践表明黏土矿物含量应低于 50%，才能对泥质岩进行成功地压裂或造缝。据刘魁元等（2004）对沾化凹陷泥质岩裂缝成因研究，沙三段黏土部分主要为伊利石（35%～71%）和伊蒙混层黏土（13%～58%），混层比为 20%～25%。其中混层比主要受地温控制。混层比越高，岩石可塑性越强，即使泥质岩发生了断裂和破碎，由于其可塑性较大，断裂和破碎也容易被弥合；混层比越低，岩石就越脆，尤其是纹层状含泥质灰岩，泥质多呈条带状顺层集中分布，其中伊利石的比例又很高，这在外力作用下易于滑动、断裂和破碎，认为混层比在 20%左右的区域是形成泥质岩储层的有利地区。

2）有机碳含量

当泥质岩中含有较多有机物质时，随着干酪根热演化的进行，产生大量的烃类及气体，导致岩层内压力增大，并产生大量的异常压力缝，使岩石更易破碎；同时，大量干酪根有机母质生烃之后，残余了大量的生物组织孔及气胀孔。丰富有机质的存在还可增加对原有裂缝和孔隙的溶蚀。因此，有机质的存在与含量大小与泥质岩孔隙和微裂缝的发育有一定的正相关关系。

3）脆性矿物含量

脆性矿物含量是影响泥质岩裂缝发育程度的重要因素。在页岩中黏土矿物含量越低，石英、长石、方解石等脆性矿物含量越高，岩石脆性越大。当遭受外力作用时，越易形成各种天然裂缝和人工诱导裂缝。马在平和张洪（2005）将沾化凹陷部分探井岩心裂缝密度统计结果与全岩矿物 X 射线衍射分析结果进行对比发现，构造裂缝的发育程度与岩石中方解石含量呈正相关关系，岩心又处于构造过渡带的应力集中区，从而易产生构造裂缝。美国页岩气产层中石英含量主要变化为 28%～52%，碳酸盐含量为 4%～16%，总脆性矿物含量大多为 45%～60%。我国上扬子区古生界海相页岩石英含量为 24.3%～52.0%，长石含量为 4.3%～32.3%，总脆性矿物含量为 40%～80%。四川盆地须家河组黏土矿物含量一般变化为 15%～78%，石英和长石等脆性矿物含量一般为 22%～86%（邹才能等，2011）。一般认为总脆性矿物含量大于 40%，才有利于泥质岩的人工造缝。

2. 构造作用

区域构造应力场的特征与构造活动的强弱对泥岩裂缝具有明显的控制作用。因此，构造部位与裂缝的发育程度有很大关系，裂缝常发育在构造应力集中部位，如斜坡向洼陷平缓底部的转折过渡带、断层末端、断层交汇处、背斜顶部和向斜的底部等地层产状变化较大的部位，以及断层附近。并且，离断层面越近，裂缝越发育；远离断层面则正好相反。目前，我国已发现的泥岩裂缝油气藏大多处于构造应力集中、并释放的部位。

3. 成岩作用

在泥质岩成岩过程中，可出现泥岩收缩、各种层理、异常高压、有机质生烃和矿物溶蚀等现象，这些现象均可形成大量的微裂缝和微孔隙。因此，成岩作用应是泥质岩储集物性的主控因素之一。

六、煤岩储集层

煤岩作为一种有机沉积岩石，主要由有机物质和无机矿物质组成。以无机矿物质灰分（质量分数）小于 50%来与油页岩相区分。关于煤岩的储集结构特征，目前有两种观点或认识：一是岩石传统的孔缝储存模式，即由微孔隙和裂缝组成，其中裂缝是煤岩中流体渗透的主要通道；二是煤岩“相”储存模式，即依据煤岩结构的物理模型（图 3.1），归属碳基质的骨干相和枝干相构成了煤岩的储集介质和格架，而过渡相和低分子相组成的油基质则成为了煤岩储集格架中的似稠油有机组分和气态有机组分。在理论上，油基质含量的最大值接近于煤岩的挥发分数值。

（一）煤岩的传统孔缝储集特征

“煤层气”的开采就是基于煤岩的孔缝储集特征来展开的。煤层可以被看为由一系列裂缝分割成的多个含大量微孔隙的基质块体（苏现波和林晓英，2009）。这些基质孔隙是吸附态和部分游离态烃类物质的主要储集空间。关于煤岩孔隙的分类，不同学者，因所依据的基础和出发的角度不同，分类方案差别很大。按孔隙直径大小一般将煤岩孔隙分成四级：大孔（孔径大于 10^3nm）、中孔（孔径 10^2～10^3nm）、过渡孔（孔径 10～10^2nm）和微孔（孔径小于 10nm），气体在大孔中主要以层流和紊流方式渗透，在过渡孔和微孔中以毛细管凝结、物理吸附和扩散现象等方式存在。

国际理论和应用化学联合会（IUPAC）1972 年提出了新的孔径分类方案：大孔（孔径大于 50nm）、中孔（孔径 2～50nm）和微孔（孔径小于 2nm）。其中，大于 1μm 的孔能够用光学显微镜观测。对于大孔可用图像分析技术或压汞法进行孔径测定；对于中孔可用透射电子显微镜（TEM）或氮吸附法、小角中子（SANS）、X 射线散射技术（SAXS）进行定量测定；对于微孔可用 SAXS 法或 CO_2 吸附法或纯氦比重技术进行定量测定。

煤岩孔隙特征一般用三个参数来进行定量描述。

一是总孔容，即单位质量煤中孔隙的总体积（cm^3/g 或 mL/g），通常可通过氦、汞透入密度的差值来进行计算，即

$$V_t = 1/\rho_{Hg} - 1/\rho_{He} \tag{3.1}$$

式中，V_t 为煤的总孔容（cm^3/g 或 mL/g）；ρ_{Hg} 为煤的汞法密度（g/cm^3 或 g/mL）；ρ_{He} 为煤的氦法密度（g/cm^3 或 g/mL）。

二是孔面积，即单位质量煤中孔隙的内表面积（cm^2/g）。

三是孔隙度（率），即单位体积煤中孔隙所占的体积分数（%）。

孔隙率与煤化度有着直接的关系。C_{daf} 小于 83%的低变质煤的孔隙率大于 10%。C_{daf} 为 89%的煤孔隙率最低，小于 3%。但煤化度再增高则孔隙率又有增高的趋势，这是由煤化度提高后煤岩孔隙增加和轻质烃类组分逃逸所致（图 3.30）。可见，褐煤和低变质煤具有良好的储集性能。同时，也表明：在 C_{daf} 小于 89%时，煤岩中的有机大分子结构对烃类组分有较好的束缚性。但当煤化度较高（一般大于 89%）接近无烟煤阶段时，大分子排列趋向规则化，甚至开始趋向于石墨晶体，孔隙的开放性增加；同时煤岩中的低分子轻烃化，造成大、小分子间的相分离过程增加，大分子结构对轻烃化的低分子化合物的束缚性大大降低。

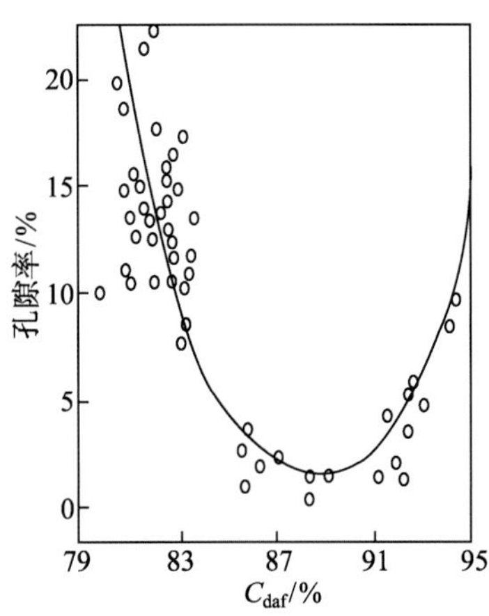

图 3.30 孔隙率与煤化度的关系（虞继舜，2000）

王昌桂等（1998）基于烃类分子在煤岩孔隙中的赋存形式和流动的难易程度，提出四分方案，即微孔（孔径小于 2nm）、过渡孔（孔径为 2～25nm）、中孔（孔径为 25～50nm）和大孔（孔径大于 50nm），认为煤岩孔径的分布特征与热演化程度有较好的相关性（图 3.31）。随煤化程度的增加，中孔和大孔的孔隙体积逐步减小，至 R^o 为 0.85%～0.9%时，中孔和大孔的孔隙体积占总孔隙体积的 45%，之后迅速降低。而微

孔和过渡孔孔隙体积则随煤化程度的增加而增大，至 R^o 为 0.85%～0.9%及其以后微孔孔隙体积增加迅速。显然，褐煤和低变质煤岩中，中孔和大孔的孔隙体积占有较大的比例。

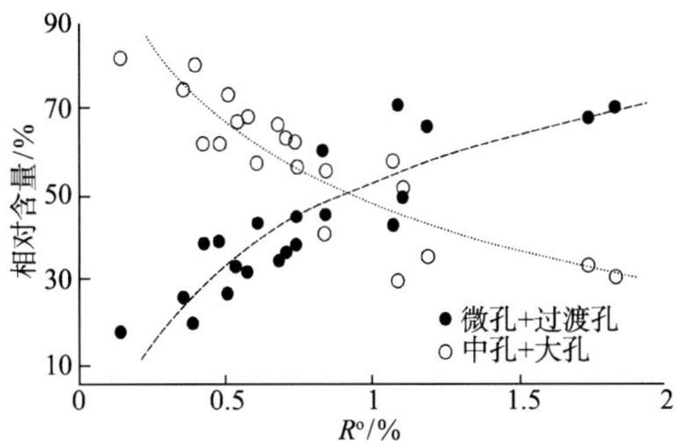

图 3.31　煤岩孔径分布与煤化程度关系（王昌桂等，1998）

陈鹏（2007）对我国不同煤种的孔径分布特征进行了较为系统的研究（图 3.32）。发现褐煤的孔径分布相对均匀，1.0×10^4～1.0×10^5nm 的大孔和 1.0～10nm 的微孔明显占多数[图 3.32（a）]；而对于长焰煤，微孔显著增加，大、中孔明显减少[图 3.32（b）]；对于中等煤化程度的烟煤，除微孔外，1.0×10^4～1.0×10^5nm 的大孔又开始明显增加，使累积分布曲线呈先陡、后缓、再陡的形态，这与产生的轻质烃类组分逃逸大分子结构以及成岩作用有关[图 3.32（c）、（d）]；对于高变质的瘦煤和无烟煤，微孔开始占绝对优势，大孔又明显减少[图 3.32（e）、（f）]。

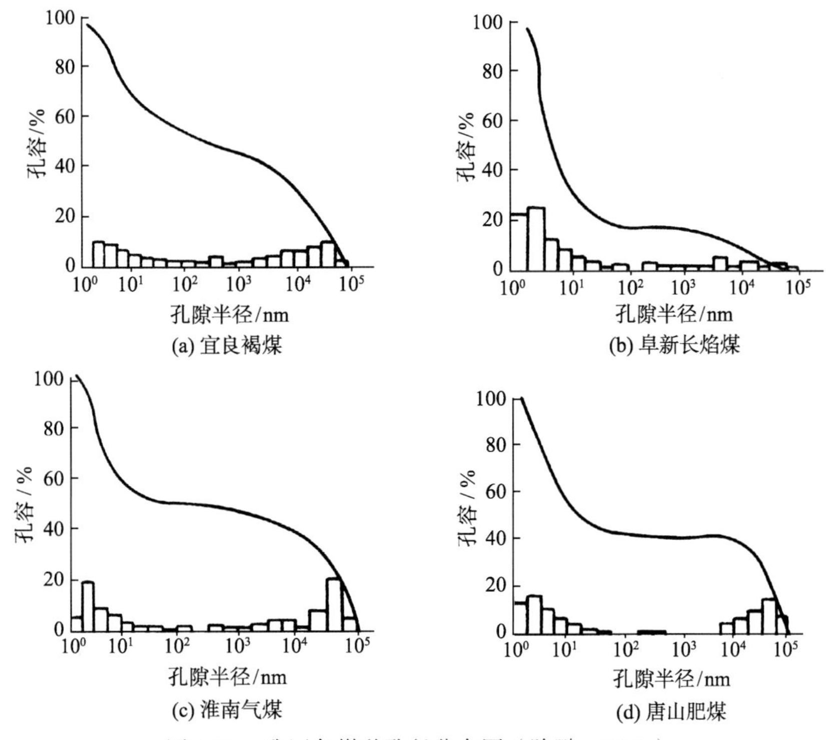

图 3.32　我国各煤种孔径分布图（陈鹏，2007）

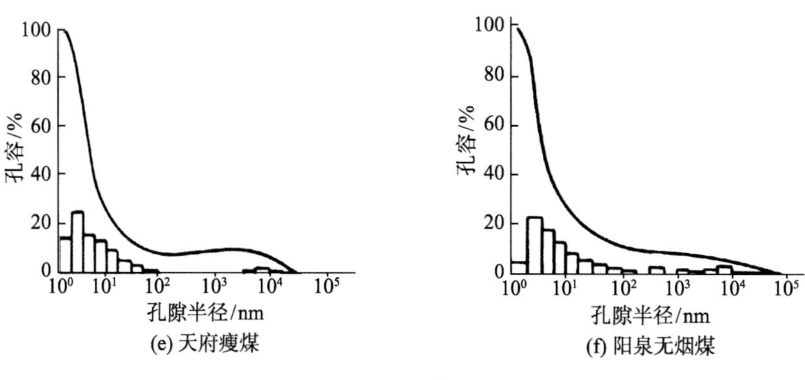

图 3.32（续）

（二）煤岩的“相”储集特征

“煤岩油”矿藏的开发就是基于煤岩的“相”储集特征来展开的。依据煤岩结构的物理模型，骨干相和枝干相组成的碳基质构成了煤岩的储集介质和格架。油基质组分则主要以溶合、吸附和游离等三种方式赋存于碳基质储集介质格架空间。溶合方式是指油基质组分化合物存在于煤岩大分子稠环芳香层结构缺陷处，或者渗入到稠环芳香层结构内部。具体表现为过渡相以各种非共价键物的形式与骨干相或枝干相分子中的极性基团相缔合，而低分子相则受过渡相分子的束缚，多呈束缚态或半游离态被溶合在大分子网络结构之中；吸附是指物质从体相浓集到界面上的一种性质。各种烃类化合物能以吸附方式赋存于煤岩各级孔隙中。石油烃类化合物有效分了直径一般变化为 0.38 ~10nm，甲烷分子直径最小，沥青质有效分子直径最大。当这些烃类化合物生成后，将依次被煤岩中的微孔、过渡孔、中孔和大孔以及微裂缝的表面所吸附。以普遍发育的煤岩过渡孔为例，它们对于烷烃和芳烃可能不表现为微孔效应，但对胶质和沥青质等大分子却可表现为微孔效应，产生优先吸附；游离方式是指各种烃类化合物以游离状态赋存于煤岩大孔隙和大裂缝当中，储存机制与传统油气藏一致，其流动性符合达西渗流特征。上述三种赋存方式中，溶合方式是煤岩油基质组分最主要的赋存形式。

1. 碳基质储集介质特征

碳基质包括骨干相和枝干相两部分，在宏观形态上呈高变质煤的结构特征。骨干相的基本结构为以化学共价键相互结合的“稠环结构单元”，这些单元以三维交联网络结构构成“刚性”聚合物大分子结构。它不溶于任何溶剂，在溶剂中也不溶胀。但在热解时，“稠环结构单元”进一步缩聚组成更大的“稠环结构单元”，并有 CH_4 气体产生。骨干相为碳基质的主体结构部分。枝干相为骨干相大分子基本结构“稠环结构单元”之上的支链分子，以化学共价键与其连接，表现为三维网络结构的“半开放”部分。它同样不溶于任何溶剂，但可以溶胀或以分散的形式分散于超强溶剂中。热解时，大部分缩聚为“稠环结构单元”，成为三维交联网络结构的一部分。少部分支链分子成为低分子相。

2. 煤岩中油基质组分的储集或赋存百分比

煤岩挥发分产率是指称取一定量的空气干燥煤样，放在带盖的瓷坩埚中，在 900 ±

10℃温度下，隔绝空气加热，煤中的有机物质受热、分解出一部分分子量较小的液态和气态产物，这些产物称为挥发物。挥发物占煤样质量的分数称为挥发分产率或简称“挥发分”。上述煤岩中分离或裂解出的这部分低分子量产物应包括煤岩油气藏中以游离态或非共价键作用存在的低分子烃类和似烃类化合物，以及大分子团骨架上断开的支链烃化合物。这部分挥发产物主要来自于油基质，可视为煤岩中油基质组分含量的理论最大值。我国不同地区聚积的煤岩“挥发分”有着明显的差别（表3.30）。关于煤岩“相”储集模式的相关理论特征与问题有待进一步探索。

表3.30　中国各大煤区挥发分等相关煤质参数统计表

地区	煤种	挥发分 V_{daf}/%	灰分 A_d/%
东北	褐煤	44	20
	低变质煤	40	33
	中高变质煤	30	25
华北	褐煤	45	30
	低变质煤	36	12
	中高变质煤	29	17
西北	褐煤		
	低变质煤	42	13
	中高变质煤	35	15
华南	褐煤	45	40
	低变质煤*	36	12
	中高变质煤	25	23
西藏	褐煤		
	低变质煤	30	31
	中高变质煤	30	46

*为引用其他地区参考

第三节　封 堵 作 用

关于产生封堵作用的盖层、遮挡层、封堵层或封盖层等的定义，不同学者有所不同，原因在于各自研究的出发点和角度不同。我国学者传统上使用“盖层”这一术语，更突出了储集体顶部岩层对油气的封闭作用。但在油气圈闭中，封闭作用可完全依赖岩层界面的构造变形和位移，构成构造圈闭；也可依赖顶部、侧向和底部的全方位封闭，构成地层和岩性圈闭（图 3.33）。因此，使用“封闭层”或“封堵层” 术语在理论上应更为严谨。研究者们经常依据封闭层的平面分布范围，划分出区域盖层和局部盖层，用以描述一个含油气盆地或沉积凹陷中，烃灶之上非渗透沉积岩层对油气的宏观封盖作用，这对确定一个盆地或凹陷的油气富集主力层系有着非常重要的意义。但我们通常所讲的封闭或封盖作用，都是针对圈闭而言，即局部封盖层的作用。没有了封闭作用，圈闭就不复存在。封闭作用控制了油气在圈闭储集岩中的富集。封闭作用是通过岩层岩性或成岩变化界面（包括不整合面）、断层面或烃类相态转化为固相等来实现的，也可是上述要素的复合作用。直观来讲，就是非渗透性或相对低渗透岩石对相对高渗透性岩石的封堵，这种封堵是相对的，需与烃类物质的物理、化学性质相匹配。也就是说，当油气呈固相时，自身就可构成封闭。呈半固相时，对圈闭边界的封闭条件要求也明显降低。

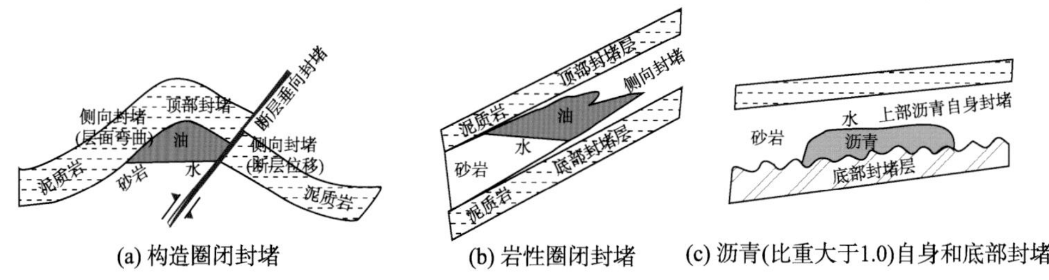

图 3.33　不同圈闭类型油气封堵作用示意图

因此，从油气矿藏整体的角度来讲，封堵或封闭作用是指可阻止或阻碍油气发生运移或进一步发生运移、而聚集的各种作用。这种作用可由圈闭边界的各种相对低渗透岩石产生，也可由油气相态或物性变化产生。依据封堵作用的要素，可将油气封堵方式分为岩层封闭、断层封闭、烃类自身封闭和复合封闭等四种。复合封闭主要是指前三者的相互复合作用，包括岩性-断层、岩层-断层（如断背斜和断块等）、岩性-自身因素等。本书仅讨论前三者的封闭作用机理与评价。

一、岩层封闭

岩层封闭是指非渗透性或相对低渗透岩层通过岩层界面（包括不整合面）对相对高渗透性储集型岩石的封闭作用。这种封闭作用需要岩层界面的构造变形，或与其他要素配置，才能构成对圈闭储集体顶部、侧向，甚至底部的封闭。对岩层封闭能力的评价主要涉及两个方面：一是岩层的完整性，主要包括岩层的可塑性（即抗应变或破裂的能力）、厚度和分布的稳定性等；二是岩层自身孔隙系统毛细管性质，这决定了岩层理论上能捕获油气柱的最大高度。但毛细管封闭作用是以岩层非破裂的完整性为前提的，若岩层遭受破裂，油气会沿裂缝很快泄漏。而岩层的完整性又需要岩层岩性、厚度和分布稳定性或范围的配合，厚度越大、可塑性越高（主要与岩层的岩性和矿物成分有关）、分布越稳定，岩层就越不易产生破裂，完整性就越好。同时，一个地区“超压”的存在仅能表明该区具备良好的封闭条件，真正对油气构成有效封堵的依然是“超压封存箱”封隔层的毛细管封闭作用。

（一）岩层封闭作用机理

1. 毛细管封闭作用

毛细管压力是指两种非混相流体在毛细管中形成的稳定弯曲界面两侧的压力差，弯曲界面是其中某一相流体优先润湿毛细管壁的结果。从微观结构来看，烃类若由孔渗性好的储层进入相对致密的封堵层的孔隙空间，必须排替原有的孔隙流体，使烃类进入相对致密封堵层，并形成连续的流体所必需的压力，被称为排替压力或突破压力。造成烃类进入封堵层孔隙空间的力是油（气）相的上浮力。

所谓的排替压力是由毛细管阻力造成的。岩石孔隙通常是被水所饱和的，游离相的油气要通过岩石渗滤运移，就必须排替其中的孔隙水，否则油气就无法通过岩石渗滤和运移。由于岩石一般为亲水的，油（气）、 水和岩石三相接触角θ小于 90°，所产生的毛细管力指向油（气）相。因此，油气要通过岩石孔隙运移，必须克服毛细管阻力。因封堵层岩石与储集层岩石之间存在明显的储集物性差异，即封堵层岩石具更小的孔喉半径，所以封堵层岩石较储集层岩石有更大的排替压力。封堵层岩石与储集层岩石之间存在的排替压力差可表示为

$$\Delta P = 2\alpha\cos\theta(1/r_1-1/r_2) \quad (3.2)$$

式中，ΔP 为封堵层岩石与储集层岩石的排替压力差（Pa）；r_1 为封堵层岩石中最大连通孔喉半径（m）；r_2 为储集层岩石中最大连通孔喉半径（m）；θ为润湿角（°）；α为油（气）与水界面张力（N/m）。

式（3.2）表明，岩石的排替压力取决于孔隙的物理性质（孔喉半径和孔喉大小的分布）和烃类的物理性质（界面张力和润湿性）。从而，封堵层与储集层岩石之间存在排替压力差，造成了封堵层对储集层中油气的封闭作用，称为封堵层的毛细管封闭作用或物性封闭作用。

油（气）相的上浮力是储集层岩石中烃柱施加在上覆封堵层的压力，可表示为

$$P_b = (\rho_w-\rho_o)gh \quad (3.3)$$

式中，P_b 为上浮力；ρ_w 为水密度（g/cm^3）；ρ_o 为烃类密度（g/cm^3）；g 为重力加速度（油藏一般取值为 0.433cm/s^2）；h 为烃柱高度（ft[①]）。

由此可知，油气能否被封堵取决于排替压力和上浮力的共同作用结果。当封堵层和储层的排替压力差大于油（气）相的上浮力时（ΔP 大于 P_b），油气能被封堵，并且排替压力差越大，被封堵的油（气）柱高度越大。当封堵层和储层的排替压力差小于油（气）相的上浮力时（ΔP 小于 P_b），封堵层就无法封堵油气，将出现泄露（图 3.34）。

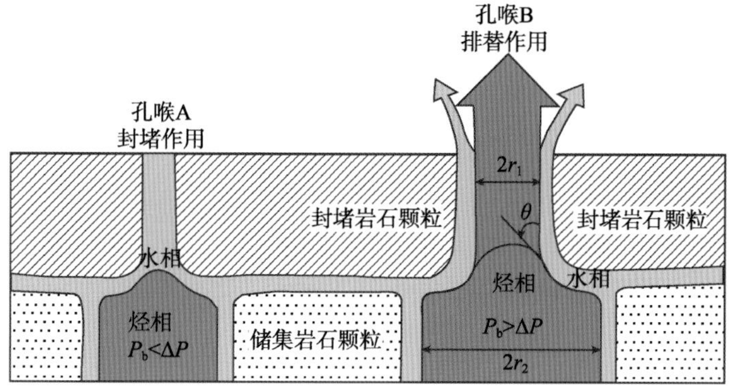

图 3.34　封堵层对储集层油（气）相毛细管封闭机理示意图

① 1ft = 0.3048m

2. 超压“封存箱”的封闭作用

地层压力即为孔隙流体压力，是由岩石孔隙中水和烃类等流体作用产生的压力。在任何地质条件下，正常地层压力与从地表到目的层深度的静水柱压力相等，偏离静水柱压力趋势线的压力被认为是异常地层压力。超压封闭作用，作为封堵油气的一种重要机制，前人已论述很多。据对世界 160 多个油气田作出的统计（龚再升，1991），与异常高压封闭相关的油气田约占 47%。

从地质模型来看，封存箱顶底或四周存在封隔层或封闭层，来确保超压的形成，这一点已成为共识。作者认为“超压”仅是表明该区存在良好封闭层的表象特征，真正对油气构成有效封堵的是“超压封存箱”的封隔层（图 3.35）。封隔层与超压段之间常无明显的界面，多表现为一压力过渡带。在已发现的与超压封堵或与超压相关的油气田当中，主要油气产层均位于“超压封存箱”底部封隔层之下。而当超压段为富含有机质页岩时，超压段则非常有利于构成 “页岩气（油）”产层。因此，研究“超压封存箱”封隔层特征对油气的聚集和成藏有着十分重要的意义。然而，对超压封存箱封闭层的封隔机制依然有较大的争论。一种为静态观点，认为渗透率近于零的致密岩层阻止了流体压力释放，如各种蒸发岩或经历强烈碳酸盐矿化作用的碎屑岩等。这种封闭机制下，只有致密岩层无法保持完整性而发生破裂，其中封存的压力才能获得释放。烃源岩的“幕式排烃”就是基于这种封闭层的周期性破裂。另一种静态观点认为在砂泥岩频繁互层的地层中，气-水两相界面可产生足够大的毛细管压力，而且毛细管压力具有可叠加性，进而形成“超压”的有效封存（杨兴业和何生，2010）。动态观点则认为非渗透性地层基本上是不存在的，流体总以低速扩散的形式通过封闭层，剩余压力（超压）仅在一定的地质时期内存在（可以保存上百个百万年）。

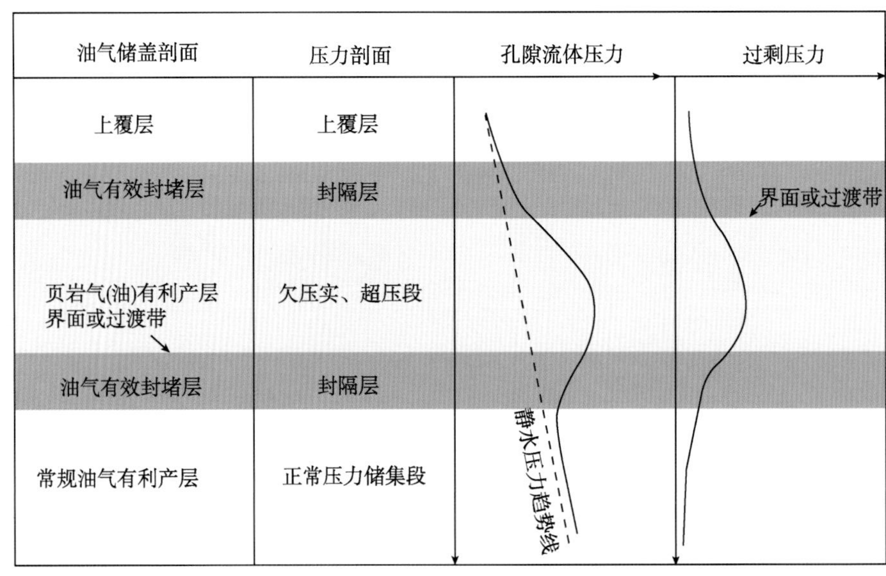

图 3.35 泥质岩石超压封闭地质模型与油气封堵关系图

表现为泥岩欠压实的异常高压形成的原因主要包括以下四个方面。

（1）高沉积和沉降速率：沉积速率快，使泥质沉积物在快速堆积、压实成岩过程中，孔隙水不能及时排出，使孔隙流体承受了上覆地层的部分岩石负荷，造成泥岩内部具有较正常压实泥岩异常高的孔隙流体压力。

（2）黏土矿物的转化脱水作用：蒙脱石向伊利石的转化过程中，随压实作用的增强，转化速度不断增加，最终蒙脱石矿物全部消失。这种黏土矿物的转化可使黏土中最后几层束缚水解吸，成为粒间自由水。由于分子层束缚水的密度比粒间自由水大得多（密度可达到 1.15g/cm^3）。因此，解吸、释放出的水造成体积增大。一般认为泥岩体积可增大 2 %左右。当这些解吸水不能及时排出时，同样使泥岩内孔隙流体压力增大，构成异常高压。

（3）水热增压作用：随埋深、压实和成岩作用的加大，若孔隙流体被封闭在岩石中，不能及时排出，此时地层温度的不断增加，也会使孔隙流体压力随之增大。

（4）油气的生成作用：随埋藏深度加大，当含有机质泥岩大量生烃时，若向外排出受阻，由于液相和气相烃类物质的膨胀系数高出岩石颗粒几十至几百倍，也同样会使孔隙流体压力增加。

由上述讨论可知，欠压实泥岩中的异常孔隙流体压力主要是依赖上、下正常压实封隔层的毛细管压力封闭作用来完成的。其上、下正常压实泥岩段的孔隙喉道半径明显小于中间欠压实泥岩段的孔隙喉道半径，即上、下正常压实泥岩段的毛细管阻力要大于或等于中间欠压实泥岩段的毛细管阻力与过剩压力之和，才能有效地保持中间欠压实泥岩段的孔隙流体过剩压力。

以鄂尔斯盆地上古生界大型岩性气藏的形成和保存为例，上石盒子组湖相泥岩封盖层普遍存在过剩压力，分布广，单层厚度一般为 10～25m，饱和空气突破压力为 1.5～2.0MPa。从各气区过剩压力曲线来看，超压封存箱和封隔层之间无明显界面，呈现为一渐变过渡带。该套封盖层封闭能力强，是下石盒子组气层理想的盖层（图 3.36）。

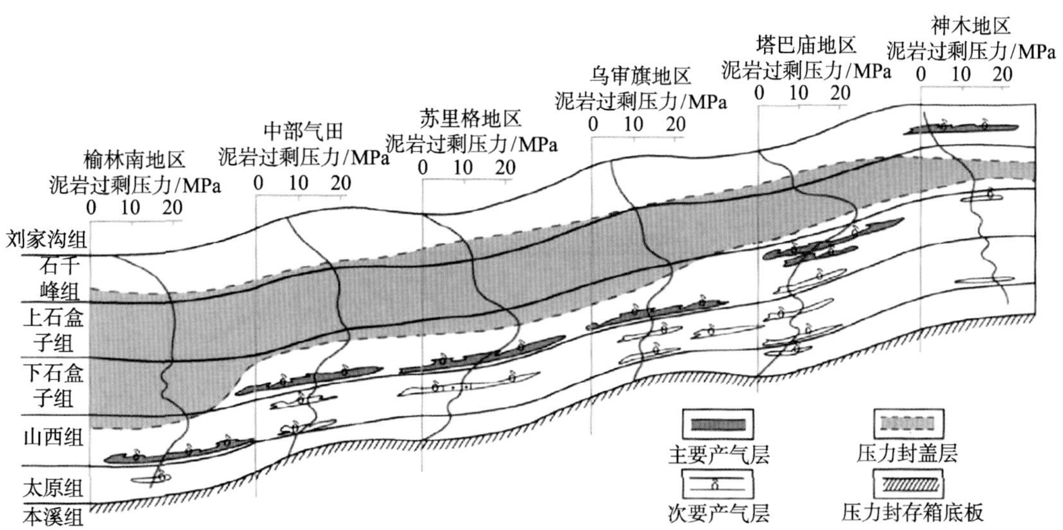

图 3.36　鄂尔多斯盆地主要气区超压封存箱和封隔层与主力气层分布（李仲东等，2007）

（二）岩层封闭能力评价参数和方法

岩层封闭能力评价参数主要包括排替压力、孔喉半径和分布等微观特征参数，以及描述岩层封闭完整性的可塑性、厚度和分布面积等宏观地质参数。

1. 排替压力

排替压力或突破压力是反映封堵层物性封闭能力最根本、最直观的评价参数。目前排替压力主要的估算方法可归纳为三类：直接测试法、孔喉特征法、沉积相和测井分析法。

1）直接测试法

排替压力直接测试主要包括吸附法和压汞法等。

（1）吸附法：岩石样品（形状不限）在分析天平上称量后，装入量管，经过热真空脱气处理，使样品在液氮温度下吸附氮气分子，再在真空条件下使吸附在岩样毛细管孔隙中的氮气部分脱附，记录脱附平衡压力和脱气体积，绘制脱附等温线。根据脱附等温线的数据进行计算，可得样品含气饱和度及对应的毛细管压力。在二者关系图上，大多数学者都将含气饱和度为 10%时所对应的毛细管压力定为岩石的排替压力。

（2）压汞分析法：将称量后的岩样放入膨胀计中，在真空条件下充汞，之后在高压环境中向岩样孔隙内压汞，同时记录含汞饱和度相应的进汞压力。在含汞饱和度与相应进汞压力关系曲线图中，取含汞饱和度 10%时的进汞压力为该岩石的排替压力。

自然界中岩石的孔喉半径和分布等特征要复杂得多，目前排替压力的直接测试仍存在许多问题。例如，气/水界面张力受温度的影响明显，随温度的升高而降低，因此，需对室温测试样品进行地层温度条件下的校正。此外，由于地下实际条件是气-水体系或油-水体系，而排替压力的室内测定是在气-汞体系或纯气体系中进行的，因此需开展不同体系下岩石排替压力的转换。

2）孔喉特征法

目前许多学者对封堵层毛细管封闭能力的评价，普遍采用渗透率、孔隙度、密度、比表面积和微孔隙结构等微观参数来间接反映封堵层的物性封闭能力。例如，排替压力是由孔隙喉道半径和弯曲度大小等参数决定的，而孔喉半径又受粒度、圆度等因素制约。同时，比表面积是反映粒级的因素之一。从而，岩石密度与孔隙度之间呈反比关系，均与孔喉半径相关联。因此，排替压力与上述评价参数之间从理论上存在相关关系，可间接估算出该封堵层的排替压力值。我国几个主要含油气盆地盖层岩石排替压力与孔隙度、渗透率、密度、孔隙中值半径和比表面积之间的统计关系如图 3.37 所示。

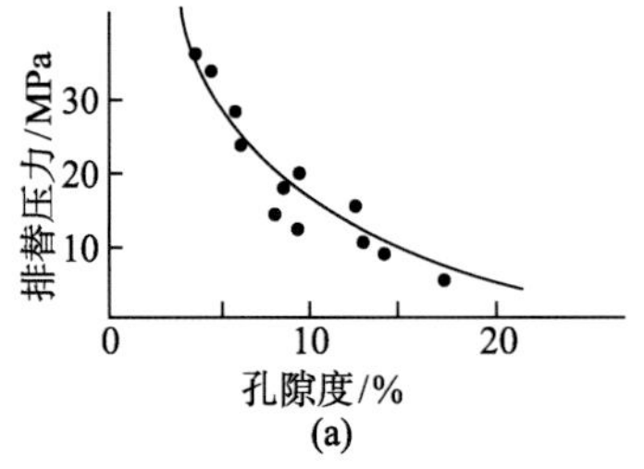

(a)

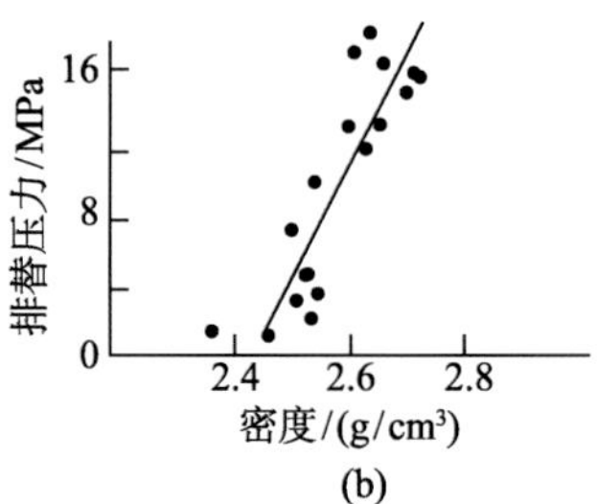

(b)

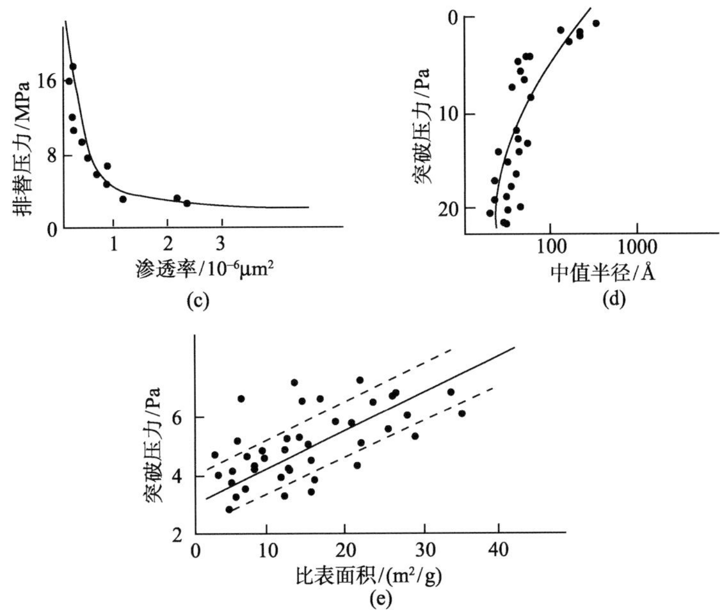

图 3.37　盖层岩石排替压力与孔隙度、渗透率、密度、孔隙中值半径和比表面积关系图
（吕延防等，1996）

（a）松辽盆地北部泥岩排替压力与孔隙度的关系；（b）大庆长垣以东地区排替压力与密度的关系；（c）大庆长垣以东地区盖层渗透率与排替压力的关系；（d）济阳凹陷泥岩盖层孔隙中值半径与突破压力的关系；（e）大庆长垣以东地区突破压力与比表面积的关系

3）沉积相和测井分析法

依据各种沉积相细粒岩石毛细管特征的研究，通过建立排替压力与沉积相的关系，可估算排替压力。Vavra 等（1992）对印度尼西亚 Ardjuna 盆地的六种沉积相岩石，包括陆架碳酸盐岩、三角洲前缘页岩、前三角洲页岩、废弃河道粉砂岩、三角洲平原页岩和分支河道砂岩，开展了排替压力测试和封堵能力评价（表 3.31）。各类沉积相岩石有着不同的排替压力，并可进一步折算出各类沉积相岩石所能封堵的烃柱理论最大值。在综合评价中，虽然陆架碳酸盐岩具有最高的排替压力值，但由于厚度较薄，易于被断裂切穿、破裂，最终评价为中等水平，而三角洲平原页岩被评价为最佳的封堵层。

表 3.31　印度尼西亚 Ardjuna 盆地各类沉积相岩石封堵能力参数对比表

沉积相	排替压力（psi①，空气/汞）	折算的封堵烃柱高度/ft	封盖层几何特征		封闭能力综合评价
			厚度/ft	分布面积/mile②	
陆架碳酸盐岩	2300～9000	2500～10000	<10	1 至几十	中等
三角洲前缘页岩	1000～1400	1100～1500	10～50	1 至几十	好
前三角洲页岩	270～1800	300～2000	<10	1 至几十	中等
废弃河道粉砂岩	90～320	100～300	5～50	几百至几千	差
三角洲平原页岩	80～90	90～100	10～50	小于 10	差
分支河道砂岩	6.5	—	10～100	几百至几千	储集层

注：① $1psi = 6.894\ 76\times10^3Pa$；② $1mile^2$(平方英里) $= 2.589\ 988km^2$

吕延防等（1996）利用测井资料，尤其是声波及密度测井资料，来研究封堵层的封闭能力和估算排替压力。此方法可弥补直接测试样品的不足，实现全区封堵层的系统评价。以大庆长垣以东地区评价研究为例，依据实测的泥质岩样排替压力和泥质岩孔隙度值，建立各类饱和水岩石排替压力与其孔隙度关系图版[图 3.38（a）]。再依据实测数据统计法建立孔隙度与声波时差的关系图版[图 3.38（b）]，从而可明确研究区泥岩、粉砂质泥岩及泥质粉砂岩排替压力与声波时差的相关性，求得相应岩石的排替压力。

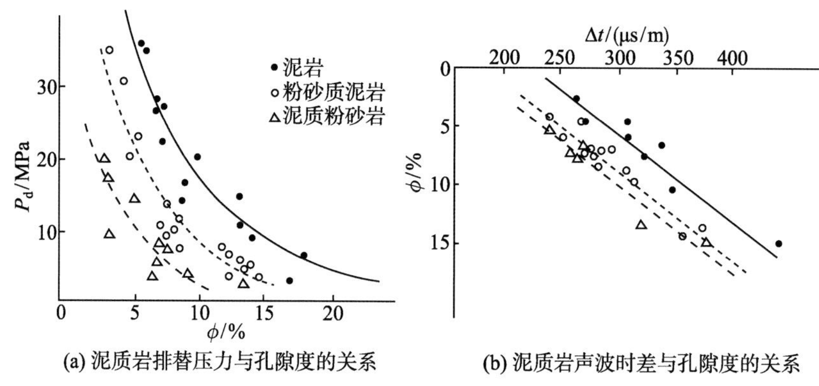

图 3.38　大庆长恒以东地区泥质岩排替压力、声波时差与孔隙度关系图

利用研究区 250 多口井的声波时差测井资料求得各井泥岩、粉砂质泥岩和泥质粉砂岩地层条件下的排替压力后，获得各单井不同岩性排替压力与深度关系图，并最终编制出大庆长垣以东地区主要封堵层排替压力平面等值线图，认为青山口组底部和嫩一、二段底部两套泥质盖层排替压力在大庆长垣以东地区均很高，具有良好的封堵能力。

2. 岩层的可塑性

封堵层的可塑性是指岩层在发生破裂或破坏之前所能承受的应变量。高可塑性的岩层能够产生大幅度变形而不发生脆性破裂。若变形超过了岩层的可塑性，则会发生破裂。岩层的可塑性与岩层的岩性、矿物成分、温度和压力等因素有关（表 3.32），尤其是岩层的岩性。

表 3.32　封堵层可塑性的控制要素与作用一览表

控制因素	对可塑性的控制作用
岩性	矿物颗粒和胶结类型控制可塑性。塑性封堵层包括盐岩、某些页岩和石灰岩，脆性封堵层包括白云岩、石英岩、硬石膏和钙质页岩等
成分	黏土矿物和有机质等成分，对可塑性有较大影响；黏土矿物可塑性和膨胀性由强到弱的顺序为：蒙脱石>高岭石>伊利石>绿泥石
围压	高围压使可塑性增加
孔隙压力	高孔隙压力使可塑性降低
流体成分	流体及其组分影响可塑性
温度	温度与可塑性呈正比关系
压实状态	压实和成岩程度与可塑性呈反比关系

3. 岩层的岩性

岩层的岩性，除对岩石可塑性有较明显的影响外，直接影响着岩石的孔隙度和渗透率，即岩石的毛细管封闭能力或排替压力。封盖层的岩性一般为盐膏类、泥岩类、碳酸盐岩类，以及火山岩类。据 KIemme 和 Ulmishek（1991）对世界 334 个大油气田的统计，封盖层为泥页岩的占 65%，封盖层为蒸发岩的占 33%，封盖层为致密灰岩和其他岩类的占 2%。从我国不同地区盖层岩性与其相应的排替压力关系来看（表 3.33），毛细管封闭能力最强的是岩性细而塑性强的泥岩和盐岩。若泥岩中含钙、白云质、碳质和粉砂时也可具较强的封闭能力，甚至有时比纯泥岩的物性封闭能力还强。粉砂质泥岩和泥质粉砂岩、生物灰岩等也具有一定的毛细管封闭能力。

表 3.33 不同地区封盖层岩性与其相应的排替压力（MPa）关系统计表（吕延防等，1996）

岩性	塔里木盆地	松辽盆地	琼东南盆地	鄂尔多斯盆地	四川盆地
泥岩	6.14	12.19	7.58	12.08	18～25
灰质泥岩				8.57	
碳质泥岩				17.6	
云质泥岩				5.75	
含粉砂泥岩	4.3	15.75	9.1		
粉砂质泥岩		6.29	3.0		
含钙粉砂质泥岩	16.5				
含云砂质泥岩	2.45	5.76	1.84		
盐岩				14.16	
生物灰岩			1.12		

盐膏类封盖层对油气封堵性好的根本原因是盐岩结晶矿物晶格点之间的距离远小于甲烷、乙烷的分子直径，使其难于通过这种盖层向上或向外扩散，从而起到了优质封盖的作用。据前苏联全苏石油地质勘探研究所测定，盐岩相邻晶格点的距离为 2.8×10^{-8}cm，而 CH_4、C_2H_6 的分子直径则大得多，分别为 4.0×10^{-8}cm、4.7×10^{-8}cm。所以这种可塑性强、致密程度极高、分布广、厚度大的盐膏类层、对任何烃类实际上都是不渗透的，它不仅是防止油气散失的理想盖层，而且还是形成大油气田的主要盖层。例如，俄罗斯东西伯利亚在前寒武系探明 15×10^8t 原油、$20000\times10^8\text{m}^3$ 天然气，正是依赖东西伯利亚地区稳定的构造条件和寒武系厚度达 1000～1500m 盐膏段的盖层条件，才使前寒武系大量油气保存至今。又如，我国塔里木盆地库车拗陷北部以盐膏段为封盖层的克拉 2 气田，含气面积 47.1km^2，天然气地质储量约 $3000\times10^8\text{m}^3$，探明含气丰度约 $60\times10^8\text{m}^3/\text{km}^2$（图 3.39）。盐岩和膏质泥岩盖层也是库车拗陷的区域性盖层，为新近系和古近系干旱盐湖相沉积，厚度达 600～1000m。由于这套区域性封盖层由盐岩层、石膏层、碳酸盐岩层与泥岩层互层分布，它不仅非常致密，而且突破压力还特别高。据克拉 2 井测井资料计算，突破压力为 60MPa，是我国目前突破压力最大的封盖层，致使克拉 2 气田的压

力系数高达 2.06。在此优质区域盖层的封盖之下，库车拗陷已发现 10 个天然气气田，探明天然气地质储量超过 $6000\times10^8m^3$。

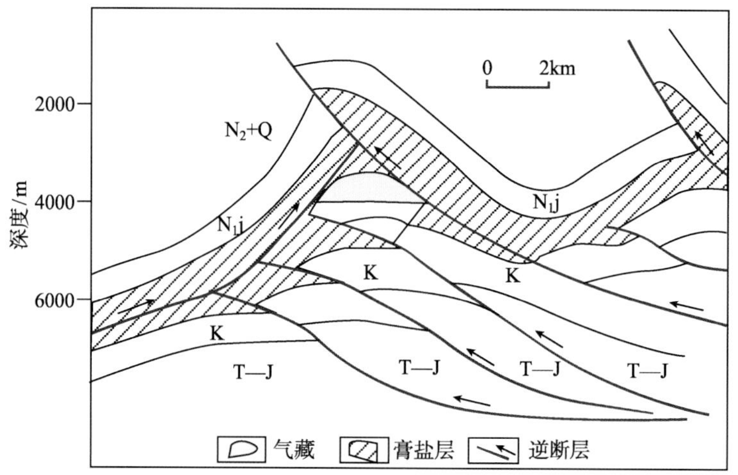

图 3.39 克拉 2 气田剖面图（张厚福和张善文，2007）

泥页岩封盖层封堵世界大油气田数量之所以能占 65%，主要是与碎屑岩共生的砂砾岩储集层与泥页岩封盖层在沉积岩中最发育有关，从而导致碎屑岩含油气层系成为世界上主要的含油气层系。泥质岩岩石颗粒极细，孔径小，渗透性差，可塑性又相对较高。

4. 岩层的厚度

从封盖层毛细管封闭作用来讲，岩层厚度与岩层排替压力之间没有任何函数关系，只要封盖岩石孔喉大小具有较强的毛细管封闭能力或较大的排替压力，很薄的岩层（小于 1m）就可以封堵足够高的烃柱，形成油气藏。但岩层厚度却与岩层的非破裂完整性和平面分布的稳定性有着较为直接的关系。封盖岩层厚度越大，封盖层被断裂切穿的概率就越低，横向上展布的连续性就越强。也就是说，很薄的封盖层要在相当大的面积范围内保持连续分布而不破裂是很难的。因此，从封盖层的完整性和稳定性两方面来考虑，封盖岩层厚度与岩层整体封盖能力有着间接的正比对应关系。在不同地区，这种对应关系的紧密程度会有很大的区别。由于圈闭内的烃柱高度可能受控于切穿封盖层断裂的溢出点或封盖层局部的岩性变化，这种对应关系会从紧密到无。在断裂活动强烈的地区，存在这种对应关系的可能性会大幅降低。据 Zieglar（1992）的研究统计，加利福尼亚和落基山油田烃柱高度和盖层厚度之间并无相关性。

通过对渤海湾盆地 34 个油藏的油柱高度和盖层厚度之间关系的统计，证实这种对应关系是存在的，即封盖层厚度越大，其封闭烃柱的高度就越大（图 3.40）。此外，封盖层厚度越大，油气通过封盖层散失（包括渗滤和扩散）的速度就越慢，就更有利于油气的聚集与保存。据吕延防等（1996）对松辽盆地北部昌德气藏登娄库组气层泉一、二段泥岩盖层的研究，在第四纪（大约两百万年）内，天然气经过厚度为 318.8m 的该套泥岩盖层，其扩散速度为 3.9 万 $m^3/(Ma\cdot km^2)$。若其厚度减少至 100m，则通过该套泥岩盖层的扩散速度增加至 1340m^3/(Ma·km^2)，后者大约是前者的 3 倍，可见盖层厚度大小对阻止天然气运移散失也是很重要的。

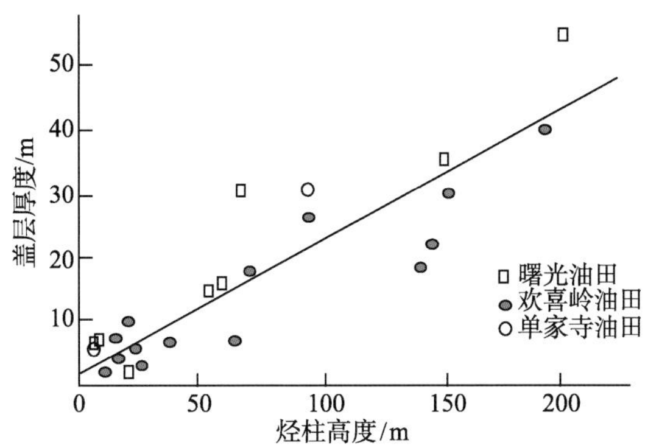

图 3.40　渤海湾盆地纯油藏油柱高度和封盖层厚度关系图（童晓光和牛嘉玉，1989）

5. 岩层分布的范围与稳定性

在一个盆地或凹陷中，封盖层分布的范围越广，自身岩性和厚度等横向变化越不大，其整体封盖能力就越强。下面以鄂尔多斯盆地古生界和渤海湾盆地东营凹陷为例，来讨论封盖层分布的范围与稳定性对油气聚集的控制作用。

1）鄂尔多斯盆地古生界

在鄂尔多斯盆地上古生界天然气藏的形成和保存过程中，有四套泥岩盖层发挥了重要的封盖作用，才使该盆地早生早聚型的天然气保存在多层系的储集层中，形成多个大气田（图 3.41）。鄂尔多斯盆地已探明天然气地质储量大于 1000×10^{8}m^3 的大气田有苏里格气田、乌审旗气田、靖边气田、榆林气田、子洲气田和大牛地气田等 6 个，储量合计超过 1.7×10^{12}m^3（图 3.42），它们均分布在陕北斜坡带中偏北的构造部位，这些大型的岩性气藏是以石炭系、二叠系煤系地层为烃源岩，以中奥陶系碳酸盐岩和二叠系河流相砂岩为储集层，以石炭系和二叠系多套泥岩为盖层而形成的。这些大气田含气层位有奥陶系马家沟组碳酸盐岩、山西组河流相砂岩、石盒子组下部和顶部河流相砂、砾岩储集层等。

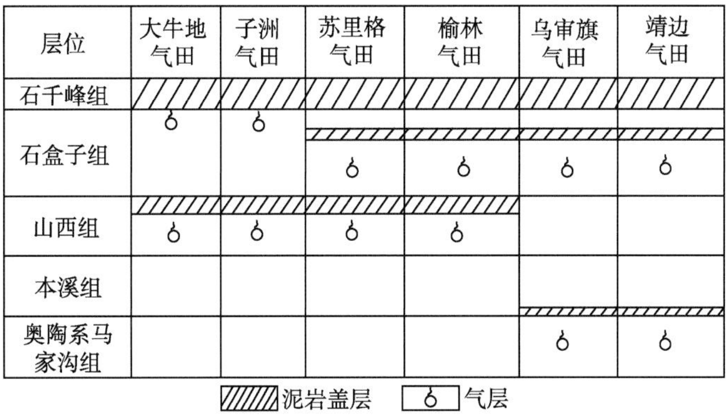

层位	大牛地气田	子洲气田	苏里格气田	榆林气田	乌审旗气田	靖边气田
石千峰组	//////	//////	//////	//////	//////	//////
石盒子组	ò	ò	////// ò	////// ò	////// ò	////// ò
山西组	////// ò	////// ò	////// ò	////// ò		
本溪组					//////	//////
奥陶系马家沟组					ò	ò

////// 泥岩盖层　ò 气层

图 3.41　鄂尔多斯盆地古生界主要气田封盖层与含气层分布关系图

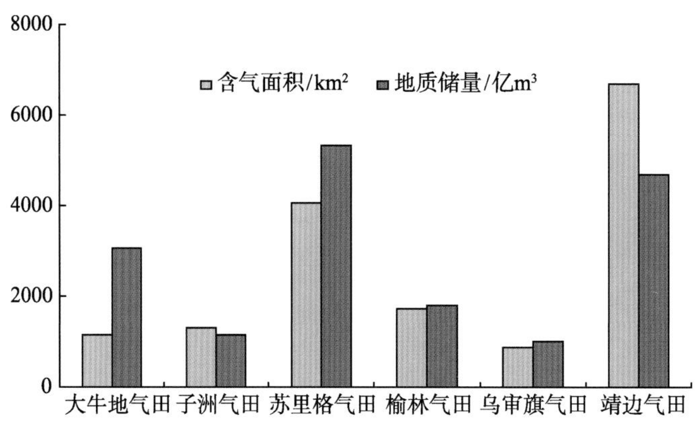

图 3.42 鄂尔多斯盆地古生界主要气田探明地质储量与含气面积分布直方图

石千峰组厚层红色泥岩作为古生界最上部的一套封盖层，其渗透率仅为$(2.1\times10^{-4})\times10^{-3}$～$(4.2\times10^{-4})\times10^{-3}\mu m^2$，饱和煤油突破压力达 30MPa，具有全区良好的封盖能力；上石盒子组湖相泥岩普遍存在过剩压力，分布广，单层厚度变化相对稳定，一般为 10～25m，气体绝对渗透率为$(0.1\times10^{-4})\times10^{-3}$～$(1.0\times10^{-4})\times10^{-3}\mu m^2$，饱和空气突破压力为 1.5～2.0MPa，物性封闭能力较强，为下石盒子组气层的理想封盖层；山西组气层属自生自储自封型天然气藏；而奥陶系马家沟组碳酸盐岩风化壳气层，则是以石炭系底部的本溪组泥岩、铝土岩及铝土质泥岩为封盖层，厚度变化为 5～20m。

2）渤海湾盆地东营凹陷

在渤海湾盆地高探明程度的东营凹陷，面积 5700km^2，古近系和新近系已发现、探明的各类油气藏主要受控于沙一段和沙三段两套区域性封盖层，尤其是沙一段封盖层。沙一段泥质岩层为全区展布的最上部封盖层，封盖了全凹陷约 80%的油气储量（图 3.43），构成了东营凹陷最重要的区域性封盖层。这与沾-车凹陷由于沙一段封盖层泄露，油气进入上部层系，油质变稠变重，主要依赖馆陶组和明化镇组封盖层聚集油气，构成了较为

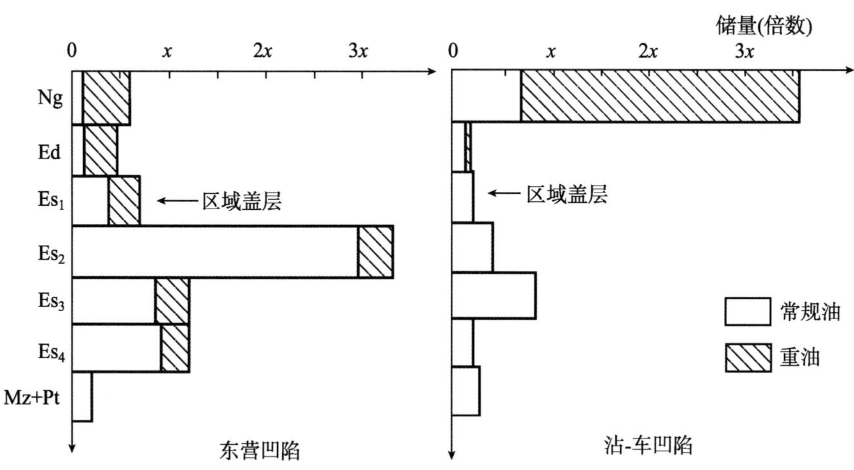

图 3.43 渤海湾盆地东营凹陷和沾-车凹陷上部区域封盖层与油气储量纵向分布

鲜明的对比。东营凹陷沙三段、沙一段和馆陶组三个层位的泥岩封盖层突破压力和黏土矿物颗粒之间孔隙中值半径见表3.34。

表3.34　东营凹陷泥岩盖层突破压力和孔隙中径半径数据表（李春光，1996）

层　位	井　号	深　度/m	样品数/块	突破压力/MPa	孔隙中值半径/nm
馆陶组	明6井、2-2-18	1149.30～1420.18	4	2.0	31.50
沙一段	2-2-18井、3-6-8井	1778.94～1840.00	2	36.0	4.95
沙三段	3-5-11井、营13-2井	2342.50～2534.00	2	51.0	3.95

（1）凹陷内稀油油藏受控于沙一段区域性泥岩封盖层。古近系始新统沙河街组是凹陷主要成油岩系和勘探开发目的层系。该组由下向上划分为沙四段、沙三段、沙二段和沙一段，为连续沉积。此组之上是渐新统东营组、新近系中新统馆陶组和上新统明化镇组。沙河街组时期，凹陷以水下沉积为主，水进使湖盆经受了不断向外扩张的发育时期，接受了沙四段盐湖相、沙三段咸水湖和淡水湖相、沙二段河流滨浅湖相、沙一段淡水湖相的巨厚沉积（>3500m）。沙四、沙三段为主要烃源岩，沙二段为储集岩，沙一段为盖层，使沙河街组构成完整的生储盖组合的含油气系统（表3.35）。

表3.35　东营凹陷沙河街组沉积特征表

层位	厚度/m	面积/km^2	沉积相	泥岩占地层厚度比例/%	生、储、盖划分	主要储集体
沙一段	300	5824	湖相	76.92	盖层	席状砂为主
沙二段	400	4800	河流、滨浅湖相	62.45	储集层	河道砂、三角洲砂体
沙三段	1800	6144	咸湖相	73.48	烃源层、盖层	浊积岩砂体
沙四段	1300	5760	盐湖相	74.36	烃源层	席状砂为主

东营凹陷沙一段厚度一般为200～300m，最厚达400m，以凹陷西部的高青和利津两洼陷最厚。除边缘凸起之外，凹陷内均有分布，面积达5824km^2，具有覆盖全凹陷的特点。沙一段是以还原相泥岩为主的湖相沉积，夹薄层生物灰岩、针孔灰岩、白云岩和薄层砂岩。泥岩为灰绿色、深灰色，质纯较坚硬，多为厚层块状，占地层厚度76.92%，埋藏深度一般为1500～2200m。由于这套湖相沉积泥岩的灰质、白云质含量高（为10%～15%），又夹有数层薄层灰岩、白云岩，所以大大增强了这套地层的致密性和封闭能力。

凹陷内已探明的32个油气田当中，24个被沙一段区域性盖层所封堵，占75%，其探明地质储量占总数比例约80%（图3.44）。在凹陷内，只有胜坨、东辛等少数油田是油气沿断层垂向运移至沙一段之上的东营组、馆陶组地层而形成的次生重质油藏和次生气藏。沙一段及其之下地层均为稀油油藏。被沙一段盖层封堵的各油田原油黏度为10～30mPa·s，原油密度为0.86～0.88g/cm^3。这是沙一段区域性封盖层良好封闭的结果。

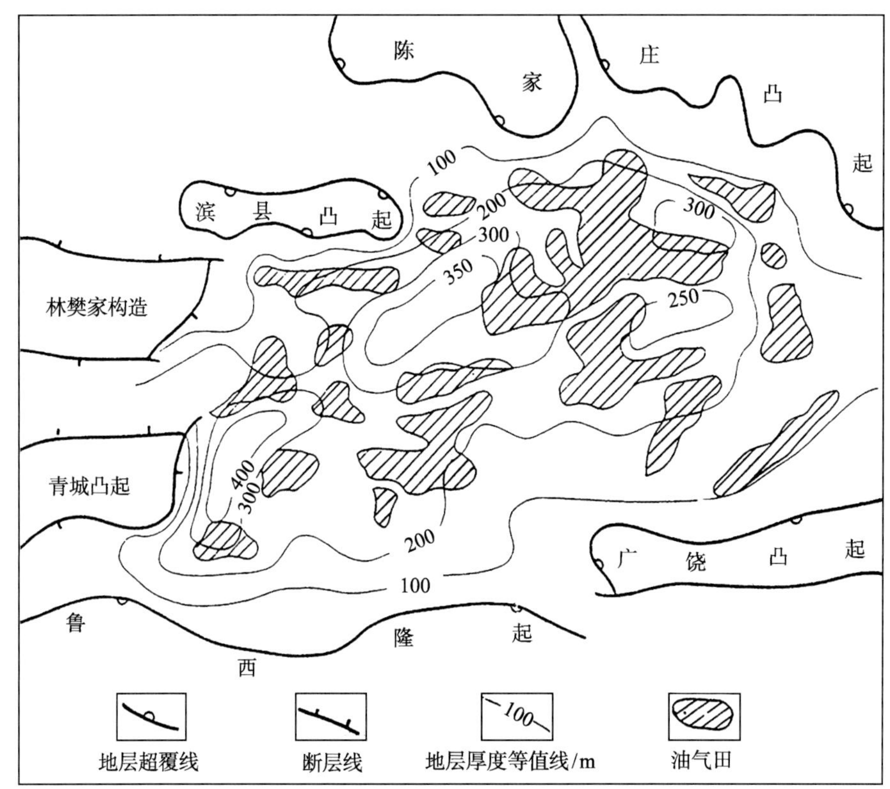

图 3.44　东营凹陷沙一段区域性盖层封堵的油气田图（李春光，1991）

（2）由于稠油具有一定程度的自身封堵性和对封盖条件要求低的特性，东营凹陷边缘浅层的稠油油藏在很大程度上受控于封闭能力较差、且分布局限的馆陶组泥岩和玄武岩层。

东营凹陷西部地区是指陈家庄凸起西段、滨县凸起、林樊家构造、青城凸起及其向凹陷一侧的倾没部位，面积约 1000km^2。区内已探明的油气田（藏）均在一定程度上受馆陶组泥岩局部性封盖层的控制。而凹陷南缘广饶凸起及其西北的倾没带稠油油藏却在一定程度上受控于馆陶组火山玄武岩体的封盖（图 3.45）。

馆陶组厚度一般为 200～400m，为冲积平原沉积。岩性以砂岩、含砾砂岩和泥岩为主。下部粗，为砂、砾岩段；上部细，为泥质岩夹粉细砂岩段。该组碎屑物主要来自凹陷北部，经凹陷西部凸起区的古地形高地时分为东、西两条水流，从而于凹陷西部形成以泥岩为主、东部以砂、砾岩为主的沉积。泥岩呈棕红色或浅灰、绿色，属冲积平原相辫状河沉积。凹陷西部馆陶组泥岩厚度 200m 左右，分布范围约 800km^2（图 3.45）。东营凹陷西部地区沙一段盖层多因超覆而缺失，油气泄露进入浅层后，被馆陶组泥岩盖层封堵形成的油气田有 7 个。由于封闭性相对较差，被封堵的油气藏原油中的轻质组分散失量较大，多数油藏的原油密度为 0.95～0.99g/cm^3，黏度为 3000～10 000mPa·s，为稠油油藏。

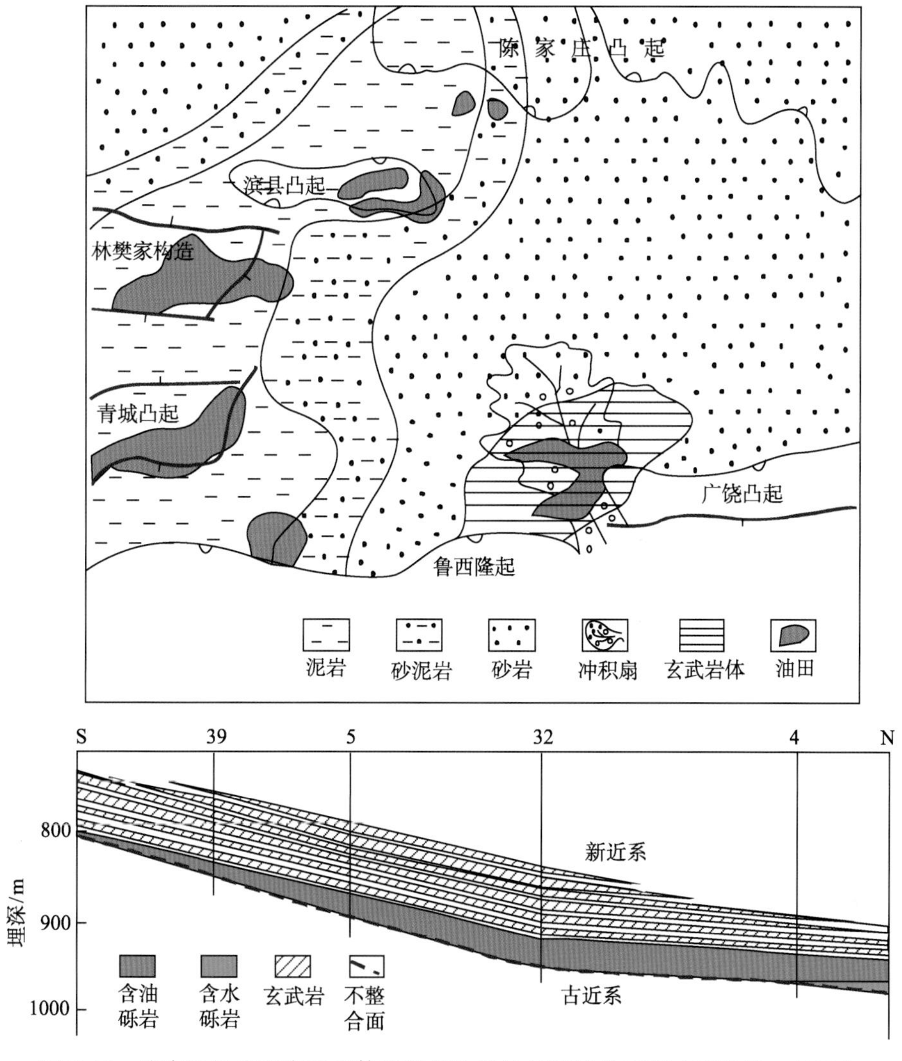

图 3.45　馆陶组泥岩和玄武岩体遮挡与边缘油气聚集关系图（李春光，1991）

凹陷南部乐安稠油油藏受控于馆陶组火山玄武岩体的直接封盖。这套火山玄武岩分布在凹陷南部广饶凸起及其西北的倾没带之上。玄武岩段厚度一般为 30～60m，其中泥岩夹层厚度 8～10m，分布面积约 300km^2。玄武岩出露层位在馆陶组中部，颜色为灰绿或灰黑色，岩石致密、坚硬。矿物成分为基性斜长石和粒状辉石，呈斑状结构，基质为粗玄结构。斑晶为橄榄石或伊丁石，且部分或边缘已绿泥石化。偶见长石，副矿物为黄铁矿。气孔不发育，见有少量杏仁和方解石脉。玄武岩体靠近广饶凸起方向增厚，远离凸起方向减薄，长轴呈北东向，长 25km；短轴为北西向长，13.5km。

玄武岩体盖层之下的馆陶组砾岩体面积约 250km^2，厚度 20～30m，是源于广饶凸起和鲁西隆起的冲积扇砾砂岩体。埋藏深度 800～1000m，胶结疏松，孔隙度 25%～34%，渗透率 $1836\times10^{-3}\mu m^2$。所赋存的原油密度 0.97～1.03g/cm^3，黏度 5000～18 800mPa·s。

如此高的原油比重和黏度具有较大的自身封堵性。因此，在玄武岩体一定程度的直接遮挡下，形成了乐安亿吨级重质油田，含油面积约 80km^2。

二、断层封闭

断层既可起输导或泄漏油气的作用，又可起封闭油气的作用。在同一地质历史时期，一条断层不同部位所起的作用可以不同。一条断层可在一端或一边封闭，也可在另一端或另一边泄漏。断层封闭主要具有两个封堵方向：一是垂向或倾向封闭，即沿断层面上倾方向的封闭；二是横向封闭，或者依赖断层面上充填物的封堵，或者穿过断层面，横向上主要通过两盘岩性对接构成的封堵。断层的良好封闭既可使其一侧构成油气藏，也可使其两侧构成不同压力系统的油气藏。同时，断层的封闭能力是有限的，一旦烃柱超过断层所能承受的最大高度，就会发生泄露。此外，断层在历史发育过程中，总是周期性活动的。在活动期；常作为油气的运移通道；而在宁静期，起封闭作用的部位增多。

（一）断层封闭作用机理

依照断层封闭的两个封堵方向可知，其作用机理或者是依赖于横向两盘对接岩性的毛细管压力差，或者是依赖于沿断层面分布的碎裂岩或断层泥的毛细管压力，以及断层面在活动期的开裂程度或开启性。

1. 横向对接岩性封闭作用

这种封闭作用是指在断层具备垂向封闭能力而不具备横向封闭能力的前提下，断裂对地层的切割和错开，使具储集能力的渗透性岩层与非渗透性或致密岩层对接，构成侧向上对渗透岩层的封堵作用。在砂、泥岩互层的地层中，断层的存在可使砂岩与泥岩在横向上对接，构成对砂岩储层的侧向或横向封闭（图 3.46）。在一些情况下，也可使不同层系的砂岩储层通过断层面对接，出现断层的横向泄漏，此时封闭的烃柱高度与泄漏点的位置有关，而与对接岩性遮挡层的排替压力无关。可见，断层的横向封闭与泄漏取决于断层面上渗透与非渗透岩层或者渗透与渗透岩层构成的对接关系和对接程度。Allan（1989）提出了断层面地层剖面分析法，来落实两盘不同岩层的对接情况。

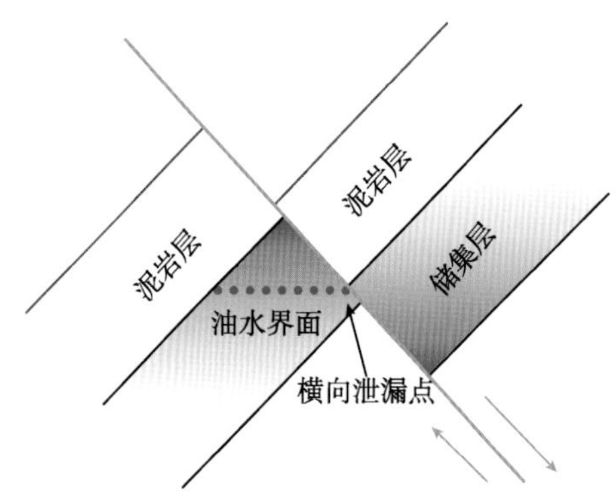

图 3.46　断层横向对接岩性封堵与泄漏作用示意图

2. 断层自身封闭作用

断层自身封闭作用主要是指断层带充填物沿断层面在垂向或横向上构成的封闭作用。这种封闭作用主要取决于断裂带充填物或岩石的最小排替压力。断裂带充填物相对低孔低渗性构成的断层面自身封闭主要由两盘泥岩的泥质涂抹作用、砂岩等岩石的碾碎或碎裂作用，以及充填物的后期成岩作用等。可见，断层沿断层面在垂向或倾向上的封闭与泄漏受断裂带充填物特征的控制。

断层泥是指在断层两盘错动过程中，地层中泥质岩沿断层面，在剪切和磨蚀作用下所发生的掺和和涂抹，形成的泥质膜可构成对储集层上倾方向上的封堵。泥质膜的厚度随断距的增加会逐渐减小；碾碎或碎裂作用是指断层带物质的脆性变形作用。当断层在粗碎屑岩中沿断层面滑动，尤其是当断层的位移大于主要岩层厚度的时候，断层带会混入各种围岩碎屑，发生的碾碎或碎裂作用一般产生更细粒的碎裂岩，其渗透率一般比围岩减少 1～3 个数量级，孔隙度也明显减小，因而碎裂作用也可构成断层的封闭性，尤其是在逆断层和走滑断层中，这种现象最明显；断层带充填物的后期成岩作用是指流体沿具渗透性断层面优先发生胶结等成岩作用，使充填物孔隙度和渗透率迅速降低，排替压力明显增大，造成断层面后期具备封堵能力。通常情况下，断层带充填物碎裂作用和成岩作用在断层形成过程中，常伴随压力和温度的增加，共同发生，甚至出现动力变质作用。

在砂、泥岩互层的地层中，断层泥和碎裂岩可同时存在于同一断裂不同的断层面部位（图 3.47）。断层泥和碎裂岩在断层面或断裂破碎带充填物中所占的比例取决于断层性质、地层砂地比和地层岩性的塑性程度等。断层自身封闭作用能够封堵的最大烃柱高度取决于断层泥和碎裂岩的最小排替压力，而最小排替压力的大小则与充填物的岩性、矿物组成和成岩程度有关。

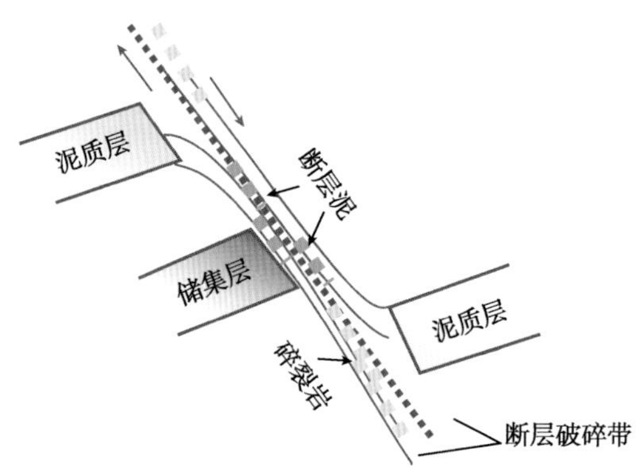

图 3.47　断裂破碎带充填物与断层封闭作用示意图

王平（1994）通过对渤海湾盆地东辛复杂断块油田的系统研究发现：沙二段呈牙刷状连续分布油层的层段总厚度为 500～600m 及以上，而作为侧向封堵的大段沙一段泥岩总厚度却只有 200～300m。其上、下的东营组和沙二段都具有大量储油物性优越的砂层。

因此，从整体厚度分布来判断，沙二段地层有相当数量的油层不可避免地要与断层另一侧的砂岩发育段对接或接触。因此，沙二段部分层系断块油藏是依赖断层自身充填物（断层泥）来构成封堵的。以该油田辛一断块沙二下为例（图 3.48），受西侧一条断层的控制，11～13 砂组都是含油的，断层落差只有 20～25m。已有开发井网把该断层两盘接触关系对比得很清楚。断层西侧是 10～12 砂组，其砂岩层比例都超过 50%。这些砂层在西侧断块的高部位也都是含油的，也具有高产能力。可见，这些东侧油藏与西侧一些含水砂层接触是不可避免的，需依靠断层自身充填物，即断层泥质膜，来构成封堵。然而，需要指出的是：含油高度较大、较宽的断块油藏大多均与大段泥岩的横向封堵作用有关。例如，渤海湾盆地东辛油田营 8 断块沙二下 8～10 砂组油藏、文中油田文 15 断块区的沙三上油藏、文 25 断块区的沙二下油藏等，含油高度均达到 150～250m，它们都是受断层另一侧下降盘大段泥岩的封堵和控制。而不存在这种条件控制的油藏，大多数含油高度都在 20～30m 及以下。可见，在渤海湾盆地复杂断块油田中，虽然这种断层自身横向封堵烃柱的能力有限，但该类含油断块的数量众多。

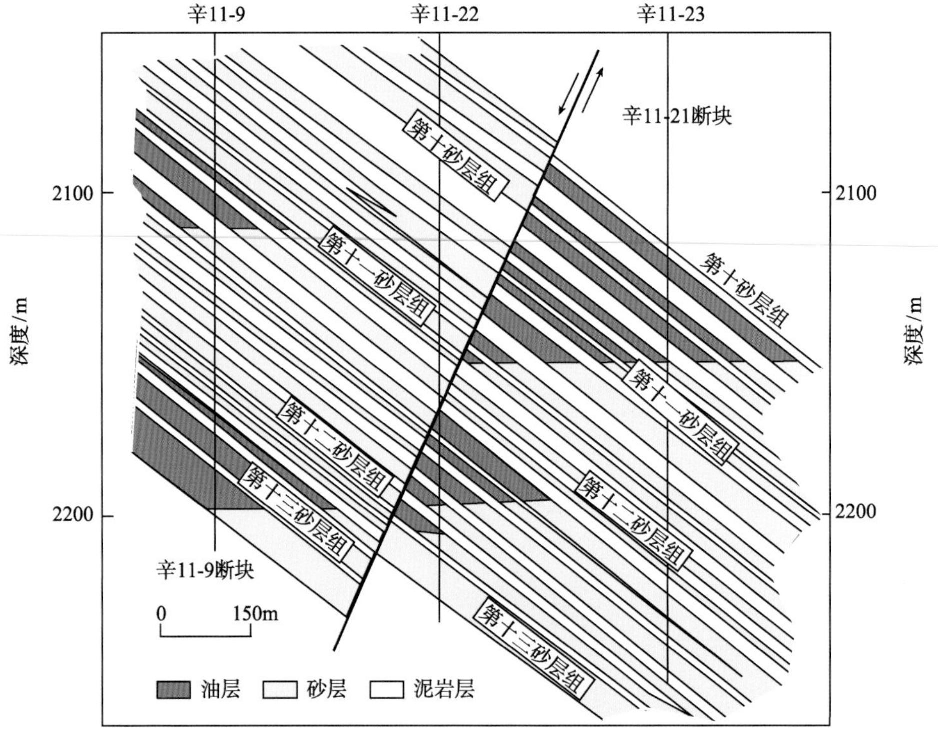

图 3.48　东辛油田辛 11-9 井至辛 11-23 井油藏剖面图（王平，1994，略修改）

3. 断层活动的相对静止期与活跃期对断层封闭性的影响

关于断层封闭性与断层活动性的关系，人们更易理解。若断层由静止状态转入活动状态，封闭条件大多会遭到破坏；当断层由活动状态转入静止期，封闭条件又会重新具备。也就是说，断层的封闭性是随时间而发生变化的。在地质历史时期，断层所承受的应力大多都会在一定范围内变动，应力低于破裂条件，沿断层面的动摩擦小于静摩擦。但当构造应力积累到使地应力达到破裂条件或再活动条件时，断层活动会很快发生。通常情况下，这种应力积累过程是渐变和长期的。而断层的活动，伴随着能量的释放和构造应力的下降，则经常是突变和短暂的，多表现为地震。构造应力逐渐积累和突然释放，或者断层的静止和活动，总是交替、反复进行的。因此，断层对油气封闭与泄漏作用之间的转换是突变或短暂发生的，转换后的作用则是在长期的静止期内实施的。也就是说，若断层活动后表现为封闭特征，则在断层随后发育的静止期，断层对油气的封闭作用应是较为长期和稳定的。若表现为泄漏特征，则原有油气藏会迅速遭受破坏。在渤海湾盆地断块油田的开发过程中，研究人员发现几乎每一条断层在注水开发过程中都起到分隔作用，沿断层窜流现象极少，这表明处于静止期的断层所起的作用是相对长期、稳定的。

（二）断层封闭能力评价参数和方法

依据断层封闭机理，断层的封堵性表现为两种方式：一是储层在上倾方向上通过断层面与另一盘非储集岩层的对接封堵；二是断层带（面）充填物沿断层面的自身封堵。影响断层封闭作用的具体因素和参数包括断层的断距、所切割地层的砂地比、砂岩和泥岩的厚度、断层泥的厚度与分布、断层带碎裂岩等充填物的孔渗特征及其成岩程度、甚至砂岩和泥岩的矿物组成等。一般在实际工作过程中，对断层封闭性开展的评价分为两步：首先，利用地震和钻井等资料，编制断层两盘储集和非储集岩层在断层面上的横切面叠合图，落实两盘储集层与非储集层或者储层与储层的对接情况，标注储层在断层面上的横向泄漏点；随后，对于构成储层与储层对接的断层面部位，开展断层充填物沿断层面的自身封堵性评价，即研究其泥质涂抹程度和断层泥质充填物比例等。归纳起来，断层封闭能力评价的具体方法可概括为以下几类。

1. 断层面地层剖面分析法

Allan（1989）提出了断层面地层剖面分析方法，来解决两盘不同岩层的对接封闭和泄漏情况。该方法应用的前提条件是：①断层带本身不具封闭能力，也不起垂向输导油气的作用；②对油气捕集和输导的控制作用完全取决于对接岩层的孔渗性差异。一般认为，当断层两盘砂岩和泥岩对接时，断层封闭性好；当砂岩和砂岩对接时，断层的封闭能力取决于两盘砂岩排驱压力之差。差值相近或很小时，油气会直接泄漏，也被称为断层横向泄漏。编制断层面地层剖面主要是利用构造等深线图，将断层两盘每个地层单元与断层面的交叉线分别投影到断层面剖面上的相应深度，从而构成断层两盘储集和非储集岩层在断层面上的横切线叠合图。以一条切穿背斜构造的断层为例（图 3.49），在该断背斜构造中，向图的左侧方向，断层断距加大。在该断层面的分析剖面上，*X*、*Y*、*Z* 等多个断层横向溢出点控制了两盘多个渗透性储层的油气聚集或烃柱高度（图 3.50）。

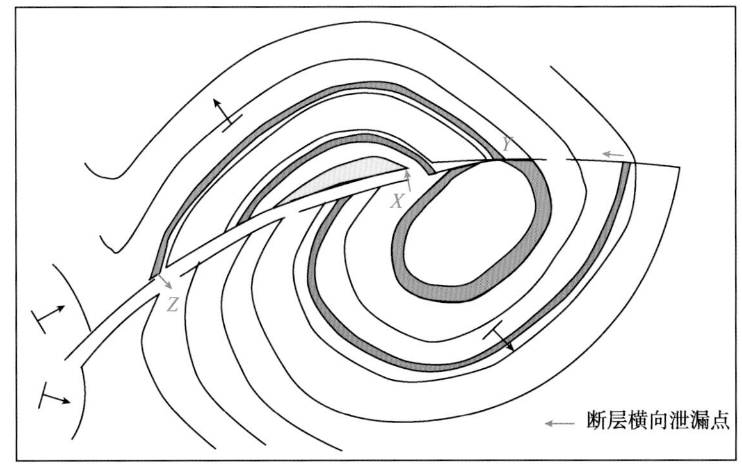

图 3.49　断背斜构造等值线图（Allan，1989）

图中彩色线为不同油气藏含油气边界，X、Y、Z 分别对应于图 3.50 中的相应断层横向泄漏或溢出点

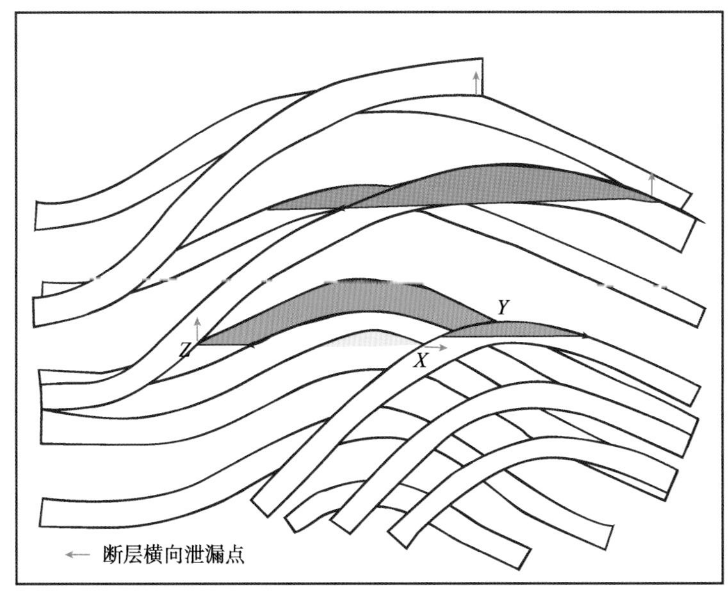

图 3.50　图 3.49 中断层的断层面地层剖面图（Allan，1989，略修改）

开放的空白区间为两盘的非渗透岩层分布范围，空白的封闭条块为两盘的渗透性储层；下盘的岩层叠加在最前面，上盘岩层叠加在后面；彩色充填范围表示聚集的油气。X 为最低部位油气藏的断层横向溢出点或泄漏点，Z 为中部油气层的最低断层横向溢出点

2. 断层面泥岩涂抹程度评价法

为了表述泥质岩沿断层面的涂抹作用，许多学者依据断层断距与页岩或泥岩层厚度的对比关系，提出了各种相关参数，来评价断层的封闭能力。其基本原理是在断层带内，黏土物质的掺入，降低了孔喉半径，使断层带内孔隙度降低、渗透率减小，构成断层带自身封闭。Bouvier（1989）、Lindsay 等（1993）和 Yielding 等（1997）分别依据各自的实例研究和野外观察，提出了各自的表述页岩或泥岩涂抹程度的参数和计算方法。由于

所依据的地质模型不同，每种方法都有着各自不同的适用性。Lindsay 等（1993）研究了石炭系河流三角洲层序的野外露头，该套层序在断裂发生时就已固结成岩。结合 Weber 等（1978）对德国露天褐煤矿古近系和新近系未固结成岩三角洲层序断裂面的观察，总结出泥岩涂抹的三种方式。①剪切式涂抹：该类涂抹方式类似于 Weber 等（1978）对德国古近系和新近系未固结成岩三角洲层序的观察结果（图 3.51）。涂抹层厚度随远离源岩层距离加大而减薄。当涂抹至断裂位移一半距离的位置时，涂抹层厚度减至最薄。②研磨式涂抹：Lindsay 等（1993）认为该种涂抹方式在成岩的层序中最常见。当砂岩层在断裂面对页岩层进行研磨、滑移时，会在断裂面形成一层较为均匀的、似薄脆饼的涂抹层。被研磨的页岩层越厚，断层的断距越小，产生的这种较为均匀的涂抹层厚度就越大。断层的断距越大就越容易损耗这种涂抹层的厚度。③注入式涂抹：这种涂抹方式主要是指在断裂过程中，断裂带内部空间体积上的变化，使泥质物质注入式充填而成。注入式充填的厚度较难推测。

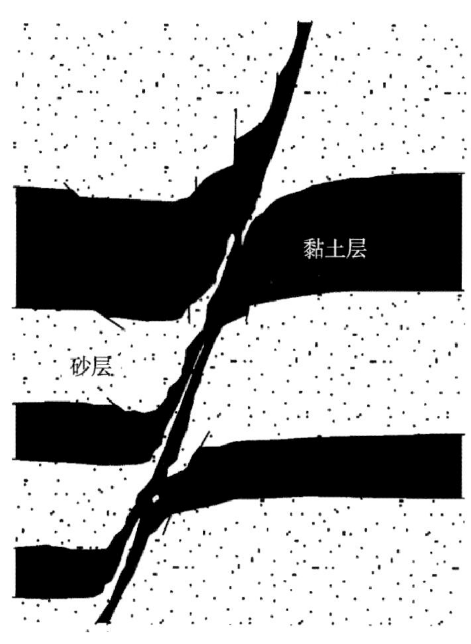

图 3.51 德国露天褐煤矿古近系和新近系未固结三角洲层序断层剪切式涂抹野外观察示意剖面（Weber et al.，1978）

整体来看，控制泥岩涂抹程度的主要因素包括：①泥质源岩层厚度越大，产生的泥质涂抹就越厚；②对于剪切式涂抹来讲，越远离泥质源岩层，涂抹层厚度越薄；③对于研磨式涂抹来讲，断层断距越大，断距范围内的涂抹层厚度就越薄；④多套泥质源岩层会产生一个复合的连续涂抹层。前人提出的主要参数和方法如下。

1）CSP 参数和计算方法

Bouvier（1989）通过研究尼日利尔尼日尔三角洲 Nun 河油田，提出了“泥岩涂抹能力”（clay smear potential，CSP）参数，来评价断层面上砂岩/砂岩对接部位泥岩的剪切式涂抹程度。该参数用来表征在断层面上的某个点被单一泥质源岩层涂抹的泥质相对数量。CSP 随页岩层厚度的增大而增加，随断距的增大而减小，随参与断层面之上某一评价点涂抹的页岩层数量的增加而增大。CSP 值越大，断层的封闭性越好。这一参数被 Fulljames 等（1996）更翔实地表述为泥质岩层厚度（ΔZ）的平方除以评价点距泥质岩层中部的垂直距离（D）[图 3.52，式（3.4）]，即

$$\mathrm{CSP}=\sum\frac{\Delta Z^2}{D} \tag{3.4}$$

式中，ΔZ 为泥岩层的厚度；D 为距泥岩层中部的垂直距离。

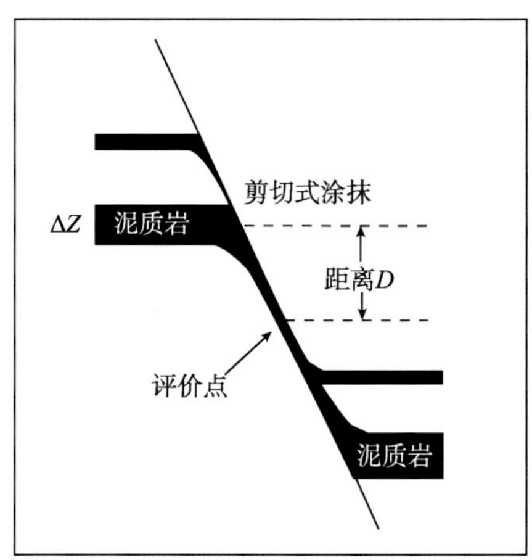

图 3.52　泥质岩沿断层面剪切式涂抹 CSP 参数计算示意图

需要指出的是：不同地区由于断层性质、泥（页）岩厚度等方面的差异，CSP 临界值都会有所不同。Jev 等（1993）通过研究尼日尔三角洲的 Akaso 油田，提出断层 CSP 大于 30 为有效封闭，CSP 小于 15 则为无效封闭。

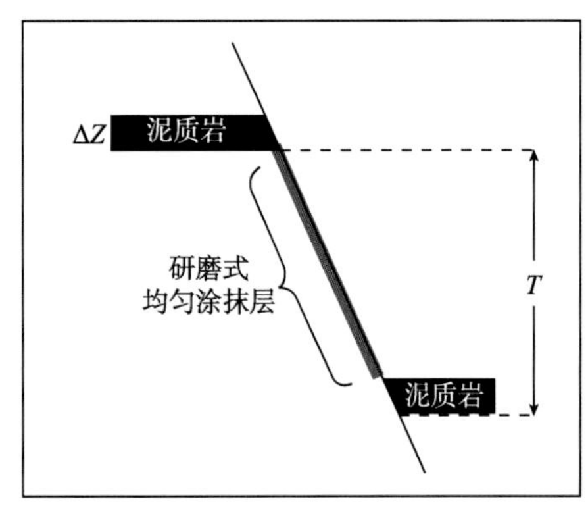

图 3.53　泥质岩沿断层面研磨式涂抹 SSF 参数计算示意图

2）SSF 参数和计算方法

Lindsay 等（1993）依据对断裂发生时已固结成岩层序中页岩研磨式涂抹的野外露头剖面观察，提出用页岩涂抹因子 SSF（shale smear factor）来评价页岩研磨式涂抹的封闭性。页岩涂抹因子为断层断距与页岩层厚度的比值[图 3.53，式（3.5）]，即

$$\mathrm{SSF}=T/\Delta Z \tag{3.5}$$

式中，T 为断层的断距；ΔZ 为泥质岩层厚度。

可见，在泥质岩层涂抹的断距范围内，SSF 值为一常数。随断层断距的增加，这一常数值变小。Lindsay 等研究认为当 SSF 值大于 7 时，泥质岩涂抹封闭能力会变得无效或不完全，较

小的参数值可能表明泥质岩涂抹更连续和更有效。当评价是由多层页岩构成的多重或复合涂抹程度时，由于薄层泥质岩得出的高 SSF 值对总和的权重太大， SSF 参数值是不能相加的。在这种情况下，最简便的办法是取与评价点相关的多套页岩层 SSF 值中最小的一个（最厚的页岩层），来代表这种复合涂抹程度的最佳封闭性。

Gibson（1994）对 Columbus 盆地 Poui 等油田的 SSF 参数与油柱高度的统计发现，SSF 为 1～4，即断距是页岩层厚度的 1～4 倍时，油柱高度最大；SSF 大于 4 时，油柱高度则明显变小。可见，页岩层厚度大，断距又不很大的情况下，断层的涂抹更厚、更连续，封闭性更佳。

3）SGR 参数和计算方法

CSP 和 SSF 等参数主要考虑了单一泥质岩层厚度和位移对涂抹的影响。对于总厚度较大的大套砂、泥岩层序，编制每个泥质岩层在断层面上的相关图件和开展相关计算，比较烦琐。为此，Yielding 等（1997）提出了更为简便的方法——断层泥比率法（shale gouge ratio，SGR），仅需统计出断层上滑移过评价点的断距范围内的泥质岩厚度百分比[图 3.54，式（3.6）]。认为 SGR 的临界值为 15%～20%。大于该临界值时，断层才具有封闭能力。

$$\mathrm{SGR}=\frac{\sum \Delta Z_i}{D_{\mathrm{T}}}\times 100\% \tag{3.6}$$

式中，$\sum \Delta Z_i$ 为滑移过评价点的断距范围内地层中全部页岩的累积厚度；D_{T} 为断层的断距。

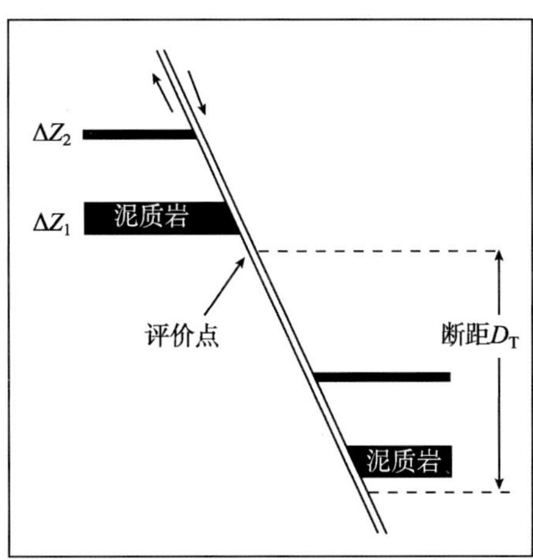

图 3.54　断裂带充填物中断层泥比率（SGR）算法示意图

依据 Bouvier（1989）对尼日利尔尼日尔三角洲 Nun 河油田断层 K 的研究，Yielding 等（1997）开展了整个断层面 100m（横向）× 50m（倾向）的数据采集和分析，断层涂抹参数计算精细到 20m×10m 的网格结点，从而系统分析了该断层 CSP、SSF 和 SGR 等参数之间的关联，临界值以及与断层横向压力差的对应关系。该断层下盘的油气聚集大多处于两盘砂/砂对接的部位，表明油气的分布受泥岩涂抹的控制。由于断层面上的横向压力差是由下盘已聚集烃柱在水相中的上浮力（buoyancy pressure）造成的，因此断层横向压力差可利用这些烃柱的上浮力来计算。在这些气柱顶部的净上浮压力可达到6.8atm①。图 3.55 展示了断层 K 在砂/砂对接部位泥岩涂抹参数与断层横向压力差的关系图。图中数据点群与空白区的分割虚线代表着在某一涂抹参数值下，断层面在某一部位可承受或封闭的最大压力差（或最大的烃柱高度）。同时，其也预示着断层面上的某一点是否发生泄漏取决于已聚集烃柱的净上浮压力与该部位断层带充填物毛细管突破压力的大小。若前者大于后者，则发生泄漏。在图 3.55（a）表明断层封闭的起始点处于CSP 值略大于 10m 的位置。当 CSP 等于 30m 时，断层横向压力差高达 2atm；图 3.55（b）展示了 SGR 与断层横向压力差的对应关系。当 SGR 小于 20%时，断层滑移层段内的页岩含量太低，断层面无法封闭油气。这与 Weber 等（1987）提出的页岩含量达到 25%～30%时可产生断层面封闭的观点是一致的。当 SGR 约为 60%时，可观察到的最大断层横向压力差为 6.8atm；图 3.55（c）展示了 SSF 与断层横向压力差的对应关系。当 SSF 超过 6 时，未观测到断层面封闭的现象。这与 Lindsay 等（1993）的野外露头观察：当 SSF 大于 7 时，泥岩涂抹已不完整的结果，也是一致的。

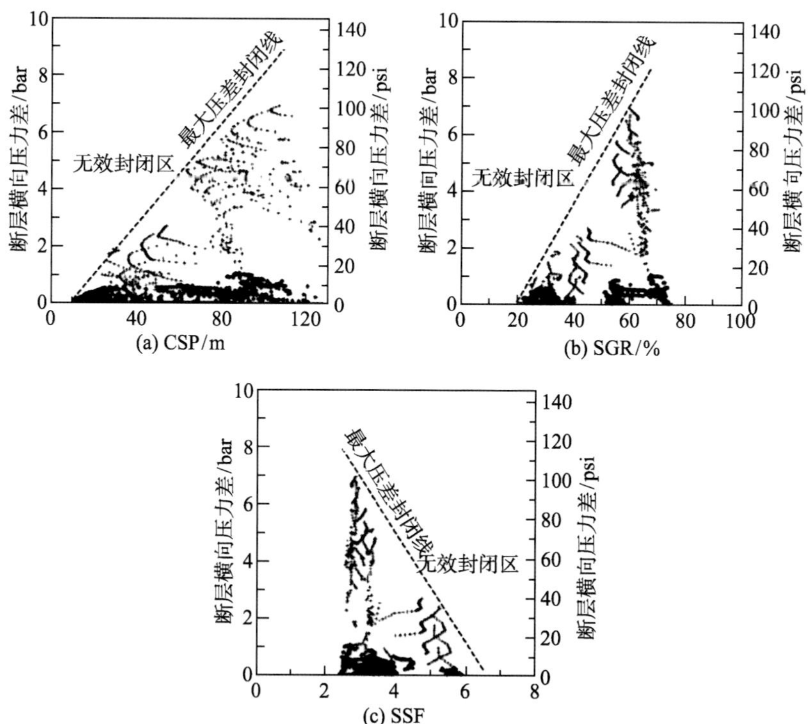

图 3.55　尼日利尔 Nun 河油田断层 K 横向压力差与泥岩涂抹参数对应关系图（Yielding et al.，1997）

图中每个数据点均对应于断层面 20m×10m 网格上的一个结点；十字星代表断层封闭的气，涂黑的圆点代表断层封闭的油，虚直线代表某一特定参数值下，断层面涂抹物可承受的最大压力差；1bar=10^5Pa

① 1atm = 1.013 25×10^5Pa = 14.696psi

Bretan 等（2003）在前人研究工作的基础上，建立了 SGR 与断层岩所能封闭的烃柱高度 H 统计关系，即

$$H=10^{(SGR/27-c)}/[(\rho_w-\rho_o)g] \tag{3.7}$$

式中，ρ_w、ρ_o 分别为水和油的密度；g 为重力加速度；c 为常数，当埋深小于 3000 m 时，取值为 0.5，埋深介于 3000～3500 m 时，取值为 0.25，埋深超过 3500 m 时，取值为 0.0。

Bietun 等（2003）提出利用已有的压力资料可对 SGR 参数进行经验校正，并通过确定与埋深相关的最大封闭压差线，来预测可封闭的最大烃柱高度。基于上浮压力校正的交汇图表明，仅在 SGR 值为 20%～40%时，无论油还是气才展示出随 SGR 值加大，上浮压力增加的良好对应关系。当 SGR 值超过 40%时，上浮压力或断层的封闭能力并未出现明显增加。在 SGR 值为 50%～100%时，烃柱高度也未出现持续增大。Bietun 等（2003）认为利用断层封闭参数估算烃柱高度最终依赖于各种地质信息，尤其是压力资料、评价层段的泥岩体积百分比、断层附近地层和储层空间分布的图件编制精度等。

通过上述讨论，CSP、SSF 和 SGR 等评价算法都仅考虑了有限的影响因素。因此，各参数间并不是完全对应的，尤其是临界值之间的关联。随着 CSP、SGR 值的增加和 SSF 值的降低，断层的封闭能力均逐步增强。在评价某一地区断层封闭时，必须综合考虑各项因素，建立适合该地区的评价参数、标准和临界值。理论上，在实际应用这些参数进行断层封闭性预测的过程中，应依据压力资料对其进行适当的校正。

3. 其他参数评价方法

对于发育在储集层段中砂/砂对接的并置型断层，净砂岩的厚度与断层断距的关系也可反映断层的封闭性。在砂/地值低的情况下，储集层与非储集层的对接机会大，断层封闭性好。而在砂/地值高的情况下，储集层与储集层对接的机会增大，断层封闭性变差。因此，在断距一定的情况下，砂/地值低的层段比砂/地值高的层段，断层封闭性要高。

此外，西方石油工业界还较为广泛地使用由 Skerlec（1996）提出的也称为“SGR”的参数，全称为“涂抹充填物比率”（smear gouge ratio），主要是依据断层面之上滑移过的关键部位或层段内砂岩与泥岩的比值来计算的。该参数尽管与 Yielding 等（1997）提出的 SGR 参数无直接的对应关系，但两参数呈负线性关系。

我国许多学者也开展了许多工作，提出了相关的算法和参数，但其适用性和有效性都较为局限。由于不同地区地质环境、地层和演化特征上的差异，断层的封闭特征千差万别。作者认为应针对具体地区的具体断层特征，研究某种已有参数的适用性和有效性，或通过两种以上参数的综合判别，确定临界值，以便于指导勘探实践。

三、烃类自身封闭

所谓烃类自身封闭是指由于烃类在储集岩体中自身物性或所赋存相态的变化而构成的各种封闭作用，主要包括石油稠变封闭、分子吸附封闭、相变封闭等。

（一）稠变封闭特征

所谓石油稠变作用是指石油在运移阶段和聚集成藏阶段遭受的生物降解、水洗、轻烃散失和游离氧的氧化等作用，使石油轻质馏分损失或流失，造成石油变稠、变重。据储集层中呈游离态油相的物理上浮原理可知：随着石油密度和黏度的增加，油相的上浮力会逐步下降。当油相的密度小于地层水的密度时，上浮力变为负值，油相开始下沉，直至遇到下部封堵层，才能聚集、成藏。同时，随着石油黏度的增加，石油化学组成中的多芳烃、稠环化合物等非极性物质增加，造成油水之表面张力随之增大，使油相更难通过孔隙喉道，更有利于石油聚集。

由此可见，在运移期，随石油的变稠、变重，其自身聚集或封堵的能力会越来越强。而且，油藏期的稠变将使已聚集油增强其自身封堵后续聚集油的能力，即在边界条件一定的情况下，自身因素的加强，将使同一盖层封堵更大的油柱高度。当石油相对密度接近或大于 1.00 时，在埋深不大的中浅层，多呈现固体-半固体的状态，黏结于孔渗性好的储层内，多构成良好的封盖层。例如，辽河西斜坡上部馆陶组地层和东营凹陷单家寺油田馆陶组地层之中，油以“固体沥青”的形式充填于孔隙之中，其顶部与水接触，并在底部与密度相对较小的石油接触，起着封堵后续聚集油的作用（图 3.56）。同时，这些后续相对轻质的聚集油也对顶部沥青起着底部封堵的作用。

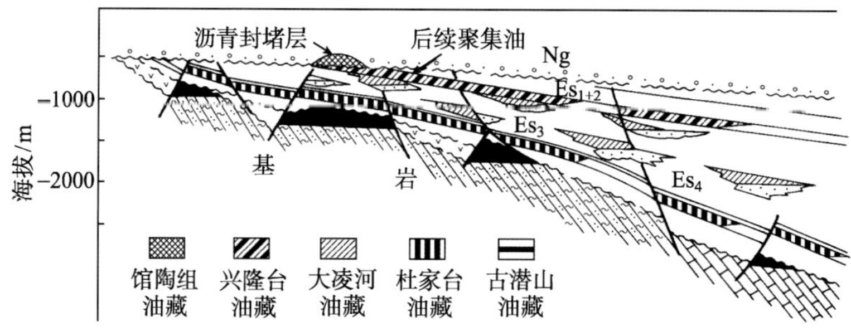

图 3.56　辽河西斜坡上部馆陶组沥青封堵层与后续聚集油关系剖面（牛嘉玉等，2002b）

在加利福尼亚州（California）Ventura 盆地 Oxnard 油田，上新统和更新统 Pico 组 Vaca 焦油砂分布在海进期浅水沉积的砂岩之中。更新统焦油砂直接位于不整合面之上，细粒的 Modelo 地层在下面的封堵，而使其聚集。焦油砂的直接上覆层为含水砂岩，Vaca 焦油砂在岩性上与外围含水砂岩是相近的，原油比重达 1.025。这表明更新统地层沉积后，源于深部、运移而入的石油并未向上运移。相反，它却沿更新统底部孔渗性更好的砂岩层向下运移。下焦油砂体的分布恰似在一倾斜平面上渗出的黏稠物质（图 3.57）。可见，Oxnard 浅层油气富集具独特性，石油密度超过 1.0，以至于接近或大于地层水的密度，造成超重油或沥青在更新统底部直接聚集起来或沉下来，即 Oxnard 焦油砂矿藏不是由顶盖层封闭聚集，而是由其自身封堵性或由伏于其下的基岩底盖层封堵、聚集而形成的。

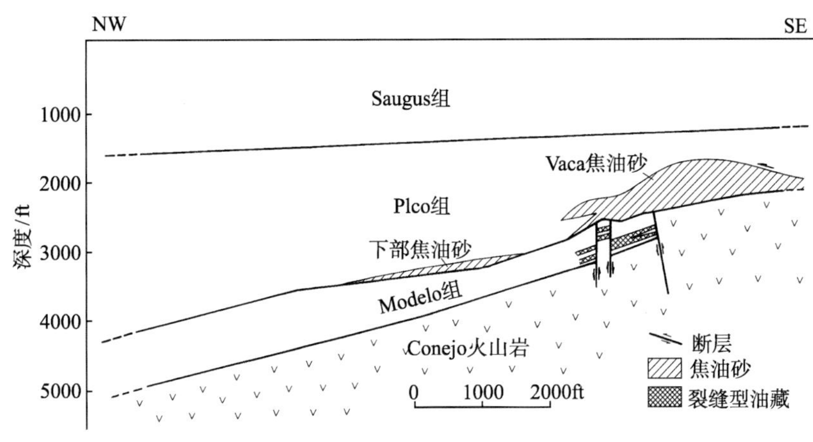

图 3.57 Oxnard 焦油砂矿藏地质剖面图（Robert，1986，修改）

（二）分子吸附封闭特征与评价

吸附是指物质从体相浓集到界面上的一种性质。例如，气相中的某些物质可以在固体表面上浓集；液体中某些物质可以在气-液界面、液-液界面和固-液界面上浓集。通常把能有效吸附其他物质的固体称为吸附剂，如各种岩石矿物颗粒和干酪根母质等；被吸附的物质称为吸附质，如各种烃类物质和水等。依据吸附剂与吸附质之间作用力的性质，可将吸附作用分为物理吸附和化学吸附。在生烃泥质岩和煤岩等含烃岩石中，烃类分子与矿物颗粒表面或有机母质之间的吸附现象非常明显，这对岩石中烃类化合物的封存、成矿有着重要的意义。

物理吸附：不具选择性，在吸附过程中没有电子的转移，没有化学键的生成和破坏，没有原子的重排等反应，产生的吸附是由范德华力引起的可逆微弱反应，需要较少的吸附热量。吸附过程中吸附速率和解吸速率都很快，且不受温度的影响。

化学吸附：具选择性，一些吸附剂只对某些吸附质产生吸附作用，其吸附热差不多和化学反应热处在同一数量级，它的吸附速率和解吸速率都很小，而且随温度升高吸附（解吸）速率增加。这类吸附一般都需要一定的活化能，被吸附分子与吸附表面的作用力和化合物中原子间的作用力相似。可见，化学吸附作用越强，反应越慢且不可逆。

以气相为例，气体在每克固体表面的吸附量（V）依赖于气体的性质、固体表面的性质、吸附平衡的温度（T）以及吸附质的平衡压力（P）。当给定了气体、固体和吸附平衡温度之后，物理吸附量（V）就可表达为吸附质平衡压力（P）的函数，即

$$V = f(P) \tag{3.8}$$

当平衡温度（T）在吸附质的临界温度以下时，吸附质的平衡压力常用相对压力 P_b 表示，$P_b = P/P_0$，其中 P_0 为吸附质在温度 T 时的饱和蒸气压。

由吸附量 V 对平衡压力 P_0 或 P 作图得到的曲线称为吸附等温线。当由相对压力 P_b=1 开始，平衡压力逐步降低，被吸附的物质逐步被脱附，得到的等温线常与增压时的吸附

曲线分离，称为脱附分支（图 3.58）。利用大量实验数据获得的吸附等温线，可被归纳出几种类型。再利用这些吸附等温线类型，可判断出吸附剂表面性质、孔喉分布特征、吸附剂与吸附质相互作用的性质等（严继民和张启元，1986）。吸附等温线可分为五种类型（图 3.59）。

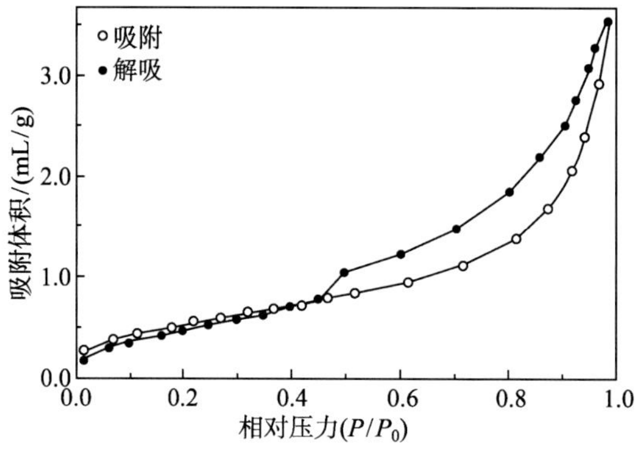

图 3.58　煤低温氮吸附等温线示意图（王昌桂等，1998）

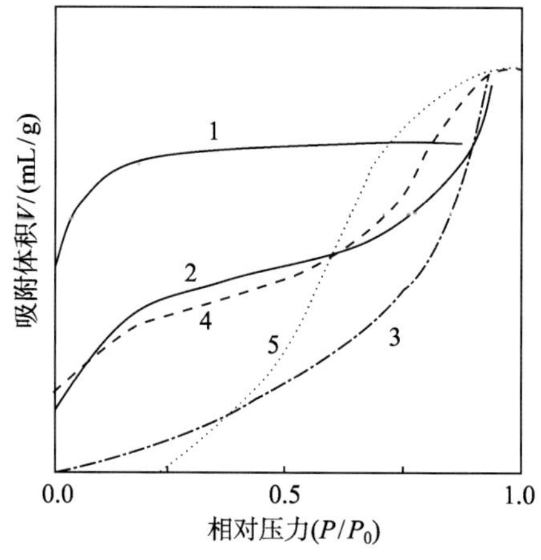

图 3.59　物理吸附等温线类型图

第 1 类吸附等温线首先被 Langmuir 称为单分子层吸附类型，可用 Langmuir 单分子层吸附方程解释。对于页岩或煤岩中的气相来说，Langmuir 等温线可作如下表示，即

$$V = V_L P/(P_L + P) \tag{3.9}$$

式中，V 为均衡压力 P 下单位体积储层里吸附气的体积；V_L 为 Langmuir 体积，是吸附剂最大的吸附体积；P_L 为 Langmuir 压力，此压力下的吸附气体积为 Langmuir 体积的一半。

具有这类吸附等温线的固体表面是均匀的（仅发育 2～6nm 及以下的微孔），只作单分子层吸附。然而，当固体物质仅有 2～3nm 及以下的微孔时，也可发生多层吸附与毛细孔凝聚，其吸附等温线仍表现为第 1 类型，其原因在于相对压力由零增加时，发生多层吸附的同时也发生了毛细孔凝聚，使吸附量急剧增加。一旦将所有的微孔填满后，吸附量便不再随压力增加而增大，呈现出吸附饱和状态。因此，只要有明显的吸附和凝聚饱和现象出现，其吸附等温线都可表现为第 1 类型。

第 2 类吸附等温线为反 S 形吸附等温线。曲线的前半段上升缓慢，呈向上凸的形状（表明这部分孔喉发生了多分子层吸附）。后半段发生了急剧的上升，可解释为发生了毛细孔凝聚现象。出现这种类型的固体在其表面上发生了多层吸附。这种物质有 5nm 以上的孔，并且孔径一直增加到没有上限。

第 3 类吸附等温线，其表面和孔喉分布与第 2 类相同，只是吸附质和吸附剂的相互作用性质与第 2 类的有区别；第 2 类吸附等温线吸附质在吸附剂上吸附时，其第一层吸附热比吸附质的液化热的数值大，意味着第一吸附层以上的分子脱附较第一吸附层分子脱附母体所需的能量小；第 3 类吸附等温线其第一层吸附热比吸附质的液化热数值小。

第 4 类吸附等温线的吸附剂与第 2 类类似，只是其大孔的孔径范围有一上限，不发育某一孔径以上的孔，从而在较高的相对压力时，就出现了吸附饱和现象。

第 5 类吸附等温线则和第 3 类吸附等温线的吸附剂类似，也是吸附剂大孔有一上限，同样，在较高的相对压力时就可出现饱和吸附特征。

可见，当气体分子被固体孔隙表面质点所“捕获”时，可形成单分子层吸附，也可形成多分子层吸附。前者固体中仅发育 2～6nm 及以下微孔，其吸附特征符合 Langmuir 方程；而后者固体中则发育多种孔隙级别的多组孔喉，其吸附特征符合 B.E.T.方程（严继民和张启元，1986）。

上述五种吸附等温线除了第 1 类外，其余 4 类吸附等温线往往有吸附分支与脱附或解吸分支分离的现象，形成吸附回线（图 3.59）。de Boer（1958）归纳总结出 A、B、C、D、E 五类吸附回线，每一类均反映了一定的孔结构类型。

A 类回线吸附分支与脱附分支的分离发生在中等大小的相对压力处，两个分支都很陡，所反映的孔结构是一种典型的两端都开放的管状毛细孔。

B 类回线吸附分支在饱和蒸气压处很陡，脱附分支在中等压力处也很陡，所反映的是一种典型的具平行壁的狭缝状毛细孔，在平行壁间形成的毛细孔中间，在达到饱和蒸气压之前不能形成弯月界面。所以，在临近饱和蒸气压处才产生吸附分支的陡然上升。然而，在脱附分支上，当相对压力达到与板间宽度相应的弯月界面的有效半径时，便发生解凝。

C 类回线吸附分支在中等大小相对压力处很陡，脱附分支较平缓，反映的是一种典型的锥形或双锥形管状毛细孔。

D 类回线吸附分支在饱和蒸气压处很陡，脱附分支变化缓慢，反映了一种四面均开放的尖劈形毛细孔典型结构。

E 类回线吸附分支变化缓慢，而脱附分支在中等大小相对压力处有一陡的变化，反映的是一种具细颈墨水瓶状的孔结构类型。

系统研究吸附封闭为主的含油气储层吸附回线类型和相应的孔喉结构，对相应矿藏的商业性开采评价有着重要的意义。

1. 生烃页岩的烃类吸附储存和封闭特征

以页岩为例，它由黏土和粉砂级颗粒组成。传统上，被认为是一种可作为油气运移遮挡层、渗透率很低的细粒沉积岩。对于含油气的页岩来讲，油气可以以游离相储存在页岩岩石颗粒之间的孔隙空间或裂缝中，也可被吸附在页岩中干酪根母质和黏土矿物的表面上或微孔中。据热力学原理和凯尔文方程（描述气体平衡蒸气压与孔半径之间的关系式）可知：对于烃类气体而言，在一定压力下达到吸附平衡时，会形成相应厚度的吸附层，同时小于一定孔径的毛细孔也会被凝聚作用产生的液体所充满。生烃泥质岩既是烃源岩，又是储集岩，也是封堵岩。在某一恒定温度下，吸附气和游离气在泥质岩或页岩中处于一种平衡状态。生烃泥质岩中有机质或干酪根与黏土矿物均具有微小孔隙的特征，吸附与毛细孔凝聚特征基本符合上述第一类型的 Langmuir 方程或等温线以及凯尔文方程。气体的吸附作用在相对低压条件下增加较快，随着吸附空间被持续充注，在较高的压力条件下逐步出现吸附饱和的状态，等温线趋于平缓，气体吸附量逼近 Langmuir 体积。Boyer 等（2006）通过岩心分析认为，成熟和热成因的页岩被游离气饱和的比例较大，吸附气所占比例为 50%～10%；低成熟和生物成因的页岩被游离气饱和的比例很小，主要被吸附气所饱和。

Ross 和 Bustin（2007）对影响加拿大不列颠哥伦比亚省东北部下侏罗统 Gordondale 段页岩含气能力的因素进行了研究。认为这些影响因素包括黏土含量、含水量、有机质含量和热成熟度等。同时，连通的总孔隙度（一般用压汞法测定）代表了游离气的最大潜在含量。所开展的实验数据表明总有机碳含量（TOC）与甲烷吸附作用之间存在着一定的正相关，说明有机质含量影响着气体的吸附量，其原因在于，与有机质相关的微孔隙提供了气体吸附的大量空间。大多数样品的等温吸附线属于 Langmuir 类型，少部分并未表现出典型的第 1 类等温吸附（图 3.60）。但吸附能力与总有机碳含量之间较弱的正相关性（图 3.61），又表明有机质仅是吸附甲烷气体的部分因素。

Gordondale 段样品的矿物组成中，60%～90%为石英和方解石，其表面积小，导致吸附能力低。实验结果表明，在含水量均衡的条件下，黏土含量与吸附气能力相关性不强。

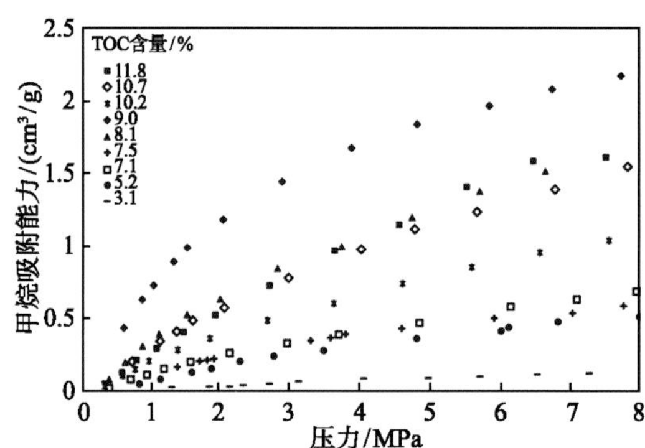

图 3.60　Gordondale 段不同有机质含量页岩等温吸附线（Ross and Bustin，2007，略修改）

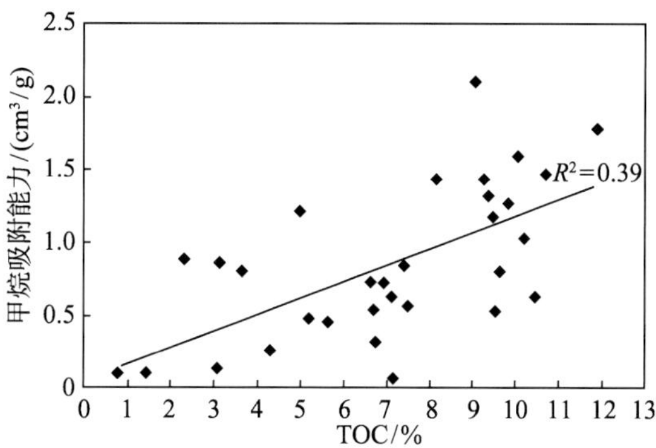

图 3.61　Gordondale 段页岩有机质含量与甲烷吸附能力相关关系图（Ross and Bustin，2007，略修改）

较低的黏土吸附能力应与其亲水性和表面负电荷有关（Chiou and Rutherford，1997）。实验结果还显示样品的热演化成熟度越高，其吸附能力越强，但似乎不具明显的线性关系。含水量与气吸附能力也存在一定的关系，当含水量较大（超过 4%）时，吸附气能力明显降低。此外，许多学者依据连通的总孔隙度数据来预测游离气的最大潜在含量。对于孔隙度分别为 0.5%和 4.2%的样品，其游离气所占比例明显不同（图 3.62）。当孔隙度为 0.5%时，游离气仅占总含气量的 5%；当孔隙度为 4.2%时，游离气占总含气量的比例达到 70%。

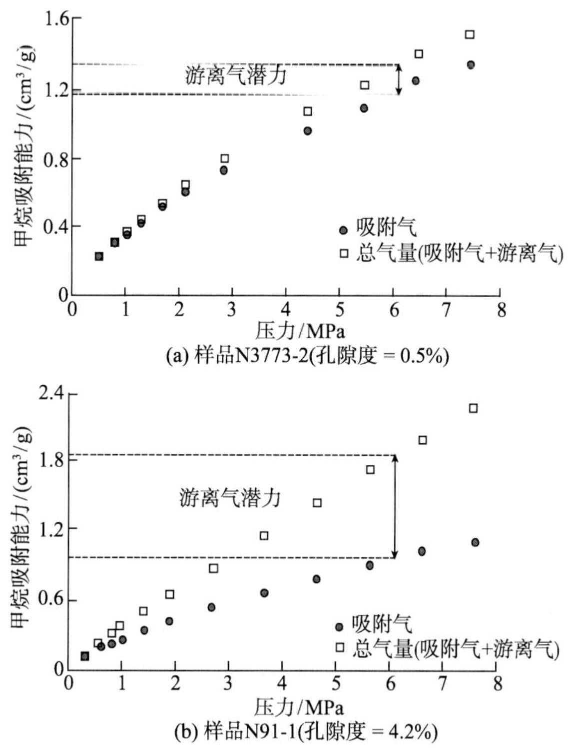

图 3.62　Gordondale 段页岩储集物性对游离气和吸附气所占比例的影响（Ross and Bustin，2007）

2. 煤岩的烃类吸附储存和封闭特征

王昌桂等（1998）利用低温氮吸附法，研究了吐哈盆地 20 余个煤样的典型吸附等温线类型，发现仅出现了第 2 类和第 3 类吸附等温线，未出现第 1、第 4 和第 5 类情况，表明煤岩含有各种级别的孔隙或不同孔径的孔喉，并发生了多分子层吸附和毛细孔凝聚。未出现第 1 类吸附等温线，表明煤孔隙表面是不均匀的，孔隙类型复杂多样。而第 4 类和第 5 类吸附等温线也未出现的原因在于液氮吸附法所确定的孔喉半径上限仅为 85nm，而煤岩实际上还含有较多的大于 85nm 的孔隙，尚未达到饱和吸附，造成吸附等温线后段未出现平缓趋势。此外，又根据吸附回线将吐哈盆地煤孔结构简化成 3 类，认为第Ⅰ类反映的部分是一端几乎是封闭的、孔直径范围变化较大的管状或板状毛细孔，部分是较均一的平行板状孔，此类孔结构易于烃类的储集与运移；第Ⅱ类反映的以细颈管状或墨水瓶状孔隙为主的孔隙结构类型，此类孔结构易于烃类的储集但不利于烃类运移；第Ⅲ类吸附分支与脱附分支几乎重叠，反映的是一端几乎封闭并且毛细孔形状和大小变化范围很大的孔隙结构类型，该类孔隙也不利于烃类的运移，但有利于封堵烃类。吐哈盆地煤低、中变质时，孔结构以Ⅰ、Ⅲ类为主；而高变质时，以Ⅱ、Ⅲ类为主。这反映了在低成熟阶段烃类易于排驱出母体，而在中、高成熟阶段煤岩母体却易于赋存丰富的烃类。

由于煤岩具有多种级别的孔喉类型，在一定压力下达到吸附平衡时，多分子层吸附和毛细孔凝聚现象明显。毛细孔凝聚现象是指在毛细孔中，蒸气发生凝聚的压力比在大平表面上发生凝聚时所需的压力要小，并且孔径越小，其发生凝聚所需的蒸气压就越小。在生烃过程中，随着煤岩生烃环境相对压力的增加，烃类气体在各种孔壁上的吸附层厚度相应地逐步增大，当达到某组孔径对应的临界相对压力时，就会发生凝聚现象。半径越小的孔越先被凝聚液所充满。随着相对压力的不断升高，半径较大的孔也陆续被凝聚液充满。而半径更大的孔，其孔壁吸附层继续增厚。当相对压力达到 1.0 时，所有孔都会被充满，并在所有表面上都会发生凝聚现象。相反，随着相对压力由 1.0 开始逐渐降低，半径由大到小的孔会依次蒸发出孔中的凝聚液，并在孔壁上留下与平衡相对压力相应厚度的吸附层。孔径越小，越要等到相对压力较低时才能蒸发、放空。此外，从引力场的角度，在半径小于“几个吸附质分子直径宽”的微孔中（一般为吸附质分子直径的 2.5 倍），邻近孔壁力场的相互重叠，会增加孔壁固体表面与吸附质分子的相互作用能（严继民和张启元，1986）。可见，引力场的重叠效应，会使烃类小分子优先选择微孔充填，因为微孔中充填的烃类与孔壁的作用能要远大于大孔中的作用能。由于原油各种化合物分子直径的不同（表 3.36），不同级别孔隙对其发挥的作用也不同。对于小于 2nm 的孔隙，只能对甲烷等低分子正构烷烃呈现微孔效应，即对于甲烷气来讲，具微孔隙的煤层比具中-大孔隙的煤层所吸附的气体体积要大（Lamberson and Bustin，1993）。而对于 2～25nm 的孔隙，则仅对非烃和沥青质组分呈现微孔作用，优先吸附和充填这些大分子。

表 3.36　石油烃类化合物和一些参照化合物的有效分子直径（Tissot and Welte，1978）

化合物	分子有效直径/10^{-1}nm	化合物	分子有效直径/10^{-1}nm
He	2	甲烷	3.8
H_2	2.3	苯	4.7
Ar	2.9	正构烷烃	4.8
H_2O	3.2	环已烷	5.4
CO_2	3.3	具杂环结构化合物	10～30
N_2	3.4	沥青质分子	50～100

据上述煤岩孔隙率和孔径分布特征可知：与泥质烃源岩相比，煤岩的微孔隙结构和高吸附性造成自身生烃后，排烃难度很大。煤岩微孔隙性所形成的分子筛效应（Krevelen，1961），以及煤岩的相对高塑性导致的自行封闭性等都被认为是煤岩自身封堵或自身储集的根本原因。单纯从吸附作用来看，煤岩对烃类吸附的强弱顺序为：极性化合物>芳烃>异构烷烃>正构烷烃，这也是煤岩储集体对所生烃类有滞留效应的根本所在。目前，与世界煤岩发育的巨大规模相比，世界已发现的相关商业性油气聚集规模太小，并且均为气藏和轻质油藏。这从另一个角度，也表明煤岩无法大量排烃，尤其是煤岩中富含的大量油基质组分更是无法排出，不能成为大规模商业性油气聚集的有效烃源岩，但它却构成了“自生自储”的一种新型油气藏。

（三）相态变化封闭特征

相态变化封闭主要指烃类化合物，因所处的温压和地层水介质等条件的变化，由气态或液态转变为固态或半固态而构成的自身封闭作用，形成的矿藏类型主要包括焦油砂和可燃冰等。焦油砂矿藏也是稠变封闭作用的极端类型，焦油砂中的沥青呈固态或半固态，构成了完全的自身封闭，这已在前文中论述。这里仅以天然气水合物为例，讨论这种因气态转变为固态构成的自身相变封闭形式。天然气水合物是指由烃类和非烃气体与水分子组成的一种冰状结晶固体物质，其外形呈冰雪状。在不同低温高压条件下，气态分子和水分子结晶形成不同类型的多面体“笼形”结构，气体被储存在结晶的笼子中，每个晶格包含一个气体分子，气体分子与水分子之间是通过范德华力结合在一起的。

水合物的形成是需要一定温压条件的，同时还受气体组分和孔隙水含盐度等多种因素的影响。相对来讲，水合物比冰具有更好的稳定性。例如，常压、摄氏零度时的冰，随压力升高或含盐度的增加，稳定性降低；水合物的稳定性则随压力升高而增强。在压力为 1000atm 时，水合物可在超过 30°C 的温度下稳定存在（图 3.63）。图中箭头表示：当气体组分中加入二氧化碳、硫化氢、乙烷和丙烷等组分时，水合物平衡曲线会向右移动，稳定域范围扩大；当水中加入氯化钠等，水合物平衡曲线会向左移动，稳定域范围缩小。

当深部生成的烃类气体向上运移，进入海底沉积层或永久冻土层的水合物稳定带后，在相对渗透层形成水合物矿藏。同时，已形成的水合物富集层又对后续到来的天然气构成封堵或遮挡，在稳定带底边界之下使游离气富集，形成常规天然气藏（图 3.64）。典型实例为西伯利亚东北部已经开采的麦索雅哈天然气和水合物气田，水合物矿体与天然气矿体之间界线受控于地热等温面，为一条与地热等温面一致的穹隆状线。该气田的具体特征将在“水合物”一章中详细论述。

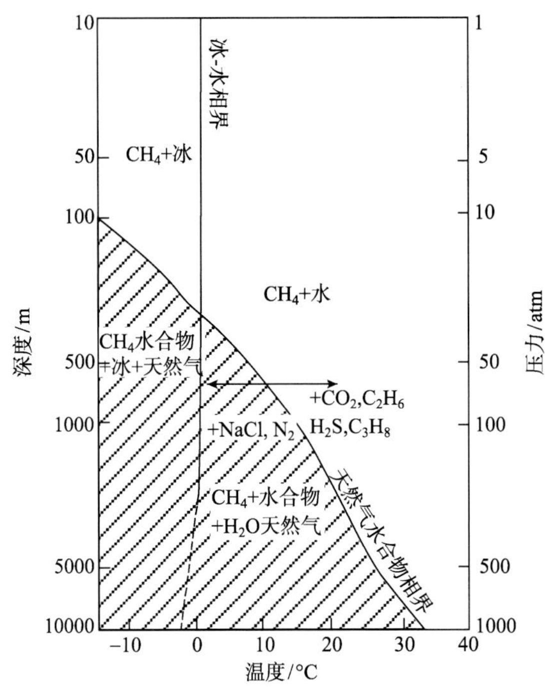

图 3.63　纯甲烷-纯水体系中水合物相平衡曲线（金庆焕等，2006，略修改）

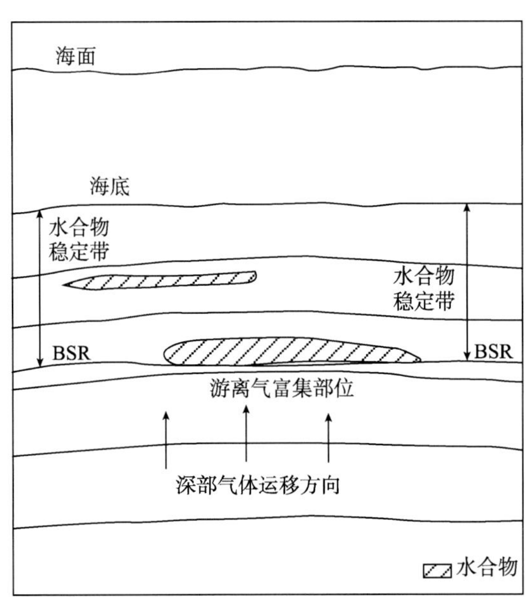

图 3.64　天然气水合物成矿及对游离气的遮挡作用模式图（金庆焕等，2006，略修改）

第四节　圈　　闭

众所周知，圈闭是多种地质要素和过程相互作用与配置的综合产物。随着各类非常规油气资源矿藏的勘探和开发，对传统意义上的圈闭概念与分类均需拓展与完善。本书将在包含所有油气矿藏资源的宏观层面上，开展系统的相关论述。

一、圈闭的定义

1934 年由 McCollough 正式提出“圈闭”术语之后，随着新的圈闭类型被不断地发现，圈闭的概念、类型模式和应用就得到了不断的发展和完善。从经典石油地质的角度，关于圈闭的定义，人们已基本达成共识，认为圈闭是能够阻止油气继续运移、形成油气聚集的有利场所。一个圈闭突出强调两个关键组成部分：①储存油气的储集岩体；②有阻止油气继续运移的遮挡物（位于储集岩体的上方、侧方或下方）。圈闭能构成商业性油气聚集的关键条件是：储集岩体需具备符合达西定律的渗透性；储集岩体边界的遮挡物需具备良好的封闭条件。然而，面对现今具备自身封闭条件的各类非常规油气资源矿藏的勘探和开发，有必要对经典的“圈闭”概念进行必要的修正。

基于常规和非常规油气矿藏形成的地质特征，本书建议将“圈闭”定义为能够赋存烃类，并构成油气富集的有利地质场所。这一场所的关键条件：除能储存油气的储集岩体外，应是能阻止油气大量散失的边界，而不是阻止油气继续运移的边界。这一边界的构成可以是外部遮挡物，也可是储集岩体或赋存烃类自身构成的封堵边界。从而，不再过多强调仅依赖储集体对外来烃类的捕获以及外围物质的良好遮挡。

二、圈闭的要素与描述

（一）圈闭要素

圈闭的要素之一是储集层，它的储集空间类型和孔缝大小决定了所能储存油气的状态或方式。若孔缝尺寸以大于 2μm 为主，则烃类物质将以游离态赋存其中，浮力成为油气运聚的驱动力，对封闭层有较高的要求。若孔缝大多小于 2μm，则烃类物质将以吸附方式赋存，此时的储集层又是封闭层。

圈闭的要素之二是遮挡层，它是一个能够阻止油气等从储层中运移或扩散出去的封堵或封闭层，可以是上覆盖层的弯曲变形和位移（如背斜和断层等），也可以是岩性、温度或压力等特征的突变带等。

（二）圈闭边界

圈闭边界的确定是十分重要的，它给出了圈闭能够闭合的最大范围。边界的确定可以依据储集体自身物性、温度、压力或矿物组成等特征的变化，也可依据与外部遮挡物的接触边界，或者是依据多方面控制要素的复合等。因此，圈闭边界，除传统的储集体与外部遮挡物的最大接触闭合线外，还包括温度等值线、压力等值线、矿物组分含量等值线、储集体缺失或尖灭线等。

（三）圈闭的闭合参数

圈闭的闭合参数主要包括闭合高度、闭合面积和闭合体积或容积等。闭合高度是指圈闭中最大的潜在油气高度；闭合面积是指在圈闭边界之内最大的潜在油气赋存面积；闭合容积是指通过闭合面积、储集层厚度、孔隙度、含烃饱和度和有机质丰度、总含气量（游离气+吸附气）等相关参数确定的最大潜在油气体积。

三、圈闭的分类

关于经典石油地质学中圈闭的分类，有着多种划分方案。Levorsen（1954）提出了工业界广泛使用的成因分类方案，把圈闭划分为构造圈闭、地层圈闭和复合圈闭三大类。我国许多学者，尤其是老一辈石油地质工作者，受前苏联的影响，更喜欢把美国等西方学者的“地层圈闭”看成或划分为地层不整合圈闭和岩性圈闭两大类。因此依据圈闭的成因，把圈闭主要划分为构造圈闭、地层不整合圈闭、岩性圈闭和复合圈闭、水动力圈闭等（胡见义等，1986；张厚福和方朝亮，2001）。水动力圈闭等类型也可归入复合类（牛嘉玉等，2005）。对于构造圈闭，人们的划分方案比较一致。但在非构造圈闭类型的划分上，存在一定的争议或不一致性。关于各种非常规油气矿藏圈闭类型的归属，论述很少。Beaumont 和 Foster（1999）将致密砂岩气、可燃冰、焦油砂和煤层气等归入“流体圈闭”大类，认为这些矿藏的圈闭要素都是流体的物化条件。然而，研究表明，这些非常规油气在其储集介质中已不呈现流体的特征，因此这种归类方案是欠妥的。

从世界各地已发现的非常规含油气圈闭类型和特征来看，除重油矿藏具有同传统圈闭相近的类型和特征外，其他均表现为完全“自储自封”的共同特征。它们的岩石储集介质在烃类物质的参与下，表现为储集与封闭的双面性。因此，可将这些具备完全“自储自封”特征的圈闭划分为一大类，称为“自身封储”圈闭。该类圈闭的边界基本上受岩石储集介质边界的控制，即所有油气矿藏的圈闭类型可划分为构造圈闭、自身封储圈闭、地层圈闭和复合型圈闭四种类型。依据烃类物质与岩石储集介质的相互作用方式，自身封储圈闭可进一步划分成“烃类吸附”和“烃类相变”两种圈闭类型（表 3.37）。

表 3.37　油气圈闭成因分类一览表

<table>
<tr><th>大类</th><th>类型</th><th>亚类</th><th>主要特征</th></tr>
<tr><td rowspan="5">自身储封圈闭</td><td rowspan="3">毛细管吸附圈闭</td><td>致密岩圈闭</td><td rowspan="3">在砂岩等非生烃致密岩和富含有机质的泥质岩、煤岩和碳酸盐岩中，储集空间以小于 1μm 的微孔微缝为主，毛细管作用成为主要控制因素，烃类主要以吸附态赋存，构成自身封闭储集；圈闭边界的确定主要受岩石储集介质边界和烃类赋存丰度的控制</td></tr>
<tr><td>煤岩吸附圈闭</td></tr>
<tr><td>泥质岩吸附圈闭</td></tr>
<tr><td rowspan="2">烃类相变圈闭</td><td>可燃冰温压圈闭</td><td rowspan="2">因烃类所处的温度、压力和地层水性质的变化，烃类由气液相变为固相或半固相，构成自身封闭储存</td></tr>
<tr><td>焦油砂圈闭</td></tr>
</table>

续表

<table>
<tr><th>大类</th><th>类型</th><th>亚类</th><th>主要特征</th></tr>
<tr><td rowspan="2">构造圈闭</td><td rowspan="2">构造圈闭</td><td>背斜圈闭</td><td rowspan="2">褶皱、断裂等构造作用以及刺穿、底辟和差异压实等作用使岩层变形，构成了对储集岩体的闭合</td></tr>
<tr><td>断层圈闭</td></tr>
<tr><td rowspan="9">地层圈闭</td><td rowspan="5">岩性圈闭</td><td>岩性上倾尖灭圈闭</td><td rowspan="3">因沉积过程中的岩性和岩相变化,渗透储集岩被非渗透岩层所围限,构成了非渗透层对储集岩体的有效封堵和闭合</td></tr>
<tr><td>透镜状岩性圈闭</td></tr>
<tr><td>生物礁块圈闭</td></tr>
<tr><td>成岩封闭圈闭</td><td>后期成岩作用使岩层物性发生局部变化,产生新储层或新封闭层,造成高渗透储层在上倾方向或外围被低渗透层或非渗透层闭合。闭合范围受储层物性变化带控制</td></tr>
<tr><td>特殊岩性体裂缝圈闭</td><td>特殊岩性包括非富含有机质的泥岩、碳酸盐岩、火山岩、变质岩等。这里的“变质岩”主要指因火山岩侵入沉积岩层中形成的热接触变质岩类。当这些岩层处于构造变形的应力集中区时，会发育大量裂缝，构成有效的储集空间。储集范围受构造应力集中带的控制</td></tr>
<tr><td rowspan="4">不整合圈闭</td><td>地层不整合遮挡圈闭</td><td>非渗透层通过不整合面在上倾方向对储集岩体实施闭合</td></tr>
<tr><td>地层超覆圈闭</td><td>非渗透层通过地层超覆不整合面在侧下方对储集岩实施闭合</td></tr>
<tr><td>潜山风化壳圈闭</td><td rowspan="2">也统称为“基岩圈闭”其中，因不整合古侵蚀面起伏或与断层配合，构成古潜山风化壳圈闭；与古侵蚀面起伏和风化壳无关的笼统称为潜山或基岩“内幕圈闭”</td></tr>
<tr><td>潜山或基岩内幕圈闭</td></tr>
<tr><td rowspan="5">复合型圈闭</td><td rowspan="5">复合型圈闭</td><td>断层-地层圈闭</td><td rowspan="4">由两种以上控制要素共同对储集岩体实施的有效闭合,闭合范围受岩性变化线、构造等值线、地层缺失线等的共同控制</td></tr>
<tr><td>构造-岩性圈闭</td></tr>
<tr><td>断层-岩性圈闭</td></tr>
<tr><td>地层-岩性圈闭</td></tr>
<tr><td>构造-水动力圈闭</td><td>水动力在储集岩层上倾方构成封堵,闭合范围受构造等值线、压力等势线的共同控制</td></tr>
</table>

（一）自身封储圈闭

因储集介质微孔微缝的特征，烃类化合物大多呈吸附态赋存，或者因环境条件的变化，烃类物质转变成固相，从而含烃岩石均表现为完全“自储自封”的一类圈闭。

1. 毛细管吸附圈闭

致密砂岩和富含有机质的泥质岩、煤岩和碳酸盐岩中，储集空间以小于 1μm 的微孔微缝为主，毛细管对烃类的作用明显，烃类主要以吸附态赋存，构成自身封闭储集；圈闭边界的确定主要受储集岩体边界和烃类赋存丰度的控制。

1）致密岩圈闭

致密岩圈闭主要指非生烃致密岩，包括砂岩和部分灰岩。储集物性偏于致密，孔隙大多为 0.03～2μm，烃类化合物由生烃岩经初次运移进入致密砂岩，毛细管作用成为主要控制因素，浮力已不起作用，需额外的附加压力差来克服如此细窄喉道的毛细管压力，来进行油气的渗流，进入的烃类主要以吸附态赋存。一旦进入致密储集岩体后，烃类的逃逸和散失也需要额外的压力差来克服毛细管阻力和上覆水的静水压力等。因此，致密砂岩圈闭为一“自储自封”型的动态圈闭。

2）煤岩吸附圈闭

煤岩孔缝大小的变化范围较大，从小于 0.01μm 的微孔到 100μm 的大孔均有分布。尽管不同煤种的孔径分布特征有所不同，但由于煤岩含有大量有机母质组分，对烃类化合物有着更强的吸附性。因此，富含油基质的中等和低变质煤岩自身构成了良好的“自储自封”型圈闭。

3）泥质岩吸附圈闭

泥质岩主要包括泥岩、页岩和灰质泥页岩等。泥质岩的孔缝多为 0.005～0.05μm。外来的游离相烃类化合物是无法进入具备如此细小孔缝结构岩石的。因此，只有当泥质岩富含原生有机质时，才能通过较强的吸附作用，把原地和自身生成的烃类封存起来，构成“自储自封”型圈闭，即只有泥质生烃岩和油页岩才可构成良好的泥质岩吸附圈闭。

2. 烃类相变圈闭

因烃类所处的温度、压力和地层水性质的变化，烃类由气液相变为固相或半固相，构成自身封闭储存。

1）可燃冰温压圈闭

该类圈闭的范围对应于“水合物稳定域”，完全受压力、温度和沉积层的控制，高压和低温是圈闭形成的有利条件。在圈闭中，烃类气体和水分子组成一种冰状结晶固体物质，构成了“自储自封”的特征。

2）焦油砂圈闭

由于生物降解、游离氧氧化等稠变作用，石油轻质组分大量损失，仅残留大量沥青质组分和部分胶质组分，使石油呈固态或半固态，也被称为“焦油砂”或“沥青砂”，从而构成了“自储自封”。

（二）构造圈闭

在构造圈闭中，储层和盖层的闭合完全是由各种构造和变形（如褶皱和断层）实现的。构造圈闭的定义是：“圈闭要素由同沉积或沉积后发生变形位移的储盖组合单元组成的油气聚集场所”。构造圈闭又划分为多个亚类。

1. 背斜圈闭

在构造运动的作用下，地层（储、盖层）发生弯曲变形，形成向周围倾伏的背斜，称为背斜圈闭。背斜圈闭的成因主要有下列五种类型。

（1）挤压背斜圈闭：是指由侧压应力挤压为主的褶皱作用而形成的圈闭，如四川盆地的川东、川南和川西地区发育多种褶皱背斜圈闭。其中的川东地区为隔挡式褶皱背斜圈闭发育区；川南地区为低缓褶皱背斜圈闭发育区；川西地区为低陡和低缓背斜圈闭发育区。在川南 69 个气田或含气构造中，其圈闭类型主要为短轴背斜、长轴背斜及少量的潜伏背斜，潜伏构造。

（2）基底升降背斜圈闭：基底活动的结果常使沉积盖层发生变形，可以形成背斜圈闭。这种背斜圈闭主要特点是两翼地层倾角平缓，闭合高度较小，闭合面积较大，如大庆长垣背斜构造圈闭、四川威远气田背斜构造圈闭等。

（3）底辟拱升背斜圈闭：地下柔性物质（盐丘、泥火山等）受不均衡压力作用而上升，使上覆地层变形形成背斜圈闭。例如，江汉盆地云场油田是一个盐岩隆升的长轴背斜圈闭，走向北西，两翼近对称，隆起幅高达 800m；在剖面上，地层倾角上缓下陡，上部 20°，下部 60°～70°。

（4）披覆背斜圈闭：在结晶基岩及坚硬致密沉积岩基底上，常存在各种古地形突起，这些突起上覆沉积物较薄，并呈隆起形态，形成背斜圈闭。这种背斜构造也称为披盖背斜构造，如渤海湾盆地沾化凹陷的孤岛披覆背斜圈闭等。

（5）滚动背斜圈闭：这种圈闭的形成是沉积过程中受同生断层作用的结果。在断块活动及重力滑动作用下，出现边断、边沉积的地质现象，使堆积在同生断层下降盘上的砂、泥岩地层沿断层面下滑，导致地层产生逆牵引，使靠近断层面地层出现向下弯曲现象，形成了这种特殊成因的"滚动背斜"圈闭，如东营凹陷北部的胜坨、利津和永安镇等地区的滚动背斜圈闭等。

2. 断层圈闭

断层圈闭是指沿储层上倾方向被断层遮挡所形成的圈闭，断层圈闭的形式多样。根据断层的性质可将断层圈闭分为正断层遮挡的断层圈闭和逆断层遮挡的断层圈闭两类。其中前者多出现于我国东部中新生界裂谷盆地，后者多出现于我国西部中古生界盆地。断层圈闭可根据断层线与储集层构造等高线的组合关系，划分为断鼻构造圈闭以及由弧形断层、交叉断层或多条断层控制的断块圈闭等。

（三）地层圈闭

地层圈闭是指由地层沉积、侵蚀和成岩作用形成的各种圈闭类型，也有中国学者人称之为岩性地层圈闭，可进一步划分为岩性圈闭和不整合圈闭两种类型，具体的亚类和特征如下。

1. 岩性圈闭

岩性圈闭是指在沉积和成岩作用下，使地层在岩性、岩相和岩石储集物性等方面发生突变，储集岩体被相对不渗透层（面）所包裹或侧向遮挡而构成的圈闭。

1）岩性上倾尖灭圈闭

岩性上倾尖灭圈闭是指储集体沿上倾方向发生尖灭或岩性侧变，并被非渗透层所包围，形成可遮挡并聚集油气的圈闭。储集体可由砂岩、砾岩和碳酸盐岩等岩性构成。

2）透镜状岩性圈闭

透镜状岩性圈闭是指各种透镜状、条带状或不规则状渗透性储集体四周被非渗透层所包围而形成的圈闭，多被生烃岩包裹，具备先天良好的供烃条件。储集体可由三角洲前缘滑塌砂体、条带状河道砂体、重力流水道以及深水浊积砂体等构成。

3）生物礁块圈闭

生物礁块圈闭是指生物礁储集岩体被非渗透层包围或侧向遮挡而形成的圈闭。

4）成岩圈闭

成岩圈闭是指在成岩和后生作用过程中，发生压实、胶结、硅化、沉淀、结晶、重结晶、交代、和溶解等现象，使岩石储集物性发生突变，造成物性封闭而形成的圈闭。例如，在鄂尔多斯盆地的志靖和安塞油田，由于浊沸石溶蚀程度上的明显差异，三叠系砂岩储层发生储集物性突变，油气分布明显受成岩后生作用突变线的控制。

5）特殊岩性体裂缝圈闭

特殊岩性体包括陆相盆地中发育的碳酸盐岩、泥岩和火山岩等。在构造和成岩后生作用下，岩体内部发育了以裂缝为主的储油空间。油气分布主要受裂缝系统和岩相的共同控制。

2. 不整合圈闭

该类圈闭与地层不整合面密切相关，是指储集岩体在地层不整合面或侵蚀面上下被非渗透层遮挡所形成的圈闭。据圈闭与不整合面所处的相对位置、产状、遮挡条件，可进一步划分为以下四个亚类：不整合面之上的地层超覆圈闭、不整合面之下的地层不整合遮挡圈闭与地层不整合之下的潜山风化壳型圈闭以及潜山/基岩内幕型圈闭。

1）地层超覆圈闭

当海水或湖水向盆地边缘斜坡或隆起翼部水进时，在不整合面上形成了逐层超覆的旋回沉积，旋回底部的年轻储集层不整合地超覆在时代较老的非渗透岩层上，而储层本身又被连续沉积的非渗透层覆盖，从而形成地层超覆圈闭（胡见义等，1986）。

2）地层不整合遮挡圈闭

斜坡边缘或古隆起带储集层遭受不同程度剥蚀后，被非渗透岩层不整合地覆盖而封闭，形成不整合遮挡圈闭。在平面上不整合线与储集层顶部构造等高线相交切。

3）潜山风化壳型圈闭

潜山风化壳型圈闭是指由于不整合面起伏而构成的基岩古地貌形态，多呈残丘或断块山形状。其上发育的侵蚀、风化淋滤带被不渗透地层覆盖而形成的圈闭，通常称之为古潜山。其圈闭主要受不整合面、断层和非渗透层等三个因素控制，储层可由遭受了风化淋滤的碳酸盐岩、变质岩、花岗岩、火山岩和碎屑岩等构成。油气藏形态以块状为主，如冀中的任丘油田。

4）潜山/基岩内幕圈闭

潜山/基岩内幕圈闭是指发育在盆地基底不整合面之下的基岩内部各类圈闭。与古潜山风化淋滤圈闭的最大区别在于其储集岩体不是风化淋滤带，而是分布于具裂缝带、断层遮挡和逆牵引构造的内幕储层中。油气藏形态以层状为主，如大民屯潜山内幕油气藏圈闭。若抛开我国学者的“潜山或基岩”的习惯性术语，各种“内幕圈闭”应依据主控因素，归属于具体的圈闭成因类型，如断块圈闭、裂缝型圈闭、背斜圈闭等。

（四）复合型圈闭

复全型圈闭是指受两种以上地质遮挡因素控制所构成的圈闭，如构造、岩性尖灭、断层、地层不整合和水动力等诸因素相配合而形成的构造-岩性圈闭、断层-岩性圈闭、断层-地层圈闭、岩性-地层圈闭以及构造-水动力圈闭等。

第五节　油气矿藏的分类与特征

圈闭可以含油或含气，也可不含。当圈闭富含油气，并达到工业标准时，则形成油气矿藏。因此，油气矿藏是指烃类物质在地下圈闭中以流体、半固体或固体形式赋存下来的各种矿藏。进入 20 世纪 30 年代，人们对有关石油生成、运移、聚集和油气藏类型等基本概念已经开始有了较为系统的认识，反射地震法等技术也已开始应用。美国等地区的油气勘探进入了油气田大发现期。到 50 年代，经典石油地质学理论已初步形成，并建立了相应的勘探开发配套技术和方法。早期发现的以 Kern River 为代表的浅层重质油田平均含水率已达 80%以上。因此，50 年代中后期研发出热力开采技术，包括热水增产、蒸汽吞吐和蒸汽驱等新技术，这些非常规的新技术的出现成为老油田复苏的关键。同时，针对美国绿河组和密西西比纪油页岩，一些石油公司研发出油页岩干馏工艺技术，如联合石油公司建立了日处理量高达 1×10^4t 油页岩的岩石泵型干馏炉。可见，自 50 年代开始，人们就把依赖于当时现有的经典理论认识和已成熟的常规技术可勘探开发的油气资源称为常规油气资源，把与之相对应的其他资源部分称为非常规油气资源。在非常规油气资源矿藏中，由于岩石储集介质大多致密或赋存油质的变差，矿藏的地质特征明显不同于常规油气矿藏（表 3.38），造成其地质评价方法、勘探开采技术和工艺也明显不同于常规油气资源。自 20 世纪 70 年代，随着常规油气储量的下降以及石油禁运等政治因素的影响，人们才开始逐步关注煤制油和更难开采的煤层气、页岩气、致密砂岩气等非常规油气资源。技术和方法的不断进步使各类非常规油气资源逐步具有更高的商业价值。因此，常规与非常规油气矿藏地质评价与勘探上的差异主要表现在储集层赋存油质和岩石储集性等对工艺技术和经济的敏感性上，尤其是在勘探评价思路和流程上。对于非常规油气资源而言，因非常规油气资源普遍具有大面积、连续分布、资源丰度整体不高的特点，其勘探评价的基本思路是以经济技术为核心，刻画和圈定“甜点”式（sweet spot）富集高产区带，即确定商业性矿藏的边界。这种区带边界的确定取决于每种资源类型关键参数的经济和技术门限值。对于不同的非常规油气资源类型，刻画和圈定其“甜点”式富集高产区带的关键参数和相应门限值各有所不同。以煤层气为例，其勘探评价的关键参数包括含气量、渗透率、饱和状态、煤层厚度和分布面积等。其中，含气量受控于热成熟度、煤岩显微组分、保存条件和储层压力等；渗透率受控于煤质、埋深、裂缝发育方位等。而对于页岩气来讲，勘探评价的关键参数包括页岩厚度、有机质丰度和成熟度、孔渗性、含气饱和度、脆性矿物含量等。整体来看，非常规油气矿藏勘探评价流程可分为五大步骤（图 3.65）：第一步，在勘探地区通过地震和探井的部署，获取评价基础参数，力争勘探突破，以便确定有利区和目标层系；第二步，利用已钻探井、地震和测井等资料，落实有利储层分布面积、厚度、孔渗性参数、含气量或含油率、单井测试产量等关键参数，编制相应的等值线图；第三步，依照主要参数当前的经济技术门限值，通过主要编制图件的叠合评价，确定出“甜点”式富集高产区带或商业性矿藏的边界，部署和钻探评价井，初步落实 3P 储量（证实、可能和概算），并着手部署第二批探井；第四步，依据评价井资料和开展的生产先导试验，进一步落实 2P 储量（证实和可能）和最终可采储量；第五步，依据市场价格走势、稳产期和产能预测，给出投资的合理方案与策略。

表 3.38 常规油气矿藏与非常规油气矿藏地质特征对比表

对比方面	常规油气矿藏	非常规油气矿藏
命名原则	以圈闭成因类型为主	以储集岩或油气性质为主
封堵性	通过储集层-封盖层接触界面（沉积界面、断层面和不整合面）的组合或单一界面的弯曲实现有效封堵	储集体对外围或边界封堵条件要求相对较低，甚至完全由储集体构成自身封堵
油气赋存方式	多以游离相态赋存于颗粒孔隙或裂缝中	多以吸附相赋存于颗粒微小孔隙或微裂缝中
油气分布方式	以单个圈闭为单元，呈非连续、分散状分布	多呈大面积、连续分布； 但商业性矿藏却呈非连续状展布其中
储集物性	以孔渗性相对良好的储集岩为主	除重油沥青外，以相对致密岩石为主
液态烃性质	以相对轻质油为主	非致密储集层中的相对重质油，致密储集层中的轻质油
储盖组合类型	它储它封型为主	自储自封型为主
油气矿藏边界	因具有统一的油/气-水界面，含油气边界清晰	多无清晰界面，需按经济技术条件，刻画出“甜点”式油气富集带（区）的边界或商业性矿藏边界
开发经济性	关注单个油气藏效益	强调规模和整体效益

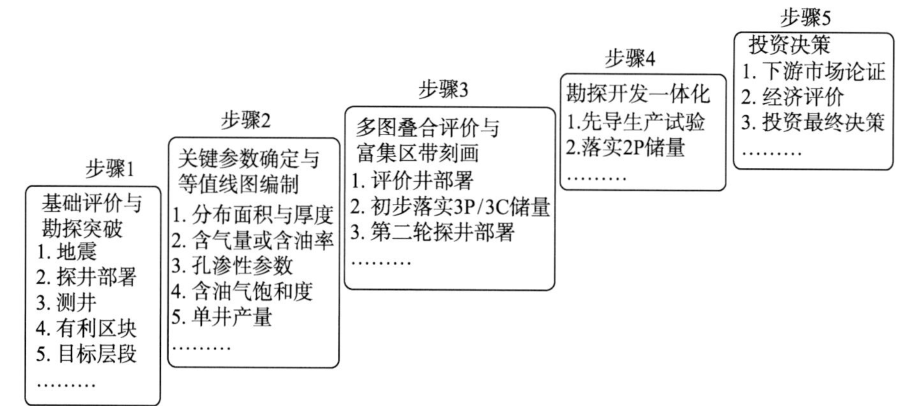

图 3.65 非常规油气矿藏勘探评价流程与核心内容

一、油气矿藏类型的划分与基本特征

依据勘探开发技术和工艺，把油气资源分成常规与非常规油气矿藏两大类之后，可进一步依据储集层赋存的油质与岩石类型及其储集性质进行划分。首先依据储集层中所赋存的原油黏度和比重等物理性质，结合联合国训练研究署推荐的稠油和重质油定义，可将油气矿藏划分为稀油藏或轻质油藏、稠油藏或重质油藏、沥青矿藏或焦油砂等类型，划分标准和方案见表 3.39。各种油质可赋存在各种岩性的储集层中。由于工艺技术对原油的黏度参数更敏感，因此石油开采工程师更喜欢按黏度参数对油矿藏进行分类，分别称之为稀油藏、稠油藏和沥青或超稠油矿藏。而地质学家似乎更喜欢按原油的比重进行分类，分别称之为轻质油藏、重质油藏和焦油砂矿藏等。

表 3.39　依据原油物理性质划分油气矿藏类型参数表

矿藏类型（按黏度划分）/矿藏类型（按比重划分）	黏度/（mPa·s）（油层温度条件下）	比重	API/（°）	大类
稀油藏/轻质油藏	<50	<0.934	<20	常规油气藏
稠油藏/重质油藏	50～10 100	0.934～1.00	20～10	非常规油气藏
超稠油藏或沥青矿藏/超重质油藏或焦油砂	>10 100	>1.00	>10	

另外，依据油气储集介质的岩性和物性特征，可对油气矿藏类型进行系统划分（表 3.40）。油气矿藏的储集介质岩石类型可以是孔渗性相对较好的砂岩、碳酸盐岩、火山岩和变质岩等非致密岩石，也可是泥岩、页岩和煤岩等致密性岩石类型，只不过后者的油气赋存和成藏方式已明显不同于前者“常规型”储集岩。从上述分类方案可见，非常规油气矿藏，无论是油质差的或油气呈固相的还是储集介质致密的，均具备一定或完全的自身封堵能力，使“非常规油气资源矿藏”大多不受过多制约地构成了大面积、连续型的分布形态。这里的“自身封堵性”是指油气矿藏储集介质自身或与赋存烃类配置，构成的自身封堵条件或特征。

表 3.40　依据储集介质岩石类型和储集物性划分油气矿藏类型表

<table>
<tr><th>大类</th><th colspan="2">类型</th><th>典型特征</th></tr>
<tr><td rowspan="5">常规油气矿藏</td><td colspan="2">碳酸盐岩油气藏</td><td rowspan="5">矿藏边界需要有效的封堵条件，符合经典油气运聚理论，可按油气藏传统圈闭成因类型分类</td></tr>
<tr><td colspan="2">变质岩裂缝型油气藏</td></tr>
<tr><td colspan="2">火成岩裂缝型油气藏</td></tr>
<tr><td colspan="2">泥岩裂缝型油气藏</td></tr>
<tr><td rowspan="2">砂（砾）岩油气藏</td><td>非致密砂（砾）岩油气藏</td></tr>
<tr><td rowspan="7">非常规油气矿藏</td><td>致密砂岩油气藏</td><td rowspan="7">具备一定或完全的自身封堵条件，已不完全符合经典油气运聚理论</td></tr>
<tr><td rowspan="2">页岩油气藏</td><td>“页岩（油）气”矿藏</td></tr>
<tr><td>“油页岩”矿藏</td></tr>
<tr><td rowspan="2">煤岩油气藏</td><td>“煤岩油”矿藏</td></tr>
<tr><td>“煤层气”藏</td></tr>
<tr><td rowspan="2">可燃冰矿藏</td><td>海底可燃冰矿藏</td></tr>
<tr><td>冻土带可燃冰矿藏</td></tr>
</table>

在勘探实践中，人们通常依据圈闭的成因对油气矿藏类型的进行划分，以便于勘探目标的评价和钻探井位的确定。因此，本书以圈闭成因为主线，结合储集介质的岩石类

型和成因等控制要素，提出了油气矿藏类型的系统划分方案（表 3.41）。首先划分出自身封储油气藏、构造油气藏、地层油气藏（或岩性地层油气藏）和复合型油气藏等四大系列。除自身封储油气藏以外，其他均为常规油气藏划分的传统类型。由于重质或稠油藏有着与常规油藏相似的石油运聚规律，因此，其划分方案与常规油藏是一致的，即在各种成因的常规圈闭中，均可构成重质油藏，并称之为背斜重质油藏、地层不整合重质

表 3.41　油气矿藏分类一览表

系列	大类	类型	亚类	主要矿藏特征
自身封储油气藏	毛细管吸附油气藏	致密油气藏	“致密气”矿藏	主要指在非生烃致密岩（包括砂岩和部分灰岩）中，毛细管作用力与外部附加的压力差成为油气运聚的主要控制因素，进入的烃类主要以吸附态赋存，但也可在局部高孔高渗部位形成浮力作用控制的常规油气聚集。致密油气藏主要由分布规模较大的致密砂岩体构成。在当前技术水平条件下，致密砂岩气层的渗透率需小于 0.1mD（孔隙度大多变化为 4%～6%）致密砂岩油层的渗透率主要变化为 0.1～1.0mD（孔隙度大多变化在 10%左右），在我国也称之为特低渗透油藏；油气藏边界主要受岩石储集介质边界和烃类赋存丰度的控制
			“致密油”矿藏	
		煤岩油气藏	“煤层气”矿藏	“煤层气”藏的形成需要煤岩经历深埋-抬升回返的过程，以便使甲烷等烃类气体有着生成、吸附、解吸、扩散和富集的完整过程。因此，煤层气藏的边界取决于煤层含气丰度的变化边界，这些边界包括断层、煤层尖灭线、水动力边界和储集物性变化边界等
			“煤岩油”矿藏	“煤岩油”矿藏的形成取决于煤岩碳基质格架中油基质组分的百分含量（与煤岩挥发分成正比关系）。“煤岩油”矿藏的分布取决于优质煤岩的展布范围，其边界受挥发分变化线、优质煤岩尖灭线和富氢显微组分含量等值线的控制
		页岩吸附油气藏	“页岩气”矿藏	外来的游离烃类是无法进入泥质岩孔缝的。只有泥质生烃岩和油页岩才具备形成油气矿藏的基本条件。页岩气或油是指赋存在富含有机质页岩层系中、并可开采出的气或油。页岩层系中还可包含泥岩、泥质灰岩或云岩和粉砂岩等。部分页岩油气也呈游离状态赋存在局部大孔隙或天然裂缝中；页岩油气矿藏的边界主要受有机质含量等值线、镜质体反射率等值线和页岩层系尖灭或缺失线的控制
			“页岩油”矿藏	
			“油页岩”矿藏	油页岩是指灰分大于 50%、镜质体反射率小于 1.0%的富有机质页岩，油页岩矿藏的边界通常由经济下限值——含油率 3.5%等值线来确定
	烃类相变油气藏	可燃冰矿藏	海底可燃冰矿藏	因烃类所处的温度和压力的变化，烃类气体和水分子组成一种冰状结晶物质。已发现可燃冰的储层包括极地或海底的砂层、具裂缝的非砂岩储层、无渗透率的海洋泥质层等。在“水合物稳定域”中，可燃冰矿藏的形成与规模完全受气源、供气规模以及有利沉积层分布范围控制。依据分布的地理位置，可燃冰矿藏可划分为冻土带和海底可燃冰两类
			冻土带可燃冰矿藏	
		焦油砂矿藏	地表焦油砂矿藏	石油轻质组分大量损失后，残留的大量沥青质组分和部分胶质组分使石油呈固态或半固态，构成了“自储自封”型矿藏。可划分出现今地表焦油砂和深埋的古风化壳型焦油砂两类。焦油砂的形成与分布规模主要取决于油源供给的充足程度和砂岩储层的分布范围
			古风化壳焦油砂矿藏	

续表

系列	大类	类型	亚类	主要矿藏特征
构造油气藏	构造油气藏	背斜油气藏	挤压背斜油气藏	在构造运动的作用下，地层发生弯曲变形，形成向周围倾伏的背斜，构成了上覆盖层对下伏储层的直接封闭。依据背斜的成因，背斜油气藏可划分为挤压、基底升降、底辟拱升、披覆和滚动五种亚类。在背斜圈闭中，若烃源充足，油气聚集的烃柱高度和分布范围取决于上覆盖层的突破压力大小和圈闭油气溢出点的位置
			基底升降背斜油气藏	
			底辟拱升背斜油气藏	
			披覆背斜油气藏	
			滚动背斜油气藏	
		断层油气藏	断鼻油气藏	断层是形成圈闭的主控因素。断层自身封堵性和低渗透对置岩层的厚度对圈闭烃柱高度均有明显的控制作用。断鼻油气藏是由断层线与鼻状构造等高线组合构成的油气封闭，而断块油气藏则是由交叉断层或多条断层共同控制的断块内油气聚集
			断块油气藏	
地层油气藏（或岩性地层油气藏）	岩性油气藏	储集层上倾尖灭油气藏	砂岩上倾尖灭油气藏	在沉积过程中，储集体沿上倾方向发生尖灭或岩性侧变，使上倾高部位被非渗透层所封闭，从而在该储集体内形成油气聚集。储集体可由砂岩、砾岩和碳酸盐岩等构成。按储层岩性，主要分为砂岩和碳酸盐岩两类油气藏
			碳酸盐岩上倾尖灭油气藏	
		透镜状岩性油气藏	古河道砂岩油气藏	河道砂体被岸边非渗透层所围限，储集体多呈条带或不规则状。烃源可来自包裹的生烃岩或烃源断层
			重力流扇体砂岩油气藏	储集层可由三角洲前缘滑塌砂体、重力流水道以及深水浊积砂体等构成。储集岩多呈透镜状或条带状，多被深部生烃岩包裹，具备先天良好的供烃条件
		生物礁块油气藏	生物礁块油气藏	油气富集于被非渗透层包围或侧向遮挡的生物礁储集岩体内。油气分布主要受礁体分布和烃源的控制
		储集层成岩封闭油气藏	成岩封闭油气藏	在成岩和后生作用过程中，岩层物性发生局部变化，产生新储层或新封闭层，造成高渗透储层在上倾方向或外围被低渗透层或非渗透层闭合，构成有利圈闭。油气分布范围主要受储层物性突变带控制
		特殊岩性裂缝油气藏	泥岩裂缝油气藏	这里的"特殊岩性"主要指沉积岩层中除砂岩以外的依赖裂缝储集的特殊岩石类型，包括泥岩、碳酸盐岩、火山岩、变质岩等。当这些岩层处于构造变形的应力集中区时，会发育大量天然裂缝和层间缝，油气分布主要受裂缝发育带的控制
			碳酸盐岩裂缝油气藏	
			火山岩裂缝油气藏	
			变质岩裂缝油气藏	
	地层不整合油气藏	地层不整合油气藏	不整合遮挡油气藏	地层不整合面或超覆面非渗透层在上倾方向，通过顶、底板，对储集岩体实施的封闭，分别形成不整合遮挡油气藏和地层超覆油气藏。油气分布受地层不整合线或超覆线与构造等值线的交切控制
			地层超覆油气藏	
		基岩油气藏	潜山风化壳油气藏	因不整合古侵蚀面起伏或与断层面配合，非渗透层对碳酸盐岩、火山岩、碎屑岩和变质岩等基岩古风化淋滤层构成封闭，形成了潜山风化壳油气藏。古潜山地貌形态多呈残丘或断块山状，油气藏形态多以块状为主
			基岩或潜山内幕油气藏	与古侵蚀面起伏和风化壳无关的油气聚集笼统称为潜山或基岩内幕油气藏。潜山或基岩内幕与古潜山风化淋滤油气藏的最大区别在于其储集岩体不是风化淋滤带，而是分布于内部裂缝带、断层遮挡和逆牵引构造的内幕储层中，油气藏形态多以层状为主

续表

系列	大类	类型	亚类	主要矿藏特征
复合型油气藏	复合型油气藏	构造-地层油气藏	断层-地层油气藏	指油气聚集受岩性变化线或地层缺失线等地层要素与构造等值线或断层等构造要素共同交切控制的一系列油气藏。不同控制要素的相互配置与交切，形成了构造-岩性、断层-岩性、断层-地层等具体油气藏类型。在陆相断陷盆地中，该类油气藏的发现储量占有较大的比例，甚至远高于岩性油气藏
			背斜-岩性油气藏	
			断层-岩性油气藏	
		地层-岩性油气藏	地层-岩性油气藏	指油气聚集主要受岩性变化线与地层剥蚀线或超覆线共同交切封堵的油气藏
		构造-水动力油气藏	水动力油气藏	水动力在储集岩层上倾方构成封堵。油气聚集受构造等值线、压力等势线的共同控制

油藏、砂岩上倾尖灭重质油藏、构造-地层复合型重质油藏等。同时，也可看出，非常规油气藏包含自身封储油气藏系列和各种传统圈闭成因的重质油藏类型。现分述各种油气矿藏类型的主要成藏特征。

1. 致密油气藏

主要指在非生烃致密岩，包括砂岩和部分灰岩中，毛细管作用力与外部附加的压力差成为油气运聚的主要控制因素，浮力已不起作用。外部施加的压力差促进致密储集岩狭窄孔喉中油气的渗流。进入的烃类主要以吸附态赋存，但也可在局部高孔高渗部位形成浮力作用控制的常规油气聚集，即通常所称的“甜点”。致密油气藏主要由分布规模较大的致密砂岩体构成，致密灰岩较少。致密砂岩油气藏包含致密砂岩气藏和致密砂岩油藏两类。在当前技术水平条件下，致密砂岩气被定义为赋存在渗透率小于 0.1mD 的砂岩储层中天然气，相应的砂岩孔隙度一般变化为 4%～10%；而致密砂岩油层的渗透率则主要变化为 0.1～1.0mD，相应的储层孔隙度大多变化在 10%左右，在我国也称之为特低渗透油藏。在鄂尔多斯盆地长庆油田，对渗透率变化为 0.5～1.0mD 的低渗透油藏已成功地进行了开发；该类油气藏的边界主要受岩石储集介质边界和烃类赋存丰度的控制。

2. 煤岩油气藏

煤岩含有大量的有机母质团块，对气态和液态烃类化合物都有着很强的吸附性。因此，中等和低变质煤岩自身均构成了良好的“自储自封”型矿藏，其挥发分多大于 25%，可高达 65%。“煤层气”藏的形成需要煤岩经历深埋-抬升回返的过程，以便使甲烷等烃类气体有着生成、吸附、解吸、扩散和富集的完整过程。因此，煤层气藏的边界取决于煤层含气丰度的变化边界，这些边界包括断层、煤层尖灭线、水动力边界和储集物性变化边界等。

依据煤岩结构的“相”物理模型，“煤岩油”矿藏的形成取决于煤岩碳基质格架中油基质组分的百分含量（与煤岩挥发分成正比关系）。“煤岩油”矿藏的开发最早是通过煤液化工艺方法来进行的。“煤岩油”矿藏的分布取决于优质煤岩的展布范围，其边界受挥发分变化线、优质煤岩尖灭线和富氢显微组分含量等值线的控制。

3. 页岩吸附油气藏

页岩吸附油气藏包括页岩气、页岩油和油页岩等矿藏。泥质岩的孔缝大小多小于

0.05μm，外来的游离烃类是无法进入的。因此，只有当泥质岩自身富含烃类化合物时，才能构成“自储自封”型矿藏，即只有泥质生烃岩和油页岩才具备形成油气矿藏的基本条件。

页岩气是指从富含有机质页岩层系中开采出的天然气。页岩层系中还可包含泥岩、泥质灰岩或云岩和粉砂岩、砂岩等。部分页岩气也呈游离状态赋存在局部大孔隙或天然裂缝中；页岩油是指从富含有机质页岩层系中开采出的液态烃类。页岩油有着与页岩气一样的赋存机理，只是液态烃类石油的采出程度要低得多。油页岩是指灰分大于50%、镜质体反射率小于1.0%的富有机质页岩，通常将含油率3.5%作为油页岩的经济下限值。页岩油气矿藏的边界主要受有机质含量等值线、镜质体反射率等值线和页岩层系尖灭或缺失线的控制。

4. 可燃冰矿藏

因烃类所处的温度和压力的变化，烃类由气相变为固相或半固相——由烃类气体和水分子组成的一种冰状结晶物质。理论上讲，可燃冰可赋存在各种岩性的沉积物中。目前已发现的储层包括极地或海底的砂层、具裂缝的非砂岩储层、无渗透率的海洋泥质层等。但只有砂层和裂缝型储层中的可燃冰才具有较大的商业性价值。在“水合物稳定域”中，可燃冰矿藏的形成与规模完全受气源的存在与否以及供气规模和有利沉积层分布范围的控制。依据分布的地理位置，可燃冰矿藏可划分为冻土带和海底可燃冰两类。

5. 焦油砂矿藏

生物降解、游离氧氧化等稠变作用使石油轻质组分大量损失，主要残留有大量沥青质和部分胶质组分，使石油呈固态或半固态，也称之为“沥青砂”或“焦油砂”，从而构成了“自储自封”型矿藏。按现今的分布位置，可划分出地表焦油砂和深埋的古风化壳型焦油砂两类。焦油砂的形成与分布规模主要取决于常规油源供给的充足程度和砂岩储层的分布范围。

6. 背斜油气藏

在构造运动的作用下，地层发生弯曲变形，形成向周围倾伏的背斜，构成了上覆盖层对下伏储层的直接封闭。依据背斜的成因，背斜油气藏可划分为挤压、基底升降、底辟拱升、披覆和滚动五种亚类。在背斜圈闭中，若烃源充足，油气聚集的烃柱高度和分布范围取决于上覆盖层的突破压力大小和圈闭油气溢出点的位置。

7. 断层油气藏

断层是形成圈闭的主控因素。断层自身封堵性和低渗透对置岩层的厚度对圈闭烃柱高度均有明显的控制作用。断鼻油气藏是由断层线与鼻状构造等高线组合、构成的油气封闭，而断块油气藏则是由交叉断层或多条断层共同控制的断块内油气聚集。当一个断裂构造带中，断层多而复杂，断块含油面积多小于1.5km^{2}时，也称之为复杂断块油气藏。

8. 储集层上倾尖灭油气藏

在沉积过程中，储集体沿上倾方向发生尖灭或岩性侧变，使上倾高部位被非渗透层

（如泥岩或致密岩层）所封闭，从而在该储集体内形成油气聚集。储集体可由砂岩、砾岩和碳酸盐岩等构成。按储层岩性，可主要分为砂岩和碳酸盐岩两类油气藏。油气分布受岩性尖灭线和构造等高线的交切控制。

9. 透镜状岩性油气藏

各种透镜状、条带状或不规则状渗透性储集体四周被非渗透层所包围，构成良好的封闭条件。储集体可由三角洲前缘滑塌砂体、条带状河道砂体、重力流水道以及深水浊积砂体等构成。古河道砂岩油气藏中，河道砂体被岸边非渗透层所围限，储集体多呈条带或不规则状，烃源来自包裹的生烃岩或烃源断层；而在重力流扇体砂岩油气藏中，储集层可由三角洲前缘滑塌砂体、重力流水道以及深水浊积砂体等构成。储集岩多呈透镜状或条带状，多被深部生烃岩包裹，具备先天良好的供烃条件。

10. 生物礁块油气藏

油气富集于被非渗透层包围或侧向遮挡的生物礁储集岩体内。油气分布主要受礁体分布和油气源的控制。

11. 储集层成岩封闭油气藏

在成岩和后生作用过程中，岩层物性发生局部变化，产生新储层或新封闭层，造成高渗透储层在上倾方向或外围被低渗透层或非渗透层闭合，构成有利圈闭。油气分布范围主要受储层物性突变带控制。

12. 特殊岩性裂缝油气藏

这里的“特殊岩性”主要指沉积岩层中除砂岩以外的依赖裂缝储集的特殊岩石类型，包括泥岩、碳酸盐岩、火山岩、变质岩等。当这些岩层处于构造变形的应力集中区时，会发育大量天然裂缝和层间缝，油气赋存方式以游离相为主。油气主要依赖异地烃灶的供给，也存在部分原地生成油气的聚集。油气分布主要受裂缝发育带的控制。

13. 地层不整合油气藏

地层不整合面或超覆面非渗透层在上倾方向，通过顶、底板，对储集岩体实施的封闭，分别形成不整合遮挡油气藏和地层超覆油气藏。油气分布受地层不整合线或超覆线与构造等值线的交切控制。

14. 基岩油气藏

因是盆地基底不整合面之下的基岩富含油气，所以被称为“基岩油气藏”。基岩的岩石类型主要包括碳酸盐岩、火山岩、碎屑岩和变质岩等。其中，因不整合古侵蚀面起伏或与断层面配合，非渗透层对古风化淋滤层构成封闭、形成的油气聚集称为潜山风化壳油气藏。与古侵蚀面起伏和风化壳无关的油气聚集笼统称为潜山或基岩内幕油气藏。古潜山地貌形态多呈残丘或断块山状。潜山或基岩内幕与古潜山风化淋滤油气藏的最大区别在于其储集岩体不是风化淋滤带，而是分布于内部裂缝带、断层遮挡和逆牵引构造的内幕储层中。油气藏形态多以层状为主。

15. 构造-地层油气藏

构造-地层油气藏指油气聚集受岩性变化线或地层缺失线等地层要素与构造等值线

或断层等构造要素共同交切控制的一系列油气藏。在陆相断陷盆地中，该类油气藏的发现储量占有较大的比例，甚至远高于岩性油气藏。不同控制要素的相互配置与交切，形成了构造-岩性、断层-岩性、断层-地层等具体油气藏类型。

16. 地层-岩性油气藏

地层-岩性油气藏指油气聚集主要受岩性变化线与地层剥蚀线或超覆线共同交切封堵的油气藏。

17. 水动力油气藏

水动力油气藏指水动力在储集岩层上倾方构成封堵而成的油气藏。油气聚集受构造等值线、压力等势线的共同控制。

二、常规与非常规油气矿藏的主控要素与差异对比

从各类油气矿藏的典型成藏地质特征来看，主要差别表现在自身封堵性、油气运移和储集物性（孔喉大小）三个方面。从常规油气与各类非常规油气矿藏的主控要素对比来看，自身封堵性 是非常规油气矿藏区别于常规油气矿藏的主要成藏特征（图 3.66），也就是说，“自身封堵”是界定非常规油气矿藏与常规油气矿藏区别的关键成藏特征指标。在非常规油气矿藏“自身封堵性”方面，重质油藏是最差的，其成藏依然要在很大程度上依赖于传统意义上的圈闭配合。因此，重质油藏的圈闭成因类型的划分与常规油气矿藏是一致的；在三方面的主控要素中（图 3.67），可燃冰和焦油砂矿藏的表现值最高，尤其是“自身封堵性”和“储集物性”两个方面；而页岩和煤岩油气矿藏则仅表现在完好的“自身封堵性”一个方面，“储集物性”和“油气运移”两个方面却都很差，均为原地赋存型矿藏。

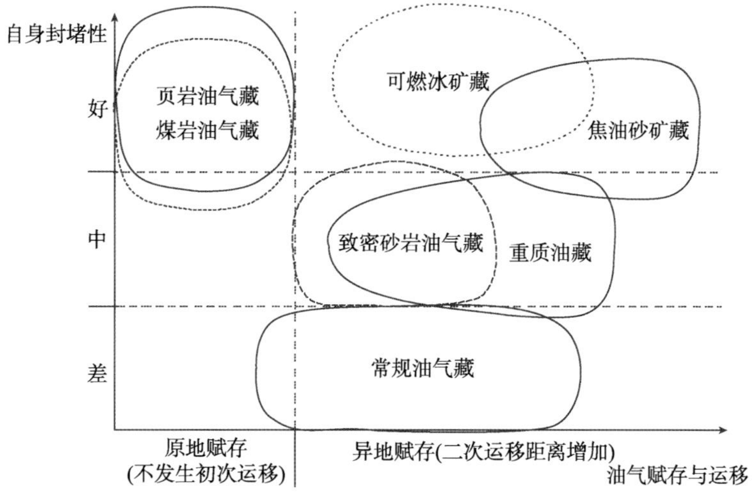

图 3.66　各类油气矿藏“自身封堵性”与“油气运移”特征对比关系图

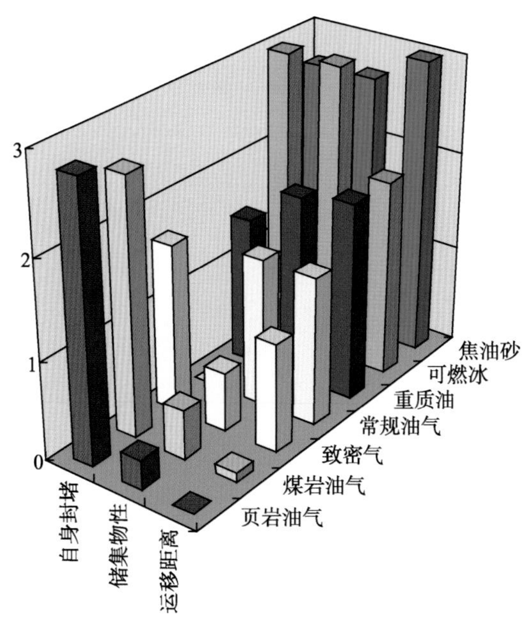

图 3.67　常规油气与非常规油气矿藏主控要素对比直方图

纵坐标中，数值 0～1 代表“自身封堵性”和“储集物性”差，“运移距离”短或原地生成；数值 1～2 代表“自身封堵性”和“储集物性”中等，“运移距离”中等；数值 2～3 代表“自身封堵性”和“储集物性”好，“运移距离”长或远

参 考 文 献

陈鹏. 2007. 中国煤炭性质、分类和利用. 北京：化学工业出版社

陈丕济. 1985. 碳酸盐岩生油地化中几个问题的评述. 石油实验地质，7(1): 3–11

戴金星. 1997. 中国气藏（田）的若干特征. 石油勘探与开发，24(2) : 6–9

傅家谟，刘德汉. 1982. 碳酸盐岩有机质演化特征与油气评价. 石油学报，4(1): 1–10

傅强，游瑜春，吴征. 2003. 曹台变质岩潜山裂缝系统形成的构造期次. 石油勘探与开发，30(5): 18–19

高延新，吴崇筠，庞增福，等. 1985. 辽河盆地大凌河油层湖底扇沉积特征. 沉积学报， 3（4）: 87–88

龚再升. 1991. 异常压力油气田. 中国海上油气（地质），5 （5）: 29–31

郝石生. 1984. 对碳酸盐岩生油岩的有机质丰度及其演化特征的讨论. 石油实验地质，6(1): 67–70

胡见义，徐树宝，刘淑萱，等. 1986. 非构造油气藏. 北京：石油工业出版社

金庆焕，张光学，杨木壮，等. 2006. 天然气水合物资源概论. 北京：科学出版社

李春光. 1991. 试论东营断陷盆地区域盖层对油气藏分布的控制. 石油与天然气地质，12（1）: 68–69

李春光. 1992. 东营凹陷浊积岩原生油气藏. 石油勘探与开发，19（1）: 23–27

李春光. 1996. 东营凹陷稠油油藏成因机制探讨. 特种油气藏，3（1）: 23–26

李辉. 2006. 鸭儿峡志留系变质岩油藏油水分布及控制因素研究. 西北油气勘探，18（4）: 35–39

李仲东，赫蜀民，李良，等. 2007. 鄂尔多斯盆地上古生界压力封存箱与天然气的富集规律. 石油与天然气地质，28（4）: 466–472

梁狄刚，张水昌，张宝民，等. 2000. 从塔里木盆地看中国海相生油问题. 地学前缘，7(4) : 534–546

刘宝泉，梁狄刚，方杰，等. 1985. 华北地区中上元古界、下古生界碳酸盐岩有机质成熟度与找油远景.

地球化学，10(2): 150–153
刘魁元，武恒志，康仁华，等. 2001. 沾化、车镇凹陷泥岩油气藏储集特征分析. 油气地质与采收率，8（6）: 11–12
刘魁元，孙喜新，李琦，等. 2004. 沾化凹陷泥质岩储层中裂缝类型及其成因研究. 石油大学学报（自然科学版），28（4）:14–15
刘卫红，杨少春，林畅松，等. 2006. 胜坨油田沙河街组二段三角洲相储层特征及影响因素. 西安石油大学学报（自然科学版），21（2）: 12–13
刘兴周. 2009. 辽河坳陷变质岩潜山内幕油气成藏规律初探. 石油地质与工程，23（1）: 1–2
刘招君，孙平昌，杜江峰，等. 2010. 汤原断陷古近系扇三角洲沉积特征. 吉林大学学报（地球科学版），40（1）: 6–7
吕延防，付广，高大岭，等. 1996. 油气藏封盖研究. 北京：石油工业出版社
马在平，张洪. 2005. 济阳拗陷泥质岩类储集层研究综述. 西部探矿工程，（108）:58–60
孟卫工，李晓光，刘宝鸿. 2007. 辽河坳陷变质岩古潜山内幕油藏形成主控因素分析. 石油与天然气地质，28（5）: 586–587
苗建宇，祝总棋，刘文荣，等. 2003. 济阳拗陷古近系—新近系泥岩孔隙结构特征. 地质论评，49（3）:332–333
牛嘉玉，王明明，祝永军，等. 2002a. 渤海湾盆地深层石油地质. 中国东部深层石油地质学丛书之三. 北京：石油工业出版社
牛嘉玉，李秋芬，鲁卫华，等. 2002b. 稠油资源地质与开发利用. 北京：科学出版社
牛嘉玉，李秋芬，鲁卫华，等. 2005. 关于“隐蔽油气藏”概念的若干思考. 石油学报，26（2）: 122–126
牛嘉玉，侯启军，祝永军，等. 2007. 岩性和地层油气藏地质与勘探. 北京：石油工业出版社
帕拉卡斯 J G. 1990. 碳酸盐岩石油地球化学及生油潜力. 北京：科学出版社: 198–221
秦建中，刘宝泉，国迶英，等. 2004. 关于碳酸盐烃源岩的评价标准. 石油实验地质，26（3）:281–285
史文东，赵卫卫. 2003. 沾化凹陷孤北洼陷下第三系沙三段扇三角洲沉积体系及其与油气聚集的关系. 石油大学学报（自然科学版），27（2）:17–18
苏现波，林晓英. 2009. 煤层气地质学. 北京：煤炭工业出版社
童晓光，牛嘉玉. 1989. 区域盖层在油气聚集中的作用. 石油勘探与开发，16（4）: 1–7
王昌桂，程克明，徐永昌，等. 1998. 吐哈盆地侏罗系煤成烃地球化学. 北京：科学出版社
王平. 1994. 论断层封闭的广泛性、相对性和易变性——复杂断块油田形成条件系列论文之二. 断块油气田，1（1）: 3–10
吴崇筠、薛叔浩，等. 1992. 中国含油气盆地沉积学. 北京：石油工业出版社
夏新宇，戴金星. 2000. 碳酸盐岩生烃指标及生烃量评价的新认识. 石油学报，21（4）:36–41
肖贤明，刘德汉，傅家谟. 1996. 我国聚煤盆地煤系烃源岩生烃评价与成烃模式. 沉积学报，14（增刊）:12–16
谢文彦，孟卫工，李晓光，等. 2012. 辽河坳陷基岩油气藏. 北京：石油工业出版社
严继民，张启元. 1986. 吸附与凝聚——固体的表面与孔. 北京：科学出版社
杨兴业，何生. 2010. 超压封存箱的压力封闭机制研究进展综述. 地质科技情报，29（6）: 66–72
虞继舜. 2000. 煤化学. 北京：冶金工业出版社
张厚福，方朝亮. 2001. 石油地质学. 北京：石油工业出版社
张厚福，张善文. 2007. 油气藏研究的历史、现状与未来. 北京：石油工业出版社

张吉光，王金奎，秦龙卜，等. 2007. 海拉尔盆地贝尔断陷苏德尔特变质岩潜山油藏特征. 石油学报，28（4）:21–29

张万选，张厚福. 1984. 石油地质学. 北京：石油工业出版社

赵澄林，张善文，袁静. 1999. 胜利油区沉积储层与油气. 北京：石油工业出版社

赵贤正，金风鸣，崔周旗，等. 2012. 冀中拗陷隐蔽型潜山油藏类型与成藏模拟. 石油勘探与开发，39（2）: 137–143

钟宁宁，卢双舫，黄志龙，等. 2004. 烃源岩生烃演化过程 TOC 值的演变及其控制因素. 中国科学（D 辑），34（增刊 I）:120–126

周总瑛. 2009. 烃源岩演化中有机碳质量与含量变化定量分析. 石油勘探与开发，36（4）: 463–468

朱如凯，郭宏莉，高志勇，等. 2007. 中国海相储层分布特征与形成主控因素. 科学通报， 52（增刊 I）:42–43

邹才能，陶士振，侯连华，等. 2011. 非常规油气地质. 北京：石油工业出版社

Allan U S. 1989. Model for hydrocarbon and entrapment within faulted structures. AAPG Bulletin, 73（7）: 803–811

Beaumont E A, Foster N H. 1999. Exploring for Oil and Gas Traps (Treatise of Petroleum Geology, Handbook of Petroleum Geology). Tulsa: American Association of Petroleum Geologists, 40–47

Bouma A H. 1962. Sedimentology of some flysch deposits: a graphic approach to facies interpretation. Amsterdam: Elsevier

Bouvier J. 1989. Three dimensional seismic interpretation and fault sealing investigations, Nun river field, Nigeria. AAPG Bulletin, 73（11）: 1397–1414

Boyer C, Kieschnick J, River R S, et al. 2006. 页岩气藏的开采. 油田新技术，（秋季刊）: 18–31

Bretan P, Yielding G, Jones H. 2003. Using calibrated shale gouge ratio to estimate hydrocarbon column heights. AAPG Bulletin, 87（3）: 397–413

Chiou C T, Rutherford D W. 1997. Effects of exchanged cation and layer charge on the sorption of water and EGME vapors on montmorillonite clays. Clays and Clay Minerals, 45（9）: 867–880

de Boer J H. 1958. The shape of capillaries. *In*: Everett D H, Stone F S. The Structure and Properties of Porous Materials. Butterworth: 68

Fulljames J R, Zijerveld L J, Franssen R C, et al. 1996. Fault seal processes. *In*: Norwegian Petroleum Society. Hydrocarbon Seals—Importance for Exploration and Production (Conference Abstracts): Oslo, Norwegian Petroleum Society: 5

Gibson R G. 1994. Fault-zone seals in siliciclastic strata of the Columbus Basin, Offshore Trinidad. AAPG Bulletin, 78（9）: 1372–1385

Given P H. 1986. The concept of a mobile or molecular phase within the macromolecular network of coals：a debate. Fuel, 65：155–163

Holmes A. 1965. Principles of Physical Geology（2nd Edition）. New York：The Rolard Prers Co, 12–88

Holmes C W, Goodell H G. 1964. The prediction of strength in the sediments of Saint Andrew Bay, Florida. Journal of Sedimentary Research, 34（3）: 134–143

Hunt J M. 1979. Petroleum Geochemistry and Geology. New York: Freeman: 261–273

Jev B I, Kaars-Sijpesteijin C H, Peteis M A, et al. 1993. Akaso field, Nigeria: use of integrated 3D seismic, fault slicing, clay smearing, and RFT pressure data on fault trapping and dynamic leakage. AAPG Bulletin, 77（8）: 1389–1404

Klemme H D, Ulmishek G F. 1991. Effective petroleum source rocks of the world；stratigraphic distribution and controlling depositional factors. AAPG Bulletin, 75（9）: 1809–1851

Krevelen V. 1961. Coal. Amsterdam Elsevier: 395

Lamberson M N, Bustin R M. 1993. Coalbed methane characteristics of Gates Formation coals, northeastern British Columbia; effect of maceral composition. AAPG Bulletin, 77（9）: 2062–2076

Langmuir L. 1916. Adsorption isotheim. J Amer Chem Soc, 38: 2221

Levorsen A I. 1954. Geology of Petroleum. San Francisco: W H Freeman: 703

Lindsay N G, Muiphy F C, Wals J J, et al. 1993. Outcrop studies of shale smear on fault surfaces: International Association of Sedimentologists, Special Publication, 15: 113–123

Lowe D R. 1982. Sediment gravity flows, II: depositional models with special reference to the deposits of high-density turbidity currents. Journal of Sedimentary Research, 52(3): 279–297

McCollough E H. 1934. Structural influence on the accumulation of petroleum in California. AAPG Bulletin, 27: 735–760

Middleton G V, Hampton M A. 1973. Sediment gravity flows: mechanics of flow and deposition. *In*: Middleton G V, Bouma A H. Turbidites and Deep-Water sedimentation. Soc, Los Angeles: Econ Paleontol Mineral, Pac Sect, 1–38

Middleton G V, Hampton M A. 1976. Subaqueous Sediment Transport and Deposition by Sediment Gravity Flows Marine Sediment Transport and Environmental Management. New York: John Wiley & Sons: 197–218

Middleton G V. 1993. Sediment deposition from turbidity currents. Annual Review of Earth and Planetary Sciences, 21: 89–114

Middleton G V. 1993. Sediment deposition from turbidity currents. Annual Review of Earth and Planetary Science, 21: 89–114

Mutti E. 1992. Turbidite Sandstones. Italy: AGIP, 275

Nardin T R, Henyey T L. 1978. Pliocene-Pleistocene diastrophism of Santa Monica and San Pedro shelves, California continental borderland. AAPG Bulletin, 62（2）: 247–272

Nelson P H. 2009. Pore-throat sizes in sandstones, tight sandstones, and shales. AAPG Bulletin, 93（3）: 332–333

Nemec W, Steel R J, Gjelbeig J, et al. 1988. Anatomy of collapsed and re-established delta front in Lower Cretaceous of eastern Spitsbergen: gravitational sliding and sedimentation processes. AAPG Bulletin, 72（4）: 454–476

Robert S Y. 1986. Heavy oil accumulations in the Oxnard field, Venture Basin, California. Petroleum Exploration Worldwide: 85–97

Ross D J K, Bustin R M. 2007. Shale gas potential of the Lower Jurassic Gordondale Member, northeastern British Columbia, Canada. Bulletin of Canadian Petroleum Geology, 55（1）: 51–57

Rust B R, Waslenchuk D G. 1976. Mercury and bed sediment in the Ottawa River, Canada. Journal of Sedimentary Research, 46（9）: 563–578

Shanmugam G, Moiola R J. 1994. An unconventional model for the deep-water sandstones of the Jackfork Group（Pennsylvanian）. Ouachita Mountains , Arkansas an d Oklahoma. *In*: Weimer P, Bouma A H, Perkins R F. Submarine Fans and Turbidite systems: Society of Economic Paleontologists and Mineralogists. Gulf Coast Section Foundation. 15th Annual Research Conference: 311–326

Shanmugam G, Shrivastava S K, Das B. 2009. Sandy debrites and tidalites of pliocene reservoir sands in upper-slope canyon environments, offshore krishna–godavari basin (India): implications. Journal of Sedimentary Research, 79（9）: 736–756

Skerlec G M. 1996. Risking fault seal in the Gulf Coast. AAPG Annual Convention Program and Abstracts, 5: A131

Speight J G, Moschopedis S E. 1979. Some observations on the molecular "nature" of petroleum asphaltenes. Am Chem Soc, Div Petrol Chem, 24（2）: 910–923

Tissot B P, Welte D H. 1978. Petroleum Formation and Occurrence. Berlin: Springer-Verlag: 130–136

Vavra C L, Kaldi J G, Sneider R M. 1992. Geological applications of capollary pressure: a review. AAPG

Bulletin, 76（6）: 840–850

Walker R G. 1978. Deep-water sandstone facies and ancient submarine fans; models for exploration for stratigraphic traps. AAPG Bulletin, 62（6）: 932–966

Weber K J, Mandl G, Pilaar W F, et al. 1978. The role of faults in hydrocarbon migration and trapping in Nigerian growth fault structures: Offshore Technology Conference 10, paper OTC 3356: 2643–2653

Yen T F, Wen H W, Chilingar G V. 1984a . A study of the structure of petroleum asphaltenes and related substances by Infrared Spectroscopy. Energy Sources, 7（3）: 203–234

Yen T F, Wen H W, Chilingar G V. 1984b. A study of the structure of petroleum asphaltenes and related substances by proton nuclear magnetic resonance. Energy Sources, 7（3）: 275–304

Yen T F. 1974. Structure of petroleum asphaltene and its significance. Energy Sources, 1: 102–104

Yen T F. 1990. Asphaltic materials. *In*: Encyclopedia of Polymer Science and Engineering. 2nd edition. New York: J Wiley & Sons

Yielding G, Freeman B , Needham D T. 1997. Quantitative fault seal prediction. AAPG Bulletin，81（6）: 897–917

Zieglar D M. 1992. Hydrocarbon columns, buoyancy pressures, and seal efficiency: comparison of oil and gas accumulations in California and the Rocky Mountain area. AAPG, 76(4): 501–508

第四章　常规油气矿藏地质与评价

自 1934 年美国石油地质学家协会（AAPG）出版了系统阐述石油生成、运移、聚集和油气藏类型等的《石油地质问题》文集以来，人们对常规油气矿藏地质特征的认识及其开发利用技术日趋完善。我国围绕陆相石油地质特征，也开展了大量的研究工作，取得了丰硕的成果，丰富和发展了经典石油地质学理论，建立了相应的勘探开发技术系列。因此，本书主要从与非常规油气矿藏特征对照的角度，较为简略地论述常规油气矿藏的独特地质特征与相关勘探开发技术。

第一节　常规油气矿藏形成的地质条件

众所周知，常规油气矿藏的形成过程是烃源岩中生成的烃类，经初次运移，进入输导层和输导体系（由渗透岩层、断层和不整合面等通道构成），开始了运移、聚集、再运移和再聚集的过程，最终在异地圈闭中得到富集和保存。整体上，表现为常规油气的不断运聚与后期调整和改造的过程。同时，油气注入圈闭的时间和期次，可通过实验室的分析技术和方法，根据油气在储层地质、流体、地球化学和包裹体等方面的微观痕迹，得到综合判断和再现。

一、常规油气的运聚作用

油气运移是常规油气藏形成的重要环节，可分为由烃源岩进入输导层的初次运移阶段和之后的二次运移阶段（图 4.1）。在不同的运移阶段，烃类所处的载体介质、运移空间、运移驱动力和呈现的相态均有明显的区别。例如，在运移驱动力方面，成岩过程中的压实作用和烃源岩内部异常高压对油气的初次运移有着重要的控制作用； 而在输导层中，烃类自身的浮力和重力以及输导层水动力等则对油气的二次运移有着重要的作用。

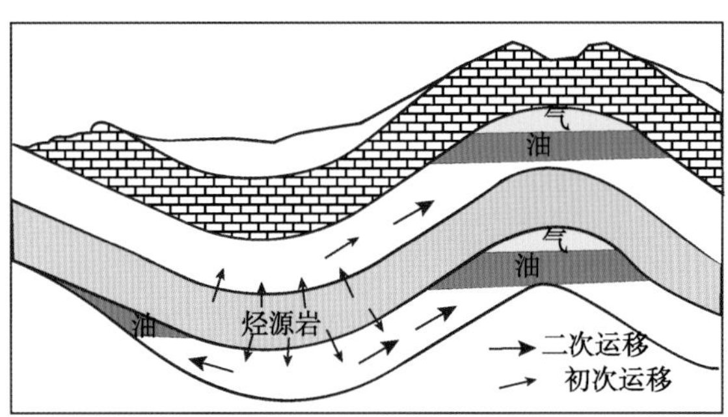

图 4.1　油气初次运移阶段和二次运移示意图（Tissot and Welte，1978，略修改）

（一）油气初次运移的动力学机制

实际上，油气的初次运移过程就是烃源岩生烃后，向输导层的排烃过程。关于烃源岩的排烃机理和模式一直存在不同观点，因为在孔隙微小和喉道窄小的烃源岩中产出的烃类，直接运移出来的难度是很大的。

1. 油气初次运移的相态

初次运移的相态主要包括游离相、水溶相和分子扩散相等三类。尽管以哪一种相态为主导依然存在争议，但从整体来讲，排烃过程的不同时期应存在差异。在有机质未成熟阶段，烃源岩埋深较浅，孔隙度较大，地层含水较多，生烃量较少且胶质、沥青质含量高，这时油气的初次运移以水溶相运移的方式应占有较大的比例。在有机质成熟阶段，烃源岩含水少，生成的油气量却很大，油气沿异常高压作用下形成的微裂缝，主要以游离相的方式，进入输导层。在有机质高成熟和过成熟阶段，由于进入生气高峰，分子扩散相运移方式影响加大。

1）游离相

在地下一定的温度和压力下，烃类游离相大多是呈油-气互溶状态的，或油溶气，或气溶油。在有机质大量生、排烃阶段，烃类游离相运移方式应占主导地位。

2）水溶相

石油在水中的溶解性是很差的。在生油温度 60～150℃范围内，石油在水中的溶解度也只有几到几十毫克/升。但与石油不同，天然气在水中却具有较高的溶解度。据郝石生等（1994）的测定，在 30～40MPa 的压力和 60℃的温度下，$1m^3$ 的地层水中可以溶解 $3～4m^3$ 天然气。只有天然气首先满足地层水的溶解，多余的天然气才会呈游离相存在。在烃源岩的未成熟和成熟阶段早期，当烃源岩存在大量孔隙水时，生成的天然气都会呈水溶相发生初次运移。

3）分子扩散相

扩散作用是分子热运动的结果。只要存在浓度差，任何气体都会发生扩散作用。天然气的扩散作用是以单分子形式进行的。处于生气高峰阶段烃源岩中的天然气浓度会高于烃源岩外的天然气浓度，因此天然气以单分子形式发生初次运移是必然的。

2. 油气初次运移的主要动力

普遍认为，烃类从非渗透的生烃岩中被排驱而出的根本驱动力是生烃岩内部存在的超过同等深度静水压力的剩余压力。正是生烃岩内外存在的压力差驱动孔隙流体（包括油、气、水）沿压力小的方向运移。此外，烃源岩内外的烃浓度差也是烃类初次运移的一种动力，尤其天然气如此。在烃源岩演化的不同阶段，油气初次运移的动力不同。

1）压实作用

在沉积物成岩压实过程中，新的沉积层覆于已处于压实平衡状态的地层之上时，该地层的岩石颗粒会发生重排，孔隙体积缩小。在达到新的压实平衡之前，孔隙流体将承受一部分上覆岩石颗粒的质量，从而使孔隙流体产生超过静水压力的瞬时剩余压力。正是这种瞬时剩余压力的作用，使孔隙中的油气水等流体才得以排出。

2）泥质烃源岩内部的异常高压

除压实作用产生的瞬时剩余压力外，当烃源岩埋藏到油气生成的深度后，烃源岩层内部会出现异常高压。若这种压力超过岩石的破裂极限，则会形成微裂缝，使孔隙流体被排出。关于烃源岩异常高压的形成主要有以下几种成因机理：

（1） 欠压实作用。若在泥质沉积物的压实过程中，孔隙流体在瞬时剩余压力的作用下无法及时排出，则孔隙流体会较持久地承受一部分上覆沉积物颗粒的质量，泥岩孔隙度会明显高于相应深度的正常压实孔隙度，孔隙流体压力明显高于静水压力，形成异常高压，这种现象也称为欠压实。

（2） 蒙皂石脱水与解吸作用。沉积盆地中的黏土矿物蒙皂石在其埋藏过程中，由于温度等的作用要发生转化，形成伊蒙混层，最后转化为伊利石 （图 4.2）。蒙皂石脱水作用就是指在蒙皂石向伊利石的转化过程中释放层间水的过程。这些层间水比孔隙空间中的自由水具有更大的密度，从而在孔隙空间中将占有更大的体积，易引起孔隙流体压力的升高，而形成异常高压。同时，当蒙脱石转为伊利石后，对烃类吸附能力大大降低，仅为蒙脱石吸附能力的 1/5。在黏土矿物表面形成一层自由水薄膜，代替原来在黏土矿物表面附着的烃类物质，并将其解脱到孔隙之中，使之可以自由运移，从而起到排烃的作用。

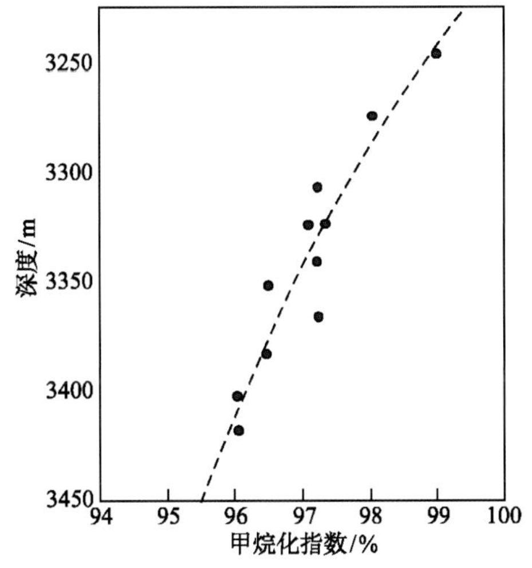

图 4.2　苏 6 实验区井深与甲烷化指数关系曲线

（3） 有机质的生烃作用。干酪根生成的大量油气体积远超过原来干酪根自身的体积，使孔隙流体体积增大。在欠压实阶段，由于排液受阻，油气的生成必然也造成孔隙压力的增大，促进异常高压的形成。

（4） 流体热增压作用。烃源岩孔隙中的油、气、水等流体随着温度增加，都要发生膨胀。在封闭和半封闭的体系内，体积的膨胀必然导致压力增大，促进异常高压的形成。

（5） 构造应力。构造运动引起地层岩石的压缩和变形，造成岩石孔隙空间的减小，在流体排出不畅的情况下，同样引起烃源岩内部异常高压的形成。

3）分子扩散作用

由浓度差引起的分子扩散作用也是推动油气初次运移的动力之一。分子扩散服从费克（Fick）第一定律。当浓度梯度和扩散面积一定时，扩散流大小取决于扩散系数。影响扩散系数的因素通常有扩散物质的性质、扩散分子、扩散系统所处的温度、分子扩散的孔隙空间形态等。油气生成以后，在烃源岩层中烃浓度会越来越高，势必从烃源岩层向外扩散，以达到烃浓度平衡。对于天然气，该作用意义特别大，因为天然气的分子比石油烃类分子小得多，向外扩散的速度比原油更快。扩散使烃源岩层中烃类浓度降低，又给有机质转化为烃类提供了条件。扩散的方向既向上，也向下，烃类越轻，扩散的能力越强。这种现象已被油气层上方的岩层及土壤中存在的气体晕所证实。

例如，苏里格气田二叠系石盒子组盒 8 段非烃源岩层的砂岩气层中的烃类气体是下伏太原组、山西组烃源岩层生成的烃类气体经扩散向上运移并聚集在砂岩储集层中而成藏。由于气田内无断层切割，故天然气从烃源岩层向外运移以扩散为主，其向上运移距离约 700m 左右。天然气若以扩散方式为主的形式向上运移，在层析的作用下，必然会出现深部层位天然气 CH_4 含量相对少，越向浅部层位 CH_4 含量增加越多，即甲烷化指数（或称干燥系数）随深度的减小而增大。用苏 6 实验区及周边探井天然气成分资料，计算甲烷化指数并作图，获得了上述规律性变化结果（表 4.1、图 4.2），证明了分子扩散运移作用确实存在。

表 4.1　苏 6 实验区及周边探井甲烷化指数表

井号	层位（小层号）	气层中部深度/m	CH_4/%	C_2H_6/%	C_3H_8/%	C_4H_{10}/%	>C_4H_{10}/%	CO_2+N_2/%	C_1 指数/%
桃 4	2	3244.5	96.91	0.77	0.17	0.07	0.01	2.07	98.96
桃 5	2	3273.8	95.87	1.5	0.29	0.13	—	2.21	98.04
苏 4	4、7	3306.5	95.78	1.91	0.55	0.27	—	1.49	97.23
苏 6	3、4	3324.2	95.24	1.87	0.4	0.07	—	2.42	97.38
苏 7	2	3324.0	96.14	2.74	0.79	0.23	—	0.1	97.11
苏 8	8、9	3365.8	95.18	2.07	0.49	0.12	—	2.14	97.26
苏 9	3、4	3341.0	95.53	2.06	0.53	0.14	—	1.74	97.22
苏 13	4、6	3351.1	94.66	2.6	0.66	0.15	—	1.93	96.52
桃 3	9	3383.0	94.96	2.7	0.61	0.18	—	1.82	96.45
苏 16	8	3418.8	92.84	2.95	0.72	0.14	—	3.35	96.06
苏 17	4	3401.8	95.84	3.02	0.75	0.17	—	0.22	96.05

另外，苏 6 实验区五口井不同深度气层的天然气碳同位素组成值很相近，表明其不同深度的天然气经扩散运移成藏之后，仍保持同源的特点（表 4.2、图 4.3）。从图中看出，五口气井天然气 $\delta^{13}C$ 组分曲线形状相近，紧密相依，显然是同源产物。

表 4.2　苏 6 实验区盒 8、山 1 段天然气碳同位素组成表

井　号	气层中部深度/m	$\delta^{13}C$/‰				
		$\delta^{13}C_1$	$\delta^{13}C_2$	$\delta^{13}C_3$	δ^{13} n-C_4	$\delta^{13}$$i$-$C_4$
苏 6	3324.3	−33.54	−24.02	−24.72	−23.23	−22.78
苏 33-18	3293.0	−32.31	−25.23	−23.79	−23.08	−22.20
苏 36-13	3334.5	−33.40	−24.70	−24.40	−23.90	−23.10
苏 40-14	3328.8	−34.10	−24.00	−24.50	−23.90	−23.10
桃 5	3374.5	−33.10	−23.57	−23.72	−22.46	−21.62

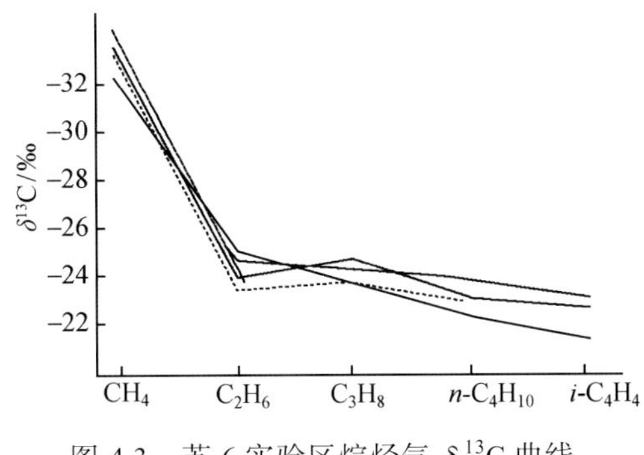

图 4.3　苏 6 实验区烷烃气 $\delta^{13}C$ 曲线

3. 油气初次运移的排烃机制

关于烃源岩在不同演化阶段如何排烃的问题，尽管有不同的看法，但概括起来有压实排烃、异常高压微裂缝排烃和扩散排烃等三种机制。异常高压能导致烃源岩形成微裂缝的观点目前已被人们普遍接受，随着孔隙流体压力的变化，微裂缝具有周期性开启与闭合的特点。油气从烃源岩层向储集层中运移的主要通道为微孔和微裂缝。Tissot 和 Pelet（1971）曾对含有固定有机组分的黏土岩进行加热、加压模拟微裂缝形成实验。开始的机械压力为 44MPa，加热时可驱出的 N_2 量甚微，直到压力增加到 54MPa 时，黏土岩开始破裂，产生微裂缝，驱出的 N_2 量相应急剧增加。同时，压力开始释放，此时驱出的 N_2 的量增加速度降低，表明微裂缝逐渐闭合。

1）压实排烃模式

压实排烃模式是指烃源岩在未熟-低熟演化阶段，受压实脱水作用的排烃形式。压实作用产生的瞬时剩余压力是其主要驱动力，油气大多呈游离相和部分水溶相运移。孔隙应是该阶段油气运移的主要通道。

2）生烃高压微裂缝排烃模式

生烃高压微裂缝排烃模式是指烃源岩在成熟-过成熟阶段，因生烃等作用产生异常高压状态下的排烃形式。异常高压超过岩石破裂界限时，形成的微裂缝成为油气初次运移的主要通道。油气运移以油气互溶的游离相为主。因此，这种模式的排烃过程具有周期性，表现为异常高压—微裂缝产生—排烃泄压—压力恢复和聚压—微裂缝再开启—再排烃泄压的反复过程。

3）扩散排烃模式

扩散作用主要是指轻质烃类化合物，尤其是气态烃，在浓度差的驱动下，呈分子状态运移的行为。这种扩散行为与输导层和裂缝系统相结合，可起到相互辅助和促进的作用。普遍认为，对于深层较为致密的岩层，天然气的扩散作用应更为重要。

4. 烃源岩的排烃效率

烃源岩的排烃效率有两个不同的概念。

一个是相对排烃效率，即

$$相对排烃效率=已排出油/已生成的油,或=1-残留油/已生成的油 \tag{4.1}$$

另一个是累积排烃效率，即

$$累积排烃效率=已排出烃/原始生烃量,或=1-(残留烃+残余生烃量)/原始生烃量 \tag{4.2}$$

实际上，无论是相对排烃率还是累积排烃率，与烃源岩的生烃潜力、成熟度还是有密切关系的，因为烃源岩的排烃首先要满足有机质自身即矿物颗粒表面的吸附，如果有机质丰度和类型差或成熟度低，生成的烃类数量很少，吸附烃占据了多数，那么其排烃效率就低；如果有机质丰度高、类型好或成熟度高，生成烃类的数量多，吸附烃仅占一小部分，那么排烃效率就高。

1）烃源岩有效排烃厚度

一些学者提出了烃源岩厚度对排烃效率的影响。认为厚度很大的烃源岩层中部不能有效地排烃，只有靠近烃源岩顶底界面、距离渗透性地层较近的部分生成的烃类才能有效地排出烃源岩，并提出了“有效排烃厚度”的概念。同时，他们认为不同地区烃源岩的有效排烃厚度有所不同。在进行油气资源评价时，应把对排烃无效的厚度去掉（张厚福和方朝亮，2001）。总体上，许多学者认为薄层烃源岩比厚层烃源岩更有利于烃类排驱，厚度大于30m的烃源岩存在明显的滞烃带。

然而，也有学者认为烃源岩中烃类的排驱与其厚度没有直接关系。针对渤海湾盆地歧口凹陷湖相优质烃源岩开展的系统排烃特征研究，发现厚层泥岩中的孔缝与裂隙系统完全可以使生成的烃类顺利排出烃源岩体，厚层优质烃源岩与薄层烃源岩有着同样高的排烃能力。通过对歧口凹陷港深48井3912～4060m沙-中地层段150多米厚暗色泥岩的连续取样和分析，发现随着埋藏深度的增加，有机碳含量总体上呈现略有降低的趋势，吸附烃、可热解烃和热解生烃潜量也均随着深度的增加略呈现降低的趋势（图4.4）。由于有机碳含量高，可热解烃量也较高（8～20mg/g），吸附烃的含量为3～7mg/g，平均为4.65mg/g。烃源岩的热演化表明，港深48井3912～4060m井段镜质组反射率在0.8%左右，有机质已经开始大量生烃，生成的烃量已经超出了有机质本身及岩石表面的吸附量，应该有烃类排驱出来。按单位有机碳的吸附烃量即烃指数来看，烃指数基本上低于150mg/g，产率指数低于35%，并且均基本上保持不变，有机质及岩石的表面饱和吸附量基本上在150mg/g以下（图4.5）。泥岩段顶部的局部偏高应该是外来烃的侵入造成的，因为该泥岩层段上部砂岩段含油。港深48井3912～4060m烃源岩有机质丰度很高，而且其有机质类型也很好，主要为II_1型有机质，单位有机碳的原始总生烃潜量（PG/TOC）

为 550～650mg/gTOC，而目前单位有机质的生烃量仅为 450～550mg/gTOC，已经有约 100mg/gTOC 被排出。因此，烃源岩的有效排烃厚度不局限于几米或者 30m，厚层的湖相优质烃源岩与薄层烃源岩一样，当生成的烃类超过或达到排烃门限以后，排烃作用可以很顺利地进行，排烃作用与其厚度没有直接关系，厚层烃源岩也可以充分排烃。

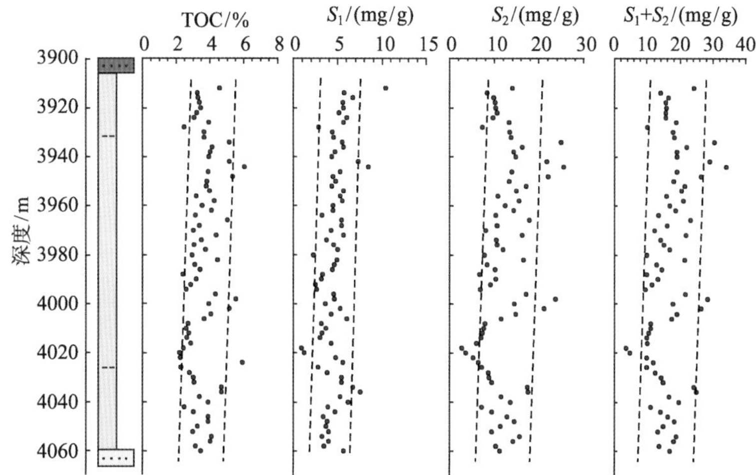

图 4.4　港深 48 井 3912～4060m 井段厚层泥岩有机碳及热解生烃潜力

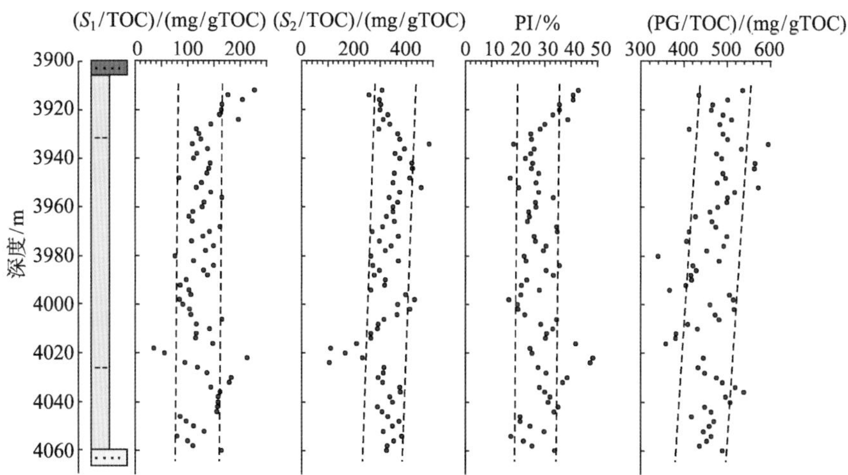

图 4.5　港深 48 井 3912～4060m 井段厚层泥岩烃指数等随深度的变化

2）烃源岩排烃效率

国内外许多学者对烃源岩的排烃效率进行了研究，但不同的学者根据研究对象与方法的差异，获得了不同的排烃效率，而且差别较大（表 4.3）。国外学者多数认为为 60%～80%，而国内学者认为湖相烃源岩的排烃效率一般不超过 50%，特别是对于厚层的好烃源岩，其在成熟阶段的排烃系数仅为 30%，甚至更低。

表 4.3 国内外学者基于不同研究方法获得的烃源岩排烃效率

序号	研究者	研究年份	排烃效率/%	说明
1	Tissot 和 Pelet	1971	40	阿尔及利亚泥盆系碎屑砂页岩剖面
2	Vandenbroucke	1972	10	巴黎盆地下侏罗统托尔辛（Toarcian）页岩和 Domerian 储集岩井剖面
4	张万选和张厚福	1984	很少	《石油地质学》
6	盛志伟等	1982	10～20	泌阳凹陷古近系和新近系核桃园组泥岩
7	贝丰和王允诚	1983	13～18	模拟实验
8	Ungerer 等	1990	50	平均
9	Leythyeuser 等	1984	0～80	挪威 Svalbard 地区 Spitsbergen 岛冻土带两口探煤井岩心
10	Leythyeuser 等	1982	30～80	北海盆地 Kimeradge Clay Formation
11	Cooles 等	1985	80～90	有机碳>1.5%、生烃潜力> 5 kg/t 的倾油性烃源岩平均排烃 60%～90%，贫有机质的烃源岩排烃效率低，但在高温阶段以气态的形式排出
12	Rulkotter	1987	65～96	包括油和气
13	Mackenzie 和 Quigley	1988	>50	Z>3900m,T>115℃
14	芦书鳄	1987	12～19	设排烃效率等于残留烃率
15	Mcissner	1988	0～90	煤层气（coal measure Gas）
16	Taluker	1988	75	产油高峰期
17	金朝熙和陶兴萍	1988	8～45	设排烃效率等于残留烃率
18	王风琴等	1989	16.6～19.7	应用 Magara、Dickey 独立相排烃模拟
19	陶一川	1989	20～30	设产烃率在半对数坐标中为直线，完全欠压实层不排烃
20	Pepper 等	1991	0～80	碳平衡法，排烃率与原始生烃潜力线性相关，生烃潜力高的烃源岩排烃效率高
21	麦碧娴等	1993	7.9～56.7	泌阳凹陷古近系和新近系核桃园组泥岩
23	李明诚	1994	25～50	中国东部古近系和新近系断陷盆地

采用直压式模拟实验装置，对渤海湾地区典型湖相烃源岩进行了生排烃模拟实验。图 4.6 展示了 4 个湖相烃源岩烃类的累积排驱效率。总体来看，在模拟温度 300℃以前的阶段，烃类的排驱效率不超过 30%，大量生烃阶段排驱效率迅速增高，至模拟温度 400～500℃，相当于烃源岩演化到生油窗后期，累积排烃效率已经达到 70%～85%。

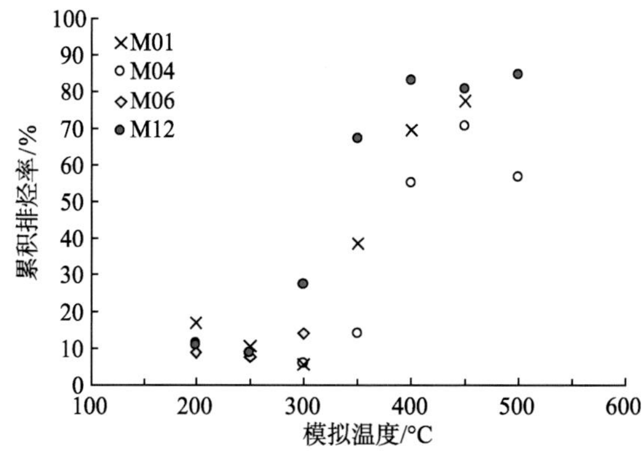

图 4.6 渤海湾盆地古近系和新近系湖相优质烃源岩热模拟总排烃效率

依据渤海湾盆地歧口凹陷、辽河西部凹陷、南堡凹陷及饶阳凹陷有机碳大于1.0%的烃源岩样品生烃指数随深度的演化规律、各类烃源岩的代表性残余生烃量和排出烃量，可以分别计算出相对排烃率和累积排烃率（图4.7、图4.8）。

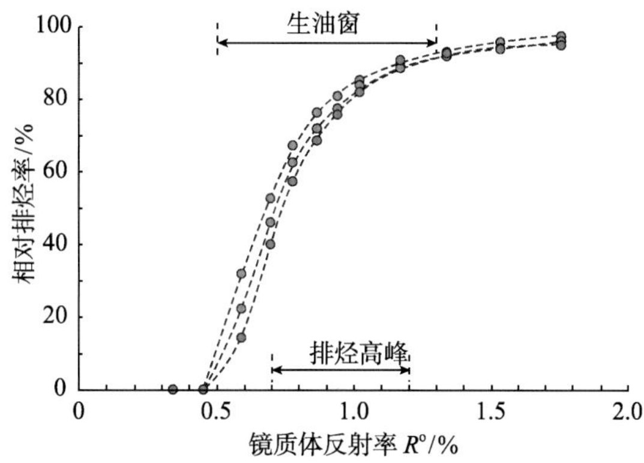

图4.7 渤海湾盆地古近系和新近系湖相烃源岩相对排烃率模式图

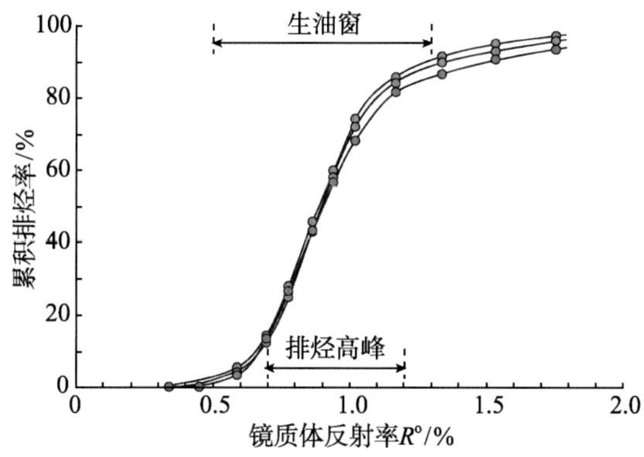

图4.8 渤海湾盆地古近系和新近系湖相烃源岩累积排烃率模式图

由图4.8可见，渤海湾盆地古近系和新近系湖相优质烃源岩在镜质体反射率约0.7%开始大量生烃与排烃，排烃高峰在镜质体反射率为0.7%～1.2%时；至镜质体反射率1.2%时，Ⅰ型有机质烃源岩已经排出了约600mg/gTOC烃类，II_1有机质烃源岩排出了420mg/gTOC烃类，II_2型有机质烃源岩约排出了245mg/gTOC烃类，Ⅰ型有机质烃源岩已经排出了约600mg/gTOC烃类，II_1有机质烃源岩排出了420mg/gTOC烃类，II_2型有机质烃源岩约排出了245mg/gTOC烃类，绝大部分烃类均被排出。因此，不同有机质类型烃源岩的相对排烃效率非常相似，在大量排烃阶段阶段烃源岩的相对排烃率为40%～90%。另外，不同有机质类型烃源岩的累积排烃效率非常相似，当有机质的演化达生油窗结束时，各类烃源岩的累积排烃效率达到85%～90%，也即是说生油窗阶段烃源岩排出了总生烃潜量的85%～90%的烃类。

由此可见，烃源岩的排烃效率应与干酪根热演化阶段相对应。热演化程度越高，其排烃效率也就越高。当烃源岩演化至生油窗下限时，排烃效率已排出大部分烃类。因此，脱离开烃源岩的热演化程度，笼统论述烃源岩的排烃效率是不严谨的，也是不准确的。

（二）油气二次运移的动力学机制

油气进入储集层之后的二次运移地质环境，与初次运移相比，已有了较大的变化，包括较大的孔隙空间、油气主要呈游离相态、更大的烃相浮力、较小的毛细管阻力、较低的压力和盐度，以及符合达西定律的流体渗流特征等（图 4.9）。但与石油相比，天然气在地下具有水溶性和扩散性，即天然气除呈游离相态运移外，还可以呈水溶相态或分子扩散状态运移。在运移过程中，天然气的相态明显受温压条件的控制，例如，呈水溶相态运移的天然气，从深层运移至浅层或地层抬升后，由于温压的降低，会从水中析出，成为游离的气相；而游离的天然气由于地层埋藏深度的增加、压力的增大，也会溶解于水中或油中。油气二次运移的输导是由输导储层、断层面和不整合面组成的网络式连通体系完成的。在输导体系内，油气可进行多方向、大距离的运移。

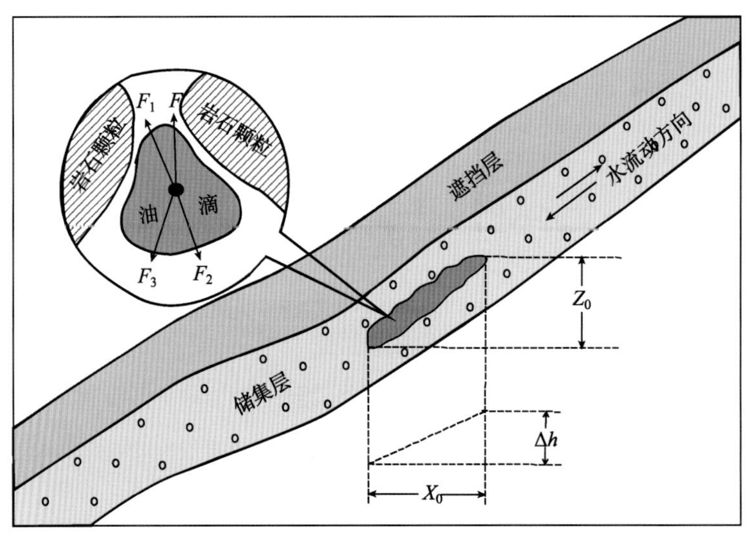

图 4.9　连续烃相在水湿润储集介质层内二次运移过程中的受力状况

图中 F 为烃相二次运移的总合力；F_1 为烃相所受浮力和重力的合力；F_2 为烃相由大孔进入小孔所要克服的毛细管压差阻力；F_3 为水动力；Z_0 为单位面积的烃相高度；X_0 为连续烃相的水平宽度；Δh 为连续烃相的垂直高度

1. 二次运移的驱动力

1）浮力和重力

油气二次运移驱动力中最为显著的特征是浮力控制作用的增强和毛细管力控制作用的减弱，尤其是当分散的油珠或气泡连成一体，成为连续烃相之后，上浮力与毛细管力之间的对应关系决定了油气的运移和聚集。

物体在流体中受到的浮力的大小等于该物体排开流体的质量。上浮力的方向是铅直向上的，重力是铅直向下的。连续烃相在水中的上浮力为烃相浮力与自身重力的差。其

大小可用公式表示为

$$F_1 = Z_0\left(\rho_w - \rho_h\right)g \tag{4.3}$$

式中，F_1 为烃相（油或气）在水中的上浮力（N）；Z_0 为烃相单位面积的高度（m）；ρ_w 为水的密度（kg/m^3）；ρ_h 为油或气的密度（kg/m^3）；g 为重力加速度，取值 9.81m/s^2。

2）毛细管力

由于储集岩一般是亲水的，故石油和天然气在储集岩中运移时，毛细管力一般起阻止作用。以单独的油珠为例，当它试图从较宽敞的孔隙进入相对狭窄的小孔喉道时，由于油珠上、下两端的孔隙半径不同，产生两端的毛细管压力差，毛细管压力差作用指向宽敞的大孔隙一端。因此，油珠要通过喉道就需要额外的动力来克服这种毛细管压力差。当一半的油珠通过喉道时，上下两端界面曲率半径相等，两端毛细管压力差为零。当油珠大部分通过小孔隙喉道后，上端的毛细管力小于下端的毛细管阻力，毛细管力作用方向向上，此时毛细管力成为促使油珠上浮的驱动力（图 4.10）。

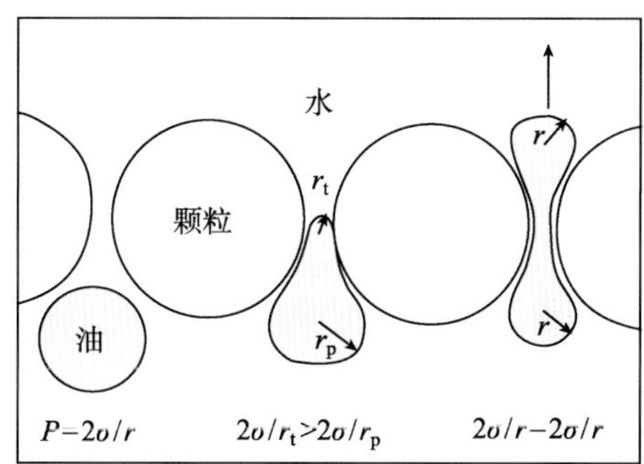

图 4.10　油珠在水湿润岩石颗粒孔隙介质中通过喉道运移的受力状况（Berg，1975；Tissot and Welte，1978）

两端毛细管压力差大小可用公式表示为

$$F_2 = 2\sigma(1/r_t - 1/r_p) \tag{4.4}$$

式中，F_2 为烃相两端毛细管压力差（m）；σ 为界面张力（N/m）；r_t 为小孔隙喉道半径（m）；r_p 为大孔隙半径（m）。

3）水动力

储集层孔隙空间主要充满水的情况下，流体会受到地层剩余压力的作用。剩余压力是指某一深度的实测地层压力与该深度静水柱压力的差值。当同一连通的储集层中两点之间存在着地层剩余压力差时，所含的地层水将发生流动。这种造成地层水流动的剩余压力差就称为水动力。当储层内各点的压力差为零时，地层水处于静止状态，即静水状态。如果存在剩余压力差，地层水将从剩余压力高点流向剩余压力低点的位置。

在图 4.10 所展示的运载储层中，在动力条件下油气所受的水动力 F_3 可由式（4.5）计算，即

$$F_3 = \rho_w g(d_z / d_x)X_0 \tag{4.5}$$

式中，X_0 为连续烃相的水平宽度；d_z / d_x 为水势能面的坡度；ρ_w 为水的密度。

在水动力的作用下，地层水中的油气运移和聚集与地层剩余压力差的大小、油气所受浮力的大小以及毛细管力的大小等有关。如图 4.11 所示，在地层上倾方向与水流方向相同的背斜一翼，水动力方向与油气上浮力方向一致，F_3 为正值，水动力促进油气的运移；而在背斜的另一翼，水动力方向与上浮力方向相反，则水动力对油气的运移起阻挡作用，F_3 为负值，可构成水动力圈闭。这种状态下的储层测压面或势能面总是呈倾斜状或非水平状。

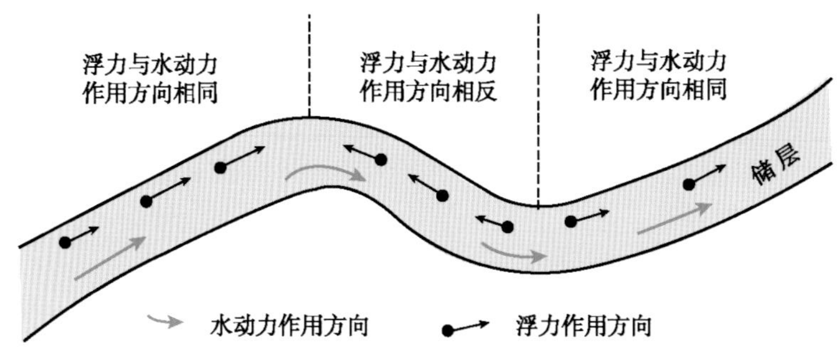

图 4.11　水动力和上浮力作用方向对油气运移的影响

依据上述油气二次运移驱动力的论述，地下储层中油气的运移和聚集状况取决于各种驱动力的合力 F 之作用方向（图 4.9），即 $\bar{F}=\bar{F}_1+\bar{F}_2+\bar{F}_3$。

当 $F\leqslant 0$，为负值时，油气能够聚集；

当 $F>0$，为正值时，油气进行运移。

在静水条件下，$F_3=0$，油气的运移和聚集取决于 F_1 和 F_2 的对应大小。当 $F_1>F_2$ 时，油气进行运移；当 $F_1<F_2$ 时，油气开始聚集。

在动水条件下，F_3 可为正值，也可为负值，对油气的运移分别起着促进和阻止的作用。

2. 油气二次运移和聚集的流体势表征

分析地下流体的运移，除研究流体的受力状况外，也可从流体能量的角度进行分析，即地下的流体所受到的重力、浮力、压力和毛细管力等都是其自身能量体现的结果。流体在地下作用的特征遵循着能量守恒原理。例如，油气在运移的同时，也消耗了自身的能量。从而，流体总是从势能高的地方自然地流向势能低的地方。最终，油气会在势能最低的地方聚集和保存。Hubbert（1940；1953）首先将流体势的概念引入石油地质学研究中，来描绘地下单位质量流体的能量变化和流体运移特征。England 等（1987）又以流体的单位体积为标准，改进了 Hubbert 的流体势概念。

Hubbert（1940）将流体势定义为单位质量的流体相对于基准面所具有的机械能总和，并可用式（4.6）表示，即

$$\Phi = gz + \int_0^p \frac{\mathrm{d}P}{\rho} + v^2/2 \tag{4.6}$$

式中，Φ 为流体势（J/kg）；g 为重力加速度，取值 9.81m/s^2；z 为测点相对于基准面的距离（m）；P 为测点孔隙压力（Pa）；ρ 为流体密度（kg/m^3）；v 为流速（m/s）。

式（4.6）等号右端第一项代表重力引起的位能，即将单位质量流体从基准面移动到高程 z 所做的功；第二项代表流体的弹性能，即单位质量流体在移动过程中压力变化所做的功；第三项代表动能，即将单位质量流体由静止状态加速到流速为 v 时所做的功。

压力变化后，气的压缩程度是比较大的。若认为或假设水和石油是不可压缩的，或压缩程度可忽略不计的，则水势和油势可分别写为

$$\Phi_{\mathrm{w}} = gz + \frac{P}{\rho_{\mathrm{w}}} + v^2/2 \tag{4.7}$$

$$\Phi_{\mathrm{o}} = gz + \frac{P}{\rho_{\mathrm{o}}} + v^2/2 \tag{4.8}$$

式中，Φ_{w} 为水势（J/kg）；Φ_{o} 为油势（J/kg）；ρ_{w} 为水的密度（$\mathrm{kg/m^3}$）；ρ_{o} 为油的密度（$\mathrm{kg/m^3}$）；P 为测试点的压力(Pa)。

在静水条件或流速很低（小于 1cm/s）时，动能 $v^2/2$ 一项也可忽略不计。这样，在地层条件下的流体势可简单理解为单位质量流体的位能和弹性能之和。则水势、油势和气势可分别写为

$$\Phi_{\mathrm{w}} = gz + \frac{P}{\rho_{\mathrm{w}}} \tag{4.9}$$

$$\Phi_{\mathrm{o}} = gz + \frac{P}{\rho_{\mathrm{o}}} \tag{4.10}$$

$$\Phi_{\mathrm{g}} = gz + \int_0^p \frac{\mathrm{d}P}{\rho_{\mathrm{g}}} \tag{4.11}$$

式中，Φ_{w} 为气势（J/kg）；ρ_{g} 为气的密度（$\mathrm{kg/m^3}$）。

通常，人们还习惯于用测压水头 H_{w} 表示水势的大小，测压水头是测点高程与测点的静水柱高度之和，即

$$H_{\mathrm{w}} = \frac{\Phi_{\mathrm{w}}}{g} = z + \frac{P}{g\rho_{\mathrm{w}}} \tag{4.12}$$

由于 Hubbert（1940）流体势的定义中没有考虑毛细管力的作用。对于孔隙大小非常不均一的地层，如砂岩向泥岩的相变带等，该定义就无法解释其油气运移和聚集的问题。为此，England 等（1987）将流体势定义为单位体积流体相对于基准面所具有的势能总和，但未考虑动能一项，提出的水势和烃势的计算公式为

$$\Phi_{\mathrm{w}} = P - \rho_{\mathrm{w}} gD \tag{4.13}$$

$$\Phi_{\mathrm{h}} = P - \rho_{\mathrm{h}} gD + \frac{2\sigma}{r} \tag{4.14}$$

式中，Φ_{w} 为水势（$\mathrm{J/m^3}$）；Φ_{h} 为烃势（$\mathrm{J/m^3}$）；D 为深度（基准面取地表面）(m)；ρ_{h} 为烃密度（$\mathrm{kg/m^3}$）；P 为测点孔隙压力（Pa）；σ 为两相界面张力（N/m）；r 为毛细管半径（m）。

柳广第（2009）综合 Hubbert 流体势和 England 流体势的概念，分析了流体势与油

气运移动力的关系，认为对于石油在储集层中的运移情况，假设有 A 和 B 两点，两点距基准面的距离分别为 z_1 和 z_2，地层的压力分别为 P_1 和 P_2，储集岩孔隙半径分别为 r_1 和 r_2，则 A、B 两点的油势差 $\Delta\Phi_{AB}$ 应为

$$\Delta\Phi_{AB} = (\Delta P_1 - \Delta P_2) - (\rho_{\mathrm{w}} - \rho_{\mathrm{o}})g(z_1 - z_2) + 2\sigma\left(\frac{1}{r_1} - \frac{1}{r_2}\right)\cos\theta \tag{4.15}$$

式中，ΔP_1 为 A 点的地层剩余压力；ΔP_2 为 B 点的地层剩余压力。

从式（4.15）可以看出，两点之间的流体势差可以分解为三部分：第一部分为 A、B 两点的剩余压力差；第二部分为具有 $z_1–z_2$ 高度的油柱在水中产生的浮力与油柱重力的差值；第三部分为两点之间的毛细管力差。柳广第（2009）认为这与前面关于油气运移的力学分析是完全一致的，即流体势的公式中实际上包含了油气运移过程中的浮力、重力、剩余压力差和毛细管力的作用。

目前，流体势分析已成为研究油气运移和聚集的主要方法之一。因为流体具有从高势区流向低势区的趋势，因此，根据流体势等值线图，可以分析油气运移的优势方向或汇聚区带。油气运移方向的流线在流体势图有不同的组合型式，可以划分出三种主要形式，即汇聚型、平行型和发散型。在汇聚流线分布的前端区域，表明油气在运移过程中将不断趋于汇集此处，对油气的聚集是有利的，而平行流和发散流对油气的聚集不利。在流体势图上形成的低势闭合区，也将是各个方向油气汇集的有利区域。可见，利用流体势分析的方法，既可以研究油气运移的方向，也可预测有利的聚集区。

（三）常规油气的不断运聚作用

由于油气的不断运聚作用，油气聚集构成的油气藏可划分为原生、残留和次生的三种成因类型。不同时期的地质构造运动均可使已形成的含油气圈闭遭受拱升、下降与破坏。例如，地层不整合的出现和断层的切割不仅可破坏已形成的油气藏，也可导致油气的再运移、再聚集。这种现象在稳定的地台型盆地，如鄂尔多斯盆地，出现不多，但在断裂活动较强的裂谷盆地，如渤海湾盆地，却大量出现。这种经过油气再运移、再聚集所形成的油气藏，可以是次生油气藏或残留油气藏。

1. 现代油气再运聚的实例

美国墨西哥湾的尤金岛（Eugene Island）油气田 330 区块，是一个同沉积生长断层上的滚动背斜构造圈闭含油。生长断层（也称同生断层）的活动期是早更新世（2.1Ma）至今；圈闭主要形成期是更新世（1.8Ma），产层为更新统，储层埋深 1311～3658m，水深 64～81m。该油田自 1971 年发现以来，1997 年底累计产油 $1.59 \times 10^8 \mathrm{m}^3$，产油量已超过可采储量的 2.26 倍。

生产实践表明，该区块一直存在新油气的不断补给。证据之一是根据对同一口井连续 16 年取样分析发现，油气组分在 3～10 年的短暂时间内发生明显的变化，即 C7 烃组分中的特殊变化表明，这些烃都是近期从越来越深而温度越来越高的深层沿同生断层向上运移来的；证据之二是从含油区块上方，从海底微小烃泉和海底沉积物取样，对轻烃

组分及二甲苯芳烃结构的地化分析也表明，烃流体至今仍沿着同生断层向上运移。

根据年龄测定，产层中油气水的年龄至少为 0.3 亿～1.46 亿年，而新补给油气的年龄不足 200 万年。表明新运移到 330 区块中的油气地质年代比原生产层中油气水年代要晚得多。尤金岛 330 区块油气继续补给的通道是雷德生长断层，这意味着地层深部存在较为充足的已聚集的烃源供给。

2. 地球构造运动是油气再运聚的强大驱动力

油气生成、进入储层开始二次运移之后，会受到不同地质时期构造运动的影响和控制。其中，晚期构造运动对油气藏的最终定型和分布起着决定作用。例如，在渤海湾盆地海域地区，第四系地层中就存在较强烈的不整合。郯庐断裂带作为继承性活动的大断裂，既是近代地震活动带，又是地质历史时期的地震区。经中国地震局统计，1970～2004 年在渤海湾盆地及其周围共记录到 2～7.9 级地震 5709 次。从有地震记录的 100 年内，仅渤海海域发生过 7 级以上地震 4 次。可见，在远久的地质历史时期，大于 7 级的地震是不断出现的。这种长期活动的大断裂必然成为油气再运聚的主要驱动力。因此，在该地区最浅部的储盖组合——新近系地层，已发现了多个亿吨级的大油气田。

此外，钻井和地震资料证实，渤海湾盆地的渤海海域第四纪沉积厚度一般为 300～500m，该区海底以下 80m 存在高角度地层不整合，它是全新统与更新统之间强烈的不整合。在地震剖面上反映出不同层位存在许多充填水道，还有大量的软流变形层及疑似震积层，并伴随断裂的天然气气烟囱而使天然气逸散（龚再升，2005）。

又如，莺歌海盆地是我国新近纪至第四纪最活跃的沉降盆地，即通常所说的晚期成盆的盆地。第四纪的沉积速率一般大于 1000m/Ma，最大可达 2000m/Ma。快速沉降和上覆巨厚沉积使深部形成欠压实超压层，并导致深层塑性拱张、出现泥底辟活动，泥底辟活动是莺歌海盆地天然气运聚成藏的重要因素。东方 1-1 气田是盆地许多气田当中最大的一个，探明含气面积 287.7km^2，天然气地质储量 $996.8 \times 10^8 m^3$，年产气 $17.0 \times 10^8 m^3$。该气田圈闭的形成及天然气的运聚成藏都是发生在新近纪中新世之后，为晚期成盆和晚期成藏的气田。天然气是在上新世至第四纪才注入成藏。从气藏地震剖面上反映出气层以上地层有大量垂向裂隙，它是持续地向海底散失天然气的通道，而保持这个大气藏的存在，应是天然气供聚大于散失的动态平衡的结果。

二、常规油气运聚过程中的改造作用

油气在运移和聚集、再运移和再聚集的过程中，由于所处的地质环境不断变化，油气的物理和化学性质也随之变化，可分为运移和聚集两个阶段来论述油气的性质变化和改造作用因素。

（一）油气运移阶段

石油和天然气在运移的过程中，发生一系列物理和地球化学变化的主导作用要素是层析作用，或称地质色层效应。当在同一输导体系中存在多个圈闭，其溢出点海拔依次递增，则在充足供给的前提下，就会出现油气差异运聚现象。当油气运移进入浅层，甚至地表层，则会发生氧化、生物降解等作用。该阶段的主导作用因素如下。

1. 层析作用

层析作用是指石油和天然气在运移过程中，被输导层或储集层矿物颗粒选择性吸附而导致石油和天然气的物理性质和化学成分发生变化的作用。由于石油中的重组分和极性较强的组分容易被岩石颗粒吸附。因此，随着运移距离的增加，石油中的重组分和极性组分的含量逐渐减小，而轻组分和极性较弱的组分含量则相对增加，酒泉盆地可以作为这方面的实例。该盆地的油源区位于老君庙背斜带西部的青西凹陷，主要烃源层是下白垩统新民堡群，老君庙背斜带西北紧邻青西生油凹陷；从构造发育史上看，青西凹陷一直处于相对低的、接受沉积的位置，而老君庙背斜带则始终处于相对高处。青西凹陷生成的油气主要通过白垩系向西变薄的砂层及向西倾斜的白垩系顶、底不整合面向东运移。沿着上述方向，油藏中石油组成发生有规律的变化。从鸭儿峡向老君庙、石油沟方向，原油中 C_{22-}以前与 C_{23+}以后饱和烃含量的比值逐渐增加。

在非烃化合物中，沿着石油运移的方向，咔唑类含氮化合物含量的变化比较明显，石油中咔唑类含氮化合物的总量随运移距离的增加而减小。也有人认为，重同位素 ^{13}C 比轻同位素 ^{12}C 吸附能力强，^{12}C 相对运移快，故在运移前方 ^{12}C 含量相对较高，致使 $^{13}C/^{12}C$ 比值减小。随着石油和天然气在运移过程中，化学成分的有规律变化必然导致物理性质的变化。沿着油气运移的方向，其密度和黏度一般都会减小。

2. 油气差异运聚作用

当油和气进入同一圈闭时，由于油、气的密度不同，在圈闭中会发生重力分异，后期进入的天然气会驱使石油从圈闭的溢出点逃离，继续向高部位圈闭运移。因此，在同一输导体系的油气运聚过程中，位置不同的多圈闭中存在差异聚集现象，即低处的圈闭中充满着天然气，中间位置的圈闭中油气并存，而在高处的圈闭中仅充满着油（图 4.12）。

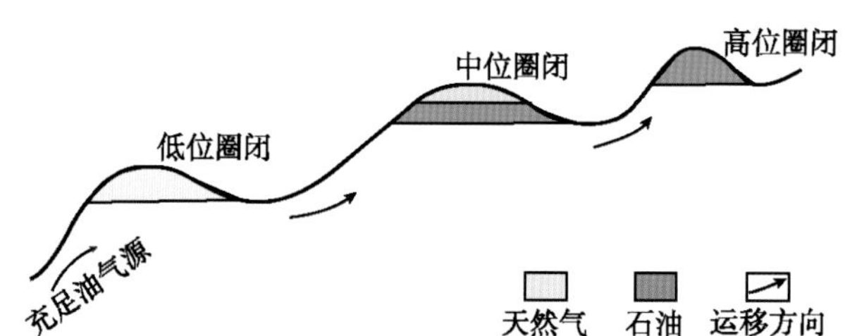

图 4.12　同一输导体系中多圈闭油气差异运聚作用示意图

同时，依据油气差异运聚原理，也可看出：越靠近烃源区、溢出点越低的圈闭，越易构成纯气藏。并且，一个充满了石油的圈闭仍然可以作为有效地聚集天然气的圈闭。反之，则不然。目前，世界上已发现的许多油气田都存在油气差异运聚作用的现象，如俄罗斯地台伏尔加格勒区北部构造群下石炭统斯大林山层的李涅夫、日尔诺夫和巴赫麦其也夫等三个处于同一输导体系的圈闭。其中，李涅夫构造只含气不含油，日尔诺夫构造为油气藏，而巴赫麦其也夫构造则为纯油藏。又如，在渤海湾盆地歧口凹陷的滨海斜坡，发育的多个圈闭均以主凹沙三段暗色泥岩为油气源，埋深 3500m 左右的低位圈闭以纯气藏为主，而高位的浅层圈闭则以纯油藏为主，构成了该区“上油下气”的油气分布特征。

然而，油气运移阶段影响油气性质变化的各种因素很多，包括运移距离、输导体系的构成要素、输导层或面的岩石矿物组成、地层水的性质、温度和压力的大小等。因此，上述原油性质的变化与分布特征，一定要依据具体的地质特征和主导的作用要素，进行综合分析和判断油气运聚的性质变化和主要方向等特征。

（二）油气聚集阶段

油气进入圈闭、形成油气藏之后，直至圈闭被破坏的过程，都属于油气聚集阶段。地壳运动，除对油气藏造成直接破坏的作用外，还会使油气藏遭受深埋或岩浆活动的影响，造成油气藏中的油气在高温作用下发生热裂解和热变质；也可使油气在近地表的浅部圈闭中，遭受生物降解、水洗和游离氧的氧化作用。而对于天然气来讲，无论气藏存在于深部还是浅部，都会发生扩散作用。该阶段的主导作用因素如下。

1. 热蚀变作用

油气藏中的石油在热力作用下，趋于向降低自由能而具有更高化学稳定性的方向变化。在这一过程中，原油的一部分逐渐聚合成固体沥青类矿物而析出，形成储层沥青。而其他大部分则向低碳数烷烃方向演化，使得原油变轻，品质变好；在热演化的更高阶段向轻质凝析油转化，最终成为自由能量小的气态甲烷。

以渤海湾盆地济阳拗陷夏 38 火成岩油藏和临 86 砂岩油藏为例，尽管它们都是原生油藏，但夏 38 井的原油族组分 δ^{13}C 值与临 86 井相比要小 1.5‰～4.4‰（表 4.4），即前者比后者轻。从这两口井原油族组分百分含量上看，夏 38 井的烷烃加芳烃，即总烃含量比临 86 井的高 8.08%，而非烃和沥青质含量则低 8.14%。但夏 38 井烃源岩为Ⅱ$_1$型干酪根，并以壳质组为主。临 86 井是Ⅰ型干酪根，并以腐泥组为主。依据两口井干酪根类型的不同，夏 38 井原油的总烃含量应比临 86 井低，而非烃和沥青质含量应高。但实际上却出现了与此完全相反的结果，这显然是火成岩侵入体对烃源岩高温加热、裂解的结果。它不仅使长链、大分子的非烃和沥青质变成短链和小分子，而且还使原油族组分的 δ^{13}C 值由烷烃<芳烃<非烃的正常序列，变成了烷烃>芳烃>非烃的反常序列。反常序列的出现是原油裂解的证据。

表 4.4　夏 38 井、临 86 井干酪根和原油碳同位素对比表（李春光，1994）

井号	烃源岩干酪根						原油族组分 δ^{13}C				
	取样深度/m	腐泥组/%	壳质组/%	镜质组/%	惰质组/%	类型	取样深度/m	烷烃/‰	芳烃/‰	非烃/‰	沥青质/‰
夏 38	3889.4	32.7	67.3	—	—	Ⅱ$_1$	3828.6	>–27.9	>–28.1	–28.2	—
临 86	3911.4	77.7	20.0	1.0	1.3	Ⅰ	3934.8	<–26.4	<–24.1	<–23.8	–23.5

2. 生物降解作用

油气藏中原油的微生物降解作用是在油层水与地表大气降水有一定连通的条件下发生的。这种油层水中已发现的微生物有 30 属 100 种以上的细菌、真菌、霉菌和酵母菌。不同菌种都能有选择地消耗一种或几种类型的烃类，特别是碳数较低的烃类。因此，石油被生物降解后，密度和黏度均变大。

Bailey 等（1973）等用混合细菌处理加拿大萨斯喀彻温州（Saskatchewan）的原油样品，在 30℃条件下经 21 天培养后，发现微生物对原油的降解作用相当明显。原油密度从 0.827（40° API）增到 1.046（5° API）；烷烃-环烷烃约有 30%被破坏，芳烃少量被破坏（图 4.13）。

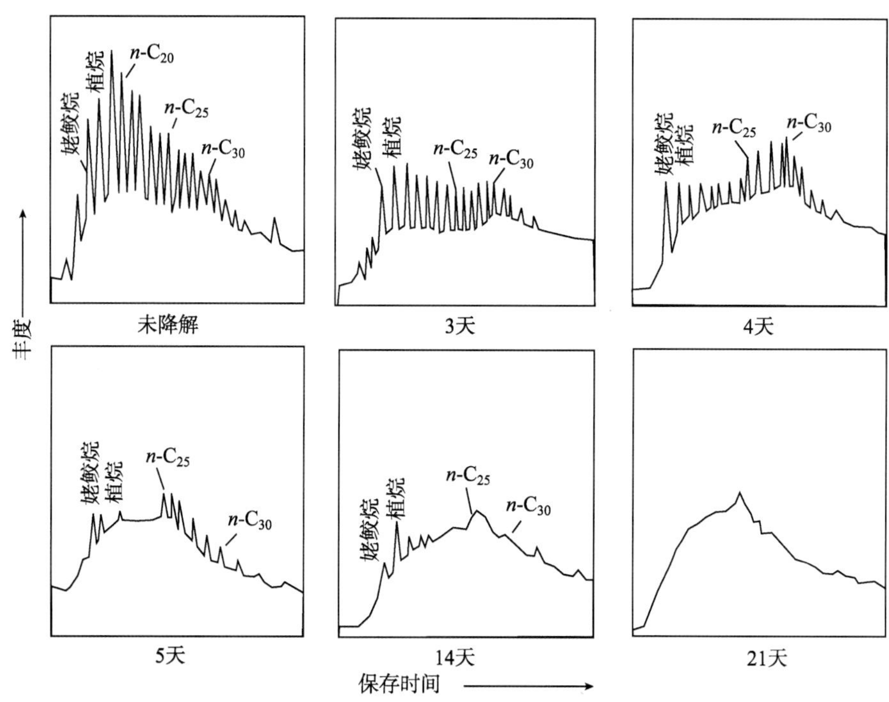

图 4.13 萨斯喀彻温州原油降解实验的不同阶段微生物降解作用的气相色谱图（Bailey et al., 1973）

根据大量的研究资料可知，微生物降解烃类大致的先后顺序为：正构烷烃（C_{25-}）、支链烷烃、异戊间二烯烷烃、低环的环烷烃、芳香烃及多环芳烃。一般来讲，甾萜类化合物比较稳定，在中等强度的降解中变化不大。在严重降解中，甾萜化合物同样会发生一系列变化。但是，通过对渤海湾盆地辽河西斜坡稠油沥青的系统研究，发现三芳甾系列化合物是很稳定的，可作为严重降解石油的亲缘对比指纹；藿烷系列转化为去 25-甲基藿烷系列；规则甾烷明显减少，重排甾烷相对富集等。此外，在降解石油中噻吩类和其他含硫化合物能够相对富集，这是因为微生物未选择消耗它们的结果。

3. 氧化作用

石油的氧化是由储层上升、圈闭开启和地下水活跃而引起的。石油的氧化作用可分为游离氧的氧化和硫酸盐等含氧化合物中结合氧的氧化作用。但游离氧作用的范围是有限的，结合氧的氧化作用对石油成分影响较大。地下水中或围岩中的硫酸盐，在还原细菌的作用下会将烃类直接氧化成 CO_2 和 H_2O。这种氧化作用的结果都是将环烷烃氧化成环烷酸、醇；芳香烃氧化成酚、芳香酸；烷烃氧化成酮、酸、醇等（图 4.14）。最终，氧化作用会使石油中的胶质和沥青质组分增加，石油变重、变稠，甚至导致油气的彻底破坏，产生一系列次生衍生物——固体沥青。

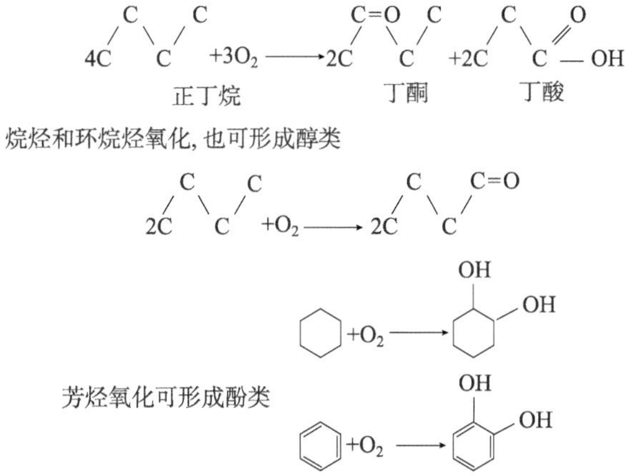

$4C$—C—C—C $+3O_2 \longrightarrow 2C$—C(=O)—C $+2C$—C—C—C—OH
正丁烷　　　丁酮　　　丁酸

烷烃和环烷烃氧化，也可形成醇类

$2C$—C—C—C $+O_2 \longrightarrow 2C$—C—C—C=O

环己烷 $+O_2 \longrightarrow$ 环己二醇（OH, OH）

芳烃氧化可形成酚类

苯 $+O_2 \longrightarrow$ 邻苯二酚（OH, OH）

图 4.14　烷烃和芳烃被氧化的化学反应式

4. 水洗作用

水洗作用是指烃类未饱和的地层水，沿油气藏的油水界面运动时，有选择地溶解可溶烃类，并将其带走的一种作用。遭受水洗的石油成分主要是溶解度高的组分，如一些苯、甲苯等。水洗作用强度依赖于水动力驱动的地层水流动。当水动力很强时，会产生水冲刷作用，对油气藏造成破坏或改造作用，油气会被直接冲刷出圈闭。

5. 扩散作用

造成油气聚集的盖层封闭性是相对的。对于以分子状态存在的烃类物质，只要在封闭面两侧存在烃浓度等方面的差异，就会发生分子扩散作用。尤其是当盖层仍然发育一定的微孔或微缝，烃类在额外压力差的作用下也可通过盖层，发生非常缓慢的渗漏。这种作用对气态烃的影响比较明显。在油气藏的上方，近地表土壤中存在的地球化学异常就是烃类渗漏和扩散的直接反映。

6. 烃类的硫化作用

石油含硫量，除与生油母质有关外，更重要的是与石油的次生硫化作用有关。在硫化作用下，硫酸盐可以氧化烃类，还原形成 H_2S 和 S。当 S 与 H_2S 反应时形成多硫化合物 $H_2S+S \rightleftharpoons H_2S \rightleftharpoons 2H^{+}+2S_x^{2-}$。多硫化物是强氧化剂，在高温下会将饱和烃完全氧化为 CO_2。在一般储层中，这些硫化物可以氧化烃类形成各种有硫化合物，从图 4.15 的反应式中可看出，元素硫与烃反应形成了烷基噻吩、硫醇和硫醚，从而降低了烃类含量，增加了石油中的硫化物。另外，硫酸盐、元素硫等还可以将甲烷氧化成 CO_2；其反应式为 $CH_4+SO_4^{2-}+2H^+ \longrightarrow CO_2+2H_2O+H_2S$，这也是造成某些天然气藏破坏的原因。

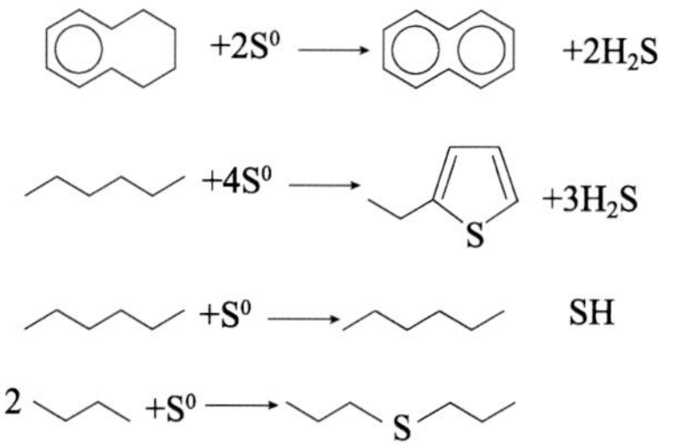

图 4.15　一些可能的烃类硫化作用反应式图（王启军，1988）

天然气中硫化氢的来源有三种成因。第一种为生物成因；第二种为含硫化合物热裂解成因；第三种为硫酸盐热化学还原反应（TSR）成因。由于硫化氢对微生物的毒性和含硫化合物的数量决定了生物成因和含硫化合物热解形成的硫化氢浓度（一般为 3%～5%）。因此，目前普遍认为硫酸盐热化学还原反应是天然气中高含或特高含硫化氢（硫化氢在气体中的含量大于 5%）的成因。

所谓硫酸盐热化学还原反应是指烃类在高温条件下将硫酸盐还原生成 H_2S、CO_2 等酸性气体的过程，是高含硫化氢天然气形成的重要途径。由于 TSR 是在热动力条件驱动下使烃类与硫酸盐发生有机-无机相互作用的化学反应过程，所以 TSR 的发生需要 3 个基本条件：充足的烃类、地层中发育膏盐和较高的温度（一般大于 120℃）条件。下面以四川盆地东部高含 H_2S 天然气田为例，来论述烃类硫化作用的特征。

四川盆地东北部地区下三叠统飞仙关组（T_1f）产高含 H_2S 天然气，已发现的气田包括普光气田、罗家寨气田、渡口河气田、铁山坡气田等，其探明储量参数见表 4.5。这些气田 H_2S 含量占气体组分的 10%～15%，均为高含硫化氢气田。H_2S 含量最高的气田为渡口河气田，含量为 17%。

表 4.5　四川盆地东部高含 H_2S 天然气田储量表

气田名称	层位	面积/km^2	天然气地质储量/亿 m^3	丰度/（亿 m^3/km^2）
渡口河气田	T_1f	33.80	359.00	10.62
铁山坡气田	T_1f	24.90	373.97	15.02
罗家寨气田	T_1f	76.90	581.08	7.56
普光气田	T_1f	45.58	2590.71	56.84
合计	T_1f	181.18	3904.76	

1）硫酸盐热化学还原反应对烃类的消耗作用

四川盆地东北部地区飞仙关组高含 H_2S 天然气中的总烃含量大多数为 80%左右，而在高含 H_2S 气田南侧和西侧微含或不含 H_2S 气田天然气的总烃含量却在 97%以上。这种现象的出现，显然是天然气中非烃含量的增加而导致总烃含量降低的结果。从川东北飞仙关组气田 CH_4、C_2H_6 分别与 H_2S 含量的相关性变化中可以看出（图 4.16），随着 H_2S 含量的增加，CH_4 和 C_2H_6 含量迅速递减，并呈现出线性关系。因此，非烃类酸性气体（H_2S、CO_2）的增加来源于硫酸盐对烃类的消耗作用。

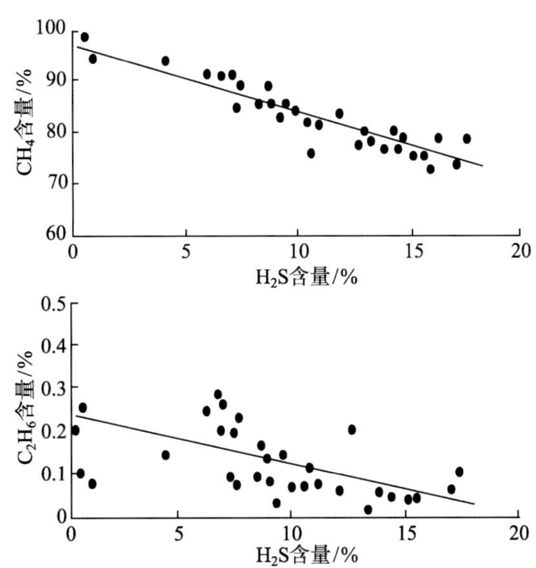

图 4.16　四川盆地东北部飞仙关组烃类与酸性气体含量的反相关（朱光有等，2005）

2）TSR 对烃类碳同位素的蚀变作用

在硫酸盐热化学还原反应（TSR）过程中，伴随着烃类的氧化而发生了碳同位素的分馏。硫化氢含量越高，则甲烷的碳同位素值越重。TSR 对碳同位素的蚀变作用不仅在四川盆地川东北地区存在，而且在渤海湾盆地冀中拗陷北部奥陶系潜山带的碳酸盐岩深层气藏中也发现这种现象。例如，武清地区苏 50 井是一口高含 H_2S 气体的天然气井，在该井南部 34km 处的苏 1-2 和苏 1-7 井均含有 H_2S 气体。天然气成分碳同位素分析结果（表 4.6）表明，发生硫酸盐热化学还原反应的苏 50 井烃类气体碳同位素值明显重于未遭受硫酸盐热化学还原反应的苏 1-2、苏 1-7 井烃类气体碳同位素值。

表 4.6　冀中拗陷北部奥陶系潜山气藏天然气碳同位素特征表

地区	井号	井段/m	$\delta^{13}C_1$/‰	$\delta^{13}C_2$/‰	$\delta^{13}C_3$/‰	$\delta^{13}C_4$/‰	成因类型
武清	苏 50	5114～5335	−37.7	−23.1	−22.6	−22.9	TSR 蚀变
苏桥	苏 1-2	4245～4257	−39.2	−27.5	−24.8	−22.9	未受
	苏 1-7	4145～4177	−39.0	−27.0	−24.6	−24.8	TSR 蚀变

三、油气注入时间及期次的确定方法

所谓油气注入是指烃源岩生成的油气经初次运移、进入圈闭的过程。进入圈闭的时间称注入时间，一次注入成藏称为一期成藏，两期以上注入成藏称为多期成藏。油气的聚集一般表现为在不同的温度和压力条件下，以多种不同的相态注入适宜的圈闭中保存下来。研究和确定油气向圈闭注入的时间和期次是解决油气流体矿藏异地保存的时间和空间的变化关系。在国内外，大量的现代油气勘探实践和实测的追踪过程中，有许多地质现象证实，油气生成、运移和聚集不只是在漫长地质历史时期中存在，而且至今仍然存在，甚至还可能很活跃；油气运移、聚集不仅是缓慢的成藏过程，而且还可能存在突发性的幕式快速运聚、充注成藏过程。油气藏形成时间的确定方法主要包括圈闭形成期法、生排烃期法等传统定性分析法，以及依据油藏地球化学、储层有机岩石学及成岩矿物同位素分析等手段，进行的油气藏形成期确定。几种常用的确定方法介绍如下。

（一）圈闭形成期法

油气藏形成的时间绝不会早于圈闭的形成时间。因为只有形成了圈闭，油气才能聚集，并构成油气藏。因此，可以根据圈闭形成的时间，来确定油气藏形成的最早时间。

不同类型圈闭的形成时间判别方法有所不同。其中，地层圈闭和岩性圈闭形成的时间比较容易确定。岩性圈闭和地层超覆圈闭是在储集层形成不久，盖层具有封闭性的时候就已形成；地层不整合圈闭是在不整合面以上的地层具有封闭条件的时候形成的；而构造圈闭形成的时间则需综合判断。例如，东营凹陷胜坨背斜构造油田，其背斜构造发育史可以概括为三个构造发育期，即启动期（东营组沉积以前）、强化期、（东营组沉积时期）、稳定期（馆陶－明化镇组及第四系沉积时期）。从表 4.7 中看出，东营组沉积前，胜坨背斜构造圈闭平均闭合幅度仅为 32.5m，表明启动期的背斜构造幅度只占现今构造幅度平均值的 16.1%；东营组沉积末期，该背斜构造增加的幅度却占现今构造幅度值的 63.4%，表明强化期构造新增幅度为启动期的 3.9 倍；现今构造，即馆陶－明化镇组及第四系沉积时期，该背斜构造增加的闭合幅度只占总幅度值的 20.5%，表明稳定期构造新增幅度与启动期相似。由于东营组末期是古近系构造活动最激烈的时期，它不仅因为区域构造活动导致背斜构造幅度快速隆升，并产生同生正断层长期持续活动，将沙三段烃源岩层与上部沙二、一段以及东营、馆陶组砂岩储集层经断层联系起来。由此推断东营组末期应是胜坨油田油气开始充注的开始时期，当时的圈闭幅度为现今含油高度的

表 4.7　胜坨油田各时期背斜构造圈闭闭合幅度与含油高度表

高度与幅度		地区				平均值
		一区	二区	三区		
				西部	东部	
含油高度/m		155	230	180	150	178.8
闭合幅度/m	现今	160	235	230	180	201.3
	明化镇组前	150	180	210	125	166.3
	馆陶组前	145	175	195	125	160.0
	东二段前	75	60	125	50	77.5
	东三段前	20	30	40	40	32.5

89.5%，已具备了形成大油田的背斜构造圈闭条件；同时，东营组末期的构造运动产生的正断层为深层油气向已形成的背斜构造圈闭充注创造了条件。

又如，可利用同生正断层活动强度的大小判断断层遮挡圈闭的形成和油气向断块圈闭注入的时间。在断层活动过程中，哪个时期活动越强，断块圈闭闭合高度越大，油气注入该断块圈闭的可能性就越大。当断层停止活动，断层通道闭合，油气注入也就停止。据东营凹陷中央隆起带 38 条同生正断层的定量研究，Ⅱ级断层发育时间早，活动时间长，结束晚，生长指数（下降盘地层厚度与同层位上升盘地层厚度比值）大。而Ⅲ级和Ⅳ级断层与Ⅱ级断层相比，则依次相反（表 4.8）。但在东一段末，即古近系末期各级别断层生长指数最大，都超过同级断层各时期生长指数，表明断层活动强度最大。因此，可确定该期是油气注入时间，与上述背斜构造圈闭油气注入时间判断结果相吻合。

表 4.8　东营凹陷中央隆起带各级典型断层生长指数表

断层级别	断层名称	地　层							
		E_3s^2下	E_3s^2上	E_3s^1	E_3d^3	E_3d^2	E_3d^1	N_1q	N_2m
Ⅱ	辛 58	1.62	1.88	1.90	2.00	1.86	2.50	1.25	1.12
Ⅲ	辛 32	—	1.11	1.10	1.07	1.14	1.45	1.15	—
Ⅳ	河 46	—	—	—	1.11	1.07	1.15	1.02	—

（二）生排烃期法

生排烃期法是根据烃源岩生排烃期来确定油气藏的形成时间。没有油气生成并从烃源层中排到储集层中，就没有油气藏的形成。也可以说，烃源岩中油气开始生成并排出的时间是油气藏形成的最早时间。实际上，许多盆地研究的实例都证明，盆地主要烃源岩的主要生、排烃期就是油气藏形成的主要时期。

例如，北非三叠盆地哈西-迈萨乌德油田的下志留统烃源岩直到中生代以后，盆地才开始发生强烈沉降。到白垩纪末期，埋藏深度达 3700 m 。对该烃源岩生烃史的模拟表明（图 4.17），在最初的 300Ma 期间 （大约在白垩纪以前）只生成很少的石油，从白垩纪开始才达到主要生油期，此时排出的油聚集在被三叠系膏盐层所封闭的不整合面下的剥蚀构造中，形成了储量丰富的哈西-迈萨乌德油田。因此，该油田的主要油气注入、成藏期应在白垩纪之后。

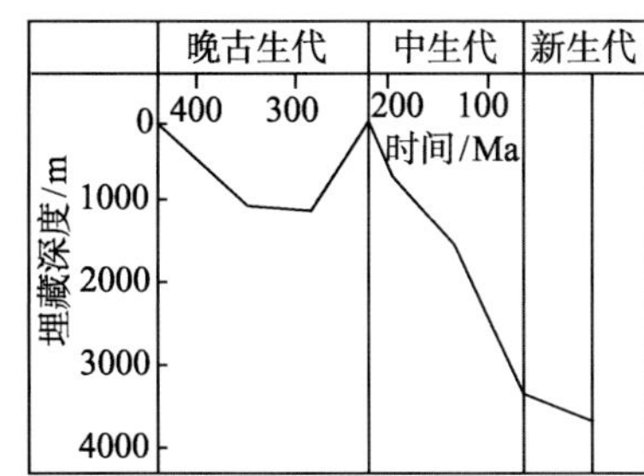

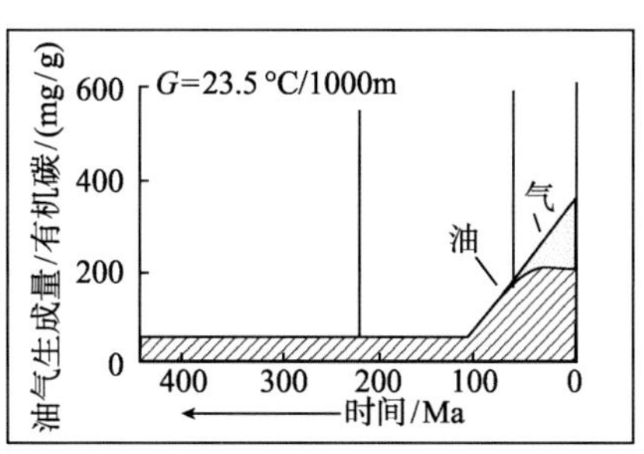

图 4.17　哈西-迈萨乌德油田志留系烃源岩埋藏史和烃类生成随时间的变化（Tissot and Welte, 1978）

又如，加拿大艾伯塔盆地埃德蒙顿地区的上泥盆统烃源岩。储集礁块之上覆盖的埃瑞唐页岩既是烃源岩又是盖层，礁块圈闭形成时间较早；但是，一直到白垩系特别是古近系沉积以后，其最大埋藏深度才达到 2650 m，开始生成大量的油气，并注入礁块圈闭中。

（三）流体包裹体法

成岩矿物中的流体包裹体作为保存至今的原始溶液样品，是研究沉积盆地特别是含油气盆地活动热流体矿藏的一种有效工具。由于沉积盆地热流体的活动与油气的生成、运移和聚集（即油气藏形成全过程）紧密相关，故流体包裹体研究近年来被广泛地应用于油气注入时间和期次的确定。但对油气注入时间和期次较为准确的判定需依据包裹体的成因和类型，结合成岩序列中的形成序次、包裹体与宿主矿物的关系，以及与油气包裹体共生的盐水包裹体的均一温度和储集层的地温演化历史，来进行综合确定，否则，会出现较大的误判。因此，本书详述其成因、类型和均一温度测定等方面的要点。

1. 流体包裹体的形成与分类

世界上几乎所有的矿物中均含有包裹体。矿物中的包裹体是矿物生长时被晶格所包裹或捕捉的，至今仍存在于矿物中并与主矿物有着相界线的那一部分成矿溶液（矿液）。包裹体一般很小，多小于 0.01mm，很少大于 1mm 的。电子显微镜观察表明，大量包裹体直径为 2×10^{-5}mm 左右。由于包裹体很小，故其总体积均不大于整个样品的 1%。据统计，在含矿的石英中，每立方厘米有 10^6～10^7 个包裹体，在一些乳白色的石英中，包裹体数量每立方厘米可达 10^8（1 亿）个。尽管包裹体很小，但为数众多，在一般光学显微镜下均可见到，这就为包裹体的研究提供了方便。

流体包裹体是在矿物晶体生长过程中，位于结晶构造的缺陷、窝穴和错位处的成矿溶液被不断生长的晶格包围、密封而形成的。晶体生长的必要条件是温度的降低和溶液的过饱和。在这样的条件下，便可以通过成核作用产生晶芽，之后晶芽再长成晶体，即先形成结晶→再长成面晶→再长成晶芽。在理想情况下，溶液中的质点向晶芽上黏附的次序首先是黏附在三面凹入角的地方，其次是两面凹入角的地方，再次就是没有凹入角的地方，所以晶体生长是一个一个行列，一个一个面网平行地向外推移的。但是影响晶体的生长因素是多种多样的。例如，温度、成分等条件发生变化时会影响晶体的生长速度，使晶体表面生长速度不均匀，易成为参差不齐地推进，因而使晶体表面出现缺陷和窝穴。另外，当几个线晶、几个面晶或几个晶芽黏附在一起时，往往会发生位错。这种缺陷、窝穴和位错的地方由于存在能使成矿溶液充填的空间，故容易将浸泡晶体的矿液包裹进去，而形成包裹体，即包裹体是矿物在不规则结晶过程中，把成矿溶液包裹在矿物晶格因缺陷、窝穴和位错而产生的空间中而形成的，以上是包裹体形成的主要机理。

形成包裹体的第二种机理是由于降温而导致重结晶作用。在重结晶过程中形成的新包裹体出现“卡脖子”包裹体和“叠瓦式”包裹体两种形式。所谓卡脖子是指原先被包裹的长条状成矿溶液由于重结晶而“卡断”，形成几个不同的、较小的包裹体（图 4.18）。值得注意的是，如果已有气泡存在时，包裹体在卡脖子的过程中，其均化温度会产生某些变化。所谓均一化温度是指包裹体加热时其中的气泡消失时的温度。在图 4.18 中，包裹体在温度 T_1 时是均质的，无气泡。由于降温重结晶而卡脖子的结果，a 包裹体要在高于 T_1 的温度时才能均化；b 包裹体在 T_1 与 T_2 间均化；c 包裹体在 T_2 与 T_3 间均化。因此，卡脖子包裹体的均化温度比未卡断之前有明显增高。叠瓦式是指重结晶作用发生在晶体较大的窝穴中，因而形成了成群分布的细小包裹体。

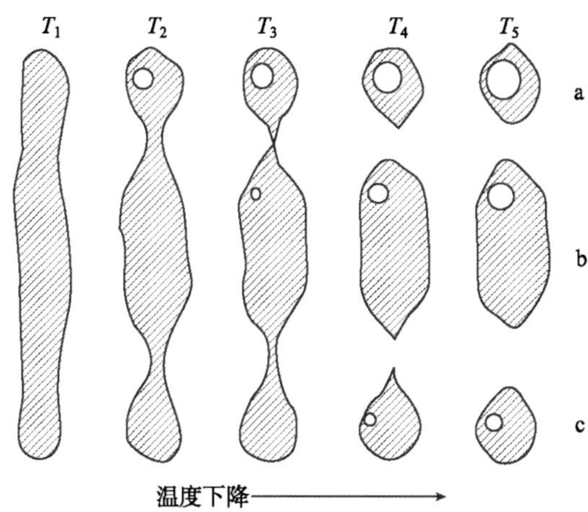

图 4.18　“卡脖子”包裹体形成过程示意图（Roedder and skinner, 1968）

形成包裹体的第三种机理是由外来应力造成的位错。晶体在形成过程中和形成以后，常常会受到外力的作用而发生变形，造成晶体内部质点排列位置错开。随着塑性形变作用的增强，这种位错形成的孔隙空间被成矿溶液充填而形成包裹体。

形成包裹体的第四种机理是当许多晶体一起生长时，它们互相粘连，或机械堆积，彼此之间形成许多孔隙，在这些孔隙中也有可能将浸泡晶体的成矿溶液密封起来而形成包裹体。

2. 流体包裹体的分类

包裹体分类方法目前已有多种，按其成分可以分为盐水包裹体和油气包裹体（或有机包裹体）等。油气包裹体是油气在储集层中运移和聚集过程中，被储集层的成岩矿物包裹而形成的，储集层中油气包裹体的存在反映了在地质历史时期储集层的油气充注事件。

有机包裹体的分类对石油、天然气流体矿藏的形成和评价有重要意义。施继锡等（1987）按烃类的含量及常温下的相态，将有机包裹体分为烃有机包裹体和含烃有机包裹体两类（表 4.9）。

表 4.9　有机包裹体分类表

烃有机包裹体		含烃有机包裹体	
类别	内容	类别	内容
由一种液态烃组成	为黑褐色，有机质成熟度低，发不同颜色及强荧光	液相烃+盐水溶液	液相烃为浅黄、浅灰色，近圆形，盐水无色透明
由两组液态烃组成	两种颜色不同，不呈圆形，定为液相，成熟度低	气、液相烃+盐水溶液	气为黑色，液相烃灰色，盐水无色

续表

烃有机包裹体		含烃有机包裹体	
类别	内容	类别	内容
气、液两相烃组成	气相烃占 10%～60%，灰黑色；液相烃透明或黄、褐黄色	气相烃+盐水溶液	经加热实验或成分分析确定，在高演化区见到
主要由气相烃组成	但见少量液相烃或固体沥青	—	—
主要由固体沥青组成	占 80%～90%，黑色，有少量气、测相烃	—	—

（1）有机包裹体常为多相流体包裹体。有机包裹体一般多具有两个以上的相。由于各相所具有的颜色及透明度不同，在显微镜下能大致区别，从各个相的分布位置也大致能了解各相的性质。例如，有 3 个相的有机包裹体，往往是气相烃居中央，液相烃在中间，盐水相溶液在边缘。有机包裹体中相的简单或复杂程度决定了油气储集层中油、气、水三者的分异程度，分异得好的则相数少，反之则相数多。为此，根据各组分的多少，便可大致了解油气的演化程度。例如，包裹体中主要是有机气态烃，则表明它们是在最终甲烷气阶段形成的，演化程度高。

（2）有机包裹体的不同颜色与演化程度有一定关系。有机包裹体的颜色可分为无色、黄色、褐色、灰色直至黑色。由气态烃组成的多为灰黑色，如四川威远气井中所见。由液态烃组成的多数为浅黄、黄、褐黄色，如苏北油田所见为褐黄色，华北油田为浅黄色。有机包裹体的颜色既与有机质的组成密切相关，也与演化程度有一定的影响。演化程度越高，颜色越深。而盐水溶液包裹体通常是无色的或带很浅的颜色。

另外，部分有机包裹体的形态与盐水溶液包裹体极为相似。但有机包裹体往往具有一定的特殊外观，如有的呈对称形，有的具厚壁状等。黑色沥青质多附着在包裹体壁上，包裹体由于收缩，再形成中部的气泡，因此形成特殊的形状。而盐水溶液包裹体则没有这些外观。

3. 成岩序列中油气包裹体的形成序次

根据包裹体与宿主矿物的关系，Emery 等（1988）分析了包裹体的形成期次，如图 4.19 所示，A 组包裹体孤立分布于碎屑石英颗粒中，可能是在其花岗质母岩结晶过程中形成的；B 组包裹体沿愈合裂缝分布，但并不穿过成岩胶结物和相邻的两个颗粒，可能是在物源岩区中被捕获的；C 组包裹体孤立分布在石英次生加大中，可能是与石英胶结物同时形成的；D 组包裹体穿过的石英胶结物和颗粒，是次生包裹体，它的形成晚于石英胶结物；E 组包裹体是与方解石胶结物同时形成；F 组包裹体穿过了颗粒、石英胶结物和方解石胶结物，形成时间晚于石英和方解石胶结物。根据包裹体在成岩序列中的位置，可以大致确定不同期次包裹体形成的相对时间，再结合储层的成岩历史分析，即可确定不同期次包裹体的形成时间。如果在上述某一期次的包裹体中有比较丰富的油气包裹体，即可以用这期包裹体的形成时间作为油气进入储层的时间。

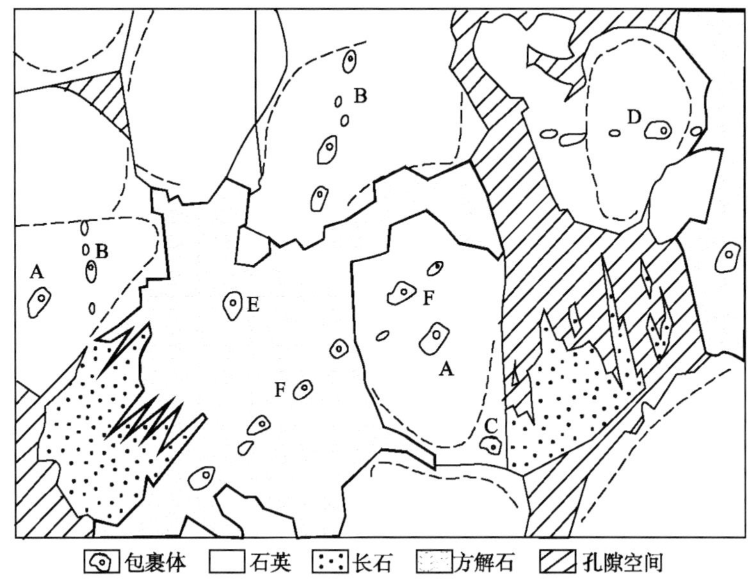

图 4.19　包裹体与宿主矿物的关系及其形成期次（Emery et al.，1988）

4. 盐水包裹体均一温度

由于包裹体的体积很小，一般只有几个到十几个微米大小，因此，一般可以假定，包裹体在其形成的时候是以均一的单相充满整个包裹体空间的。但当包裹体从高温高压的地下环境进入常温常压的实验室环境后，由于温度下降，包裹体中流体的收缩系数要大于外面固体矿物的收缩系数，从而形成了室温下从显微镜中看到的具有两相界面的气液包裹体。当把这样的包裹体加热到一定温度时，两相又恢复为均一的单相，这时的温度称为均一温度，这一过程称为均一化。在一般的条件下，包裹体的均一温度可以近似代表包裹体的形成温度，如果包裹体形成时的埋深较大，均一温度与包裹体的形成温度可能会有较大误差，这时需要进行压力校正。由于盐水包裹体和油气包裹体相态变化特征的不同，在均一温度研究中，石油包裹体远不如水溶液包裹体有用。因此在实际工作中，一般选择与油气包裹体共生的盐水包裹体测定其均一温度。根据盐水包裹体的均一温度，结合包裹体所在地层的埋藏史和地温演化史可以确定包裹体的形成时间，进而确定油气藏的形成时间，具体步骤是：①测定储集层样品中与油气包裹体共生的盐水包裹体的均一温度，将各包裹体测得的均一温度值做出频率直方图；②做出样品所在的储集层的埋藏历史和地温历史，一般用埋藏史曲线表示；③在包裹体所在储集层的温度演化图上，储集层温度与包裹体均一温度相吻合的时间就是包裹体的形成时间，也就是油气向储集层大量充注的时间。

1）包裹体（均化法）测温原理

包裹体测温有如下几项假设条件，这些假设条件是包裹体测温及包裹体研究的基础：

（1）捕获于包裹体中的成矿溶液是一个单一的均匀相，并且成矿溶液在被捕获时充满了包裹体整个空间。

（2）在包裹体密封之后，其空间大小没有发生明显变化。当包裹体达到均化温度，即气泡消失的温度时，其空间大小没有明显的变化，但当超过均化温度时，特别是超过包裹体形成温度时，包裹体会因内压急剧增高而稍有膨胀。

（3）包裹体被捕获后处于密封状态，基本上没有外来物质的加入，包裹体本身的物质也基本上没有流出，因此包裹体可以作为原始的成矿溶液来研究。

（4）包裹体可以作为一个地球化学体系来研究。包裹体中被包裹的溶液是一个从纯水到含量 60%（质量百分比）的盐水溶液，而且盐类在大多数情况下是以 NaCl 为主。因此，该溶液的物理化学性质应适合 NaCl-H_2O 体系的压力-体积-温度（P-V-T）相图。同时，包裹体中所含的非烃气体以 CO_2 和水蒸气为最多，所以，如若把包裹体作为一个地球化学体系来研究，应大致适合 NaCl-CO_2-H_2O 体系的相图。

目前在室温下从显微镜中看到的各种流体包裹体主要由液相和气相组成，这种两相状态是包裹体中被捕获的成矿溶液（捕获时充满了包裹体整个空间）收缩的结果。成矿溶液和主矿物的收缩率不同。因为流体的膨胀或收缩系数远大于固体，所以降温时流体体积的收缩远大于包裹体空腔体积的收缩，才使包裹体内压力骤减，并可能形成局部真空状态，从而可导致母液蒸气出现。这就是常温下液体包裹体发生分异产生气液两相的原因所在。气相和液相均化的过程实际上是与上述分异现象相反的过程。当把含有包裹体的薄片放在热台上加热时便可看到，随着温度上升，各个相的量比发生了明显的变化。当达到一定温度时，则出现从两相变为一相，即从气、液两相均化为液相一相，这就叫做均一化，这时的温度叫均一化温度。在流体内存在气泡时，其内部压力等于水的饱和蒸气压；而只有液相时，其温度、压力则表示等体积系的等容线上发生变化（图 4.20）。在液相状态下被捕获形成流体包裹体的，其形成时的温度、压力可以从水蒸气压曲线上引出的等容线上的某个部位求取。图中下方较平缓的曲线为水的饱和蒸气压曲线，流体

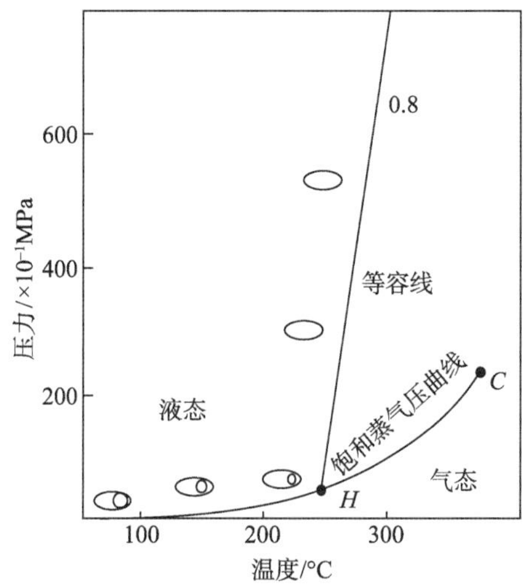

图 4.20　纯水体系中各种包裹体的均化过程图（Ypma and Fuzikawa,1980）

包裹体在低温低压条件时其温度、压力将沿此水蒸气压曲线变化。这时，随温度增高液相逐渐扩大，气相逐渐缩小，达到 H 点（250℃，3.97MPa）时呈均化状，气泡消失。这时若再降低温度，则发生分异现象，气相又会重新出现。当包裹体温度、压力在 H 点以下部位时，位于水的蒸气压曲线上，而在超过 H 点时则位于相对密度为 0.8 的等容线上，C 点是水的临界点（374.1℃，2.09MPa）。

气体包裹体在室温下气液比较大，而且加热时液相逐渐缩小，气相逐渐扩大，直至到均化温度时气相充满整个包裹体的内腔。当温度下降时液相又会重新出现。这叫均化到气相，说明原先捕获到包裹体中的成矿溶液是气体，冷却后原来溶解在气体中的少量液体在包裹体的边缘凝结析出，形成在室温下见到的气液比较大的气体包裹体（图 4.21 中的 V_1）。

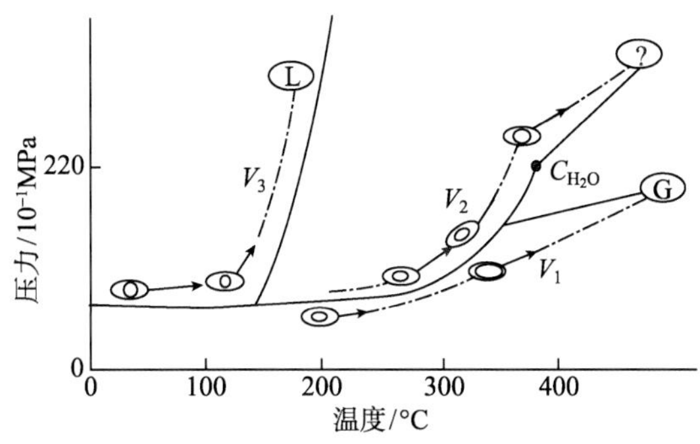

图 4.21　相对密度为 0.8 的流体包裹体的温度、压力、相态关系曲线（筐田政克，1990）

V_1. 气体包裹体；V_2. 临界状态包裹体；V_3. 液体包裹体

当包裹体在加温时，气相既不缩小也不扩大，而是在升温过程中，气、液两相的界限逐渐淡薄，最后在均化温度时界限消失而均化成一相。这种现象较少见，表明包裹体捕获的成矿溶液可能处于临界状态。其均化过程是沿着体系的蒸气压曲线和临界曲线进行的（见图 4.21 中的 V_2）。V_2 曲线上的 C_{H_2O} 为水的临界点，此点以下为蒸气压曲线，以上为临界曲线。

2）测温方法

利用均化法确定古地温时首先要测准均化温度，然后再进行压力校正，求得包裹体最高生成温度，即最高成岩成矿温度。均化法的实验工作包括样品的采集、制备和测试。

（1）样品的采集。为了采集到包裹体含量较多的样品，应尽量选取粗碎屑岩中的砂岩、砾岩等。碳酸盐岩中的包裹体也很多，应重点对脉状矿物进行取样，最常见的脉状矿物为石英和方解石等，其中往往含有较丰富的流体包裹体，并且具有重要的温度意义。应注意矿脉的分布、产状、穿插和切割情况以便确定其形成顺序以及它们与区域或局部构造作用的关系，这有助于分析古地温的演变情况及确定最高古温度。对各种类型包裹体样品都应测温，以便进行综合分析。

另外，对包裹体测温的样品应切割磨制成两面抛光的透明片，厚度一般为 0.1～

0.7mm（视矿物透明度而定）。在制片过程中应注意温度不高于 80℃，以保证低温包裹体不至于爆裂。

（2）样品的制备。流体包裹体均化温度测量的主要仪器是配有显微镜的冷热台。它主要的功能是对样品的制冷和加温，冷热台的工作温度应为−200～+1300℃，炉膛内相对恒温区的温度梯度越小越好。

（3）样品的测试。测定包裹体均化温度时，首先要打开冷热台的冷水开关，用调压器控制温度以每分钟 5～10℃的速度均匀上升，并在显微镜中连续观察包裹体中相的变化，直到两相均化为一相时，记下这一瞬间的温度，该温度即为此包裹体的均化温度。这时再调低电压使温度下降，观察并记录包裹体均化后发生分异又出现两相时的瞬时温度。当两次观测的温度值相差小于 5%时，说明测得的均化温度值是正确的。

同一样品中的包裹体或同一类型的包裹体，所测得的温度数据往往并不相同，而是具有一定的范围。对此应采用数理统计的方法，作出数据的频率分布图，以求得最佳值。

5. 流体包裹体确定油气充注期分析实例

1）塔河油田油气注入时间与期次分析

塔河油田位于塔里木盆地北部沙雅隆起中段南翼的阿克库勒凸起西南斜坡。探明含油面积 841km^2，石油地质储量 6.22×10^8t，年产油 398.3×10^8t；探明含气面积 86km^2，天然气地质储量 243×10^8m^3。塔河油田有 3 套含油层系，但以奥陶系碳酸盐岩风化壳的缝、洞型储集层为主。

A. 油包裹体的荧光显示特征

位于奥陶系碳酸盐岩裂缝与溶孔中的方解石成岩矿物中油包裹体的出现是油气生成、运移和聚集等过程中一系列活动发生的直接证据。识别油包裹体最迅速且有效的方法便是油包裹体在紫外光照射下呈现出的荧光显示。不同的荧光颜色表明了烃类包裹体不同的成分，并指示着烃类不同的热演化程度。荧光颜色的红色→橙色→黄色→绿色→蓝白色的规律性变化，体现了烃类从低成熟到高成熟的变化特征。

根据该油田奥陶系储层中 10 口井 25 个油包裹体所观察到的荧光颜色有火红色、黄色、绿色、蓝白色以及中间的过渡色。依照荧光颜色与原油 API 度的对应关系，换算出被捕获原油 API 度。由观察到的不同荧光颜色及换算出被捕获原油的 API 度可判定塔河油田奥陶系储层在地质历史时期油气发生过 4 期注入。

B. 流体包裹体的显微测温特征

（1）油包裹体：10 口井 25 个奥陶系油包裹体的均化（也称均一）温度范围可划分为 55～80℃、80～105℃、105～120℃、120～140℃（表 4.10）。由平均均化温度统计可以看出，各井中油包裹体平均均化温度也存在一定的差别，与荧光观测结果具有较好的对应关系，说明单井间确实存在油气注入时间上的差异。当将油包裹体均一温度测定的结果与包裹体荧光特征以及换算出的被捕获原油 API 度相结合，可以判定出塔河油田奥陶系储层第一期注入的为低熟油，第二期为中等成熟油，第三期为成熟油，第四期高成熟油。

表 4.10　塔河油田奥陶系储层中油包裹体特征表（李纯泉等，2005）

井号	井段/m	荧光颜色	换算 API 度	平均均一温度/℃	成熟度	期次
S73	5271.74～5570.5	黄色 蓝色	20～30 40～45	89.1 124.0	中等成熟 高成熟	第二期 第四期
S78	5319.06～5520.05	橙色 黄色 绿色 蓝白色	15～20 20～30 30～40 40～50	67.3 94.0 112.5 128.8	低成熟 中等成熟 成熟 高成熟	第一期 第二期 第三期 第四期
S74	5468.80～5729.90	浅黄色 黄色	20～25 20～30	66.9 82.5	低成熟 中等成熟	第一期 第二期
T302	5404.40～5635.00	黄色	20～30	87.2	中等成熟	第二期
T403	5407.59～5627.55	火红色 黄色 浅黄色 蓝白色	10～15 20～30 30～35 40～45	68.5 90.0 110.6 122.0	低成熟 中等成熟 成熟 高成熟	第一期 第二期 第三期 第四期
S65	5470.02～5733.00	火红色 浅黄色 蓝白色	10～15 30～35 40～50	61.0 87.8 130.1	低成熟 中等成熟 高成熟	第一期 第二期 第四期
S75	5497.52～5739.30	火红色 深黄色 黄色	10～15 20～25 20～30	64.2 92.5 109.2	低成熟 中等成熟 成熟	第一期 第二期 第三期
S69	5453.70～5698.55	橙色	15～20	72.6	低成熟	第一期
S79	5530.84～5703.64	橙色	15～20	72.0	低成熟	第一期
S76	5559.30～5744.65	橙色 黄色 浅黄色 蓝白色	15～20 20～30 30～35 40～50	75.6 95.9 107.8 134.9	低成熟 中等成熟 成熟 高成熟	第一期 第二期 第三期 第四期

（2）盐水包裹体：在塔油田奥陶系储层捕获大量油包裹体的同时还捕获大量盐水包裹体，其均一温度范围分别为 60～85℃、85～100℃、100～115℃、115～150℃、150～170℃。这五期盐水包裹体标识了奥陶系储层曾经历过的五期热流体活动。其中第一期至第四期均检测到同期共生的油包裹体，而捕获第五期热流体的包裹体冷点普遍大于零，其激光拉曼探针组分检测为甲烷气盐水包裹体，表明该期含烃盐水包裹体及其伴生的纯气相包裹体与晚期天然气运聚相关，即塔河油田奥陶系储层还存在一期晚期的天然气注入。

塔河油田奥陶系储层共捕获 5 期盐水包裹体，表明经历过五期热流体活动。其中前四期与所发生过的四期油注入活动密切相关，第五期与晚期的天然气注入相关。四期油注入分别发生在海西晚期、印支-燕山期、喜马拉雅早期、喜马拉雅中期，天然气注入发生在喜马拉雅晚期（图 4.22）。

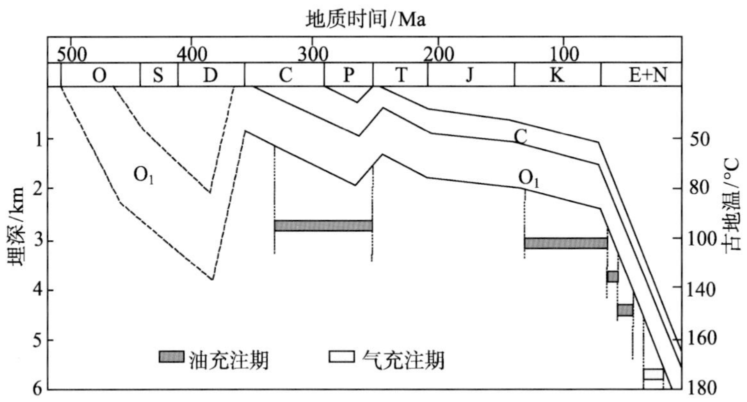

图 4.22　塔河油田奥陶系储层油气注入时期划分图（李纯泉等，2005，修改）

2）鄂尔多斯盆地陕北斜坡带天然气注入时间与期次的确定

鄂尔多斯盆地已探明天然气地质储量大于 $1000 \times 10^8 m^3$ 的大气田有 6 个，它们均分布在陕北斜坡带中偏北的构造部位，这些大型的岩性气藏是以石炭、二叠系煤系地层为烃源岩，以中奥陶系碳酸岩和二叠系河流相砂岩为储集层，以石炭系和二叠系多套泥岩为盖层而形成的。苏里格气田、乌审旗气田、靖边气田、榆林气田、子洲气田和大牛地气田探明天然气地质储量超过 $15\,000 \times 10^8 m^3$，丰度超过 $1.0 \times 10^8 m^3/km^2$。

根据包裹体的产状和镜下特征，可将陕北斜坡带取得的气态烃包裹体划分为三期。第一期为石英加大边包裹体，在 14 口井获得 34 个包裹体，平均均一温度为 98.9℃（表 4.11）；第二期石英加大边包裹体，在 12 口井获得 15 个包裹体，平均均一温度为 114.8℃；第三期石油加大边包裹体与石英脉包裹体两者均一温度相近，镜下也较难区别，因此按同一期处理，在 7 口井获得 10 个包裹体，平均均一温度为 130.9℃。这三期天然气的注入时间分别为晚侏罗世、早白垩世晚期、白垩世中晚期。

表 4.11　鄂尔多斯盆地陕北斜坡带上古生界气态烃包裹体均一温度和其他参数表

井号	深度/m	岩　性	包裹体种类产状	气体体积/%	液体体积/%	气、液体积比	均一温度/℃	捕获压力/MPa
胜 1	1911.3	浅灰白色含砾细砂岩	G－石英加大边 I 期	20.83	79.17	0.263	98.4	26.49
李华 1	4017.8	砂岩	G－石英加大边 I 期	14.97	85.03	0.176	91.5	29.46
布 1	3980.4	灰褐色中砂岩	G－石英加大边 I 期	33.94	66.06	0.514	98.2	34.38
鄂 9	3661.6	浅灰白色中细砂岩	G－石英加大边 I 期	20.80	79.20	0.263	105.2	31.44
苏 16	3352.4	灰白色粗砂岩	G－石英加大边 I 期	19.54	80.46	0.243	93.5	31.19
陕 199	2916.2	浅灰绿色中细砂岩	G－石英加大边 I 期	11.97	88.03	0.136	96	28.10
陕 47	3012.3	砂岩	G－石英加大边 I 期	14.49	85.51	0.169	100.8	29.69

续表

井号	深度/m	岩性	包裹体种类产状	气体体积/%	液体体积/%	气、液体积比	均一温度/℃	捕获压力/MPa
米 4	2189.2	砂岩	G－石英加大边Ⅰ期	48.32	51.68	0.935	108.5	41.11
神 7	2126.7	浅褐色粗砂岩	G－石英加大边Ⅰ期	26.33	73.67	0.357	106.2	23.09
榆 15	1976.3	浅绿灰色中细砂岩	G－石英加大边Ⅰ期	23.50	76.50	0.307	104.2	23.01
布 1	3980.4	灰褐色中砂岩	G－石英加大边Ⅱ期	14.66	85.34	0.172	121	30.01
定探 1	3774.1	砂岩	G－石英加大边Ⅱ期	12.78	87.22	0.147	114.2	24.39
鄂 9	3695.3	浅灰白色中砂岩	G－石英加大边Ⅱ期	25.16	74.84	0.336	115.3	32.98
苏 26	2980.8	灰白色中砂岩	G－石英加大边Ⅱ期	28.25	71.75	0.394	111.9	30.62
陕 138	3601.6	砂岩	G－石英加大边Ⅱ期	17.77	82.23	0.216	111.6	28.04
召 8	2894.1	浅褐灰白色中粗砂岩	G－石英加大边Ⅱ期	34.58	65.42	0.529	115.5	33.14
米 4	2307.5	砂岩	G－石英加大边Ⅱ期	23.87	76.13	0.314	115.9	32.02
神 7	2141.0	浅褐灰色粗砂岩	G－石英加大边Ⅱ期	42.18	57.82	0.730	119.2	31.47
榆 15	1976.3	浅灰绿色中细砂岩	G－石英加大边Ⅱ期	26.24	73.76	0.356	116.5	23.46
定探 1	3646.5	砂岩	G－石英加大边Ⅲ期	31.09	68.91	0.451	125	24.77
米 4	2307.5	砂岩	G－石英加大边Ⅲ期	17.65	82.35	0.214	124.6	31.02
榆 15	1976.3	浅绿灰色中细砂岩	G－石英加大边Ⅲ期	28.80	71.20	0.404	127.4	23.79

3）渤海湾盆地歧口凹陷歧北斜坡油气注入时间与期次分析

歧口凹陷油气分布普遍存在“高油低气”的油气分布规律，具体表现为构造高部位以油藏为主，构造低部位以气藏为主，既表现在上下叠置的不同层系之间，也表现在同一层系中的不同部位。例如，歧北斜坡低部位滨深 22 井区沙二段以天然气藏为主，高斜坡滨深 6 井区沙二段则以油藏为主；滨海斜坡低部位滨海 4—滨深 3×1 井区沙一段以天然气藏为主，高台阶部位沙一段则以油藏为主；滨海断鼻歧深 6—歧深 1 井区沙三段以天然气藏为主，而沙一段则以油藏为主（图 4. 23）。这种“高油低气”的油气分布格局正是由于沙三段烃源岩的两期充注，即第一期为油、第二期为气的特征，才确保了油气“差异运聚”在斜坡区构成如此的油气藏分布模式。

依据歧口地区 9 个含油气层位的 25 口井 51 个深度点样品的包裹体鉴定分析结果，认为该区成藏具有明显的两期油气充注特征。例如，滨深 22 井沙二段 4617m 和滨深 6

井沙三段 3861m 含油气包裹体，具有比较典型的两期充注成藏油气特征和不同分布产状。滨深 22 井沙二段包裹体具体特征见表 4.12。第一期充注为东营组末期，液烃包体主要分布加大边内侧和早期的裂缝中，颜色为褐色及深褐色为主；第二期充注为明下末期-至今，以石英加大边外侧中发育气液烃包体为特征，颜色以黄绿色和蓝绿色为主（图 4.24）。

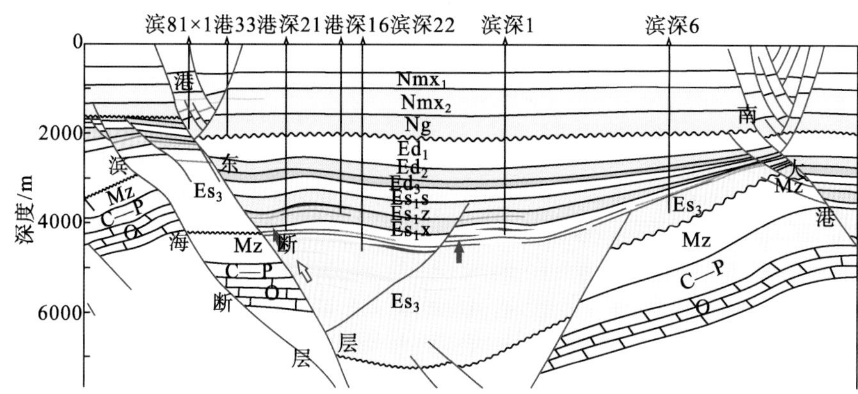

图 4.23　歧北斜坡区油藏分布剖面模式图

表 4.12　滨深 22 井 4616.5m 沙二段两期包裹体特征表

储层类型	发育期次	储存矿物产状	分布特征	发育丰度/GOI	包体相态	荧光颜色	伴生包体均一温度/℃	形成年代/Ma	形成时期
油斑细砂岩	Ⅰ期.石英加大早期	石英加大边、石英碎屑	1.加大边内侧成带分布 2.切及加大边裂缝成带分布	较高，4%	液烃	褐色为主，部分淡黄浅蓝	90～100		东一时期
	Ⅱ期.石英加大后期	石英加大边、石英碎屑	碎屑及加大边外侧裂缝成带分布	中等，3%	液烃 20%气液烃 79%气烃 1%	浅蓝、浅黄绿、灰色	135～150	8～10	主要为明下晚期

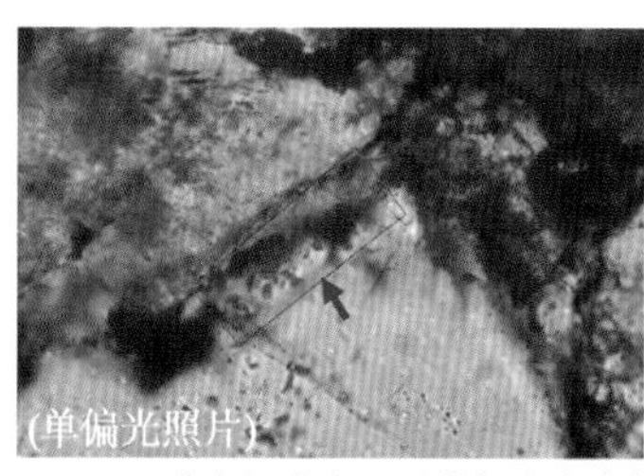

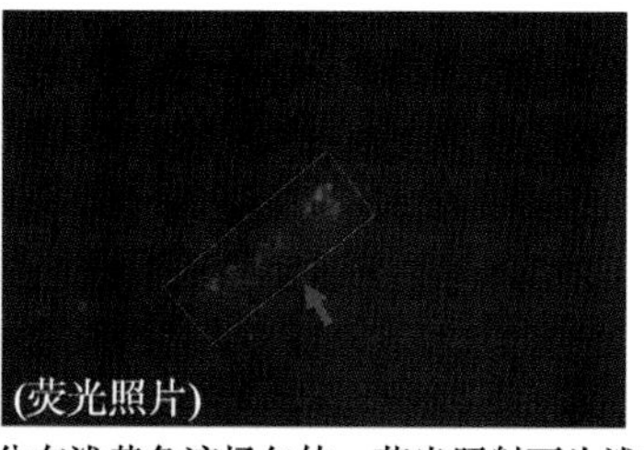

(a) 滨深22#4616.5m，油斑细砂岩，石英加大边内侧分布浅黄色液烃包体，荧光照射下为浅蓝绿色荧光

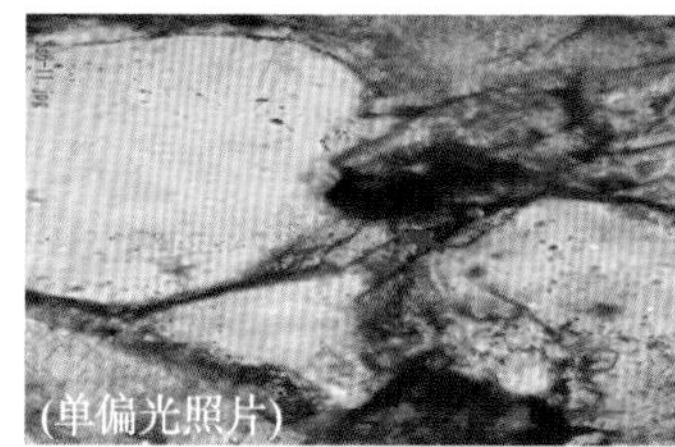

(b) 滨深22#4616.5m，油斑细砂岩，沿石英加大边外侧分布的气液烃包体，荧光照射下为较强的浅蓝色荧光

图 4.24　滨深 22 井两期烃类包裹体照片

不同相态烃类包裹体伴生的盐水包裹体均一温度也不同，分期性也很明显（图 4.25），反映两期成藏的均一温度，以沙三段的歧深 6 井最为典型。Ⅰ期充注的均一温度范围为 108～113℃，对应的年代为 26.2～11.9Ma，相当于东一段—馆陶组时期。这一时期形成的烃类包裹体主要分布在石英加大边的内侧。Ⅱ期油气充注成藏的包裹体均一温度集中在 115～152℃，对应的年代为 11.2～8.8Ma，相当于明下时期，这一时期形成的包裹体主要分布在石英加大边的外侧。

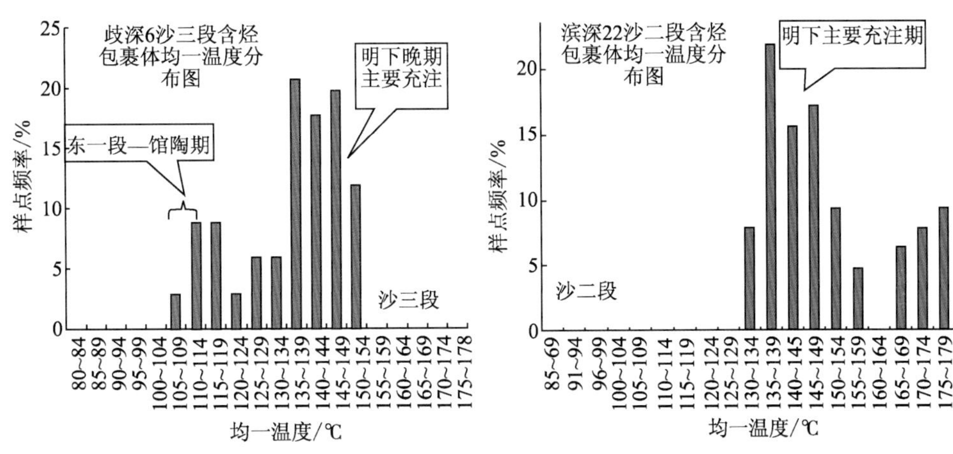

图 4.25　重点层系代表井均一温度分布图

（四）储层自生伊利石同位素年代学分析

成岩矿物同位素年代学可以分析成岩矿物的形成时间。20 世纪 80 年代后期，人们才逐步开始着手利用储层中自生矿物（主要是伊利石）同位素年代学，分析和判定烃类进入储集层的时间。Hamilton 等（1989）较为成功地应用此法，来分析北海油田等地区烃类成藏的主要时间。这一方法的基本原理是：砂岩储集层中的自生伊利石是在富钾的孔隙水环境中形成的，油气进入储集层的孔隙空间后，破坏了自生伊利石的生长环境，伊利石停止生长。因此，储集层中最小的伊利石形成的时间即为油气进入储集层的时间。但该方法在样品选择和自生伊利石分离提纯上有一定的局限性。

自生伊利石测年主要有 K-Ar 和 $^{40}Ar/^{39}Ar$ 两种方法，二者各具有其不同的优缺点（表 4.13）。

表 4.13　K-Ar 法与 $^{40}Ar/^{39}Ar$ 法的比较（王龙樟等，2005，修改）

$^{40}Ar/^{39}Ar$ 法	K-Ar 法
所用的样品量小，有利于精细的选矿	所需样品量大，不利于岩心样品的选矿
一次完成所有测量，不会因样品不均造成误差	需分别测量 K 和 Ar，样品的不均分布会引起误差
高精度质谱计进行所有测量，测量精度高	K 的测量一般用原子吸收，测量精度相对低
可获更多信息，测年结果不易受碎屑伊利石的影响	一次性烧融，测年结果易受碎屑伊利石的影响
依靠等时线可得到 $^{40}Ar/^{36}Ar$ 初始值	不能获得 $^{40}Ar/^{36}Ar$ 初始值
由于核照射，存在核反冲、测试周期长、成本高以及核辐射和核废料问题	无需核照射，测试周期短，成本低，也不存在核污染问题

1. 自生伊利石 K-Ar 同位素测年法

自 2001 年以来，张有瑜等（2001）对油气储层自生伊利石 K-Ar 同位素的测年开展了较为系统的分析工作，提出了自生伊利石 K-Ar 同位素测年的分析流程（图 4.26）。他们认为利用油气储层自生伊利石 K-Ar 法同位素测年技术解决油气注入时间问题必须具备两个前提条件：一是砂岩样品中必须含有足够数量的成岩自生伊利石或伊利石/蒙皂石有序间层；二是伊利石的成岩作用必须与油气注入事件具有成因联系。因此，样品的选择和测试数据的校正或综合分析是关键。

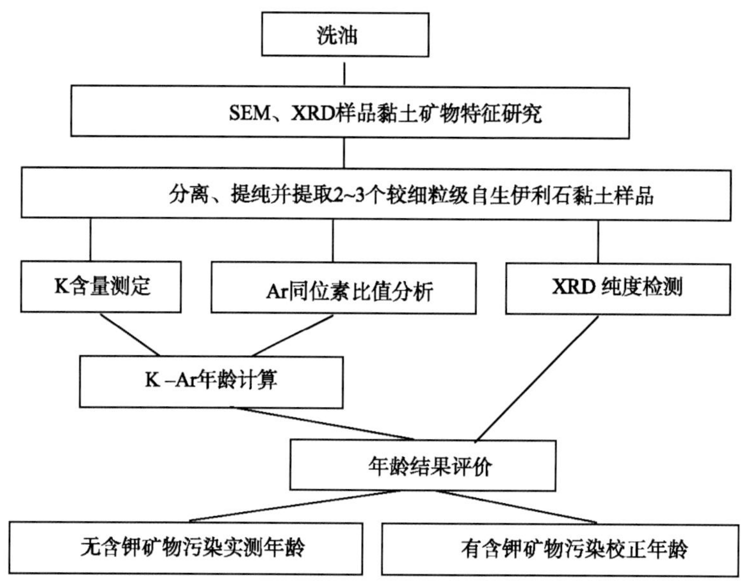

图 4.26　自生伊利石 K-Ar 同位素测年分析流程图（张有瑜等，2001）

1）样品选择

（1）岩石类型。实际样品分析表明，岩石类型中细砂岩、中砂岩相对较理想，原因在于粉砂岩、泥质粉砂岩、粗砂岩、含砾砂岩和不等粒砂岩通常是陆源碎屑伊利石含量相对较高且很难通过分离将其剔除，从而使所测年龄数据明显偏大。

（2）蒙皂石向伊利石成岩演化程度。作为表示蒙皂石向伊利石转化的成岩演化程度定量标志，I/S 间层比是指在 I/S 间层矿物中的蒙皂石晶层的百分含量。一般情况下，间层比越小越好，间层比大于 40%的 I/S 无序间层（包括蒙皂石）不适合进行自生伊利石 K-Ar 同位素测年分析，如渤海湾盆地埋藏相对较浅的馆陶组，部分东营组，甚至部分沙三、四段的砂岩等都不适合。

2）自生伊利石分离提纯

自生伊利石分离提纯是油气储层自生伊利石 K-Ar 同位素测年分析的关键技术环节。自生伊利石分离提纯主要包括两个方面的内容，一是样品前处理即黏土悬浮液的制备；二是细粒自生伊利石黏土组分分离。张有瑜和罗修泉（2004）分析认为与湿磨技术相比，冷冻-加热循环技术具有污染程度低、分离质量高、流程简单和分析周期短等优点，应是提高自生伊利石分离提纯质量的有效途径之一。

3）测试样品粒级

在砂岩储层中，自生伊利石晶体较为细小，碎屑钾长石和碎屑伊利石（包括碎屑云母类矿物）晶体颗粒较为粗大。从而，最大限度地剔除碎屑钾长石和碎屑伊利石等碎屑含钾矿物是自生伊利石最大程度富集和分离提纯的关键。对不同粒级组分分别进行测定，可以使不同粒级的年龄数据相互验证，从而进一步增加年龄数据的可信度。大量的实际测试结果表明：对于大多数砂岩样品，如果是采用湿磨技术分离，选择 0.3～0.15μm 和小于 0.15μm 两个粒级较为合理。

4）年龄数据分析和校正

由于用来进行年龄测定的伊利石黏土样品中常常会含有数量不等的碎屑伊利石或碎屑钾长石，因此所测年龄通常是混合年龄，故需对年龄测定结果进行分析和校正。可利用 X 射线衍射（XRD）分析确定各个粒级组分中的碎屑伊利石含量，然后利用不同粒级组分的表观年龄和碎屑伊利石含量进行线性回归求出线性方程，最后利用线性方程求出或外推至碎屑伊利石含量为零时的年龄，即成岩自生伊利石年龄。但经验表明：碎屑伊利石含量分析误差较大通常是导致“校正年龄”过大或过小的主要原因，有时甚至不能进行“校正年龄”计算。原因在于：一是绝对含量小于 10%或更低时，XRD 定量分析的误差较大；二是利用 XRD 技术很难将未经成岩改造的风化成因的 I/S 间层矿物与成岩自生 I/S 间层矿物区分开。

从上面的分析可以看出，由于该项技术具有较强的局限性，对于一个具体地区的伊利石年龄数据，一定要结合构造活动史、沉积埋藏史、成岩演化史和烃源岩生排烃史等各种地质特征进行综合分析和对比研究，才能进行合理的应用和解释。

2. 自生伊利石 $^{40}Ar/^{39}Ar$ 法年龄测定法

与 K-Ar 法相比，尽管 $^{40}Ar/^{39}Ar$ 法年龄测定具有精度提高、样品用量少、可获得更多信息等优势，但依然还存在着如何分离和判别自生伊利石并对其进行定年等共同存在的问题，以及如何有效克服核反冲等问题。

王龙樟等（2005）以鄂尔多斯盆地苏里格气田为例，开展了天然气藏天然气注入期自生伊利石 $^{40}Ar/^{39}Ar$ 法同位素定年的实验研究，探讨了自生伊利石的 $^{40}Ar/^{39}Ar$ 法定年的三个技术难题。通过实验结果认为冷冻-加热循环碎样技术可以有效地避免伊利石以外的含 K 矿物混入，是获得高纯度黏土矿物的关键技术；通过阶段加热得到的年龄谱可以区分自生伊利石与碎屑伊利石；利用“显微包裹”技术可以有效克服了核照射反冲问题。最终获得鄂尔多斯盆地苏里格气田二叠系储层的伊利石两种年龄图谱：一种只有自生伊利石的坪年龄；另一种图谱既有自生伊利石的坪年龄，也有碎屑伊利石的年龄，形成二阶式的图谱。通过自生伊利石的形成时间推断，天然气的最早充注时间晚于 189～169Ma（图 4.27）。

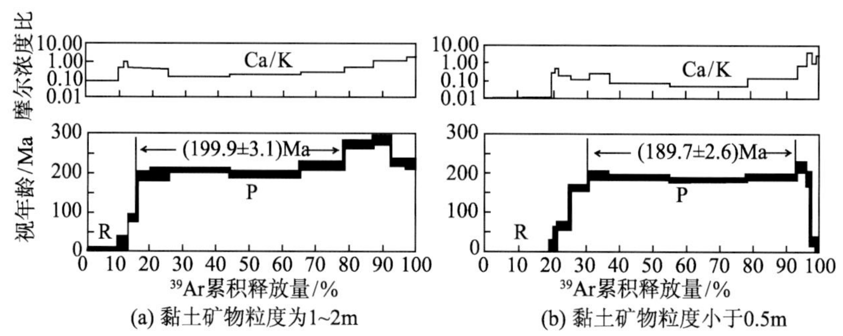

图 4.27　S18 井砂岩中伊利石的 $^{40}Ar/^{39}Ar$ 年龄谱及 Ca/K 变化曲线（王龙樟等，2005）

样品选自 S18 井二叠系储层砂岩，（a）图除了坪以外还存在一个大于 250Ma 的台阶，代表两期伊利石的形成年龄；（b）图基本上只有一期，是自生伊利石形成年龄，另一期不明显

综上所述，油气注入期和成藏期次的研究与判断应该尽可能地利用不同资料和不同方法，进行综合分析才能得出较为可靠的结论。当开展某一具体地区或构造的油气注入期和成藏期次的研究时，应首先对其油气生成历史和构造演化历史进行分析。之后，在结合上述各种实验分析和测定方法（如流体包裹体分析、自生伊利石同位素测年等），进行综合分析和判断。

四、常规油气成藏与富集的必要条件

全球各区的大量勘探实践表明：在一个盆地、凹陷、区带或圈闭中，常规油气成藏与富集必须具备三个方面的基本条件：一是充足的油气来源或供给；二是已有圈闭的有效性；三是后期良好的保存条件。

（一）充足的油气来源

对于已经构成的圈闭来讲，油气来源或供给的是否充足是油气藏形成或油气富集的首要条件。一个大型圈闭，若没有足够的油气供给，是无法形成大油气田的。油气来源或供给的充足与否取决于烃源岩的质量和规模、排烃效率以及二次运移的输导条件。

1. 烃源岩的规模与质量

烃源岩的规模和质量是保障充足油气供给的物质基础。世界大型油气田分布的盆地中，都发育有大规模的烃源岩。国外大型含油气盆地中，其面积绝大多数在 $10\times10^4km^2$ 以上，烃源岩系的总厚度均大于 200m，最厚可达 1000m 以上（表 4.14）。我国目前已发现的石油储量的 95%分布在 12 个主要含油气盆地中。这些盆地的生烃拗陷面积都在 $2\times10^4km^2$ 以上，烃源岩的厚度都在 300m 以上，最厚可达 2000m（柳广弟等，2009）。

表 4.14　国外部分大型油气田烃源岩发育规模统计表（柳广弟等，2009，修改）

盆地	面积/万 km^2	沉积岩		烃源岩		油气可采储量
		地质年代	厚度/m	地质年代	岩性及厚度/m	
波斯湾	328	古生代—新生代，以 J、K、E、N 为主	最厚 12000 平均 3000	J_2、K_2、E 为主	碳酸盐岩为主，1000～1500	油 541 亿 t

续表

盆地	面积/万 km^2	沉积岩		烃源岩		油气可采储量
		地质年代	厚度/m	地质年代	岩性及厚度/m	
西西伯利亚	350	中生代—新生代，以 J、K 为主	最厚 8 000 平均 2 600	J_2—K	泥岩 500～1000	油 60 亿 t
墨西哥湾	130	中生代—新生代	最厚 12 000 平均 4 000	J_3—N_1	泥岩为主，部分碳酸盐岩 1000～2000	油 53 亿 t
马拉开波	8	中生代—新生代	最厚 10 000 平均 4 600	K—N，以始新世为主	K 为石灰岩、黏土岩,厚 150～200m;E 为泥岩，厚 2000 m	油 73 亿 t
伏尔加-乌拉尔	70	以早生代为主	最厚 8 000 平均 3 100	D_2—P_1	泥岩为主，总厚 200～500 m	油 43 亿 t
利比亚锡尔特	52	古生代—新生代，以 K、E、N 为主	最厚 6 500 平均 2 500	K—E	以石灰岩、泥灰岩为主，部分为泥岩， 1000～2000 m	油 40 亿 t; 气 7790 亿 m^3
三叠	44	古生代—中生代	4 000～5 000	S	页岩 200 m	油 10 亿 t; 气 $3\times10^{12}m^3$
北海	58	二叠纪—新近纪	总厚 8 000	J、E、N、部分 C_3	泥岩	油 34 亿 t; 气 $18\times10^{12}m^3$
尼日尔河三角洲	50	新生代	4 000～6 000	E	泥岩 1000～2000 m	油 27 亿 t; 气 $1\times10^{12}m^3$

在烃源岩大规模发育的基础上，烃源岩质量的好坏又是油气供给是否丰富的重要决定因素，而烃源岩的质量取决于有机质丰度、类型和成熟度。有机质丰度高、演化程度达到成熟窗口就有利于烃源岩生成大量的烃类。国内外具有大型油气田分布的含油气盆地都发育有较高质量的烃源岩（表 4.15）。

表 4.15 国内外大型油气田分布盆地烃源岩质量简况表（柳广弟等，2009，略修改）

盆地	烃源岩	厚度/m	TOC/%	有机质类型	R^o/%
波斯湾	K 泥灰岩、页岩	200～300	3～6	Ⅰ～Ⅱ	0.5～1.8
	J 页岩、碳酸盐岩	300	3～5	Ⅰ～Ⅱ	0.5～1.5
西西伯利亚	K_1 页岩	100～500	0.49～1.11	Ⅰ～Ⅱ	0.6～>2.0
	J_3	500	1.91～12	Ⅱ	0.6～1.2
	J_{1-2}	200	2.62	Ⅲ	1.1～1.8
墨西哥湾	Mz 泥页岩		0.5～2.3	Ⅰ～Ⅱ	0.6～2
	K 页岩		0.17～0.63	Ⅲ	0.3～1.7
马拉开波	R 泥页岩	200～300	5.6	Ⅱ～Ⅲ	0.6～1.2
	K 泥页岩、灰岩	60～150	5.6	Ⅱ	0.8～2.0
渤海湾	E	500～2000	0.5～6	Ⅰ～Ⅱ	0.5～1.5
利比亚锡尔特	K_2 页岩、泥灰岩	200	0.5～3.5	Ⅱ	1.1～1.8
阿尔及利亚东戈壁	S	200	3～10	Ⅱ	1.2～2.0
北海	J 海相页岩	200～300	1～7	Ⅰ～Ⅱ	0.6～1.7
	C_2 煤系	500	1	Ⅲ	>2

续表

盆地	烃源岩	厚度/m	TOC/%	有机质类型	R^o/%
尼日尔河三角洲	E_2—N_1 页岩	>1000	1.68	Ⅱ～Ⅲ	成熟
美国西内部	C 页岩	300	0.5～2	Ⅱ～Ⅲ	1.5～2.0
阿尔伯达	D 海相页岩	100 ~ 500	1～5	Ⅱ	1.0～1.6
松辽	K_1 泥岩	300 ~ 600	0.5～5	Ⅰ～Ⅱ	0.5～1.2

2. 烃源岩的排烃效率或条件

烃源岩的排烃效率或条件也是烃源岩的初次运移问题。前已述及，烃源岩的排烃效率与干酪根的热演化阶段相对应，热演化程度越高，其排烃效率也就越高。同时，大量排烃初始时间则与干酪根类型有关。此外，烃源岩层系的岩性组合以及烃源岩与储集层的接触方式等宏观地质特征也影响着排烃效率。例如，在油源区及其附近，储集层与烃源层呈指状交错或互层，就十分有利于油气的初次运移或烃源岩的快速排烃，即砂泥岩互层层系中发育的烃源岩，由于单层厚度小，与储集层的接触面积大，其排烃条件就好。一般普遍认为，砂岩占地层厚度的比例（砂地比）介于 20%～50%的发育烃源岩的地层层系最有利于石油的运聚。

3. 二次运移的输导条件

油气二次运移是常规油气成藏和富集的显著特征，也是大型常规油气藏（田）形成的必要条件。输导体系是引导充足油气运移和确定优势方向的关键与载体。全球已有的勘探实践表明，输导体系可由储集地层、断层和不整合面等单一构成或复合构成，并以网络式的输导方式，向凹中隆、斜坡带、古隆起等正向构造单元输送油气。同时，输导体系通道的构成方式和波及范围控制着油气运移的优势方向和距离。

（二）有效的圈闭与成藏组合

一个圈闭的有效性是指圈闭的形成时间、所处的位置、地层水动力环境等是否允许该圈闭能够有效地捕集到油气而构成油气藏的概率。油气勘探实践表明：任何一个圈闭都不是孤立存在的，多受控于一套成藏组合或区带，即在一个特定地层层系中，一组远景圈闭和已发现的油气藏多享有共同的储集层、盖层和油气充注体系。

1. 圈闭形成时间与烃源岩生排烃期和油气后期主要运聚期的关系

烃源岩被深埋、演化进入成熟窗口之后，将发生第一次主要排烃期，油气大量进入输导体系和储集层，寻找有利圈闭场所，聚集成藏。因此，在烃源岩主要生、排烃期之前或同时，形成的继承性圈闭最有利。烃源岩主要生、排烃期之后，受盆地区域性构造运动的影响，已聚集油气会发生再次运移，并重新寻找新的圈闭场所聚集。从而，后期有利圈闭的形成最晚不能晚于晚期区域性构造活动期。例如，在渤海湾盆地海域及滩海地区的生烃凹陷，烃源岩的第一次排烃期发生在沙一段沉积末期至东营组沉积时期，而后期发生的东营组沉积末期和新近系明化镇组沉积末期两期构造运动，均对早期聚集的油气进行了重新调整和分配。储层包裹体分析等油气注入期判断方法也证实了普遍存在上述三个主要成藏期，尤其是后两期的成藏甚为重要。

2. 圈闭与烃源区的距离

沉积盆地中生烃洼陷控制着油气的分布。油气首先在邻近的圈闭中聚集，即圈闭所在位置距烃源区越近，越有利于油气聚集，圈闭的有效性越高。若生烃区供烃不足，则远离生烃区的圈闭富集程度就低，或是无效的。例如，位于松辽盆地深凹生烃区的长垣背斜构造带，由北向南形成了喇嘛店、萨尔图、杏树岗、高台子、太平屯、葡萄花等多个油田，探明石油地质储量约 45×10^{8}t，该构造带在嫩江组沉积末期就已基本定形。青山口组暗色泥岩作为盆地的主要烃源岩于嫩江组沉积后进入大量生油期，开始就近向长垣构造带各圈闭运移和富集。

3. 圈闭位置与油气充注体系的关系

一个圈闭的油气充注条件受盆地构造格局、沉积体系和断裂分布的不均一性以及水动力条件等因素的影响。油气充注在盆地内各方向或各单元部分的充注数量和波及范围是不均衡的，有学者用“优势运移方向”等术语来描述这种特征。位于油气充注体系中的圈闭越有利，其有效性就越高。例如，在松辽盆地，河流-三角洲相砂体输导层和大量发育的正断层是油气向大庆长垣构造带进行充注的重要通道。大庆长垣背斜带西侧古龙生烃凹陷，发育早，面积大，凹陷深，成为长垣主要的供烃凹陷；而长垣背斜带东侧的三肇凹陷发育晚，面积小，埋藏浅，成为次要油气供给凹陷。

分布密集的正断层是长垣油气垂向运移的主要通道。大庆长垣萨、葡、高多套含油层系的油层的形成主要源于青山口组烃源岩。除了高台子油组的油层位于青山口组二、三段地层内部之外，葡萄花和萨尔图油组都位于非烃源岩系的姚家组，远离下伏青山口组烃源岩层约 350m。这两个油组的砂岩储集层均充满油并形成特大型油田，仅靠油气在输导层内的侧向运移，显然是不可能的。发育密集的正断层使青山口组烃源岩层与姚家组储层联系起来，油气由下向上垂向运移。

因此，若缺乏油气充注通道或不处于油气充注体系当中，圈闭则是无效的，一套成藏组合也是未被证实的。

（三）后期保存条件

后期保存条件是指油气藏形成以后，遭受破坏和改造的各种地质条件。对于盆地来讲，油气的富集和保存取决于是否发育良好的区域性封盖层。而对于一个含油气的圈闭来讲， 后期的保存则取决于后期构造运动对其破坏或改造的程度。构造运动产生的断层和变形等会破坏原有含油气圈闭的盖层封闭性，减小闭合高度，造成油气的流失。此外，构造运动也可使水动力环境变得更活跃，冲刷圈闭中的油气，导致油气藏破坏。

第二节　常规油气资源评价方法与相关参数

油气资源评价主要是指人们对地下赋存油气资源的数量、质量和开采经济性的确定和预测等方面的研究工作。对于常规油气资源，主要依据其排运聚的规律，从生烃量入手，通过判定排出和聚集的比例或系数，来最终确定地质资源量。再依据开发技术和工艺的水平，可进一步确定经济可采储量。全球性和地区性的资源评价工作与方法开始出现于 20 世纪 50 年代中后期。进入 60 年代，美国和原苏联等主要石油生产国都相继成立了专门的油气资源评价委员会，分别构建了自己的资源储量分级序列和评价体系。自 80 年代开始，我国也先后开展了三轮的全国油气资源评价工作，初步构建了自己的评价体系和基本方法。

油气资源评价工作的主要任务就是要解决油气资源/储量的分布、数量、质量和勘探开发方案；研究对象为含油气大区、盆地、含油气系统（凹陷或洼陷）、区带、圈闭和油气藏；研究内容主要是针对上述评价对象或地质单元，开展地质评价、资源量估算与经济评价等三个方面的研究，即以油气田的勘探与开发为中心，对勘探开发目标进行石油地质条件的综合分析，定量估算不同级别的资源量或储量，并基于地质风险分析，最终作出勘探开发部署和决策略（图 4.28）。

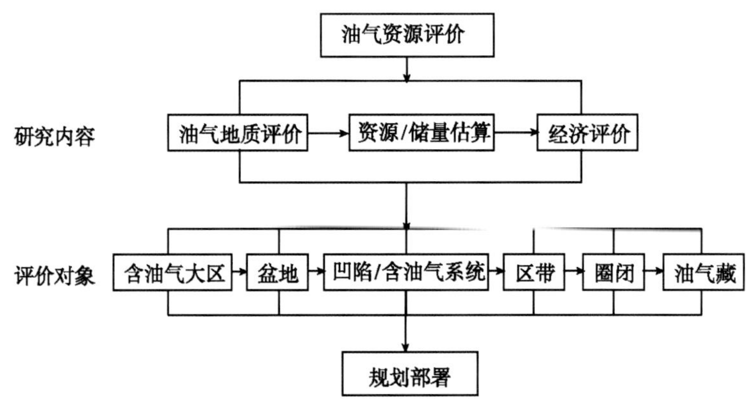

图 4.28　油气资源评价任务、内容与对象研究流程

一、资源评价的地质单元

（一）各评价单元的含义和评价内容

1. 含油气大区

含油气区可以是一个大的 “地质构造”单元，也可以是一个与 “地质、地理甚至与行政区划”有关的单元，常泛指一个巨型盆地或一个盆地群，这些盆地在地质成因结构或油气层系上有一定的相似性，也可以是石油经济地质有共性的地区（武守诚，2005）。Kingston 等（1983）对世界上 600 多个盆地的资料进行了研究，提出地壳与盆地间的成因关系及其评价，将地壳分为三大类 9 亚类，将盆地分为两大类 10 亚类（图 4.29）。世界上，大油气田大多发现于次大陆地壳，其中内部裂陷盆地最为普遍，然后是内陆拗陷、边缘拗陷以及复杂的叠合盆地。

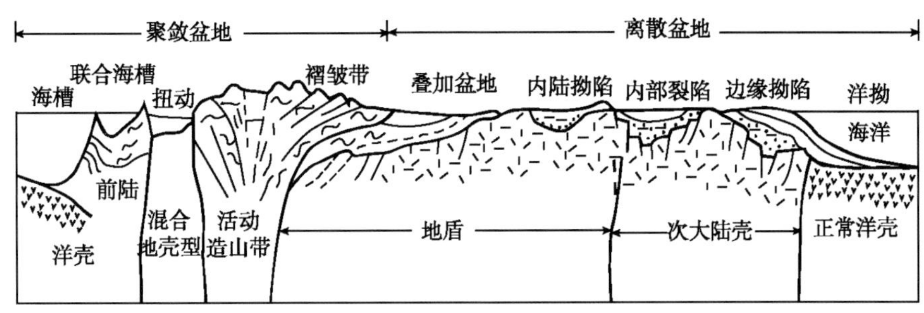

图 4.29　地壳类型与盆地间的成因关系（Kingston et al., 1983）

含油气大区的研究与评价主要是为石油公司勘探的长期宏观规划奠定科学基础。含油气大区（省）或含油气盆地体系的划分主要是依据全球板块构造及古地理、古气候、古生态等特征来进行的。作为全球勘探生产战略的一部分，石油公司都应开展全球含油气大区的划分，区域地质构造、沉积与油气聚集的特点和基本规律的分析，估算油气资源的数量、质量及勘探现状，以及油气勘探的经济分析和整体战略规划，也是石油公司走向世界、充分利用好全球资源的首要战略步骤。

2. 含油气盆地

含油气盆地的研究与评价是区域地质评价的重点。沉积盆地作为地质历史时期的沉积和沉降中心，与含油气大区相比，具有更统一的沉积史、沉降史、热史、生烃史和油气运聚史。由于不同的盆地类型有着不同的盆地结构和形成机制，因此各类盆地所形成和赋存的油气资源量也会有较大差别。盆地评价研究是在含油气大区研究的基础上，通过对盆地环境、构造、沉降、沉积、演化过程等地质特征的分析，研究盆地的构造史、沉积史、生烃史及聚集史，建立地质模型并求取相关的评价参数，估算油气资源量。油气资源估算的主要方法包括成因法、统计分析法和类比法等。我国一般将含油气盆地评价作为制订每五年勘探战略规划的重要依据。已开展的全国三轮油气资源评价，均对我国近 300 个盆地进行了优选，确定了我国石油工业“增储上产”的重点盆地。

3. 含油气凹陷与含油气系统

尽管一个盆地具有较为统一的地质演化历史，但其内部发育的不同凹陷仍可在沉积体系、构造样式、烃源岩质量、生烃时期和油气分布等方面表现出一定或较大的差异性，即每一个沉积凹陷在某一地质层系中的油气运聚自成体系，为一完全独立的成油单元。基于含油气凹陷或含油气系统的“自成体系”，才便于油气资源量的估算和其内部不同聚烃单元——区带或成藏组合的油气聚集量分配。“源控论”正是我国老一辈石油地质学家针对“沉积凹陷”地质评价单元的油气聚集特征提出来的，与含油气系统在评价思路上有着基本的一致性。在一个盆地中，通常有多个含油气系统共存。“含油气系统”主要研究内容包括某层系烃源岩的厚度、规模和分布范围，所排烃的二次运移和聚集规律，各成藏要素在时间和空间的配置方式，有利圈闭组或群的分布和资源规模等，即含油气系统研究的目的又在于选择进一步的勘探对象　“油气区带”或“成藏组合”。因此，含油气凹陷资源评价为区带评价和优选奠定了扎实的地质研究基础。

4. 油气区带与成藏组合

我国20世纪60年代开始，就逐步提出和应用了“复式油气聚集（区）带”或“区带”的概念和评价方法，发现和探明了我国许多大油气田。而以美国为代表的研究学者在20世纪七八十年代提出了“成藏组合”等概念和评价方法。Allen和Allen（1990）对“成藏组合（play）”的定义为：在一个特定地层层系中，享有共同储集层、区域盖层、油气充注体系的一组未钻探的远景圈闭和已发现的油气藏。国外的成藏组合比我国的“二级带或区带”，更强调某一层系的特征。由于区带评价介于凹陷评价与圈闭评价之间，为圈闭评价的基础，因此各石油公司一般把区带评价作为年度勘探生产战略部署与规划的重要依据。区带评价通常涉及区带所处的区域构造位置、沉积特点、地质演化史、生储油特征、远景圈闭数量、层位和规模以及分类排队等。

区带资源量估算方法主要包括累加圈闭法、体积法、聚油气单元法、区带分析法等。累加圈闭法是将一个区带中的每一个圈闭的资源量累加起来即为区带的资源量。聚油气单元法是从凹陷生排烃量入手，之后分配到每个区带内的聚油气量。

5. 圈闭

圈闭是油气勘探过程中最具体、最直接的评价和钻探目标。因此，全球各石油公司都有着各自较为完善的一整套油气圈闭评价方法。圈闭地质评价大多采用风险概率统计法、地质类比评分法等，圈闭资源量估算的方法主要是储集层体积法。

对于我国勘探评价体系中的单一圈闭来讲，按照不同勘探阶段的目的与任务，其工作内容、投入的工作量与提交的储量级别、评价的方法及地质风险分析内容都有所不同（图4.30）。通过不同阶段的勘探工作，逐步提高圈闭勘探的储量级别，从未被发现的资源量，通过预探井钻探提高到预测储量，再经详探井的钻探达到控制储量，最后通过进一步钻井达到探明储量，使圈闭成为可供开发的油气藏。

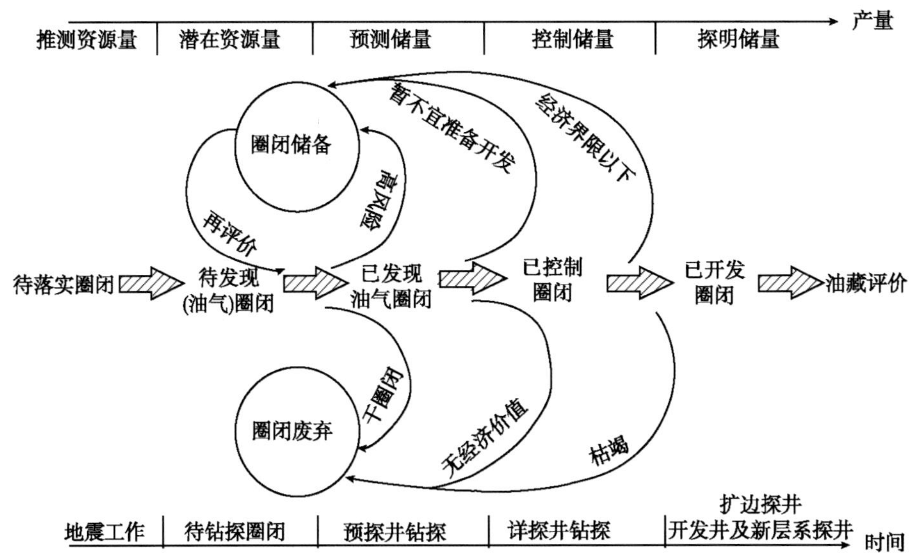

图4.30　我国勘探评价体系中不同勘探阶段单一圈闭的评价任务与内容流程图（武守诚，2005）

6. 油气藏

油气藏评价是直接涉及油气田开发生产的一项商业性的评价，最终目的是通过油气资源评价提供的各项参数，把圈闭中已发现的油气更多、更经济、更快速地开采出来。油气藏评价已处于油气田开发或初期开发阶段，评价的重点主要是在油气藏的储量及流体动态研究方面。静态评价是以 “储集层”研究为主；动态评价则以“油、气、水、压力”等流体特征为主，最大限度地提高采收率。

（二）国内、外评价地质单元的对比

自 1859 年完钻世界上第一口油井至今，历经一百多年的油气勘探实践和研究认识，美国、欧洲等国家与地区和我国的石油勘探研究者们结合本土含油气区的地质特征，已分别建立了依次从含油气大区、含油气盆地、盆地内次一级评价单元，最终到圈闭的各自较为成熟的油气勘探评价体系（图 4.31）。两套评价体系的差别主要体现在盆地内次一级评价单元的划分和评价方法上（童晓光，2009）。我国老一辈地质学家自 20 世纪 60 年代开始，通过对中国陆相石油地质理论认识的不断深化和勘探实践，先后提出和应用“源控论”、“复式油气聚集（区）带”或“区带”等概念和评价方法，发现和探明了我国许多大油气田。而以美国为代表的研究学者在 20 世纪七八十年代提出了“含油气系统”和“成藏组合”等概念和评价方法。从图 4.31 可以看出，第三和第四级评价单元，国内外存在着差异。在第三级评价单元的认识上，国外提出了以“四图一表”为核心的“含油气系统”研究方法，把“含油气系统”定义为一套成熟烃源岩和它们所产生烃类的所有聚集（Magoon and Dow，1998）。这一概念和研究方法的提出，使地质学家对盆地的石油地质评价具有较多的可操作性和规范性。在我国，陆相含油气盆地或断陷的沉积中心大多自成一个独立油气生成中心和油气富集中心，油气生成、运移和聚集以断陷为单元，即陆相盆地油气生成中心控制油气藏的展布（胡见义等，1991）。因此，我国以陆相盆地断陷或凹陷为第三级评价单元，依据所建立的断陷或凹陷的油气分布模式，开展各类沉积凹陷的石油地质综合评价，但并未制订相应的工业性规范，评价工作具有较多的灵活性。

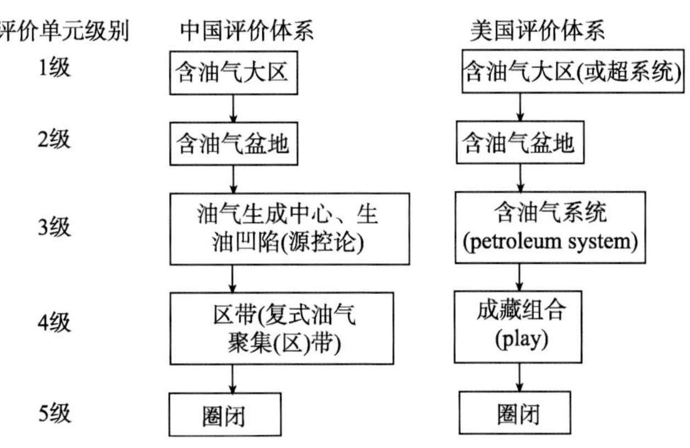

图 4.31　国内、外油气勘探评价体系地质单元对比图

在第四级评价单元的认识上，国外提出了“成藏组合”勘探评价方法，国内学者由于语言翻译和理解角度的不同，对“成藏组合”有着不同的表述。将“play”翻译成中文“成藏组合”一词，字面本身似乎赋予给“play”一词更多纵向上的概念。若将“play”翻译，并简单对应于我国勘探评价体系中的 “区带”一词，则将赋予给 play 一词多层系叠合后的平面连片的含义，这不仅与 play 的定义也与我国勘探评价体系中的“复式油气聚集（区）带”概念相矛盾。众所周知，各级别地质评价单元均为三维空间内的地质集合体，既有纵向或剖面又有横向或平面的展布特征。本书认为对“play”如何翻译和表述不必过多争论，关键在于如何将“play”的勘探评价思路和方法，通过借鉴、吸收和消化，应用于我国勘探评价体系中来。近年来，国内许多学者，在我国石油勘探评价研究过程中，尝试借鉴和应用了“含油气系统”和“成藏组合”等概念与评价方法，开展了一些研究工作。尽管大多还局限于理论层面上的探讨以及存在许多“水土不服”的问题，但随着我国各探区油气勘探实践的不断深入，我国勘探评价体系中各级评价单元的评价方法也在日趋完善。

第四和第五级评价单元作为商业勘探阶段的研究对象，在勘探实践中最受关注和重视。由于圈闭是最直接的钻探目标，圈闭评价在我国油气勘探评价实践中属于最为成熟和完善的环节。但“区带”评价环节，由于不是直接发现油气的钻探目标，一直是我国勘探实践中相对薄弱的环节。“区带”评价会直接影响到石油工业的勘探战略部署、投资策略与勘探方向的选择。因此，分析和对比我国“区带”和国外“成藏组合”的含义和特征是非常必要的。

西方油气勘探评价中，一直把“play”作为商业性勘探评价的基本单元。关于“play”的定义，不同学者有所差别，但核心内容是一致的。目前应用最广的是 Allen 和 Allen（1990）对“成藏组合”的定义为：在一个特定地层层系中，享有共同储集层、区域盖层、油气充注体系的一组未钻探的远景圈闭和已发现的油气藏；认为“成藏组合”是地质学家大脑中关于众多地质要素如何有效配置，使盆地某一具体层系构成油气聚集的情景。关键地质要素主要包括储集层、区域盖层、油气充注体系（有效烃源岩和向圈闭聚集的输导系统）、圈闭，以及上述四要素的有效配置关系等五个方面。如果还无法确认一个“成藏组合”的关键地质控制要素是否能够有效地配置、构成油气聚集，则这个“成藏组合”被认为是未证实的。

White（1988）提出了“成藏组合”综合评价图件的编制和展示方法，认为“成藏组合评价图”展示了全部关键地质要素（包括油气源、运移、储层、盖层、圈闭、形成时间和保存等）界定的有利区。这一图件的编制是基于全部常规勘探图件的，突出强调了全部关键地质控制要素的系统综合，缺一不可。这种评价图件的展示方式与我国油气勘探评价体系中的有利勘探区带综合评价图相似。

Allen 和 Allen（1990）提出了“play fairway”来表述“成藏组合”在平面上的地理分布范围。这一范围最早是用储集层系的沉积边界或缺失线来界定的，现在，已开始用其他控制要素的已知边界来共同界定。Allen 和 Allen（1990）并对 White（1988）编制的背斜构造背景之上发育的底部砂岩理想“成藏组合”综合评价图进行了简化和修改[图 4.32(a)]；还进一步提出：对于一个未证实的“成藏组合”，由于在一个层系中储集层等各种关键控制要素的特征是变化的，表现出一定的非均一性，因此可依据“成藏组合”的有效性概率（play chance，包括控制要素是否具备以及相互配置的有效性等）、预测的油气藏规模和预测的钻井成功率等三个方面的特征，来进一步划分出次一级的分区单元（segment），每个分区单元都具有各自的风险概率[图 4.32(b)]，这相当于在我国油气勘探区带评价中分出的有利区、较有利区和较差区等。本书认为这种“segment”更近似于我国勘探区带的平面界定范围。

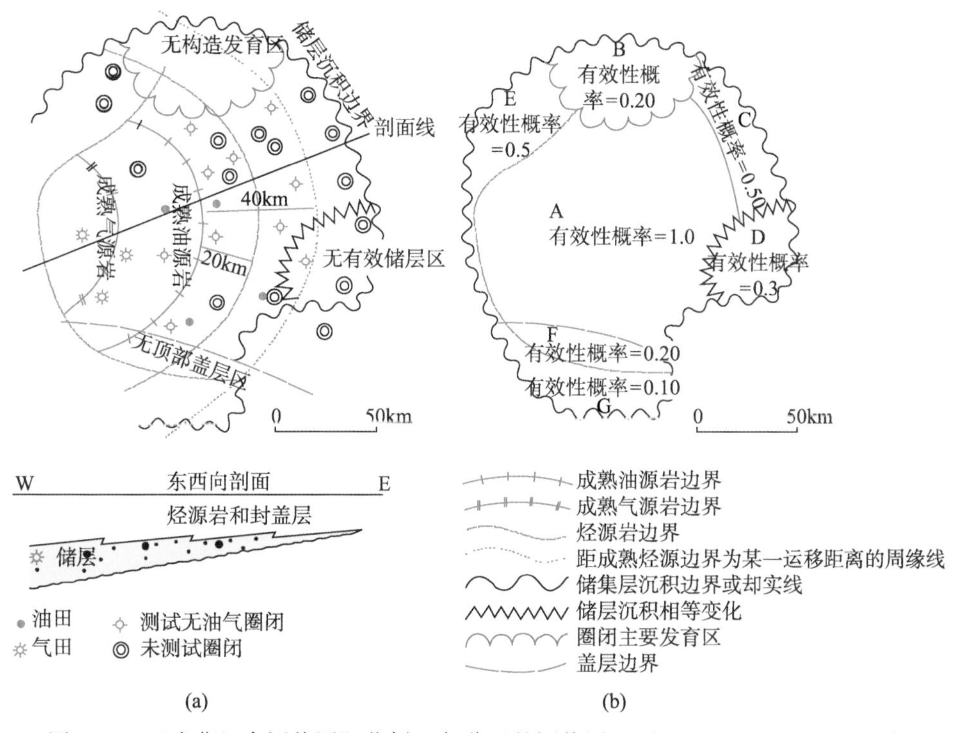

图 4.32 “成藏组合评价图”范例(a)与分区的评价图(b)（Allen and Allen，1990）

受前苏联学者的影响，我国地质学家早在 20 世纪 50 年代就非常关注油气聚集带的研究。我国在 20 世纪 80 年代开展的第一轮全国油气资源评价中，对“区带”一词含义的表述相对模糊一些，包括了通称的凹陷中的次级构造带，也可以是一个大的断裂带、一群远景构造圈闭、一个地层岩性圈闭带、一个相当规模的勘探区或区块（胡见义，1987）；对各盆地实际评价过程中区带的划分也相对粗略。90 年代开展的第二轮全国油气资源评价中，开始受到国外“play”评价方法的影响，对“区带”一词的表述要系统得多，提出“区带”是指一组圈闭或油气田构成的地质单元，这些圈闭或油气田具有共同的石油地质成因，包括共同的生烃、运移、储集和聚集史，构成一个油气聚集区（翟光明，1994）。但在各探区实际评价过程中，并未严格按照此定义进行划分。东部各油田多以凹陷中的二级构造带或岩性带为单元划分区带，而西部盆地多以凹陷中的二级构造带为单元划分区带，中部盆地则按大气田的成藏条件划分区带。评价范围除凹陷中的二级构造带或岩性带外，不包含供烃区和油气运移路径区的范围，认为一个区带往往就是一个“复式油气聚集（区）带”。我国“油气聚集带”研究是在东部地区勘探实践中获得不断深化、发展和完善的。“复式油气聚集（区）带”理论和相应的滚动勘探开发经验，为中国石油天然气工业 “发展西部，稳定东部” 的发展战略提供了强有力的理论指导和技术支持。复式油气聚集（区）带是指由多个含油气层系、多个油气藏类型和多个油气水系统组成的油气藏群，它们从属同一的构造带或地层岩性带，油气藏具有相同的形成条件，为一纵向上相互叠置，平面上不同层系、不同圈闭类型的油气藏相互连片的含油气带。复式油气聚集（区）带主要受二级构造带、区域断裂带、区域性岩性尖灭带、物性变化带、地层超覆带和地层不整合等多因素控制，可分出构造、非构造和混合型三大类。按勘探程度的高低，可分出已具油气田的区带、已有油气发现的区带和尚未发现油气的区带等三类。同时，我国地质工作者还指出了我国沉积盆地具有多套含油气结构层系的特征，如渤海湾盆地具有新近系、古近系和前古近系等三层含油气结构层系，对应构成了“下生上储”、“自生自储”和“新生古储”等三套成油组合，每套成油组合的生储盖组合和圈闭类型等均有差异。这种组合特征的论述与国外的“play”有相近之处。这也正是我国大多学者倾向于将国外的“play” 译成“成藏组合”的原因。国外“成藏组合（play）”与我国“区带”的区别是多方面的（表 4.16），简单对应两者是无意义的，关键在于如何消化吸收国外“成藏组合”的评价思路和方法，来发展和完善我国自己已形成的油气勘探评价体系。本书认为“含油气区带”或“区带”是指盆地内受控于同一沉积和构造背景，有共同储集层、盖层和相近油气充注条件的多个有利圈闭和已发现油气藏的组合发育带，其中的圈闭或油气藏可多种类型共存；纵向上，区带可属于一套层系或多套层系。这里的沉积和构造背景包括各种类型的背斜构造带、断裂构造带、斜坡构造带、地层超覆带、地层不整合剥蚀带、岩性上倾尖灭带、潜山构造带、火山岩等特殊岩性体分布带等。

表 4.16 “成藏组合”与“区带”特征对比表

对比类别	成藏组合	区带
命名原则	储层名称为主	地名和构造或沉积单元名称为主
平面评价范围	从供烃区、经输导路径区到已知油气藏和圈闭发育区	同一的构造带或地层岩性带的不同层系和不同油气藏类型的叠合连片发育区
纵向评价范围	以储集岩为主体的单一层系	多套层系
盖层	一套次级区域性盖层（仅封盖供烃区到油气藏和圈闭发育区的整体区域范围）	多套区域或局部盖层
储集层	一套储集层系	多套储集层系
油气充注体系	强调同一充注体系，关注供烃区和输导路径区，以便于计算油气聚集量	不强调同一充注体系，常将深洼供烃区或斜坡低部位区单独划带
圈闭类型	一种或多种类型	多种类型
勘探思路	突出一套层系的商业性评价和勘探	突出多层整体评价、强调立体勘探
适用性	商业性快速评价	早、中期勘探评价

二、我国分类体系油气资源/储量相关术语

根据人们对地壳中赋存的石油和天然气勘探和开发的认识程度以及经济、技术水平，可将油气资源量分为多种级别。一般情况下，首先把已经探明的，或在目前经济技术条件下有一定把握的可以开采利用的那部分油气资源数量称为油气储量，如探明和控制储量等；而根据现有地质资料和石油地质理论或勘探经验推测可能存在的、尚待发现并把握不大的那部分油气资源数量称为油气资源量，如远景资源量、区带或圈闭资源量等。在欧美储量分类体系中，储量是指可以商业性采出的油气数量，一般“储量”一词在没有特别注明是原地地质储量的情况下都是指“可采储量”，同时具有地质、技术和经济含义。而在我国体系中，在没有注明是可采储量的情况下一般是指原地地质储量，可采储量又细分为技术可采储量和经济可采储量两类。

在我国油气资源分为五级，即推测资源量（包括盆地、凹陷和区带三个层次地质单元的资源量）、潜在资源量（也称之为圈闭资源量）、预测储量、控制储量和探明储量。各级资源量和储量对应不同的勘探阶段，是分阶段的勘探成果和勘探工作定量考核的指标之一。

总油气资源量　是指在某一特定时间所估算的，包括已经发现的（探明储量、控制储量、预测储量）及尚未发现的 （潜在资源量、推测资源量）各类油气资源的总量。

推测资源量　是指根据盆地、凹陷和区带的地质资料或类比资料，应用体积法或地球化学法所估算出的总资源量扣除已发现储量和潜在资源量，即获得推测资源量。它是提供编制区域勘探部署和规划的重要依据。

潜在资源量　是指根据地质和地球物理勘探等资料，证明有圈闭存在，但尚未钻探或已钻探未获商业性油气流。通过地质风险分析，认为仍有进行钻预探井的必要。资源量估算是采用类比参数，应用体积法计算出来的。它是部署预探井的重要依据。

预测储量　是在地震详查以及其他方法提供的圈闭内，经过预探井钻探获得油气流、油气层或油气显示后，根据区域地质条件分析和类比，对有利地区按容积法估算的储量。该储量是制订评价钻探方案的依据。

控制储量　指在某一圈闭内预探井发现商业油气流后，以建立探明储量为目的，在评价钻探过程中钻了少数评价井后所计算的储量。该级储量通过地震和综合勘探技术查明了圈闭形态，对所钻的评价井已做详细的单井评价；通过地质-地球物理综合研究，已初步确定油气藏类型和储集层的沉积类型，并大体控制了含油气面积和储集层厚度的变化趋势，对油气藏复杂程度、产能大小和油气质量已做出初步评价。

探明储量　是指油气藏评价勘探阶段完成后，经过油气藏精细描述、评价，计算出油气藏的油气储量。它是油气藏评价勘探和油气藏勘探的最终勘探成果，为编制油气田开发方案，进行油气田开发建设投资决策和油气田开发分析的依据。

技术可采储量　是指在现有工艺和技术条件下，可从储集层中采出的油（气）量。

经济可采储量　是指在现有工艺和技术条件下，可从储集层中采出的有经济效益的

油（气）量。

三、油气资源/储量分类体系与勘探程序

不同油气生产国有着或采用不同的分级或分类方案。目前，全球油气资源储量的分级体系可分为两大类。一是由石油工程师协会（SPE）、世界石油大会（WPC）、美国石油地质学家协会（AAPG）和石油评价工程师学会（SPEE）于 2007 年共同推出的称为《石油资源管理体系》的美国资源储量分类体系，使用和采纳的地区包括美国、加拿大、澳大利亚、南非和中东等，属经济技术型分类；二是中俄资源储量分类体系，属纯技术型分类，使用和采纳的地区包括中国、俄罗斯和中亚等国家和地区。

欧美储量分类体系均强调油气资源的经济性，资源量与储量在经济含义上有着明显的区别。按经济属性，明确分为经济的（economic）和次经济的（sub-economic）分类，认为只有经济类才属于储量范畴，次经济类应归为资源量范畴。SPE/ WPC/ AAPG/ SPEE 当前主导的储量/资源量分类体系如图 4.33 所示。其中的“contingent resources”被定义为已钻探发现油气，但其可采的经济和技术因素还存在不确定性的油气数量。因该类别资源/储量直接对应于我国分类体系中的“储量”部分，因此将其译为“临时储量”或“次经济储量”比较符合我国国情，而不直译为“临时资源量”。中国和前苏联等地区的资源储量分类体系，受原国家计划体制的影响，强调油气资源的地下实际赋存量和期望值，对其经济属性的界定比较模糊，勘探与开发相互分离，资源储量计算和结果表达方式多用确定性方法而非概率法，不利于对项目进行风险管理。

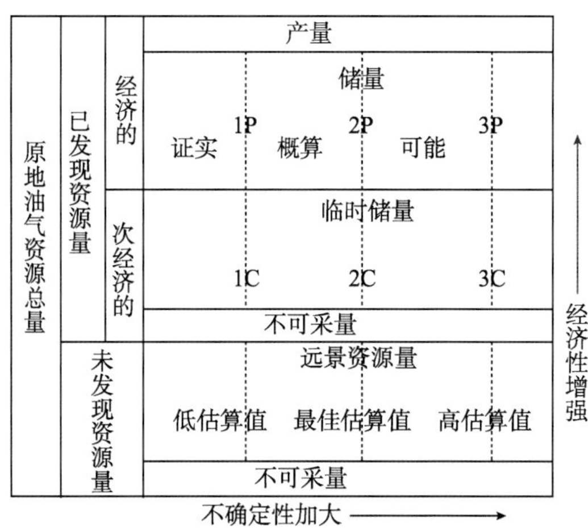

图 4.33　SPE/ WPC/ AAPG/ SPEE 油气资源储量分类体系

进入 21 世纪，中国和俄罗斯均开始着手对原分类体系的修订，但仍需进一步完善。俄罗斯 2003 年在前苏联分类基础上修订的资源储量分类体系，其地质储量分为“经济的”和“不经济的”，并将经济的又分为“有效益的部分” 和“条件改善才有效益的部

分”。中国资源储量分类体系如图 4.34 所示，我国资源储量分类体系中仍然把次经济类归入储量范畴。通过我国与美国和俄罗斯（原苏联）的可采资源量和储量分级方案的对比（表 4.17），发现不同方案之间存在一定的差别，尤其在未证实或未探明的部分表现的差异最明显，只能粗略地进行对比。例如，美国的概算储量包含了我国控制储量和部分基本探明储量，或者包含了俄罗斯的 C_2 和部分 C_1 储量。而俄罗斯的 C_3 和 D_0 又界定得不是很严格，C_3 有时不单独划分出来。但 C_3 和 D_0 大致对应于我国的预测储量和圈闭资源量。并且，俄罗斯的 C_1 比我国的Ⅱ类基本探明储量更为严格一些，C_2 却又比我国控制储量更粗一些。

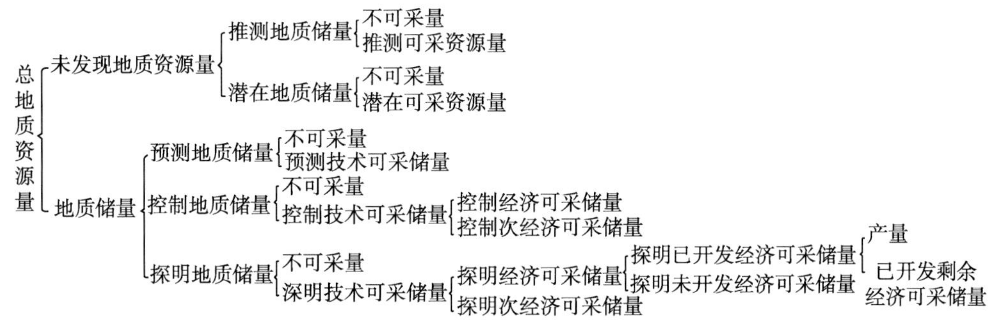

图 4.34 我国 2004 年颁布的油气资源/储量分类标准

表 4.17 中国与美国和俄罗斯油气可采资源量和储量分类粗略对比表

<table>
<tr><th>中国储量分级</th><th>美国储量分级</th><th>俄罗斯储量分级</th><th>评估对象</th><th>研究方法</th><th>勘探开发阶段</th><th>储量可信度/%</th></tr>
<tr><td rowspan="2">（Ⅰ类）已开发探明储量</td><td rowspan="3">证实储量</td><td>A</td><td>按开发设计完钻的油气藏（区块）</td><td>勘探和开采井</td><td>已开发油气藏</td><td>95</td></tr>
<tr><td>B</td><td>按初步开发设计完钻的油气藏</td><td>勘探和开采井</td><td>刚投入开发</td><td>90</td></tr>
<tr><td rowspan="2">（Ⅱ类）基本探明储量</td><td rowspan="2">C_1</td><td rowspan="2">探井证明的工业油气藏</td><td rowspan="2">地震详查、评价井及探井</td><td rowspan="2">勘探及评价油气藏</td><td rowspan="2">50～80</td></tr>
<tr><td rowspan="2">概算储量</td></tr>
<tr><td rowspan="2">控制储量（50%）</td><td rowspan="2">C_2</td><td rowspan="2">探井尚未探明油气藏地区</td><td rowspan="2">地震详查、普查及评价井</td><td rowspan="2">油气藏评价及普查</td><td rowspan="2">30～50</td></tr>
<tr><td rowspan="2">可能储量</td></tr>
<tr><td rowspan="2">预测储量</td><td rowspan="3">C_3 和 D_0</td><td rowspan="3">已准备圈闭内预测油气藏</td><td rowspan="3">地震勘探、参数井</td><td rowspan="3">已准备好的目的层进行普查钻井</td><td rowspan="3">10～30</td></tr>
<tr><td>临时储量</td></tr>
<tr><td>圈闭资源量</td><td rowspan="3">远景资源量</td></tr>
<tr><td>区带资源量</td><td>D_1</td><td>油气聚集带</td><td>地震勘探、基准井及参数井</td><td>油气聚集评价阶段</td><td>10～20</td></tr>
<tr><td>盆地资源量</td><td>D_2</td><td>油气远景区</td><td>地震勘探、基准井及评价井</td><td>含油气预测阶段</td><td><10</td></tr>
</table>

中国油气勘探程序与我国现行的油气储量分类体系是一致的（图 4.35）。其中，前一阶段与后一个阶段相互衔接，不同的勘探阶段可获得不同的勘探评价精度；强调勘探过程中对油气藏的整体研究和认识，易于侧重工作量和地质储量；储量级别和勘探阶段配套；其高级别储量的可靠程度比国外粗一些。中国油气勘探程序尽管不侧重考虑勘探投入与获得经济效益之间的关系，但长期的总体效益并不差；而美欧的油气勘探过程也有阶段划分，主要从资金流动的角度考虑，发现储量就及时动用，并按照井控程度来划分储量级别，每打一口井就可以在周围分别计算出证实、概算和可能储量，其最大的优点是三个级别的储量都是经济的，而且证实储量的可靠程度非常高，即美欧勘探更注重井控程度和勘探风险。我国油气资源/储量分类体系和勘探程序与美国主导的 SPE/WPC 分类体系的区别表现为以下方面。

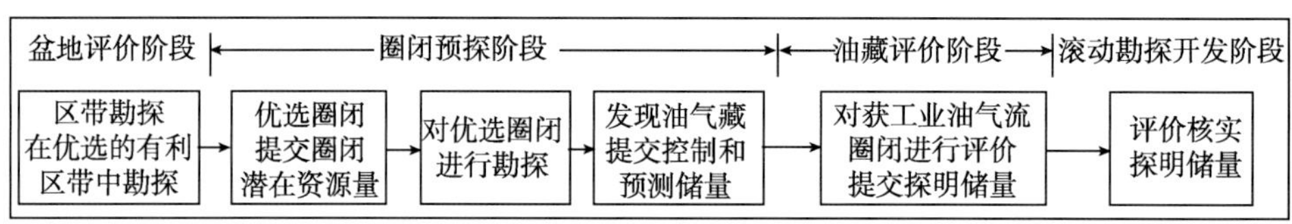

图 4.35　中国油气勘探程序流程图（李明宅，2003，略修改）

（一）勘探程序

SPE/WPC 勘探程序中侧重经济可采储量 （图 4.36）。资源评价贯穿于圈闭勘探全过程，地质储量只是勘探过程的中间环节，并不精细；根据圈闭油气资源的风险分析，开展地震精查；根据地震精查再评价，进行钻探；根据经济可采储量的评价计算，再进行扩大勘探，并重视勘探与开发的整体衔接。而我国勘探全过程重视油气探明地质储量和技术可采储量，是一个单一的地质勘探过程，基本未包括经济评价研究，即勘探程序上缺少经济评价环节。

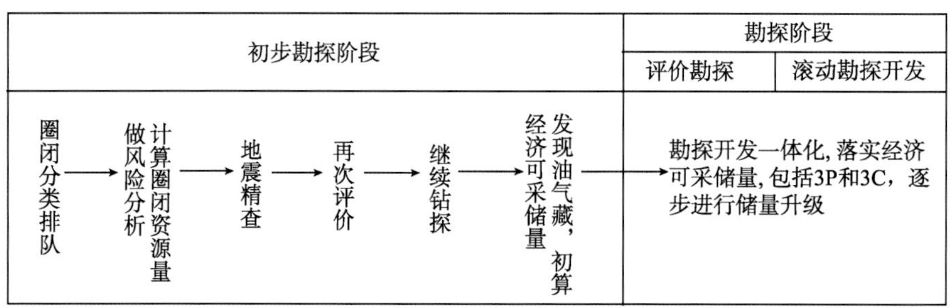

图 4.36　SPE/WPC 油气勘探程序流程图（李明宅，2003，修改）

（二）勘探与开发的衔接

我国的分类体系与勘探程序中，勘探与开发没有共同对储量是否具有经济可采性进行论证。勘探部门负责提交储量，开发部门负责动用储量，联结两者的是探明地质储量，而不是经济可采储量，造成勘探与开发脱节，两者之间出现储量经济评价的“空档”。近年来，我国石油公司推动的“勘探与开发一体化”工作就是要避免投入一些开发难以动用，低效甚至无效的勘探工作量。而 SPE/WPC 勘探程序则不同，在发现油气藏并初步计算出一定量的经济可采储量后，勘探与开发整体规划和部署，其经济可采储量、勘探开发成本是工作的总体目标。

（三）储量研究

我国多以油气藏为储量计算单元，特殊情况下才从现有井出发，以地质判断的合理边界计算储量；而 SPE/WPC 体系则首先考虑的是井控程度和测试（生产）资料，只有在地震、测井等地质资料可靠程度高的情况下才以油气藏为储量计算单元。这是因为双方除存在经济体制和认识问题的角度不同外，我国基本上不存在类似美国的情况，即在一个油田甚至一个油气藏上有多家石油公司共同操作的局面，后者无法做到对完整油气藏的整体评价和认识，市场体系决定了他们以井控进行储量定义和储量分级分类。

（四）经济起算指标

我国采用以单井测试产量为起算指标来计算地质储量，经济估算放在储量计算结果之后；而 SPE/WPC 则在考虑油气流动性的基础上，以开发方案与现金流量法分析相结合来确定经济极限和经济可采储量。

四、油气资源/储量估算方法

通过盆地、凹陷、区带和圈闭等地质单元的地质分析和评价，建立了各种地质模型及相关参数之后，还需建立相应的数学模型和方法，来估算不同级别的储量和待发现资源量。由于地质上各种影响因素表现出的不确定性，所以国内、外使用多种方法，均试图较为准确和可靠地给出量化的评价结果。资源量的估算方法可分为成因法、体积法、统计分析法和类比法等四大类。在勘探生产实践中，油田生产部门经常使用的方法是针对区带、圈闭和油气藏的体积法和经验外推法，以及类比法和油气田动态分析法等。在资源量估算过程中，经常使用的数理统计计算方法或工具，包括多元统计法、蒙特卡洛法和特尔菲法等。

以有机质热演化成因理论为基础，发展起来的盆地数字模拟，是当今研究油气资源的主要途径。目前流行的各种盆地或凹陷的数字模拟软件大多都是基于成因法来展开的，因为成因法基本上都是从地球化学的角度，通过计算盆地或凹陷的生烃量、排出量和聚集量，来最终确定各级资源量与空间分布格局，这种地质模型有利于数字的模拟。但成因法的最大薄弱环节是在生烃量向聚集量的转换上，即“聚集系数”的取值，多依赖于对已有勘探成熟区的统计与推测，缺乏较好的严谨性。盆地模拟主要是从研究盆地或凹陷的几何学特征、充填序列、演化阶及各阶段盆地原型、构造样式等特征入手，通过计算机技术模拟其沉降史、热史、成熟生烃史、排烃史、运聚史，结合盆地岩浆活动及其他区域石油地质条件，来分析盆地油气资源潜力及其分布状况。目前，除国外流行的几种商业性盆地模拟软件外，我国三家主要石油公司（中石油、中石化和中海油）都有自行研发的系统软件，其工作原理和研究内容基本上是相同或相近的。下面对资源量/储量的基本估算方法介绍如下。

（一）成因法

成因法是按照有机质演化的特性，来计算盆地、凹陷或含油气系统的生烃量，进而估算其排烃量和聚集量。计算生烃量的具体方法很多，包括有机碳法、氯仿沥青 A 含量法和热模拟法等，这些方法或者是由生油岩中残余有机质推算出的排出量，或者是考虑有机质不同演化阶段的产烃率换算出排出量。

1. 氯仿沥青“A”法

烃源岩氯仿沥青“A”含量与有机质丰度和热演化成熟度均有关。其评价计算模型为

$$Q_A=S\cdot h\cdot \rho\cdot M\cdot A\cdot K_A$$

式中，S 为成熟生烃岩面积；h 为成熟生烃岩平均厚度；ρ 为生烃源岩密度（亿 t/km^3）；M 为泥岩百分比；A 为残余“A”含量（%）；K_A 为 A 恢复系数。

2. 有机碳法

总有机碳含量（TOC）在烃源岩中的含量越大，有机质丰度越大，表示其生油条件越好。

评价计算模型为

$$Q_c=S\cdot h\cdot \rho\cdot M\cdot C\cdot K_c\cdot X$$

式中，S 为成熟生油岩面积；h 为成熟生油岩平均厚度；ρ 为生烃源岩密度（亿 t/km^3）；M 为泥岩百分比；C 为残余有机碳；K_c 为有机碳恢复系数；X 为烃产率（kg 烃/tTOC）。

3. 热模拟法

根据干酪根热降解的热动力反应规律，利用各种烃源岩模拟实验，求得气、液态烃产率曲线以及不同演化阶段的气、液态产率，据此计算油气的总生成量。然后，再乘以排聚系数，得出油气总资源量。计算公式为

$$Q_o=(1/1000)\cdot(C_o/C_o+C_g)\ \cdot C_a\cdot C_t\cdot S\cdot H\cdot d\cdot K_e\cdot K_a$$

$$Q_g=(C_g/C_o+C_g)\cdot C_a\cdot C_t\cdot S\cdot H\cdot d\cdot K_e\cdot K_a$$

式中，Q_o 为石油资源量（$\times 10^8 t$）；Q_g 为天然气资源量（$\times 10^8 m^3$）；S 为有效生油岩面积（km^2）；H 为有效生油岩厚度（km）；d 为生油岩密度，一般采用 $23\times 10^8 t/km^3$；C_o 为不同演化阶段液态烃产率（%）；C_g 为不同演化阶段气态烃产率（%）；C_a 为有机质的原始产烃潜量（kg/t）；C_t 为不同演化阶段累计产烃率（%）；K_e 为排烃系数；K_a 为聚集系数。

若利用 Rock-Eval 岩石评价仪实测不同模拟温度下各类未成熟生烃岩的产烃率，则把累计最大产烃率作为原始生烃潜力，现今不同热演化阶段生油岩的热解烃率作为残留

烃率。之后，将各类不同成熟程度生烃岩在不同模拟温度下的累计热解烃率作成图版，求得不同程度热解烃源岩的原始生烃潜量，则油气初次运移量为原始生烃潜量与残留潜量之差，排烃系数为初次运移量与原始生油潜量之比。而聚集系数可采用地质类比法确定。

若利用热压模拟实验（由高压釜、液态及气态产物定量收集系统装置组成），则要选择未熟、低熟岩心样品；温阶选择与产烃区原油生成温度区间相适应的范围；在不同的温阶，设定不同的时间，用冷凝装置收集热解油，并计量分析；用排水取气法收集气体，计量并做组分分析；固体残渣自釜内取出后称量，然后进行氯仿沥青“A”等的抽提和干酪根组分分析。将烃源岩样品置于高压釜中，加水并加热。每 20～50℃为一温度段，每一特定温度段至少加温 72 小时以上， 才可求出不同模拟温度及 R^o 下的烃产率。

（二）体积法

体积法是资源评价方法中必不可少的基本方法，评价的单元比较宽泛，从大区、盆地到圈闭均适用。武守诚（2005）将体积法归纳为体积丰度法、体积速度法和体积累加法等三类。其中，体积累加法是由圈闭开始，圈闭的累加为区带资源量；以区带为单元分别估算的各级资源量，累加后成为盆地的资源量。体积速度法是根据盆地内油气资源量与盆地内沉积物充填速度 （体积速度）的函数关系对油气资源量进行估算。体积丰度法就是将资源量作为盆地面积、沉积岩厚度和丰度系数的函数，具体运算过程中是将盆地按不同的地层单元、不同的深度单元详细划分为区块，进行细小区块的资源量估算。本书重点论述最常用的各类体积丰度法。

1. 大区体积丰度法

这里的大区包括凹陷或含油气系统以上的地质单元。最简单的体积丰度法计算公式为：$Q=V\times K$，即资源量 Q 等于体积 V 乘以丰度系数 K。

当今，随着电子计算机技术的广泛应用，体积法计算已不再是简单的盆地面积乘以沉积岩厚度，再乘以丰度系数了。其中的“体积”已被表述为不同地质因素下的各种体积，如生油岩体积、储集层体积、圈闭体积、勘探成熟度体积等。可将盆地或凹陷按不同的地层单元、不同的深度单元，划分为网格小块 （如每平方千米的网格块），并认为每个网格块的特性是均一的，有自己的丰度参数值，由此估算出每小区块的资源量。根据不同的资料程度，可采用不同类型的体积参数进行估算。例如，美国 USGS 在对二叠盆地的资源估算中，利用分深度层次的矩阵方法，对北美地区 75 个高成熟勘探程度的盆地进行评价，算出这些盆地中每立方英里沉积体的油气产量，并做出盆地烃类产量的频率图。

丰度系数也有多种选取方法，如多因素方法，在研究各种地质参数与储量密度相关性的基础上，对储量密度进行多元线性回归，求出不同资料程度情况下的储量密度，进行类比后选择使用。参数选择主要有五个方面：

（1）生烃，包括生烃物质参数 （有成熟烃源岩体积与沉积体积之比、有机质丰度、

生油母质类型系数)、有机质转化参数(有机质转化率、地温梯度)、油气运移参数;

(2)储、盖层条件参数,包括储集岩体积与沉积岩体积之比、孔隙度、储集层面积与烃源岩面积之比;

(3)圈闭条件参数,包括近油源圈闭面积与沉积岩面积比、近油源相带好的圈闭与沉积岩面积比、近油源圈闭体积与沉积岩体积比;

(4)保存条件参数,包括区域性剥蚀次数、脱硫酸系数;

(5)形成资源量的综合条件参数,包括沉积相参数、沉积岩体积参数。

上述参数的定量计算方法有:①数值统计,一般取中值;②测量统计,在图上量出;③对于如沉积相带等参数无法定量时,采用评分法。

各种“体积”和“丰度”参数都是以其特定的方法取值;可将评价对象分深度、分层系、分区块、分网格,分别给予不同的丰度系数,用积分法由计算机实现求值。

2. 圈闭体积丰度法

油气公司在评价中,针对不同的勘探开发目标,不同的资源级别和不同的流体,应用不同的体积估算模型(表 4.18)。

表 4.18　圈闭体积丰度法计算公式表

资源类别		Ⅰ	Ⅱ	Ⅲ	Ⅳ$_1$	Ⅳ$_2$
圈闭		已探明	已控制	已发现	已落实	待落实
公式	油	$Q=0.01A_o\cdot H_o\cdot\psi\cdot(1-S_{wi})\cdot\rho_o/B_{oi}$			$Q=10^{-4}A_t\cdot F_a\cdot H_{fo}\cdot SNF$	$Q=10^{-4}V_s\cdot q_v$
	气	$G_g=Q\cdot R_{si}$ $Q=0.01A_g\cdot H_g\cdot\psi\ (1-S_w)\ (T_{sc}\cdot P_i)/(TP_{oc}\cdot Z_i)$			$G_g=Q\cdot R_{si}$ $Q_g=A_t\cdot F_a\cdot H_{fg}\cdot SGF$	$Q=V_s\cdot g_v$

注:Q 为石油资源量(10^8t);Q_g 为天然气资源量(10^8m^3);G_g 为溶解气的地质储量(10^8m^3);A_o 为含油面积(km^2);A_t 为圈闭面积(km^2);A_g 为含气面积(km^2);H_o 为油层厚度(m);H_g 为气层厚度(m);H_{fo} 为预测油层厚度(m);H_{fg} 为预测天然气层厚(m);ψ 为平均有效孔隙度(%);S_{wi} 为平均油层原始含水饱和度(g/cm^3);ρ_o 为平均地面原油密度(g/cm^3);B_{oi} 为平均原始原油体积系数;F_a 为圈闭的含油面积系数;SNF 为单储系数[$10^4t/(km^2\cdot m)$];SGF 为天然气单储系数[$10^8m^3/(km^2\cdot m)$];V_s 为沉积岩体积(km^3);q_v 为体积资源丰度($10^4t/km^3$);R_{si} 为原始溶解气油比(m^3/t);T_{sc} 为地面标准温度(K);T 为气层温度(K);Z_i 为原始气体偏差系数;g_v 为天然气体积资源丰度($10^8m^3/km^3$);P_{oc} 为地面标准压力(MPa);P_i 为气体的原始地层压力(MPa)

如果某个圈闭只有一口井出油,属 “已发现”圈闭,储量计算属预测储量;如果圈闭上某些块已探明,某些块已有钻井控制,那么,该圈闭应分别计算探明和控制储量;如果某圈闭尚未钻井,但已经地震证实,为“已落实”圈闭,则根据不同的勘探程度,应用不同的资源量估算公式。表 4.20 中,体积法估算天然气的公式,只适用于孔隙型及裂缝孔隙型气藏,不适用裂缝型、裂缝-洞穴型的碳酸盐岩和火成岩气藏。

(三)类比法

类比是地质研究工作中最常用的方法之一,利用已知区的确定特性,通过相似性对比,来预测或推测未知区的相应特性。事实上,类比法适用于任何勘探阶段、任何地质条件下的各种资源估算方法,如储量丰度系数、聚集系数、区带、圈闭储量估算等,但是,有些方法更突出了类比参数的权重。油气资源定量类比评价的过程包括三个方面:

①在已知区建立油气资源定量模型；②寻找在地质格局上类似于已知区的地区；③用已知区的定量模型 （刻度区）外推到评价区，从而估算出评价区的资源量。在地质类比中，常有成因类比、规模类比、形态类比等。参数应用的类比，应采用本区的、就近的、直接的为主，而外区的、较远的、间接的为辅。类比法主要包括类比系数法（体积或面积丰度等）、评分法、比分法等（武守诚，2005）。这里以体积丰度类比法为例，展示其类比估算原理。

体积丰度类比法：首先假设，评价某一预测目标与另一高勘探程度目标 （刻度区）有类似的成藏地质条件，从而，它们会有大致类似的含油气体积丰度，基本公式为

$$Q=\gamma \cdot Q_m \cdot V/V_m \quad 或 \quad Q=\gamma \cdot q_m \cdot V$$

式中，Q 为预测目标的资源量（t）；Q_m 为类比区（刻度区）的资源量（t）；V 为预测目标的沉积岩体积（km^3）；V_m 为类比区（刻度区）的沉积岩体积（km^3）；q_m 为刻度区的单位体积资源量（t/ km^3）；γ 为相似率，即预测目标与刻度区的相似程度。

（四）统计分析法

统计分析法是根据数理统计学原理和方法整理、分析已完成的勘探量和储量、产量等，通过建立预测模型，预测和估算待发现油气资源量。根据资料类型及分析角度，可细分为经验外推预测法、油气田规模分布预测法、储产量分析法等。

1. 经验外推预测法

该方法是从勘探效果分析入手，以历史资料为基础的一种经验外推法。通过对油气勘探工作量（重力、磁力、地震、钻井）或勘探时间与发现油气储量的统计和分析，建立它们之间的特征曲线关系，具体方法包括年发现率法、进尺发现率法、探井发现率法等。这些方法都是在盆地发现高峰已经过去，随着储量发现年 （时间）或钻井进尺的累计量增长，曲线为下降趋势的外推预测，通常以发现量为纵坐标，以年度、或累计进尺或井数为横坐标。

若 Q 为累计发现量，h 为累计探井总进尺，dQ/dh 为单位进尺发现率，dQ/dt 为单位时间发现率，以 dQ/dh 对 h 做曲线，或用 dQ/dt 对 t（代表时间率）作曲线，则 ΔQ 为钻进 Δh 时发现的石油储量，计算公式为

$$\Delta Q = (dQ / dh)\Delta h$$

累计发现量为

$$Q = \int_0^h (dQ / dh)dh$$

2. 油气田规模分布预测法

油气田规模分布预测法是国外油气资源评价比较常用的方法，这种方法反映了一个盆地或凹陷油气田规模的分布特征。因此，根据已发现油气田（藏）大小或发现序列，建立与具体地区油气田规模分布相对应的函数模型，从而预测出待发现油气田的规模和数量。常用方法有油气藏规模序列法、发现过程模型法等。

3. 储产量分析法

该方法利用累计发现量与累计生产量之间的关系，求得最终累计发现量，主要用于预测未来的产量。Hubbert（1953）统计了美国自多年以来的生产数据，以每年产油量做 dQ_p/dt 曲线，积分后即得累计产量。产量由零开始，随着勘探的进展，产量每年不断地增加，最后达到最大值，而后又经过长期的下降，终止于零。当时间为 Δt，产量为 ΔQ_p 时，则有

$$\Delta Q_p=(dQ_p/dt)\,\Delta t$$

该式生成曲线以下的面积，即是最终产油量。

翁文波（1984）提出了用于油气田产量及最终可采储量的预测方法，又称翁士旋回法。油气田生命总量为有限的体系，油气田产量 Q 随时间 t 的变化过程，正比于 t 的 n 次方函数兴起，同时随 t 的负指数函数衰减，可用翁旋回模型表示为

$$Q_t=Bt^n e^{-1}$$

$$t=(y-y_o)/C \quad (t\geqslant 0)$$

式中，n 为 0, 1, 2,⋯, n，为正整数序列；y_o 为油田投产年份的上一年份，则 y_o 年份的油田产量 $Q_o=0$；y 为油田的开采年份；B、C 为拟合系数。

第三节　常规油气藏分布特征与资源潜力

从宏观上来讲，不同地质历史时期全球各地区的大地构造、古地理及古气候等条件的差异，使不同沉积盆地或盆地群有着不同的构造样式、沉降速率、沉积充填方式和类型，构成了不同的地质演化历史，最终导致生物繁殖、有机质赋存和转化的条件也有很大差异。这就决定了全球不同大区和不同盆地之间以及不同地质层系中油气的分布具有不均衡性，即有的地区或盆地油气富集，有的地区或盆地油气贫乏。在同一个盆地内，常规油气自身二次运移和聚集、再运移和再聚集的特性，使油气的分布也呈现出较大的不均衡性。盆地或凹陷均为一个独立的成烃系统，生烃中心控制着油气的富集中心。平面上，油气分布受生烃洼陷或中心的控制，多种类型的油气藏和油气聚集区带围绕生烃洼陷呈环带状分布，并在不同构造部位分布不同类型的油气藏；纵向上，由于不同地质历史时期沉积、构造和古气候等特征的周期性和阶段性变化，油气分布受多个含油气结构层或不同生储盖组合的控制，呈现出油气分布的多层系性。

一、盆地或凹陷的生烃中心控制油气藏展布

国内外油气勘探实践表明，一个盆地或凹陷内油气藏的展布与主力生烃区具有密切的关联，油气藏大多分布在生烃区内和其周缘。国外提出的“含油气系统”分析方法和我国地质学家依据中国陆相盆地或凹陷特征提出的“源控论”都是依据两者之间的这种密切关联总结出来的。

含油气盆地或凹陷的沉积中心实际上都是一个独立的油气生成中心和油气富集中

心，即为一个油气生成、运移和聚集的独立地质单元。在一个沉积盆地或凹陷内，来自于盆地外围母岩区的碎屑物质在盆地边缘地带沉积下来，形成多种类型的储集岩体，并向盆地中部尖灭，因此包含有利储集层的沉积相带沿盆缘呈环带状或半环带状分布；而盆地中部则沉积了较深-深水相的利于有机物质保存的泥质岩和碳酸盐岩等细粒沉积岩，成为生烃中心。从而，这一独立体系或系统在时间和空间上就具备了生烃层分布区和储烃层良好的配置关系，越近源的圈闭就越有利于优先捕集油气，而距离越远的圈闭就越难捕集油气。当然，后期的构造运动会在油气不散失的前提下，将使油气不断运移、聚集在越来越远的圈闭中，但却始终是围绕着生烃中心展开的。同时，在盆地的不同部位会形成构造、岩性和地层等多种类型的油气藏。因此，一个盆地或凹陷内某一地质层系中油气藏或油气聚集区带的分布受生烃中心区控制，呈环带状展布。由于盆地结构、沉积模式及其发育演化史的不同，不同含油气盆地类型具有各自的油气藏分布模式；并且，在展布的环带中的不同部位，构造、地层和岩性油气藏的发育程度也不同。为了阐述盆地或凹陷内油气藏的分布特征，可按照盆地发育的结构形态，首先将盆地分为拗陷型和断陷型两大类，之后再按成因类型细分。例如，拗陷盆地可细分为克拉通拗陷盆地、山前拗陷盆地和裂谷后期拗陷盆地等。

（一）断陷盆地油气藏分布模式

断陷盆地主要与裂谷作用有关，是裂谷发育早中期阶段的产物。断陷型裂谷包括单断和双断两种形式。单断型裂谷盆地一侧被断距很大的同生基底断裂所限，与周缘出露的基岩呈断层接触；另一侧则为平缓斜坡，与周缘基岩逐层超覆接触，整个盆地呈断超式的明显不对称状，沉降中心常在近断裂一侧。这种单断型裂谷常被称为“箕状断陷”盆地，在我国东部裂谷发育期形成的断陷盆地包括渤海湾、南襄、江苏和江汉等中新生界盆地，具有相似的地质条件和油气藏分布特征。整个盆地内部古近系由一系列凸起分隔的箕状断陷组成。每个箕状断陷自成一个独立的沉积和沉降系统、成烃和油气富集体系（胡见义等，1991）。在断陷陡坡带内侧同生断裂下降盘通常发育逆牵引背斜油气藏；在断陷缓坡带主要发育断块油气藏、地层超覆和不整合遮挡油气藏、“坡上山”式古潜山油气藏和断层-岩性油气藏等；在深陷带则主要发育岩性油气藏、底辟拱升背斜油气藏、“凹中隆”式古潜山油气藏和披覆背斜油气藏等（图 4.37）。但不同箕状断陷的地质结构、块断活动强度和沉积体系发育特征存在差异，导致油气藏分布特征也存在一定的差异。

东营凹陷位于渤海湾盆地济阳拗陷东南部，是一个受陈家庄南基底大断裂控制的箕状断陷。渐新世早期沙三段沉积时期开始大幅度持续稳定沉降，沉积了一套深湖相暗色泥岩，其厚度达千米以上，源于水生生物和陆源植物的有机物质十分丰富，干酪根类型以 II_1 型为主。成熟泥质生烃岩面约占凹陷总面积的一半以上，有机碳含量为 1%～2.5%，氯仿沥青“A”为 0.13%～0.45%，总烃含量为 700～1400ppm，提供了非常充足的生烃源（图 4.38）。古近纪时期断块活动相对持续稳定而升降幅度较大，凹陷构造形变的主要形式是同生断层和同沉积构造。在凹陷北坡发育三条东西向同生断层，在其下降盘形成逆牵引构造，由东向西有永安镇、民丰、胜利村、利津、滨南等；在凹陷中央部位发育东辛同生断层塑性拱升背斜带。这些构造最终定型于东营组末期，并与生烃岩的成熟排烃期相一致，成为本区油气运聚的主要指向和场所。各类油气藏围绕生烃区呈现环带状分布，其中岩性油气藏主要分布在主力生烃区范围内，而地层油气藏大多沿生烃区外缘分布。该凹陷内，由东向西发育、伸入主力生烃区西侧的沙河街组三角洲砂体汇聚了已发现地质储量的一半以上。不同层系的各类油气藏在平面上的叠加连片构成了“满凹含油”的分布特征。

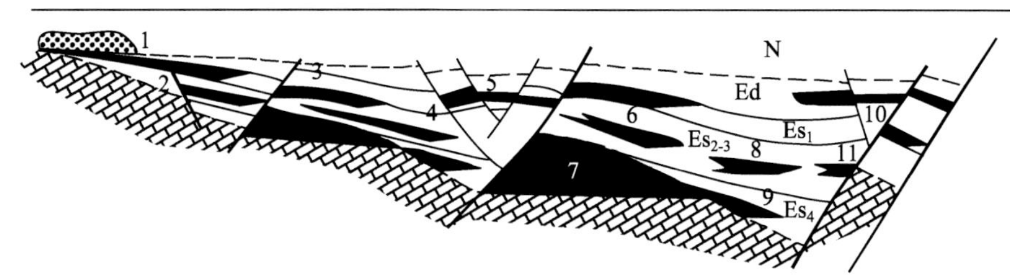

图 4.37　断陷盆地油气藏分布模式（胡见义等，1991）

1. 地层不整合（或沥青封闭）油气藏；2. 断块油气藏；3. 披覆构造油气藏；4. 粒屑灰岩岩性油藏；5. 断背斜油藏；6. 砂岩上倾尖灭油藏；7. 古潜山油藏；8. 透镜体砂岩岩性油气藏；9. 地层超覆油气藏；10. 牵引背斜油藏；11. 断层-岩性油气藏

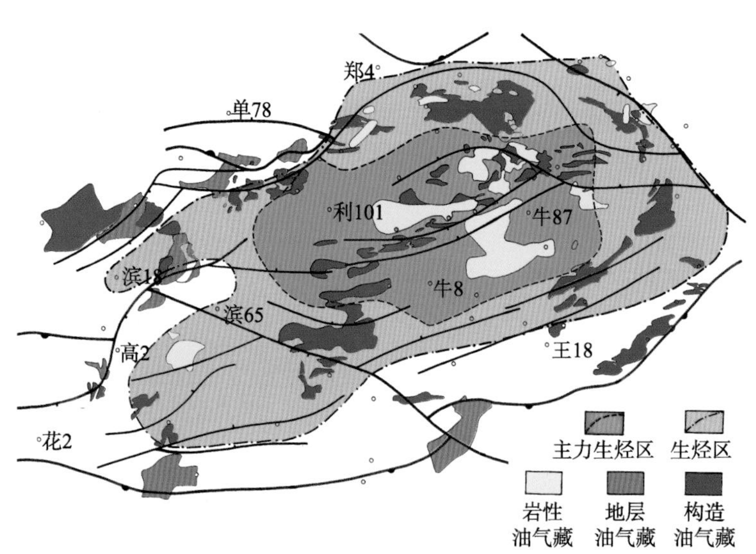

图 4.38　渤海湾盆地东营凹陷油气分布模式

辽河西部凹陷位于渤海湾盆地东北端，为一个渐新世时期发育的断陷，三次水进形成三个沉积旋回，沙三段沉积时期水侵范围最大，湖盆开阔，在凹陷中心部位形成了一套深水湖相暗色泥岩沉积体系，水生生物十分发育，构成了一套以腐泥型为主的生烃岩系。成熟生烃岩分布范围占断陷总面积的一半以上。沙一段沉积时期开始，湖盆范围开始逐渐收缩，水体变浅，形成大范围分布的三角洲沉积体系。沉积砂体分布受湖盆西侧继承性河流水系控制和影响最大，沿西部斜坡带分布有较大规模的扇三角洲砂体和较低部位的重力流沉积砂体，这些砂体与生烃岩呈指状、交叉接触，非常有利于西部斜坡带的油气富集。陡坡带则分布一系列串珠状发育的水下扇或近源扇三角洲有利砂体。自沙四段沉积开始，至东营组沉积时期，凹陷的沉降和沉积中心不断自北东向南西迁移。在东营组沉积中后期，沿凹陷长轴发育源远流长的三角洲沉积体系。

西部斜坡为一个单斜状早期超覆、晚期退覆的缓坡。古近纪早期基底断裂和断块活动发育，渐新世时期构造形变以同生断层和同沉积构造为主。在斜坡背景上发育北西、北东向两组断裂系统，构成了欢落岭、曙光和高升等三个大型鼻状隆起。这些鼻状隆起带在低部位又受渐新世同生断裂切割，在同生断裂的下盘形成了逆牵引背斜等。东营组末期的断块掀斜运动使斜坡高部位古近纪各套地层遭受剥蚀，使新近系沉积自西向东依次不整合在沙四、沙三至东营组的剥蚀面之上。因此，西斜坡渐新统沉积具下超上剥的特点，沙四段部分地层逐层沿斜坡带超覆。

上述各层系有利砂体与生烃区的良好配置，加之各种圈闭类型的发育，使凹陷形成了多套含油层系，包括沙四上（高升、杜家台油层）、沙二段（莲花、大凌河油层）、沙一、二段（兴隆台油层等）、东营组（马圈子油层）和馆陶组稠油层。凹陷边缘主要分布有地层超覆、断块和不整合遮挡等稠油藏类型。凹陷低部位则主要分布有古潜山和披覆背斜油藏、逆牵引构造油藏、岩性油藏和断层-岩性油藏等常规油气藏。各种油藏类型呈环带状围绕生烃区展布（图 4.39）。

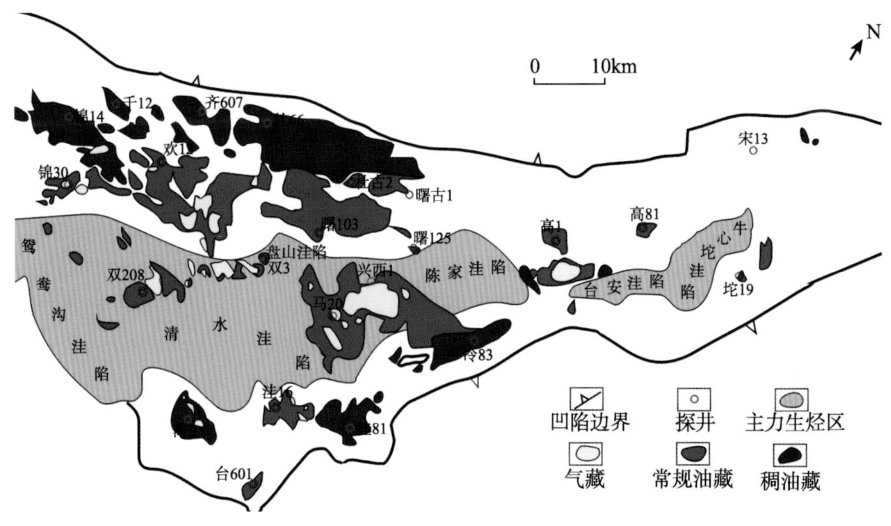

图 4.39　渤海湾盆地辽河西部凹陷油气藏分布模式

（二）坳陷型盆地油气藏分布模式

坳陷型盆地是指在盆地发育过程中，盆缘缺乏控盆大断裂，主要由地壳坳陷而成的各种盆地类型。按盆地发育的成因机制，可分为克拉通坳陷型盆地、山前坳陷型盆地和裂谷晚期坳陷型盆地等。坳陷型盆地中常发育有大型、宽缓的构造带，如长垣、隆起和斜坡等二级构造带。由于受周缘影响，一般陡背斜位于盆地边部，平缓隆起和背斜带位于盆地中部，宽缓的鼻状构造和挠曲带则多分布在边缘大单斜带。在盆地中心或边缘斜坡都可形成大型油气田。盆地不同的成因机制，使其在沉降、沉积、构造、有机质演化、油气运聚等方面均存在一定的差异。其中，裂谷晚期坳陷盆地为裂谷演化晚期阶段的产物，是在断陷的基础上发育起来的。与断陷型盆地相比，一般发育面积和规模都比较大。我国东部的松辽盆地早白垩世和渤海湾盆地新近纪都是由裂谷断陷型盆地演化而成的坳陷盆地。渤海湾盆地新近系坳陷由于埋藏浅，没有成熟的烃源岩，其主要烃源岩层系位于断陷盆地阶段的古近系；而松辽盆地下白垩统坳陷型沉积层系则是该盆地的主要生储油气层系。下面以松辽和鄂尔多斯盆地为例，论述其盆地油气藏分布的整体特征。

1. 松辽盆地

松辽盆地长 750km，宽 330～370km，面积约 $26\times10^4km^2$。盆地基底主要是由加里东期、海西期褶皱变质岩及岩浆岩组成。盆地于晚侏罗世进入断陷发育阶段，形成一系列地堑式断陷带，发育一套河流-沼泽相含煤建造。早白垩世进入大规模坳陷发育阶段，沉积充填了大规模的河-湖沉积体系。嫩江组沉积时期是湖盆发育的极盛时期。有效烃源岩主要分布在中央坳陷内，主力生烃区面积近 $5\times10^4km^2$。主要烃源层为青山口组的灰黑色泥页岩，最厚达 1150m，平均厚 530m，有机碳含量为 0.5%～1.68%。同时，大型三角洲围绕湖盆，向盆地中心伸展，提供了广泛分布的储集砂体。沉积的多旋回性构成了以青一段、嫩一段、嫩二段主力烃源岩为中心的多套生储盖组合。构造运动形成的多种构造带规模较大。形态宽缓的大背斜带、大型的鼻状构造、地层和岩性圈闭都为油气富集提供了非常有利的圈闭条件。目前所发现的油气田完全受控于主力生烃区（图 4.40）。其中主要的生烃凹陷为齐家-古龙凹陷和三肇凹陷。大庆长垣位于两凹陷之间，是油气聚集的最佳场所。每个凹陷自中心到边缘油气藏呈规律分布：凹陷中部为岩性油气藏，向外以断鼻状构造、断层-岩性复合油气藏为主；凹陷边部为背斜、断块油气藏或气藏，呈带状分布。各种类型的油气藏多围绕生烃凹陷呈环带状分布。而盆地的北部倾没区、东北隆起区、东南隆起区、西南隆起区和西部斜坡区等其他构造单元中已发现的油气田所占的储量比例较少。

2.鄂尔多斯盆地

鄂尔多斯盆地是在华北克拉通古老基底之上，经历元古代拗拉谷演化阶段、古生代克拉通坳陷盆地演化阶段、中生代内陆坳陷盆地演化阶段、新生代周边断陷演化阶段。可见，现今的鄂尔多斯盆地是多期盆地叠合的结果，整体上呈现为克拉通坳陷的特征，仅是在中生代晚期盆地西南缘才开始具有较明显的前陆结构特征。盆地内三大套含油气

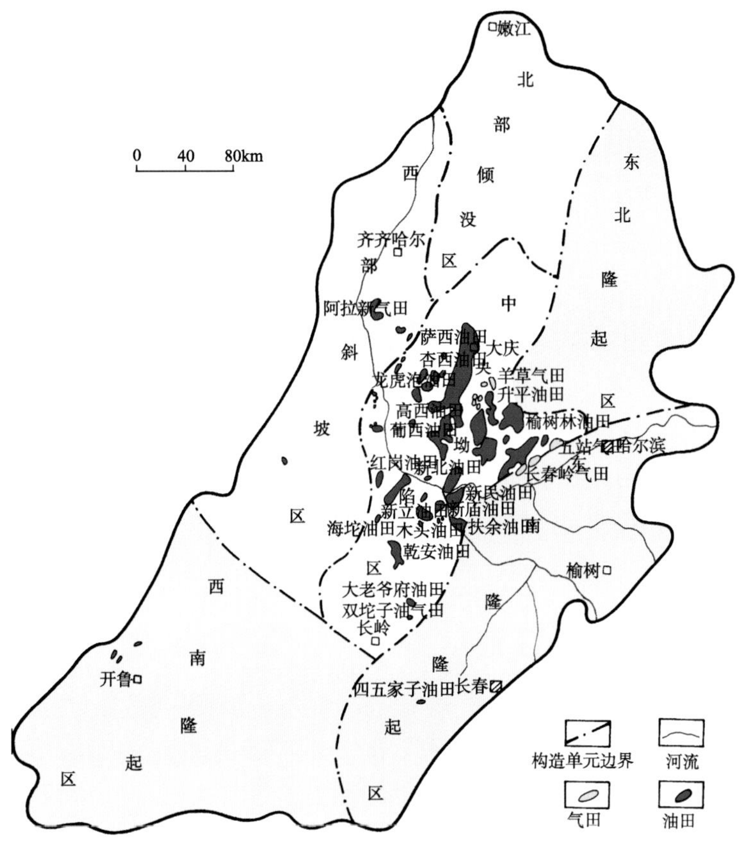

图 4.40　松辽盆地坳陷期油气藏分布模式

体系明显受烃源岩体的控制。下古生界主要为高、过成熟的含有海相Ⅰ型干酪根的碳酸盐岩烃源岩，目前以生气为主；上古生界为海陆过渡相的煤系地层，也以生气为主；而中生界则为处于成熟阶段的湖相泥质烃源岩，以生油为主。由于烃源岩的这种分布特点，鄂尔多斯盆地下古生界主要以含气为主，形成了下古生界与上古生界混源的靖边大气田；上古生界也以含气为主，形成了苏里格等一系列大气田；而中生界三叠系和侏罗系则以含油为主，形成了一系列油田，构成了三大套含油气层系（图 4.41）。

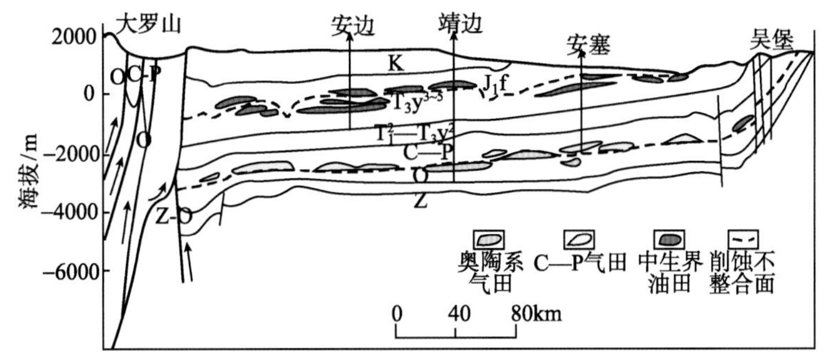

图 4.41　鄂尔多斯盆地含油气层系东西向大剖面（何自新，2003，修改）

在中生代，早期构造运动以升降运动为主，盆地内部为一个稳定沉陷区，晚侏罗世燕山运动使盆地西南缘逆转，形成山前拗陷和冲断裂带以及挤压背斜构造带。东部陕北斜坡为宽缓的大型单斜，局部构造不发育，以宽缓的鼻状构造为主。在盆地内部发育上三叠统三角洲砂体和中下侏罗统河道砂岩沉积，构成大面积的成岩圈闭和古河道岩性圈闭。上三叠统深湖-半深湖相暗色泥岩和油页岩，尤其是延长组长 7 段，是良好的生油岩系，展布于盆地中部庆阳、富县、吴旗和红井子一带，生油层厚度为 120～240m，向盆地边缘减薄；目前处在成油高峰期。有效烃源岩面积达 8.5 万 km^2。该生烃岩以上三叠统与中下侏罗统之间的不整合面为油气运移通道，在盆地不同部位形成多种类型油气藏，明显受控于上三叠统延长组生油中心（图 4.42）。陕北斜坡倾没部位的鼻状构造带、古河道砂岩体和三角洲砂体前缘带相配合，形成大面积的古河道砂岩岩性油藏和上倾尖灭岩性油藏；在其东部上倾部位的鼻状构造带与三角洲砂岩体前缘带相配合，形成地层不整合和成岩圈闭油藏。

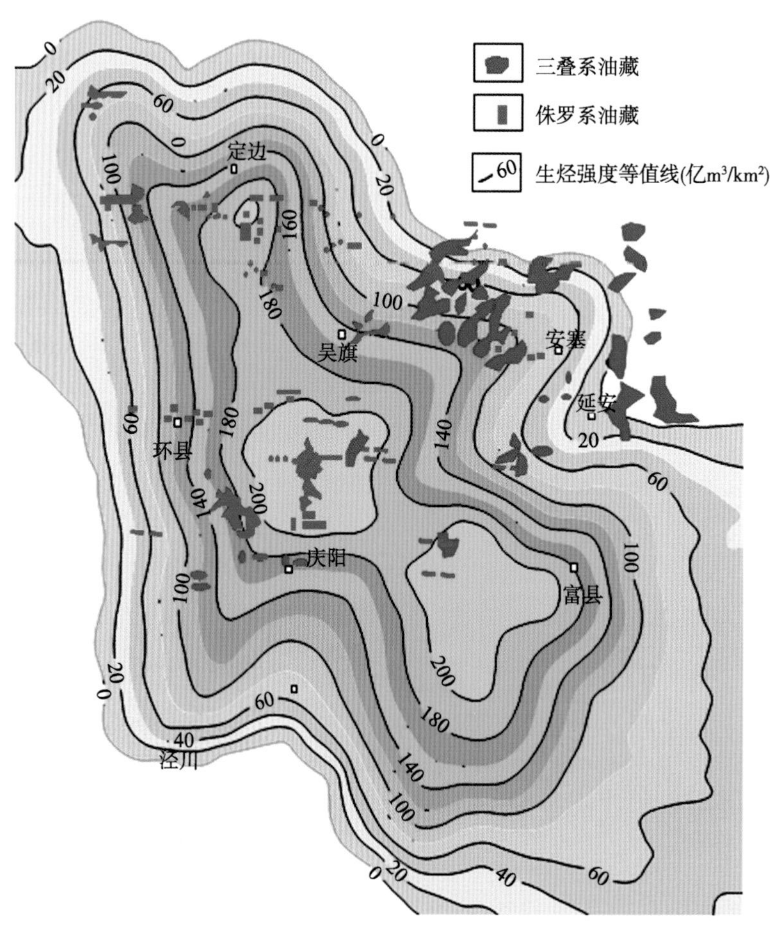

图 4.42　鄂尔多斯盆地上三叠统烃源岩生烃强度与油藏分布关系

在古生界，生排烃中心也是下古生界奥陶系岩溶古地貌圈闭和上古生界岩性圈闭天然气成藏的关键因素。气田展布受上下古生界生排烃中心控制。从上下古生界生排烃中心的分布来看，石炭、二叠系生排烃中心主要位于榆林、宜川、吴堡一带，面积约 $5\times10^4km^2$ 以上，排烃强度大于 $25\times10^8m^3/km^2$。奥陶系生排烃中心主要位于靖边及以东一带，面积约 $2\times10^4km^2$，排烃强度大于 $20\times10^8m^3/km^2$。盆地构造环境稳定，地层分布平缓，天然气缺乏远距离运移的条件，因而天然气的运移直接受生排烃中心分布范围的控制（图 4.43）。

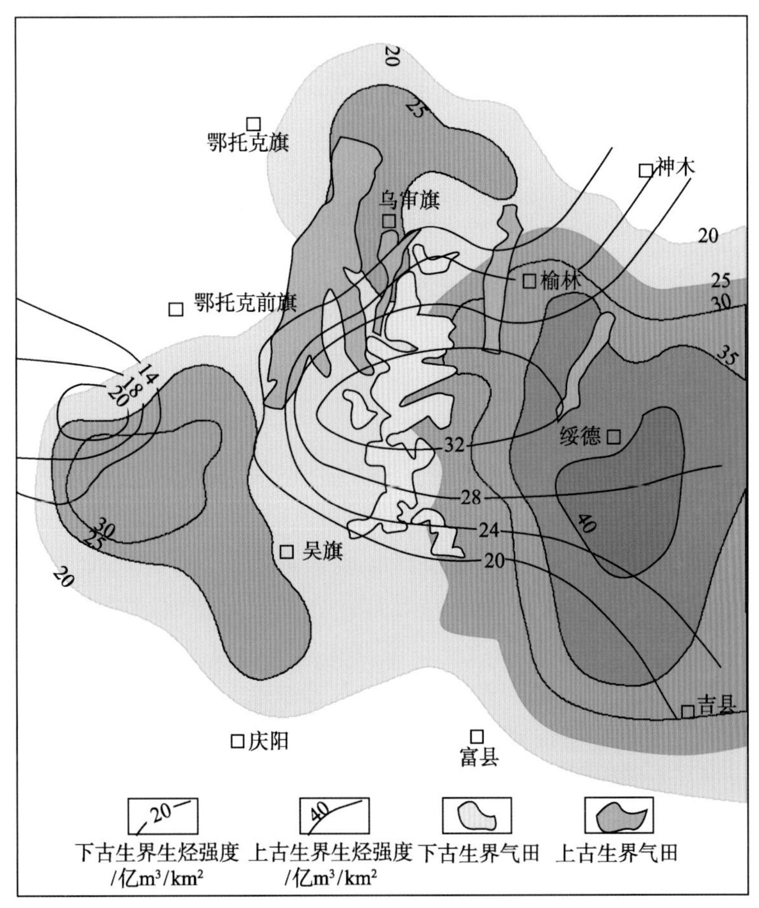

图 4.43　鄂尔多斯盆地古生界烃源岩生烃强度与气藏分布关系

上古生界三角洲平原分流河道及三角洲前缘水下分流河道砂体为天然气储集、成藏的最有利的区带。已发现的苏里格庙、乌审旗、榆林和神木-子洲等 4 个天然气富集带均与呈长条状近南北分布的该类砂体走向基本一致。下古生界奥陶系天然气的富集、成藏受控于奥陶系古岩溶阶地和含膏云坪微相带的叠合。盆地中东部奥陶系含膏云坪微相带，易于风化、淋滤的含膏粉-细晶白云岩孔、洞、缝十分发育，可构成良好的风化壳储集层。已探明的古风化壳大气田正分布于该相带的中部。可见，古岩溶阶地的分布和发育程度决定了下古生界天然气的富集程度及分布。上覆石炭系泥岩为奥陶系风化壳气藏提供了良好的盖层。

二、沉积盆地构造和沉积的旋回性控制油气藏纵向分布的分层性

沉积盆地构造和沉积的旋回性是指在盆地发育和演化过程中，构造运动的周期性变化，使盆地构造、沉积体系类型和充填方式等特征产生的周期性变迁。在构造运动的稳定期，盆地凹陷大多以持续沉降为主，水体由浅变深，在温暖潮湿的古气候条件配合下，生物繁盛，有利于盆地中心区沉积岩中分散有机物质的富集和保存，形成一套富含有机物质的生烃岩系。而在构造运动周期的活跃期，水体范围开始萎缩，常发育粗粒沉积岩，有利于储集岩系的发育。同时，构造运动活跃期会产生烃源岩排烃的动力、大量的构造圈闭和输导油气的通道。随着上述构造和沉积的周期性变化，沉积盆地发育了多套生烃岩系和储集岩系，可构成多套生储盖组合。当生烃岩进入成熟阶段之后，有机质向烃类大量转化，生成的油气由烃源岩向已构成的储盖组合运移，在已形成的各种有利圈闭或区带中聚集成藏。

以我国中新生代盆地的形成和发展为例，其大致经历了印支、燕山早期、燕山晚期、喜马拉雅早期和喜马拉雅晚期等五个构造发展阶段，相应地形成三叠系、侏罗系、白垩系、古近系和新近系等五个沉积旋回。在我国东部沉积盆地分布区，晚三叠世、早中侏罗世、早白垩世、古近纪始新世和渐新世及新近纪中新世是湖盆的主要形成期，发育了较深-深水湖相沉积，也是陆源植物和水生生物的繁盛时期。因此，在陆相湖盆沉积中每一个构造发育阶段中期都形成了一套质量和规模不等的生烃岩系，如上三叠统、中下侏罗统、下白垩统、古近系始新统和渐新统以及新近系中新统等五套生油气岩系，有机碳和总烃含量分别高达 2%以上和 800mg/L 以上，成为东部地区的主要生油气岩系。这些沉积盆地在时间和空间上的分布有一定演变序列（胡见义等，1991），该区西带成盆期早于东带，即西带相应的生烃岩系时代要比东带的老。西带的鄂尔多斯和四川盆地主要发育在地台向斜部位，发育时间早，湖盆主要发育时期以晚三叠世和早中侏罗世为主，鄂尔多斯盆地延长统、四川盆地上三叠统须家河组和中侏罗统自流井组分别为两盆地的主要烃源岩。东部地区中带包括二连、松辽、渤海湾、南襄、江汉、苏北、三水、白色和北部湾等盆地，它们的发育时间由北向南逐渐年轻，北部的二连和松辽等盆地的成盆时代以白垩世为主，相应地形成松辽盆地嫩江组和青山口组以及二连盆地阿尔善组生烃岩系，其余盆地的主要形成期为古新世、始新世和渐新世，相应地形成始新统和渐新统二套生烃岩系。东带的东海盆地以及大陆架诸盆地发育时间晚，主要为新近纪拗陷盆地，中新统为其主要油气源岩。

总之，在盆地一个大的构造运动旋回中，相应地形成一套较为完整的沉积旋回。在该沉积旋回中期形成一套生烃岩层，在旋回后期为一套粗碎屑岩层，组成一套生储盖组合，成为该区的区域性含油气岩系。在沉积旋回末期，一般为构造运动强烈期，为构造圈闭主要形成时期，也是油气主要生成期和生烃岩排烃期，构成了盆地生、排、运、聚

良好的配置关系。多期构造运动形成多个沉积旋回和多套生烃层，相应地形成多个成藏期。因此，盆地演化的多旋回性直接导致了盆地油气藏纵向分布的多层性，形成了多套含油气层系。

（一）断陷型盆地多层系富油气特征

在东部块断活动发育区广泛分布一系列断陷盆地，如渤海湾、南襄、江汉、江苏、北部湾等盆地，它们都是在华北地台、扬子地台、秦岭、华南和东南沿海褶皱系等不同大地构造单元基础上发育起来的中新生代盆地，盆地的形成经历三次较大规模的块断活动，其始新世和渐新世是本区二次断陷主要形成期，新近纪才统一成为上述盆地。即这些盆地的形成都经历了断陷和拗陷两个发育阶段，形成了上、中、下三个构造层，相应地形成三层含油气结构层系（胡见义等，1991）。

在始新渐新世时期，断块活动差异沉降幅度大，沉积了一套泥质含量较高的碎屑岩，厚度高达几千米，有机质含量高，母质类型以腐殖-腐泥型为主，其上又被新近系地层大面积覆盖（图 4.44）。前古近系地层，尤其是元古界和古生界，岩石导热率高，传热较快，从而使古近系生烃岩处于较高的古地温场，古地温梯度达 4℃/100m 以上，为有机质的成烃转化提供了优越的热动力条件，生烃潜力大。渐新世的断裂构造运动形成了多种同沉积构造圈闭类型，包括逆牵引背斜、披覆背斜、底辟拱升构造、断块等圈闭。湖盆砂体类型多，沿盆地边缘广泛分布三角洲、湖底扇、洪积扇、河道砂体、砂坝、浊积砂体和生物碎屑灰岩等，这些砂体与湖相暗色生烃岩系呈指状接触或间互层，有利于多种类型圈闭的油气富集。

前古近系地层组成断陷前期含油气层系，在多期块断活动作用下，经风化侵蚀作用，使由不同时代、不同岩性组成的“基岩”成为良好的储集岩体和古地貌突起，其储集空间以溶蚀孔洞和裂缝为主。岩石储集性能以碳酸盐岩最好，次为变质岩、碎屑岩和火成岩等。前古近系含油气层系的成藏要素组合分几种情况：一是当古近系泥质生烃岩直接不整合在“基岩”突起或斜坡之上，上覆的泥质岩既是良好盖层，又是油气源岩，组成了“新生古储”成油组合；二是以上古生界煤系为烃源岩的“古生古储”含油气层系，中生界和上古生界等地层不整合覆盖在更老的“基岩”突起或斜坡之上，也构成了良好的储盖组合。

新近系主要为一套河流-沼泽相粗碎屑岩沉积，但盆地中心区（现今渤海海域）则以浅湖相沉积为主，属拗陷期构造层。砂岩孔渗性好，为良好的储集岩，而盆地中心区的浅湖相泥质岩则构成了良好的封盖层，构成了新近系一套良好的储盖组合。由于新近系不具备生烃条件，成藏依赖于沟通深部烃源岩的大断层。因此，新近系油气富集在以大断层为边界的凸起或隆起边缘以及与同生大断裂相关的逆牵引背斜、披覆背斜和地层超覆圈闭中。该层系油气藏形成时间晚，一般为明化镇组沉积末期，多数为重质油藏和小型的气藏。

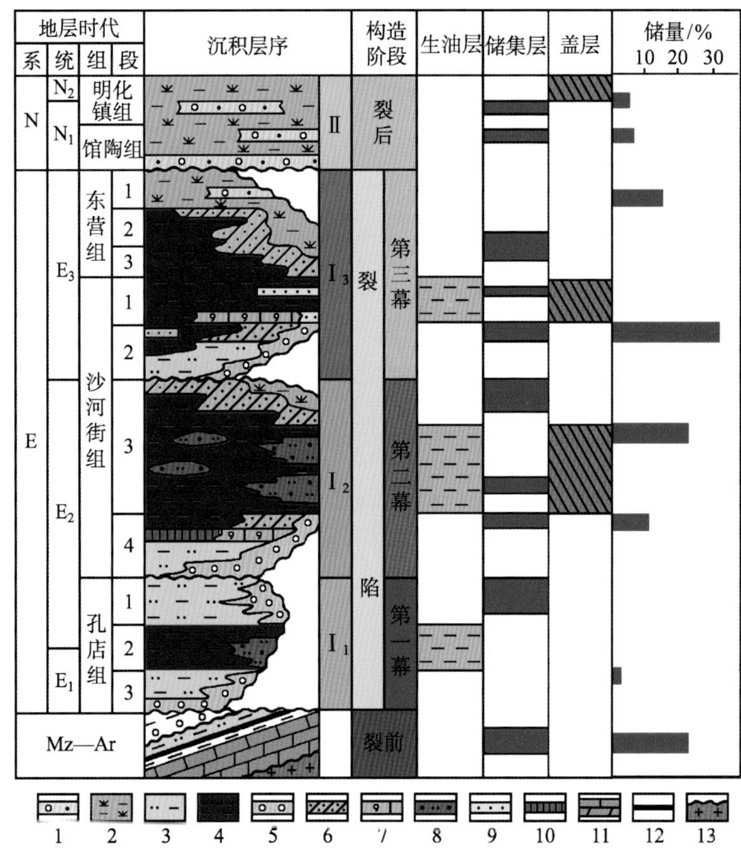

图 4.44 渤海湾盆地沉积构造旋回与含油气层系对比图

1.河道砂；2.泛滥平原；3.冲积平原；4.湖相泥岩；5.冲积扇；6.（扇）三角洲；7.粒屑灰岩；8.浊积扇；9.滩坝砂；10.膏盐岩；11.灰岩、白云岩；12.煤层；13.变质岩

从断陷形成发育和分布的基本特点来看，每个断陷的主要发育时期、成藏要素和含油气层系均有差异，并呈现出自渤海湾盆地周缘向盆地中心部位含油气层系在年代上变新的特征。从图 4.45 上看，自南而北依次为潍北凹陷、东营凹陷、沾化-埕北凹陷和渤中凹陷，各凹陷主要发育时期依次为始新世、渐新世早期、中晚期和中新世（甚至中-上新世），主要烃源岩依次由老到新，主要油气藏层系形成均依次变新变浅，即潍北凹陷主要油藏为始新统孔店组（Ek）地层，东营凹陷主要油藏含油气目的层系为沙河街组二、三段（$Es_{2\text{-}3}$），沾化凹陷目的层系为东营—馆陶组（Ed—Ng），渤中拗陷主要油藏目的层系为馆陶—明化镇组（Ng—Nm），相应石油地质事件和油气藏形成时期也都自南而北依次变新。因此，在渤海湾盆地各断陷均体现出明显的多层系富油气特征。古近系始新统和渐新统是本区主要的生烃岩系和成藏组合，油气藏以逆牵引背斜、断块、底辟隆起构造等圈闭类型为主；位于不整合面之下的前古近系地层（包括中生界、古生界、中、上元古界以及结晶基岩）属沉积盆地下部的含油气层系，主要指“新生古储”和“古生古储”型的成藏组合类型，油气藏类型以古潜山和基岩圈闭为主；在古近系顶部不整合

面之上的新近系属沉积盆地的上部含油气层系，油气藏类型以披覆构造和地层岩性圈闭为主。

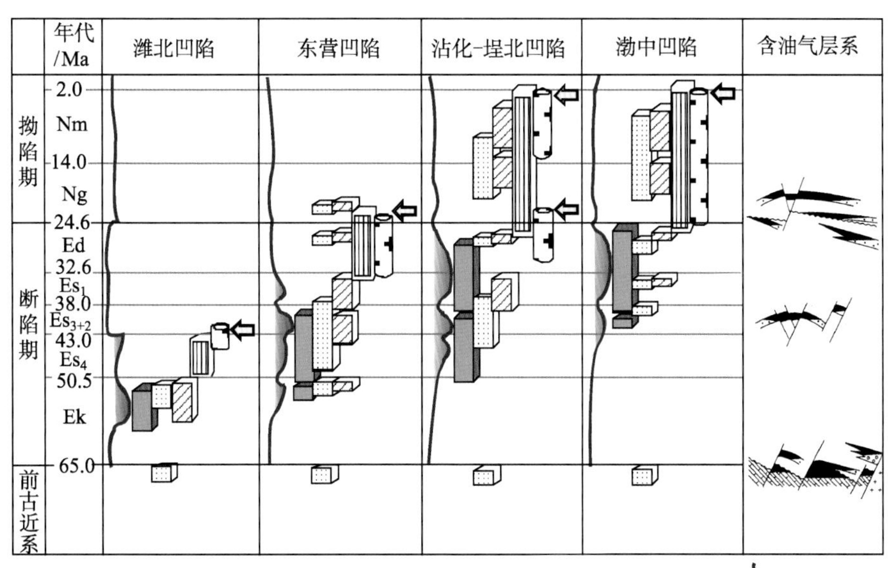

图 4.45　潍北凹陷至渤中凹陷成藏地质要素和含油气层系对比图

从断陷盆地中的三大含油气层系来看，因各个断陷的地质结构及其演化史有所不同，其不同层系的油气富集程度也存在很大差异。一般情况下，古近系含油气层系的油气富集程度最高，这是因为该层系的成藏条件优越，圈闭类型和数量多，油源近，运移距离短，油气充满程度高，如辽西、东营、东濮、泌阳和潜江等凹陷；而在一些断陷中，古近系断陷生烃岩大面积与前古近纪“基岩”隆起叠置、直接接触，构成广泛的供烃窗口，形成“新生古储”型成藏组合，有利于断陷前期构造层中形成大量古潜山或基岩油气藏，其地质储量可占凹陷总储量的 50%以上，如饶阳、霸县、大民屯等凹陷；但在新近纪断裂活动较强、凹中低凸起比较发育的断陷中，在凸起和大型隆起的倾没部位或边缘，形成一系列浅层披覆背斜、逆牵引背斜和地层超覆圈闭等。断裂成为沟通古近系与新近系储集层的油气运移通道，有利于形成大中型油气藏，其地质储量也可占总储量的 50%以上，如沾化凹陷等。

（二）坳陷型盆地多层系油气富集特征

以松辽盆地为例，它是在内蒙古-吉黑古生代褶皱基底上发育起来的，主体为中生代的坳陷盆地。早白垩世开始形成断陷，晚白垩世时盆地整体沉陷，构成大型湖盆。白垩纪末期，盆地回返上升褶皱，形成了断陷期、坳陷期和萎缩期等沉积层系，构成盆地的深部含油气层系、下部含油气层系、中部含油气层系、上部含油气层系和浅部油气层系。其中，中、上部含油气层系中的油气最为富集（图 4.46）。

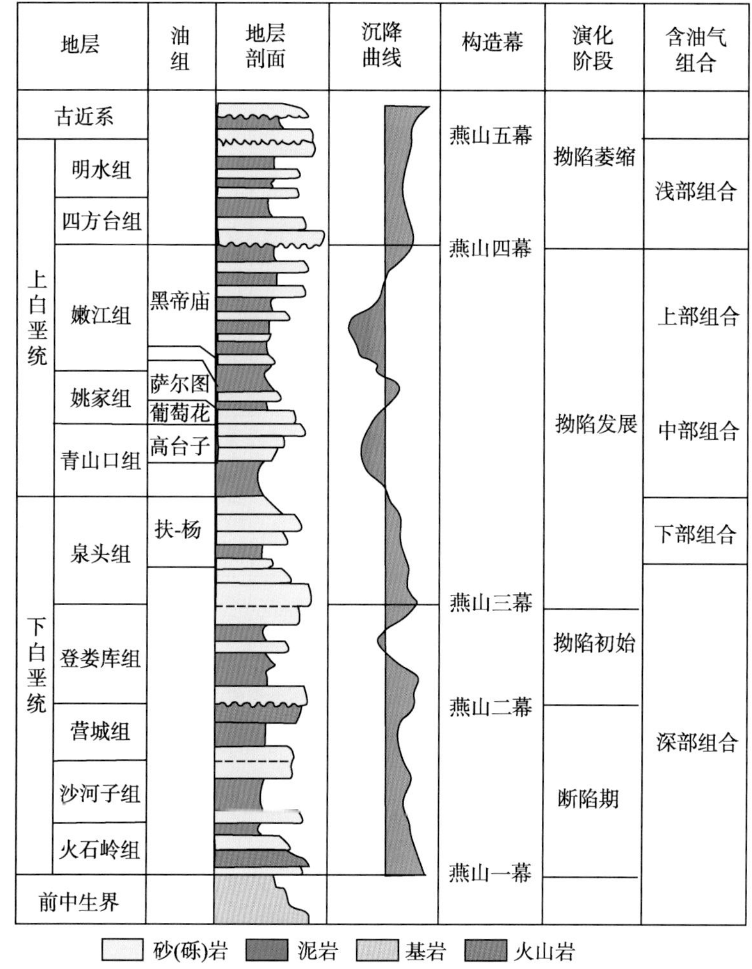

图 4.46　松辽盆地构造沉积旋回与含油气层系

白垩系泉头组至嫩江组为湖盆拗陷发展阶段的碎屑岩地层，持续稳定的沉降堆积了嫩江组和青山口组深湖相生烃岩系，生油母质以藻类为丰，类型以腐泥型为主，有机质丰富。地温梯度和大地热流值高，平均地温梯度为4.2℃/100m，平均热流值为1.7×10^{-3}cal[①]/($cm^2\cdot s$)，有利于有机质向烃类转化。三角洲砂体发育，规模大，并呈指状直接插入巨厚生烃岩系中，形成两套含油气层系。以嫩江组一、二段泥岩为生烃层，嫩江组三、四段砂岩（黑帝庙油层）为储集层，嫩江组四、五段泥岩为盖层构成了上部含油气层系；以青山口组泥岩为生烃层，青山口组二、三段砂岩、姚家组和嫩江组一段砂岩（高台子、葡萄花和萨尔图油层）为储集层，嫩江组一、二段泥岩为盖层构成了中部含油气层系。中部组合也是大庆油田的主力生产层系。油藏类型以背斜油藏为主，次为断块、断鼻、岩性和构造-岩性油气藏。

① 1cal=4.184J

上白垩统四方台组和明水组是一套河流相红色砂、泥岩地层，为盆地坳陷萎缩阶段沉积，自身无生油条件，但储集条件好。在大断裂附近，局部盖层又发育的地区可形成次生型油气藏，如萨尔图构造和大安、红岗子等构造都获得了工业性气流。天然气主要源于中部组合的烃源岩。该套地层构成了浅部含油气层系。

泉头组三、四段砂岩（扶余和杨大城子油层）为储集层，青山口组泥岩为盖层，青山口组一段及泉头组三段以下地层为生烃层构成了下部含油气层系。泉头组三、四段储集层在盆地内广泛发育，但砂层厚度薄，储集物性差，多形成低渗透型油气藏，自然产能一般较低。

下白垩统火石岭组至营城组和登娄库组为一套河流-沼泽相火山碎屑岩含煤建造和湖相碎屑岩建造交替沉积，分别属断陷期和拗陷初始期（断拗过渡期）沉积层系，以产气为主，为深部含气层系（图 4.47）。生烃岩以沙河子组泥岩和煤岩为主（一般厚度为 300～500m，最大厚度达 1000m 以上），登娄库组二段、营城组和火石岭组泥岩次之。沙河子组泥岩有机质丰度最高，平均有机碳含量为 0.53%～14.63%，其中大于 1%的样品占 60%以上。有机质类型以Ⅱ和Ⅲ型为主。沙河子组生烃岩现今已全部进入 R^{o}>2.0 的过成熟阶段。该层系储集层除各层段砂岩外，主要为营城组和沙河子组火山岩。火山岩储集空间以裂缝、气孔和溶蚀孔为主。熔结凝灰岩储层物性最好（孔隙度变化为 0.6%～24.6%，渗透率为 0.001～11.1mD），其次为流纹岩。但整体来看，火山岩储集层非均质性较强，物性变化大。气藏类型以岩性、地层不整合遮挡和构造-岩性圈闭为主（图 4.48）。

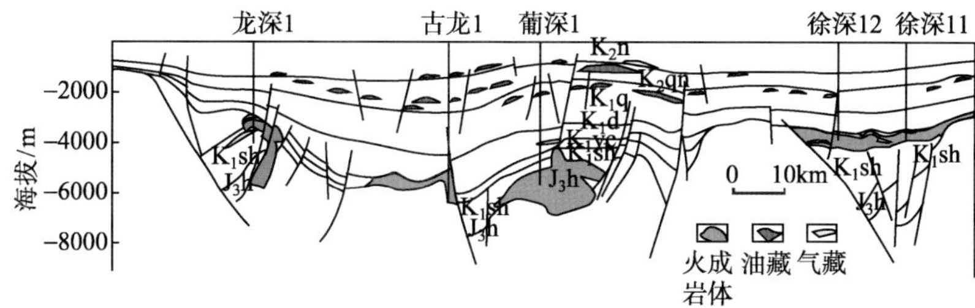

图 4.47　松辽盆地中央拗陷结构与含油气层系剖面（杜金虎和冯志强，2010，修改）

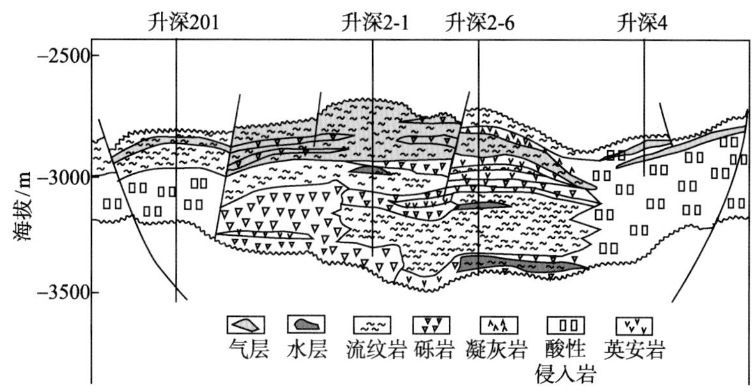

图 4.48　松辽盆地徐家围子断陷升深 2-1 气藏剖面（杜金虎和冯志强，2010，修改）

三、常规油气资源分布与潜力

无论从地理分区、行政分区还是地质单元分区来看，常规油气资源的分布和富集程度都是变化较大的。因不同的行政地区占有不同的地质和古地理单元，也就决定了其赋存油气资源的贫富。本书主要按中东、欧洲和欧亚大陆、北美、南美、非洲和亚太等六个大区，以及主要含油气国家来论述常规油气资源的分布和潜力。油气资源分为累计产量、剩余可采储量和待探明或待发现可采资源量等三个部分。剩余可采储量是指已探明的全部可采储量减去累计产量后的剩余部分。待探明或待发现可采资源量是指资源评价获得的全部可采资源总量减去剩余可采储量和累计产量之和后的剩余部分，这部分资源量包括我国老油区挖潜或滚动勘探获得的储量（国外称之为已发现油田的储量增长）以及在新区新带发现的资源/储量。由于国外资料的局限，本书所列举的国外数据可能偏低。关于我国的相关数据源于公开发布的新一轮资源评价数据，评价范围和内容相对系统和全面，相比之下，我国待发现可采资源量等数值可能看似偏高。

（一）常规石油资源的分布与潜力

据 BP 公司 2011 年世界能源统计，中东地区是全球常规石油剩余可采储量和常规石油累计产量（截至 2010 年年底）最大的地区，具体国家包括伊朗、伊拉克、科威特、沙特阿拉伯和阿联酋等，其常规石油累计产量超过了 3000×10^{8}Bbl，约占总量的 30%，而常规石油剩余可采储量超过 7500×10^{8}Bbl，约占总量的 60%，远比其他地区多出 6000×10^{8}Bbl 以上，占有绝对优势（图 4.49）。欧洲和欧亚大陆（具体包括欧洲各国、俄罗斯

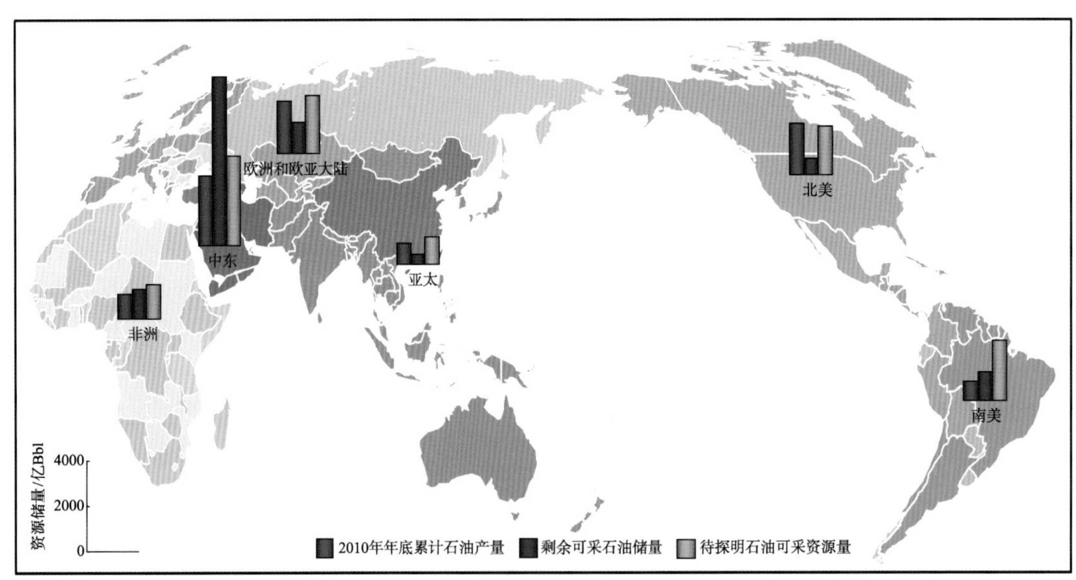

图 4.49 全球各大区常规石油累计产量、剩余可采储量和待探明可采资源量分布图（截至 2010 年年底）

注：产量和剩余可采储量数据主要依据 BP 公司（2011）统计结果，略有修改

和中亚各国）位居第二，其常规石油累计产量与北美地区接近，均超过了 2000×10^8Bbl，约占总量的 21%；但欧洲和欧亚大陆常规石油剩余可采储量要比北美地区多出约 650×10^8Bbl，达 1400×10^8Bbl。北美地区的国家包括美国、墨西哥和加拿大等，其常规石油累计产量超过了 2200×10^8Bbl，但剩余可采储量为 740×10^8Bbl 余，约占总量的 6%。南美地区包括委内瑞拉、巴西、秘鲁和阿根廷等，累计产量约 850×10^8Bbl，占总量的 8%；但剩余可采储量接近 1300×10^8Bbl，约占总量的 10%；非洲地区的主要产油气国家包括利比亚、阿尔及利亚、埃及、尼日利亚和苏丹等，累计产量超过 1100×10^8Bbl，占总量的比例超过 10%。剩余可采储量为 1300×10^8Bbl，约占总量的 10%以上。亚太地区的主要产油气国家包括中国、澳大利亚、印度、马来西亚和印度尼西亚等，累计产量约 950×10^8Bbl，占总量的比例为 9%；剩余可采储量仅 450×10^8Bbl，约占总量的 3%以上。

从全球 20 多年来各大区的年产量来看（图 4.50），中东地区的年产量增长最快，由 20 世纪 80 年代后期的 7×10^8t 左右增长到近几年的 12×10^8t 左右，也是各大区中产量增长速率最高的地区。北美地区的年产量则呈逐年缓慢下降的趋势，主要是由美国本土常规石油产量递减较快造成的；但该区加拿大的石油产量还是呈逐年递增的趋势。欧洲和欧亚大陆地区石油产量整体保持相对平稳，但各产油国的增减变化趋势仍有不同。中亚的阿塞拜疆和哈萨克斯坦以及欧洲的挪威都表现为整体增加的趋势；而英国和俄罗斯等国家则呈现出整体下降的趋势。其他大区中，非洲的年产量增长速度较快，除埃及年产量呈下降趋势外，其他非洲产油国家都呈增长趋势。亚太和南美地区的产量都呈现出逐年平稳增长的趋势，但南美地区的增长速率略快一些。

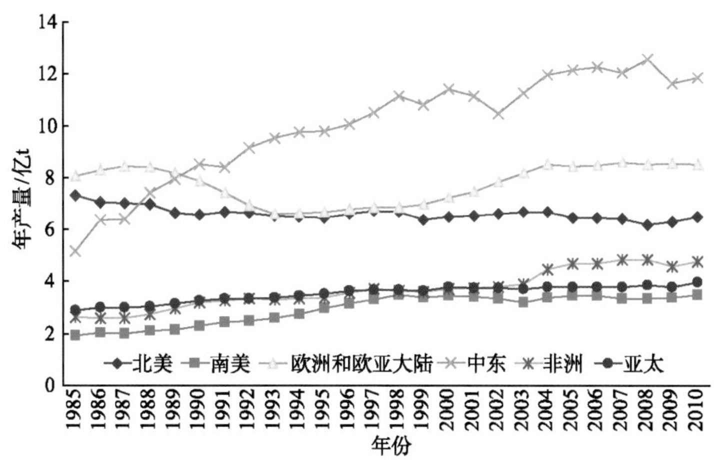

图 4.50　全球各大区常规石油年产量历年变化曲线对比图（数据引自 BP 公司统计数据，2011）

再从全球各大区历年的石油剩余可采储量变化来看（图 4.51），中东地区的历年石油剩余可采储量自 20 世纪七八十年代迅猛增长之后，呈平稳递增的趋势，远远超出其他各大区相应年份的数量，展现出丰富的已探明石油可采资源。北美地区的石油剩余可采储量依然呈整体明显下降的趋势，主要是由于墨西哥可采储量的快速递减造成的；而美国多年来石油剩余可采储量却保持相对平稳；加拿大则保持递增的趋势，由 1985 年的 100×10^8Bbl 增加到 2010 年的 320×10^8Bbl 以上。亚太地区 20 多年来一直保持着较平稳的态势，剩余可采储量变化在 400×10^8Bbl 上下，近 3 年略有增加。欧洲和欧亚大陆、南美和非洲地区则都呈现出历年稳定增长的趋势，近几年都保持着相近的储量水平，变化在 1300×10^8Bbl 上下。

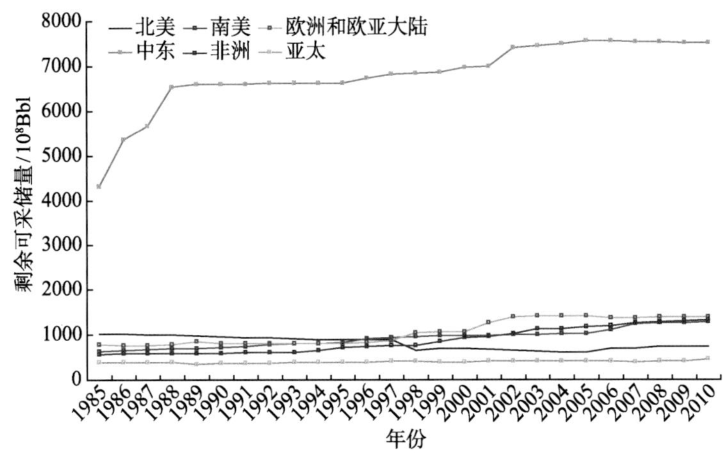

图 4.51 全球各大区常规石油剩余可采储量历年变化曲线（BP 公司，2011，修改）

依据对各大区或国家所占有含油气盆地现有公开发表的相关资料和初步评价与分析，在各大区待探明的可采资源量分布中，中东地区仍然占有绝对优势，待探明资源量超过 4000×10^8Bbl。其次为南美与欧洲和欧亚大陆地区，待探明资源量为 2600×10^8Bbl 左右。再次为北美地区，待探明资源量应在 2000×10^8Bbl 以上。而亚太和非洲地区待探明资源量应在 1000×10^8Bbl 以上。在上述六大区主要产油国中，沙特阿拉伯石油剩余可采储量和待探明资源量合计超过 3500×10^8Bbl，其中剩余可采储量为 2600×10^8Bbl，待探明资源量接近 1000×10^8Bbl（图 4.52）。伊朗位居第二，两者合计接近 2000×10^8Bbl，

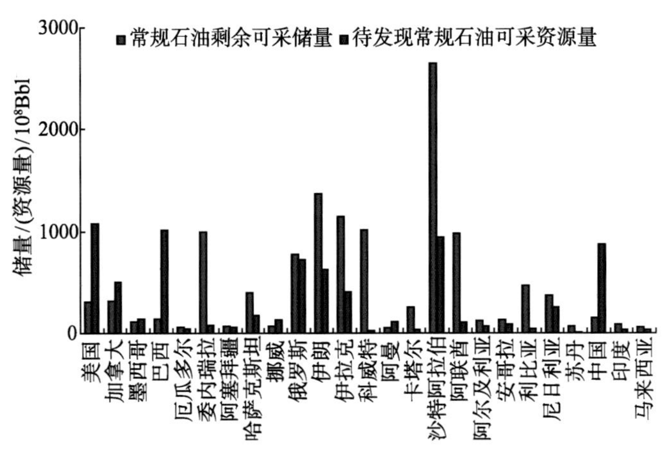

图 4.52 全球主要产油国剩余可采储量和待探明资源量分布图

其中剩余可采储量接近 1400×10^8Bbl。伊拉克和科威特剩余可采储量都超过了 1000×10^8Bbl，但伊拉克待探明资源量要明显高于科威特。俄罗斯石油剩余可采储量和待探明资源量合计接近 1500×10^8Bbl，其中剩余可采储量和待探明资源量大约各占一半。委内瑞拉的常规石油剩余可采储量接近 1000×10^8Bbl，近年的储量增长主要依赖重质油。美国和巴西尽管剩余可采储量都少于 310×10^8Bbl，但新区新带的待探明资源量都超过了 1000×10^8Bbl，是待探明资源量最多的两个国家。中国待探明资源量超过 870×10^8Bbl，剩余可采储量还有近 150×10^8Bbl。阿联酋两类资源储量也超过 1000×10^8Bbl，其中主要为剩余可采储量（约 978×10^8Bbl）。加拿大因多为油砂资源，其常规石油剩余可采储量和待探明资源量合计仅为 800×10^8Bbl。

（二）常规天然气资源的分布与潜力

在全球六大区的天然气资源开发和分布当中，欧洲和欧亚大陆地区的天然气累计产量和待探明资源量均是最高的，只是剩余可采储量略低于中东地区，三者合计为 $170\times10^{12}m^3$ 以上（图 4.53），约占全球总量的 34%；已累计产出超过 $320\times10^{12}m^3$ 天然气，剩余可采储量约为 $63\times10^{12}m^3$。中东地区的天然气资源位居第二，天然气累计产量、剩余可采储量和待探明资源量合计为 $140\times10^{12}m^3$ 以上，约占全球总量的 28%；剩余可采储量要高于欧洲和欧亚大陆地区，达 $76\times10^{12}m^3$，但仅累计产出约 $6\times10^{12}m^3$ 天然气。北美地区三者合计约为 $64\times10^{12}m^3$，约占全球总量的 13%。其中，剩余可采储量仅接近 $10\times10^{12}m^3$。值得提及的是：北美地区的数据统计包含了非常规天然气（煤层气、致密砂岩气和页岩气等），已累计产出超过 $28\times10^{12}m^3$ 天然气。依据现有的资料评价来看，北

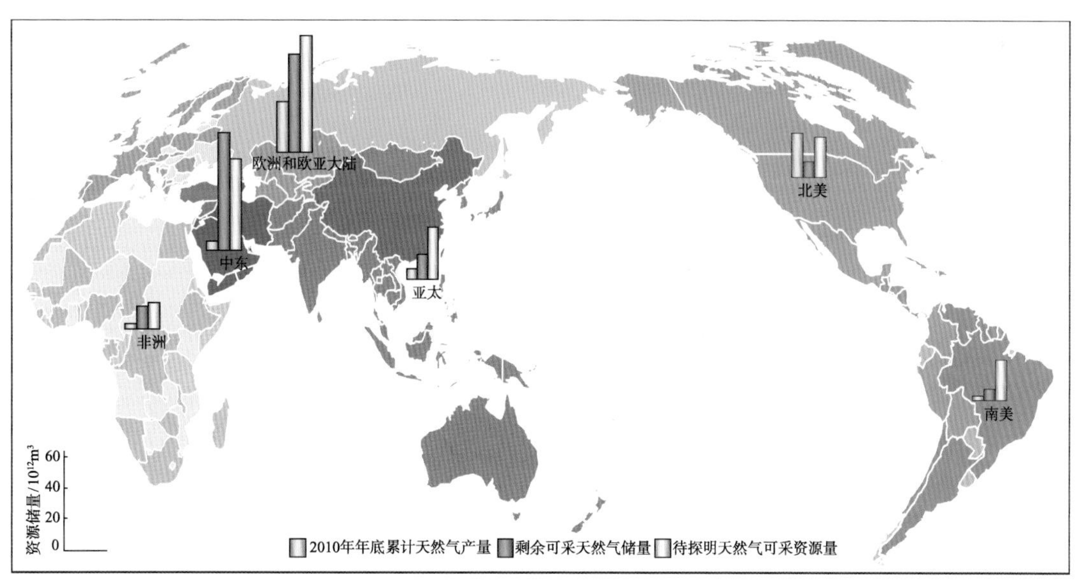

图 4.53　全球各大区常规天然气累计产量、剩余可采储量和待探明可采资源量分布图（截至 2010 年年底）

注：产量和剩余可采储量数据主要依据 BP 公司（2011）统计结果

美地区待探明的常规天然气资源量在 $26 \times 10^{12}m^3$ 左右。亚太地区三者合计约为 $57 \times 10^{12}m^3$，累计产量仅接近 $7 \times 10^{12}m^3$，剩余可采储量约 $16 \times 10^{12}m^3$，但待探明资源量却达到 $30 \times 10^{12}m^3$ 以上。南美地区三者合计约为 $36 \times 10^{12}m^3$，累计产量仅约 $3 \times 10^{12}m^3$，剩余可采储量 $7 \times 10^{12}m^3$ 以上，待探明资源量与北美地区相当，约 $26 \times 10^{12}m^3$。非洲地区三者合计约为 $35 \times 10^{12}m^3$，累计产量为 $3 \times 10^{12}m^3$ 余。非洲地区的天然气资源储量低，主要原因在于其勘探开发程度不够。

从全球 20 多年来各大区历年的天然气产量来看（图 4.54），欧洲和欧亚大陆地区和北美地区的历年产量均保持高位，远高于其他地区，并呈现平稳增长的趋势。两地区的年产量都运行在 $6000 \times 10^8m^3$ 以上，同时欧洲和欧亚大陆地区的历年产量要多于北美地区 $1000 \times 10^8m^3$ 以上。其中，欧亚大陆地区的历年天然气产量主要依赖俄罗斯的天然气，其次是挪威不断增长的天然气。而北美地区的历年天然气产量则主要依赖美国的天然气，其次是加拿大。近几年美国天然气的产量中，非常规天然气已占总产量的一半左右；中东和亚太地区的天然气年产量自 20 世纪 80 年代开始，均呈现出较快速增长的趋势。中东和亚太地区的天然气年产量分别由 1986 年的 $763 \times 10^8m^3$ 和 $1185 \times 10^8m^3$ 稳定增加到 2010 年的 $4607 \times 10^8m^3$ 和 $4932 \times 10^8m^3$，分别增加了近六倍和四倍以上。在中东地区，伊朗、卡塔尔和沙特阿拉伯的天然气增长速率最快。而在亚太地区，中国、印度天然气年产量增长速度最快，其他各国也都呈现出较快速增长的态势。非洲和南美地区则呈现出逐年平稳增长的趋势。

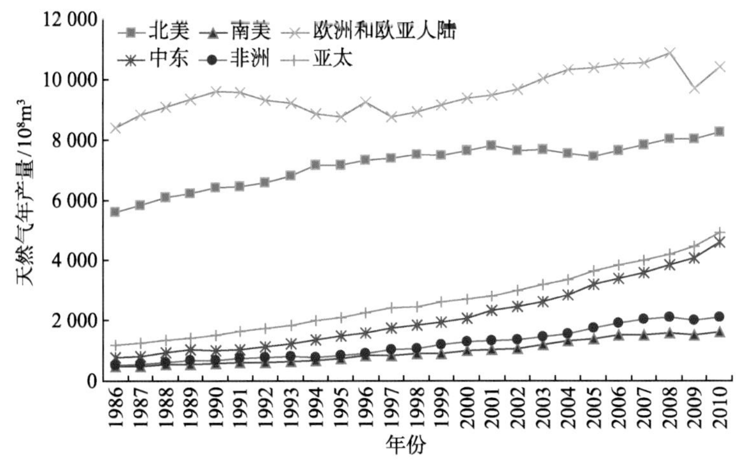

图 4.54　全球各大区天然气年产量历年变化曲线对比图（BP 公司，2011）

从全球各大区历年的天然气剩余可采储量变化来看（图 4.55），欧洲和欧亚大陆地区于 20 世纪七八十年代快速增长到 $57 \times 10^{12}m^3$ 左右之后，一直保持高位稳定运行，到 2008 年又开始进入增长阶段。中东地区则于 20 世纪七八十年代迅猛增长到 2001 年的 $71 \times 10^{12}m^3$ 左右之后，呈高位平稳递增的趋势，远超过其他大区相应年份的数量，展现出非常丰富的已探明天然气可采资源储备。北美地区的剩余天然气可采储量呈相对比较稳定的趋势，保持在 $8\times10^{12}\sim9\times10^{12}m^3$，但墨西哥和加拿大的可采储量呈递减趋势，而美国多年来则整体呈递增的趋势，由 20 世纪 80 年代的 $5\times10^{12}m^3$ 左右增加到近几年的 $7\times10^{12}\ m^3$ 左右。亚太地区和非洲地区保持着相近的历年剩余可采储量水平以及平稳增长的趋势，均由 20 世纪 80 年代的 $8\times10^{12}m^3$ 左右增加到近几年的 $15\times10^{12}\sim16\times10^{12}m^3$。并且，亚太地区近几年的增速略快一些，20 多年来一直保持着较平稳的态势，剩余可采储量变化在 400×10^8Bbl 上下，近三年略有增加。南美地区则保持着各大区中最低的历年剩余可采储量水平，但依然呈现出历年平稳增长的趋势，近几年的剩余可采储量保持在 $7\times10^{12}m^3$ 以上。

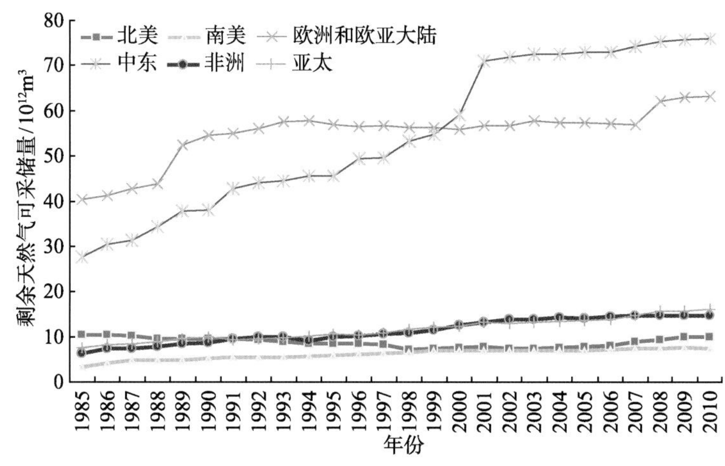

图 4.55　全球各大区天然气剩余可采储量历年变化曲线（BP 公司，2011，修改）

在各大区天然气剩余可采储量和待探明的可采资源量分布中，欧洲和欧亚大陆及中东地区居于首位，两者占全球总量的 64%以上，具有绝对优势，剩余可采储量和待探明资源量超过 $270\times10^{12}m^3$。其次为亚太地区，剩余可采储量和待探明资源量合计约 $50\times10^{12}\ m^3$，占全球待探明总量的 12%。再次为北美、南美和非洲地区，剩余可采储量和待探明资源量之和均变化为 $31\times10^{12}\sim36\times10^{12}m^3$。在上述六大区主要产气国中，俄罗斯天然气剩余可采储量和待探明资源量最高，合计超过 $77\times10^{12}m^3$，其中剩余可采储量约 $45\times10^{12}m^3$，待探明资源量约 $32\times10^{12}m^3$（图 4.56）。伊朗位居第二，两者合计超过 $38\times10^{12}m^3$，其中剩余可采储量近 $30\times10^{12}m^3$，而待探明资源量仅约 $9\times10^{12}m^3$。再次为卡塔尔和沙特阿拉伯，剩余可采储量和待探明资源量合计都超过 $20\times10^{12}m^3$；但卡塔尔待探明资源量很少，其剩余可采储量达到了 $25\times10^{12}m^3$ 以上，而沙特阿拉伯的天然气剩余可采储量仅约 $8\times10^{12}m^3$，其天然气待探明资源量却超过了 $12\times10^{12}m^3$。再次是美国、加拿大、土库曼斯坦和中国，剩余可采储量和待探明资源量合计均超过 $10\times10^{12}m^3$。其中，中国的剩余可采储量和待探明资源量合计最高，达到约 $18\times10^{12}m^3$，原因在于我国的评价结果涵盖面更广泛和更系统。加拿大的天然气待探明资源量超过了 $8\times10^{12}m^3$，大约是美国的一倍。而加拿大的天然气剩余可采储量却不到 $2\times10^{12}m^3$，美国的剩余可采储量约为 8

$\times 10^{12}m^3$。土库曼斯坦的天然气剩余可采储量的超过 $8\times 10^{12}m^3$，天然气待探明资源量约为 $6\times 10^{12}m^3$。其他天然气剩余可采储量和待探明资源量合计超过 $5\times 10^{12}m^3$ 的主要产气国家是委内瑞拉、挪威、伊拉克、阿联酋、阿尔及利亚、尼日利亚和澳大利亚等。

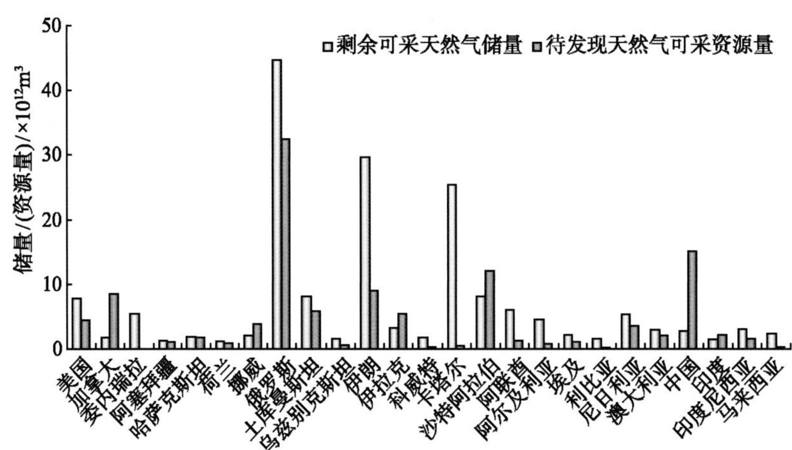

图 4.56　全球主要产气国剩余可采储量和待探明资源量分布图

（三）常规油气资源盆地类型与年代分布

据对全球主要含油气盆地和大中型油气田已探明储量和待探明资源量的不完全统计和初步分析，中生代和新生代地层的油气储量和待探明资源量占有全球总量的90%左右。其中，中生界所占比例超过 50%，要高于新生界所占的比例。当然，对于不同的地区，由于盆地类型和地质演化特征上的差异，常规油气资源在年代上的分布比例也存在一定的差别。同时，石油和天然气的年代分布比例又有不同。对于天然气来讲，主要分布于古生界和中生界，两者合计所占比例约占总量的 90%左右，即古生界的含气比例要高于新生界；对于石油来讲，主要分布于中生界和新生界，两者合计在总量中所占的比例要超过 90%，即新生界石油所占比例要高于古生界。

据国家“十一五”重大专项“全球油气资源评价研究”的统计结果表明（图 4.57）：在全球已评价的近 200 个含油气盆地当中，被动陆缘盆地和大陆裂谷盆地占数量主体，其次为前陆和克拉通等盆地类型。尽管克拉通盆地数量相对较少，但盆地面积大，约占全部评价盆地总面积的 38%。

在上述六类主要含油气盆地当中，被动陆缘盆地的油气资源潜力最大，待发现油气资源量所占比例接近全球总量的 50%。主要被动陆缘盆地包括阿拉伯中部盆地、坎波斯盆地、墨西哥湾深水盆地和尼日尔三角洲盆地等。油气资源潜力位居第二的是前陆盆地和大陆裂谷盆地，主要前陆盆地包括扎格罗斯盆地、南里海盆地、阿拉斯加盆地和内乌肯盆地等，主要大陆裂谷盆地包括西西伯利亚盆地、雷康卡沃盆地和北海油气区等。再次为克拉通盆地，如滨里海盆地、东西伯利亚盆地和阿姆河盆地等。

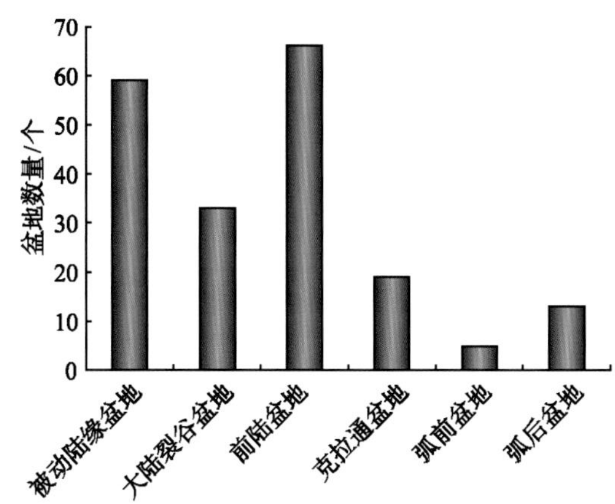

图 4.57　全球主要含油气盆地中不同盆地类型数量分布直方图

第四节　常规油气藏开发技术新进展与应用

自 20 世纪以来，尽管勘探和开发对象变得更深、更隐蔽和复杂，主力老油田多数已进入高含水、高采出阶段，但全球和我国的石油生产依然稳中有升，天然气生产也获得了快速发展，这均得益于勘探开发新技术的不断应用和发展：钻井技术方面包括地质导向钻井、井眼轨迹控制技术、提高深井钻井效率的方法、多分支水平井钻井完井技术、大位移钻井完井技术和欠平衡钻井技术等；油田开发方面包括高含水油田提高采收率技术、勘探开发一体化油气藏评价、先进的二次采油及复杂油藏高效开发、剩余油分布预测及调整挖潜、气藏高效开发、油气田开发及经济评价等；地球物理勘探技术方面包括高分辨率地震勘探技术、全三维地震勘探技术、复杂山地三维地震勘探技术、储层地震解释技术、重磁电综合勘探技术、地震属性综合应用技术、井间地震技术、多波多分量和时移地震技术、低阻等复杂油气层的测井识别技术、随钻测井和核磁共振测井等。本书重点介绍以下几个方面的关键技术。

一、高含水油田提高采收率技术新进展

高含水油田产量依然是我国产量构成的主体。近年来，除高含水老油田改善水驱开发、油藏精细描述、剩余油分布、水驱井网优化与层系调整等技术取得了重要进展以外，以聚合物驱为主的化学驱三次采油技术日趋成熟，我国无论是在生产规模还是技术研究水平上均居世界前列。

聚合物驱技术是目前三次采油技术中最成熟的。自 1996 年工业化推广以来，对聚合物驱过程的认识不断加深，聚合物驱技术得到不断完善和改进。大庆油田在实践中形成了进一步改善聚合物驱效果的三项技术和一个做法，即高分子前置段塞技术、综合调整技术、分层注聚合物技术和加大聚合物用量做法。可动凝胶调驱技术是在聚合物驱技术基础上发展起来的改善水驱技术。目前的研究表明，注入一定体积的可动凝胶对注水开

发油田改善水驱效果有较好的作用；并且，适应性较聚合物驱广泛。华北二连、辽河兴隆台等油田应用可动凝胶调驱技术，提高采收率达 7%左右，取得了可喜效果。该技术已成为一种比较成熟的适用于复杂断块油田的低成本改善水驱技术，具有广阔的应用前景。碱-表面活性剂-聚合物化学复合驱油技术是一项在水驱基础上的强化采油技术，主要是注入一种液体，通过降低油水界面张力，改变相对渗透率、岩心润湿性及驱替相的黏度来提高石油采收率。三元复合驱技术经过多年研究，工业产品已应用到大庆油田工业性矿场试验中，试验区降水增油效果明显，采收率可比水驱提高 20%左右。三元复合驱技术在注入剂生产、配方优选、物理模拟驱油实验、吸附渗流特征、矿场注入体系研制、矿场试验方案设计及动态监测、地面注采工艺等方面都取得很大进展，基本形成配套体系，达到了工业化应用的要求。此外，注气混相驱和非混相驱技术、微生物采油、泡沫复合驱等得到较快的发展，发展和应用前景广阔（沈平平，2006）。

二、油气藏工程技术新进展

我国油田多数为陆相沉积油田，具有含油层系多、油层非均质性强、原油黏度较高、天然能量不足、油藏类型复杂等特点，使得油田的开发难度较大。目前，经过多年的开发，主力老油田多数已进人高含水、高采出阶段，深化开发的难度越来越大。新发现的油气藏多数为低渗、特低渗、复杂岩性油气藏，高效或有效开发难度大，采收率较低。针对上述开发问题，近年来，在油层物理、渗流力学等基础理论和精细油藏描述、数值模拟、油气藏评价、先进的二次采油及复杂油藏高效开发、剩余油分布预测及调整挖潜、气藏高效开发、油气田开发及经济评价等技术方面，取得了重大进展（袁士义，2006），应用效果和效益显著。

（一）油层物理与渗流力学理论的深化

早期的油层物理与渗流力学研究基本上是建立在均质假设的基础上，针对简化的油、水及不与流体发生物理化学作用的孔隙骨架进行研究，因而其数学表征通常为线性的，是达西定律的基础。随着我国大部分油气田进入中后开采期，注采方式趋于多样化，人们不仅关注孔隙结构的非均匀性，而且更为关注油藏岩石润湿性的非均匀性、油藏岩石的各向异性、油藏流体的非牛顿性以及这些复杂性质对流体渗流的影响。近年来，在流固耦合、非达西渗流、分形介质渗流和微观渗流等方面取得了明显的进展。

（二）油藏描述的进一步精细化和数字化

多学科、多技术的协同研究是精细油藏描述的发展趋势。人机对话交互式工作站技术、彩色图形显示技术、网络技术、数据库技术、系统论、控制论、预测论等新兴的前沿科学技术在油藏描述中的应用，使得油藏描述技术不断走向精细化和数字化。我国主力油田已进入高含水期。精细的油藏描述是搞清高含水条件下油藏内剩余油分布状况的关键。地质研究的日趋精细化和定量化，研究的尺度越来越小，基本单元越来越小，定量化和预测化趋势越来越明显；测井技术在储层描述中的作用日益明显，包括常规测井资料的深化研究和新技术（如成像测井技术、核磁共振测井、随钻测井）的开发应用；地震研究的精细化使储层的精细预测成为可能，包括高分辨率地震勘探、多种反演技术、地震综合解释与可视化、井间地震、四维地震、多波多分量等；高分辨率层序地层学分析方法在开发中得到了应用；建立沉积体系的储层原型地质模型，为精细储层预测提供了模板；地质统计学和多种随机模拟技术在地质模型建立中得到充分应用。

1. 地质建模的技术规范和流程

精细油藏描述的主要内容包括精细沉积微相与微构造、精细储层和隔夹层分布预测、成因单元划分对比及空间分布规律、地质模型的建立与跟踪修改、开发过程中储集层物性和油气水动态变化规律等。地质模型包括单井地质模型、二维地质模型（平面、剖面）、三维地质模型等三级；地质模型又可分为储层骨架模型和属性模型两类。

2. 针对不同储层特征的油藏描述技术系列

近年来，我国老油田的挖潜或新增可采储量中，各种复杂储层均占有较大比例，如低孔低渗储层、低阻油层、薄互层、裂缝型储层、复杂断块、火山岩等，我国石油工业已形成了较为成熟的油藏描述技术系列。

1）以大庆油田为代表的精细沉积微相为特点的油藏描述

应用密井网测井、检查井等资料，开展了精细地质研究，细分沉积微相，描述各类砂体及表外储层的几何形态和分布组合关系，形成了陆相大型河流-三角洲储层精细描述技术，精度达到85%以上。

2）以大港油田为代表的复杂断块油气田的油藏描述

针对大港油田复杂断块油田，建立了精细研究技术及方法，包括小断层精细解释与研究、低阻油层解释评价、水淹层评价技术、人工压裂裂缝分布规律研究等。

3）以苏里格气田为代表的低渗透储层　“相对高渗”油藏描述

寻找低渗背景中的相对高渗单元是成功开发的关键。将有效储层成因模式、沉积微相、地震叠前多属性分析、加密井解剖等研究紧密结合，研究有效砂体规模大小和分布规律，开展开发方式和井网部署的适应性研究，为气田的有效开发提供决策支持。

4）以新疆、玉门等油田为代表的裂缝性储层油藏描述

针对裂缝性油藏非均质性极强的特点，灵活运用神经网络算法、随机干扰插值、克里金插值等数学方法，充分利用地质、测井、地震、油藏工程等各种动、静态资料，发展了多信息裂缝性油藏三维地质建模技术。

（三）油藏数值模拟的多功能化

油藏数值模拟技术在石油工业中的应用开始于20世纪，是基于达西渗流定律预测油藏的动态、采收率和选择开采的方法。随着计算技术的迅速发展，20世纪90年代初开始，油藏数值模拟开始向配套、大型、多功能、综合性的模拟软件系列发展，成为油藏工程的重要工具之一。近年来，油藏数值模拟新进展主要体现在新的物化现象的描述以

及解法的改进等，并在油田开发方案设计、动态分析与调整、油藏描述、剩余油分布研究与预测等方面得到广泛应用。

1. 微分方程离散化及网络技术

油藏数值模拟需要设计针对偏微分方程差分离散的网络系统，并可对局部区域实现各向同性或各向异性加密。为了保证最优的网络质量，既不能出现网格重叠、网格扭曲等现象，又必须考虑此最优网格是否适合偏微分方程有限体积差分的要求。面对越来越复杂的地质条件，以及油藏非均质性和几何形态的精确描述的要求，现在的油藏数值模拟不断追求更为灵活的网格，突破传统的笛卡尔网格的局限，使得网格节点位置的选取更加灵活、自由，更为逼近真实油藏形状。

2. 精细建模及新型模拟技术

由于数值模拟技术的不断进步，特别是更为灵活的网格技术的应用，精细建模已可较好地描述油藏微构造、储层和流体物性参数的变化等特征，平面上网格步长细到20～50m，纵向上细到沉积时间单元。新型的建模技术将动态资料乃至数值模拟技术应用于油藏建模，从而使所建立的地质模型更加符合油藏的实际情况，并且随着油田开发中资料的增多与完善而不断更新。精细建模不仅强调动态地更新资料，而且强调多种方法和技术所获资料的共享与综合，这些方法和技术主要有地质、地质统计、地震、测井、岩心和流体分析、试井、驱替特征以及网格的细分与粗化、拟函数的应用等。

3. 用百万节点精细油藏模拟进行精细剩余油分布预测

油藏数值模拟技术是研究和预测中后期油藏剩余油分布规律非常重要的手段之一。以大庆油田为例，多达上百个小层之间以及单层在平面上的渗透率存在着很大差异。当进行注水开发时，层间干扰制约了层系中低渗透储层的生产能力。因此，搞清低渗透薄油层的剩余油分布，对制订有效的开发调整措施、实现高效开发具有重要意义。大庆油田存在 60～105 个小层，模拟这样一个大排距行列井网的区域，平面上需要划分 7000 个网格，再加上边界的不规则性就要有近 10 000 个网格，纵向上按 100 个层计算，必须建立百万节点的数值模型才能满足剩余油分布规律研究的需要。从 1999 年底，用百万节点的数值模拟模型对三次加密的油井进行了模拟计算，绝大部分井的模拟计算结果与实际数据基本吻合。含水按三级四段方法统计符合率达到 78%左右，按两级三段统计符合率达到 87%，表明数值模拟模型的精度已达到很高水平。

4. 裂缝性油藏变形介质数值模拟

以玉门油田青西低渗透裂缝性油藏为例，通过实验，研究开采过程中裂缝的变形特征及其对渗透率和油井产能的影响，以及水驱过程中的渗吸采油机理。在此基础上，建立将裂缝变形与基质渗吸作用集为一体的变形双重介质油藏数值模拟模型，开展裂缝变形、渗吸采油、周期注水对开发效果影响的模拟研究，优化开发方案。

（四）勘探开发一体化油藏评价与产能建设技术

勘探开发一体化是依据我国油气勘探开发特点，综合多学科，经过实践、认识、再实践的多次反复，分不同阶段进行的油气藏储层表征、流体分布及油气藏规模、开发可行性分析等方面的系统性研究工作，也是油气田经济有效开发的重要工作内容。

低、特低渗透油田开发技术方面，长庆油田西峰特低渗透油藏开发取得重大突破，形成了油藏精细评价、井网优化、超前注水、开发压裂等配套技术，快速建成了百万吨级规模油田；吉林英坨东、大情字井地区及新疆陆梁油田渗透率低，构造幅度低，油水系统异常复杂，在勘探开发一体化部署下，通过精细油藏评价、有效识别油水层、优化布井等技术，分别快速形成了 100×10^4t 以上产能；塔里木哈德逊超深薄层油藏，通过油藏精细描述、水平井整体开采、滚动勘探开发，快速形成了 200×10^4t 以上产能；克拉玛依八区乌尔禾低渗、裂缝性老油田，通过精细油藏描述、大规模数值模拟、优化注采井网等综合调整技术，新建产能 150×10^4t，采收率提高 12%。上述技术使得这些原来评价为边际难采的储量得以快速高效开发。

（五）复杂难开发油藏的开发方案设计技术

经过多年的科技攻关与实践探索，针对不同类型油气藏的特点，逐步探索形成了从动用高渗透主力层到开发低渗透储层，从解决层间矛盾到解决平面矛盾，从部署均匀井网到部署不均匀加密井的分阶段多次布井、接替稳产开发调整理论和技术。形成的多个创新性单项技术包括多功能软件研发和三维可视化技术、综合性的地质建模技术、低渗透油藏井网井距优化设计技术和水平井的优化设计技术等。

1. 低渗透油田开发配套技术

随着勘探开发程度的深入和工艺技术的不断提高，低渗透油藏投入开发的比例逐年增加，技术的进步也使许多曾被认为没有经济开采价值的低渗透、低自然产能的油藏的开发界限逐步降低。低渗透油田已成为上产的主力地区，形成了松辽盆地南部及外围、长庆、新疆、吐哈等多个较大型的低渗透油田开发生产基地，并将在今后中国石油增储上产中发挥更大的作用。

2. 深层水平井整体开发配套技术

以塔里木油田为代表的深层、超深层油田，经过多年探索和实践，逐步形成了深层油田开发设计、钻采工程、地面工程等开发配套技术。这些配套技术将对其他油田的高效开发和老油田挖潜具有重要的指导作用。

3. 复杂岩性裂缝性等特殊油藏开发技术

根据复杂岩性、裂缝性油藏的特点，研究确定油藏的主要控制因素，综合应用地质、地震、测井和试油等信息，描述储层发育和油气富集规律，建立井网与裂缝的优化配置，采用深度压裂酸化、裂缝和大孔道堵水等技术，初步形成该类油藏的开发配套技术。

（六）剩余油分布预测与开发调整技术

剩余油分布的描述与监测技术是综合调整治理、控水稳油、提高石油采收率的基础和依据。该项技术系列涉及油田地质、地球物理、油藏工程、数值模拟、采油工程、钻井工程、地面工程等多个学科，并采用了三维地震、四维地震、油藏精细描述等为内容的油田地质核心技术，取心、剖面测试、开发测井、试井为内容的油田监测技术，分层注水等为内容的油田注水技术，压裂、酸化、调剖、堵水等为内容的油田井下措施技术，有杆泵、电潜泵、螺杆泵等配套的油田采油技术等，对我国的改善水驱作出了巨大的贡献，如大庆油田高含水后期水驱挖潜技术研究、委内瑞拉 Caracoles 复杂老油田挖潜开采技术、油藏精细描述技术在大庆油田高含水后期开发调整中的应用、任丘碳酸盐岩潜山油藏微构造及储层内幕隔层、裂缝网络精细描述和剩余油监测技术、冀东油田复杂断块油藏精细描述与水平井开发实践等。

（七）气藏开发技术

我国的天然气工业经历 50 多年的实践和发展，成功开发了四川等气区的多种类型气藏。目前国内天然气主要采用天然能量衰竭方式开采，凝析气主要采用循环注气方式开采。1996 年以来，伴随着我国国民经济的快速发展和探明天然气储量的快速增长，靖边—北京、崖 13-1—香港、涩北—西宁—兰州等长输管线相继建成投产，以及气区周边的局域输气管线不断延伸和完善，一批新气田陆续投产，气层气产量进入加快增长阶段。

近年来，随着一些新类型气田的开发，天然气开发技术取得了许多新的进展和突破，主要包括气藏早期综合表征技术、气藏动态及产能评价技术、排水采气工艺技术、疏松砂岩气藏防砂工艺技术、低渗透气藏提高单井产能技术、凝析气田循环注气提高采收率技术、气井及设备的防腐工艺技术、天然气净化处理技术、气田地面高压集输或混输技术、储气库技术等（刘玉章，2006）。

三、钻井工程技术新进展

缩短钻井周期、降低钻井成本是钻井技术永恒的攻关目标。随着油气勘探的深入，勘探目标变得更深、更隐蔽和复杂。因此，要求钻井工程：一方面要降低深探井钻井成本，确保钻达目的层，包括如何提高深探井钻井速度、复杂地质条件下防斜打快、防漏防塌以及高温高压钻井等；另一方面在钻井过程中要保护好油气储集层。在油气田开发钻井方面，一方面要提高油田的采收率，延长一次采油和二次采油寿命；另一方面是要努力提高单井产量。除了油层保护技术，防止油层伤害外，近几年开始应用的欠平衡钻井技术、分支井及大幅度提高储层有效进尺技术等，都是有效提高单井产量的重要手段。此外，天然气勘探与开发的迅速发展，要求钻井技术包括含硫气藏的安全开发、低渗气田降低钻井成本、地下储气库建设中保护气层等问题。

近年来，中国石油工业加强了地质导向钻井、井眼轨迹控制技术、提高深井钻井效率的方法、多分支水平井钻井完井技术、大位移钻井完井技术和欠平衡钻井技术的研究和开发，使井眼轨迹自动控制技术有所突破，在多分支水平井和大位移井等技术方面达到国际先进水平。在东部老油田及特殊油气藏开发中，减少井数，提高单井产量，产生明显的经济效益；研究和应用大位移井钻完井技术，使滩海油气资源的勘探开发效益有较大提高。水平井钻井、欠平衡钻井、侧钻井等成熟技术进步得到了规模性应用；垂直钻井、气体钻井、套管钻井、分支井钻井等新技术试验和攻关也取得了良好的效果（孙宁和苏义脑，2006）。本书重点介绍欠平衡钻井、大位移钻井完井技术和多分支水平井钻井完井技术。

（一）欠平衡钻井技术

欠平衡钻井技术在国外已经成为明显见效的热门技术，每年全世界的欠平衡钻井井数超过万口。欠平衡钻井是国际上 20 世纪 90 年代初迅速发展起来的钻井新技术，其典型特征是在油气储层钻进时保持钻井液液柱的井底压力低于储层压力，从而实现可控制的边喷边钻。通过在储层实现储层流体连续可控地流入井内的手段，达到良好保护储层和油气直接显示的目的。国际上欠平衡钻井的技术源于 20 世纪 50 年代的气基流体钻井（含空气钻井、雾化钻井、泡沫钻井、充气液钻井）。当时这种以空气为注入气体的气基流体钻井只是用于非储层钻进，目的是提高钻速、降低成本、克服井漏等；严格禁止用于储层，以保证井控安全和井下燃爆安全。

20 世纪 90 年代初在北美，复杂油气藏的勘探开发需求导致了储层欠平衡钻井的产生，有 3 个主要诱因：一是美国 AustinChalk 油田的裂缝性储层所遭遇的严重漏失问题，引发了液基流体欠平衡钻井技术的出现，对超压储层，只需降低钻井液密度就可以实现欠平衡；二是加拿大大量的低压油气藏和开发中后期的压力衰竭油气藏，引发了气基流体欠平衡钻井技术的出现，对低压储层，必须向钻井液内注气方可实现欠平衡；二是美国西部致密气和煤层气的工业性开发，储层致密，存在严重的水相伤害，引发了气体钻井（干气钻井）。上述这 3 种储层欠平衡钻井的绝大多数都是欠平衡钻井与水平井、分支井的结合应用。同时，注入气体为氮气，以防止井下燃爆发生。此后，逐渐发展了氮气制备技术以代替空气，发展了用于气基流体钻水平井的井下动力马达和电磁波随钻测量，发展了专用的井口控制设备和地面分离设备，发展了井下套管阀和不压井强行起下钻装备等。而 20 世纪 50 年代出现的应用于非储层的气基流体钻井，作为欠平衡钻井的一个传统组成部分，比以前更活跃，应用范围更宽，在大段非储层井段用于提高钻井效益（提高钻速、降低成本、增加钻头寿命）和提高钻井处理复杂事故的能力（防漏治漏、减少卡钻、控制井斜等）。

2003 年国外又出现了一类用于储层或非储层的欠平衡钻井，称之为“控制压力钻井”。该类钻井主要是使钻井液密度在漏、喷、塌、卡所控制的窄安全窗口内的技术。在非储层应用，可以看成是“效能钻井”的延伸，更注重的是“降低风险、增强安全”。在储层应用，也可以看成是“储层钻井”的延伸，更注重的是“降低风险、增强安全”。

中国的油气勘探开发目前面临着复杂中小油田、断块油田、薄油层、低压低渗低产能、老油气田改造、复杂储层、难动用储量、深层深水等恶劣条件。欠平衡钻井可以保护储层，并实现高效、及时、准确的勘探发现和评价，尤其是与特殊轨迹井相结合时可以达到增产和提高采收率的目的。对钻井工程而言，欠平衡钻井用于非储层钻进，在提高钻速、延长钻头寿命、降低成本、对付井下复杂事故（漏喷塌卡）、提高钻井安全性等方面，同样具有令人满意的表现。经过 10 多年的发展，中国已基本上形成了一个专业化的欠平衡钻井作业技术服务体系。随着基础理论研究的不断深化、装备和工具的不断完善、专业化技术队伍素质的不断提高，现场应用的欠平衡钻井技术开始进入成熟阶段。一些地区已把欠平衡钻井技术和气体钻井技术进行规模性应用，其中典型的实例是伊朗海外承包项目中的空气泡沫钻井、四川盆地全过程欠平衡钻井和气体钻井等。

（二）大位移井钻井技术

大位移井钻井技术是一项综合性很强的技术，代表了当今世界钻井技术的一个高峰。大位移井钻井技术的进展主要表现在以下几个方面：现代钻井新技术（随钻测井技术 LWD、旋转导向钻井系统 SRD、随钻环空压力预测 PWD 等）在大位移井中的集成应用；三维多目标大位移井的出现；水平位移 10 000m 超大位移井的钻成。大位移井钻井技术的关键单项技术包括减扭降磨、钻柱设计、井壁稳定、井眼净化、钻井液优化和固控、下套管作业、定向钻井优化、测量、钻柱振动及钻机设备配置等。随着近年大位移井钻探的实施，大位移井钻井研究的重点和难点主要集中在轨道设计、定向控制、水力参数优选与井眼净化、套管漂浮技术与随时循环下套管技术的应用等方面。

20 世纪 90 年代以来，为了使大位移井的水平位移逐渐延伸，国外钻井服务公司对计算软件和钻井工具进行了充分研究，先后开发研制了剖面设计、摩阻/扭矩计算、水力参数计算、固井计算等软件及导向马达、MWD 随钻测量、LWD 随钻测井、可控变径稳定器、漂浮下套管工具、非旋转钻杆保护器、水力加压器等钻井工具，使大位移井钻井技术有了突飞猛进的发展，将水平位移从 4000m 延伸到 10 000m 以上，持续不断地创出新的世界纪录。大位移井技术主要用于以较少的平台开发海上油气田和从陆上开发近海油气田，在欧洲北海和美国加利福尼亚州近海应用较为广泛。我国常规定向井钻井技术已经成熟，已具备钻位移为 3000m 的大位移定向井的技术能力。近几年，国内也开始研制开发大位移井专用工具，如降扭工具、下套管工具等。中国南海油田 1997 年投产第一口井——西江 24-3-A14 井，水平位移为 8063m，也使 XJ24-1 边际油田得以高效开发。

（三）多分支井及径向水平井钻井技术

多分支井就是从一个主井筒中钻出两个或两个以上的多个分支井眼并可连接回主井筒来开采油藏的井，分支井可以是直井到水平井之间的任何斜井，可以是新钻井，也可以利用老井侧钻。多分支井实际上是在水平井、定向井技术基础上发展起来的，其目的是把水平井和定向井技术更加推进一步，以便得到比单一水平井或直井更大的泄油面积和泄油能力，降低油气井钻井和开发成本。目前，国内外多分支井的钻井技术已基本成熟，主要沿用水平井或定向井的钻井设计和方案，而多分支井与水平井的主要区别在于水平井是由钻井技术主导，而多分支井除了考虑钻井技术外则是由完井技术来主导，要设计相应的完井施工工艺，还要配套较为复杂的系列完井工具。多分支井钻探在北海油田与北美已得到广泛应用，并逐步推广到中东、南美、欧洲与亚洲等地区。多分支井技术不仅在开发多油层油藏、巨厚油层、被断层错开的油层以及被泥质薄层遮挡的油藏具有其优越性，而且在开发低渗透油层、薄油层、裂缝性油藏、岩性封闭油藏及“死油区”也显示出其增加泄油面积，沟通裂缝，连接几个游离“死油区”或岩性封闭油藏，从而大幅度提高单井产量和油田采收率的优越性。多分支井钻井技术已逐步被业内人士认同，项目总体风险最小、完井方案最优化的系统设计越来越受重视。多分支井的连接性的好坏取决于主、支井眼的交汇点处理方法，以及将更多的分支井和生产储层相连接的新的完井方案，因此必须发展一种新的技术或材料来密封主、支井眼的交汇点。6 级多分支井采用机械密封，具有比较完整的密封体系，是未来多分支井的发展方向。多分支井下一步将向智能型完井方向发展，即用遥控节流装置控制井下油气流量，以便独立优化每一个分支井以及选择性关闭油层进行诸如堵水、堵气等作业。智能完井系统还可通过安装在井下的仪器在地面随时监测各分支井的压力、温度、流量、含水含气量等的变化，最终对每一口分支井进行流量分配。

高压水射流径向水平井技术是利用高压水射流破岩，在一口井的同一个油层或不同油层内沿径向钻出一个以上的水平井眼（曲率半径为 0.3m），达到增加油气通道，改善液流方向，提高油气藏动用程度的目的。它既可以在新井中实施，又可以在老井中应用，非常适合于开发低渗透油层、薄油层、裂缝性油层、注水后的“死油区”以及岩性圈闭油藏。该技术在国外相对成熟，已处于商业应用阶段。径向水平井钻井技术始于 20 世纪 70 年代末，80 年代中期投入工业试验，80 年代末期形成“超短半径径向井系统”（URRS），进入商业应用。目前已完钻的数千口径向井中，一些是在垂直井的同一油层中钻入的，一些是在不同油层中钻入的，单个垂直井中所钻层位最多达 5 个，每个层位钻入的辐射状径向水平井最多达 20 个，实现了在多个层次钻多个辐射状径向井的技术。径向井眼的长度一般为 8～46m，依地质情况的不同和所结合的其他工艺（如注蒸汽）的不同，垂直井产能提高 2～10 倍，平均原油增产 2～4 倍。

在中国，径向水平井钻井技术是油井增产的一项强有力措施，特别适合于低渗透油田的开发。从 20 世纪 90 年代初开始，我国组织、开展了“径向水平井钻井综合配套技术”攻关研究。径向水平钻井技术系统组成包括地面设备和井下工具系统两部分。地面设备主要由作业机、压裂成组设备、井口装置、数据采集和处理系统及地面运动控制装置等组成。井下工具系统包括段铣工具、扩孔工具、径向水平井钻井工具。段铣工具和扩孔工具是整个作业工艺中的重要前期准备工具。径向水平井钻井工具则是整个技术的核心，包括转向器、高压管柱、钻杆、射流钻头、钻杆运动控制器等。

四、石油地球物理技术新进展

随着世界各地勘探开发的深入，具较大资源潜力的勘探对象和目标多位于复杂地表和深层等较为复杂的地质环境或条件。复杂地表包括大沙漠、戈壁、黄土塬、山地、滩海、沼泽、喀斯特地形等。同时，在这些复杂地表之下，常伴生复杂的地质结构。我国西部许多大型含油气盆地周边多为地形起伏剧烈的山地，地下经常伴有逆冲构造和反转构造，深层地震地质条件复杂；我国东部的一些含油气盆地，虽然地表为平原，但地下深部地质构造破碎。此外对于岩相变化大、油层埋藏深、厚度小的储集体，用石油物探方法分辨难度大。我国针对上述复杂地质条件的目标和地区，依赖高分辨率地震和全三维地震勘探技术建立了一套完整的勘探技术体系，包括山地地球物理勘探技术、黄土塬地球物理勘探技术、深层潜山勘探技术和储层地震解释技术等（钱荣钧和王尚旭，2006）。

针对复杂油气层，包括低阻、低孔低渗、裂缝性储层等，我国已分别形成了相应的测井识别与评价方法和技术系列。低孔低渗储层一般是指孔隙度小于 10%、渗透率小于 $0.5\times10^{-3}\mu m^2$ 的储层。理论上，低阻油气层一般是指在同一水动力系统下，电阻增大率小于 2 的油气层。而在实际应用中，一般将测井视电阻率低于或接近于（倍数小于 2）常规储层电阻率下限的油层，都称为“低阻”（王敬农和鞠晓东，2006）。

（一）低阻等复杂油气层的测井识别技术

1. 低孔低渗和复杂储集空间油气层测井评价

我国已形成了一整套针对低孔低渗砂岩储层的测井资料解释方法：在做好数据预处理及归一化的基础上，采用基于岩心刻度测井的精细解释评价方法、基于多矿物模型的测井解释评价方法和基于人工神经网络的自组织分类解释评价方法等多种解释方法，对不同解释模型的计算结果可以相互比对，最后进行参数集总，提交符合储量规范的储量计算参数。

针对砂泥岩薄互层、高泥高钙砂泥岩储层、裂缝性碳酸盐岩地层、火成岩等复杂岩性储层、砾岩油气层等复杂储集空间储集层，我国也建立了一套油气层测井评价技术，包括：针对不同储层类型、不同勘探阶段和不同地质目的的测井信息采集系列；井壁成像测井与偶极声波相结合的有效裂缝识别、裂缝形态及组合特征分析及裂缝参数计算和有效性评价技术；以声电成像测井为主的孔洞识别和分布特征分析及定量计算技术；阵列中子、阵列声波、重复式地层测试和核磁共振相结合的流体性质综合分析技术；储层类型划分、有效性评价及储层参数计算技术；电成像、声波与地震相结合的井旁地质构造分析技术等。

2. 低电阻率油气层测井评价方法

我国针对不同成因的低阻油气层，建立了相应的低阻油气层识别与评价方法，如束缚水饱和度高的低阻油气层的识别与评价方法、强黏土附加导电低阻油气层的识别与评价方法、油水层水性相异低阻油气层的识别与评价方法、深侵入低阻油气层的识别与评价方法、模块式动态测井的识别与评价方法、时间推移测井的低阻油气层识别方法。核磁共振测井为低阻油气层的研究提供了极为重要的新手段。这些技术的应用在我国很多油田低阻油气层的发现和评价中起到了关键作用。

（二）高分辨率地震和全三维地震勘探技术

我国现已具有不同地表条件和不同地质条件下进行高分辨率勘探的经验，形成了一套从采集、处理到解释的一体化思路及策略，高分辨率勘探技术已在全国推广应用。在我国西部地区，采用地震勘探方法，在地层埋深 5000～6000m 时，可分辨 25m 的小幅度构造；在我国东部地区，采用地震勘探方法，可使反射时间 2s 处的反射层勘探精度小于 10m。

全三维地震勘探技术包括全三维采集设计、全三维处理技术和全三维解释技术。在全三维采集设计中，充分考虑到炮检距方位角、炮检距大小、面元大小、覆盖次数及静校正等情况。全三维处理在有效分离信号和噪声方面有新的突破，主要表现在有效的叠前去噪技术有了新的发展。以往长期困扰地震数据处理人员的不是随机噪声，而是强规则噪声。过去通常采用 F-K 滤波方法压制，效果不理想。采用中值相关滤波法去噪及叠前逐点自动识别法去噪，效果比较理想。此外，对叠前深度偏移技术的理解和应用能力也有了新的提高。叠前深度偏移处理主要是解决由于横向速度变化引起下伏地层的成像问题，而不是解决信噪比和静校正问题。因此深度偏移对地震资料的信噪比、速度模型精度和偏移基准面的选取都有特别的要求。我国西部山前褶皱带及山间盆地的逆掩推覆带，以及东部地区的深层潜山内幕构造，均依赖叠前深度偏移技术取得了重大突破。全三维解释技术主要体现在三维可视化技术取得了长足的进步，在解释中不仅能够通过垂直剖面和水平切片进行研究分析，而且能够通过改变颜色、旋转目标、透视、改变光源角度等方法雕刻地质体，直观地反映出地质异常体的形态和走向。在此基础上，发展和完善了断层解释技术、裂缝发育带解释技术、岩溶解释技术和储层解释技术。高精度三维地震勘探技术是提高钻探成功率的最可靠方法。

（三）储层地震解释技术

精细三维构造解释、约束反演、地震属性提取和识别是当前储层解释技术广为应用的主要手段。精细三维构造解释基本流程包括：通过已知井标定及地震微相分析，将目的层段的波形分类，划分地震相，进而提取时间、振幅、频率、倾角等属性，作出宏观定性预测；进行地震相解释和沉积相分析，首先利用标准地震相编绘地震相图，然后通过单井划相，再结合地层厚度、层速度及砂岩厚度等资料，将地震相转换为沉积相，预测储层发育带，并利用前积、丘状等反射特征分析物源方向及河道、砂坝等地质现象。

约束反演可先利用波阻抗反演，在对大套储层的空间位置、厚度及特征宏观认识的基础上，再以测井资料为约束条件，以地震解释层位为控制，从井点出发，基于模型多参数（波阻抗、速度、密度、电阻率和伽马值等）进行反演。此种反演方法不仅能充分利用测井资料的高频信息与完整的低频信息补充地震资料带宽的不足，提高反演结果的分辨率，而且能在已知地震地质信息与测井信息约束下获得地层的波阻抗、电阻率和伽马值等多种参数的反演结果，从而克服仅用地震资料反演的不足。

地震属性提取和识别是近年来开展储层预测、储层特征参数描述及储层动态监测最热门的技术。地震属性是表征地震波数据的几何学、运动学、动力学及统计学等特征的量，大约有 100 多种，而实际中常用的有 50 种左右。针对这些属性，可按地震数据的几何学属性和物理学属性、地震波的基本特性，或者以叠前、叠后数据处理特征等进行分类，便于人们从众多的属性中选择出合适、有效的地震属性，并能正确地使用这些属性，反映出更多的地质信息。瞬时振幅、瞬时频率、瞬时相位和相干数据体、波形聚类是地震数据的 5 种基本属性，前 3 种反映单一地震道的基本瞬时特性，后两种反映多地震道的特性，其他地震属性均与这 5 种基本属性有直接或间接关系。这 5 种基本属性均能反映某种沉积现象：瞬时振幅可以反映地层的波阻抗（速度和密度）及孔隙流体的差异；瞬时频率与提取信息部位的地层固有频率有关，而地层固有频率又和沉积物颗粒粗细（密度）有关；瞬时相位可以刻画岩性变化的边界和一些异常体的边界；相干数据体可以反映地质体的空间变化；波形聚类可以反映地质体的空间相似度。

在广泛应用地震属性进行解释时可以看到，众多的地震属性几乎都与储层特征有关，但是有一些属性对储层的某些特征比另外的一些属性更敏感，一些属性能很好地揭示地下不易探测的异常，有一些属性还可以用来直接检测油气。

参 考 文 献

贝丰，王允诚. 1983. 江苏溱潼凹陷下第三系阜宁组生油岩排驱效率和排烃效率的模拟研究. 石油与天然气地质, 4(3): 324–330

杜金虎，冯志强, 2010. 松辽盆地中生界火山岩油气勘探. 北京: 石油工业出版社

龚再升. 2005. 中国近海新生代盆地至今仍然是油气成藏的活跃期. 石油学报，26(6):2–6

郝石生，柳广弟，黄志龙. 1994. 油气初次运移的模拟模型. 石油学报, 15(2): 22–26

何自新. 2003. 鄂尔多斯盆地演化与油气. 北京:石油工业出版社

胡见义. 1987. 中国石油天然气资源评价研究总报告. 石油工业部石油勘探开发科学研究院（内部资料）

胡见义，黄第藩，徐树宝，等. 1991. 中国陆相石油地质理论基础. 北京:石油工业出版社

金朝熙，陶兴萍. 1988. 油气初次运移定量计算方法研究. 石油勘探与开发, 15(5): 31–36

李春光. 1994.论山东东营、惠民盆地油田水与油气聚集关系.地质论评， 40(4): 340–346

李纯泉，陈红汉，张希明，等. 2005.塔河油田奥陶系储层流体包裹体研究. 石油学报, 26(1): 43–46

李明诚. 1994. 石油与天然气运移(第二版). 北京: 石油工业出版社

李明宅. 2003. 对中国油气储量分类体系的思考. 中国石油勘探,8(2):69–72

刘玉章. 2006. 中国石油“十五”科技进展丛书——采油工程技术进展. 北京:石油工业出版社

柳广第. 2009. 石油地质学. 北京:石油工业出版社

麦碧娴，汪本善，张丽洁.1993. 泌阳凹陷下第三系流体包裹体特征及其应用—泌阳凹陷石油运移初探. 地球化学, 22(4): 337–343

钱荣钧，王尚旭. 2006. 中国石油“十五”科技进展丛书——石油地球物理勘探技术进展. 北京:石油工业出版社

沈平平. 2006.中国石油“十五”科技进展丛书——提高采收率技术进展. 北京:石油工业出版社
施继锡，李本超，傅家谟，等. 1987. 有机包裹体及其与油气的关系. 中国科学（B 辑）, (3): 318–320
笹田政克. 1990. 根据流体包裹体对沉积岩进行热演化史分析. 彭伟欣译. 海洋地质译丛, (4): 73–76
孙宁, 苏义脑. 2006. 中国石油“十五”科技进展丛书——钻井工程技术进展. 北京:石油工业出版社
陶一川, 范土芝. 1989. 排烃效率研究的一种新方法及应用实例. 地球科学, 14(3): 259–268
童晓光. 2009.论成藏组合在勘探评价中的意义. 西南石油大学学报（自然科学版）, 31(6):1–8
王凤琴, 陈荷立, 罗晓容. 1989. 江汉盆地新沟咀组排烃量初探. 石油实验地质, 11(2): 160–165
王敬农, 鞠晓东. 2006. 中国石油“十五”科技进展丛书——石油地球物理测井技术进展. 北京:石油工业出版社
王龙樟，戴樟漠，彭平安. 2005. 自生伊利石 $^{40}Ar/^{39}Ar$ 法定年技术及气藏成藏期的确定. 地球科学, 30(1):78–82
王启军. 1988. 油气地球化学.北京：中国地质大学出版社
翁文波. 1984. 预测论基础. 北京: 石油工业出版社
武守诚. 2005.油气资源评价导论. 北京:石油工业出版社
袁士义. 2006. 中国石油“十五”科技进展丛书——油气藏工程技术进展. 北京:石油工业出版社
翟光明. 1994. 油气资源评价方法与技术, 第二轮全国油气资源评价专题报告（二）. 中国石油天然气总公司石油勘探开发科学研究院（内部资料）
张厚福, 方朝亮. 2001.石油地质学.北京：石油工业出版社
张万选, 张厚福. 1984. 石油地质学. 北京: 石油工业出版社
张有瑜, 董爱正, 罗修泉.2001.油气储层自生伊利石的分离提纯及其 K-Ar 同位素测年技术研究.现代地质, 15(3): 315–320
张有瑜, 罗修泉.2004.油气储层自生伊利石 K-Ar 同位素年代学研究现状与展望.石油与天然气地质, 25(2): 231–236
朱光有，张水昌，梁英波，等. 2005. 硫酸岩热化学还原反应对烃类的蚀变作用.石油学报, 26(5): 53–55
Allen P A, Allen J R. 1990. Basin Analysis: Principles and Applications. Oxford: Blackwell Scientific Publications
Bailey N J L,Jobson A M,Rogers M A.1973.Bacterial degradation of crude oil: comparison of field and experimental data.Chem.Geology, 11:203–221
Berg R R. 1975. Capillary pressures ini stratigraphic traps. AAPG, 59(3) : 939–956
BP 公司. 2011. BP 世界能源统计. 国外石油动态，(7): 1–93
Cooles G P, Mackenzie A S, Quigley T M. 1985. Calculation of petroleum masses generated and expelled from source rocks. Organic Geochemistry, 10(2): 235–245
Emery D, Hudson J D, Manshall J D, et al. 1988. The origin of late spar cements in the Lincolnshire Limestone, Jurassic of central England.Journal of the Geological Society, 145（8）: 621–633
England W A, Mackenzie A S, Mann D M, et al. 1987. The movement and entrapment of petroleum fluids in the subsurface. Journal of the Geological Society, 144（4）:327–347
Hamilton PJ,Kelley S,Fallick AE. 1989. K-Ar dating of illite in hydrocarbon reservoirs. Clay Minerals, 24 (3): 215–231
Hubbert M K. 1940. The theory of ground-water motion. Journal of Geology, 48 (11): 785–944
Hubbert M K. 1953. Entrapment of petroleum under hydrodynamic conditions. AAPG Bulletin, 37 (8):1954–2026
Kingston D R, Dishroon C P, Williams P A. 1983. Global basin classification system. AAPG Bulletin, 67 (12): 2175–2193

Leythaeuser D, Mackenzie A, Schaefer R G. 1984. A novel approach for recognition and quantification of hydrocarbon migration effects in shale-sandstone sequences. AAPG, 68(2): 196–219

Leythaeuser D, Schaefer R G, Yukler A. 1982. Role of diffusion in primary migration of hydrocarbons. AAPG, 66(4): 408–429

Mackenzie A S, Quigley T M. 1988. Principles of geochemical prospect appraisal. AAPG, 72(4): 399–415

Magoon L B, Dow W G. 1998. 含油气系统——从烃源岩到圈闭. 张刚译. 北京:石油工业出版社

Roedder E, Skinner B J. 1968. Experimental evidence that fluid inclusions do not leak. Economic Geology. 1968,63: 715–730

Tissot B P, Welte D H.1978. Petroleum Formation and Occurrence.Germany: Springer-Verlag Berlin Heidelberg

Tissot B, Pelet R. 1971. Nouvelles donnees sur les mecanismes de genese et de migration du petrole. Simulation mathematique et application a la prospection. *In*: Proc 8th World Petroleum Cong. 2: 35–46

Ungerer P, Burrus J, Doligez B, et al. 1990. Basin evaluation by integrated two-dimensional modeling of heat transfer, fluid flow, hydrocarbon generation, and migration. AAPG. 74(3): 309–335

Vandebroucke M. 1972. Advances in Organic Geochemistry. Oxford-Braunschweig: Pergamon Press. 547–565

White D A. 1988. Oil and gas play maps in exploration and assessment. AAPG Bulletin , 72 (8): 944–949

Ypma P J, Fuzikawa K. 1980. Fluid inclusiona ndo xygen isotope study of the Nabarlek and Jabiluka uranium deposits, Northern Territory, Australia. *In*: Ferguson J, Goleby A. Uranium in the Pine Creek Geosyncline: Vienna, Internat. Atomic Energy Agency: 375–395

第五章 “页岩气（油）”矿藏地质特征与开发利用

第一节 概 述

泥质岩在常规油气聚集过程中，通常只能作为源岩或盖层。但在沉积盆地中，页岩也可作为天然气（油）的储层，即烃类从富含有机质的页岩中生成后，便在自身富集起来，形成典型的“自生自储自封”型油气藏。烃类通常在泥质岩中有机质团块、黏土等矿物颗粒表面和纳米级孔喉中以吸附状态存在，或者在天然裂缝和相对大孔隙中以游离方式存在。烃类吸附数量和游离数量的比例会因泥、页岩孔缝发育特征、岩石矿物组成、有机质含量的不同而有较大变化。据对美国页岩气储层中吸附气和游离气含量的初步统计，吸附气的比例主要变化为20%～60%。若烃类以游离方式赋存为主，并占绝对优势，则更趋于表现为传统意义上的“泥岩裂缝油气藏”特征。需要指出的是，在商业勘探开发过程中，许多页岩气（油）主要产自以页岩为主的储集层系，或产自页岩、粉砂岩与碳酸盐岩呈三明治式互层的储集层系。其中的粉砂岩、细砂岩或碳酸盐岩储集夹层产油气率可能更高。因此，本书认为“页岩油气”是指在具有生烃页岩层系中原地生成并就地或就近赋存的油气。即对于页岩、粉砂岩、云岩和灰岩呈三明治式互层的致密储集层系中所含的油气，若页岩具备生烃能力，则应统称之为“页岩（油）气”，这也是与第十章所述“致密（油）气”的关键区分点。本书重点讨论“页岩气”的地质特征和相关技术。值得强调的是，页岩中“油”和“气”的基本地质特征是一致的，只是页岩中“油”的经济和技术门限值相对较高。

目前，美国是页岩气（油）地质勘探程度和开发技术水平相对较高的国家，已经实现了页岩气的大规模商业开采。随着油气勘探领域的不断扩大和勘探开发程度的逐步提高，以及工程技术水平的进步，页岩气（油）资源不断被发现和探明，其生产成本也逐步下降。天然气的价格越高，页岩气（油）的开采就越经济可行。世界其他地区，包括加拿大、澳大利亚、俄罗斯及中国等，相继开展了页岩气的勘探和开发研究工作。其勘探开发历程简述如下。

早在1627～1669年，法国的勘测人员和传教士就对阿巴拉契亚盆地富含有机质黑色页岩进行过描述，他们所提到的石油和天然气现在被认为是来源于纽约西部的泥盆系页岩。1821年第一口页岩气井在纽约Chautauga县泥盆系Dunkirk页岩中完井。它位于天然气苗的位置，从大约8m深处的裂缝中产出了供当地用的气，这口井后来钻至21m的深度（Howell，1994）。1821年以后，相继在宾夕法尼亚、俄亥俄（Ohio）等州钻探了一些浅层气井，但产量很低，没有引起人们足够的重视。此后，页岩气的开发沿Erie湖的南岸向西扩展，于19世纪70年代延伸到Ohio州东北部。1863年，在伊利诺伊盆地于肯塔基（kentucky）州西部的泥盆系和密西西比系页岩中发现了天然气。到20世纪20年代为止，页岩气的钻探工作已推进到西弗吉尼亚、肯塔基和印第安纳（Indiana）州。1926年发现的肯塔基州东部和弗吉尼亚州西部的泥盆系页岩气田，曾是世界上最大的天然气聚集（Roen，1993）。

1973年阿以战争期间的石油禁运和1976～1977年的第一次石油危机促使美国能源部（Vnited States Department of Energy）加快了天然气勘探研究的步伐。能源部发起了非常规资源的天然气研究和发展（R&D）工程，其中主要的项目是综合研究阿巴拉契亚盆地、密歇根盆地、伊利诺伊盆地的油气地质特征，这一计划被称为东部页岩气工程（EGSP）。1976年，美国能源部及其以后的能源研究和开发署联合了国家地质调查所、州级地质调查所、大学以及工业团体，启动实施了针对页岩气研究与开发的东部页岩气工程，主要目的是加强对页岩气地质、地球化学、开发工程等方面的研究，其重点是研究和开发页岩气的增产措施技术。1978年天然气工业成立了天然气研究协会，其主要权利之一是提供一系列自然和人工资源，保证新型天然气供应的经营特权，管理一部分页岩气资源的R&D工程。天然气供应计划集中在致密砂岩气、煤层气、高压密封含水层（水溶气）、东部泥盆系页岩气。

20世纪90年代，密歇根盆地Antrim页岩和富特沃斯盆地的Barnett页岩是页岩气勘探开发最活跃的页岩层系。根据美国国家石油委员会、地质调查局和天然气研究所20世纪90年代以来提供的数据，阿巴拉契亚盆地的俄亥俄页岩和密歇根盆地的安特里姆页岩中仅暗色页岩的资源量就分别达到了 6.37×10^{12}～$7.02\times10^{12}m^3$ 和 0.99×10^{12}～$2.15\times10^{12}m^3$，页岩气可采储量分别为 0.41×10^{12}～$0.78\times10^{12}m^3$ 和 0.31×10^{12}～$0.54\times10^{12}m^3$，两盆地在1999年时的页岩气产量大约为 $110\times10^8m^3$。

1990年以后，美国又加大了伊利诺伊盆地的New Albany页岩、富特沃斯盆地的Barnett页岩、圣胡安盆地的刘易斯页岩的勘探开发力度，不仅弥补了阿巴拉契亚盆地俄亥俄页岩气产量的下降，并且使美国的页岩气产量呈现出又一次大规模的增长。1998年借鉴密歇根盆地Antrim裂缝型页岩气藏8年成功的勘探开发经验，天然气研究协会提议天然气能源发展公司联合发展伊利诺伊盆地New Albany页岩的勘探开发计划和生产模型。

美国页岩气勘探开发是由东北部地区的阿巴拉契亚盆地、密歇根盆地、伊利诺伊等盆地，向中西部地区富特沃斯盆地、圣胡安盆地，以及威利斯顿盆地（Bakken页岩）、丹佛盆地（Niobrara白垩系页岩）、阿纳达科盆地（Woodford页岩）扩展的，逐渐形成了区域性页岩气勘探开发局面。

20世纪20年代美国页岩气开始现代化工业生产，70年代中期步入规模化发展阶段，年产约 $19.6\times10^8m^3$，至80年代末累计产量达 $840\times10^8m^3$。1989～1999年，美国页岩气生产整体保持较高速度增长，年产量翻了近两番，达 $106\times10^8m^3$。2000年以来，美国页岩气产量大幅增长，处于快速发展阶段。据统计（图5.1），美国页岩气的产量逐年呈上升趋势。至2009年底，完钻页岩气井 4.2×10^4 口，产量较2007年翻一番，达 $878\times10^8m^3$，占美国天然气总产量的15%。根据Wood Mackenzie的预测，在未来20年内，页岩气的产量会逐年增加（图 5.2）。

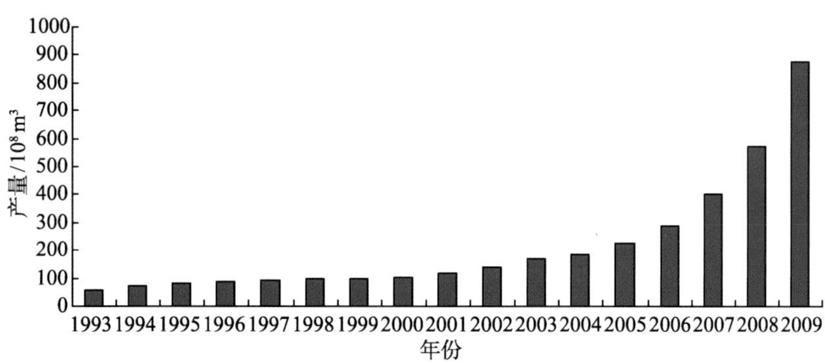

图 5.1 1993～2009 年美国页岩气历年产量变化图（ARI，2009，修改）

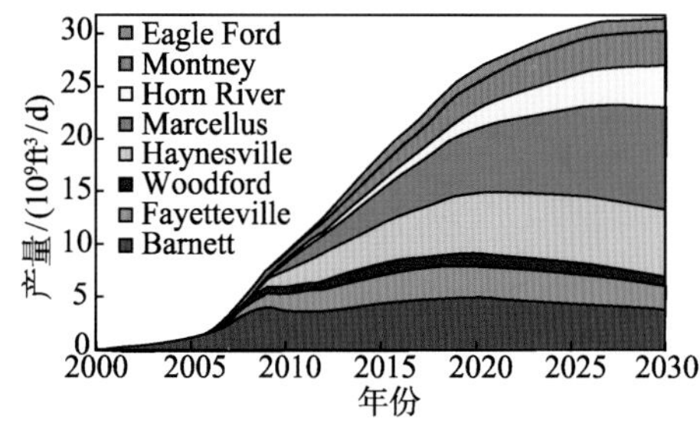

图 5.2 北美各套页岩气产量及预测图（Wood Mackenzie, DOE/EIA，引自 Waters，2010）

除美国之外，加拿大正在加快国内页岩气商业性开发步伐。与美国相比，加拿大的页岩气商业开采还处于起步阶段，但与世界其他国家和地区相比，已步入了前列。2002 年以来，加拿大根据美国页岩气勘探开发模式对本国的页岩气资源进行试验性开采。至 2008 年，加拿大在 British Columbia、Alberta、Saskatchewan 等多个地区和层系展开了页岩气的勘探开发活动，British Columbia 地区已有超过 22 个试验区块获得批准。2005～2008 年，加拿大页岩气产量呈平缓增长趋势。2005 年，西加拿大盆地 Horn River 地区年产页岩气仅 $2\times10^8m^3$。至 2008 年，页岩气年产量达到 $10\times10^8m^3$。近年来，加拿大面对传统天然气开发利用的紧张局势，加大了对本国页岩气的研究投入和勘探开发力度。2009 年，加拿大页岩气开发飞速发展，钻井数大幅增长，页岩气年产量达 $72\times10^8m^3$，为 2008 年的 7 倍多（图 5.3）。加拿大页岩气未来开采热点地区还包括不列颠哥伦比亚

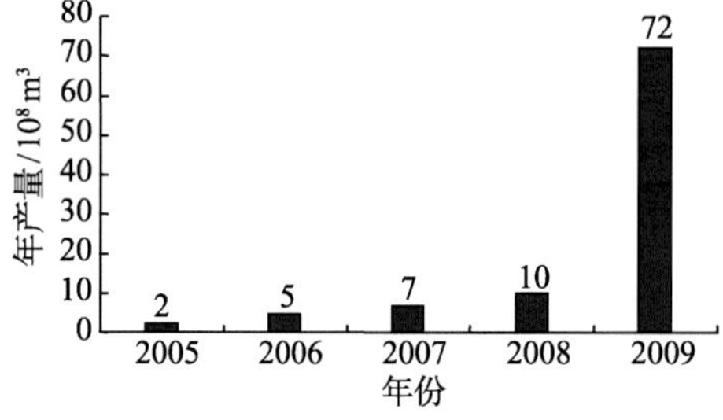

图 5.3 2005～2009 年加拿大页岩气年产量变化

的 Horn River 盆地泥盆系 Muskwa 组页岩和不列颠哥伦比亚与阿尔伯达省三叠系 Montney 地层。魁北克地区在 2008 年进行了试井测试，表现了良好的生产潜力。北美页岩气的大规模生产已引起全球其他国家和地区对页岩气资源的重视。

第二节　页岩气（油）矿藏形成的地质条件

控制页岩气（油）矿藏形成的地质要素包括页岩有机质丰度、有机质类型、有机质演化程度、页岩储集特性、页岩体的构造发育特征等。只有在上述要素有机组合与配置、构成页岩气（油）富集高产的地质基础之上，才能通过水平井、多级水力体积压裂、重复压裂等技术，获得商业产量，并大幅提升单井产量。一般情况下，即使具备富集高产的地质基础，如果不采取技术改造措施，页岩气（油）井一般都低产或无自然产能。上述具体地质要素的形成和配置均需要特定的构造和沉积等宏观地质条件来保障。

一、构造条件

北美页岩气的成功开发表明：页岩气的经济有效开发或富集高产需要稳定的构造保存条件，包括两个方面：一是区域构造上相对稳定，未遭受过多期次的构造运动；二是页岩气（油）矿藏主要分布区不能发育过多的断裂和构造挠曲（背斜和向斜）等局部构造。这两方面的特征都是要确保富含有机质泥页岩的高含气性和后期人工储层工艺改造的非漏失性。

北美页岩气主要分布在古生代的泥盆系和石炭系，是一套深水和浅水陆棚相沉积，基本上分布在西侧科迪勒拉逆冲断裂带、南侧的沃希托逆冲断裂带和东南侧的阿巴拉契亚逆冲断裂带所形成的盆地群内（以前陆盆地为主）（图 5.4）。在这些盆地中，页岩气主要分布在构造上比较稳定的盆地中心区和斜坡区。以 Arkoma 盆地为例，盆地面积为 $8.75\times10^4km^2$，沉积岩厚度为 914～6100m，页岩气产自上泥盆统-密西西比系（下石炭统）的 Woodford 和密西西比系的 Fayetteville 页岩。从区域构造演化特征来看，晚泥盆世 Arkoma 盆地处于北美大陆南缘的浅水-深水过渡区，为陆棚沉积相带，有利于生物的繁殖和保存。现今 Arkoma 盆地处于沃希托（Ouachita）逆冲断裂带北侧，盆地呈向北抬起的楔形构造形态，南部为冲断带和沉积中心。Woodford 和 Fayetteville 页岩气矿藏主要分布在比较稳定的盆地斜坡区（图 5.5）。

又如，Fort Worth 盆地下石炭统的 Barnett 页岩主要经历了一期构造运动，即白垩纪晚期的快速抬升。Barnett 页岩在二叠纪中期开始生烃，白垩纪末期进入生烃高峰期（图 5.6）。页岩气的核心区以及扩展区也分布在比较稳定的盆地中心区和斜坡区。这种构造演化模式，即深埋进入大量生烃期，然后又快速抬升的模式，非常有利于页岩气的开发。从 Fort Worth 盆地 Barnett 页岩气的勘探开发实践来看，主断层附近的井、构造挠曲（背斜和向斜）部位的或者下伏地层为岩溶型灰岩的井都未获得成功或效果较差，这与较大型天然裂缝的发育有关。由于页岩自身既是生烃层，又是储层和封盖层，当发

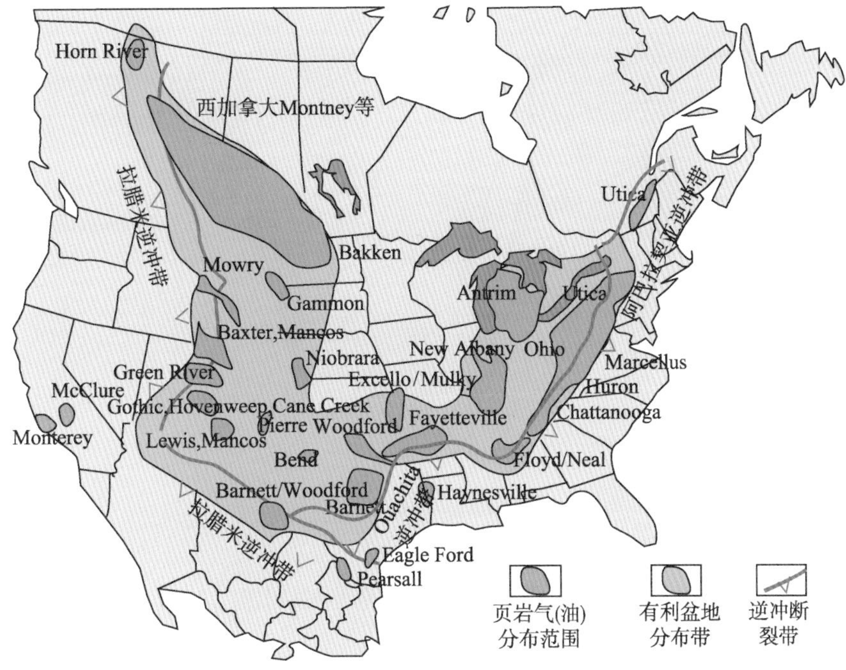

图 5.4 北美主要页岩气（油）盆地分布

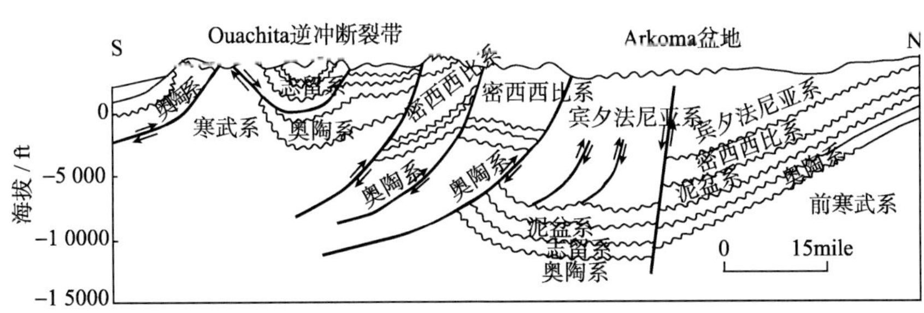

图 5.5 Arkoma 盆地南北向剖面图

育较多的天然裂缝时，储集性能大幅提高，但发育的较大型天然裂缝会使页岩自身封盖作用开始失效，封闭性能大幅降低，甚至被完全破坏，导致天然气运移、排出页岩层而进入上覆地层（这一特征与需要单独封盖层的常规泥岩裂缝油气藏内的油气富集特性恰好相反）。这种失效作用会被开采时的水力压裂作业引发、放大或加剧。因此，在页岩气开采方面，天然裂缝的作用是双重的。尽管这一点还存在争议，但有一点是明确的，就是中小型天然裂缝会对页岩气的产出有促进作用，而较大型的天然裂缝会起破坏作用。在不同地区，两种作用的天然裂缝发育尺度临界值将有一定的差异。一般认为 Barnett 非裂缝型页岩的高含气量、气体扩散和岩石的人工破裂能力的共同作用使该区天然气的开发取得了成功。因此，页岩气形成的构造条件是关系到页岩气是否值得开采的关键因素之一。

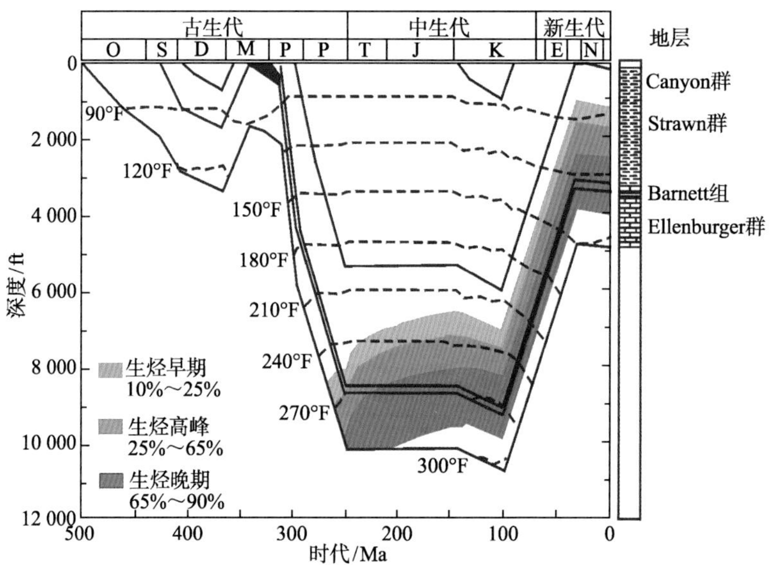

图 5.6　Fort Worth 盆地中西部 Eastland 县单井埋藏史图（Jarvie，2001）

注：图中°F 表示华氏温度，温度(°F)=1.8×温度(°C)+32

二、沉积与储层条件

（一）页岩沉积环境

1. 页岩形成的沉积环境

黑色页岩的形成需要大量的有机质供给、较快速的沉积条件和封闭性较好的还原环境。大量的有机质是烃类生成必需的物源基础；高的沉积速率使得富含有机质页岩在被氧化剥蚀等破坏之前能够大量沉积下来；缺氧抑制了微生物的活动性，减小了对有机质的破坏作用。在沉积埋藏后控制甲烷产量的因素是缺氧环境、缺硫酸盐环境、低温、富含有机物质和充足的储存气体的空间。北美页岩气均来自于海相页岩，以深水沉积环境为主，多为浅水陆棚和深水陆棚相。页岩富含有机质，颜色为黑色（图 5.7、图 5.8）。

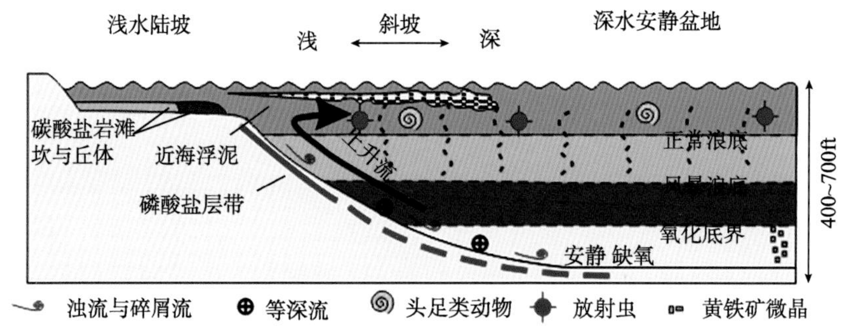

图 5.7　深水页岩沉积环境示意图(Loucks and Ruppel，2007)

图 5.8 Woodford 黑色页岩野外露头(Loucks and Ruppel，2007)

例如，Fort Worth 盆地 Barnett 页岩，形成于安静的较深水的前陆盆地内，为正常盐度缺氧的海相沉积，时间跨度超过 25Ma。沉积物主要来自近海浮泥、浊流、泥石流和海洋生物。古地理分析表明，早石炭世，Fort Worth 盆地位于迅速靠近的劳伦西亚和冈瓦纳古陆之间狭窄的海域中。海域西部为宽阔的浅水碳酸盐岩缓坡，东部为岛弧链。盆地主要的物源来自西侧的 Chappel 陆架和南侧的 Caballos Arkansas 岛链。除了生物碎屑，盆地北部绝大多数沉积物都是粉砂或更细的粒级，表明没有来自 Caballos Arkansas 岛链的陆源粗碎屑。盆地的水深一般为 120～300m，Barnett 沉积物处于风暴浪底和氧化面之下，盆地东北部靠近 Muenster 脊处沉积厚度最大，因此形成的页岩为黑色，富含有 机质。

2. 页岩的分类

页岩（shale）是由粒径小于 0.0039mm 的细粒碎屑、黏土、有机质等组成的，具页状或薄片状层理、容易碎裂的一类沉积岩（表 5.1），美国一般将粒径小于 0.0039mm 的细粒沉积岩统称为页岩。

表 5.1 常用碎屑岩分类简表

颗粒粒径/mm	>2	0.0625～2	0.0039～0.0625	<0.0039	
				无纹层、无页理	有纹层、有页理
岩石类型	砾岩	砂岩	粉砂	泥岩	页岩

页岩在自然界分布广泛，沉积物中页岩约占 55%。页岩矿物成分复杂，碎屑矿物包括石英、长石、方解石等，含量一般大于 50%；黏土矿物有高岭石、蒙脱石、水云母等；有机物含量丰富是黑色页岩最为典型特征，有机碳含量为 3%～20%，众数范围为 5%～10%。常见的页岩类型有黑色页岩、炭质页岩、硅质页岩、铁质页岩、钙质页岩等。此外，当混入一定砂质成分时，则形成砂质页岩。根据含砂颗粒大小，可分为粉砂质页岩和砂质页岩两类。黑色页岩与炭质页岩是形成页岩气（藏）的主要页岩类型。黑色页岩含有大量的有机质与细粒、分散状黄铁矿、菱铁矿等，有机质含量通常为 3%～15%或更高，化石种类单一，常具极薄层理。碳质页岩含有大量细分散状的碳化有机质，有机碳含量一般大于 10%，黑色，染手，含大量植物化石。北美海相页岩大多为生物硅质页岩。中国扬子地区海相页岩为硅质页岩（如扬子地区牛蹄塘底部页岩）、黑色页岩、钙质页

岩和砂质页岩，风化后呈薄片状，页理发育；海陆过渡相页岩多为砂质页岩和碳质页岩；湖相页岩页理发育。

北美含气页岩层段并不仅仅是单纯的页岩，它也包括细粒的粉砂岩、细砂岩、粉砂质泥岩及灰岩、白云岩等。美国五大产气盆地的页岩在岩性上有很大的区别，Lewis 页岩为富含石英的泥岩，这套泥岩被认为是晚白垩世下滨面至远滨外的沉积物；Antrim 页岩为黑色碳质的海相页岩，由薄层状粉砂质黄铁矿和富含有机质页岩组成，夹灰色、绿色页岩和碳酸盐岩层，富含石英（20%～41%微晶石英和风成粉砂），有大量的白云岩和石灰岩结核，以及碳酸盐岩、硫化物和硫酸盐胶结物；阿巴拉契亚盆地的 Ohio 页岩分布在富含有机质页岩、碎屑岩和碳酸盐岩构成的旋回沉积体中，泥盆系黑色页岩层分布在第二沉积旋回中，该页岩层可再分成由碳质页岩和较粗粒碎屑岩互层组成的五个次级旋回（Curtis，2002）； Barnett 页岩与其他几大页岩在岩性组成上略有不同，它是由含硅页岩、石灰岩和少量白云岩组成的。总体上，岩层中硅含量相对较多（占体积的 35%～50%），而黏土矿物含量较少（<35%），而其他页岩中的硅含量相对较少，黏土矿物含量较多。

（二）页岩岩矿特征

岩石矿物组成对页岩气后期开发至关重要，具备商业性开发的页岩，一般其脆性矿物含量要高于 40%，黏土矿物含量小于 30%。

过去对于黑色页岩的描述大多侧重于颜色或有机质保存方面，特别是海相富有机质黑色页岩通常被认为连续稳定分布，且均质，可大范围横向对比。实际上，作为页岩储层，其重要特征之一是细粒沉积层序中固有的微观和宏观非均质性和复杂性，这种非均质性和复杂性是由不同沉积环境以及随后的埋藏史、成岩改造阶段引起的。北美产区页岩气储层的钻孔岩石矿物组成和物性、测井和地震响应以及单井页岩气产量，在垂向和横向上呈现出很大波动，证实这种多变性与页岩有机和无机矿物的结构特征、不同成因的孔隙空间尺度密切相关。例如，Barnett 页岩基质孔隙主要来源于有机质成熟过程中产生的大量微孔甚至纳米孔(图 5.9)，而 Haynesville 页岩孔隙，不仅来源于有机质中微孔，还与碳酸盐矿物中的次生孔隙有关，属于复合成因的孔隙系统（Jarvie et al.，2007）。

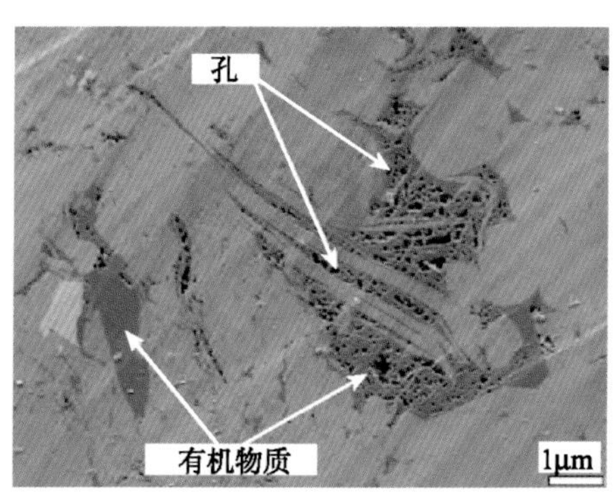

图 5.9　Barnett 页岩有机质微孔（Loucks et al.，2009）

一般页岩具有高含量的黏土矿物,但暗色富有机质页岩的黏土矿物含量通常则较低。页岩气勘探必须寻找能够压裂成缝的页岩，即页岩的黏土矿物含量足够低（<50%），脆性矿物含量丰富，使其易于成功压裂。脆性矿物含量是影响页岩基质孔隙和微裂缝发育程度、含气性及压裂改造方式等的重要因素。页岩中黏土矿物含量越低，石英、长石、方解石等脆性矿物含量越高，岩石脆性越强，在外力作用下越易形成天然裂缝和诱导裂缝，形成树枝-网状结构缝，有利于页岩气开采。而高黏土矿物含量的页岩塑性强，易吸收能量，以形成平面裂缝为主，不利于页岩体积改造。美国产气页岩中石英含量为28%～52%，碳酸盐含量为4%～16%，总脆性矿物含量为46%～60%（图 5.10）。中国3种不同类型页岩的矿物组成测试发现（图 5.11），无论是海相页岩、海陆过渡相碳质页岩，还是湖相页岩，其脆性矿物含量总体比较高，均达到40%以上。例如，上扬子区古

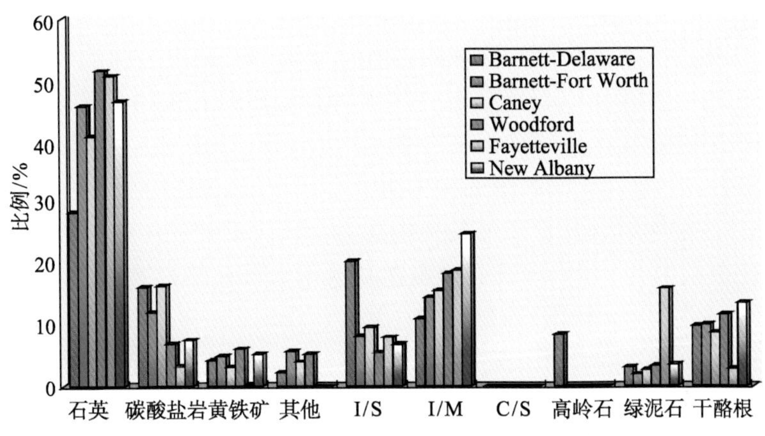

图 5.10 美国主要页岩气盆地岩矿构成比例图

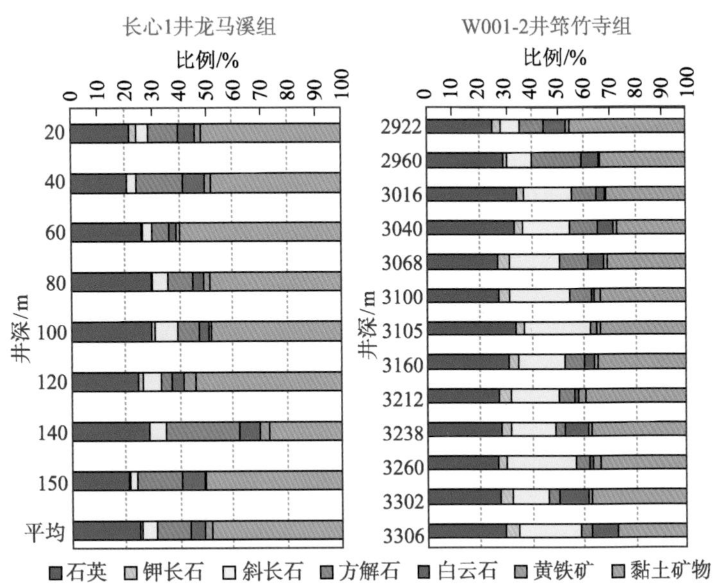

图 5.11 中国四川盆地下古生界页岩矿物组成

生界海相页岩石英含量为 24.3%～52.0%，长石含量为 4.3%～32.3%。方解石含量为 8.5%～16.9%，总脆性矿物含量为 40%～80%；四川盆地须家河组黏土矿物含量一般为 15%～78%，平均为 50%左右，石英、长石等脆性矿物含量一般为 22%～86%，平均为 50%左右。鄂尔多斯盆地上古生界含煤层系炭质页岩石英含量为 32%～54%，平均为 48%，总脆性矿物含量为 40%～58%；鄂尔多斯盆地中生界湖相页岩石英含量为 27%～47%，平均为 40%，总脆性矿物含量为 58%～70%。

（三）页岩气储层特征

页岩本身既是烃源岩又是储集岩。生物化学生气阶段，天然气首先吸附在有机质和岩石颗粒表面，原位滞留饱和后，过饱和的天然气以游离相或溶解相向外初次运移。达到热裂解生气阶段时，大量天然气的生成使岩石内部压力升高，沿应力集中面、岩性接触过渡面或脆性薄弱面产生裂缝，除吸附在有机质和岩石颗粒表面的烃类外，一部分以游离相存在于粒内、粒间孔或裂缝中，一部分初次运移到上覆和下伏岩层。

孔隙度是确定游离气含量和评价页岩渗透性的主要参数。作为储层，含气页岩显示出低的孔隙度（小于 10%）、低的渗透率（通常小于 0.001μm^2）。页岩中同时存在原生孔隙和次生孔隙。页岩储层以发育多种类型微孔为主，包括颗粒间微孔、黏土片间微孔、颗粒溶孔、溶蚀杂基内孔、粒内溶蚀孔及有机质孔等（图 5.12）。孔隙大小一般小于 2μm，

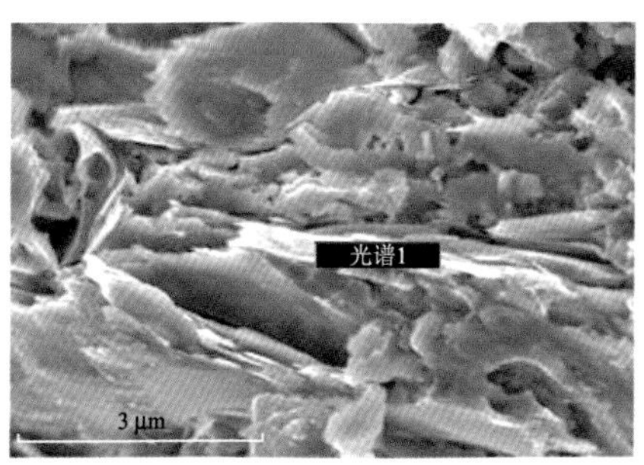

片状伊利石

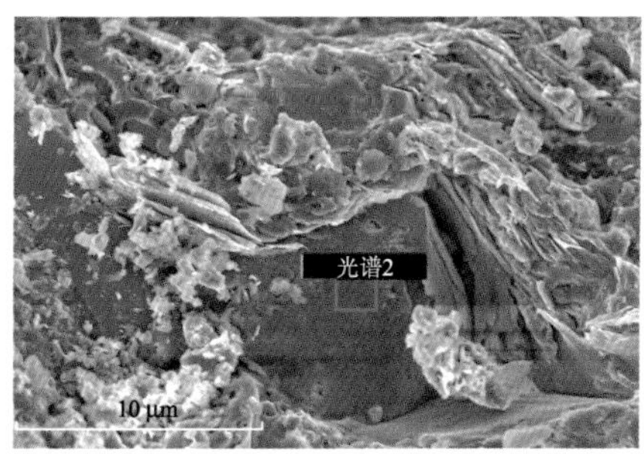

伊利石层间石英颗粒

(a) 中国贵州金沙岩孔寒武系牛蹄塘组黑色页岩

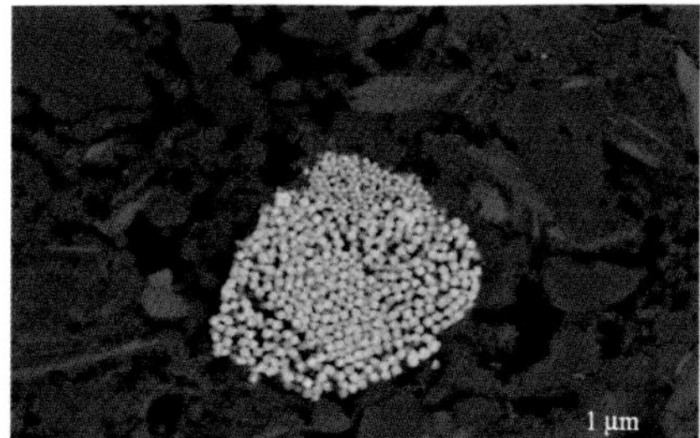

莓球状黄铁矿颗粒晶间孔

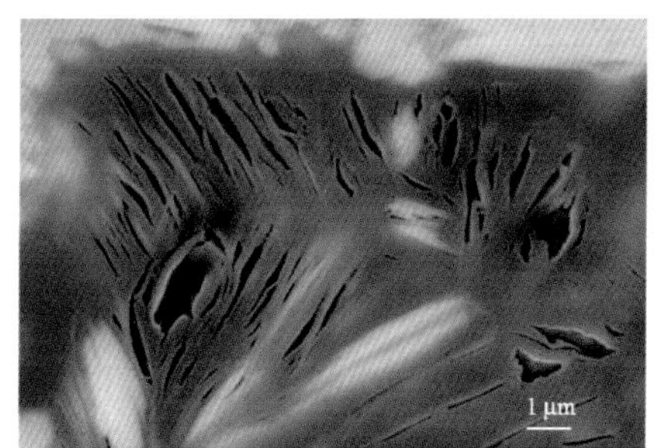

有机质内棱角状微孔

(b) 中国四川盆地威远地区志留系龙马溪组黑色页岩

图 5.12　上扬子区下古生界富有机质黑色页岩微孔特征图

比表面积大，结构复杂，丰富的内表面积可以通过吸附方式储存大量气体。一般页岩的基质孔隙度为 0.5%～6%，众数多为 2%～4%。中国海相富有机质页岩微孔-纳米孔十分发育，既有粒间孔，也有粒内孔和有机质孔，尤其有机质成熟后形成的纳米级微孔甚为发育，这些纳米级微孔是页岩气赋存的主要空间。四川盆地华蓥山红岩煤矿龙马溪组和威远地区筇竹寺组页岩实测结果：龙马溪组页岩孔隙度为 2.43%～15.72%，平均为 4.83%；筇竹寺组页岩孔隙度为 0.34%～8.10%，平均为 3.02%。鄂尔多斯盆地中生界湖相页岩实测孔隙度为 0.4%～1.5%，渗透率为 0.012×10^{-3}～$0.653\times10^{-3}\mu m^2$。因此，页岩气藏中的孔隙系统由十分微细的孔喉构成，这些孔隙具有两个重要特征：第一，在原生孔隙中存在大量的内表面积。内表面积拥有许多潜在的吸附位置，它以吸附方式储存大量气体；第二，孔隙系统的渗透率相当低。实际上，孔隙中气体不能渗流，且水也难以进去，因而气体通过孔隙传输是一个扩散过程（King，1994）。

可见,孔隙度大小可以控制页岩气是以吸附状态赋存为主还是以游离状态赋存为主。在具有较大孔隙的页岩层中页岩气主要以游离方式储集在孔隙裂缝中，而在某些孔隙度较小的岩层中页岩气通常以吸附状态为主。例如，阿巴拉契亚盆地的 Ohio 页岩和密歇根盆地的 Antrim 页岩，孔隙度平均为 5%～6%，可达到 15%，游离气可以充满孔隙中的 50%。

页岩的低渗透率使得气体产出缓慢，过去传统的观念认为天然裂缝对提高渗透率具有重要的意义，如密歇根盆地的 Antrim 页岩；而在圣胡安盆地的 Lewis 页岩中，虽然基岩的孔隙度和渗透率分别只有 1.72%和 0.0001mD，但页岩中的一些天然裂缝及粉砂岩和砂岩的互层会提高渗透率，使其能够达到工业产能。

天然裂缝的发育也可以为页岩气提供充足的储集空间，中小型天然裂缝更能有效地提高页岩气产量。在裂隙不发育情况下，页岩渗透能力非常低。石英含量的高低是影响裂缝发育的重要因素，富含石英的黑色泥页岩段脆性好，裂缝的发育程度比富含方解石的泥页岩更强。Nelson（2009）认为除石英外，长石和白云石也是泥页岩中的易脆组分。一般页岩中具有高含量的黏土矿物，但暗色富有机质页岩中的黏土矿物含量通常则较低。页岩气勘探必须寻找能够压裂成缝的页岩，即页岩的黏土矿物含量足够低（小于 50%），脆性矿物含量丰富，使其易于成功压裂。中国海相页岩、海陆交互相炭质页岩和湖相页岩均具有较好的脆性特征，无论是野外地质剖面还是井下岩心观察，发现其均发育较多的裂缝系统。例如，上扬子地区寒武系筇竹寺组、志留系龙马溪组黑色页岩性脆、质硬，节理和裂缝发育，三维空间上呈网络状分布；岩石薄片显示，部分微裂缝被方解石、沥青等次生矿物充填。鄂尔多斯盆地上古生界山西组岩心切片可看到呈网状分布的微裂缝；鄂尔多斯盆地中生界长 7 段黑色页岩页理十分发育，风化后呈薄片状。

Hill 和 Nelson（2000）认为，由于页岩中极低的基岩渗透率，开启的、相互垂直的或多套天然裂缝能增加页岩气储层的产量。导致产能系数和渗透率升高的中小裂缝，可能是由干酪根向烃类转化的热成熟作用（内因）、构造作用力（外因）或是两者产生的压力引起的。

目前，只有少数天然裂缝十分发育的传统裂缝型页岩，并不需要采取增产措施便可进行天然气商业性生产，但大多数情况下，成功的页岩气井均需要进行水力压裂。人工激发裂缝可以为页岩气提供储集空间，提高渗透率，同时人工裂缝可以将原本孤立的孔隙、裂缝连通起来。天然裂缝系统可以有利于页岩气产出，但是有时会阻碍人工裂缝，减少页岩气的产出。Barnett 页岩中的有些裂缝已被白云石或其他胶结物充填，裂缝发育程度及方向性变化较大，这样的天然裂缝不太利于页岩气的储集及产出（图 5.13）。在人工压裂中，需要慎重评价天然裂缝准确的作用（如宏观裂缝和微观裂缝之间关联）。

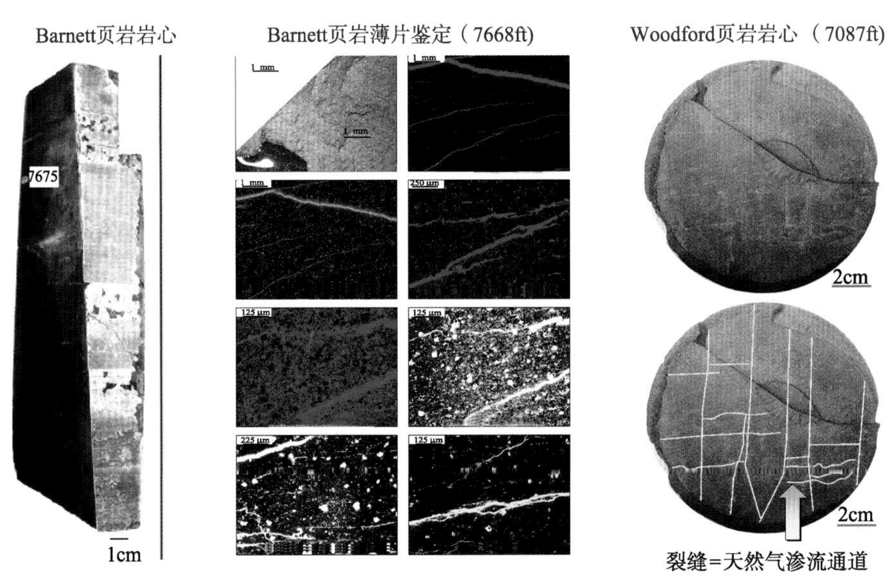

图 5.13　Barnett 页岩中发育的裂缝

（四）页岩气储层地球物理响应特征

1. 页岩气储层测井响应特征

根据斯伦贝谢公司对北美地区页岩地层评价，海相页岩储层与常规储层相比具有独特的测井响应特征(以 Barnett 页岩为例，图 5.14)，主要表现为以下几个方面。

1）自然伽马

一般为高值。海相页岩一般在 150GAPI 以上，湖相页岩相对较低。自然伽马并不总是与 TOC 呈正相关。

2）岩石密度

通常低于 2.57g/cm^3 是理想状况，表明页岩具有较高的孔隙度和 TOC 含量。例如，北美地区海相页岩岩石密度与 TOC 具有较好正相关性(图 5.15)。

3）中子孔隙度

通常大于 35pu（pu 为中子测井孔隙度测量单位），表示存在大量膨胀黏土矿物，非定量指示；中子、密度交会在含气较好的页岩层段中有显示。

4）电阻率

受有机质含量影响，一般为中高值。电阻率越高，表明 TOC 越高，也是页岩成熟度的指示(>15Ω·m)。

5）光电吸收截面

在页岩地层为低值，一般为 2～4 巴/电子，表明岩石束缚水体积小。

6）自然电位

在碎屑岩地层测井评价中对于砂砾岩体的识别和评价效果较好，但在致密性页岩地层评价中对于富有机质页岩段的识别和评价没有意义。

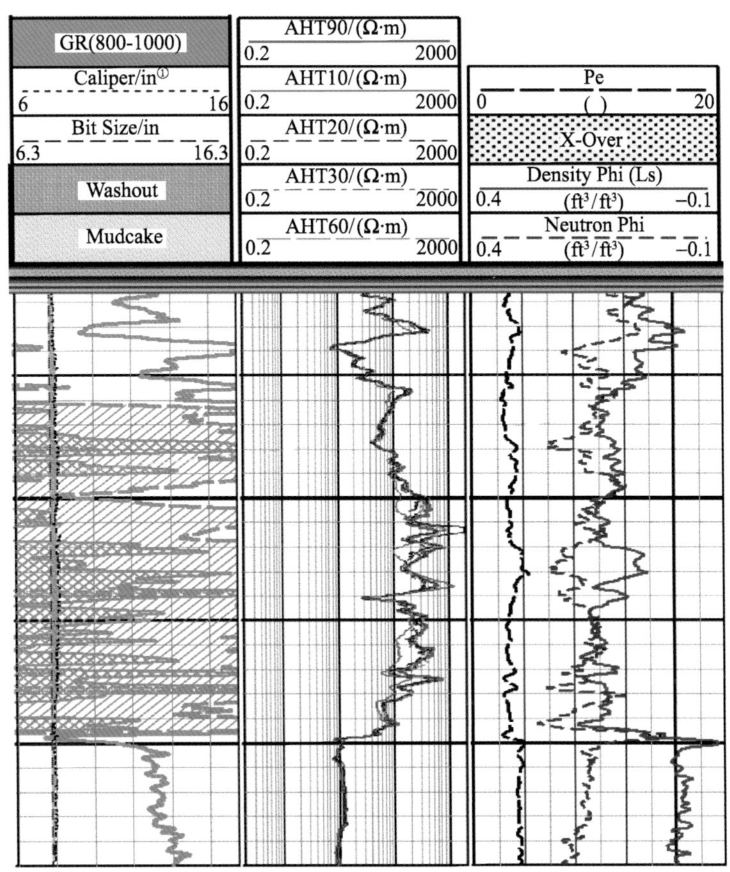

图 5.14　含气页岩测井结果(斯伦贝谢公司)

我国川南地区两套海相页岩基本具有以上测井响应特征。以威远龙马溪组富有机质页岩段(1503～1543m)为例，其主要测井曲线具有如下基本特征(图 5.16)。

7）自然伽马

与碳酸盐岩、砂岩和火山岩等岩石类型相比，页岩因富含 U、Th、K 三种放射性元

① 1 in=2.54cm

素，一般具有较高自然伽马响应特征。在常规测井中，地质人员常常利用自然伽马来划分地层岩性(如渗透性储层和非渗透岩层)和开展地层对比。由于岩石中U元素主要赋存于有机质中，伽马能谱测井U含量一般显示为高值，因此，自然伽马测井是识别页岩尤其是富有机质页岩段的重要手段。如图5.16所示，自然伽马幅度值一般为150～250GAPI，平均为180GAPI；自上而下，自然伽马幅度由低（150GAPI）到高（250GAPI以上），与页岩TOC向下增大的变化趋势基本一致。

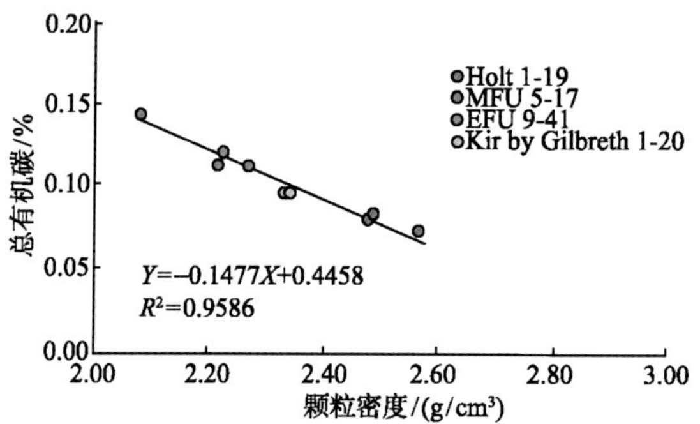

图5.15　北美地区部分页岩地层岩石颗粒密度与TOC关系

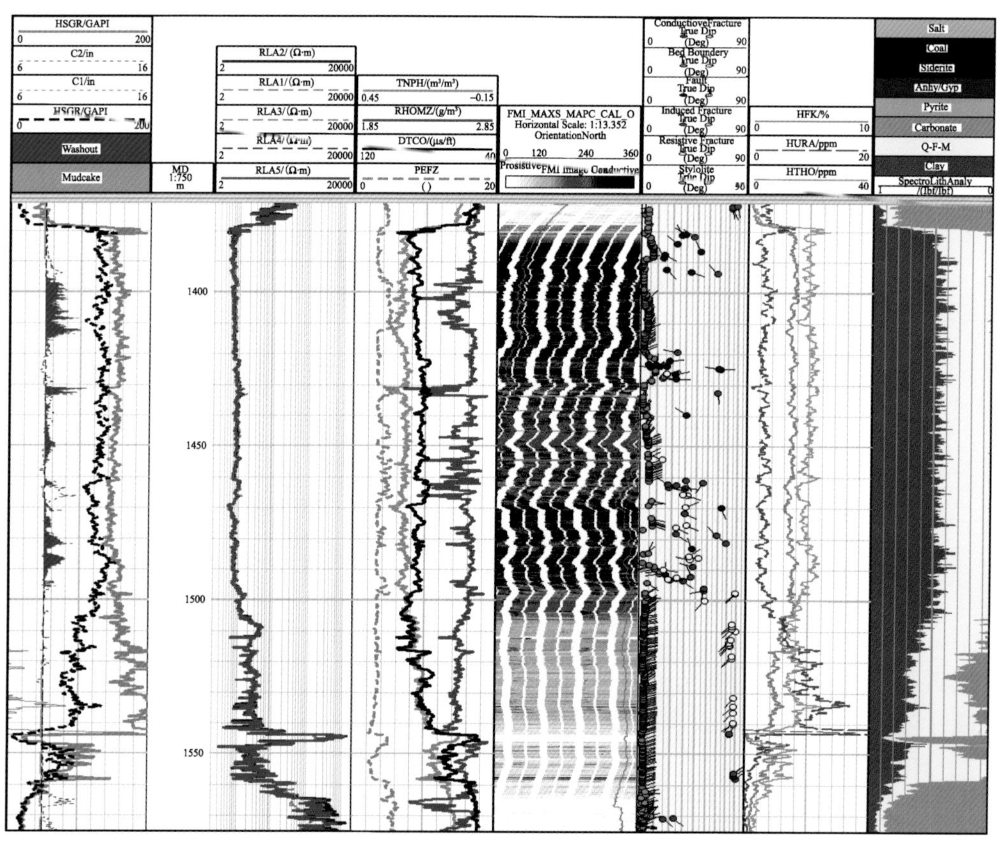

图5.16　威远地区龙马溪组黑色页岩段测井响应特征

依据威远两套黑色页岩岩性密度测井响应与有机碳实测数据，可建立关系图版（图 5.17）。图版显示岩石密度与总有机碳正相关关系较好。岩性密度测井值自上而下由 2.7g/cm^3 下降到 2.4g/cm^3，与 TOC 增大趋势保持一致（图 5.16）。由岩石物理模型和实际测井响应看，岩性密度测井是识别富有机质页岩的有效手段。

$$\rho_{\log} = \rho_{\text{matrix}}(1-\Phi-V_{\text{TOC}})+\rho_{\text{fluid}}\Phi+\rho_{\text{TOC}}V_{\text{TOC}} \tag{5.1}$$

其中，

$$\rho_{\text{fluid}} = 0.4 \sim 1.0\text{g}/\text{cm}^3$$

Φ=3.6% – 9.2%　（龙马溪组）

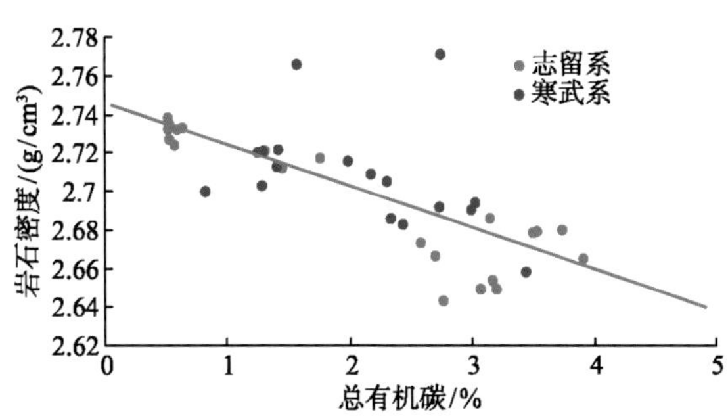

图 5.17　威远地区黑色页岩段岩性密度测井相应与总有机碳关系

8）岩性密度

根据岩石构成，页岩可以看做由岩石骨架、有机质和孔隙流体三部分组成，其中骨架和有机质密度值较稳定（骨架密度一般为 2.6～2.68g/cm^3，有机质密度一般为 1.3～1.4 g/cm^3），孔隙流体体积小(以龙马溪组为例，孔隙度为 3.6%～9.2%)。因此，岩性密度测井值与 TOC 具有良好正相关性[式（5.1）]。

9）中子孔隙度

根据放射性测井原理，中子测井主要反映地层的含氢指数，即孔隙流体的含氢指数和岩石骨架的含氢指数之和。在泥页岩地层中，因孔隙度较小和黏土矿物所占较大比重大（一般为 25%～50%），地层含氢指数主要为黏土矿物含氢指数。因此，泥页岩的中子测井响应主要反映页岩黏土矿物含量。由图 5.16 所示，中子孔隙度测井值自上而下由 25%下降到 15%，表明黏土矿物减少，粉砂质增多。可见，中子孔隙度值与富有机质页岩的相关性不及其与自然伽马、岩性密度的关系。

10）深浅电阻率

在有机质含量和热演化程度较低的泥岩地层中，深、浅电阻率一般为低值，两者差异不大并基本重合。随着页岩地层有机质含量和热演化程度增高，电阻率测井通常呈现较高值。在四川盆地及周边高热演化程度地区，富含有机质页岩地层电阻率一般为低—中高幅度响应特征。在威远龙马溪组黑色页岩地层中，电阻率测井值自上而下由低值变为中高值，即由 5～10Ω·m 增大至 20～50Ω·m，大致与 TOC 增大趋势一致，并且深、浅电阻率基本重合。因此，电阻率也可以成为识别富有机质页岩的有效手段。

11）光电吸收截面

主要反映岩石孔隙度和含水饱和度，即含水孔隙度。在威远龙马溪组黑色页岩地层中，光电吸收截面响应为低值，一般为 2～3 巴/电子，表明岩石束缚水体积小。

微电阻率扫描成像测井（FMI）。电阻率成像测井是分析和评价地层沉积特征、构造、薄层、裂缝（产状、密度、张开度、孔隙度）和地应力的关键技术，在碳酸盐岩、火山岩等致密性油气藏勘探开发中发挥着重要作用。在页岩储层评价中，有效识别和定量计算裂缝参数是关键。FMI 成像测井具有高密度采样、高分辨率和井眼高覆盖率等特点，使其不仅能够用于识别裂缝、划分裂缝类型、确定裂缝发育层段，还能够用于裂缝的定量分析、计算裂缝参数。例如，裂缝密度为每单位长度裂缝总条数，从图像测量的长度和方向得出；裂缝孔隙度为每米井段上裂缝在井壁上所占面积与 FMI 成像测井覆盖井壁的面积之比，是生产能力的良好指示。微电阻率扫描成像测井成果显示，龙马溪组富有机质页岩段裂缝发育，上部主要为充填缝，下部为诱导缝和未充填缝。目前，利用微电阻率成像测井证实了昭通地区隔挡式背斜带筇竹寺组页岩断裂发育，保存条件存在风险。以昭 101 井为例，微电阻率测井显示：地层倾角在井深 1542m 以下较稳定，1504～1542m 井段地层倾角逐渐变大，而 1493m 以上地层倾角又趋于稳定；1493～1504m 井眼较差，图像不清晰，依稀可见地层破碎和变形，推断为断层破碎带。

2. 页岩气储层地震响应特征

厚层泥页岩地层在地震剖面上一般为不连续弱反射特征。图 5.18 为川南下古生界地震反射剖面图，其中龙马溪组页岩在地震剖面上表现为不连续弱反射特征，表明地层分布稳定，层内波阻抗变化不明显。目前，页岩储层地震识别和评价技术仍处于起步阶段。

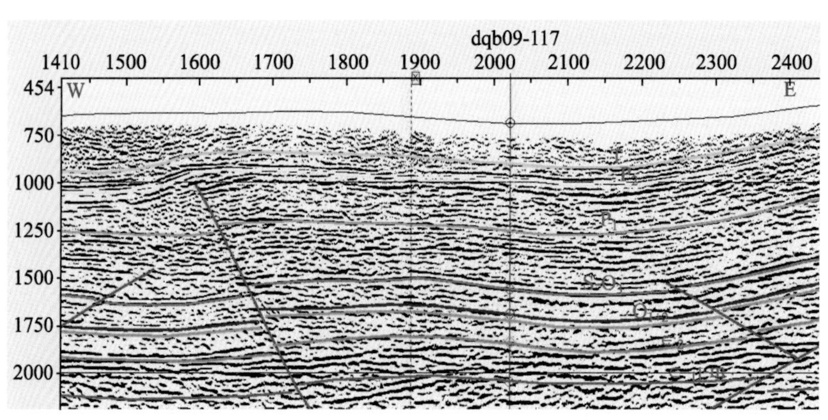

图 5.18　川南下古生界地震反射特征

（五）页岩气储层评价标准

根据斯伦贝谢公司对 Barnett、Haynesville 等北美地区主要页岩气藏地质特点的总结，页岩气核心区优质储层一般具备如下特点（表 5.2）。

表 5.2　北美主要产气页岩储层特征表

主要参数	基本标准
目的层埋深	干气窗的最浅深度
页岩厚度	>30m
热成熟度	>1.4%
有机质含量	>2%
干酪根类型	Ⅰ、II_1
矿物组成	石英或方解石大于 40% 黏土含量小于 30% 膨胀能力低 生物和碎屑成因硅质
裂缝结构和类型	水平或垂直走向 未充填或硅质、钙质充填
内部垂向非均质性	越小越好
气体填充孔隙度	>2%
渗透率	>100 mD
含水饱和度	<40%
含油饱和度	<5%
杨氏弹性模量	>3.03mmpsi
泊松比	<0.25

根据我国南方海相和北方海陆交互相页岩气富集特征，从厚度、地化特征、脆性矿物含量、物性、孔隙流体和力学性质等方面的特征，参照北美页岩气核心区的评价标准，确定了我国页岩储层评价标准（表 5.3）。根据上述标准，有效页岩储层必须具备：厚度大于 30m，热成熟度为 1.1%～4.5%，有机质含量在 2%以上，岩石具有一定脆性（石英、方解石等脆性矿物含量大于 40%，黏土含量小于 30%），有效孔隙度在 2%以上，含油饱和度低于 5%，岩石杨氏弹性模量在 3.03mmpsi 以上，泊松比小于 0.25。从现有资料看，四川盆地川南地区下寒武统筇竹寺组和下志留统龙马溪组两套黑色页岩是该盆地比较现实的页岩气勘探开发层系。

表 5.3　我国页岩气储层评价标准表

主要参数	基本标准	实例：川南
页岩厚度	>30m	33～49m
热成熟度	1.1%～4.5%	2.4～5.0%
有机质含量	>2%	2%～11%
矿物组成	石英、方解石等脆性矿物含量大于 40% 黏土含量小于 30%	石英、方解石等脆性矿物含量 47%～73% 黏土含量 24%～43%
有效孔隙度	>2%	1.2%～8.0%
含水饱和度	<40%	<40%
含油饱和度	<5%	
杨氏弹性模量	>3.03mmpsi	1.3～4.3mmpsi
泊松比	<0.25	0.12～0.20

三、生烃条件

页岩的生烃条件至关重要，因为页岩自身的微孔特征很难会允许外部烃类运移进入。页岩能否产生丰富的烃类，产生的是油还是气，主要取决于页岩所包含的有机物总量和类型、促成化学分解的微量元素存在与否及其所受到的热力程度和受热时间的长短等。

（一）页岩厚度和总有机碳含量

页岩气矿藏的形成，要求页岩自身应有一定的厚度和含有较为丰富的有机质。表5.4为美国主要页岩气盆地的相关地质参数。美国Appalachian、Michigan、Illinois、San Juan和Fort Worth等五大含页岩气矿藏盆地主要产于厚度较大的中生代和古生代富含有机质的泥页岩，主产层页岩厚度一般大于30m，页岩的有机质含量普遍较高，一般为0.5%～25%。虽然页岩总有机碳含量在0.5%以上就具有一定的生气潜力，但生产实践表明：页岩总有机碳含量大于2%才有工业价值。有机质类型以Ⅰ型、Ⅱ型干酪根为主，有机质

表5.4 美国主要页岩气系统的地质、地球化学和储量参数

（Nelson，2009，Curtis，2002，修改）

页岩名称	Antrim	Ohio	New Albany	Barnett	Lewis
地区	密歇根州Otsego县	肯塔基州派克(Pike)县	印第安纳州Harrison县	得克萨斯州Wise县	新墨西哥州San Juan和Rio Arriba县
所在盆地	密歇根	阿巴拉契亚	伊利诺伊	Fort Worth	圣胡安
盆地类型	内克拉通盆地	山前拗陷	复合盆地	前陆盆地	陆缘拗陷
层位	泥盆系	泥盆系	泥盆系	石炭系	白垩系
岩性	薄层状粉砂质黄铁矿和富有机质页岩	碳质页岩和较粗粒碎屑岩互层	褐色页岩、灰色页岩	含硅页岩、石灰岩和少量白云岩	富含石英的泥岩
埋藏深度/m	183～732	610～1524	183～1494	1981～2591	914～1829
页岩储层厚度/m	21～37	9～30	15～30	15～61	61～91
总有机碳含量/%	0.3～24.0	0～4.7	1.0～25.0	4.5	0.45～2.5
热成熟度 R^o/%	0.4～0.6	0.4～1.3	0.4～1.0	1.0～1.3	1.60～1.88
气体成因类型	生物气为主	热解气为主	生物气、热解气	热解气为主	热解气为主
干酪根类型	Ⅰ型	Ⅱ型、Ⅰ型	Ⅰ型	Ⅱ型	Ⅰ型
总孔隙度/%	9	4.7	10.0～14.0	4.0～5.0	3.0～5.5
含气孔隙度/%	4	2	5	2.5	1.0～3.5
吸附气含量/%	70	50	40～60	20	60～85
储层压力/psi	400	5000～2000	300～600	3000～4000	1000～1500
压力梯度/(psi/ft)	0.35	0.15～0.40	0.43	0.43～0.44	0.20～0.25
估算可采储量/$10^{12}m^3$	0.31～0.53	0.41～0.78	0.05～0.54	0.10～0.28	—
天然气地质储量/$10^{12}m^3$	0.99～2.15	6.37～7.02	2.43～4.53	1.53～5.72	1.53～5.72
储量丰度/($10^8m^3/km^2$)	0.66～1.64	0.55～1.09	0.76～1.09	3.28～4.37	0.87～5.46

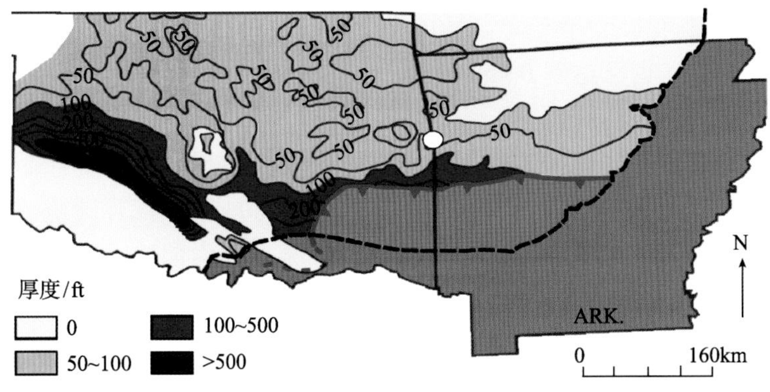

图 5.19 Arkoma 盆地 Woodford 页岩等厚图(Comer，2008)

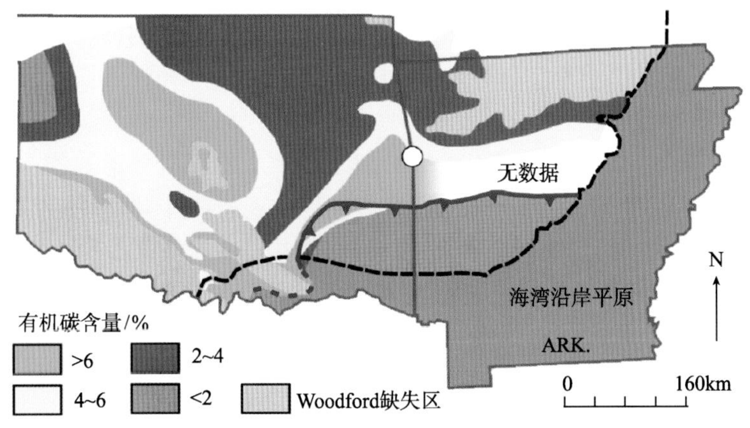

图 5.20 Arkoma 盆地 Woodford 页岩有机碳含量分布图(Comer，2008)

热演化程度除 Michigan 盆地外，均达到了生烃高峰。图 5.19 和图 5.20 为 Arkoma 盆地 Woodford 页岩等厚图和有机碳等值线图，有机碳含量大部分在 2%以上，厚度大于 15m。

不管是生成生物成因气还是热成因气，都需要充足的有机质。有机质含量是生烃强度的主要影响因素。页岩中的有机物质不仅可生成天然气，也可以像海绵一样将气体吸附在其表面。高的有机碳含量意味着更高的生烃潜力及对页岩气更好的吸附能力。在有机碳含量高的地区页岩气的产量比有机碳含量低的地区要高。总有机碳含量还可以确定储层中的岩石孔隙度和含水饱和度。

页岩的有机质丰度受诸多因素的影响，如沉积初期的有机生物产率、随后的有机物质保存以及陆源碎屑的供给等。温度、盐度、水体深度适宜的古地理环境，水生生物发育相对繁盛，有机质生产效率高，均可提供丰富的物质基础。而还原、缺氧条件则有利于有机质保存。例如，沉积于深水环境中的 New Albany 褐色-黑色富含有机质页岩，某些层段有机质高达 20%。

美国五大页岩气盆地的含气页岩总有机碳含量一般为 1.5%～20%。Antrim 页岩与

New Albany 页岩的总有机碳是五套含气页岩中最高的，其最高值可达 25%，Lewis 页岩的总有机碳含量最低，也可达到 0.45%～2.5%。一般认为总有机碳含量在 0.5%以上就是有潜力的源岩（Bustin，2005）。

有机质含量随岩性而变化，富含黏土质的地层最高，成熟的地下样品与未成熟的露头样品也有显著区别。在 Fort Worth 盆地的中心与北部地区，富含硅质的高成熟井下样品的总有机碳含量为 3.3%～4.5%，而从 Lampasas 县盆地南部边缘的未成熟露头样品的总有机碳值为 11%～13%。

（二）干酪根类型

干酪根是有机物降解后形成的一种不溶物质，也是形成碳氢化合物的主要来源。不同类型的干酪根具有不同的生烃潜力，形成不同的产物，这种差异与有机质的化学组成和结构有关。干酪根的类型不仅对岩石的生烃能力有一定的影响作用，还可以影响天然气吸附率和扩散率。Ⅰ型干酪根的生烃能力和吸附能力一般高于Ⅱ型和Ⅲ型干酪根。

（1）Ⅰ型干酪根：主要产生在湖泊环境，有时也可以在海洋环境下形成。该类干酪根来源于藻类、浮游物或其他被沉积岩中的细菌或微生物完全分解的物质。该类干酪根含氢量高，含氧量低，易于产油，但也可以产气，主要取决于热演化阶段。这类干酪根不常见，其形成的油气储量仅占世界油气储量的 2.7%。

（2）Ⅱ型干酪根：通常形成于中等深度的海洋还原环境下。主要源自细菌分解后的浮游生物的遗骸，含氢量高，含碳量低，在温度和成熟度逐渐增加的情况下可以形成油或气。该类干酪根与硫有关，硫或者以黄铁矿和游离硫的形式存在，或者存在于干酪根的组织结构中。

（3）Ⅲ型干酪根：主要来源于沉积在浅海到深海环境或非海洋环境下的陆地植物遗骸。与前两种干酪根相比，其含氢量低，含氧量高，因此主要产气。

总之，海洋或湖泊环境下的干酪根（Ⅰ型和Ⅱ型）易于生油，而陆地环境下的干酪根（Ⅲ型）则倾向于生气。中间混合型干酪根（尤其是Ⅱ型和Ⅲ型）在海相页岩中最为普遍（图 5.21）。

根据美国主要页岩气盆地的地质参数（表 5.4），产气页岩中的干酪根主要以Ⅰ型与Ⅱ型为主，也有部分Ⅲ型。Lewis 页岩属于海相沉积，干酪根类型以Ⅰ型为主；Antrim 页岩的主要产气层段以Ⅰ型干酪根为主，来源于塔斯马尼亚页岩（Tasmanites，一种浮游藻类），通常存在于 Antrim 页岩沉积的局限陆源浅海中；Ohio 页岩有机质以开阔海相成因及塔斯马尼亚页岩来源为主，即干酪根类型为Ⅱ型和Ⅰ型为主。

（三）成熟度

微生物的生化作用将一部分有机物转化成甲烷，而剩余的有机物则在埋藏和加热条件转化成干酪根。干酪根在变化过程（通常称为成熟过程）中产出一系列挥发性不断增强、氢含量不断增加、分子量逐渐变小的碳氢化合物，最后形成甲烷气。随着温度的增加，干酪根不断发生变化，其化学成分也随之改变，逐渐转变成低氢量的碳质残余物，最后变成石墨。

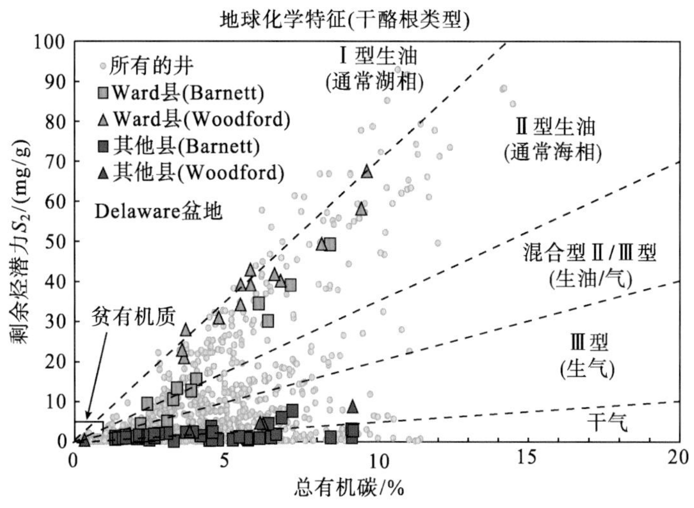

图 5.21 页岩有机碳含量与残余烃指数关系图

按照 Tissot 有机质演化阶段的划分方案，$R^o<0.5\%\sim0.7\%$为成岩作用阶段，源岩处于未成熟或低成熟作用阶段；$0.5\%<R^o<1.3\%$左右为深成热解阶段，处于生油窗内；$1.3\%<R^o<2.0\%$为深成热解作用阶段的湿气和凝析油带；$R^o>2\%$为后成作用阶段，处于干气带，生成烃类是甲烷。当然对于不同干酪根类型进入湿气阶段的界限，有一定差异，一般处于 R^o 为 1.2%～1.4%内。例如，Fort Worth 盆地 Barnett 页岩气开发区位于成熟度高于 1.1 的气窗内，又结合其顶、底板岩层的致密封闭性，进一步划分出两个评价单元。因此，含气页岩进入生气窗是页岩气富集成矿的必要条件。美国五大产气页岩的热成熟度可以从 0.4%～0.6%到 0.6%～2.0%（表 5.4），页岩气的生成贯穿于有机质向烃类演化的整个过程。也就是说，只要页岩层中的有机质达到了生烃标准，即 $R^o>0.4\%$，就可以生成天然气，它们就有可能在页岩中聚集成藏。

干酪根的热成熟度与页岩中的天然气产率有着正相关关系。研究发现，低成熟 Barnett 页岩的地方，产气速率就比较低，这可能是由于生成的天然气的量少以及残留的液态烃堵塞喉道造成的。在许多 Barnett 页岩高成熟的井中，产气速率比较高，这是因为干酪根和石油裂解产生的气量迅速增加。Barnett 页岩气核心区的 $R^o>1.5\%$，而西部地区的 $R^o<0.9\%$（图 5.22）。因此，热成熟度也是评价高产页岩气的关键参数，热成熟度越高，越有利于页岩气的生成，也就有利于页岩气的产出。但对于生物成因型气藏，页岩热演化程度越高，TOC 越低，就越不利于生物气的形成。Michigan 盆地 Antrim 页岩气矿藏和 Illinois 盆地 New Albany 页岩矿气藏中的生物成因气主要分布在 $R^o\leqslant0.8\%$的范围内。

图 5.23 为 Arkoma 盆地 Woodford 页岩热成熟度分布图，页岩成熟度差异较大，南部深埋地区 R^o 大于 1.5%，最高达 5%。

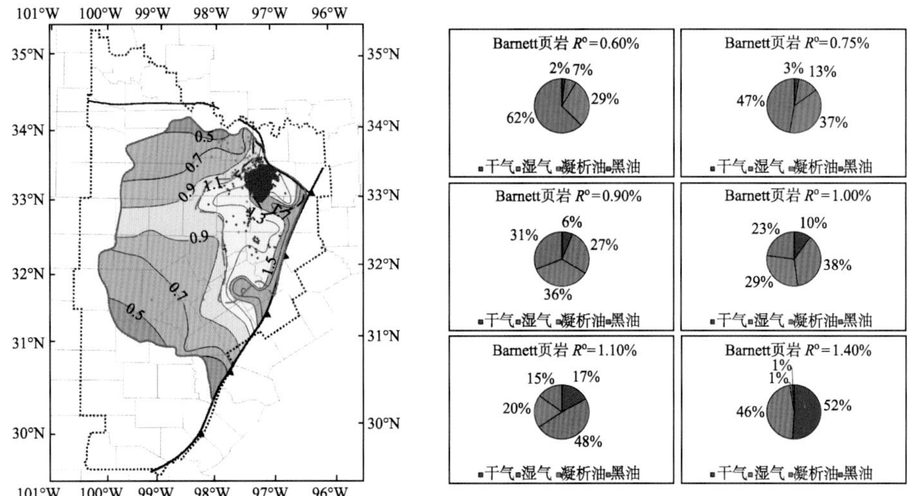

图 5.22 Fort Worth 盆地 Barnett 页岩成熟度及油气分布图

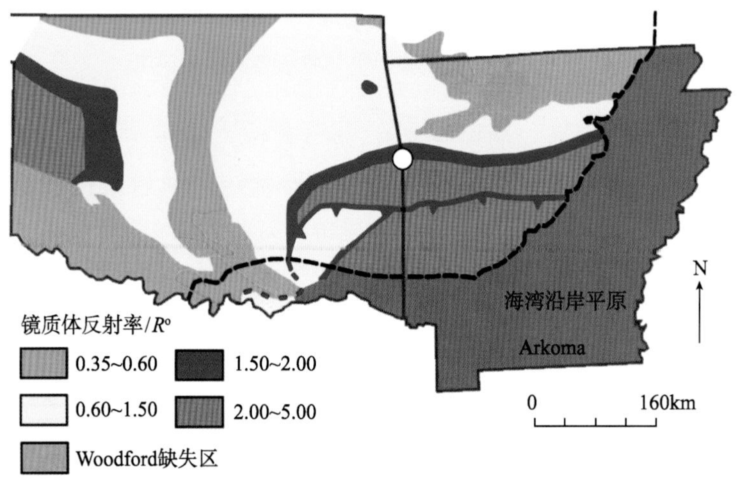

图 5.23 Arkoma 盆地 Woodford 页岩热成熟度分布图（Comer，2008）

（四）页岩气的成因类型

页岩气主要通过两种途径从源岩中生成：作为生物成因气，通过在埋藏阶段的早期成岩作用或近代富含细菌的大气降水的侵入作用中厌氧微生物的活动形成；作为热成因气，通过在埋藏比较深或温度较高时干酪根的热降解，或是低熟生物气再次裂解，及油和沥青达到高成熟时二次裂解生成。对于有机质丰度和类型相近或相似的泥页岩，成熟度越高，形成的烃类气体越多。页岩气既可以是生物成因气，也可以是热成因气，还可以是生物成因气与热成因气的混合，这与页岩中有机质演化程度有关。

生物成因气最普遍的标志是甲烷的 $\delta^{13}C$ 值很低（$<-55‰$）。此外，由于一些中间微生物作用产生了 CO_2 副产品，所以可以根据 CO_2 的存在和同位素成分来判断是否为生物作用形成的天然气。微生物作用仅产生甲烷，一般高链烃类是因热成因而形成，因此天

然气的总体化学特征也可以表明其成因。不同的生烃机理可以导致相似的同位素值和组分值，所以区分气体成因是非常复杂的。一些次生作用，如运移、细菌氧化和两者的共同作用，改变了主要判断特征而使生气机理的识别变得更加复杂。

Fort Worth 盆地 Barnett 页岩气为热成因气，页岩中的有机质还生成了液态烃，这些石油经裂解构成了该区的部分天然气资源；Michigan 盆地 Antrim 页岩气主要为生物成因气；Illinois 盆地 New Albany 页岩气则具有双重成因，即为热成因气和生物成因气的混合（表 5.4）。

四、页岩气富集高产的主控要素

泥质源岩中的油气主要以两种方式赋存：①有机质团块骨架表面或内部的吸附烃；②岩石基质孔隙或者裂缝内的游离烃。而页岩吸附能力的大小通常与页岩的总有机碳含量、干酪根成熟度、储层温度、压力、页岩原始含水量、页岩微孔缝大小分布和天然气组分等特征有关。可见，页岩气在不同地区储层中的主要赋存方式取决于多种要素的综合作用，或以一种要素作用为主。美国 Antrim 页岩中大约 70%的产出气是从页岩内有机质和黏土析出的，其余则来自页岩裂缝及孔隙的游离部分。而 Barnett 页岩中储集的天然气吸附部分相对较少，游离部分却超过 50%（表 5.4）。因此，页岩中油气的富集高产除取决于吸附和游离烃多少的要素外，还受控于岩石脆性矿物含量、储渗条件、岩层封存条件和岩石规模等。

（一）丰富的有机质是页岩油气矿藏富集高产的物质基础

前已述及，页岩油气的成藏要求页岩自身应有一定的厚度和含有较为丰富的有机质。北美商业性页岩气藏有机碳含量一般大于 2%，最高达 10%；含页岩气储层厚度一般大于 15m。同时，丰富的有机质也是大量吸附气和纳米级孔隙的重要载体。页岩中的吸附气很多被吸附于分散状有机质的表面。页岩对气的吸附能力与总有机碳含量之间存在一定的正相关关系。在压力相同和微孔缝大小分布特征相近的情况下，总有机碳含量较高的页岩比含量较低的页岩甲烷吸附量明显要高。Antrim 页岩总有机碳含量与含气量之间呈较密切的正相关关系[图 5.24(b)]，说明 Antrim 页岩含气量主要取决于其总有机碳含量。地层压力的大小也影响页岩层中吸附气量的大小。吸附气量与地层压力成正比关系，页岩中的地层压力越大，其吸附能力越强[图 5.24(a)]。北美页岩气开发和研究成果表明：主要产气页岩吸附气含量一般为 20%～70%，最高达 85%。

另外，丰富的有机质也是形成大量纳米级孔隙的重要载体。目前，通过氩离子抛光+SEM 分析，国内外学者已在页岩有机质中发现大量串珠状、多边形状和蜂窝状等多种纳米级孔隙。这些有机质孔隙是页岩气有效储集空间与产出通道的重要组成部分，可提高页岩储层总孔隙度，如 Barnett 页岩（TOC 为 5%）有机质孔隙占页岩总孔隙的 30%，Marcellus 页岩（TOC 为 6%）有机质孔隙占页岩总孔隙的 28%，Haynesville 页岩（TOC 为 3.5%）有机质孔隙占页岩总孔隙的 12%（图 5.25）。

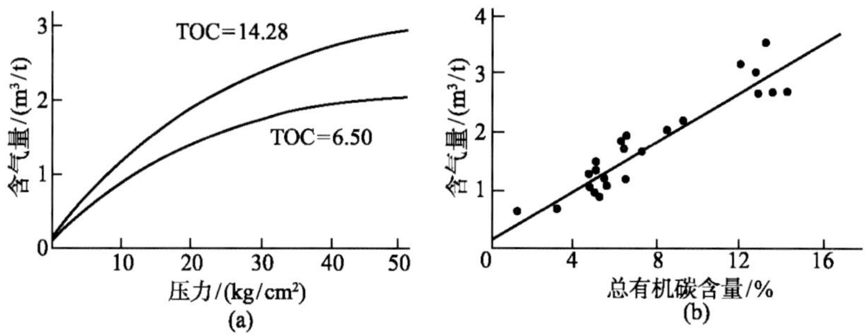

图 5.24 Antrim 页岩的等温吸附曲线(a)和总有机碳含量与含气量关系(b)图（樊明珠和王树华，1997）

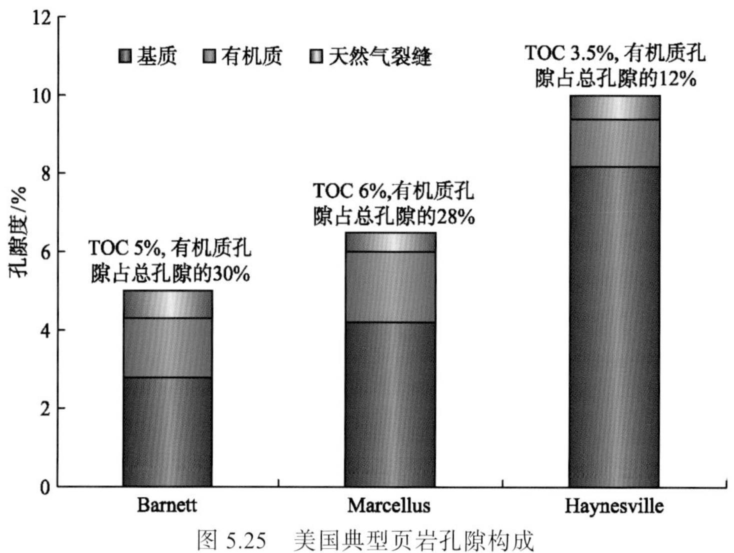

图 5.25 美国典型页岩孔隙构成

（二）高热演化程度是形成天然气和脆性矿物的关键地质要素

有机质处于高、过成熟生气阶段是形成天然气的重要地质条件。过高和过低均不利于天然气的高效生成。根据天然气有机成因理论，热成因气高产气率 R^o 为 1.1%～3%。根据美国和我国南方海相页岩气勘探与生产实践， R^o 介于 1.1%～3.5%范围是形成等商业性页岩气藏的主要气窗。例如，美国 Fayetteville 页岩有利的已开发区 R^o 值在 2.0%～3.2%（图 5.26），R^o 值为 3.4%～3.8%的黄色区域被评价为中等偏差的远景区带。而处于 Reelfoot 裂谷的区域，因 R^o 值高达 4.5%，则被评价为较差的远景区带。我国川南下志留统龙马溪组 R^o 为 2.4%～3.3%，下寒武统筇竹寺组 R^o 为 2.33%～4.12%，均为页岩气的有利区。

与高、过成熟生气窗口相对应，页岩处于高成岩演化阶段，岩石矿物向脆而稳定的矿物转化，如黏土矿物发生脱水转化(即析出大量的层间水)，蒙脱石向伊利石、伊利石/蒙脱石混层转化，伊利石/蒙脱石混层向伊利石转化，高岭土向绿泥石转化等几种形式。我国川南下古生界海相页岩黏土矿物转化形式主要为前两种，不含蒙脱石等膨胀性矿物，岩石变得脆而硬，有利于压裂改造。

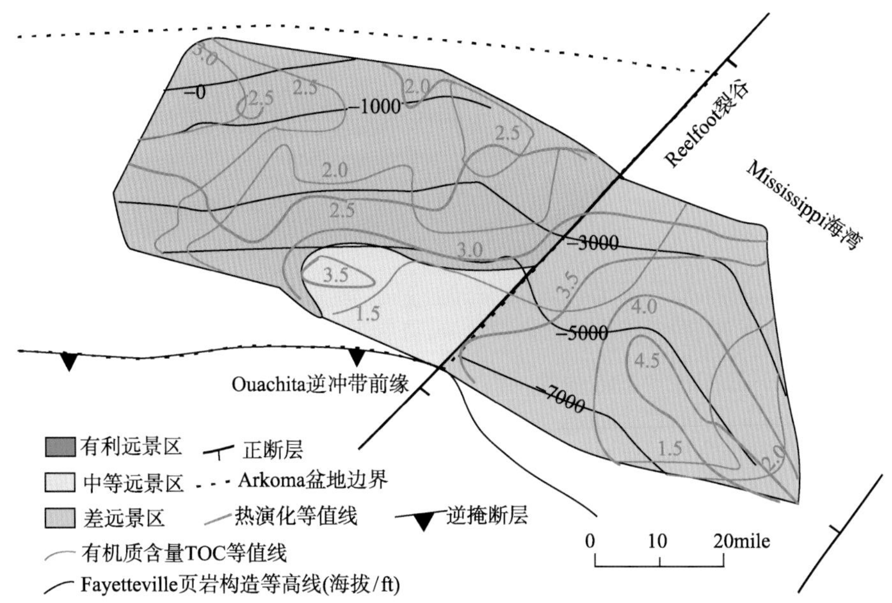

图 5.26　美国 Fayetteville 页岩已开发区关键地质要素图（Pollastro et al.，2007，修改）

（三）高脆性矿物含量是形成自然裂缝和人工诱导缝的岩石基础

根据 Barnett 页岩矿物含量分析，核心区岩石石英、方解石等脆性矿物含量高(一般为 30%～50%)，稳定性黏土矿物含量为 30%～45%，不含蒙脱石等膨胀性矿物，易于形成自然裂缝和人工诱导缝，有利于形成页岩气的产出通道（图 5.27）。我国川南两套黑

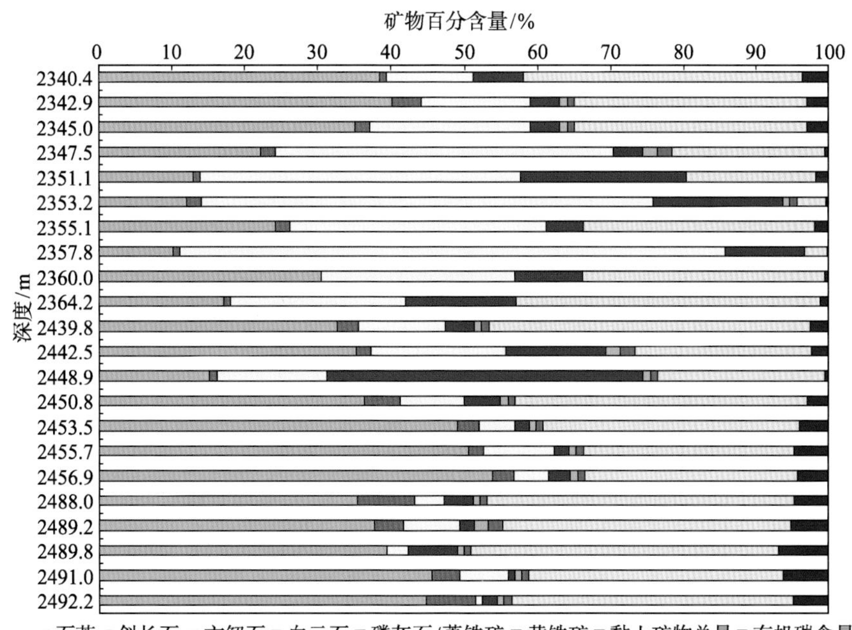

图 5.27　Barnett 页岩不同深度岩心样品矿物含量图（Utley，2005）

色页岩脆性矿物含量大致相当，均不含蒙脱石等膨胀性矿物，其中下寒武统筇竹寺组主要矿物石英+方解石含量为32.1%～52.2%、黏土矿物含量为21.1%～56.4%，下志留统龙马溪组主要矿物石英+方解石含量为40.1%～65.9%、黏土矿物含量为25.9%～50.8%，岩石脆性和裂缝发育程度与北美主要产气页岩相近。

（四）富有机质页岩必须具有一定厚度和储集条件

为适应水平钻井和大型酸化压裂的需要，富有机质页岩必须达到一定的厚度标准。另外，良好的储渗条件是页岩气赋存和产出的重要通道。因此，页岩气富集高产必须要求富有机质页岩必须具有一定厚度和储集条件。根据美国八大主力产气页岩层储层参数，富有机质(TOC>2%)页岩厚度一般在 15m 以上，孔隙度一般在 2%以上（表 5.5），即在此标准以上，页岩气才能达到商业性开发。

表 5.5　美国 8 大主力产气页岩层储层参数

页岩层系	净厚度/m	有效孔隙度/%
Barnett	30～183	4～5
Marcellus	15～61	10
Fayetteville	6～61	2～8
Haynesville	61～91	8～9
Woodford	37～67	3～9
Antrim	21～37	9
NewAlbany	15～30	10～14
Lewis	61～91	3.0～5.5

（五）具有封闭性良好的顶、底板或隔层是页岩气层高含气性和高产的重要条件

具封闭性良好顶、底板或隔层的页岩气层段一般具有较高的含气性和较高的产能，这取决于两方面：一是从传统石油地质学的角度，若不具封闭性良好的顶、底板或隔层，页岩层段作为烃源岩层，生成的烃会被排入相邻的渗透性储集层，为常规油气藏的形成提供了充足的烃源。然而，这必然会导致该页岩层段自身含油气丰度或含气（油）性的大幅降低。因此，具有封闭性良好顶、底板的页岩层段将构成很好的页岩气封存单元；二是从人工压裂工艺的角度，若不具封闭性良好的顶、底板或隔层，会导致页岩层段压裂能量的损失，压裂效果降低，降低产能。以沃斯堡盆地密西西比系（下石炭统）Barnett 页岩为例，该层段由层状硅质泥岩、泥灰岩以及骨架泥质泥粒灰岩混合组成。以不整合关系下伏于 Barnett 页岩的是下石炭统 Chappel 灰岩、中-上奥陶统 Viola 地层和 Simpson 碳酸盐层，以及下奥陶统 Ellenburger 群地层。以整合关系覆盖在 Barnett 页岩上方的地层为宾夕法尼亚系（中上石炭统）Marble Falls 灰岩和页岩（图 5.28）。Barnett 页岩的产气核心区均被上述下伏和上覆地层的非渗透灰岩所限或封闭。因此，Barnett 页岩的产气核心区赋存的游离气含量很高，达到了总量的 80%，而吸附气含量却仅占总量的 20%。

此外，由于 Forestburg 非渗透灰岩隔层的存在，Barnett 页岩一般被非正式地划分为上、下两个层段。

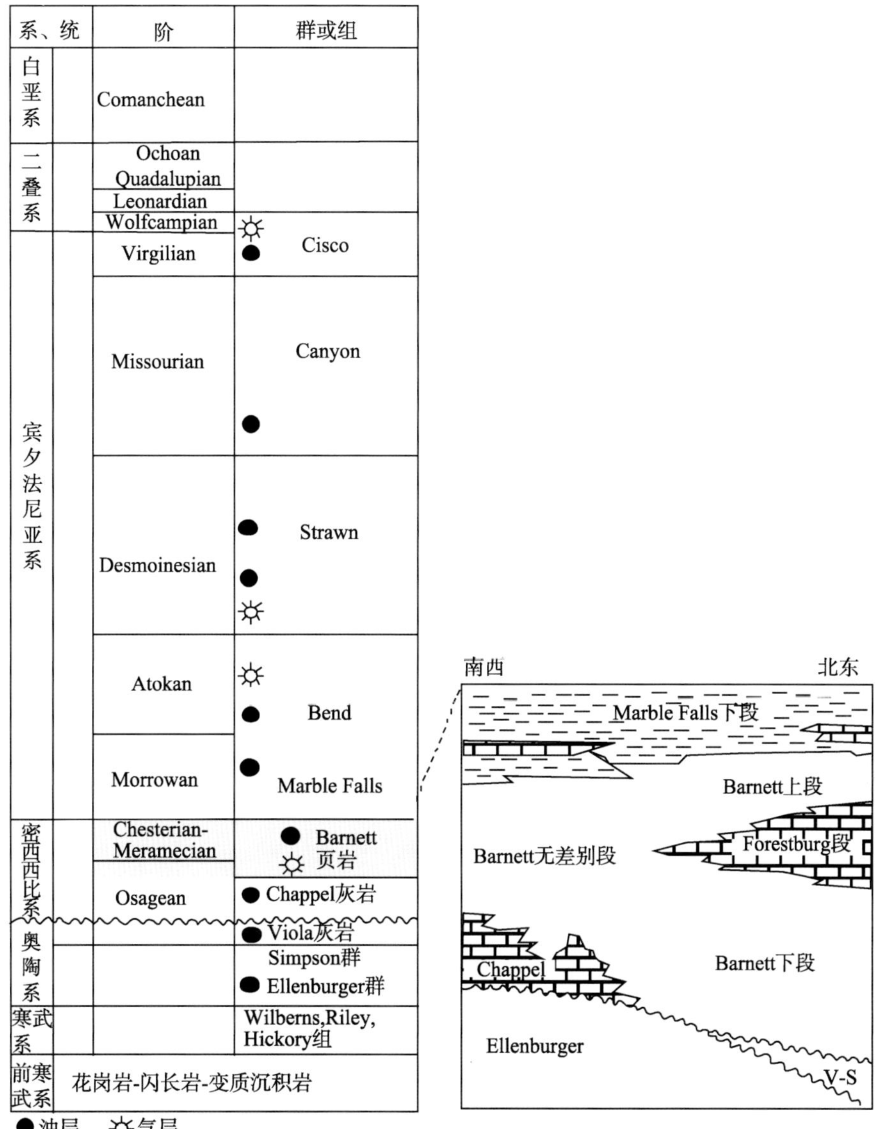

图 5.28 Fort Worth 盆地地层柱状图

（Pollastro，2007，Scott，2005）

核心区的下伏地层为上奥陶统 Viola 灰岩和 Simpson 群的致密晶状灰岩和白云岩化灰岩。因此，Viola-Simpson 地层的西部缺失边界构成了 Barnett 页岩气核心区西部的重要边界（图 5.29）。而在该边界的西侧和南侧，Barnett 页岩直接覆盖在 Ellenburger 群碳酸盐岩之上，该套碳酸盐岩通常遭受白云岩化和岩溶作用，孔隙度高于其他下伏地层。

这将导致在直井完井中，出现两种负面结果：一是水力压裂的能量并不能被完全保留在天然气饱和的 Barnett 页内，而是部分被传导进入下伏的 Ellenburger 群地层，因此限制和降低了井的产能；二是人工裂缝易于进入下伏含水的孔隙性 Ellenburger 群地层，导致高矿化度水进入 Barnett 页岩，构成多种生产问题。在 Barnett 页岩缺失上、下裂缝封隔层的地方，多采用水平井对 Barnett 页岩进行开发(Pollastro et al.,2007;阎存章等,2009)。

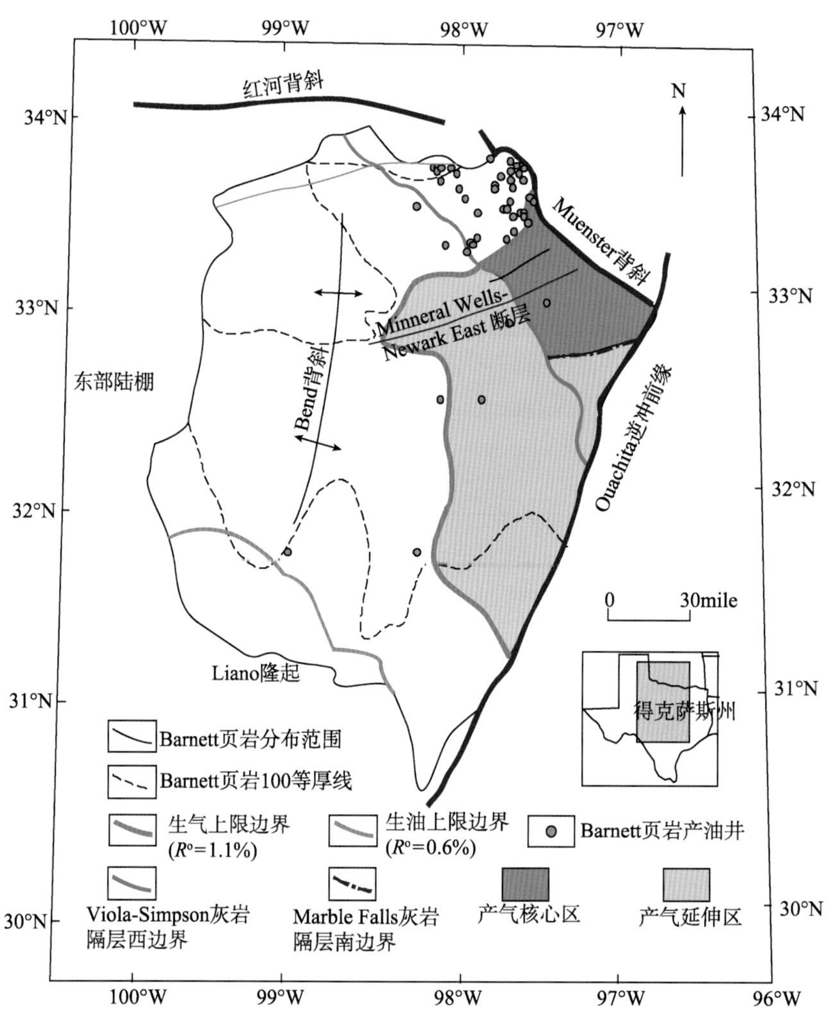

图 5.29　Fort Worth 盆地 Barnett 页岩产烃要素与评价单元图(Pollastro et al.，2007，修改)

核心区的上覆地层为 Marble Falls 地层灰岩。Marble Falls 地层在盆地东南部变为页岩。单井资料表明：在核心区（Newark East 气田）南部，Marble Falls 灰岩迅速减薄；在中东部则相变为页岩。因此，Marble Falls 灰岩的迅速减薄边界构成了 Barnett 页岩核心区南部的重要边界。

在 Newark East 气田区，大部分地区发育 Forestburg 灰岩隔层。但在气田的南部和西部，缺失 Forestburg 灰岩。靠近 Muenster 背斜，Forestburg 灰岩厚 61m，但向南和向西迅速变薄，并在 Wise 县的南侧最终尖灭。虽然 Forestburg 灰岩隔层不是勘探目的层，但在 Barnett 页岩气井进行压裂增产时有助于诱导裂缝的发展。因此，它对成功的垂直井完井非常重要。

Pollastro 等(2007)主要依据 Fort Worth 盆地 Barnett 页岩顶、底板岩层的致密封闭性，再结合 Barnett 页岩厚度和有机质热成熟度（图 5.29），将 Barnett 页岩划分出三个页岩产油气评价单元：一是 Newark East 具致密封闭性顶、底板的产气评价单元（上覆 Marble Falls 灰岩，下伏 Viola-Simpson 灰岩），也被称为产气“核心区”，该单元页岩厚度大（一般为 91～122m），R^o 值高于 1.1%演化的气窗门限；二是缺失一个或多个致密封闭性顶、底板的产气评价单元，也被称为产气“延伸区”，该单元的 Barnett 页岩也处于生气窗之内，页岩厚度一般大于 30m；三是将 Barnett 页岩厚度大于 30m，且位于生油窗之内的地区，称为“可能的 Barnett 页岩产油评价单元”。2003 年，美国地质调查局对上述评价单元进行了资源评价。产气核心区单元的未发现天然气储量平均约 $14.7\times10^{12}ft^3$，凝析油约 5.9×10^8Bbl；产气延伸区单元的未发现天然气储量平均约 $11.6\times10^{12}ft^3$，凝析油约 4.6×10^8Bbl。加上已发现的天然气储量 $4.0\times10^{12}ft^3$，Barnett 页岩蕴藏着超过 $30\times10^{12}ft^3$ 的天然气储量。而对 Barnett 页岩产油评价单元未开展系统的定量评价。

第三节 页岩气资源评价方法与参数

页岩气藏储层连续分布，具有较强的非均质性和控制产能的多样性。因此，页岩气资源评价中既要考虑地质因素的不确定性，也要考虑技术、经济上的不确定性。不同勘探开发阶段适用的方法不同，关键参数不同，参数获取方式不同，资源估算结果也有较大差异。鉴于页岩气藏具连续、区域分布的特征，美国 USGS 在页岩气藏资源评价中引入了全含油气系统评价单元概念。在页岩气资源评价中，USGS 把现有天然气藏划归为两个主端元型气藏和一个过渡型气藏。两个主端元型气藏是常规气藏和连续型气藏，同时兼具两个端元型气藏特征的为过渡型气藏。连续型气藏（Schmoker，1996，2002）包括煤层气、页岩气、盆地中心气或致密气等，其特征是具有较大的三维空间延展性，无明显油气水界线，不依赖水的浮力连续聚集成藏，源岩与储层联系紧密，在整个源岩范围内均有气藏存在。连续型气藏通过转换带可以渐变为常规气藏。基于连续型气藏概念，USGS 在资源评价中提出了全油气系统评价单元概念（TPS-AU），以取代其 1995 年以来的成藏组合概念。全油气系统评价单元概念关注于整个烃类流体系统，包括 Magoon 和 Dow（1994）定义的所有与已知烃类成藏、油苗、输导体系等油气系统的元素，引入了与成熟源岩相连的所有未发现的油气聚集和相应的地理区域。评价单元建立在相似地质单元和烃类聚集类型基础上，也可以代表需要评价的一套或多套成藏组合。评价单元与成藏组合有明显不同，成藏组合可能包括多套源岩和/或油气系统，并不局限在单个油气系统内，此外一个成藏组合内的烃类来源于多个油气系统的情况也很常见。因此，全油气系统评价单元概念对一个全油气系统内与未发现油气的源岩、油气生成、运移和圈闭相关的主要因素和过程有更为清晰的定义。在页岩气资源评价中，对全油气系统中的以下地质要素进行确定和成图：①烃源岩，尤其是富有机质页岩烃源岩；②富有机质页岩的地理分布；③来源于要评价的页岩中的烃类流体数量和地理展布范围；④处在生油窗和生气窗内的富有机质页岩分布；⑤可生气或有生气潜力页岩分布范围；⑥生气能力最佳页岩分布范围。本书重点论述 FORSPAN 法、成因法、单井储量估算法和容积法等四种主要的页岩气资源评价方法。此外，常规油气资源的评价方法，如资源丰度类比法、统计法和特尔菲法等，也可用于页岩气资源评价，但需对相关参数进行修正。

一、FORSPAN 法与参数

FORSPAN 法是 USGS 1999 年为连续型油气藏资源评价而提出的一种评价方法。该方法以连续型油气藏的每一个含油气单元为对象进行资源评价，即假设每个单元都有油气生产能力，但各单元间含油气性（包括经济性）可以相差很大，以概率形式对每个单元的资源潜力做出预测。以往也用体积法对连续型油气藏资源潜力做过评价。在体积法中，原始资源量估算常用的参数主要是一些基本地质参数（如面积、厚度、孔隙度等），这些参数有很大的不确定性，且各单元间关系密切，缺乏独立性。因此，参数选区及标准确定较困难。福斯潘（FORSPAN）法建立在已有开发数据基础上（图 5.30），估算结果为未开发原始资源量。因此，该方法适合于已开发单元的剩余资源潜力预测。已有的钻井资料主要用于储层参数（如厚度、含水饱和度、孔隙度、渗透率）的综合模拟、权重系数的确定、最终储量和采收率的估算。如果缺乏足够的钻井和生产数据，评价也可依赖各参数的类比取值。

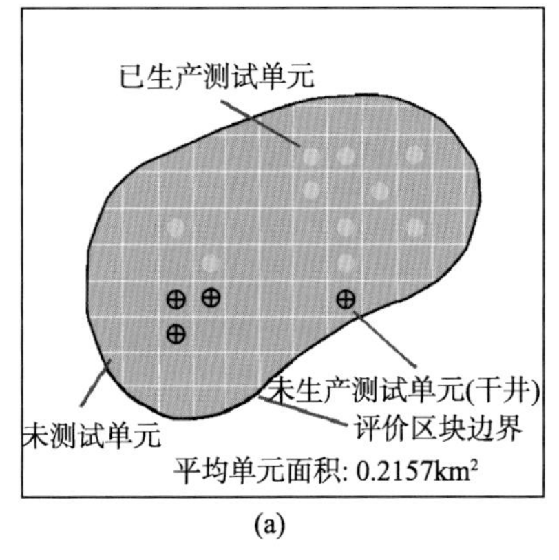

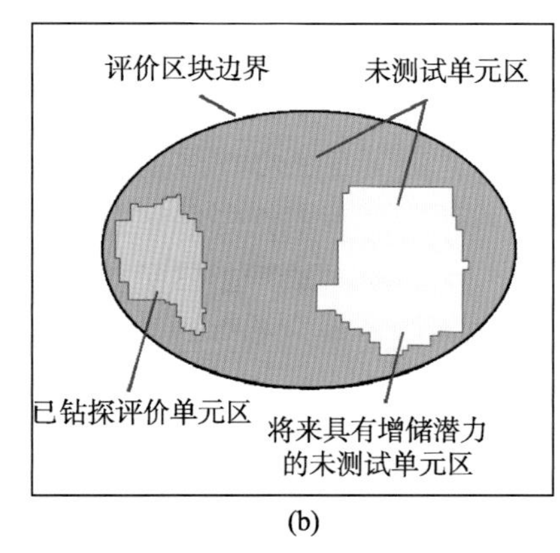

图 5.30 FORSPAN 对连续型气藏未发现资源量评价方法示意图（Schmoker，2002，修正；Pollastro，2007）
(a) 基于单元的模型，显示了评价单元边界、网格化单元、已测试和未测试单元；(b) 评价单元边界，显示了测试区、未测试区和有增加储量潜力的未测试区

福斯潘法涉及的参数众多（表 5.6、表 5.7），基本参数包括评价目标特征（分布范围）、评价单元特征（单元大小、已开发和未开发单元数量、成功率等）、地质地球化学特征

和勘探开发历史数据等。USGS 分别于 2003 年和 2008 年用该方法对沃斯堡盆地 Barnett 页岩气做了估算，2003 年评价结果为 $7400\times10^{8}m^{3}$，2008 年评价结果为 $2.66\times10^{12}m^{3}$。两次评价相差近 4 倍，主要原因在于沃斯堡盆地页岩气藏含气范围扩大至原来的 3～4 倍，整个盆地成为有利页岩气产区。其次是页岩气井生产周期变长，由初期评价时的 30 年增长到 50 年，其核心产区的生产周期甚至估算到 80～100 年。这一结果说明页岩气资源量估算结果不是一成不变的，而是动态评价过程，同时也说明了页岩气资源的复杂性。

表 5.6 FORSPAN 模型法中评价单元特征参数（Pollastro，2007）

评价单元类型：石油（<20 000 ft^3/Bbl）或者天然气（≥20 000 ft^3/Bbl），包括发现的和潜在的增储潜力。
各单元最小总储量：________（石油评价单元为 10^6Bbl），________（天然气评价单元为 bcf）
已测试单元数/个：________，已测试单元中总储量大于最小总储量的单元数/个：____
确定的（已有发现的）单元数/个：________，假设的（未发现的）单元数/个：____
各单元总储量平均值（石油：10^6Bbl，天然气：bcf）：早期发现____，中期发现____，晚期发现____
评价单元概率：单个因素发生概率（0～1.0），总概率为 1、2、3 的共同作用结果
1.充注：未测试单元有丰富的油气充注（总储量≥最小总储量）：________
2.岩石：未测试单元有充足的储层、圈闭和盖层（总储量≥最小总储量）：________
3.时机：未测试单元有有利的地质时间耦合（总储量≥最小总储量）：________

表 5.7 FORSPAN 模型法中具增储潜力未测试单元特征（Pollastro，2007）

1.评价单元总面积/英亩：（初始设定值的不确定性）
计算的平均值____，最小值____，众值____，最大值____
2.每个具有增加储量潜力的未测试单元面积/英亩：（每个单元的面积原则上是可变或不相同的）
计算的平均值____，最小值____，众值____，最大值____
平均值误差____，最小值____，最大值____
3.未测试单元总面积占评价单元总面积的比例/%：（初始设定值的不确定性）
计算的平均值____，最小值____，众值____，最大值____
4.具有增加储量潜力的未测试单元面积占评价单元总面积比例/%：（必备的标准是单元总储量≥最小储量；初始设定值的不确定性）
计算的平均值____，最小值____，众值____，最大值____
5.评价所需的地质要素
6.各单元总储量（具增加储量潜力的未测试单元的总储量）：
（其值原则上是可变或不相同的；石油评价单元为 10^6Bbl，天然气评价单元为 bcf）
计算的平均值____，最小值____，众值____，最大值____
7.未测试单元平均产油气比率（为估算相关产品储量）（初始设定值的不确定性）
石油评价单元　气/油比率（ft^3/Bbl）：最小值____，众值____，最大值____
凝析气/气比率（Bbl/mmcf）：最小值____，众值____，最大值____
天然气评价单元　液/气比率（Bbl/mmcf）：最小值____，众值____，最大值____

二、成因法与参数

成因法也可叫做地球化学物质平衡法。此方法对资源量的计算主要采用成因原则，指在进行油气资源评价过程中所遵守的从油气生成到运移、再到聚集成藏的基本原则，它是油气资源评价过程中最基本的原则。成因原则的核心是弄清油气成藏过程，计算生成量并分别求得各过程中的油气耗散量，最终达到计算资源量的目的。

页岩气资源量的计算由生烃量入手，通过生烃量→排烃量研究途径进行综合研究。基本的关系式：页岩气富集量=生烃量×（1–排烃系数）。生烃量的计算可通过考虑母岩中干酪根的热演化过程，由源岩中残余的有机质推算得到。排烃系数是指初次运移量（原始生油潜量与残留潜量之差）与原始生油潜量之比，它与储盖组合条件、生油母质类型、性质以及有机质的热演化程度有关。通过比较准确地计算生烃量、排烃类过程中的各种损耗量，最终可计算出烃类在页岩中的富集量，即页岩气资源量。

（一）生排烃分析法

生排烃分析法是基于页岩气形成过程极其复杂（如古生界海相页岩），要详细弄清页岩生气过程中每一次生、排烃过程几乎是不可能的，在页岩气的资源/储量评价计算过程中宜采用“黑箱”原理进行，即将页岩视为“黑箱”，并以页岩气研究为核心，通过多次试验分别求得页岩的平衡聚集量，进而求得页岩的剩余总含气量。由于在常规的页岩气资源评价方法中，页岩气是被作为残余烃源岩中的损失量进行计算的，故页岩气资源量成因算法是对油气资源量计算的重要补充。其中的剩余资源分析法适用于页岩气勘探开发早期。当盆地内页岩总生气量 Q 和常规类型天然气资源量/储量 Q_n（含逸散量)为已知,并假定其他非常规天然气资源量可以忽略不计时，页岩气资源量 Q_s 为总生气量与常规资源总量的差值，即

$$Q_s = Q - Q_n$$

（二）有机碳法

有机碳法适用于构造条件较为复杂盆地及地区，以质量守恒原理为基础，恢复泥质源岩中原始有机碳含量和计算原始有机碳转化为烃碳的比率，进而推算生烃量，即

$$Q = A_s \cdot H_s \cdot \rho \cdot C \cdot K_c \cdot (1-k) \cdot q$$

式中，Q 为天然气资源量（$10^8 m^3$）；A_s 为页岩有效面积（km^2）；H_s 为页岩有效厚度（km）；ρ 为页岩密度（$10^8 t/km^3$）；C 为页岩有机碳含量；q 为产气率（m^3/t）；K_c 为有机碳转化系数；k 为排烃系数。

计算过程中，产气率和排烃系数的确定是关键。

（三）盆地模拟法

油气盆地数值模拟技术主要是从盆地石油地成因机制出发，将油气的生成、运移、聚合为一体，充分研究各种地质参数，建立数字化动态模型，并形成一维至三维的计算机软件，全方位地描述一个盆地的油气资源形成及地质演化过程。同时还可以定量计算盆地油气资源量，是盆地资源量定量计算和分析的一种先进方法。

采用盆地模拟方法进行页岩气资源量计算需要完成以下几个主要步骤：地质建模、数学建模、系统编程、试算调整、应用模拟。计算中应注意以下基本原则和方法特点：①选择适合目标盆地的模拟软件进行盆地资源量计算；②选择适当的参数以保证结果的

可靠性；③通过对不同模拟原理的分析，对其结果的差异进行对比研究，产生较合理的预测结论。

随着石油地质理论的不断发展和计算机技术的广泛应用，运用盆地模拟法定量研究烃源岩在地质时期的演化过程具有非常重要的意义。盆地模拟方法及先进的盆地模拟软件可以定量模拟烃源岩的成熟演化及空间的展布特征，恢复盆地在地史时期，天然气生成、保存和扩散条件，利用动态研究的思想分析页岩生烃以后的天然气捕集和散失，计算页岩中天然气的现今存留数量，以作为页岩气资源评价的结果（表 5.8）。

表 5.8　盆地模拟系统的模型及地质参数（石广仁和张庆春，2004，修改）

系统模块	模拟的功能	模拟的方法	主要参数
地史	沉降史	回剥技术	地层岩性
	埋藏史	超压技术	地层剥蚀量
	构造演化史	回剥和超压相结合	地层年龄
		平衡地质剖面	孔深关系
热史	地温史	构造热演化法	热导率
	热流史	地球化学法	地温梯度
		地球热力学法	地表温度
		古温标反演法	R^o实测值
生烃史	烃类成熟度史	TTI-R^o 法	源岩厚度
	生烃量史	Easy R^o 法	有机碳含量
		化学动力法	产烃率曲线
排烃史	排烃量史	压实法	热力学参数
	排烃方向史	渗流力学法	油气水物性
		微裂缝排烃法	扩散系数
运移聚集史	油气聚集史	流体势分析法	油气水物性参数
		运聚动平衡法	岩石物性参数
		算子分裂法	

三、单井（动态）储量估算法与参数

单井（动态）储量估算法由美国 Advanced Resources Information 提出的，核心是以 1 口井控制的范围为最小估算单元，把评价区划分成若干最小估算单元，通过对每个最小估算单元的储量计算，得到整个评价区的资源量 $GIP_{总}$数据，即

$$GIP_{总}=\sum_{i=1}^{n} q_i \cdot f$$

式中，q_i 为单井储量（10^8m^3）；i 为估算单元；f 为钻探成功率（%）。

该方法在页岩气藏资源估算中有 5 个关键步骤。

（1）确定评价范围：综合利用评价区早期生产数据，尽可能准确圈定页岩含气边界。例如，利用烃源岩热成熟度研究成果，圈定出处于生气窗范围内的烃源岩，即可认为是最大的含气面积；或利用页岩厚度资料，以最小净产层厚度法圈定评价边界；或利用其他资料综合确定评价区边界。无论资料多寡，都需综合利用各种信息，以保证所确定的

评价区边界有效。

（2）确定最小估算单元：综合生产数据、储层性质和致密地层标准曲线模型（如METEOR模型），建立经过严格分析的单井排泄范围。以单井排泄范围为最小估算单元，对评价区做出全部划分。

（3）确定单井储量规模：依据页岩厚度、岩性特征、有机碳含量、成熟度、吸附气含量等有关页岩气藏特征数据，结合页岩气井生产动态，建立综合性的、精确的单井储量模型。该模型可以为一个单值，或是分区建立的多个值，或是一种概率分布。

（4）确定钻探成功率：尽管可能在生气窗范围内的所有富有机质页岩都具有产气能力，但并不能保证该范围内钻探的所有页岩气井都成功，其原因在于页岩沉积上的差异或热演化上的不均一等。在页岩气藏资源估算中，对不成功部分的估算用探井成功率给予扣除。

（5）确定气藏“甜点”：通过上述4个工作环节，可以估算出每个评价单元及整个评价区的资源前景。进一步结合区域构造、裂缝发育规律等地质因素及地面条件、基础设施等经济因素，评价确定具有地质上富集、经济上高产的气藏“甜点”富集区块。

ARI（2009）用该方法估算了全美48州的页岩气资源，总可采资源量约$3.97\times10^{12}m^3$，其中探明可采储量为$3398.04\times10^8m^3$，待探明可采资源量为$3.63\times10^{12}m^3$。ARI认为对诸如页岩气藏这样的连续型气藏的资源潜力评估对大量数据的需要和资源前景的快速变化常常使评估结果的大小和“甜点”富集区带的选择变得很困难，成功地引入地质新认识、钻井和完井技术进步、大量“专家论证”及动态评价非常重要。

四、容积法与参数

容积法是页岩气生产商常用的评价方法，基础是页岩气的蕴藏方式。页岩气蕴藏在页岩的基质孔隙空间、裂缝内以及吸附在有机物和黏土颗粒表面。因此，容积法估算的是页岩孔隙、裂缝空间内的游离气、有机物和黏土颗粒表面的吸附气体积的总和，即

$$\mathrm{GIP}_{总}=\mathrm{GIP}_{游}+\mathrm{GIP}_{吸}$$

估算基本过程如下。

（1）页岩气藏压力（P）、温度计算（T）

$$P=Hp_d$$

式中，H为气藏埋藏深度；p_d为压力梯度（实测或$p_d=1.54$psi/m）。

$$T=60+t_d\frac{H}{100}$$

式中，H为气藏埋藏深度；t_d为地温梯度（实测或t_d=5.91°F/100m）。

（2）游离气量估算

$$\mathrm{GIP}_{游}=0.028h\frac{\phi_g}{B_g}$$

式中，h为有效页岩厚度；ϕ_g为页岩含气孔隙度；B_g为体积系数，$B_g=0.0283z\frac{T}{P}$，z为

气体偏差系数。

（3）吸附气量估算

$$GIP_{吸}=7.9V_{甲}\rho h$$

式中，$V_{甲}$为页岩吸附气含量；ρ 为页岩密度；h 为有效页岩厚度。

$$V_{甲}=\frac{V_{兰}P}{P_{兰}+P_{兰}}$$

式中，$V_{兰}$为兰格缪尔体积，$V_{兰}=f(\text{TOC},\%)$；$P_{兰}$为兰格缪尔压力，$P_{兰}=f(T)$，$V_{兰}$、$P_{兰}$由岩心分析或测井解释得到，也可通过地质类比借用。

该方法可简化表示为

$$GIP_{总}=GIP_{游}+GIP_{吸}=Sh(\phi_g S_g+\rho G_f)$$

式中，S 为页岩含气面积（km^2）；h 为有效页岩厚度（km）；ϕ_g 为含气页岩孔隙度（%）；S_g 为含气饱和度（%）；ρ 为页岩岩石密度（t/km^3）；G_f 为吸附气含量（$10^8m^3/t$）。其中孔隙度 ϕ_g、含气饱和度 S_g、吸附气含量 G_f 是影响该方法结果可靠程度的关键参数。

第四节　页岩气（油）矿藏分布特征与资源潜力

一、全球页岩气资源分布与潜力

（一）世界大区页岩气资源

据美国不同的学者与机构对世界非常规天然气资源评价结果的统计，全球非常规天然气资源为 $921.4\times10^{12}m^3$，其中页岩气约为 $456\times10^{12}m^3$，约占总量的 50%。在全球各大区的分布当中（图 5.31），北美地区、中亚和中国地区页岩气远景资源最丰富，分别为 108.7×10^{12} 和 $99.8\times10^{12}m^3$；拉丁美洲、中东和北非、太平洋地区页岩气资源都在 $50\times10^{12}m^3$ 之上。上述资源评价结果表明世界页岩气资源潜力巨大。

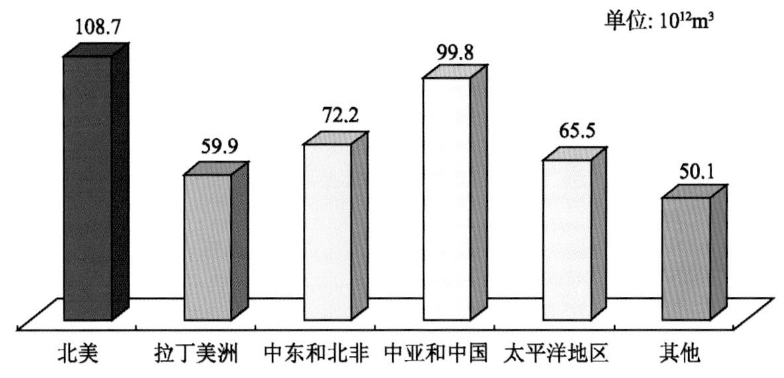

图 5.31　世界各大区页岩气资源量分布图（Ronger，1997，修改）

从 Ronger（1997）的预测看，全球除了撒哈拉以南的非洲地区和欧洲地区页岩气资源可能较少外，全球其余地区页岩气资源都较丰富。据最新资料，Rogner（1997）对全球页岩气资源量的估算较为保守（ARI，2009）。以北美为例，2008 年 Tristone Capital 对美国 Barnett、Deep Bossier、Haynesville、Fayetteville、Woodford 和 Marcellus 以及加拿大 Montney、Horn River（Muskwa）、Utica Gothic 等 9 个页岩气区带进行了评价，如果不考虑风险因素，这 9 个区带的可采资源量达到 $21\times10^{12}m^3$。ARI（2009）对北美 Barnett、Fayetteville、Woodford、Marcellus、Haynesville、Montney 与 Horn River 等 7 大页岩气盆地进行了资源评价，其原地页岩气资源量约 $146\times10^{12}m^3$，可采资源量为 $20\times10^{12}m^3$。其中，美国 Barnett、Fayetteville、Woodford、Marcellus、Haynesville 等 5 个页岩气盆地的页岩气原地资源量达 $107\times10^{12}m^3$，可采资源量达 $13\times10^{12}m^3$。

据加拿大非常规天然气协会（CSUG）资源评价结果，加拿大页岩气原地资源量大于 $42.5\times10^{12}m^3$，超过了加拿大常规天然气资源量 $12\times10^{12}m^3$。其中 British Columbia 省页岩气资源量最大，达 $28\times10^{12}m^3$ 以上。

我们开展的全球页岩气资源评价结果表明（图 5.32）：全球页岩气远景资源约达 $595\times10^{12}m^3$，可采资源量约为 $118\times10^{12}m^3$。从全球各主要地区的资源分布来看，全球页岩气资源最丰富地区是北美，包括美国和加拿大，页岩气远景资源量约 $175\times10^{12}m^3$，占全球页岩气资源总量的 29%。可采资源量约 $36\times10^{12}m^3$，占全球总量的 30%；俄罗斯位居第二，页岩气远景资源量约 $124\times10^{12}m^3$，占全球页岩气资源总量的 21%。可采资源量约 $24\times10^{12}m^3$，占全球总量的 20%；其次为中国，页岩气远景资源量约 $100\times10^{12}m^3$，占全球页岩气资源总量的 17%。可采资源量 $20\times10^{12}m^3$，占全球总量的 17%；再次为中东地区，页岩气远景资源量约 $73\times10^{12}m^3$、可采资源量约 $15\times10^{12}m^3$，分别约占全球总量的 12%和 13%。而其他地区，如非洲、中亚、亚太、欧洲和南美等，页岩气远景资源量变化均为 16×10^{12}～$34\times10^{12}m^3$，可采资源量变化为 3×10^{12}～$7\times10^{12}m^3$。

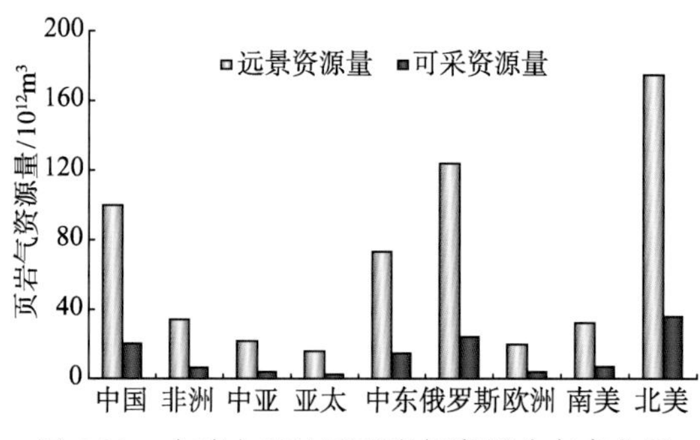

图 5.32　全球主要地区页岩气资源分布直方图

（二）全球页岩气资源层系分布

据统计，全球沉积盆地达 1468 个以上，可供油气勘探的沉积岩面积为 $1\times10^8km^2$，其中陆上面积为 $7000\times10^4km^2$。目前已在这些盆地或沉积岩中发现常规油气田 6.7 万个，其中油田 4.1 万个、气田 2.6 万个。经初步统计，从古生代至新生代以来，全球沉积岩中，发育约 17 套富有机质页岩段（图 5.33），不仅为常规油气提供了丰富的油气来源，也是页岩气勘探开发的重点层段。现有资料的初步资源评价结果表明（图 5.34）：全球从新生代的古近系，中生代的白垩系、侏罗系、三叠系，古生代的二叠系、石炭系、泥盆系、志留系、奥陶系到寒武系的各个地质层系中，赋存的页岩油气资源存在着明显的差异性和不均衡性。页岩气资源最富集的层系是志留系、泥盆系、石炭系和侏罗系，远景资源量都在 $100\times10^{12}m^3$ 左右，可采资源量都在 $20\times10^{12}m^3$ 左右。这四个层系的远景资源量总计约 $427\times10^{12}m^3$，约占全球页岩气资源总量的 72%。这四个层系页岩气可采资源

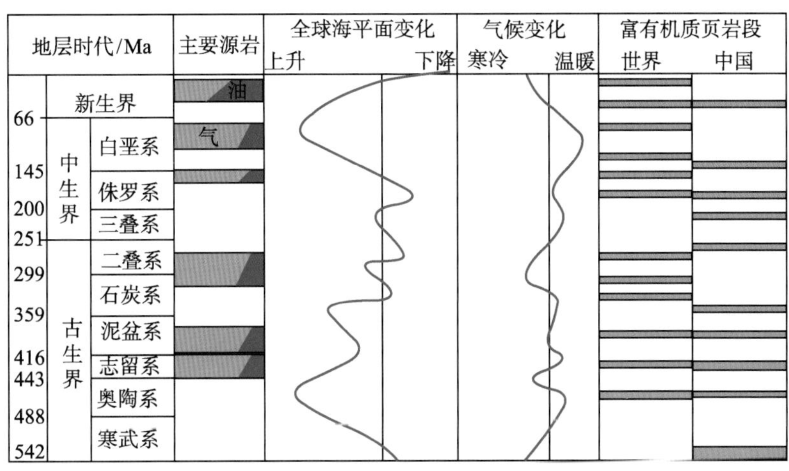

图 5.33　全球沉积演化与富有机质页岩发育图

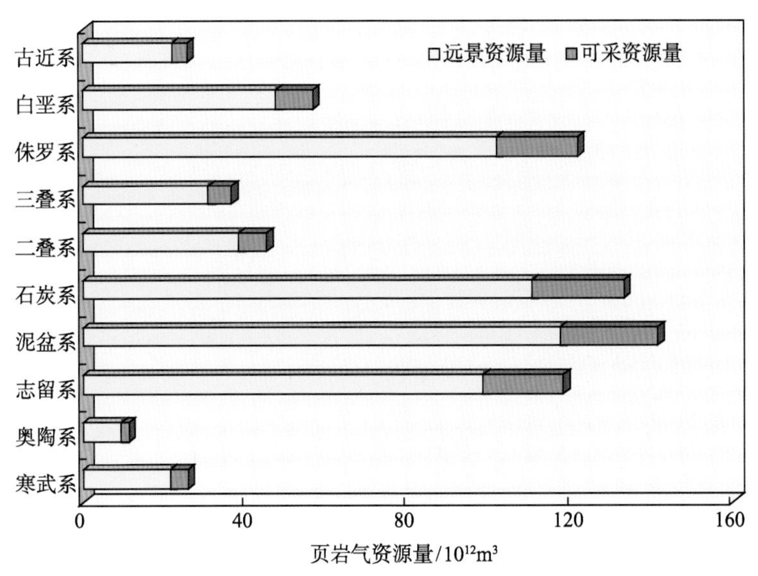

图 5.34　全球页岩气资源层系分布直方图

量总计约 $86\times10^{12}m^3$，约占全球页岩气可采资源总量的 73%。其中，泥盆系资源最富集，远景资源量约 $117\times10^{12}m^3$，约占全球页岩气远景资源总量的 20%。泥盆系可采资源量约 $24\times10^{12}m^3$，约占全球页岩气可采资源总量的 21%。其次，为二叠系、三叠系、白垩系等 3 个层系，页岩气资源也比较丰富，远景资源量都在 $30\times10^{12}m^3$ 以上，可采资源量都超过 $5.7\times10^{12}m^3$。这三个层系的页岩气远景资源量总计约 $116\times10^{12}m^3$，约占全球页岩气远景资源总量的 19%。这三个层系的页岩气开采资源量总计约 $22\times10^{12}m^3$，约占全球页岩气可采资源总量的 18%。

二、主要评价地区页岩气资源分布与潜力

（一）北美页岩气资源

据 Curtis(2002)综合各机构统计数据，美国大陆古生代和中生代的五个主要盆地页岩气原始地质储量为 14×10^{12}～$22\times10^{12}m^3$，技术可采储量（Levis 页岩除外）为 0.9×10^{12}～$2.2\times10^{12}m^3$。ARI（2009）估算了全美 48 个州的页岩气资源，总可采资源量为 $3.97\times10^{12}m^3$，其中探明可采储量为 $3398.04\times10^8m^3$，待开发可采资源量为 $3.63\times10^{12}m^3$，其中 Texas 中东部的 Barnett 页岩气产量和潜力增长迅速。2007 年以来，美国页岩气大规模勘探与开发主要集中于 Barnett、Fayetteville、Haynesville、Marcellus、Woodford 等 5 套页岩。ARI（2009）评价上述 5 套页岩气资源量为 $108.63\times10^{12}m^3$，其中阿巴拉契亚盆地泥盆纪 Marcellus 页岩气资源量为 $59.43\times10^{12}m^3$，占 5 套页岩气资源量的 55%（表 5.9）。随着新技术（水平钻井、水力压裂、重复压裂和加密井等）的推广运用，美国页岩气资源量仍将呈现快速增长的局面。

表 5.9　北美商业性页岩气区带资源量（ARI，2009）

盆地或地区	页岩气区带	资源量/$10^{12}m^3$
福特沃斯	Barnett	9.3
阿科马	Fayetteville	9.05
Texas-Louisiana Salt	Haynesville	22.36
阿巴拉契亚	Marcellus	59.43
阿科马、阿德摩尔	Woodford	8.49
美国合计		108.63
不列颠哥伦比亚	Horn River	21.51
	Cordova	5.66
	Montney	17.54
阿尔伯达、萨斯喀彻温省	Colorado	8.50
魁北克	Utica、Marcellus	1.13
加拿大合计		54.34

据统计，自 19 世纪早期至 2000 年，美国只在密歇根盆地（Antrim 页岩）、阿巴拉契亚盆地（Ohio 页岩）、伊里诺依盆地（New Albany 页岩）、沃思堡盆地（Barnett 页岩）

和圣胡安盆地(Lewis页岩)等5个盆地生产页岩气，页岩气井约28000口(Hill and Nelson，2000)，页岩气年产量仅 $112\times10^8m^3$，从事页岩气生产的公司只有几家。到2009年，美国已在密歇根盆地（Antrim页岩）、阿巴拉契亚盆地（Ohio页岩）、伊里诺依盆地（New Albany页岩）、沃斯堡盆地（Barnett页岩）、圣胡安盆地（Lewis页岩）、奥克拉河马盆地（Woodford页岩）、阿科马盆地（Fayetteville页岩）等20余个盆地发现页岩气藏并成功开发（图5.4），页岩气生产井增加到45000口，页岩气年产量已接近 $900\times10^8m^3$，从事页岩气生产的公司已达64家。

与美国相比，加拿大的页岩气商业开采还处于起步阶段，但与世界其他国家和地区相比，已步入了前列。加拿大页岩气资源分布广、层位多，预测页岩气资源量超过 $54.3\times10^{12}m^3$。主要的页岩气资源分布在不列颠哥伦比亚、阿尔伯达、萨斯喀彻温与魁北克（Quebec）等地区。其中，西部不列颠哥伦比亚地区下白垩统、侏罗系、三叠系和泥盆系的页岩气资源量丰富。美国天然气技术协会（GRI）2002年估算加拿大西部沉积盆地页岩气原始地质储量约为 $24\times10^{12}m^3$，其中下白垩统为 $4.4\times10^{12}m^3$，中三叠统为 $4.0\times10^{12}m^3$，下三叠统为 $5.3\times10^{12}m^3$，上泥盆统和下石炭统为 $10.7\times10^{12}m^3$，占西部沉积盆地页岩气资源的45%。加拿大British Columbia省粗略估算其东北部的泥盆系、白垩系、侏罗系、三叠系页岩气资源超过 $28.3\times10^{12}m^3$，保守估计也有 $7.1\times10^{12}m^3$，占该地区未发现天然气资源（包括常规和非常规）的34%。Ross和Bustin（2008）指出加拿大西部沉积盆地Horn River与Muskwa组页岩具有良好的页岩气资源潜力，资源丰度为11亿～26.4亿 m^3/km^2，原始地质储量约 $11.3\times10^{12}m^3$。ARI（2009）对加拿大不同地区估算页岩气资源量为 $54.34\times10^{12}m^3$，其中Horn River和Montney页岩气区带资源量为 $39.05\times10^{12}m^3$。总之，加拿大西部沉积盆地最有勘探潜力的页岩气聚集带是覆盖Alberta、Saskatchewan、British Columbia、Yukon以及西北部等广泛地区富含有机质的泥盆系—密西西比系的黑色泥页岩，页岩气资源潜力巨大。

（二）美国页岩气（油）矿藏分布特征

纵观北美页岩气盆地分布的大地构造位置、盆地类型和性质，页岩气藏的分布还是有规律可循的。分布于前陆盆地的页岩气藏埋藏较深，压力和成熟度较高，天然气为热成因，具有高含气饱和度、高游离气含量(圣胡安盆地除外)、极低孔渗、平缓的等温吸附线和较高的开采成本等特点；而位于克拉通盆地的页岩气藏则埋藏较浅，压力和成熟度较低，天然气为生物成因或混合成因，具有含气饱和度、高吸附气含量、高孔渗、陡峭的等温吸附线、较低的开采成本等特点，页岩气藏模式也有较大差异。美国已发现的页岩气盆地主要分布在以阿巴拉契亚盆地为代表的东部早古生代前陆盆地，以福特沃斯盆地为代表的南部晚古生代前陆盆地和以圣胡安盆地为代表的西部中生代前陆盆地，以及以密歇根盆地和伊利诺伊盆地为代表的古生代—中生代克拉通盆地内。前陆盆地主要位于被动大陆边缘，克拉通盆地位于北美古老地台上，沉积了泥盆系、密西西比西系（下石炭统）、宾夕法尼亚系（上石炭统）和白垩系富含有机质的黑色页岩地层。

1. 前陆盆地页岩气

前陆盆地是油气的富集区，近 10 年发现的 52%的油气储量来自于该类盆地。在前陆盆地不但找到了大量常规油气资源，而且发现了大量非常规油气资源，如致密砂岩气和页岩气。前陆盆地的形成主要有三个时期：早古生代、晚古生代和中生代。

1）早古生代前陆盆地页岩气形成

早古生代前陆盆地主要位于阿巴拉契亚逆冲褶皱带前缘，伴随造山带的隆起而形成，以阿巴拉契亚盆地为代表。阿巴拉契亚逆冲褶皱带是加里东期北美板块和非洲板块碰撞形成的，呈北东—南西向展布，东侧是向东倾的大逆掩断层，西侧为前陆盆地。

阿巴拉契亚盆地主要经历三次大的构造事件：Taconic、Acadian 和 Aleghanian 构造运动。在晚寒武世—早中奥陶世，为北美板块被动大陆边缘的一部分；晚奥陶世，北美板块向古 Iapetus 大洋板块俯冲，导致 Taconic 构造运动，形成晚奥陶世前陆盆地；中晚泥盆世的陆-陆碰撞，导致 Acadian 构造运动并形成泥盆纪前陆盆地；中石炭世的 Aleghanian 构造运动形成现今的盆地形态。地层沉积在向东倾斜的 3 期前陆盆地内，形成 3 套主要沉积旋回，每一旋回底部为碳质页岩，中部为碎屑岩，上部为碳酸盐岩。阿巴拉契亚发育奥陶系 Utica 页岩层、志留系的 Rochester 和 Sodus/Williamson 页岩层以及泥盆系的 Marcellus/Millboro、Geneseo、Rhinestreet、Dunkirk 和 Ohio 页岩层，这些页岩均具有有机碳含量高和成熟度高、埋藏浅等特点，均已发现页岩气藏。

2）晚古生代前陆盆地页岩气形成

晚古生代前陆盆地主要是马拉松-沃希托造山运动形成的，该造山运动是由泛古大陆变形引起的北美板块和南美板块碰撞形成，沿着与拗拉槽有关的薄弱处发生下坳沉降形成弧后前陆盆地，主要包括福特沃斯、黑勇士、阿科马、二叠等盆地，马拉松-沃希托逆冲带构成了这类盆地的边界。这些盆地均在泥盆系和密西西比系黑色页岩中有页岩气藏，资源量很大，具有代表性的是福特沃斯盆地。

福特沃斯盆地是一个边缘陡、向北加深的盆地，主要沉积地层有寒武系、奥陶系、密西西比系、宾夕法尼亚系、二叠系和白垩系。寒武纪—晚奥陶世地层为被动大陆边缘沉积，大部分为碳酸盐岩沉积；密西西比纪地层为前陆沉积，沉积了 Barnett 组页岩层和 Chappel 组、Marble Fall 组等灰岩层；宾夕法尼亚纪地层被与沃希托构造前缘推进有关的沉降过程和盆地充填。该盆地的 Newark East 气田的储量在全美天然气田中位居第三，产量居全美天然气田第二，是美国最大的页岩气田，占全美页岩气总产量的一半以上。

3）中生代前陆盆地页岩气形成

中生代前陆盆地主要位于美国中西部，是科迪勒拉逆冲褶皱带（法拉隆板块和北美板块碰撞形成）的一部分。该地区在前寒武纪、寒武纪、奥陶纪为被动大陆边缘沉积；在奥陶纪末至泥盆纪抬升剥蚀；在密西西比纪为浅海沉积；在宾夕法尼亚纪和二叠纪形成原始落基山；在中侏罗世重新沉积，并在白垩纪海侵时期形成海道，南北海水相通，沉积了一套区域性的黑色页岩。白垩纪末发生的拉腊米块断运动，形成目前山脉和盆地相间的盆山格局，这一类盆地主要有圣胡安、帕拉多、丹佛、尤因塔、大绿河等。其中，在圣胡安、丹佛和尤因塔等盆地的白垩系黑色页岩层发现了页岩气藏。最具代表性、储量和产量最大的是圣胡安盆地，该盆地横跨科罗拉多州（Calorado）和新墨西哥州（New Mexico），是典型的不对称盆地，南部较缓，北部较陡。按照地质时代和商业开发时间，该盆地的 Lewis 页岩气藏是美国形成年代最新的页岩气藏。

4）前陆盆地页岩气分布特征

被动大陆陆缘上的前陆盆地一般发育两套或以上的页岩层，即被动陆缘和前陆盆地两个阶段的页岩沉积，发育多套页岩，具备形成页岩气藏良好的物质基础。例如，阿巴拉契亚盆地奥陶系页岩为被动陆缘沉积，而泥盆系页岩为前陆盆地沉积。页岩时代分布广泛，从奥陶纪(阿巴拉契亚盆地的 Utica 页岩)到白垩纪都有分布(圣胡安盆地的 Lewis 页岩)。

（1）页岩气藏一般埋藏较深。主要分布在 3 个深度段：①小于 1600m。阿巴拉契亚盆地的Ohio页岩气藏和圣胡安盆地的Lewis页岩气藏分布深度为915～1524m。②1600～2600m。福特沃斯盆地的 Barnett 页岩气藏和阿科马盆地的 Fayetteville (Arkansas)/ Caney（Oklahoma）页岩气藏分布深度为 1981～2591m。③2600～3600m。帕拉多盆地 Bend 页岩气藏、阿科马盆地 Woodford 页岩气藏、黑勇士盆地 Floyd 页岩气藏中气井的深度分别为 2515～2896m、1729～3657m 和 1524～3658m。由于埋藏比较深，气藏的压力一般较高，具有轻微超压的特点，如福特沃斯盆地 Barnett 页岩气藏的压力梯度为 12.21 kPa/m ；含气饱和度较大，吸附气含量较小，一般小于 50%。

（2）页岩成熟度较高。天然气均为热成因来源。阿巴拉契亚盆地页岩镜质体反射率 R^o 为 0.5%～4.0%，产气区的弗吉尼亚州和肯塔基州的成熟度变化范围为 0.6%～1.5%，在宾夕法尼亚州西部成熟度可达 2.0%，西弗吉尼亚州南部成熟度可达 4.0%，且只有在成熟度较高的区域才有页岩气产出。福特沃斯盆地 Barnett 页岩气藏生产的干气是在成熟度 R^o>1.1%较高时由原油裂解形成的，GTI(Gas Technology Institute)公布了 Barnett 页岩气藏产气区的成熟度为 1.0%～1.3%，实际上产气区西部成熟度为 1.3%，东部成熟度为 2.1%，平均为 1.7% 。圣胡安盆地 Lewis 页岩的成熟度为 1.6%～1.9%，也为高成熟度的页岩气藏。由此可见，前陆盆地页岩气藏中足够高的页岩成熟度是页岩气藏发育的关键要素。

（3）裂缝有助于页岩层内吸附天然气的解吸。裂缝对页岩气藏具有双重作用。一方面，裂缝为天然气和水通过黑色页岩层向井筒运移提供通道；另一方面，如果裂缝规模过大，可能导致天然气散失或气层与水层相通。由于前陆盆地构造运动比较强，裂缝比较发育，裂缝可能对页岩气藏的发育和生产起到一定程度的制约作用，例如，福特沃斯盆地 Barnett 页岩气藏裂缝非常发育的区域，天然气的生产速度最低，高产井基本上都分布在裂缝不太发育处。因此，前陆盆地页岩气藏的勘探不是寻找裂缝，而是寻找高气体含量、易扩散及易进行压裂的页岩气区，该类页岩气藏并不是常规或传统的“裂缝性气藏”，而是可以被压裂的页岩气矿藏。

2. 克拉通盆地页岩气

产页岩气的克拉通盆地主要包括密歇根盆地和伊利诺伊盆地，为内陆克拉通盆地。

盆地基底为前寒武系，演化开始于早中寒武世超大陆裂解时期，从衰亡的裂谷拗拉槽或地堑开始，随后演化为克拉通海湾。在裂谷演化阶段后期，盆地进入热沉降阶段，在裂谷沉积地层上沉积了砂岩和碳酸盐岩地层，在中奥陶世到中密西西比世，主要为岩石圈伸展的构造均衡沉降阶段，且伸展范围受早期裂谷范围的限制，沉积较缓慢，富含有机质的黑色页岩就是这一时期沉积的。在古生代的大部分时间里，这类盆地与阿克玛、黑勇士等克拉通边缘盆地是相通的，宾夕法尼亚纪晚期到白垩纪晚期的构造运动，造成了盆地现今的构造形态。在这类盆地的泥盆系发现了大量的页岩气资源量，如密歇根盆地的 Antrim 页岩气藏和伊利诺伊盆地的 New Albany 页岩气藏。位于克拉通盆地的页岩气藏主要分布在盆地边缘较浅的部位，近年来在伊利诺伊盆地较深部位也发现了页岩气藏。但就页岩发育的情况看，盆地中心比边缘更有利于页岩气藏的发育。

与前陆盆地的页岩气藏相比，位于克拉通盆地的页岩气藏埋藏普遍较浅，目前在该类盆地发现的页岩气藏通常小于 1000m，伊利诺伊盆地 New Albany 页岩气藏和密歇根盆地 Antrim 页岩气藏大约有 9000 口井，深度范围为 200～610m。由于埋藏比较浅，含气饱和度较低，相应的吸附气含量较高，一般大于 50%，如密歇根盆地 Antrim 页岩气藏的吸附气含量高达 70%。

页岩气藏以低成熟度和高、低成熟度混合为特征，如密歇根盆地 Antrim 页岩气藏为低成熟度的页岩气藏，而伊利诺伊盆地 New Albany 页岩气藏为高、低成熟度混合的页岩气藏。低成熟度的页岩气藏的成因主要是生物成因，为埋藏后抬升经历淡水淋滤而形成的生物气。密歇根盆地 Antrim 页岩的成熟度为 0.4%～0.6%，处在生物气生成阶段，为低成熟度的页岩气藏。而 Comer（2008）通过对伊利诺伊盆地 New Albany 页岩气藏甲烷气体的 $\delta^{13}C$ 分析，发现来自盆地南部深层的天然气都是热成因，而来自盆地北部相对浅层的天然气为热成因和生物成因的混合气。

克拉通盆地四周高、中间低的形态决定了淡水由盆地边缘向中心注入，成为克拉通盆地典型的页岩气藏模式。Martini 等（1998）认为在更新世时期，大气降水充注到富含有机质且裂缝发育的密歇根盆地 Antrim 页岩，极大地促进了生物甲烷气的生成，在北部和西部边缘形成了大量的该类气藏。

（三）美国典型盆地页岩气资源地质特征

1. 伊利诺伊盆地

伊利诺伊盆地是一个内克拉通盆地，它包括了伊利诺伊州、印第安纳州西南部和肯塔基州西部等地区，面积 $26.5\times10^4km^2$。该盆地构造长轴方向为北偏西，向北隆起。在前寒武系基底上覆盖了 610～3962m 厚的沉积岩层。古生界岩石主要由白云岩组成，其次为石灰岩、页岩、砂岩、砾岩、硬石膏和煤系。盆地最深处在南部，地层从盆地最深处向西部的奥扎卡隆起、北部的威斯康星地盾、东部的辛辛那提隆起和南部的 Pascola 隆起缓缓上倾（图 5.35）。盆地东翼有 La Salle 背斜，其分布与盆地轴线一致。盆地西翼有几个褶皱，如 Du Quoin 单斜和 Salem-Louden 背斜等。盆地从北到南存在几个背斜褶皱，其中最明显的是 Clay City 背斜。盆地南翼被许多断裂切割，这些断裂呈东西向分布，许多断裂切割到古生界地层底部。

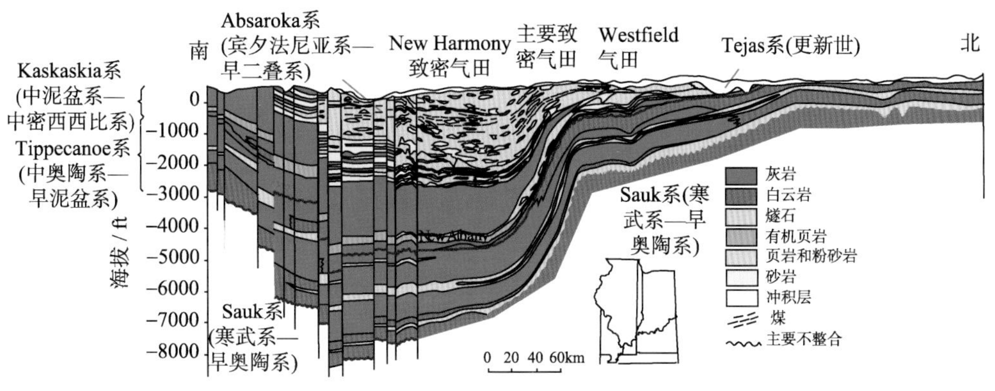

图 5.35 伊利诺伊盆地南北向地层剖面图

1853 年在伊利诺伊盆地首次发现油气。1886 年，在伊利诺伊州西部发现了 Pittsfield 气田。之后又发现了 Colmer 浅层油田。1978 年底已累计采油约 6×10^8t、天然气约 $800\times10^8m^3$。油气田有 500 多个，但以小型油气田为主，中型油田只有 7 个，没有大型油田。1858 年，New Albany 页岩气就已开始商业性开发。截至 1994 年，完钻的页岩气井超过 600 口，井深 180～1500m，单井产气 300～1420m^3/d，产水 0.8～80m^3/d。New Albany 页岩气产量主要来自肯塔基西北部和靠近印第安纳南部的近 60 个气田。密歇根盆地 Antrim 页岩气的成功开采推动了 New Albany 页岩气的勘探和开发，但结果并不是十分有利。2009 年 New Albany 页岩气年产量已超过 $3\times10^8m^3$。除了产页岩气外，New Albany 页岩还产少量油，估算石油资源量为 1890×10^8Bbl（大致相当 270×10^8t）。

1）New Albany 页岩的地层与岩性特征

New Albany 页岩是 Illinois 盆地下 Mississippian 统至上泥盆统的一套富含有机质页岩，相当于 Michigan 盆地 Antrim 页岩和 Appalachian 盆地的 Ohio 页岩和 Marcellus 页岩。这些页岩是陆表海层序的组成部分，是由于北美克拉通一次大范围的海平面上升而沉积的(Johnson et al.，1985；de Witt et al.，1993)。分布于印第安纳州、伊利诺伊州和肯塔基州西部等地区，厚度小于 6m 到 140m 不等（图 5.36），埋深为 0～1585m。主要岩石类型为富含有机质的褐色-黑色页岩、绿灰色页岩、白云岩和粉砂岩。New Albany 页岩上覆与下伏地层分别为石炭系的 Rockford 灰岩和中泥盆统 North Vernon 灰岩。在 Rockford 灰岩缺失的地方，New Albany 页岩与上覆的 New Providence 页岩接触（图 5.37）。

New Albany 页岩层系可被进一步划分为 6 个岩性段，从最老到新依次为：Blocher 段、Selmier 段、Morgan Trail 段、Camp Run 段、CleggCreek 段及 Ellsworth 段（Lineback，1970）。Blocher 段的最下部是富含有机质的褐黑色页岩，有些地方是钙质到白云石质的页岩。绿灰色页岩、粉砂岩和白云岩比较少见(Lineback，1970)，有机质含量（TOC）通常为 10%～20%；Selmier 段为生物扰动的绿灰色泥岩，覆盖在 Blocher 段之上，褐黑色

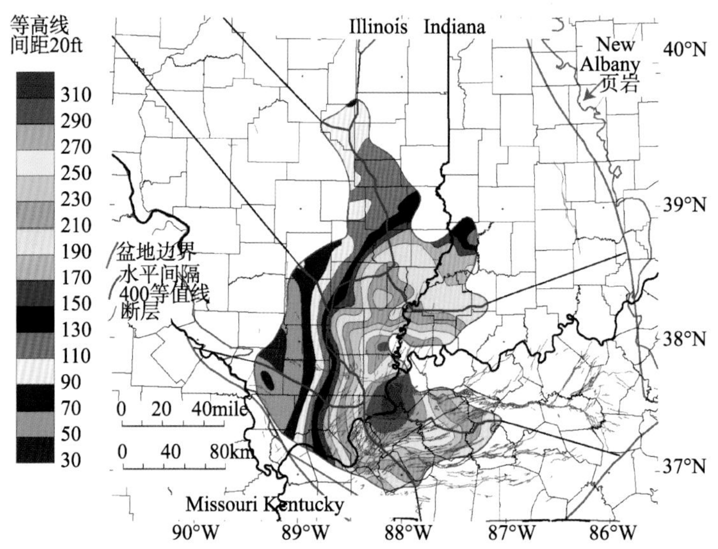

图 5.36 Illinois 盆地 New Albany 页岩厚度等值线图（引自 Strąpoć et al., 2010）

年代地层单位					岩石单元		岩性剖面	
全球			北美					
统	亚统	阶	统	系	群	层和组	岩性	厚度范围/m
石炭系	Mississippian	Tournaisian	Mississippian	Osagean	Borden	New Providence 页岩		27～76
石炭系	Mississippian	Tournaisian	Mississippian	Kinderhookian		Rockford 灰岩		0.6～6.7
石炭系	Mississippian	Tournaisian	Mississippian	Kinderhookian		New Albany Shale: Ellsworth 组		0～25
泥盆系	上	Famennian	泥盆系	Chautauquan		New Albany Shale: Clegg Creek 组		22～49
泥盆系	上	Famennian	泥盆系	Chautauquan		New Albany Shale: Camp Run 组		22～49
泥盆系	上	Famennian	泥盆系	Chautauquan		New Albany Shale: Morgan Trail 组		22～49
泥盆系	上	Frasnian	泥盆系	Senecan		New Albany Shale: Selmier 组		6～61
泥盆系	上	Frasnian	泥盆系	Senecan		New Albany Shale: Blocher 组		2～24
泥盆系	中	Givetian / Eifelian	泥盆系	Erian	Muscatatuck	North Vernon 灰岩		0～37

图例：褐色-黑色页岩；绿色-灰色页岩；灰到深灰色页岩；灰岩；潜穴；黄铁矿；孢子

图 5.37 Illinois 盆地 New Albany 页岩地层柱状图（引自 Strąpoć et al., 2010）

页岩、白云岩和粉砂岩较少。总体而言，有机质含量相对较低，TOC 不到 4%；Morgan Trail 段为褐色-黑色片状硅质页岩，含有 1～30mm 厚的黄铁矿薄层，TOC 为 5%～20%；Camp

Run 段由绿-橄榄灰色泥岩和页岩与褐色-黑色含黄铁矿片状页岩互层，其有机质较丰富，TOC 含量通常为 5%～13%；Clegg Creek 段为褐色-黑色粉砂质和含黄铁矿的块状页岩，上部有磷酸盐结核。该段比下面几段含有更多的石英粉砂(Lineback，1970)，其 TOC 含量为 5%～13%。尽管 New Albany 页岩的最下部也有天然气产出的情况，但 New Albany 页岩的开发者普遍认为 Clegg Creek 段是最重要的产气层段；Ellsworth 段由富含有机质的褐色-黑色页岩组成，向上逐渐变为绿灰色页岩。

2）New Albany 页岩的地球化学特征

New Albany 页岩的镜质体反射率（R^o）从伊利诺伊盆地南部的 1.5%到盆地边缘附近（包括印第安纳州）的 0.5%～0.7%（图 5.38）。由于可能存在镜质体反射率的抑制现象，有些部位的热成熟度可能高于 R^o 值 (Comer et al.，1994)。干酪根属Ⅰ型，含气量为 1.1～2.3m^3/t，总孔隙度为 10%～14%，含气孔隙度为 5%。

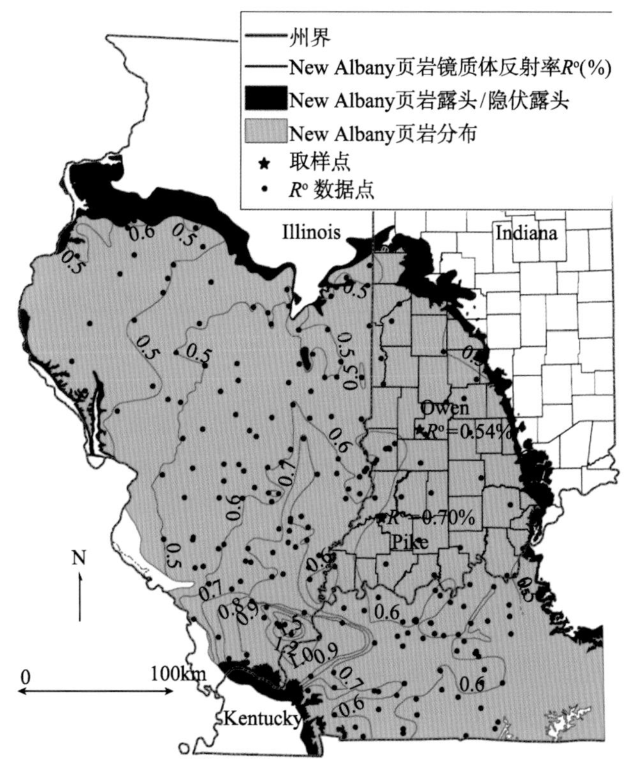

图 5.38　Illinois 盆地 New Albany 页岩镜质体反射率等值线图（引自 Strąpoć et al.，2010）

据 Strąpoć（2010）研究分析，New Albany 页岩的有机岩石成分主要是类脂组的无定形体和藻类体组分（表 5.10）。陆源镜质体和惰性体组分很少，未超过岩石总体积的 1%；有些样品含固体沥青。层位较浅的 Owen（欧文）县，镜质体反射率为 0.49%～0.58%；在较深和成熟度较高的 Pike（派克）县，镜质体反射率为 0.68%～0.72%。这一较高的 R^o 使 Pike 县的这套源岩进入了早期生油窗，并有石油和少量热成因气生成 (Schimmelmann et al.，2006)。

表 5.10 New Albany 页岩样品有机岩石组分（以体积百分比表示）（Strąpoć et al.，2010）

地区	样品	深度/m	R^o/%	藻类体	无定形体	孢子体	碎屑壳质体	总类脂组	镜质体	惰性体	固体沥青	总有机质	总矿物质
欧文县	NS-1	416	0.52	1.9	3.1	0.0	1.6	6.6	0.0	0.0	0.4	7.0	93.0
	NS-2	418	0.52	1.2	1.6	0.4	3.2	6.4	0.0	0.0	1.6	8.0	92.0
	NS-3	420	0.54	3.2	3.2	0.0	2.4	8.8	0.0	0.0	2.3	11.1	88.9
	NS-4	422	0.57	1.2	10.8	0.0	2.0	14.0	0.4	0.0	0.0	14.4	85.6
	NS-5	424	0.56	1.6	7.6	0.0	1.6	10.8	0.8	0.0	2.0	13.6	86.4
	NS-6	426	0.58	6.8	0.1	0.0	2.0	8.9	0.0	0.0	2.4	11.3	88.7
	NS-7	429	0.49	4.0	3.2	0.0	2.4	9.6	0.0	0.0	1.2	10.8	89.2
派克县	NA-8	833	n.d.	0.1	0.0	0.0	0.1	0.2	0.2	0.2	0.0	0.6	99.4
	NA-7	837	0.68	0.1	0.0	0.1	0.1	0.3	0.3	0.2	0.0	0.8	99.2
	NA-6	840	0.68	5.6	9.6	0.0	1.2	16.4	0.0	0.4	2.0	18.8	81.2
	NA-5	842	n.d.	2.4	2.8	0.0	1.2	6.4	0.0	0.0	0.4	6.8	93.2
	NA-4	846	n.d.	10.0	6.4	0.0	2.0	18.4	0.0	0.4	0.0	18.8	81.2
	NA-3	848	n.d.	1.6	4.0	0.0	2.0	7.6	0.0	0.0	0.4	8.0	92.0
	NA-2	850	n.d.	1.6	4.4	0.0	2.4	4.8	0.0	0.0	0.0	4.8	95.2
	NA-1	855	0.72	4.8	2.0	0.0	2.0	8.8	0.4	0.0	0.0	9.2	90.8

New Albany 页岩在两个研究区最上部的 TOC 均较低，其中 Pike 县尤为明显（图 5.39）。Pike 县最上部层位即 Ellsworth 段的有机质中含小的藻类体，偶见疑源类胞囊以及极细微的碎屑壳质体组分[图 5.40(a)、(b)]。在这部分层位的所有样品中都存在惰性体和细小的镜质体氧化颗粒[图 5.40(c)]。Clegg Creek 段和 Camp Run 段的 TOC 含量升高，同时含大量藻类体组分和大型藻类化石，如 Leiosphaeridia 和 Tasmanites[图 5.40(d)、(e)、(g)、(h)]，还有较小的藻类体。较高的 TOC 和藻类体含量另外还伴有丰富的无荧光无定形体，它们以粒状基质或相对清晰的层出现[图 5.40(f)、(i)]。

New Albany 页岩岩心的总含气量(基于“收集的量”)在 Oven 县研究点为 $0.4m^3/t$ 到 $2.1m^3/t$，而在 Pike 县为$(0.1\sim2.0)m^3/t$ (表 5.11、图 5.41)。在两个研究点都发现了在残余气与总含气量之间以及在总含气量与 TOC 含量之间有很强的相关性(R^o 分别约为 0.9%和 0.7%～0.9%)，其中的 TOC 是从相应 30cm 岩心段的有代表性和均匀的碎片中获取的。残余气和总含气量的正相关性可能反映了最细小封闭微孔隙(含残余气)体积与连通的微孔隙和中孔隙(提供了容纳吸附气的表面)体积之间的关系。Martini 等(2008)也曾观测到 New Albany 页岩中总含气量和 TOC 之间的相关性。一般而言，由页岩岩心段密封罐解吸附获得的总含气量在两个研究点具有可比性，但在 TOC 值相同时，Pike 县含气更多。

早期生油窗因热成熟度较低，不会生成大量的气排出。因此，New Albany 页岩干酪根所生成的天然气大多留在页岩内并吸附在丰富的有机质上。不过仍有一部分所谓的游

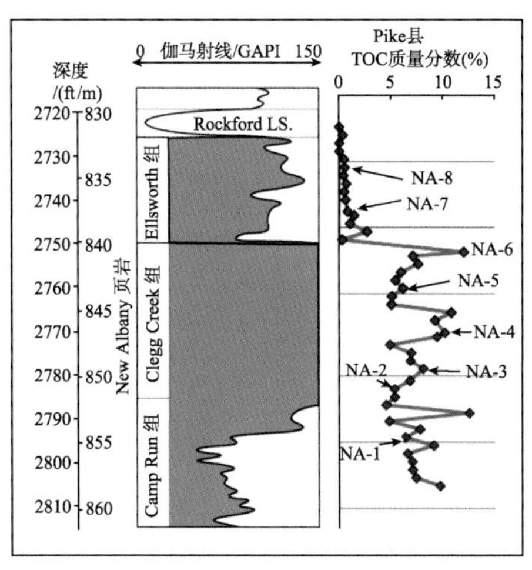

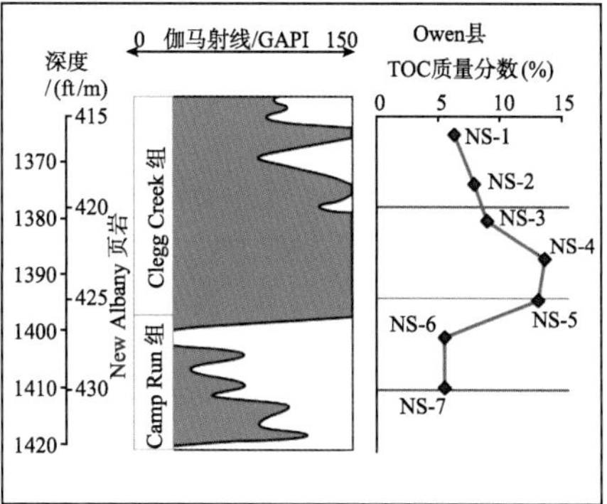

图 5.39 Pike 县和 Oven 县 New Albany 页岩样品总有机碳含量与伽马射线(GR)测井响应对比图（Strąpoć et al.，2010）

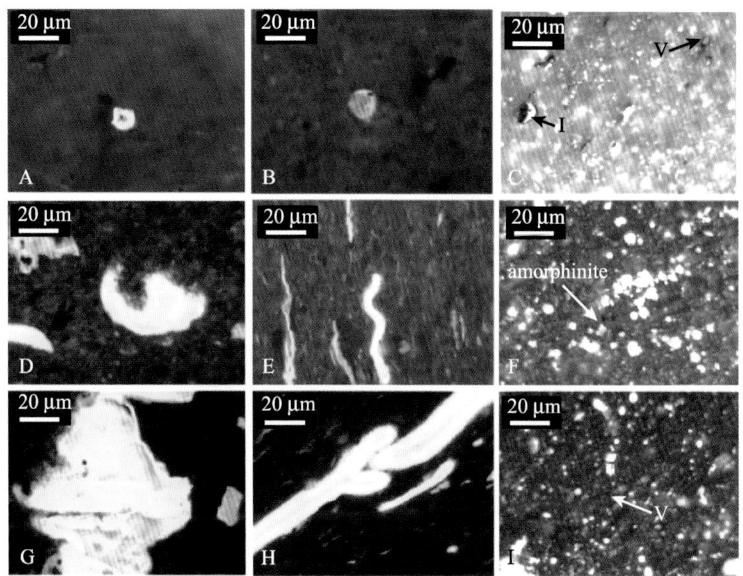

图 5.40 选用样品中各类有机质的显微照片（Strąpoć et al.，2010）

表 5.11 新奥尔巴尼页岩样品的表面积和中孔隙特征（Strąpoć et al.，2010）

地区	样品	TOC /%	BET 表面积 /(cm³/g)	BJH 中孔隙体积 /(cm³/g)	D-R 微孔隙表面积 /(cm³/g)	D-R 单层容积 /(cm³/g)	D-A 微孔隙体积 /(cm³/g)	残余气(散失气) / (scf[①]/ton)	总含气量 / (scf/ton)	总含气量 /(m³/t)
欧文县	NS-1	6.95	11.6	0.025 755	14.6	3.2	0.014 141	10.3(<0.1)	19.0	0.6
	NS-2	8.25	10.5	0.024 404	15.9	3.5	0.014 223	17.3(<0.1)	24.7	0.8

① 1 scf=0.028 316 8 m³

续表

地区	样品	TOC/%	BET 表面积/(cm³/g)	BJH 中孔隙体积/(cm³/g)	D-R 微孔隙表面积/(cm³/g)	D-R 单层容积/(cm³/g)	D-A 微孔隙体积/(cm³/g)	残余气(散失气)/(scf/ton)	总含气量/(scf/ton)	总含气量/(m³/t)
欧文县	NS-3	9.05	9.9	0.022 969	15.1	3.3	0.012 913	17.4(0.1)	32.9	1.0
	NS-4	13.06	4.9	0.014 429	19.2	4.2	0.016 695	42.1(<0.1)	65.8	2.1
	NS-5	12.67	8.0	0.018 620	18.4	4.0	0.016 903	44.4(0.3)	57.1	1.8
	NS-6	5.44	8.0	0.025 240	8.3	1.8	0.009 572	13.4(<0.1)	13.9	0.4
	NS-7	5.48	9.9	0.028 988	10.1	2.2	0.008 777	10.8(0.1)	13.2	0.4
派克县	NA-8	0.53	20.0	0.031 359	11.8	2.6	0.008 279	0(0.6)	3.2	0.1
	NA-7	0.82	18.9	0.025 989	11.5	2.5	0.008 144	0(0.6)	4.7	0.1
	NA-6	12.03	10.6	0.030 010	21.6	4.7	0.017 675	23.0(1.7)	58.3	1.8
	NA-5	6.13	5.9	0.017 332	12.3	2.7	0.013 291	13.8(2.1)	47.6	1.5
	NA-4	10.16	4.9	0.016 582	14.5	3.2	0.014 603	18.7(3.2)	63.9	2.0
	NA-3	8.10	4.4	0.011 681	14.6	3.2	0.012 988	15.1(0.7)	46.1	1.4
	NA-2	5.32	4.2	0.012 962	7.1	1.5	0.011 691	5.6(0.5)	20.0	0.6
	NA-1	6.57	4.0	0.012 631	8.6	1.9	0.010 088	8.1(3.7)	29.9	0.9

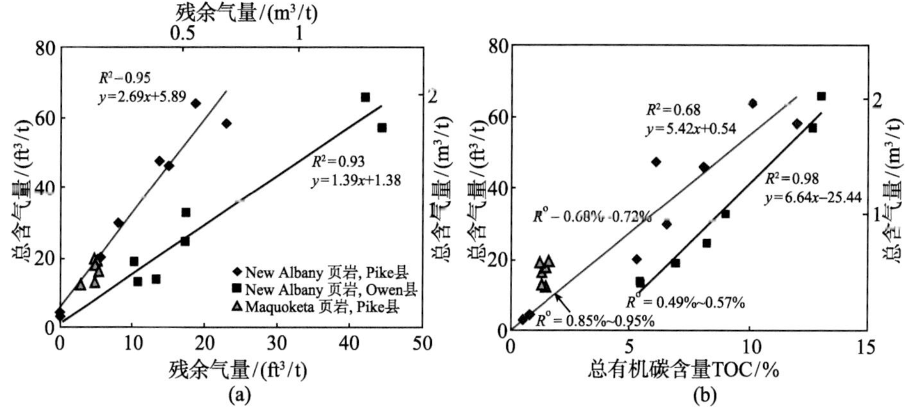

图 5.41 残余气含量与总含气量和有机碳含量之间的关系（Strąpoć et al.，2010）

离（压缩）气充填在大孔隙和裂缝内，它们有可能在不同时代的地质作用（或岩心采集过程）中散失。这一点在较浅和较靠北的 Oven 县研究点更突出，那里的（总气–残余气）/总气比值为 0～3，明显低于 Pike 县（约 0.6）。天然气的这种散失可能是后冰川期的回弹和松弛作用造成的。此外，还在 Pike 县的岩心中发现了长约 30cm 的多条纵向裂缝。

根据观测到的 New Albany 页岩气丰度和 δ^{13}C 值的变化（表 5.12、图 5.42），有些气主要为热成因气，而另有一些气为热成因气和生物气的混合气，而且生物甲烷的比例是向伊利诺伊盆地东北边界增大的。当地层水的氯离子浓度超过 2mol/L（McIntosh et al.，2002）时，在 New Albany 页岩中就不会观测到微生物甲烷。微生物甲烷的分布与地层水较低盐度的一致性表明，渗入的大气水和后冰川期水的补给使盆地盐水得到了稀释，由此可以使微生物在有裂缝的页岩里得以繁殖。Oven 县研究点的特点是在热成因气中加入了可能属于后冰川期的微生物甲烷。Oven 县 New Albany 页岩因成熟度较低而使热成因气潜力较小，但因有高达 5 倍的微生物甲烷的加入而基本上得到了补偿。因此，尽管 Pike 县与 Oven 县两地热成熟度不同，但总含气量相当。Oven 县 New Albany 页岩气中微生物甲烷的加入还伴有明显的丙烷微生物降解，结果出现了残余丙烷的 ^{13}C 富集(图 5.43)。

表 5.12 New Albany 页岩气样品的成分和同位素特征（Strąpoć et al.，2010）

样品	深度/m	甲烷			CO_2		乙烷			丙烷			异构丁烷			正丁烷			正戊烷		
		丰度/%	$\delta^{13}C$/‰	δD/%	丰度/%	$\delta^{13}C$/‰	丰度/%	$\delta^{13}C$/‰	δD/%	丰度/%	$\delta^{13}C$/‰	δD/%	丰度/%	$\delta^{13}C$/‰	δD/%	丰度/%	$\delta^{13}C$/‰	δD/%	丰度/%	$\delta^{13}C$/‰	δD/%
NS-1	416	90.9	−53.8	n.d	7.7	−12.0	0.8	−46.9	n.d	0.4	−36.0	n.d	0.03	−27.2	n.d	0.1	−31.5	n.d	b.dl	n.a	n.d
NS-3	420	98.3	−54.6	−201	0.1	−11.9	0.9	−46.4	−245	0.5	−39.5	−184	0.02	−34.3	−143	0.1	−33.3	−135	b.dl	n.a	n.d
NS-5	424	98.2	−56.3	−160	0.2	−16.5	1.0	−48.0	−227	0.5	−37.6	−159	0.02	−34.8	−152	0.1	−33.9	−127	b.dl	n.a	n.d
NS-7	429	98.4	−55.0	−156	0.0	−12.4	0.8	−47.8	−217	0.6	−36.3	−176	0.10	−34.2	−153	0.1	−36.2	−144	b.dl	n.a	n.d
NA-6	840	75.8	−53.2	−216	0.1	−13.1	13.0	−47.0	−273	4.5	−37.7	−180	0.1	−33.3	−168	0.8	−33.5	−151	0.3	−32.0	5.2
NA-5	842	71.7	−52.1	−240	0.2	−16.6	15.8	−46.6	−300	6.7	−39.8	−215	0.2	−33.5	−188	1.2	−34.4	−158	0.7	−32.4	3.4
NA-4	846	72.1	−52.2	−254	0.2	−16.7	17.0	−48.1	−335	6.5	−39.4	−261	0.2	−32.8	−159	1.1	−32.8	−159	b.dl	n.a	3.0

注：b.dl=低于检测值； n.a=不可用； n.d=未确定

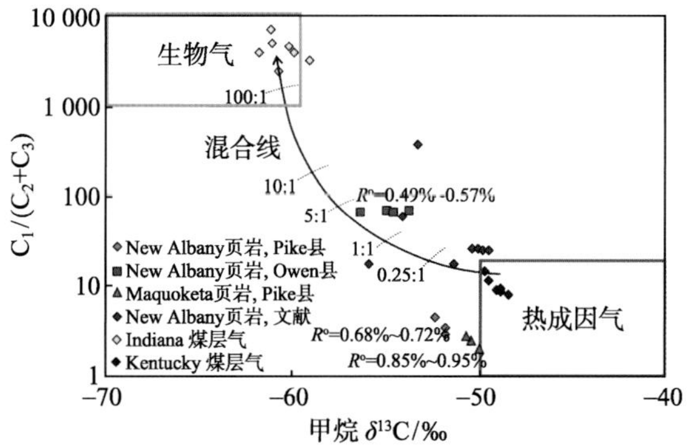

图 5.42 New Albany 页岩生物成因气与热成因气分布图（Strąpoć et al.，2010）

New Albany 页岩有机质以类脂组占优势，含很高比例的藻类体，富含 17～19 碳原子脂族链，这些脂族链的甲基裂开可能需要相对较高的活化能。因此在低成熟度时，New Albany 页岩中脂族占优势。缺乏 $\delta^{13}C$ 的有机质在转化时，会产生 $\delta^{13}C_{甲烷}$接近−52‰和 $\delta^{13}C_{乙烷}$接近−47‰的热成因气（图 5.43）。

由此可见，New Albany 页岩气具有双重成因，既有干酪根经热成因而形成的低熟气，又有甲烷菌代谢活动形成的生物成因气。

3）资源潜力

美国能源局 2001 年评价认为 New Albany 页岩气可采资源总量为 1.9×10^{12}～$9.2\times10^{12}ft^3$（5.4×10^{10}～$26.1\times10^{10}m^3$）。2009 年再次评价认为其页岩气资源量为 86×10^{12}～$160\times10^{12}ft^3$（2.43×10^{12}～$4.53\times10^{12}m^3$），可采资源量至少为 $20\times10^{12}ft^3$（$0.57\times10^{12}m^3$）。页

岩气资源量主要分布在 New Albany 高伽马页岩厚度大、裂缝发育的盆地东南部地区。

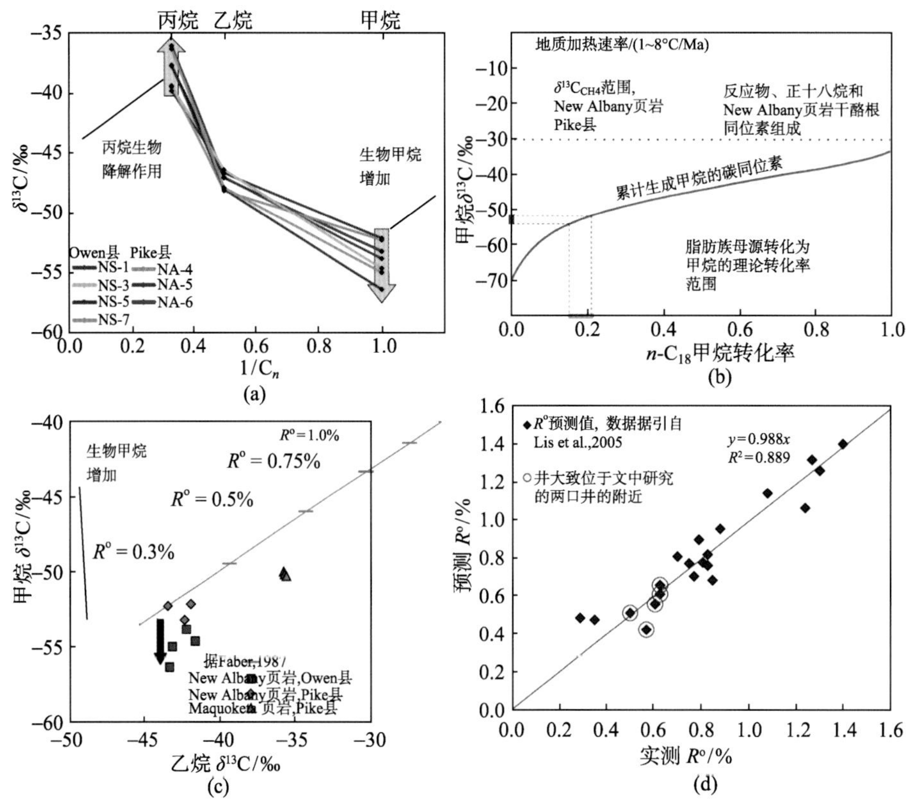

图 5.43 页岩气热成熟度图（Strąpoć et al.，2010）

2. 福特沃斯盆地

早在 20 世纪 50 年代，人们发现在美国福特沃斯盆地钻遇下石炭统 Barnett 页岩段时，经常见到良好的气显示，但是从来没人愿意对页岩段进行测试。1981 年， Mitchell 能源公司在得克萨斯州北部的气产量持续下降，而公司已对天然气集输管线和加工厂等地面设施进行了巨额投资，为了扭转被动局面，该公司在得克萨斯州 Wise 县东南部，针对上奥陶统的 Viola 灰岩钻探了 C.W.Slay#1 井，但是致密的 Viola 灰岩根本没有商业价值。测井资料表明，Barnett 页岩与阿巴拉契亚盆地产气的泥盆系页岩非常相似，公司大胆地对 Barnett 页岩段进行了氮气泡沫压裂改造，虽然气产量仅为 3398m^3/d，不具有经济价值，但证实该页岩段具有产气能力，问题只是何种改造措施最有效，从而发现了 Barnett 页岩气田。

从 1982 年起，工程师们就不断地探索 Barnett 页岩的开采技术。1986 年，第一次尝试大型水力压裂；1990 年，所有的 Barnett 页岩气井都使用大型水力压裂；1992 年，钻探第一口水平井；1997 年，第一次尝试加砂压裂；1999 年，重复压裂技术成熟；2003 年，水平井钻探技术成熟。随着钻完井技术的不断改进，气田的面积不断扩大，产量飞速增长。截至 2008 年 11 月，经过多次压裂改造的 C.W.Slay#1 井产气量仍接近 $9000m^3/d$，累计产气量已超过 $4×10^7m^3$。福特沃斯盆地 Barnett 页岩气资源量为 $9.26×10^{12}m^3$，可采储量为 $1.25×10^{12}m^3$。2009 年页岩气年产量为 $533.3×10^8m^3$，是美国产量最大的气田。2010 年，福特沃斯盆地累计完钻页岩气井超过 14 400 口，页岩气产量超过 $1.4×10^8m^3/d$，累计产页岩气超过 $2300×10^8m^3$。因此，页岩气的商业性勘探和开发与工艺技术的进步是密切相关的（图 5.44）。

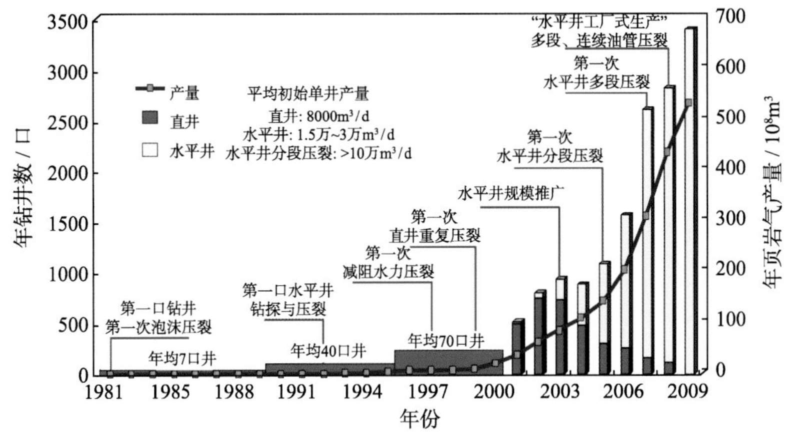

图 5.44 福特沃斯盆地勘探历程图

1）构造特征

福特沃斯盆地位于美国得克萨斯州中北部，面积约 $38100km^2$，是古生代晚期 Ouachita 造山运动形成的前陆盆地。盆地东以 Ouachita 冲断带为界，西以 Bend 脊为边，南接 Llano 凸起，北连 Red River 脊和 Muenster 脊。盆地的主要抬升和剥蚀发生在泥盆纪、侏罗纪、古近纪和新近纪，而二叠纪和三叠纪盆地沉降最大。福特沃斯盆地总体为一个楔形的向北加深的凹陷，其轴线大致与 Muenster 脊和 Ouachita 冲断带平行（图 5.45）。盆地北部的 Red River 脊和 Muenster 脊为断块型的基底隆起。盆地西部为一系列的低幅正向构造，包括 Bend 脊、东部陆架和 Concho 脊。其中 Bend 脊为向北倾斜的正向隐伏构造，是得克萨斯中部的 Llano 凸起向北部的延伸，形成于早石炭世晚期，没有明显的构造抬升。盆地南部为 Llano 凸起，呈背斜形状，出露前寒武系和古生界地层，其间断性的构造抬升开始于前寒武纪。Barnett 页岩出露于凸起所在的 Lampasas 和 San Saba 两个县。盆地南部的另一正向构造为 Lampasas 脊，从 Llano 凸起向东北延伸，与 Ouachita 冲断带近乎平行。福特沃斯盆地内其他构造包括断层、局部褶皱、裂缝，以及与溶蚀相关的 Ellenburger 组坍塌和冲断褶皱。其中对 Barnett 页岩气藏有重要影响的是 Mineral Wells 断层，呈北东向展布，穿过 Newark East 页岩气田。该断层为一间歇性活动的基底断裂，在古生代晚期最活跃。研究表明：该断层影响 Barnett 页岩的沉积模式、热演化史和油气的运移。与断层对应的天然裂缝可见于 Barnett 页岩，但几乎都被碳酸盐岩充填胶结。裂缝至少有两组，南北向的形成较早，近东西向的形成较晚且较发育。

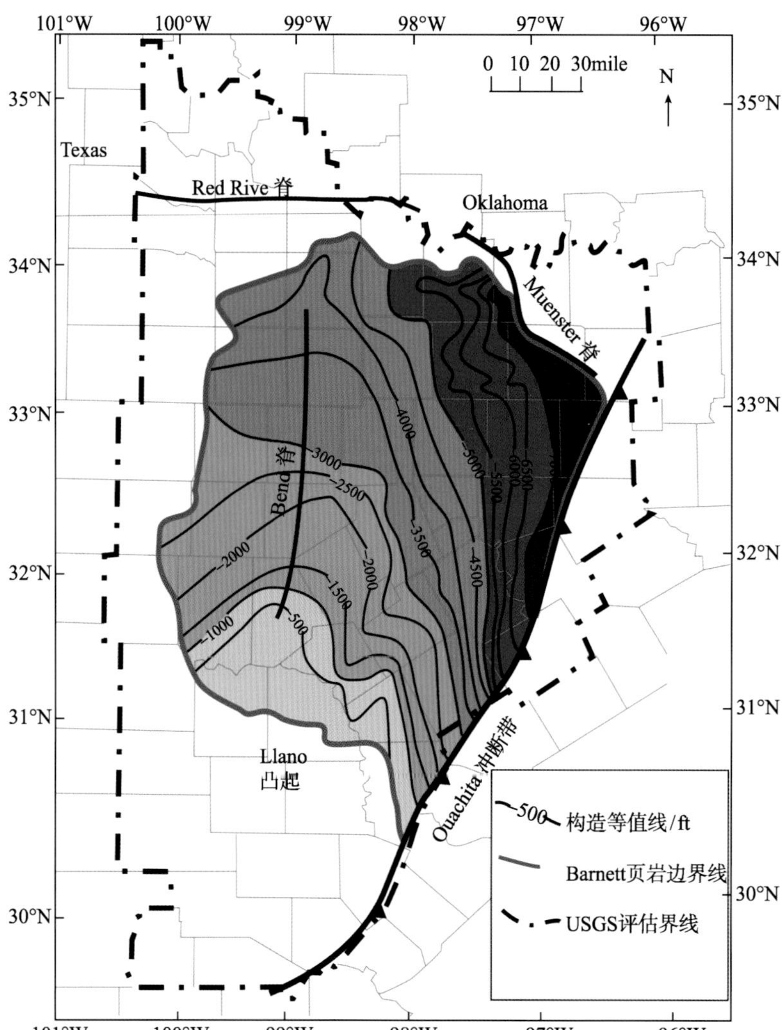

图 5.45　福特沃斯盆地 Barnett 页岩顶部构造图（Pollastro et al.，2007，修改）

2）地层与沉积特征

福特沃斯盆地的基底为前寒武系的花岗岩和闪长岩，最大沉积岩厚度为 3660m，地层自下而上依次为寒武系、奥陶系、石炭系、二叠系和白垩系（图 5.46）。寒武系—上石炭统下段以海相碳酸盐岩为主，上石炭统中段—二叠系主要为河流-三角洲相的碎屑岩。白垩系发育厚层海相碳酸盐岩，由于后期遭受剥蚀，仅在盆地东部呈薄层状分布。

19 世纪晚期，John W. Barnett 定居于得克萨斯州中部的 San Saba 县，他把当地的一条小溪命名为 Barnett 溪。20 世纪早期，在一次野外地质填图过程中，地质家在 Barnett 溪附近的露头上发现了一套富含有机质的黑色页岩，就将其命名为 Barnett 页岩。下石炭

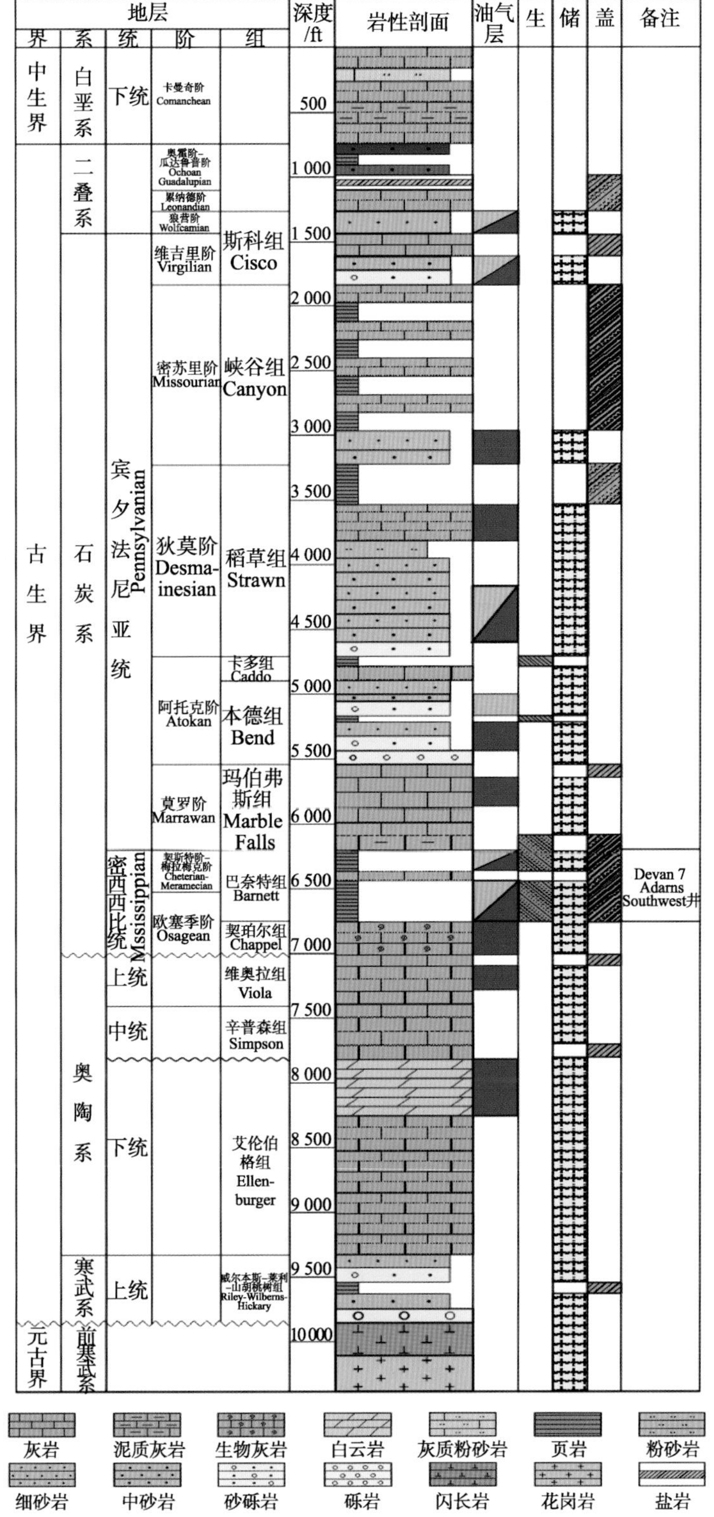

图 5.46 福特沃斯盆地地层综合柱状图

统 Barnett 页岩分布在盆地的大部分地区，北部较厚，靠近 Muenster 脊处最厚；在西北部的 Chappel 陆架和西南部的 Llano 凸起迅速减薄并尖灭；沿着 Muenster 脊、Red River 脊和 Ouchita 冲断带由于侵蚀而缺失（图 5.47）。Barnett 页岩与上覆的上石炭统 Marble Falls 灰岩呈整合接触，与下伏的奥陶系 Viola 灰岩呈不整合接触。在盆地的东北部，Barnett 页岩由 Forestburg 灰岩分隔为上下两部分。在 Chappel 陆架， Ellenburger 组灰岩与 Barnett 页岩之间发育塔礁和 Chappel 灰岩丘。下石炭统由浅海灰岩和黑色富含有机质的页岩组成，但由于缺乏标志性的化石，该地层并没有统一的界定。上石炭统的 Marble Falls 灰岩上部为灰岩段，下部为暗色灰岩与灰黑色页岩互层，有时称为 Comyn 组。Marble Falls 下部的页岩段为标志层，但测井上常与 Barnett 页岩混淆，也称为假 Barnett 层。

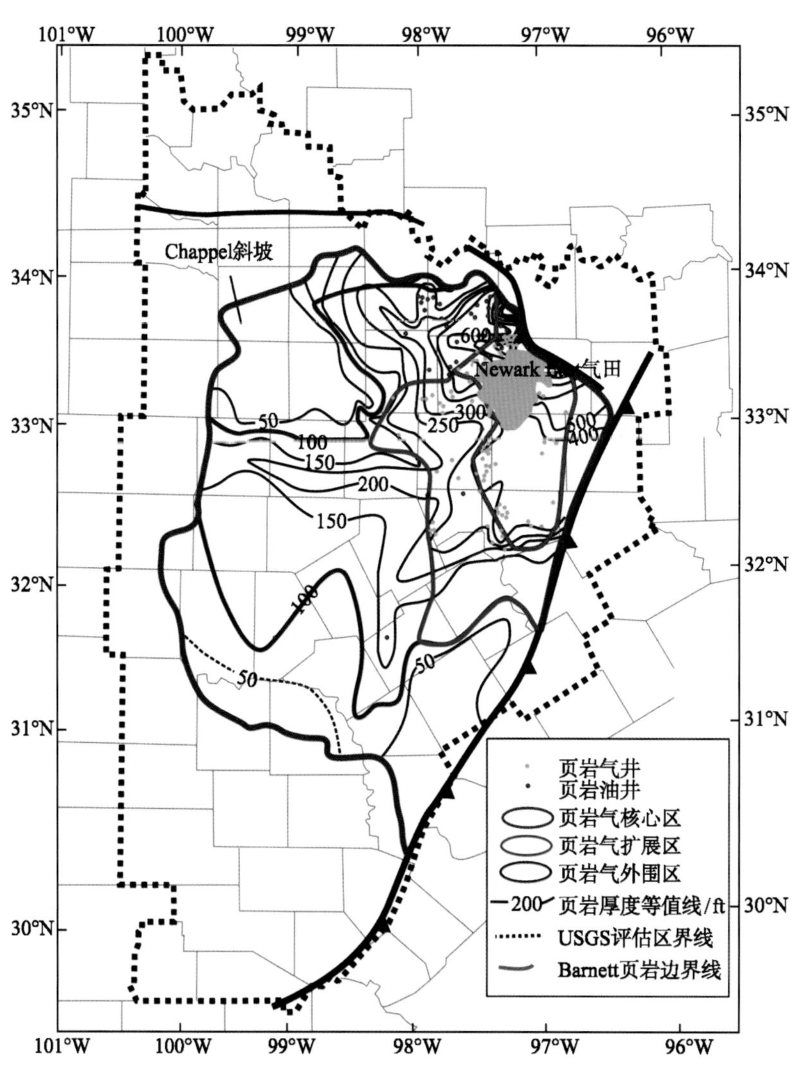

图 5.47 福特沃斯盆地 Barnett 页岩地层等厚图（Pollastro et al.，2007，修改）

Barnett 页岩除生物碎屑岩外，以细粒沉积物为主。根据矿物、层理、化石和结构可分为三种岩相：硅质泥岩、薄片状泥灰岩和含生物碎屑的泥粒灰岩。各岩相普遍富集黄铁矿和磷酸盐，常见碳酸盐岩团块。岩心观察表明：Barnett 页岩主要由硅质泥岩与互层的有机质含量较低的灰质泥岩和生屑泥粒灰岩组成，中部发育的 Forestburg 地层由层状泥灰岩组成。页岩的测井响应特征为低电阻率、高自然伽马，而 Forestburg 地层由于含钙量高，其测井响应特征为低自然伽马。

3）Barnett 页岩气矿藏的基本特征

Barnett 页岩气藏没有明显的气藏边界和气水界面。储层以特低孔隙度、极低渗透率的富有机质页岩为主，一般发育天然微裂缝；烃类原地成藏或层系内极短运移；气体赋存状态多样，以游离和吸附态为主；单井产量低，需要压裂改造，生产周期长达 30～50 年。

A. 生烃特征

Barnett 页岩干酪根类型为Ⅱ型，低硫，易于生油； TOC 平均值约为 4.5%，露头区的 TOC 高达 11%～13%；R^o 的分布范围为 0.5%～1.9%。Barnett 页岩二叠纪中期开始生烃，白垩纪末期进入生烃高峰期。

Barnett 页岩目前的埋藏深度与页岩的成熟度不对应，厚度最大的 Muenster 脊附近 R^o 并不高。总体表现为：①Bend 脊周边的成熟度向南北两个方向减少，从西向东增加；②向 Ouachita 冲断带方向成熟度快速增加；③局部的成熟度增减与盆地内的构造运动有关。

重建的盆地埋藏史显示了热演化史的复杂性。盆地中西部 Eastland 县的埋藏史图表明 Barnett 页岩经历了三个主要热演化阶段。最初的快速沉降与埋藏阶段发生在晚石炭世—二叠纪；第二阶段为晚二叠世—早白垩世，地温保持较高的水平，中晚白垩世盆地埋深再度增加；第三阶段为晚白垩世—新近纪，盆地抬升遭受剥蚀。总之，盆地的古地温远高于今地温。Barnett 页岩经历了多期热事件，并呈幕式排出油气。

B. 储集特征

产气的 Barnett 黑色页岩矿物体积组成为：石英约占 45%，黏土（主要是伊利石，含少量蒙脱石）占 27%，方解石和白云石占 8%，长石占 7%，有机质占 5%，黄铁矿占 5%，菱铁矿占 3%，另外还有微量天然铜和磷酸盐矿物。

页岩气核心区孔隙度平均为 6.0%，渗透率为 0.15～2.5μD①。气体主要储集于基质孔隙和微裂缝中，部分吸附于有机质表面。吸附气含量约 20%，游离气含量达 80%。

C. 封隔层特征

Barnett 页岩的上覆层为上石炭统 Marble Falls 组，在 Llano 凸起的东部、北部和西部呈不连续的环状出露地表。在 Newark East 气田，Marble Falls 灰岩段极为致密，而在盆地南部，呈北东向展布的零星 Marble Falls 灰岩滩体已变成了良好的储层，并获得了工业气流。

Barnett 页岩内部发育 Lime Wash 和 Forestburg 两套灰岩，均为致密层。Lime Wash 灰岩位于 Barnett 页岩上段，分布在页岩最厚的 Muenster 脊附近，并向西部和南部迅速

① $1D=0.986\ 23\times10^{-12}m^2$

尖灭。Forestburg灰岩位于Barnett页岩中部，在Newark East气田广泛分布，靠近Muenster脊厚度可超过61m，向西部和南部也迅速减薄。

Barnett页岩下伏层多变。盆地西部，发育下石炭统Chappel组海百合灰岩，伴生生物丘和塔礁，厚度可达91m，并已获工业气流；盆地东部，发育致密的上奥陶统Viola–Simpson组结晶质灰岩和白云岩，该地层向西迅速尖灭；其他地区，由于Viola–Simpson组地层的缺失，Barnett页岩直接与上奥陶统Ellenburger组碳酸盐岩接触。Ellenburger组地层以溶蚀白云岩为主，孔隙发育，经常饱和高盐度的地层水。

总之，Lime Wash、Forestburg和Viola–Simpson组灰岩，以及盆地东部致密的Marble Falls组灰岩均为良好的封隔层，确保了Barnett页岩核心区的高含气性和人工压裂的高效性。但下伏的Ellenburger组地层封隔性能较差。2003年之后，水井钻探和分段压裂技术的日趋成熟，对页岩顶、底板封闭性的要求变低，使得该区页岩气开发迅速展开。

D. 流体性质变化规律

生产数据表明：从东向西，Barnett页岩逐渐产气，经产气油混合段，转变为纯产油。在生气窗内，这种向西成熟度减少的趋势表现为气的干燥程度降低；在产气油混合段，这种趋势表现为气油比的下降。Barnett页岩油的含硫量较低，为小于0.4%，且含硫量随着油的热成熟度和API的增高而降低。低成熟度油为35°～45°API，高成熟度油和凝析油为40°～45°API。

4）页岩气矿藏与常规油气藏的烃源对比

福特沃斯盆地最初的油气显示见于19世纪中期水井的钻探。石油勘探开始于南北战争结束后，20世纪初期获得了第一个商业性石油发现。到1960年，盆地已进入油气勘探开发的成熟阶段。1980年以前，勘探集中在上石炭统的碎屑岩和碳酸盐岩常规储层。1982年之后，Barnett页岩才逐渐成为勘探目的层，现在已成为美国陆上的第一大气田。

福特沃斯盆地从奥陶系到下二叠统都发现了油气藏。其中奥陶系、下石炭统和上石炭统下部储层主要是碳酸盐岩，而上石炭统中部到下二叠统储层以碎屑岩为主。通过对盆地大量油气样品、Barnett页岩岩屑和岩心样品及其他潜在烃源岩样品的分析，证实Barnett页岩是古生界油气藏的主要源岩。得克萨斯州Brown县低熟的Barnett页岩油，与盆地西部Shackelford、Callahan和Throckmorton县常规油在生物指纹和碳同位素等方面均有很好的相似性（图5.48），而且绝大部分油都来自低含硫的海相页岩（图5.49）。这些常规油样与Newark East页岩气田的凝析油在轻烃、生物标志物和碳同位素等方面也密切相关。

据Pollastro等（2007）的研究，到1990年，福特沃斯盆地古生界已产油2×10^9Bbl，气8tcf[①]，主要来自Barnett烃源岩。油和溶解气主要来自低成熟阶段（$R^o<1.1\%$）的岩层，气主要来自高成熟阶段（$R^o\geq1.1\%$）的岩层。

福特沃斯盆地潜在的其他烃源岩为：①上石炭统Marble Falls灰岩中的暗色细粒碳

① $1\text{tcf}=10^{12}\ \text{ft}^3=283.17\times10^8\ \text{m}^3$

酸盐岩和页岩；②Smith wick 页岩中的黑色页岩；③在 Wise、Jack、Young、Parker、Palo Pinto 和 McCulloch 县的几套上石炭统薄煤层。

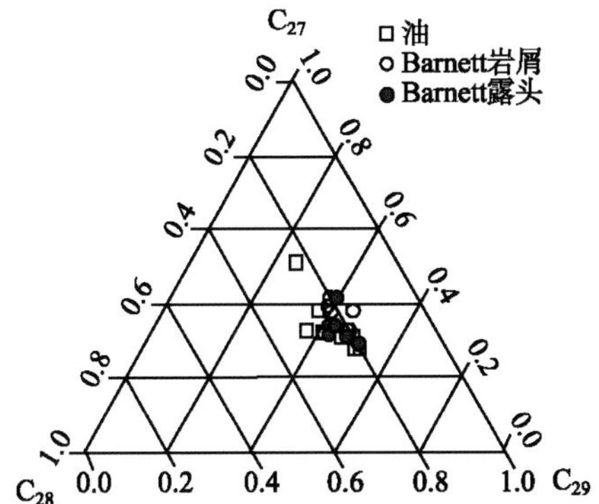

图 5.48　福特沃斯盆地常规油与 Barnett 页岩露头及岩屑 C_{27}、C_{28} 和 C_{29} 关系图（单位: %）（Hill et al.，2007）

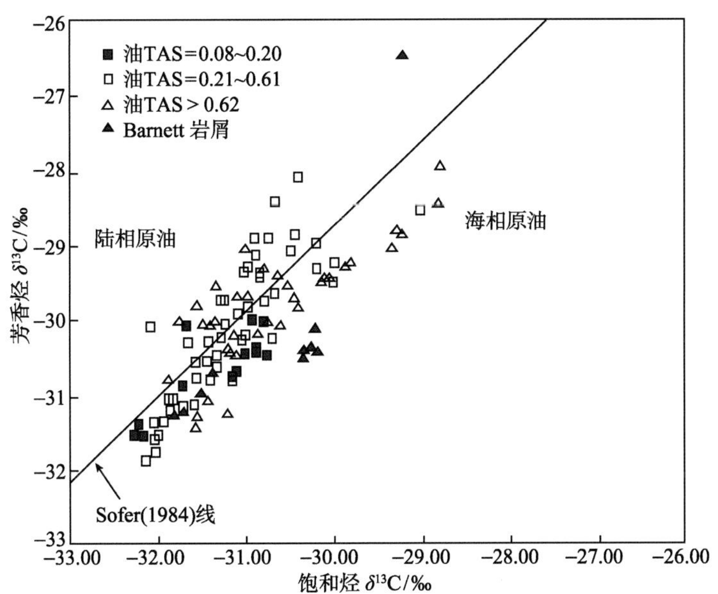

图 5.49 福特沃斯盆地常规油与 Barnett 页岩岩屑碳同位素关系图（Hill et al.，2007）

TAS 为三芳甾烷比值，即 $TAS=(C_{21}+C_{22})/(C_{21}+C_{22}+C_{26\sim28})$

5）Barnett 页岩气成藏的控制因素

A. 构造因素易影响页岩气矿藏的封闭性或含气性

靠近断层、溶蚀区和构造褶皱处（向斜和背斜），Barnett 页岩气藏的产量都很低。在这些部位，裂缝非常发育，但开放性裂缝极少，均被以方解石为主的碳酸盐岩胶结。分析认为：如果存在较多的开放性天然裂缝，大量的油气将从页岩层中排出，进入外围常规储集岩层，从而减少页岩气矿藏的孔隙压力和赋存的烃类数量。即使裂缝已被充填，但后期的压裂改造会使其优先开启，同时也极易与上覆和下伏的水层沟通，影响页岩气的开采。因此断裂和褶皱对页岩气成藏、成矿有着不利的一面。

B. 页岩的有机质成熟度和丰度是页岩气富集的重要控制因素

Jarvie（2001）研究认为：当 R^o 为 0.6%～1.1%时，页岩产油；当 R^o 约为 1.1%时，Barnett 页岩油开始裂解为气；当 R^o 为 1.1%～1.4%时，页岩产湿气；当 $R^o \geq 1.4\%$时，页岩产干气。目前获得工业气流的页岩气井大多位于 $R^o \geq 1.1\%$的产气窗内。气产量与页岩的成熟度成正比：页岩的成熟度越低，生成的气越少、油越多，且油堵塞了孔隙和喉道，故产气量越低；成熟度越高，生成的气越多、油越少，且油的黏度降低，并逐步开始裂解成气，故产气量越高。因此，成熟度是页岩气成藏的控制因素之一。

统计表明页岩的产气量与 TOC 含量呈一定的正相关关系。福特沃斯盆地 Barnett 页岩 TOC 与气产量关系如图 5.50 所示。其他盆地的相应统计也证实了这一关系的存在。

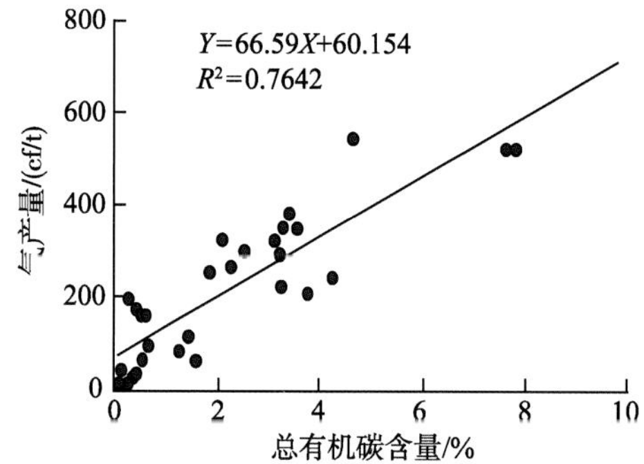

图 5.50 福特沃斯盆地 Barnett 页岩 TOC 与气产量关系图

C. 封隔层影响页岩层系的整体含气性和人工压裂的效果

从生产工艺来讲，封隔层可阻隔人工压裂能量的损失，确保高产。尽管随着水平井钻探及压裂技术的完善，对封隔层的要求降低，外围区的高产井越来越多。但从油气地质理论来讲，Barnett 页岩核心区完好的 Marble Falls 和 Viola–Simpson 组致密灰岩构成的上下封隔层，使其含气性远高于其他地区。完好上下封隔层的存在，使核心区生成的天然气无法经初次运移，而输导给外部储集层系，造成了核心区页岩层系的高含气性。

6）资源潜力

美国地质调查局于 2003 年 9 月完成了对 Barnett 页岩的评价，并于 2004 年 3 月发布了评价结果。这次评价应用了 FORSPAN 模型。在总体地质和地球化学特征、热成熟度以及勘探和生产数据的基础上，限定、描述和评价了两个 Barnett 页岩连续型气藏评价单元：①Barnett 页岩核心区评价单元；②Barnett 页岩扩展区评价单元。前者是 Barnett 页岩的核心产气区，它包括 Newark East 气田，其中的 Barnett 页岩层厚，富含有机质、并处于 $R^o \geq 1.1\%$的生气窗内。此外，在这个评价单元 Barnett 页岩的上方和下方，均有不渗透灰岩遮挡层（分别是宾夕法尼亚系的 Marble Falls 组灰岩和奥陶系 Viola–Simpson 灰岩），它们在完井期间能包围诱导裂缝并最大限度地提高其有效性。因此，Newark East 气田核心产区 Barnett 储层的估算最终采收量要普遍高于该盆地的其他地区。

评价结果表明 Barnett 页岩核心区评价单元估算的待发现可采资源量平均值为 $14.6\times10^{12}ft^3$，F95 和 F5 百分位的可采资源量分别为 $13.4\times10^{12}ft^3$ 和 $16.0\times10^{12}ft^3$； Barnett 页岩扩展区评价单元估算的待发现可采资源量平均值为 $11.6\times10^{12}ft^3$，F95 和 F5 百分位的可采资源量分别为 $8.3\times10^{12}ft^3$ 和 $15.5\times10^{12}ft^3$。第二个评价单元的储量分布范围比较大，反映了这个勘探开发程度很低地区的估算值存在较大的不确定性。因此对于这两个 Barnett 页岩的评价单元，评价确认的具有增储潜力的可采资源总量平均值为 $26.2\times10^{12}ft^3$（$0.74\times10^{12}m^3$）。

3. 其他盆地的基本特征

1）圣胡安盆地

圣胡安盆地（San Juan）地理上处于新墨西哥州的西北部和科罗拉多州的西南部，地质上为一个非对称的构造凹陷，面积约 $5.7\times10^4km^2$。盆地近圆形，轴线北西向，中部宽平，东翼和北翼陡窄，西翼呈平缓台阶，南翼为 Chaco 斜坡，有大致呈放射状的褶皱背斜，是落基山地区最南部的盆地。盆地内部构造不复杂，仅仅是较新的地层轻微褶皱，盆地斜坡相当平缓。在盆地南翼，倾斜度小于 1.5°。

圣胡安盆地以产气为主，是美国主要产气盆地之一；产油较少，只发现中小型油田，产量较低。常规油气大都聚集在宽缓的背斜中。较重要的产层是侏罗系 Entrada 砂岩,在火山岩覆盖区也产数量较多的油气。1907 年开始钻探发现常规油气田。1978 年，盆地已累计产油 2300 万 t，气 2922 亿 m^3，凝析油 640 万 t。进入 21 世纪，圣胡安盆地已成为美国主要煤层气产区。1951 年开始上白垩统 Lewis 页岩气开发。Lewis 页岩夹持在常规气层和煤层气层之间，其页岩气单井产量为 2830～5660m^3/d，产少量水或凝析油，年递减率为 6%，深度为 900～1800m。20 世纪 90 年代末期，Lewis 页岩气层的勘探开发工作突然兴起。作业者把 Lewis 页岩作为新井的辅助完井层或者老井的重新完井段，实施多层混合开采，这虽然极大地降低了页岩气的开发成本，但无法准确计算页岩气产量和资源量。目前圣胡安盆地累计完钻的页岩气生产井超过 600 口。

盆地沉积岩总厚度约 4572m。地层自下而上为寒武系至新近系（表 5.13）。宾夕法尼亚系的碳酸盐岩丘是盆地西北部四角台地周围重要的油气储集岩。侏罗系岩性为砂岩、粉砂岩、页岩互层，夹少量碳酸盐岩和石膏，厚 310～460m。侏罗系下统 Entrada 组直接沉积在三叠系 Wingate 组或 Chinle 页岩之上。Entrada 组有全区分布的砂岩和粉砂岩，为重要油气产层。在盆地大部分地区，该组之上为 Todilto 组石灰岩和石膏。Entrada 组砂岩主要是孔隙性和渗透性较好的席状砂岩，而 Motrison 组砂岩不连续，又被泥页岩所封闭。侏罗纪是本区生油岩和储集岩形成的主要时期之一。白垩系只发育上白垩统，岩石主要由互层状海相砂岩和页岩组成，厚 1220～1600m。主要油气产层是 Dakota 组砂岩，为海侵初期的产物，特征多变，从细到粗的砂岩，夹页岩，厚 26～76m。产油层厚 8m，孔隙度为 11%，渗透率为 $14\times10^3\mu m^2$。在盆地中央，产层厚 13.7m，但孔隙度和渗透率较低。在 Dakota 组砂岩之上，较为重要的砂岩还有 Point Lookont 组、Cliff House 组和 Pierured Cliffs 组。在白垩纪末期，海水全部退出本区，盆地的北部和东部隆起，并伴有岩浆侵入。

表 5.13　圣胡安盆地地层构成表

<table>
<tr><th colspan="3">地质年代</th><th colspan="2">组</th></tr>
<tr><td rowspan="7">新生代
（0.7 亿年以后）</td><td rowspan="2">第四纪</td><td>近代</td><td colspan="2">冲积物</td></tr>
<tr><td>全新世</td><td colspan="2">砾、砂、黏土和火山沉积</td></tr>
<tr><td rowspan="2">新近纪</td><td>上新世</td><td colspan="2" rowspan="2">Santa Fe 群 Chuska 砂岩</td></tr>
<tr><td>中新世</td></tr>
<tr><td rowspan="3">古近纪</td><td>渐新世</td><td colspan="2">可能有</td></tr>
<tr><td>始新世</td><td colspan="2">Galisteo 组，Baca 组，San Jose 组</td></tr>
<tr><td>古新世</td><td colspan="2">Nacimiento 组，Animas 组</td></tr>
<tr><td rowspan="5">中生代
（0.7 亿～2.25 亿年）</td><td colspan="2" rowspan="3">白垩纪</td><td colspan="2">Ojo Alamo 砂岩
McDermott 组
Kirtland 页岩和 Fruitland 组
Pictured Cliffs 砂岩和 Lewis 页岩</td></tr>
<tr><td colspan="2">Cliff House 砂岩
Menefee 组
Point Lookout 组和 Grevasse Canyon 组</td></tr>
<tr><td colspan="2">Mancos 页岩夹 Gallup 砂岩
Dakota 砂岩</td></tr>
<tr><td colspan="2">侏罗纪</td><td>Morrison 组
Bluff 砂岩
Summerville 组
Todilto 组，Entrada 砂岩</td><td>Zuni 砂岩</td></tr>
<tr><td colspan="2">三叠纪</td><td colspan="2">Glen Canyon 群
Wingate 砂岩
Chinle 组</td></tr>
<tr><td rowspan="9">古生代
（2.25 亿～6 亿年）</td><td colspan="2" rowspan="2">二叠纪</td><td colspan="2">San Andres 灰岩
Glorieta 砂岩</td></tr>
<tr><td>Yeso 组
Abo 组</td><td rowspan="2">Cutler 组
Rico 组
Hermose 组
Paradox 层
Molas 组</td></tr>
<tr><td rowspan="2">石炭纪</td><td>宾夕法尼亚纪</td><td>Madera 组
Sandia 组</td></tr>
<tr><td>密西西比纪</td><td>Arroyo Penasco 组</td><td>仅见于地表</td></tr>
<tr><td colspan="2">泥盆纪</td><td>仅见于地表</td><td>Ouray 灰岩</td></tr>
<tr><td colspan="2">志留纪</td><td>缺失</td><td></td></tr>
<tr><td colspan="2">奥陶纪</td><td>缺失</td><td></td></tr>
<tr><td colspan="2">寒武纪</td><td colspan="2">仅见于地表</td></tr>
<tr><td colspan="2">前寒武纪</td><td colspan="2">花岗岩、石英岩、片岩等</td></tr>
</table>

上白垩统 Lewis 页岩厚 152～580m，干酪根属Ⅲ型，TOC 值为 0.5%～2.55%，R^o 值为 1.6%～1.88%，总孔隙度为 3%～5.5%，含气量为 0.4～1.3m^3/t，吸附气含量为 65%～85%。根据测井曲线，Lewis 页岩可划分为四个岩性段和一个在全盆地都十分明显的斑脱岩标志层。在地层剖面的底部，渗透率最高。渗透率增加的原因可能是岩石粒径的增加以及与 SN—EW 向区域性裂缝系统相关的微裂缝发育。采用体积法，对圣胡安盆地 Lewis 页岩气资源量进行估算表明：页岩气地质资源量应超过 1.5×10^{12}m^3，可采资源量约 2×10^{11}m^3。

2）密歇根盆地

密歇根盆地位于美国中北部，为北美地台上一椭圆形的内克拉通盆地，盆地北部是加拿大地盾，西部与威斯康星隆起相邻，南部为辛辛那提隆起，东部为阿格魁(Algonquin)隆起。面积约 31.6×10^4km^2，地跨密歇根州、威斯康星州、俄亥俄州、印第安纳州、伊利诺伊州和加拿大的安大略州。密歇根盆地的油气勘探从 1886 年开始，常规油气主要产于密西西比系、志留系、泥盆系和奥陶系。产层主要是碳酸盐岩，尤其是生物礁，其次是砂岩。生油层主要是密西西比系和泥盆系页岩及碳酸盐岩，盖层为志留系、泥盆系和密西西比系蒸发岩。常规气的主力产层为密西西比系 Stray 砂岩和 Berea 砂岩。常规油主力产层为泥盆系—奥陶系碳酸盐岩和志留系尼亚加拉生物礁。截至 1986 年，已产常规油 1.4 亿 t，常规气 708 亿 m^3。Antrim 页岩与同样产气的 Illinois 盆地 New Albany 页岩和 Appalachian 盆地 Ohio 页岩的时代相近，为晚泥盆世海相深水沉积而成，厚约 244m，埋深为 0~732m（图 5.51）。

1940 年，第一口 Antrim 页岩气井投入开发。随着钻井和开发技术的发展，同时美国减税政策的出台，页岩气的开发真正具有了商业价值。1986 年 Antrim 页岩气田进入大规模开发阶段。页岩气主产区位于埋藏较浅的盆地北部，产层深度为 45.7～457m，单井平均产气约 3300m^3/d，产水 4.77 m^3/d。最初完钻的 8 口页岩气井中，目前仍有 5 口产气。1998 年产量最高，达到 55.2 亿 m^3，2006 年产量回落到 39.6 亿 m^3。页岩平均含气量（甲烷）为 3.54m^3/t，平均地质储量丰度为 1.2 亿 m^3/km^2。1940～2007 年，主产区累计产气 679.2 亿 m^3。近年来，由于环保和税收政策的限制，生产成本大幅提升，钻井数量减少，产量呈现下降趋势。目前已完钻 Antrim 页岩气井超过 12000 口。

Antrim 页岩由富含有机质的黑色页岩、灰色和绿色页岩以及碳酸盐岩互层构成，自下而上可分为四个层段：Norwood、Paxton、Lachine 和 Antrim 上层。其中，前三个小层又合称为 Antrim 下段。Norwood 和 Lachine 层为页岩气主力产层，平均叠合厚度约 49m，干酪根属Ⅰ型，TOC 为 0.5%～24%，石英含量为 20%～41%，含有丰富的白云岩和灰岩团块及碳酸盐岩、硫化物和硫酸盐胶结物；Paxton 段为泥状灰岩和灰色页岩互层，总有机碳含量为 0.3%～8%，硅质含量为 7%～30%。Antrim 页岩在密歇根盆地北部边缘的 R^o 为 0.4%～0.6%，在盆地中心 R^o 可达 1.0%。主力产层平均孔隙度为 9%，渗透率为 1.3～20000mD。

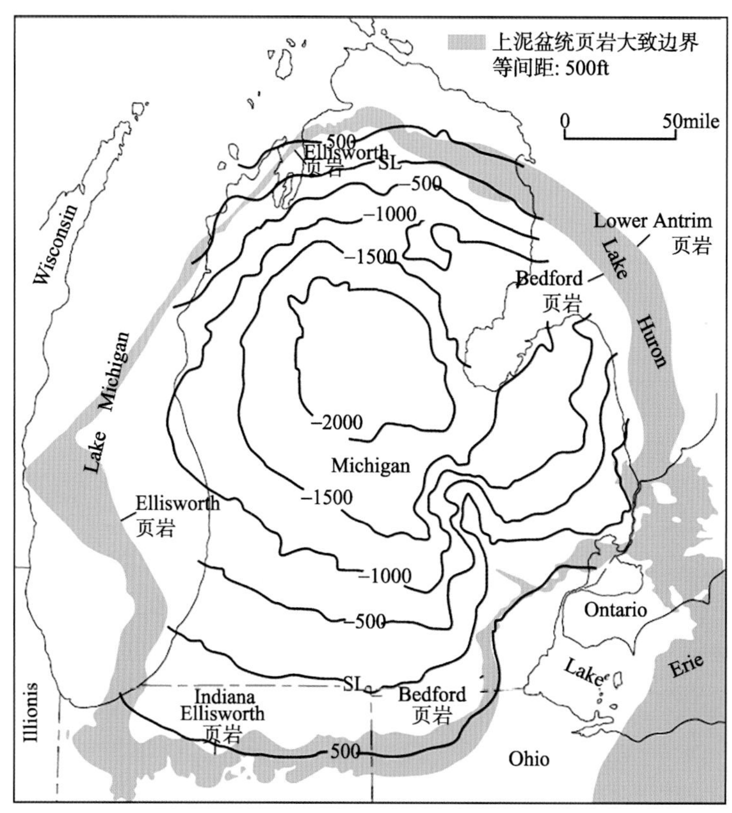

图 5.51 Antrim 页岩底界构造图（Curtis，2002）

根据化石藻 *Foerstia* 的对比结果，Antrim 页岩上部、阿巴拉契亚盆地 Ohio 页岩的 Huron 段及伊利诺伊盆地 New Albany 页岩的 Clegg Creek 段为同一时代。

在北部生产区，发现了两组主要的天然裂缝，一组为北西向，另一组为北东向，其倾角近于垂直。这些裂缝通常未被胶结或者仅有很薄的方解石包覆层，其垂直延伸距离为几米，地面露头上的水平延伸范围达几十米。在生产区以外的 Antrim 页岩中，尽管也富含天然气，但其天然裂缝不发育，渗透率太低，产量不高。

Antrim 页岩气具有双重成因，即干酪根经热成因而形成的低熟气和甲烷菌代谢活动形成的生物成因气。根据 Martini 等(1998)对地层水化学、采出气和地质历史的综合研究结果，北部产区的采出气以生物成因气为主，低熟气所占比例小于 20%。热成因气比例在朝盆地中心方向，即朝干酪根热成熟度增加的方向，不断增加。

传统的生物气是指生物甲烷，即埋藏较浅沉积物中的有机质（未熟）在还原环境下经微生物作用所形成的富甲烷气体，其生成主要通过乙酸盐发酵和 CO_2 还原两种途径。目前发现的生物成因型页岩气藏可分出两类：①早成型，气藏的平面形态为毯状，从页岩沉积形成初期就开始生气，页岩气与伴生地层水的绝对年龄较大，可达 66Ma，如美国 Williston 盆地上白垩统 Carlile 页岩气藏；②晚成型，气藏的平面形态为环状（图 5.52），页岩沉积形成与开始生气间隔时间很长，主要表现为后期构造抬升埋藏变浅后开始生气，页岩气与伴生地层水的绝对年龄接近现今。生物成因型页岩气藏以 Antrim 页岩气藏为例，最具有代表性。

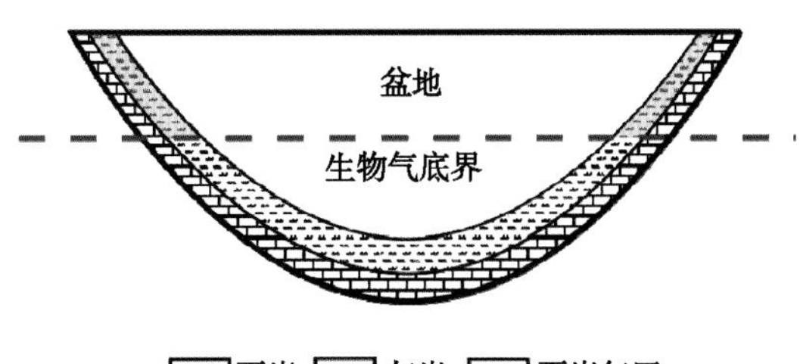

图 5.52　生物成因型页岩气藏分布示意图

十分发育的裂缝网络不仅使 Antrim 页岩内的天然气和原生水发生运移，而且使上覆更新统冰碛物中的含菌雨水侵入。甲烷和共生地层水的氘(重氢)同位素组成可证实天然气的细菌甲烷成因。Martini 等(1998)认为裂缝发育和冰川作用之间存在动态关系，即多次冰席载荷形成的水力压头加速了先存天然裂缝的膨胀，并使其中有雨水补给，从而有利于甲烷成因气的生成。

裂缝是 Antrim 页岩气藏的主控因素之一。页岩裂缝发育，以北东和北西向展布的近直立的两组共轭断裂为主，纵穿整个泥盆系，横贯盆地北部。这些裂缝通常未被胶结或者仅有很薄的方解石包覆层，其垂直延伸距离为几米，地面露头上的水平延伸范围达几十米。在主产区以外，尽管也钻到了富含天然气的 Antrim 页岩，但由于天然裂缝不发育，渗透率很低，而不具备商业价值。

地层水盐度对气藏控制作用也很明显。下伏地层因发育厚层蒸发岩而含高浓度盐水，因此盆地中部 Antrim 页岩地层水盐度很高。研究表明：地层水 Cl^-含量高于 4mol/L 就会严重抑制甲烷菌的生长。而盆地边缘由于更新世冰碛层淡水和大气淡水的充注，地层水盐度降低，甲烷菌产气活跃。因此，以生物气为主的产区主要分布在盆地边缘，埋深大多浅于 152m，地层水 Cl^-含量低于 4mol/L（图 5.53）。

美国地质调查局依据 FORSPAN 模法，于 2004 年 3 月发布 Antrim 页岩的可采资源总量平均值为 $7.5\times10^{12}ft^3$（$2.1\times10^{11}m^3$）。

3）阿巴拉契亚（Appalachian）盆地

阿巴拉契亚盆地位于美国的东部，是一个东北向拉长的前陆盆地，东临 Appalachian 山脉，西濒中部平原，构造上属于 Appalachian 褶皱带的山前拗陷，伴随 Laurentian 古陆经历了由被动边缘型向前陆盆地的演化过程。盆地面积为 53.2 万 km^2，包括 New York 西部、Pennsylvania、West Virginia、Ohio、Kentucky 和 Tennessee 州等行政地区。

阿巴拉契亚油气区是一个以产天然气为主的地区。自 1859 年钻第一口油井之后，至 1985 年累积钻井约 5 万余口，共发现 3100 多个油气田，已采出原油 5.07 亿 t，已采出

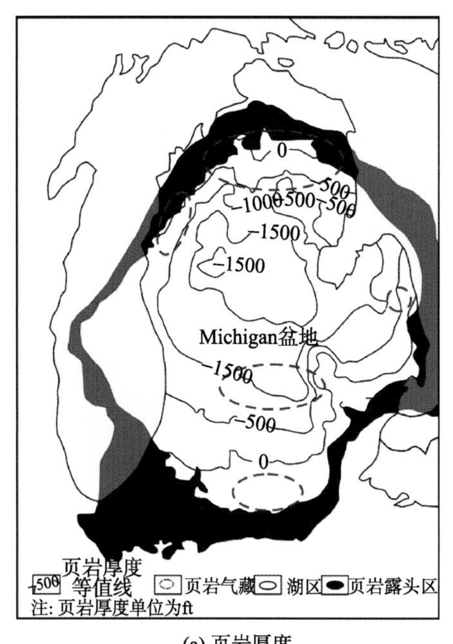

(a) 页岩厚度

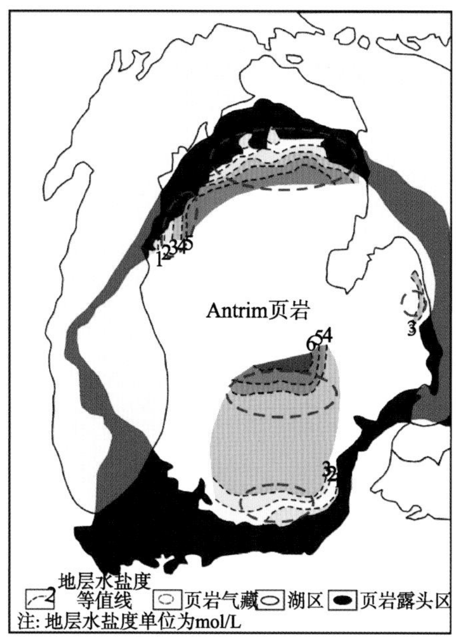

(b) 地层水盐度

图 5.53 Antrim 页岩气藏分布与页岩厚度及地层水盐度关系图（Martini et al.，2003，修改）

天然气 $9.6\times10^{11}m^3$，已采出凝析油 0.5 亿 t。油气区原油产量于 1937 年达到最高，为 54 亿 t。1917 年达最高采气量，约 155 亿 m^3。盆地中，页岩主要分布在中晚泥盆纪地层，黑色富有机质页岩与灰色含石英及黏土矿物页岩互层，厚度变化为 0～1097m，在肯塔基产气区页岩厚度为 60～480 m，埋深为 0～1200m。1892 年在东肯塔基州弗洛伊德郡 Beaver 河边所钻的一口井中发现了页岩中的天然气。目前在肯塔基产气区页岩气井已超过 6000 口，年产量为 14 亿～20 亿 m^3。阿巴拉契亚盆地西南部的 Big Sandy 气田为典型的传统裂缝型页岩气田。长期以来，沿盆地西部近缘一直在开采泥盆系页岩中的天然气，有的地区被称为泥盆系—密西西比系黑色页岩或裂缝页岩。产气量高的井与富含干酪根的裂缝性页岩有关。裂缝性页岩占页岩总厚度的 10%～60%。

阿巴拉契亚盆地古生代的地层中，最主要的生烃层为上泥盆统的黑色页岩，其次为上奥陶统下部的黑色页岩，下奥陶统的 Conoheagne 灰岩也有一定的生烃条件。寒武系—宾夕法尼亚系地层均产油气，泥盆系特别是上泥盆统产油气最多，占盆地油气可采储量的 52%以上，岩性有砂岩、碳酸盐岩和裂缝性页岩，与生烃岩相邻的储集层发育常规油气藏。例如，上泥盆统向东过渡为红色陆相沉积，向西为海相暗色泥岩，其间砂页岩互层成为常规油气聚集的有利地带，内部发育裂缝性黑色页岩气藏。位于 Big Sandy 气田，面积约 $777km^2$ 的 Ohio 组 Huron 段含气页岩就是其中之一，年产气量 17 亿 m^3，产气层属压实泥岩，基质的孔隙度和渗透率都很低，但裂缝比较发育。这主要因为 Big Sandy 气田和其他小气田基本沿 Rome 断槽边缘断裂带分布，在断层带附近，页岩裂缝极其发育（图 5.54）。高产井多沿北东方向分布，与高角度多组裂缝发育紧密相关，裂缝不发育地区往往低产。裂缝网络的形成主要受地质时期地壳应力作用强度和方向影响，尤其是 Rome 断槽形成中伴生的断裂作用。West Virginia 州 Jackson 县 Cottageville 气田研究揭示埋深 1127.8m 的 Ohio 组页岩 Huron 段，虽然裂缝局部充填白云石，但残余孔洞常具有连通性，渗透率较高。泥盆系页岩的储集空间受断裂带和构造陡带等线性构造的控制和影响，所以储层特性在纵向上和横向上分布不规则。开采初期产量压力都很高，但下降很快，低压低产维持的时间则很长。这种开采特征是典型的传统泥岩裂缝油气藏的采出特征。

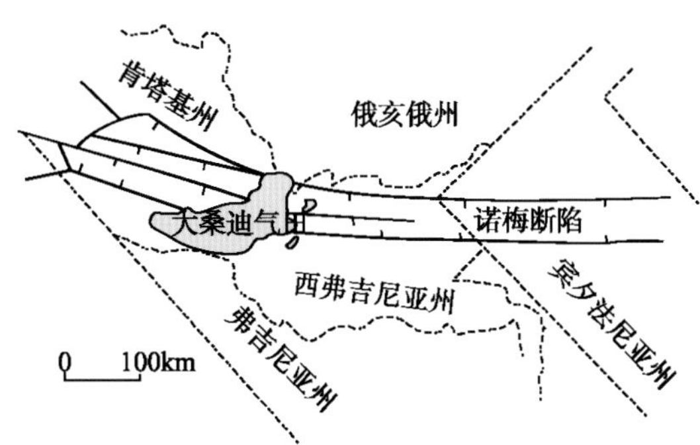

图 5.54　阿巴拉契亚盆地上泥盆统页岩气田分布与诺梅断陷边缘断层的关系

泥盆系 Ohio 页岩与密歇根盆地的 Antrim 页岩和 Illinois 盆地的 New Albany 页岩层位大致相当。Ohio 页岩覆盖于 Java 组之上（图 5.55）。由三个岩性段组成：下部 Huron 段,为放射性黑色页岩；中部 Three Lick 层，为灰色与黑色互层的薄单元；上部 Cleveland 段，为放射性黑色页岩。Ohio 页岩的埋藏深度为 610～1520m，总厚度为 90～304m，在其富含有机碳（TOC>0.6%）的东部地区达到 275m 以上。Ohio 页岩矿物组成包括石英、黏土、白云岩、重金属矿（黄铁矿）和有机物等。泥盆系黑色页岩的最大累计厚度出现在宾夕法尼亚州的中部沉积及附近，厚约 425m。Ohio 页岩向东逐渐变厚，主要是由于灰色页岩单元的加厚。

气藏北部的中-上泥盆系黑色页岩厚度为 50～500ft，TOC 为 3%～5%。田纳西州和亚拉巴马州气藏区，上泥盆系和下密西西比系黑色页岩厚 25～50ft，TOC 变化为 5%～10%。页岩有机碳含量一般在 1.8%以上，演化程度总体较低（R^o 为 0.52%～0.71%），干酪根类型以Ⅱ型和Ⅰ型为主。下 Huron 段有机质基本上都已成熟。在图 5.56 中，总有机碳等值线所圈定的大部分产气区包括西弗吉尼亚、东肯塔基和南俄亥俄。气藏的烃源岩主要是中泥盆系 Marcellus 页岩、上泥盆系黑色页岩和下密西西比系 Sunbury 页岩。

1996 年，Big Sandy 气田估算原始地质储量为 5660 亿 m^3，可采储量为 962 亿 m^3，剩余可采储量为 255 亿 m^3。Hunter 和 Young（1953）对 Ohio 页岩气 3400 口井统计，只有 6%的井具有较高自然产能（平均无阻流量为 2.98 万 m^2/d），原因是这些井的页岩中具天然的裂缝网络。其余 94%的井平均产量为 1726m^3/d,压裂改造后产量可达 8063m^3/d,

产量提高 4 倍多。截至 1999 年年末，该盆地已钻井超过两万口，年产量将近 34 亿 m^3。天然气技术可采资源量为 4×10^{11}～$8\times10^{11}m^3$。

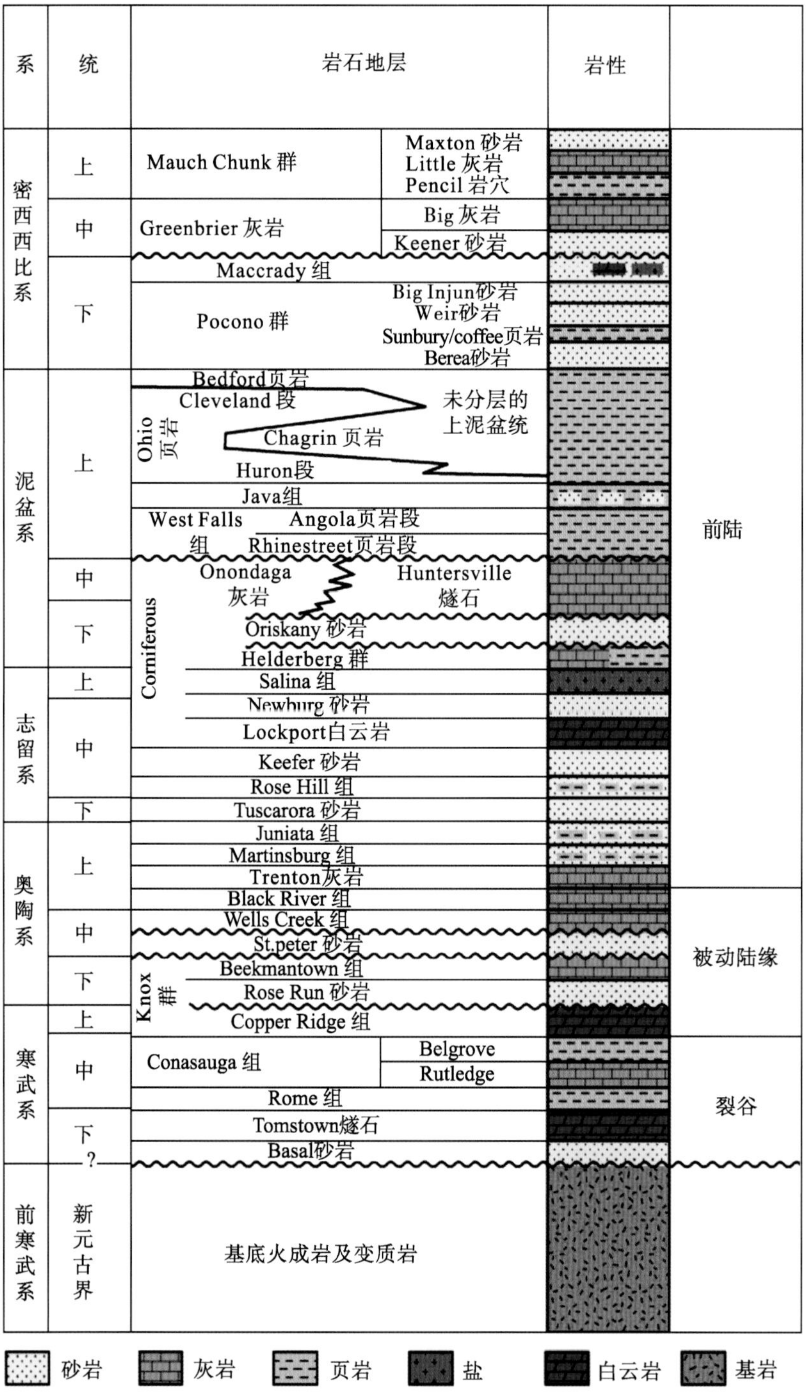

系	统	岩石地层		岩性	
密西西比系	上	Mauch Chunk 群	Maxton 砂岩 Little 灰岩 Pencil 岩穴		前陆
	中	Greenbrier 灰岩	Big 灰岩 Keener 砂岩		
	下	Maccrady 组			
		Pocono 群	Big Injun砂岩 Weir砂岩 Sunbury/coffee页岩 Berea砂岩		
泥盆系	上	Bedford页岩			
		Ohio 页岩	Cleveland 段 Chagrin 页岩 Huron段		
		未分层的上泥盆统			
		Java组			
		West Falls 组	Angola页岩段 Rhinestreet页岩段		
	中	Corniferous	Onondaga 灰岩 / Huntersville 燧石		
	下		Oriskany 砂岩		
			Helderberg 群		
志留系	上		Salina 组		
			Newburg 砂岩		
	中		Lockport白云岩		
		Keefer 砂岩			
		Rose Hill 组			
	下	Tuscarora 砂岩			
奥陶系	上	Juniata 组			
		Martinsburg 组			
		Trenton灰岩			
		Black River 组			被动陆缘
	中	Wells Creek 组			
		St.peter 砂岩			
	下	Knox 群	Beekmantown 组		
			Rose Run 砂岩		
寒武系	上		Copper Ridge 组		
	中	Conasauga 组	Belgrove Rutledge		裂谷
	下	Rome 组			
		Tomstown燧石			
		Basal砂岩			
	?				
前寒武系	新元古界	基底火成岩及变质岩			

砂岩　灰岩　页岩　盐　白云岩　基岩

图 5.55　阿巴拉契亚盆地地层柱状图

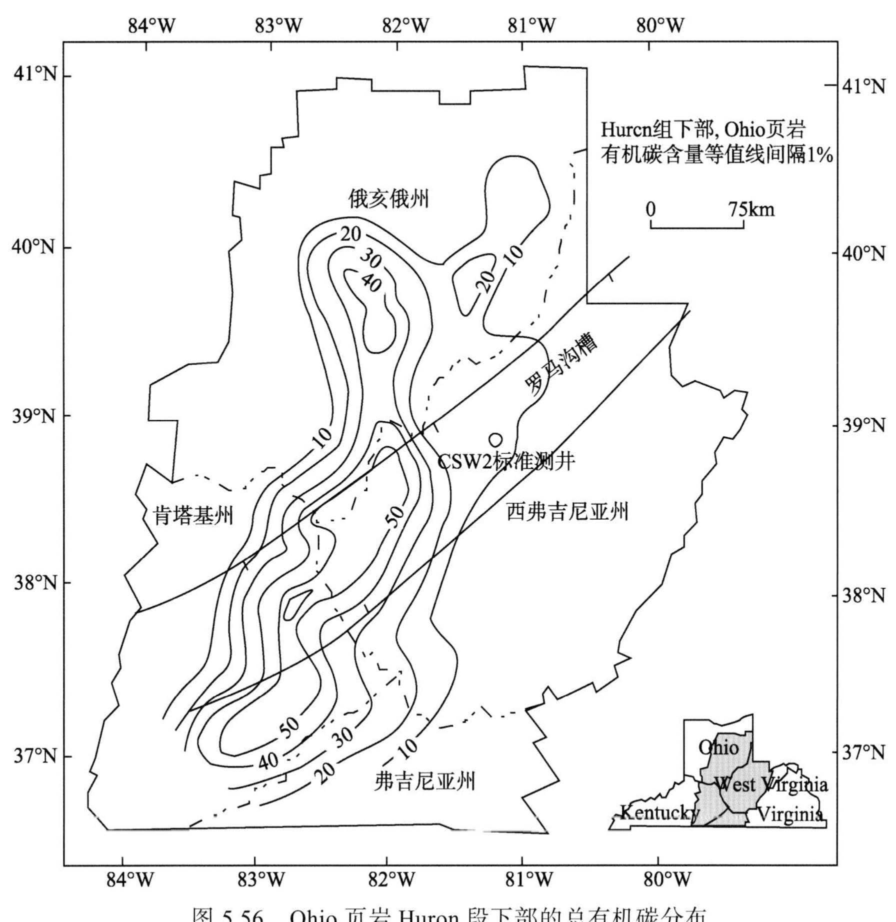

图 5.56 Ohio 页岩 Huron 段下部的总有机碳分布

(修改，引自 Curtis，2002)

CSW2=天然气研究所(nowGT1)2 号综合研究井

（四）中国页岩气资源的基本特征与前景

从北美页岩气资源的成藏条件和分布特征来看，中国页岩气资源应具有类型多、分布广和潜力大的基本特征。基于我国各个地质历史时期发育的沉积层序，在南方、西北、华北、东北和青藏等沉积大区内均具有形成富含有机质页岩的地质条件，形成了海相、海陆交互相及陆相多种类型富有机质页岩层系。海相厚层富有机质页岩主要分布在中国南方，以扬子地块为主；海陆交互相中薄层富有机质页岩主要分布在中国北方，以华北、西北和东北地区为主；湖相中厚层富有机质泥页岩主要分布在大中型含油气盆地，以松辽、鄂尔多斯等盆地为主（图 5.57）。各地区富有机质页岩的特征存在明显的差异（表 5.14）。

1）南方沉积区：主要指扬子地台及其围缘，为一个中心抬升并向四周倾没的古隆起区（江南隆起），隆起中心发育一系列 NEE—SWW 走向的元古界，围缘地区发育一条相对完整连续的中生界环边外，其余大部分地区均发育古生界地层。该区又可进一步划分为古生界地层发育齐全的扬子地块（I_1）和上古生界与花岗岩不规则分布的东南地块（I_2）

两大部分。在东南地块上古生界厚度较薄、有机质条件较差且发育大规模花岗岩体。上古生界地层主要发育在东南地块的西北部分，黑色页岩分布范围小，有机质丰度和热演

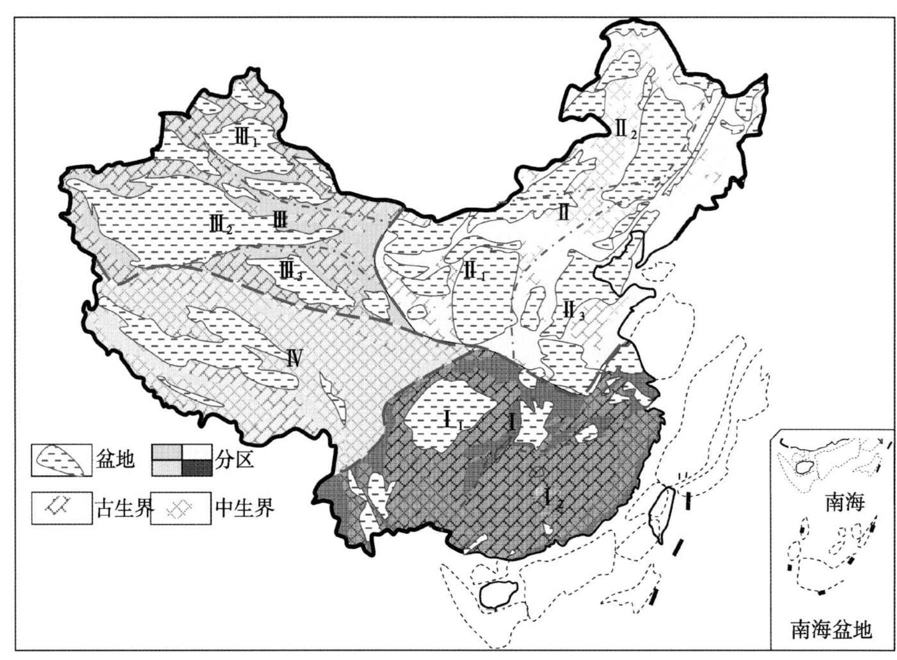

图 5.57　中国页岩气有利分布大区示意图（张金川等，2008，修改）

注：空白区域为新生界

Ⅰ为南方区；I_1为扬子区；I_2为东南区；Ⅱ为北方区；II_1为中部区；II_2为东北区；II_3为东部区；Ⅲ为西北区；III_1为北疆区；III_2为南疆区；III_3为柴达木区；Ⅳ青藏区

表 5.14　中国陆上主要页岩特征（徐建永和武爱俊，2010）

区域	盆地或地区	页岩层位	主要分布区域	面积/km^2	厚度/m	岩性	TOC/%	R^{o}/%
南方地区	扬子地台	上震旦统陡山沱组	中上扬子区	—	10～114.6	泥页岩、炭质页岩、硅质页岩	0.41～2.06	—
		下寒武统	扬子地台	90×10^4	50～500	炭质页岩、炭硅质页岩	均值 2.77	2.00～5.00
		下志留统—上奥陶统	上扬子区	—	40～130	黑色硅质页岩、炭泥质页岩	0.50～2.34	2.00～3.00
	钦防海槽	中、上泥盆统	钦防海槽	—	182～925	黑色泥页岩	0.53～4.74	1.53～2.03
华北东北地区	鄂尔多斯盆地	三叠系延长组 7 段	盆地南部	5×10^4	10～50	泥页岩	2.45～5.28	0.90～1.10
	渤海湾盆地济阳拗陷	古近系沙河街组一段	沾化凹陷埕北凹陷	—	50～120	泥页岩	2.00～5.00	0.30～0.70
		古近系沙河街组沙三下亚段	济阳拗陷	—	150～200	油页岩、页岩	1.00～9.00	0.50～1.90

续表

区域	盆地或地区	页岩层位	主要分布区域	面积/km^2	厚度/m	岩性	TOC/%	R^o/%
华北东北地区	渤海湾盆地济阳拗陷	古近系沙河街组沙四上亚段	东营凹陷	—	40～120	钙质泥页岩	1.50～10.00	0.50～1.90
	松辽盆地	上白垩统嫩江组一段	中央拗陷区	$>20\times10^4$	2～11	油页岩	均值 2.40	0.50～1.05
		上白垩统青山口组一段	中央拗陷区	$>8\times10^4$	4～14	油页岩	均值 4.75	0.50～1.20
西北地区	准噶尔盆地	二叠系	盆地南缘东部	约 7000	—	页岩	4.85～10.02	0.60～2.00
			盆地东北缘	3243	—	页岩	1.42～4.10	0.80～1.00
	塔里木盆地	寒武系	盆地东部	—	120～415	泥页岩	均值 1.87	1.80～3.60
	柴达木盆地	中侏罗统大煤沟组 7 段	盆地北缘	—	50～200	泥页岩	均值 11.00	0.50～1.70
	吐哈盆地	中下侏罗统水西沟群	吐鲁番拗陷	—	100～800	泥页岩、炭质泥页岩	6.00～30.00	0.40～1.50
青藏地区	羌塘盆地	中侏罗统夏里组	南、北羌塘拗陷中西部	—	50～200	泥页岩、油页岩	1.00～4.00	0.90～2.00
		上三叠统肖查卡组	北羌塘拗陷中东部	—	10～200	泥页岩	1.00～2.00	1.30～3.20

化程度均较低。

扬子地块包含四川盆地、长江流域及其周缘地区，发育自震旦纪以来的多套海相古生界地层，黑色页岩具有分布面积广、地层厚度大、构造变动强、埋深变化大等特点，与美国东部地区页岩气地质条件相近。具有 8 套潜在页岩气勘探目的层，尤其以 $€_1$、S_1、P_1 和 P_2 为最佳，普遍具有有机碳含量和热演化程度高的典型特征。例如，下志留统龙马溪组黑色页岩地层厚度 120m，有机碳含量为 0.5%～3%，成熟度 R^o 为 1.3%～4.5%。

2）北方沉积区：在北方地区，泥页岩沉积环境由老到新逐渐由海相、海陆过渡相转变为陆相，潜在的源岩由老到新逐渐由黑色海相页岩转变为暗色湖相泥岩，形成潜在含气页岩层系多（古生界、中生界、新生界）、地层时代向东逐渐变新的特点。页岩母质类型逐渐从以黑色海相页岩为主的建造转变为以黑褐色陆相为主的建造。主要发育在东部地区的新生界湖相暗色泥页岩厚度大，有机质含量高，有机质演化程度适中，是页岩油气勘探的潜在领域。

3）西北沉积区：古生界、中生界分布范围较广，并大约以天山为中心形成南北跷跷板沉积的特点，即早古生代时以天山以南的塔里木地块为沉降沉积中心，形成较大面积分布的海相页岩。晚古生代时则以天山以北的准噶尔地块为中心形成页岩沉积。晚二叠纪末至中生代以来，全区进入陆相沉积环境，跷跷板运动基本结束，总体形成有机碳含量向上逐渐增加趋势。

在西北区，页岩气的分布更多地受现今盆地特点约束，有机碳含量平均值普遍较高，成熟度变化范围较大，区域上分布的中生界(侏罗系及三叠系等)和盆地边缘埋深较浅的古生界泥页岩是页岩气发育的有利区。在吐哈盆地，吐鲁番拗陷水西沟群地层的暗色泥页岩和碳质泥页岩累积厚度平均在 600m 以上，有机碳含量一般为 1.3%～20%，有机质成熟度为 0.4%～1.5%，有利于页岩气的形成和富集。

对中国页岩气资源的初步估算表明，页岩气远景资源量应在 $100\times10^{12}m^3$ 左右。若按可采系数 20%计算，可采资源量为 $20\times10^{12}m^3$。

第五节 页岩气资源开发技术与应用效果

一、页岩气地质评价技术

地质评价是页岩气开发的重要基础。地质评价内容包括页岩气成藏主控因素及其分布规律、地球物理描述与预测、页岩气资源规模和品质评价等，其中关键地质参数包括页岩厚度及有效厚度、有机质丰度、热成熟度、岩石矿物学特征、断层和裂缝分布、基质孔隙度、渗透率以及天然气吸附特性等。

（一）页岩气选区评价参数与经济门限值

页岩气选区评价是地质评价的主要目的之一。北美页岩气勘探开发经验表明：页岩气商业性开采必须具备四个基本地质条件：①页岩在热演化阶段中要有足够的生烃能力，即页岩的有机质含量必须达到一定程度，热演化程度合适；②必须有足够多的气体保存于页岩层中，即页岩的含气量达到一定的开采界限；③单井产气量必须达到一定工业性开采价值；④开采出来的天然气足以弥补开采成本，及具有一定的经济效益。美国典型页岩气开采区的重要地质参数见表 5.15。其中，页岩厚度为 30～570m，有效厚度为 10～90m，埋深为 180～3660m；页岩 TOC 含量为 0.3%～25%，R^o 为 0.4%～3%；页岩气储量丰度一般为 0.55×10^8～$1.09\times10^8m^3/km^2$，最高达 $5.46\times10^8m^3/km^2$。

美国在经过几十年对页岩气的勘探开发，逐渐建立了利用页岩气地质条件、资源分布情况、页岩储层特征等因素的综合指标开展页岩气选区评价的方法。20 世纪 80 年代，美国能源部门基于黑色页岩最小厚度为 30.5m、实测含气量高、成熟度最佳、应力比小（最小水平应力与上覆岩层之比）等特点，确定页岩气最佳勘探区。

随着 Barnett 页岩勘探程度的日益提高，对其研究及认识程度也不断加深。美国学者以 Barnett 页岩为模型评价热成因页岩气，提出页岩气藏的门限值：①页岩地层具有一定的分布范围（延伸面积下限值取决于页岩厚度）；②页岩有机碳含量大于 2%；③热成熟度 R^o 大于 1.0%，但小于 2.1%（当 $R^o>2.1\%$时，页岩气藏可能遭受破坏，CO_2 含量增大）；④有机质转化率 TR>80%；⑤$T_{max}>450$℃。此外，页岩的储集参数还需达到表 5.16 所列的阈值，才有望实现页岩气的经济开采。

表 5.15 美国五大商业性页岩气区地质、地化和储层参数（Curtis，2002）

属性	Antrim	Ohio	New Albany	Barnett	Lewis
深度/m	180～720	600～1500	180～1470	1590～2550	900～1800
总厚度/m	48	90～300	30～120	60～90	150～570
纯厚度/m	21～36	9～30	15～30	15～60	60～90
TOC/%	0.3～24	0～4.7	1～25	4.5	0.45～2.5
镜质体反射率 R^o/%	0.4～0.6	0.4～1.3	0.4～1.0	1.0～1.3	1.6～1.88
总孔隙度/%	9	4.7	10～14	4～5	3～5.5
含气饱和度/%	4	2.0	5	2.5	1～3.5
含水饱和度/%	4	2.5～3.0	4～8	1.9	1～2
含气量/(m^3/t)	1.13～2.83	1.7～2.83	1.13～2.26	8.49～9.91	0.42～1.27
吸附气/%	70	50	40～60	40	60～85
钻井成本/10^3 美元	180～250	200～300	125～150	450～600	250～300
完井成本/10^3 美元	25～50	25～50	25	100～150	100～300
气产量/(m^3/d)	1131.6～14145	848.7～14145	282.9～1414.5	2829～28290	2829～5658
采收率/%	20～60	10～20	10～20	8～15	5～15
单井储量/(10^6m^3/井)	5.66～33.96	4.25～16.98	4.24～19.98	14.15～42.45	16.98～56.60

表 5.16 页岩气关键储层参数（Boyer et al.，2006）

参数	最低值
TOC	>2%
孔隙度	>4%
渗透率	100nD
含水饱和度	<45%
含油饱和度	<5%

由于不同地区的页岩气藏具有不同温度、压力、含气量、储集特征、吸附气比例、岩石矿物组成等，因此经济门限值具有明显的地区性，需要具体地区具体分析。

（二）页岩气层评价

页岩气层评价是通过一系列参数对气层进行定性和定量的描述，查明页岩气层的空间展布特征，并通过气层模拟了解页岩内气体的运移、赋存及产出状态，为页岩气勘探开发提供充分的依据。页岩气层评价主要涉及 13 项关键数据的分析与研究（表 5.17）。

最佳的页岩气产层通常含油、水饱和度低，含气饱和度高，因而气相相对渗透率也较高。为了更好地对页岩气地质储量进行评估，实验室测定必须对天然气与液体饱和度、孔隙度、基质渗透率、有机质含量和成熟度、有机质在恒温下吸附天然气的能力等进行直接的评价。

页岩气层评价的流程可概括为：①关键井精细岩心物性分析、地化基本参数分析、岩石矿物组成分析；②等温吸附曲线与现场岩心解吸气测试，了解理论上页岩的吸附能力，确定储层含气饱和程度，计算吸附气含量；③利用岩心数据刻度测井曲线，通过岩心–测井对比，建立解释模型，获取含气饱和度、含水饱和度、含油饱和度、孔隙度、有机质丰度、岩石类型等参数的空间变化特征；④结合沉积相、岩石组合特征以及测井解释成果，确定含气页岩边界；⑤结合 3D 地震资料、经济指标，权衡各类参数，如原始地质储量、页岩矿物组成特征、储层流体饱和度、吸附气和游离气相对比例、页岩气储存机理、埋藏深度、储层温度和孔隙压力等，优选勘探目标，确定富集区分布规模。

表 5.17　用于评价页岩气层的关键数据

分析项目	结果
含气量	提供解吸气体（来自解析罐中页岩岩样）、残余气体（来自碎样）、损失气体积，确定页岩层含气量
Rock-eval(热解)	评估样本中有机物的油气生成潜力和热成熟作用；确定已经转化为烃的有机质比例，以及可以通过全面热转换而生成的烃的总量
总有机碳	确定岩石中碳的总量，包括游离烃中存在的碳量以及干酪根量
气体组分	确定解吸气体中甲烷、二氧化碳、氮气、乙烷的比例；用于确定气体纯度，建立合成物解吸等温线
岩心描述	描述页岩的裂缝发育特征，矿物学特征、页岩的厚度，以及其他因素，提供关于页岩岩性、渗透率以及不均匀性等的观点
等温吸附线	在恒温状态下，描述由于压力原因而吸附于表面的气体体积。描述页岩层储藏气体的能力以及气体释放速度
矿物学分析	通过岩相学和/或 X 射线衍射确定体积矿物学，并通过 X 射线衍射和/或扫描电子显微技术确定黏土矿物学
镜质体反射率	表明镜质体反射的入射光数量，是确定页岩成熟度快速方法
体积密度	体积密度与其他参数（比如气体含量）之间的关系，可以用于确定体积密度的门限值，通过体积密度对数计算页岩厚度
常规测井	包括自然电位、伽马射线、深/浅电阻系数、微电极、井径、密度、中子、声波测井等，用来识别页岩，确定页岩的孔隙度和饱和度值
特殊测井	成像测井用来分辨裂缝，线缆光谱仪测井用来确定现场气体含量
压力瞬态测试	压力恢复或注入衰减试验，以确定储层压力、渗透率、趋肤系数并检测断裂储层的性能
三维地震	用来确定断层位置、储层深度、厚度变化、横向延伸以及页岩特性

1. 页岩地球化学分析

页岩的地球化学特征分析项目主要有以下几个：①岩心和岩屑样品 TOC 含量；②岩心及岩屑 Rock-Eval 热解分析：S_1、S_2、HI、T_{max}；③岩心及岩屑镜质体反射率 R^o；④矿物组成，包括黏土组分；⑤泥浆气体样品：气体组分分析、碳同位素分析等。上述地化指标之所以如此重要，是因为页岩气井产气率受页岩 TOC 含量、R^o、气油比（GOR）及页岩脆性等因素控制（图 5.58）。页岩 TOC 含量不仅能够判断有机质生烃量的大小，而且与页岩的含气量成正比关系（TOC 含量越高的页岩吸附能力越大）。根据 Rock-Eval 热解结果，可以判断页岩中的游离烃的存在与否，明确残余干酪根的生烃潜力及成熟度（T_{max}）、干酪根类型等。页岩矿物组成在识别页岩气最佳井位上起到了关键作用。例如，Barnett 页岩最佳开采部位石英含量为 45%，黏土仅为 27%。页岩脆度对建立裂缝网络的增产措施至关重要，它在井眼和微裂缝间建立起了密切联系。

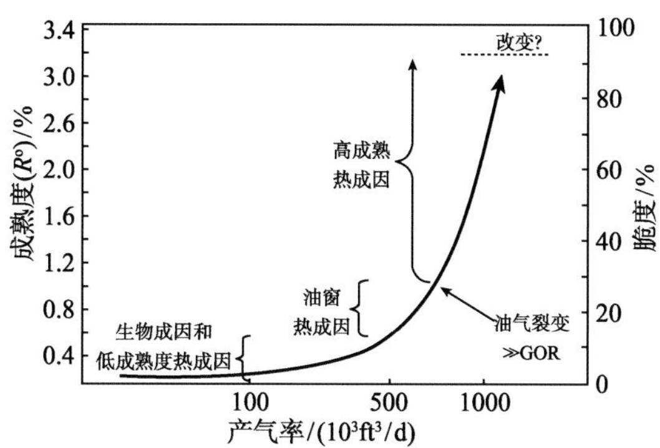

图 5.58　页岩产气率随着 TOC、R^o、GOR 及页岩脆性的增加而增加（Jarvie et al.，2007）

2. 页岩等温吸附曲线测定

页岩等温吸附线是描述页岩储集气体能力的曲线，在恒温下页岩吸附气量是压力的函数。将压碎的页岩岩样加热，排除其所吸附的天然气之后，进行岩心分析，以便获取 Langmuir 参数。随后将岩样置于密封容器内，在温度恒定的甲烷环境下不断加大压力，测得岩样所吸附的气量，将结果与 Langmuir 方程式拟合，建立页岩气实际 PVT 关系的吸附等温线。页岩的等温吸附分析是研究页岩储层的关键，有以下 3 个主要作用：①评价气体吸附能力；②在持续的生产或压力释放（压降）造成的气藏压力不断下降条件下，评价无束缚气体资源（相对吸附气的游离气）；③确定临界解吸压力（CDP）。临界解吸压力是指气体开始解吸时的压力，与油气层枯竭压力的不同在于，其还存在可采出的吸附气。

3. 页岩含气量

作为页岩气选区与资源评价的关键系数，页岩含气量与含气饱和度测定至关重要。页岩含气量测定主要有罐解气测试与等温吸附曲线测试两种方法。在钻井过程中，将所取页岩岩样密闭保存于金属解析罐内运往实验室，利用水浴加热至储层温度，对岩心进行解析测试分析（图 5.59）。测试过程中，对岩心随时间变化释放出来的天然气体积和组分进行测量，直到从页岩中释放的气体速率接近于零为止。开罐将页岩放入密闭容器中，释放残留的气体。页岩解析并测定残留气体后，还要估算页岩从井底到放入解析罐中时所损失气量，将解析出来的气体加上残留气体量以及取样中损失气量，便能得到总含气量。

由于解析气测试的是释放出来气体总量，因而不能确定吸附气及游离气所占比例，也不能对吸附气体能力与压力之间依赖关系进行评价，所以还须进行页岩等温吸附测试。

4. 页岩裂缝研究

1）天然裂缝特性描述

地层中天然裂缝的数据一般都是通过垂直岩心获得的，如 Barnett 页岩中的天然裂缝绝大多数几乎是垂直的，而大型裂缝的间距通常大于井筒直径，因此给采样造成了困难。同样，该层系中较小的裂缝有可能是按集群分布的，而在岩心或者成像录井中采样点处观察到的裂缝表观局部强度（即每个单位体积、面积或者扫描线长度中的裂缝数）可能无法反映出井筒以外区域的实际裂缝强度，裂缝强度与样品中体现的强度可能会有所偏差，一般缺乏能够证明裂缝间距的直接证据。利用来自于垂直岩心的概率方法，可成功地预测具有均匀间隔裂缝的平均裂缝间距，但却不能解决裂缝群的密集程度问题。

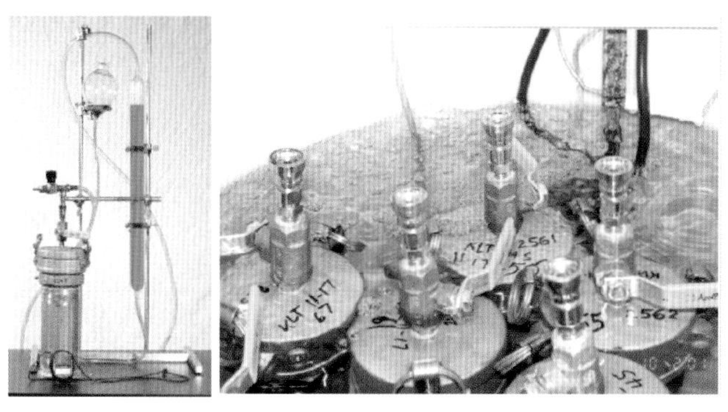

图 5.59 页岩岩样含气量测试装置（Waechter et al.，2004）

为了避免出现采样方面的问题，很多研究人员都利用地震特征来测量与裂缝相关的各向异性特征。Simon（2005）在得克萨斯州北部通过新的地震特征，包括方位角的间隔速度、地震体积曲线以及方位角之间的相似性来尝试这种方法。据微震数据成图，对应的开启式裂缝均可被识别出来，这些裂缝可由水力压裂恢复活力。因此，尽管利用该技术可以检测到恢复的裂缝并确认存在恢复，但在目前阶段仍无法利用该技术更详细地对天然裂缝体系进行表征。

利用岩心中广泛分布的微裂缝来预测宏观裂缝特征是可行的替代性方案。宏观裂缝的定义是可以通过肉眼直接观察到的裂缝，而微裂缝需要放大 10 倍以上才能观察到。一个开启型裂缝组合中包括各种尺寸的裂缝，而在一组裂缝中，走向和时间在比例范围内是恒定不变的，而其强度与尺寸呈指数关系，裂缝的孔渗特性以及开启裂缝的封闭也与尺寸有关。通过观察岩心中的较小裂缝，就可以利用这些尺寸的放大关系来预测大型裂缝的特征

在观察野外露头裂缝或岩心中发育的裂缝时（图 5.60），在描述裂缝特征时很重要的一点是说明现有裂缝的尺寸范围。在描述裂缝强度时，应对比说明特定的尺寸范围。例如，每米有 10 条宽度大于或者等于 1 毫米的裂缝。裂缝之间的平均间隙与其强度成反比，同时也与裂缝的尺寸有关。

图 5.60 Utica 黑色页岩露头中发育的裂缝（David and Tracy，2004）

2）线性构造图像分析法

勘探人员很早就发现卫星和航空照片上可见的线性（构造）特征与下伏岩石的节理和裂缝形式有关，并应用线性构造图像分析法识别页岩裂缝密集带。裂缝分析包括检查裂缝方向、高密度裂缝区趋势、影响裂缝成图的地质和环境因素和沉积、构造与热演化史。这将有助于确定：①高密度裂缝带趋势，可表明目标储层单元的位置与方向；②单元内高密度裂缝带、裂缝孔隙度和渗透率，这将影响生产特征；③可能形成运移通道的裂缝带；④相对“持续敞开”的特殊裂缝。

线性构造图像分析法在实际运用中一直存在争议。其中重要的原因之一是大多数线性构造，如裂缝、断层和剪切带，属于层内构造，垂向上延伸不大；其二是线性构造反映储层确切位置的能力有限。业界部分经营者根据现场经验，认为在卫星和航空照片上显示出的地表特征可能与深部裂缝无关。

（三）测井评价技术

页岩气研究中常用的测井资料包括伽马测井曲线、电阻率测井曲线、自然伽马能谱测井曲线、密度测井曲线、声波测井及中子测井曲线、地球化学测井曲线以及成像测井曲线等（表 5.18）。通过合适的测井曲线组合及评价方法，可建立更可靠的储集层模型来估算出页岩层的开采潜力。

表 5.18　页岩评价研究常用的测井系列

测井类型	测量特征
电阻率	束缚水体积、黏土和孔隙
密度	矿物和流体含量
中子	黏土和含气量
声波	黏土和含气量
测井类型	测量特征
伽马	黏土和有机质体积
电成像	识别和量化天然裂缝和钻井诱导裂缝、黄铁矿、方解石和其他地质特征
能谱	有机碳含量、黏土和矿物

与普通页岩相比，含气页岩有机质富集，含气量高，而黏土及有机质的存在能降低地层体积密度。因此，含气页岩的测井曲线响应具有自然伽马强度高、电阻率大、地层体积密度和光电效应低等特征（图 5.61）。可以运用上述测井曲线特征评价含气页岩层。

1. 自然伽马与能谱测井

自然伽马测井是测量地层中放射性伽马射线，即记录地层内的天然放射性。所有岩石一般都具有一定的放射性（表 5.19），放射伽马射线的数量取决于岩石中钾、钍和铀的含量。页岩在伽马射线中常显示为高值（一般为 80～140 API），通常情况下有机质能形成一个使铀沉淀的还原环境，从而影响自然伽马曲线。

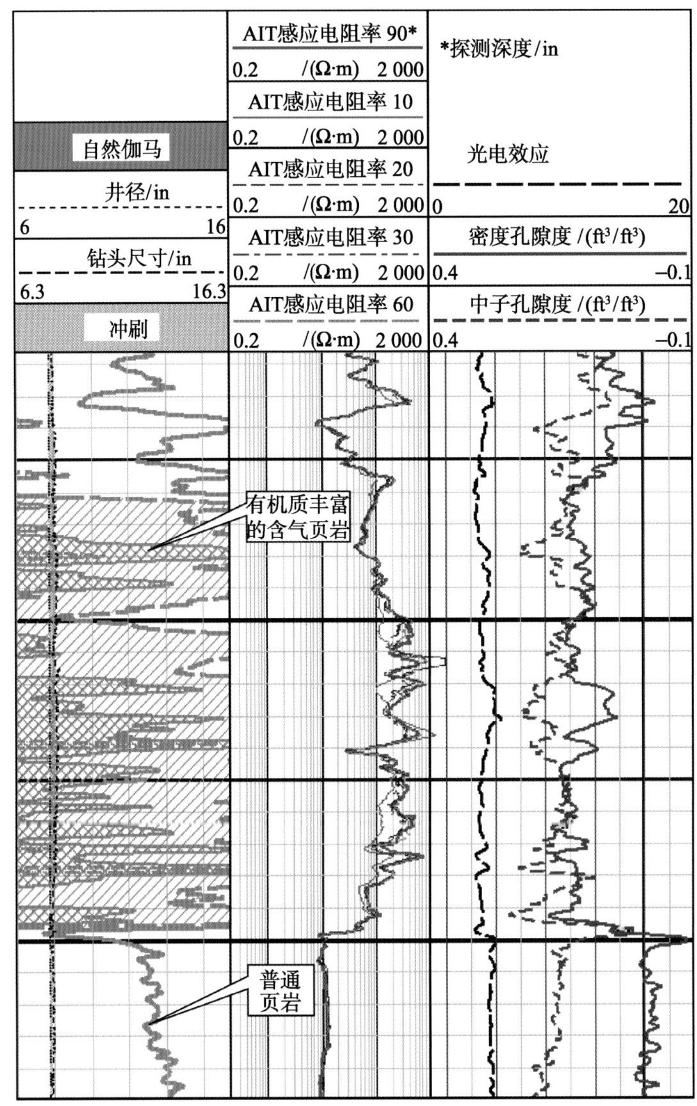

图 5.61 含气页岩测井响应特征（Boyer et al.，2006）

表 5.19 常见岩石类型的放射性

岩性	页岩	煤岩	砂岩	灰岩	盐岩
放射性/API	80～140	<70	10～30	0～5	0

一般认为页岩中有机碳的含量越高，其生烃潜力越大，页岩吸附气的含量也越大。作为识别有机质含量高低的自然伽马与伽马能谱测井，在页岩气勘探的作用中成为测井评价的主要手段之一。页岩中生产层段，其伽马值响应比普通页岩高，如密歇根盆地的Antrim 页岩钻井通常在其下部的 Lachine 和 Norwood 段（TOC 含量为 0.5%～24%）完井（图 5.62），其伽马值大大高于下部的 Paxton 段（泥状灰岩与灰色页岩互层，TOC 为 0.3%～8%）。自然伽马值高意味着页岩中有机质的含量也高，同时还可以利用页岩

在伽马曲线中的响应确定页岩的厚度及有效厚度。

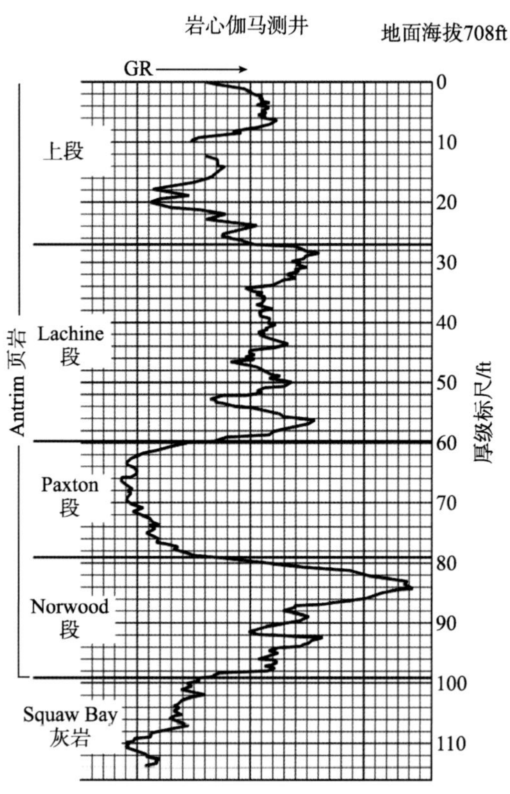

图 5.62 密歇根盆地 Antrim 页岩自然伽马测井响应（Curtis，2002）

页岩有效厚度是依据高于页岩 GR 基准值 20API 来确定的，即当伽马曲线中响应值大于 100API 时，可认为该页岩为具有页岩气资源潜力的层段，其厚度便是页岩的有效厚度。由于铀沉淀物(U)聚集在含有机质的页岩裂缝中，根据自然伽马能谱测井资料中的铀(U)曲线和无铀伽马(K/Th)曲线能够很好地识别高自然伽马储层，判别裂缝的发育情况。但在运用自然伽马能谱曲线分析裂缝层段时，还应结合孔隙度、含水饱和度等测井解释结果进行综合评价。页岩典型伽马能谱测井响应是钾、钍的含量高，而铀特别富集。自然伽马与能谱测井仪能连续监测裸眼井和套管井中页岩层段的生烃能力，在新井和老井中进行这种测井能确定页岩生烃能力随深度的变化，并能绘制出页岩生烃能力的区域分布图。

2. 地层电阻率测井

富含有机质页岩在持续生烃过程中，大量的烃类将驱替导电的孔隙水，地层电阻率由低值开始增大，生成烃类数量越大，地层电阻率越高。虽然有其他因素影响页岩电阻率，但并不能掩盖页岩因生烃而引起的电阻率增大现象(图 5.63)。例如，美国北达科他州威利斯顿盆地 Bakken 组上、下页岩段和俄克拉荷马州阿纳达盆地 Woodford 页岩岩心样品中因烃的存在而增加的电阻率约为 35Ω·m，这说明富含有机质页岩储集有一定数量的烃类气体。

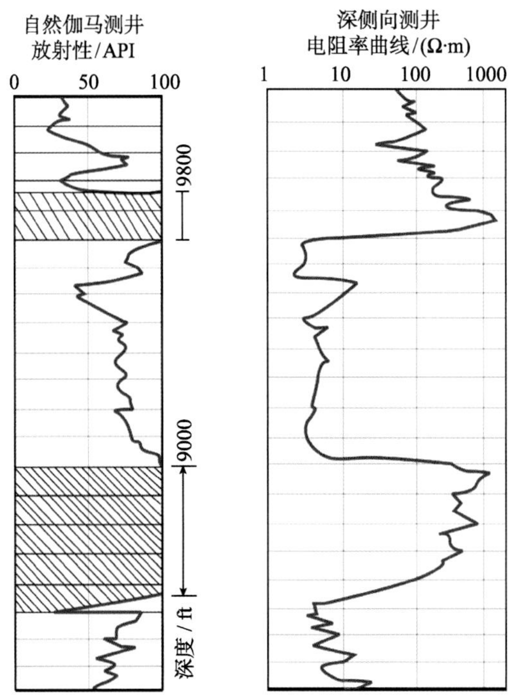

图 5.63　富有机质页岩因生烃地层而导致电阻率增大

电阻率曲线同样可以用于对页岩裂缝的识别。当页岩裂缝中充满油气时，应用不同探测深度的电阻率测井能取得明显的裂缝电阻率显示图，通过电阻率的差异性识别出裂缝。但在运用电阻率识别页岩裂缝中，需要考虑微电极探测深度浅及井眼不规则影响。

Passey 等（1989）研究了一项利用声波时差曲线和电阻率曲线重叠来评价烃源岩的方法。该方法利用电阻率和声波时差曲线重叠的间距 $\Delta\lg R$ 来直观反映有机质的相对丰度。近年来，国内外许多学者利用该方法来识别富含有机质的烃源岩，并进行有机碳含量的估算。这种重叠法要与岩心数据进行标定。

用来计算 $\Delta\lg R$ 的代数方程是：$\Delta\lg R=\lg 10\ (R_t/R_t$ 基线值$)+K_c\ (\Delta t-\Delta t$ 基线值$)$

在重叠法中，叠加间隙（$\Delta\lg R$）能直接反映出有机质的相对丰度。$\Delta\lg R$ 与总有机碳含量线性相关，并受成熟度的影响。在一般情况下，$\Delta\lg R$ 可以直接给出有机碳含量（TOC）所占的比例。

3. ECS（元素俘获能谱）测井及解释技术

ECS 测井是利用 ECS 探头记录和分析中子与地层作用后感生的自然伽马能谱，准确地测定硅、钙、硫、铁、钛、钆、氯、钡和氢等元素的含量，再结合 SpectroLith 岩性处理解释技术，进一步确定地层中黏土、石英–长石–云母、碳酸盐、黄铁矿或硬石膏的含量。

综合运用 ECS 探头及 Platform Express 综合电缆测井仪器与 SpectroLith 岩性解释技术，对美国 Barnett 页岩性质和天然气地质储量评价，取得了良好的效果。在建立含气页岩岩石物理模型的基础上，通过相应软件实现对矿物成分、干酪根、含气与含水孔隙度、总有机物含量、基岩渗透率等参数的定量分析（图 5.64），最终确定天然气地质储量以及根据矿物组成和渗透率确定射孔与钻分支井位置。

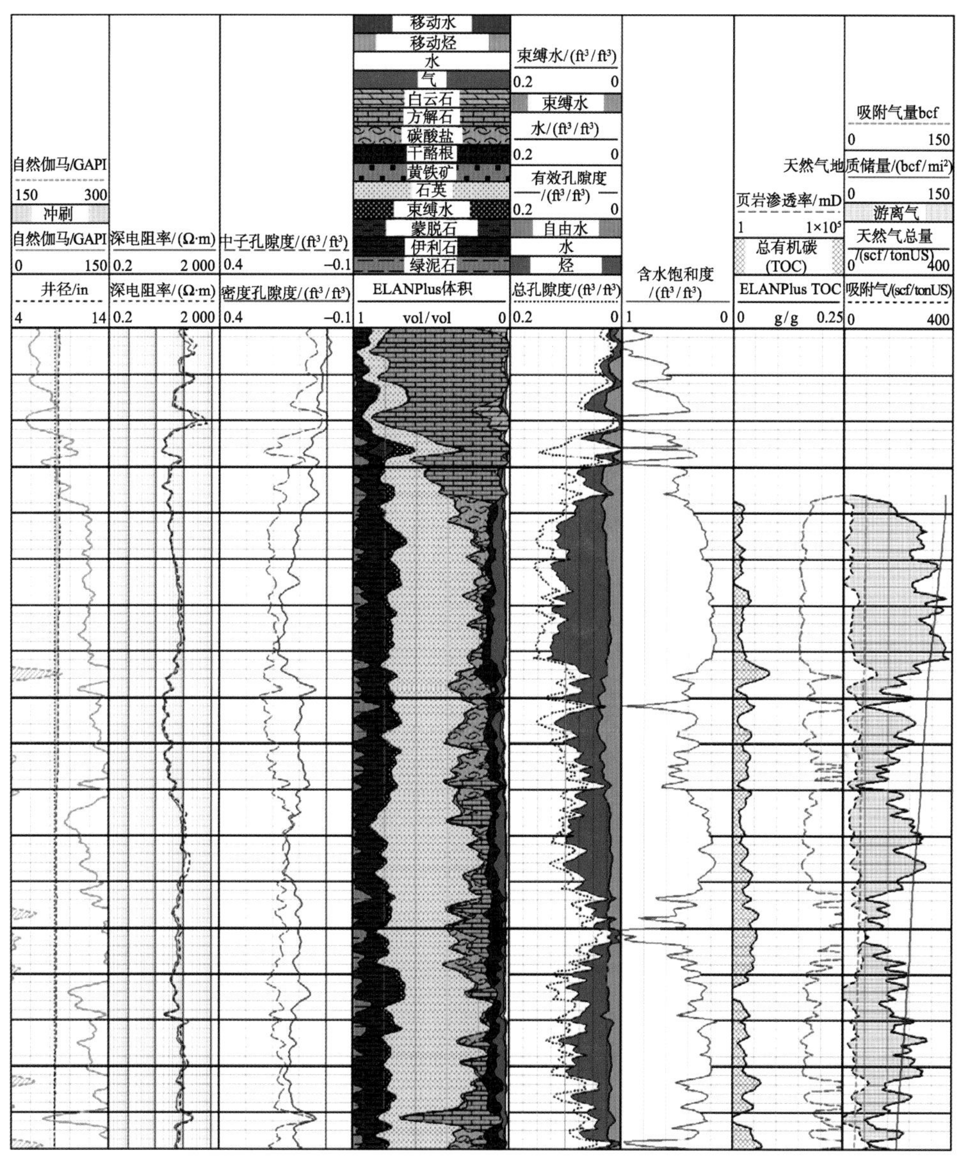

图 5.64 Barnett 页岩综合测井结果（Boyer et al.，2006）

总之，在应用测井资料进行页岩评价时，必须根据岩心分析数据对测井分析数据进行标定，这是利用测井技术进行页岩储层、裂缝、含油气性及开发可行性研究的基础。在大量实际岩心标定的基础上，通过进一步精细解释，以测井资料为基础的模型也可用于同一研究区内邻井中的储层特性分析，从而对勘探目的层系进行综合评价。因此，综合页岩地质地球化学性质以及测井分析特征才能准确地评价页岩的含气性及勘探开发的可行性。

（四）地震勘探方法

在美国页岩气的勘探早期，地震勘探方法的运用较少。以 Barnett 页岩勘探为例，由于核心区具备生产能力的页岩中无明显水层，主断层以外的小断层和喀斯特岩溶以及页岩层的上倾或下倾对开发影响不大。因此，人们未认识到地震资料对页岩气勘探的重要性。当页岩气开发延伸到非核心产区后，压裂措施的主要能量进入断层或岩溶内，或压裂的诱导裂缝穿透了下伏的灰岩地层，导致页岩气井产水，经济性差。此时，三维地震才开始迅速成为页岩气勘探开发的必备手段和方法。

三维地震主要用于断层分布解释以及裂缝发育带和储层横向预测，落实天然气富集带，降低勘探风险。例如，Michigan 盆地页岩气藏的勘探研究中，通过三维偏移、共深度点叠加、变时反褶积，绘制反射波埋深图、平均速度与层速度等值线图，发现目的层存在低速带，研究人员将其解释为含气裂缝带。

二、页岩气开发技术

页岩气地质储量丰富，但基质孔隙度、渗透率都很低， 90%以上的井都需要实施压裂等增产措施。因此，在可产生复杂人工诱导裂缝网络的区域，采用先进的钻完井技术，提高页岩渗流能力，增大泄油气面积，是成功开发页岩气矿藏的必要条件。

新技术（包括页岩气综合评价技术、水平井钻探技术、完井技术等）的研发与应用对页岩气勘探开发取得的阶梯式发展起到了关键性作用。美国页岩气矿藏开发先后经历了 N_2 压裂、泡沫压裂、凝胶压裂、水力压裂、水平井多段压裂等几个发展阶段。从开发角度，应用水力压裂、重复压裂和水平井多段压裂以及裂缝综合监测等技术对页岩气的开发具有里程碑式意义。从早期氮气泡沫压裂发展到大型水力压裂，作业成本大幅度降低；重复压裂通过调整压裂方位，改善储层渗流能力，延长了高产时期；水平井多段压裂使页岩开发领域在纵向和横向上得已拓展，产量增幅明显；裂缝监测技术能实现观测实际裂缝的几何形状，有助于掌握页岩气藏的衰竭动态变化情况，实现气藏管理的最佳化。以 Barnett 页岩为例，可以看出新技术的应用对页岩气开发的明显作用。1981～1997 年，Barnett 页岩天然气开发缓慢，页岩气生产井完井数仅 404 口。1997 年后，水力压裂开始取代凝胶压裂成为页岩气主要的增产措施， Barnett 页岩气的开发也随之加快了前进的步伐。随着 1999 年重复压裂、2003 年水平钻井以及 2005 年水平井分段压裂等一系列新技术的广泛运用， Barnett 页岩气开发发展速度惊人，位居五大页岩气盆地之首（图 5.65）。从 1997 年到 2007 年，Barnett 页岩气区有多达 8629 口页岩气井投入生产（其中水平井 4973 口，占 50%以上）。新技术的运用同样使 Barnett 页岩气产量发生了翻天覆地的变化，由 1993 年的 $7.9\times10^8m^3$ 激增至 2007 年的 $315\times10^8m^3$，增长近 40 倍；截至 2008 年 1 月，Barnett 页岩气产量约 $0.996\times10^8m^3/d$，累计产量 $1044.9\times10^8m^3$。福特沃斯盆 Barnett 地页岩气开发范围，随着勘探开发程度与认识程度的提高以及技术的进步不断扩大，陆续发现了一批商业性气田，Barnett 页岩气的技术可采储量也迅速攀升，由 1990 年的 $3.9\times10^{10}m^3$ 增至 2005 年的 $1.1\times10^{12}m^3$。

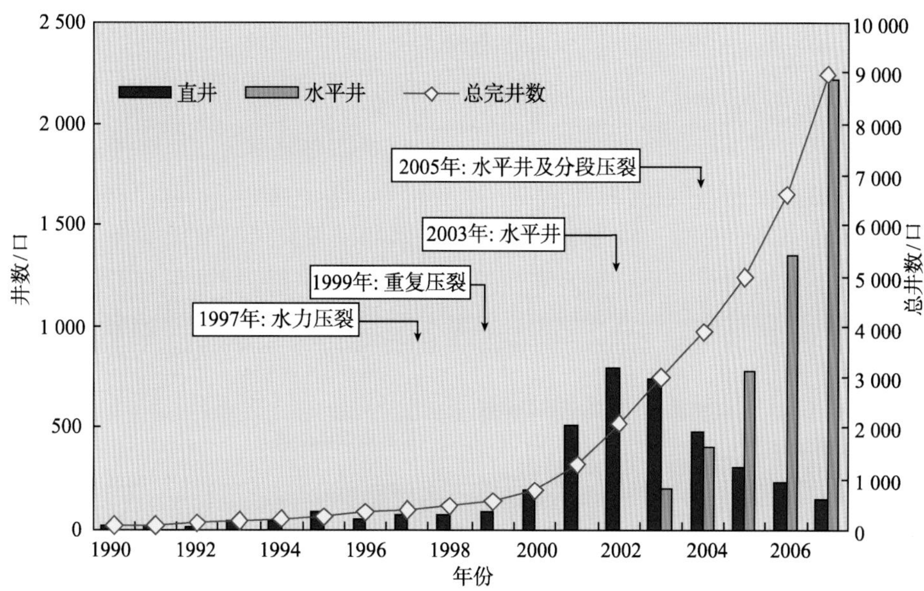

图 5.65　1990～2007 年福特沃斯盆地 Barnett 页岩气生产井数变化曲线（Powell，2008）

（一）水平井钻井技术

2002 年以前，垂直井是美国页岩气开发主要的完钻井方式。2002 年，随着完钻井井下技术的发展以及相关成本的降低，福特沃斯盆地 Barnett 页岩气 7 口试验水平井取得了巨大成功，水平井开始成为北美页岩气主要的钻井方式。各油气公司在非常规天然气的开采中水平井的运用逐渐占主导地位。如图 5.65 所示，1990～2002 年，福特沃斯盆地 Barnett 页岩气直井完井数逐年增加，12 年间累计完井总数为 2070 口。但进入 2003 年后，直井完井数急速递减，2007 年仅为当年完井数的 6%（149 口）；与之相反的是，水平井钻井数迅速增加，2003～2007 年 Barnett 页岩气水平井累计达 4960 口，占 Barnett 页岩气生产井总数的 50%以上，仅 2007 年就有 2219 口为水平井，占该年页岩气完井数的 94% 。与垂直井相比，水平井在页岩气开发中具有无可比拟的优势。

（1）水平井虽然成本为直井的 1.5～2.5 倍，但初始开采速度、控制储量和最终评价可采储量却是直井的 3～4 倍（图 5.66）。福特沃斯盆地 Barnett 页岩最成功的垂直井在 2006 年上半年页岩气累积产量为 $991.10m^3$，而同期最成功的水平井产量为 $2831.7\times10^4m^3$，为直井产量的近 3 倍。

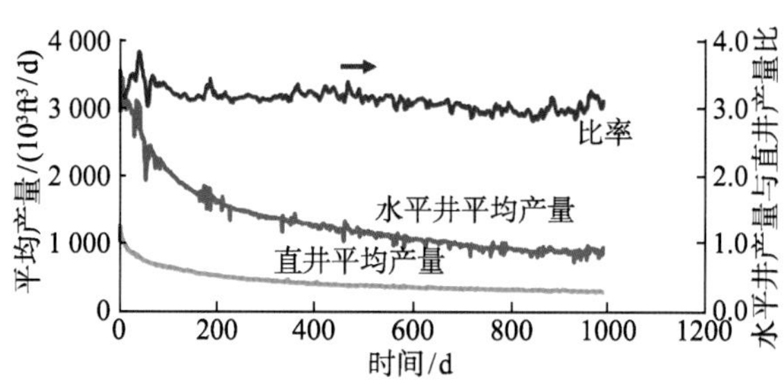

图 5.66　Barnett 页岩气水平井与直井产量的对比图

（2）水平井与页岩层中裂缝（主要为垂直裂缝）相交机会大，明显改善储层流体的流动状况和增加泄流面积。统计结果表明，水平段为 200m 或更长的水平井，比直井钻遇裂缝的机会多几十倍。如图 5.67 所示，水平井钻遇的诱发裂缝沿着钻井轨迹顶部和底部出现，但沿着该井筒侧面终止，井筒侧面的应力最高。井筒钻穿的原有天然裂缝以垂直线的形态穿过井筒的顶部、底部和侧面，黄铁矿结核非常明显，与层理面平行出现。

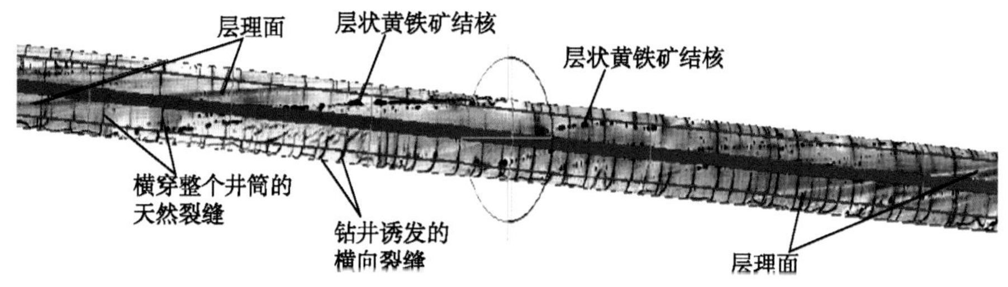

图 5.67　水平井筒 FMI 全井眼微电阻率扫描成像测井（Boyer et al.，2006）

（3）在直井收效甚微的地区，水平井开采效果良好。如在 Barnett 页岩气非核心开采区，水平井克服了 Barnett 组页岩上下灰岩层的限制，避免了 Ellenburger 组白云岩高渗层的水侵，降低了压裂风险，增产效果明显，从而在非核心生产区得到广泛的运用（图 5.68）。

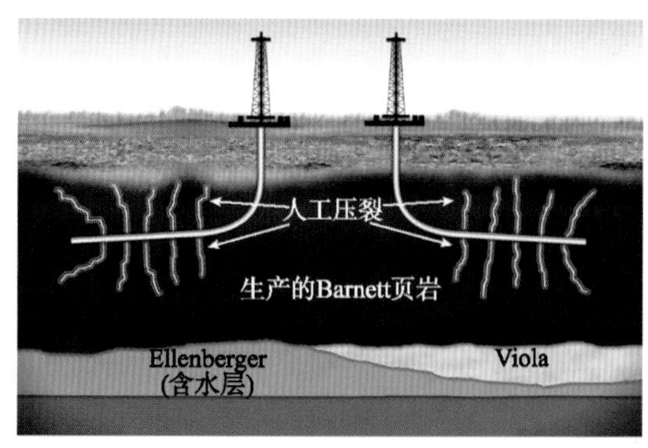

图 5.68　Barnett 页岩气水平井在外围生产区的运用(Griffin，2006)

（4）减少地面设施，开采延伸范围大，避免地面不利条件的干扰。页岩气井几乎完全依赖于压裂处理，以便将自然裂缝与井眼连接起来。尽管裸眼水平钻井已经在美国伊利诺伊州的新奥尔巴尼页岩做过尝试，但是大多数页岩气水平钻井均已下套管，用水泥接合并射孔，并沿着水平部分长度用泵进行了多级处理。同时，采用倾斜仪和微地震等新技术监视并调整使用压裂处理的实时泵送计划，这些技术在页岩气开采中显得尤其重要。

（二）页岩气完井与增产改造技术

压裂增产技术对提高页岩气产量至关重要，在页岩气商业性开采中起着决定性的作用。20 世纪 70 年代，美国经营者对东部泥盆纪页岩气开发中曾采用裸眼完井、硝酸甘油爆炸增产技术来提高天然气的采收率；80 年代使用高能气体压裂以及氮气泡沫压裂，使得页岩气产量提高了 3～4 倍。90 年代后，随着开始使用凝胶压裂以及水力压裂等新技术，美国页岩气的开发步入快速发展阶段。目前页岩气井主要采用泡沫压裂、重复压裂、水平井水力压裂以及多阶段压裂等增产完井措施。通常中等深度（1524～3048m）页岩中使用减阻水（低黏性水射流）和支撑剂，浅层页岩和低地层压力页岩使用氮泡沫压裂液。下面简要介绍各种压裂技术在页岩气开发中的应用与实践。

1. 泡沫压裂

对埋深相对较浅、地层压力低的页岩储层进行增产改造，一般选择液态氮气或 CO_2 泡沫压裂技术。泡沫压裂技术适用于低渗低压、水敏性储层，具有用水量小、造缝效率高、低滤失性、返排和携砂能力强、摩阻低以及对储层伤害小的特点。液态氮气和 CO_2 压裂液能压开地层并携带支撑剂，在短期内变成无害气体。与常规压裂相比，泡沫压裂可提高气体产量 2～4 倍，但缺点是注入压力高及可能产生简单的裂缝，不能为气体运移提供更多通道，且成本较高。

美国能源部 1975 年开始对泡沫压裂进行广泛的实验，80 年代初成为泥盆纪页岩的主要压裂方法。典型的泡沫压裂，氮占 75%，水为 25%，以及起泡剂及支撑剂，施工大约用 3000 桶水和 50 000～75 000ft^3 氮。后来发展到稳定的凝胶泡沫，水的含量减少到 10%，加入了使泡沫稳定或硬化的原始凝胶剂，携砂能力明显增大，但成本也相应地提高。1999 年，在圣胡安盆地 Lewis 页岩压裂处理井中，有 16 口井采用液态 CO_2 加砂压裂技术。美国能源部在泥盆纪页岩气藏长水平井段曾成功试验裸眼分段泡沫压裂，600m 的水平段分 6 阶段压裂，套管外加管外封隔器封固分段，实施裸眼压裂，压开和延伸天然裂缝并加以支撑。

2. 水力压裂

通常埋深大、地层压力高的页岩储层必须进行水力压裂改造才能够实现经济性开采。水力压裂技术以清水为压裂液，支撑剂较凝胶压裂少 90%，并且不需要黏土稳定剂与表面活性剂，大部分地区完全可以不用泵增压，较之美国 20 世纪 90 年代实施的凝胶压裂技术可以节约成本的 50%～60%，并能提高估算的最终采收率（EUR），目前已成为美国页岩气井最主要的增产措施。当地面高压泵组将液体以大大超过地层吸收能力的排量注入井中，并将带有支撑剂的液体注入，可在地层中形成具有一定长度、宽度及高度的填砂裂缝。具有高导流能力的裂缝，能够使气体畅流入井，从而起到增产增注的作用。大型水力压裂可以在页岩气藏内形成深穿透、高导流能力的裂缝，使原来没有工业价值的气田具有一定的商业性产能。

清水压裂技术是利用含有减阻剂、黏土稳定剂和必要的表面活性剂的水为压裂液，以这种压裂液作为前置液来提供支撑剂输送。清水压裂技术提高渗透率的原理在于：第一，水力裂缝可开启早已存在的天然裂缝，提高油气层的渗透率；第二，常规的处理并不能彻底清洗裂缝，而水压裂是一种清洁压裂，从而提高油气层的渗透率。

Mitchell 能源公司曾对 Newark East 气田使用大型水力压裂技术（2270m^3 的交联凝胶和 635t 支撑剂），改造 Barnet 页岩气老井，虽然页岩气井生产动态有所改善（采收率提高近 3 倍），但因成本高而停止使用。随后，Mitchell 公司对 Barnett 页岩气井开始使用减阻水压裂增产措施。与大型水力压裂相比，减阻水压裂使用了两倍的交联液及 10% 支撑剂，完井成本下降 65%。从 1998 年至今，Barnett 页岩气直井增产采用的都是减阻水压裂技术，页岩气估算最终采收率提高了 20% 以上。

3. 水平井分段压裂

在水平井段，需进行多段泵作业，来有效产生裂缝网络，尽可能提高最终采收率。多段压裂可以节约成本，尤其是与前置液钻井相结合，可以最大限度地节约材料处理的时间和成本，缩短准备时间以及每次泵送作业之间的停机时间。

多段泵送作业射孔准备可以通过连续油管或电缆（牵引车或者下泵法），实际泵送作业最多可分为 9 个阶段。前置液作业（一般地表位置上的多口井）允许从一口井到另一口井同时作业，减少了停泵时间，同时分隔前期压裂层段和射开下一层段。多段作业包括重复射孔和封堵作业。第一层段射孔后开始增产措施。减阻水驱替最后压裂液到射孔深度后，实施关井并将增加管线暂时撤离井口装置。连续油管或电缆用来安装铸铁桥塞，然后进行射孔。水平井射孔层段一般是 500ft 长层段内选择 6ft 范围进行射孔。入口直径为 0.42 英寸，通常每英尺射 4 孔，分 600 段。如果射孔层段远离造斜点且靠近井底，此时每段射孔数可以减少，从而避免层段根部压降过快。泵压作业时，在使用常规的 1.2ppg 支撑剂前，有时会采用低浓度支撑剂塞（0.05ppg、0.1ppg、0.15ppg）来减少迂曲度，一般每个剖面每英尺采用 235lb[①] 支撑剂。作业开始后，采用最大泵入率可以持续扩展裂缝，以防过早脱砂，各阶段之间采用减阻水扫洗。

典型的水平井多阶压裂可在比较长的水平井井段中以较短的时间安全地压裂，形成上述优化的多条水力裂缝（图 5.69）。压后快速地排液，实现低伤害的水平井分段压裂。其压裂工艺技术难点在于分段压裂工艺方式选择和井下封堵工具。水平井分段压裂的工艺技术方法主要分为以下四类：①化学隔离技术；②机械封隔分段压裂技术；③限流压裂技术；④水力喷砂压裂技术。

① 1lb=0.453 592kg

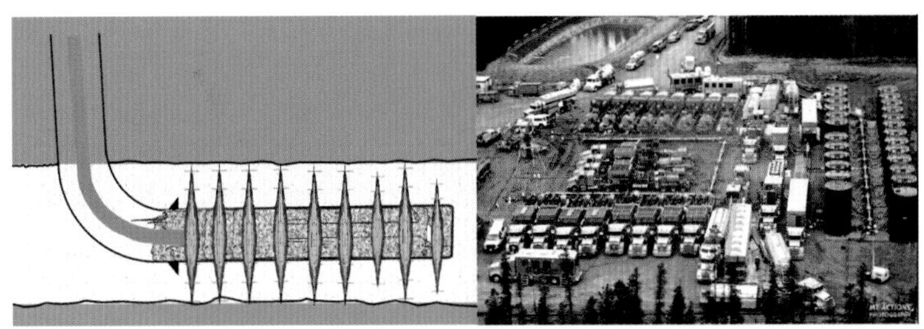

图 5.69　水平井分段压裂及压裂场景

随着水平井成为页岩气开发的主要完钻井方式，水力压裂开始成为页岩气水平井主要的增产措施。典型的水平井压裂设计需要多阶段考虑，最初水平井的压裂阶段一般采用单段或两段，目前已增至 7 段甚至更多。每 0.8×10^6～1.5×10^6gal①减阻水中配置 10%～12%填隙物阶段，每加仑 0.1～0.65 lb 配置 75%～80%支撑剂的凝固阶段及 2 lb/gal 配置 10%的最终阶段。水平井通常在注入速率达到 70～100bpm②/1.68m 或者 150～200bpm/2.13m 时就已被压裂。

水平井水力多段压裂技术的广泛运用，使原本低产或无气流的页岩气井获得工业价值成为可能，极大地延伸了页岩气在横向与纵向的开采范围，是目前美国页岩气快速发展最关键的技术。美国新田公司位于阿科马盆地 Woodford 页岩气聚集带的 Tipton #1H-23 井经过 7 段水力压裂措施改造后，增产效果显著，最大页岩气日产量高达 $14.16 \times 10^4 m^3$。

4. 重复压裂

初次压裂作业中，随着时间的推移与压力的释放，原来由支撑剂保持的敞开裂缝将逐渐闭合，气体产量大幅下降。重复压裂（refracturing）可以恢复现有井产量，增加商业性采气量。页岩气井在初次完井后估计最终可采率为 10%左右，重复压裂改造措施可以提高 8%～10%，可采储量增加 60%。压裂后产量接近甚至超过初次压裂时期。美国天然气研究所（GRI）研究证实重复压裂能够以 0.1 美元/mcf③的成本增加储量，远低于收购天然气储量 0.54 美元/mcf 或发现和开发天然气储量 0.75 美元/mcf 的平均成本。

为解决密歇根盆地某些 Antrim 页岩气井中出现的诸如原先增产措施效果不好、出现支撑剂回流和支撑剂堵塞等问题，对相应的页岩产层采取了重复压裂改造措施。其中一口井重新压裂前产量为 $1756m^3/d$，结合其他的改造措施重复压裂后短期内产气量达 9628 m^3/d。在得萨斯州 Newark East 气田，Barnett 页岩垂直井在采用多次压裂改造措施后的月产气量变化曲线（图 5.70）表明重复压裂措施使产气量超过原始产气量。米切尔能源公司位于 Wise 县的 2T.P.Sims 井大约 122 个月的增产过程验证了这种影响，该井已累计产气 $22.025 \times 10^8 ft^3$。在 122 个月当中对该井实行了增产措施，结果产气率有所上升，重复压裂后产气率超过 $5.66 \times 10^4 m^3/d$。

① 1gal=3.785 43L

② 1 bpm=Bbl/min

③ 1 mcf=10^3 ft^3

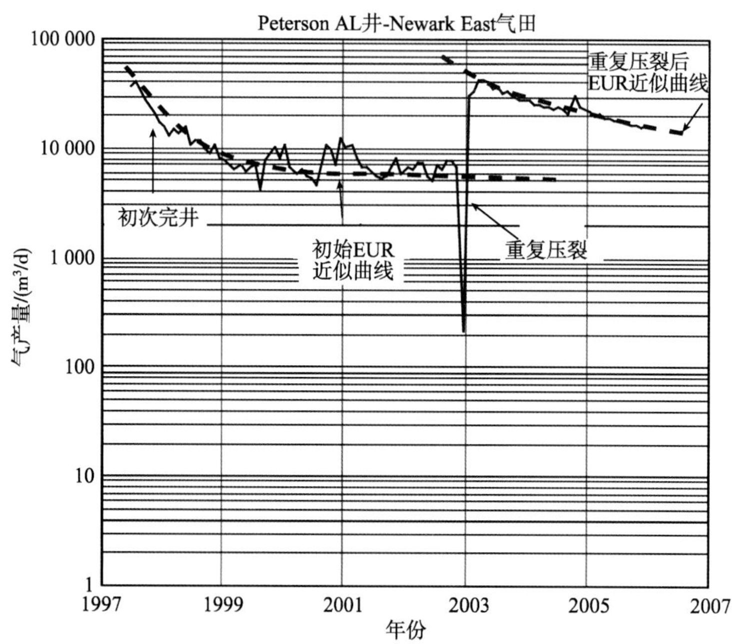

图 5.70　Newark East 气田 Barnett 页岩垂直井重复压裂后气产量变化图（Boyer et al.，2006）

5. 清洁压裂和纤维压裂

在页岩的减阻水压裂中，有时会出现减阻水不能产生供支撑剂（通常为砂）通过的宽裂缝、裂缝渗透性下降等问题。为此，发展了两种泵注流体新方法——清洁压裂（clearFRAC）和纤维压裂（fiberFRAC）。这种新方法能够延缓支撑剂时间，支撑剂能够保持在适当位置，使裂缝缓慢地闭合。

清洁压裂液不含固相，输送固体的能力非常强，它能够携带更多砂进入裂缝内，延缓裂缝闭合速度，维持页岩气井的生产。纤维压裂措施通过压裂液产生一个纤维网状系统，能提供极好的携带支撑剂和悬浮能力。纤维压裂液中含固态网状物，泵注时保持砂的悬浮，生产中具有最大的渗透率。

在福特沃斯盆地 Barnett 页岩气开采中，为了有效地分布支撑剂，提高单井产量，Devon 公司采用了纤维辅助压裂液对页岩气井进行压裂改造。压裂液为硼砂交联的瓜尔胶体系，聚合物浓度为 18 lb/1000gal。支撑剂含量为 0.5～3ppg①不等。处理一般充填 540 000 lb（245 000kg）20/40/目的砂。采用纤维压裂液的页岩气井与采用减阻水处理的邻井相比（图 5.71），前者产量是后者的两倍；前者生产前 80 天累计产量比后者提高了 2500 万 ft^3（70.8 万 m^3）。

6. 同步压裂

同步压裂（simo-fracturing）技术是目前 Barnett 页岩比较流行的压裂技术。由于页岩储层渗透性差，气体分子能够移动的距离短，需要通过压裂获得近距离的高渗透率路

① 1 ppg=1 lb/gal

径而进入井眼中。同步压裂采用的是使压力液及支撑剂在高压下从一口井向另一口井运移距离最短的方法，以增加水力压裂裂缝网络的密度及表面积。同步压裂最初采用两口互相接近且大致平行的水平井同时压裂。同步压裂最初需要双重压裂，目前有三次压裂，甚至四次压裂。

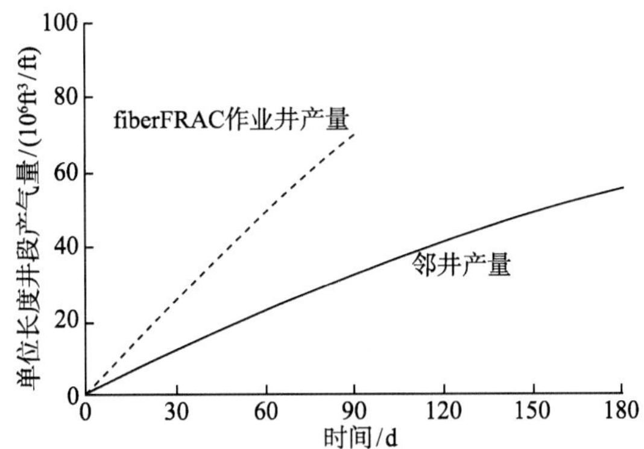

图 5.71　纤维压裂的页岩气井与减阻水处理的邻井产量对比

2006 年，同步压裂技术开始在 Barnett 页岩气井完井中实施，作业者在相隔 152～305m 范围内钻两口平行的水平井同时进行压裂，显示出广阔的发展前景。对比 Tarrant 中部地区上半年的累积产气量，发现采用该技术的井要比未采用的产量更高，其他采用该项技术的井也在短期内显现出比斜井更高的产量。

（三）裂缝综合监测技术

页岩气井实施压裂改造措施后，需要有效的方法来确定压裂作业效果，获取压裂诱导裂缝导流能力、几何形态、复杂性及其方位等诸多信息。明确压裂裂缝的几何形态和延伸情况有助于改善页岩气压裂增产作业效果，以及改善气井产能并提高天然气采收率。

推断压裂裂缝几何形态和产能的常规方法主要是一些间接的井响应方法，包括利用净压力分析进行裂缝模拟、试井以及生产动态分析等。而裂缝综合监测技术是利用地面、井下测斜仪与微地震监测技术，直接测量因裂缝间距超过裂缝长度而造成的变形，以表征所产生的裂缝网络，评价压裂作业的效果，实现页岩气藏管理的最佳化。

微地震监测利用监测井中灵敏的多分传感器来记录压裂作业期间因岩石剪切作用而产生的微地双波或声发射（图 5.72）。经过处理后这些微地及数据可以确定检波器与声发射之间的距离、方位以及声发射深度，描绘裂缝的几何形态,显示裂缝面，包括裂缝方位、缝高和裂缝对称性。该技术有以下优点：①测量快速，方便现场应用；②实时确定微地震事件的位置；③能确定裂缝的高度、长度和方位；④具有噪声过滤能力。

福特沃斯盆地 Barnrtt 页岩的勘探开发研究过程中，运用微地震监测技术，认识到天然裂缝和断层对水力压裂裂缝的延伸及储层产能和开采产生很大影响。Chesapeak 能源公司于 2005 年 1 月将微地震技术运用于一口垂直监测井上，准确地确定了 Newark East

气田一口水平井进行的四段清水压裂的裂缝高度、长度、方位角及其复杂性（图 5.73）。

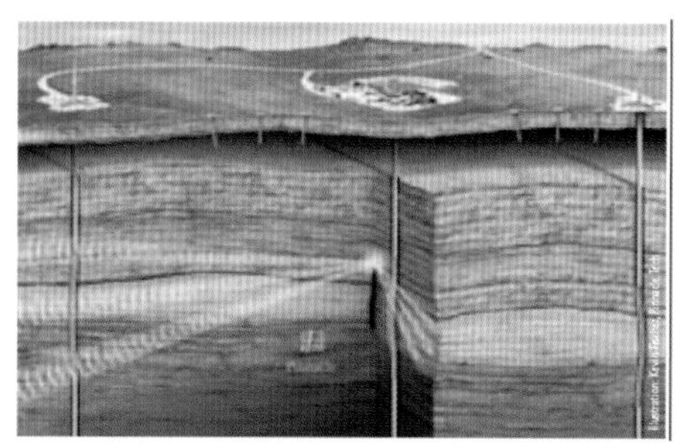

图 5.72　微地震监测技术示意图

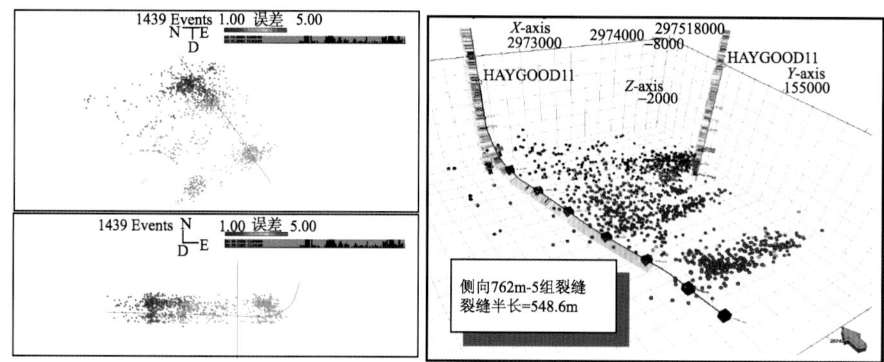

图 5.73　Barnett 页岩水平井多段压裂微地震同相轴记录平面、侧面图(Frantz and Jochen，2005)

三、页岩气开发技术应用效果

（一）直井和水平井应用效果

直井、水平井和压裂的水平井泄流面积对比：30m 井段长的直井泄流面积为 14.8m^2；600m 水平井段泄流面积为 298m^2，相当于前者的 20 倍；600m 长的水平段中每隔 45m 压裂一段，共压裂 10 段后，其泄气面积达到 14 233m^2，相当于 957 口直井或 48 口未压裂的水平井（图 5.74）。

1985～1990 年，Barnett 页岩气直井的单井储量仅为 4×10^8～5×10^8ft^3，1991～1997 年，随着减阻水低支撑剂压裂技术的应用，单井储量增至 8×10^8～10×10^8ft^3。

（二）页岩气增产技术应用效果

20 世纪 70 年代，美国经营者在东部泥盆纪页岩气开发中曾采用裸眼完井、硝酸甘油爆炸增产技术来提高天然气的采收率；80 年代使用高能气体压裂以及氮气泡沫压裂，使得页岩气产量提高 3～4 倍。90 年代之后，随着开始使用凝胶压裂以及水力压裂等新技术，美国页岩气的开发步入快速发展阶段，页岩气产量及储量剧增。

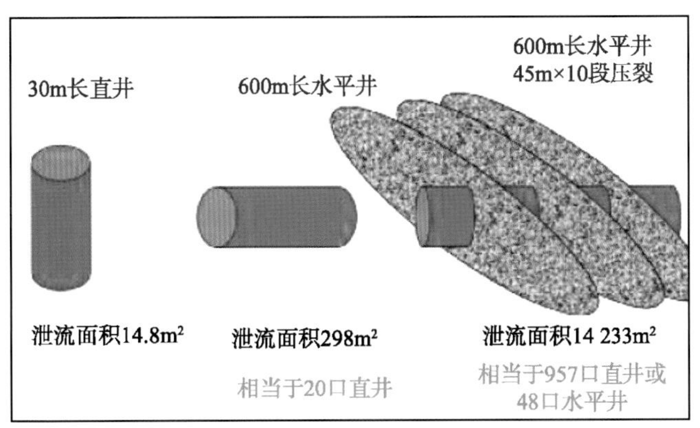

图 5.74　直井、水平井和压裂的水平井泄流面积对比

以美国福特沃斯盆地 Barnett 页岩为例，从 1981 年 Newark East 气田的发现至今，Barnett 页岩气藏的开发先后经历了直井小型交联凝胶或泡沫压裂、直井大型交联凝胶或泡沫压裂、直井减阻水压裂与水平井水力压裂等多个阶段，页岩气井的生产动态与增产作业效果得到了极大的改善，促进了页岩气的快速发展（图 5.75）。

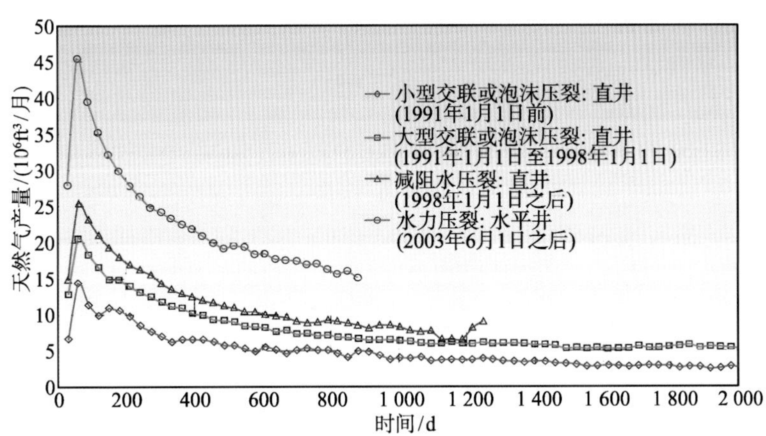

图 5.75　Barnett 页岩不同压裂新技术与气产量的对应关系（Boyer et al.，2006）

Barnett 页岩气区压裂技术应用历程如下。

（1）1981～1985 年，直井、泡沫压裂技术：对下部 Barnett 页岩只进行泡沫压裂（150 000～300 000gal；567 800～1 135 600L），氮气辅助，20/40 目砂量 300～500 000 lb (136 000～226 800kg)。压裂速度约为 40Bbl/min。

（2）1985～1997 年，直井、大型交联凝胶水力压裂技术：对下部 Barnett 页岩进行交联凝胶压裂，用量增加至 400 000～600 000gal (1 514 100～2 271 200 L)，砂量增加至 1 000 000～1 500 000 lb（453 600～680 300kg）。直至 1995 年，一直使用氮气辅助、降滤失剂、表面活性剂和黏土稳定剂。1995 年后，减去了氮气和降失水剂。

（3）1998 年至今，直井、水力压裂或加砂压裂：用大约 900 000 和 500 000gal（3 406 800

和 1 892 700L）清水分别对上部和下部 Barnett 页岩进行压裂，20/40 目砂总用量为 200 000 lb(90700kg)。压裂速度约为 50～70Bbl/min。不需使用黏土稳定剂和表面活性剂，且在大部分地区，可完全不用泵增压，比凝胶压裂节约成本 50%～60%。

（4）1997 年至今，重复压裂技术：随着水力压裂的盛行，最初在凝胶压裂的井能量衰竭后，用清水进行重复压裂，可使产量几乎达到初始产量，可采储量增加了 60%。最初由凝胶压裂的井可使用与新钻垂直水力压裂井相同的水量和砂量进行重复压裂。

（5）2003 年至今，水平井、水力压裂与同步压裂技术：在 Barnett 下部钻水平井，水平距离为 1000～3500ft（304.8～1066.8m），用±2 000 000～6 000 000gal（75 701 800～22712400L）清水和 400 000～1 000 000 lb（181 400～453 600kg）砂进行压裂，压裂速度从 50Bbl/min 至 100Bbl/min 以上。由于可降低 Ellenburger 地层被压裂的风险，水平井在延伸区得到广泛应用。大部分区域的 Ellenburger 地层产水，压裂将带来水处理问题。2006 年，同步压裂技术出现，即作业者相隔 500～1000ft (152～305m)钻两口平行的水平井，然后对两口井同时进行压裂。

水力喷射压裂技术是用高压和高速流体携带砂体进行射孔，打开地层与井筒之间的通道后，提高流体排量，从而在地层中打开裂缝的水力压裂技术。2005 年，使用水力喷射环空压裂工艺对 Barnett 页岩中的 53 口井进行了压裂，其中 26 口井取得了技术和经济上的成功，21 口井被认定为技术成功。

重复压裂技术的应用能够以 3.53～7.06 美元/10^3m^3 的储量成本增加页岩气产量，使估算最终采收率提高 8%～10%，可采储量增加 60%。利用减租水加少量支撑砂的方式对页岩进行重复压裂处理后的页岩气井具有良好产能，甚至超过原始完井。Barnett 页岩气田发现井——C.W. Slay No.1 井在 1981～1994 年的 13 年间，采用泡沫压裂技术累计产气量 $600 \times 10^4m^3$，1994～1996 年关井两年后采用大型凝胶压裂增产，1996～1998 年累计产气 $82 \times 10^4m^3$；1998～2000 年，再次关井两年；2000 年利用水力压裂技术进行重复压裂，产量增至 $3.8 \times 10^4m^3/d$；截至 2008 年 11 月，这口最初被认为无经济价值的页岩气井日产量接近 $0.9 \times 10^4m^3$。

同步压裂技术在 Barnett 页岩中得到了广泛应用，采用大约 350×10^4 lb 的支撑剂和 25×10^4Bbl 的减阻水被注入页岩气井孔中的 9 个层位，其中一口井以日产 $25.5 \times 10^4m^3$ 的速度持续生产 30 天，而其他未压裂的井日产速度只有 $5.66 \times 10^4m^3$ 到 $14.16 \times 10^4m^3$ 不等。得克萨斯州 Parker 县的 29 个区块和 Johnson 县的 104 个区块分析表明，采用多井同步压裂平均产量比单独压裂可类比井提高 21%～55%。

参考文献

樊明珠，王树华. 1997. 高变质煤区的煤层气可采性. 石油勘探与开发，24（2）：87-90

石广仁，张庆春. 2004. 盆地模拟的参数敏感性与风险分析. 石油勘探与开发, 31(4): 62-63

徐建永，武爱俊. 2010. 页岩气发展现状及勘探前景. 特种油气藏, 17（5）：1-7

阎存章，李鹭光，王炳芳，等. 2009. 北美地区页岩气勘探开发新进展. 北京：石油工业出版社

张金川，徐波，聂海宽，等. 2008. 中国页岩气资源勘探潜力. 天然气工业，28(6)：136–140

ARI. 2009. Annual gas shale production of U.S.A. http://www.adv-res.com [2011-12-09]

Boyer C, Kieschnick J, River R S, 等. 2006. 页岩气藏的开采. 油田新技术，（秋季刊）: 18–31

Bustin R M. 2005. Gas shale tapped for big pay. AAPG Explorer, 26(2): 5–7

Comer J B, Hamilton-Smith T, Frankie W T. 1994. Source rock potential. *In*: Hasenmueller N R, Comer J B Gas potential of the New Albany Shale (Devonian and Mississippian) in the Illinois Basin. Gas Research Institute GRI-92/0391, Illinois Basin Studies, 2: 47–57

Comer J B. 2008. Reservoir characteristics and production potential of the Woodford Shale. World Oil, (2008 annual Issue): 26–29

Curtis J B. 2002. Fractured shale-gas systems.AAPG, 86(11): 1921–1938

David G H, Tracy E L. 2004. Fractured shale gas potential in New York. Northeastern Geology and Environmental Sciences, 26(1/2): 57–78

de Witt W J, Roen J B, Wallace L G. 1993. Stratigraphy of Devonian black shales and associated rocks in the Appalachian Basin. *In*: Roen J B, Kepferle R C. Petroleum Geology of the Devonian and Mississippian Black Shale of Eastern North America. U.S. Geological Survey Bulletin, 1909: B1–B57

Frantz J H, Jochen V. 2005. Shale gas. Schlumberger, White Paper

Griffin A. 2006. Horizontal drilling in the barnett shale. XTO Energy, AAPL, April: 6–8

Hill D G, Nelson C R. 2000. Gas productive fractured shales—an overview and update. GasTIPS, 6(2): 4–13

Hill R J, Janvie D M, Zumbenge J, et al. 2007. Oil and gas geochemistry and petroleum systems of the Fort Worth Basin. AAPG Bulletin, 91(4): 445–473

Howell D G.1994. 能源气的未来. 杨登维译. 北京：石油工业出版社: 273–299

Hunter C D, Young D M. 1953. Relationship of natural gas occurrence and production in eastern Kentucky (Big Sandy gas field) to joints and fractures in Devonian bituminous shale. AAPG, 37(2): 282–299

Jarvie D M. 2001. Oil and shale gas from the Barnett Shale, Ft. Worth basin, Texas AAPG Annual Meeting, Program with Abstracts: A100

Jarvie D M，Hill R J, Ruble T E, et al. 2007. Unconventional shale-gas systems：the Mississippian Barnett Shale of north-central Texas as one model for thermogenic shale-gas assessment. AAPG Bulletin，91（4）: 475–499

Johnson J G, Klapper G, Sandberg C A. 1985. Devonian eustatic fluctuations in Euroamerica. Geological Society of America Bulletin, 96: 567–587

King G R. 1994. 关于有限水侵的煤层和泥盆系页岩气藏的物质平衡方法. 华桦译. 天然气勘探与开发，16（3）: 62–70

Lineback J A. 1970. Stratigraphy of the new albany shale in Indiana. Indiana Geological Survey Bulletin, 44: 72

Loucks R G, Reed R M, Ruppel S C, et al. 2009. Morphology, genesis, and distribution of nanometer-scale pores in siliceous mudstones of the mississippian barnett shale. Journal of Sedimentary Research, 79(9): 848–861

Loucks R G, Ruppel S C. 2007. Mississippian barnett shale: lithofacies and depositional setting of a deep-water shale-gas succession in the Fort Worth Basin,Texas. AAPG, 91(4): 579–601

Magoon L B, Dow W G. 1994. The petroleum system, *In*: Magoon L B, Dow W G. The Petroleum System–From Source to Trap. AAPG Memoir, 60: 2–24

Martini A M, Walter L M, Budi J M, et al. 1998. Genetic and temporal relations between formation waters and biogenic methane. Upper Devonian Antrim Shale, Michigan Basin, USA: Geochimica et Cosmochimica Acta, 62: 1699–1720

Martini A M, Walter L M, Ku TCW, et al. 2003. Microbial production and modification of gases in sedimentary basins: a geochemical case study from a Devonian shale gas play,Michigan Basin. AAPG Bulletin, 87(8):1355–1375

Martini A M, Walter L M, McIntosh J C. 2008. Identification of microbial and thermogenic gas components from Upper Devonian black shale cores, Illinois and Michigan basins. AAPG Bulletin, 92(3): 327–339

McIntosh J C, Walter L M, Martini A M. 2002. Pleistocene recharge to midcontinent basins: Effects on salinity structure and microbial gas generation. Geochimica et Cosmochimica Acta, 66:1681–1700

Nelson P H. 2009. Pore-throat sizes in sandstones, tight sandstones, and shales. AAPG Bulletin, 93(3): 329–340

Pollastro R M, Daniel M J, Ronald J H, et al. 2007. Geologic framework of the Missippian Barnett Shale, Barnett-Paleozoic total petroleum system, Bend arch-Fort Worth Basin, Texas. AAPG Bulletin, 91(4):405–436

Pollastro R M. 2007. Total petroleum system assessment of undiscovered resources in the giant Barnett Shale continuous(unconventional) gas accumulation, Fort Worth Basin, Texas. AAPG Bulletin, 91(4):551–578

Powell G. 2008. The barnett shale in the fort worth basin-a growing giant. Powell Barnett Shale Newsletter, 25:7–10

Roen J B. 1993. Introductory review—devonian and mississippian black shale, eastern North America. *In*: Roen J B, Kepferle R C. Petroleum Geology of the Devonian and Mississippian Black shale of Eastern North America. U.S. Geological Survey Bulletin: A1–A8

Ronger H H. 1997. An assessment of world hydrocarbon resource. Annual Review of Energy and the Environment, 22: 217–262

Ross D J, Bustin M. 2008. Characterizing the shale gas resource Potential of Devonian-Mississippian strata in the Western Canada Sedimentary basin: Application of an integrated formation evaluation. AAPG Bulletion, 92(1): 87–125

Schimmelmann A, Sessions A L, Mastalerz M. 2006. Hydrogen isotopic (D/H) composition of organic matter during diagenesis and thermal maturation. Annual Review of Earth and Planetary Science, 34: 501–533

Schmoker J W. 1996. A resource evaluation of the Bakken Formation (Upper Devonian and Lower Mississippian) continuous oil accumulation, Williston basin, North Dakota and Montana. The Mountain Geologist, 33(1): 1–10

Schmoker J W. 2002. Resource-assessment perspectives for unconventional gas systems.AAPG Bulletin, 86(11): 1993–1999

Scott L M. 2005. Mississippian barnett shale, fort worth basin,north-central texas:gas-shale play with multi–trillion cubic foot potential.AAPG Bulletin, 89(2): 155–175

Strąpoć D, Mastalerz M, Schimmelmann A, et al. 2010. Geochemical constraints on the origin and volume of gas in the New Albany Shale (Devonian–Mississippian), eastern Illinois Basin. AAPG Bulletin, 94(11): 1713–1740

U.S. Geological Survey World Energy Assessment Team. 2000. U.S. Geological Survey world petroleum assessment 2000—description and results. U.S. Geological Survey Digital Data Series DDS-60, 4 CD-ROMs

Utley L. 2005. Unconventional Petrophysical Analysis in Unconventional Reservoirs. AAPG annual convention & exhibition

Waechter N B, Hampton G L, Shipps J C. 2004. Overview of coal and shale gas measurement: field and laboratory procedures. *In*: Proceedings of the 2004 International Coalbed Methane Symposium. The University of Alabama, Tuscaloosa, Alabama: 1–17

Waters G. 2010. Optimized Completions of a Horizontal Well, Schlumberger Business Consulting, Schlumberger

第六章　油页岩矿藏地质特征与开发利用

油页岩是一种蕴藏量十分丰富的化石能源矿产资源，主要分布在美国、巴西、俄罗斯和中国等。目前，油页岩提取油页岩油工业发展的影响因素主要包括资源、经济、技术和环保等方面。随着常规石油的日渐枯竭和开采难度的加大、油价上升的总趋势以及新技术的不断出现，利用油页岩来制取油页岩油逐渐会受到越来越多的关注。

第一节　油页岩开发现状

一、油页岩的定义

油页岩至今仍未有一个统一的定义。目前，主要存在三个方面的定义：一是侧重成因的定义，如 Gavin（1924）认为油页岩是致密层状的沉积岩，含有 33%以上的灰分，蒸馏时有油产出，在正常溶剂抽提时和石油没有区别；Dyni 等（2003）认为油页岩是一种细粒沉积岩，其中包含大量有机物，通过粉碎、蒸馏工艺可以提炼出大量的石油和可燃气。二是侧重工业标准的定义，如赵隆业等（1990）的定义，油页岩是高灰分的固体可燃有机体，作为工业矿产要求含油率大于 5%，发热量超过 7.5kJ/g，可以是腐泥、腐殖或混合成因的。它和煤的主要区别是灰分超过 40%，它和碳质页岩的主要区别是含油率大于 5%。三是侧重上述成因和工业标准的复合定义，如全国矿产储量委员会矿产工业要求参考手册（1987）中，把油页岩定义为是一种高灰分（40%～80%）的可以燃烧的有机岩石（或称腐泥煤），有机物质有沥青、腐殖质等，无机质有硅酸铝、氢氧化铁、方解石、石膏、黄铁矿等。化学成分主要为碳、氢、氧、氮、硫等元素。油页岩一般含油率为 3.5%～15%，个别高达 20%以上，油页岩的发热量为（4.18～16.75）MJ/g；刘招君和柳蓉（2005）将其定义为一种高灰分（大于 40%）的固体可燃有机矿产，低温干馏可获得类似天然石油的页岩油。有机质含量较高，主要为腐泥质、腐殖质或混合型，其发热量一般大于 1000kcal/kg。

总之，关于油页岩的定义，每个研究者都从自身的研究方向和侧重点出发，对油页岩的某一特性进行定义，但在油页岩的含油率等参数的临界值上没有统一。国际上，一般把含油率≥0.25Bbl/t（相当于含油率大于 3.5%以上）的页岩称为油页岩。本书的定义为，油页岩是指一种灰分大于 50%的固体可燃有机岩，其含油率大于 3.5%，发热量一般≥4.19kJ/g，有机质含量一般为 50%～10%。利用灰分大于 50%来与煤区别；一般利用镜质体反射率 R^o 小于 1.0%来与碳质页岩区别。

二、油页岩开发和利用现状

尽管油页岩的认识和开发都比较早，但由于环保、经济性和技术等方面的原因，其整体开发和利用程度仍然比较低。关于全球油页岩的资源潜力，因定义标准、研究程度和勘探程度上的差异，不同机构或学者估算的资源量差别也较大。目前只有美国、澳大利亚、瑞典、爱沙尼亚、约旦、法国、德国、巴西和俄罗斯等国的部分油页岩矿床做了详细勘探和评价工作，其他许多矿床的资源潜力有待进一步查明。目前的研究普遍认为，全球油页岩资源丰富，但分布很不均衡，折算成油页岩油的资源量应超过 4000×10^8t。其中，美国的油页岩资源最丰富，占总资源量的近 70%。我国油页岩的研究程度较低，仅在 2004 年全国新一轮油气资源评价中，首次对全国的油页岩资源进行系统评价。油页岩查明资源储量主要分布在 22 个省（自治区）、47 个盆地、80 个含矿区。22 个省（自治区）中，又主要集中在吉林、辽宁、山东、新疆、广东和海南等。我国油页岩以湖泊相沉积环境为主，油页岩地质年代范围很宽，从石炭纪、二叠纪、三叠纪、侏罗纪、白垩纪、古近纪到新近纪都有产出，其中以中、新生代为主，而且经常与煤、油气共生（柳蓉和刘招君，2006）。

美国主要有两个油页岩矿床，即位于科罗拉多州、怀俄明州、犹他州的始新世绿河矿床和美国东部的泥盆纪密西西比纪黑色页岩矿。此外，美国东部分布有宾夕法尼亚纪煤矿床伴生的油页岩矿床，内华达州、蒙大拿州、阿拉斯加州、堪萨斯州等地方也陆续发现了一些油页岩矿床。但目前人们研究的重点仍是绿河油页岩矿床和晚泥盆纪—早密西西比纪的黑色页岩；澳大利亚油页岩主要分布在东部 1/3 的领土，昆士兰州、新南威尔士、南澳大利亚、维多利亚以及塔斯马尼亚州油页岩都较发育，其中昆士兰州油页岩最有经济开发价值，主要包括湖相朗德勒（Rundle）、tuart 和康多尔（Condor）油页岩，以及 Julia Creek 海相油页岩。Julia Creek 海相油页岩分布很广，而且埋藏很浅，但是品位较低，平均含油率只有 3.53%（Ozimic and Saxby，1983）。昆士兰东部主要产出二叠纪油页岩，分布在罗克汉普顿附近的朗德勒，沿海地区油页岩资源 4×10^8t，其中 2/3 的含油率都大于 3.81%；巴西的油页岩主要是圣保罗东北沿帕拉伊巴河流域的特列门贝-陶巴特盆地的油页岩，以及大规模分布的二叠纪伊拉蒂组油页岩，后者品位高，是巴西经济效益最好的油页岩矿；加拿大油页岩资源目前的探明储量还比较少，最有开采价值的是位于 Fundy 盆地的 Moncton 次级盆地的 Albert 组的湖相层状油页岩，加拿大西北部上白垩统的油页岩现已部分开采，具有一定的经济价值；爱沙尼亚的油页岩主要产在波罗的海盆地。

油页岩干馏制取油页岩油的勘探开发利用历史悠久，早在 1921 年，爱沙尼亚建成单炉日处理油页岩 7 t 的直立圆筒内热式干馏炉，1924 年建成日处理 33 t 的干馏炉。巴西从 20 世纪 50 年代开始试验，1972 年建成 1600 t/ d 中试装置，1992 年投运 6000 t/d 工业化装置。美国前加州联合石油公司曾建设了日处理油页岩 1×10^4t 的倒顶式干馏炉。中国的油页岩炼油工业始于 80 年前的日本侵占东北时期，到 1959 年页岩油产量达最高，为 60×10^4t，之后产量逐渐下降。2000 年之后，吉林桦甸、辽宁抚顺和山东龙口等地页岩油开发又开始被重视，从国外引进一些先进技术和设备，准备扩大页岩油的生产。可见，油页岩干馏制取油页岩油开始于 19 世纪 20 年代，之后逐渐扩大规模，后来随着常规石油的大量廉价开采而回落，之后又随着油价的上涨和常规石油开采难度的加大而被重视，并不断改进开采和加工的技术、设备和方法。目前，爱沙尼亚、巴西、澳大利亚和中国在进行油页岩油的工业生产，而且都是采用地面干馏技术。

由于地面油页岩干馏的工艺技术生产油页岩油成本较高，处理能力有限，环境影响较大，近些年来，国际上较大的石油公司开始研发油页岩的地下转化工艺技术，其中有代表性的是壳牌石油公司研发的油页岩地下转化工艺技术（简称 ICP），该项技术于 1997 年开始在科罗拉多州进行野外试验，这种技术生产油页岩油的成本较传统的地面干馏方法生产成本低，而且对环境的破坏小。

第二节　油页岩矿藏形成的地质条件

油页岩的形成主要受构造运动、沉积环境、气候、水介质性质等因素的控制。从沉积旋回上看，油页岩的发育都位于水侵–水退旋回的中部或过渡部位。我国赋存油页岩的沉积盆地，中生代的以拗陷湖盆为主，新生代以断陷湖盆为主。从中国油页岩时空分布来看，油页岩矿主要富集于新生代断陷湖盆中。对于陆相盆地，气候、构造运动和古地理环境对内陆盆地油页岩的形成、赋存和分布起着重要控制作用，很大程度上决定了矿产形成和分布规律。例如，广东茂名、吉林桦甸、辽宁抚顺以及山东黄县油页岩都发育于新生代小型断陷湖盆中，含油率较高。其中，黄县油页岩的含油率高达 22%。中生代油页岩主要发育在大型拗陷湖盆内，含油率较低，一般只有 5%左右。晚古生代油页岩主要沉积在新疆妖魔山地区，属于近海盆地沉积。含油率较高，一般为 4.65%～18.91%（刘招君和柳蓉，2005）。归纳起来，在适宜的气候和稳定的构造条件下，开阔、稳定的水体和相对温和的水介质条件一般是油页岩形成的有利环境和条件（表 6.1）。

表 6.1　油页岩形成的地理环境与条件

构造条件	盆地构造类型	陆台内部拗陷为主，山前和山后拗陷次之
	构造活动性质	平稳沉降
	构造运动旋回中的位置	主要处于构造运动旋回的晚期
沉积条件	盆地水体类型	湖盆、沼泽地、海水半封闭的盆地
	沉积岩相	处于稳定、开阔、欠沉积补偿的水体区域
	沉积物组合	主要为黏土质岩石
水介质条件	咸度	半咸、微咸水或淡水
	酸碱度	中性、弱碱性
	还原环境	强–弱

一、相对平稳的构造条件

油页岩一般生成于盆地地质发展史的稳定区域和稳定阶段。在我国，不少油页岩形成于拗陷盆地中，如中国松辽盆地油页岩，以及鄂尔多斯盆地油页岩，这些含有油页岩的盆地，其油页岩地层沉积时构造活动微弱，沉积物常以细碎屑岩为主，构造对油页岩形成的控制主要表现在对油页岩沉积中心和富矿聚集中心的控制，以及油页岩层数、厚度和块段分布上，在差异升降较小的盆地边缘区和次级构造单元的断阶处是油页岩相对富集的有利区。也有一些特殊情况，油页岩形成于山前拗陷或山间拗陷中，如伊犁盆地的二叠纪油页岩，它们都与当时所处的构造活动的相对稳定阶段或盆地中的稳定部分相适应。还有一些油页岩发育于断陷盆地，但一般断陷盆地中油页岩富矿层发育于盆地基底沉降速率相对缓慢时期（图 6.1），如抚顺盆地油页岩。抚顺盆地的演化经历了 6 个阶段，即初始裂陷阶段（老虎台组形成期）、加速裂陷阶段（栗子沟组形成期）、稳定发育阶段（古城子组形成期）、较快速裂陷阶段（计军屯组贫矿层油页岩形成期）、较慢速裂陷阶段（计军屯组富矿层油页岩形成期）和终止裂陷阶段（西露天组绿色页岩、泥灰岩形成期），富矿层油页岩形成于较慢速裂陷阶段。此时盆地基底沉降速率相对缓慢，沉积有机质堆积比例高，并且处于一个长期稳定的浅湖环境，有利于富矿油页岩的形成。

可见，相对平稳的构造活动中，盆地的沉降速率一般等于或小于沉积速率，使盆地较为长期地具备相对开阔、稳定的水体，有利于有机质的繁殖和保存。同时，这种欠沉积补偿的水体环境又使沉积物中的有机质丰度增高，非常利于油页岩的形成。

二、适宜的气候和沉积环境

油页岩的形成一般需要温暖或较热的潮湿气候条件，这样的气候适宜生物的大量繁殖，为油页岩的形成提供充足的物质来源。油页岩形成的沉积环境从海相到陆相都有分布，国外的油页岩以海相沉积为主，中国则以陆相沉积为主。从目前世界上已发现的油页岩矿藏来看，在盆地所处的构造和气候条件一定的情况下，稳定水体的深度控制着油页岩发育的特征和资源规模。因此，无论海相还是陆相，按其发育的水体深度，可将油页岩分为深水–半深水和浅水–沼泽两种环境形成的类型。以鄂尔多斯盆地中生界为例，油页岩主要赋存于中–晚三叠世延长组以及中侏罗世延安组。其中，延长组中的油页岩形成于陆相深湖和半深湖环境；而延安组油页岩形成于陆相湖泊三角洲和湖沼，并与煤层共生（图 6.2）。两套油页岩均形成于潮湿的气候条件下，但在厚度、分布面积、含油率、发育的连续性和资源规模等方面却有较大的差别。

（一）深水–半深水环境形成的油页岩

从层序地层的角度来讲，密集段一般对应最大欠补偿沉积段，此时盆地可容空间最大，远端的陆源碎屑物注入量很少，沉积速率极低，因而有机质相对丰富，其中含有种类繁多、数量丰富的微体浮游生物及各种藻类，故有机质类型好、生烃条件好；同时，有机质处于极强的还原环境，有利于有机质的保存。因此，密集段应是层序中最有利的烃源岩层段。

1. 较深水湖泊环境

大型较深水湖泊环境形成的油页岩中，最有代表性的是分布于美国科罗拉多州、犹他州和怀俄明州的绿河油页岩。古绿河湖的范围超过 65 000km^2，而且存在超过 1000Ma，

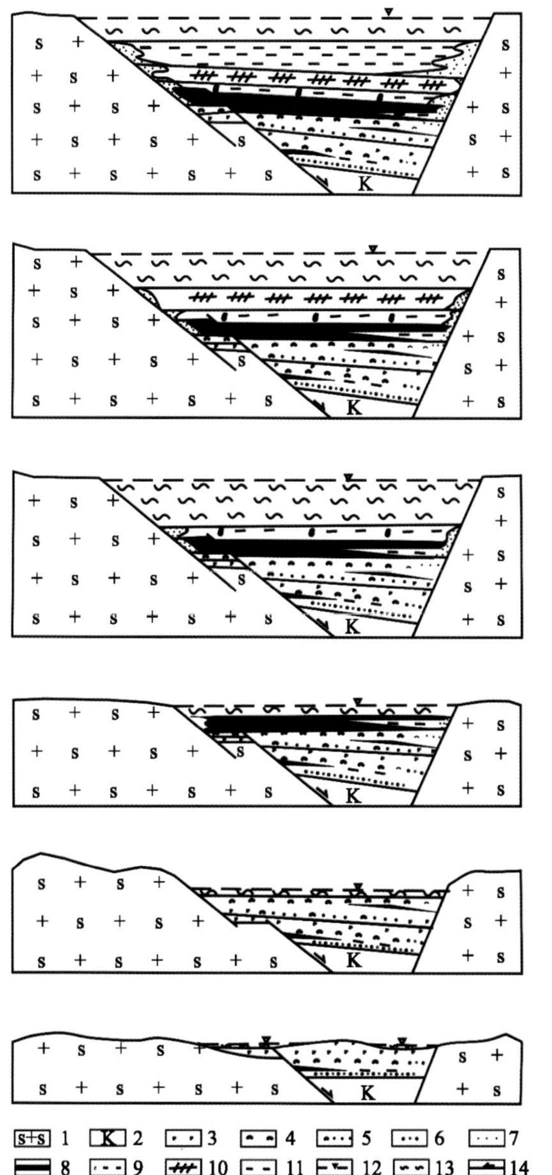

图 6.1　抚顺盆地含油页岩岩系演化模式图（厚刚福等，2006）

1. 片麻岩；2. 白垩系；3. 玄武岩；4. 凝灰岩；5. 凝灰质砂岩；6. 砾岩；7. 砂岩；8. 煤层；9. 劣质油页岩；10. 油页岩；11. 页岩；12. 湖平面；13. 湖水；14. 断层

时代	地层/油层组		三级层序	湖平面变化	古气候变化	沉积环境	构造作用	煤	油页岩
中侏罗世晚期	安定组		Ⅳ		干旱	滨浅湖			
	直罗组		Ⅲ		早期潮湿晚期干旱	河流	升		
中侏罗世早期	延安组	延1~3	Ⅱ		半潮湿-潮湿-半潮湿	曲流河			
		延4+5				网状河			
		延6，7				湖泊，三角洲	稳定		
		延8，9					降		
		延10	Ⅰ			冲积扇-河流侵蚀堆积	早升晚降		
早侏罗世	富县组				早期潮湿晚期干旱				
晚三叠世	瓦窑堡组	长1	Ⅳ		半潮湿-半干旱	曲流河三角洲			
		长2				三角洲平原沼泽	整体抬升		
中—晚三叠世		长3							
		长4+5	Ⅲ		湿热	三角洲前缘	稳定		
		长6				深湖–半深湖	最大沉降		
		长7	Ⅱ			辫状河三角洲	沉降		
		长8							
		长9	Ⅰ			河流	初始沉降		
		长10							

图 6.2　鄂尔多斯盆地中生界油页岩及其形成要素（白云来等，2009，修改）

为油页岩成矿提供了广阔空间和充足的时间。当时的气候条件为温暖的亚热带环境，藻类等生物大量繁殖，提供了丰富的生油母质。中国的油页岩一部分也是较深水湖泊环境形成的，主要发育层位对应于最大湖侵期的层序地层密集段和邻近部位。例如，松辽盆地青山口组一段和嫩江组二段发育的黑色油页岩（图 6.3），与两次最大湖侵相对应。早白垩世以来，松辽盆地共发生了三次湖平面升降变化，其中第Ⅰ、Ⅱ次湖侵为两次大规模的湖侵周期，分别于青山口组一段和嫩江组二段达到了湖侵高峰，主要油页岩沉积位于湖侵高峰的密集段（凝缩层）位置。可见，松辽盆地油页岩形成于温暖潮湿的微咸化-半咸化水体中，半深湖–深湖相是其发育的有利相带，水进体系域上部是油页岩发育的主要层段。同时，两次海侵事件和缺氧事件为该区生物发育和有机质的保存提供了非常有利的保存条件。青山口组一段富含大量的生物化石，除普遍含有介形虫、鱼骨碎片和少量叶肢介化石外，还富含藻类和孢粉化石，表明该期气候以温暖、潮湿为主，雨量较充沛；而嫩江组二段油页岩中除含有大量的介形虫、叶肢介化石，还可见蚌壳、螺化石、鱼骨碎片和植物化石，反映了该期古气候温暖潮湿，雨量充沛，有利于被子植物和蕨类植物等喜温湿植物的生长。

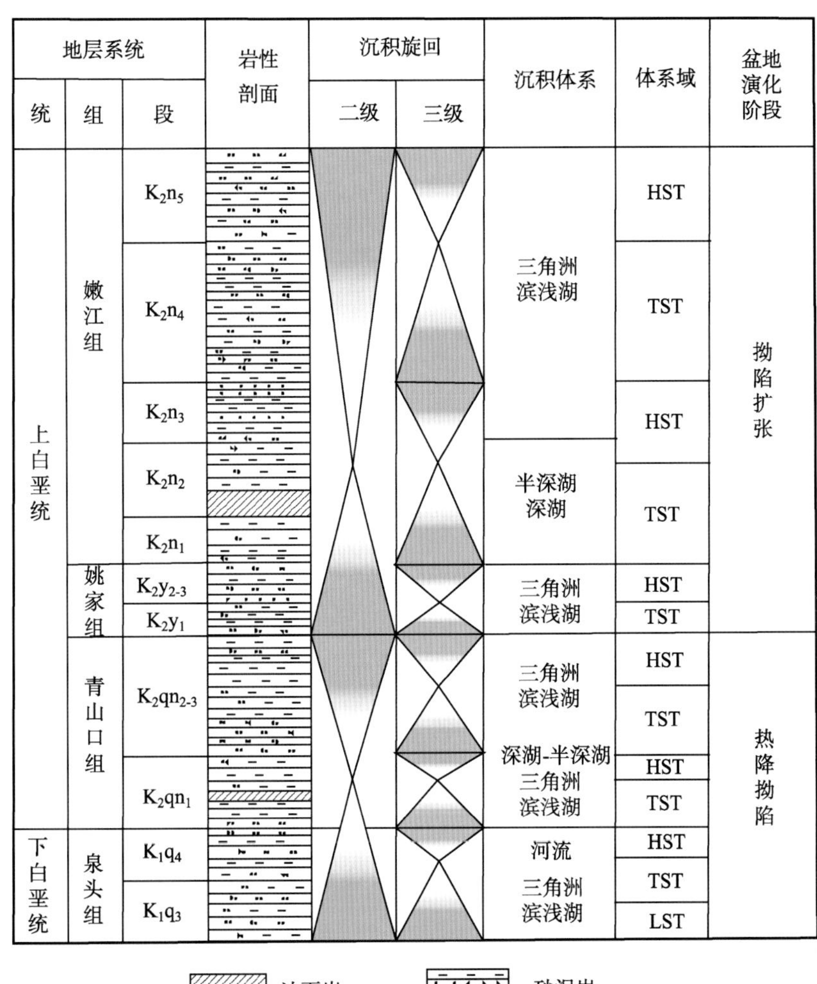

图 6.3 松辽盆地上白垩统油页岩沉积与层序地层综合柱状图（迟小燕，2010，修改）

注：HST 表示高位体系域；TST 表示湖侵体系域；LST 表示低位体系域

大型湖泊环境形成的油页岩，由于沉积环境稳定，富含有机质，具有分布面积广、厚度大、含油率稳定的特点，可以形成大型特大型油页岩矿床。在鄂尔多斯盆地，三叠系延长组长 7 期油页岩为大型内陆湖盆的油页岩。延长组沉积时期是鄂尔多斯盆地发育的鼎盛期，长 7 期湖盆面积达到最大，几乎覆盖了整个鄂尔多斯盆地。长 7 期油页岩发育特征与沉积相的展布密切相关，深湖–半深湖相油页岩厚度大，一般大于 30m，最厚为 40m 以上（图 6.4），最厚处在盆地南部的吴旗、庆阳和正宁等地附近；浅湖相发育的油页岩厚度相对较小，厚度一般为 10～20m，分布在靖边、延安、子长、富县、铜川和彬县一带；三角洲相油页岩不太发育，厚度较小，一般都在 10m 以下，分布在盆地中北部靖边以北的横山等地一带。由此可见，鄂尔多斯盆地长 7 油页岩的分布受沉积环境的控制作用显著，深湖–半深湖相沉积环境形成的油页岩具有分布广泛、厚度大、含油率高（5%～10%）的特点。相比之下，浅湖和三角洲区域的油页岩厚度相对较小，一般为 10～20m，或 10m 以下，含油率较低，表明该区域浅水环境的保存条件差，生物产率低。

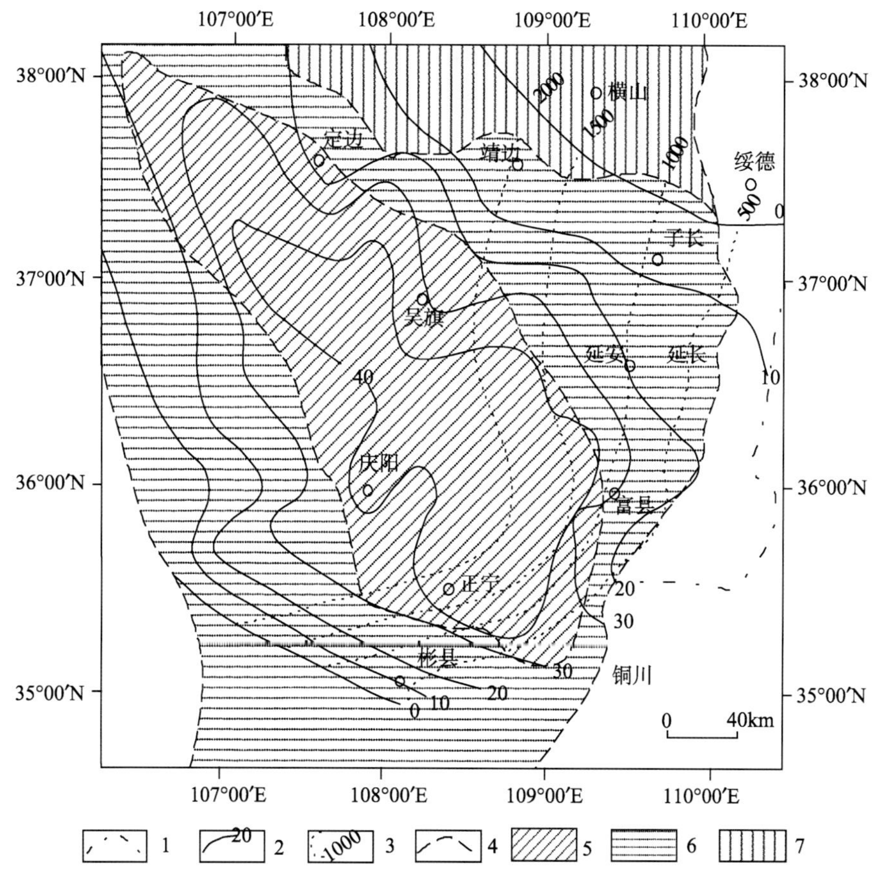

图 6.4　鄂尔多斯盆地长 7 期沉积相与油页岩厚度及埋深等值线图（卢进才等，2006，修改）

1. 地层缺失线；2. 油页岩厚度（m）；3. 埋深（m）；4. 岩相分界线；5. 深湖相；6. 半深湖-浅湖相；7. 三角洲相

在渤海湾盆地济阳拗陷，湖相深水油页岩段也表现为陆相层序地层的密集段之一，基本对应三级层序的最大湖泛面。湖水大范围扩大造成的陆源碎屑物供给速率远小于可容空间增长速率，导致欠补偿性沉积出现，通常薄而连续，一般位于层序中最大湖泛面附近。沙三段油页岩主要集中分布于沙三段下亚段，以灰褐色油页岩夹深灰色泥岩为主。沙三段主要分布于东营凹陷、沾化凹陷的渤南、四扣、富林洼陷以及车镇凹陷和惠民凹陷的临南、阳信、滋镇洼陷，最大厚度可达 120m（图 6.5）。沙三下亚段油页岩微量元素 Sr/Ba>1.0，古盐度为 8.0‰～12.0‰，表明其形成环境为潮湿、微咸水的深湖、半深湖环境。沙三段下亚段油页岩具有有机质丰度最高可达 15%，干酪根类型以 Ⅰ 型为主，氯仿沥青“A”最高可达 2.5%（罗佳强和沈忠民，2005）。

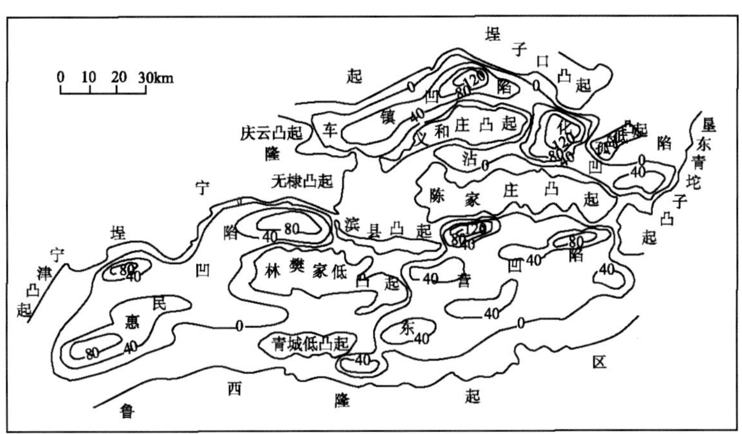

图 6.5　济阳拗陷沙三段油页岩厚度等值线图（单位：m）（罗佳强和沈忠民，2005）

2. 海相环境

海洋潟湖和大陆架地区及海水相对不太活动的内陆海是油页岩沉积的最有利环境。海成油页岩主要分布在浅海和滨海的较深水环境区，以及半封闭的海盆地区，如澳大利亚的裘利亚-克烈克矿区（图 6.6）、加拿大的玛尼托巴（Manituba）矿区、爱沙

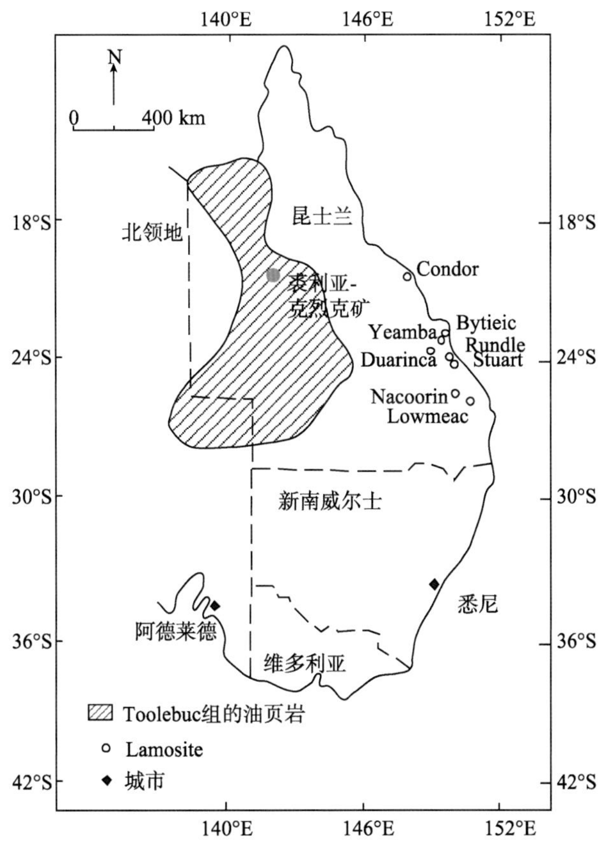

图 6.6　裘利亚-克烈克矿区 Toolebuc 组油页岩分布图

尼亚著名的库克瑟特（Kukersite）油页岩、约旦拉琼（Lajuun）油页岩以及美国东部的泥盆系油页岩等。海成油页岩一般分布面积大，含油率高。

澳大利亚的裘利亚–克烈克油页岩矿区位于澳大利亚东部，基底岩石地貌使得盆地形成了多个沉积中心，影响了白垩系 Toolebuc 组沉积。白垩纪气候和海水温度温和，光照条件充足，温度的季节性变化较小，水体中营养物质含量高，使得藻类大量繁殖，为油页岩的形成提供了丰富的有机质来源。沉积盆地为非限制的开放盆地，沉积过程中对流，富氧、富营养的水体覆盖在缺氧沉积之上，有利于有机质的保存。白垩系 Toolebuc 组油页岩矿床厚度为 6.5～7.5m，含油率为 37L/t。

（二）浅水–沼泽环境形成的油页岩

该环境下形成的油页岩，分布面积相对较小，连续性较差。有机质类型偏腐殖的组分较多，但其含油率和厚度变化较大，多与煤伴生。我国的油页岩很多为湖泊三角洲–沼泽环境形成的，典型特征是常与煤伴生。例如，依兰盆地为一个半地堑式的断陷湖盆，古近系达连河组为一个完整的三级层序，以河流、沼泽、湖泊沉积为主，自下而上由含砾砂岩段、煤与油页岩互层段、深湖相暗色页岩段和砂页岩段构成（图 6.7）。

（1）含砾砂岩段：主要由花岗质长石砂岩与泥岩、油页岩及黏土岩组成，该段厚约 10m。

（2）煤、油页岩互层段：为煤、油页岩多旋回沉积，显著特征是煤层顶板为油页岩。可采煤层有 5 层，相应的顶板油页岩也为 5 层，油页岩平均厚度约 27m。

（3）深湖相暗色页岩段：主要由暗色页岩和薄层粉、细砂岩组成，一般厚约 70～140m。

（4）砂页岩段：下部为粗砂岩、含砾砂岩与粉、细砂岩互层；中部为砂质页岩、泥质页岩、粉砂岩互层、夹薄层煤页岩；上部以砂砾岩、粉、细砂岩为主。该段厚约 500m。

油页岩形成于水侵时期，油页岩段为较深水沼泽相或浅水湖泊环境沉积，与泥炭沼泽相煤层伴生，并为煤层的顶板。油页岩中既有丰富的陆源高等植物碎屑，尤其是其中的稳定组分，又有丰富的水下植物和低等浮游生物，包括细菌和藻类。所含的孢粉化石组合均表现为栎粉属（*Quercoidites*）高含量特征，反映了始新世属温暖湿润的气候条件。有机质类型主要为腐殖腐泥型 、腐泥腐殖型以及腐殖型。

煤、油页岩互层段的油页岩含油率变化为 3.75%～8.37%；达连河油页岩发热量一般为 4.30～9.94MJ/kg，热值较低；灰分产率为 68.28%～73.23%（表 6.2）。

桦甸盆地的油页岩也属这一类型，位于东北聚煤盆地敦密断裂带主干断裂带的北侧，油页岩形成于古近系桦甸组，桦甸组共有三段，下部为黄铁矿段，中部为油页岩段，上部为含煤段。此外，我国的广东茂名盆地和广西钦县盆地等很多油页岩均为这一类型。湖泊三角洲–沼泽环境形成的油页岩含油率可以达到较高的水平，但分布面积较小，厚度相对变化较大，含油率高的富矿层和煤层之间常有含油率低的贫矿层来过渡。

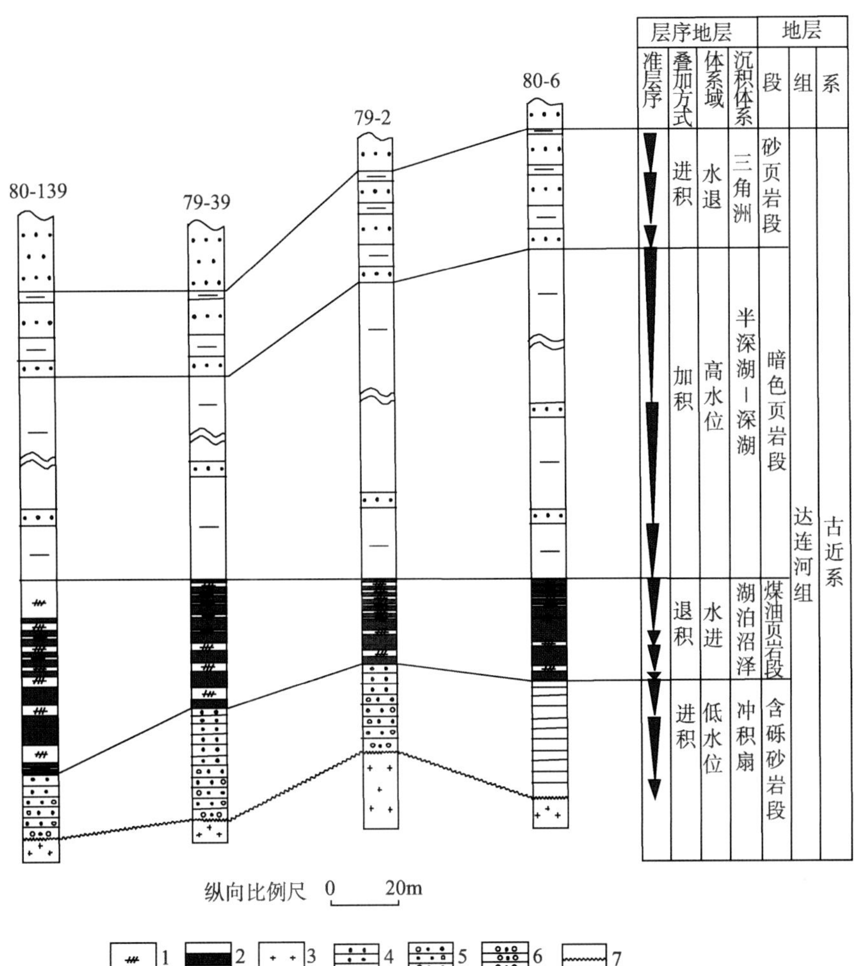

图 6.7　达连河盆地达连河组沉积层序图（张健，2006，略修改）

1. 油页岩；2. 煤层；3. 花岗岩；4. 砂岩；5. 含砾砂岩；6. 砂砾岩；7. 不整合

表 6.2　煤、油页岩互层段 5 层油页岩特征参数表（张健，2006）

层号	含油率/%	总水分/%	发热量/（MJ/kg）	灰分/%
上$_1$油页岩	4.03	6.5	4.43	71.76
上$_1$–上$_2$油页岩	3.75	8.2	4.3	73.23
上$_2$油页岩	4.85	5.7	7.59	69.02
中油页岩	8.37	4.34	9.94	68.28
中–下油页岩	7.92	4.28	8.15	70.89

三、相对温和的水介质条件

形成油页岩的有机物质的富集和保存，需要一定的水介质、酸碱度和氧化–还原条件。不论是海成油页岩，还是湖成油页岩，主要是形成于中性、弱碱性、碱性的还原环境。湖成油页岩可以是淡水湖，也可以是咸水湖。深水–半深水环境的水介质条件更有利于有机质的保存。

在中国陆相油页岩中，浅水环境的湖泊–沼泽油页岩因水介质处于弱氧化–弱还原状态，有机质保存条件相对差一些，但可受到该环境极高生物产率的弥补，一般与煤伴生，多为腐殖腐泥型油页岩和腐泥腐殖型油页岩；而深水–半深水环境的湖成油页岩，水介质处于半咸水–淡水的还原–强还原环境，有机质保存条件好，大多单独存在，主要为腐泥型油页岩和腐殖腐泥型油页岩。刘招君等（2009）研究认为：湖泊–沼泽油页岩沉积于断陷盆地，与煤伴生，多为腐殖腐泥型油页岩和腐泥腐殖型油页岩；而湖成油页岩既可沉积于断陷盆地，也可沉积于拗陷盆地，一般单独存在或为煤层顶板，多为腐泥型油页岩和腐殖腐泥型油页岩。两种油页岩的形成环境和条件也有着较大的不同（表 6.3）。

表 6.3　中国陆相油页岩成因类型（刘招君等，2009）

环境成因类型	盆地构造样式	赋存形式	水体性质		颜色	沉积环境	有机质成因类型	典型地区
湖泊–沼泽油页岩	断陷	与煤伴生	淡水	弱氧化–弱还原	黑色、灰黑色	湖泊–沼泽相	腐殖腐泥型、腐泥腐殖型为主	黑龙江达连河、山东黄县、甘肃窑街、海南儋州长坡等
湖成油页岩	断陷	单独存在或为煤层顶板	淡水、半咸水	还原–强还原	褐色、棕褐色、灰褐色	半深湖–深湖相	腐泥型、腐殖腐泥型为主	辽宁抚顺、吉林骤子沟、吉林桦甸等
	拗陷	单独存在	淡水					吉林农安、陕西彬县、新疆妖魔山等

在松辽盆地，嫩江组一、二段中的黏土矿物为富含高岭石、伊利石和贫伊蒙混层的组合特征，常发育有黄铁矿，Sr/Ba 值高达 1.4，硼含量高达 60×10^{-6}，锶含量高达 300×10^{-6}，表明油页岩形成于半咸水的深湖–半深湖还原环境（迟小燕，2010）。受海侵的影响，当时的水介质盐度增高，导致湖盆底层水体缺氧，湖水微咸或半咸化，底栖生物大量灭绝。因此，松辽盆地两次最大水侵期湖水表层生物的高生产力、陆源沉积物的匮乏和深湖–半深湖的强还原水体环境使得有机质得到了较好的保存，有利于厚层油页岩和暗色泥岩的形成堆积。含油率一般为 5%左右，最高可达 12.1%。

尽管深水–半深水环境的水介质保存等有利条件要优于浅水环境，但平稳的较浅水体通常具有极高的生物生产力，可弥补一定数量的消耗和破坏。同时，当较浅水体适当咸化时，也具备较有利的保存条件。在我国陆相湖盆，高含油率油页岩主要分布在新生代小型较浅水环境的聚煤断陷盆地，而低含油率油页岩主要分布在晚白垩纪大型较深水环境的含油气拗陷盆地。但是，产自于深水–半深水环境和浅水环境的油页岩，其含油率和灰分等受具体地区和环境等多种因素的综合控制，并不完全遵循上述整体规律。

第三节　资源评价方法与相关参数

针对不同类型油页岩的地质特征和勘探程度，可以采用不同的评价方法和参数。目前常用的评价方法主要有体积法、类比法和热解模拟法。无论哪种方法，所用参数要具有相对独立性，并客观反映油页岩成矿地质条件。

一、资源储量相关术语

1. 油页岩资源

在地壳内或地表由地质作用形成具有经济意义的油页岩，根据产出形式、数量和质量可以预期最终开采是技术上可行、经济上合理。其位置、数量、质量、地质特征是根据特定的地质依据和地质知识判定和估计的。

2. 油页岩查明资源储量

油页岩查明资源储量是指经勘查工作已发现的固体矿产资源量的总和。

3. 油页岩潜在资源量

油页岩潜在资源量是指根据地质依据等预测而未经查证的那部分固体矿产资源量。

4. 油页岩剩余查明资源储量

油页岩剩余查明资源储量是指油页岩查明资源储量中扣除注销量（包括采出量和损失量）剩余的部分。

5. 油页岩探明的资源储量

油页岩探明的资源储量是指矿区的勘探范围依照勘探的精度详细查明了矿床的地质特征、矿体的形态、产状、规模、矿石质量、品位及开采技术条件，矿体的连续性已经确定，油页岩资源数量估算所依据的数据详尽，可信度高。

6. 油页岩技术可采资源储量

油页岩技术可采资源储量是指油页岩资源储量中，在现有和未来可预见的技术条件下可以采出的油页岩的总量（包括已经采出的），等于油页岩资源储量乘以油页岩技术可采系数。

7. 油页岩含油率

油页岩含油率是指油页岩中油页岩油所占的质量百分比。

8. 油页岩技术可采系数

油页岩技术可采系数是指油页岩资源储量中，在现有和未来可预见的技术条件下可以采出部分所占的比例。

9. 油页岩油资源

油页岩油资源是指在油页岩资源中包含的用特定方法提取的油，通常通过测定含油率计算油页岩中油页岩油资源。

10. 油页岩油技术可采资源储量

油页岩油技术可采资源储量等于油页岩技术可采资源储量乘以相应含油率。

11. 油页岩油可回收资源储量

油页岩油可回收资源储量是指油页岩油技术可采资源储量中，在现有和未来可预见的技术条件下可以干馏出的页岩油的总量，等于油页岩油技术可采资源储量乘以油页岩油可回收系数。

12. 油页岩油可回收系数

油页岩油可回收系数是指油页岩油技术可采资源储量中，在现有和未来可预见的技术条件下可以干馏出的部分所占的比例。

二、评价方法体系与参数选取

（一）体积法

体积法是固体矿产资源储量估算的常用方法之一，是指运用各种地质手段综合分析确定出油页岩矿体的边界，计算出油页岩矿体的面积和矿体厚度，求出油页岩矿在地下的原始体积，以求其资源储量的一种方法。层状油页岩矿体的体积一般是用油页岩矿体的斜面积乘以矿体的真厚度求得，适用于中高勘探程度的地区。

1. 评价方法

该资源量估算方法中涉及的评价关键参数主要有含油率、面积、厚度、体重、油页岩技术可采系数、油页岩油可回收系数等参数。其估算公式如下。

（1）油页岩资源储量

$$Q_{油页岩1}=S\times H\times D$$

（2）技术可采资源储量

$$Q_{油页岩2}=Q_{油页岩1}\times k$$

（3）油页岩油资源储量

$$Q_{油页岩油1}=Q_{油页岩1}\times \omega$$

（4）技术可采资源储量

$$Q_{油页岩油2}=Q_{页岩油1}\times k \quad 或 \quad Q_{油页岩油2}=Q_{油页岩2}\times \omega$$

（5）可回收资源储量

$$Q_{油页岩油3}=Q_{页岩油2}\times c$$

式中，S 为油页岩面积（km^2）；H 为油页岩厚度（m）；D 为油页岩体重（t/m^3）；ω 为油页岩含油率（%）；k 为油页岩技术可采系数（%）；c 为油页岩油可回收系数；$Q_{油页岩1}$

为油页岩资源储量（10^4t）；$Q_{油页岩2}$为油页岩技术可采资源储量（10^4t）；$Q_{油页岩油1}$为油页岩油资源储量（10^4t）；$Q_{油页岩油2}$为油页岩油技术可采资源储量（10^4t）；$Q_{油页岩油3}$为油页岩油可回收资源储量（10^4t）。

2. 评价参数选取

1）油页岩体重

如果是在勘查区外围预测油页岩资源量，体重采用勘查区原地质报告中的体重数据；如果预测区周围没有查明区，体重类比与之相似的查明区体重数据。

2）含油率

如果是在勘查区外围预测油页岩资源量，含油率采用勘查区含油率，用资源储量加权平均值；如果预测区周围没有查明区，含油率利用有关资料提供的数据和本次取样测试数据平均值。

3）油页岩厚度

如果预测过程中有油页岩厚度等值线图，将预测区按油页岩厚度等值线划分成若干个块段，每个块段油页岩厚度由圈定该块段等值线求取；如果没有厚度等值线图，油页岩厚度利用勘查区油页岩厚度算术平均；既无等值线图又无勘查区，油页岩厚度应用收集资料提供的数据（区间值取最小值）。

4）预测边界

结合收集资料，运用成矿规律，确定矿层边界。

5）油页岩面积

预测过程中利用油页岩资源评价图，由求积仪或微机求得油页岩面积。矿层倾角大于15°的，真面积用倾角校正，再乘以相邻或相近勘查区面积有效系数。勘查区面积有效系数等于勘查区油页岩估算面积除以勘查区面积。

6）技术可采系数

油页岩技术可采系数是评价单元油页岩资源储量中现有和未来可预见的技术条件下可以采出部分应占的比例，一般用百分数表示。油页岩技术可采系数是将油页岩资源储量转化为油页岩技术可采资源储量的关键参数，受开采方式、厚度、倾角和地质条件等的影响。

A. 油页岩技术可采系数的影响因素

（1）开采方式。油页岩开采方式分露天开采和地下开采。开采方式不同，油页岩技术可采系数不同，通常露天开采比地下开采技术可采系数高。确定开采方式的主要参数是剥采比（露天矿井开采每吨煤所需剥离的废石量），埋深、厚度和倾角等是计算剥采比的主要因素。

（2）厚度。油页岩厚度分薄层（0.7～1.3m）、中厚层（1.3～3.5m）和厚层（大于3.5m），地下开采的特定采高（一般2m）决定薄层油页岩回采率高，厚层油页岩回采率低。

（3）倾角。分缓倾斜（小于25°）、倾斜（25°～45°）和急倾斜（大于45°），一般缓倾斜易采，回采率高，急倾斜难采，回采率低。

（4）地质条件。包括地质构造复杂程度（简单、中等和复杂）、油页岩稳定程度（稳定、较稳定和不稳定）和开采技术条件（水文地质、工程地质和环境地质），地质条件分简单、中等和复杂三种。通常地质条件简单油页岩回采率高，地质条件复杂油页岩回采率低。

表 6.4　不同类型计算单元油页岩技术可采系数取值标准

影响因素					技术可采系数的取值标准/%				
					资源储量类型				
开采方式	厚度	倾角	地质条件	基数	基础储量	资源量			
露天开采			简单	95.0	95.0	76.0	66.5	57.0	47.5
			中等	90.0	90.0	72.0	63.0	54.0	45.0
			复杂	85.0	85.0	68.0	59.5	51.0	42.5
地下开采	薄层	缓倾斜	简单	75.0	75.0	60.0	52.5	45.0	37.5
			中等	70.0	70.0	56.0	49.0	42.0	35.0
			复杂	65.0	65.0	52.0	45.5	39.0	32.5
		倾斜	简单	70.0	70.0	56.0	49.0	42.0	35.0
			中等	65.0	65.0	52.0	45.5	39.0	32.5
			复杂	60.0	60.0	48.0	42.0	36.0	30.0
		急倾斜	简单	65.0	65.0	52.0	45.5	39.0	32.5
			中等	60.0	60.0	48.0	42.0	36.0	30.0
			复杂	55.0	55.0	44.0	38.5	33.0	27.5
	中厚层	缓倾斜	简单	70.0	70.0	56.0	49.0	42.0	35.0
			中等	65.0	65.0	52.0	45.5	39.0	32.5
			复杂	60.0	60.0	48.0	42.0	36.0	30.0
		倾斜	简单	65.0	65.0	52.0	45.5	39.0	32.5
			中等	60.0	60.0	48.0	42.0	36.0	30.0
			复杂	55.0	55.0	44.0	38.5	33.0	27.5
		急倾斜	简单	60.0	60.0	48.0	42.0	36.0	30.0
			中等	55.0	55.0	44.0	38.5	33.0	27.5
			复杂	50.0	50.0	40.0	35.0	30.0	25.0
	厚层	缓倾斜	简单	65.0	65.0	52.0	45.5	39.0	32.5
			中等	60.0	60.0	48.0	42.0	36.0	30.0
			复杂	55.0	55.0	44.0	38.5	33.0	27.5
		倾斜	简单	60.0	60.0	48.0	42.0	36.0	30.0
			中等	55.0	55.0	44.0	38.5	33.0	27.5
			复杂	50.0	50.0	40.0	35.0	30.0	25.0
		急倾斜	简单	55.0	55.0	44.0	38.5	33.0	27.5
			中等	50.0	50.0	40.0	35.0	30.0	25.0
			复杂	45.0	45.0	36.0	31.5	27.0	22.5

B. 取值标准建立

我国目前只在吉林桦甸油页岩矿区进行井下开采，由于规模小，为小型油页岩矿，不具有代表性。油页岩开采技术与煤炭开采技术相类似，参照煤炭规范中所规定的煤炭矿井及露采回采率标准，建立了不同条件（开采方式、厚度、倾角和地质条件）不同资源储量类型的油页岩技术可采系数的取值标准（表 6.4）。

7）可回收系数

掌握油页岩干馏炼制油页岩油的技术的比较先进的国家有爱沙尼亚、巴西、澳大利亚、中国和俄罗斯等国。从目前世界油页岩干馏工艺看，干馏技术比较先进的国家干馏炉的油收率均较高，如澳大利亚 Alberta Taciuk、巴西 Petrosix 和爱沙尼亚 Galoter 油收率均达 85%～90%，爱沙尼亚和俄罗斯发生式炉油的油收率可达到 68%，目前中国式发生炉（抚顺式发生炉）的油收率达 65%，随着油页岩资源的大量开发利用和技术创新，今后中国页岩油回收率将会有所提高，2007 年完成的“非常规油气资源评价技术”研究项目中将页岩油可回收系数采用目前世界平均油收率 75%，进行油页岩油可回收资源储量的计算。

（二）类比法

地质类比法是一种由已知区推测未知区的方法。根据不同的类比条件，地质类比法有多种，既有成藏条件方面的综合类比，也有其他单一地质因素的类比。类比刻度区的选择依赖于类比条件，类比刻度区选择的正确与否直接影响评价结果。因此，选择合适的类比条件和相应的刻度区，并确定相应的类比法，是类比评价中最重要的一环。如果类比刻度区资源为地质资源，则评价结果为地质资源；如果类比刻度区资源为可采资源，则评价结果为可采资源。

地质类比法也称资源丰度类比法，其基本假设条件是：某一评价盆地（预测区）和某一高勘探程度盆地（刻度区）有类似的成矿地质条件，那么它们将会有大致相同的含油气丰度（面积丰度、体积丰度）。本方法的应用条件是：①预测区的成矿地质条件基本清楚；②类比刻度区已进行了系统的页岩油资源评价研究，且已有一定的页岩油探明储量。

1. 面积丰度类比法

基本计算公式为

$$Q=\sum_{i=1}^{n}\left(S_i \times K_i \times \alpha_i\right) \tag{6.1}$$

式中，Q 为预测区的油页岩油/油页岩总资源量（10^8t）；S_i 为预测区类比单元的面积（km^2）；i 为预测区子区的个数；K_i 为刻度区页岩油/油页岩资源丰度（$10^4 t/km^2$），由刻度区给出；a_i 为预测区类比单元与刻度区的类比相似系数，由式（6.2）计算得到，即

$$\alpha_i = \frac{\text{预测区地质类比总分}}{\text{刻度区地质类比总分}} \tag{6.2}$$

影响该方法的重要参数是类比相似系数的确定，其中最关键的是类比主因素的确定和主观评分的可靠性。

2. 体积丰度类比法

体积丰度类比法中的基本计算公式为

$$Q_2 = Q_1 \times \alpha \times \frac{V_2}{V_1} \text{ 或 } Q_2 = \alpha \times q \times V_2 \tag{6.3}$$

式中，Q_2 为预测区的资源量（10^8t）；Q_1 为刻度区的资源量（10^8t），由刻度区给出；V_1 为预测区的沉积岩体积（km^3），由预测区沉积岩分布图量出面积，再乘以各层厚度得出；V_2 为刻度区的沉积岩体积（km^3），由刻度区给出；q 为刻度区的单位资源量（t/ km^3），由刻度区给出；α 为类比系数（刻度区与类比区的相似程度），由刻度区和类比区做类比分析，通过计算得出。

影响该方法的重要参数是相似率，其中最关键的是主因素的确定，需要通过单因素回归分析和多因素的逐步回归来确定。

3. 评价参数选取

油页岩资源类比评价的核心思想是成矿地质条件的类比，即假设某一评价区和某一高勘探程度区有类似的油页岩成矿地质条件，那么它们将会有大致相同的油页岩/油页岩油资源丰度。影响油页岩成矿的地质因素主要有油页岩成矿物质条件和有机质演化程度两大类。其中油页岩成矿物质条件包括有机质类型、有机质丰度等，而有机质演化程度则包括有机质成熟度、降解率等参数（表 6.5）。

表 6.5 油页岩类比评价参数体系与参数取值标准

类型	参数	取值标准			
		4	3	2	1
有机质特征	含矿地质年代	新生代	中生代	晚古生代	早古生代—元古代
	有机碳含量/%	>30	20～30	10～20	<10
	有机质成熟度/%	<0.5	0.5～0.8	0.8～1.2	>1.2
	干酪根类型	腐泥型	腐殖腐泥型	腐泥腐殖型	腐殖型
沉积环境	沉积相	近海	湖相	湖沼	滨湖
	古气候	温暖潮湿		炎热干旱	
构造条件	盆地成因类型	与煤共生盆地		含油气盆地	单一油页岩盆地
	油页岩产状	<5°	5°～20°	20°～35°	>35°
	油页岩地层厚度/m	>10	5～10	1.5～5	<1.5
	埋藏深度/m	0～50	50～100	100～500	>500
工艺性质	含油率/%	>8	5～8	3.5～5	<3.5
	灰分含量/%	40～65	65～83	83～88	>88
	油页岩发热量/（kJ/kg）	>6000	4000～6000	2000～4000	<2000

（三）热解模拟法

1. 方法原理

油页岩通常是一种未熟的烃源岩，其中所包含的有机质在特定条件下可受热发生降解，形成可以流动的烃类物质。热解模拟法是从研究不同类型有机质受热降解生烃的自然过程入手，客观评价页岩油资源潜力的一种有针对性（评价对象是页岩油）的评价方法。其总的思路是，通过模拟油页岩的热解成烃过程得到油页岩的生烃量，再乘以可流动烃系数而得到评价单元中页岩油的地质资源量。决定热解模拟法资源量计算结果准确性的因素主要有两点：一是对评价单元成矿地质条件和成矿地质参数的客观评价；二是基于评价单元成矿特征和未来技术的预期对可流动烃系数的客观取值。

热解模拟法适用于因埋藏较深、适合原位开采技术进行开发的页岩油资源的评估。

2. 估算方法

油页岩实际上是未成熟的烃源岩，在已知烃源岩有机质成熟度史（R^{o}、TTI）和干酪根热降解生烃率-R^{o}、降解率-R^{o}关系曲线等重要参数的基础上，可以采用下述计算公式计算油页岩通过热裂解生成的油气资源量。

1）利用降解率-R^{o}关系图版计算生烃量

从单位体积有效碳生烃量的概念出发，计算某一生烃岩层某一演化阶段的生烃量和生烃强度的公式为

$$E=\frac{10^{-8}}{R_2^{o}-R_1^{o}}\int_{R_1^{o}}^{R_2^{o}}(Z_2-Z_1)\cdot P_{\mathrm{m}}\cdot\rho\cdot C_{\mathrm{TOC}}\cdot P_k\cdot\frac{D_k}{0.083}\mathrm{d}R^{o} \qquad (6.4)$$

$$Q=E\cdot A$$

式中，E为生烃强度（t/km^2）；Q为生烃总量（t）；R_1^{o}、R_2^{o}分别为烃源岩层顶、底界的R^{o}（%）；Z_1、Z_2分别为现今时刻生油层顶、底界的深度（m）；P_{m}为烃源岩中有效烃源岩的含量（用小数表示）；ρ为烃源岩中有效烃源岩的密度（t/km^3）；C_{TOC}为总有机碳含量（%）；D_k为第k种干酪根的累积降解率（%）；P_k为第k种干酪根的含量（用小数表示）；A为有效烃源岩分布面积（km^2）。

2）利用产烃率-R^{o}关系图版计算生烃量

已知产油率-R^{o}关系图版和产气率-R^{o}关系图版时，计算生油、生气强度史的一般公式为

$$E_{\mathrm{oil}}=\frac{10^{-8}}{R_2^{o}-R_1^{o}}\int_{R_1^{o}}^{R_2^{o}}(Z_2-Z_1)\cdot P_{\mathrm{m}}\cdot\rho\cdot C_{\mathrm{TOC}}\cdot P_k\cdot O_{\mathrm{r}k}\cdot\mathrm{d}R^{o} \qquad (6.5)$$

$$E_{\mathrm{gas}}=\frac{10^{-5}}{R_2^{o}-R_1^{o}}\int_{R_1^{o}}^{R_2^{o}}(Z_2-Z_1)\cdot P_{\mathrm{m}}\cdot\rho\cdot C_{\mathrm{TOC}}\cdot P_k\cdot G_{\mathrm{r}k}\cdot\mathrm{d}R^{o} \qquad (6.6)$$

式中，E_{oil}为生油强度（t/km^2）；E_{gas}为生气强度（m^3/km^2）；R_1^{o}、R_2^{o}分别为烃源岩层顶、底界的R^{o}（%）；Z_1、Z_2分别为现今时刻生油层顶、底界的深度（m）；P_{m}为烃源

岩中有效烃源岩的含量（用小数表示）；ρ 为烃源岩中有效烃源岩的密度（t/km^3）；C_{TOC} 为总有机碳含量（%）；O_{rk} 为第 k 种干酪根的产油率（kg/t）；G_{rk} 为第 k 种干酪根的产油率（m^3/t）；P_k 为第 k 种干酪根的含量（用小数表示）。

3. 评价参数选取

生烃史模型中参数主要有原始有机碳恢复系数、生油岩比重、产烃率-R^o 关系图版等。

1）总有机碳含量

油页岩是一种未熟烃源岩，对某一盆地的各类未熟烃源岩进行热解模拟，即可作出相应的总有机碳含量。

2）源岩密度

烃源岩密度也是生烃量计算中的重要参数，一般通过单井烃源岩实测获得。不同层系的烃源岩可能有不同的比重，因此应分别测试。

3）产烃率-R^o 关系图版（产油率-R^o 图版、产气率-R^o 图版、裂解率-R^o 图版）

产烃率-R^o 图版是计算生烃量的关键参数，目前烃源岩热解提供两类产烃率-R^o 图版。一类是生油岩的降解率图版，获得的是不同温度下的总烃产率；另一类是产油、产气率-R^o 图版，是在模拟实验中分别测算不同温度下不同组分的产率，从而获得液态烃和气态烃的产率曲线。一般来说，如果划分了几种干酪根类型，则必须做出几种产烃率-R^o 曲线。同时应注意，如使用降解率-R^o 图版，则只能获得总生烃量史，而使用生气率-R^o 及生油率-R^o 图版，则可分别获得生气量史和生油量史。

4）有效烃源岩厚度

有效烃源岩厚度是模拟资源量的关键参数。所有模拟井点都必须按源岩层个数给出不同源岩的厚度值。因此，一般要做出各层烃源岩厚度等值图。中上部含油组合是按井统计的，按暗色泥岩占泥岩比例网格而得的数据；深层是根据不同断陷的暗色泥岩厚度分布，再根据砂地比而测算的暗色泥岩占泥岩的比例形成的网格数据。

第四节　油页岩矿藏分布特征与资源潜力

一、全球油页岩资源分布与潜力

（一）世界油页岩油资源

自 1967 年以来，不同机构和学者对全球的油页岩油资源进行了多次评价和预测，评价结果差别较大，变化为 3350×10^8～26×10^{12}t。据 2002 年美国能源部能源信息署的数据，全球 33 个国家已查明的油页岩油资源量已达到 4110×10^8t。但从统计的全球 33 个国家油页岩资源数据的分布上看，美国占有全球总量的 70%以上，似乎表明其他相对资源富集的国家对该类资源的认识和评价可能还不够系统和全面，导致公布的数据过于保守和谨慎。从统计的数据来看，油页岩资源主要分布于美国、中国、俄罗斯、刚果、巴西、意大利、爱沙尼亚和澳大利亚等国家（图 6.8）。

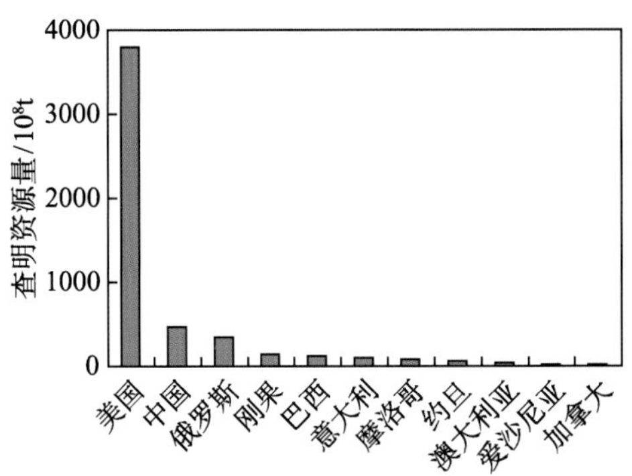

图 6.8　世界主要国家油页岩油资源量分布图

通过对全球主要盆地油页岩油资源开展的初步评价（图 6.9），油页岩油地质资源总量约 4334×10^8t，可采资源总量约 2754×10^8t。从大区分布上看，北美洲最富集，地质资源量为 2079×10^8t，可采资源量为 1414×10^8t，两者均约占全球总量的一半左右，主要分布在美国的皮申斯、大绿河和尤因塔等盆地（图 6.10）；其次是亚洲，地质资源量为 1027×10^8t，可采资源量约为 500×10^8t，主要分布在中国，以及埃及、以色列和约旦境内的西奈地台；再次是大洋洲，地质资源量为 570×10^8t，可采资源量约为 388×10^8t，主要分布在澳大利亚的那古林地堑；欧洲的地质资源量为 334×10^8t，可采资源量约为 230×10^8t；非洲和南美洲的资源量最少，地质资源量分别为 207×10^8t 和 117×10^8t，可采资源量分别约为 143×10^8t 和 80×10^8t。

从全球主要盆地油页岩油资源的分布上看，美国皮申斯盆地油页岩油资源非常丰富，地质资源量超过 1400×10^8t，可采资源量超过 960×10^8t，分别约占全球总量的 33% 和 35%；其次为澳大利亚的那古林地堑和中东地区的西奈地台，两者的油页岩油地质资源量分别为 570×10^8t 和 525×10^8t，可采资源量分别约为 388×10^8t 和 360×10^8t；再次为俄罗斯的阿纳巴尔–阿利诺克盆地、美国的大绿河盆地和尤因塔盆地。其中，大绿河盆地和尤因塔盆地的油页岩油地质资源量均超过 310×10^8t，可采资源量均超过 210×10^8t。阿纳巴尔–阿利诺克盆地的油页岩油地质资源量则超过 240×10^8t，可采资源量则超过 165×10^8t。

我国油页岩分布广泛，全国均有分布，但以我国东部和中部地区为主。在 2004 年，中国首次对全国的油页岩资源进行了系统评价，油页岩油地质资源量约为 476×10^8t，可采资源量约为 120×10^8t。白垩系油页岩主要分布于天山、祁连山、秦岭到淮河以北的广大地区，侏罗系油页岩主要分布于西北地区和东北地区，三叠系油页岩主要分布于鄂尔多斯盆地和滇西断陷带，古生代油页岩分布于山西地区。从沉积环境看，中国的油页岩在陆相、海相和海陆过渡相均有形成，但以陆相为主。而且中生代的油页岩

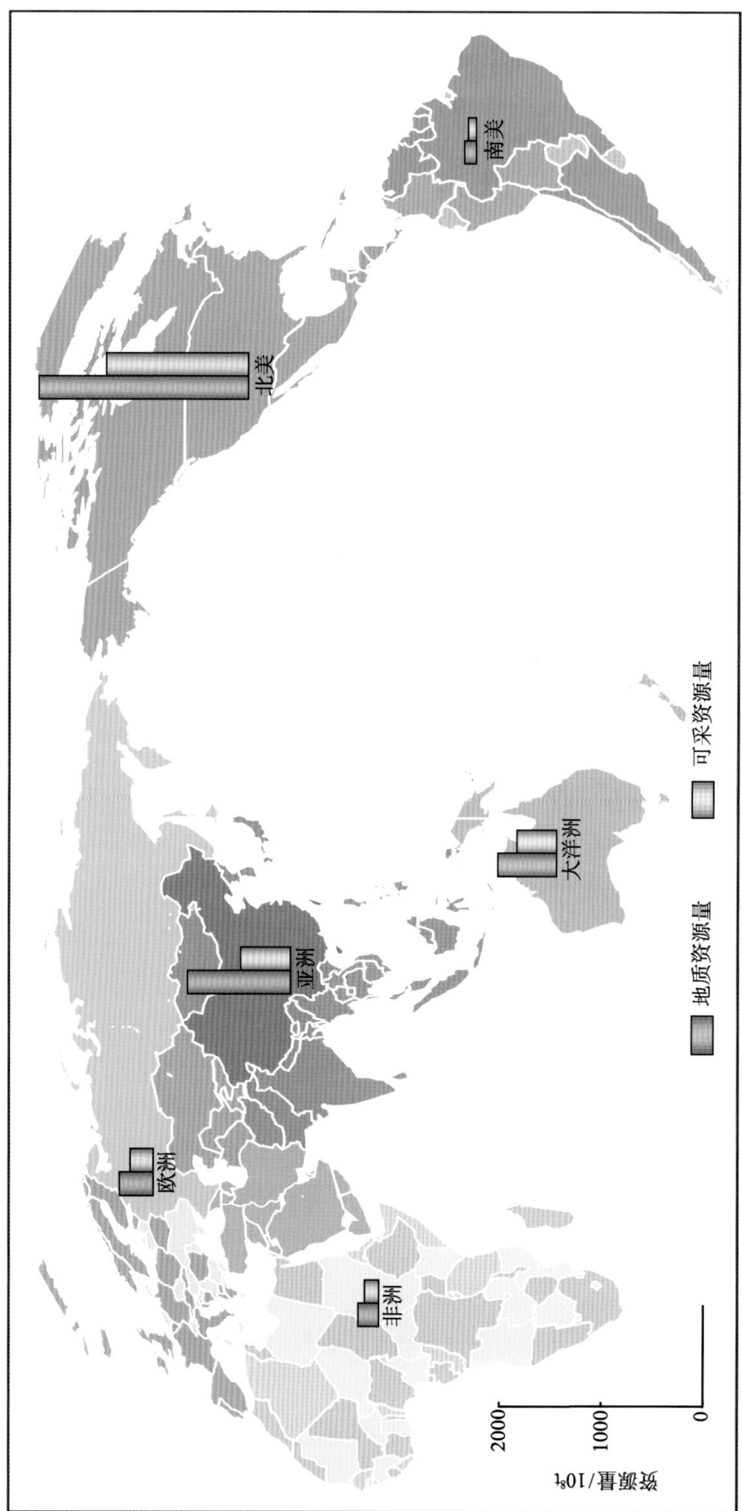

图 6.9 全球油页岩油资源分布与评价图

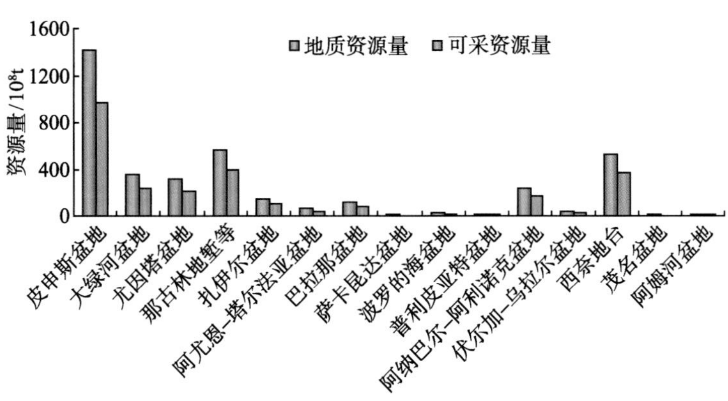

图 6.10　世界主要盆地油页岩油资源分布直方图

以拗陷湖盆环境形成的为主，含油率相对低，新生代的则以断陷湖盆环境为主，含油率相对高。

（二）全球油页岩资源的分布层系

世界上现已发现有油页岩矿的国家达 42 个以上，其形成的时代也很广泛，寒武纪、奥陶纪、泥盆纪、石炭纪、二叠纪、三叠纪、侏罗纪、白垩纪、古近纪和新近纪都有分布（表 6.6）。

表 6.6　全球主要油页岩分布层位及特征（刘招君和柳蓉，2005）

时代		油页岩分布	形成环境及特征
新生代	晚古近纪	美国加利福尼亚南部、意大利西西里岛、俄罗斯高加索	海相，与硅藻土和稠油共生
	早古近纪	美国（绿河、皮申斯盆地）	湖相
		巴西南部、捷克、俄罗斯南部、澳大利亚昆士兰中部	陆相，与煤共生
中生代	白垩纪	以色列、约旦、叙利亚和阿拉伯半岛南部、澳大利亚昆士兰西部	海相地台型、浅海沉积型
	侏罗纪	美国阿拉斯加州、法国北部巴黎盆地、东欧、南欧、亚洲东部	海相、陆相湖泊沉积，与煤共生
	三叠纪	扎伊尔的斯坦利维亚盆地、东欧、南欧、美国阿拉斯加州	海相
古生代	二叠纪	澳大利亚（昆士兰东部）	浅海
		澳大利亚（南威尔士的悉尼盆地、昆士兰东部）	陆相，与煤共生
		美国（蒙大拿州）	湖相
		巴西巴拉那盆地、南非卡罗盆地	海相
		法国（奥顿、圣希拉尔、特洛特、苏尔莫林）	陆相，与煤共生
	石炭纪	美国：犹他州、堪萨斯州等	海相
	泥盆纪	美国（中部和东部各州）	湖相
		俄罗斯（伏尔加–乌拉尔地区）	海相
	奥陶纪	波罗的盆地（爱沙尼亚中奥陶世）	海相
		美国（阿巴拉契亚盆地）	海相
		加拿大	海相
	寒武纪	俄罗斯（西西伯利亚地台东北部安纳巴尔河和勒拿河的奥列尼尧克盆地	富含于海相钙质、泥质、硅质沉积物中
元古宙	前寒武纪	美国（密歇根、威斯康星州）	海相

中国油页岩与世界油页岩的生成时代相似，比较广泛，各个时代地层均有，但以中、新生代，尤其是古近系和新近系系为主（表 6.7）。古生代石炭纪是中国现已发现的油页岩生成时代较早者，如广西良丰、百色油页岩。古生代二叠纪油页岩如新疆博格达山北麓、湖南邵阳的油页岩。中生代三叠纪的油页岩如鄂尔多斯地台的陕西延安、分县等地油页岩。中生代侏罗纪时期的煤田在中国分布甚广，而油页岩往往夹生于此时代的煤系地层中，如甘肃永登一带和内蒙古杨树沟等地的油页岩。中生代白垩纪油页岩如松辽盆地南部和河北丰宁油页岩等。中国油页岩中矿层最厚、储量最丰富者均产自于新生代古近纪和新近纪，如辽宁抚顺和广东茂名矿区。此外，吉林桦甸、河南桐柏等地油页岩也产于古近纪和新近纪。

表 6.7　中国主要油页岩矿床地质特征表（李学永等，2009）

时代		代表性矿床	盆地类型	沉积环境	含油率/%
新生代	新近纪	广东茂名	断陷	湖相	6.00～13.66
	古近纪	吉林桦甸	断陷	内陆湖	8.00～12.00
		辽宁抚顺	拗陷	内陆湖	6.00～10.00
		山东龙口	断陷	内陆河湖	9.00～22.00
中生代	晚白垩世	吉林农安	拗陷	内陆湖	3.50～7.00
	早白垩世	吉林汪清	断陷	内陆河湖	3.50～7.44
	中侏罗世	甘肃炭山岭	拗陷	内陆湖	5.00～17.00
		青海小峡	拗陷	内陆湖	5.22～10.52
	晚三叠世	陕西彬县	拗陷	内陆湖	4.15～8.47
晚古生代	早二叠世	新疆妖魔山	前陆盆地	近海相	4.65～18.91
		新疆大黄山	前陆盆地	湖相	8.3
		阜康东区	前陆盆地	湖相	7.98
		阜康西区	前陆盆地	湖相	7.43

二、主要资源国油页岩资源分布与潜力

（一）美国油页岩资源

美国油页岩资源丰富，分布广泛，几乎覆盖了美国国土 20%的面积。主要的油页岩沉积包括西部的绿河组沉积（图 6.11）、泥盆系和下密西西比石炭系海相黑色页岩沉积、南蒙大拿州 Phosphoria 组沉积和阿拉斯加州三叠系和侏罗系海相页岩沉积。油页岩分布面积最广的是泥盆系—下密西西组黑色页岩，其范围从得克萨斯州向北穿过俄亥俄州和密歇根州，并一直延伸到加拿大，北东向从阿拉巴马州延伸到西纽约州。始新世的绿河页岩在科罗拉多州、尤因塔州和怀俄明州均有分布，油页岩厚度大，资源丰富，是世界上最大的油页岩矿床。据美国能源部能源信息署最新数据（2002 年），美国的油页岩资源约 3036 亿 t。

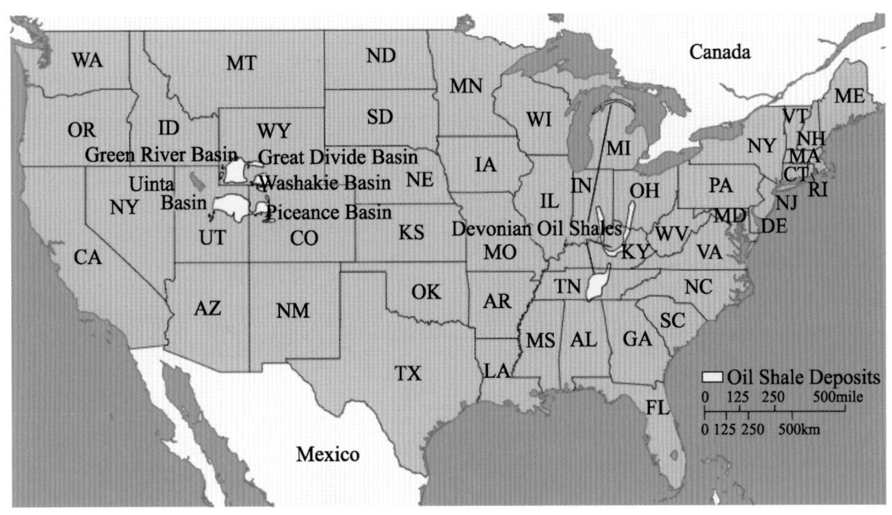

图 6.11　美国主要油页岩资源分布

1. 绿河油页岩资源地质特征与潜力

绿河油页岩主要分布于科罗拉多州、犹他州和怀俄明州，是美国油页岩资源量最丰富、品位最高的油页岩区，含油率约为 11%，最富的马霍加尼带油页岩埋深为 25～75m。油页岩主要沉积在皮申斯盆地、尤因塔盆地、绿河盆地和瓦沙基盆地，前两个盆地分别位于科罗拉多州和犹他州，后两个盆地位于怀俄明州（图 6.12）。绿河油页岩为湖相沉积，其沉积时代为早始新世及中始新世。绿河油页岩的原生物主要是蓝绿藻，还有多种鱼类、贝壳、昆虫、陆地植物等。绿河油页岩矿藏的面积广，达 65 000km^2，生成于 50～60Ma 年前的两个巨大的湖泊：一个为科罗拉多州和犹他州之间的尤因塔湖，另一个为怀俄明州的 Lake Gosiute 湖。湖盆之后封闭，在咸、碱水环境中成矿。

古绿河湖的范围超过 65 000km^2，尤因塔山抬升并向西延伸，将其分割为几个沉积盆地，所以巨型的古绿河湖为油页岩成矿提供了广阔空间。绿河湖的存在超过 1000 万年，并主要处于温暖的亚热带环境，始新世绿河湖水为温暖的碱性环境，藻类大量繁盛，为后期油页岩的形成了提供丰富的生油母质。适宜的沉积环境又为油页岩的形成提供了充分而必要的有机质来源。也正是这样独特的地质条件形成了分布面积达 42 700km^2，含油率达 11%的绿河油页岩。

1）皮申斯盆地

皮申斯盆地位于北科罗拉多的加菲尔德和布兰科市，分布面积为 38 850km^2，属于向西部倾斜的构造盆地。地形高差为 305～1219m，海拔为 1524～2865m，盆地的边缘常形成陡峭的悬崖。皮申斯盆地的地质条件复杂，在东部和南部边界，古近纪、新近纪和第四纪的火山活动频繁，火山熔岩形成岩帽和岩盖等地貌。盆地内部有许多小构造，其中占主要地位的是位于盆地东北部的皮申斯–克里克穹窿。在皮申斯–克里克穹隆的西北部，分布很多西北走向的构造和高角度正断层。这些正断层常成对出现，在其下降盘形成地堑。在断层的隆起部位和侧翼，由于沉积和成岩时施加应力的释放而形成下

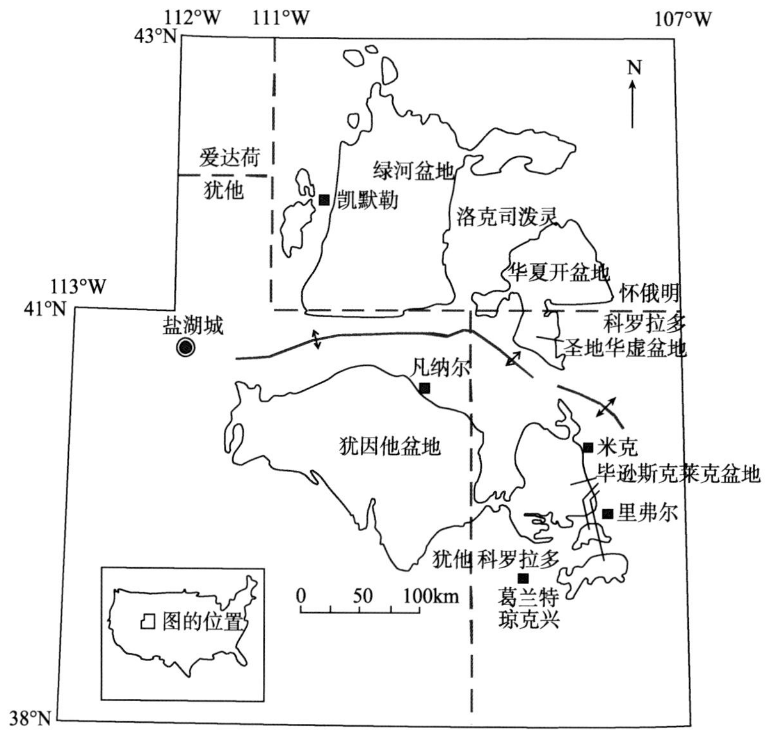

图 6.12　美国科罗拉多、犹他、怀俄明州的绿河页岩分布图

降的背斜构造。一系列这样的断层呈平行或近平行的排列，常形成阶梯状构造，即地堑系统。

在盆地边缘，出露的最老地层是晚白垩世的 Mesa Verde 群，该层含砂岩、页岩和部分煤层，这些岩石由于抗风化能力的不同，遭剥蚀后形成各种突出的椅形和低凹的崖架等构造，这些地貌在盆地的东部和南部边界皆有出露。化石证据显示，该区属于开阔的滨岸咸水环境。

在 Mesa Verde 群之上，是 Ohio Creek 砾岩和一套未命名的地层，由长石砂岩、页岩和薄煤层组成，沉积特征与古新世的 Fort Union 组相似。

在这套未命名的层段之上是 Wasatch 组，该组位于抗风化能力强的 Mesa Verde 群和绿河组之间，Wasatch 组含厚层透镜状的砂岩和颜色鲜艳的页岩并夹一些煤层。大量的化石证据显示，Wasatch 组属于河流相沉积环境。

在 Wasatch 组之上，尤因塔组之下是绿河组，绿河组的湖相沉积物中蕴涵丰富的油页岩资源（图 6.13）。绿河组岩性为富含有机质的泥灰岩（油页岩）、贫炭的泥灰岩、页岩、砂岩、粉砂岩和灰岩。按岩性的不同，该组被分为三段，从下至上依次为 Douglas Creek 段、Garden Gulch Creek 段和 Parachute Creek 段，其中的 Parachute Creek 段是主要的油页岩赋存段（图 6.14）。Douglas Creek 段位于绿河组的最底层，由砂岩、页岩和灰岩组成，与下部 Wasatch 组的杂色页岩和砂岩接触，在绿河组断崖底部一带，分布有由 Douglas Creek 段风化差异形成的椅形构造。Garden Gulch Creek 段位于 Douglas Creek

段之上，由发育良好的黑色黏土质页岩和泥灰岩组成，部分含干酪根。Parachute Creek 段超覆并呈舌形分布于 Garden Gulch 段之上，赋存有 Piceance Creek 盆地的主力油页岩。地层主要由干酪根质的白云质泥灰岩和页岩组成，厚度变化大，在盆地中心处厚 610m，在盆地边缘一带厚 398m。

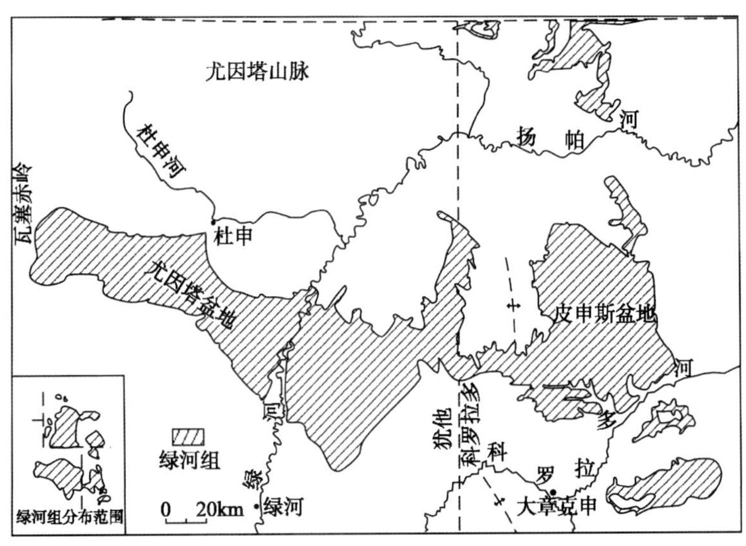

图 6.13　绿河组油页岩分布图（Bradley，1931）

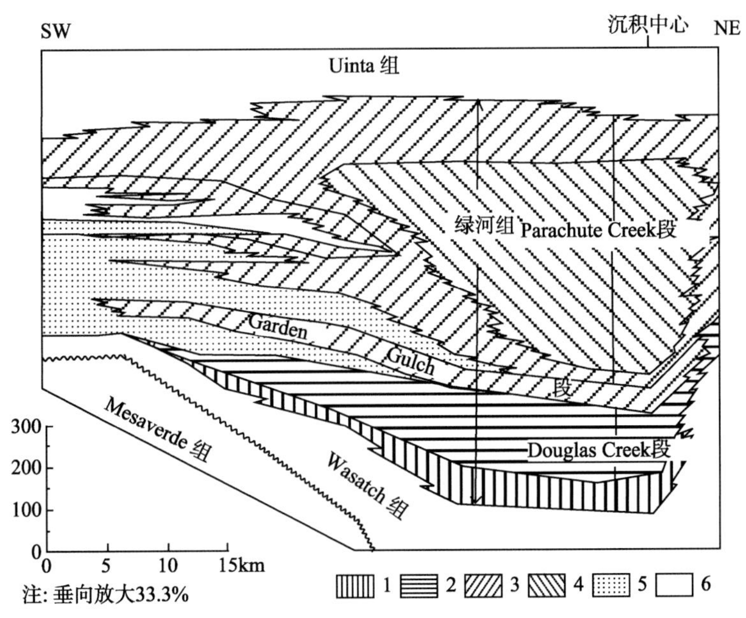

图 6.14　绿河组地层剖面图（Rex and Picard，1978，修改）

1. 淡水–湖相页岩、油页岩、泥岩、泥灰岩、砂岩、粉砂岩和灰岩；2. 淡水–湖相泥灰岩和油页岩；3. 咸水–湖相油页岩和泥灰岩；4. 盐岩和油页岩；5. 河流三角洲和近岸湖相砂岩、粉砂岩、泥岩和少量油页岩；6. 近岸湖相藻灰岩、同化学沉积碳酸盐岩、泥灰岩和少量油页岩

皮申斯盆地是绿河页岩最发育的盆地，盆地面积 4600km^2，油页岩厚达 180m，含油率为 3.8%～18.1%，平均约 10%。关于皮申斯盆地的油页岩油的资源量，不同学者的评价结果也有很大差别，如 $1650 \times 10^8 m^3$、$1910 \times 10^8 m^3$、$670 \times 10^8 m^3$ 等。通过采用容积法对绿河组的初步评价表明：地质资源量超过 $1400 \times 10^8 t$，可采资源量超过 $960 \times 10^8 t$。

2）尤因塔盆地

尤因塔盆地是一个东西走向的非对称拉张型盆地，其北部边界为断崖所限，南部为一平缓的倾斜构造。盆地北部和西部分别接尤因塔和瓦塞赤山脉，西南部毗邻瓦塞赤高原，南临圣拉菲尔隆起，东接道格拉斯–克里克拱隆构造。

尤因塔盆地被广袤的古近系、新近系沉积岩覆盖，绿河组分布面积大约有 14 000km^2，其中油页岩分布面积为 3900km^2。从古新世到晚始新世，在尤因塔湖的沉积中心，沉积了超过 3658m 的碎屑和炭质沉积物。Mahogany 区是产量最高的区域，其有效厚度约为 30.5m，在盆地的沉积中心附近，有一层厚 15m 的油页岩层赋存在 Mahogany 地段，为最有利的勘探目标区。

联邦能源管理部 1974 年估计尤因塔盆地的油页岩油当量为 $509 \times 10^8 m^3$。Smith 估计尤因塔油页岩总的探明储量是 $260 \times 10^8 m^3$，如果把那些低品位的油页岩也算上的话，总资源量还可以翻一番，特别是那些位于 Mahogany 段以下和那些边远地区的薄层，资源潜力巨大。本次评价尤因塔盆地的油页岩油资源量为 $310 \times 10^8 t$，可采资源量为 $210.8 \times 10^8 t$。与皮申斯盆地的绿河组油页岩相比，尤因塔盆地的油页岩厚度和面积都较小，品位较低。

3）绿河盆地和 Washakie 盆地

与皮申斯盆地和尤因塔盆地的油页岩形成于尤因塔湖不同，绿河盆地和 Washakie 盆地的油页岩形成于 Gosiute 湖。Gosiute 湖的发展史和尤因塔湖相似，油页岩的赋存部位也基本相同，但地层沉积特征在某些方面有差异，绿河盆地和 Washakie 盆地的绿河组最底部的地层为富含黏土的油页岩，相当于 Tipton 段。

Tipton 段之上是 Wilkins Peak 段，是一层富含蒸发质的岩石，其中的蒸发岩与油页岩交互沉积，这些蒸发岩包括侵入 Wilkins Peak 段油页岩中的 Na_2CO_3（与绿河组显著不同）、天然碱（$Na_2CO_3 \cdot NaHCO_3 \cdot 2H_2O$）和 NaCl 等。其中一些较纯净的天然碱层已经被开采了好多年，现在是美国工业苏打的主要来源。

Wilkins Peak 段之上是 Laney 段，该段含有具开采价值的油页岩，其油页岩特征与皮申斯盆地和尤因塔盆地的油页岩特征相似。

Luman Tongue 段位于 Wilkins Peak 段之下，但由于 Niland Tongue 段的存在，Luman Tongue 段与 Wilkins Peak 段之间相隔 61m，Luman Tongue 段位于绿河组底部，其上半部分约 46m 几乎全含低品位的油页岩和厚度较薄的灰岩层。其下半部分也含一些低品位的油页岩和一定厚度的高品位油页岩，它们与其他矿物（如煤等）交互沉积。

联邦能源管理部 1974 年评价绿河盆地和 Washakie 盆地油页岩的总资源量为 1368 ×

10^8 m^3。Smith 认为绿河盆地绿河组的油页岩潜在资源量为 556×10^8 m^3，Washakie 盆地的资源量估计值可靠性要差一些，把各种品位的油页岩都算上，其总的潜在资源量可能为 79×10^8 m^3。本次最新评价绿河盆地油页岩资源量为 350×10^8t。由于缺少瓦沙基盆地的资料，未对其进行评价。

2. 晚泥盆世-早密西西比世油页岩

美国东部的晚泥盆世和早密西西比世的黑色油页岩矿仅次于绿河油页岩矿，其分布从纽约州一直到得克萨斯州，范围约为 725 000km^2 。据估计，油页岩油资源量高达 1500×10^8t，其中，5%的油页岩可以通过露天矿开采（Mattews，1983）。油页岩平均含油率为 9.53%（Witt et al.，1993），发育在浅层（埋深< 200m）的页岩油资源约 610 $\times10^8$t（Dyni，2003）。

3. 蒙大拿地区 Phosphoria 组油页岩资源地质特征与潜力

蒙大拿 Phosphoria 组和二叠系的相关层位的海相页岩在爱达荷、蒙大拿、犹他和怀俄明地区广泛分布。但是，只有一小部分分布在蒙大拿地区的 Phosphoria 组含有油页岩，也是蒙大拿地区的主要油页岩分布层段。其他沉积区的油页岩含油率很低，而且在犹他—怀俄明边界一带，Phosphoria 油页岩由于成熟度过高，已经变质成了焦炭等物质，但该组的部分段中仍含有一些未变质的油页岩。

在蒙大拿的其他层位也含有油页岩，如蒙大拿地区中部 Mississippian Heath 组的 Forestgrove 段，由煤层、油页岩层和石膏层组成，其中的油页岩为浅海相沉积的页岩与灰岩互层，厚 1.0～3.2m，平均厚度为 1.9m。该油页岩层的主要特点是重金属含量特别高，包括 Cr、Mo、Ni、V 和 Zn，而且 Cr 的含量与含油率有关。在含油率高的地方，Cr 的含量也异常高。相邻煤层的镜质组反射率为 0.49%～0.64%，表明该油页岩层成熟度较低，还不足以形成石油。

据 Smith（1980）估计，蒙大拿地区油页岩的资源量为 400 亿 m^3。

4. 阿拉斯加地区油页岩资源地质特征与潜力

阿拉斯加地区三叠纪和侏罗纪地层中已发现的海相油页岩沉积，主要在阿拉斯加北部的布鲁克斯岭地区。由于该区三叠系油页岩沉积复杂，沉积物类型繁多，包括燧石、黏土页岩、灰岩和一些含碳页岩，出露面积较小，构造活动强烈，风化剥蚀情况复杂，因此很难取样并估算资源潜力。从 Brooks Range 中部地区的个别样品的分析看，该区油页岩具有异常高的含油率，因此有学者估算阿拉斯加地区油页岩资源量为 715×10^8 m^3 油当量。但因样品较少，对油页岩层的整体分布特征了解较少，所以很难对该区的油页岩的资源潜力进行准确估算。

（二）加拿大油页岩资源

1. 油页岩特征与分布

加拿大油页岩主要分布在 19 个矿床中（图 6.15），油页岩类型包括 Marinite、Lamosite、

Torbanite 和 Lacustrine 四种类型，其中以 Marinite 型为主。油页岩产区主要有四个，分别是密西西比统阿尔伯达组油页岩、奥陶系 Collingwood 油页岩、泥盆系 Kettle Point 组油页岩和白垩系 Manitoba Escarpment 油页岩。

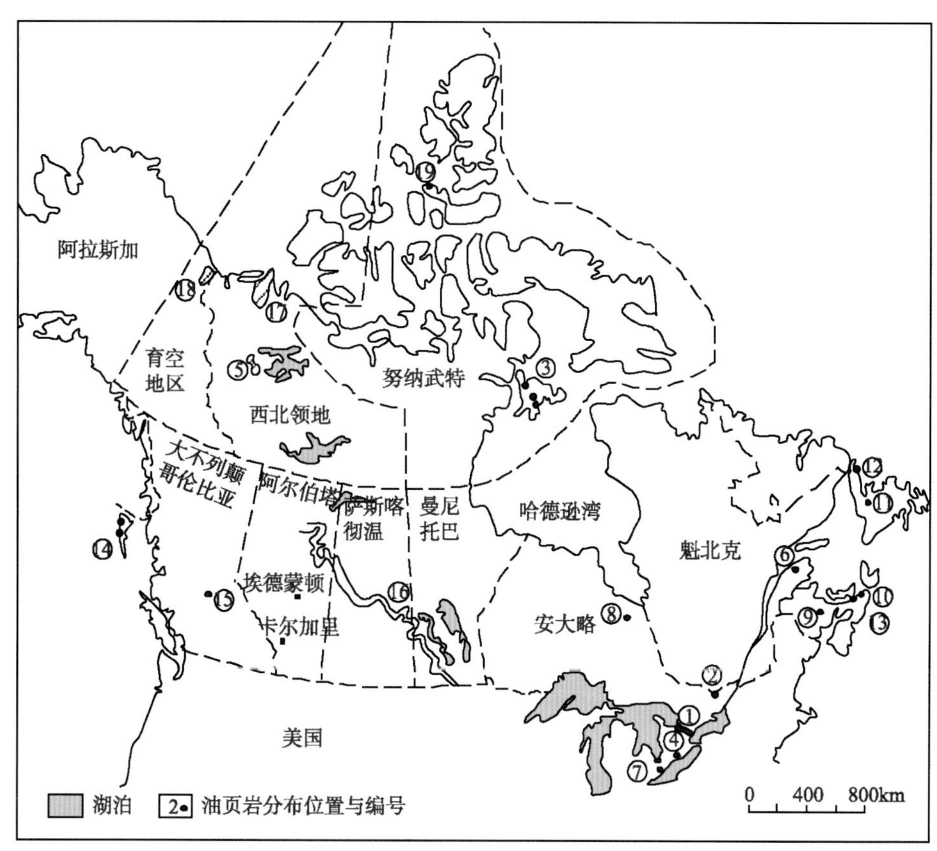

图 6.15 加拿大油页岩矿床分布图

油页岩矿床名称：①Collingwood 页岩；②Billings 页岩；③Collingwood 页岩；④Marcellus 组；⑤Canol 组；⑥York River 组；⑦Kettle Piont 组；⑧Long Rapids 组；⑨Albert 组；⑩Horton 群；⑪Deer Lake 群；⑫Cape Rouge 组；⑬Pictou 群；⑭Kunga 组；⑮未知层位；⑯Boyne and Favel 组；⑰Smoking Hills 组；⑱Boundary Creek 组；⑲Emma Fiord 组

Mississippion 统 Albert 组油页岩发育于石炭纪湖相沉积，厚度约 120m，含油率为 35～95L/t，油页岩油比重为 0.87，代表矿床为 Moncton；奥陶系 Collingwood 油页岩为海相沉积，厚约 6m，含油率 40L/t，油页岩油比重为 0.91，代表矿床为 Collingwood Trend；泥盆系 Kettle Point 组油页岩为海相沉积，含油率为 40L/t，代表矿床为 Sarnia Area；白垩系 Manitoba Escarpment 油页岩为海相沉积，含油率为 40L/t，代表矿床为 Manitoba Escarpment。

在 Moncton 油页岩矿带，其油页岩主要发育于密西西比统的 Albert 组（表 6.8），下面为 Memramcook 组山麓冲积的红层沉积，上面为 Gautreau 蒸发岩或 Weldon 红层覆盖，总厚度 1600m 左右。Albert 组分为三个段，从下至上为 Dawsin Settlement、Frederick 和 Hiram 段，其中 Frederick 段为油页岩段。Albert 组的油页岩形成的地质条件等与绿河油页岩类似，均形成于山间盆地构造环境，而且油页岩均为湖相沉积，且下面皆为红层沉积。不同的是，虽然油页岩的沉积厚度相当（40～300m），但 Albert 组的沉积厚度远大于绿河组。

表 6.8 加拿大新不伦瑞克地区地层表（Greiner，1962）

<table>
<tr><th>系</th><th>统</th><th>组</th><th>段</th><th>岩性</th></tr>
<tr><td rowspan="2">宾夕法尼亚系
Pennsylvanian</td><td></td><td></td><td></td><td></td></tr>
<tr><td>Hopewell</td><td></td><td></td><td>红层、砾岩、砂岩、页岩</td></tr>
<tr><td rowspan="7">密西西比系
Mississilppian</td><td>Windsor</td><td></td><td></td><td>灰岩、石膏、硬石膏、盐岩、页岩、砾岩</td></tr>
<tr><td rowspan="3">Moncton</td><td>Hillsborough</td><td></td><td>红层，包括砂岩、砾岩、页岩、底部火山灰层</td></tr>
<tr><td>Weldon</td><td></td><td>红层，包括粉砂岩、页岩、砾岩</td></tr>
<tr><td>Gautreau</td><td>Gautreau</td><td>盐岩、石膏、硬石膏、白云岩、灰岩、页岩</td></tr>
<tr><td rowspan="4">Horton
(Nova Scotia)</td><td rowspan="3">Albert</td><td>Hiram</td><td>钙质的粉砂岩、页岩、砂岩</td></tr>
<tr><td>Frederick</td><td>油页岩、钙质页岩、粉砂岩、灰岩</td></tr>
<tr><td>Dawsin Settlement</td><td>砂岩、粉砂岩、页岩、砾岩</td></tr>
<tr><td>Memramcook</td><td></td><td>红层，包括页岩、粉砂岩、砂岩、砾岩</td></tr>
<tr><td colspan="3">前石炭系
Pre-Carboniferous</td><td></td><td>泥盆系花岗岩，奥陶系—志留系—泥盆系板岩、火山岩、石英岩，前寒武系片岩、火山岩、石英岩、灰岩等</td></tr>
</table>

2. 油页岩资源潜力

加拿大主要油页岩矿床的年代、类型、厚度和产油率等参数见表 6.9。以新不伦瑞克 Mississippian 统 Albert 组 Moncton 矿油页岩资源最为丰富，厚度为 15～360m，产油率为 35～95L/t，油页岩体积为 $42.8 \times 10^6 m^3$。

表 6.9 加拿大主要矿床油页岩资源评价关键参数

矿床	年代	类型	厚度/m	产油率/（L/t）
Mackenzie Delta, Y.T.	K	Marinite	—	未知
Anderson Plain, N.W.T.	K	Marinite	30	＞40
Manitoba Escarpment	K	Marinite	30～40	20～60
Cariboo Distict, B.C.	J	Marinite?	—	较低
Queen Charlotte Islands, B.C.	J	Marinite	≤35	≤35
Pictou, Nova Scotia	C	Torbanite 和 Lamosite	5～35（60 层）	25～140
Conche, Newfoundland	C	Torbanite?	—	未知
Deer Lake, Newfoundland	C	Lamosite	＜2	15～146

续表

矿床	年代	类型	厚度/m	产油率/（L/t）
Antigonish, Nova Scotia	C	Lamosite	60～125	≤59
Moncton, New Brunswick	C	Lamosite	15～360	35～95
Grinnell Peninsula, Nunavut	C	Lamosite?	＞100	11～406
Moose Basin, Ontario	D	Marinite	—	未知
Sarnia Area, Ontario	D	Marinite	10	41
Gaspé, Quebec	D	Marinite	—	未知
Norman Wells, N.W.T	D	Marinite	≤100	未知
N.Shore, Lake Erie, Ontario	D	Marinite	—	较低
Southampton Island	O	Marinite	—	未知
Ottawa Area, Ontario	O	Marinite	—	未知
Collingwood Trend, S.W.Ontario	O	Marinite	2～6	＜40

（三）巴西油页岩资源

1. 油页岩资源现状

巴西的22个州和联邦领地中已经有11个发现了可以干馏出石油的油页岩和其他岩石。其中在亚马孙和帕拉发现了泥盆纪沉积，而在马拉尼昂、塞阿拉、阿拉戈斯和巴伊亚州的油页岩为白垩纪沉积。阿马帕的页岩的地质年代未知。最具商业价值的两处页岩沉积位于巴西南部：一是圣保罗州帕拉伊巴峡谷的古近系和新近系湖相油页岩沉积；另一个是位于圣保罗、巴拉那、卡塔里娜和南里奥格兰德等地区的大规模的二叠系依拉提组油页岩（图 6.16），油页岩油资源潜力为 114×10^8t。

二叠系的依拉提页岩层（在巴西被称为 Xistos）分布最广，特别是在巴西南部广泛分布，是巴西最有经济开发价值的油页岩资源。三叠纪的湖相页岩层，大约 35m 厚，排出了 4%～13%的油、1.8%～2.3%的气，现在页岩层中大概拥有 $3.18 \times 10^8 m^3$ 的油，但是页岩中的湿度较高，导致开采难度的增加。

2. 油页岩开发情况

巴西油页岩系露天开采，实验室铝甄含油率为 9%。伊拉提油页岩已由巴西石油公司开发，用于干馏炼油。巴西石油公司于 20 世纪 50 年代开始研究开发油页岩炼油，1980～1990 年先后建成两台块状页岩干馏炉——佩特洛瑟克斯（Petrosix）炉，用于加工伊拉提油页岩：一台直径 5.5m，日加工油页岩 1500t，可年产 4×10^4t 页岩油；另一台直径 11m，为工业生产炉（MI 炉），日加工 6000t，可年产 16×10^4t 页岩油，并副产液化气和硫黄。佩特洛瑟克斯炉系直立圆筒形，块状页岩在炉内由已加热的干馏气进行干燥干馏产生油页岩油，生成的半焦经冷却出炉，半焦潜热未利用，是其缺点。但该炉型生产成熟，产油率可达实验室铝甄含油率的 90%。

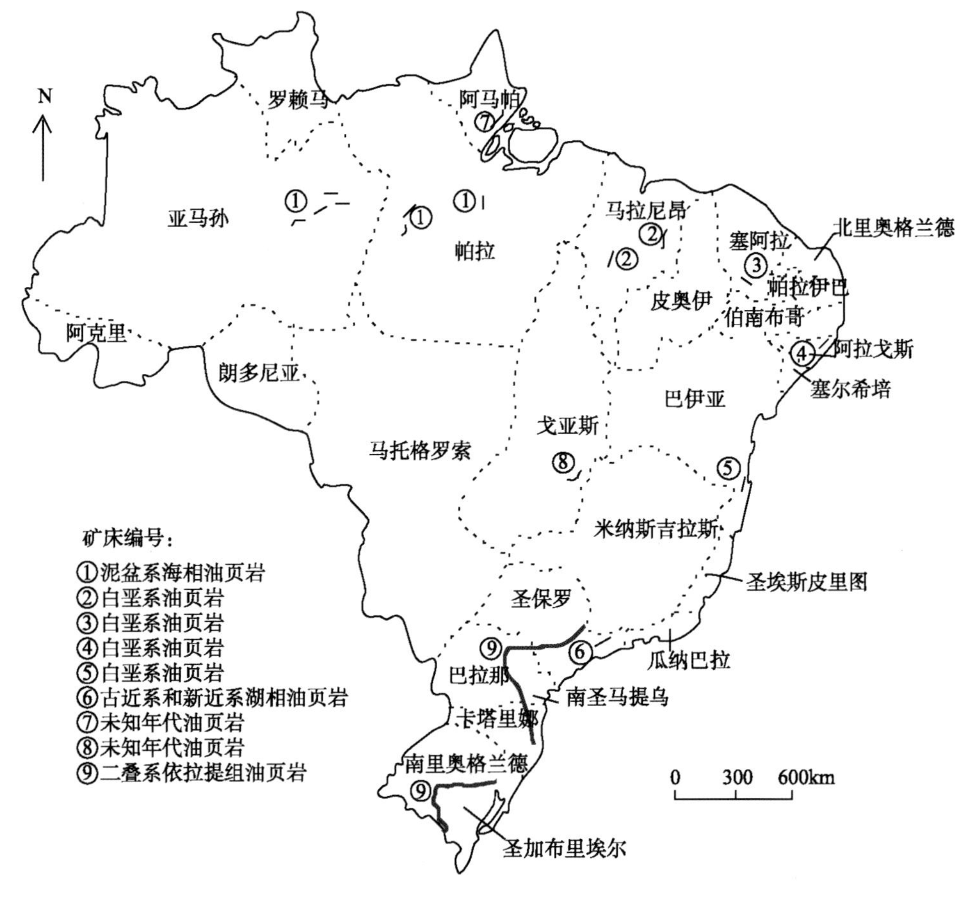

图 6.16　巴西油页岩矿床分布图（Padula，1969）

3. 主要矿床成矿地质特征与资源潜力

依拉提组油页岩是世界第二大已知的油页岩矿，位于巴西南部（图 6.17），属于 Passa Dois 群组中的 Estrada Nova 组。依拉提组从圣保罗延伸 1700km 到巴西南部边界的乌拉圭小镇。整个地层下伏为 Palermo 地层，上覆是 Sierra Alta 地层。依拉提层在横向上有很好的连续性，但是从南里奥格兰德到圣保罗，沉积不在同一个层序内。在沉积的南端，被一套灰页岩分隔成两套不同的油页岩。在北端，油页岩层无规律地分布在灰岩和白云岩区域中。整个巴西的依拉提页岩层都有玄武岩和辉绿岩的侵入。

依拉提油页岩为深绿、棕黑色，细粒，纹理清晰，含化石。密度为 1.8～2.45 g/cm^3，随着含油饱和度的增加密度下降。干酪根含量为 2%～4%，湿度通常小于 5%。

没有经过风化剥蚀的新鲜的页岩通常较硬，然而其纹理层加速了风化速度，因此油页岩在野外很少能见到露头，通常形成了 10m 厚的红色到黄棕色的黏土风化壳。

依拉提页岩层的沉积环境一直有争议，最广为接受的假说是，晚石炭纪的冰川融水导致海退得到调节，海水进入陆内盆地，形成了陆内的海相盆地。由于与海洋的交

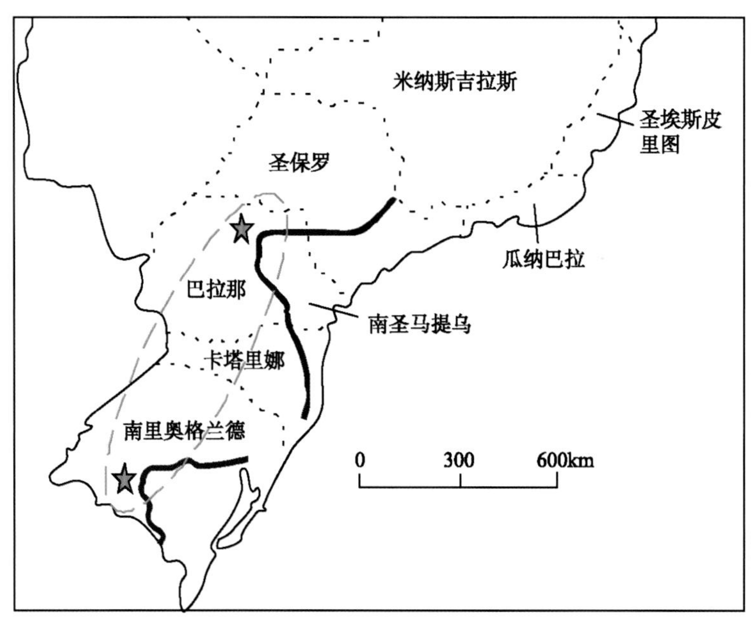

图 6.17　依拉提组油页岩有利矿带分布图

流通道窄而浅，所以海相湖盆盐度较低。在这样一个半封闭的环境中，动植物大量发育，这些动植物的残体以及由河流带来的细粒碎屑物质形成了碳酸盐岩以及这套依拉提页岩。之后，由于进一步的海退作用，湖盆变得更加浅，Sierra Alta 页岩的非沥青质沉积物开始聚集。

依拉提组油页岩主要有三个有利区，即西南部的圣加布里埃尔或者“坎帕尼亚”区域、南里约格兰德州的 Don Pedrito 区域和巴拉那州圣保罗附近。其中西南部的圣加布里埃尔或者“坎帕尼亚”区域和南里约格兰德州的 Don Pedrito 区域这两个地方都发现了 $1.1\times10^8m^3$ 的含油量。在这两个地方，油页岩分为上下两层。下层厚约 2.5～3.2m，平均含油量为 7%，约 79L/Mt；上层厚约 9m，含油量小于 3%，约 33L/Mt。上下两层中间为 Barren 页岩，大约 10m 厚。一般最有利的区域山脉起伏平缓，页岩层倾角约 1.5%，这样有利于地面开采。巴拉那州圣保罗附近的油页岩主要有两层，中间被厚约 8.6m，含 50%页岩，50%灰岩的 Barren 页岩所分割。下层油页岩厚约 3.2m，含油率为 9.1%，115L/Mt。上层厚 6.5m，含油率 6.4%，71L/Mt（图 6.18）。

南圣马提乌开采出依拉提油页岩含水量为 5.3%，有机碳含量为 12.7，有机氢含量为 1.5%。通过 Fischer 法测定，页岩油为 7.6%，水为 1.7%，气为 3.2%，废页岩为 87.5%，总硫度为 4.0%，总热值为 1480kcal/kg（表 6.10）。

巴西油页岩油资源量主要集中在二叠系依拉提组，面积达 $7400km^2$，厚度约 9.7m，含油率为 7.6%。通过初步的资源评价，其地质资源量超过 110×10^8t，可采资源量约 78×10^8t。

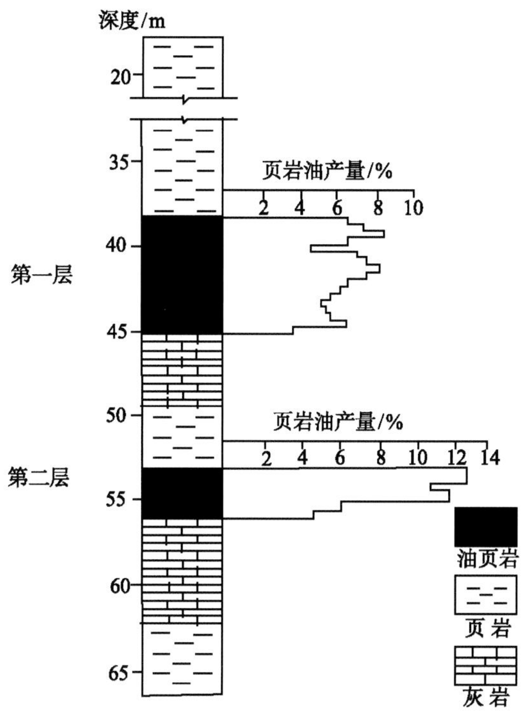

图 6.18　依拉提组油页岩地层柱状图

表 6.10　南圣马提乌开采的依拉提油页岩的一般属性表

属性	分析结果
含水量/%	5.3
有机碳含量（干重）/%	12.7
有机氢含量（干重）/%	1.5
页岩油*/%	7.6
水*/%	1.7
气*/%	3.2
废页岩*/%	87.5
总硫度（干重）*/%	4.0
总热值（干重）*/（kcal/kg）	1480

*为 Fischer 法测定（干重）结果

（四）爱沙尼亚油页岩资源

1. 油页岩资源现状

从 1916 年开始，爱沙尼亚成为俄罗斯主要的油页岩产地。这些油页岩在大约 200 年前就已经发现，然而直到 1916 年，燃料短缺，使得油页岩的开采和利用变得可能和经济，才开始商业性的应用。之后，大约有 10×10^8t 的油页岩从爱沙尼亚以及圣彼得堡采出。

爱沙尼亚有两套油页岩：一套是没有商业利用的 Dictyonema 黑硬油页岩；另一套是上覆的较软的黄棕色库克（Kukersite）油页岩。爱沙尼亚油页岩主要为库克油页岩，含油量超过了 183L/t。从爱沙尼亚北部向东至俄罗斯圣彼得堡，油页岩分布面积约 50 000km^2，具有商业价值的上部油页岩层分布范围超过了 4700km^2。页岩油探明储量为 24.94×10^8t。扣除其中夹杂的灰岩层，库克油页岩平均厚度为 2.2m，到圣彼得堡地区减少至约 1.8m。典型的开发区的油页岩可以分为 8 个层段，其中夹杂了中泥盆世的灰岩层。一些层段富含化石，为黄绿–红棕色。具有商业意义的主要为 Kukrus 阶下部油页岩，其厚度最大、连续性最好，但是构造复杂。爱沙尼亚矿区的 A、B、C、D 和 F 层以及圣彼得堡矿区的Ⅰ、Ⅱ、Ⅲ、Ⅳ层都有灰岩夹层。一些地质学家认为 F 层之上相邻的厚 0.9～1.2m 的 G、H 层以及圣彼得堡矿区的Ⅰ层也具有商业价值。在盆地东部及南部边界处，具有商业开采价值的变为灰岩和泥灰岩。到盆地的西边界，油页岩层减薄尖灭，并且变为富含干酪根有机质的灰岩。北部边界受到了剥蚀。

爱沙尼亚是目前世界上利用油页岩比较多的国家之一。爱沙尼亚 81%的油页岩都用来发电供应全国 92%的电力，16%用于石油化工，剩余的部分用于水泥制造以及其他一些产品的加工利用。1940 年，爱沙尼亚共计开采油页岩 1100×10^4t，平均年产量达 170×10^4t。1950 年，油页岩产量为 350×10^4t，到 1955 年，油页岩产量达到 700×10^4t。油页岩主要用于 Tallinn、Kohtla–Järve 和 Ahtme 发电厂，Kohtla–Järve 和 Kiviõli 的化工厂，以及 Kunda 水泥厂。1946 年和 1960 年先后两次进行了油页岩储量评价，分别为 10×10^8t 和 33×10^8t（图 6.19）。

1965 年，爱沙尼亚建立了新的发电所（波罗的海热发电所），年输出电 1400MW，而后又建立了爱沙尼亚热发电所，年输出电 2000MW，因此对油页岩的需求剧增。油页岩产量从 1960 年的 920×10^4t 上升到 1970 年的 1750×10^4t。1976～1987 年，爱沙尼亚开始在西部和西北部进行油页岩开采。1981 年，由于圣彼得堡地区建立了 Sosnovõi Bor 核电站，相应的对油页岩发电的需求减少。1985 年开采量为 2570×10^4t，1990 年开采量为 2120×10^4t，1995 年开采量为 1210×10^4t，其中一半以上都为露天开采。

爱沙尼亚目前每年开采 1400×10^4t 油页岩（露天开采和地下开采约各占 50%），其中 1100×10^4t 用于燃烧发电，其余的 300 余万吨用于干馏炼油。由于爱沙尼亚页岩油富含二元酚等，故部分油页岩油用于生产精细化工产品，提高了产品附加值。爱沙尼亚共有两座页岩油厂。爱沙尼亚油页岩化学集团公司（VKG）和基维利页岩油厂（Kivioli）是民营企业，共有 51 台基维特炉（气燃式块状页岩干馏炉），每台日处理 200～1000t 油页岩。VKG 年加工波罗的海 Kukersite 油页岩约 170×10^4t，年产油页岩油约 21×10^4t，2009 年底已新建一台葛洛特固体热载体干馏炉（每台每天处理页岩 3000t），用于处理小颗粒页岩。

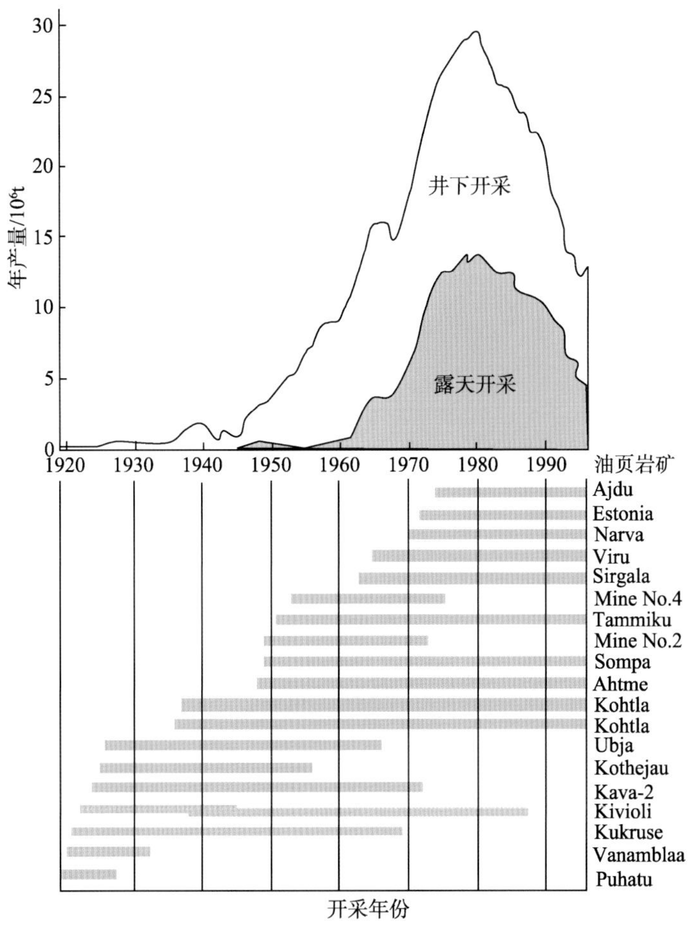

图 6.19　爱沙尼亚油页岩产产量变化图（Kattai and Lokk，1998）

2. 爱沙尼亚波罗的海典型油页岩矿地质特征

波罗的海盆地发育中奥陶世库克油页岩，从塔林一直延伸到普佩斯湖（图 6.20），面积超过 3600km^2，油页岩 30 层，单层厚 5～50cm，含油率为 13%～25%，油页岩向南

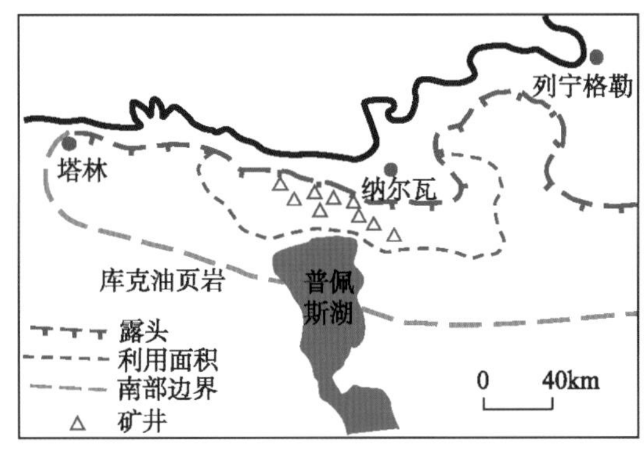

图 6.20　爱沙尼亚油页岩矿床

倾斜，倾角小于 1°，北部深 5m，南部深 200m，大部分可以露天开采。1916 年就开始开采的老矿区，研究程度相对较高，只要收集齐必要的资料，具备作为典型解剖的条件。

17 世纪爱沙尼亚北部发现奥陶系库克油页岩矿，面积 5 万 km^2，向东延伸至圣彼德堡（图 6.21）。大规模采矿始于 1918 年，至 1980 年达到开采高峰，露天和地下共开采了 0.314×10^8t。爱沙尼亚矿床已经勘探完毕，勘探井多达 10000 口，但塔帕矿床现在正处在勘探阶段，平均含油率约 20%；早奥陶世海相网格笔石页岩属于较老的油页岩矿床。在苏联时期，这里秘密地开采铀，所以至今这个单元也没有公开。岩层厚度为 0.5～5m（图 6.22）。通过初步评价，库克油页岩和网格笔石油页岩的石油资源量约为 25×10^8t。

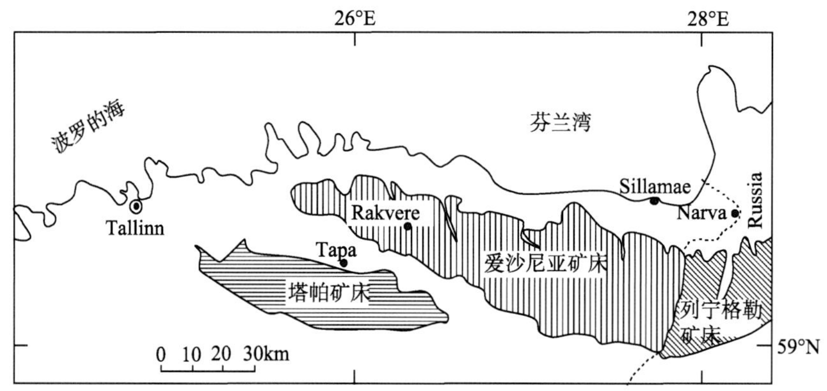

图 6.21　爱沙尼亚北部和俄罗斯的库克油页岩矿床位置图（Kattai and Lokk，1998，修改）

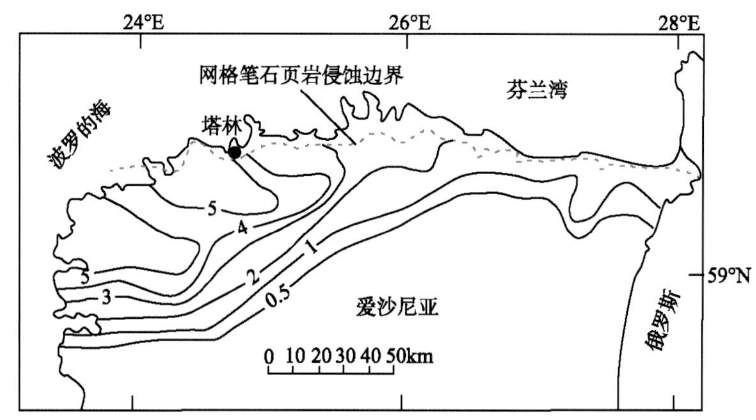

图 6.22　爱沙尼亚北部奥陶系网格笔石页岩等厚图（厚度：m）

（五）澳大利亚油页岩资源

油页岩在世界范围内广泛发育，主要形成于海相、湖相或者煤炭沼泽环境。在澳大利亚，这三种环境中形成的油页岩都有发现。海相成因的油页岩典型代表是昆士兰州白垩系 Toolebec 巨型的油页岩沉积，其埋藏深度变化较大，面积可达 $271mile^2$，比美国得克萨斯州面积稍大一点。Toolebec 油页岩平均厚度为 30ft，平均产油量为 12gal/t。其他的海相页岩代表是塔斯马尼亚州 Mersey 河道特殊的舌状页岩和昆士兰州 Camooweal 组薄层页岩。

从地层上，澳大利亚的油页岩主要分布在新近系、古近系、白垩系和二叠系。新近系、古近系油页岩为 Lamosite 型，湖相沉积，含油率≥50L/t，代表矿床为 Condor、Nagoorin、Rundle。白垩系 Toolebuc 组油页岩为 Marinite 型，海相沉积，厚度为 6.5～7.5m，含油率 37L/t，代表矿床 Julia Creek。二叠系油页岩有两种类型，一种为 Torbanite 型油页岩，湖相沉积，含油率 480～600L/t，代表矿床 Glen Davis；另一种为 Tasmanite 型油页岩，海相沉积，含油率 120L/t，代表矿床 Mersey River（图 6.23）。

图 6.23 澳大利亚油页岩矿床分布图（Cook and Sherwood，1989）

澳大利亚的油页岩分布在其东部 1/3 国土上，包括昆士兰、新南威尔士、南澳大利亚、维多利亚和塔斯马尼亚，总地质资源量达 570×10^8t，可采资源量超过 380×10^8t。但主要资源量集中在昆士兰，其中昆士兰的 Condor 矿和 Duaringa 矿的地质资源量都超

过了 100×10^8t，可采资源量超过 68×10^8t。这两个矿床占总资源量的一半左右。主要矿床的地质层位与含油率等参数见表 6.11。

表 6.11　澳大利亚油页岩主要矿床地质参数表

矿床	地质时代	含油率/（L/t）	面积/km^2
Alpha	T	200+	10
Condor	T	65	60
Duaringa	T	82	720
Julia Creek	K	70	250
Lowmead	T	84	25
Nagoorin	T	90	24
Nagoorin South	T	78	18
Rundle	T	105	25
Stuart	T	94	32
Yaamba	T	95	32
Baerami	P	260	—
Glen Davis	P	420	—
Mersey River	P	120	—

第五节　开发技术与应用效果

油页岩由于其自身的特点，开发利用已经渗透到提炼油页岩油、发电、取暖、制造水泥、生产化学药品、合成建筑材料以及研制土壤增肥剂等各个领域。目前，全球油页岩 69%用于发电和供暖，25%用于提炼高收益的油页岩油及相关产品，6%用于生产水泥、化工以及其他用途。虽然目前油页岩提取油页岩油并不是它的主要用途，但随着常规石油资源的枯竭和开采难度的加大，油页岩通过干馏提取油页岩油将越来越受到重视。油页岩干馏分为地下干馏和地上干馏。地下干馏是指埋藏于地下的油页岩不经开采，直接在地下设法加热干馏，生成油页岩油输导至地面。地上干馏则是指油页岩经露天开采或井下开采，送至地面，经破碎筛分至所需的粒度或块度，进入干馏炉内加热干馏，生成页岩油气及页岩半焦或页岩灰。

一、地面干馏技术

油页岩干馏技术比较先进的国家有爱沙尼亚、巴西、澳大利亚、中国和俄罗斯等国。迄今世界上较成熟且长期生产的有：爱沙尼亚的基维特（Kiviter）块页岩干馏炉和葛洛特（Galoter）颗粒页岩干馏炉；巴西的佩特洛瑟克斯（Petrosix）块页岩干馏炉；中国抚顺式块页岩干馏炉；澳大利亚的塔瑟克（Taciuk）颗粒页岩干馏炉。爱沙尼亚的 Galoter 颗粒页岩干馏炉处理量大，油收率高，产高热值气，可处理颗粒页岩，适合有条件的大中型油页岩炼油厂。巴西的 Petrosix 块页岩干馏炉处理量很大，油收率高，产高热值气，处理块页岩，投资高，适合大中型油页岩炼油厂。澳大利亚的 Taciuk 颗粒页岩干馏炉处理量很大，油收率高，产高热值气，处理颗粒页岩，油页岩经加氢改质，质量好，投资高，适合于大中型油页岩炼油厂。中国抚顺式块页岩干馏炉处理量较小，目前，桦甸采用的是巴西的干馏炉型。

（一）佩特洛瑟克斯块页岩干馏炉

该技术最初由 Cameron 公司开发并运用于美国，实现工业化推广，之后巴西又将内部蒸馏器内径扩建至 11m，炉型及流程如图 6.24 和图 6.25 所示。该干馏器包括上层热分解部分和下层焦炭冷却部分，干馏温度约 500°C，炉出口油气温度约 150°C，干馏出口油气经旋分器、电气捕油器及喷淋塔冷凝回收页岩油。一部分冷干馏气作为燃料

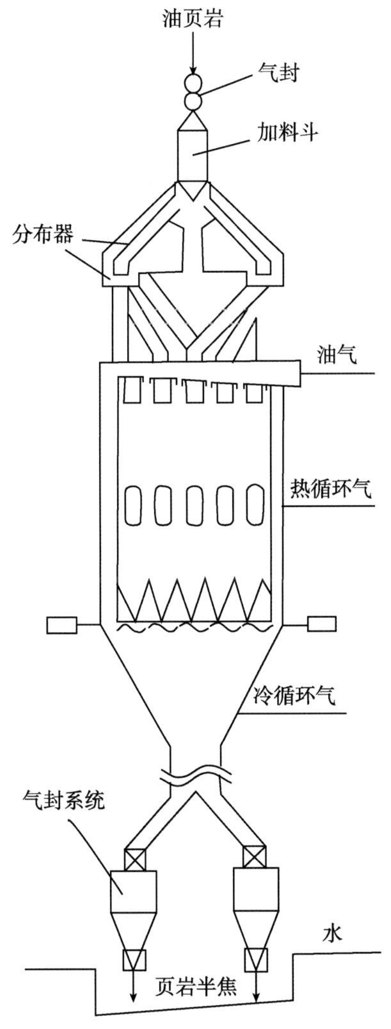

图 6.24　巴西佩特洛瑟克斯炉示意图（钱家麟等，2006b）

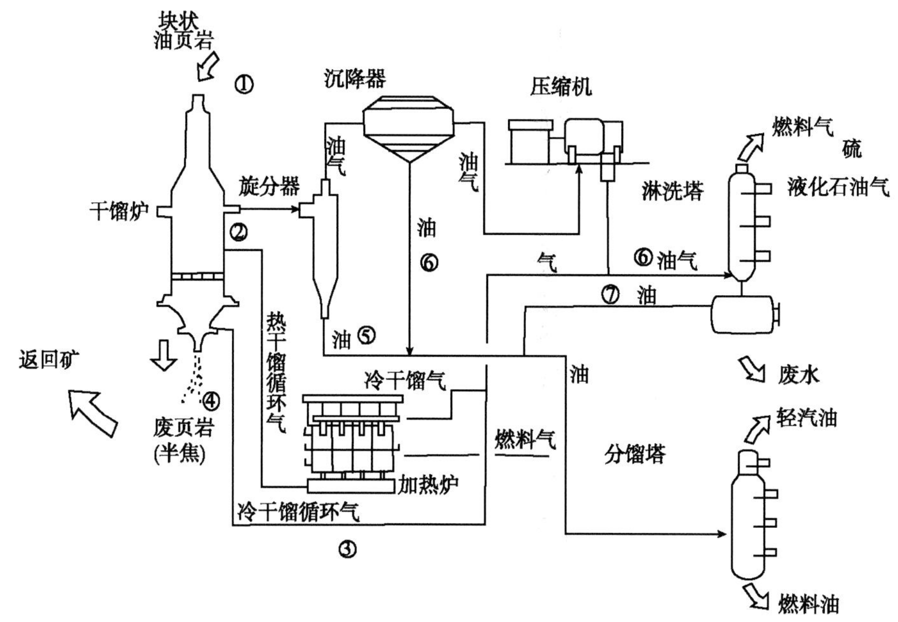

图 6.25 巴西佩特洛瑟克斯炉工作流程图（钱家麟等，2006b）

气在管式加热炉的炉膛内燃烧放出热量，另一部分冷干馏气经过管式加热炉的炉管被加热后作为热干馏循环气即气体热载体进入干馏炉中部加热并干馏页岩。一部分冷循环干馏气则进入干馏炉底部，回收页岩半焦显热，自身则被加热进入干馏炉上部作为页岩干馏所需的补充热源，页岩半焦被冷却后从炉底水封排出。该炉缺点是未利用半焦中固定碳的潜热，影响炉子热效率。优点是炉子处理量大，适宜于大中型页岩油厂，而且炉子不进空气，炉出口油气不被氮气冲稀，只是干馏油气，故干馏气热值高，且油收率高，达实验室干馏油收率的 90%；热损小，热效率高；操作灵活性强，设计简单；生产过程中耗水量少，对环境和人体健康产生的不利因素少。

（二）抚顺式干馏炉

抚顺式干馏炉也称抚顺发生式干馏炉，在中国抚顺已有长达 70 多年的工业应用历史。炉子为直立圆筒形，外壁为钢板，内衬耐火砖，内径约 5m，高 10m 以上（图 6.26）。油页岩（块径为 10～75mm）自炉顶加入，自上而下地在炉子上半段（干馏段）被自下而上的气体热载体加热升温进行干燥、干馏（至温度约 500℃）；产生的页岩油气自炉上部逸出，油页岩转化成页岩半焦进入炉子下半段（发生段），与自炉底进入的空气、水蒸气相遇而气化燃烧、生成页岩灰，自炉底的灰皿排出；空气水蒸气与页岩半焦中的碳反应生成热的发生气，作为气体热载体进入炉上部加热页岩。此外，在炉中部还引入热的循环气作为补充热载体进入炉上部加热页岩，该热循环气乃是干馏炉顶出来的油气经冷却冷凝下来页岩油后余下的气体，在一另设的蓄热式加热炉内被加热至 500～

700℃，然后进入干馏炉中部而循环使用。因而抚顺炉的特点是油页岩干馏所需的热量有两个热源：一为页岩半焦所含的部分固定碳与空气燃烧，并与水蒸气气化，生成热的发生气，作为气体热载体；另一热源则来自冷却冷凝后的干馏气在蓄热式炉中燃烧、加热循环的冷却的干馏气，作为补充热载体。由于利用了页岩半焦的潜热，故抚顺炉的热效率较高。其缺点是入炉空气中的氮气冲稀了炉出口的干馏气，故炉出口气的热值低（约 4000kJ/Nm^3，Nm^3 表示标准立方米），且发生段多余的氧进入干馏段会烧掉一部分页岩油，故油收率较低，约为实验室用铝甑测定的油收率的 65 %。抚顺炉构造简单，投资低，操作方便，生产成熟，单炉的日处理量为 100～200t 油页岩，适用于小规模页岩油厂。抚顺炉既能适用于处理抚顺、茂名等低品位油页岩（铝甑油收率 6%～7%），也能加工高品位油页岩。

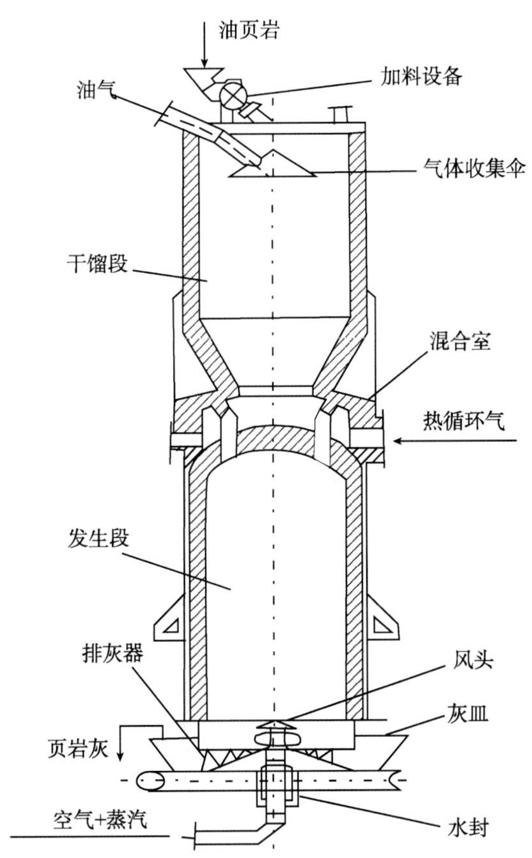

图 6.26　抚顺式干馏炉示意图（钱家麟等，2006b）

（三）基维特（Kiviter）块页岩干馏炉

爱沙尼亚基维特炉为直立圆筒形气燃式干馏炉（Yefimov and Doilov，1999；Sonne and Doilov，2003）（图 6.27）。炉上部中间和炉中部两侧有长方形燃烧室，由烧嘴通入空气和干馏循环气进行燃烧，生成热烟气横向进入炉上部的两个干馏室，加热自上而下的油页岩（形成薄层干馏），生成的油气径向导出，页岩半焦被炉下部进入的冷循环干馏气冷却后经水封排出，半焦潜热未被利用，热效率不高（约 70%）。炉出口油气被燃烧的烟气冲稀，热值不高；页岩块径为 25～100mm；页岩油收率为实验室铝甄干馏油收率的 75%；单炉日处理页岩 1000t。该炉型结构简单，投资不高，还能加工黏结性页岩，适用于中型厂。

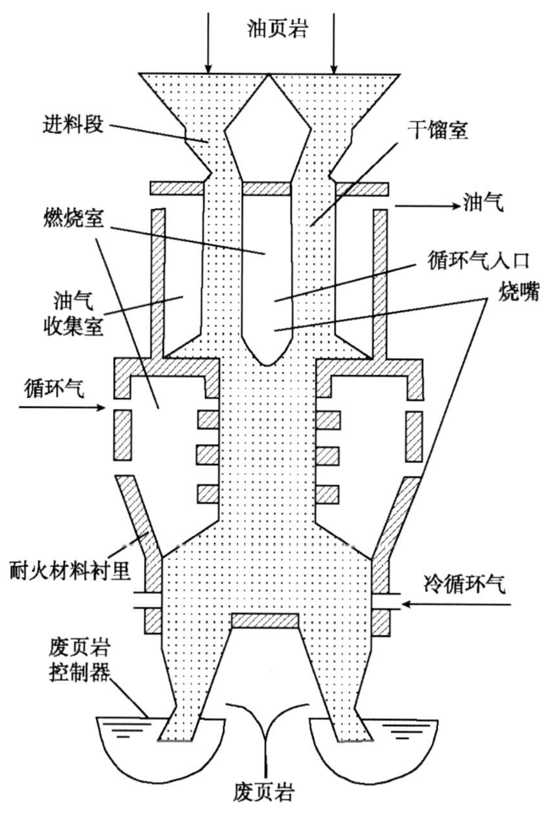

图 6.27　基维特炉示意图（钱家麟等，2006b）

（四）塔瑟克颗粒页岩干馏炉

塔瑟克炉以加拿大发明人命名，开发于 1977 年，最初运用于加拿大阿尔伯达（Alberta）的油砂热解制油。1999 年澳大利亚南太平洋石油公司/中太平洋矿业公司利用该技术干馏澳大利亚昆士兰油页岩，建成一套日加工 6000t 的塔瑟克炉（图 6.28）。该炉为水平倾斜，回转窑式，直径 8m，长 60m。油页岩（块径 0～16mm）入炉一端，经干燥段由热烟气进行加热干燥，再入热解（干馏）段，与热页岩灰相混而加热至约 500℃，页岩热解生成油页岩油、气和半焦；油气导出冷凝生成油页岩油和高热值干馏气；半焦（与页岩灰）则入燃烧段，遇空气燃烧也成为页岩灰，约 800℃；部分页岩灰去干馏段作为固体热载体加热干馏油页岩，为此形成循环。油页岩油收率可达实验室铝甄油收率的 85%。该装置还配有轻油加氢精制设施，生产超低硫汽油组分。

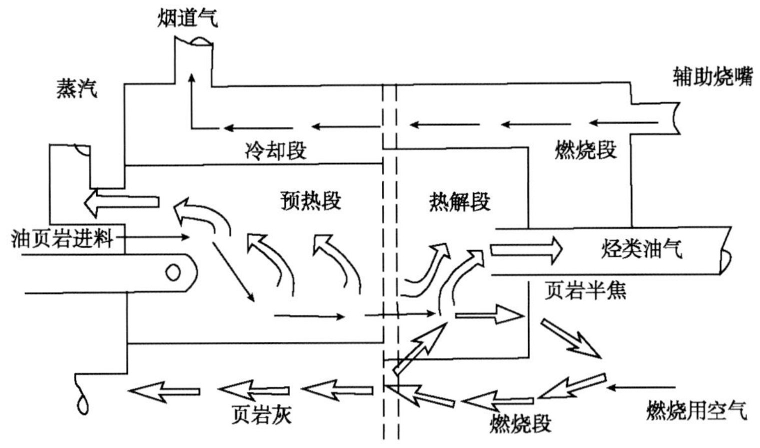

图 6.28　塔瑟克炉示意图（钱家麟等，2006b）

（五）葛洛特颗粒页岩干馏炉

葛洛特炉由前苏联动力研究所开发，爱沙尼亚纳尔瓦油页岩电厂于 1980 年建成利用，日处理能力 3000t。由于规模大，流程复杂，设备多，操作不易掌握（Golubev，2003；Opik et al.，2001；Volkov and Potapov，2000）（图 6.29）。原料页岩（块径 0～25mm）经螺旋进料器，入气流式干燥器，自上落下，有高速高温（590～650℃）的烟道气在干燥器内自下而上对页岩进行气升式加热干燥，并将其带出干燥器顶部（165～180℃）到旋分器，旋分器底部分出干页岩进入干页岩螺旋进料器，将温度为 110～140℃的干页岩送入混合器。与此同时，有 740～800℃的高温页岩灰自热载体（页岩灰）旋分器底部分出，进入混合器，页岩灰与干页岩混合，其质量比为 3∶1。混合物料进入水平、倾斜、回转式反应器，页岩灰、干页岩及废油等在转动的情况下，在反应器内停留时间约 16 分钟；离开反应器的物料为降了温的页岩灰、页岩热解后生成的固体半焦、页岩油、气等。物料温度为 490℃，进入除尘室，靠重力初步分出固体物料，包括页岩灰和半焦，进入除尘室底部；含粉尘的油气则进入串联的两级除尘净化旋分器，旋分器底部落下粉尘也至除尘室底部。自除尘净化旋分器顶部逸出的油气进入湿式净化系统，再进入精馏塔，产出中、重页岩油，再进入冷凝器，冷凝出汽油和水蒸气。干馏气则经鼓风机压缩，作为气体燃料送到电站锅炉。混有页岩灰的半焦自除尘室底部经半焦螺旋输送器去气喷流式燃烧器；高线速的空气自下而上进入喷流式燃烧器，使半焦燃烧成页岩灰（温度 760～810℃），与热烟气一起去页岩灰旋分器，器顶出来的烟气先进入废热锅炉，进入气流式干燥器，用于干燥油页岩。该装置油收率为实验室铝甄油收率的 86%，干馏气热值高达 46 000 kJ/Nm^3，含烯烃 30%，可作化工原料或家用煤气。装置除了油页岩为进料外，还可混用一部分废橡胶（30mm × 30mm）。

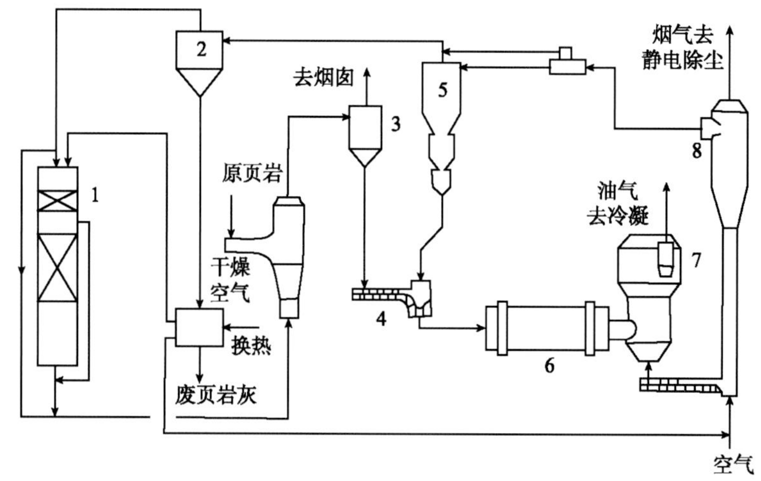

图 6.29　葛洛特颗粒页岩干馏炉示意图（钱家麟等，2006b）

1. 废热锅炉；2. 分灰器；3. 干页岩分离器；4. 混合器；5. 热载体分离器；6. 干馏器；7. 除尘室；8.燃烧室

爱沙尼亚油页岩工业中应用两种地面干馏器，早期开发的 Kiviter 干馏器是立式的，适合于处理块状页岩以及燃烧天然气，日处理油页岩能力为 1000t。新的 Galoter 干馏设计是一种卧式流化床干馏器，日生产能力大约为 3000t，为降低能源投入，实现较高的产能，在其干馏处理中，用页岩碎屑作为固体加热的载体。虽然其处理过程比 Kiviter 干馏器复杂许多，但稳定性得到提高，实现了一年 6200 小时连续作业。

由世界油页岩干馏生产油页岩油的主要工艺对比结果（表 6.12）可见，中国和爱

表 6.12　世界油页岩干馏生产页岩油的主要工艺比较（钱家麟等，2006a，修改）

炉型	抚顺式干馏炉	基维特炉	佩特洛瑟克斯炉	葛洛特炉	塔瑟克炉
国家	中国	爱沙尼亚	巴西	爱沙尼亚	澳大利亚
地点	抚顺	Kivioli	SaoMateus	Narva	Stuart
公司	抚顺矿务局	Viru Keemia	Petrobras	Narva Power	SPP/CPM
油页岩处理量/(t/d)	100	1000	1500～6000	3000	6000
页岩块径/mm	10～75	10～125	6～50	0～25	0～16
型式	垂直圆筒	垂直圆筒	垂直圆筒	水平圆筒	水平圆筒
过程	页岩热解 半焦气化	页岩热解 半焦冷却	页岩热解 半焦冷却	页岩热解 半焦燃烧	页岩热解 半焦燃烧
热载体	低热载体	低热载体	高热值气	页岩灰	页岩灰
热源	干馏气及 半焦潜热	干馏气及 半焦显热	干馏气及 半焦显热	半焦潜热	半焦潜热
铝甑油收率/%	65	75～80	85～90	85～90	85～90
产品	燃料油 低热值气 页岩灰	燃料油 化工品 低热值气 页岩半焦	燃料油 轻油硫黄 高热值气 页岩半焦	燃料油 化工品 高热值气 页岩灰	轻燃料油 低硫轻油 高热值气 页岩灰

沙尼亚发生式炉处理量小，相对于实验室铝甑的油收率较低，处理块页岩，工艺不先进，但投资少，适用于小型厂。爱沙尼亚基维特炉处理量较大，油收率不高，处理块页岩，投资中等，适用于中型厂。巴西佩特洛瑟克斯炉处理量大，处理块页岩，油收率高，产高热值气，投资高，适用于大中型厂。爱沙尼亚葛洛特炉处理量大，可处理颗粒页岩，油收率高，产高热值气，但结构较复杂，维修费用高，可用于大中型厂。澳大利亚塔瑟克炉处理量很大，可处理颗粒页岩，油收率较高，产高热值气，页岩油经过加氢，质量好，投资高，但尚不太成熟，2004 年停运前运转小时率仅 50%，大中型厂可考虑利用这种技术。

二、原位转化技术（地下干馏技术）

目前国际上有很多油公司正在开展油页岩原位开采技术和工艺的研究和小规模试验，包括 Shell、EGL、Chevron、Exxon-Mobil、IEPM 等，但这些技术均未用于商业化的生产。这里简单介绍一下各种原位开采技术的原理。

（一）壳牌石油公司的地下转换处理技术（ICP 技术）

该技术是把加热器插进地下，将油页岩中的油母转换成高品质的运输燃料，在一个较小的区域内开采更多的石油与天然气。实施过程中，首先将电加热器插入加热井，逐渐加热地表以下 1000～2000ft 目标区的页岩；当岩层被缓慢加热至 343.3～398.9℃时，油母转变成石油和天然气，然后利用传统的回收方法将其泵送到地面，整个过程产生大约 1/3 天然气和 2/3 轻质油。在缓慢和较低温度加热条件下，预计比传统地面干馏能显著降低 CO_2 排放量，但在该地下处理过程中生产 1Bbl 当量油至少需要消耗 3Bbl 水。另外，该公司目前正在测试一项“冰墙”技术，以保护地下转换处理时加热区域不受地下水的入侵，并避免地下水受到潜在的污染，而一旦生产区被清理，“冰墙”将终止，地下水流恢复。

（二）斯伦贝谢公司的临界流体射频技术

该技术主要原理是使用射频能量将页岩加热到分解温度，并运用超临界 CO_2 将产出液体和气体“驱扫”至生产井。应用该开采技术时，首先使用标准的石油工业设备将油井钻探到地层页岩，然后将射频天线或发射机放到页岩的深度，天线将传输射频能量对底层页岩进行加热，再将超临界 CO_2 注入页岩层以提取石油，并携带至采油井。在地面上，CO_2 被分离并被泵送回注入井，与此同时，油气被提炼成汽油、燃料油和其他产品。与其他地下开采技术需要数年时间的加热相比，该技术只需加热几个月就能开始生产石油与天然气。当然，与壳牌公司的油页岩地下转化工艺技术类似，临界流体射频技术也需要大量的电能以产生射频能量，对于油页岩而言，每消耗 1Bbl 超临界 CO_2 可以开采 4～5Bbl 的当量油。

（三）E. G. L.油页岩公司的原地转化技术

E. G. L.正在开发一项原地干馏绿河盆地油页岩的新技术。E. G. L.的方法是利用距离很近的循环原地干馏处理，油页岩通过一套在油页岩地层安装的管网，利用高温蒸汽或其他热量转换媒介加热。页岩油和气通过从地表垂直钻探的井产出，并且像蜘蛛网一样提供加热井和生产系统之间的联系。该技术的优点是能量效率和可控制的环境影响，需要解决的关键问题是减少对地下水的影响。

（四）雪佛龙公司的粉碎技术（crush technology）

雪佛龙用于油页岩采收和浓缩的技术（crush）是一项原地转换技术，它涉及一系列的压裂技术，使地层碎石化，以提高暴露的油母质的表面积。然后，在被压裂的地层中的暴露的油母质通过化学反应转化，则由固体物质转化成液体和气，液态碳氢化合物被采收和浓缩成符合炼油厂的原料规格产品。

（五）埃克森美孚公司的Electrofrac™原位转化技术

该技术原理是通过水力压裂油页岩，并在裂缝处填充导电物质，形成发热元件来加热油页岩。实际操作过程中，通过水平井产生的纵向的垂直裂缝（此技术也可应用于水平裂缝），对每一口加热井从头到脚传导电。面加热源的线性加热传导有可能是“直达”富有机质地层并转换成油气的最有效方法，这样的面加热器比井眼加热器需要的井少，减少了占地面积。

（六）IEP 能源公司的原地地热油气采收技术 Geothermic Fuel Cell™（GFC™）

该技术在美国享有专利权，并且也已经在加拿大申请了专利。核心是将一个高温燃料电池堆，而不是燃烧炉或是电加热器，放置在页岩层中加热地层。当地层被加热时，碳氢化合物的液体和气体就从资源中释放出来，进入到收集井中。有一部分气处理后，返回到燃料电池堆，剩余的可供销售。在初期一段时间加热后（在此期间，用外部的天然气当做燃料加入电池堆中），此处理过程就相当于通过自产多余的热量释放的气体自供燃料。

该技术的优点是，地热燃料电池通过固体到固体传导加热地层，比非导热的应用效率更高，且均匀加热；运行成本比其他的加热方式低得多；产生最低限度的气体排放；没有大量的废弃尾矿和尘埃，没有废物处理问题；不需要太多的水消耗。

（七）MWE 能源公司（IGE）技术

IGE 技术是把高温气体注入目标油页岩层，通过对流把油页岩加热到分解的温度。气体把油蒸气赶到表面，在那儿，油被浓缩并且分离，然后气体重新循环。

该技术的优点是利用单一气相流动的优势，减少了黏稠的液体油在地层中流动产生的问题，可以从页岩中以低成本、规模化、快速和对环境影响小的油提取过程生产油。

IGE 技术已经在公司的实验室里以小型实验规模测试了，具有令人乐观的结果。MWE 公司与犹他州州立大学的石油研究中心合作，在一个油页岩油藏的计算机模型上模拟 IGE 技术。并且，还在 Teapot Dome 油田（属于海军石油储备#3（NPR-3）的一部分）的 Shannon 组中应用 IGE 技术，以提高油田采收率。MWE 公司正在争取获得其犹他州的油页岩租赁地上勘探许可，钻探小型实验井。

（八）Petro Probe 石油公司的技术

该技术能将地下 3000ft 深的油页岩有机质气化，并将其产物回收，实现相对快速的生产。地下油页岩经气化后能维持其原有结构完整性的 94%～96%。在处理工艺上，首先是利用地面加热炉将引入燃烧室的空气加热到过热状态，并严格控制其中氧气的含量，然后将过热的空气通过进水管道径直注入油页岩中，与油页岩相互作用后再将碳氢化合物以热气体的形式带到地面，最后在地面上将其凝缩为液态烃或天然气，产生的 CO_2 经压缩后泵入到油页岩。其中，排气管道埋设在地面上钻孔口附近，排出的气体输送到冷凝器中膨胀、冷却，使气态组分和液态组分分离，并通过精炼得到升级的合成气体。一部分回收气体和其他回收原料混合后为燃烧室的连续燃烧提供燃料，这样就节约了成本。该技术的处理设备占地面积小，寿命为 10～20 年，地面厂房采用便携式设计。

三、综合利用工艺技术

（一）油页岩燃烧产蒸汽发电

油页岩燃烧产蒸气发电有两种形式：一种是粉末页岩悬浮燃烧（主要在爱沙尼亚），另一种为颗粒页岩沸腾燃烧（图 6.30，主要在德国、以色列和中国）。爱沙尼亚库克西特（Kykersite）油页岩属富矿，发热值达 8500kJ/kg，其粉末页岩（0～200 目）悬浮式喷粉燃烧时能在炉膛内形成稳定的火焰，故可以在类似的煤粉锅炉中燃烧。由于爱沙尼亚页岩灰分的组成，其在锅炉中悬浮燃烧时产生较严重的问题：受热面被页岩灰（硫酸盐、碳酸盐、氯化钾等）结垢，并产生腐蚀，锅炉负荷降低；受热面温度降至 520℃；受热面的清理及撤换费工费钱；虽然油页岩含硫的 80%存在于灰中，但烟气中仍有大量 SO_2（浓度大于 1500 mg/Nm^3），且烟气虽经旋分器、电气沉降器除尘，但烟囱仍排放大量灰尘，严重污染环境。颗粒页岩沸腾燃烧（流化燃烧）优于悬浮燃烧，在于炉膛内有一层页岩沸腾层（流化层），页岩在炉内停留时间较长，有利于用碳酸盐吸收页岩燃烧时放出的 SO_2，且有利于页岩燃烧的完全，故低热值页岩也可用于沸腾燃烧，而且颗粒页岩沸腾燃烧烟气带出的 SO_2 及粉尘较粉末页岩悬浮燃烧烟气带出的少。由于传统的流化床技术燃烧强度低、占用空间大等限制，后来又发展了循环流化床燃烧，该技术在低温下燃烧，用宽筛分颗粒，具有良好的煤种适应性和环境保护性能，为油页岩的发电提供了较有利的燃烧方式。

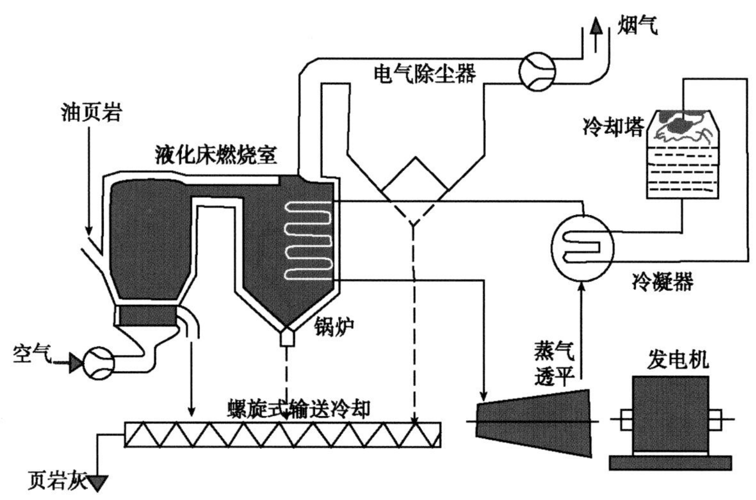

图 6.30　油页岩流化燃烧电站流程图

（二）油页岩灰渣的利用

油页岩灰分含量大于 40%，在提炼油页岩油和油页岩燃烧过程中会产生大量灰渣，充分合理地利用油页岩的灰渣不但可以保护环境，还可以产生重要的经济意义。用途之一是可以作为生产水泥和砖等建筑材料的原料，从而减少耕地、黏土矿等的开发，保护环境，节约费用，而且生产的建筑材料性能更好。用途之二是可以制取聚烯烃填充母粒，改善制品性能。用途之三是可以用于废气和污水的处理，不但成本低，而且处理能力强，效果好。

由于油页岩中含氮元素和酸性、碱性氧化物，因此还可以被加工成为肥料和土壤改良剂。同时，通过油页岩还可以制取氢、有机酸和金属元素等（游君君等，2004）。

参 考 文 献

白云来，马龙，吴武军，等. 2009. 鄂尔多斯盆地油页岩的主要地质特征及资源潜力. 中国地质，36(5): 1123–1126

迟小燕. 2010. 松辽盆地上白垩统油页岩特征及沉积环境分析. 石油天然气学报(江汉石油学院学报)，32(4): 161–165

韩放，李焕忠，李念源. 2006. 抚顺油页岩开发利用条件分析. 吉林大学学报(地球科学版)，36(6): 915–922

厚刚福，董清水，于文斌，等. 2006. 抚顺盆地油页岩地质特征及其成矿过程.吉林大学学报(地球科学版)，36(6): 991–995

李学永，陶树，胡国利. 2009. 中国油页岩成矿特征分析. 洁净煤技术，15(6): 68–70

柳蓉，刘招君. 2006. 国内外油页岩资源现状及综合开发潜力分析. 吉林大学学报(地球科学版)，36(6): 892–898

刘招君，柳蓉. 2005. 中国油页岩特征及开发利用前景分析. 地学前缘，12(3): 315–323

刘招君，孟庆涛，柳蓉. 2009. 中国陆相油页岩特征及成因类型. 古地理学报，11(1): 113–114

卢进才，李玉宏，魏仙样，等. 2006. 鄂尔多斯盆地三叠系延长组长 7 油层组油页岩沉积环境与资源潜力研究. 吉林大学学报(地球科学版)，36(6): 928–932

罗佳强，沈忠民. 2005. 油页岩在渤海湾盆地济阳拗陷下第三系石油资源评价中的意义. 石油实验地质，27(2): 165–166

钱家麟，王剑秋，李术元. 2006a. 世界油页岩综述. 中国能源，28(8): 16–19

钱家麟，王剑秋，李术元. 2006b. 世界油页岩资源利用和发展趋势. 吉林大学学报，36(6): 877–887

全国矿产储量委员会办公室. 1987. 矿产工业要求参考手册. 北京：地质出版社

衣犀，张昕，曲泽源，等. 2010. 全球油页岩资源及其开采技术进展. 石油科技论坛，(3): 62–65

游君君，叶松青，刘招君，等. 2004. 油页岩的综合开发与利用. 世界地质，23(3): 261–265

张健. 2006. 黑龙江省依兰盆地古近系达连河组油页岩沉积特征. 吉林大学学报(地球科学版)，36(6): 982–985

赵隆业，陈基娘，王天顺. 1990. 中国油页岩物质成分及工业成因类型. 北京：中国地质大学出版社

赵隆业，陈基娘. 1991. 油页岩定义和煤、油页岩界限的讨论. 煤田地质与勘探，19(1): 15–16

Bradley W H. 1931. Origin and microfossils of the oil shale of the Green River Formation of Colorado and Utah. U.S. Geological Survey Professional Paper 168: 58

Cook A C, Sherwood N R. 1989. The oil shale of eastern Australia. 1988 Eastern Oil Shale Symp. Kentucky: Institute for Mining and Minerals Research: 185–196

Dyni J R. 2003. Geology and resources of some world oil shale deposits. Oil Shale, 20(3): 193–252

Gavin J M. 1924. Oil Shale. Washington: Government Printing Office

Greiner H R. 1962. Facies and sedimentary environments of Albert shale, New Brunswick. Bulletin of the American Association of petroleum Geologists, 46(2): 219–234

Golubev N. 2003. Solid heat carrier technology for oil shale retorting. Oil Shale, 20(3s): 324–332

Kattai V, Lokk U. 1998. Historical review of the kukersite oil shale exploration in Estonia. Oil Shale, 15(2): 102–110

Mattews R D. 1983. The Devonian-Mississippian oil shale resource of the United States. *In*: Ary J H. 16th Oil Shale Symp. Denver: Colorado School of Mines Press: 14–25

Opik J, Golubev N, Kaidalov A, et al. 2001. Current status of oil shale processing in solid heat carrier UTT (Galoter) retorts in Estonia. Oil Shale, 18(2): 98–108

Ozimic S, Saxby J D. 1983.Oil shale methodology, an examination of the Toolebuc Formation and the laterally contiguous time equivalent units, Eromanga and Carpenteria Basins (in eastern Queensland and adjacent states). Melbourne: Aust ralian Bureau of Mineral Resources and CSIRO

Padula V T. 1969. Oil shale of Permian Iratí Formation, Brazil. American Association Petroleum Geologists Bull, 53: 591–602

Rex D C, Picard M D. 1978. Comparative mineralogy of nearshore and offshore lacustrine lithofacies, Parachute Creek Member of the Green River Formation, Piceance Creek Basin, Colorado, and eastern Uinta Basin, Utah. Geological Society of America Bulletin, 89: 1441–1454

Smith J W. 1980. Oil shale resources of the United States. Mineral and Energy Resources, 23(6): 15–23

Sonne J, Doilov S. 2003. Sustainable utilization of oil shale resources and comparison of contemporary technologies used for oil shale processing. Oil Shale, 20(3s): 311–323

Volkov E, Potapov O. 2000. The optimal process to utilize oil shale in power industry. Oil Shale, 17(3): 252–260

Witt D, Wallace J. 1993. Stratigraphy of Devonian black shale and associated rocks. *In*: Witt D, Wallace J. The Appalachian Basin in pet roleum geology of the Devonian and Mississippian black shale of eastern North America. Denver: U. S. Geological Survey Bull: B1–B57

Yefimov V, Doilov S. 1999. Efficiency of processing oil shale in 1000 ton per day retort using different arrangement of outlets for oil vapors. Oil Shale, 16(4s): 455–463

第七章　“煤岩油”矿藏地质特征与开发利用

全球煤炭与石油的地质资源量之比约为 16:1。相比之下，石油资源相对较少，煤炭资源较为富集。我国煤炭与石油资源量的比更高，约为 50:1。人类从煤中提油气或炼油气已有百年的历史。对煤炭中“石油”资源的开发始于古老的煤炭加工焦炭的副产品——煤焦油的加工和利用。煤的低温干馏工艺起始于 20 世纪初期。随后，又陆续研发出了 10 多种煤液化新工艺。目前，无论是焦化热解，还是直接加氢液化（煤油共炼）或间接液化等工艺，均已工业化。但煤岩作为埋藏有机质的混合物，其有机组成和物理化学结构非常复杂，必然造成煤液化工艺条件苛刻、费效比低，从而制约煤炭向石油产品的转化和加工体系的建立。

实际上，从化石资源体系来看，煤和石油在地质成因和分布上有着密切的关联性和特征上的相近性。石油地质界也提出煤成烃理论认识（戴金星和宋岩，1987；傅家谟等，1990；吴俊，1994；黄第藩等，1995），试图在自然界中寻找源于煤岩的油气田。目前，对于煤岩某些显微组分具有生烃能力以及煤岩无法大量排烃的特征（赵长毅等，1994；Macgregor，1994；Bagge and Keely，1994），已是多数学者的共识。至今，人们依然无法找到令人信服的以煤作为源岩而形成的大油气田（Curry and Emmett，1994）。

化石能源作为能量的存储物质，是自然界有机物质在沉积盆地特定的环境条件下，通过生化和化学反应，经相分离、纯化和再聚集过程的产物。由于发育的生物群组种类及其堆积方式的不同，能量存储的产物经变质作用后，可以是煤，也可以是重质油、轻质油或天然气。煤岩生成的烃类不易排出的特点，决定其自身储集或赋存的能力很强。20 世纪 80 年代，煤两相模型的提出（Given，1986；Gorbaty，1994）推动了煤结构概念的更新。从石油地质学的角度来看，煤岩是由气态、液态烃到溶胶–凝胶相组成的油基质和大分子固相的碳基质两大“相”构成。煤岩“油基质”在化学和物理性质等方面更近似于沥青或超稠油。因此，“油基质”作为一种高分散相溶胶–凝胶体系（这一体系的最大特征为低温呈现为固体，高温呈现为流体），构成了煤岩储集体中赋存的“油气”，并填补了 H/C（原子比）为 0.9～1.35 的化石能源资源在自然界存在方式上的空白。因此，从石油地质学的角度来看，煤岩赋存或储集了大量的似稠油物质，构成了一种“自生自储”的油气藏，即煤岩油气（矿）藏。在这种油气藏类型当中，储集介质和“油气”的主要储集方式明显有别于传统油气藏类型。据初步统计，传统砂岩油藏油砂的含油率（质量比），一般为 1%～12%，而我国中、新生界煤岩的挥发分产率（相当于理论最大含油气产率）一般为 35%～50%。由此可见，被人们所忽视的“煤岩油气矿藏”开发潜力很大。

据2010年世界主要国家不同燃料类型一次能源消费量统计（BP公司，2011），与世界发达国家相比，我国不同能源类型消费中，煤炭消费比例过高，已超过能源消费总量的70%，消费结构存在很不合理的状况。除核能和天然气发展不足外，煤炭的消费和利用方式存在严重不足，我国煤炭消费的80%以上是用于直接燃烧，煤炭资源的高效与清洁利用远远落后于发达国家（图7.1），中国经济的高速发展过多地依赖于传统燃料——煤炭的直接燃烧绝不是长久之计，如何高效、清洁地利用和转化丰富的煤炭资源已成为全球经济稳定而高速发展的当务之急。研究表明：煤炭作为一种有机岩石，其内部存在具有“流动性”的低分子有机烃类或似烃类物质，可通过新技术和新方法，将其中可“流动”的液态烃类物质开采出来，残留下来的煤岩主体也可成为比较优质的煤炭。

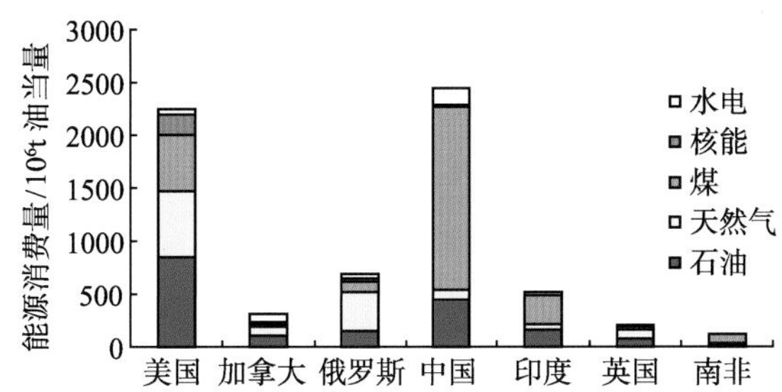

图7.1　2010年世界主要国家不同类型能源消费量直方图（数据引自BP公司，2011）

第一节　“煤岩油”矿藏形成的地质条件

众所周知，煤炭形成的基本地质条件一般包括形成泥炭的古植物条件、植物繁殖和遗体保存所必需的古构造、古气候和古地理等条件。其中，古构造条件不仅直接控制聚煤场所，也影响古地理、古气候和古植物等其他条件，从而对聚煤过程起到控制作用。最有利的聚煤构造条件或背景是盆地上升和沉降时期之间的转折期或过渡时期，这个时期的构造活动相对稳定和大幅减弱，能量高的较大型河流–三角洲等活跃的碎屑沉积体系基本面临废弃，盆地中仅发育能量低、小型的河流。盆地沉降速率与泥炭堆积的速率能大体上达到平衡，平坦和低洼的地貌也有利于沼泽的形成和长期积水。同时，温暖、潮湿的古气候和古水文等条件又控制了植物生长的种类和数量，以及沼泽持续发育的程度和影响泥炭形成、厚度和煤质的水文状况。一旦沼泽水的补给和排泄失去基本的平衡，泥炭沼泽环境会被完全破坏。因此，稳定的构造背景、温暖又潮湿的气候、地势低洼又不易排水的泥炭沼泽环境、适宜植物群落的大量生长和繁殖、较低的成煤变质作用均是“煤岩油”矿藏形成的有利地质条件。在煤炭工业，通常利用煤相分析，来恢复成煤的物质条件和沉积环境，掌握煤质的分布规律并圈定和预测优质煤的分布范围。煤相是指在一定的泥炭沼泽环境下形成的煤成因类型和煤岩类型，主要通过煤岩组分即煤的有机显微组分、矿物成分、化学和结构等特征的研究，来体现泥炭沼泽的覆水深度、水介质酸度、氧化还原电位、成煤植物种类和堆积方式等聚煤环境。可见，不同煤相 "煤岩油" 矿藏形成的条件也不同，覆水较深、低等生物较发育、壳质组较富集的煤相最有利。本书将围绕不同沉积相的泥炭沼泽环境、成煤植物群落、构造沉降与成煤质料的补给速率、煤的变质程度与优势煤种等四个方面的关键点来论述"煤岩油"矿藏形成的有利地质条件。

一、不同沉积相的泥炭沼泽环境

不同沼泽环境形成的泥炭特征有着明显的不同。而沼泽环境又受着较为复杂、相互作用的地理和地质因素的制约和控制，这些因素包括大地构造背景、气候、水文、地理位置、沉积相等。从而，在不同的沉积环境和沉积相，发育了不同的植物群落，构成了不同的煤相和煤类，具有不同的灰分和煤层发育规模等。按水源补给状况，许多学者将泥炭沼泽划分为低位、中位和高位等类型。其中，低位沼泽覆水条件好，水源有地下水、湖水、地表径流和大气降水等多种渠道补给，营养丰富，植物和低等生物繁盛，种属多，为生物的繁殖生长、堆积和保存创造了有利条件。据钱丽君和王钜谷（1994）对我国中侏罗世煤田（宁夏的灵武煤田和河南的义马煤田）主要煤层的系统研究，不同沉积相所发育的泥炭沼泽构成了不同煤相，并具有不同的煤质和煤层发育特征（表7.1）。此外，沼泽水的酸度和氧化还原电位也影响着生物的生存繁殖和保存。当介质为中性至弱碱性（pH 为 7.0～7.5），尤其是含氧和钙时，细菌最活跃。细菌活动性越强，生物降解作用越充分，越易形成植物结构保存差、富凝胶化物质的煤。一般低位沼泽水介质的 pH 为 4.8～6.5；高位沼泽水介质的 pH 为 3.3～4.6；现代滨海沿岸的红树林沼泽水介质的 pH 一般为 7.0～8.1。而沼泽水介质的氧化还原电位与沼泽的覆水深度和水的流通性有关。滞水的低位沼泽还原性强，易形成富氢显微组分构成的煤，有利于生烃；流水的低位沼泽相对富氧，生物降解作用进行得比较充分，植物中的不稳定成分易被分解、带走，稳定成分相对集中，易形成富壳质组的腐殖煤和残殖煤。高位沼泽覆水条件差，易形成植物结构保存较好，富丝质的贫氢煤。

二、成煤植物群落

虽然泥炭化和煤化作用是决定最终煤岩煤质和含氢量的关键，但堆积并保留下来的成煤生物有机化合物数量比例构成却是决定煤岩煤质和含氢量的重要物质基础。成煤生物主要包括高等植物、浮游生物和菌类等。高等植物包括苔藓植物、蕨类植物、裸子植物和被子植物，成煤质料主要是其茎、根和生殖器官等；低等植物包括菌类和藻类，是单细胞或多细胞构成的丝状体或叶状体，无根、茎、叶等器官的分化，构造相对简单，多数生活在水中。在成煤过程中，构成生物体的碳水化合物、木质素、蛋

表 7.1 不同沉积相泥炭沼泽煤岩的发育特征（钱丽君和王钜谷，1994，略修改）

煤田	沉积相	煤相	煤岩类型	植物类型	煤层厚度	灰分
灵武 2#煤层	河漫相为主	覆水，湿和湿中偏干森林泥炭沼泽相	下部为亮煤、半亮煤，中上部以暗煤为主	以桫椤科、蚌壳蕨科植物为主，伴生银杏类、苏铁类和草本蕨类植物	4.4～14.8m 平均 8.5m 夹矸 1～3 层	2.28%～17.9% 平均 8.4%
灵武 15#煤层	湖泊相	半覆水–湿中偏干森林泥炭沼泽相	下部为半亮煤、半暗煤、亮煤交互成层，上部以暗煤为主	桫椤科、蚌壳蕨科植物，湿生石松、卷柏植物增多	4.2～4.5m 平均 1.8m	0.78%～3.97% 平均 2.4%
义马 II_3煤层	洪积扇前缘相	活动浅覆水森林沼泽较发育，多为滞留覆水森林沼泽相	以半亮煤和半暗煤为主	以桫椤科、蚌壳蕨科植物为主，松柏次之，湿生植物少见。煤层夹矸中以掌鳞杉科植物为主	0～21m 平均 7.3m 夹矸 10 层	22.4%～31.6% 碎屑石英、黏土较多 硫<1%
义马 II_1煤层	湖滨三角洲平原湖湾相	多为滞留强覆水森林沼泽相，出现以湿生植物为主的湿地沼泽	以半亮煤和亮煤为主	桫椤科、蚌壳蕨科植物，湿生石松、卷柏植物增多	2～6m 夹矸 4 层	灰分相对较低 硫 2%

白质和脂类化合物等四类有机化合物，表现的抗微生物分解的能力有很大不同。最易分解的是蛋白质，其后依次为脂肪、果胶、纤维素、半纤维素、木质素，最稳定的是木栓质、角质、孢粉质、蜡质和树脂。可见，不同环境下聚积的植物种类和同一植物不同部位的有机组成都会有很大的不同，加之后期泥炭化和煤化作用阶段各种因素的影响，最终的成煤质量和含氢量也随之会有很大的区别。例如，主要由低等植物构成的腐泥煤，含氢量很高，最有利于油气的生成和赋存；含角质层或木栓层、树脂和孢粉质等脂类化合物多的残殖煤，含氢量也比较高；当腐殖煤主要由纤维素和木质素形成时，含氢量则相对较低。但当腐殖煤中的角质和孢粉质体等壳质组分较多时，其含氢量也会相对较高。

灵武煤田和义马煤田主要煤层植物群落和孢粉类型的研究表明，不同煤岩层系中，各种孢粉所占的比例有很大的不同，直接反映了植物群落种类上的差异和所占比例上的差别（表 7.2）。整体来看，在夹矸和顶底板层系中，裸子植物花粉所占比例比较高，其中以双囊花粉为主。而在煤层内，蕨类孢子所占比例较高，其中以 *Cyathidites* minor 为主。

尽管煤岩显微组分及其构成是各种生物残体和次生产物的综合反映和表现，但每种主导孢粉类型与各种煤岩显微组分之间应存在一定的对应关系。以灵武煤田 15#煤层为例，其主导孢粉类型（*Cyathidites* minor 孢子和裸子植物花粉）分别与煤岩中的镜质组和惰质组有着一定的相关关系。总体上看，*Cyathidites* minor 孢子与镜质组呈负相关

表 7.2　灵武煤田 15#煤层主要孢粉类型百分含量统计表（钱丽君和王钜谷，1994，略修改）

孢粉类型	煤层		夹矸		
	样品号：103，107～110，121～125	126～129，131～133 135～138	样品号：104	130	134
蕨类孢子总量	75.5	81.4	14	41	45
Cyathidites minor	51.1	67.3	4	24	34
Neoraistrickia Lycopodiumsporites	21.3	6.1	2	4	2
裸子植物花粉总量	24.5	18.6	86	59	55
无口器花粉	7.4	3.8	1	15	19
单沟花粉	12.4	9.8	5	19	13
双囊花粉	1.8	3.5	78	24	22

关系（图 7.2），与惰质组呈正相关关系（图 7.3）。而裸子植物花粉则正好相反，与镜质组呈正相关关系（图 7.4），与惰质组呈负相关关系（图 7.5）。

三、构造沉降与成煤质料的补给速率

从世界各地煤田地质特征来看，在沉积环境一定的情况下，生物的高生产率与较高的沉降速率是发育厚煤岩层的关键要素。即某一地区的较高速沉降与生物的高速堆积能达到较长期的稳定和协调，具备长期补偿沉积的条件，尤其是生物的繁殖和堆积速率应略高于地壳沉降的速率，才能形成厚煤层和特厚煤层；反之，则多形成较薄的煤层。

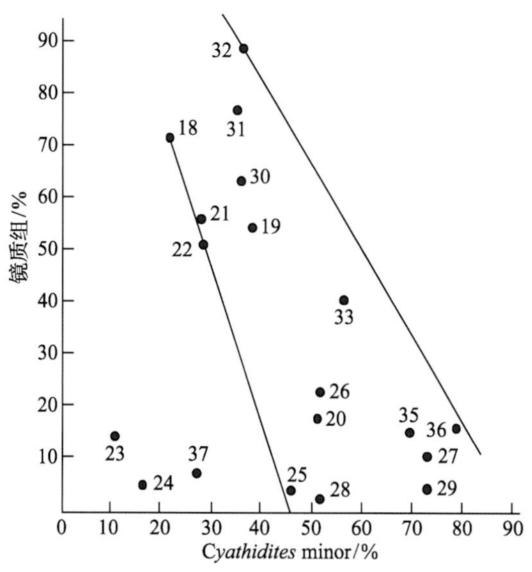

图 7.2　灵武煤田 15#煤层 *Cyathidites* minor 孢子与镜质组关系图（钱丽君和王钜谷，1994）

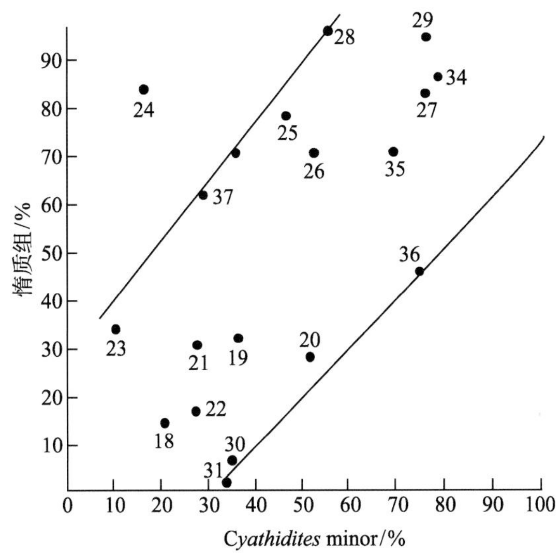

图 7.3 灵武煤田 15#煤层 *Cyathidites* minor 孢子与惰质组关系图（钱丽君和王钜谷，1994）

在构造相对稳定、气候和沉积环境相近的条件下，拗陷盆地通常发育厚度较薄、广而均一的煤层，其含煤率一般为每平方千米数十至数百万吨，可采煤层总厚度为数米至 30m。而断陷盆地较易形成很厚的煤层，但横向变化比较大，分布范围相对局限；其含煤率可能为每平方千米几万吨，也可高达数千万吨甚至近亿吨，可采煤层总厚度达百米以上。据对我国主要煤田煤层厚度的统计（钱大都等，1996），拗陷盆地普遍以薄–中厚煤层为主，巨厚煤层很少。例如，在华北盆地，煤层厚度为 0.5～1m 和 1.1～3m 的层数分别占 42%和 54%，巨厚煤层仅占 2%；按探明储量计算，各煤田或矿区的含煤率一般为 300×10^4～800×10^4t/km^2。厚煤层主要分布在拗陷盆地内次级拗陷或隆起顶部及其邻近部位。例如，在华北和鄂尔多斯盆地，厚煤层一般发育在盆地内一些次级拗陷的较深部位，部分发育于隆起及邻近的边坡地带；又如在沁水盆地，太原组厚煤层位于南北两个次级拗陷的边坡。

断陷盆地薄煤层较少，中厚煤层较突出，少数盆地发育巨厚和特厚煤层。例如，在海拉尔—二连、河西走廊盆地群，8～10m 的巨厚煤层在可采煤层中占 15%。在滇东盆地群，可达 29%。又如，在内蒙古的霍林河盆地，可采煤层总厚约 77m，探明储量达 131×10^8t，含煤率高达 2000×10^4t /km^2。在地堑型盆地（如扎赉诺尔、伊敏等盆地）的中部，易形成厚–巨厚煤层，聚煤量丰富。而靠近两侧盆缘断裂，则为粗碎屑沉积，无煤层发育；在半地堑型盆地（如霍林河、乌尼特等盆地），厚煤层多位于邻近盆缘断裂一侧，紧靠盆缘断裂的部位依然为粗碎屑堆积。总之，厚度大于 40m 的单一特厚煤层，主要分布于中、新生代盆地群内的一些小型断陷盆地（如滇东、海拉尔—二连等地区）。相比之下，大、中型拗陷盆地最厚一般为 20～30m。

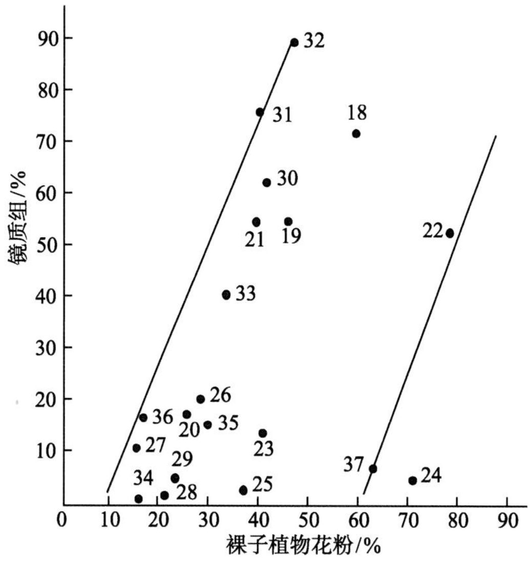

图 7.4　灵武煤田 15#煤层裸子植物花粉与镜质组关系图（钱丽君和王钜谷，1994）

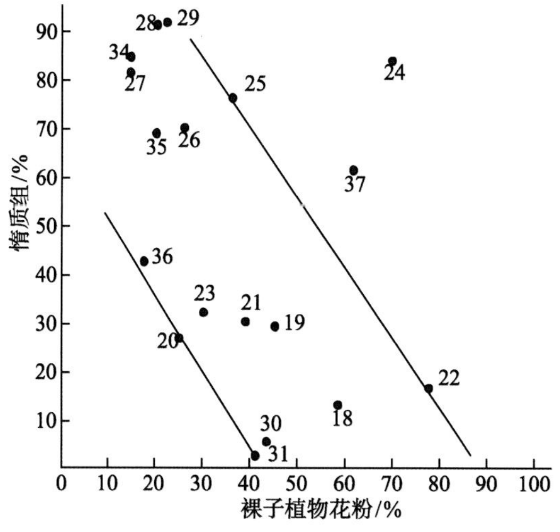

图 7.5　灵武煤田 15#煤层裸子植物花粉与惰质组关系图（钱丽君和王钜谷，1994）

四、煤的变质程度与优势煤种

依据成煤原始质料和聚积环境，多数学者都将煤划分为腐殖煤、腐殖腐泥煤和腐泥煤等三种成因类型。腐殖煤（包括残殖煤）主要是高等植物遗体在泥炭沼泽中经泥炭化和煤化作用转变而成的煤，包括藻煤、胶泥煤和浊藻煤等。具有不同程度的光泽，呈黑色或灰黑色，常有条带状结构；而腐泥煤是由生活在湖泊、潟湖或闭塞浅海环境中的低等植物和浮游生物死亡后，堆积在水体底部缺氧环境中，经腐泥化和煤化等作用形成的，具贝壳状断口。其特点是结构较均一、致密块状、光泽暗淡。其化学工艺特点是挥发分和含氢量都高（表 7.3），属于特优质的"煤岩油"矿藏。而腐殖腐泥煤则属于上述两类之间的过渡类型。

表 7.3 腐殖煤与腐泥褐煤主要参数对比表（马学昌和尹善春，1994，略修改）

成因类型	碳含量 C/%	氢含量 H/%	挥发分 V/%	灰分 A/%	硫分 S/%	采样点
腐殖煤	63.17	4.54	44.74	13.6	0.81	辽宁省平庄
	72.36	4.94	47.41	—	1.45	俄罗斯莫斯科近郊
	72.2	6.98	65.8	2.4	1.2	俄罗斯基泽尔，残殖煤
	71.58	6.19	65.3	—	—	云南省禄劝，残殖煤
腐泥煤	77.63	10.57	94.77	4.78	—	俄罗斯莫斯科近郊
	86.42	8.59	85.84	2.65	—	俄罗斯库什木龙
	72.16	9.29	80.58	6.92	—	俄罗斯伊尔库茨克

聚煤盆地中形成的泥炭或腐泥，在漫长的地史时期，受到温度和压力的作用，经历复杂的变化，形成变质程度不同的煤。由泥炭或腐泥变成褐煤、烟煤到无烟煤各个阶段的演化，称煤化作用或煤变质作用。煤化作用的指示参数包括碳含量（C_{daf}）、氢含量、水分、挥发分（V_{daf}）、发热量、镜质体反射率和 X 射线等。不同的参数只能适用于一定的煤化阶段，有的参数适用范围较大，有些则较小。研究表明：水分和发热量是低煤化阶段煤的较好参数，肥煤阶段变化已不明显；碳含量随煤化程度加深而增高，但在软褐煤、暗褐煤和肥煤至贫煤阶段变化不明显，仅可做长焰煤至气煤和无烟煤阶段的指示参数；氢随煤化程度的增高而降低，煤中氢含量一般小于 6%，而且主要是在无烟煤阶段释放出来，可以由 4%降到小于 1%，是无烟煤阶段较好的煤化作用参数；X 射线衍射曲线是无烟煤和超级无烟煤阶段的参数。挥发分产率从气煤到贫煤阶段和镜质体反射率从气煤到无烟煤阶段都是良好的煤化作用参数。

国内外研究认为：煤在演化过程中有四次较明显的变化，称为煤化作用的跃变。第一次出现在 C_{daf}=80%，V_{daf}=43%，R^{o}_{max}=0.6%；第二次出现在 C_{daf}=87%，V_{daf}=29%，R^{o}_{max}=1.3%；第三次出现在 C_{daf}=91%，V_{daf}=8%，R^{o}_{max}=2.5%；第四次出现在 C_{daf}= 93.5%，V_{daf} =4%，R^{o}_{max} =3.7%。第一次和第二次跃变之间形成了长焰煤、气煤和肥煤三个煤种；第二次和第三次之间形成了焦煤、瘦煤和贫煤，也是三个煤种；第四次跃变出现在无烟煤内部，是低级无烟煤和超级无烟煤间的分界线。煤化作用过程中的四次跃变，说明泥炭沼泽形成后物质由量变发展到质变的阶段性。一般可将煤化作用阶段划分为：未变质的褐煤、低变质烟煤、中变质烟煤、高变质烟煤和无烟煤等多个阶段。煤级分类方案对比见表 7.4。依据我国 20 世纪 80 年代颁布的煤炭分类方案（GB5751—86），从挥发分和含氢量等参数来看，未低变质褐煤和中–低变质煤（一般 R^{o}_{max} 为 0.6%～1.1%）最有利于构成"煤岩油"矿藏，主要包括褐煤、长焰煤、气煤和气肥煤等，大致对应于美国分类方案中的褐煤、亚烟煤和高挥发分煤。这些有利于"煤岩油"矿藏形成的煤级或煤种可被称为"优势煤种"。

表 7.4　煤级参数适用性与分类方案对比表（李河名和费淑英，1996，修改）

煤级：煤科院	煤级：原苏联	煤级：联邦德国	煤级：美国	R^{o}_{max} /%	V_{daf} /%	C_{daf} /%（微镜煤）	W /%（微镜煤）	Q Btu①/lb /(cal/g)	各种煤级参数的适用性
		泥炭	泥炭	0.2	68 64	约60	约75		W（去灰）、Q（恒温、去灰）
褐煤	01 02 褐煤 03	软褐煤（褐煤）	褐煤	0.3	60 56		约35	7200 (4000)	
		暗褐煤	亚烟煤 C、B、A	0.4	52 48	约71	约25	9900 (5500)	C_{daf}/% 自此起适用
Ⅰ 长焰煤	10 长焰煤	亮褐煤	高挥发分烟煤 C	0.5 0.6	44	约77	8～10	12600 (7000)	
Ⅱ 气煤	11 气煤	长焰煤	高挥发分烟煤 B	0.7	40				
Ⅲ 肥气煤	12			0.8					
Ⅳ 气肥煤 肥煤	13 肥煤 14	气焰煤	高挥发分烟煤 A	1.0	36 32				W、Q、C_{daf}/% 适用至此
Ⅴ 焦煤	15 16 焦煤	气煤	中挥发分烟煤	1.2	28	约87		15500 (8650)	V_{daf}/%、R^{o}_{max}/% 自此起适用
Ⅵ 焦煤	17	肥煤		1.4	24				
Ⅶ 瘦煤	18 瘦煤	锻造煤	低挥发分烟煤	1.6 1.8	20 16				
Ⅷ 贫煤	19 贫煤	贫煤	半无烟煤	2.0	12				V_{daf}/% 适用至此
Ⅸ 无烟煤	21 无烟煤	无烟煤	无烟煤	3.0	8	约91		15500 (8650)	H_{daf}/%、R^{o}_{max}/%、X射线衍射
Ⅹ 无烟煤	22 23	超无烟煤	超无烟煤	4.0	4				

① Btu 是英热单位，1Btu ≈ 1055.056J

第二节　煤岩油矿藏品质评价和相关参数

关于煤岩中“油气”的开发和利用，煤炭工业一直在进行不断的尝试，已发展了多种煤化工技术，如煤液化和低温干馏工艺技术等。然而，传统的石油工业除了在煤层气方面进行了较多的尝试外，一直未尝试涉足该领域“油”的开发和利用。本书从煤级、煤岩类型、显微组分构成、成煤环境、煤岩挥发分、n(H)/n(C)原子比、热解等相关参数及对应关系等方面入手，分析和论述煤岩油气（矿）藏的品质评价参数和划分方案，以期描述出油基质开发的优势煤种。

一、煤岩油气（矿）藏品质评价参数

（一）煤岩生烃潜量与热解产烃率

根据我国不同煤样热解资料统计（秦匡宗等，1990），煤岩生烃潜量（w_1）随煤的n(H)/ n(C)增加而增大，随 n(O)/ n(C)增加而减小（图 7.6）。

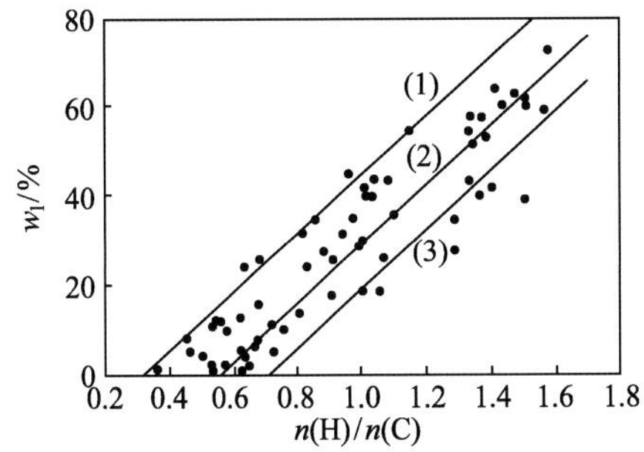

图 7.6　煤岩的 n(H)/n(C)和 n(O)/n(C)与生烃潜量（w_1）的关系

（1）n(O)/ n(C) = 0.05；（2）n(O)/ n(C) = 0.10；（3）n(O)/ n(C) = 0.15

Hunt（1979）建立了不同显微组分的 n(H)/n(C)与生烃潜量（w_1）的关系。Saxby（1980）通过大量煤样的开放性慢速热解实验，给出了煤岩 n(H)/n(C)、n(O)/n(C)与生烃潜量的实验关系式，即

$$w_1 = 66.7n(\mathrm{H})/n(\mathrm{C}) - 57.0n(\mathrm{O})/n(\mathrm{C}) - 33.3 \quad \text{(干燥无灰基煤样)} \tag{7.1}$$

实验结果表明，在成熟度 $R^o \leqslant 0.8$，煤样的生烃潜量随煤质的不同有极大的差异。在成熟度 $R^o>0.8$，不同煤质生烃潜量的差值随煤岩成熟度增加而逐渐减小；当 $R^o>2.5$ 后，这一差值趋于零。而煤质的不同是由于生成煤岩的生物有机质、沉积环境和煤化程度不同，造成煤岩的显微组分类型和组合方式不同所致。

（二）煤岩热加工参数与热成烃参数间的对应关系

煤的热加工评价参数包括挥发分（V_{daf}）和固定碳（FC_{ad}）。在工业测定标准中，干燥煤样在隔绝空气加热 7 分钟，加热温度至 900±10°C，减少的煤样质量占总质量的比例再减去煤样的水分含量（M_{ad}）即为煤样挥发分（V_{daf}）；煤样减去挥发分、灰分（A_{ad}）和含水量的总和即得到固定碳（FC_{ad}）（朱银惠，2005）。

根据煤岩挥发分含量与反射率 R^o 之间的两个“煤化作用跳跃区”和 3 条直线段构成的特征，以及与石油工业烃源岩热解评价标准可建立起石油生烃潜量与煤岩挥发分等工业测定标准之间的对应关系。石油工业烃源岩热解评价标准包括有机岩的游离烃量（S_1）、热解烃量（S_2）、热解生成的非烃气体量（S_3）、热解残余碳量（S_4）和最大热解温度（T_{max}）的关系（侯读杰和张林晔，2003）。根据刘玉英（1986）对我国 21 个煤样的热解生烃潜力分析结果（表 7.5），可对比出石油和煤炭个工业系统的评价标准温度差$\Delta T=t_p-T_{max}$（t_p 为热解峰值温度）。在这一温度段，煤岩成熟度 R^o 变化为 2.6～5.0。根

据该段经验公式，挥发分 V_{daf}≈9.2%（对于特定煤样应实验测定），从而得到两个评价标准的转换经验式，即

$$(V_{\mathrm{daf}}-9.2)(\%)=S_1+S_2+S_3=(w_{\mathrm{g}}+w_{\mathrm{l}})+S_3 \tag{7.2}$$

式中，w_g 为气态烃生烃潜量；w_l 为液态烃生烃潜量。

$$\mathrm{FC}_{\mathrm{ad}}(\%)=S_4-9.2(\%)=w_{\mathrm{rc}}(\%)-9.2(\%) \tag{7.3}$$

式中，w_{rc} 为残余碳的质量分数。

表 7.5　我国 21 个煤样生烃潜量与挥发分的对应关系（刘玉英，1986）

煤种	反射率 R^o/%	温度 T/°C	挥发分 V_{daf}/%	生烃潜量 w/(kg/t)
褐煤	0.4	80	43.0	
肥煤	0.8	240	30.0	130
焦煤	1.0	295	25.0	50
瘦煤	1.6	365	18.0	70
贫煤	2.0	410	11.1	69
无烟煤	2.5	465	9.2	19

从煤岩学角度出发，煤岩显微组分由稳定组或壳质组、镜质组和惰质组等构成。它们在煤中的含量差别很大，使不同地区、不同层位和不同层段煤岩的显微组分也不同，同时也造成煤岩生烃潜力的很大差别，但这一差别随煤岩的变质程度增加而降低。

因此，根据表 7.5，确定了不同显微组分在不同热解温度下的产烃量和溶解烃（S_1），可以由式（7.4）半定量地计算出煤全岩的生烃总量（S_t），即

$$S_{\mathrm{t}}=S_1+S_2=S_1+a\cdot E+b\cdot V+c\cdot I=\sum_{i=1}^{4}a_i\left[\frac{n(\mathrm{H})}{n(\mathrm{C})},\frac{n(\mathrm{O})}{n(\mathrm{C})}\right]x_i \tag{7.4}$$

式中，E、V、I 分别为煤岩稳定组或壳质组、镜质组和惰质组的质量分数（%）；a、b 和 c 分别为稳定组或壳质组、镜质组和惰质组热解产烃量（mg/g），并且 $a>b>c$。x_i 和 $a_i[n(\mathrm{H})/n(\mathrm{C}), n(\mathrm{O})/n(\mathrm{C})]$分别为化石能源模型中各相的质量分数与热解成烃量系数。

（三）煤岩分子结构相的构型碳特征

依据煤岩组分溶解度等参数可划分出煤岩模型中各分子结构相的评价指标。Qin 等（1991）依据煤岩与干酪根分子结构特征的固体 ^{13}C-NMR 分析结果，为煤岩模型各相间的分子结构特征的划分提供了评价参数。煤岩通过溶剂萃取，得到煤岩中低分子相游离烃（S_1），即游离的烃类碳（C_H）；而依据煤岩固体 ^{13}C-NMR 分析结果，煤岩中的主体有机碳被划分为惰性碳（C_a）、油潜力碳（C_o）和气潜力碳（C_g）。芳构碳属于惰性碳，亚甲基与次甲基碳属于油潜力碳，甲基碳、甲氧基、脂醚、醇、酯基、羧基和羰基属于气潜力碳。煤岩各分子结构相构型碳的对应关系是：低分子相对应烃类碳（C_H），过渡相对应油潜力碳（C_o），碳基质中的枝干相对应气潜力碳（C_g），骨干相对应惰性碳（C_a）。从而，可提出化石能源模型各相的半定量划分实验评价参数（表 7.6）。

煤岩油基质中的过渡相是热解液体烃（w_l）的主体组分，碳基质中的枝干相是热解气态烃（w_g）的主体组分。

表 7.6 煤岩各相的构型碳特征

煤岩组成		^{13}C-NMR	基团	有机碳类型	成烃类型	f_a
低分子相	油基质	游离烃		C_H	游离烃碳（S_1）	<0.45
过渡相		$(25～45)\times10^{-6}$	亚甲基、次甲基碳	C_o	油潜力碳	<0.6
枝干相	碳基质	$(45～90)\times10^{-6}$	甲氧基、脂醚、醇、酯基	C_g	气潜力碳	0.6～0.8
		$(165～220)\times10^{-6}$	羟基、羰基			
骨干相		$(90～165)\times10^{-6}$	芳构碳	C_a	惰性碳	>0.8

（四）煤岩分子结构相的相关参数

根据原油重度 API°的标准，石油、煤炭密度与 $n(\mathrm{H})/n(\mathrm{C})$以及 $n(\mathrm{H})/n(\mathrm{C})$与芳碳率（$f_a$）间的实验经验关系[式（7.5）至式（7.7）]，煤岩全岩的$\left(n(\mathrm{H})/n(\mathrm{C})\right)_t$与各相的质量分数 w_i 和$(n(\mathrm{H})/n(\mathrm{C}))_i$ 的关系[式（7.8）]可表示为

$$\mathrm{API}^\circ=\frac{141.5}{d}-131.5 \tag{7.5}$$

$$(n(\mathrm{H})/n(\mathrm{C}))=3.52-2.11\cdot d \tag{7.6}$$

$$f_a=1.20-0.6(n(\mathrm{H})/n(\mathrm{C})) \tag{7.7}$$

$$\left(n(\mathrm{H})/n(\mathrm{C})\right)_t=\sum_{i=1}^{4}w_i\left(n(\mathrm{H})/n(\mathrm{C})\right)_i,\quad \sum_{i=1}^{4}w_i=1 \tag{7.8}$$

为简化计算，假设在理想状态下，低分子相和骨干相在热解过程中不发生变化，并热解过程为无非烃物质产生，则煤岩热解后三相物质可由式（7.9）至式（7.11）计算，即

$$w_l=100\%\times S_1+w_{po}=(S_1+K_{23}\cdot S_2)\times100\% \tag{7.9}$$

$$w_g=w_{pg}=K_{34}\cdot(S_3+K_{24}S_2)\times100\% \tag{7.10}$$

$$w_{rc}=[K_{44}\cdot(S_3+K_{24}S_2)+S_4]\times100\% \tag{7.11}$$

式中，w_{po} 为热解油的质量百分数；w_{pg} 为热解气的质量百分数；而 K_{23}、K_{24}、K_{34}、K_{44} 分别由式（7.12）、式（7.13）计算，即

$$K_{23}=\frac{(n(\mathrm{H})/n(\mathrm{C}))_2-(n(\mathrm{H})/n(\mathrm{C}))_3}{(n(\mathrm{H})/n(\mathrm{C}))_{po}-(n(\mathrm{H})/n(\mathrm{C}))_3},\quad K_{24}=\frac{(n(\mathrm{H})/n(\mathrm{C}))_{po}-(n(\mathrm{H})/n(\mathrm{C}))_2}{(n(\mathrm{H})/n(\mathrm{C}))_{po}-(n(\mathrm{H})/n(\mathrm{C}))_3} \tag{7.12}$$

$$K_{34}=\frac{(n(\mathrm{H})/n(\mathrm{C}))_3-(n(\mathrm{H})/n(\mathrm{C}))_4}{(n(\mathrm{H})/n(\mathrm{C}))_{pg}-(n(\mathrm{H})/n(\mathrm{C}))_4},\quad K_{44}=\frac{(n(\mathrm{H})/n(\mathrm{C}))_{pg}-(n(\mathrm{H})/n(\mathrm{C}))_3}{(n(\mathrm{H})/n(\mathrm{C}))_{pg}-(n(\mathrm{H})/n(\mathrm{C}))_4} \tag{7.13}$$

通过煤样的氯仿萃取和热解实验，得到 S_1、w_l 和 w_g 实验数据，进而由式（7.14）、式（7.15）计算得到煤岩油气藏中油基质和碳基质的质量百分含量（w_{om} 和 w_{cm}）。

$$w_{om}(\%)=(S_1+S_2)\times100\%=S_1+\frac{w_{po}}{K_{23}} \tag{7.14}$$

$$w_{cm}(\%)=100-w_{om}(\%)=100-\left(S_1+\frac{w_{po}}{K_{23}}\right) \tag{7.15}$$

$(n(\mathrm{H})/n(\mathrm{C}))_i$ 与煤岩的挥发分 V_{daf} 的关系见表 7.7。由于煤岩中杂原子 O、S、N 的存在，实际使用时，应加入修正项。

根据原油重度的划分标准，当 API°=0，$d^{15.6}{}_{15.6}$=1.076，中值 $n(\mathrm{H})/n(\mathrm{C})\approx1.25$，$f_a\approx0.45$。设油基质$(n(\mathrm{H})/n(\mathrm{C}))_2=1.25$，根据 Saxby 煤岩热解生油实验式，划分生油线的 $w_{po}=0$，$n(\mathrm{H})/n(\mathrm{C})$为 0.68～0.62，取平均值 0.65；$w_{rc}$ 的 $n(\mathrm{H})/n(\mathrm{C})$测定值为 0.42～0.46，取平均值 0.43；煤岩中氯仿平均萃取率为 0.5%～1.5%时，$(n(\mathrm{H})/n(\mathrm{C}))_1\approx1.70$。结合煤岩中显微组分与炼焦活性组分的划分方法，煤岩油藏各分子结构相的相关参数和对应关系见表 7.7。

表 7.7　煤岩分子结构相参数及对应关系

煤岩模型构成		项目	原子比分布		特超稠油（参考）	烟煤	煤炭工业分析	熔融性质	炼焦
基质分类	相分类	显微组分	$n(\mathrm{H})/n(\mathrm{C})$	$n(\mathrm{O})/n(\mathrm{C})$	$n(\mathrm{H})/n(\mathrm{C})$=1.35	$n(\mathrm{H})/n(\mathrm{C})$=0.80	V_{daf}/%		
油基质	低分子相	稳定组或壳质组	1.7～1.2/1.45	0～0.05	0.77	0.06	100～75	熔融（熔融温度→增加）	活性组分
	过渡相		1.2～0.9/1.05	0.05～0.08	0.19	0.09	75～50		
		镜质组Ⅰ-Ⅱ	0.9～0.8/0.86	0.08～0.15	0.04	0.2	50～40		
碳基质	枝干相	镜质组Ⅲ	0.8～0.7/0.75	0.15～0.18		0.35	40～30	熔融-熔涨	
	骨干相	镜质组Ⅳ-Ⅴ	0.7～0.6/0.65	0.18～0.12		0.2	30～18	微熔涨	惰性组分（Ic）
		惰质组	0.6～0.5/0.55	0.12～0.10		0.1	<18	无变化	

例如，煤岩中氯仿平均萃取率，即 S_1 为 0.5%～1.5%，取平均值为 1.0%。假设煤岩的 $n(\mathrm{H})/n(\mathrm{C})$=0.85、$n(\mathrm{O})/n(\mathrm{C})$=0.12，热解后液体烃产率为 16.5%，$n(\mathrm{H})/n(\mathrm{C})$平均值为 1.70，计算得到 K_{23}=0.571，热解开发工艺时，油基质质量分数约为 29.9%，碳基质为 70.1%。

（五）煤岩沉积有机相划分与特征

Diessel（1986）研究澳大利亚煤时，提出了可以反映成煤环境的两个煤岩学指数，即凝胶化指数 GI 和植物保存指数（TPI），即

$$\mathrm{GI}=\frac{\text{镜质体}+\text{粗粒体}}{\text{半丝质体}+\text{丝质体}+\text{碎屑惰性体}} \tag{7.16}$$

$$\mathrm{TPI}=\frac{\text{结构镜质体}+\text{均质镜质体}+\text{半丝质体}+\text{丝质体}}{\text{基质镜质体}+\text{粗粒体}+\text{碎屑惰性体}} \tag{7.17}$$

凝胶化指数表示成煤沼泽的覆水程度；植物保存指数表示遭受机械搬运、磨损与微生物降解、凝胶化作用的自然破碎程度，并在某种程度上可指示 pH 的大小。Diessel（1986）运用这两个比值以单对数坐标做出了煤相分析图解，说明了沼泽形成发育的沉积环境。GI 值高表示森林泥炭相对潮湿，低值则表示相对干燥；下三角洲平原煤以高 GI、低 TPI 值为特征，山麓冲积平原煤及辫状河平原煤两值均高。因此，TPI 值有向上三角洲平原冲积河成煤方面增加的趋势。Harvey 和 Dillon 使用了镜质组和惰性组比值（镜/惰比）来表示成煤的沉积环境（胡社荣等，1998）。沼泽水面高，偏缺氧条件，形成的煤具有高的镜/惰值（10～21）；沼泽水面低，成煤泥炭暴露水面，遭受氧化，形成的煤镜/惰值较低（4～9）。本书主要依据 Diessel 等（1986）的研究结果和划分方案，重点考虑沉积环境和有机母质类型两方面，提出和归纳出 5 种煤岩沉积有机相类型（表 7.8）。不同沉积有机相形成的煤岩油藏品质不同，开阔水体有机相形成的品质最优。

表 7.8 煤岩沉积有机相划分与特征

沉积有机相		母质类型	沉积环境			煤岩主要类型	煤岩学指数	
			沉积相	水动力条件	氧化还原性		GI	TPI
1	高位沼泽有机相	高等植物	山麓冲积	潜水面以上	氧化	丝煤	1～2	0～2
2	森林沼泽有机相	高等植物为主	冲积-湖泊	潜水面以下	氧化-还原	镜煤	2～50	2～5
3	流水沼泽有机相	高等植物残体	上三角洲平原	潜水面以下、流水	弱氧化-还原	亮煤	0～50	1～3
4	过渡水体有机相	陆源残体+水生生物	浅湖-三角洲平原	浅-深水过渡	还原	暗煤	2～10	0～2
5	开阔水体有机相	低等生物为主	浅湖	较深水	强还原	腐泥煤	2～5	0～1

二、煤岩油气（矿）藏品质评价方案

依据对煤岩油气（矿）藏的认识，在前人对煤岩成烃评价、煤岩成因、煤质特征和加工性质等多方面评价参数对接研究的基础上，本书将煤岩的 H/C 和 O/C（原子比）作为划分的第一指标，挥发分含量（V_{daf}）作为划分的第二指标，辅助煤岩其他的组成特征，提出了煤岩油气（矿）藏的品质划分方案和相应的评价参数（表 7.9）。

特优质煤岩油气（矿）藏主要由水生低等生物体和少量陆生植物碎屑体的混合物在开阔水体强还原环境中形成。煤岩类型主要为腐泥煤，煤岩显微组分主要是藻类体、沥青质体及矿物沥青基质中的有机质。煤炭工业将其划分为特种煤，如河北易县的胶

表 7.9 煤岩油气（矿）藏品质分级表（牛嘉玉等，2009）

煤岩油（矿）藏品质		劣质	中等	较优	优质	特优
主要形成环境	沉积有机相	高位沼泽	森林沼泽	流水沼泽	过渡水体	开阔水体
	沉积相	山麓冲积	冲积–湖泊	上三角洲平原	浅湖–三角洲平原	浅湖
	水动力条件	潜水面以上	潜水面以下	潜水面以下	浅–较深水	较深水
	氧化还原性	氧化	氧化–还原	弱氧化–还原	还原	强还原
煤岩主要类型		丝煤	镜煤	亮煤	暗煤	腐泥煤
显微组分质量分数/%	$V+I$	>90	70～90	50～70	30～50	<30
	E	0～5	10～30	30～50	50～70	>70
	V/I	<1	>1	>1	>1	>1
地球化学特征	n(H)/ n(C)	<0.70	0.70～0.80	0.80～0.95	0.95～1.25	>1.25
	n(O) / n(C)	>0.18	0.12～0.18	0.07～0.12	0.05～0.07	<0.05
	HI/ (mg/g)	<100	100～150	150～250	250～500	>500
煤岩组分质量分数/%	碳基质	>80	60～80	35～60	0～35	0
	油基质	<20	20～40	40～65	65～100	100
热解生烃量 w/%	液体烃	<5	5～12	12～25	25～45	>45
	气态烃	8～12	8～12	8～12	8～12	8～12
	残碳	>85	78～85	65～78	45～65	<45
煤质特征	V_{daf}/%	<25.0	25.0～35.0	35～50	50～65	>65
	FC_{ad}/%	>75.0	65.0～75.0	50.0～65.0	35.0～50.0	<35.0

泥煤和辽宁抚顺的树脂煤。煤岩的 n(H)/ n(C)一般大于 1.25，n(O)/ n(C)一般小于 0.05；挥发分一般大于 65%；液体烃的热解生烃量一般大于 45%，近似石油工业中的特超稠油。

优质煤岩油气(矿)藏主要是陆生植物富集残体和叶片与水生低等生物体的混合物，在浅湖–半深湖相的还原环境中形成；煤岩类型为暗煤，壳质组质量分数一般变化为 50%～70%，其中藻质体含量占有相当比例。煤种主要为褐煤和长焰煤。煤岩的 n(H)/n(C)和 n(O)/n(C)一般分别为 0.95～1.25 和 0.05～0.07 范围。挥发分一般变化为 45%～65%。液体烃的热解生烃量一般为 25%～45%。油基质质量分数一般大于 65%。例如，广东高州煤矿的富氢煤和云南的白泡煤，均为优质的煤岩油气（矿）藏。

较优质煤岩油气（矿）藏主要是高等植物残体在湖泊边缘沼泽的弱氧化–还原环境中形成，植物残体中角质体较为富集。煤岩类型主要为亮煤，壳质组质量分数一般变化为 30%～50%。煤种主要为褐煤、长焰煤和气煤。煤岩的 n(H)/n(C)和 n(O)/n(C)一般分别为 0.8～0.95 和 0.07～0.12。挥发分一般变化为 35%～50%。液体烃的热解生烃量一般为 12%～25%。油基质质量分数范围为 40%～65%。我国新疆煤区主要为该种类型，现保有地质储量在 6×10^{11}t 以上。在我国的南方、西南煤区也占有较高的比例，是优良的煤岩油气（矿）藏。

中等煤岩油气（矿）藏主要是高等植物在森林沼泽的氧化–还原过渡环境中形成；煤岩主要为镜煤，壳质组质量分数一般变化为 10%～30%。煤种主要为气煤、肥煤和焦煤。煤岩的 n(H)/n(C)和 n(O)/n(C)一般分别在 0.7～0.8 和 0.12～0.18 范围。挥发分一般为 25%～35%。液体烃的热解生烃量一般为 5%～12%。油基质质量分数范围为 20%～40%。我国的鄂尔多斯盆地主要为该种类型，现保有地质储量在 5×10^{11}t 以上。

劣质煤岩油气（矿）藏主要是高等植物在高位沼泽的潜水面之上氧化环境中形成。煤岩类型主要为丝煤。煤种主要为瘦煤、贫煤和无烟煤。煤岩的 n(H)/n(C)小于 0.7，n(O)/n(C)一般大于 0.18。挥发分一般小于 25%。液体烃的热解生烃量一般小于 5%。油基质质量分数<20%。我国古生界的煤岩一般属于此种类型。

三、煤岩油气（矿）藏油基质开发与加工评价参数

（一）煤岩各分子结构相显微组分的热加工性质

煤岩显微组成的性质随生物母源物质、变质程度、还原程度不同而有较大差异。显微组分中，稳定组或壳质组的密度最小（1.02～1.25），镜质组次之（1.25～1.35），惰质组最大（1.30～1.45）。因之，可以利用密度差进行重力分离。根据元素分析，稳定组或壳质组具有最高的 n(H)/n(C)和最低的 n(O)/n(C)，分子结构中脂肪族成分较多，芳碳率最小；镜质组 n(H)/n(C)居中，n(O)/n(C)最高，芳香族成分含量较高；惰质组碳含量较高，n(H)/n(C)最低，n(O)/n(C)居中，芳构化程度比镜质组更高。表 7.10 展示了我国一些 $R^{o}\leqslant0.8$ 较为典型的煤岩稳定组或壳质组、镜质组和惰质组的工业分析和元素分析数据（Miknis et al.，1996；张惠之，1986；赵师庆，1985；卢双舫等，1995；孙旭光等，2001）。

实验与观测分析结果表明，煤岩油藏的热成烃能力主要取决于煤岩油基质含量，主要包括煤岩显微组分中的高 n（H）/n(C)组分，如壳质体、壳屑体、微类脂体、藻类体、沥青质体等，以及富氢镜质体。但是由于多数煤层壳质体、藻质体等富氢的煤岩组成含量不多，因此煤中富氢镜质体性质与含量对油基质的实际贡献和对热成烃控制的作用较大。在化学组成结构上，煤中甲基、亚甲基、次甲基的总量和它们之间的相对含量对煤的热生烃量控制作用较大。烷基含量越高，生烃量越大；烷基中亚甲基和次甲基含量越高，生烃性能越好。

（二）煤岩油藏各相的 n(H)/n(C)、n(O)/n(C)与氢化热的关系

利用差示扫描热量计（DSC）测定煤在氢气流中氢化时所释放出的热量，可用来预测煤在溶剂（四氢萘）中的液化特性。释放出的热量越大，预示着液化转化率越高（Qin et al.，1991）。依据 25 个煤样的实验结果，可得到氢化热 Q(J/g)和转化率 x(%)间的实验关系式，即

$$x=0.018Q+46.8 \quad \text{（相关系数为 0.81）} \tag{7.18}$$

利用 DSC 方法，得到显微组分 n(H)/n(C)与 Q 间的对应关系（图 7.7）。可以看出，

Q 随 $n(\mathrm{H})/n(\mathrm{C})$的降低而下降；当 $n(\mathrm{H})/n(\mathrm{C})<0.7$ 后急速下降，$n(\mathrm{H})/n(\mathrm{C})<0.5$ 后 Q 趋于零；而 Q 随 $n(\mathrm{O})/n(\mathrm{C})$的提高而增加。根据转化关系式（7.18），煤样中 $n(\mathrm{H})/n(\mathrm{C})<0.7$ 的组分的反应活性急剧降低，加氢转化的苛刻度增加，$n(\mathrm{H})/n(\mathrm{C})<0.5$ 的组分几乎无反应活性。因此，对于组分分布很广的煤岩全岩加氢液化是一个事倍功半的过程。

表 7.10　煤岩油藏不同显微组分工业分析和元素分析的对应关系

煤岩分子结构相	显微组分	亚组分	R^o/%	元素分析 w/%			原子比		f_a	热解参数/%			Q/(J/g)	M_W
				C	H	O	$n(\mathrm{H})/n(\mathrm{C})$	$n(\mathrm{O})/n(\mathrm{C})$		V_{daf}	w_l	w_g		
过渡相	稳定组	树脂体	0.46	80.73	10.10	8.90	1.500	0.080	0.01	99.01	64.5	4.3	2170	652
			0.46	—	—	—	1.640	0.038			67.2	4.1	2030	
			0.72	—	—	—	1.430	0.070			61.6	5.2	2445	
		藻类体	0.61	79.16	10.92	6.04	1.655	0.060	0.38	68.61	65.7	3.9	2370	770
			0.66	—	—	—	1.580	0.040			63.8	4.1	2200	
			0.80	86.40	8.08	4.02	1.120	0.035	0.51	54.38	46.8	6.9	2150	
		角质体	0.62	—	—	—	1.280	0.068			53.8	7.2	2320	1 190
			0.67	—	—	—	1.130	0.061			48.5	6.9	2240	
			0.72	70.62	9.34		1.592		0.22	83.48	66.9	5.2	2590	
		木栓体	0.54	—	—	—	1.310	0.100			49.1	9.3	2405	1 470
			0.70	—	—	—	1.020	0.063			37.2	8.7	2120	
		孢子体	0.64	82.82	7.30	8.38	1.058		0.39	66.84	37.6	9.5	1320	4 930
			0.65	—	—	—	1.230	0.062			42.7	8.2	1570	
	镜质组	Ⅰ-Ⅱ	0.25	66.05	5.82	25.70	1.057	0.292	0.54	62.79	20.1	11.2	2390	2 550
			0.38	74.67	5.72	20.91	0.920	0.210		52.51	22.5	8.3	2230	
			0.57	79.11	6.10	13.49	0.925	0.128	0.69	43.55	21.6	9.7	2080	3 730
			0.66	80.60	5.70	10.67	0.849	0.099		41.46	18.9	8.8	1870	
			0.70	78.46	5.32	13.43	0.813	0.128	0.70	43.40	13.4	10.2	2005	
			0.79	84.55	6.09	7.32	0.864	0.065		39.56	20.8	8.6	2320	2 860
			0.82	82.96	6.01	8.67	0.869	0.078		42.85	20.1	9.2	2250	
		Ⅲ	0.30	68.06	4.74	23.25	0.836	0.256		48.76	11.2	21.1	1970	3 810
			0.45	—	—	—	0.790	0.140	0.76		11.7	19.2	1650	5 170
			0.55	77.85	5.07	15.42	0.782	0.149		35.96	9.7	20.5	1620	
			0.60	80.14	5.11	12.97	0.765	0.121	0.75	38.20	10.8	19.6	1570	
			0.76	83.54	5.02	9.87	0.721	0.089		35.60	9.7	13.7	1320	
枝干相		Ⅳ-Ⅴ	0.41	74.88	4.55	19.41	0.729	0.194		38.72	5.3	15.9	1520	7 620
			0.44	—	—	—	0.720	0.190	0.79	—	4.1	16.2	1050	
			0.61	83.12	4.37	11.20	0.631	0.101	—	—	3.2	14.8	590	13 400
	惰质组	半丝质体	0.25	80.15	4.44	13.22	0.665	0.124	—	45.04	2.7	27.2	620	
			0.60	84.49	4.11	10.08	0.584	0.090	0.84	26.90	1.2	20.9	390	22 840
			0.69	84.74	3.96	9.89	0.560	0.088		24.05	0.5	18.7	320	
骨干相		丝质体	0.51	—	—	—	0.530	0.110	0.87	20.72	—	15.6	170	—
			0.76	88.07	3.55	7.72	0.484	—	0.91	17.30	—	13.3	90	

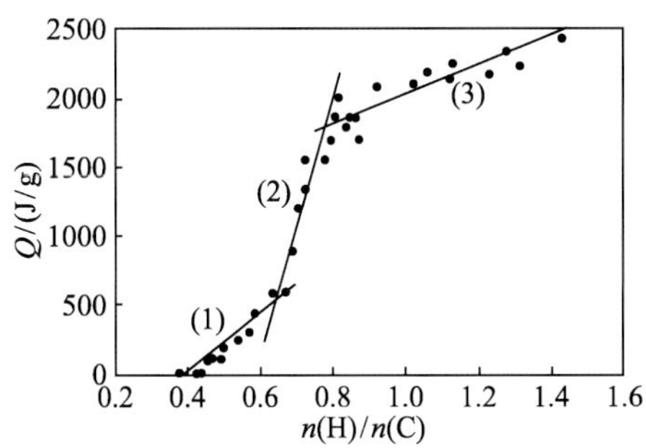

图 7.7　氢化热（Q）与煤样显微组分 n(H)/n(C)、n(O)/n(C)间的关系

（1）n(O)/n(C) = 0.10；（2）n(O)/n(C) = 0.15；（3）n(O)/n(C) = 0.05

（三）煤岩油藏不同组分加氢液化的对比

煤直接液化中，加氢能力是评定煤岩液化的重要工艺参数。而追求煤液化的最大转化率，一直是煤液化工艺是否成功的重要评价参数。20 世纪 20 年代以来，国内外煤液化的研究学者均对液化用煤和煤岩的显微组分进行了广泛的研究（Given，1980；Davis et al.，1976；唐跃刚，1990；Szladow，1989），讨论了温度、压力、催化剂种类等工艺条件对液态产品、气态产品的影响；提出在反应苛刻度相同的情况下，煤岩的显微组分再次直接影响液化转化率，其中稳定组或壳质组最易被液化，镜质组次之，惰质组液化效果最差。在苛刻的液化条件下，惰质组也具有一定的反应活性，生成沥青烯，但油收率较低。依据在煤的直接液化工艺中已被应用的“岩相因子”与液化转化率的关系，可得到煤岩活性显微组分比率（%）的计算式，即

$$\text{活性显微组分比率} = \frac{V-(E-S)}{100-I} \qquad (7.19)$$

式中，S 为孢子体质量百分含量；V 为反射率 R^{o} 为 0.1～0.6 时的镜质组的质量百分含量；E 为稳定组或壳质组百分含量；I 为煤岩中“惰性”质量百分含量。

然而，几乎所有的煤液化研究者对煤岩显微组分中哪一部分是反应“活性”的、哪一部分是“惰性”的，均提出了不同的划分方案，至今没有统一的标准。

以新疆准噶尔盆地南缘昌吉煤区为例。对煤样不同 n(H)/n(C)的显微组分，在反应时间 60 分钟、反应温度 450～465°C、氢初压 0～10MPa、催化剂 Fe_2O_3 加入量 0～3%、溶剂/煤质量比为 1.5:1 的条件下进行的高压釜液化试验证实，它们的液化特性存在明显差别（表 7.11、表 7.12）。

表 7.11　新疆准噶尔盆地昌吉煤样元素分析

w/%					n(H)/n(C)	n(O)/n(C)	V_{daf}/%	FC_{ad}/%
C	H	O	N	S				
84.9	6.01	7.04	1.63	0.42	0.85	0.062	39.6	60.4

表 7.12　新疆准噶尔盆地昌吉煤样不同组分加氢液化试验结果

项目	x_i	n(H)/n(C)	n(O)/n(C)	试验 1			试验 2		试验 3		试验 4		试验 5	
				x	y	$w_{残碳}$/%	x	y	x	y	x	y	x	y
煤样	1	0.85	0.062	30.5	18.6	70.5	79.2	47.5	88.2	59.2	93.7	59.7	96.2	63.3
稳定组+镜质组 I	0.35	0.88～1.6/1.06	0.048	50.6	35.6	49.3	92.2	64.8	97.8	65.5	99.1	59.3	99.0	57.6
镜质组 II-III	0.39	0.76～0.88/0.82	0.071	26.3	14.3	73.7	83.7	52.1	93.7	66.8	98.7	69.1	99.2	69.0
镜质组 III-V	0.16	0.63～0.76/0.69	0.076	15.2	6.4	84.8	56.1	28.3	77.2	46.3	89.3	53.6	93.1	62.2
镜质组 V+惰质组	0.06	0.48～0.63/0.55	0.058	8.6	—	91.4	32.2	11.9	47.6	23.8	62.3	27.2	86.4	45.6
惰质组	0.04	0.37～0.48/0.46	0.052	1.8	—	98.2	2.2	—	5.7	0.7	19.7	6.9	57.2	23.8
组分累计	1	0.85	0.620	31.0	19.1	69.0	79.9	48.2	86.2	57.8	92.0	58.2	95.7	60.7

试验 1：反应温度 465°C，压力<0.2MPa；试验 2：反应温度 450°C，氢初压 2.3MPa，催化剂 Fe_2O_3 加入量 3%，溶剂/煤质量比为 1.5:1，耗氢量<2.1%；试验 3：反应温度 450°C，氢初压 4.7MPa，催化剂 Fe_2O_3 加入量 3%，溶剂/煤质量比为 1.5:1，耗氢量<3.7%；试验 4：反应温度 450°C，氢初压 10.0MPa，催化剂 Fe_2O_3 加入量 3%，溶剂/煤质量比为 1.5:1，耗氢量<6.1%；试验 5：反应温度 450°C，氢初压 17.0MPa，催化剂 Fe_2O_3 加入量 3%，溶剂/煤质量比为 1.5:1，耗氢量<6.8%；x 为转化率，y 为油产率

实验结果表明，首先，煤样和煤样的不同组分的液化转化率均随反应苛刻度的增加而提高，但反应苛刻度提高到一定程度后，高 n(H)/n(C)组分的液化转化率增加，但油产率反而降低；其次，全煤样的液化与组分的累计值不相等，在低反应苛刻度时，组分累计全岩的转化率、油产率均高于煤样全岩，而在高反应苛刻度下则反之，特别是油产率十分明显；再次，反应生成石油制品的品质随反应苛刻度的增加而提高；最后，n(H)/n(C)<0.7 以下的组分对全岩煤样转化率的贡献十分有限。因此，就煤的直接液化而言，全岩加氢液化工艺条件将变得十分苛刻，商业上也无必要。即使在常规石油的加工中，原油也无法做到石油制品 100%的转化。因此，转变对煤液化加工的观念，通过煤岩油藏油基质的开发，开展油基质的液化，必然将大大降低转化的反应苛刻度。

（四）煤岩油藏不同组分的反应苛刻度

根据以上对煤岩不同显微组分转化的分析结果，由于煤岩油基质具有稠油到特超稠油等重质原油的基本特征，可引入重质油加工工艺或工艺流程中常用的重质油划分的特征化参数，其关系式（石铁盘等，1997）为

$$K_{\mathrm{H}} = 10 \times \frac{n(\mathrm{H}) / n(\mathrm{C})}{M^{0.1236} d} \tag{7.20}$$

式中，n(H)/n(C)为 H/C（原子比）；M 为相对分子质量；d 为密度。通常重质油划分为好、中、差三类，K_{H}>7.5 为好，K_{H}=6.5～7.5 为中，K_{H}<6.5 为差。

依据龙军（1990）以甲苯为溶剂在超临界条件下对胜利减压渣油的热转化研究，王仁安等（1997）和彭春兰等（1986）对 8 种减压渣油超临界流体萃取分馏馏分的残碳

值与渣油特征化参数 K_H 值，得

$$w_{残碳} \times 100\% = 2.451{K_H}^2 - 44.10K_H + 200 \tag{7.21}$$

根据 Bianco（1993）对 15 种原油的 114 对实验数据、傅家谟和秦匡宗（1995）对煤岩与干酪根热解样品的评价结果，得到康氏残碳值（CCR）（$w_{残碳}$）与 $n(H)/n(C)$的关系式，即

$$n(H)/n(C) = 1.71 - 0.0115 \times (w_{残碳} \times 100\%) \tag{7.22}$$

对比式（7.21）、式（7.22），可以半定量地划分出油基质的 K_H 值。

在油基质加工、转化过程中，如无外部物料（氢）加入，其产物与原料物质守恒。当转化后一部分产物的 $n(H)/n(C)$高于原料时，则另一部分的 $n(H)/n(C)$必须低于原料。因此，碳、氢平衡和 $n(H)/n(C)$平衡是评价油基质转化过程的重要评价参数（陈俊武，1982；陈俊武和曹汉昌，1990；1993；梁文杰，2000）。而重质油加工中，质谱分析引入的 Z 值是与化学结构相联系的参数，可以通过分子式 $C_nH_{2n}+ZX$ 表征，其 Z 值的大小可以表征转化物料分子较之烷烃的缺氢程度，X 表示一个或几个杂原子数；对于烷烃，其 Z=2。每当分子增加一个双键或增加一个环时，Z 值就减小 2，可用式（7.23）表示，即

$$Z = -2[(R + n_{DB}) - 1] \tag{7.23}$$

式中，R 为分子的总环数；n_{DB} 为分子的双键数。

Savage 和 Klein（1988）通过对庚烷沥青的 5 种热转化工艺评述了不同 $n(H)/n(C)$ 显微组分与转化苛刻度间的关系。利用同样的方法可得到，煤岩显微组分的 $n(H)/n(C)$<0.6 时，转化苛刻度近乎呈垂直增加。转化苛刻度 kt 为反应速率和反应时间的乘积；当反应为一级反应时，转化率与转化苛刻度有

$$\ln(1 - x) = kt \tag{7.24}$$

式中，x 为转化率；t 为反应时间；k 为反应速率。在有外部氢源时，式(7.24)是氢压的函数。

煤岩作为潜在石油资源的母体，是由一系列化学结构差别很大的化合物所组成，不同化合物间并无明显的相界面。通过超临界萃取，可以萃取（开发）出煤岩中的高 $n(H)/n(C)$的组分——油基质。随着开发程度的加深，油基质的 $n(H)/n(C)$降低；而油基质是煤岩中最易轻质化的组分。根据化石能源模型，理论上可以定义：当热解煤岩的液体烃总量等于煤岩中油基质热解液体烃总量时，其总量为煤岩中油基质的最大理论含量。表 7.13 展示了重质油和煤岩不同组分相对应的油基质加工参数。

从表 7.13 可以发现，煤岩油藏油基质的加工苛刻度（kt）基本和减压渣油在一个水平范围内。虽然油基质的 $n(H)/n(C)$较低，但相对分子质量较小和反应活性较高；而减压渣油虽然 $n(H)/n(C)$较高，但相对分子质量较大和反应活性“钝化”。这一现象，早已为重油加工的研究者所关注（Stah，1981；朱继升等，2000；倪双跃等，1985；Gray et al.，1993），提出了重油（稠油）的煤改质加工工艺，并已在加拿大重油加工中工业化应用。

表 7.13 重质油与煤岩不同组分加工参数对比

原料				$d^{20°C}$ /(g/cm^3)	n(H) /n(C)	$n(X^*)/n$(C)	M_w	K_H	Q/ (J/g)	Z	Kt
原油		减压渣油	第一类	0.93	1.72	—	770	7.8	—	−16	<0.5
			第二类	1.0005	1.60	—	1350	6.95	—	−37.5	0.5～1.5
			第三类	1.045	1.45	—	3600	6.10	—	−205	1.5～2.0
煤岩油藏	油基质	过渡相	树脂体	1.003	1.52	0.08	652	6.78	2215	−18.1	0.55
			藻类体	1.008	1.45	0.06	770	6.33	2240	−21.4	0.64
			角质体	1.014	1.33	0.08	1190	5.48	2383	−33.0	0.52
			木栓体	1.026	1.17	0.10	1470	4.63	2263	−40.8	0.77
			孢子体	1.120	1.14	0.12	4930	3.57	1445	−136.8	2.62
			镜质体Ⅰ-Ⅱ	1.18	0.99	0.28	2550	3.18	2310	−62.5	1.07
				1.24	0.87	0.11	2860	2.62	2285	−79.4	1.32
				1.28	0.86	0.17	3730	2.41	1975	−103.5	1.52
			镜质组Ⅲ	1.32	0.84	0.29	3810	2.29	1970	−105.8	1.22
				1.28	0.76	0.15	5170	2.04	1540	−143.5	2.14
	碳基质	枝干相	镜质组Ⅳ	1.35	0.72	0.23	7620	1.78	1285	−211.5	2.60
			镜质组Ⅴ-半丝质体	1.41	0.65	0.14	13400	1.42	605	−372	5.7
			半丝质体	1.47	0.57	0.12	22800	1.12	355	−633	12.9
		骨干相	丝质体	1.49	0.51	0.13	—	—	130	—	>20
			丝质体	1.54	0.44	—	—	—	36	—	—

注：X^*为杂原子 O、S、N 之和

第三节 煤岩油矿藏的开发与加工工艺技术

常规石油流体以存在宏观物理相界面方式储集在无机岩的孔隙或裂缝中，其开发方式以流体渗流力学（渗流热力学）为理论基础。而煤岩油气藏油基质“石油流体”的组成与常规石油流体组成有明显区别。煤岩油气藏低分子相和过渡相“石油”与碳基质分子间仅存在微观“相界面”，是以分子状态或非共价键的化学方式储集于煤岩有机大分子结构中的，遵循高分子溶液相分离热力学原理。因此，驱使煤岩中相对低分子化合物的扩散和建立的扩散途径决定了煤岩油气藏的开发极限和开发速率。低分子化合物分子的质量传递通常是通过煤岩间隙的对流，或与溶剂混合、建立提高煤岩比表面积的溶体-分散体系来得以实现的。因此，煤岩油气藏的开发过程涉及热力学、流体力学和分子扩散学的综合应用。事实上，在煤的炼焦工艺中，从煤本体中脱除低分子的过程被称为脱挥。脱挥温度通常高于煤的玻璃化转变温度，对于高变质煤而言要高于其熔融温度。炼焦工艺也是煤岩油气藏早期开发的工业化过程。

一、已有的“煤岩油”加工工艺

人类对煤炭中“石油”资源的开发始于古老的煤炭加工焦炭的副产品——煤焦油的

加工和利用。20 世纪初开始建立的现代煤液化技术，按照工艺路线，可分为两种，即间接液化和直接液化工艺。间接液化工艺为煤中元素通过化学反应的重新合成过程，为人工合成油品；而直接液化工艺是将煤粉分散在有机溶剂中，通过高温和高压，直接与氢气反应（加氢），生成油品，为煤炭的改性液化过程。在对煤岩油气矿藏认识的基础上，本书归纳了现已工业化的方法以及将来可能工业化的煤岩油气矿藏溶剂分散、溶解、相分离开发和加工的工艺线路及其方法，以期对煤岩油气矿藏进行综合开发和利用，使其成为商业化能源。

（一）煤炭直接液化技术

1911 年，贝吉乌斯（Bergius）在实验室中证实：加氢和存在溶剂条件下，可将煤转化成重质油。第二次世界大战期间最大产能约 500×10^4t/a。20 世纪 70 年代之后，美、德、英、前苏联、波兰及日本相继进行了大规模的开发研究，提出了 10 多种煤直接液化工艺，归纳起来可分为四类：①溶剂精炼（SRC）工艺；②催化加氢工艺（H-coal）；③供氢溶剂液化工艺（EDS）；④催化两段加氢工艺（NCB）。但煤炭直接加氢液化工艺总的反应过程为

$$CH_{0.8}+(0.6_{n+1})H_2 \xrightarrow{(>470°C/>20MPa)} C_nH_{2n+x} \quad x=-2\sim2$$

表 7.14 为煤炭直接液化三大步骤与相应功能之间的关系。

表 7.14　煤炭直接液化三大步骤与相应功能

编号	步骤	条件	功能
1	加氢液化	高温、高压、氢气环境	桥键断裂、自由基加氢
2	固液分离	减压蒸馏、过滤、萃取、沉降	脱除无机矿物和未反应煤
3	提质加工	催化加氢	提高 H／C 原子比、脱除杂原子

中国神华集团煤直接液化工艺，是在消化和吸收国外先进技术的基础上开发出来的，通过小型工业化试验，煤的转化率和液化油收率都已达到国际先进水平。神华第一套设计生产能力为年产液化油 100×10^4t 的示范装置，目前已投入运行。

（二）煤炭间接液化技术

相对于直接液化的煤高压加氢路线而言，间接液化则是先将煤岩气化、制成合成气，然后通过催化合成，得到以液态烃为主要产品的技术。因该法由德国皇家煤炭研究所的 Fischer 和 Tropsch 发明，所以也称之为费托合成或 FT 合成，实际上它属于最早的碳化工技术。煤间接液化技术包括煤岩气化（含净化）和合成两大部分。

1934 年鲁尔化学公司与 Tropsch 鉴定了合作协议，建成 250kg/d 的中试装置并顺利运行。1936 年该公司建成第一个间接液化厂，产量为 7×10^4t/a，1944 年德国已有 9 套生产装置，总生产能力为 57.4×10^4t/a。同一时期，日本、法国和中国也有 6 套这样的装置，总规模为 34×10^4t/a。20 世纪 50 年代，南非由于当时的政治环境和本国的资源条件，决定采用煤间接液化技术解决本国油品供应问题。成立的 Sasol 公司，针对矿区

主要为高挥发分、高灰分劣质煤的特点，分别与鲁奇、鲁尔化学和凯洛克三家公司合作，采用他们的煤气化（鲁奇炉）、煤净化（鲁奇低温甲醇洗）和合成技术（鲁尔化学固定床和凯洛克气流床），1955 年建成 Sasol 工厂，规模为 30×10^4t/a。目前，南非已建成了世界上规模最大的以煤为原料的生产合成油和化工产品的化工厂，产品有汽油、柴油、石蜡、氨、乙烯、丙烯、聚合物、醇、醛和酮等共 113 种，总产量为 710×10^4t/a，其中油品占 60%。自 20 世纪 80 年代以来，美国和中国等国家也在进行积极的尝试和探索，已取得了初步的成功。

（三）煤的低温干馏技术

煤的低温干馏工艺起始于 20 世纪初期，主要是为获得煤气和从煤气中回收低沸点的烃类物质。该工艺多数以褐煤、次烟煤等高挥发分煤为原料，热解温度为 500～700℃，区别于炼焦工艺的高温，称为低温干馏。干馏产物中煤气的产率不高，一般为 120～200m^3/t 干煤，其中 H_2、CH_4 含量较高，达到 70 体积%以上，热值为 25～26MJ/m^3，是优质的民用煤气，也可以用作合成原料气。液体生成物的产率一般仅为 6%～12%（质量），相对密度小、沸点低，其组成和石油类液体烃相似，但是含酚类较多，经过加氢、重整也可以得到合格的汽油、柴油和沥青产品，干馏后的固体物称为半焦（又称兰碳），其强度低、块小，可以用作冶炼铁合金用焦、无烟燃料或型焦的原料。该方法液体烃的产率较低。低温干馏方法在鄂尔多斯盆地区域（包括陕西和内蒙古）已经形成了近千万吨/年半焦、百万吨/年煤焦油的生产能力，该方法副产的煤气可联产甲醇。所用的干馏炉分为外热式和内热式两种。

（四）油煤浆连续焦化技术

油煤浆连续焦化是将低变质煤分散溶解在烃类溶剂中制备成油煤浆，油煤浆进入延迟焦化装置中进行焦化处理，得到液体产品、焦炭和气体。油煤式浆连续焦化不同于传统的煤液化及低温干馏，是一种开发煤岩油气藏中液体燃料的新方法。

油煤浆焦化包括两个部分，即油煤浆制备和延迟焦化。制备油煤浆一般选用氢含量较高的褐煤和中低变质煤。首先将煤粉碎为 100～400 目粒径的煤粉，然后在一定温度下与一定量的油类混合，得到的油煤浆为液体燃料。油煤浆经加热炉加热到 500℃左右，进入焦化塔进行焦化反应，得到焦炭、液体烃和气体。

该技术避免了煤直接液化的苛刻反应过程，而是在相对温和的条件下实现了煤岩油藏到油的转化，投资成本和操作费用低；不需要消耗过多的氢气，也不使用催化剂，就能够获得较高收率的液态烃。

二、煤岩油基质开发的方法和加工工艺

煤的液化加工技术已有近百年的历史。无论是焦化热解，还是直接加氢液化（煤油共炼）或间接液化工艺，均已工业化。从单元加工工艺而言，主要技术问题已得到解决。煤炭资源在不同地质年代的沉积盆地和层系中有不同的化学组成特征，必然造

成煤炭全岩液化加工工艺组合的非重复性；煤岩组分组成的波动性和非均匀性，即加工原料组分的不稳定性，造成转化工艺参数的非控性；而煤岩碳基质的反应“惰性”带来转化工艺中的非加工性。上述情况均是煤液化加工费效比低的主要原因。

可见，从煤炭开采到煤的直接液化工业链中，人们“遗漏”了一个重要的工艺环节——油基质的开发，即煤岩油藏中油基质的富集与均质化。即使在经自然界多次“纯化和均质化”的石油资源中，原油的均质化也是石油工业开发、加工链中不可遗漏的重要环节。而煤炭具有化石能源中最复杂的化学组分组成，因此，煤岩油藏油基质的富集与均质化（开发）就显得更为重要。采用富集与均质化后的油基质，将大大降低液化加工的工艺条件，可以直接进入到现有的重油加工装置，将起到事半功倍效果。

若采用物理和化学的方法，实现煤岩各相的分离，则煤炭资源会得到最大的综合利用。煤岩油藏中的低分子相是成熟的石油资源；过渡相为石油的潜力资源，它类似于石油中的特超稠油，可以直接进入现有的重油加工系统；枝干相为天然气的潜力资源；而骨干相作为固定碳，是真正意义上的煤炭资源。

（一）油基质的超临界抽提

超临界气体的抽提是基于在压缩气体存在时，物质自由蒸发的能力提高现象。此方法在实验室进行煤的抽提中，是煤岩油基质开发的一种有效方法。超临界法得到的抽提物，即油基质的相对分子质量比原油的平均相对分子质量小，可在十分温和的条件下，转化为石油制品和化学品；而抽提剩余物，即碳基质为非黏结性的多孔固体，并有适量的挥发分，是十分理想的气化原料。

英国国家煤炭局（NCB）在约 400°C、10MPa 条件下，以甲苯为溶剂对英国高挥发分的烟煤进行抽提，得到的抽提物为类似于特超稠油的低熔点玻璃状固体，其软化点（环球法）约 70°C（表 7.15，张双全，2004，修改）。

表 7.15　典型超临界分离煤岩油藏的油基质与碳基质的特征

样品		w_i	w / %					$n(H)/n(C)$	$n(O)/n(C)$	A_d/ %（干基）	V_{daf} /%	FC_{ad} /%	API°	M_w	$d^{20°C}$ / (g/cm^3)	K_H
			C	H	O	N	S_{ad}^*									
煤岩1	煤岩	1	82.7	5.0	9.0	1.85	1.55	0.726	0.082	4.100	37.4	62.1		—	1.348	
	油基质（抽提物）	0.28	84.0	6.9	6.8	1.25	0.95	0.986	0.061	0.005	—		−13.6	490	1.200	3.82
	碳基质（残余物）	0.72	84.6	4.4	7.8	1.90	1.45	0.624	0.069	5.000	25.0			—	1.404	1.43
煤岩2	煤岩	1	82.7	5.65	9.0	1.20	1.55	0.820	0.082	4.100	45.4	54.3		—	1.300	
	油基质（抽提物）	0.54	84.0	6.9	6.8	0.85	0.95	0.986	0.061	0.005	—		−13.6	670	1.211	3.68
	碳基质（残余物）	0.46	84.6	4.4	7.8	1.28	1.45	0.624	0.069	5.000	25.0			—	1.404	1.43

*为空气干燥基煤样，其他元素分析煤样均为干燥无灰基

（二）煤岩油基质开发的现有相关工艺

可以利用煤岩显微组分不同物理性质的差别，实现煤岩油藏油基质的开发。例如，采用现在煤炭工业中常用的密度差方法可富集高氢组分，或利用油基质在煤岩中有最小的溶解参数达到对油基质的富集。

煤炭的炼焦工艺中，烃类液体作为炼焦过程的副产品，是最原始的煤岩油藏中石油的开发方法。其中煤炭的低温工艺可以获得煤炭焦化工艺最大的液体燃料产量，但最多不超过总产量的 15%～20%。多年来，煤炭工业在煤炭的提质、清洁化使用等方面已建立了不同的开发工艺，已进入工业化或作为研究用的较为成熟的技术工艺（表 7.16）。

表 7.16　煤岩油基质开发的原有相关工艺

工艺名称	开发单位
闪急热解工艺	西方石油公司
COGas 工艺	美国食品机械公司
鲁奇–鲁尔煤气工艺	德国鲁奇–鲁尔煤气公司
固体热载体快速热解工艺	大连理工大学
直接成烃工艺–加氢闪急热解	美国西方石油公司
LFC 工艺	美国 SGI 国际公司
PDF 工艺	Encoal 公司
CDL 工艺	Encoal 公司

表 7.16 中提到的美国 SGI 国际公司 1992 年投入商业化生产的煤炭制取液体燃料（LFC）工艺，是一种旨在改善煤炭性能的温和热解工艺，其工艺流程如图 7.8 所示。该工艺可生产两种可销售产品：一种是被称为“工艺衍生燃料”（PDF）的低硫、高热值固体；另一种是被称为“煤炭衍生液体”（CDL）的烃类液体，性能相当于 6 号燃料油。

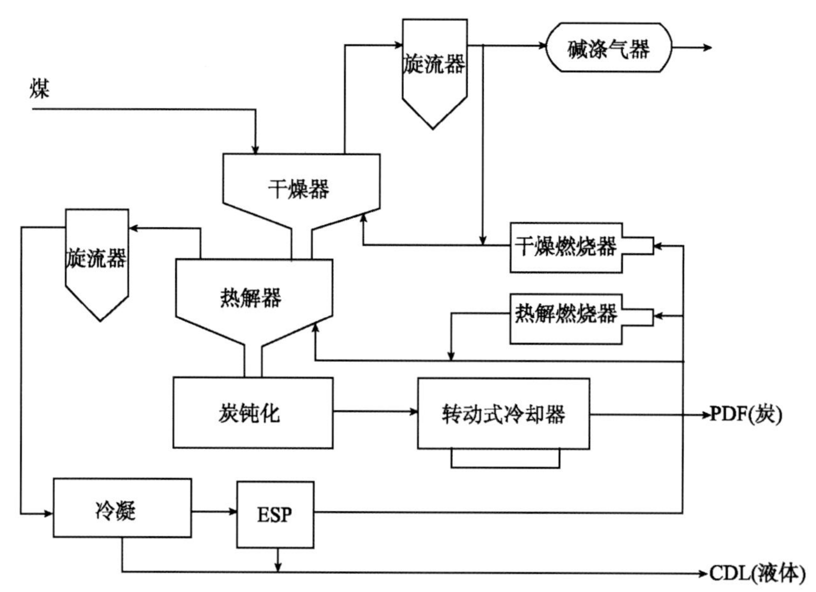

图 7.8　美国 SGI 国际公司开发的 LFC 工艺

广东珠海三金公司提出的“煤岩熔融、液化”工艺（吴春来等，2007），实际上可归属为煤岩油藏开发与直接液化的联合工艺。该工艺通过煤岩熔融选择，得到煤岩中的熔融相，并作为直接液化的原料；而分离后的非熔融相进一步热解或气化得到熔融相液化的氢源。熔融相加氢液化后，直接得到石油制品。

重油改质的煤、油共炼工艺是石油加工系统最早进入煤岩加工的工艺，该工艺已在加拿大重油加工中使用。20 世纪 80 年代，辽河稠油加工曾对该工艺进行了广泛的考察，并对辽河稠油进行了中试。

金军等（2008）提出了煤岩油气相分散–相溶解–相分离工艺，即根据重油和油基质具有相似化学组分的性质，尝试通过溶解提取煤岩油藏中的油基质。相分离后，溶胶相将可直接进入重油加工装置，实现油基质–重油的共炼；凝胶相直接进入石油焦化装置得到焦炭、焦化柴油和裂解天然气。

（三）煤岩油气相分散–相溶解–相分离技术

煤岩油气（矿）藏概念的提出，为进一步认识和利用煤炭中的“油气”提出了一个新的视角和途径。尽管该方法是建立在较为成熟的地球有机化学、煤岩学和煤成烃理论认识，以及稠油开发与加工、煤直接液化等多方面的工业实践基础之上，但许多基础性的理论问题仍有待解决。通过对我国石油和煤炭工业在上、下游领域相关评价参数上的对比研究与分析，以及原有煤岩开发和加工工艺的分析总结，提出了我国中等以上品质的煤岩油气相分散-相溶解-相分离工艺技术（表 7.17）。

表 7.17　不同煤岩油矿藏有效的开发和加工工艺

煤岩油藏	岩石化学特征			油基质		油基质开发与加工工艺	
	n(H)/ n(C)	n(O)/ n(C)	V_{daf}/%	w / %	API°≥−20	开发工艺	液化工艺
劣质	<0.70	>0.18	<25.0	<20	−20		间接液化，制氢
中等	0.70～0.80	0.12～0.18	25.0～35.0	20～40	−20～−5	重力分选	油基质直接加氢
较优	0.80～0.95	0.07～0.12	35～50	40～65	−15～−5	熔融、溶解	
优质	0.95～1.25	0.05～0.07	50～65	65～100	−5～0	溶解、低温焦化	油基质直接加氢或加氢改质
特优	>1.25	<0.05	>65	100	>0	溶解、低温焦化	油基质加氢改质

碳基质和过渡相中沥青质分子单元与胶质分子单元之间存在很强的缔合作用力关系，当在石油体系中存在或加入足够数量的胶质时，沥青质在体系中能够得到充分的溶解或分散。因此，胶质是煤岩油气藏油基质开发中最好的工业分散、溶解溶剂。这是因为胶质本身也是具有很强极性的分子，当沥青质分子单元存在于高胶质含量的石油或可溶质中时，它与周围众多的胶质分子相邻，相互缔合，而其自身可能以较小的分子而不是以高度缔合的超分子的形式存在于石油流体溶剂中。为此，超稠油、煤焦油和石油加工中的渣油是煤岩油气藏开发的适宜溶剂。

依据对煤岩油气藏的重新认识，煤为碳基质与油基质组成的固溶胶体。与以重芳烃、胶质和沥青质等组成低品质渣油或稠油胶体分散体系相比，两者有相同或相似组分的混合物质构成，仅有组成物质在组分多少上的差异，造成两者的自然存在状态分别呈现为固溶胶体系和溶胶体系。因此，本书提出了煤岩油气藏新的开发工艺途径：将呈现为固溶胶体的煤分散、溶解在呈现为溶胶体的低品质油溶剂（稠油、超稠油、渣油）之中，在低中温条件下溶解、分散后，形成类稠油或超稠油的胶体稳定性溶解油浆。之后，将油浆流体分离为高 H/C 的溶胶相（相对轻质流体）与低 H/C 的凝胶相（相对重质的凝胶物）。

以上方法的理论基础为：煤岩油气藏的开发过程取决于分离的热力势以及产生热力势所采用的方法。决定开发程度及速率的其他因素是碳基质–油基质体系的热力学性能、煤岩中油基质组分的扩散性能以及碳基质稳定性情况。

分离过程最基本的参数之一是体系的最大分离度。根据 Henry 定律，碳基质–油基质体系的平衡质量分数 W_e 与气相中油基质组分分压 P_1 有关，即

$$W_e = \frac{P_1}{K} \tag{7.25}$$

式中，K 是 Henry 定律常数，其值取决于温度、压力和油基质的种类。煤岩油气藏中油基质混合物 1 的含量很低时，可用式（7.26）表示 P_1 与蒸气压 P_1^0 之间的关系，即

$$P_1 = P_1^0 \phi_1 e^{1+\chi} \tag{7.26}$$

式中，ϕ_1 为油基质的体积分数；e 为 Euler 数；χ为无量纲因子（Flory-Huggins 相关系数），可用其来衡量油基质在煤岩中的相溶性。式（7.26）的另一种表达形式为

$$\ln \frac{P_1}{P_1^0 \phi_1} = 1 + \chi \tag{7.27}$$

一般地说，χ为较大的正数值时，表示油基质在煤岩中的相溶性差。χ为负数值（很少低于–1.0）时，表示碳基质对油基质组分具有亲和性。

上述溶胶相流体可进入已成熟的现有稠油加工工艺系统，加工后的剩余渣油可继续作为煤岩油气藏开发的循环溶剂。而凝胶相可直接进入现已工艺成熟的炼油焦化加工工艺线路，得到焦化油品（25%～35%）、裂解气（8%～12%）与焦炭（40%～50%）。焦化裂解气进一步加温脱碳制氢，可为溶胶相加氢工艺提供氢源。该工艺使化石能源储能方式重新得到合理的分配，形成了富氢的石油成品和富碳的工业焦炭。这种方法与原有技术相比，具有能量利用效益高、液体收率高等优点。煤岩油气藏中油基质的开发、加工商品能量转化率相当于或大于稠油油藏蒸汽驱和超稠油蒸汽吞吐开发、加工的效果，但其最终效果尚待中试和工业试验的验证。

第四节　煤炭资源分布与“煤岩油”资源潜力

据 BP 公司（2011）世界能源统计报告，2010 年年底世界煤炭累计探明储量为 8609

$\times 10^8$t（储采比为 118:1），其中美国占 28%，俄罗斯占 18%，中国占 13%（图 7.9）。从探明储量煤阶来看，次烟煤（主要为中低变质煤）和未变质的褐煤占总量的 53%，世界烟煤和无烟煤占总量的 47%。由于在各种煤炭当中，低变质煤和褐煤的“油基质”含量最高，因此，全球“煤岩油”资源潜力很大。本书将以我国含煤盆地为例来论述煤炭资源的分布与“煤岩油”资源的潜力。

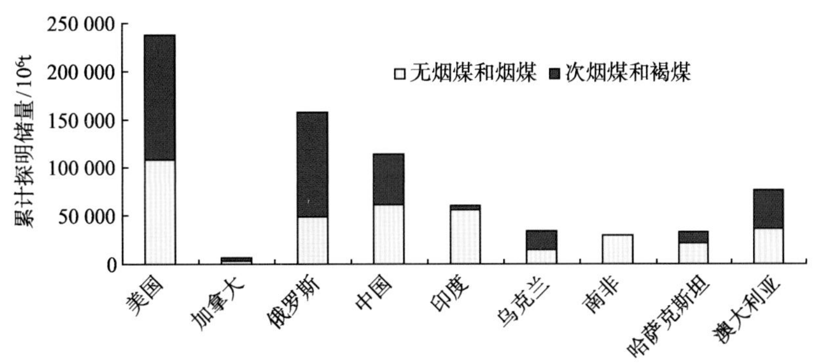

图 7.9　世界主要地区煤炭累计探明储量分布直方图（数据截至 2010 年年底）

一、中国煤岩发育特征

在地质历史时期，地壳运动引起海陆变迁、气候更替和植物界的演化迁移，造成不同时期的聚煤特征各具特色。自然界中煤的形成或聚煤作用不仅受古构造和古地貌格局的制约，也受古植物、古气候和古地理环境的控制。晚石炭世—早二叠世聚煤作用在中国广大范围内持续发生，随时代更新，具由北向南迁移的趋势。中生代聚煤作用则主要发生在华南、华北吕梁山以西、西北和东北地区，随时代更新，具由南向北迁移的趋势。新生代聚煤作用发生于古近系和新近系，分布于环太平洋的中国东部、东南部沿海地区。在不同的构造背景和地理环境下，形成了不同的含煤建造和煤岩特征，构成了我国煤炭资源的五大聚煤区，包括：①东北晚侏罗世—早白垩世和古近纪聚煤区；②西北早、中侏罗世聚煤区；③华北石炭纪—二叠纪和中侏罗世聚煤区；④西藏滇西石炭纪—三叠纪、古近纪、新近纪聚煤区；⑤华南晚二叠世和东南沿海古近纪和新近纪聚煤区。

依据不同时代的气候条件和植物特征（图 7.10），可把我国聚煤作用划分为四大阶段（据韩德馨，1996），即早古生代以菌藻类为主的浅海相聚煤阶段，晚古生代以蕨类植物为主的滨海过渡相聚煤阶段，中生代以裸子植物为主的大、中型内陆湖泊、河流相聚煤阶段，以及新生代以被子植物为主的中、小型内陆湖泊沼泽相聚煤阶段。中生代的植物是以适应环境较强的裸子植物占绝对优势，随着植物的演化，由浅水环境逐步转为内陆，聚煤作用也同步变化。早中侏罗世成煤植物以苏铁和银杏为主；晚侏罗世—早白垩世，则以银杏和松柏植物占优势。在多个大、中型内陆湖盆，植物繁茂和气候温暖潮湿，导致侏罗纪聚煤作用活跃，持续时间长，分布范围广。新生代的生物演化是以被子植物和哺乳动物大发展为显著特点。喜马拉雅运动在中生代构造的基础上，形成了一系列中、小型内陆湖泊沼泽相聚煤盆地。古近纪聚煤盆地主要分布在东北及华北东部地区，新近纪聚煤盆地则主要分布在云南、广西、广东、海南、西藏及台湾等地区。由于中、新生代煤岩以中低变质煤和褐煤为主，本书重点讨论我国中、新生代煤岩的发育与分布特征。

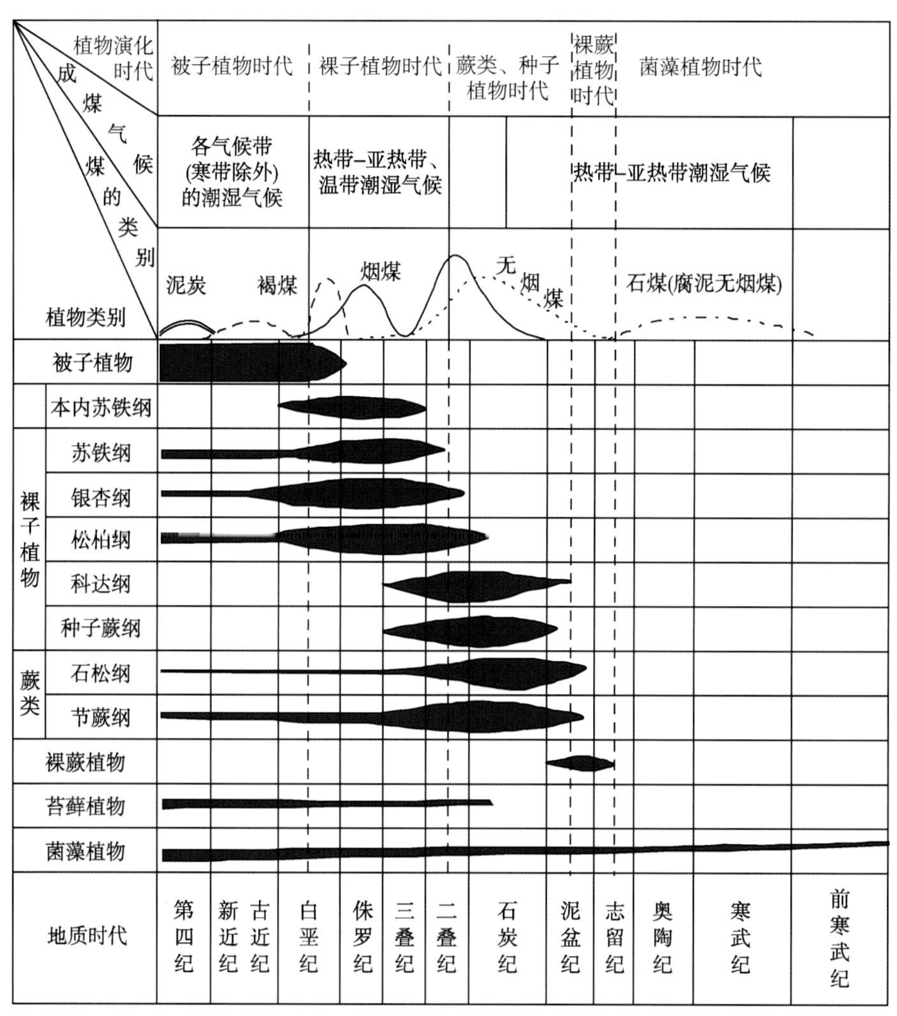

图 7.10 中国地史时期聚煤作用与植物、气候演变的关系（韩德馨，1996）

（一）中、新生代含煤地层

1. 晚三叠世含煤地层

晚三叠世地层具工业价值的煤层主要分布在我国南方，包括四川、云南中部和北

表 7.18 北方早、中侏罗世含煤地层划分对比（毛节华等，1999）

地区	上覆地层	侏罗系 中统 巴柔—阿连阶	侏罗系	侏罗系 普林斯巴—赫塘阶	下伏地层
伊宁盆地	头屯河组J_2	西山窑组*（水西沟群）	*（水西沟群）	八道湾组*（水西沟群）	郝家沟组T_3
准噶尔盆地	头屯河组J_2	西山沟组*（水西沟群*）	*（水西沟群*）	八道湾组*（水西沟群*）	郝家沟组T_3
吐哈盆地	三间房组J_2	西山窑组*（水西沟群*）	（水西沟群*）	八道湾组*（水西沟群*）	郝家沟组T_3
塔里木盆地北缘	恰克马克组J_2	克孜勒努尔组（克拉苏群）	（克拉苏群）	塔里奇克组上部*（克拉苏群）	塔里奇克组下部T_3
塔里木盆地南缘	杨叶组J_2	康苏组*（叶尔羌群）	莎里塔什组（叶尔羌群）		C-P
塔里木盆地东缘	杨叶组J_2	康苏组。			D-S
柴达木盆地北缘	石门沟组J_2	大煤沟组*	甜水沟组	小煤沟组*	Pt
江仑木里	江仑组J_2	木里组*	热水沟组		F_3
西宁大通	小峡组J_2	元术尔组*	佐士图组	日月山组	Z
兰州窑街	小峡组J_2	窑街组*	炭洞沟组		Z
兰州阿干	铁冶群J_{2-3}	阿干镇组*		大西沟组	Z
西秦岭		龙家沟群	龙家沟群	龙家沟群	
北祁连走廊西部	新河组J_2	中间沟组*	大山口群		西营儿群T_{2-3}
北祁连走廊东部	王家山组J_2	龙凤山组*		刀楞山组	T_{2-3}
酒泉北山	上组（沙婆泉群）	下组。（沙婆泉群）	下统	下统	珊瑚井群T_2
潮水盆地	上段（青土井群）	下段*（青土井群）	芨芨沟组		Ar
鄂尔多斯盆地	直罗组J_2	延安组*	富县组		T_3
大同盆地	云岗组J_2	大同组*	永定庄组		C-P
义马盆地	孟村组J_2	义马组*			T_3
鲁西	蒙阴组J_{2-3}	坊子组。			P_2
冀北京西	龙门组J_2（门头沟群）	窑坡组*（门头沟群）	南大岭组	杏石口组	P_2
内蒙古阴山	长汉沟组J_2	召沟组*（石拐沟群）	五当沟组（石拐沟群）		Ar
锡林浩特	查干诺尔组J_2		阿拉坦合力群。	阿拉坦合力群。	P
辽西	兰旗组J_2	海房沟组×	北票组。	兴沟隆组	T_3
辽东	三个岭组J_2	大堡组*	长梁子组	北庙组	T_2
吉林泽江	腰沟组J_2	望江楼组×	义和组。		T_3
万红盆地	呼日格组J_2	万宝组×		红旗组；火山岩	P_2
大兴安岭	龙江组J_3	颜家沟组	颜家沟组	颜家沟组	

*表示含煤性好；。表示含煤性较差；×表示仅含薄煤或煤线

部、湖北西部、江西中部、湖南东部、广东北部、 福建西北部等地，贵州和西藏也有零星分布，是我国南方仅次于二叠系的主要含煤地层。在北方，上三叠统全部为陆相沉积，局部含煤（线），具工业价值的很少，部分地区虽有可采煤层，但变化急剧，常成透镜状或鸡窝状产出。

晚三叠世含煤地层多属内陆湖泊或山间盆地沉积，岩性变化大，主要含煤层位自东向西抬高，湘东北和赣西的紫家冲组、湘东南出炭垅组、粤北红卫坑组、闽中南大坑组均相当于晚三叠世早期的卡尼阶；贵州二桥组、云南一平浪组、四川须家河组和西藏那曲、昌都等地区的土门格拉组、巴贡组则相当诺利–瑞替阶。江西、湖南、广东、福建等省的上三叠统的三丘田组、头木冲组等，其含煤性比早期差。西北地区如鄂尔多斯盆地的瓦窑堡组、北祁连及河西走廊地区的南营儿群等，含煤性也较差。

2. 侏罗纪含煤地层

侏罗纪含煤地层主要分布在我国的西北地区，形成了多个大型、超大型的聚煤盆地；在东北及南方的桂、湘、赣、鄂等地区有零散分布的小型盆地。侏罗纪以陆相沉积为主，仅在南方局部地区有海陆交互相沉积。在我国北方，整个侏罗纪都有煤层形成，但主要聚煤期为早–中侏罗世。早侏罗世的煤层主要发育在新疆，其次为燕辽及南方地区；中侏罗世早期煤层也发育良好，分布普遍；晚侏罗世则仅有薄煤或煤线，北方早–中侏罗世含煤地层对比见表 7.18。在南方，早侏罗世是次要聚煤期。含煤地层主要有鄂西的香溪组，鄂东南的武昌组，湘东、赣西的造上组，湘东南的唐垅组及桂东北的大岭组等。香溪组、武昌组、造上组为内陆湖盆含煤碎屑沉积，唐垅组为海陆交互相沉积，大岭组则为碳酸盐岩型含煤地层。

3. 早白垩世含煤地层

早白垩世含煤地层集中分布于东北和内蒙古东部地区。在内蒙古中、西部，甘肃北部以及河北北部，也有零星分布。含煤地层以陆相沉积为主，局部含海相地层。北方早白垩世含煤地层对比见表 7.19。我国南方仅在西藏拉萨一带有早白垩世海陆交互相含煤地层分布，主要为多尼组、林布宗组和川巴组，含煤性较差。

4. 古近纪和新近纪含煤地层

古近纪和新近纪含煤地层多属于内陆侵蚀或断陷盆地沉积，其展布受盆地规模的限制，含煤层位各地不一。北方区古近纪和新近纪聚煤期发生在古新世—中新世，以始新世、始新世—渐新世最为重要。主要分布在沿依兰–伊通断裂带和沈阳–敦化–密山断裂带呈 NNE 向展布的盆地群之中，并零散分布于吉林东部、山东东北部的少数盆地中。山西垣曲、河北曲阳、内蒙古集宁等地也有古近纪含煤地层零星分布，含煤地层为陆相含煤碎屑岩沉积，岩性、岩相变化较大。含煤性以东北的抚顺群、舒兰组、达连河组、永庆组、桦甸组、珲春组及鲁东的五图组和黄县组最好，中新世除黑龙江宝清组含煤性较好外，其余均较差，工业价值不大（表 7.20）。南方古近纪和新近纪聚煤

表 7.19 北方早白垩世含煤地层对比（毛节华和许惠龙，1999）

地区	兴蒙区										华北区		
	北山分区	二连—海拉尔分区			辽松—吉东分区				三江—穆棱河分区				
地层	吐鲁驼马滩盆地	二连盆地	霍林河盆地	海拉尔盆地群	四平—九台	蛟河	浑江	和龙	鸡西—勃利	宝清—密山	阜新—铁法	固阳盆地	沽源—隆化
上覆地层	Q	Q	Q	青元岗组K_2	泉头组K_1	磨石砬组	桦甸组	大砬子组	桦山组K_1	桦山群K_1	孙家湾组K	Q	土井子组K
下白垩统	老树窝群。	巴彦花群：赛汉塔拉组。；腾格尔组*；阿尔善组	霍林河群*	扎赉诺尔群*：伊敏组*；大磨河拐组*；南屯组。	营城组。；沙河子组*	乌林组。、中岗组。；奶子山组。	小南沟组。；石人组	泉水村组；长财组。；西山坪组	鸡西群：穆棱组*；城子河组*	珠山组。	阜新组*；沙海组。	固阳群：固阳组。；李三沟组	青石砬组。
下伏地层	J_3	兴安岭群J_3			火石岭组	C-P	四道沟组J_3	天桥岭组J_3	滴道组J_3	云山组J_2	义县组J_3	前寒武系	张家口组J_3

*表示主要含煤地层；◦表示次要含煤地层

作用自始新世至上新世都有发生，以中新世和上新世为主。云南是我国新近纪含煤地层分布最广的地区，已知的含煤盆地超 150 个，各盆地均有可采煤层赋存。中新统和上新统在滇西分别称南林组、芒棒组、勐旺组、羊邑组、三号沟组、福东组、双河组和三营组，均含可采煤层。滇东主要为中新统小龙潭组和上新统昭通组。始新统—渐新统含煤地层主要分布在广东、广西、海南等地。南方古近纪和新近纪含煤地层多赋存于孤立的中小型盆地中，含煤地层的岩性、岩相、含煤性及动、植物化石都有较大差异。含煤岩组的名称因地而异，对比难度较大。

（二）中、新生代聚煤古地理与聚煤特征

在漫长的地史发展过程中，煤的聚积受古植物、古构造和古气候等方面的控制，表现出明显的周期性和阶段性。在我国晚石炭世—早二叠世、晚早二叠世、早中侏罗世和晚侏罗世—早白垩世等四个聚煤期当中，早-中侏罗世的聚煤作用最强（图 7.11）。沉积聚煤域是指一定聚煤期同一气候带内发生聚煤作用的区域(毛节华和许惠龙，1999)。

表 7.20 北方第三纪含煤地层对比（毛节华和许惠龙，1999）

地层		黑龙江 孙吴	黑龙江 依兰三江	黑龙江 敦密虎林	松辽平原	吉林 舒兰	吉林 梅河	吉林 桦甸	吉林 珲春	辽宁 沈北	辽宁 抚顺	鲁东 五图	鲁东 黄县	山西垣曲	河北 曲阳	河北 围场	内蒙古集宁
新近系	上新统	孙吴组	富锦组	玄武岩	太康组		绿色岩层		土门子组			尧山组	宿迁组	羊山岭群		三趾马红土	
新近系	中新统	孙吴组	宝清组。	平阳镇组	大安组		绿色岩层		土门子组	邱家屯组		山旺组 牛山组	唐山棚组			汉诺坝组。	汉诺坝组
古近系	渐新统		宝泉岭组	平阳镇组	依安组。	小曲柳组	梅河群 四段	桦甸组 含煤段*		洋河组				白水村组。	蔚县组。	蔚县组	上段 中段 下段
古近系	始新统		达连河组*	永庆组*		舒兰组*	梅河群 二、三段	桦甸组 含煤段*	珲春组*	杨连屯组*	抚顺群 耿家街组、西露天组、计军屯组、古城子组*	五图组*	黄县组*	河堤组	灵山组*		
古近系	古新统	乌云组。		黄花组		新安村组	梅河群 一段	桦甸组 含油页岩段、含黄铁矿段	珲春组*	木梳屯组。	抚顺群 栗子沟组。、老虎台组。						
下伏地层		北学台组	K_1或γ_4	K_1或γ_4	明永组	γ_4	白垩系	白垩系	屯田营组	孙家湾组	龙凤坎组	王氏组	？	白垩系	中生界	中生界	中生界

*表示主要含煤地层；。表示次要含煤地层

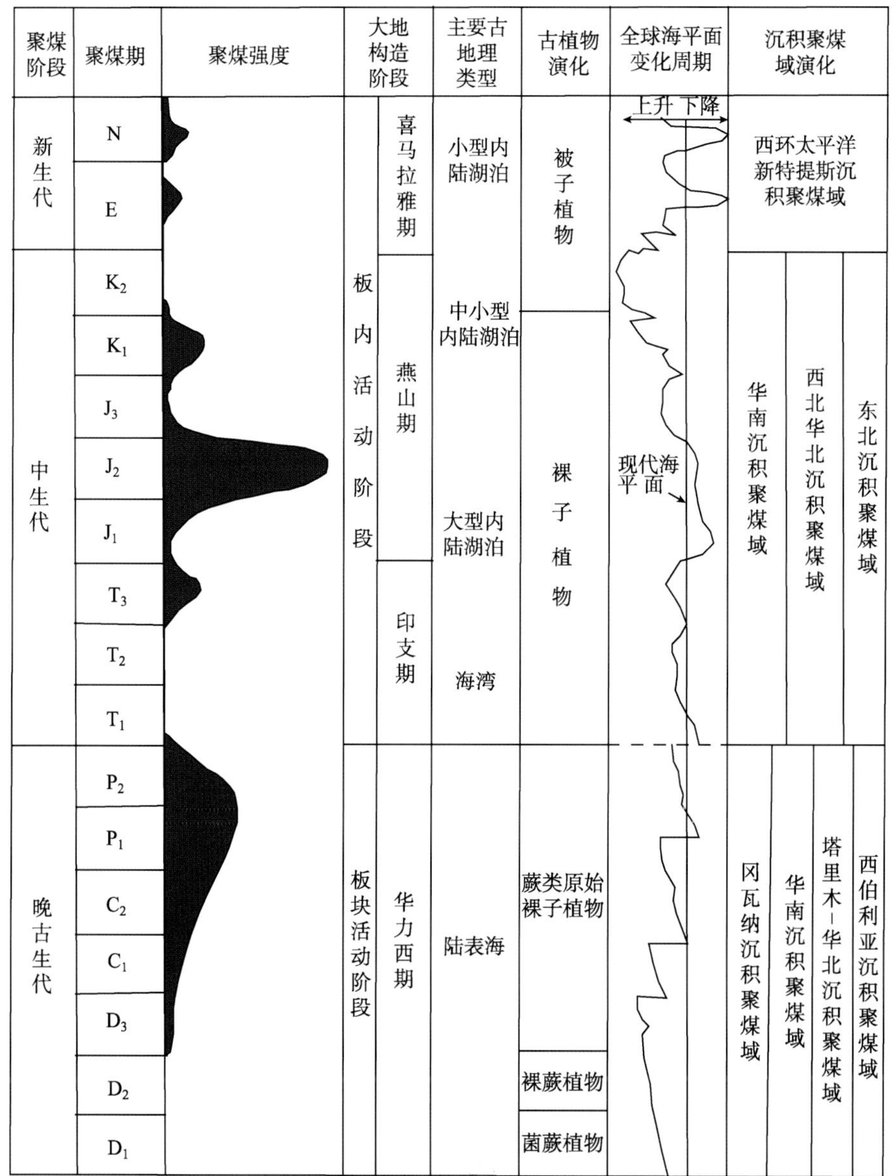

图 7.11　中国聚煤作用演化图（毛节华和许惠龙，1999）

1. 中生代聚煤古地理与聚煤域

印支构造阶段，扬子地台、羌塘地块与华北地台、塔里木地台对接，古特提斯洋北支最后封闭，结束了长期南海北陆的古地理格局。以古阴山、古昆仑山—古秦岭—古大别山为界，可划分为东北、西北-华北和华南三个沉积聚煤域（图 7.12）。

晚三叠世气候开始转为潮湿，华南沉积聚煤域为热带、亚热带潮湿气候，聚煤作用较强烈。在川滇盆地、湘赣粤盆地发育近海型海陆交互相含煤岩系，成为晚三叠世重要的聚煤区；西北—华北沉积聚煤域为温带半干旱、半潮湿气候，仅在鄂尔多斯和

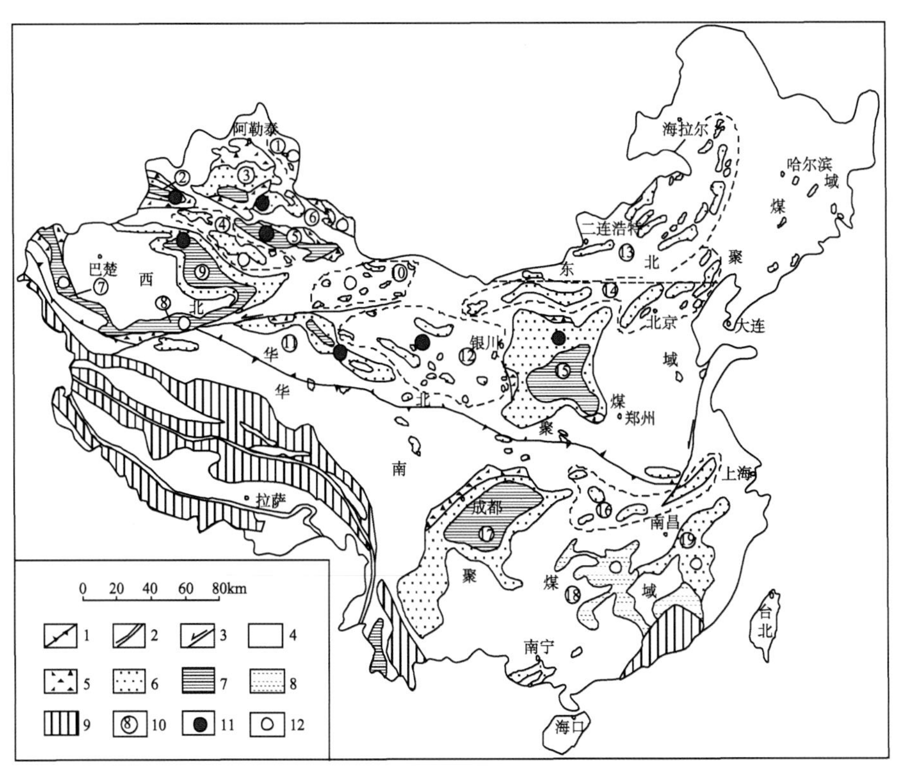

图 7.12　中国大陆早、中侏罗世聚煤古地理略图（中国煤炭地质总局，1999）

1. 对接带；2. 洋壳；3. 后期平移断裂；4. 古陆；5. 冲积扇相区；6. 河流相区；7. 湖泊相区；8. 过渡相区；9. 海相区；10. 含煤盆地（群）编号（①富蕴和卡塔塔什盆地；②伊犁盆地；③准噶尔盆地；④尤尔都斯盆地、焉耆盆地和梧桐沟盆地；⑤吐哈盆地；⑥三塘湖盆地；⑦托云-和田盆地；⑧且末-民丰盆地；⑨库车-满加尔盆地；⑩北山盆地群；⑪柴达木盆地；⑫祁连盆地群；⑬大兴安岭盆地群；⑭阴山-燕辽盆地群；⑮鄂尔多斯盆地；⑯长江中下游盆地群；⑰川滇盆地；⑱湘赣盆地；⑲闽浙赣盆地）；11. 富煤盆地；12. 非富煤盆地

准噶尔盆地发育次要的陆相含煤岩系；早–中侏罗世西北—华北沉积聚煤域为温带潮湿气候区，加上有利的构造条件，成为重要的聚煤区域。鄂尔多斯盆地进一步向西退缩，西部呈近东西向展布的大型内陆盆地发育，聚煤作用首先在准噶尔盆地发生，逐步向南和向东扩展。华南沉积聚煤域为亚热带、热带半干旱、半潮湿气候，西部的川滇盆地发育红层沉积，东部形成次要的含煤岩系。东北沉积聚煤域虽然气候条件有利，但由于库拉–古太平洋板块俯冲作用，仅形成一些北东向的火山型中小断陷盆地，聚煤条件较差。

晚侏罗世—早白垩世，中国大部分地区为干旱气候区，仅东北、西藏受海洋性气候的影响，较为湿润。晚侏罗世由于构造条件不利，仅发育次要的含煤岩系。早白垩世，中国东部转变为右行张扭应力场，导致裂陷作用发生，为聚煤作用提供了有利的构造背景，加上有利的古气候条件，形成了我国东北早白垩世聚煤盆地群。

从中生代聚煤作用的演化可以看出，煤炭资源富集的沉积聚煤域具有由南而北迁移的特点，这是古构造、古地理、古气候系统作用的结果。

1）华南沉积聚煤域

扬子地台和华北地台在印支晚期拼接和古太平洋向北俯冲，导致华南晚古生代聚煤盆地的解体，晚三叠世形成川滇盆地与湘赣粤盆地对峙，其间为丘陵山地的古地理格局，上述两盆地为该期最重要的聚煤盆地。藏北、青海、滇西一带也发生一定的聚煤作用。早、中侏罗世构造古地理分异强烈，在东部形成众多小型盆地，川滇盆地由于干旱气候的影响演化为红色陆相盆地，仅在北部形成少数薄煤层，结构复杂，可采范围有限。湘赣粤盆地平面上呈盲肠状，向西扩展至湘西一带，以河流、滨岸体系为主，地层厚度变化大，仅形成煤线或煤层透镜体。长江中下游盆地群包括湖北荆当盆地、鄂东南盆地、安徽马鞍山–安庆盆地等，主要为冲积扇、河流–湖泊沉积体系所充填，煤层薄而不稳定，仅局部有可采煤层。藏北盆地早白垩世发育次要的含煤岩系。

A. 川滇聚煤盆地

晚三叠世地层含煤由几层至 20 余层不等，最多可达 113 层，可采煤层 3～7 层，最多达 70 余层，煤层总厚由几米至几十米，最厚达 100 余米，可采总厚一般为 1～6m，最厚达 56m，以薄煤层为主，稳定性较差，多数煤层仅延续数千米至 20 余千米。三个区的煤层发育层位各不相同（图 7.13）。四川盆地区晚三叠世富煤带展布于绵阳—成都—峨眉山一带，煤层累厚最高达 10m，次要富煤带沿华釜山断裂分布，小塘子期聚煤作用主要发生在达县及自贡以东地区，须家河期聚煤中心逐步西移。康滇山地区诺利晚期—瑞替期成煤好，南盘江区以卡尼晚期—诺利早期成煤好。

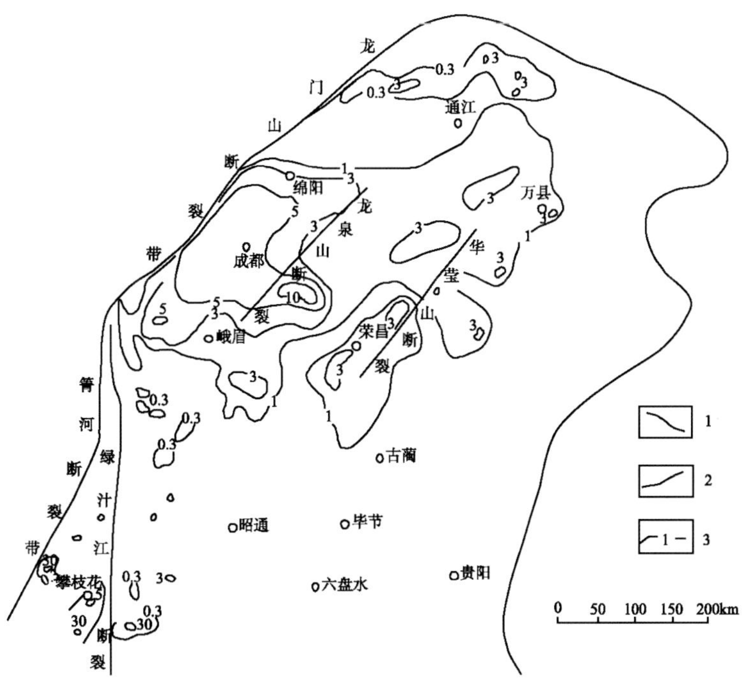

图 7.13　川滇聚煤盆地晚三叠世煤层厚度等值线图（中国煤炭地质总局，1999）

1. 盆地边界或边缘断裂；2. 同沉积断裂；3. 煤层等值线

B. 湘赣粤聚煤盆地

晚三叠世卡尼早期，湘赣地区聚煤作用集中在注西萍乡至乐平一带，含煤性从南西向北东变差，可采总厚度达 32m；在戈阳—玉山一带不含可采煤层。往西到湘潭张家冲、文家市等地，展布着一个北东向的富煤带，可采煤层总厚平均在 3m 以上，最大厚度达 7m 以上。资兴三都和宜章关溪—杨梅山一带展布着一个北北东向的富煤带，以三都和水牛山为中心，向四周变薄。晚三叠世卡尼晚期—诺利期，湘赣地区在湖南境内不含煤，萍乐带的含煤性由南西向北东变好。在戈阳—玉山带含可采煤层 1～7 层，可采总厚约 1～4m；青阪含可采煤层 2 层，可采总厚约 4m；横峰西山坞含可采煤层 7 层，可采总厚 4m；沈家境含可采煤层 3 层，可采总厚 4.14m；坑口含可采煤层 1 层，可采厚度约 1m。闽西南漳平一带含煤 5～20 层，其中可采 1～6 层，平均可采总厚约 2m，最厚可达 4m。在漳平大坑一带主要可采煤层可采总厚大于 3m 的厚煤带有五个，呈近南北向朵叶状分布，向东、西很快变薄。广东晚三叠世卡尼早期的富煤带主要分布在高要至乐昌一带，呈南北分带北东展布。南岭含煤性较好，厚度达 2～5m，其他含煤岩系含煤性较差。

2）西北—华北沉积聚煤域

西北—华北沉积聚煤域在晚三叠世时除南部祁连海湾与海相通外，其他均为内陆盆地。华北晚古生代聚煤盆地向西收缩为鄂尔多斯盆地，并与走廊盆地相互分离。准噶尔-哈密盆地分解为准噶尔和吐哈盆地，塔里木盆地已经形成，伊犁盆地沉积范围大为缩小，含煤岩系分布较为广泛，但聚煤作用微弱，鄂尔多斯盆地聚煤作用相对较强。早、中侏罗世形成众多的大中型盆地及小型盆地群，含煤岩系分布广泛，聚煤强烈，是中生代最为重要的成煤期，重要的聚煤盆地有鄂尔多斯、准噶尔、伊犁、吐哈、库车-满加尔、托云-和田、且末-民丰和柴达木等盆地。

A. 鄂尔多斯聚煤盆地

鄂尔多斯聚煤盆地包括汝宾沟、大同宁武、义马等煤田和济源侏罗纪沉积区。晚三叠世含煤岩系为瓦窑堡组，共含煤 6 组 30 余层，煤层总厚 11m 左右，其中 5 号煤为可采煤层，其余煤层均基本不可采。5 号煤的聚积中心与沉积中心基本一致，煤层厚度与地层厚度正相关，富煤中心分布于子长、蟠龙一带。从 5 号煤的厚度看，在湖泊三角洲平原及湖泊淤浅区形成了较厚煤层，以湖泊分布区为中心，煤层向周围减薄，反映了一种在湖泊缓慢淤浅基础上聚煤的特点。

鄂尔多斯盆地的侏罗系自下而上为富县组、延安组、直罗组和安定组。含煤岩系可进一步划分为初始充填体系域、扩张充填体系域和退覆萎缩充填体系域（图 7.14）。

初始充填体系域：第一准层序组相当于富县组，除局部地区含有薄煤和煤线外，基本上不含可采煤层。第二准层序组沉积范围明显扩大，煤厚大于 5m 的富煤带分布在 38°N 以南，聚煤中心位于甘肃华亭、陕西焦坪，其中 5-1、5-2 煤层形成于初始充填体系域和扩张充填体系域的转换期，厚度大，横向连续性好，煤层稳定。

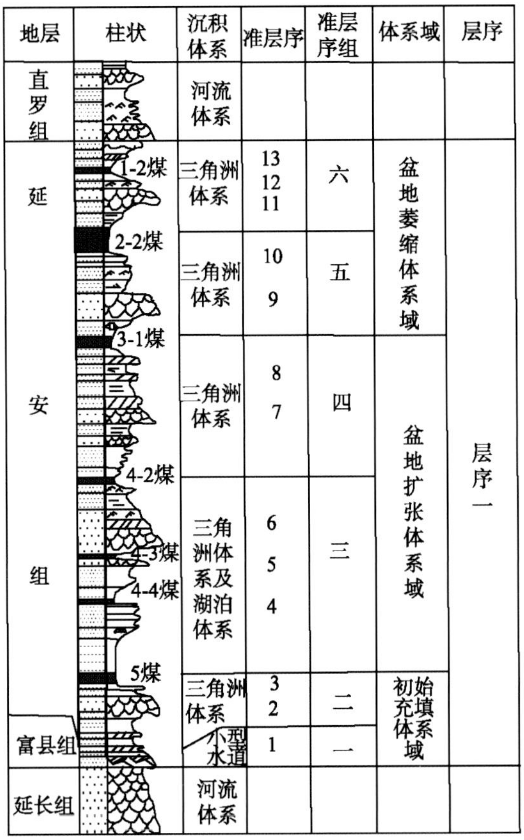

地层	柱状	沉积体系	准层序	准层序组	体系域	层序
直罗组		河流体系				
延安组	1-2煤	三角洲体系	13 12 11	六	盆地萎缩体系域	层序一
	2-2煤	三角洲体系	10 9	五		
	3-1煤	三角洲体系	8 7	四	盆地扩张体系域	
	4-2煤 4-3煤 4-4煤	三角洲体系及湖泊体系	6 5 4	三		
	5煤	三角洲体系	3 2	二	初始充填体系域	
富县组		小型水道	1	一		
延长组		河流体系				

图 7.14　鄂尔多斯盆地早–中侏罗世含煤层段与层序对应关系图（张韬，1996，略修改）

扩张充填体系域：第三准层序组大体相当于延安组二段，煤层主要发育于河流和湖泊三角洲沉积体系之上，该准层序组共含煤 1～6 层，煤厚 0.5～9.6m，聚煤作用明显弱于第二准层序组。第四准层序组与延安组三段相对应，煤层形成于湖泊扩张充填体系域和退覆充填体系域的转换期，富煤区位于东胜、灵武、鸳鸯湖—盐池—横山及环县西，它们均与河流沉积体系有关，并向湖泊三角洲沉积体系变薄，至湖泊沉积体系尖灭，共含煤 1～6 层，厚 4～9m，分布广，连续性好。

退覆充填体系域：由第五准层序组和第六准层序组构成。第五准层序组聚煤范围比第四准层序组有所缩小，富煤带位于盆地的北部和中部，共含煤 2～9 层，煤厚 2～6m。第六准层序组只有河流体系和局限湖体系，发育 1、2 号煤层，煤层与河流沉积体系密切相关。与其他准层序组相比，聚煤范围向西北退缩，但聚煤作用明显增强。富煤带位于桌子山东麓—杭锦旗、东胜、乌审旗、鸳鸯湖—惠安堡等地。从图 7.15 可以看出，围绕无煤区形成一个巨大的聚煤环带，煤层厚度向盆地的北、西、南缘递增。

B. 准噶尔盆地

侏罗纪的沉积范围比三叠纪略有增大。早–中侏罗世沉积古地理演化特征是在最初的浅水沉积的基础上，经历一次大规模的水进后，湖盆又被淤浅，煤层主要发育在废弃

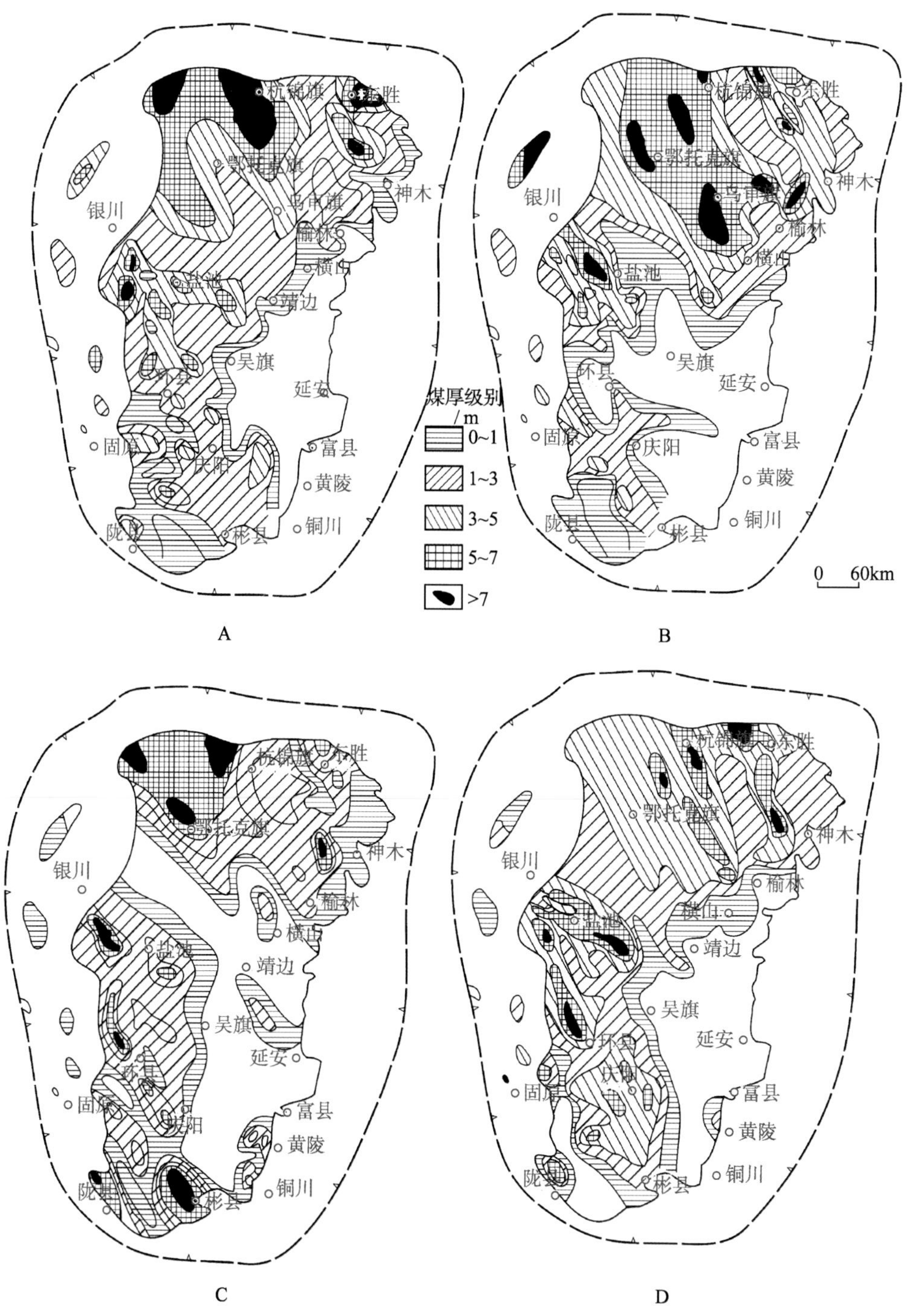

图 7.15 鄂尔多斯盆地中侏罗统延安组第一段（A）、第二段（B）、第三段（C）和第四段（D）煤岩厚度等值线图（张韬，1996）

的河流体系和湖泊三角洲体系之上。与湖泊三角洲体系密切相关的西山窑组上部煤层厚度小（0.8～2m），富硫（全硫 1%～3.55%），而形成于废弃的河流体系之上的西山窑组下部及八道湾组煤层为低硫煤（全硫 0.3%～0.6%），形成鲜明的对比。盆地南缘的煤层总数在 100 层以上，其中可采 30～60 层，单层最厚达 64m，可采总厚 70～240m；从盆地南缘向北，煤层层数减少，总厚度变薄；盆地的西北和东北部与南缘相似，但可采煤层一般为 15～30 层，总厚 30～40m。主要富煤带位于盆地南部，大致沿乌苏—玛纳斯—阜康一线呈东西向展布，富煤中心在乌鲁木齐附近。

C. 伊犁盆地

伊犁盆地与准噶尔盆地不同的是早–中侏罗世沉积的深湖相不发育，有利的泥炭沼泽广泛发育。盆地内煤层总数在 50 层以上，煤层总厚达 120m，单层厚度可达 34m。八道湾组富煤带在霍城和伊宁之间，含煤 3～9 层，总厚约 36～63m，煤层自北东向南西变薄。西山窑组富煤带在苏阿苏一带，盆地南东部含煤较好，煤层 3～9 层，总厚约 34～47m。

D. 吐哈盆地

聚煤作用从早侏罗世到中侏罗世逐渐加强，含煤层段和富煤带自西而东抬高和迁移。早侏罗世的聚煤作用主要发生在盆地西部的吐鲁番凹陷，富煤带位于艾维尔沟—克尔碱和七泉湖附近，但分布范围不大；中侏罗世早期的富煤中心位于吐鲁番凹陷南缘的艾丁湖附近，而艾维尔沟、可尔碱、桃树园、七泉湖及哈密凹陷、大南湖凹陷仅有薄煤层发育；中侏罗世晚期，除盆地西端的艾维尔沟和东段的野马泉以外，全区都有重要的工业煤层形成，富煤中心位于大南湖凹陷。吐哈盆地的侏罗纪煤层层数多，厚度大，桃树圆—七泉湖一带“大槽煤组”由 30 余层组成，总厚达 45m；大南湖地区含煤 50 余层，总厚度 190 多米，沙尔湖附近含煤 12～60 层，总厚约 10～181m，单层最厚可达 145m，这些煤层与扇三角洲沉积有关。

3）东北沉积聚煤域

该区在晚三叠世至早–中侏罗世，由于左旋压扭应力场的作用，发生隆起。晚三叠世，在吉林中东部、黑龙江南部形成小型火山岩含煤盆地群，以河流、湖泊体系为主，具多层火山岩和火山碎屑岩，煤层层数少而薄。早–中侏罗世在大兴安岭一带有一系列 NNE 向的小型盆地，以冲积扇、扇三角洲、湖泊体系为主，地层厚 87～2130m，煤层层数多，厚度较大，但不稳定。

晚侏罗世—早白垩世初期应力场转化为右旋张扭，原有的 NNE、NE 向断裂被引张，并发生大规模的火山喷发，形成该区最重要的断陷聚煤盆地群。晚白垩世应力场重新转化为左旋压扭，聚煤盆地充填结束。由于基底和构造机制等因素，除断陷盆地群外，早白垩世还有少数拗陷盆地（三江–穆棱拗陷盆地）聚积着丰富的煤炭资源。

A. 海拉尔聚煤盆地群

海拉尔聚煤盆地群共有大小盆地（或断陷）近 30 个。盆地充填序列自下而上为冲积扇、湖泊扇三角洲、湖泊、河流三角洲体系。淤浅的湖泊和废弃的湖泊扇三角洲体系是聚煤的有利场所。该盆地群下含煤段普遍发育，含煤 5～20 层，单层平均厚度 2～10m，最大厚度可达 45m，平均累厚 10～90m。上含煤段（伊敏组）主要分布于海拉尔断裂以南及大兴安岭隆起边缘的断陷中，一般含煤 3～4 层，累厚 10～80m，主煤层一般厚 10～50m。聚煤强度较大的断陷有扎费诺尔、伊敏、大雁、呼和诺尔、红花尔基等。聚煤特征总体表现为东南部发育上、下两个煤组，西北部一般仅发育下煤组，聚煤作用由南东向北西减弱。扎费诺尔断陷位于海拉尔断陷群的西部，呈 NNE 向展布，面积约 3200 km^2，含煤段厚 200～400m，沉积中心位于盆地中南部略偏向盆缘断裂一侧，与湖泊相相对应，湖泊淤浅地带是聚煤的有利场所，富煤带展布方向与盆地走向一致，形成两个较大的聚煤中心。

B. 二连聚煤盆地群

二连聚煤盆地群共有大小盆地（或断陷）118 个。含煤地层为巴彦花群，自下而上分为阿尔善组、腾格尔组和赛汉塔拉组，代表着盆地的三个演化阶段。赛汉塔拉组沉积期为盆地群发展的晚期，沉降缓慢，冲积扇、河流体系广泛发育，为泥炭的聚积提供了有利条件，成为盆地群的重要成煤期。二连盆地群发育上、下两个含煤段，下含煤段主要分布在东部，含煤 26～28 层，其中可采 8～13 层，可采总厚 45～80m，以霍林河、白音华盆地含煤最好。上含煤段分布广泛，富煤带在巴音宝力格—胜利—黑城子一线，最典型的为胜利盆地，含 11 个煤组，可采煤层 6～9 层，可采累厚 120m 以上，其中 6 号煤层的最大可采厚度达 115m。

C. 松辽聚煤盆地（或断陷）群

该区共圈定早白垩世断陷 40 余个，总面积 7500km^2，其中聚煤断陷 31 个。盆地群东南部的康平—四平一带的长城窝堡、小城子、三台子、昌图等盆地，含煤地层为沙海组和阜新组，有上、下两个含煤段，下含煤段含煤 1～10 层，可采 1～5 层，煤层累厚 0.7～8m；上含煤段含煤 3～10 层，可采 3～5 层，煤层累厚 0.7～6m。东部由北而南分布的营子、羊草沟、长春煤田及刘房子、四平山门等煤产地，含煤地层为沙河子组和营城组，可划分为 5 个旋回，含煤 1～5 层，可采 1～4 层，煤层累厚 0.1～4.6m，煤层主要发育于冲积扇前缘淤浅的湖泊区。营城组沉积期为一套中基性和酸性火山喷发及间歇性的河流、湖泊体系沉积，含煤 6～16 层，多为薄–中厚煤层。西部含煤地层早白垩世在镇赉等盆地以湖泊体系为主，发育煤层 4～7 层，可采 1～3 层，可采煤层总厚 0.1～7m。

D. 三江–穆棱拗陷聚煤盆地

盆地位于黑龙江东部，包括鸡西、勃利、双桦–双鸭山等煤产地，面积约 5 万 km^2。下白垩统自下而上由鸡西群的城子河组、穆棱组构成。穆棱组为陆相含煤地层，顶部含多层凝灰岩。与城子河组层位相当的珠山组为海陆交互相含煤地层，由灰、灰黑色砾岩、砂岩、 粉砂岩、泥岩、碳质泥岩及煤层组成，夹少量凝灰岩夹层。

早白垩世城子河组是东荣组海退后的产物，上、下两段均含煤，分布范围广。南部的鸡西地区含煤 40～56 层，煤层总厚度约 28m，可采 7～20 层，煤层多赋存在城子河组下段。北部绥滨地区含煤 50 余层，煤层总厚度约 39m，可采 8～16 层。中部双桦—勃利一带含煤层 20 余层，煤层总厚 10m 左右，可采 3～11 层。珠山组主要分布于三江–穆棱东部的宝清—密山—虎林一带，含煤层 26～95 层，煤层累厚 27～80m，可采 6～13 层。穆棱组为陆源碎屑岩，中部为含煤段，分布在鸡西、勃利、双桦、双鸭山、绥滨等地。由于盆地处于萎缩阶段，穆棱组含煤性比城子河组差，在鸡西地区含煤 21 层，煤层总厚约 13m，可采和局部可采 1～8 层；七台河地区含煤 3-19 层，煤层总厚约 6～7m，可采和局部可采 1～3 层；双鸭山及绥滨等地含薄煤层 10 余层，局部可采 1 层。

2. 新生代聚煤古地理与聚煤域

古气候以明显的南北分带为特征，且呈 NWW 向展布，北部为温带潮湿气候带，中部为亚热带干旱气候带，因东端临海而具有海洋性湿润气候的特征，南部为热带潮湿气候带。古近纪，印度板块向北的挤压、楔入作用占主导地位，形成右旋张扭应力场，发生裂陷作用，为走滑拉分聚煤盆地的形成创造了有利的构造背景。在西南形成一系列 NW、NNW 向的大型走滑断裂，形成走滑拉分盆地。新近纪，太平洋板块占主导地位，在东北地区形成左旋压扭应力场，断陷盆地封闭。而云南应力状况比较复杂，在先存断裂的基础上发育断陷、走滑和拗陷等不同类型的盆地，成为我国新近纪重要的聚煤区。我国古近和新近纪聚煤作用是全球环太平洋和新特提斯洋聚煤作用的一个重要组成部分。根据古气候、古地理和聚煤特点，可将古近和新近纪聚煤盆地划为西环太平洋和新特提斯沉积聚煤域（图 7.16）。

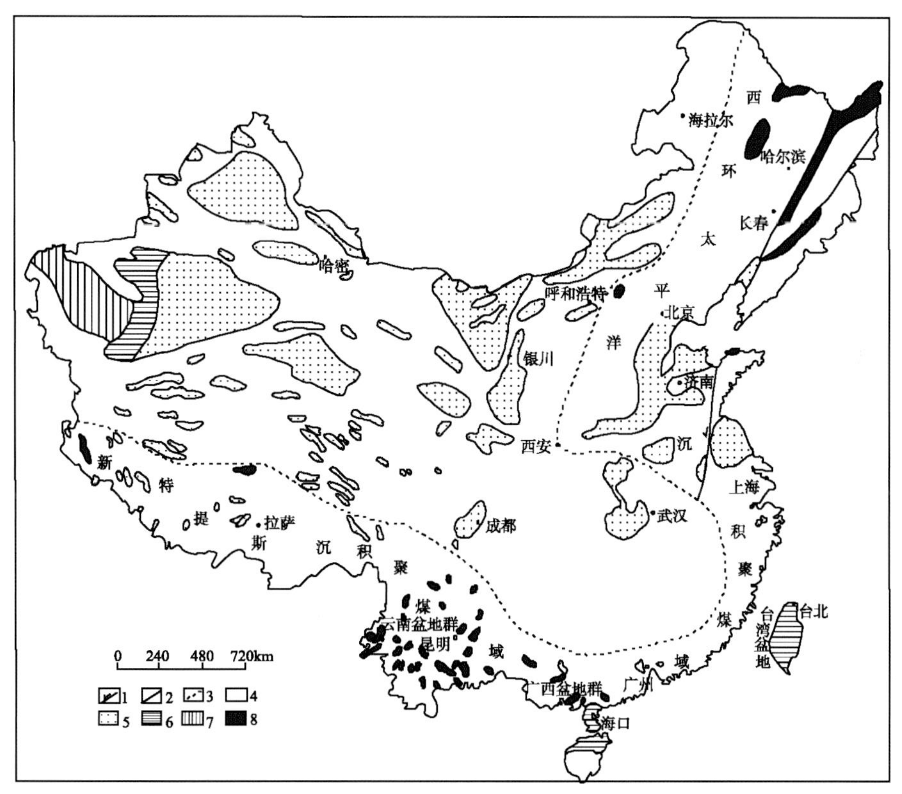

图 7.16　中国大陆第三纪聚煤古地理略图（中国煤炭地质总局，1999，略修改）

1. 平移断裂；2. 相区界线；3. 聚煤域边界；4. 古陆；5. 陆相区；6. 过渡相区；7. 海相区；8. 聚煤盆地

1）古近纪古地理及聚煤盆地群

西北—华北内陆区，除塔里木盆地西南缘仍与广海连通外，均发育干旱气候条件下的内陆河湖膏盐沉积。西南特提斯区的西部为喜马拉雅残留海，在沿雅鲁藏布江的近海盆地内发育秋乌煤系、门士煤系等海陆交互相碎屑含煤沉积；中部的云南地区此时处于整体隆起状态，广西地区沿断裂发生差异升降运动，发育百色、南宁等拉分盆地，为该区古近纪主要聚煤盆地群。东北的松辽盆地已大面积萎缩；残余盆地发育于依安附近以及逊克、嘉阴一带，为陆相含煤沉积；东部沿伊通–佳木斯断裂带和抚顺-密山断裂各发育一组拉分盆地群，也是中国古近纪主要的聚煤盆地群。

A. 广西盆地群

广西古近纪聚煤盆地为彼此孤立的内陆断陷盆地，分布在古南岭以南的桂西及桂东南一带，主要有百色、南宁、上思、那龙等盆地。各盆地古近系均为厚数百米至3000m的陆相含煤沉积，其中以百色盆地的含煤性最好。

百色内部垂直边界断裂的次级断裂将盆地分割成五个断块，断块间沉降速度的差异控制了含煤岩系的厚度变化及各时期的沉积相带展布，也控制着聚煤带的分布。那读早期的沉积作用发生于盆地西部，以扇三角洲–湖泊环境下的碎屑岩、泥灰岩含煤沉积为主，有利的聚煤部位为扇三角洲的远端，形成了Ⅰ、Ⅱ煤组，含煤5～8层。那读晚期的沉积作用扩展至全盆范围，为滨湖三角洲–湖泊环境，东、西部各有一个沉积中心，西部发育了A、B、C三个煤组，煤层最多达43层，东部仅发育A煤组。百岗早期湖泊扩张达到顶峰，盆地内普遍沉积了较厚的深湖相泥岩及泥灰岩，百岗晚期盆地开始萎缩，以滨浅湖沉积为主，共形成六个煤组，含煤1～33层，东部发育较好。百色盆地含煤岩系厚2500m，含煤80余层，煤层总厚近50m。主要含煤组为那读组和百岗组，富煤带分布于盆地南部，那读组富煤带分布在西部的东笋-东怀和那坡-那鲜屯以及东部的那读和保群等地。

B. 东北盆地群

该盆地群包括伊佳地堑内的伊通、舒兰、五常、宝泉岭及其南端的下辽河和北端的三江盆地，抚密地堑内的沈北、抚顺、清原、梅河、桦甸、敦化、鸡西、平阳镇和虎林盆地，松辽盆地萎缩后形成的逊克、嘉荫、依安盆地，以及珲春和图们等盆地，其中主要的聚煤盆地有舒兰盆地、梅河盆地和抚顺盆地等。

（1）舒兰盆地。位于伊佳地堑中段，为半地堑式盆地。始新世早期盆地开始扩张，以河流体系为主，为主要聚煤期；中期湖泊扩张至鼎盛期，湖泊体系占主导，湖水加深而聚煤终止；晚期盆地开始萎缩，最初以滨湖三角洲体系为主，也是一个主要的聚煤时期。始新世含煤岩系称舒兰组，厚数十米至上千米，含煤20～30层，其中可采8～12层，可采总厚约10～19m。

（2）梅河盆地。位于抚密地堑南段。古近系梅河组分三段。下煤段分布于断陷盆地的底部和盆缘带，由扇砾岩、砂砾岩、扇间泥质岩沉积及煤层构成，含煤1～3层，局部可采。中煤段沉积范围扩大，岩性岩相组合为扇砾岩、砂砾岩、滨湖相砂岩及湖相泥岩，含煤3～5层，煤层单层厚一般为3～10m，最大可达40～50m。上煤段为巨厚层砾岩、砂砾岩沉积，向盆地中心相变为泥岩沉积，扇远端部分沼泽化聚煤，含煤1～

9层，局部可采2～4层。

（3）抚顺盆地。位于伊佳地堑与抚密断裂的接合部位。老虎台期为盆地初始裂陷期，火山活动强烈，其后为湖泊扩张期，形成栗子沟组河湖相含煤沉积及古城子组以泥炭沼泽相为主的沉积，形成巨厚煤层。计军屯期以深水湖泊相沉积为主，聚煤作用终止，发育油页岩。古新统—始新统有四个含煤层位，老虎台组所夹的B组煤厚度变化很大，局部可采；栗子沟组所夹的A组煤很不稳定；古城子组含巨厚煤层，煤层沿走向由西向东变薄、尖灭，西部的最大厚度为130m，中部40～75m，东部15～45m，至东端则减薄至8m，煤层沿倾向自南往北有规律地分叉、尖灭。

C. 其他盆地

除上述两个主要的聚煤盆地群外，在华北地区还零星分布着诸如山东黄县、五图，河北大兴、蓟县、涞源斗军湾，内蒙古集宁等古近纪聚煤盆地。黄县盆地为近海山前断陷盆地，含煤地层为始新世—渐新世黄县组，总厚800～1600m。下段主要为冲洪积粗碎屑岩；中段为以湖泊相细碎屑岩和沼泽相为主的沉积，含煤8层，与油页岩互层，可采1～4层，最大可采总厚约17m，自东向西煤层层数增多，厚度增大，富煤带位于盆地西部。

2）新近纪古地理与聚煤盆地群

在西北—华北内陆区，西北各大盆地仍为干旱气候的内陆河湖环境，以红层、膏盐沉积为主。华北地区受海洋气候影响，气候转为潮湿，在晋冀蒙交界附近发育了小型聚煤盆地群。台湾已上升成陆，形成含煤性极差的海陆交互相含煤岩系。东北的三江盆地和兴凯盆地有较弱的聚煤作用，成为东北新近纪聚煤盆地。云南一带沿断裂发育众多小型聚煤盆地，称云南盆地群，是新近纪最重要的聚煤盆地群。

A. 云南盆地群

云南盆地群由大小不等的250多个新近纪盆地组成，目前已知聚煤的有151个。云南地处特提斯构造带与西太平洋构造带的接合部位。依据盆地构造机制可将云南盆地类型分为张裂断陷型、压缩拗陷型和走滑型等。云南聚煤盆地类型与富煤程度关系如图7.17所示。

张裂断陷型盆地：此类盆地形成于拉伸张裂断陷机制下，分地堑和半地堑式两种，主要分布在滇东，如腾冲、瑞丽、保山、镇源三章田盆地等。此类盆地含煤岩系的厚度大，常在千米以上，最大超过2500m，粗碎屑岩发育，部分盆地有火山熔岩多期出现。沉降中心紧靠控制断裂，地层等厚线及相带平行于盆缘断裂延伸，煤层层数多，但可采者少，含煤性普遍较差，富煤带常出现在盆地中心，一般属于弱聚煤盆地。

压缩拗陷型盆地：此类盆地形成于侧向挤压、局部拗曲下陷或逆冲断陷机制下，又可分为拗陷型和断拗型。拗陷型的成因为挤压拗曲下陷和差异沉降，盆地沉降幅度小，含煤岩系厚度一般为数百米，以细碎屑岩含煤沉积为主，多为同沉积向斜盆地，沉降中心位于盆地中心，粗碎屑岩相带围绕盆地周边呈环形展布。煤层层数少，一般1～3

层，较稳定，可采总厚度 5～223m，富煤带位于沉降中心，向周边分叉变薄。盆地规模普遍较小，但富煤强度大，如开远小龙潭盆地等（图 7.18）。小龙潭盆地含煤地层属中新世中期沉积，下段为杂色冲洪积碎屑岩、钙质泥岩夹薄煤；中段为巨厚煤层，厚 40～223m，夹薄层灰岩透镜体，煤层向盆地中心增厚，富煤带与基底向斜轴重合，中心带厚度大于 150m，向盆缘方向分叉、变薄。

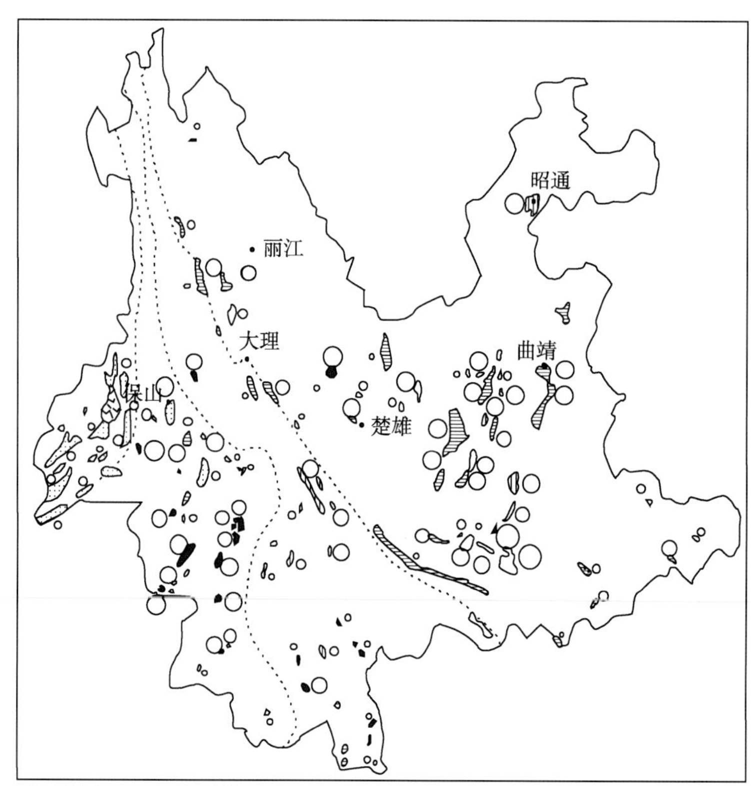

图 7.17　云南新近纪聚煤盆地类型与富煤程度关系图（中国煤炭地质总局，1999）

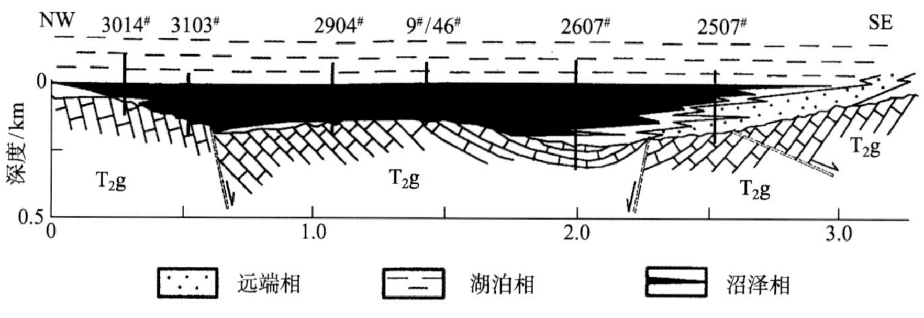

图 7.18　小龙潭盆地沉积剖面图（中国煤炭地质总局，1999）

断拗型发育于逆冲断裂旁侧，是在挤压机制下形成的。盆地沉降幅度中等，含煤岩系厚度小于 1000m，以碎屑岩含煤沉积为主，沉积中心偏于控盆断裂一侧，含煤性较好，通常含煤 1～20 层，可采数层，可采总厚 3～60m，富煤带多位于盆地的斜坡区，沿沉积倾向向两侧分叉变薄。例如，龙陵镇安盆地（图 7.19），上新世粗碎屑含煤建造厚度近 400m，分三个煤组，以中部的二煤组较稳定，主煤层最大厚度 40～60m。

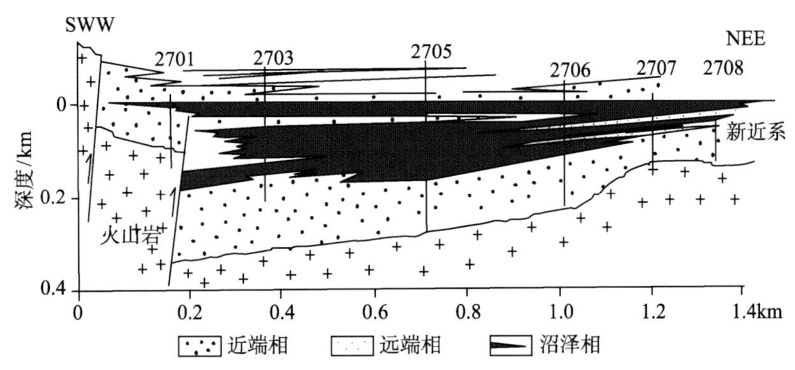

图 7.19 镇安盆地沉积断面图（中国煤炭地质总局，1999）

走滑型盆地：沿走滑断裂分布。此类盆地在滇东走滑活动区内普遍发育，如昆明、玉溪、吕合等盆地。玉溪盆地含煤地层为上新世砂、泥岩含煤岩系，沉积厚度大于 780m，分为上、下含煤段和其间的湖相泥岩段，含煤 1～42 层，可采 12～16 层，可采总厚数米至 48m。下煤段保存完整，其富煤带跨越控盆断裂，展布与沉降中心基本一致。

B. 其他新近纪聚煤盆地

其他新近纪聚煤盆地还包括东北伊佳地堑北端的宝泉岭盆地、汤原盆地，抚密地堑北端的平阳镇盆地、虎林盆地，华北北部的丹峰、张北盆地以及西藏的芒乡盆地等。宝泉岭盆地中新世宝泉岭组中期为湖沼相含煤建造，含煤 5～7 层。汤原盆地上新世沉积（富锦组）早期为湖泊–沼泽相沉积，局部发育不稳定煤层，中期为河流相碎屑沉积，晚期为以湖相泥岩为主的沉积。平阳镇、虎林盆地新近纪平阳镇组底部为玄武岩，下部为河流相粗碎屑沉积，中部为含煤段，上部为湖相细碎屑建造，在鸡西平阳镇含煤 10 余层。围场、丹峰、张北等新近纪聚煤盆地分布在内蒙古呼和浩特—赤峰一线。丹峰盆地为一套陆相火山喷发岩夹碎屑岩的含煤岩系（汉诺坝组），总厚 400 余米，玄武岩最多可达 15 层，主要含煤层位在中、下两段玄武岩中间，含 3～6 个煤组，含煤 1～8 层，其中可采 1～2 层，可采总厚约 2～6m，富煤带一般处于玄武岩所夹的沉积地层较厚处。

西藏芒乡盆地为由火山凝灰岩、安山岩、湖相碎屑岩构成的陆相含煤沉积，厚约 2500m，煤层位于下部凝灰岩与细碎屑岩组合中，含煤 20 余层，不稳定，局部可采 3 层，单层最大厚度 1.3～5.5m。

3. 中、新生代聚煤作用特征

综上所述，我国聚煤作用的基本特点可归纳为如下几点。

（1）不同沉积聚煤域的聚煤强度具有显著差别，富煤域在时空上的迁移规律明显。石炭纪—二叠纪的富煤域为塔里木—华北和华南沉积聚煤域，晚三叠世为华南沉积聚煤域，早–中侏罗世迁移至西北—华北地区，早白垩世迁移至东部地区，古近纪和新近纪沿太平洋和新特提斯洋沿岸分布。富煤域的迁移，是板块构造、古气候、区域古地理和海平面系统作用的综合结果。

（2）不同类型盆地的聚煤作用也有显著差异。以克拉通盆地、前陆克拉通复合盆地的聚煤条件最好，盆地规模大，形成的煤层厚度大而稳定；拉分盆地、断陷盆地的聚煤作用次之，盆地规模较小，由于盆缘断裂的控制，往往能形成巨厚煤层，但煤层厚度变化大；前陆盆地、拗陷盆地、山间盆地、裂陷盆地的聚煤条件不一，有时能形成巨厚煤层；陆缘盆地构造活动性强，聚煤作用弱。

（3）聚煤盆地的构造演化，不同程度地控制着古地理的演化、沉积相带的展布以及富煤带的分布，并直接影响到煤层的厚度和结构。大型的同沉积断裂控制着盆地的构造演化、古地理格局及富煤带的迁移。盆地内的中、小型同沉积断裂往往影响含煤岩系的厚度和煤层厚度及结构；盆缘同沉积断裂往往构成聚煤盆地的边界，控制盆地的构造演化和沉积充填。这类同沉积构造在中生代和古近纪和新近纪的断陷盆地、拉分盆地和前陆盆地中表现最为突出。同沉积隆起和拗陷是聚煤盆地中一种普遍的同沉积构造，是拗陷和克拉通盆地的主要构造样式，在一定程度上控制富煤带的分布和煤层的分叉、尖灭。

（4）富煤带与废弃的三角洲、潮汐沙滩、障壁海岸和扇三角洲等沉积体系有关。这些废弃的体系接近水体，地形低凹，易于积水，地下水充足，并具有相对平整和开阔的古地貌特征，在其上发育的相互孤立的泥炭沼泽可以很快地向四周扩展，利于泥炭沼泽大范围长期稳定发育，形成大面积分布的稳定煤层。而废弃的冲积扇、河流、无障壁海岸的地形高差大，较狭窄，远离水体，地下水不很充足且水位低，或距水体太近，易受海侵或湖侵的影响，不利于泥炭沼泽的广泛长期稳定发育。

（5）我国中、新生代的陆相聚煤盆地都经历了初始充填、 湖泊扩张、湖泊退覆等三个阶段，可与低位体系域、海侵体系域和高位体系域类比；体系域的转换期常常是重要煤层的形成期。

初始充填期以冲积体系为主，活跃的碎屑环境抑制了泥炭的聚积，仅在废弃的冲积平原或其他长期积水洼地局部有泥炭堆积。随着古地形的填平以及湖平面的相对上升，盆地逐渐进入初始充填体系域和湖泊扩张体系域的转换期，在已废弃的冲积扇、扇三角洲、河流、河流三角洲之上有泥炭沼泽的大面积发育。由于湖平面上升缓慢，构造长期稳定，可形成较好的煤层，如中、新代陆相聚煤盆地的下含煤段。

随着湖平面的快速上升，盆地充填进入湖泊扩张阶段，湖相沉积覆盖了泥炭沼泽，聚煤范围明显缩小或终止。随着湖平面由快速上升转换为缓慢上升，并开始下降，湖泊由扩张期进入退覆期，陆表暴露面逐步扩大，泥炭沼泽逐渐由滨湖带向湖心扩展，形成分布范围广、厚度大的煤层，常构成盆地的上含煤段，尤其是湖泊扩张和退覆体系域的转换期，常形成全盆性富煤单元，如鄂尔多斯、霍林河等盆地。

（6）泥炭沼泽在其形成、发展和衰亡的过程中，古地理条件仍然是各聚煤阶段（包括聚煤期前、聚煤期和聚煤期后）的直接控制因素。下伏的沉积环境对泥炭沼泽的形成影响不大，仅表现为下伏废弃的沉积环境所造成的古地形差异及不同沉积物的所引起的差异压实作用，对泥炭沼泽发育仅产生一定的影响。泥炭沼泽可以分为全盆性泥炭沼泽、局部泥炭沼泽和附属泥炭沼泽。

全盆性泥炭沼泽是在物源区的构造稳定，碎屑活动几乎终止，体系域转化期形成的（如鄂尔多斯盆地 3-1 煤层），泥炭沼泽发育于不同的沉积体系之上，起伏不平的暴露面为泥炭沼泽的发育提供了平台。泥炭沼泽的发育范围随湖平面的升降而相应变化。

局部泥炭沼泽发育于废弃的碎屑体系之上，如废弃的三角洲朵叶、障壁海岸体系等，独立于其他活动的沉积体系并与之同时发育。在泥炭沼泽发育过程中，受临近活动碎屑环境的影响，其范围比全盆性泥炭沼泽小，但能作为独立的沉积体系进行发展，形成较大范围的稳定煤层。

附属泥炭沼泽是活动碎屑体系的沉积相之一，发育于分流河道间湾、河漫滩等地区，由于受河流决口、泛滥、潮汐作用等活动碎屑环境的影响，仅能形成高灰煤或炭质泥岩。成煤后的古环境对煤质产生明显的影响。全盆性泥炭沼泽和局部泥炭沼泽被湖水覆盖而消亡，使湖水渗透到疏松的泥炭中，海水所覆盖的煤层含硫分高（如华北盆地的石炭系煤层），而湖水所覆盖的煤层含硫分低。后期三角洲、河流、潮汐等水动力较强流体的冲刷，可以使煤层局部尖灭，但影响范围较小。

（7）泥炭沼泽作为独立的沉积体系有其自身的演化规律。泥炭沼泽体系由有机相和无机相组成。有机相包括干燥森林沼泽相、湿地森林沼泽相、覆水森林沼泽相、芦木芦苇沼泽相、开阔水域沼泽相和较深覆水森林沼泽相等；无机相有碎屑沼泽河、沼泽湖相等。这些沉积相在时间和空间上的规律性变化，影响着煤质和煤的结构。泥炭沼泽相的演化主要取决于沼泽的覆水深度，而覆水深度主要取决于地下水、降雨和沼泽河的补给以及下伏碎屑沉积物的差异压实作用。泥炭沼泽中存在的细小碎屑沼泽河和以泥质为主的沼泽湖都是低能的，仅能形成煤层的夹矸。当沼泽水补给充足而排泄不畅时，沼泽湖将扩展，使泥炭沼泽退缩和消亡，形成泥质夹有矸。同时，泥炭沼泽水介质条件是影响煤质的主要因素之一，在一定程度上控制着煤层的硫分和灰分的变化。

二、中、新生代煤种分布与煤岩变质特征

不同时代煤岩的变质程度往往不同。通常，煤的形成时代越早，其变质程度就越高。我国古生代煤多为中、高变质烟煤和无烟煤，中生代煤多为中、低变质烟煤，新生代煤多为褐煤和长焰煤。但在有的煤田中，煤级与成煤时代的基本关系往往被打乱，如古近纪和新近纪有中变质烟煤等。我国中侏罗世是存在褐煤的最老时代，又是贫煤和无烟煤基本终止的时代，如在甘肃大有、大滩等地为褐煤，而只有宁夏汝萁沟、甘肃九条岭、内蒙古大青山和北京京西等地为无烟煤。显然，上述几处贫煤、无烟煤的

形成，应是后期叠加岩浆热的结果。由于构造、地理和气候等方面的演化，我国各赋煤大区有着不同煤变质带与煤种分布的特征。

（一）赋煤大区煤种分布特征

1. 东北赋煤区

各时代煤在深成变质作用的基础上，部分地区因叠加了燕山期或喜马拉雅期岩浆热而使煤级升高，并出现分带现象，尤以早白垩世煤的分带最为明显。万红、杉松岗、长白沿江等三个呈北西向分布的早–中侏罗世煤产地为中高煤级烟煤至无烟煤，北票为气煤和肥煤，有岩浆侵入，法库三家子为焦煤。早白垩世煤以褐煤和长焰煤为主，褐煤、长焰煤、气煤和焦煤相间出现，构成东、西低，中部高的四个北东向条带（图 7.20）。

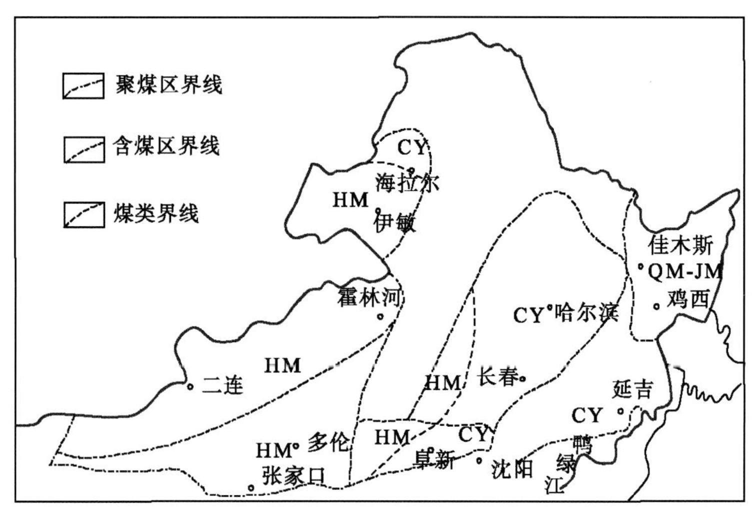

图 7.20　东北地区早白垩世煤种分带示意图（毛节华和许惠龙，1999）
HM. 褐煤；CY. 长焰煤；QM. 气煤；JM. 焦煤

1）大兴安岭东、西麓褐煤带

从大兴安岭西麓向西南至阴山，包括海拉尔、霍林河、二连和固阳等盆地，该地区只在拉布达林、五九煤矿有长焰煤，伊敏五牧场有小面积气煤–贫煤。大兴安岭东麓包括西岗子、黑宝山等煤产地和平庄、元宝山煤田，向西南延伸至张家口、承德地区和山西浑源、阳高的一些煤产地，皆以褐煤为主，局部有长焰煤，受岩浆侵入影响严重的有焦煤甚至无烟煤。

2）松辽平原长焰煤带

松辽平原长焰煤带包括伊春、绥棱、木兰、延寿、尚志、营城、跤河、双阳、刘房子、双辽、金宝屯、铁法、康平、八道壕、阜新等煤田和煤产地，基本为长焰煤，仅有少量气煤和褐煤。

3）三江平原低中变质煤带

该带的北部是东北地区重要炼焦用煤产地，包括鹤岗、鸡西、双鸭山、七台河等矿区，以气煤和焦煤为主。向南可延伸到辽源，以气煤为主，部分为长焰煤。

4）东宁—延吉长焰煤带

东宁、老黑山为褐煤和长焰煤，延边与和龙为长焰煤。古近纪和新近纪煤呈北东向的条带分布，五常—舒兰—梅河—沈北为褐煤，虎林—珲春为褐煤，依兰、抚顺为长焰煤，抚顺有部分气煤。逊克—嘉荫一带多为褐煤。

2. 西北赋煤区

西北赋煤区地跨天山–兴蒙褶皱系西段、塔里木地台和秦祁昆榴皱系中段等三个大地构造单元。石炭纪—二叠纪煤分布在准噶尔盆地的西北部和祁连山南、北，呈北西向或东西向条带，以中变质烟煤为主，也有贫煤和无烟煤。晚三叠世煤在新疆北天山、准噶尔和乌恰等地以气煤为主，局部有肥煤、焦煤和瘦煤，乌恰煤田有岩浆侵入煤层，接触带有天然焦。青海术里、门源和甘肃天祝、景泰等煤产地呈北西向分布，有长焰煤、气煤、肥煤、瘦煤和贫煤。青海昆仑山无烟煤带，主要有都兰八宝山等煤产地，呈北西向分布。总体上，西北赋煤区是以深成变质作用为主的低变质煤分布区。早–中侏罗世煤多为低变质烟煤，部分为中变质烟煤，局部可达高变质烟煤。

早–中侏罗世煤可分为以下四个变质区（带）。

（1）新疆低变质煤区：准北、准南、伊犁、吐哈、准东等主要煤田均以长焰煤、不黏煤和气煤为主，局部有肥煤、焦煤和瘦煤；塔北煤田以气煤为主，局部有弱黏煤、肥煤和焦煤；乌恰煤田为肥煤和焦煤；西昆仑煤矿点为长焰煤和不黏煤，局部有贫煤和无烟煤。此外，在准噶尔盆地西缘的和什托洛盖和克拉玛依尚存少量褐煤。

（2）柴北低变质煤带：包括青海的鱼卡、大煤沟、柏树山、大通，甘肃的窑街、阿干镇至靖远等近东西向排列的小型煤盆地，以长焰煤、不黏煤为主，其次为弱黏煤和气煤，局部有贫煤和无烟煤，大有、大滩等地为褐煤。

（3）祁连山中、高变质煤带：包括旱峡、红沟、江仓、木里、热水和九条岭等煤产地。红沟和西后沟为焦煤，九条岭为无烟煤，旱峡为贫瘦煤，热水为瘦煤、贫煤，江仓、木里为中、 低变质烟煤。

（4）昆仑山—积石山变质带：此带近东西向延展至新疆。昆中断裂两侧为长焰煤—气煤，昆南断裂带北侧的纳赤台为无烟煤，南侧的大武煤田为中、高变质煤，石峡和野马滩为焦煤、贫煤和少量无烟煤（图 7.21）。

3. 华北赋煤区

该区石炭纪—二叠纪煤以中、高变质烟煤和无烟煤为主，尚有部分低变质烟煤；早–中侏罗世煤以低变质烟煤为主，局部也有高变质烟煤和无烟煤；晚三叠世煤多为低变质烟煤；古近纪和新近纪煤为褐煤。鄂尔多斯盆地的瓦窑堡组和延安组均为低变质烟煤，自上而下挥发分降低 2%～3%，属典型的深成变质作用类型，如在榆神矿区上部为长焰煤，下部为不黏煤。

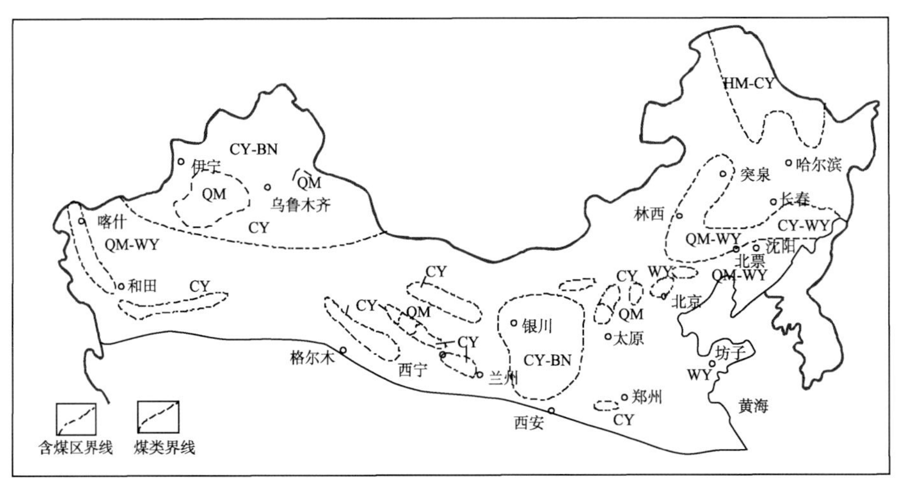

图 7.21　北方侏罗系煤种分布示意图（毛节华和许惠龙，1999；图中字母代码同图 7.20）

此外，在大同和张家口一带，还分布有褐煤和低变质烟煤。山东古近纪和新近纪小断陷盆地中分布有褐煤。

4. 华南赋煤区

晚三叠世在南岭—湘东南—萍乡、乐平、无为呈北东向的狭长条带内断续分布的中高变质烟煤。早侏罗世在赣南、赣中、湘南、湘中、浙西、皖南零星分布着低变质烟煤至无烟煤，以中变质烟煤为主。四川沿哀牢山深断裂分布的古近纪和新近纪小型煤盆地，已部分变质为低变质烟煤，其热源均是来自深部的岩浆活动。

5. 滇藏赋煤区

该区成煤期多，地层厚度大，但保存的含煤面积不大，含煤性较差。含煤地层主要分布在藏北（含青海乌丽）和藏南两个条带。北带沿唐古拉山—横断山分布，属中—高变质煤带，早石炭世煤为贫煤和无烟煤，晚二叠世煤为瘦煤—无烟煤，晚三叠世煤为肥煤和焦煤。南带西起狮泉河，沿雅鲁藏布江分布，中侏罗世煤为无烟煤，早白垩世煤为长焰煤—无烟煤，古近纪煤为褐煤、长焰煤、弱黏煤、肥煤、贫煤，新近纪煤为长焰煤。滇西地区仅有古近纪和新近纪褐煤，局部变质为长焰煤。

（二）中、新生代煤岩煤质特征

由于成煤时代、成煤原始物质、聚煤环境和所经历的煤化作用等方面的差异，各地和各时代的煤岩组成和煤的物理、化学工艺性质等煤质特征也复杂多样。

1. 晚三叠世煤岩

晚三叠世煤分布在我国南方的浙江、福建、江西、湖南、广东、广西、贵州、云南、四川、 湖北以及陕南、豫西南和皖南等地，其中四川、云南、湖南、江西等省的煤层发育较好，为重要的炼焦用煤产地。新疆、甘肃、青海、西藏、陕北的晚三叠世煤也具有一定的工业价值。晚三叠世煤岩在内蒙古桌子山及豫北义马等地也有分布。

晚三叠世煤的显微组分含量的一般值为：镜质组 70%，半镜质组 6.6%，惰质组 17.9%，壳质组 5.5%。四川须家河组煤的镜质组低于一般值，而半镜质组和惰质组则高于一般值。煤中矿物质含量为 8.5%～20%，南方地区煤中的矿物质含量明显高于北方地区煤。镜质体最大反射率在 1%左右，在四川盆地西北缘以及梯归、萍乡、子长等地最低为 0.7%左右。福建煤的镜质体最大反射率达 2%～7.9%，一般大于 5%，显示其变质程度较高。煤的灰分、硫分各地相差很大，一般以中灰–高灰、低–低中硫煤为主。在云、贵、川、鄂、豫、青、藏等地煤的硫分变化为 0.2%～10%，高低相差数十倍，而甘、青、藏、 陕、川西、滇西等地有相当数量的低灰、低硫煤。晚三叠世煤的煤类复杂，长焰煤至无烟煤皆有，而以中等变质程度的烟煤居多。

2. 早–中侏罗世煤岩

早–中侏罗世含煤地层主要分布于北方各省（自治区），其中以陕西、内蒙古、新疆、山西、宁夏等地最为重要。在南方的广西、江西、皖南、川北、陕南和藏南也有零星分布。北方早–中侏罗世煤的显微煤岩组分的突出特点是惰质组含量高，镜质组含量较低，中侏罗世煤的镜质组含量又低于早侏罗世煤的，惰质组则相反；壳质组含量一般在 2.6%左右。如鄂尔多斯煤（J_2）的镜质组+半镜质组为 47%～53%，惰质组为 46%～49%；中祁连地区煤（J_2）的镜质组+半镜质组为 47%～75%，惰质组为 25%～67%，但该区的大有、大滩、炭山岭等地区惰质组+壳质组仅为 3.9%；新疆早侏罗世煤的镜质组+半镜质组为 75%，惰质组为 22.4%，中侏罗世煤的镜质组+半镜质组为 67.5%，惰质组为 29.7%。早–中侏罗世煤均以低灰、低硫和可选性好而著称。在神府、东胜、大同等区，煤的灰分为 5%～10%，硫分小于 0.7%；宁夏、甘肃、新疆煤的灰分为 7%～20%，硫分小于 1%。冀北、北京、青海煤的灰分为 11%～30%，硫分小于 1%。西北地区早–中侏罗世煤以黏结性弱、二氧化碳转化率高为特点，新疆主要煤田八道湾组原煤煤质特征参数见表 7.21。南方各地的早–中侏罗世煤的煤质明显比北方差，灰分和硫分的两极值变化很大，灰分为 10%～55%，硫分为 0.3%～5.9%，以中–中高灰、低中–特高硫煤占多数。

3. 早白垩世煤岩

早白垩世煤主要分布于黑龙江、吉林、内蒙古、辽宁、河北、山西、甘肃和西藏等省（自治区），以东北三省和内蒙古为最重要。煤类以褐煤和长焰煤为主，气煤和焦煤集中赋存于三江平原。西藏的个别矿点有贫煤和无烟煤。

东北地区早白垩世煤基本为腐殖煤，镜质组（腐殖组）含量高为其显著特点，惰质组一般不超过 15%，但伊敏煤的惰质组高达 30%～40%。

褐煤中腐殖组占 68%～93%，惰质组占 4%～29%，壳质组占 1%～3%，R^o 为 0.31%～0.6%。烟煤中镜质组在 80%左右，惰质组占 6%～20%，壳质组占 3%～5%，R^o 为 0.7%～2.5%。壳质组中普遍含有树脂体，但仅在黑龙江东宁的煤层中形成了树脂残殖煤分层，

表 7.21　准南、吐鲁番-哈密及和什托洛盖煤田八道湾组原煤煤质综合表（李河名等，1996）

煤田	矿区	M_a/%	A_a/%	V_{daf}/%	C_{daf}/%	H_{daf}/%	N_{daf}/%	$S_{daf,b}$/%	P_d/%	$Q_{daf,b}$/(MJ/kg)	焦质层/mm		$T_{ar,d}$ /%	煤种
准南煤田	水西沟	0.7~2.6	6~40	43~59	76~79	5.2~5.4	1.2~1.8	0.2~0.5		31.61~36.43	60~73	5~11		QM、CY
	大、小黄山		<10	35.6	81~87	4~6	1.7~2.2	0.54		33.91~35.59	22~66	24~38		QM、FM
	小龙门（甘河子）	0.4~0.9	10~20	30~40	80~88	4.7~6.3	1.5~2.2	0.3~0.5		33.49	15~45	18~30	<7	QF、QM
	五工河	0.27	6.6~25	39~58.4	82	6.33	1.3	0.52		32.24~36.72		9.17		QM
	三江河	2.59	6.99	40~50	83	4.91	1.07	0.29	0.053	33.76	30~52	0~11.5		QM
	乌河–米泉白杨河	1.27	11.48	45.37	83.14	5.95	2.09	0.47		35	49.52	22	8.5	QM、QF
	双石磊	1.32	26.4	46.2	81.26	6.04	1.8	0.54		34.53	35~40	11~21		QM、FM
	大甫沟	1.78	20.68	32.22~44.55	82.28	5.6	1.99	0.57	0.022	33.6	28.5~60.8	0~18.6	11.55	QM、RN
	桌子山	3.26	12.61	27.88~45.57	70.97	5.02	1.88	0.47			39~65	0~5	9.4~18.2	RN、CY、BN
	头屯河–三屯河	3.62	11.62	45.42	78.31	5.62	2.45	0.32	0.034		38.5~66	0~5	11.49	
	巴音沟	4.86	5.95	43.32	77.94	5.8	1.88	0.58	0.039		50.5~65.5	5~9.5	14.62	
	四颗树	6.65	13.97	45.72	76.66	5.58	1.25	0.27	0.07	31.26	48~63	0	9.64	CY
吐鲁番-哈密煤田	艾维尔沟	0.76	25.42	26.5				0.34	0.054	35.83	24.86	20.84	9.58	FM、JM
	吐鲁布拉克	1.65	9.5	40.75	79.83	5.41	1.52	0.37		32.54	40.79	5.3	14.7	CY、QM
	克尔碱	4.15	12.55	42.07	78.87	6.57	1.79	0.32	0.043	32.13	48.63	0.54		CY、BN
	桃树园	10.07	12.57	39.22	80.09	5.82	0.63	0.94	0.03	30.39	45.83	0		CY
	七泉湖	3.71	7.37	38.8	81.82	5.09	1.3	0.45	0.03	32.56	46.8	0.2		CY、BN
和什托洛盖		5.05	22.79	45.21~49.06	75.38	5.56	1.62	0.48	0.06	30.96				CY、BN

其树脂体含量达60%～80%。据韩德馨等（1996）的分析，煤中壳质体含量占76.3%，其中树脂体占多数，最高达90%，角质体占5.5%，小孢子体占1.8%。树脂残殖煤的灰分为27.4%，挥发分为67.6%，氢含量为7.6%，焦油产率为26%，收到基高位发热量为17.39MJ/kg，二氯甲烷抽提物含量高达11%。此外，构成叠瓦状的树皮组织也普遍可见，尤其内蒙古兴安岭地区的褐煤中最为典型。煤质以中灰、低硫煤为主。扎赉诺尔煤岩的煤质最好，属低中灰煤，大雁、铁法、营城等矿区属中高灰和高灰煤。从总体上看，褐煤的灰分低于烟煤。内蒙古中、东部早白垩世含煤区主要煤层煤质特征见表7.22。

表7.22　内蒙古中、东部晚中生代煤盆地主要煤层煤质综合表（李河名和费淑英，1996）

盆地名称	M_{ar}/%	A_d/%	V_{daf}/%	$S_{d,t}$/%	P_d/%	$Q_{d,b}$/(MJ/kg)	$H_{m,d}$/%
扎赉诺尔		16.73	46.55	0.4	0.014	23.37	5.34～12.18
西胡里吐	15.11	22.43	46	0.45	0.008	22.31	
陈旗		20.5	43.38	0.49		21.62	
大雁		19.42	44.95	0.56	0.023	22.86	17.2
牙克石一五九	15.05	19.04	45.87	0.68	0.015	23.47	
拉布达林	1.48	18.09	44.91	0.52	0.044	27.57	
免渡河	5.94	26.71	41.9	0.38		23.76	
伊敏	12.94	24.97	46.47	0.58	0.038	22.58	11.63
红花尔基	21.54	17.79	46.96	0.34		23.18	16.64
呼和诺尔	19.82	19.07	42.21	0.51		22.95	
莫达木吉		17	43.41	0.48	0.014	24.49	
五七军马场		11.43	44.54	0.27	0.021	21.23	
霍林河	16.05	24.55	46.95	0.58	0.022	21.95	
白音华	15.54	18.37	46.35	1.14		24.13	
吉林郭勒	10.75	23.84	46.57	1.11	0.027	21.2	
乌套海	11.4	22.54	45.3	0.59		21.48	11.81
胜利	19.94	20.61	44.4	1.9		23.32	8.93
巴产和硕		22.22	43.01	0.5		19.08	
乌尼特	12.22	29.36	46.31	0.71		19.51	14.38
巴产宝力格	19.16	17.82	40.96	0.84	0.08	28.75	12.02
红格尔庙	9.99	27.95	46.91	2.11		17.74	7.76～11.52
西大仓	14.99	27.79	44.92	0.8	0.029	21.61	8.07～12.49
黑城子	22	23.93	43.96	1.05		21.55	
赛汉塔拉		22.95	44.81	2.77		21.32	
额合宝力格	16.35	14.12	38.88	0.57		28.33	
呼格吉勒图	10.21	21.84	43.37	2.44	0.055	23.69	14.84
西白产花	12.86	26.07	43.72	2.36	0.015	21.1	10.2
巴音呼都格	16.04	18.08	44.15	2.77		21.21	14.98
大杨树	7～12	18	45	0.4	0.08	23.2	
平庄–无宝山	15.2	18.11	42.44	1.41		26.33	

4. 新生代煤岩

古近纪和新近纪也是我国重要成煤期之一。含煤地层主要分布在东北三省、云南、广东、广西、海南和台湾等地。河北、山东、山西、河南、内蒙古、青海、西藏、四川、贵州、浙江、福建等省（自治区）也有零星小型煤盆地。古近纪和新近纪煤常与油页岩、硅藻土等共生，可综合开采利用，有些地区共生矿产的经济价值甚至超过了煤。古近纪在北方包括古新世、始新世和渐新世三个成煤期，以始新世最重要。在南方只有始新世和渐新世两期成煤，以茂名最好。新近纪在北方只有中新世成煤，以黑龙江煤层较发育，分布范围较大。在南方，中新世和上新世都形成了含煤性很好的煤盆地，以滇东煤层最发育。

北方古近纪和新近纪煤的成因类型皆以腐殖煤为主体，镜质组含量占 89%～98%，惰质组占 0.2%～5%，壳质组占 0.8%～6.8%。壳质组中以树脂体、角质体和小孢子体最多。古近纪煤中均含琥珀颗粒，新近纪煤中尚未发现琥珀，典型的琥珀煤有抚顺和沈北煤。古近纪煤中常见过渡类型的腐殖腐泥煤分层，具均一结构的腐殖腐泥煤俗称煤精，主要产于抚顺和依兰。褐煤腐殖组反射率为 0.30%～0.41%，烟煤镜质组反射率为 0.55%～0.59%。南方古近纪和新近纪煤基本为腐殖煤，在茂名、合浦、长昌、长坡等地与油页岩共生。云南的浅色褐煤（俗称白泡煤）分布在昆明周边的褐煤盆地，集中出现在上新世晚期，中新世仅有个别矿点。浅色褐煤呈浅灰-黄褐色，以 0.05～0.45m 的薄层夹于软褐煤中，分层数可达十几层至几十层，其中可见到炭化的和未完全炭化的木质煤及薄层丝炭。浅色褐煤的显微组分含量不同于普通褐煤，其腐殖组的含量为 1%～24%，一般为 9%；惰质组占 1%～16%，一般为 3%；壳质组占 18%～45%，一般为 32%；与黏土矿物组成的组分矿物-沥青基质占 43%～71%，一般为 49%，其中大部分是沥青基质；另有黄铁矿约 1%；腐殖组反射率为 0.24%～0.35%。而普通褐煤中腐殖组占 86%，惰质组占 2%，壳质组占 12%，腐殖组反射率为 0.24%～0.59%。古近纪和新近纪煤以水分高、热值低、灰分和硫分变化大为特征。水分为 15%～20%，灰分为 10%～50%，硫分为 0.2%～7%，挥发分为 40%～60%，发热量为 10～16MJ/kg。吉林、辽宁和云南等主要矿区的部分煤层灰分可低于 10%，东北和西南地区多属特低硫煤。

古近纪煤基本属老年褐煤，部分矿区有长焰煤和中等变质程度的烟煤。其中依兰为长焰煤，抚顺为长焰煤和气煤，局部见天然焦，蓟县邦均、龙口和五图有长焰煤，青海南部巴杂滩为长焰煤，西藏雅鲁藏布江上游至门士一带气煤、肥煤、焦煤至贫煤均有，广西百色、上思、广东茂名有长焰煤。此外，山西繁峙县至应县之间有年轻褐煤。新近纪煤基本属年轻褐煤，仅局部见有长焰煤等低变质烟煤。例如，广西捻子坪为长焰煤，台湾基隆至桃园一带有相当于长焰煤、弱黏煤、气煤、气肥煤的各煤类，在岩浆活动影响严重的基隆地区有少量煤已接近于无烟煤。云南西部和西南部地区则以老年褐煤为主，而一些小盆地的中新世煤层有长焰煤，局部见气煤和肥煤，甚至贫煤和无烟煤，与岩浆岩接触点可变质为天然焦。

三、煤岩油资源的潜力分析

（一）概述

化石能源是指在沉积盆地内的特定地质环境下，生物遗体等有机质经生化、慢速–热化学演化、生成、富集，并保存下来，形成烃类天然气、稀油、稠油、超稠油、油页岩、煤炭等不同物质相态的各类可燃矿产。在一个理想状态下的沉积盆地中，盆地边缘有机质主要为源于浅水沼泽相生物体的镜质组和惰质组，易原地聚积，构成煤层或煤岩。在盆地中部，有机质主要为源于深水相生物体的腐泥组和壳质组，易生、排烃，异地聚集，构成常规油气藏。在盆地中部和边缘的过渡部位，有机质主要为混合型的组分（壳质组和镜质组），易形成稠油或相对重质的油。即在平面上，由盆地中心向边缘，化石燃料类型呈相对轻质的常规油气→相对重质的稠油→煤分布。可见，“煤”和“常规油”有着密切的成生联系，稠油为两者联系的直接纽带。煤岩中有着似“油”的组成部分，油中有着似“煤”的组成部分。在我国中、新生代各种化石能源类型当中，从资源储量的直接统计来看，含氢量相对较高的褐煤和低变质煤占化石能源总探明储量的94%，占总剩余资源量的77%。因此，煤岩的综合利用大有可为。

（二）煤岩发育规模

20世纪50年代末期，我国煤炭工业部组织了第一次全国煤炭资源预测，预测全国煤炭资源总量（探明+预测）为93 779 $\times 10^8$t。70年代后期又组织了第二次全国煤炭资源预测，预测全国煤炭资源总量为50 592 $\times 10^8$t。1983～1988年，地质矿产部又开展了一次较为系统的中国煤炭资源远景评价，预测全国煤炭资源总量为62 024 $\times 10^8$t。1992～1997年，中国煤田地质总局又具体组织、完成了煤炭部门第三次全国煤炭资源预测与评价，预测全国煤炭资源总量为55 701 $\times 10^8$t。可见，中国煤田地质总局（1999）和地质矿产部（1992）两部门最后的预测总量基本接近，约 6×10^{12}t 左右。整体来看，我国煤炭资源分布具备以下三个特点。

（1）在我国石炭系、二叠系、上三叠统、中下侏罗统、下白垩统、古近系和新近系等主要含煤层系当中，中生界侏罗系含煤最多（图7.22），为33 844 $\times 10^8$t，约占总量的61%。中生界（三叠系、侏罗系和白垩系）资源总量为37 770 $\times 10^8$t，约占资源总量的68%；新生界（古近系和新近系）资源总量为389 $\times 10^8$t，约占资源总量的0.7%。中、新生界资源总量共计38 159 $\times 10^8$t。

（2）从地域来看，煤炭资源相对集中分布，形成多个重要的富煤区。北方地区（包括东北）已发现资源量（探明储量）约占全国总量的90%，形成山西、陕西、宁夏、河南、内蒙古和新疆等富煤区；而在南方地区，已发现资源主要集中在四川、贵州和云南等三个富煤区（图7.23）。从中、新生界煤炭资源地域分布来看，中生界主要分布在东北的海拉尔–二连地区、华北的鄂尔多斯地区和北疆的准噶尔–吐哈地区。新生界主要分布在东北三省、云南、广西和山东等地。

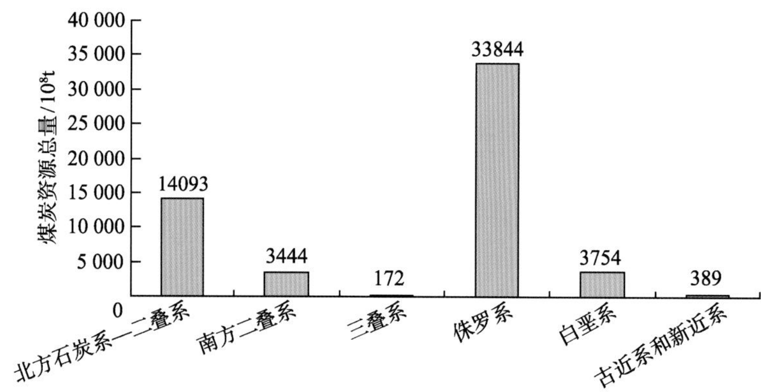

图 7.22 全国煤炭资源总量（探明+预测）分层系分布直方图

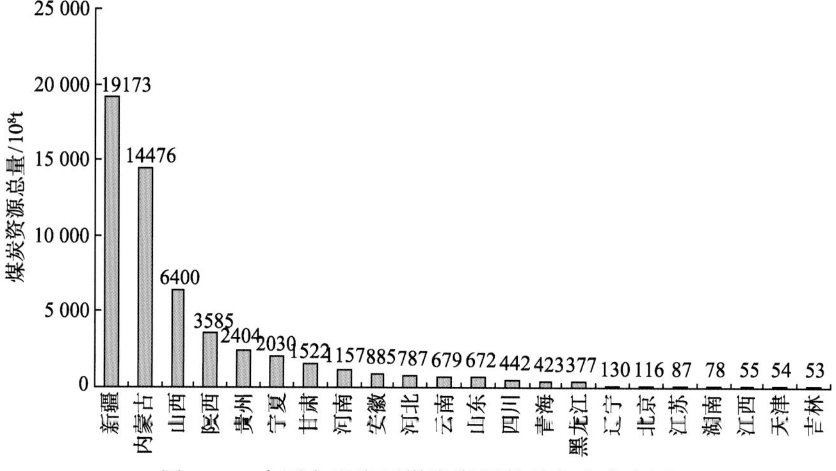

图 7.23 全国主要省区煤炭资源总量分布直方图

（3）从全国预测煤炭资源煤种分布来看，低变质煤所占比例最大（图 7.24），主要分布于中生界。在全国中、新生界预测煤炭资源当中，低变质煤为 24219×10^8t，占总量的 53.2%，多分布于西北和华北区；未变质的褐煤为 1913×10^8t，占总量的 4.2%，多分布于东北区的下白垩统；中高变质煤为 6410×10^8t，占总量的 42.6%。在全国中、新生界探明储量中，低变质煤为 4321×10^8t，占总量的 76.0%；未变质的褐煤为 1291×10^8t，占总量的 22.7%；中高变质煤为 72×10^8t，占总量的 1.3%（图 7.25）。

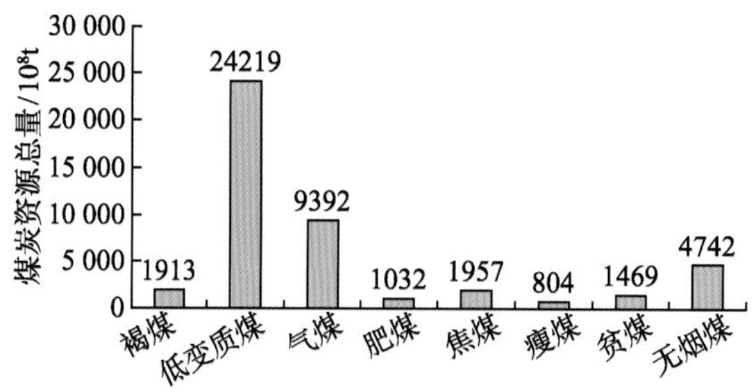

图 7.24 全国预测煤炭资源总量按煤种分布直方图

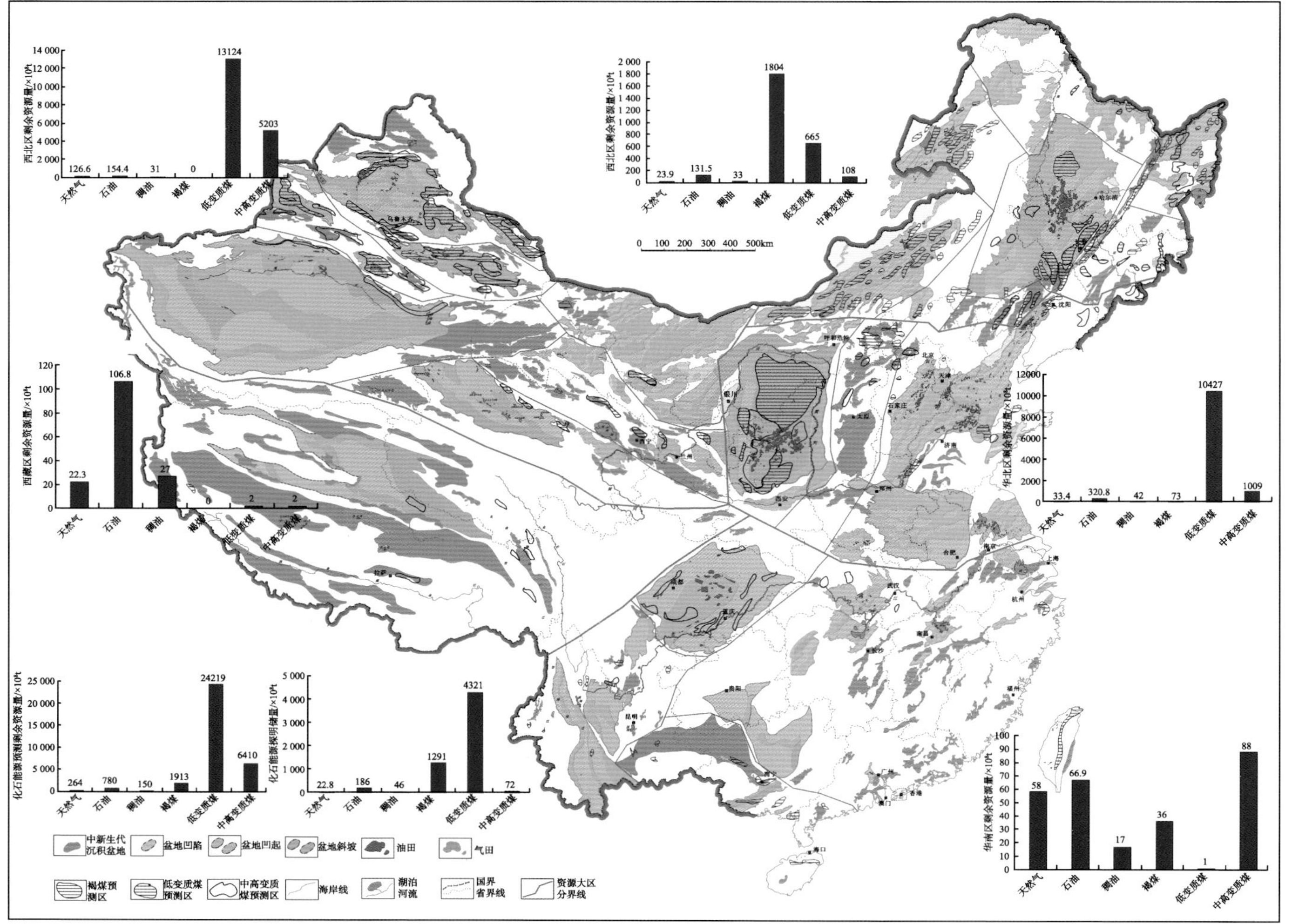

图 7.25　中国中、新生界石油与煤炭资源分布图

总体来看，全国煤炭资源当中，中–新生界煤炭资源量（探明+预测）达到总量的69%，煤岩变质程度低，以褐煤和低变质煤为主，挥发分含量多超过35%，煤岩中烃类化合物和似烃类物质含量高，综合开发利用的前景非常广阔。

（三）煤岩油气资源潜力分析

1. 煤岩油气藏的基本特征

众所周知，传统油气藏中流动的烃类物质赋存于砂岩或碳酸盐岩孔缝介质中，构成砂岩或碳酸盐岩油气藏。而煤作为一种重要的有机岩石，在化学上为一种典型的复合固凝胶体。依据煤岩有机质存在的相态，可将其划分为分子量<500、H/C>1.3、O/C<0.1的低分子有机烃类或似烃类流动相；分子量>5000、H/C<0.5、O/C>0.3的三维交联大分子刚性固相；及介于两者间的过渡相。因此，在煤岩内，由于煤岩易生烃、不易排烃的特性，上述具有“流动性”的低分子有机烃类或似烃类物质就赋存于可作为特殊储集介质的煤岩三维大分子刚性固相或裂缝之中，构成自生自储型的“煤岩油气藏”。在这种新型油气藏中，烃类物质主要是以溶合相，被溶融在煤岩大分子团间的微型储集空间，或被吸附在煤岩微裂缝表面。

2. 煤岩油气藏油气可采程度分析

煤岩挥发分产率是指称取一定量的空气干燥煤样，放在带盖的瓷坩埚中，在900±10℃温度下，隔绝空气加热，煤中的有机物质受热分解出一部分分子量较小的液态和气态产物，这些产物称为挥发物。挥发物占煤样质量的分数称为挥发分产率或简称为挥发分。上述煤岩中分离或裂解出的这部分低分子量产物应包括煤岩油气藏中以游离态或非共价键作用存在的低分子烃类或似烃类化合物，以及大分子团骨架上断开的支链烃化合物。这部分挥发产物可视为煤岩油气藏的理论最终可采量，挥发分产率则对应于煤岩油气藏的理论最大采收率，而实际最终可采量或采收率的大小取决于开采技术和工艺的有效性。

根据煤岩油气藏的储集特征与特点，主要依据非平衡态多（聚）组分分散–溶解理论，通过非水聚分散体系的相溶合与相分离过程，可完成煤岩油藏中的低分子烃类或似烃化合物相与煤岩中大分子相的相分离，实现了褐煤、低变质煤等煤岩油气藏中的油气提取或“开采”。从室内和初步工业化试验结果来看，应用上述方法，煤岩油气藏的油气采收率可达到20%～30%。

据初步统计，砂岩油藏油砂的含油率（质量比），一般为1%～12%，砂岩油藏采收率一般为20%～40%，对应的实际可采油气质量分数为1.0%～6.4%；而我国中、新生界未变质和低变质煤岩油藏的挥发分产率一般为35%～50%，新技术和方法的采收率为20%～30%，对应的实际可采油气质量分数则为7%～15%。可见，从质量分数来看，“煤岩油气藏”赋存的油气更多，超过砂岩油藏的1倍。

3. 煤岩油气藏油气资源储量的粗略估算

据煤炭和地质部门的统计和研究，按资源量加权平均求值，我国主要预测区低变质煤岩的平均挥发分产率变化为36%～42%，平均灰分为12%～33%，平均水分为5%～10%。按各大赋煤区低变质煤岩预测资源量和相应的煤质特征参数平均值计算，我国中、新生界低变质煤岩油气资源量为7676×10^8t（油当量）。其中，西北大区最多，为4520×10^8t，占煤岩油气总量的59%；华北大区次之，为3003×10^8t，占总量的39%；东北大区第三，为152×10^8t，约占总量的2%（表7.23）。按同样方式求值，我国主要预测区褐煤的平均挥发分产率为45%左右，平均灰分为20%～40%，平均水分为18%左右。按各大赋煤区褐煤预测资源量和对应的煤质特征参数平均值粗略计算，我国中、新生界褐煤油气资源量为515×10^8t（油当量），主要集中赋存在东北大区（占褐煤油气预测总量的95%以上）。全国中、新生界煤岩预测油气资源量合计为8620×10^8t，占化石能源预测总资源量的90%。

表7.23 中国各大预测煤区煤质与预测油气资源统计表

地区	煤种	煤岩预测资源量/10^8t	挥发分 V_{daf}/%	灰分 A_d/%	水分 M_{ar}/%	含油气量（油当量）/10^8t
东北	褐煤	1 804	44	20	18	492
	低变质煤	665	40	33	10	152
	中高变质煤	108	30	25	1.5	4
华北	褐煤	73	45	30	25*	15
	低变质煤	10 427	36	12	8	3 003
	中高变质煤	1 009	29	17	3	234
西北	褐煤	0				0
	低变质煤	13 124	42	13	5	4 520
	中高变质煤	5 203	35	15	1.5	174
华南	褐煤	36	45	40	12	8
	低变质煤*	1	36	12	8	0.3
	中高变质煤	88	25	23	1.5*	17
西藏	褐煤	0				0
	低变质煤	2	30	31	1.7	0.4
	中高变质煤	2	30	46	1.7	0.3
全国	褐煤	1 913				515
	低变质煤	24 219				7 676
	中高变质煤	6 410				429

*为引用其他地区参数

引用各煤种主要赋存区的煤质参数平均值，按我国中、新生界各煤种的探明储量计算，我国中、新生界未变质煤岩–褐煤油气探明储量为347×10^8t（油当量），低变质煤岩油气探明储量为1365×10^8t，中高变质煤岩油气探明储量为20×10^8t，全国中、新生界煤岩油气探明储量合计为1732×10^8t（表7.24），占化石能源总探明储量的87%。若按分散–溶解–相分离技术可获得 20%～30%的采收率计算，褐煤油气探明可采储量为

69×10^8t～104×10^8t，低变质煤岩油气探明可采储量为273×10^8t～410×10^8t，全国中、新生界未变质和低变质煤岩油气探明可采储量为342×10^8t～514×10^8t。尽管上述分析较为粗略，但从对煤岩油气资源和储量的初步估算来看，我国煤岩油气资源的开发利用前景还是非常广阔的。

表 7.24　全国三大类煤种煤质参数平均值与煤岩油气探明储量统计表（单位：10^8t）

煤种	煤岩探明储量	挥发分 V_{daf}/%	灰分 A_d/%	水分 M_{ar}/%	煤岩探明油气储量（油当量）
褐煤	1291	44	21	18	347
低变质煤	4321	39	13	6	1365
中高变质煤	72	34	15	2	20

参 考 文 献

陈俊武. 1982. 石油炼制过程中碳氢组成的变化及其合理利用. 石油学报(石油加工)，6(2): 1–10
陈俊武，曹汉昌. 1990. 石油在加工中的组成变化与过程氢平衡. 炼油设计，20(6): 1–10
陈俊武，曹汉昌. 1993. 炼油过程中重质油结构转化宏观规律的探讨. 石油学报(石油加工)，9(4): 1–20
戴金星，宋岩. 1987. 煤成油的若干有机地球化学特征. 石油勘探与开发，14(5): 38–42
傅家谟，刘德汉，盛国英. 1990. 煤成烃地球化学. 北京：科学出版社
傅家谟，秦匡宗. 1995. 干酪根地球化学. 广州：广东科学技术出版社
韩德馨. 1996. 中国煤岩学. 徐州：中国矿业大学出版社
侯读杰，张林晔. 2003. 实用油气地球化学图鉴. 北京：石油工业出版社：55–88
胡社荣，潘响亮，张喜臣，等. 1998. 煤相研究方法综述. 地质科学情报，17(1): 62–66
黄第藩，秦匡宗，王铁冠. 1995. 煤成油的形成和成烃机理. 北京：石油工业出版社
金军，牛嘉玉，王好平，等. 2008. 一种潜在的“石油”资源——“煤岩油气(矿)藏”的认识与开发利用. 石油学报(石油加工)，24(6)：621–629
梁文杰. 2000. 重质油化学. 东营：石油大学出版社
李河名，费淑英. 1996. 中国煤的煤岩煤质特征及变质规律.《中国煤炭资源丛书》之五. 北京：地质出版社
刘玉英. 1986. 关于煤系地层含油性的初步探讨. 石油勘探与开发，13(5): 31–36
龙军. 1990. 渣油缓和热裂化-溶剂组合工艺应用基础研究. 中国石油大学博士论文
卢双舫，王子文，黄第藩，等. 1995. 煤岩显微组分的成烃动力学. 中国科学（B），25(1): 101–107
马学昌，尹善春. 1994. 煤炭资源及其开发利用前景.北京：地质出版社
毛节华，许惠龙. 1999. 中国煤炭资源预测与评价. 北京：科学出版社
倪双跃，高晋生，朱之培. 1985. 我国年轻煤加氢液化研究. 燃料化学学报，13(4): 334–342
牛嘉玉，侯创业，王好平，等. 2009. 煤岩油气(矿)藏品质与油基质开发、加工参数分析. 石油学报(石油加工)，25(3)：291–306
彭春兰，王仁安，李华，等. 1986. 超临界流体萃取精密分离法评价减压渣油. 石油炼制，17(12): 43–48
钱大都，魏斌贤，李钰，等. 1996. 中国煤炭资源总论，《中国煤炭资源丛书》之一. 北京：地质出版社

钱丽君，王钜谷. 1994. 中侏罗世陆相烟煤成煤质料与沼泽环境. 北京：煤炭工业出版社

秦匡宗，陈德玉，李振广. 1990. 干酪根的 ^{13}C-NMR 研究–用有机碳三种结构组成表征干酪根的演化. 科学通报，35(22): 1729–1733

石铁磐，胡云翔，许志明，等. 1997. 减压渣油特征化参数的研究. 石油学报(石油加工)，13(2): 1–7

孙旭光，秦胜飞，罗健，等. 2001. 煤岩显微组分活化能研究. 地球化学，30(6): 599–604

唐跃刚. 1990. 论褐煤煤岩学与加氢液化的关系. 中国矿业大学学报，19(2): 80–86

王仁安，胡云翔，许志明，等. 1997. 超临界流体萃取分馏法分离石油重质油. 石油学报(石油加工)，13(1): 53–59

吴春来，吴克，方铿，等. 2007. 煤分级高效集成利用体系简介. 中国能源，29(1): 33–34

吴俊. 1994. 中国煤成烃基本理论与实验. 北京：煤炭工业出版社

张双全. 2004. 煤化学. 徐州：中国矿业大学出版社：105–107

张惠之. 1986. 不同煤岩组分的热解成气实验研究. 见：中国科学院贵阳地球化学研究所. 中国科学院地球化学研究所年报. 贵阳：贵州人民出版社：150–152

赵长毅，程克明，何忠华，等. 1994. 吐-哈盆地煤中基质镜质体生烃潜力与特征. 科学通报，39(21): 1979–1981

赵师庆. 1985. 腐植烟煤还原性质成因初探. 地球化学，4：363–370

张韬. 1996. 中国主要聚煤期沉积环境与聚煤规律. 《中国煤炭资源丛书》之四. 北京：地质出版社

朱继升，杨建丽，刘振宇，等. 2000. 四种有应用前景的煤的液化性能评价. 煤炭转化，23(2): 47–52

朱银惠. 2005. 煤化学. 北京：化工工业出版社：94–97

中国煤炭地质总局. 1999. 中国聚煤作用系统分析. 徐州：中国矿业大学出版社

BP 公司. 2011. BP 世界能源统计. 国外石油动态，2011(7): 1–93

Bagge M A, Keely M L. 1994. The oil potential of mid-jurassic coals in northern Egypt *In*: Fleet A J. Coal and Coal-Bearing Strata as Oil-Prone Source Rocks? London: Geological Society Special Publication: 77

Bianco A D. 1993. Thermal cracking of petroleum residues. Fuel, 72(1): 75–80

Curry D J, Emmett J W. 1994. Geochemistry of aliphatic-rich coals in the cooper basin, Australia, and Taranaki Basin, New Zealand: implication for the occurrence of potentially oil-generative coals *In*: Fleet A J. Coal Coal-Bearing Strata as Oil-Prone Source Rocks? London: Geological Society Special Publication: 77

Davis A, Spackman W, Given P H. 1976. The influence of the properties of coals on their conversion into clean fuels. Energy Source, 3(1): 55–81

Diessel C F K. 1986. On the correlation between coal facies and depositional environments. Pro. 20th Symp. Dep. Geol., Univ. Newcastle, N S W: 19–22

Given P H. 1986. The concept of a mobile or molecular phase within the macromolecular network of coals: a debate. Fuel., 65: 155–163

Given P H. 1980. Coal liquefaction fundamentals. ACS Symposium Series, American Chemical Society

Gorbaty M L. 1994. Prominent frontiers of conscience: past, present and future. Fuel, 73: 1879–1828

Gray D, Tomhnson G, Wlsawy A. 1993. Coprocessing of coal with heavy feedstocks *In*: Hsieh B. Proceedings of the 10th Annual International Pittsburgh Coal Conference, Pittsburgh: 277–281

Hunt J H. 1979. Petroleum Geochemistry and Geology. San Francisco: Freeman

Macgregor S. 1994. Coal-bearing strata as source rocks—a global overview *In*: Fleet A J. Coal and Coal-Bearing Strata as Oil-Prone Rocks? London: Geological Society Special Publication: 77

Miknis F P, Netzel D A, Surdam R C. 1996. NMR determination of carbon aromatization during hydrous pyrolysis of coals from the Mesaverde Group, Greater Green River Basin. Energy & Fuels, 10: 3–9

Qin K, Chen D, Li Z. 1991. A new method to estimate the oil and gas potentials of coals and kerogens by solid state ^{13}C NMR spectroscopy. Organic Geochemistry, 17: 865–872

Saxby J D. 1980. Atomic H/C ratios and the generation of oil from coals and kerogens. Fuel, 59: 305–307

Savage P E, Klein M T. 1988. Asphaltene reaction pathway 4 Prolysis of tridecylcyclohexane and 2-ethyltetralin. Eng. Chem. Res., 27(8): 1348–1356

Stah Y T. 1981. Reaction Engineering in Direct Coal Liquefaction. London: Addison-Westley Publishing Company Inc.

Szladow A J. 1989. Kintetics of heavy oil/coal coprocessing. Energy & Fuels, 3(2): 136–143

第八章　煤层气矿藏地质特征与开发利用

第一节　概　　述

煤层气俗称“瓦斯”，其主要成分是甲烷，与煤炭伴生，主要以吸附状态储存于煤层。从成因上讲，煤层气是泥炭在沉积经历埋藏后发生的物理与化学变化过程中，煤中有机物通过生物细菌、早期热成因或晚期热成因、地下水等多种作用共同产生的，可分为热成因和生物成因两种。作为一种在煤层中生成又储存在煤层中的天然气，与常规天然气相比有许多不同的特点（表 8.1）。常规天然气主要以游离态聚集于圈闭中，烃类气体包括甲烷、乙烷、丙烷和丁烷，孔隙发育，渗透率较高，储层存在异常高压。而煤层气主要以吸附态赋存于煤系地层内，烃类气体主要是甲烷，微孔和裂隙发育，渗透率较低，储层一般欠压或常压。

表 8.1　煤层气与常规天然气异同点

项目	常规天然气	煤层气
储气方式	游离态聚集于圈闭	主要以吸附态赋存于煤系地层
气成分	主要是 C_1 至 C_4 的烃类气体	95%以上是甲烷（CH_4）
储层孔隙结构	孔隙发育	微孔和裂隙发育
渗透性	渗透率较高	渗透率较低
开采范围	在圈闭范围内	大面积连片开采
井距	大，可采用单井，一般用少量生产井开采	小，必须采用井网，井的数量较多
储层压力	存在异常高压	欠压或常压

美国是世界上开采煤层气最早和最成功的国家，1998 年在粉河盆地成功地实现了煤层气的商业性开发。世界其他国家，如加拿大、澳大利亚、新西兰、英国、法国、德国、比利时、匈牙利、西班牙、波兰、捷克、俄罗斯、乌克兰、南非、津巴布韦、印度、中国等国家也陆续开始煤层气的勘探和开发试验，并积极发展各种地面钻井开采技术。煤层气资源的勘探、钻井、采气和地面集气处理等技术领域均取得了重要进展，有少数国家（如澳大利亚等）已进入了工业化开采阶段，促进了世界煤层气工业的迅速发展。目前为止，美国、加拿大和澳大利亚三国已形成工业化规模生产，2006 年产量分别达到 $540\times10^8m^3$、$60\times10^8m^3$ 和 $18\times10^8m^3$。

美国也是当今世界上煤层气资源开发利用规模最大的国家，已在 14 个盆地中进行煤层气勘探开发活动。其中，最为成功的有 4 个盆地，圣胡安盆地、粉河盆地、尤因塔盆地和拉顿盆地，这 4 个盆地均位于落基山地区。比较成功的有 2 个盆地，它们是位于阿巴拉契亚地区的中阿巴拉契亚盆地和黑勇士盆地。

俄罗斯为了考察煤层气资源商业性开发的可行性，以及建立适合当地地质条件的煤层气生产技术和设备，在库兹巴斯煤田已施工由4口井组成的小型煤层气试验井组，并获得了工业煤层气产量。

加拿大从20世纪90年代初即开始引进美国技术进行煤层气资源开发试验，但发展缓慢。2001年已钻煤层气井为250余口，其中4口单井日产气量为2000～3000m^3，煤层气开发活动主要集中在阿尔伯达省。受常规天然气生产下滑、天然气价格上升等因素的影响，2002年开始，加拿大煤层气工业快速增长，开展了一系列技术研究工作，多分支水平井、连续油管压裂技术等取得了重大进展。2002年煤层气产量为$1.0\times10^8\ m^3$，2006年达到$60.0\times10^8\ m^3$，占加拿大当年天然气总产量的3%。

中国煤层气资源开发潜力巨大，黑吉辽、冀鲁豫皖、华南、晋陕蒙、云贵川渝、北疆等含气区都有开发的有利区块。当前，煤层气勘探开发活动主要集中在晋陕蒙含气区的沁水盆地和鄂尔多斯盆地东缘，其次是黑吉辽含气区的阜新盆地和沈阳矿区，都建有进行煤层气商业性生产的井组。另外在冀鲁豫皖含气区的焦作矿区、华南含气区的丰城矿区、云贵川渝含气区的六盘水地区、北疆含气区的吐哈盆地等，也有煤层气勘探活动。

澳大利亚煤层气资源的大部分赋存于东部海岸地带，主要是昆士兰州和新南威尔士州。当前，除美国和加拿大外，澳大利亚具有世界上最先进的商业化运行的煤层气工业。针对本国煤层含气量高、含水饱和度变化大、原地应力高等地质特点，成功开发和应用了水平井高压水射流改造技术、水平钻孔、斜交钻孔和地面采空区垂直钻孔抽放技术等。目前，在10余个盆地（地区）均进行煤层气资源勘探活动，并已获得煤层气储量；已经在鲍恩盆地、悉尼盆地和苏拉特盆地等3个地区成功进行煤层气资源的开发利用。另外，煤层气勘探活动也已扩展到西澳大利亚洲，在珀斯盆地已规划利用煤层气进行发电的勘探区块。

第二节　煤层气矿藏形成的地质条件

常规天然气有生、储、盖、运、聚、保等基本成藏地质条件，只有在成藏条件有利的地区才有望找到规模较大的天然气田；而煤层气仅需要具备上述六个基本成藏地质条件中生成条件、储集条件和保存条件。

一、生成条件

煤层气的生成条件主要受控于煤层厚度、煤岩显微组分、煤变质作用特征及类型等方面。

1. 煤层厚度是煤层气藏形成的资源基础，体现并决定了煤层气的富集程度

煤层厚度不仅是煤炭资源量的直接表现，也是煤层生气能力的重要依据，厚度大且分布稳定的煤层是煤层气形成的基础。煤层厚度大，不仅生气量大而且资源丰度高，并

且也有利于煤层气赋存。煤层厚度除了控制煤层气的生成量，还影响煤储层裂缝的发育，从而影响煤层气的储集和保存。根据美国试验数据，煤层厚度 0.6～5.0m 有利于煤层气富集和开发。

2. 煤岩生气潜力受煤岩有机显微组分影响大，镜质组对煤层气含量的贡献最大

煤岩的生烃主要依靠煤层中显微组分有机质的分解，有机显微组分主要有镜质组、惰质组及少量壳质组，其中以壳质组的生烃能力最强，镜质组次之，惰质组最差。但一般煤层中壳质组含量极少，对总生气量的贡献不大，而镜质组含量高，成为主要生气物质。据中国科学院地球化学研究所傅家谟和刘德汉（1990）用抚顺、阜新、贵州等地的煤样分离、提纯不同的显微组分，在相同条件下进行热演化产气实验，结果镜质组产气率为 188m^3/t，惰质组产气率为 43.9m^3/t。可见，相同条件下，镜质组产气率远高于惰质组，因此煤层镜质组含量越高，生气潜力越大。

3. 煤变质作用程度是影响煤层气的形成、赋存、富集乃至其可采性的重要制约因素

煤变质作用对生气的影响主要体现在，不同变质程度的煤生气能力和生气量不同（图 8.1、表 8.2）。煤变质程度太低，不利于煤层气藏的形成。未变质阶段（R^o<0.5%）的褐煤，为生物化学生气阶段，热解气即将开始生成，因此煤层的含气量不高。同时，褐煤层和围岩固结程度差，透气性能良好，封闭能力差，致使含量很低的煤层气大都逸散。因此，褐煤很难形成有价值的煤层气藏。我国大兴安岭西坡广大地区内的众多早白垩世含煤盆地，以及东北三省和滇、粤等省的古近纪和新近纪褐煤煤田就属于这种情况。但是，当

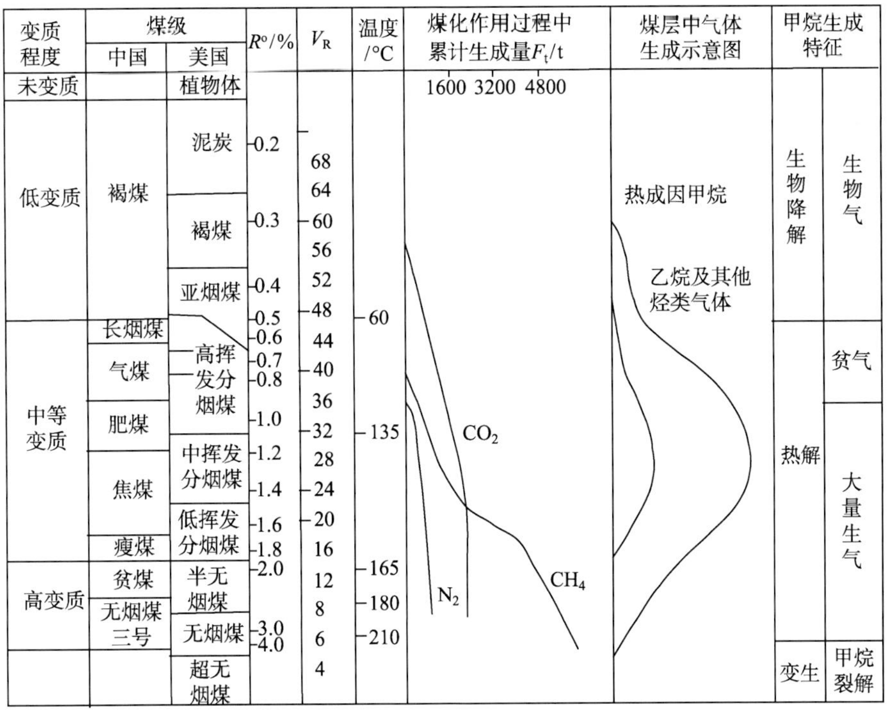

变质程度	煤级 中国	煤级 美国	R^o/%	V_R	温度/°C	煤化作用过程中累计生成量F_t/t	煤层中气体生成示意图	甲烷生成特征	
未变质		植物体				1600 3200 4800			
低变质	褐煤	泥炭	0.2	68			热成因甲烷	生物降解	生物气
		褐煤	0.3	64, 60, 56			乙烷及其他烃类气体		
		亚烟煤	0.4	52					
中等变质	长烟煤	高挥发分烟煤	0.5, 0.6	48, 44	60			热解	贫气
	气煤		0.7, 0.8	40					
	肥煤		1.0	36, 32	135	CO_2			大量生气
	焦煤	中挥发分烟煤	1.2, 1.4	28, 24					
		低挥发分烟煤	1.6	20					
	瘦煤		1.8	16					
高变质	贫煤	半无烟煤	2.0	12	165	N_2			
	无烟煤三号			8	180	CH_4			
		无烟煤	3.0, 4.0	6	210				
		超无烟煤		4				变生	甲烷裂解

图 8.1　煤化阶段划分图（Palmer，1996，略修改）

煤层埋藏较深，厚度很大时，褐煤也可以形成煤层气藏，如美国鲍德河盆地，煤层单层厚度达 67m，虽然含气量仅为 0.03～2.30m^3/t，但也可进行商业性开发。超高变质的（R^o>6%）超无烟煤，基本不具备生成甲烷的能力，而且对甲烷基本上不吸附，孔隙度也很低，储气能力十分有限，已不属于储集层范畴，不能形成煤层气藏。实际上,在超无烟煤地区，无论煤层埋藏多深，煤层的甲烷含量都不会超过 2～3m^3/t，所有开采超无烟煤的矿井均为低瓦斯矿井。由此可知，低、中、高变质的烟煤和无烟煤，可以形成煤层气藏；未变质的褐煤很少能形成有价值的煤层气藏；而超高变质的超无烟煤已不属于储集层，所以不能形成煤层气藏。

表 8.2　褐煤演化至各煤阶时的产气量

T/℃	250～290	290～320	320～360	360～420	420～460	460～600
相当的煤阶	长焰煤	气煤	肥煤	瘦煤	贫煤	无烟煤
累产气量/（m^3/t）	70	84	110	140	170	289

以山西沁水盆地晋城地区的煤岩为例，其煤岩主要发育在山西组和太原组，共有 16 套煤层，其中山西组和太原组各有一套煤层，埋深 500～900m，厚度大（0.7～7.3m，平均 3.5m 左右），分布稳定。镜质组含量高，占有机显微组分的 83.6%～96.7%，惰质组占 7%～14%（王红岩等，2005）。热演化程度高，属于贫煤-无烟煤。这两套煤岩具备上述优越的生气条件，使得煤层具有较强的生气能力，吨煤生气量在 170m^3 以上，可提供充足的气源。

二、储集条件

鉴于煤层气自生自储的特点,煤层的储集条件成为煤层气能否富集成藏的关键条件。煤层气主要以游离气、水溶气和吸附气 3 种形式赋存于煤储层中，其中游离气和水溶气受煤层孔隙、温度和压力等因素的影响，含量较少。煤层气大部分以吸附方式储存于煤层中，一般占 80%～90%及以上，主要受煤岩成分、压力及埋藏深度的影响。作为煤层气成藏的核心要素，煤储层主要特征包括吸附性、含气性、渗透性、煤储层压力及裂隙-孔隙特征等。

（1）煤的吸附能力（饱和吸附量）主要受煤的变质程度、煤岩组成、挥发分、压力、温度等控制。

煤的变质程度直接影响着煤的结构及化学组成，进而影响煤的吸附能力。吸附能力随煤变质程度的提高有两种变化趋势。当 R^o 小于 4%时，吸附能力随煤阶的增加而增大（图 8.2）；当 R^o 大于 4%时，吸附能力随煤阶的增加而减小（图 8.3、图 8.4）。

煤岩主要由镜质组、惰质组和壳质组组成，一般来说，镜质组的吸附能力最强，惰质组次之，壳质组最低。对于同煤阶的煤而言，镜质组含量多的镜煤要比惰质组或稳定组含量相对多的暗煤吸附能力强（图 8.5）。

煤的兰氏（Langmuir）体积与挥发分含量呈线性关系，随挥发分含量的增加而减小，吸附量也减小（图 8.6）。一般认为煤中水分增高，占据有效吸附点位就越多，留给气体的有效吸附点就越少，从而使吸附能力降低。但当水分高于一定值时不再对吸附能力产生影响，该值称临界水分值。

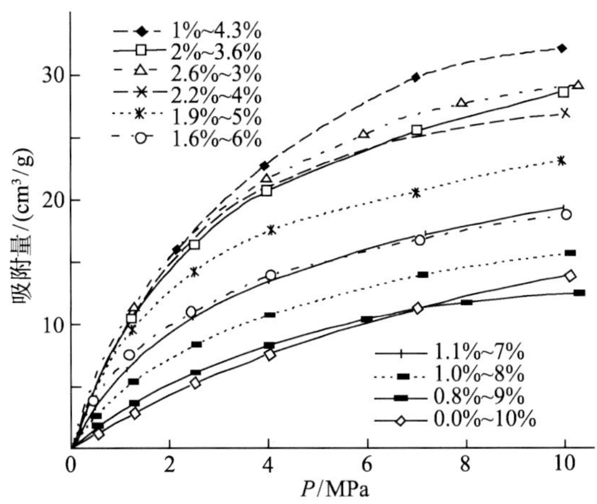

图 8.2　不同 R^0 的煤在 45℃时的等温吸附曲线（马东民，2003，略修改）

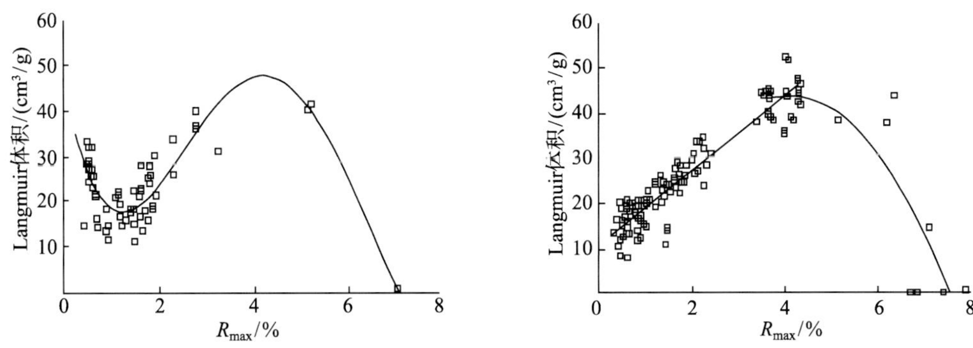

图 8.3　干燥基煤样 Langmuir 体积与煤变质关系（宋岩和张新民，2005）

图 8.4　平衡水煤样 Langmuir 体积与煤变质关系（宋岩和张新民，2005）

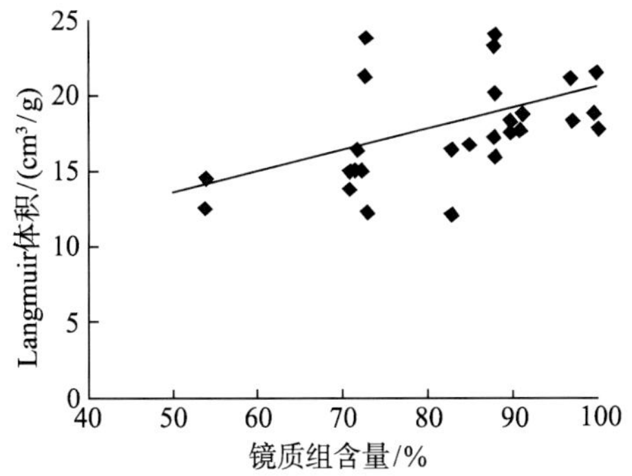

图 8.5　Langmuir 体积与镜质组含量的关系（Croadale et al.，1998）

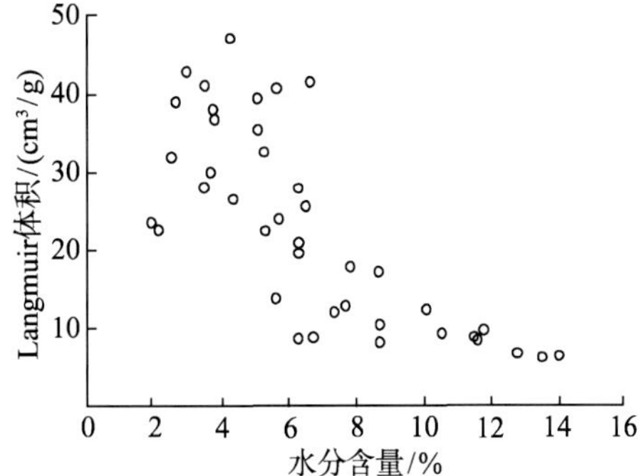

图 8.6　Langmuir 体积与水分含量的关系（苏现波等，2001）

煤层气吸附量的大小与煤层压力呈非线性函数关系，用于描述吸附特性的数学模型较多，主要基于动力学理论、热力学理论和位能理论 3 种理论建立，包括单分子层吸附的 Langmuir 方程、多分子层吸附的 B.E.T 方程、D-R 和 D-A 方程（适于煤/单组分气体等温吸附）、色散和极化模型以及 Colllin 理论等（苏现波等，2001）。通常可用 Langmuir 等温吸附方程来描述煤层气的吸附特征（Langmuir, 1916），即

$$V_{吸}=\frac{V_L P}{P+P_L}$$

式中，V_L 为 Langmuir 体积（m^3/t）反映煤体的最大吸附能力；P_L 为 Langmuir 压力（MPa）在此压力下吸附量达最大吸附能力的 50%；P 为煤储层压力（MPa）。

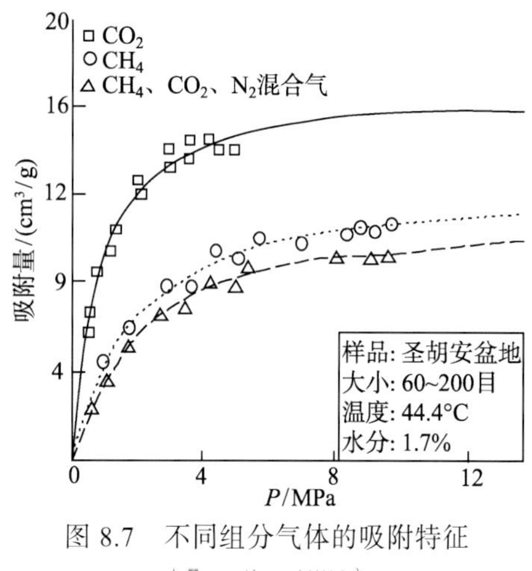

图 8.7　不同组分气体的吸附特征（Reznik，1984）

根据 Langmuir 吸附动力学模型，恒温条件下多组分气体混合吸附时（图 8.7），其定量关系可用多组分扩展 Langmuir 等温吸附方程来描述，即

$$V_i=\frac{V_{Li}P_i}{P_{Li}\left(1+\sum_{j=1}^{m}\frac{P_j}{P_{Lj}}\right)},\quad i=1,2,3,\cdots,m$$

式中，V_i 为气体组分 i 的吸附量（m^3/t）；V_{Li} 为气体组分 i 的 Langmuir 体积（m^3/t）；P_{Li} 为气体组分 i 的 Langmuir 压力（MPa）P_i 为气体组分 i 的分压，与混合气体组分的摩尔比或体积浓度有关（MPa）；i（j）、m 分别为混合气体的气体组分、气体组分数。

当将煤层气视为全部由甲烷气体组成时（m=1），扩展 Langmuir 等温吸附方程为 Langmuir 等温吸附方程的一般形式，即

$$V=\frac{V_{LCH_4}P}{P_{LCH_4}+P}$$

如果真实混合气体煤层气主要由 CH_4、CO_2 和 N_2 三种气体组成（m=3），则其中甲烷气体的吸附气量为

$$V_{CH_4}=\frac{V_{LCH_4}P_{CH_4}}{P_{LCH_4}\left(1+\frac{P_{CH_4}}{P_{LCH_4}}+\frac{P_{CO_2}}{P_{LCO_2}}+\frac{P_{N_2}}{P_{LN_2}}\right)}$$

煤层气总的吸附能力（$V_{吸}$）等于 3 种单气体吸附气量之和，即

$$V_{吸}=V_{CH_4}+V_{CO_2}+V_{N_2}$$

单气体总的 Langmuir 常数可通过单气体等温吸附实验获得。

温度对煤吸附能力的影响是消极的，温度对脱附起活化作用，温度越高，游离气越多，吸附气越少，因此，随着温度的增加，煤的吸附能力减小，在相同压力下吸附气体的量也越少。恒温时，煤对甲烷的吸附能力随压力升高而增大，当压力升到一定值时，煤的吸附能力达到饱和，往后即使增加压力，吸附量也不再增加（图 8.8）。

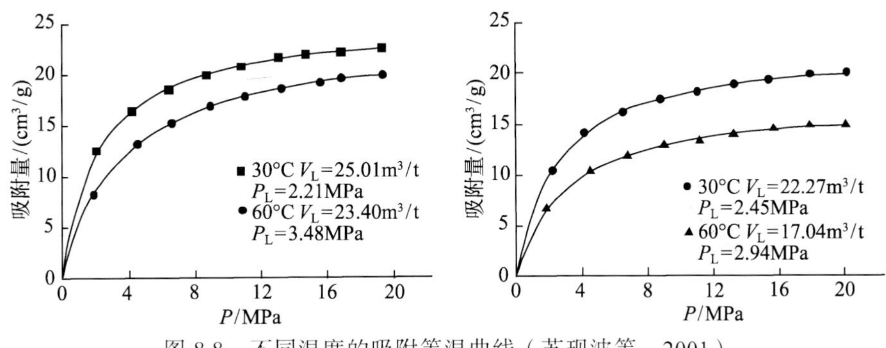

图 8.8　不同温度的吸附等温曲线（苏现波等，2001）

（2）关于煤层的含气性特征，秦勇等（1999）经过统计分析揭示煤储层含气量的包络线随煤阶的增加呈现急剧增高—缓慢增高—急剧增高—急剧降低的演化特征(图 8.9)，并可分为四个演化阶段：第一阶段为褐煤至焦煤初期阶段，煤层气含量急剧增高主要依赖于煤中微孔增多，生气量增高；第二阶段为焦煤-无烟煤初期阶段，含气量缓慢增高的主要原因是新生孔隙增大的空间有限；第三阶段为无烟煤早期阶段，含气量增大的原因是甲烷大量生成的同时，孔隙空间和吸附性加大；第四阶段为无烟煤中后期阶段，含气量急剧降低是生气作用停止。可见，煤储层含气性受煤化作用机理控制，并与吸附性的演化特征密切相关。

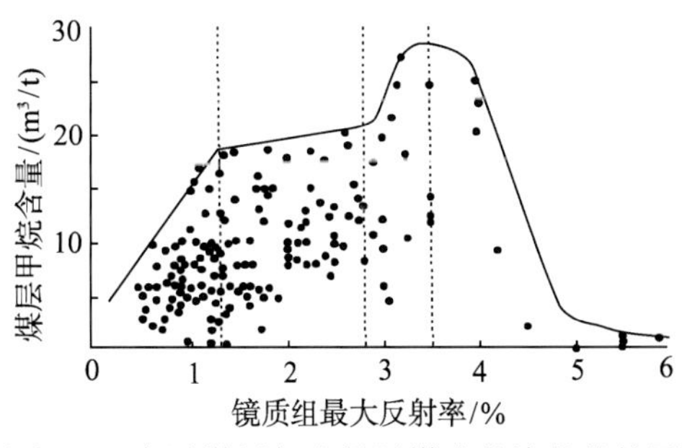

图 8.9　中国煤层气含量随煤阶的演化趋势图（秦勇等，1999）

对于煤层气含量的定量预测前人做了大量研究，如建立煤层含气性与煤层埋藏深度的定量关系，利用直接梯度法和间接梯度法作为预测深部煤层含气性的主要方法。但由于矿区范围内地质构造和盖层岩性的变化往往造成煤层含气梯度的显著差异，限制了此种煤层含气性预测方法的应用。还有的方法是结合煤岩的地球化学特征或其他测试资料，利用统计或其他数学方法，对煤层的含气性进行预测。

（3）煤层气储层是一种由裂隙和孔隙组成的双重孔隙结构系统的储集层（图 8.10）。煤层中的基质孔隙是吸附态和游离态煤层气的主要储集场所，气体的吸附量与煤的孔隙发育程度和孔隙结构特征有关。煤基质孔隙孔径小，数量多，是孔内表面积的主要贡献者，为煤层气的储集提供了充足的空间。煤层中的裂隙系统是煤中流体渗透的主要通道。

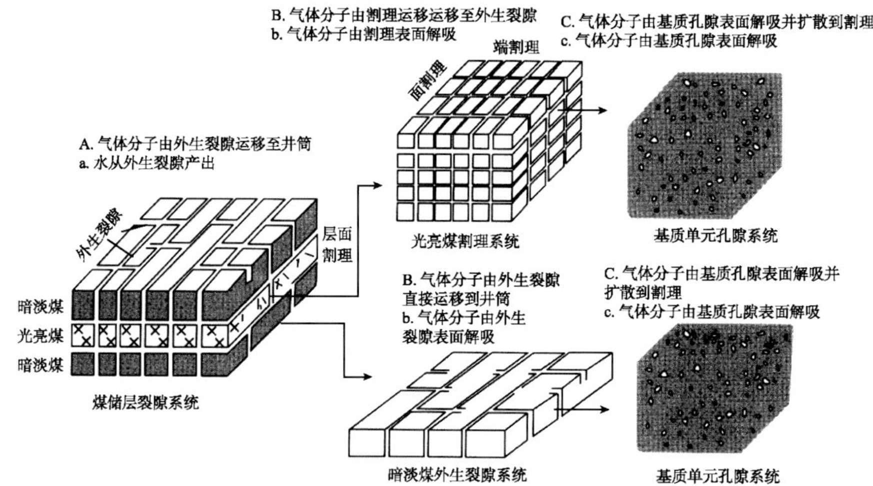

图 8.10　煤储层几何模型（苏现波和林晓英，2009）

煤储层基质孔隙依据不同指标参数有不同的分类方案。如孔径结构分类、成因分类、孔隙形态分类、固气作用类型分类、分形分类和自然分类等（表 8.3）。郝琦（1987）划分的成因类型为植物组织孔、气孔、粒间孔、晶间孔、铸模孔、溶蚀孔等。张慧（2001）以煤岩显微组分和煤的变质和变形特征为基础，参照扫描电镜观察结果，按成因特征将煤的孔隙分为原生孔、变质孔、外生孔及矿物质孔等四大类十小类。此外陈萍和唐修义（2001）研究了煤孔隙的形态分类，桑树勋等（2005）分别探讨了煤中固气作用类型分类，傅雪海等（2005）对煤孔隙进行了分形及自然分类。孔隙的成因类型及发育特征是煤储层生气储气和渗透性能的直接反映。

表 8.3　煤岩孔隙分类

<table>
<tr><td rowspan="3">孔径结构分类</td><td></td><td colspan="3">微孔</td><td colspan="3">小孔（或过渡孔）</td><td colspan="3">中孔</td><td colspan="3">大孔</td></tr>
<tr><td>霍多特（1966）</td><td colspan="3"><10nm</td><td colspan="3">10～100nm</td><td colspan="3">100～1000nm</td><td colspan="3">>1000nm</td></tr>
<tr><td>国际理论应用化学联合会（1972）</td><td colspan="3"><0.8nm（亚微孔）</td><td colspan="3">0.8～2nm（微孔）</td><td colspan="3">2～50nm</td><td colspan="3">>50nm</td></tr>
<tr><td rowspan="2">成因分类</td><td>张慧（2001）</td><td colspan="3">原生孔</td><td colspan="3">变质孔</td><td colspan="3">外生孔</td><td colspan="3">矿物质孔</td></tr>
<tr><td>郝琦（1987）</td><td>植物组织孔</td><td colspan="3">气孔</td><td>粒间孔</td><td colspan="3">晶间孔</td><td colspan="2">铸模孔</td><td colspan="2">溶蚀孔</td></tr>
<tr><td>孔隙形态分类</td><td>陈萍和唐修义（2001）</td><td colspan="4">Ⅰ类孔
（两端开口圆筒形孔及四边开放的平行板状孔）</td><td colspan="4">Ⅱ类孔
（一端封闭的圆筒形孔、平行板状孔、楔形孔和锥形孔）</td><td colspan="4">Ⅲ类孔
（细颈瓶形孔）</td></tr>
<tr><td rowspan="2">固气作用类型分类</td><td>张红日等（1993）</td><td colspan="5">吸附孔（<50nm）</td><td colspan="7">渗流孔（>50nm）</td></tr>
<tr><td>桑树勋等（2005）</td><td colspan="2">吸收孔隙
（<2nm）</td><td colspan="2">吸附孔隙
（2～10nm）</td><td colspan="5">凝聚吸附孔隙（10～100nm）</td><td colspan="3">渗流孔隙</td></tr>
<tr><td rowspan="4">分形分类及自然分类</td><td rowspan="4">傅雪海等（2005）</td><td colspan="5">扩散（半径）</td><td colspan="7">渗流半径</td></tr>
<tr><td>微孔</td><td colspan="3">过渡孔</td><td colspan="2">小孔</td><td>中孔</td><td colspan="4">过渡孔</td><td>大孔</td></tr>
<tr><td><8nm</td><td colspan="3">8～20nm</td><td colspan="2">20～65nm</td><td>65～325nm</td><td colspan="4">325～1000nm</td><td>>1000nm</td></tr>
<tr><td>表面扩散</td><td colspan="3">混合扩散</td><td colspan="2">Kundsen 扩散</td><td>稳定层流</td><td colspan="4">剧烈层流</td><td>紊流</td></tr>
</table>

煤基质孔隙可用 3 个参数定量描述：①总孔容，即单位质量煤中孔隙的总体积（cm^3/g）；②孔面积，即单位质量煤中孔隙的表面积（cm^2/g）；③孔隙率，即单位体积煤中孔隙所占的体积（%）。对煤层而言，按常规油气储层的分类多属致密不可渗透储层或低渗透储层，煤层气的运移又是通过裂隙实现的，基质孔隙中煤层气的运动仅是扩散。因此，煤层气的研究中一般不采用有效孔隙率，而采用裂隙孔隙率，用于评价煤层气的运移情况。绝对孔隙度则用于评价储层的储集性能。煤的总孔容一般为 0.02～0.2cm^3/g，孔面积一般为 9～35cm^2/g，孔隙率为 1%～6%。

煤的孔隙度、孔径分布和孔比表面积与煤级关系密切。镜质组反射率增高，煤的孔隙度一般呈高—低—高规律变化。低煤级时煤的结构疏松，孔隙体积大，大孔占主要地位，孔隙度相对较大；中煤级时，大孔隙减少；高煤级时，孔隙体积小，微孔占主要地位。宁正伟和陈霞（1996）对华北焦作、淮南、安阳、唐山、平顶山等矿区石炭系—二叠系 45 个煤样压汞及氦气的测试表明，高变质程度的贫煤、无烟煤微孔发育，占总孔隙体积的 50%以上，大、中孔所占比例较低，平均小于总孔隙体积的 20%。中变质程度的肥煤、焦煤、瘦煤，大、中孔发育，尤以焦煤最高，可占总孔隙体积的 38%左右，微孔相对较低，小于总孔隙体积的 50%。因此中演化变质程度的煤大、中孔发育，对煤层气的降压、解析、扩散、运移有利，是煤层气储层评价中最有利的煤级。

煤的孔径分布和煤化程度有着密切的关系。根据陈鹏（2001）研究，褐煤中不同级别孔隙的分布较为均匀；到长焰煤阶段，微孔显著增加，而大孔、中孔则明显减少。到中等煤化程度的烟煤阶段，其孔径分布以大孔和微孔占优势，而中孔比例较低。到高变质阶段，如瘦煤、无烟煤，微孔占大多数，而孔径大于 100nm 的中孔、大孔仅占总孔容的 10%左右。

孔比表面积是表征煤微孔结构的一个重要指标。一般微孔构成煤的吸附空间，对应于基质内部微孔隙，具有很大的比表面积；小孔构成煤层毛细凝结和扩散区域；中孔构成煤层气缓慢渗流区域；大孔则构成强烈层流区域，对应于割理缝及构造裂隙等。大的比表面积表明其吸附煤层气的能力强，而比表面积的主要贡献者为微孔。一般认为，煤对气体的吸附能力随着煤级的增高而增大。按照这一规律，煤的比表面积也应当随着煤级的增高而增加。但对我国部分煤样进行低温氮测试的结果发现却不完全如此（图 8.11）。可以看出，我国部分煤样低温氮测试的比表面积和煤级的关系，与煤的孔隙度和煤级的关系相类似。在中、低煤级阶段，随着煤变质程度的增高，煤的比表面积逐渐降低；到无烟煤阶段，煤的比表面积又开始增加。比表面积的最小值位于烟煤与无烟煤的交界处（R^o=2.5%）。而 Bustin 和 Clarkson（1998）所进行的 CO_2 等温吸附实验显示，煤级增高，煤样的微孔孔容和表

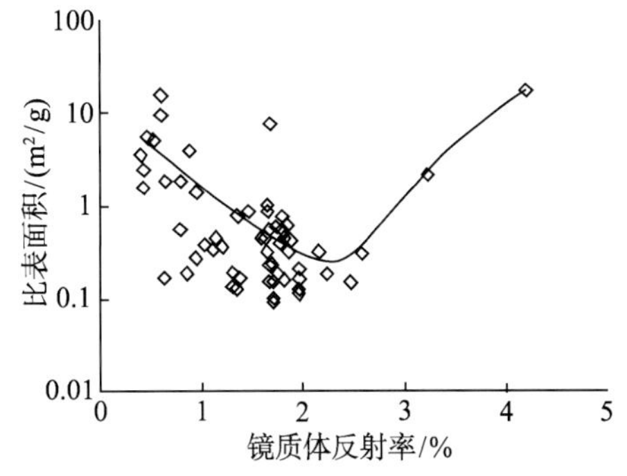

图 8.11　煤的比表面积与煤级的关系（汤达祯和桑树勋，2008）

面积先减后增，在烟煤阶段出现最小值。

（4）煤储层渗透性是煤储层物性评价中最直接的评价指标，决定着煤层气的运移和产出。在煤储层评价时，一般将试井渗透率作为评价渗透率的首选参数，能反映储层原始状态下的渗透性。而当研究区没有试井渗透率资料时，可选取煤岩渗透率作为替代参数。煤岩渗透率是通过实验室的常规煤岩心分析获得的，由于环境条件的变化，有时不能反映真实情况。

国外煤储层的渗透率一般较高，在 $10\times10^{-3}\mu m^2$ 以上，如拉顿盆地渗透率为 10×10^{-3}～$50\times10^{-3}\mu m^2$，黑勇士盆地为 1×10^{-3}～$25\times10^{-3}\mu m^2$，圣胡安盆地为 5×10^{-3}～$60\times10^{-3}\mu m^2$，粉河盆地达 $10\times10^{-3}\mu m^2$，甚至大于 $1000\times10^{-3}\mu m^2$（Zuber，1998；Ayers，2002）。与国外相比，国内的煤储层渗透率一般都低于 $1\times10^{-3}\mu m^2$，较好的煤储层一般为 1×10^{-3}～$10\times10^{-3}\mu m^2$，大于 $10\times10^{-3}\mu m^2$ 的储层很少。据统计（叶建平，1998），我国煤储层渗透率为 0.002×10^{-3}～$16.17\times10^{-3}\mu m^2$，平均为 $1.273\times10^{-3}\mu m^2$，其中渗透率小于 $0.1\times10^{-3}\mu m^2$ 的占 35%，0.1×10^{-3}～$1\times10^{-3}\mu m^2$ 的占 37%，大于 $1\times10^{-3}\mu m^2$ 的占 28%，小于 $0.01\times10^{-3}\mu m^2$ 和大于 $10\times10^{-3}\mu m^2$ 的均较少（图 8.12）。图 8.13 为我国 11 个重点煤层气矿区的实测煤岩渗透率分布的高低箱图，可以看出，各矿区的渗透率平均值一般都为 0.1×10^{-3}～$1\times10^{-3}\mu m^2$，部分矿区可高达 $1\times10^{-3}\mu m^2$ 以上。

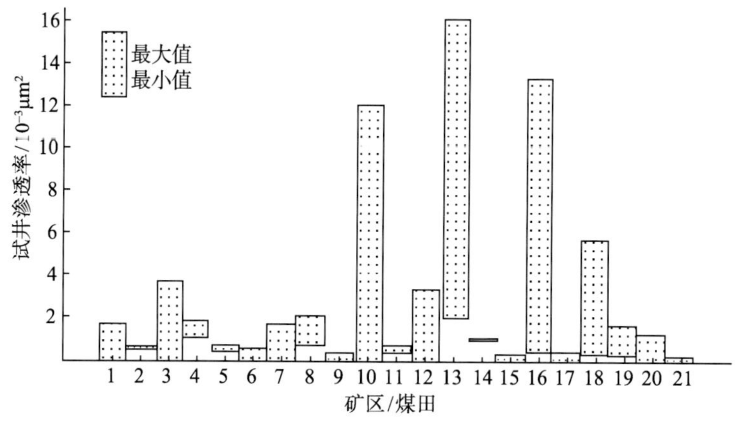

图 8.12　中国主要矿区（煤田）试井渗透率分布图（Tang et al.，2004）

1. 铁法矿区；2. 阜新煤田；3. 开滦矿区；4. 峰峰矿区；5. 大城矿区；6. 安鹤煤田；7. 焦作煤田；8. 平顶山煤田；9. 吴堡矿区；10. 柳林矿区；11. 大宁煤田；12. 吉县矿区；13. 韩城矿区；14. 宁武煤田；15. 西山煤田；16. 寿阳矿区；17. 潞安矿区；18. 晋城矿区；19. 淮南煤田；20. 淮北煤田；21. 恩洪–老厂矿区

控制渗透率变化的内外因素很多，内在控制因素包括裂隙、煤级、煤岩类型、煤岩组分和煤体结构等，外在控制因素包括原地应力、有效应力、埋藏深度、Klinkenberg 效应和地质构造作用等。科学研究和有关生产资料均表明，在内在因素一定的条件下，渗透率随地应力增高而减少的趋势十分显著（叶建平等，1999）。McKee 等（1988）通过对美国圣胡安等盆地煤层渗透率和煤层埋深关系的研究，发现煤层渗透率随着埋深的增加呈幂指数降低。

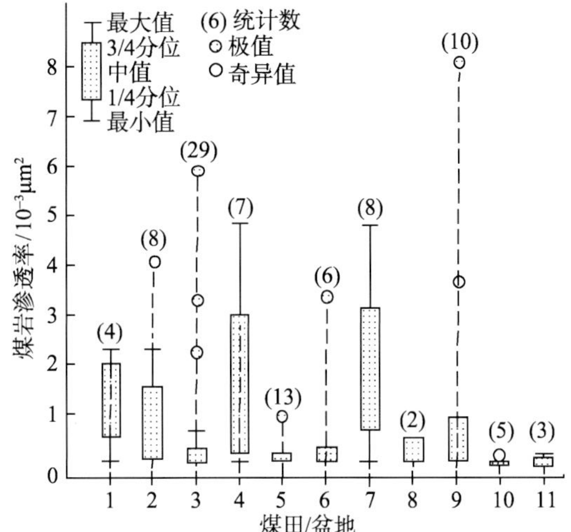

图 8.13 中国主要煤田（盆地）煤岩实测渗透率分布箱式图（汤达祯和桑树勋，2008）

1. 红阳煤田；2. 大同煤田；3. 沁水盆地；4. 河东煤田；5. 渭北煤田；6. 安鹤煤田；7. 平顶山煤田；8. 永夏煤田；9. 荥巩煤田；10. 淮北煤田；11. 淮南煤田

三、保存条件

保存条件的好坏直接决定了煤层气的富集程度，煤层气的保存是盖层、水动力和构造共同作用的结果。

（1）盖层与煤储层相伴发育，对煤层气保存具有直接和长期影响。煤层气藏上下需存在具有一定封闭能力的岩层（顶底板），可以阻挡和减缓煤层气通过渗滤、扩散、水溶流失等方式发生逸散，这样煤层气藏才能得以保存。从机理上讲，盖层对天然气的封闭，有毛细管力封闭、压力封闭和浓度封闭这三种方式。压力封闭只有当盖层具有异常高压时才出现，但就目前研究来看，这种情况几乎不存在。浓度封闭要求盖层中气态烃的浓度大于被封盖地层中气态烃的浓度，但对煤层气而言，煤层既是生气源岩又是储气岩，其烃浓度均大于围岩，因而浓度封闭不具实际意义。因此，煤层顶底板岩层对煤层气的封闭能力，主要决定于毛细管力。毛细管力封闭是由于盖层具有较高的毛细管阻力而阻止气体逸散。毛细管力的大小取决于毛细管半径的大小及其分布，而毛细管发育状况主要受盖层岩性、粒度、致密程度等因素的影响。另外，盖层的厚度和分布范围也是影响封闭能力的重要因素。研究发现，煤储层上下 20m 的封闭层对煤层的影响最大，而且随封闭系数的增大，煤层气含量逐渐增大（图 8.14）。

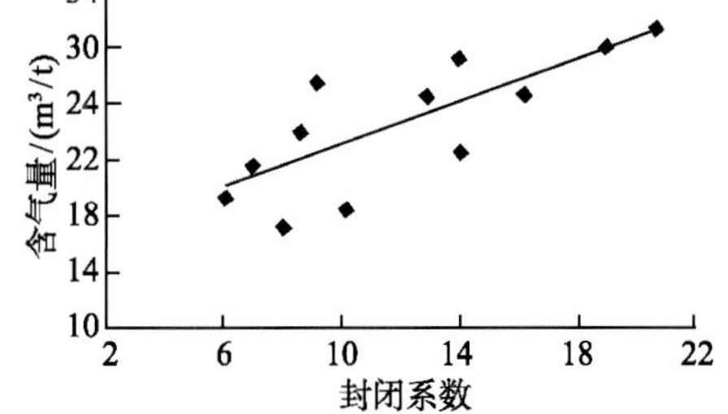

图 8.14 浦池地区封闭系数与含气量的关系（付常青和杜艺，2011）

（2）地下水动力条件是影响煤层气保存的重要因素之一。一般煤层气藏的形成需要较稳定的水动力条件，处于弱地层水交替区或地层水阻滞区中，煤层气散失少，同时保持地层压力，吸附比例大，有利于煤层气的保存（袁龙武，2009）。水动力封盖环境存在润湿性封闭、水动力迁移封闭和水动力驱赶封闭三种主要的封闭机理，可划分为静水封闭环境、水动力迁移封闭环境和水动力封堵环境三种基本类型。水动力封闭控气作用一般发生于断裂不甚发育的宽缓向斜或单斜中，而且断裂构造主要为不导水性断裂，特别是一些边界断层，具有挤压、逆掩性质，成为隔水边界。水动力封闭控气作用中一般发生在深部，地下水通过压力传递作用，使煤层气吸附于煤中，煤层气相对富集而不发生运移，煤层含气量较高。水动力封堵控气特征常见于不对称向斜或单斜中。在一定压力差条件下，煤层气从高压力区向低压力区渗流，或者说由深部向浅部渗流。如果含水层或煤层从露头接受补给，地下水顺层由浅部向深部运动，则煤层中向上扩散的气体将被封堵，致使煤层气聚集（秦胜飞等，2005）。

（3）构造对煤层气的保存作用主要表现在煤层的断裂、抬升和上覆层的破坏上。一般张性断裂导致煤层气的散失，对煤层气的保存不利。而压性和压扭性断裂能够阻止煤层气的逸散，有利于煤层气的保存。构造运动还可以导致上覆地层遭受破坏，煤层整体抬升，压力减小，煤层气解析逸散。

四、煤层气富集高产的控制因素

（一）构造控气作用

广义上讲，构造因素直接或间接地控制着从含煤地层形成至煤层气生成聚集过程中的每个环节，是所有地质因素中最为重要而直接的控气因素，不仅影响和控制着煤层气储层的埋藏、分布和封闭条件，而且构造应力还直接影响到煤层孔隙空间内流体的压力。含煤盆地的基底性质及其所处的大地构造位置，对于煤层气的形成、富集和开发前景有决定性意义，地台基底型含煤盆地与褶皱带过渡区含煤盆地具有良好的煤层气资源条件和开发前景。在含煤盆地的不同演化阶段，构造活动对煤层气成藏的物质基础、有机质生气、运移、富集和保存均产生重要影响。此外，构造活动对含煤岩系的沉积环境也具有重要影响。

不同类型的地质构造对煤层气的运移和聚集具有双重控制作用，在地质构造形成过程中，构造应力场特征及其内部应力分布的差异会影响煤储层的含气性。理论上，在未受到断裂破坏和严重剥蚀的褶皱地区，构造圈闭使煤层气沿煤层向上运移，因此在背斜顶部较向斜槽部煤层气相对聚集，煤层气含量较大，煤层气压力大。但大型背斜的顶部裂隙往往比较发育，造成煤层气大量散失，导致向两翼和倾伏端方向含气性变好。而向斜的轴部往往因构造演化、水动力条件以及封闭条件综合作用而使煤层气更富集。在向斜翼部，倾角越大，张性断裂越发育，煤层气越易散失，倾角越缓，越有利于煤层气的保存。在遭受张性断裂构造破坏的地区，煤层气发生逸散，致使断层附近煤层气含量减小。而压性、压扭性断裂，尤其是那些局限于煤层附近，尚未通达地表的掩伏式断裂起着封闭煤层气的作用，导致断裂附近煤层气含量增大。

（二）热动力控气作用

热动力学条件及其控制下的生气特征，是煤层气富集或逸散的重要控制因素之一，在我国煤层气藏的形成过程中作用更为明显。无论是在华北、华南，还是在西北和东北地区，我国的高煤阶的形成无一例外是在岩浆活动或地热异常等热事件作用下形成的。我国典型的高煤阶煤层气的生成模式（图 8.15）一般都经历了 1～2 个生气高峰，并且在异常高的古地温场下发生的二次生气作用生气量巨大，为煤层气的富集成藏提供了强大的气源，而且由于岩浆的侵入，还极大地改善了煤层的渗透性，加上生烃史和构造史的良好配置，我国高煤阶煤层的含气性普遍较好，含气饱和度普遍较高。

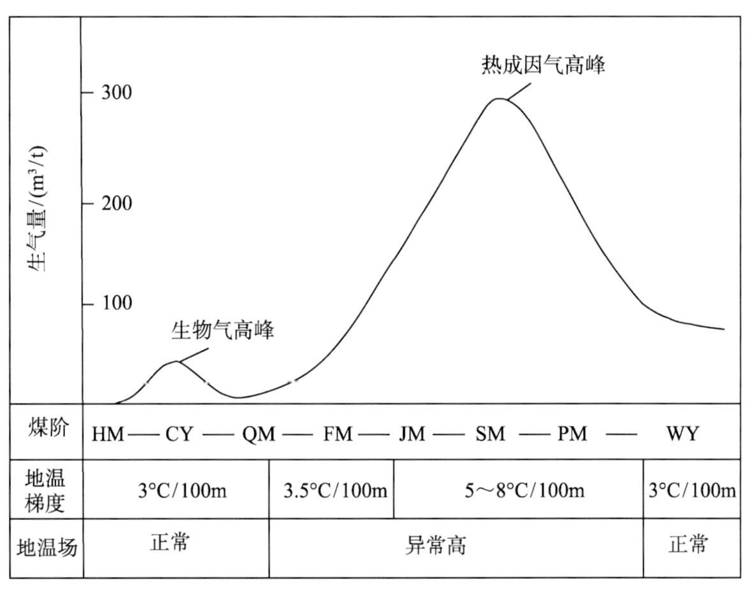

图 8.15　我国高煤阶煤层典型煤层气生成模式图（王红岩等，2005）

我国中、新生代的岩浆活动对煤层气含气量和渗透率的影响不容忽视。煤在普遍进行深变质的基础上，又可能经受一种或一种以上的其他类型的变质作用，构成了煤的多热源叠加变质作用，如叠加一次甚至一次以上的区域岩浆热变质，又如叠加热液、热水变质作用，以及同时叠加区域岩浆热变质和热液变质作用等，其中叠加区域岩浆热变质作用最常见，也最有利于煤层气的富集高渗。例如，华北的煤，在成煤期后的岩浆活动，特别是燕山期的岩浆侵入引起的区域岩浆热变质作用使部分低煤级煤变成中、高煤级，对增加煤层的含气量和提高煤的渗透率作用非常明显（杨起和汤达祯，2000）。

作为煤层气开发程度最高的美国，研究者对含煤盆地的热史，以及热动力条件与煤层气富集关系进行了研究，提出了与裂谷作用及岩浆作用有关的高古地热流与局部煤层气富集的相关关系。

（三）沉积控气作用

沉积特征对煤层气地质条件的控制主要表现在沉积体系的控气作用、煤储层几何特征的控气作用和煤储层物质组成的控气作用三个方面。

沉积体系对煤层气成藏具有显著的控制作用。在不同沉积体系中，煤层赋存于成因地层单元中的不同位置，与顶板甚至顶板之上一定距离内的围岩构成各式各样的组合关系，形成了在区域上具有一定展布规律的各种储盖组合类型，其中主要的有 6 种（表 8.4）。

表 8.4　煤层气储盖条件与沉积体系（秦勇等，2000a）

沉积体系	储盖组合沉积特征				封盖能力	实　例
	岩相组合	岩性组合	煤层在组合中的位置	成因地层单元的完整性		
浅海-障壁海岸	台地相-砂坝相-潟湖相-潮坪相-沼泽-泥炭沼泽相-潟湖相	碳酸盐岩-细砂岩-粉砂岩/泥岩-泥岩/碳质泥岩-煤-泥岩/粉砂质泥岩	中/上部	完整	强	华北山西组、华南测水组、华南龙潭组、东北城子河组
浅海-无障壁海岸	台地相-潟湖/潮坪相-沼泽-泥炭沼泽相-台地相	碳酸盐岩-粉砂岩/泥岩-泥岩/碳质泥岩-煤-碳酸盐岩	中/上部	完整	弱	华南合山组
三角洲	前三角洲-三角洲前缘-三角洲平原（分流河道间相/沼泽相/泥炭沼泽相/分流河道相）	泥岩/粉砂质泥岩-砂岩-泥岩/粉砂质泥岩/砂岩-煤-泥岩/粉砂质泥岩/砂岩	上部/顶部	完整/不完整	弱	华北山西组、豫西-两淮石盒子组、滇东-黔西龙潭组、湘南龙潭组
河流	河床相-河漫相-泥炭沼泽相-沼泽相/河床相	砂岩-砂质泥岩/泥岩-煤-砂质泥岩/泥岩/砂岩	上部/顶部	完整/不完整	较弱-弱	四川须家河组、华北北部山西组、华北中部石盒子组、我国中、新生代煤系
湖泊	滨湖三角洲/浅湖/滨湖相-沼泽相-泥炭沼泽相-沼泽相/深湖相	细砂岩/粉砂岩/粉砂质泥岩-泥岩/粉砂质泥岩-煤-泥岩/粉砂质泥岩/油页岩	上部	完整/不完整	强-极强	鄂尔多斯上三叠统、抚顺-沈北盆地、山东黄县盆地、甘肃民和盆地
冲积扇	扇顶相/扇中相/扇尾相	砾岩/砂岩-（砂质泥岩）-煤-（砂质泥岩/砂岩/砾岩）	上部/顶部	不完整	较弱-弱	华北晚古生代盆地北缘、西北准噶尔旱-中侏罗世盆地周缘等

可见，浅海-障壁海岸类型对煤储层的封盖能力较强；浅海-无障壁海岸类型对煤层气的封盖能力变差；近海三角洲类型的封盖沉积条件一般较好；河流类型如果沉积单元结构完整，则封盖条件较好，若煤储层直接顶板为河道相或决口扇相粗-中粒砂岩，则对煤层气的保存十分不利；湖泊类型对煤储层的封盖能力较强；冲积扇类型的封盖能力总体上极差。

煤储层的几何特征是指煤层在三维空间的展布形式，包括煤层厚度、煤层稳定性、煤层结构等，对煤储层含气性和物性有一定影响。控气地质因素的复杂性，导致很多地区煤储层厚度与含气性之间关系并无因果联系，但也不乏两者之间具明显正相关趋势的实例，如铁法、淮南、邢台、临城、石嘴山、宝积山、萍乡、丰城、合山、茂兰、罗城、袁家、洪山殿、老厂、圭山、南桐等矿区或井田。究其实质，在其他初始条件相似的情况下，煤储层厚度越大，达到中值浓度或者扩散终止所需要的时间就越长（韦重韬和孟健，1998）。同时煤储层本身就是一种高度致密的低渗透性岩层，厚度越大，煤层气向顶底板扩散的阻力就越大，这也许就是有些地区煤储层厚度与含气量之间具有正相关趋势的根本原因。煤储层厚度同样与渗透率有很大关系。通过对华北石炭系—二叠系的煤储层的研究表明（秦勇等，2000b），对于构造煤发育的煤储层而言，储层厚度与渗透率之间表现出负相关趋势。但对于构造煤不发育的煤储层，储层厚度与渗透率呈现两种截然相反的情况。当渗透率小于 0.5mD 时，煤层厚度增大，渗透率总体上有增高的趋势。在渗透率大于 0.5mD 时，渗透率随储层厚度的增大却反而降低。

沉积环境通过对煤物质组成的控制，在一定程度上也影响着煤储层的吸附性、含气性和物理特性。煤储层吸附性能与煤岩显微组分组成之间虽然离散性较大，但仍具有确定的分布趋势（秦勇等，1999）。镜质组体积分数与极限吸附量（兰氏体积）之间总体呈正相关（图 8.16），惰质组体积分数与吸附量之间的关系却更为复杂（图 8.17）。在气煤至无烟煤晚期阶段，镜质组含量与兰氏体积之间的关系存在“临界”现象，镜质组含量一旦超过 55%，兰氏体积的离散性突然增大，离散范围内的最高吸附量骤然跃升，最低吸附量却随煤级呈“台阶”式略有增高，最高吸附量在镜质组含量 75%～80%之后基本保持恒定；惰质组含量与兰氏体积之间关系同样具有“临界”现象，两者之间呈“抛物线”式演化，最高吸附量在惰质组含量 20%～30%达到顶点。由此可见，如果含气饱和度较低，并且镜质组含量低于 55%，则煤储层中可能难以赋存有开采价值的煤层气。而且沉积作用对煤储层吸附特征的影响不仅起源于泥炭聚集阶段，而且在后续煤化作用过程中的表现得也相当明显。

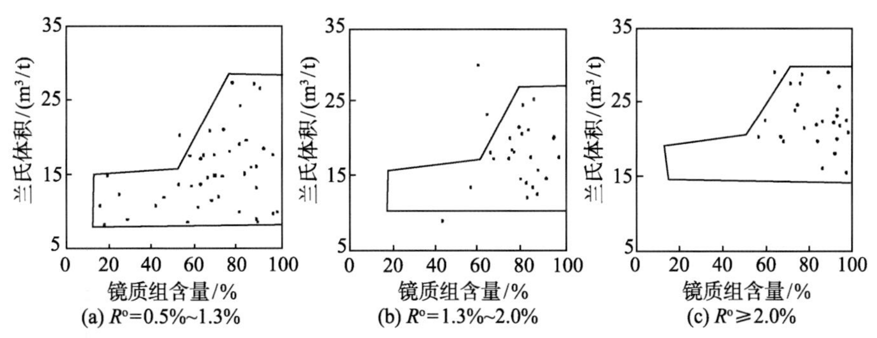

图 8.16　中国煤储层极限吸附量（兰氏体积）与镜质组体积分数关系（秦勇等，1999）

（四）水文控气作用

水文地质对煤层气成藏的控制作用主要表现在影响煤层气的运移和保存，对控气具有双重性，既可为煤层气的聚集提供很好的保存条件，也可以导致煤层气逸散。含煤层气系统的能量平衡维系于系统的流体势，煤储层和顶板含水层构成一个完整的地下水系统，在高储层压力、高含水层势能的地区，对煤层气富集起到保存作用。而在地下水排泄区，储层压力和含水层势能降低，就会导致煤层气逸散（叶建平，2001）。

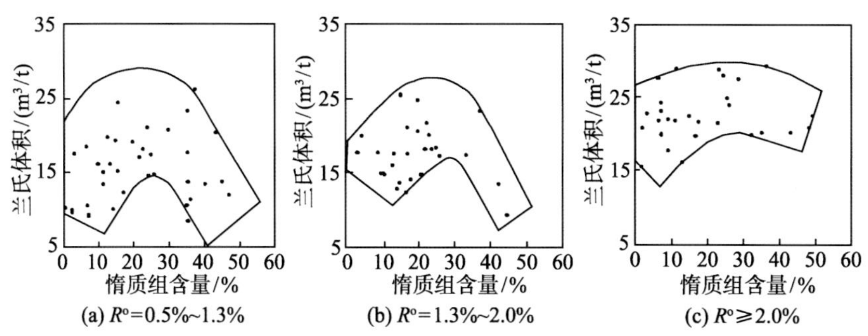

图 8.17　中国煤储层极限吸附量（兰氏体积）与惰质组体积分数关系（秦勇等，1999）

陡水势面背景下的平缓部位、重碳酸钠水型高矿化度区，古水文地质条件继承好的地区一般有利于煤层气的富集。王明明和卢晓霞（1998）对美国圣胡安盆地和黑勇士盆地煤层气区水文地质条件研究认为，煤层气富集区都位于向斜性盆地的陡坡，整体水压势面较陡但局部平缓的地区，一般由于褶皱、断层或岩性相变的遮挡作用而富集成藏，且煤层的渗透性好于其他地区。并且煤层气富集区一般距供水区较近，而距泄水区较远，可以是多个供水区的汇合处，但不能是多个泄水区的分支处，属地层水缓慢交替区。煤层气富集区的地层水矿化度也略高（3000～10 000mg/L），但属 $NaHCO_3$ 水型，硫酸根含量低，即与地面连通但与地下水交替不强烈的水化学性质，封闭性极强的 $CaCl_2$ 水型不利于开采。微量元素中，富含 Sr、B、Ba 的地层水性质较有利于煤层气的富集，并且常常富含有机酸等有机物。

第三节　资源评价方法与相关参数

美国的煤层气行业实际上没有专门的关于煤层气储量计算与管理的技术规范，仅引用了 WPC、SPE、SEC 关于常规油气的储量分类和定义，对具体的计算方法、参数选取、地质控制等并没有明文规定。但由于美国有四位一体、目标一致的储量管理机制制约，煤层气储量管理几乎从未出现混乱。而事实上，虽然没有明确的储量计算和评价规范，美国多年的煤层气勘探开发实践已经形成了业界普遍接受的实际操作规范。其核心思想是以经济效益为中心进行储量评价，以数值模拟为手段进行储量计算，以地质控制为基础进行储量分类。

张新民和赵靖舟（2008）提出了新的煤层气资源分类方案，更便于与常规天然气和国际惯例接轨，将煤层气富集单元划分为含气区、含气盆地、富气区、富气带和煤层气藏（田）五级。

含气区是煤层气富集单元序列中的一级单元，指一个具有明确边界和煤层气地质条件的区域地质构造单元。含气区应具有如下特征：形成于某一特定地质时期的区域地质构造单元；具有地壳负向活动和沉积充填的历史；含气区内各负向单元发生过相似或相近的聚煤作用。

含气盆地是煤层气富集单元序列中的二级单元，指某一个含气区内的具有明确边界的，在地质历史时期中曾发生过聚煤作用，具有煤层气藏形成条件和环境的次一级负向沉积单元。含煤层气盆地的划分，主要依据现今含煤盆地及其煤层气的地质特征。

富气区是煤层气富集单元序列中的三级单元，指在某一盆地的煤层展布范围内，于受成煤时代、沉积、构造等因素的影响，煤层的含气性相对较好的区域。

富气带是煤层气富集单元序列中的四级单元，是指煤的性质相同、演化程度相近、横向上彼此毗邻、受相似地质因素控制的若干煤层气藏（田）的组合体。

煤层气藏是煤层气富集的基本单元，是在压力封闭作用下，吸附煤层气达到相当数量的煤岩体或煤层。

与煤层气五级富集单元相对应，勘探程序的制定应遵循含气区评价—含气盆地评价—富气区评价—富气带评价—煤层气藏评价这五个步骤，按照每一阶段的研究内容（表 8.5），循序渐进，逐级筛选。

表 8.5　煤层气富集单元序列特征及勘探阶段

富集单元	主要研究内容	勘探评价阶段
含气区	（1）区域古构造、古地理、古气候； （2）区域聚煤作用和聚煤规律； （3）含气区煤层气资源评价及预测	含气区评价
含气盆地	（1）盆地类型、构造古地理演化与沉积背景分析； （2）聚煤规律及煤层展布； （3）含气盆地煤层气资源潜力及预测	含气盆地评价
富气区	（1）煤层气基本地质条件评价； （2）富气区主要控气因素分析； （3）富气区资源量预测及经济因素分析	富气区评价
富气带	（1）煤层气基本地质条件评价； （2）富气带主要控气因素分析； （3）煤层气藏成藏模式预测； （4）富气区资源量估算及经济因素分析	富气带评价
煤层气藏	（1）成藏条件评价； （2）成藏模式及成藏规律总结； （3）储量计算和经济评价	煤层气藏评价

由于煤层气储层是双孔隙（裂隙和基质孔隙）、两相流（气和水）、多重储集特征（吸附、游离和溶解）和两种流动方式（扩散和渗流），且具有独特岩石力学性质的非均质性储集岩，所以决定了其储量计算方法有别于常规天然气。目前，适合计算煤层气地质储量的计算方法主要有体积法、类比法、数值模拟法和产量递减法等。

一、煤层气资源评价方法及参数

煤层是一种裂隙-孔隙型双重孔隙介质储集层，煤层气主要以吸附状态赋存于煤层中，导致煤层气井的动态和常规天然气井有明显不同。煤层气资源评价方法主要有体积法、类比法、数值模拟法、蒙特卡洛法和采收率法等。与其他评价方法相比，体积法更为适合煤层气资源量或储量的计算。

（一）体积法

体积法是煤层气资源量计算的基本方法，适用于未发现和已发现的各个级别的煤层气资源量、储量的计算。

1. 体积法计算公式

体积法资源量的计算公式为

$$G_i=0.01Ah\rho C_{ad} \text{ 或 } G_i=0.01Ah\rho_{daf}C_{ad}$$

$$C_{ad}=C_{daf}(1-M_{ad}-A_d)$$

式中，G_i为煤层气资源量（10^8m^3）；A为煤层含气面积（km^2）；h为煤层有效厚度（m）；ρ为煤的空气干燥基质量密度（t/m^3）；C_{ad}为煤的空气干燥基含气量（m^3/t）；ρ_{daf}为煤的干燥无灰基质量密度（t/m^3）；C_{daf}为煤的干燥无灰基含气量（m^3/t）；M_{ad}为煤中原煤基水分（%）；A_d为煤中灰分（%）。

对于未发现的煤层气资源量的计算，限于资料情况，精度要求较低。计算煤层气的资源量时，一般利用构造图、地形图及净煤厚度图和含气量、煤密度、灰分含量及密度等参数，按体积法公式进行计算。对于已发现的资源储量计算，要求精度高，各个参数取值有其一定的标准。

2. 评价单元

煤层气田（藏）与常规气田（藏）不同，资源储量的地质边界不十分明显，一般以井控边界为主。一般可将评价单元分为四级煤层气田、煤层气藏、区块、储量计算单元。煤层气的评价单元是各种地质因素控制的煤层气储集体。计算单元在平面上一般是煤层气藏分布范围，称为区块，面积很大的区块可细分井块（或井区），同一区块应具有相同或相似的构造条件、储气条件等，储量计算单元是储量计算的最小单位，区块是构成煤层气藏的基本单位；由几个成藏条件一致的相邻区块可以组成煤层气藏，几个相邻的地质条件一致的煤层气藏可以组成一个煤层气田。

纵向上一般以单一煤层为计算单元，煤层相对集中的煤层组可合并为一个计算单元，煤层风化带以上的煤储层不划入计算单元。

3. 储量计算参数确定

1）含气面积

含气面积是指单井煤层气产量达到产量下限值的煤层分布面积。含气边界类型分为地质边界和非地质边界，地质边界包括断层线、地层变化线（变薄、尖灭、剥蚀、变质等）、含气量下限线、煤层净厚下限（0.5～0.8m）线等；非地质边界包括矿权区边界、自然地理边界或划定的计算边界。

在充分利用地质、钻井、测井、地震和煤样测试等资料综合分析煤层分布的地质规律和几何形态的基础上确定地质边界，并综合必要的非地质边界，在钻井资料结合地震资料编制的煤层顶、底板构造图上综合确定。

含气面积边界圈定原则为：钻井和地震综合确定的煤层气藏边界，即断层、尖灭、剥蚀等地质边界；达不到产量下限的煤层净厚度下限边界；含气量下限边界和瓦斯风化带边界。表 8.6 为不同煤层类型的变质程度和含气量下限，可供参考。

表 8.6　煤层含气量下限标准（煤层气资源/储量规范 DZ/T 0216—2002）

煤层类型	变质程度 R^{o}_{max} / %	空气干燥基含气量/（m^3/t）
褐煤-长焰煤	<0.7	1
气煤-瘦煤	0.7～1.9	4
贫煤-无烟煤	>1.9	8

地质构造和地层变化破坏了煤层的侧向连续性，造成对含气面积圈定的误差，增加了对含气面积确定的复杂性。近代模拟技术的发展和地震技术的结合，提高了对煤储层不连续性的判识，尤其三维地震技术的应用改进了对煤层侧向连续性的认识。在圣胡安盆地，对煤储层的不连续性是通过地震资料解释，结合气藏模型中对流体屏障资料，以及储层模拟技术预测了煤储层横向的变化，提高了含气面积圈定的可靠性。

2）煤储层有效（净）厚度

煤储层有效（净）厚度（简称有效厚度或净厚度）是指在现代工艺技术条件下，在工业煤层气井内具有产气能力的煤层厚度。煤储层有效（净）厚度可以采用取心资料确定，也可采用煤层的电性标准划分。计算单元内井控程度应满足相应级别储量井距要求，一般采用等值线面积权衡取值。煤层倾角小于 15°时，可用煤层的视厚度计算，当倾角大于 15°时，必须以煤层真厚度计算。

确定煤储层厚度下限标准要综合研究煤储层的各种物性参数及含气性参数，以单层测试为依据。煤储层厚度的下限值是：单煤层厚度要大于 0.6m，累计厚度大于 3m（视含气量大小可作调整），夹矸层起扣厚度为 0.05～0.10m。

3）煤质量密度

煤质量密度分为纯煤质量密度和视煤质量密度，在资源量计算中分别对应不同的含气量基准。不同级别资源量应有相应的煤质量密度资料，采用等值线权衡或算术平均值确定储量计算单元选值。

4）含气量

可采用干燥无灰基或空气干燥基两种基准含气量近似计算煤层气储量，其换算关系可根据下式计算（煤层气资源/储量规范：DZ/T0216—2002，有修改），即

$$C_{ad}=C_{daf}(100-M_{ad}-A_d)/100$$

式中，C_{ad} 为煤的空气干燥基含气量（m^3/t）；C_{daf} 为煤的干燥无灰基含气量（m^3/t）；M_{ad} 为煤中原煤基水分（%）；A_d 为煤中灰分（%）。

煤层气含气量确定原则如下：计算地质探明储量时，应采用现场煤心直接解吸法（美国矿业局 USBM 法）的实测含气量，煤田勘查煤心分析法（煤炭行业标准 MT/T77—94）测定的含气量也可参考应用，但宜进行必要的校正。计算控制、预测地质储量时，可采用现场煤心直接解吸法和煤田勘查煤心分析法（MT/T77—94 煤层气测定方法）测定的含气量。

在综合分析煤层、顶底板和邻近层以及采空区的有关地质环境和构造条件后，矿井相对瓦斯涌出量可作为计算推测资源量时含气量的参考值。用于瓦斯突出防治的等温吸附曲线虽然也能提供煤层气容量值，但在参考引用时必须进行水分和温度等方面的校正，校正后可用于推测资源量计算。

煤层气资源储量应根据气体组分的不同分类计算。一般情况下，参与储量计算的煤层含气量测定值中应剔除浓度超过 10%的非烃气体成分。

（二）类比法

类比法指的是以高程度研究区（类比区）为依据，通过类比为中、低研究程度区（预测区）提供资源计算参数，从而进行资源计算的一种方法。类比法可用于预测地质储量和未发现资源量的计算。有时探明储量中的个别计算参数如采收率等也可用类比法确定。作为资源量与储量评价和计算的最基本方法，由于重点考虑的因素不同，类比法可以进一步划分为：规模（面积、体积等）类比法、聚集条件类比法、综合类比法等。

美国成功开发煤层气的实例基础参数齐全，可以为类似的盆地开展煤层气资源储量计算提供类比指标。美国四个成功的煤层气项目参数（表 8.7）之间有很多相似之处，如煤层均具高渗透率、高煤层气资源丰度、较高的演化程度和较高的含气量。这也正是美国煤层气勘探开发取得成功的主要原因，可以作为资源量类比法计算的重要参考。

表 8.7　美国四个煤层气田项目特征及参数对比表

盆　地	圣胡安	尤因塔	黑勇士	粉　河
区带	Ignacio Blanco	Drunkard’s Wash	Cedar Cove	Recluse Rawhide Butte
面积/km^2	0.24	0.49	0.26	0.30
井数/口	130	450	520	600
煤层时代	白垩纪	白垩纪	石炭纪	古新世
层数	1～5	3～6	5～15	2～5
含煤层系	Fruitland	Ferron	Pottsville	Fort Union
煤阶	高挥发 A–低挥发	高挥发 B	中挥发–低挥发	亚烟煤
深度/m	884～1006	366～1036	245～914	91～366
煤层厚度/m	12.2～21.3	1.2～14.6	7.6～9.1	12.2～27.4
煤密度/（g/cm^3）	1.5	1.5	1.5	1.5

续表

盆　地	圣胡安	尤因塔	黑勇士	粉　河
吨煤含气量/m^3	8.49～16.98	12.03	7.08～14.15	0.85～1.98
地质储量/10^8m^3	498.1	44.5	228.9	81.5
单井储量/10^8m^3	0.85～1.42	0.42～1.13	0.14～0.42	0.06～0.14
井控范围/km^2	0.65～1.29	0.65	0.32	0.32
渗透率/mD	5～60	5～20	1～25	大于 5
压力梯度/（psi/m）	1.44～2.07	1.41～1.74	1.28～1.38	1.05～1.41
单井钻井成本/10^4美元	50	27.5	26	6～7.5
饱和状态	饱和	饱和	欠饱和–饱和	饱和
主要完井方式	洞穴压裂	水力压裂	水力压裂	裸眼洞穴
单井日产/10^4m^3	4.25	1.42	0.28	0.42
单井年产/10^4m^3	1546	518	102	156

1. 面积丰度类比法

基本计算公式为

$$Q=\sum_{i=1}^{n}\left(S_i\times K_i\times\alpha_i\right)$$

式中，Q 为预测区的煤层气总资源量（10^8t）；S_i 为预测区类比单元的面积（km^2）；α_i 为预测区类比单元与刻度区的类比相似系数，由下式计算得到，即

$$\alpha_i=\frac{\text{预测区地质类比总分}}{\text{刻度区地质类比总分}}$$

式中，i 为预测区子区的个数；K_i 为刻度区煤层气资源丰度（$10^4t/km^2$）。

影响该方法的重要参数是类比相似系数的确定，其中最关键的是类比主因素的确定和主观评分的可靠性。

2. 体积丰度类比法

体积丰度类比法中的基本计算公式为

$$Q_2=Q_1\times\alpha\times\frac{V_2}{V_1}\text{或}Q_2=\alpha\times q\times V_2$$

式中，Q_2 为预测区的资源量（10^8t）；Q_1 为刻度区的资源量（10^8t）；V_1 为预测区的沉积岩体积（km^3），由预测区沉积岩分布图量出面积，再乘以各层厚度得出；V_2 为刻度区的沉积岩体积（km^3），由刻度区给出；q 为刻度区的单位资源量（t/km^3），由刻度区给出；α 为类比系数（刻度区与类比区的相似程度），由刻度区和类比区做类比分析，通过计算得出。

（三）数值模拟法

数值模拟法是煤层气储量（尤其是可采储量）计算的方法之一，主要是在计算机中

利用专用模拟软件对已获得的储层特性和早期的生产数据进行匹配拟合，最后获取气井的预计生产曲线和可采储量。该方法比较适合于煤层气勘探程度较高的地区，其预测结果通常比较可靠，可以指导煤层气的勘探开发部署。但应指出的是，为使所建模型能获得和历史产量相匹配的成果，并用于预测未来产能和储量，通常需要实际的生产数据和储层参数，而这些数据在煤层气开发初期往往十分欠缺，因此在使用模型进行预测时对参数的选择应特别慎重。随着积累资料的增多，可以随时调整参数，对煤层气的资源量进行动态评价，也可以将采气影响范围内的煤层围岩中的气体和不可采煤层中的气体放入开发阶段的储量动态模拟之中，使之与实际可采储量更加符合。

二、资源评价分类标准

煤层的含气量、渗透率、煤储层压力等重要煤层气评价指标，是关系含气煤层品质的关键因素，在煤层气勘探阶段，应经过多种试验与测定对这些关键指标进行求取，并以此作为评估煤层气资源储量的客观依据。

煤层含气量是进行煤层气资源评价最基本指标，也是直接影响煤层气储量评估结果的关键参数。实际工作中，主要是采用取煤心直接进行测定获得。这种测定方法相对简单，测定结果也相对准确。

含气煤层的渗透率是衡量煤层气开发难易程度的重要指标，对于含气煤层的采收率及产量大小起决定性作用。煤层渗透率越大，气井的泄气范围就越宽阔，产量也就越高。

煤储层压力与地应力是随埋深而加大的，为了在储层评价中统一评价标准，以静水压力作为划分储层压力类型的依据。煤储层压力分为 3 种类型：储层压力梯度接近静水压力梯度（9.5～10.0kPa/m）时，属于正常压力储层；大于 10.0kPa/m 的储层压力梯度属于超压储层；小于 9.5kPa/m 的储层压力梯度属于欠压储层（钟玲文，2003）。

综合煤层气资源量、资源丰度、埋深、渗透率、煤层压力状态等五项参数分别对其打分，进行分类评价（表 8.8）。煤层气资源分为Ⅰ类、Ⅱ类、Ⅲ类三个类别。

表 8.8　煤层气资源评价分类标准表

<table>
<tr><th rowspan="2">煤级</th><th colspan="10">参与评价的因素及评价赋分</th></tr>
<tr><th>煤层气资源量/10^8m^3</th><th>评价赋分</th><th>资源丰度/（$10^8m^3/km^2$煤）</th><th>评价赋分</th><th>埋深/m</th><th>评价赋分</th><th>渗透率/mD</th><th>评价赋分</th><th>煤层压力状态</th><th>评价赋分</th></tr>
<tr><td>气煤-无烟煤Ⅱ号（R^o：0.7-2.0）</td><td>>3000</td><td rowspan="2">50</td><td rowspan="2">> 1.5</td><td rowspan="2">50</td><td>300～1000</td><td rowspan="2">50</td><td>>1</td><td rowspan="2">50</td><td>正常-超压</td><td rowspan="2">50</td></tr>
<tr><td>褐煤-长焰煤（R^o<0.7）</td><td>>3000</td><td>< 500</td><td>>10</td><td>正常</td></tr>
<tr><td>气煤-无烟煤Ⅱ号</td><td>1000～3000</td><td rowspan="2">30</td><td rowspan="2">1～1.5</td><td rowspan="2">30</td><td>1000～1500</td><td rowspan="2">30</td><td>0.1～1</td><td rowspan="2">30</td><td>正常</td><td rowspan="2">30</td></tr>
<tr><td>褐煤-长焰煤</td><td>1000～3000</td><td>500～1000</td><td>5～10</td><td>欠压</td></tr>
<tr><td>气煤-无烟煤Ⅱ号</td><td><1000</td><td rowspan="2">20</td><td rowspan="2">< 1</td><td rowspan="2">20</td><td>> 1500</td><td rowspan="2">20</td><td><0.1</td><td rowspan="2">20</td><td>欠压</td><td rowspan="2">20</td></tr>
<tr><td>褐煤-长焰煤</td><td><1000</td><td>> 1000</td><td><5</td><td>欠压</td></tr>
</table>

（1）当五项因素同时参与评价时，Ⅰ类资源积分>180 分；Ⅱ类资源积分为 180～140 分；Ⅲ类资源积分<140 分。

（2）当缺乏某一参数时，Ⅰ类资源积分>160 分；Ⅱ类资源积分为 160～120 分；Ⅲ类资源积分<120 分。

（3）当缺乏某两项参数时，Ⅰ类资源积分>110 分；Ⅲ类资源积分为 110～70 分；Ⅲ类资源积分<70 分。

第四节　煤层气矿藏分布特征与资源潜力

根据国际能源机构（IEA）的统计资料和我国的油气资源评价结果，估测全球煤层气资源量可超过 $270\times10^{12}m^3$，主要分布在 12 个国家中（表 8.9）。从表中可以看出，煤炭资源大国同时也是煤层气资源大国。俄罗斯和加拿大居世界首位。俄罗斯煤炭资源量为 $6.5\times10^{12}t$，煤层气资源量为 17×10^{12}～$113\times10^{12}m^3$；加拿大煤炭资源量为 $7.0\times10^{12}t$，煤层气资源量为 18×10^{12}～$76\times10^{12}m^3$；美国煤炭资源量约 $4.0\times10^{12}t$，煤层气资源量约 $21\times10^{12}m^3$。而中国煤层气资源量约 $37\times10^{12}m^3$ ，煤炭资源量约 $6.0\times10^{12}t$。俄罗斯、加拿大、中国、美国等前 4 个国家的煤层气资源量共计为 $247\times10^{12}m^3$，约占全世界煤层气资源量的 90%。但需要指出的是，我国煤层气资源量的储量级别要低得多。

表 8.9　世界主要产煤国的煤层气和煤炭资源量表

国　家	煤层气资源/$10^{12}m^3$	煤炭资源/10^9t
俄罗斯	17～113	6 500
加拿大	17.9～76	7 000
中国	36.8	5 950
美国	21.2	3 970
澳大利亚	8～14	1 700
德国	3	320
波兰	3	160
英国	2	190
乌克兰	2	117
哈萨克斯坦	1	170
印度	0.8	160
南非	0.8	150
合计	101.6～273.6	24 460

全球煤层气资源主要分布在北半球，占总资源的 80%以上。同时，呈现条带分布的特点，即东西向主要分布在 20°～70°N、20°～40°S。南北向主要分布在北美—南美，以及俄罗斯、中国、印度尼西亚到澳大利亚东部，呈条带状展布。在南北与东西分带的交汇处形成四个主要的煤层气富集区：落基山与美国中东部富集区、南美中南部富集区、

中国北部与西伯利亚富集区和印尼与澳大利亚东部富集区。本书依据煤炭和煤层气资源分布的特征以及资料来源，可将全球分为北美、俄–乌–哈、亚洲、欧洲（不含前苏联地区）、南美、非洲、大洋洲等七大评价区，来分析和评价煤层气矿藏分布的特征与资源潜力。通过初步评价与预测（图 8.18），七大评价区的地质资源总量约 $135\times10^{12}m^3$，可采资源总量约 $71\times10^{12}m^3$。在七个评价区中，俄–乌–哈地区煤层气资源最富集，地质资源量约 $50\times10^{12}m^3$，可采资源量约 $27\times10^{12}m^3$；北美地质资源量约 $26\times10^{12}m^3$，可采资源量约 $16\times10^{12}m^3$；亚洲地质资源量约 $40\times10^{12}m^3$，可采资源量约 $18\times10^{12}m^3$。俄–乌–哈地区、亚洲地区和北美地区的资源量远高于其他地区，三个地区的地质和可采资源量均占全球总量的 86%左右。其次为大洋洲，大洋洲地质资源量约 $7\times10^{12}m^3$，可采资源量约 $4\times10^{12}m^3$。欧洲（不含前苏联地区）地质资源量约 $4\times10^{12}m^3$，可采资源量约 $1.3\times10^{12}m^3$；而南美和非洲地区未开展较全面的预测研究，目前的估算值很小。

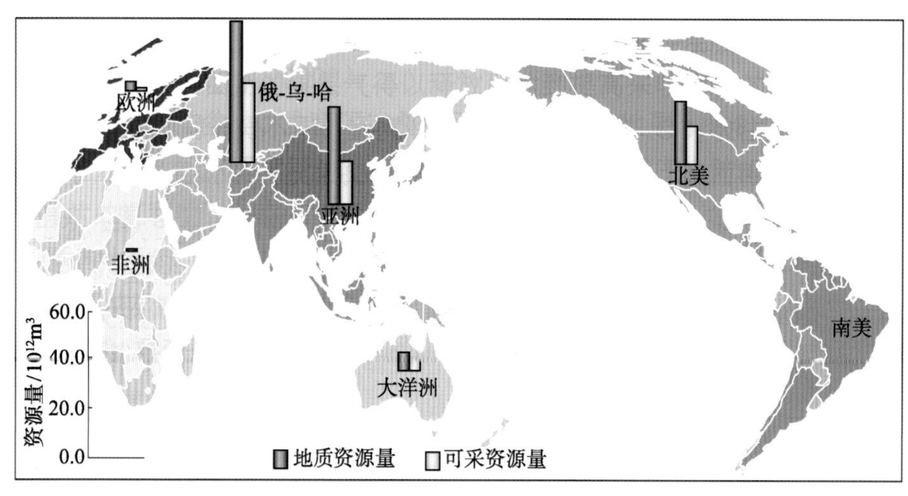

图 8.18　全球煤层气资源分布与评价图

一、主要大区煤层气资源特征

（一）北美煤层气评价区

北美评价区包括美国和加拿大，是世界上主要的煤层气资源保有国，以其先进的技术和发达的煤层气工业引领着世界煤层气工业的发展。北美评价区煤层气勘探开发程度高，产业化程度高，技术先进，一直以来是我国煤层气工业发展效仿和技术引进的对象。

美国本土已知含煤面积约为 932 396km^2，含煤盆地主要分布在三大区域内，即东部的阿巴拉契亚地区（包括北阿巴拉契亚、中阿巴拉契亚、黑勇士等煤盆地）、中部的内陆平原地区（包括伊利诺斯、阿科马等煤盆地）、西部的落基山地区（包括波德河、大绿河、尤因塔、圣胡安、拉顿等煤盆地）。其中 85%分布在西部落基山脉的中、新生代含煤盆地，15%分布在东部和中部。美国天然气技术研究所（GTI）于 2001 年对美国本土 23 个盆地（煤田）的煤层气资源进行预测，结果是煤层气资源量为 $19.5\times10^{12}m^3$，可采资源量为 $3.1\times10^{12}m^3$；其分布与上述煤盆地的分布相一致。另外，在阿拉斯加，估计煤层气资源量超过 $29.4\times10^{12}m^3$。通过对美国主要盆地进行的初步评价，总资源量超过 $11\times10^{12}m^3$（图 8.19）。其中，皮申斯盆地资源量最高，地质资源量约 $4\times10^{12}m^3$,可采资源量约 $2\times10^{12}m^3$；其次为阿巴拉契亚盆地和圣胡安盆地。阿巴拉契亚盆地地质资源量为 $1.87\times10^{12}m^3$，可采资源量为 $0.94\times10^{12}m^3$；圣胡安盆地地质资源量为 $1.39\times10^{12}m^3$，可采资源量为 $1.11\times10^{12}m^3$。

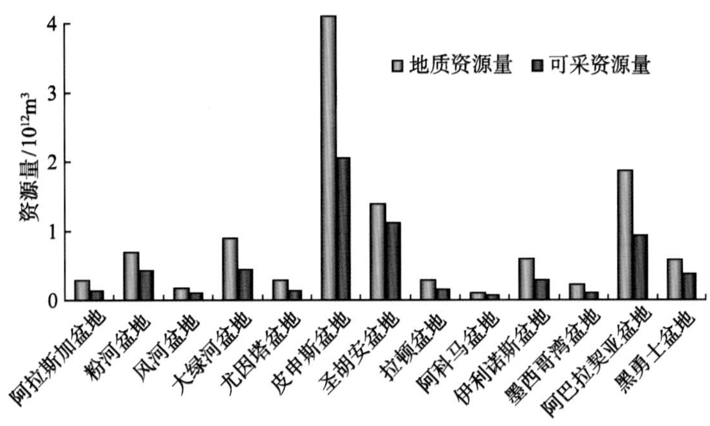

图 8.19　美国主要盆地煤层气地质资源潜力

加拿大煤层气资源量为 17.9×10^{12}~$76\times10^{12}m^3$，居世界第二位。主要分布在加拿大人口集中的南部地区（西南部和东部海岸区），其中阿尔伯达省的煤层气资源最为丰富。加拿大煤炭探明储量为 6.6×10^9t，分布于 17 个煤田中。煤田基本上围绕在加拿大地盾的克拉通地块周围，分布于大西洋区、西加拿大区以及加拿大北部的北极群岛和大陆地区。根据储量和目前产量来看，最重要的盆地是西加拿大沉积盆地，它包括了阿尔伯达和萨斯喀彻温的广大地区，并延伸到不列颠哥伦比亚地区。加拿大目前已知储量的约 90%及产量的 90%以上均来自西加拿大沉积盆地。通过初步评价，西加拿大盆地的煤层气主要分布在六个含煤层系，地质资源量为 $14.3\times10^{12}m^3$，可采资源量为 $9.3\times10^{12}m^3$。

（二）大洋洲评价区

澳大利亚是大洋洲的主体部分，是世界最大的煤炭出口国和重要的产煤国。该国煤炭资源丰富，地质赋存良好，品种质量较佳，地理位置优越。截至 2005 年，澳大利亚已探明煤炭可采储量为 785×10^8t，其中，无烟煤和烟煤为 386×10^8t，次烟煤和褐煤为 399×10^8t。探明煤炭可采储量占世界的 8.6%，排在美国、俄罗斯和中国之后，位居世界第四位。近些年来，随着煤炭产业的蓬勃发展，澳大利亚煤层气产业也逐渐兴起，产量逐年攀升，现今澳大利亚已是世界第二大煤层气生产国，仅次于美国。澳大利亚的煤炭和煤层气生产主要集中在东部太平洋沿岸的昆士兰和新南威尔士境内。

澳大利亚煤层气资源丰富，资源量为 100 000×10^8～110 000×10^8m^3，2006 年煤层气产量大约为 18.4×10^8m^3。目前，澳大利亚超过 90%的煤层气产量来自于昆士兰州，昆士兰州的煤层气资源主要位于鲍温盆地和苏拉特盆地，其他还有加里里盆地和库珀盆地。其中，鲍温盆地和苏拉特盆地的煤层气资源量分别为 40 000×10^8m^3 和 6000×10^8m^3（图 8.20）。新南威尔士州的煤层气资源主要位于悉尼盆地、冈尼达盆地和克拉伦斯-莫尔顿盆地，这些地区煤层气资源可达 25 000×10^8m^3。

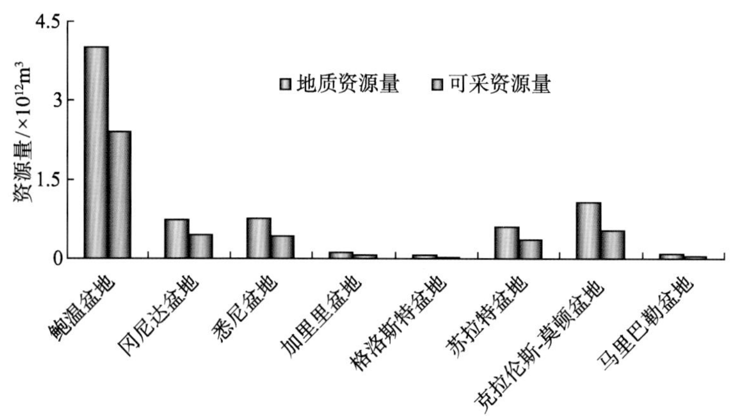

图 8.20　澳大利亚主要盆地煤层气地质资源潜力

地质年代为二叠纪的鲍温盆地是澳大利亚煤层气勘探和开发最为活跃的地区，盆地面积为 160 000km^2，煤层气探明和预测储量约 2482×10^9m^3（表 8.10），开采条件较好，含气量高，煤储层物性较好，盆地内有四个含气量高、渗透性较好的有利区带，盆地内的煤层气井井深一般都在 700m 左右。澳大利亚煤层气开采的新动向是煤层地质年代为侏罗纪时期的盆地，如苏拉特盆地和克拉伦斯-莫尔顿盆地，其煤层气开采井深都较浅，苏拉特盆地的煤层气开采井深一般在 500m 左右。克拉伦斯-莫尔顿盆地煤层气预测资源量为 1075×10^9m^3（表 8.11），探明和可期储量约 78×10^8m^3，含气量高，煤储层物性较好。地质年代为古近纪和新近纪的褐煤也已经成为澳大利亚煤层气勘探的目标。因为尽管低阶煤单位体积所含煤层气的量较小，但是澳大利亚位于浅层（地下 100～500m）的低阶煤（褐煤）比位于中等深度的地质年代为二叠纪的高阶煤渗透性更好。因此，煤层气更容易从低阶煤中解吸出来，从而获得更高的采收率。

表 8.10　鲍温盆地煤层气地质条件

盆地	煤炭资源	煤系地层	煤质		煤层气	
			镜质体反射率/%	氢指数	储量/10^9m^3	潜在可开采量/10^9m^3
鲍温盆地	以现在的开采速率，还可采 200 年	Rangal 煤系	0.5	238	2482	496
		German Creek 煤系	0.8	299		
		Moranbah 煤系	1.4	103		

表 8.11　克拉伦斯-莫尔顿盆地煤层气地质条件

盆地	煤系地层	煤质		煤层气		
克拉伦斯-莫尔顿	Walloon	挥发分含量/%	灰分含量/%	含气量/（m^3/t）	储量/10^9m^3	潜在可开采量/10^9m^3
		高	较高	12	1075	215

（三）俄-乌-哈评价区

俄罗斯、乌克兰和哈萨克斯坦拥有丰富的煤炭资源。据估算，俄罗斯煤炭资源储量占世界总储量的17%，预测储量超过50 000×10^8t，已探明储量1570×10^8t。俄罗斯煤炭品种比较齐全，从褐煤到无烟煤，各类煤炭均有，但分布极不平衡，主要分布在两个大型含煤带内：一是位于贝加尔湖与图尔盖拗陷之间，包括伊尔库茨克、坎斯克-阿钦斯克、库兹巴斯等含煤盆地；另一个位于叶尼塞河以东，60°N以北，包括通古斯、勒拿和泰梅尔等大型含煤盆地。此外，远东地区的南雅库特等盆地也是很重要的煤盆地。乌克兰煤炭蕴藏量也十分丰富，2000年世界能源理事会预测乌克兰煤炭探明储量为339×10^8t。2005年乌克兰煤炭总探明储量为342×10^8t，其中硬煤储量为163×10^8t，软煤（亚烟煤和褐煤）储量为179×10^8t。还有研究者甚至预测乌克兰煤层总储量高达2130×10^8t。该国煤炭资源主要分布在东南部的顿涅茨含煤盆地、中部的第聂伯含煤盆地及西部的里沃夫-沃伦含煤盆地。哈萨克斯坦煤炭资源储量排在中国、美国、俄罗斯、澳大利亚、印度、南非和乌克兰之后，位列全球第八，占世界总储量的4%。已探明和开采的煤田有100多个，总地质储量为1767×10^8t。其中的大部分煤炭分布在哈萨克斯坦中部的卡拉干达、埃基巴斯图兹和北部的图尔盖含煤盆地。

俄-乌-哈丰富的煤炭资源为这三个国家提供了丰富的煤层气物质来源。据国际能源机构（IEA）的统计资料，俄罗斯煤层气资源量达17×10^{12}～113×$10^{12}m^3$，位居世界第一。乌克兰、哈萨克斯坦煤层气资源量分别达到2×$10^{12}m^3$和1×$10^{12}m^3$，分列世界第九和第十位。据最新评价，俄-乌-哈六个主要盆地煤层气资源量约为66×$10^{12}m^3$（图8.21）。

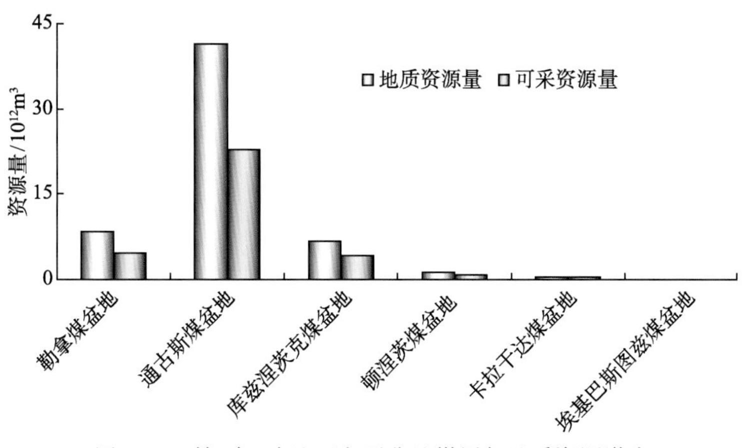

图 8.21　俄-乌-哈地区主要盆地煤层气地质资源潜力

俄-乌-哈评价区不仅煤层气资源量极大，而且煤层气资源分布集中。俄罗斯煤层气资源主要分布在6大盆地，即通古斯、库兹涅茨克、勒拿、泰梅尔、伯朝拉和南雅库特盆地。乌克兰煤层气主要集中在顿涅茨盆地。哈萨克斯坦煤层气资源主要集中在该国的中部盆地，如卡拉干达、埃基巴斯图兹盆地。丰富的煤层气资源，以及高度集中的煤层气资源分布格局，是俄-乌-哈地区开展煤层气勘探开发的有利条件。

1. 库兹涅茨克盆地煤层气资源评价

库兹涅茨克含煤盆地是俄罗斯重要的硬煤生产基地，占该国煤炭年总产量的一半以上。同时该盆地是俄罗斯目前开展煤层气示范工程的主要地区之一，也是该国煤层气开发潜力最大的煤盆地。以库兹涅茨克盆地作为试验区，已经开展了多项煤层气项目。

库兹涅茨克作为俄罗斯煤层气开发最有利前景区，主要基于如下几个因素。

1）煤炭资源丰富

库兹涅茨克盆地聚煤密度异常高，达到$2800\times10^4 t/km^2$（表8.12），在仅有$2.6\times10^4 km^2$的面积内富集的煤炭总资源量达$636.9\times10^9 t$。丰富的煤炭资源为盆内煤层气的赋存提供了巨大的储集空间。

表8.12　俄-乌-哈煤层气地质特征对比表

煤盆地	库兹涅茨克	顿涅茨	卡拉干达	埃基巴斯图兹
面积/km^2	2.6×10^4	6×10^4	0.3×10^4	155
构造特征	构造复杂的复向斜	由WNW–ESE展布的背斜和向斜组成的褶皱带	以简单的斜坡褶皱或倾角为5°～20°（偶尔达到40°）的单斜为主	发育埃基巴斯图兹地堑，呈NW–SE的非对称性地槽
煤系地层	巴拉洪群 科利丘京群 塔尔巴甘群	莫斯科阶 谢尔普霍夫阶	煤系地层发育在石炭系地层和侏罗系地层	阿什良里斯克组 卡拉干达组 上卡拉干达组
煤岩煤质	平均水分10%，灰分19%，含硫量<0.5%	灰分12%～18%，含硫量2.5%～3.5%	煤层灰分10%～35%	煤层灰分29%～50%
煤级（R^o）/%	0.6～2.0	0.4～6.5	0.8～1.2	0.6～1.7
煤炭储量/t	6369×10^8	1410×10^8	413×10^8	113×10^8
煤层层数	71～116	330多层	30左右	4（工业性）
煤层厚度/m	0.8～32	0.45～2.5	1～8	1.2～43
含气量/（m^3/t）	25～30	17最高	12～27	9～20
聚煤密度/（$10^4t/km^2$）	2800	214	1200	7290
CBM丰度/（$10^6m^3/km^2$）	500～3500	80～107（平均）	275（平均）400～700（前景区）	1300～3100（1#、2#、3#煤层）
CBM资源量/m^3	（6.6～13.1）$\times10^{12}$	（1.2～2.5）$\times10^{12}$	（0.5～0.55）$\times10^{12}$	75×10^9（1#、2#、3#煤层）

2）煤层多，厚度大

在盆地的北部和南部，上巴拉洪亚群的一些岩组中含有20层厚2.5～10m（个别为25～32m）的煤层。下科利丘京亚群在盆地南部含煤系数最大，可采煤层的厚度为1.5～2.5m（个别为8～10m）；其上亚群中部层位含煤系数高而稳定，在盆地中部含有多达40

层厚 1～3m（个别为 10～25m）的可采煤层。在塔尔巴甘群中发现有 11～56 层煤层，其中 5～14 层达到可采厚度（0.8～9.4m），以中央盆地及其以南的向斜的西部边缘含煤系数最大。盆地西部某些地区的煤层达 300 多层，整个盆地内 1m 以上的煤层占可采煤层的 90%，6.5m 以上的占 22%，可采煤层平均厚 2.2m。煤层总厚度达 120m，其中一些单煤层厚度达到 10～18m。

在煤系地层纵向分布上，库兹涅茨克盆地煤层分布密集。与圣胡安盆地每 100～130m 煤系地层内仅有 1 层可采煤层相比（表 8.13），该盆地每 100～150m 煤系地层中可采煤层能达到 6～8 层。

3）煤级分布广，含气量高

该盆地煤变质广泛，从长焰煤到贫煤均有发育，其镜质体反射率为 0.6%～2.0%。盆内所有矿井都是在有瓦斯的条件下进行开采，瓦斯含量为 6～40m^3/t。煤层含气量最高达到 25～30m^3/t，远高于圣胡安盆地最高含气量（15～20m^3/t）（表 8.13）。

表 8.13　库兹涅茨克盆地（俄罗斯）与圣胡安盆地（美国）对比表

特　征	库兹涅茨克	圣胡安
CBM 资源量/m^3	13.1×10^{12}（总资源量） 3×10^{12}（南部前景区资源量）	2.3×10^{12}（总资源量） 1.4×10^{12}（Fruitland 地层中资源量） 0.9×10^{12}（Menefi 地层中资源量）
CBM 丰度/（10^6m^3/km^2）	500～3500	350～1000
煤层总厚度/m	120（总厚度） 10～18（部分单煤层）	30（总厚度） 8～10（部分单煤层）
煤层埋深/m	4000（最大） <1800（评价埋深）	<1200（Fruitland 地层）
可采煤层数	6～8 层可采煤层/100～150m	1 层/100～130m
CBM 含量/（m^3/t）	最高 25～30	最高 15～20
煤级	0.6%～2.0%	0.7%～1.5%（生产区 0.78%～1.2%）
煤层渗透率/ mD	1～10（>50）	5～60

4）煤层气资源量大，丰度高

库兹涅茨克盆地煤层气资源量非常大，据估算，该盆地 1800m 埋深以浅的煤层气资源为 13.1×10^{12}m^3。而且煤层气资源丰度高，可达 500×10^6～3500×10^6m^3/km^2，明显高于圣胡安的 350×10^6～1000×10^6m^3/km^2。

5）煤储层渗透率较高

与常规砂岩储层相比，煤层泊松比大，弹性模量小，易于压缩变形，以致煤储层孔隙度小，渗透率普遍偏低。但库兹涅茨克盆地煤储层渗透率较好，大部分分布在 1～10mD，最高的能达到 50mD。

2. 顿涅茨含煤盆地煤层气资源评价

顿涅茨盆地是乌克兰煤炭资源最大的盆地，也是该国最大的煤炭生产基地，同时曾是前苏联时期最大的煤炭产地。丰富的煤层气资源、优越的地理位置和乌克兰政府的大力支持使该盆地成为该国最有利的煤层气潜力开发区。

1）煤炭资源丰富

顿涅茨盆地聚煤密度为 $214\times10^4t/km^2$，略小于通古斯盆地的聚煤密度。该盆地 $6\times10^4km^2$ 的面积内煤炭资源量达到 1410×10^8t，$A+B+C_1$ 级储量约为 570×10^8t，其中乌克兰境内达 430×10^8t，占乌克兰 $A+B+C_1$ 级总储量的 91.6%。

2）煤层多，但厚度偏小

该盆地主要的煤系地层为石炭系，尤其是莫斯科阶和谢尔普霍夫阶发育大量的煤层。石炭系煤系地层含有 330 多个煤层，仅有 130 层煤层厚度大于 0.45m。少数煤层的最大厚度为 1.8m（偶尔达到 2.5m）。在厚度大于 0.45m 的煤层中，40%～60%的厚度为 0.45～0.60m。厚度大于 1m 的煤层数约占厚度大于 0.60m 的煤层数的 20%。

3）煤级分布广，含气量高

顿涅茨盆地由于受区域变质作用和热变质作用的双重影响，出现各种煤级的煤，且煤级分布具有较强的规律性。在顿巴斯褶皱带中央部位大体上是无烟煤，亚烟煤和烟煤分布在盆地西缘和北缘，褐煤呈块状分布在盆地西缘和北缘；纵向上煤级也表现随地层从上到下逐渐增大的规律。在顿涅茨盆地主体背斜（Gorlovka）和该背斜南北向斜以及 Krasnodon 地区靠近断裂位置的甲烷含量最大，达 $17m^3/t$。

4）煤层气资源丰富，丰度高

据估算，顿涅茨盆地埋深为 500～1800m、煤厚在 0.3m 以上的煤层吸附煤层气量为 1.4×10^{12}～$2.5\times10^{12}m^3$，占乌克兰煤层气资源总量的 60%以上。顿涅茨盆地煤层气不仅资源量大，而且分布集中，丰度高（表 8.14）。

表 8.14　煤层中煤层气丰度表

地　区	区域面积/km^2	顿涅茨地质公司		Raven Ridge 资源公司	
		资源量/10^9m^3	丰度/（$10^6m^3/km^2$）	资源量/10^9m^3	丰度/（$10^6m^3/km^2$）
Dobropolsko-Krasnoarmeiskaya	963	76.4	79.3	101.0	104.9
Grishino-Andreyevskaya	557	18.2	32.7	29.7	53.3
Yuzhno-Donbasskaya	530	57.2	107.9	58.5	110.4
Donbasskaya	293	44.5	151.9	46.5	158.7
Makeevskaya	246	35.9	145.9	42.0	170.7
总计	2589	232.2	89.7	277.7	107.3

3. 卡拉干达盆地煤层气资源评价

卡拉干达煤盆地位于哈萨克斯坦中部，是该国最大的炼焦煤产地。从 1970 年起，卡拉干达含煤盆地开始采取激励措施促进煤层气回收利用。从煤层气地质特征和开发情况来看，该盆地具有很好的煤层气开发潜力。

1）煤炭资源丰富

该盆地聚煤密度异常高，在 $3000km^2$ 的面积上煤炭资源量达 413×10^8t，平均聚煤密

度达到 $1200\times10^4t/km^2$。

2）煤层多，厚度大

卡拉干达含煤盆地主要发育石炭系煤系地层。Tentek 地槽含煤区 Dolinsk 组煤系地层含 11 个煤层，厚度为 1～6m；Tentek 组煤系地层含煤层 17 个，但仅底层的 2 个煤层厚度较大(1.7～1.9m)。Saransky 煤田卡拉干达组地层含 29 个煤层和亚煤层，总厚度 33m，其中 11 个煤层可采厚度为 1～6.1m。Taldykuduksky 煤田发育 20 个煤层，其中有 17 个煤层达到可采厚度（1～6.3m）。

在卡拉干达煤盆地开采的厚煤层有 27 个，其中厚 3.5～5m 的有 13 个，厚 6～8m 的有 14 个。

3）煤级中等，含气量高

该煤盆地发育的煤级主要是从高挥发烟煤 B 级到中等挥发烟煤，镜质体反射率为 0.8%～1.2%。煤层甲烷含量从甲烷带顶面到 400～500m 埋深迅速增加（从 0 到 15～$20m^3/t$），但增加速度迅速下降。到 800～1800m 埋深时，煤层甲烷含量为 22～$27m^3/t$。Tentek 地槽含煤区 Dolinsk 组煤层含气量随煤层埋深从 $14.5m^3/t$ 增加到 $27m^3/t$；Tentek 组煤层含气量为 12～$24m^3/t$，煤层最大埋深为 1000m。Saransky 煤田 700～1300m 埋深的煤层含气量稳定，达 22～$25m^3/t$。Taldykuduksky 煤田埋深从 200m 到 700m 的煤层，甲烷含量相应地从 $10\ m^3/t$ 增加到 $23m^3/t$。Sherubajnurinsky 煤田煤层含气量稳定：700m 埋深煤层含气量为 $24m^3/t$；1500m 埋深煤层含气量为 $27m^3/t$。

4）煤层气资源量大，丰度高

卡拉干达煤盆地不仅煤层气资源量大，而且煤层气资源丰度高。据估算，卡拉干达煤盆地煤层气资源量为 0.5×10^6～$0.55\times10^{12}m^3$，资源平均丰度为 $275\times10^6m^3/km^2$，一些前景区达到 400×10^6～$700\times10^6m^3/km^2$（表 8.15）。从表中可知，Tentek 地槽含煤区煤层气资源量 $20.7\times10^9m^3$，资源丰度为 $500\times10^6m^3/km^2$。Saransky 煤田深部煤层中的煤层气资源量达 $31\times10^9m^3$，资源丰度为 $700\times10^6m^3/km^2$。

表 8.15 卡拉干达盆地及各矿区煤层气资源量及丰度表

盆地、含煤区、煤田	CBM 储量 /10^9m^3	CBM 资源丰度 /（$10^6m^3/km^2$）
卡拉干达盆地	550	275（平均）
Tentek 地槽含煤区	20.7	500
Saransky 煤田深部煤层	31	700
Dubovky 煤田	10.2	500
Churubainurinsky 含煤区	55.4	400
Taldykuduksky 煤田	28.5	400

4. 埃基巴斯图兹盆地煤层气资源评价

埃基巴斯图兹煤盆地位于哈萨克斯坦中部西北的 Pavlodar 地区，是哈国三大煤盆地之一，同时也是该国重要的烟煤产区。该盆地作为哈国煤层气开发前景区，其主要有如下几个因素。

1）煤炭资源丰富

埃基巴斯图兹盆地煤炭资源大，且相对集中，其煤炭总储量为 113.01×10^8t。丰富而又集中的煤炭资源为该盆地开展煤层气开发提供了有利条件。

2）煤层较少，但厚度大

埃基巴斯图兹组地层是该盆地主要的工业性含煤地层，含有 4 套含煤层，总厚度为 146～170m，其中工业性煤层厚度 100～142m。

盆内主体含煤层包括 $1^{\#}$、$2^{\#}$和 $3^{\#}$煤层，厚度为 130～210m。$3^{\#}$煤层厚度最大，达 86～102m。但该煤层结构复杂，发育 140～160 层厚为 1～15cm 的砂泥隔夹层。$2^{\#}$煤层勘探程度最高，煤层总厚 38～45m，净煤层厚度 31～40m，为含煤层总厚的 87%。$1^{\#}$煤层含 4～20 个煤条带，该煤层平均厚度为 21～25m，净煤层厚度为 19～23m，为含煤层总厚的 93%。埃基巴斯图兹坦煤层多，厚度大，有充分满足煤层气开发的钻井工程要求。

3）煤级偏低，含气量较高

该盆地煤属于高挥发烟煤 B 级至中等挥发烟煤。该盆地气体风化带厚 70～225m，其以下煤层含气量随深度迅速增加，500～700m 埋深煤层含气量达到 18～20m^3/t。围岩含气量不超过 3m^3/t。

4）局部层段煤层气资源大，且丰度高

有关该盆地的煤层气资源量尚未查实，据估算可达到 $75\times10^9m^3$，资源丰度达到 1300×10^6～$3100\times10^6m^3/km^2$。

虽然该盆地的煤灰分产率高，但主力煤层厚度大，含气量较高，风氧化带深度较浅，因而，该盆地局部区域的局部煤层段具有很好的煤层气勘探开发潜力。

俄-乌-哈评价区众多的含煤盆地中，除了上面提及的煤层气有利开发区外，还有一些煤层气开发远景区，如通古斯含煤盆地、勒拿含煤盆地。这些含煤盆地煤层气地质特征对比见表 8.16。

5. 通古斯含煤盆地煤层气资源评价

通古斯含煤盆地是世界上最大的煤盆地，其面积达到 100×10^4 km^2。由于该盆地地处人烟稀少、自然条件恶劣的地区，该盆地的煤层气勘探开发工作相对滞后，但该盆地同样具有很好的煤层气开发潜力。

1）煤炭资源丰富

通古斯含煤盆地的聚煤密度为 $220\times10^4t/km^2$，小于库兹涅茨克盆地的聚煤密度，但由于通古斯盆地面积远大于库兹涅茨克盆地面积。所以通古斯盆地煤炭资源异常丰富，达到 2299×10^9t，高于库兹涅茨克盆地煤炭资源。

2）煤层多，且厚度大

该盆地石炭系卡特组上部发育煤层，最厚的煤层能达到 6.5m。二叠系布尔古克林组含煤最多，共发育 16～44 个厚度在数米至 25m 的厚煤层，是该盆地重要的含煤层系。

表 8.16　俄乌哈煤层气有利开发区 CBM 地质特征对比表

煤盆地	通古斯	勒拿
面积/10^4 km^2	100	40
构造特征	发育通古斯向斜，局部有火山构造	构造分区明显，西南为向斜，中部、西北部为拗陷
煤系地层	图山组 卡特组 布尔古克林组	3 个构造层，其中，中构造层和上构造层发育煤层
煤岩煤质	不详	不详
煤级	从褐煤到无烟煤	以褐煤为主
煤炭储量/10^9t	2299	1555
煤层层数/层	>（16～44）	>（2～20）
煤层厚度	数米至 25m	不详
含气量/（m^3/t）	1.5～40 18（平均值）	5～20
聚煤密度/（10^4t/km^2）	230	400
CBM 丰度/（10^6m^3/km^2）	41.38（平均）	无法确定
CBM 资源量/10^{12}m^3	41.38	8.4 （仅评价前上扬斯克拗陷）

通古斯盆地含煤系数平均为 2%～9%，最高达到 23%。煤层厚度大，含煤系数高，有利于该盆地进行煤层气开发。

3）煤级分布广，含气量较高

通古斯盆地热变质作用及区域变质作用，造成煤在平面和剖面上的带状分布。从褐煤到无烟煤，盆地内都有分布。

目前，通古斯盆地内的矿井大多数存在瓦斯突出危险。井巷内的瓦斯涌出量为 10～30m^3/t。在诺里尔斯克地区 580m 的深度以内，瓦斯带内煤中的瓦斯含量为 1.5～20m^3/t。由于侵入体的影响，有学者预测，随着深度的加大，该盆地煤层中的煤层气含量可达 40m^3/t，平均为 18m^3/t。此外，围岩中的天然气含量为 0.4（砂岩）～3.4m^3/t（碳质页岩）。

4）煤层气资源量大

受热变质作用和区域变质作用的影响，该盆地在煤化过程中形成了大量的烃类气体。这些烃类气体生成之后，受后期构造影响小，煤层吸附性强，从而保存了大量的煤层气。据有关学者研究估算，煤层气资源量达 20×10^{12}～41.38×10^{12}m^3。

6. 勒拿含煤盆地煤层气资源评价

勒拿盆地是仅次于通古斯煤盆地的世界第二大含煤盆地，其面积约为 40×10^4km^2。该盆地情况与通古斯基本相似，地处人烟稀少、自然条件恶劣的地区，煤层气勘探开发工作相对滞后。但该盆地具有较好的煤层气勘探开发潜力。

1）煤炭资源丰富

勒拿盆地聚煤密度为 410×10^4t/km^2，其聚煤密度介于库兹涅茨克盆地的聚煤密度与通古斯盆地的聚煤密度之间。该盆地煤炭资源量为 1535×10^9t，其中褐煤 945×10^9t。

2）煤层多

从已查实的资料看，该盆地含煤地层仅底部含有煤层 2～20 煤层。有关该盆地煤系地层发育的煤层数、可采煤层厚度等，尚未查实。

3）煤级偏低，含气量较高

勒拿盆地煤炭储量的 74%属于褐煤，19%属于长焰煤。该盆地煤级普遍偏低，属于低变质煤。但盆内矿井都存在瓦斯危险，井巷瓦斯浓度为 $2m^3/t$。

该盆地气体风化带厚度为 50～330m。在 300m 深度以内，煤层的甲烷含量为 5～$10m^3/t$。该盆地煤层的甲烷含量与煤层埋深及煤的变质程度呈正比关系，在大于 300m 埋深的煤层中，甲烷的含量增大到 $20m^3/t$。

4）煤层气资源量大，分布相对集中

据估算，该盆地的煤层气资源量超过 $8\times10^{12}m^3$，主要分布在前上扬斯克拗陷。

（四）亚洲评价区

亚洲评价区包括中南亚的印度，东亚的蒙古以及东南亚的印度尼西亚、越南、菲律宾、马来西亚、老挝、缅甸、柬埔寨、韩国、日本等国家。其中印度、印度尼西亚、蒙古不仅国土面积大，煤炭资源也非常丰富；而东南亚的小国家虽然矿产种类也很丰富，但是煤炭资源含量较为突出的只有越南、泰国、菲律宾和马来西亚。其中印度、印度尼西亚、蒙古、越南、泰国、菲律宾、马来西亚的煤炭资源探明储量可达 $13\times10^{10}t$。

亚洲这些国家不仅煤炭资源丰富，更由于煤级分布范围广，有些煤矿瓦斯含量高，因此煤层气资源也极为丰富。据最新对亚洲 16 个主要盆地的煤层气资源进行评价，总资源量近 $18\times10^{12}m^3$（图 8.22）。

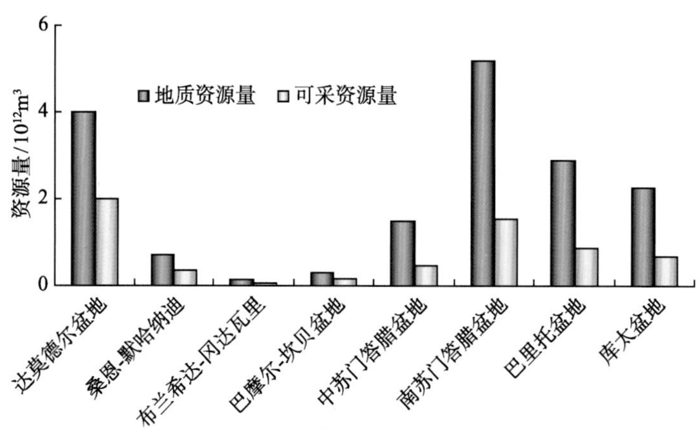

图 8.22　亚洲主要盆地煤层气地质资源潜力（未包含中国）

1. 印度

印度煤层气资源主要分布在印度的 11 个省区，其中最丰富的是贾坎德邦，资源量为 $7221.6\times10^8m^3$，占印度煤层气资源总量的 27%。位列第二、三位的拉贾斯坦和古吉拉特邦以新生代褐煤田为主，虽然是低煤阶，但也存在生物成因的甲烷气。按照含煤时代及构造情况分区，印度煤层气资源主要为二叠纪冈瓦纳盆地（资源量总计为 18 804.48×10^8m^3，占总体的 72.3%）和新生代褐煤盆地（资源量总计为 7193.28×10^8m^3，占 27.7%），其中前者集中在印度中东部地区的裂谷盆地，后者分散在南部、西部和东北部地区。

印度主要的含煤层气盆地有 6 个，分别是跨越贾坎德邦和西孟加拉邦的达莫德尔裂谷盆地，中北部南西–北东走向的桑恩-默哈纳迪裂谷盆地，中部地区萨特普拉盆地，中南部南西–北东走向的布兰希达-冈达瓦里盆地，南部的内维利盆地和西部的巴摩尔-坎贝盆地（表 8.17）。

表 8.17　印度主要含煤层气盆地基本概况

盆　地	埋 深 /m	主煤层 /（m/层）	R^o/%	含气量 /（m^3/t）	资源丰度 /（10^8m^3/km^2）	面积 /km^2	资源量 /万亿 m^3	构造条件
达莫德尔	1200	10～60	0.58～1.69	6～17	0.58～6.66	6500	0.35～4	简单
桑恩-默哈纳迪	600	10～60	0.45～0.61	5～8	0.7	10000	0.7	简单
萨特普拉	600	15～20	0.49～0.7	6～8	0.33	3000	0.1	较复杂
布兰希达-冈达瓦里	600		0.5～0.66	4～8	0.6	3000	0.13	简单
内维利	150		0.26～0.33		0.36	2500	0.08	简单
巴摩尔-坎贝	150	20～70	0.35	4～6	0.37	5000	0.3	简单

冈瓦纳盆地煤层埋深较大，有些达到 1200m，主要含煤层在 600m 左右，煤层比较厚，达到 60m，有利于开发。煤级是以烟煤为主，较多的为高挥发分烟煤，R^o 值在 0.6 左右，含气量较好，一般都超过 5m^3/t，较少超过 10m^3/t。新生代盆地煤层埋深较浅，150m 左右，主要为褐煤，R^o 值为 0.3 左右，相对于褐煤盆地而言，含气量较高，煤层气资源量很丰富。

达莫德尔裂谷盆地由于煤层、含气量、地质条件以及远离油气产区等综合因素被认为是煤层气勘探开发最有利的区域。该盆地总的资源量是 0.35×10^{12}～4×10^{12}m^3，资源丰度是 0.58×10^{12}～6.66×10^8m^3/km^2，目前煤层气勘探区块有 8 个。桑恩-默哈纳迪裂谷盆地资源量是 0.7×10^{12}m^3，资源丰度是 0.7×10^8m^3/km^2，至今已有 11 个煤层气勘探区块，是印度煤层气已勘探面积最大的盆地，且在该盆地也在不断地发现大的煤田，有些煤田的储量也在不断扩大。萨特普拉盆地煤层气资源量为 0.1×10^{12}m^3，资源丰度为 0.33×10^8m^3/km^2，目前有两个勘探区块。布兰希达-冈达瓦里盆地的煤层气勘探稍晚些，基本在 2005 年以后，总的资源量是 0.13×10^{12}m^3，资源丰度是 0.6×10^8m^3/km^2，总计的煤层气区块有 5 个。内维利是南部褐煤盆地的代表，勘探起步很晚，2008 年才有第一个煤层气勘探区块，盆地煤层气资源量为 0.08×10^{12}m^3，资源丰度是 0.36×10^8m^3/km^2。西部的巴摩尔-坎贝盆地也是新生代褐煤田，煤层气的勘探从 2003 年开始，总共区块有 5 个，盆地煤层气资源量为 0.3×10^{12}m^3，资源丰度为 0.37×10^8m^3/km^2。

1）达莫德尔裂谷盆地

达莫德尔裂谷盆地内有拉尼根杰、贾西里、波卡罗和卡兰普拉四个主要的煤田（图 8.23），不仅是印度煤炭资源最丰富的盆地，也是煤层气资源最丰富、最具潜力的盆地，估算总的煤层气资源量可达 $4\times10^{12}m^3$。

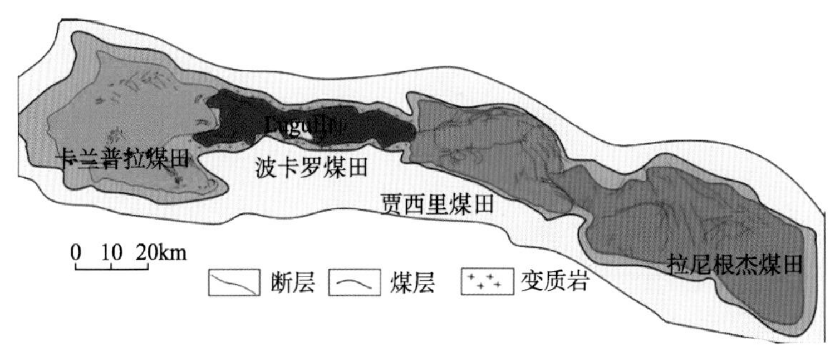

图 8.23 达莫德尔裂谷盆地煤田位置分布图

该盆地的地质条件较为复杂，在盆地内部有天然分隔各煤田的断层边界，但在煤田内部受褶皱影响存在低洼厚煤区，是煤层气富集的优势区，如贾西里煤田，其单层煤厚可达 33m，而主煤层累积厚度可达到 50～100m，且含气量最高能达 $17m^3/t$，为优势盆地中的优势区（图 8.24）。

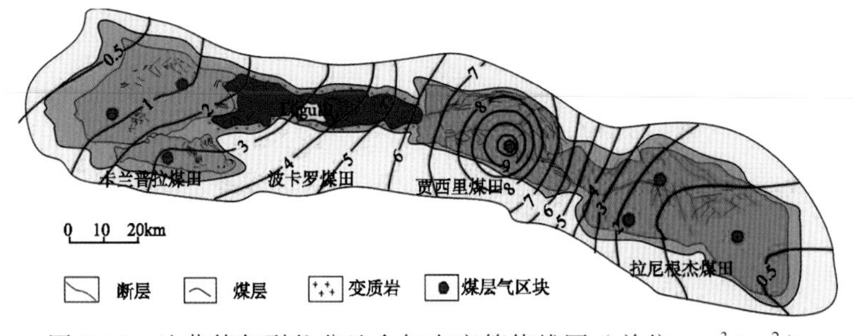

图 8.24 达莫德尔裂谷盆地含气丰度等值线图（单位：m^3/km^2）

2）桑恩-默哈纳迪裂谷盆地

桑恩-默哈纳迪裂谷盆地趋于北西-南东向，盆地的含煤地层主要是伯拉格尔组和拉尼根杰组。盆地的东北部地区主要是高挥发分烟煤；中北部伯拉格尔煤层较厚，为低-中挥发分烟煤；盆地带的中南部只有伯拉格尔含煤地层，厚超过 600m；最南部则是大型的煤储藏，含大量厚煤层，煤级为高挥发烟煤。沿着桑恩裂谷和默哈纳迪裂谷由北西向南东方向总共有 5 大煤田：辛格鲁利煤田、索哈格普尔煤田、科尔巴煤田、Ib-裂谷煤田和泰切尔煤田。总煤层气资源量为 $7023.36\times10^8m^3$。

3）巴摩尔-坎贝盆地

巴摩尔煤田和坎贝煤田都位于印度的西北部，其中巴摩尔含煤区发育南北向的地堑超过 100km 长。坎贝裂谷含煤区是巴摩尔含煤区向北的延伸。煤层渗透率好，含气量达到 4～6 m^3/t，面积较大，是较优势区。

2. 印度尼西亚

印度尼西亚的煤层气资源主要分布在苏门答腊和加里曼丹省，其中苏门答腊省的煤层气资源量为 $6.81\times10^{12}m^3$，占该国煤层气资源总量的 52.6%，而加里曼丹省的煤层气资源量为 $5.96\times10^{12}m^3$，占该国煤层气资源总量的 46.1%。主要的煤层气盆地有 11 个，资源量总计近 $13\times10^{12}m^3$，其中以始新世煤层为主的盆地有帕西/亚森盆地、塔拉坎盆地、翁比林盆地、中苏门答腊盆地，以及爪哇和南苏拉威西岛含薄煤层的小盆地；以中新世以来含煤层为主的盆地有南苏门答腊盆地和明古鲁盆地；既含始新世煤层也含中新世煤层的盆地有巴里托盆地、库太盆地和塔拉坎盆地。中新世煤的特点是低灰分。低硫分，除了受火山活动影响外，其他都为低煤级。

根据印度尼西亚煤层的 R^o 等值线图（图 8.25），含气丰度等值线图（图 8.26）、煤层厚度等值线图（图 8.27），以及埋深和厚度等（表 8.18）地质特征，可以看出煤层气开采的优势区集中在苏门答腊盆地、巴里托盆地和库太盆地。

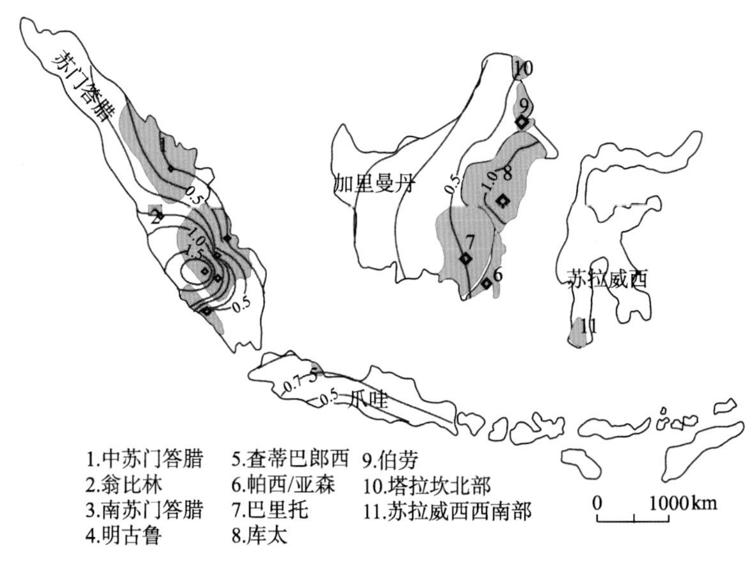

图 8.25　印度尼西亚煤层 R^o（单位：%）等值线图

3. 蒙古

蒙古由于勘探开发程度较低，尚未有包含整个国家区域的煤层气资源量预测，不过仅南戈壁盆地，预计资源量就是 $2.55\times10^{10}m^3$。南戈壁盆地是未来蒙古的煤产地，有上亿吨的焦煤和热值煤，也是蒙古最重要的煤层气盆地。该盆地东西长 600km，宽 100km，煤层厚度最厚超过 100m，普遍为 10～30m，含气量为 2.34～11.8m^3/t，与昆士兰的鲍温盆地不相上下。但是受基础设施及国内经济的影响，勘探程度还较低。

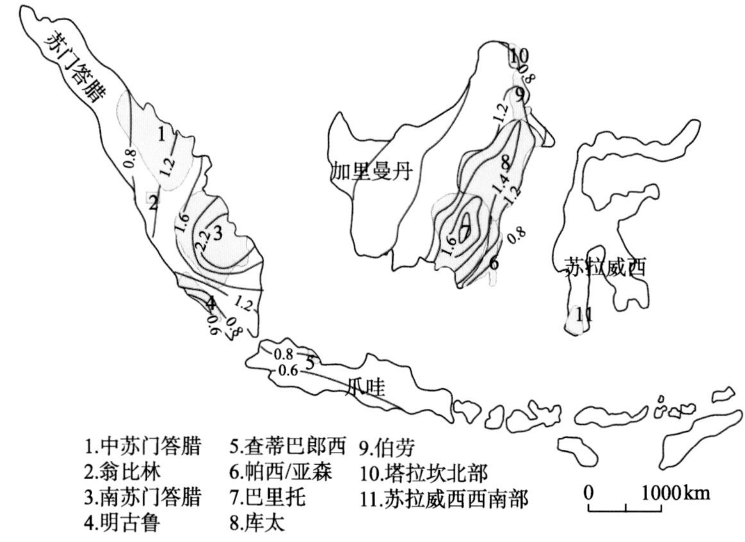

图 8.26 印度尼西亚煤层含气丰度（单位：m^3/km^2）等值线图

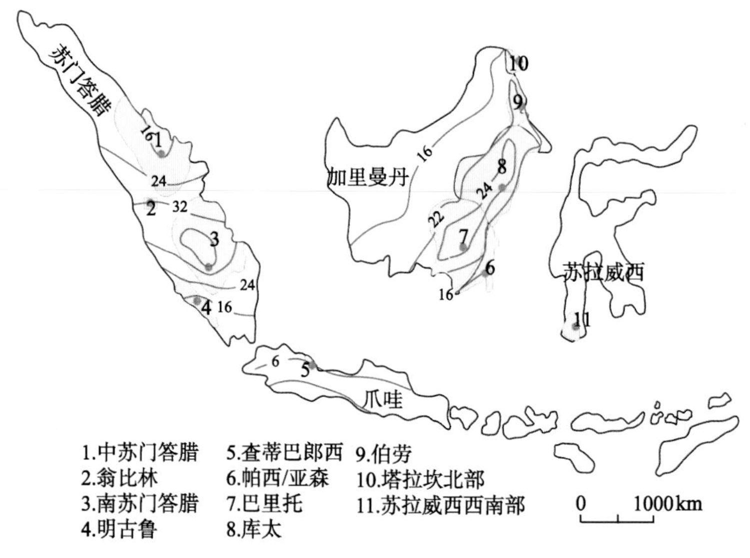

图 8.27 印度尼西亚煤层厚度（单位：m）等值线图

4. 越南

越南最重要的煤层气盆地是红河平原盆地，地域宽广，古近系和新近系含煤岩系广为分布，煤层沉积从几层至十几层，有些地段多达 100 多层，单层煤层厚度为 0.1～21m，沉积稳定，煤层结构简单，为低灰、低硫、高发热量的褐煤。埋深为 150～550m，一般为 300m 左右，含气量为 $1.69m^3/t$，煤层气潜在资源量为 $5.66\times10^{10}m^3$。

表 8.18　印度尼西亚煤层气盆地主要参数统计表

序号	盆地	目标层	可采煤厚/m	煤级 R^o/%	平均埋深/m	聚集区面积/km^2	含气丰度/（m^3/km^2）
1	南苏门答腊	M.Enim	37	0.47	762	7350	2.69×10^8
2	巴里托	Warukin	28	0.45	915	6330	1.73×10^8
3	库太	Prangat	21	0.50	915	6100	1.43×10^8
4	中苏门答腊	Petani	15	0.40	762	5150	1.10×10^8
5	塔拉坎北部	Tabul	15	0.45	701	2734	6.91×10^7
6	伯劳	Latih	24	0.45	671	780	1.17×10^8
7	翁比林	Sawaht	24	0.80	762	47	1.16×10^8
8	帕西/亚森	Warukin	15	0.45	701	385	8.53×10^7
9	查蒂巴郎西	T.Akar	6	0.70	1542	100	8.21×10^7
10	苏拉威西西南部	Toraja	6	0.55	610	500	4.32×10^7
11	明古鲁	Lemau	12	0.40	610	772	5.08×10^7

5. 中国

中国煤炭资源丰富，古生代、中生代、新生代的地层中均发育具有工业价值的煤层。在地域方面，分布几乎遍及全国各地，尤以华北地区和西北地区最为丰富。丰富的煤炭资源中伴生有大量的煤层气资源，据最新资评结果，中国煤层气资源量多达 $36.8\times10^{12}m^3$，其时间、空间分布特征与煤炭资源基本一致。根据地质结构、煤田分布状况、煤层含气性等特征，将中国陆上划分为 9 个煤层气含气区（张新民等，2002），分别是：黑吉辽含气区、冀鲁豫皖含气区、华南含气区、内蒙古东部含气区、晋陕蒙含气区、云贵川渝含气区、北疆含气区、南疆–甘青含气区、滇藏含气区，它们分属于东部、中部和西部 3 个煤层气含气大区。除滇藏含气区外，其余 8 个均赋存具有工业价值的煤层气资源。但各个含气区的差异相当悬殊，最大的晋陕蒙含气区的煤层气资源量是最小的华南含气区的 108 倍，足见其分布的不均衡性。

（五）欧洲评价区

欧洲煤炭资源丰富，主要分布在乌克兰的顿巴斯、波兰的西里西亚、德国的鲁尔和萨尔、法国的洛林河北部、英国的英格兰中部等地，这些地方均有世界著名的大煤田。从区域上看，大致可分为 3 个区，Ⅰ区为多数北欧国家，几乎不含煤；Ⅱ区主要为中欧和部分南欧国家，煤炭资源分布密集，且产量高；Ⅲ区位于南欧，煤炭资源散布。主要的含煤盆地分布在波兰、捷克、德国、法国、匈牙利、英国等。

各主要盆地的煤层气资源特征参数对比表明（表 8.19），波兰的卢布林盆地分布最广，为 $9000km^2$，其次是德国的鲁尔盆地和波兰的上西里西亚盆地。但是卢布林盆地煤层埋深较大，煤层厚度变化较大，构造活动的改造较为频繁。相比而言，德国的下莱茵盆地虽分布面积小，但其埋深仅 500m，地层稳定，主煤层厚度更是厚达 50m，对煤炭开采极其有利。另外还有波兰的上西里西亚盆地，其埋深也较浅，单煤层厚度也达 50m。捷克的 Ostrava-Karvina 煤田也是上西里西亚盆地的一部分，但与波兰部分的相比，其埋深及煤层厚度都发生了明显的变化。

表 8.19 欧洲主要盆地煤层气资源特征统计表

编号	目标		埋深/m	主煤层/(m/层)	R^o/%	含气量/(m^3/t)	资源丰度/($10^8m^3/km^2$)	面积/km^2
1	上西里西亚	Upper Silesia	670	50	0.55～1.7	20	1.29	5800
2	下西里西亚	Lower Silesia	750	0.6～3	1.08～4.28	27.2		550
3	卢布林	Lublin	300～1200	0.8～2.7	0.4～1.0	22.7		9000
4	鲁尔	Ruhr	800	0.9～2.3	0.76～2.33	5	4.84	6200
5	萨尔	Saar	600～1200	1.5	0.6～0.9	8		2600
6	下莱茵	Lower Rhine	500	50	0.3～0.4			2500
7	上西里西亚	Upper Silesia	480～1200	0.6	1.0～4.0	0.3～8	1.83	1150
8	南威尔士	South Wales	500～1200	1.5～2	1.0～2.6	5.0～22	0.36	500
9	北加莱	Nord-Pas-de-Calais					3.01	767
10	宗古尔达克	Zonguldak	700		0.45～1.7		1.1	2700
11	迈切克	Mecsek	600	2	0.7～1.0		1.42	1000

在表 8.20 中列出的盆地，仅德国的下莱茵盆地为褐煤，其余的煤级都较高，多数为高挥发分烟煤范围。波兰下西里西亚盆地镜质体发射率范围为 1.08%～4.28%，煤级最高，变化范围也最大。就不同煤级对煤层气聚集的影响来看，虽煤级越高含气量越高，但是煤孔隙的大量减少，并不能形成煤层气的大量聚集，相对而言镜质体反射率为 0.5%～2.2% 更利于形成大规模的煤层气藏。因而，就煤级而言，波兰的上西里西亚盆地更为有利。

表 8.20 非洲主要盆地煤炭及煤层气资源特征统计表

国家	煤田（地区）	地质时代	含煤面积/10^4km^2	煤级	煤炭资源量/10^6t	含气量/（m^3/t）
南非	瓦特贝赫	P	0.3	肥煤	55 000	4～11
津巴布韦	林波波盆地	P	0.1	肥煤	256	10
	中赞比西盆地	P	2	焦煤	25 000	12～15
	萨比盆地	P	0.8	肥煤	680	10～17
博茨瓦纳	Mmashoro Lephepe	P	5	肥煤	10 000	5～18
	Mahalapye	P	1.46	烟煤	6 000	5～19
	潘达马腾加	P	1	烟煤	5 000	4～17

从煤质和煤储层储集物性上看，波兰上西里西亚盆地、德国下莱茵盆地以及匈牙利迈切尔盆地的煤质情况更有利于煤层气的聚集。其中，德国鲁尔盆地灰分产率最低，仅4.76%，其次是下莱茵盆地和波兰的卢布林盆地。捷克下西里西亚盆地的 Ostrava-Karvina 煤田挥发分含量最高，达 50%，匈牙利迈切克盆地挥发分含量最低，为 8%～15%。因而，就煤质而言，德国煤质普遍较好，尤其是鲁尔盆地，对形成煤层气藏极其有利。

欧洲煤炭资源量以德国的下莱茵盆地最为有利，据估计其高达 5500×10^8t，其次是 1700×10^8t 的德国鲁尔盆地，波兰的卢布林盆地以 76×10^8t 居第三。而煤层气资源量在鲁尔盆地最高，为 $30\,000\times10^8$m^3，其次是波兰的上西里西亚盆地。值得注意的是，盆地面积也是影响煤层气资源量的一大因素，因此从资源丰度来看，最佳的是鲁尔盆地，其次是法国的北加莱盆地，后者煤层气开发项目正在不断扩大，而前者由于投产较早，现更多投入在废井气的利用。

（六）非洲评价区

非洲煤炭资源主要分布在非洲中南部卡鲁盆地群，煤系地层主要产自晚古生代二叠系。截至 2005 年年底，非洲煤炭可采储量为 496×10^8t，九成以上的可采储量集中在南非境内，其余分布在津巴布韦、莫桑比克、斯威士兰、坦桑尼亚、尼日利亚、民主刚果共和国、尼日尔、阿尔及利亚、博茨瓦纳和赞比亚。主要含煤盆地有斯普林博克、埃利斯拉斯、林波波、中赞比西、萨比、莫阿蒂泽和卡拉哈里等 10 个沉积盆地。

非洲煤层气资源集中分布在非洲大陆南部，特别是南非、津巴布韦与博茨瓦纳三国（表 8.20）。其中南非北部瓦特贝赫煤田和林波波盆地，津巴布韦西部中赞比西盆地，东部萨比河谷地区，博茨瓦纳北部潘达马滕加地区和卡拉哈里盆地煤层气前景广阔，部分煤层气先导实验已经展开。

（七）南美评价区

南美主要的煤炭分布在南美大陆西边的板块聚敛边缘的沉积盆地中，这些安第斯山系中的煤炭一般形成于中生代到新生代时期。在大陆内部，煤炭主要分布在巴拉那盆地，该盆地是古生代时期的一个大的陆内克拉通盆地。南美的煤级从泥煤到无烟煤均有，大部分为亚烟煤到烟煤，无烟煤矿床仅位于安第斯地带中部的盆地中。

虽然煤炭在南美分布广泛，但 2004 年的煤炭生产量仅占当年全世界煤炭生产量的 1.3%。南美许多国家几乎不依赖煤炭作为国内能量来源，而将大部分煤炭出口给其他洲，所以对于煤层气的研究也自然很少。

二、典型盆地煤层气资源地质特征

（一）美国圣胡安盆地

圣胡安盆地是美国落基山地区主要产油气区之一，其面积约为 7500mile^2。自 20 世纪 30 年代以来，落基山地区 Appalachian 北部盆地的煤层气活动已进入工业开采阶段。

圣胡安盆地整个白垩系均有煤层分布，但最重要的煤层和煤层气资源赋存于 Fruitland 组。2002 年圣胡安盆地累计煤层气产量达 9464Bcf，占美国所有盆地总和的 73%。煤层气探明储量达 8547Bcf，占所有盆地总和的 46%。

1. 构造和沉积背景

圣胡安盆地位于新墨西哥州西北及科罗拉多州西南的科罗拉多高原的东-中部，是一个不对称的 Laramide 构造盆地（图 8.28），形成于晚白垩世及早始新世。伴随着火山喷发，渐新世发生的区域拉张形成了圣胡安火山型油气田，并在圣胡安盆地北部形成了基岩及火山脉。与火山事件有关的高热流或与地下水运动有关的热对流导致圣胡安盆地北部异常高的热成熟度。发生在中新统并延续至今的区域性上升导致渐新世火山及火山碎屑岩剥失，使上升的 Pictured Cliff 砂岩和 Fruitland 组暴露，并沿着盆地北部 Hogback 单斜发生大气水补给作用。

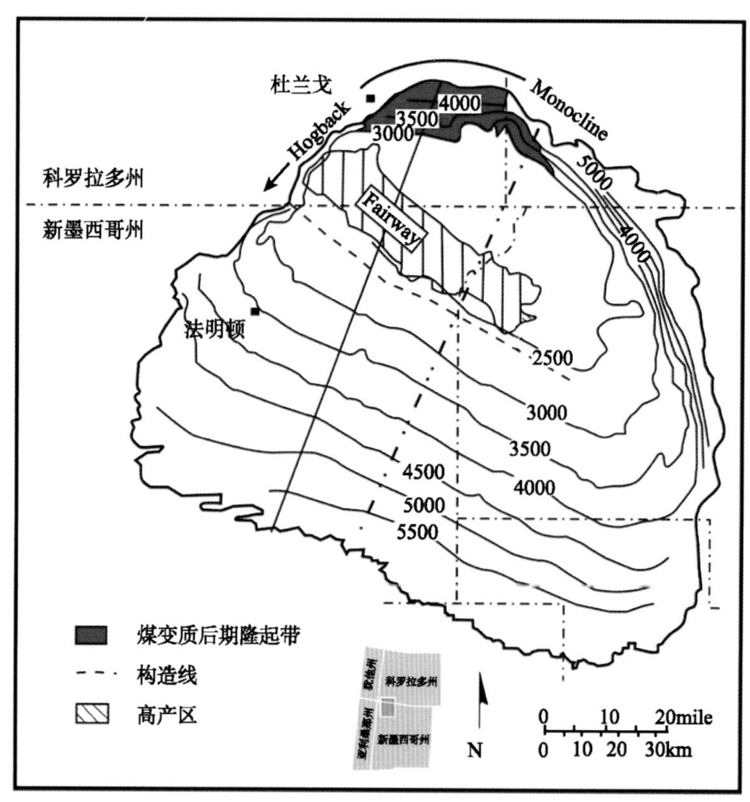

图 8.28　圣胡安盆地 Huerfanito Bentonite 层构造图及 Fruitland 煤层气高产通道（Scott et al.，1994a）

现今的圣胡安盆地在晚白垩世位于沿西内陆海槽的西部边界，白垩纪海岸线向东北进积，先后沉积了 Lewis 泥岩、Pictured Cliffs 砂岩及 Fruitland 组含煤层（图 8.29）。圣胡安盆地煤层气产量主要来自于 Fruitland 组，其煤层形成于海岸平原向陆进积的泥炭。东北方向是单个煤层与同一时代的障壁后沉积呈指状交互。沿着西北-东南走向，煤层指状交互于北东方向的河道充填砂体及 Fruitland 组漫滩沉积。随后，Fruitland 组被 Kirtland 泥岩覆盖。除在盆地的东南部 Ojo Alamo 砂体不整合于 Fruitland 组之上外，在整个地区 Kirtland 泥岩是 Fruitland 组的盖层。

Fruitland 净煤层厚度最高达 15～21m，位于盆地北部北-西走向的条带内，为广泛的障壁后沉积。通常，该地区钻井可以揭示 6～12 个煤层，单个煤层最厚达 6～9m。沿着盆地北部倾向方向延伸的河道间煤沉积向西南方向延伸，沿着古斜坡上升至西南部出露，即所称的 Fruitland 露头。河道间煤层平均厚达 1.8m，最大单个煤层厚 3m（图 8.30），位于盆地西北部呈北西走向分布的条带内。

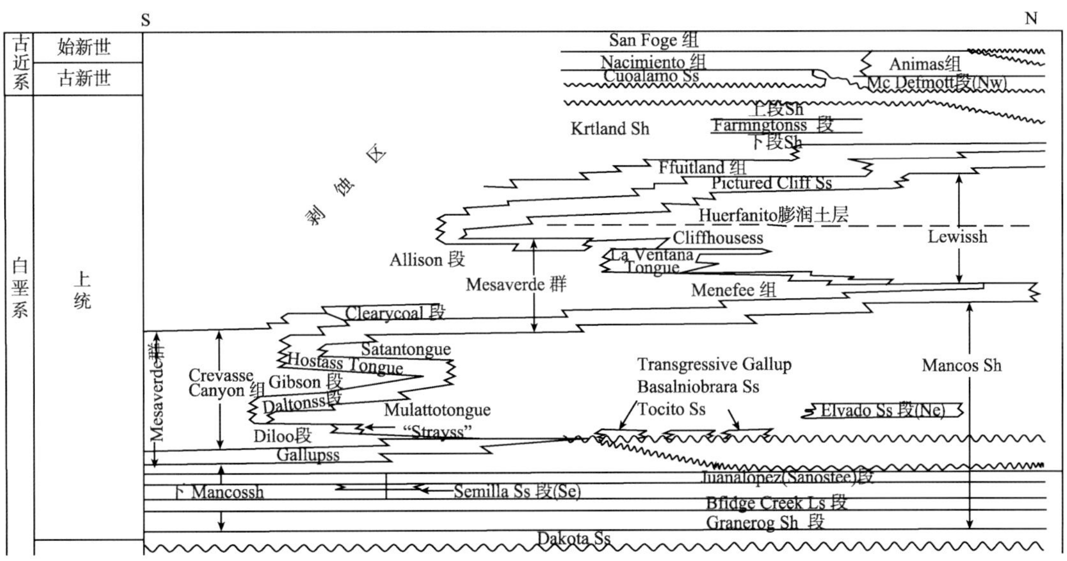

图 8.29　圣胡安盆地上白垩统地层分布图（Walter，2002，略修改）

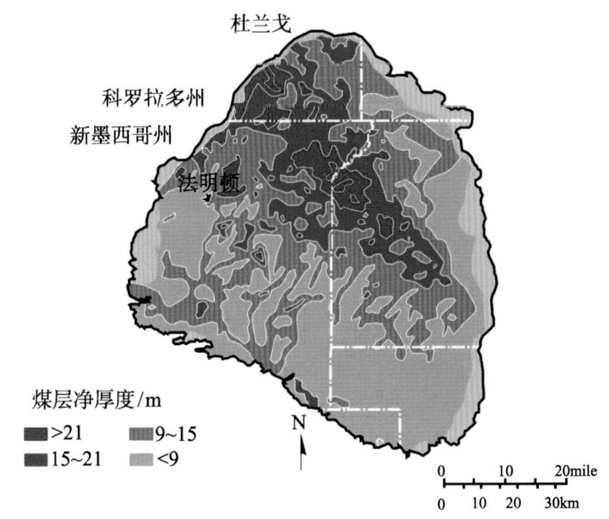

图 8.30　圣胡安盆地 Fruitland 组煤层净厚度图（Ayers and Ambrose，1990，修改）

2. 煤层气特征

在圣胡安盆地，煤阶自南向北逐渐增高，北部为高挥发烟煤 A 级或更高，处于热成因气窗内（图 8.31），煤层中饱含热成因气。同时，后期的构造抬升，上覆地层剥蚀，大气淡水的侵入导致次生生物成因气的形成，大约占煤层气总量的 15%~30%（Scott et al.,

1991，1994a）。煤层气资源量主要位于盆地北部（图 8.32），主要因为盆地北部煤阶高，生气能力强，煤层厚度大，存在热成熟超压等特征。

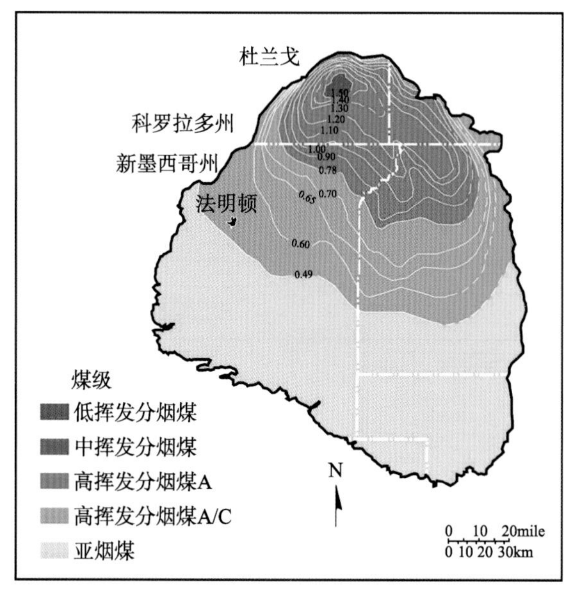

图 8.31　圣胡安盆地镜质体反射率图（Scott et al.，1994a）

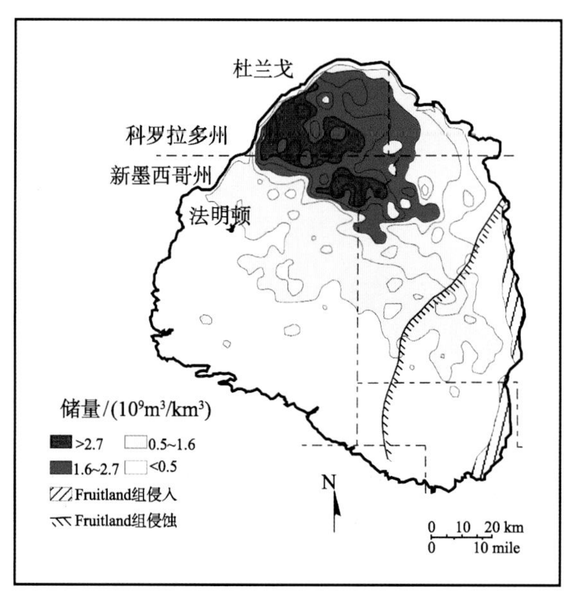

图 8.32　圣胡安盆地 Fruitland 组煤层气储量分布平面图（Ayers et al.，1994）

Fruitland 地质与水动力元素之间的相互作用产生了三个区域性分布的煤层气生产区带（表 8.21、图 8.33）：1 带位于盆地北部超压区，是地下水汇聚区，圣胡安盆地有多达 3100 多口 Fruitland 组煤层气井，但是，最高产的井都来自于 1 区带煤层气高产通道中（1A）；2 带位于盆地中西部地区，为欠压区；3 带位于盆地中东部地区，为欠压地区。

表 8.21 圣胡安盆地和粉河盆地煤层气储层参数与开采特性对比（Walter, 2002）

性质/特性	圣胡安盆地 Fruitland 煤层气系统				粉河盆地东缘和北缘 Fort Union 煤层气系统
	区带 1A	区带 1B 和 1C	区带 2	区带 3	
净煤层厚度/ ft	50～70（15～21m）	30～60（10～20m）	30～50（9～15m）	30～50（9～15m）	>50ft（15 到>65m）
煤层的热成熟度和气起源	高挥发性 A 到中挥发性沥青；高生物成分的热成因气	高挥发性 B 到低挥发性沥青；高生物成分的热成因气	高挥发性 B 沥青或较低；早期阶段和运移热成因气	大部分为高挥发性 B 沥青或较低；北部有部分为高挥发性 A	次沥青 C B；生物成因气
气成分（饱和）	一般大于 500scf/t（大多数饱和，有时未饱和）	200～400scf/t（未饱和）	大部分小于 150scf/t（未饱和）	大部分小于 150scf/t；北部较高（未饱和）	16～76scf/t；随深度增加（未饱和）
煤层气地质储量/（$Bcf/mile^2$）	15～30	15～25	3～15	3～15	1.6～19.8
气干度	C_1/C_1-C_5>0.97	C_1/C_1-C_5>0.97	C_1/C_1-C_5>0.89 ～0.98	C_1/C_1-C_5>0.89～0.95?	C_1/C_1-C_5>0.98
CO_2 成分/%	3～13	1～6	<1.5	<1.5	岩心中释放=8；采出流体<2
水文地质条件	承压；向上流动潜力	承压；向下流动潜力	低压	低压	正常至承压
水质和排水（圣胡安盆地排水是采取注水或蒸发	以钠、重碳酸盐为主、低氯、中到高 TDS 为特征	钠重碳酸盐型水，淡水到盐水；露头附近低氯，向盆地方向 TDS 氯增加	钠氯型水；与海水相似，TDS 为 14 400～42 000mg/L	钠氯型水；与海水相似，TDS 为 14 400～42 000mg/L	淡水；TDS 370～1940mg/L；地表使用和农场使用
面裂理方向	西北和东北	西北，向盆地	西北，向盆地	北和东北，向盆地	东缘为东-北东，向盆地
渗透率/mD	15～60	1～35	5～25	< 5（有限资料）	10 到>1000
高峰期气产量/（mcf/d）	2000～6000	50～500	30～500	<50	130～350 EUR
高峰期水产量/（Bbl/d）	100～300；局部更高	100～300；局部更高	0～100	0～25	200～500；深部厚煤层>1000
完井	平均深度为 2600ft，最高产量的井是裸眼坑完井；部分压裂 320 英亩*的井距	750～2500ft 深度压裂最有效；部分裸眼坑完井；320 英亩的井距，加密到 160 英亩	1100～1800ft 深度压裂；320 英亩的井距	井较少，压裂；致密，沿着东南边界将实施水平井	200—2000ft 深；大部分深度<750ft；裸眼；淡水压裂；无添加剂或支撑剂；大部分井距为 80 英亩，某些为 40 英亩的井距

* 1 英亩≈$4046.86m^2$

区带 1 煤层的厚度大、横向分布广及高煤级导致存在较高的地层压力和高含气量，其煤层气资源和产量均达到最大。化学上，区带 1 的煤层气为干气（C_1/C_1–C_5>0.97），占 3%～12%的 CO_2 使其热值降低。根据煤层气和产出水的同位素分析，盆地北部地区煤层气是混合热成因、运移热成因及生物成因气。由于区域上的承压，位于区带 1 的井在最初完井时一般日产水量为 16～48m^3。区带 1 可进一步分为区带 1A、1B 及 1C，在盆地西北边界补水区附近（区带 1B）和 Fruitland 高产通道附近（区带 1A）产出的水最多。

位于区带 1 的 Fruitland 煤层水主要含碳酸氢钠和低氯化物，其矿化度（TDS）为中到高。

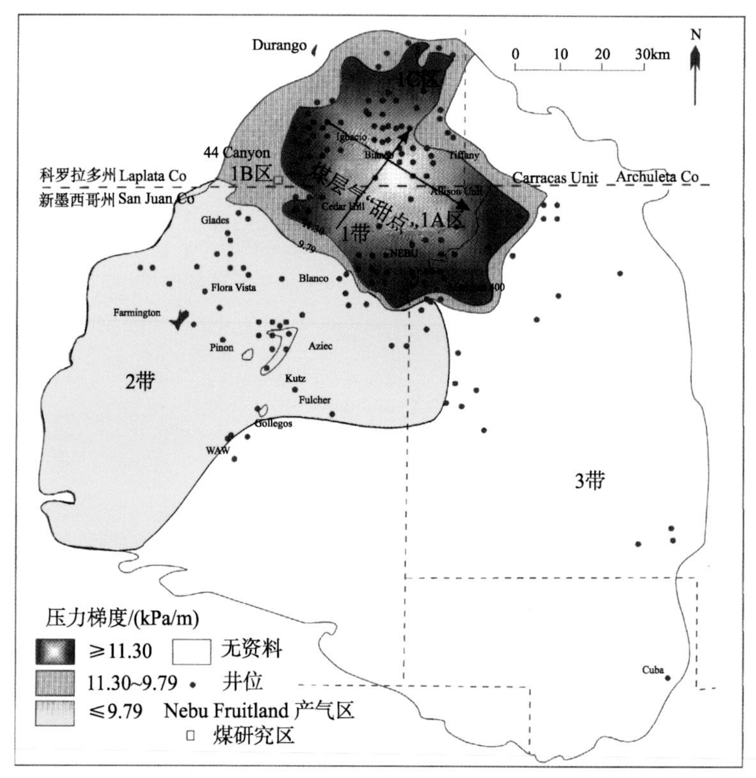

图 8.33　Fruitland 煤层气储层生产区带（trends）（Ayers et al.，1994）

区带 1 在热成因气形成后，盆地边界发生反转和侵蚀。在盆地北部边界露头，地下水补给和再次加压于含水煤层并形成承压。煤层形成次生细菌，在细菌作用下，煤层气将煤层重新饱和，并圈闭于高产通道带 1A 中（图 8.34）。

区带 2 范围内的煤层气井产量为 850～14100m^3/d，与分布在区带 1B 和 1C 的许多井相似，但位于区带 2 的井产水很少或几乎不产水，Fruitland 煤储层在区域上呈低压，煤层气为湿到干气（$C_1/C_1\text{–}C_5$=0.89～0.98），CO_2 含量低于 1.5%。

区带 3 位于盆地南部和东部的低压带。大多数煤为高挥发性烟煤 B 级，气含量通常小于 4.7cm^3/g。这个地区的煤层气勘探活动有限，并且早期测试资料的品质较差，因此储层资料极少。

Fruitland 煤层中存在两个面裂理系统，一个呈北-北东走向，另一个呈北-北西走向。沿着盆地北西边界，顺着煤层气高产通道走向两个面裂理相聚，相聚处渗透率及产量达最高。

最新资料利用体积法对圣胡安盆地煤层气资源潜力进行重新评价，获得煤层气资源量为 1.39×10^{12}m^3。根据圣胡安盆地煤层气采收率估算，圣胡安盆地可采资源量为 1.11×10^{12}m^3。

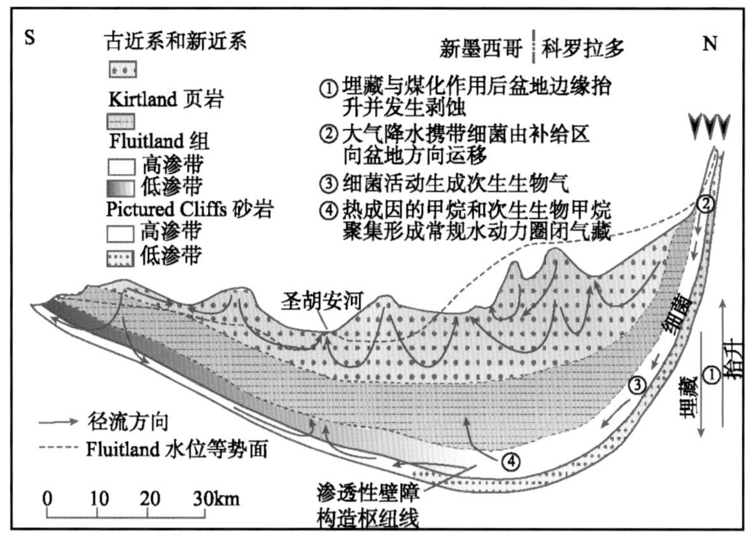

图 8.34　圣胡安盆地含水层横剖面（Scott，1993）

（二）美国粉河盆地

美国粉河盆地分布着厚度巨大、分布广泛的古新世 Fort Union 组煤层，煤层中蕴藏着十分丰富的煤层气资源，资源量估计为 $0.28\times10^{12}\sim1.84\times10^{12}m^3$（Scott，1999）。Fort Union 组煤层气是美国储量和产量增长最快的地区，其产量从 1997 年的 14bcf 上升到 2000 年的 147.3bcf，占美国煤层气产量的 10.7%，2001 年其年产量达 244.7bcf。2002 年粉河盆地累计煤层气产量达 878bcf，占美国所有盆地总和的 7%，其探明储量达 2339bcf，占所有盆地总和的 12%，其剩余煤层气资源为 26.7tcf，占美国所有盆地的 16%。粉河盆地 Fort Union 组是一个非常活跃的煤层气区带，区域内钻了很多井。早期的井钻在地表坑矿附近的去压地层中或厚煤层有气顶出现的小的背斜上，随着工业开采的扩大和 Fort Union 煤层的去压，开发向盆地深处发展。

1. 粉河盆地构造和沉积背景

粉河盆地位于怀俄明州中部向北延伸至蒙大拿州东南部，面积 66 800km^2，是最大的位于逆冲断层带的山间构造盆地。盆地东部以大霍恩隆起为界，西部由一系列复杂的基地推覆构造和白垩纪—古新世逆冲断层构成，主要有大霍恩隆起和卡斯帕弧，南部是拉腊米和 Hartville 隆起，北部为和穹隆。迈尔斯城弧和波丘派恩穹隆将粉河盆地与威廉斯顿盆地分开（图 8.35）。

粉河盆地是一个不对称的前陆盆地（图 8.36），盆地的向斜轴沿着盆地西南部边缘呈北西-南东向展布。该地区的前寒武系露头与西部相邻的大霍恩隆起之间的水平距离为 6.4km。粉河盆地含煤地层构造相对比较简单，在 Fort Union 组的 Tullock 段顶部的构造起伏大约为 1550m（Ayers and Kaiser，1984），盆地中部褶皱和断层稀少。因为向斜的轴心位于盆地的西部边缘，所以向斜东翼地层坡度平缓，倾角 2.5°左右，西翼倾角为 5°～

25°。

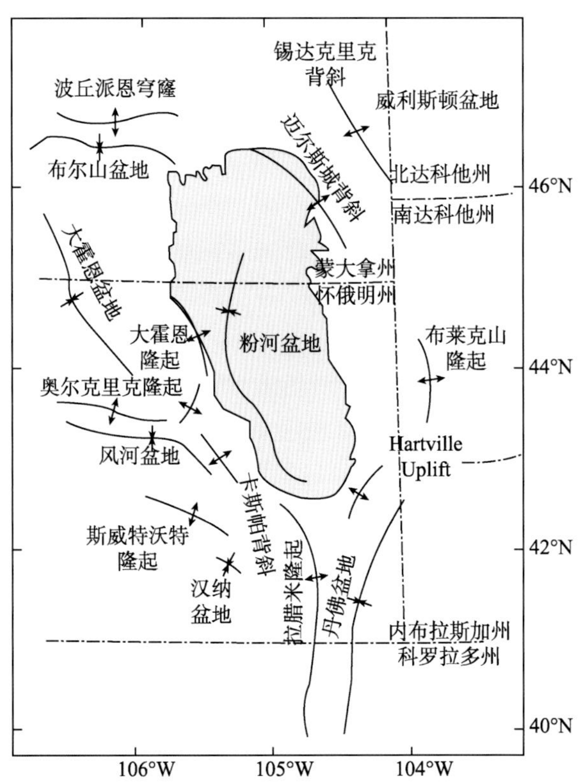

图 8.35　粉河盆地及邻区构造特征简图（Rice et al.，2000，修改）

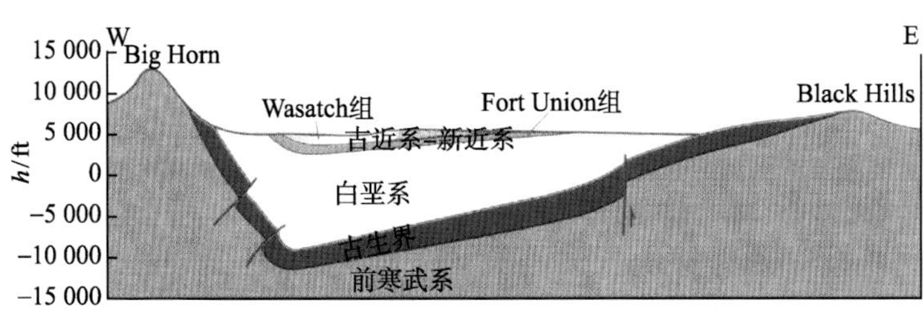

图 8.36　粉河盆地东西向剖面示意图（Tyler et al.，1995）

粉河盆地古生代和中生代早期的地层以海相成因为主，晚白垩世和古近纪含煤地层以陆相沉积为主。周边的造山带隆起为晚白垩系（Mesaverde，Meeteetse，Lance 组）、古新世（Fort Union 组）、始新世（Wasatch 组）含煤地层的形成提供了物源。Fort Union 组含煤带出露在盆地边缘，至盆地中心被渐新世 Wasatch 组含煤层覆盖。

粉河盆地的 50%面积内具有生产煤层气的潜力，其中古近系古新统 Fort Union 组的 Tongue River 段最具煤层气生产潜力（图 8.37），其次为新近系中新统 Wasatch 组。当前怀俄明和蒙大纳的煤层气生产主要集中在 Tongue River 段的 Wyodak Anderson 煤区的三到五个煤层之中。

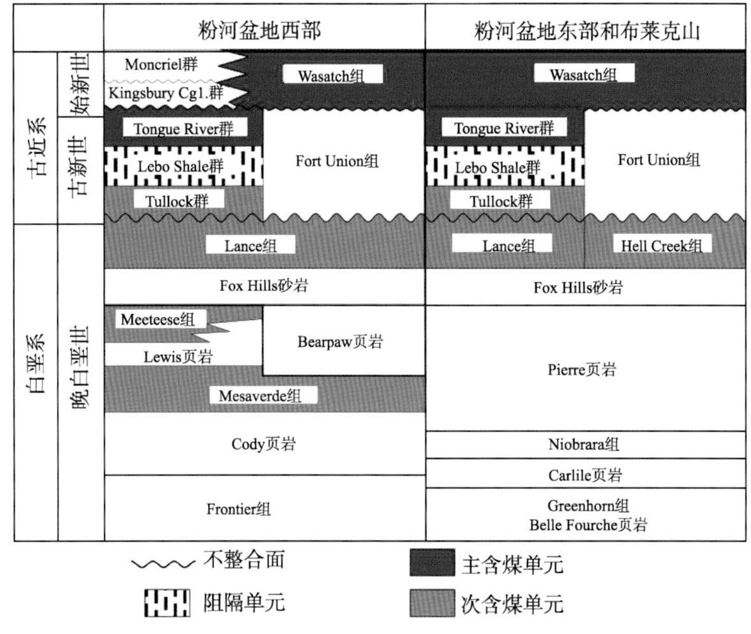

图 8.37　粉河盆地地层划分与对比

2. 煤层气地质特征

粉河盆地的煤层在不同深度与砂岩及页岩混杂。Wasatch 组埋深 305～610m，主要为细-中粒透镜状、横向不连续的砂岩和页岩、粉砂岩、泥岩及灰岩等细粒沉积物互层沉积，含 8 层比较连续的煤层，但一般厚度很薄（1.8m 或更薄），最大厚度 9～16m，局部达 67m。Fort Union 组位于 Wasatch 组之下，其厚度可达 900m，越靠近上部，煤层含量越丰富。煤层气主要在 Fort Union 组产出，而不是其上方的 Wasatch 组，产气主要层位是 Tongue River 段，Tongue River 的煤由 2～24 个横向延伸数十千米的煤层组成，单层厚度超过 30m，最大厚度可达 45m 以上，整个煤层厚度超过 91m。

Wasatch 和 Fort union 组的煤级范围从褐煤到亚烟煤（R^{o}=0.3%～0.4%），局部地区到高挥发分烟煤 C，表明这些煤没有到达可以产生大量的热成因甲烷的成熟度。镜质组反射率剖面（图 8.38）表明粉河盆地的煤级并没有随深度的增加而明显增大。盆地北部和中心部位的煤级直到大约 2240m 才达到高挥发分烟煤 C，大量生产甲烷的反射率下限为 0.7%，对应的深度为 3960m；在盆地南部到大约 1830m 到达高挥发分烟煤 C 阶段。

Fort Union 煤层中裂理发育，裂理方向是变化的，但沿着盆地东部边界裂理一般呈东-北东向延伸，与盆地轴向几乎垂直。虽然 Fort Union 煤是热不成熟的，但它们有发育良好的裂理，其原因可能是煤的灰含量低而镜质组成分高。

Fort Union 和与其互层的砂体均含水，厚度大、广泛分布的含水层渗透率介于 10mD 与数达西之间，由于较高的渗透率和厚度，煤层是 Fort Union 组主要的蓄水层。沿着盆地东部边界，面裂理向盆地延伸，这有利于地下水向煤层补水。地下水的补给作用主要发生在东部露头区，从东部露头地下水向西流向盆地，然后再直接流向北部，在 Lebo 泥岩尖灭受到限制的区域发生自流作用。

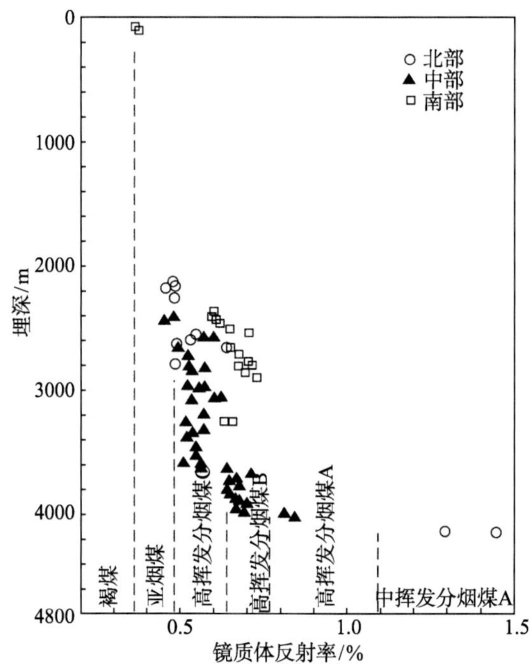

图 8.38 粉河盆地镜质体反射率剖面图（Tyler et al.，1995）

Fort Union 煤灰分较低，一般为 5%，介于 3%～10%，硫含量为 0.4%～0.6%，湿度为 22%～30%。煤显微组分主要为镜质组（69%～78%），惰质组较少（19%～26%）。由于埋深浅、地层压力低，因此吸附气含量低。煤层气成分几乎 99%为甲烷，1%为二氧化碳。甲烷是轻同位素（δ^{13}C 为−57‰），说明是生物起源的，与低热成熟度和煤层含水层特性一致。粉河盆地煤层含气量普遍较低，一般为 0.78～1.6m^3/t，且随深度增加而增大。

Fort Union 组煤层气的上覆盖层 Wasatch 组泥岩横向不连续，封闭能力差，主要靠水力封堵，下面的封堵层主要是 Fort Union 组的 Lebo 页岩段，侧向上主要是水动力封闭和岩性封闭。

据最新评价，粉河盆地煤层气资源量约为 $0.7\times10^{12}m^3$，可采资源量约为 $0.42\times10^{12}m^3$。

（三）西加拿大沉积盆地

西加拿大盆地是一个大型沉积盆地，煤层主要分布在南部平原、丘陵和造山带地区。上侏罗统到新近系煤层发育，主要包括 Mannville、Horseshoe Canyon、Belly River、Ardley 和 Kootenay 五套含煤层。年代较轻的煤层进积于年代较老的煤层之上，仅在局部地区，如丘陵/造山带地区，造山运动导致年代较老的煤层逆冲于年轻煤层之上。煤层西倾并遭受抬升和剥蚀作用，使得年代较轻的煤层最终分布在年代较老煤层的西翼，并出露于地表。据阿尔伯达省地质调查局估计，加拿大煤层气地质储量超过 700tcf，其中 500tcf 分布在阿尔伯达盆地的煤层中，80tcf 分布在英属哥伦比亚省（BC）。

在西加拿大沉积盆地内主要存在三种不同类型的煤层气区带。

Horseshoe Canyon 组干燥煤层，实现无水开采。Horseshoe Canyon 组为干燥煤层，并且是世界上最大的干煤层区带。煤层气地质储量为 30～71tcf,其平均可采储量为 4～8tcf。92%已钻探的煤层气井完井于这个区带的薄煤层。煤层埋藏较浅，深 150～800m。目前已进行商业开采，平均日产量达 $150\times10^{11}ft^3$。

Mannville 含煤带，产出水为盐水。其煤层气地质储量约为 300tcf，占整个阿尔伯达盆地煤层气资源的 60%，平均商业可采储量为 3～10tcf，约 6%的井完井于该层位。煤层埋深变化较大，从 600m 至 50000m 的范围。由于产出水为盐水，需采用深井回注的方法将采出的盐水回注到地下。

Ardley 含煤带，产出水为淡水。其煤层气地质储量为 57tcf，约 2%的井完井于 Ardley 含煤带。煤层埋藏较浅，埋深范围为 100～400m。

1. 煤层沉积特征

阿尔伯达盆地的煤通常在含煤带内以煤层，或数个薄和厚的煤层夹杂着非煤的岩层组合出现，可在大范围内追踪（图 8.39），时代分布从晚侏罗世到新近三纪（图 8.40）。

1）Ardley 含煤带

Scollard 组的 Ardley 含煤带由四个独立“亚煤带”组成，每个“亚煤带”又包含几个煤层及其之间的与河流相或湖相沉积物有关的夹层。所有的这些煤层/煤带在平原的西部和中部都有出现，但在东部缺失上部煤层。Ardley 煤带的平均厚度从露头处的 14m 到平原西缘的大于 200m 不等。而且，煤层的层数从露头处的平均 4 层变化为平原西部边界附近的 18 层。

2）Horseshoe Canyon 含煤带

Horseshoe Canyon 组包含一个近 250m 的非海相砂岩、粉砂岩、页岩和泥岩层序，这些岩石中包含煤层、含煤页岩层、铁矿石结核层以及孤立的膨润土层。Horseshoe Canyon 组下部的沉积环境包括冲积相、湖泊相、潟湖相、沼泽相和海岸相，上部主要是河流沉积环境。Horseshoe Canyon 煤层呈狭长形延伸，碎屑层系或海相地层指状交叉，尽管这些煤层一般情况下较薄，但在局部地区其厚度可达 4m。Horseshoe Canyon 组含有三个煤带：Drumheller 煤带、Daly-Weaver 煤带和 Carbon-Thompson 煤带。净煤累积较厚的地方在 Drumheller 煤带，其局部净煤累积可达 18m，是主要的煤层气勘探目标。阿尔伯达平原南部地区发现了一个朝向北的净煤厚层带，净煤平均厚 8m。尽管最大净煤厚度地区的 Horseshoe Canyon 煤层可以达到 4m，但是单个煤层平均厚度只有 1～2m（Beaton, 2003）。从地层上看，Daly-Weaver 煤带的不连续煤层出现在 Drumheller 煤带之上。Daly-Weaver 地层形成于冲积平原环境中，因此只形成了薄的不连续的煤层。上 Horseshoe Canyon 组含有不连续的但横向上稳定的 Carbon-Thompson 煤带，最厚的煤层以西北朝向的“夹层”形式出现，这与其河流相沉积环境中西北朝向的古河道相符。

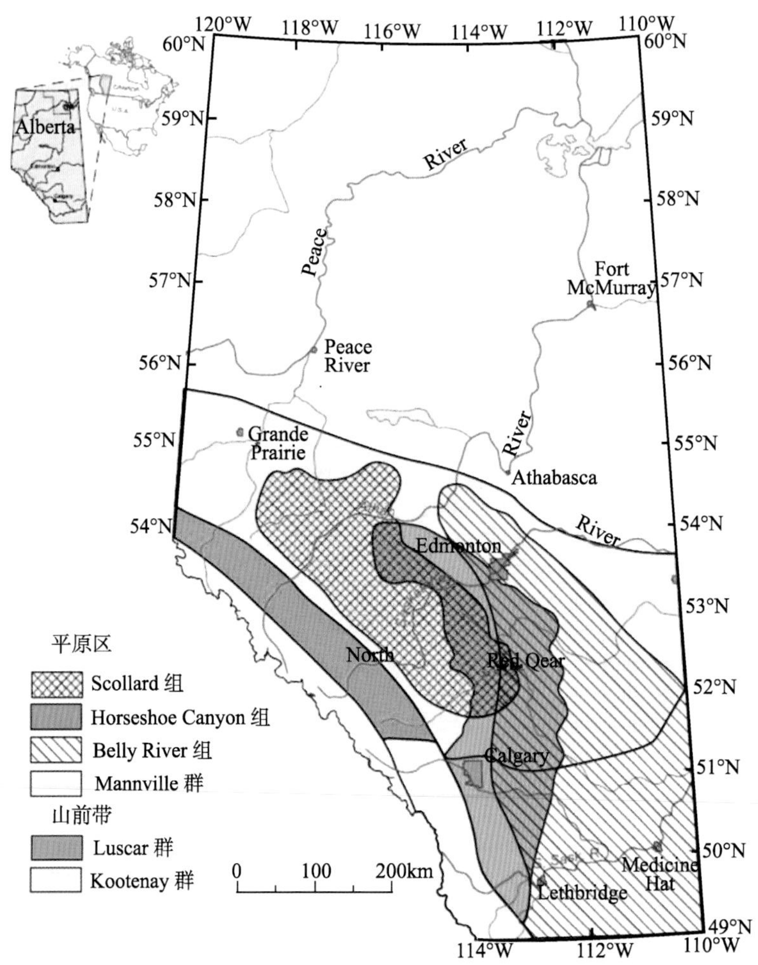

图 8.39　阿尔伯达盆地具有煤层气潜力的含煤带（Beaton，2003）

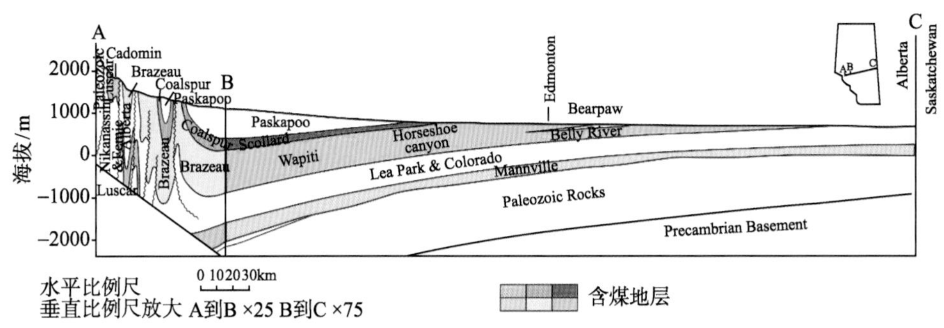

图 8.40　阿尔伯达盆地煤层横剖面（EUB，2006）

3） Belly River 含煤带

Belly River 群为向东减薄的楔形沉积，主要由陆相环境中沉积的黏土、粉砂和砂组成。含有三套主要的煤层：位于底部的 McKay 含煤层、位于中部的 Taber 含煤层、位于顶部的 Lethbrige 含煤层。Belly River 群下部为从海岸线到冲积平原的连续沉积，含有两个煤带，上部为细粒的泛滥平原和湖相沉积物，在顶部附近含有一个煤带。

McKay 煤带代表了 Belly River 群下部（Foremost 组）大陆沉积的第一次大范围泥炭堆积，厚度 30～50m，平均净煤厚度为 1～3m，但某些局部地区达 4m。

Taber煤带形成于滨岸-平原环境，受内部海道连续海退的影响，该煤带形成于McKay煤带的东部。Taber 煤带在 Foremost 组顶部附近出现，平均厚度为 25m，净煤厚度 1～3m。东北朝向的层带中局部存在更厚的（净煤厚度高达 6m）煤层，单独的煤层厚度从 1m 到 2m 不等。

Bearpaw 海道的向前推进引起了地区性地下水位的上升，由此导致了 Lethbridge 煤带的形成。该煤带出现于 Oldman 组顶部附近，且横向上连续，平均厚度为 10～15m,净煤一般存在于两个煤层中，平均厚度为 1～3m。

4）Mannville 含煤带

Mannville 煤层是阿尔伯达平原区早白垩世年代最老、埋藏最深的煤层。该煤层在阿尔伯达平原上分布广、厚度大、连续性好，含气量高。煤层为六个或更多，累计煤层厚度达 2～14m，一般为 6～10m。位于埃德蒙顿和卡尔加里两市之间最厚的煤层呈一个宽广的楔形体，从 Grande Prairie 的最南端一直延伸到 Coronation 地区，在 800～2800m 的深度范围内均有煤层出现。

5）Kootenay 含煤带

Kootenay群是西加拿大盆地最老的含煤地层，主要分布在落基山山脉和丘陵的南部。侏罗纪—白垩纪 Mist Mountain 组 Kootenay 群形成于海岸平原环境，由较厚的陆相页岩、粉砂岩、砂岩和煤组成。西部的煤层厚度最大，数量最多。Mist Mountain 组厚度从西向东减薄，并且最厚的煤层大多发现于不列颠哥伦比亚省。其中的 Crowsnest 煤田有累计厚度 30～60m 的高—低挥发性烟煤（Ryan，2003）。

2. 煤层气特征

西加拿大盆地从低煤级褐煤到高煤级无烟煤均有分布（图 8.41），煤层气含量随煤级的增加而增加。阿尔伯达平原向西煤级增大，含煤层倾斜，逐渐深埋并向山区延伸。煤的热成熟度向西随埋深增加而增高，盆地最西部地区最大镜质体反射率高于 2.0%。平原区近地表附近的煤通常是亚烟煤，平原北部和东北部有褐煤出现，西北和西南地区出现高挥发烟煤 C。丘陵地区近地表通常是高挥发烟煤 C 及局部地区存在少量的高挥发性烟煤 B 和 A。丘陵地区和造山带以西为中到低挥发性烟煤。Canmore 地区附近局部出现无烟煤。

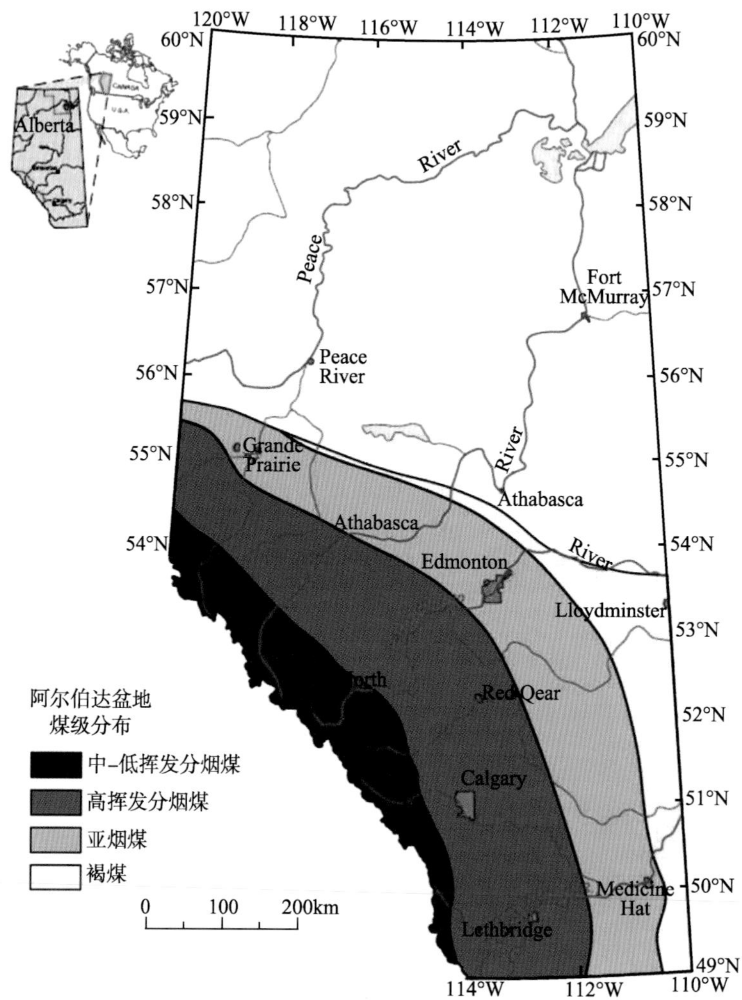

图 8.41　阿尔伯达盆地煤级分布（Beaton，2003）

不同含煤带含气量和煤层裂理发育程度差别较大。Ardley 含煤带的煤为中等含气量，范围为 1.83～3.48cm^3/g，平均值为 2.5cm^3/g。尽管正在对 Pembina 地区的生产潜力进行评价，但总体来说，其煤裂理的数量少于盆地内其他大部分含煤层裂理的数量。Horseshoe Canyon 含煤带煤层气含量相对较低，但由于存在煤裂隙，在南部中央平原地区正在成功地开采煤层气。Belly River 含煤带的含气量及煤层气生产潜力数据十分有限，来自 Lethbridge 含煤带为数不多的样品显示，其含气量范围为 2～4cm^3/g。Mannville 含煤带存在大量的煤裂理/裂隙，以及较高的煤层气含量，含气量范围从平原地区的 3cm^3/g 到山麓地区的 20cm^3/g。阿尔伯达西北部平原地区的 Mannville 煤层深度普遍在 800～1000m 内的含气量为 4～8cm^3/g（也存在某些更高的值），比盆地中部的稍低，盆地中部深度 1000～14 000m 内含气量为 8～10cm^3/g。该省东部边缘的煤阶较低（褐煤到次烟煤），且煤的埋深较浅，含气量急剧下降。Kootenay 煤层有较高的气含量，丘陵南部地区正在对其进行评价。

煤层的渗透率在不同含煤带也有差别，但因数据有限，无法全面对比，但一般随深度的增加而减小。阿尔伯达平原地区，在750m深度处，Mannville煤的渗透率值约为7mD；1000m处煤的渗透率期望值为3～4mD；在1250～1300m深度范围内，相同煤层的渗透率下降迅速，为1～1.5mD（图8.42）（Gentzis and Bolen，2008）。在不列颠哥伦比亚及阿尔伯达西部山区，煤层的渗透率主要是受割理发育的影响，一般割理在埋深较浅处张开较大，从而渗透率较高，而随着埋深的增加，因上覆岩石的质量会压缩或关闭割理，使渗透率降低。但因山区断层和破碎带很复杂，所以渗透率变化也很难预测，在断层和破碎带发育的地方，一般渗透率也会变大。

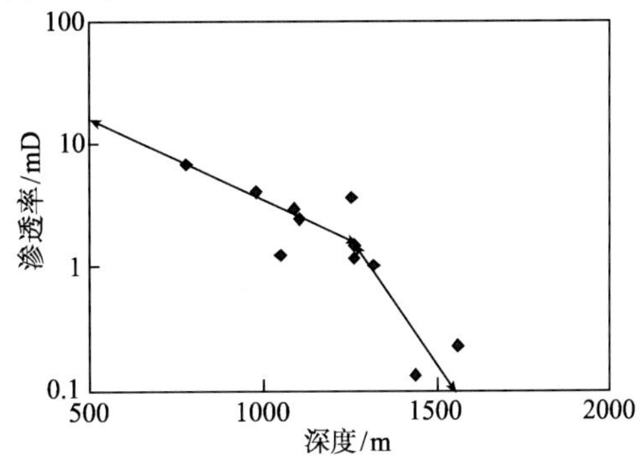

图8.42　阿尔伯达平原Mannville含煤带绝对渗透率随深度的变化（Gentzis and Bolen，2008）

总之，不同含煤带都有各自的优势，Mannville含煤带通常含有较高的含气量和中等厚度的净煤，但渗透率较低。Ardley含煤带具有相对较低的含气量，但一个较窄的地层范围内其渗透率和净煤厚度稍高。而与Ardley 含煤带相比，Horseshoe Canyon 和 Belly River煤的渗透率较高，但含气量较低。

据对西加拿大沉积盆地的煤层气资源潜力进行最新评价（Beaton et al.，2006），地质资源量为$14.3\times10^{12}m^3$（表8.22）。

表8.22　阿尔伯达盆地煤层气资源量分布表（Beaton et al.，2006）

		面积	煤层气资源量	
		$/10^{10}m^2$	$/10^{11}m^3$	/tcf
Ardley	Ardley coal zone	5.90	15.1	53.2
Horseshoe canyon	Carbon/Thompson coal zone	7.55	4.04	14.3
	Daly/weaver coal zone	7.55	4.06	14.3
	Drumheller coal zone	12.8	10.7	37.7
Belly river	Lethbridge coal zone	17.0	5.07	17.9
	Taber coal zone	19.0	5.77	20.4
	Mckay coal zone	21.2	8.11	28.6
Mannville	Mannville coal zone	25.3	90.6	319.8
合　计			143.0	506

（四）鲍温盆地

鲍温盆地位于澳大利亚昆士兰州东部，面积达160 000km²。鲍温盆地是澳大利亚最早进行煤层气勘探和开发的地区，煤层气资源可观，是澳大利亚煤层气年产量最高的盆地。在鲍温盆地中部和北部有三个较浅并且含气量高的有利区带，目前煤层气工程正在运作，煤层气产量为 20～50TJ[①]/d。在鲍温盆地南部，有一个主要的煤层气有利区带，长达 150km，含气量高，主要是高渗透性的烟煤。该区带拥有两个世界级的大工程，每个工程的产量都非常可观，超过 100TJ/d。

1. 盆地构造和沉积背景

鲍温盆地构成了早二叠至中三叠世鲍温-冈尼达-悉尼超级盆地的北半部分，是澳大利亚东部主要的地壳构造，南北延伸长度达 2000km 以上。该盆地的构造和沉积演化复杂，早期处于拉伸环境，在一个热恢复期及其随后的弧后前陆演化阶段之后是弧后相，北部的火山、浅海和陆相沉积物的最大厚度可达 10km，且受反转构造的影响较小。三叠纪时，沉积地层发生弯曲，形成一个区域规模的向斜构造——Nebo 复向斜，同时包含一些分散的低角度逆断层（图 8.43），断距可达 1000m。晚二叠世至中三叠世沉积作用以 Blackwater、Rewan 和 Clematis 群为代表，发生在盆地演化的前陆相阶段。在东部，压缩变形和同时期的火山运动提供了大量的火山碎屑岩，导致在晚二叠世时迅速的河流加积作用（Michaelsen et al.，2000）。

鲍温盆地属于前陆盆地，发育下二叠统至中三叠统的地层（图 8.44），盆地南部被苏拉特盆地覆盖，最大沉积厚度可达 10 000m 左右。二叠系层序由陆相和浅海相组成，大部分是碎屑状的沉积物，并存有稳固的烟煤沉积（Mallett et al.，1995）。在早二叠世，可达 3000m 厚的火山碎屑沉积物沉积下来（主要是在海相条件下，但是有一个短暂的三角洲沉积期），最终这些沉积物形成了 Back Creek 群。但是，在晚二叠世一个主要的海退改变了海相条件，导致了泥炭沼泽的形成，并在一个广阔的滨海平原上形成了 Blackwater 群。

鲍温盆地二叠纪的成煤环境在早三叠世被 Rewan 群沉积所取代，Rewan 群是一个贫煤陆相层序。在中三叠世早期，西部克拉通隆起，东部可能是造山带，给鲍温盆地带来了大量石英质沉积物，Clematis 群大体上是在这个时期沉积的（Fielding et al.，1993）。在鲍温盆地南部 Showgrounds 砂岩形成了一个重要的石油储层，并且可能与上部的 Clematis 群相关联。

来自于南部冈尼达盆地的湖侵终止了河流沉积，并形成了 Moolayember 组下部 Snake Creek 泥岩段的细粒湖成沉积物。中三叠统的 Moolayember 组中上部整个盆地又回到了河流控制的环境，这是鲍温盆地层序中保存下来的最年轻的地层。

2. 煤层气地质特征

鲍温盆地煤田是澳大利亚最主要的煤矿区之一，以现在的开采速率，该盆地的储量可以再采 200 年。鲍温盆地中的煤主要赋存在二叠系的地层中，主要的含煤地层包括：Baralaba 煤系、Rangal 煤系、German Creek 煤系、Moranbah 煤系和 Burngrove 煤系等。

① $1TJ=10^{12}J$

该盆地的煤主要有以下几个特点：①在单个煤层和单个煤层之间，煤级是不稳定的；②显示出大量的焦化结构，并且在特定的煤层中惰质组含量高；③过量的沥青填充在惰质组孔隙和镜质组割理中。表 8.23 中对鲍温盆地主要含煤层系中煤的宏观参数做了统计。

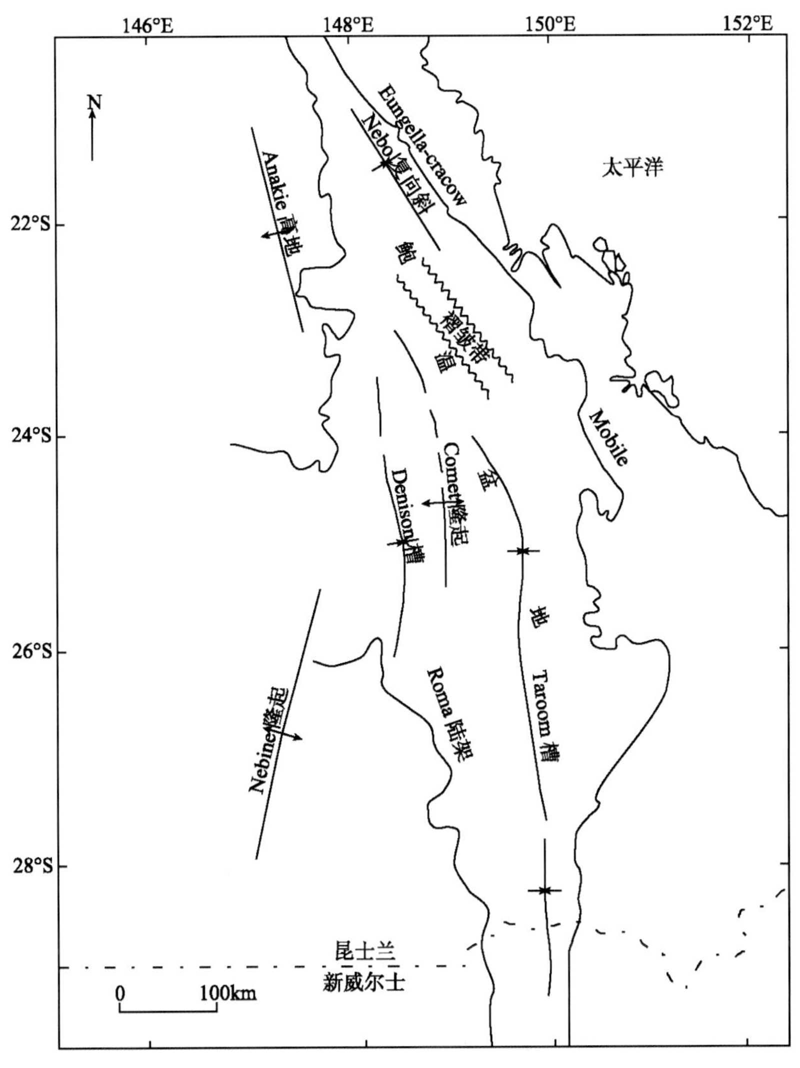

图 8.43　鲍温盆地构造概略图（Baker et al.，1993）

该盆地不同区域煤级的变化趋势是不同的。沿盆地的东北缘，煤级从无烟煤到低挥发分的烟煤，并且沉积物展现出了复杂的结构；盆地中部的煤是中、高挥发分的烟煤和优质的焦煤；在盆地西南部，煤级降低到焦煤以下，并失去了焦化特性，该地区主要沉积的是低灰分未焦化的煤，一般来说，除了正常的断层作用，未受到主要构造变形的影响，这种煤级的降低一直延伸到加利利盆地。

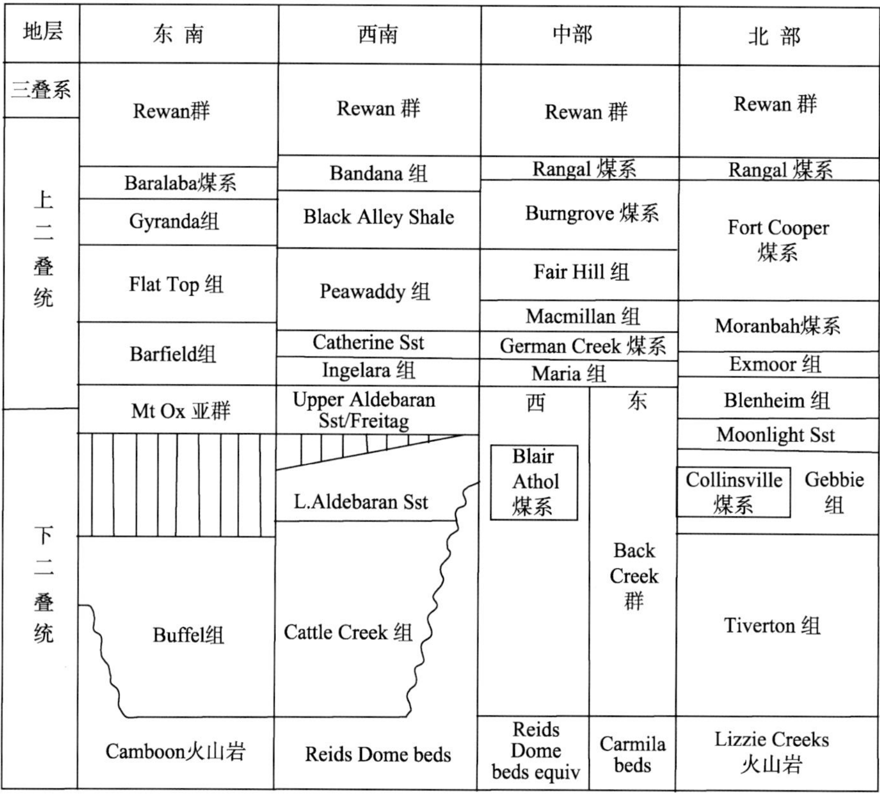

图 8.44　鲍温盆地地层柱状图（Baker et al.，1993）

表 8.23　鲍温盆地煤的宏观参数（Boreham et al.，1998）

样品编号	井	煤系地层	VR/%	T_{max}/℃	TOC/%	HI
8453	TH4	Rangal 煤系	0.5	427	70.48	238
8454	GOR	German Creek 煤系	0.8	439	77.61	299
8455	247	Moranbah 煤系	1.4	487	72.48	103

有些学者曾对鲍温盆地中煤的甲烷吸附能力做了测定（图 8.45、图 8.46）。随着压力

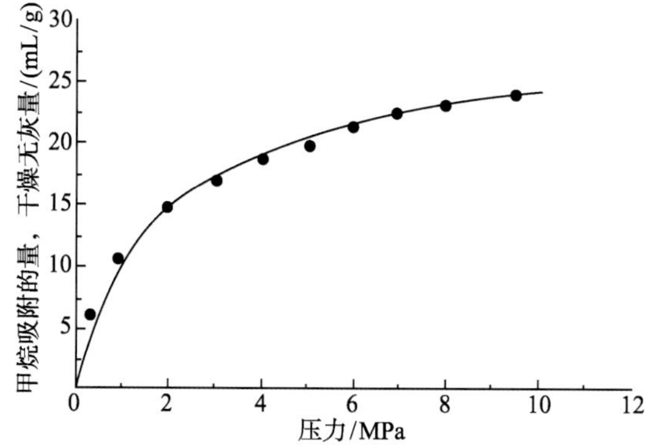

图 8.45　鲍温盆地中煤的甲烷等温吸附曲线（Levy et al.，1997）

的增大，煤吸附甲烷的量也不断增加，但增幅持续减小，在压力达到 10MPa 之后，甲烷的吸附量趋于稳定，最大甲烷吸附量为 25mL/g 左右。煤中甲烷的含量随着温度的升高而不断减少。

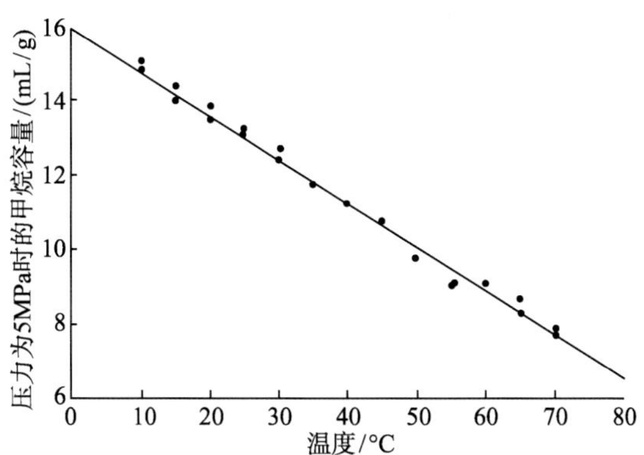

图 8.46　温度（5MPa）对煤吸附能力的影响，鲍温盆地（Levy et al.，1997）

第五节　开发技术与应用效果

随着煤层气勘探开发工作的不断开展，煤层气的勘探开发技术也取得了重大的进步。根据地质条件、煤储层条件等选择适宜的勘探开发技术对于煤层气勘探开发的成功起着至关重要的作用。

一、钻、完井技术

（一）钻井技术

1. 钻井类型

不同的沉积环境下，煤层的特点及煤质不同，煤层所采用的钻井类型和技术也不同。下面主要针对目前国际上比较成熟和先进的钻井技术，介绍一下其特点及适用性。

1）垂直井

垂直井已经成为目标煤层增产的常规方法，通常运用水力压裂或成穴方法进行增产（图 8.47）。增产措施的设计要克服低渗的限制作用和即时井身条件的影响。垂直井在采取增产措施之前，很少能够产出商业性气流，并且在较浅深度总的含气量小，泄流面积小。为了能够找到含气量高的目标层，垂直井一般要钻到超过 500m 深度，在这种条件下，该技术比中等半径钻井（MRD）和极短半径钻井（TRD）有优势。

2）中等半径钻井

在中等半径钻井工程（图 8.48）中，“甜点”一般位于 500m 以浅的深度，且利用小的、活动的多功能钻机可以控制成本（Thomson et al.，2003）。中等半径钻井适于利用装有轻型钻杆的顶部驱动钻机、相对较便宜的钻井设备和不用采取增产措施的中等半径的井孔，可以在较浅的渗透率高的区域获得成功。作为一种抽采技术，中等半径钻井主要的优点是钻孔大大增加了泄流面积，这在垂直井中，即使有最大的水力压裂缝，也不可能实现。

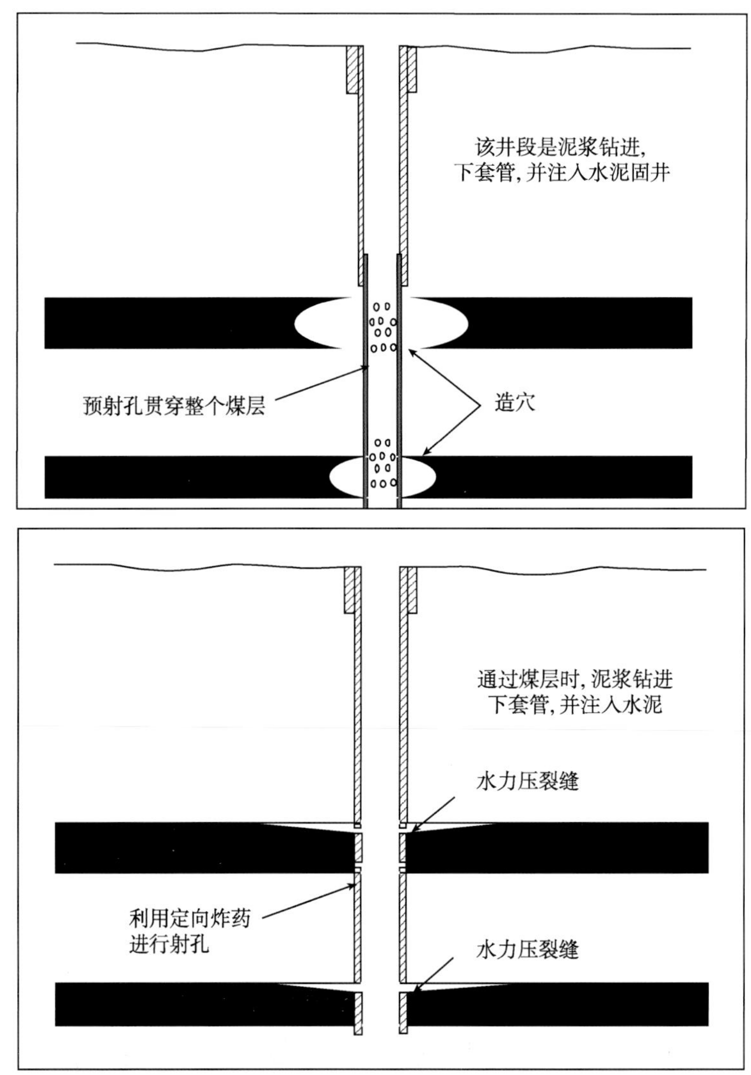

图 8.47　采用增产措施的垂直井（Logan，1993）

在澳大利亚，中等半径钻井主要是打一口曲率半径为250～430m的井进入目的煤层，并沿煤层继续钻进，目前最大的曲率设计用标准的采矿工业钻杆和套管柱进行施工。同时在中等半径钻井较长的一侧，运用这些设计曲线允许钻较长的分支井和更安全的进行套管柱的起下钻。如果需要的话，还可以套取岩心。 对于一个深度 250m 的煤层，中等半径钻井的钻机要从煤层进入点后移 400m，在进入煤层之前大约要钻进 420m。然后井眼和垂直井对接，一般距离水平井与煤层交接点在 1000m 左右。

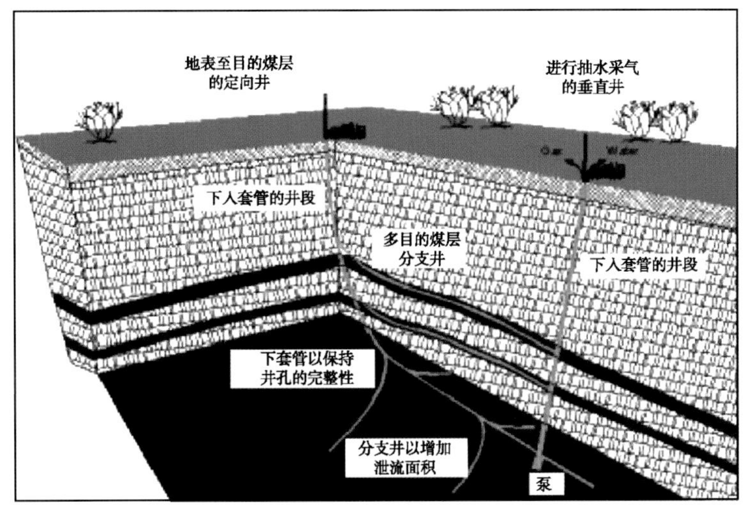

图 8.48　中等半径钻井结构示意图（赵兴龙等，2010）

对于中等半径钻井方案，与垂直井对接关乎方案的成败。垂直井为气水抽采提供通道。在该种模式中，垂直井要位于水平井附近，在垂直井和水平井接通之后，水平井分叉并且延伸到钻井设备能够容许的最大长度，在煤层中最长可达 1500m。

确定最佳的井孔长度和中等半径钻井煤脱气所需的参数也是非常关键的。大的、长的井孔花费很大，当要打入较深的煤层时，需要打穿大量没有产气能力的岩石。长钻孔意味着更多的技术风险，潜在的问题包括差压卡钻、钻孔垮塌以及在控制最初解吸过程中遇到的更多困难。大多数中等半径钻井的目的煤层垂直深度小于 500m，钻机功率要求钻直径为 96mm 的井孔，以期能在现有采矿工业多功能钻机的能力范围内使井孔长度最大化。目前，澳大利亚所有的中等半径钻井长度都小于 2000m，一般情况下小于 1500m。深度小于 400m 的煤层分支井的技术限制因素是滑动钻井时存在钻杆在井内螺旋弯曲的点。一旦到达这个点，井孔定向控制性就会大大减弱。因此，在澳大利亚一般认为在深度大于 500m 时采用增产措施的垂直井具有明显优势，在深度小于 500m 时应用中等半径钻井更好。

3）极短半径钻井

极短半径钻井在深度 300m～700m 应用比较广泛，是中等半径钻井和垂直井的补充技术，尤其适用于具有多个富气煤层和煤层横向连续性较差的区域。

极短半径钻井方案是由 Brisbane 采矿技术与设备合作研究中心（CMET）在开发过程中设计完成的，主要是利用水协助切割从垂直井钻一口与其近 90°的水平井，这口垂直井可以作为抽采煤层气和水的管道。极短半径钻井被证明适于深度大于 300m 的煤层，并且水平分支井长度达 200m。目前，水平分支井可以进行勘测和控制，这就可以系统地以一个中心源的放射状模式进行煤层气排采。极短半径钻井技术能否应用于深度超过 600m 的煤层以及水平分支井能否钻进到离垂直井 500m 以上的位置，一直是存在争议的地方。极短半径钻井系统的总体结构如图 8.49 所示。该系统主要包括极短半径转向和洞穴适应喷水工具和造斜器装置的情况。

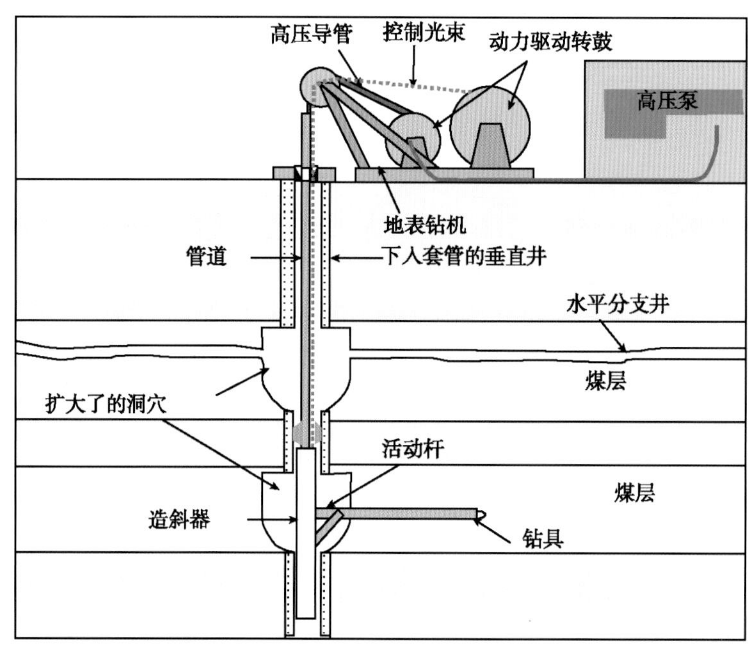

图 8.49 CMTE 极短半径钻井方案的简要示意图（赵兴龙等，2010）

与中等半径钻井相比，极短半径钻井有三个主要的优点：①极短半径钻井允许单个垂直井有多个侧向分支井，涉及多个煤层；煤层中的钻孔长度与无矿岩层中的钻孔长度的比值很高。②利用一个简单的测杆和位于垂直井底的活塞泵就可以完成抽水，而中等半径钻井要求一个临近的垂直井进行抽水。③井下钻具的费用要比中等半径钻井系统少得多。

但与中等半径钻井相比，极短半径钻井最主要的优点是，从一个中心井（远离最大地质控制点）可以以多个煤层（不同厚度）为目标层。

4）多分支水平井技术

多分支水平井技术（图 8.50）是在一个主水平井眼的两侧钻出多个分支井眼作为泄气通道，特别适合于开采低渗透煤层气藏，与采用射孔完井和水力压裂增产的常规直井相比，具有不可替代的优越性。煤层裂缝系统由众多不同类型的裂纹组成，产状各异的裂纹将煤层分割成形状不同的晶体，即煤岩基质。煤层段分支或水平井眼以张性与剪切变形形成的裂纹为主，并且钻采过程中煤层应力状态的变化，导致原始闭合的裂纹重新开启，原始裂纹与应力变化产生的新裂纹形成网状结构，所以煤层气多分支水平井的增产机理在于突破了原来直井点的范围与单一水平井的线或窄面的局限，实现了广域面的效应，可以大范围沟通煤层裂隙系统，扩大煤层降压范围，降低煤层水排出时的摩阻，从而大幅度提高单井产量和采收率。多分支水平井技术的主要优点主要是增加有效供给范围，提高煤层导流能力，减少对煤层的伤害，单井产量高，有利于环境保护。

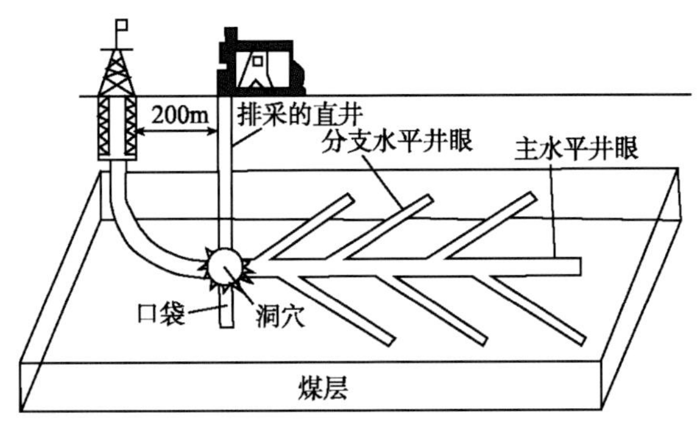

图 8.50　多分支水平井井身结构示意图

羽状分支水平井是一种特殊的多分支水平井，羽状分支水平井技术是美国公司注册的一项煤层气多分支水平井专利技术，是针对于高煤阶煤层气储层的一种行之有效的钻井完井技术，适于低渗透（<2mD），厚度适中或较薄、岩层坚硬的储层，以及地表条件复杂，可利用地表面积有限情况下的钻井完井施工。该技术已从最初的单水平井 2 条分支发展到目前的 4 条主分支，每条主分支又有多条羽状小分支的羽状分支网络结构，具有一个主井眼和 4 个造洞穴直井，能够最大范围地控制煤层气储层，使储层煤层气得以最大限度地开采，开采效率与常规钻井技术相比具有明显的提高。

由于美国井场费用高，很少钻单支水平井，高煤阶地区主要采用定向羽状水平井技术开采，主水平井眼水平段位移 1200～1500m，分支井眼水平段位移 400～600m。该技术适于煤层厚度薄、煤层厚度稳定、煤层结构完整、煤岩具有一定强度的地区。

5）钻井类型选择

沉积地质特征对正确选择钻采技术至关重要。在稳定沉积环境中，目标生产层段界限清晰并且不连续，这时应采用垂直井技术和在浅处采用中等半径钻井技术会取得最好的效果。在动态的沉积环境中沉积的煤系，中等半径钻井技术或垂直井技术效果都不如极短半径钻井技术，这种技术尤其适用于存在多层含气性好的煤层的地区。如果煤层气藏允许的话，可以利用极小半径钻井技术从单一井向多个煤层钻进，该技术还适用于横向连续性较差的目标煤层。表 8.24 中对各技术的适用条件及其限制因素做了统计。除了沉积作用外，煤阶及煤层渗透率等特征也是选择钻井类型的一个非常重要的因素，对于煤层渗透率较低的高阶煤层，多分支水平井是煤层气开采的非常有效的钻井技术。

2. 钻井工艺

煤层气井类型和钻井工艺的选择取决于煤储层的埋深、厚度、力学强度、压力及地层组合类型、井壁稳定性等地质条件。选择合适的钻井工艺对于煤层气开采至关重要，可以降低工程综合成本，提高经济效益。

表 8.24 对各技术适用区及限制因素的评价

钻井类型	适用区	限制因素
采用增产措施的垂直井	独立的、高含气性的目标层 深度>500m（取决于气藏） 以构造高地和泄压区为目标区	在浅处，气藏储量不能达到商业性开采的标准 垂直井的泄流面积有限
中等半径钻井技术	较浅（<500m），中渗（>5mD）至高渗（>100mD）区 煤层连续性很好（稳定沉积环境） 构造控制好 独立的、界限清晰的目标区	现有钻机的深度限制 在到达目标层之前要钻开大量岩石 煤层连续性 层内垂向渗透边界 随深度和长度的增加，井下钻具组合所要承担的风险增大
极短半径钻井技术	较浅的（300～700m）多目标层 动态的沉积环境 渗透率不是主要问题，低渗也可以，这是由于存在长的分支井	深度限制 该技术仍需商业性开发 远景区开发的边界效应-抽采模式
多分支水平井技术	低渗透煤层	主井眼与分支井眼的连接技术 井眼垮塌问题

1）欠平衡钻井技术

欠平衡钻井是指在钻井过程中钻井液柱作用在井底的压力（包括钻井液柱的静液压力，循环压降和井口回压）低于底层孔隙压力，一般是通过在排采直井注气到水平井的“中间”，实现在环空“气液混合”降低液柱压力。

在渗透性较好的区域，井孔套管中的压力比周围地层中的孔隙压力要高，钻井液会流入地层中，这被称为过平衡状态。因此，流入地层的钻井液的量是压力不平衡和地层渗透性的一个函数。钻井液夹带一定量的固体进入地层，使井身周围区域的渗透性发生局部减小。也有的地方使用化学添加剂，化学添加剂也可以运移到地层中，对煤储层具有潜在的破坏性。在过平衡状态下钻中等半径钻井会导致钻孔冲洗水的损失、井壁污染，并最终成为一口性能较差的井，在高渗透性煤中钻井时更是如此。

与过平衡钻井相比，欠平衡钻井在提高勘探开发水平，降低钻井成本，保护储层等多方面都有其自身的优势，其主要特点是减少地层伤害、提高钻速、延长钻头寿命、避免井漏、减少压差卡钻、改善地层评价。

2）保压钻进技术

保压钻进技术是指在预定的边界范围内，在钻井周期中保持最大压力的钻井技术（图 8.51）。这种技术使钻井过程中的套压要保持在煤层平均局部孔隙压力和临界解吸压力之间，以期获得最佳结果。超过局部孔隙压力会导致过平衡钻井，使钻井液进入地层中，以及井壁污染。低于临界解吸压力会导致煤粉、气体和水的喷出，还有可能对井孔造成无法补救的破坏，变成一口性能差的井。图 8.51 中显示的资料来源于一口由 AJ Lucas 煤炭科技公司钻的中等半径井孔。这些图形来源于 SIMED 模拟和局部经验数据或现场测量（如测量垂直井中的液面位置）。进入煤层之前，在覆盖层中过平衡钻井是允许的。

控制压力钻井需要对流体压力进行准确测定。AJ Lucas 和 CMTE 开发了一个井底压力测井仪器可以精确测定该信息。因此它可以在钻井过程中转换压力控制参数，并且在后面的钻进中分析该资料。压力转换器可以精确地记录穿过井底马达的压力差异。用一个配有测力计的马达，压力值可以准确地传输到力矩。结合来源于地表监测系统的资料，可以获得有效力学指标的基础信息（图 8.52）。

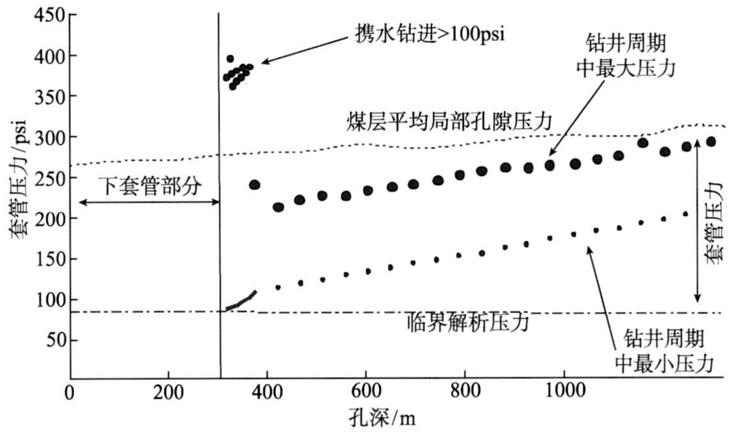

图 8.51　控制压力钻井，保持套管压力限值以增进井的性能（赵兴龙等，2010）

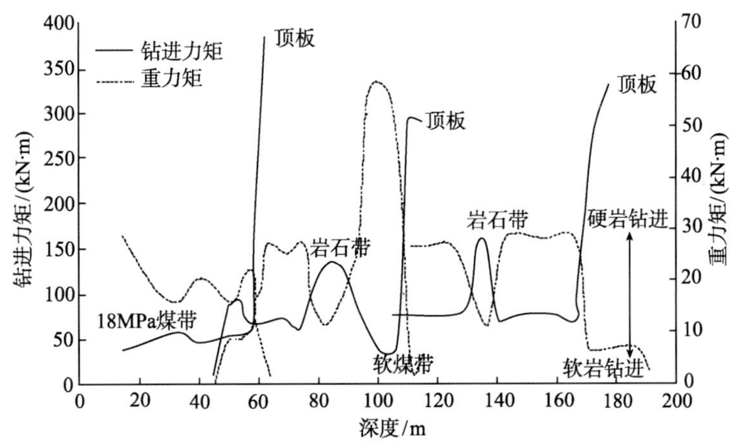

图 8.52　地下层内井孔的钻机检测实测资料（赵兴龙等，2010）

（二）完井技术

1. 完井方式

目前，国际上主要的煤层气完井方式有裸眼完井、套管完井、套管-裸眼完井、水平排泄孔衬管完井和裸眼洞穴完井等。表 8.25 是对澳大利亚各煤层气工程所运用的完井方式的统计。每种完井方式都有其优点和不足之处，所以需要根据不同地区的地质条件选择合理的完井方式。

裸眼完井的特点是：减少下套管和固井作业造成的损害；完井层数通常只有一层；井的稳定性差，易坍塌；使较低位置的煤变得松散；泵的位置太高，不利于抽水采气；最初花费低，但修井花费大。

表 8.25　澳大利亚各煤层气工程所运用的完井方式及举升系统（赵兴龙等，2010）

煤层气工程	完井类型	举升系统
Moura	压裂和中等半径井	PC 泵
Peat/Scotia	压裂	PC 泵
Surat/Walloons	裸眼 压裂 未胶结预割缝	PC 泵
Fairview	裸眼洞穴	PC 泵
Spring Gully	裸眼洞穴 压裂	PC 泵
Sydney	压裂	PC 泵
Moranbah	中等半径井	PC 泵
Arrow	裸眼 砾料充填	PC 泵
Misc Mines etc	中等半径井 极短半径井 压裂	PC 泵

套管水泥完井的特点是：水泥对煤储层有损坏；射孔和压裂花费大；六口井中的四口在压裂之后出现煤层气损坏；喷砂之后完井效果较好；减小压裂比例可以减轻煤层气藏损坏的风险。

预射孔完井的特点是：适用性很强，可应用于任何类型的煤层，是目前通用的完井方法；一般需要水力压裂；预射孔面积是常规射孔面积的 5 倍；没有水泥破坏，只在煤层上方注水泥使其与含水层隔离；泵可以设在煤层以下；在投产 8 个月时间之内不需要修井。

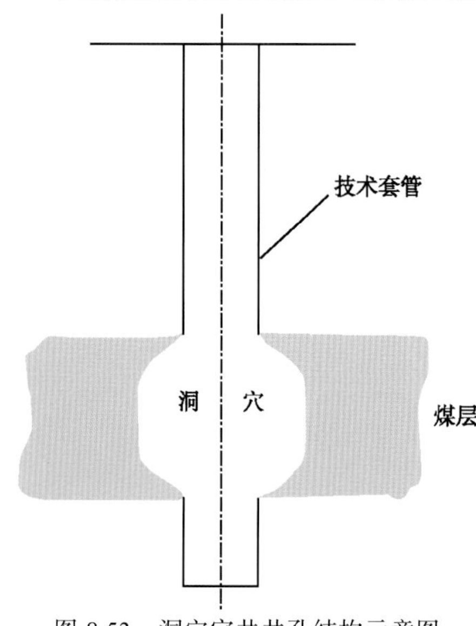

图 8.53　洞穴完井井孔结构示意图

裸眼洞穴完井是煤层气特有的，也是最有效的完井方法；主要特点是产量高，成本低于大型水力压裂。

2. 洞穴完井技术

洞穴完井是煤层气特有的，也是最有效的完井方法。所谓裸眼洞穴完井，是裸眼完井后人为地在裸眼段煤层部位通过多次注空气或泡沫憋压放喷，造成剧烈的井内压力"激动"，使煤层崩落，形成一个稳定的煤层大洞穴（图 8.53）。

同时，消除可能已发生的地层损害和在井眼周围形成很大面积含有大量张性裂缝的卸载区，提高井筒周围割理系统的渗透性，这样增大了地层的导流能力，使井眼与地层之间实现有效连通而达到增产的目的。针对低煤阶、高渗、厚煤层钻井易坍塌和煤层污染问题，采用煤层段裸眼下筛管完井或洞穴完井方式，可以增加煤层裸露面积，提高单井产量。该项技术主要应用在圣胡安、粉河盆地。从开发最成功的圣胡安盆地 4000 多口煤层气井来看，1/3 为裸眼洞穴完井。这些裸眼洞穴完成的井煤层气产量是射孔完井后水力压裂的 3～20 倍，且成本低于大型水力压裂。到目前为止，裸眼洞穴完井累计产气量占整个盆地产气量的 76 %，为美国煤层气产量做出了重大的贡献。

1）裸眼洞穴完井机理

在将空气或空气与水的混合物注入井筒的过程中，当井筒压力增加到大于井筒近端的最小水平应力时，就发生张性破裂，产生破裂区域的方向与最大水平应力的方向平行，且区域内出现多条自支撑裂缝，它们互相连通。注入过程中，随着近井筒孔隙压力的增加，井筒直径减小，引起井筒周围应力减小，并在多个方向产生张性破裂，这些破裂可从井筒向外延伸 30～60m（图 8.54）。

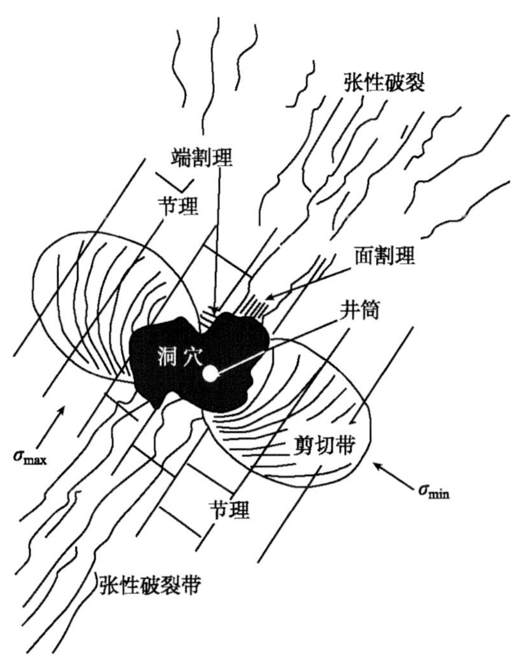

图 8.54　洞穴完井井筒周围诱发裂缝与自然裂缝连通性的概念模型

在裸眼洞穴完井过程中，压力的下降及水动力效应使软弱易碎的煤层塌落，井筒形成洞穴，洞穴的产生只是完井过程中的副产品，裸眼洞穴完井的主要目的是将井筒与储层中未受损害的天然裂缝系统连通。

2）裸眼洞穴完井的类型

根据与天然裂缝连通采用的方法不同，煤层气裸眼洞穴完井主要分为三种类型。

第一种类型是动态注入/排放。关闭半封闸板及液动阀，以 42.5～56.6m^3/min 的排量，用 1～6 小时的时间，将空气或空气与水的混合物注入井筒，使地面压力达到 10MPa。突然打开地面液动阀，流体经过井筒从放喷管线流入沉砂池，地面压力急剧减小，重复这一工作流程，直至井筒中充满放喷期间坍塌的煤及岩屑，然后以压缩空气或混气水作循环介质，下钻到井底清洗井眼。动态注入/排放过程能够充分清洗储层，产生新的裂缝，并扩大已有的裂缝，提高了储层与井筒的连通性。

第二种类型是动态排放。关闭半封闸板及地面液动阀，使地面压力增加到预定值（通常为 5～7MPa，低于储层压力）。关闭的时间长短取决于储层压力及渗透率，达到所需压力时，迅速开启液动阀放喷，采出气、水、煤及岩屑。由于没有注入阶段，所以动态排放过程对储层的清洗不充分。

第三种类型是动态水静力负压循环。用压缩空气或混气水做循环介质清洗煤层，使井底压力低于储层压力，煤层受负压产生剪切裂缝。在煤层井段往复循环的过程中，气、水及坍塌掉落在井筒中的煤屑被循环至地面。

二、开采工艺技术

（一）排水采气工艺

煤层气排水采气要求：①排液速度快，不怕井间干扰；②降低井底流压，排水设备的吸液口一般都要求下到煤层以下；③要求有可靠的防煤屑、煤粉危害的措施。

目前开采煤层气排水采气的方法有有杆泵、电潜泵、气举、水力喷射泵、PC 泵、雷达泵和活塞泵等，其中 PC 泵在澳大利亚应用非常广泛（表 8.26）。

表 8.26　活塞泵的适用范围

型号	最大产量	能力/ft
2-3/8″	在深度 8700ft，日排量 1317B/D	18 000
2-7/8″	在深度 8700ft，日排量 2400B/D	18 000
3-1/2″	在深度 8700ft，日排量 4007B/D	18 000
4″	在深度 5005ft，日排量 5005B/D	18 000

1. 有杆泵

有杆泵在各种深度和排量下都能有效工作，适应性强，操作简单，几乎不需保养。它需要天然气发动机或电动机作动力，来带动抽油机驱动的活塞泵抽水，水由油管排出，气靠自身能量由油套环形空间排出井筒。如果气压很低，进不了集输流程，就要考虑用真空泵和压缩机来抽吸和增压输送。

2. 电潜泵

它需要有高压电源供电至井下电动机，由井下电动机带动井下离心泵，将煤层水抽入油管而排至地面。甲烷气也是靠自身能量由油套环形空间排出井筒。

3. 气举

气举可分为气举凡尔法和柱塞法。气举凡尔法是用高压气源向井内注气，以气混水将井内的水及甲烷排出井筒至地面。气举管柱有单管（开式、半闭式、封闭式）、双管并列式、双管同心式三种结构。柱塞气举需要靠气井自身能量，也可靠注入气补充能量来推举油管内的柱塞，将柱塞以上的液体排到地面。

4. 水力喷射泵

它需要有高压大排量泵向井内注入清水循环，经过喷嘴产生抽汲作用，将地层流体混入清水而带至地面。水力喷射泵有以下优点：①回流可回收；②具有灵活的生产能力；③适用于斜井、拐弯井、深井、丛式井及海上平台；④环境友好 ；⑤可用于包含多目标煤层的区域；⑥经济，费用较低；⑦成套，并且可移动；⑧复杂完井条件下也适用；⑨低糙度；⑩现场可进行修理。

5. PC 泵

该泵是顶驱的，由井下泵、抽油杆柱、地面驱动头和其他辅助设备组成，其中井下泵由转子和定子组成，辅助设备包括力矩铰链和杆柱保护装置等。

6. 雷达泵

该技术比较先进，是由斯伦贝谢公司研制生产的，该系统可以连续抽采 10 年以上，生产超过 260×10^4bbl 油。其优点如下：①能够及早发现问题；②井干扰影响较小；③较少的设备修理和延迟开采耗费；④估计可以节省 110 万美元以上的修井费用。

7. 活塞泵

活塞泵的优点：①水力可回收；②具有灵活的生产能力；③适用于斜井、拐弯井、深井、丛式井及海上平台；④环境友好；⑤可用于包含多目标煤层的区域；⑥经济，费用较低；⑦成套，并且可移动；⑧复杂完井条件下也适用；⑨低糙度；⑩高效率（大于95%）；低液面。

（二）煤层气开发地面设备

煤层气井一般是在较低的井底压力条件下采气。在完成人工举升排水之后，还需要一整套地面设备对气体进行处理和输送。

地面设备的主要组成包括：①气体采集系统；②管汇和压缩装置；③水处理设备；④中心压缩站和加工厂；⑤供电和配电。

其流程：井口—管汇—除水分离—过滤—压缩—干燥—流量计—消费者。

（三）采出水处理

从环境保护角度出发，为减少大气污染和农田受害，煤层气生产过程中，必须考虑采出水的处理问题。鉴于不同地区地下水化学成分各异，产出水的含盐量或其他固相成分各不相同，产水量变化也很大，故采取的处理方法也各不相同。

目前澳大利亚煤层气采出水的主要处理方法包括地面排放、经处理后供人使用、地面蒸发和本地工业用水。

三、储层改造与增产技术

（一）压裂技术

压裂技术是煤层气开发过程中的关键技术。其重要性在于对产层进行改造，以提高生产层的产量。目前国外针对不同储层采用的压裂技术主要有交联凝胶压裂、加砂水力压裂、不加砂水力压裂和氮气泡沫压裂，各项技术均已过关（严绪朝和郝鸿毅，2007）。此外，在生产实践中采用了多次压裂。

在美国煤层气开发早期，大井组直井压裂技术曾广泛应用于圣胡安、黑勇士盆地中煤阶含煤盆地的煤层气开发之中。该技术主要适合于中煤阶区，其关键在于钻大井组压裂后长期、连续抽排，大面积降压后煤层吸附的甲烷气大量解吸而产出。

在美国尤因塔盆地，最初 3 口井压裂后排采一年多时间，单井日产气一般在 1000m^3 左右，随后井组逐渐扩大到 23 口，连续排采 4 年以上，单井日产气量逐渐增加到 5000m^3 以上，在大规模生产阶段，单井日产气超过 20 000 m^3；在圣胡安盆地早期的开发试验也证实了相同的产气规律。这说明煤层气开采中实现煤层大面积降压对单井产气量具有决定性作用。

煤层压裂处理的目的主要包括：绕开井筒附近被污染的地层；更有效地连通井筒与煤层的天然裂缝系统;加速排水脱气，提高煤层气的解吸速度；增大泄压范围，避免应力集中；降低煤粉量。

1. 凝胶压裂

凝胶压裂的优点主要为携砂能力强，支撑剂充填效果好，造缝最长。其缺点是可能严重伤害煤层，成本高。在美国的圣胡安盆地北部及黑勇士盆地进行压裂处理时，一般采用硼酸盐交联的羟丙基瓜尔胶（黏弹性好、残渣低）作为压裂液，浓度一般为 3.60kg/ m^3，泵注排量为 4.77～9.54m^3 /min，采用 12/20 目砂、16/20 目砂或 20/40 目砂作为支撑剂。很多经过凝胶压裂的煤层气井产量较高，平均达到 2832～7079.3m^3/d。

2. 加砂水压裂

加砂水压裂采用减阻水或活性水作为压裂液，其优点是成本低，对煤层伤害程度小，但是支撑剂充填效果差，支撑长度短。1987 年以前，黑勇士盆地进行的水压裂约占总数的 50%左右，但以后被凝胶压裂所取代。圣胡安盆地采用减阻水进行重复压裂，收到良好的效果，使原来采用凝胶压裂的气井产量提高了 2～3 倍，在黑勇士盆地进行的一项水压裂与凝胶压裂效果比较的先导性实验，初期（生产时间超过 1.5 年）结果表明，水压裂的效果（3256.5m^3/d）优于凝胶压裂（ 2265.4m^3/ d），且其成本仅是后者的一半。模拟压裂研究表明，进行水压裂后，并非所有的煤层均被有效地支撑，但由于对煤层伤害程度小，因而压裂效果仍较好。

3. 不加砂水压裂

不加砂水压裂具有成本低、可避免支撑剂回流等特点，适用于现场应力相对较低（如：浅煤层）和诱生裂缝能在自支撑作用下保持敞开状态的地区，且压裂效果相当好。1990年 Amoco 公司在黑勇士盆地的主要气田——Oak Grove 气田进行了清水（不加砂）压裂并采用了封隔球，成本仅为加砂水压裂的一半。使用该项技术重复压裂以前进行过凝胶压裂的井，结果产量提高了 2 倍，说明凝胶压裂的确严重伤害了煤层，目前使用封隔球可以打开更多的煤层。

4. 泡沫压裂

在欠压煤层，或对液体伤害较为敏感的煤层，或为减少液体滤失，通常采用泡沫压裂技术。近几年，在圣胡安盆地的南部欠压与欠饱和煤层，采用氮泡沫压裂作业占总压裂作业的 90%。氮泡沫压裂具有便于诱生裂缝排液、不会滞留未破胶的压裂液、对煤层伤害程度轻、可加快煤层气解吸速度、携带支撑剂能力强及滤失量小等优点；缺点是成本高，质量难以控制及很难用流变特性来描述等。

5. 各种压裂方法的效果比较

无论从产量比，还是从成本比上看，裸眼洞穴完井是最好的增产方式，凝胶压裂则较差（表 8.27）。先用凝胶压裂后，再用其他的压裂方法进行处理后，产量比皆大于 1.0，说明凝胶压裂对煤层造成了伤害。

表 8.27 煤层气井产量与增产方式之间的关系

作业者	地 点	增长方式（X）	增产方式（Y）	产量比（X/Y）	成本比（X/Y）
Amoco 等	圣胡安盆地	裸眼洞穴	凝胶压裂	5～10	1.0（全井）
Amoco	圣胡安盆地	加砂水力压裂	凝胶压裂	2.5	0.5
Amoco	圣胡安盆地	加砂水重复压裂	先用凝胶压裂	～2	0.5
Amoco/Taurus	黑勇士盆地	加砂水力压裂	凝胶压裂	1.4	0.5
Amoco/Taurus	黑勇士盆地	加砂水力压裂	不加砂水力压裂	1.9	2.0
Amoco/Taurus	黑勇士盆地	不加砂水重复压裂	先用凝胶压裂	～2	0.25

表 8.28 各种压裂方法的比较

压裂方法	成本	对地层伤害程度	支撑剂填充效果	支撑长度
不加支撑剂水压裂	低	低	差	短
加支撑剂水压裂	低	低	差	短
线性凝胶压裂	中等	高	一般	一般
交联凝胶压裂	中等	高	最好	最长
氮泡沫压裂	高	低	好	长

从支撑剂充填效果、支撑长度看，凝胶压裂最好，氮泡沫压裂次之；从对地层伤害程度看，凝胶压裂造成的伤害高；从成本上看，氮泡沫压裂最高，凝胶压裂次之(表 8.28)。

(二)注气驱替煤层气技术

注气开采煤层气就是向储层注入氮气、二氧化碳、烟道气等气体，其实质是向煤层注入能量，改变压力传导特性和增大或保持扩散速率不变，从而达到提高单产量和回收率的目的。

美国 Amoco 公司于 1993 年 12 月在圣胡安盆地 Furitland 煤层进行 CO_2 驱替甲烷现场试验，随后进行了氮气和混合气体的驱替试验。

阿尔伯达研究中心(ACR) 在阿尔伯达省、全加拿大及世界范围内一直处于煤层气研究的领先地位，他们领导进行了一项全新的改进煤层气采收率(ECBM)的小规模先导试验，即将 CO_2 气体注入储量丰富、埋深大、无法进行矿坑开采的煤层中，以获得煤层气，其原理与注 CO_2 采油(EOR)相同。注入的 CO_2 被煤层吸收并储存在煤层的孔隙基质中，导致被煤层圈闭的煤层气得以释放而达到提高采收率目的。

煤对 CO_2、N_2 吸附能力不同，置换甲烷的能力也不同。CO_2 被注入煤层后，由于其吸附能力强于 CH_4，会与煤基质微孔中的 CH_4 发生竞争吸附，从而将原吸附在煤层中的 CH_4 置换出来(图 8.55)。N_2 吸附能力弱于 CH_4，不能通过竞争吸附达到替代的 CH_4 目的，由于煤对气体的吸附属于物理吸附，具有可逆性，即吸附与解吸作用的平衡。当压力降低时，原来平衡被打破，吸附在煤基质微孔内表面的 CH_4 就会解吸出来，成为自由气体，以达到新的平衡。所以注入 N_2 可以降低 CH_4 的有效分压而达到驱替目的(图 8.56)。

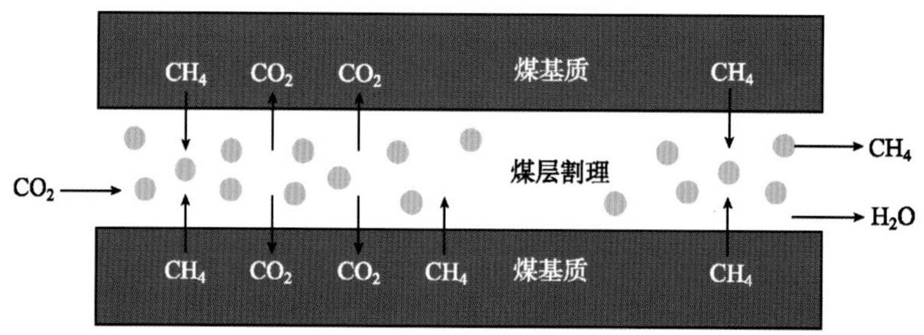

图 8.55　CO_2-ECBM 机理示意图

该技术有先注气后采气的间断性注气和边注边采的连续注气两种模式。两种模式都提高了储层的原始压力，使得煤层气的渗流速度增大，衰减时间延长，而注气引起煤层气渗流速度的增大，又造成了裂隙系统中煤层气分压下降速度的加快，引起更多的吸附煤层气参与解吸。解吸扩散速率增大，反过来又促使煤层气渗流速度加快；当注气压力较大时，还可能在煤层内形成新的裂隙，使渗透率增大，从而引起渗流速度增大；另外，由于煤是一种具有较高剩余表面自由能的多孔介质，当煤的剩余表面自由能总量一定时，即煤层与混合气体达到吸附平衡后，每一组分的吸附量都小于其在相同分压下单独吸附时的吸附量。因此，注气后，竞争吸附置换作用必然使一部分吸附的甲烷解吸扩散，从而引起扩散速率和渗流速度的提高。

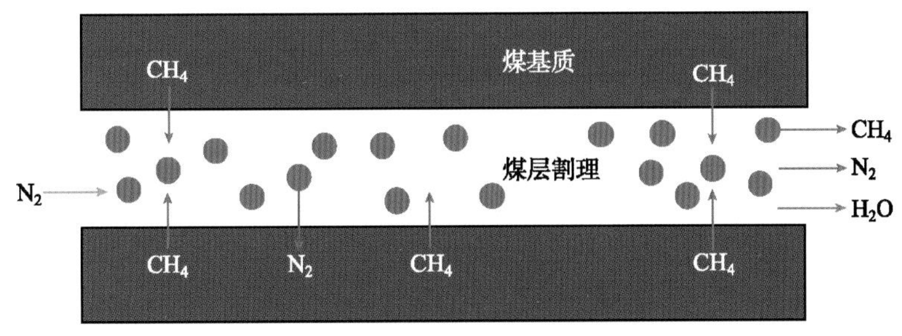

图 8.56　N_2-ECBM 机理示意图

综上所述，煤层气的开采需要针对不同煤层的地质条件，选择合适的钻井类型，以及合适的完井方式、开采工艺和增产措施等，来实现综合效益的最大化。美国煤层气开发实践表明，适应低、中、高煤阶的典型开采技术大致有以下三种：①适应低煤阶的空气（泡沫）钻井–裸眼或洞穴完井–大井组长期抽排采气技术，以粉河盆地为代表地区；②适应中煤阶的直井–大井组水力压裂抽排采气技术，以圣胡安盆地和黑勇士盆地为代表；③适应高煤阶的多分支水平井技术，以阿巴拉契亚盆地为代表。

四、矿井瓦斯抽采技术

（一）概述

前面介绍的煤层气开采技术主要是针对从未开采的煤层中通过地面钻孔生产的一种开采方式。其实，世界范围内，相当数量的煤层气是从生产矿井中开采出来的，还有少量的煤层气是从报废矿井回收的。煤层气的开采方法大致分以下三种：①从生产矿井中抽排（CMM）；②从报废矿井中抽放（AMM）；③从未开采的煤中通过地面钻孔生产（VCBM）。

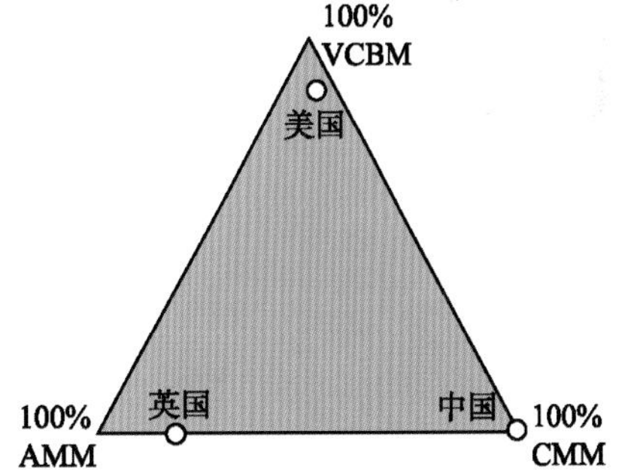

图 8.57　不同国家商业煤层气气源情况

以上每种煤层气的储集源的储层特征，开采技术和气体组分等特性都不相同。英国、美国和中国的各种储集源相关商业价值如图 8.57 所示。英国的报废矿井瓦斯储量可能大大超过潜在的矿井瓦斯可采储量和未采区煤层气储量。英国目前有六个矿的报废矿井瓦斯开发计划正在实施，还有更多地在计划之中。

煤层气的主要成分是甲烷（一般为 80%～95%），有时还有少量的乙烷、丙烷、氮气和二氧化碳（CO_2）等。表 8.29 中列举了世界上从各种煤层气储集源获取的甲烷浓度和产量，表 8.30 总结了不同储集源的优缺点。

表 8.29　不同储集源煤层气的浓度和产量

特　点	甲烷浓度/%	纯甲烷产量/（m^3/d）
煤层气单井（美国资料）	>95	1 400～8 400
矿井瓦斯	35～75	6 000～194 400
通风空气	0.05～0.8	4 320～138 240
报废矿井瓦斯	35～90	11 000～86 000

表 8.30　煤层气储集源的比较

储集源	优　点	缺　点
未采区煤层气	• 煤层气纯度很高 • 采气作业独立于采煤 • 在采煤之前先采气，可改善矿井安全 • 有很高的调节能力，没有环境排放的风险	• 钻井和完井成本高 • 钻井和生产现场需征地 • 需大量钻孔及与之配套的地面集气管网
矿井瓦斯	• 通过现有的基础设施在固定场所将矿井瓦斯输送到地面。瓦斯作为废气进行回收，且以矿井安全为主要目的 • 矿井瓦斯的利用是通过甲烷转变为低危害性的 CO_2 而减少了温室气体的排放 • 可实现较高的产气量	• 气纯度可变（中等纯度至低纯度） • 供气可能会受采煤作业的影响，使用储气罐可在一定程度上得到缓解 • 没有调节能力 • 可能需要通过外部燃料供应维持瓦斯利用过程不中断
报废矿井瓦斯	• 利用以前的巷道和钻孔进入瓦斯储集层 • 在某些情况下，可以在用户现场安装采气钻孔 • 减少关闭矿井中温室气体的排放 • 产气量高，气纯度相对稳定（从高到低） • 可在确定的范围内调节供气量以适应需求	• 可能需要做矿井修补工作以充分密封地面通道 • 矿井水位的升高使可进入的瓦斯储层的体积逐渐缩小 • 可能需要不断地用泵抽出矿井水

（二）典型钻井技术

目前典型的瓦斯抽采方法包括直井、采空区钻井、水平钻井和交叉测量的钻井，其他的都是用于生产的基础之上，包括便携的钻孔方法、上覆地层的方法和定向钻进的方法。 下面将对典型钻井技术逐一介绍。

1. 直井

直井通常用于钻穿煤层，或者在煤矿开采之前对煤层气预采。这种井通常在采矿的前两年就进行，煤层通过水力压裂将其中煤层气采出，直井如图 8.58 所示。煤层中的水必须转移，以获得更好的流动气体。将水隔开并对其按环境可以接受的方式进行处理。

直井较其他方法的优势之处在于，能同时运用于多种煤层。这类井大大提高了气体产量，更具经济价值，同时从长远来看，减少了气体窜入生产矿中的潜在危险。为了在直井中提供充足的流动气体，运用了多种完井方法。第一种最常见的方法是水力压裂煤层，运用支撑剂以保证在裂缝中有充足的甲烷流。第二种较常见的方法是在每个煤层中都建一个开放的孔洞，以加强流动特性。每一种方法都是通过套管在煤层中射孔，提供流动的气体进入井筒。

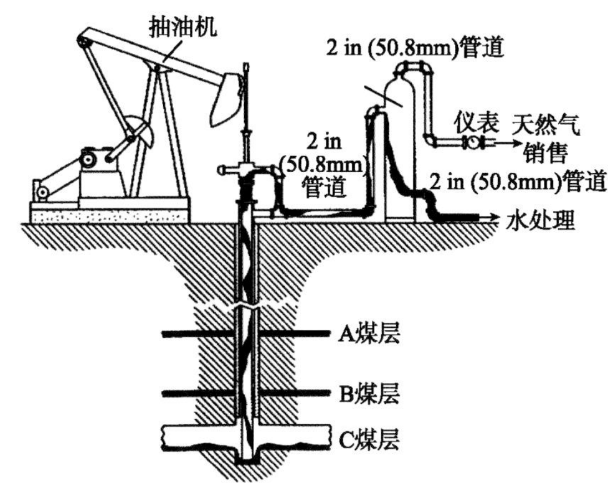

图 8.58　典型直井设备

在所有常见的抽排方式中，直井最能稳定提供优质的气体。气体的热值通常高于950Btu/scf，使之能够在天然气管道中直接运用。直井唯一的问题主要是使氮气和二氧化碳超标，或是大量的水必须得到妥善处理。这些问题是目前的技术不能解决的，但每一个问题也将增加甲烷抽采的成本。这个方法的缺点在于，在煤矿开采和到达地表之前需要很多时间。

2. 采空区钻井

有关煤层气抽采中的采空区井，是指煤矿在上覆岩石塌陷之后从采空区抽采煤层气。采空区井与直井的区别在于，它们是在煤矿开采之前在目标煤层之上 10～50ft 的高度钻探，但仅在钻井孔附近的地层破裂后才进行操作。气体从破裂的地层中释放，然后流入井筒中，最后到达地面。流速受低密度的甲烷气体产生的自然水头控制，受地表的鼓风机影响。

图 8.59 显示的是正在从煤矿的采空区抽采煤层气的采空井，第二个井钻位于生产矿区之上，它将在长壁工作面移入井下之后开始运作。长壁工作面上的采空井数量，随着煤矿开采速度和垮塌岩层中气体含量的多少而变化。

采空井能采收 30%～70%的甲烷，这个值依赖于地质条件和工作面上的采空井数量。虽然在生产的初期气体质量较高，但也可以通过控制流量对气体质量进行改善。一方面，从采空区抽采出的甲烷会与异源的气体进行混合，然后压缩并注入管道中。然而随着气体变坏所产生的热值，需要充足的采空区气体以保证管道的质量。另一方面，采空区气体能通过内燃机和燃气轮机中发电，或是用热建筑物。采空井是在快速移动的工作面上减少甲烷含量最有效的方式。当与直井进行比较时会出现较多问题：很难保证稳定的高含气量，相对短的生产寿命，仅运用在上覆地层。也正是由于这个原因，采空井在煤矿安全和产量上贡献最大，而温室气体排放并没有减少。

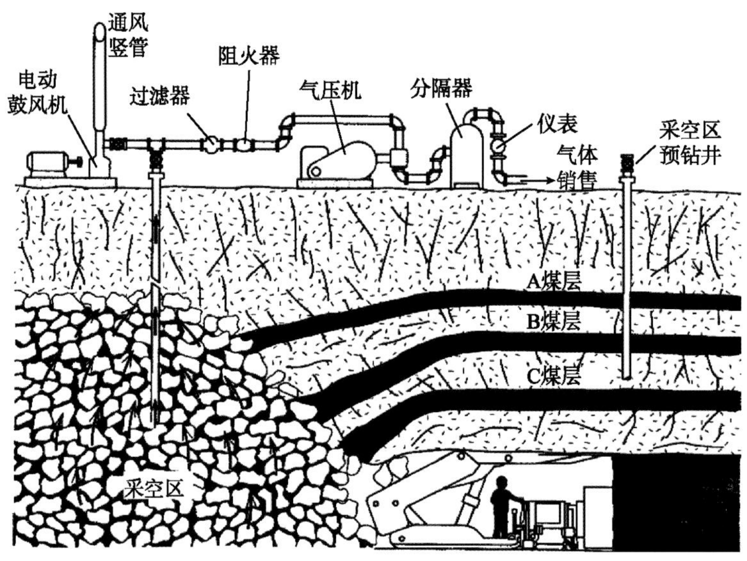

图 8.59　长壁工作面之上的采空区钻井设备

3. 水平钻井

水平钻井是从煤矿的开发通道中钻入煤层中，它们在煤矿开采之前的很短时间里在未开采的区域对煤层气进行抽采，以建少矿区甲烷的流量。瓦斯排放仅在已开采的煤层中，时间相对较短，该技术的回收率低。通常，10%～20%的瓦斯在已钻探区抽采。然而，气体质量高，在大多数情况下可以作为管道产品。高回收率一般在采矿之前通过钻深孔在房柱式区域获得。当在地下运用水平钻孔，瓦斯就通过气体运输线和直井运到地面。图 8.60 显示了排放栈和管道的连接。

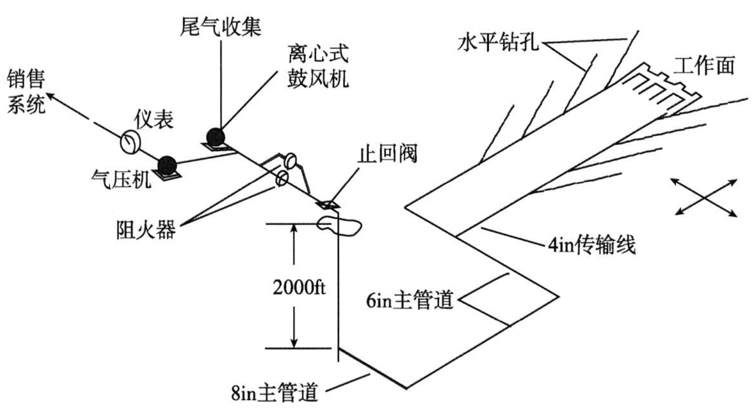

图 8.60　煤层气抽采系统的水平钻孔布置图

从水平钻井中获得的气体其热值很高，可以作为管道产品，另外，气体的质量可以通过钻孔的性质进行调解，使得气流在多种情况下都能保证稳定。然而，尽管很多煤矿使用水平钻井抽采瓦斯，但仅有一小部分将其投放市场。

4. 交叉测量的钻井

交叉测量的钻孔在地层中呈一定角度，通常是在已经进行开采的煤矿通道中。钻孔关键是位于以下情况的煤矿：一是要对下伏岩层进行瓦斯抽采煤矿；二是采空区还有残留气体的煤矿。和水平钻井类似，单个钻孔也必须和主要的管道连接，该管道通常穿过通往地面的直井。图 8.61 显示了长壁工作面这套系统的钻孔模式。

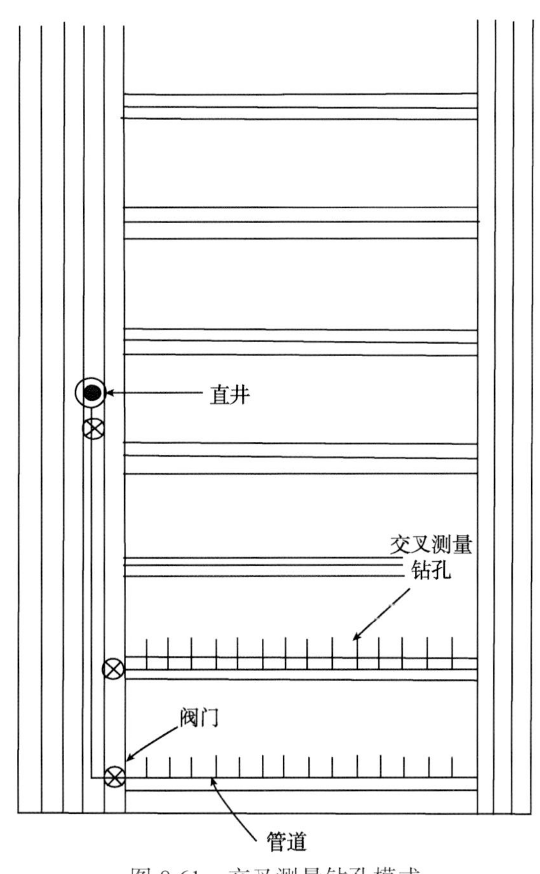

图 8.61　交叉测量钻孔模式

（三）瓦斯抽采技术

在煤矿开采中获得煤层气的方法分为预采和采后两种方法，它们是根据气体抽采来自于未开采煤矿或是长壁开采影响下的煤层来划分的。

1. 采前预抽

主要是对未卸压的煤层或岩层进行瓦斯抽采，应用钻孔技术将被采煤体中的瓦斯在煤层开采之前预先抽采出来。因此，在气体压力相对高、煤层渗透率较好时，抽采效果很好。

2. 采后抽放

采空区瓦斯抽放的主要目的是为了解决采煤工作面瓦斯超限的问题，以及减少采空区向生产采掘空间泄露瓦斯，减轻矿井通风的压力。

采空区瓦斯抽放的方法很多，地面钻孔抽放采空区瓦斯、顶板低位巷道抽放采空区瓦斯、顶板岩石水平钻孔抽放采空区瓦斯等都是非常有效的采空区抽放瓦斯方法。另外，采空区埋管抽放瓦斯、老采空区封闭抽放瓦斯等方法也得到广泛应用。

参考文献

陈鹏. 2001. 中国煤炭性质、分类和利用. 北京：化学工业出版社

陈萍，唐修义. 2001. 低温氮吸附法与煤中微孔隙特征的研究. 煤炭学报，26（5）：552–556

付常青，杜艺. 2011. 煤层气控气地质因素分析. 中国科技博览，(26)：5–6

傅家谟，刘德汉，盛国英. 1990. 煤成烃地球化学. 北京：科学出版社

傅雪海，秦勇，张万红. 2005. 基于煤层气运移的煤孔隙分形分类及自然分类研究. 科学通报，50(S1): 51–55

郝琦. 1987. 煤的显微孔隙形态特征及其成因探讨. 煤炭学报，（4）：51–57

霍多特. 1966. 煤与瓦斯突出. 北京: 煤炭工业出版社

江怀友，宋新民，吕延防，等. 2008. 全球煤层气资源及勘探开发综述，世界石油工业，15（6）：32–39

马东民. 2003. 煤储层的吸附特征实验综合分析，北京科技大学学报，25（4）：291–294

宁正伟，陈霞. 1996. 华北石炭-二叠系煤化变质程度与煤层气储集性的关系. 石油与天然气地质，17（2）：156–159

秦胜飞，宋岩，唐修义，等. 2005. 水动力条件对煤层气含量的影响—煤层气直流水控气论. 天然气地球科学，16（2）：108–110

秦勇，傅雪梅，叶建平，等. 1999. 中国煤储层岩石物理学因素控气特征及机理，中国矿业大学学报，28（1）：14–19

秦勇，傅雪梅，岳巍，等. 2000a. 沉积体系与煤层气储盖特征之关系探讨. 古地理学报，2（1）：77–84

秦勇，叶建平，林大扬，等. 2000b. 煤储层厚度与其渗透性及含气性关系初步探讨. 煤田地质与勘探，28（1）：24–27

桑树勋，朱炎铭，张时音，等. 2005. 煤吸附气体的固气作用机理（I）. 天然气工业，25（1）：13–15

宋岩，张新民. 2005. 煤层气成藏机制及经济开采理论基础. 北京：科学出版社

苏现波，陈江峰，孙俊民，等. 2001. 煤层气地质学与勘探开发. 北京：科学出版社

苏现波，林晓英. 2009. 煤层气地质学. 北京：煤炭工业出版社

汤达祯，桑树勋. 2008. 煤储层物性非均质性及控制机理.国家973课题研究报告(编号：2002CB211702)

王红岩，刘洪林，赵庆波，等. 2005. 煤层气富集成藏规律. 北京：石油工业出版社

王明明，卢晓霞. 1998. 华北地区石炭-二叠系煤层气富集区水文地质特征. 石油实验地质，20（4）：385–393

韦重韬，孟健. 1998. 地史中煤层甲烷扩散散失作用的数值模拟，煤田地质与勘探，26（5）：19–24

吴辅兵，梁红义，夏艳东. 2007. 煤层气井爆炸洞穴完井技术. 见：雷群. 煤层气勘探开发理论与实践. 北京：石油工业出版社：238–241

徐忠美，叶欣. 2011. 低煤阶煤层气成藏条件及主控因素分析. 重庆科技学院学报：自然科学版，13(1)：10–12

严绪朝，郝鸿毅. 2007. 国外煤层气的开发利用状况及其技术水平，石油科技论坛，26（6）：24–30

杨起，汤达祯. 2000. 华北煤变质作用对煤含气量和渗透率的影响. 地球科学（中国地质大学学报），25（3）：273–277

叶建平，史保生，张春才. 1999. 中国煤储层渗透率及其主要影响因素. 煤炭学报，24（2）：118–122

叶建平，武强，王子和. 2001. 对文地质条件对煤层气赋存的控制作用. 煤炭学报，26（5）：459–462

叶建平. 1998. 中国煤层气资源. 徐州：中国矿业大学出版社

袁龙武. 2009. 浅析影响煤层气藏形成和保存的因素，企业技术开发，28（3）：175

张慧. 2001. 煤孔隙的成因类型及其研究. 煤炭学报，26（1）：40–44

张日红，刘常洪. 1993. 吸附回线与煤的孔结构分析. 煤炭工程师，20(2): 23–27

张新民，赵靖舟. 2008. 中国煤层气技术可采资源潜力及分布. 国家973课题报告（编号：2002CB211706）

张新民，庄军，张遂安，等. 2002. 中国煤层气地质与资源评价. 北京：科学出版社

赵兴龙，汤达祯，陶树，等. 2010. 澳大利亚煤层气开发工艺技术. 中国煤炭地质，22（9）：26–31

钟玲文. 2003. 中国煤储层压力特征. 天然气工业，23（5）：132–134

邹才能，陶士振，侯连华，等. 2011.非常规油气地质. 北京：地质出版社

Alsaab D, Elie M, Lzart A, et al. 2009.Distribution of thermogenic methane in Carboniferous coal seams of the Donets Basin（Ukraine）; applications to exploitation of methane and forecast of mining hazards. International Journal of Coal Geology, 78: 27–37

Ayers Jr W B, Kaiser W R. 1984. Lacustrine interdeltaic coal in the Fort Union Formation （Paleocene）, Powder River basin, Wyoming and Montana, U.S.A. *In*: Rahmani R A, Flores R M. Sedimentology of Coal and Coal-Bearing Sequences. Belgium: International Association of Sedimentologists Special Publication, 7: 61–84

Ayers Jr W B, Ambrose W A. 1990. Geologic controls on the occurrence of coalbed methane, Fruitland Formation, San Juan basin. *In*: Ayers Jr W B, Kaiser W R, Swartz T E, Laubach S E, et al. Geologic Evaluation of Critical Production Parameters for Coalbed Methane Resources. part 1. San Juan Basin: Chicago, Gas Research Institute Annual Report GRI-90/0014.1：9–72

Ayers Jr W B, Ambrose W A, Yeh J. 1994. Coalbed methane in the Fruitland Formation, San Juan basin: depositional and structural controls on occurrence and resources. *In*: Ayers Jr W B, Kaiser W R. Coalbed Methane in the Upper Cretaceous Fruitland Formation, San Juan Basin, New Mexico and Colorado. University of Texas at Austin, Bureau of Economic Geology Report of Investigations, 218: 13–40

Ayers Jr W B. 2002.Coalbed gas system, resources, and production and a review of contrasting cases from the San Juan and Powder River basins. AAPG Bulletin, 86（11）:1853–1890

Baker J C, Fielding C R, de Caritat P, et al. 1993. Permian evolution of sandstone composition in complex back-arc extensional to foreland basin: the Bowen Basin, Eastern Australia. Journal of Sedimentary Petrology, 63（5）: 881–893

Beaton A. 2003. Production potential of coalbed methane resources in Alberta. EUB/AGS Earth Sciences Report

Beaton A, Langenberg W, Pana C. 2006. Coalbed methane resources and reservoir characteristics from the Alberta Plains, Canada. International Journal of Coal Geology, 65: 93–113

Boreham C J, Golding S D, Glikson M. 1998. Factors controlling the origin of gas in Australian Bowen Basin coals. Org. Geochem, 29（1-3）: 347–362

Bustin R M, Clarkson C R. 1998. Geological controls on coalbed methane reservoir capacity and gas content. International Journal of Coal Geology, 38（1–2）: 3–26

Croadale P J, Beamish B B, Valix M. 1998. Coalbed methane sorption related to coal composition. International Journal of Coal Geology, 35:147–158

EVB. 2006. Coal Occurences and Potential Coalbed Methane Exploration Area in Alberta. http://www.eub.ab.ca. [2009-11-15]

Fielding C R, Falkner A J, Scott S G. 1993. Fluvial response to foreland basin overfilling - the Late Permian Rangal Coal Measures in the Bowen Basin, Queensland, Australia. Sedimentary Geology, 85: 475–497

Gentzis T, Bolen D. 2008. The use of numerical simulation in predicting coalbed methane producibility from the Gates coals, Alberta Inner Foothills, Canada: Comparison with Mannville coal CBM production in the Alberta Syncline. International Journal of Coal Geology 74: 215–236

Langmuir I. 1916. The adsorption of gases on plane surfaces of glass, mica and platinum, Am, Chem. Soc., 40:1361

Levy J H, Day S J, Killingley J S. 1997. Methane capacities of Bowen Basin coals related to coal properties. Fuel, 76（9）: 813–819

Logan T L. 1993. Drilling techniques for coalbed methane. *In*: Law B E, Rice D D. Hydrocarbons from Coal: AAPG Studies in Geology, 38：269–285

Mallett C W, Pattison C, McLennan T, et al. 1995. Geology of Australian coal basins. Coal Geology Group, Geological Society of Australia, 3(1): 299–339

McKee C R, Bumb A C, Koenig R A. 1988. Stress-dependent permeability and porosity of coal. Rocky Mountain Association of Geologist, 143–153

Michaelsen P, Henderson R A, Crosdale P J, et al. 2000. Facies architecture and depositional dynamics of the upper permian rangal coal measures, Bowen Basin. Australia Journal of Sedimentary Research, 70: 879–895

Palmer I D. 1996. 煤层甲烷储层评价及生产技术. 秦勇，曾勇译. 徐州：中国矿业大学出版社

Privalov V A, Sachsenhofer R F, Panova E A, et al. 2004a. Coal geology of the donets basin（Ukraine/Russia）. An Overview: Berg Und HÜTtenmännische Monatshefte（BHM）, 149(6): 212–222

Reeves S R, Koperna G J, Kuuskraa V A. 2007. Technology, efficiencies keys to resource expansion. Oil and Gas Journal, 105（37）: 46–51

Reznik A A. 1984. An analysis of the effect CO_2 injection on the recovery of in-situ methane from bituminous coal. SPE Journal, （24）: 521–528

Rice C S, Ellis M S, Bullock Jr J H. 2000. Water co-produced with coalbed methane in the Powder River basin, Wyoming: preliminary compositional data. U.S. Geological Survey Open-File Report 00–372: 18

Ryan B. 2003. A summary of coalbed methane potential in British Columbia. Canadian Society of Exploration Geophysicists Recorder 28, （9）: 32–40

Scott A R, Kaiser W R, Ayers Jr W B. 1991. Thermal maturity of Fruitland coal and composition and distribution of Fruitland Formation and Pictured Cliffs gases. *In*: Ayers Jr W B. Geologic and Hydrologic Controls on the Occurrence and Producibility of Coalbed Methane, Fruitland Formation, San Juan Basin. Chicago, Gas Research Institute Topical Report GRI-91/0072: 243–270

Scott A R. 1993. Composition and origin of coalbed gases from selected basins in the United States. University of Alabama College of Continuing Studies, Proceedings of the 1993 International Coalbed Methane Symposium, 1: 207–222

Scott A R, Kaiser W R, Ayers Jr W B. 1994a. Thermogenic and secondary biogenic gases, San Juan basin, Colorado and New Mexico-implications for coalbed gas producibility. AAPG Bulletin, 78（8）: 1186–1209

Scott A R, Kaiser W R, Ayers Jr W B. 1994b. Thermal maturity of fruitland coal and composition of fruitland formation and pictured cliffs sandstone gases. *In*: Ayers Jr W B, Kaiser W R. Coalbed Methane in the Upper Cretaceous Fruitland Formation, San Juan Basin, New Mexico and Colorado. University of Texas at Austin, Bureau of Economic Geology Report of Investigations, 218（2）: 165–186

Scott L. 1999. Powder River Basin, Wyoming: an expanding coalbed methane(CBM) play. AAPG Bulletin, 83（8）: 1207–1222

Thomson S, Lukas A, MacDonald D. 2003. Maximising coal seam methane extraction through advanced drilling technology. Second Annual Australian Coal Seam&Mine Methane Conference, 19&20: 1–14

Tang S, Sun S, Hao D, et al. 2004. Coalbed methane-bearing characteristics and reservior physical properties of principal target areas in North China. Acta Geologica Sinica, 78（3）: 724–728

Tyler R, Kaiser W R, Scott A R, et al, 1995. Geologic and hydrologic assessment of natural gas from coal. Greater Green River, Piceance, Powder River, and Raton Basins, Western United States: University of Texas, Bureau of Economic Geology, Report of Investigations, （228）: 219

Walter B A Jr. 2002. Coalbed gas systems, resources, and production and a review of contrasting cases from the San Juan and Powder River basins. AAPG Bulletin, 86（11）: 1853–1890

Zuber M D. 1998. Production characteristics and reservoir analysis of coalbed methane reservoirs. International Journal of Coal Geology, 38: 27–45

第九章 重油与油砂矿藏地质特征与开发利用

第一节 概 述

重油（heavy oil）和焦油砂（tar sand）作为一种潜力巨大的烃类资源类型，在世界各地正不断地被勘探、开发与利用。自20世纪80年代开始，人们就已逐步认识到重油和焦油砂在地质分布、规模和加工利用等方面与常规石油资源有着同等重要的战略地位和意义。但是，关于该类资源的定义和评价方法仍未取得一致的意见。由于重油和天然沥青的高比重、高黏度、高胶质和沥青质含量以及高含硫量等特点，其地质特征、开采技术和方法以及加工利用方面，均具有独特之处。

美国等西方国家把油藏条件下黏度大于10 000mPa·s的石油称为焦油砂或天然沥青（natural bitumen）。当无黏度参数值可参照时，把比重大于1.00作为划分焦油砂的指标。重油则是指比重变化为0.934（20°API）～1.00（10°API）的石油；前苏联对重油和天然沥青的定义和研究则自成体系，把黏度为50～2000mPa·s、比重为0.935～0.965、油质含量大于65%的原油称为高黏油。高于上述界限值的均称为各类沥青（软沥青、地沥青、硫沥青等）。美国定义的重油应包含前苏联定义的高黏油和部分软沥青；联合国训练研究署推荐的统一定义是：把油层温度条件下，黏度50～10 000mPa·s的原油称为重油，大于1.0×10^4mPa·s的称为沥青。比重为10°～20°API（相对密度为0.934～1.0）的称为重油，比重小于10°API（相对密度大于1.0）的称为超重油。在中国，重油和天然沥青研究工作的起步较晚，所以对其定义基本上认同和使用联合国训练研究署的定义。只是由于我国陆相重油的比重相对低，黏度相对高。所以，通常以黏度值作为分类的第一指标，把比重作为划分的第二指标。我国石油工程界常使用“稠油”这一术语，石油地质界则常使用“重油”这一术语（牛嘉玉等，2002）。

19世纪末期，美国就已展开了重油资源的勘探与开发。但重油热力开采方法试验则始于20世纪初。进入50年代，热水增产、蒸汽吞吐和蒸汽驱等方法才得以全面应用并取得了较大的成功。自80年代开始，随着计算机的广泛应用和许多方面的技术进展，相关技术和方法的发展已进入了一个崭新的阶段，如注汽过程中各种有效添加剂的加入、水平钻井、生物技术、油藏描述技术、新的升举技术、井底水力开采和火烧油层、湿氧化作用、热电联供技术，以及各种炼制改进方法等。我国重油勘探开发工作始于20世纪80年代初期，广大科技工作者基于陆相含油气盆地的特征，通过现场试验、理论探索以及与国外石油公司的技术合作，已取得了丰硕的成果。

加拿大目前已经成为大规模油砂商业性开采的国家，其开采技术无疑走在了世界前列。加拿大阿尔伯达盆地，2006 年的油砂日产量约 $20\times10^4m^3$，并且每年以 10%的速度增加，深度小于 50m 的浅层油砂主要以露天开采和热水萃取为主。深部重油和油砂的开采主要包括原层位加热改质和原层位溶剂改质等两方面的技术，具体包括 CSS 蒸汽吞吐技术、ISC 火烧油层工艺、SAGD 蒸汽辅助重力泄油法、THAI 从水平井端部到跟部注空气技术，VAPEX 蒸汽浸提法以及演变的热 VAPEX 和混合型 VAPEX 技术等。

第二节　重油与油砂的成因与特征

大量研究和实践表明，大型重油和油砂矿的分布与常规油均有共生或过渡的关系。由于早期丰富的常规油聚集和后期的构造运动是大型重油和焦油砂矿形成的关键，即先前已形成的油藏抬升，进入浅部层系，烃类遭受生物降解和氧化，形成重油和油砂，因此重油和油砂资源丰富的盆地也是常规油气资源丰富的盆地，如阿尔伯达盆地、东委内瑞拉盆地、伏尔加-乌拉尔盆地等。常规石油进入浅层之后，由于各种稠变因素的作用和影响，石油变得越来越重、越稠，最终可成为固体沥青，导致油质中极性杂原子重组分——胶质、沥青质的富集。

一、重油的物理和化学特征

（一）重油的物理性质

重油物理性质的特点是密度大、黏度高和馏分组成重（表 9.1）。其 20℃的密度均在 $0.9g/cm^3$ 以上，如单家寺重油的 20℃密度高达 $0.9719g/cm^3$。它们的 50℃动力黏度从几百到几千毫帕斯卡秒，即使温度高达 80℃或 100℃，其动力黏度一般也有几十毫帕斯卡秒，而乌尔禾重油的 100℃动力黏度竟高达 500mPa·s 左右 。从表 9.2 中所列的数据可以看出，与我国的重油相比，委内瑞拉和加拿大许多重油的密度更大，黏度和残炭值也显著更高。

重油的密度如此之大，黏度如此之高，一方面是与其化学组成结构有关，另一方面也与其馏分组成有关。表 9.1 中的数据清楚地表明，重油中小于 200℃馏分的含量很少，一般不到 5%；而大于 350℃常压渣油的含量基本占 80%以上，甚至达 90%；纵然是大于 500℃的减压渣油，其含量也大多超过一半，有的高达 2/3。

与大庆、胜利等油田的常规原油相比（表 9.3），重油中 350～500℃减压馏分的密度一般较大，其 20℃的密度大多在 $0.92g/cm^3$ 以上；黏度、折光率和残炭值也都较大；其凝点则高低不一，有些油样的凝点相当低，在零度以下。

如表 9.4 所示，与整个重油的一样，其中大于 500℃减压渣油物理性质的特点也是密度大，黏度和残炭值高，其密度一般为 0.96～$1.02g/cm^3$。除乌尔禾和绥中 36-1 重油减压渣油的黏度突出高外，其 100℃运动黏度大多在 $1000mm^2/s$ 左右。至于它们的相对分子质量则大体为 1000。

（二）重油的化学组成

与常规原油一样，重油也主要由碳、氢、氧、氮、硫元素组成，其中尤以碳和氢为主，此外还含有微量的镍、钒、铁、铜等金属元素。

我国的重油大多属于环烷基或环烷-中间基（表 9.5）。与常规原油相比，重油元素组成的特点是其氢含量较低，氢碳比较小，大多在 1.7 以下。除胜利油区的孤岛、八面河和草桥原油的硫含量较高外，一般均小于 1%。而从表 9.6 中所列数据可以看出，委内瑞拉、加拿大及伊拉克重油中的硫含量明显较高，大多含硫达 3%以上，其中伊拉克卡亚拉重油的含硫量竟高达 8.4%之多。至于氮含量，则以我国的相对较高。

我国重油中微量元素的含量见表 9.7，与我国的常规原油一样，这些重油也具有含镍多、含钒少的特点。其含镍量以高升重油的为最高，达 122.5μg/g，其余大多为几十微克每克。而钒的含量则很低，一般只有 1μg/g 左右，因而其镍钒质量比都大于 1。这一点与国外重油正好相反，它们的特点是含镍少，含钒多，钒的含量大多为几百微克每克，其中博斯坎重油的含钒量甚至高达 1220μg/g，随之其镍钒质量比一般都小于 1。有的学者将镍钒质量比作为一个地球化学指标，认为镍钒质量比大于 1 的原油是陆相成油，而镍钒质量比小于 1 的原油是海相成油。因此，我国的重油是陆源的。此外尚须指出，我国的部分重油中的钙含量较高，这对于进一步加工有不利影响，往往需要采取措施加以脱除。

与国外的重油相比，我国重油中胶质的含量显著较低（表 9.8）。至于庚烷沥青质的含量则差别更悬殊，我国重油中庚烷沥青质含量一般不到 1%，至多也只有 2%，而委内瑞拉和加拿大重油大多含庚烷沥青质 10%左右，伊拉克卡亚拉重油中的庚烷沥青质含量更是高达 20.4%。

由于重油大多属于环烷基和环烷-中间基，所以其蜡含量一般不高，而酸值则比较高，这表明它们富含以环烷酸为主要成分的石油酸。

总起来看，我国重油的化学组成与国外重油有显著差别。与我国大部分常规原油相似，我国重油的化学组成也具有含硫量低、含氮量高、含镍多、含钒少及庚烷沥青质含量低等特点。

表 9.9 中所列为我国重油 350～500℃减压馏分的化学组成。从其中的结构族组成数据可以看出，其中所含环烷碳和芳香碳的比例一般较高，而烷基碳的比例则较低，在平均分子结构中环数也较多，这些都反映了它们属于环烷基和环烷-中间基的特征。

前已述及，重油中大于 500℃减压渣油的含量大多超过一半，有的甚至达到 2/3，所以这部分减压渣油的利用是重油加工的重要问题。如表 9.10 所示，重油四组分组成的特点是饱和分含量较低、胶质含量较高，其蜡含量一般较低，芳碳率多半在 0.3 左右，这就使部分重油的减压渣油有可能成为制取优质沥青产品的原料。尚须指出，不同重油减压渣油中所含的蜡的组成和结构是有区别的，从表 9.11 可以看出，有的重油减压渣油中的蜡主要在饱和分中，而有的则主要在芳香分中。研究表明，假如用减压渣油制取沥青，芳香分中的蜡对沥青低温性能的影响比饱和分中的蜡小。

表 9.1　国内重油的物理性质

重油名称	密度(20℃)/(g/cm³)	动力黏度(50℃)/(mPa·s)	运动黏度/(mm²/s)			凝点/℃	残炭值 $w_{残炭}$/%	馏分组成 $w/10^2$			
			50℃	80℃	100℃			<200℃	200~350℃	350~500℃	>500℃
辽河欢喜岭	0.9469	268.5	287.9	33.85	17.33	−20	4.8	4.3	20.3	35.3	39.1
辽河曙光	0.9123	142.3	159.0	48.5		20	6.9	6.0	16.9	28.2	46.1
辽河高升	0.9443	225.8	243.5			13	9.3	4.5	12.4	23.6	59.5
胜利孤岛	0.9333	201.5	219.9	56.3		13	8.7	6.1	14.9	27.2	51.8
胜利单家寺	0.9719	6355.4	6656.3			14	9.7	1.2	12.2	18.3	67.7
胜利八面河	0.9302	556.5	609.5	136.6		4		4.0*	17.7**	25.0	52.9
胜利草桥	0.9268	265.8	292.2	68.6		4		2.8*	15.8**	23.6	57.4
新疆九区	0.9284	272.5	299.0		66.3	−22	5.4	2.4	19.4	27.1	51.2
新疆乌尔禾	0.9622			1896.6	542.9	9	9.2	0.1	10.9	27.8	59.4
新疆红浅区	0.9233			580.8		−19	4.5	0.1	9.8	27.8	59.4
河南井楼	0.9489	1436.8	1542.0	229.9	86.3	10	9.1	0.9	8.3	32.9	58.0
河南古城	0.9437	1344.0	1442.4		81.1	10	7.1	0.6	9.0	28.5	61.0
大港羊三木	0.9492	594.6	637.9	172.9(70℃)		−2	6.7	0.8	15.0	33.3	50.8
渤海埕北	0.9537	767.3	819.2	129.7		10	8.0	2.23	12.0	21.9	63.4
渤海绥中 36-1	0.9677	743.2	781.8	119.0		−6	9.6	3.14	17.4	21.3	58.1

* <180℃； **180~350℃

表 9.2 国外重油性质

名　称	相对密度 $d_{15.6}^{15.6}$	动力黏度(60℃)/(mPa·s)	运动黏度/(mm²/s)		残炭值 $w_{残炭}$/%	倾点/℃	酸值 mgKOH/g	<350℃馏分收率 $v_{馏分}$/%
			60℃	100℃				
赛洛尼格罗 (委内瑞拉 Cerro Negro)	1.008	4910	5000		15.2			
乔博(委内瑞拉 Jobo)	1.007	5300	5400		11.8			
白奇奎罗 (委内瑞拉 Bachaquero)	0.9833	268	280	52	8.8	−23		26.1
博斯坎 (委内瑞拉 Boscan)	0.9993	1786	1832	705	15.0	10		17.1
蒂亚胡安娜 (委内瑞拉 Tia Juana)	0.9821	886	925	150	12.3	−1		17.6
奥里诺科 (委内瑞拉 Orinoco)	1.002(d_4^{25})	9940	10100					11.8
冷湖（加拿大 Cold Lake）	0.9772				13.6		0.80	18.2
劳埃德明斯特（加拿大 Lloyminster）	0.9762	190	200	37	11.8	−32	0.68	
阿萨巴斯卡（加拿大 Athabasca）	1.0104	1114	1130	118	18.5		2.31	
卡亚拉（伊拉克 Qayarah）	0.9640				15.6			

表 9.3　国内重油中 350~500℃减压馏分的物理性质

重油名称	密度(20℃)/(g/cm^3)	黏度/(mm^2/s)		相对分子质量	折光率 n_D^{20}	凝点/℃	残炭 w/%
		50℃	100℃				
辽河欢喜岭	0.9462		11.54	357	1.5072	17	0.14
辽河曙光	0.8720		8.68	361	1.4840**	39	0.06
辽河高升	0.9209		12.17	402		26	
胜利孤岛	0.9335		10.26		1.5013	28	0.61
胜利单家寺	0.9459		12.55	325	1.5240	−18	0.17
胜利八面河	0.9087	50.0	8.31	392	1.4902**	32	0.04
胜利草桥	0.9087	36.5	6.97	396	1.4861**	26	0.06
新疆九区	0.9204		11.49	355	1.5055	−20	0.02
新疆乌尔禾	0.9301	295.4	16.48	387	1.5087	−16	0.06
新疆红浅区	0.9330	280.3(40℃)	14.87	375	1.5092		0.12
河南井楼	0.9393	43.99	19.45	405	1.5216	−7	0.17
河南古城	0.9232			340			0.08
大港羊三木	0.9433		13.32	388	1.5238		
渤海埕北	0.9305		6.70			19	0.01
渤海绥中 36-1*	0.9507		23.64(80℃)	324	1.5277	4	0.70

*为 350~520℃；**表示 n_D^{70}

表 9.4　国内重油中＞500℃减压渣油的物理性质

重油名称	密度(20℃)/(g/cm³)	黏度/(mm²/s)		相对分子质量	软化点/℃	残炭 w/%
		80℃	100℃			
辽河欢喜岭	1.0029		1351.0	1030	36.4	16.9
辽河曙光	0.9649		1216.3	886	47.4	16.1
辽河高升	0.9622			1055	53.9	17.4
胜利孤岛	1.0020		1120.0	1030	37.4	16.2
胜利单家寺	1.0010			850	44.3	16.0
胜利八面河	0.9660	5768.8	1147.0	1172	44.0	14.4
胜利草桥	0.9656	5283.6	1396.4	1138	40.7	12.8
新疆九区	0.9836	3039.0	844.9	1116	29.0	10.2
新疆乌尔禾	0.9974	152662	20381	1279	62.6	15.5
新疆红浅区	0.9591	4070.4	1005.7	970		8.8
河南井楼	0.9518	4078.0	1094.0	953	40.0	16.4
河南古城	0.9786		909.0	1150	40.0**	14.3
大港羊三木	0.9820		920.2	993	35.6	14.6
渤海埕北	0.9792	2512.3	620.7		28.0**	11.9
渤海绥中 36-1*	1.0197	45602	6909.7	886	51.4	19.9

*为大于 520℃；**为凝点

表 9.5　国内重油的元素组成

名　称	碳 w_C/%	氢 w_H/%	硫 w_S/%	氮 w_N/%	氢碳原子比 N_H/N_C	硫碳原子比 N_S/N_C	氮碳原子比 N_N/N_C	基属
辽河欢喜岭	87.2	11.8	0.27	0.37	1.61	0.001 16	0.003 64	环烷基
辽河曙光	86.6	12.3	0.35	0.40	1.69	0.001 52	0.003 96	中间基
辽河高升	85.8	11.5	0.56	1.06	1.60	0.002 45	0.007 26	环烷基
胜利孤岛	85.1	11.6	2.07	0.33	1.62	0.009 12	0.003 33	环烷-中间基
胜利单家寺	84.7	11.2	0.45	0.69	1.58	0.002 00	0.006 51	环烷基
胜利八面河	84.9	12.2	1.87	0.53	1.71	0.008 26	0.005 36	中间基
胜利草桥	85.5	12.2	1.54	0.44	1.70	0.006 75	0.004 42	中间基
新疆九区			0.15	0.35				环烷-中间基
新疆乌尔禾			0.32	0.78				环烷-中间基
新疆红浅区			0.09	0.21				环烷-中间基
河南井楼	85.8	12.5	0.32	0.74	1.74	0.001 40	0.007 40	环烷基
河南古城			0.36	0.73				环烷基
大港羊三木			0.33	0.34				环烷基
渤海埕北			0.36	0.52				环烷-中间基
渤海绥中 36-1			0.31	0.37				环烷基

表 9.6　国外重油化学组成

名　称	S w_S/%	N w_N/%	微量元素/(μg/g)		胶质含量 $w_{胶质}$/%	庚烷沥青质含量 $w_{沥青质}$/%
			Ni	V		
赛洛尼格罗（委内瑞拉 Cerro Negro)	4.0	0.75	108.6	430		10.1
乔博(委内瑞拉 Jobo)	3.9	0.52	94.4	390		8.6
白奇奎罗（委内瑞拉 Bachaquero)	2.9	0.38		470		8.8
博斯坎（委内瑞拉 Boscan)	5.7	0.44	147	1220		15.2
蒂亚胡安娜（委内瑞拉 Tia Juana)	2.5	0.30		397		7.5
奥里诺科（委内瑞拉 Orinoco)	4.0				35.4	9.9
冷湖（加拿大 Cold Lake）	4.4				28.7	15.7
劳埃德明斯特（加拿大 Lloyminster）	4.0	0.32	52.7	10.5	38.4	12.9
阿萨巴斯卡（加拿大 Athabasca）	4.9	0.43	68.1	144	34.1	16.9
卡亚拉（伊拉克 Qayarah）	8.4				36.1	20.4

表 9.7　国内重油中微量元素的含量

减压渣油名称	Ni /(mg/g)	V /(mg/g)	Fe /(mg/g)	Cu /(mg/g)	Ca /(mg/g)	镍钒质量比
辽河欢喜岭	40.0	0.5	11.1	< 0.1	93	80
辽河曙光	60.0	0.9	13.9	1.2	54	67
辽河高升	122.5	3.1				40
胜利孤岛	21.1	2.0	6.1			11
胜利单家寺	42.3	3.4	26.1	< 0.1		12
胜利八面河	32.5		10.4	0.05	10.0	
胜利草桥	47.6		17.5	0.12	96.3	
新疆九区	13.9	0.2	38.6	0.64		70
新疆乌尔禾	43.8	1.1	18.3	0.15		40
新疆红浅区	12.2	<0.1	18.6	2.08		> 122
河南井楼	21.8	1.4			132	16
河南古城	35.4	1.1	10.8	0.06		32
大港羊三木	25.0	0.9		0.17		28
渤海埕北	22.5	0.8	5.85	< 0.1		28
渤海绥中 36-1	42.5	1.0	85.5	2.6		43

表 9.8　国内重油中蜡、胶质、庚烷沥青质的含量及酸值

重油名称	胶质含量 $w_{胶质}$/%	庚烷沥青质含量 $w_{沥青质}$/%	酸值 /(mgKOH/g)	蜡含量* $w_{蜡}$/%
辽河欢喜岭	26.3	0.7	2.00	3.4
辽河曙光	20.7	0.2	0.81	14.7
辽河高升	26.2	0.2		6.6
胜利孤岛	24.5	1.6	1.13	4.2
胜利单家寺	25.1	1.5	7.4	3.6
胜利八面河	25.3	0.1	0.42	5.5
胜利草桥	21.3	0.7	1.54	5.8
新疆九区	23.5	< 0.1	3.37	
新疆乌尔禾	22.9	1.5	3.64	1.2
新疆红浅区	12.9	0.6	7.51	1.6
河南井楼	20.4	< 0.1	5.85	
河南古城	29.9	< 0.1	2.31	12.0
大港羊三木	22.2	< 0.1		5.6
渤海埕北	23.35	< 0.1	3.17	1.1
渤海绥中 36-1	23.0	< 0.1	2.33	1.5

*为吸附法

表 9.9　国内重油 350~500℃减压馏分的化学组成

名称	S w_S/ %	N w_N/ %	微量元素/(mg/g)		结构族组成						蜡含量[**] $w_{蜡}$/ %	相对分子质量
			Ni	V	C_P/%	C_N/%	C_A/%	R_N	R_A	R_T		
辽河欢喜岭	—	0.18	< 0.1	< 0.1	39.6	28.7	31.8	2.5	1.0	3.5	2	357
辽河曙光	0.17	0.18	0.7	0.1	54.7	29.7	15.7	1.8	0.7	2.5	19.7	361
辽河高升	0.47	0.27	0.8	0.1	51.5	31.1	17.4	2.2	0.9	3.1	15.3	402
胜利孤岛	1.25	0.13	0.25	0.2	51.5	27.5	21.0	1.8	1.0	2.8		
胜利单家寺	0.33	0.22	0.5	<0.1	36.0	40.6	23.4	2.3	1.0	3.3		325
胜利八面河	0.93	0.11	0.12									396
胜利草桥	0.72	0.14	0.15									392
新疆九区	0.063	0.071	0.27		42.7	40.1	13.2	2.6	0.6	3.2		355
新疆乌尔禾	0.14	0.19		<0.1	40.0	48.5	11.5	3.1	0.6	3.7		387
新疆红浅区		0.069	0.72	0.1	37.0	50.8	12.4	3.3	0.5	3.8		375
河南井楼	0.21	0.33	0.14	<0.1	45.3	33.3	21.4	2.4	1.1	3.5		405
河南古城	0.13	0.42	0.33	<0.1							2.1	340
大港羊三木	0.24	0.19	0.05	<0.1	43.0	33.5	23.5	2.4	1.1	3.5		388
渤海埕北			—	0.1								
渤海绥中 36–1[*]	0.21	0.17	0.16	<0.1	35.4	39.3	25.3	2.3	1.0	3.3		324

*为 350~520℃；**为吸附法

表 9.10　国内重油中＞500℃减压渣油的化学组成

名　称	元素组成					微量元素 /(mg/g)		四组分组成 $w/10^2$				芳碳率	蜡含量**
	C w_C/ %	H w_H/ %	S w_S/ %	N w_N/ %	氢碳比	Ni	V	饱和分	芳香分	胶质	庚烷沥青质	f_A	$w_{蜡}$ / %
辽河欢喜岭	86.3	10.7	0.57	0.88	1.48	121	4.1	28.7	35.0	33.6	2.7	0.30	5.4
辽河曙光	87.2	11.7	0.42	0.71	1.60	84	2.0	20.5	30.4	48.8	0.3	0.24	18.1
辽河高升	85.8	11.4	0.77	1.19	1.58	131	5.0	22.6	26.4	50.8	0.2	0.25	6.8
胜利孤岛	85.2	10.5	2.86	1.18	1.47	41	4.9	15.7	33.0	48.6	2.8	0.29	8.3
胜利单家寺	86.0	10.8	0.87	1.42	1.50	62	3.2	17.1	27.0	53.5	2.4	0.29	3.0
胜利八面河	84.4	11.5	2.38	0.85	1.62	60				45.0	0.3	0.23	6.5
胜利草桥	85.0	11.3	2.38	0.87	1.58	90				40.3	1.1	0.25	6.5
新疆九区	86.7	11.7	0.45	0.79	1.61	34	1.3	28.2	26.9	44.8	< 0.1	0.23	7.1
新疆乌尔禾			0.50	0.96		62	0.6	17.1	26.0	56.5	0.4		
新疆红浅区			0.10	1.36		21		42.8	29.7	20.9	1.6		
河南井楼	86.5	11.6	0.65	1.18	1.59	37	3.3	14.3	34.3	51.3	0.1	0.24	12.6
河南古城	86.3	11.3	0.53	1.09	1.56	68	1.6	19.1	27.1	53.6	0.2	0.26	11.6
大港羊三木	86.2	10.9	0.45	0.45	1.51	49	1.7	17.3	34.8	47.9	< 0.1	0.29	
渤海埕北						42	0.7						
渤海绥中 36-1*	86.4	10.5	0.47	0.58	1.45	93	2.1	11.1	28.6	60.3	< 0.1	0.32	

*为大于 520℃；**为吸附法

表 9.11　国内重油＞500℃减压渣油中蜡的组成

油样名称	蜡含量*$w_{蜡}$/%	蜡的分布 $w_{蜡分布}$/%	
		在饱和分中	在芳香分中
欢喜岭	5.4	48.1	51.9
高升	6.8	35.3	64.7
孤岛	8.3	50.6	49.4
单家寺	3.0	30.0	70.0
新疆九区	7.1	62.0	38.0
井楼	12.6	20.2	79.8
古城	11.6	38.8	61.2

* 为吸附法

（三）重油的胶体性质

除化学组成外，重油的物理结构也是需要深入了解的另一个重要领域。这里所谓的物理结构，具体指的是重油的分散状态。也就是说，对于像重油这样一个由一系列各种类型较大分子组成的复杂混合物，并不是在分子层次上均匀分散的真溶液体系，而是存在着以某种形式组成的超分子结构为分散相的、不均匀的胶体分散体系。在实践中，人们发现石油的有些物理性质（如流变性）及加工性能不仅取决于其化学组成和化学结构，而且与其胶体结构相联系。

1. 石油的胶体结构

Nellensteyn（1924）最早提出必须把沥青和渣油看为胶体体系的概念。Pfeiffer 和 Doormaal（1936）、Pfeiffer 和 Saal（1940）在研究石油沥青流变性质的过程中进一步提出了沥青的胶体模型，认为在沥青胶体体系中沥青质处在胶束的中心，其表面或内部吸附有可溶质，可溶质中相对分子质量较大，芳香性较强的分子质点较靠近胶束的中心，其周围又吸附一些芳香性较低的组分，并逐渐且几乎连续地过渡到胶束间相（图 9.1）。

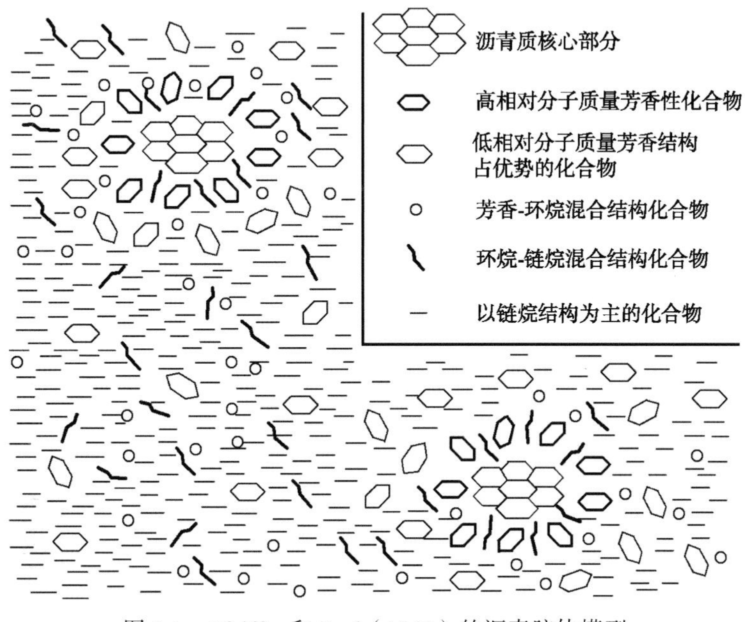

图 9.1　Pfeiffer 和 Saal（1940）的沥青胶体模型

Yen（1972）用核磁共振波谱、红外光谱、X 射线衍射谱、电子显微镜等各种近代物理方法对沥青质的结构进行了系统的研究。基于这些研究，他创造性地提出了一个能全面反映沥青质胶束结构的模型（图 9.2），这个模型被此后许多研究证明是正确的，至今仍被广泛引用。按照这个模型，沥青质是形成胶束的基本单元，它具有强烈的自缔合趋势，其分子中的多环芳香结构部分易于堆集为局部有序的结构。同时，Yen(1972) 还揭示了沥青质结构的层次性，认为一般来说，其中的超分子结构可分为单元片、似晶缔合体、胶束、超胶束、簇状物、絮状物及液晶等几个结构层次（图 9.3）。在 Yen（1992）描述的沥青胶体模型中，沥青质为分散相或胶束相，胶质为胶溶剂，油分（饱和分和芳香分）为分散介质或胶束间相，沥青质通过胶质与分散介质作用形成亲液性沥青溶胶。

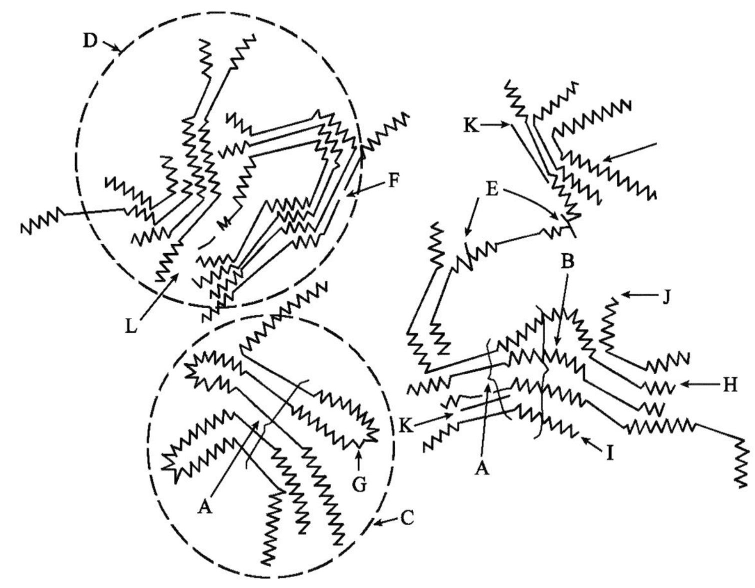

图 9.2　胶状沥青状组分超分子结构模型

直线表示芳香环系，锯齿形线表示饱和结构（含链烷和环烷结构）

A. 晶粒；B. 侧链束；C. 微粒；D. 胶束；E. 弱键；F. 空穴；G. 分子内堆簇；
H. 分子间堆簇；I. 胶质；J. 单片；K. 石油卟啉；L. 金属

修尼亚耶夫等则用“复杂结构体”（相当于胶束）和相间层（相当于分散介质）概念来表征石油胶体体系。如图 9.4 所示，此类复杂结构体包含由沥青质构成的超分子结构核心及其周围的吸附-溶剂化层，芳香度离核心递减。核心和吸附-溶剂化层分别具有一定的核半径和厚度。在外部作用（如不同性质原油的混合、向系统中加入芳香性添加剂、改变系统温度等）下，复杂结构体的几何尺寸会发生变化，于是就出现了各组分在各相之间重新分布的效应。因而，复杂结构体的大小和对石油的加工性能会产生一定的影响。

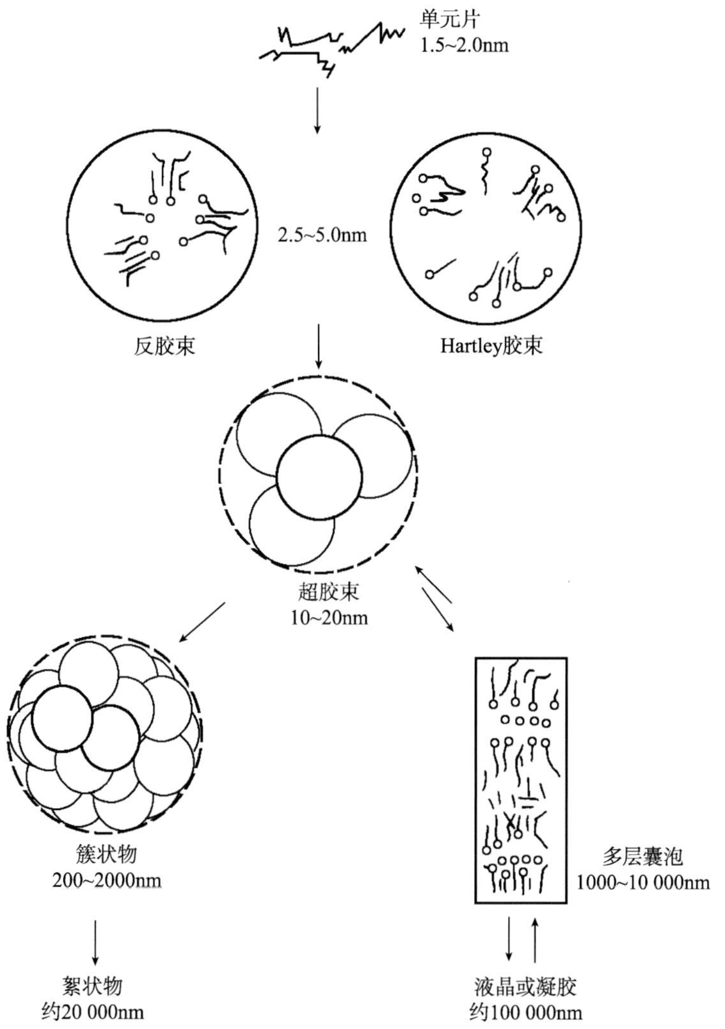

图 9.3　石油中不同层次超分子结构的示意图

（图中的小圆圈表示含 S、N、O 的极性官能团）

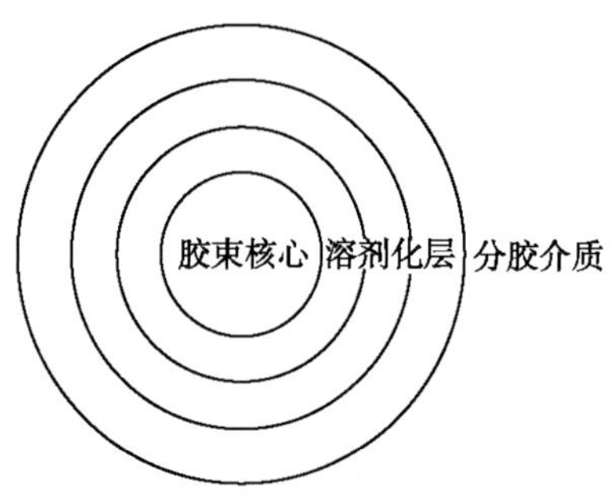

图 9.4　石油胶体的“复杂结构体”模型

若用冷冻复形透射电子显微镜直接观察重质油的胶体结构，其分散相一般由沥青质和重胶质组成。图 9.5 为孤岛减压渣油的冷冻复形透射电子显微镜图像。其中的凸起或凹陷是由体系中的分散相“颗粒”在复模时产生的，这反映减压渣油的确为胶体分散体系，其中存在着超分子结构。图中分散相“颗粒”的粒度分布范围大致均为几纳米至 300nm，包括从似晶缔合体、胶束、超胶束至簇状物的各个超分子结构层次。

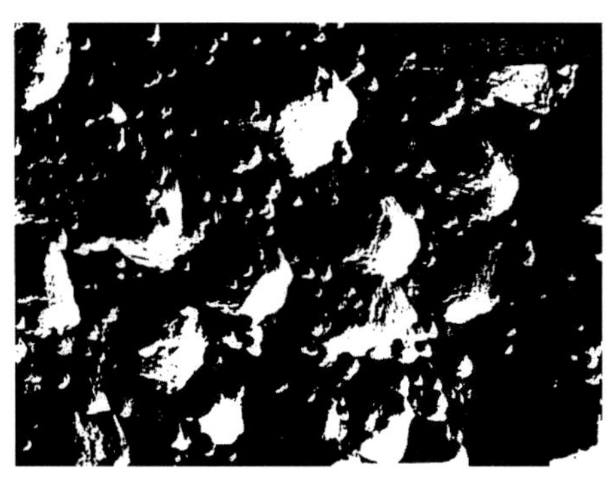

图 9.5　孤岛减压渣油的透射电镜图像（61 000 倍）

总之，通过半个多世纪以来许多学者的大量研究工作，对于石油的物理结构已基本取得如下共识：

（1）石油体系是胶体系统，其中的分散相是由沥青质（胶束中心）和其表面或内部吸附的重胶质构成超分子结构，分散介质则由轻胶质、芳香分及饱和分构成，分散介质也称胶束间相。实际上，系统中并不存在截然变化相界面，而是沿胶束核心向外，其芳香度和分子极性连续递减，呈现“梯度”变化特征。

（2）当石油胶体体系中的沥青质含量适中而又有充足的胶质时，一般为溶胶状态；而当沥青质含量较高而胶质含量不足时，则往往处于凝胶状态；此外，还有介乎两者之间的溶胶-凝胶状态。

2. 石油胶体的稳定性及其影响因素

原始的常规原油或重油体系是相对稳定的，然而一旦其所处的环境（温度、压力等）发生变化，或者有其他物质加入后，这种相对稳定状态就有可能被破坏，从而出现相分离现象，甚至导致沥青质的聚沉。由于石油体系的相分离会直接影响其正常储存、运输和加工，因而其稳定性受到广泛的关注，并就此进行了许多的研究工作。

沥青质的聚集和分相，是石油在开采、生产与加工过程中，其胶体结构在各种物理及化学因素作用下丧失稳定性的结果。这些因素可以大体概括为溶剂效应、热效应、力效应及电效应。在重油加工过程中，热效应和溶剂效应是影响其稳定性的主要因素。

1）溶剂效应

溶剂效应可能发生在强化采油时的溶剂驱过程，以及石油加工过程中体系组成的变化（转化产生的轻组分也可以看成是溶剂）。在实验室中，经常用加入溶剂的方法测定其中沥青质聚沉的起始点，以作为表征体系稳定性的参数。

在原始的重油胶体体系中，胶质组分在沥青质聚集体表面和作为溶剂的油分（芳香分+饱和分）之间处于分配平衡状态。当溶剂的芳香性减弱后，部分胶质组分会离开沥青质聚集体进入溶剂，因而使沥青质聚集体表面出现胶质空缺的点位。在 Brown 运动驱使下，这些沥青质质点会相互聚集，最终发生絮凝和相分离。显然，溶剂效应对重油体系胶体稳定性的影响与溶剂的芳香度高低有关。

2）热效应

热效应会破坏石油溶液物理结构的动态平衡。在石油的开采、生产与加工过程中，诱发热效应的因素主要为地层温度变化和石油的热处理操作。石油加工过程中的强热效应还会导致其化学组成与结构的深刻变化。

热效应对重油体系物理结构稳定性的影响表现为：当温度较低时，随着热效应的增加，质点的热运动程度加强，胶质在油相中的溶解度增大，使得具有保护作用的胶质分子容易从沥青质聚集体表面解吸，部分或全部丧失胶质保护的沥青质质点会通过 Brown 运动而聚集和絮凝，进而产生相分离现象。当温度高至足以引发化学反应时，由于重油热化学反应的两极化特性（即随着热处理时间的延长，重组分和轻组分都增多），过多地丧失中间过渡的介质，从而因体系相容性的降低而导致相分离。

3）力效应

力效应主要来自石油开采与生产过程中压力的变化。压力的强烈变化可能会显著地改变其中各组分的化学位，从而破坏其物理结构的平衡状态。

4）电效应

石油在油藏内的多孔介质中的渗流和在输送管道中的流动是产生电效应的主要场合。流动电势能够破坏胶束周围起稳定作用的电场，从而导致沥青质质点聚沉。

总之，石油胶体体系的稳定性取决于其各组分在各相之间处于动态平衡状态，各组分在数量、性质和组成上必须相容匹配。

（四）焦油砂的性质

1. 焦油砂组成、结构

焦油砂由砂粒、水和沥青组成，油砂沥青的密度通常大于 1g/cm^3，黏度超过 10 000mPa·s（通常黏度超过 1×10^{4}mPa·s 的重油称为沥青），其流动性极差，所以不能以一般打井开采原油、重油的方法获取油砂沥青。焦油砂与油页岩的主要不同点在于焦油砂中的沥青大部分溶于有机溶剂，而油页岩中的油母是三维聚合物，分子量大，不能溶于有机溶剂（王剑秋，1989；1994）。

焦油砂通常约含有 80%～90%的无机质（砂、矿物、黏土等）、3%～6%的水、6%～20%的沥青，通常油砂沥青是烃类和非烃类有机物质，是稠黏的半固体，约含 80%的碳元素，还有氢元素以及少量的氮、硫、氧以及微量金属，如钒、镍、铁、钠等（王剑秋，

1994）。中国新疆克拉玛依、内蒙古二连，加拿大阿萨巴斯卡（Athabasca）等地的焦油砂所含的沥青、水、无机矿物质的组成见表 9.12。

表 9.12 中国、加拿大焦油砂组成 [单位：%（质量分数）]

组　成	中国新疆		中国内蒙古		加拿大阿萨巴斯卡		
	小石油沟	克拉扎背斜	吉尔嘎朗泥岩	吉尔嘎朗砂岩	高品位	中品位	底品位
油砂沥青	9.0	12.1	9.0	9.9	14.8	12.3	6.8
水	0.7	1.7	1.7	1.6	3.4	4.2	7.4
矿物质	90.3	86.2	89.3	88.5	81.8	83.5	85.8

典型的阿萨巴斯卡焦油砂结构如图 9.6 所示(Koichi，1982)。

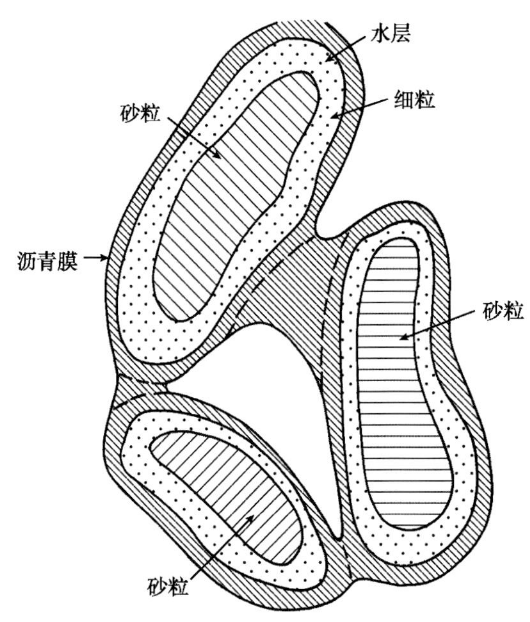

图 9.6 阿萨巴斯卡焦油砂结构示意图

该地砂粒的主要组成是圆形的或略带尖角的石英，每一个砂粒被水薄膜所湿润，沥青层包围在水薄膜的外层及充填空间，填满空间的还有原生水及少量的空气或甲烷。

阿萨巴斯卡焦油砂的显微结构等研究表明(Bowman, 1967; Donaldson, 1981; Koichi, 1982；Sobalt，1985；Anderson，1986)，对于高品位的焦油砂，存在于砂粒表面水膜中的水为 2%～3%（质量分数），水膜的厚度约为 0.01μm，此膜由带负电荷的沥青和砂子的相互排斥，稳定地存在于砂粒表面。低品位的焦油砂，由于粉尘呈团，被水饱和，其含水量随粉末增加而直线上升。焦油砂的粒径分布见表 9.13。其中粒径在 147～417μm 的约占 87%。

表 9.13　焦油砂粒径分布（阿萨巴斯卡矿区）

粒径/μm	含量/%(质量分数)
<105	6.94
105～147	2.55
147～208	26.17
208～295	48.64
295～417	12.58
417～595	1.91
>595	1.21

对中国新疆和内蒙古焦油砂，利用粉末接触角和显微镜测量法研究其润湿性表明，新疆小石油沟焦油砂为亲水性，克拉扎背斜焦油砂对水相和油相亲和性都不强，属于中等润湿性，内蒙古吉尔嘎朗泥岩和砂岩焦油砂则为亲油性；进一步应用溶液双电层理论，利用 Zeta 电位测定及分离压计算发现，小石油沟焦油砂的固体颗粒与沥青之间存在一层约 0.015μm 厚的水膜；克拉扎背斜焦油砂的亲水性大颗粒部分也具有类似厚度的薄膜，而其亲油性细颗粒及黏土部分则直接与沥青相连，其间无水膜；内蒙古吉尔嘎朗泥岩和砂岩焦油砂则是砂体与沥青直接相连，无水膜，从而提出了新疆和内蒙古焦油砂的结构模型，如图 9.7 所示（Guo and Qian，1997）。水膜的存在有利于沥青从砂粒抽提分离。

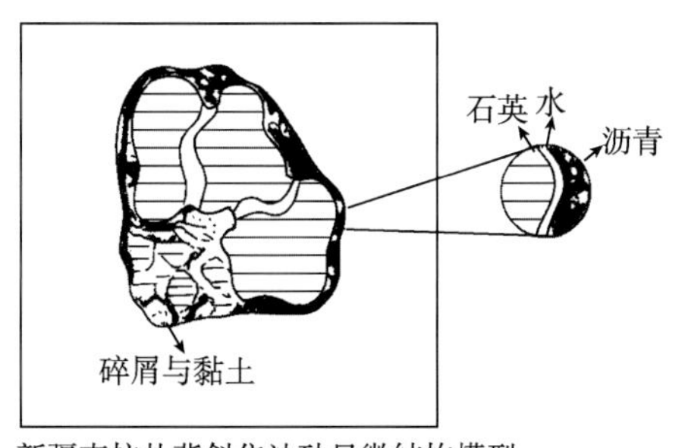

新疆克拉扎背斜焦油砂显微结构模型

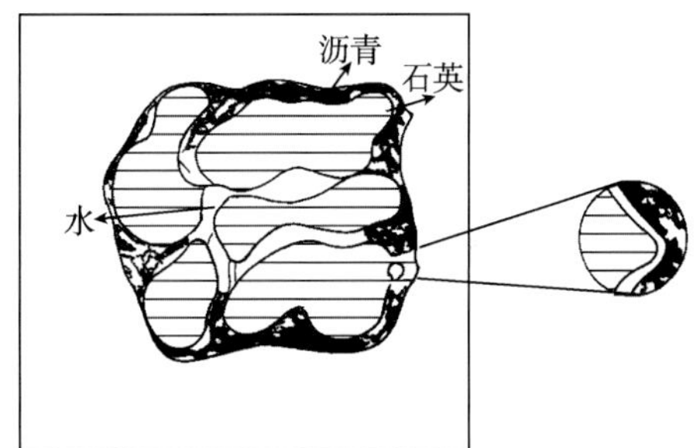

新疆小石油沟焦油砂显微结构模型

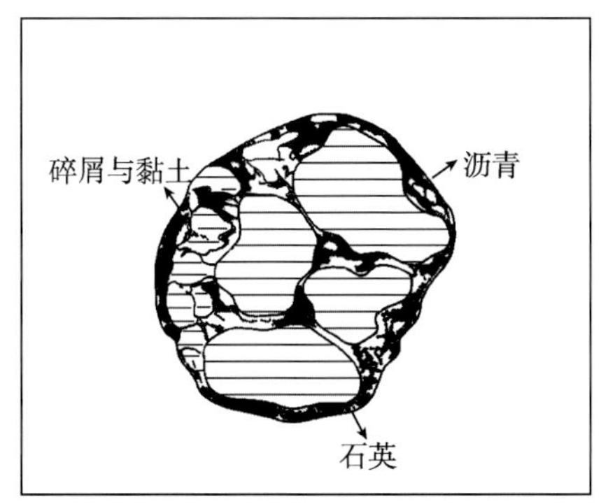

内蒙古油砂(吉尔嘎朗泥岩、砂岩)显微结构模型

图 9.7　新疆和内蒙古焦油砂结构模型

2. 含油率的测定

焦油砂中含油率的测定，即油砂沥青含量的测定，是评价焦油砂资源的重要指标，目前国内外以化学方法测定含油率一般应用改良式索氏抽提法，在测定含油率的同时，测得含水量。此法以甲苯为溶剂，分析仪器如图 9.8 所示（王剑秋，1994）。

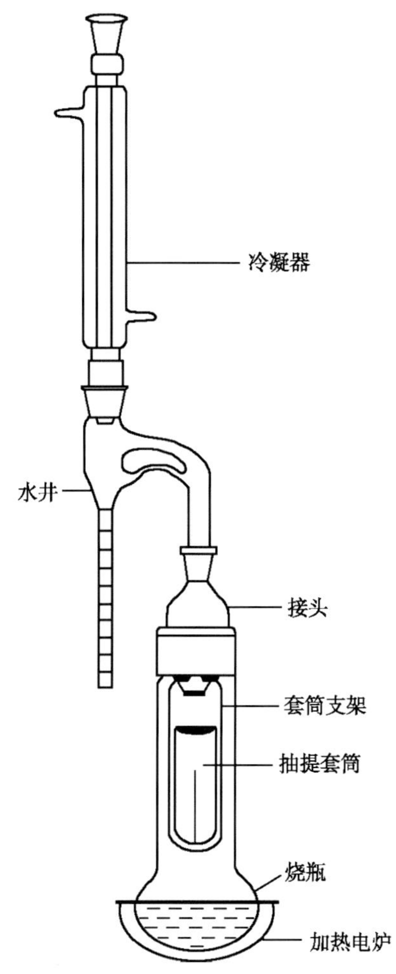

图 9.8　焦油砂含油率抽提器

试样置于套筒内，悬挂在瓶颈中央，溶剂在烧瓶中，以电炉加热，溶剂循环回流，直至抽出液呈现无色。水随回流到水井中，可以体积或质量计量，沥青溶解在溶剂中自套筒中抽出，流入烧瓶，经过滤（除去粉尘），取出 5mL 置于已称重的滤纸上，在空气中待溶剂挥发后，剩下沥青，称重计量，固体砂粒在套筒中，干燥后称重。

3. 焦油砂中的有机质

焦油砂中的有机质即为油砂沥青，也称作沥青，可溶于有机溶剂，虽然其元素组成与天然石油及重油相仿，但由于分子量更大，而更复杂，约含有数千种化合物，根据目前的分析水平，尚不能完全分成单个化合物予以鉴定，各国油砂沥青的性质见表 9.14。

表 9.14 油砂沥青的性质

性 质	加拿大				委内瑞拉		美 国	中 国	
	Athabasca Wabiskaw /McMurray	Pace River Bluesky-Gething	Cold Lake Clean water	Wabasca Gread Rapids	Moric hal	Pilon	不同矿藏	新疆克拉玛依	内蒙古二连
密度/(g/cm³)	1.00～1.014	1.007～1.014	0.986～1.014	0.979～1.014	1.061	1.011	0.96～1.12		
运动黏度/(Pa·s)									
15℃	5×10^3	200	100	8×10^3			10×10^3～200×10^3		
38℃						62.25			
60℃	3.7	0.1	0.1	2.0		5.53			
80℃	—	—	—	—	—	—	—	1～70	$<1\times10^4$
100℃	1.0								
倾点/℃	10				0	20			
元素分析/%(质量分数)									
C	83.1	82.2	83.7	83.0			84.5	86.05	80.80
H	10.6	10.1	10.5	10.3			11.3	11.21	9.80
S	4.8	5.6	4.7	5.5	2.1	3.7	0.86	0.45	4.23
N	0.4	0.1	0.2	0.4	0.53		1.14	<0.3	<0.3
O	1.1	2.1	0.9	0.8			2.20	1.99	4.91
C/H	7.8	8.2	7.9	8.1			7.5	7.69	8.22
相对分子质量	570～620	520	490	600				950	1700
烃类组成/%(质量分数)									
饱和烃	22		33					41.98	13.94
芳香烃	21		29					14.71	7.77
胶质	39		23					37.9	54.39
沥青质	18	19.8	15	18.6	10.8	8.6		6.2	23.9
$W_{金属}$/ppm(质量分数)									
钒	250		240	210	250	390	7		
镍	100		70	75	65	106	96		
残炭/%(质量分数)	13.5		12.6		14.0	14.1			

续表

性　质	加拿大				委内瑞拉		美　国	中　国	
	Athabasca Wabiskaw /McMurray	Pace River Bluesky-Gething	Cold Lake Clean water	Wabasca Gread Rapids	Morichal	Pilon	不同矿藏	新疆克拉玛依	内蒙古二连
蒸馏温度/℃									
初馏点/℃	260		170	275				262	338
5%	285		255	330				322	438
10%	320		300	370				363	486
30%	425		405					481	—
50%	530		555					—	—

应用核磁共振、红外光谱、分子量测定及元素分析等，研究并测算了中国新疆和内蒙古共4种油砂沥青的结构参数，（Guo and Qian，1997）发现四种沥青都有1/3或超过1/3的碳原子存在于芳烃中，新疆小石油沟沥青芳烃属于二联苯，总环数为4个，芳环与环烷环各2个；克拉扎背斜沥青属于渺位缩合组成，芳环占3个，环烷环为2个；内蒙古吉尔嘎朗砂岩和泥岩油砂沥青属于迫位缩合结构，泥岩沥青总环为9个，其中芳环占6个；砂岩沥青总环为11个，芳环占8个。饱和烃部分结构参数表明，沥青中烷基碳链大部分与环烷直接相连，很少量与芳烃相连，在4种沥青中克拉扎背斜沥青的脂肪碳链最长，吉尔嘎朗砂岩沥青的脂肪链最短，从而提出了4种沥青的结构单元模型(图9.9)。

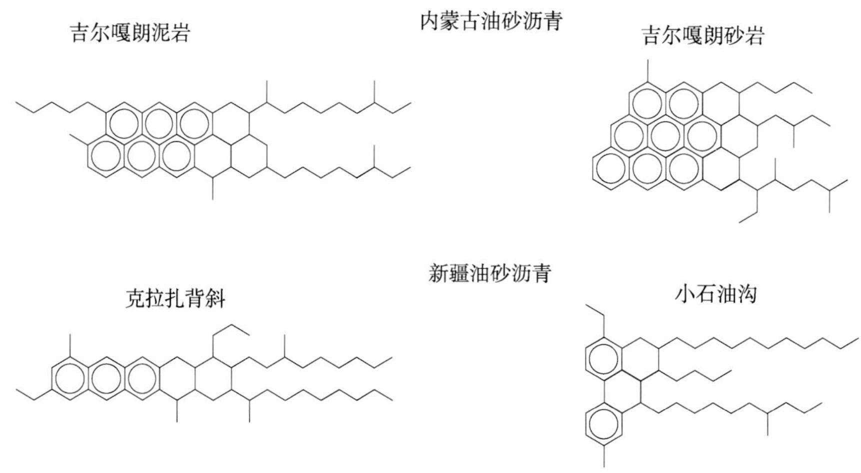

图9.9　新疆、内蒙古油砂沥青组成结构模型

美国、加拿大油砂沥青组成（Bunger and Wells，1983）如下，饱和烃主要是烷基环烷烃，由1～5元环组成为主，六元环较少。芳香烃主要由单环、双环和三环芳香烃结构组成，胶质由2～4元环的环萜硫醚，以及与其相应的亚砜、二环和二环类萜酸、咔

唑、喹啉、酮、卟啉等组成。

油砂沥青除了直链、支链、饱和及不饱和烃，还有氧、氮、硫等杂原子化合物及微量元素。

4. 焦油砂的矿物质

焦油砂颗粒大的可达 1000μm，小的可小于 2μm。小于 44μm 的大部分是砂屑和黏土。阿萨巴斯卡焦油砂矿物中，99%是石英和黏土，其余 1%是钙铁化合物。加拿大和中国的焦油砂矿物组成分见表 9.15 和表 9.16 (王剑秋，1994)。

表 9.15 加拿大阿萨巴斯卡焦油砂矿物组成

矿物	含量/% （质量分数）
SiO_2	98.4
Al_2O_3	0.8
Fe_2O_3	0.1
CaO	0.2
MgO	0.2
TiO_2	0.1
ZrO_2	痕迹

表 9.16 中国焦油砂的矿物组成[单位：%（质量分数）]

组 成	内蒙古二连	新疆克拉玛依
碎屑		
石英	22.5	26.1～27
长石	45～49.5	17.4～22.5
岩屑	18～22.5	38.3～44.1
云母	<1	0.87～0.90
合计	90.0	87～90
胶结构		
非黏土矿物	2.7	3～3.5
黏土矿物		
蒙脱石	6.0	0.45～0.63
伊利石	0.4	0.65～0.91
高岭土	0.5	2.6～3.6
绿泥石	0.3	1.3～1.8
小计	7.3	5～7
合计	10.0	10～13

对于阿萨巴斯卡油砂，矿物是以石英为主，而重矿物中，主要是金红石（TiO_2），工业上，特别是颜料工业上，要求金红石不含有害成分（氧化钙或氧化镁，含量不超过 0.1%），在抽提沥青的同时，可以回收金红石，则在开发油砂资源时，也发展了钛工业。

二、生物降解等稠变作用对石油物理和化学性质的影响

据 Tissot 和 Welte（1978），重质油都属于芳香-环烷型油或芳香-沥青型油（图 9.10）。各地重质油物化性质上的差异主要在于其遭受稠变作用的程度和石油原始物理化学性质的不同。

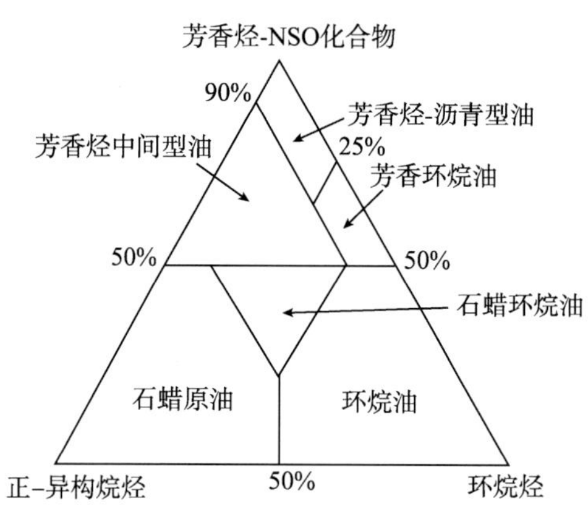

图 9.10　原油六级分区图解（Tissot amd Welte，1978）

（一）重油、焦油砂物理与化学性质间的相互关系

重质油最主要的物理性质参数是相对密度和黏度。其中黏度是一项重要的开采参数。与常规油相比，重油的黏度、相对密度和非烃 + 沥青质含量要高得多，饱和烃含量等参数要小得多，随石油相对密度的增加，黏度呈对数关系线性增长。而且，两者的大小主要取决于石油的化学组分，以及所处的温度和压力，即在温度和压力一定的条件下，相对密度和黏度主要受族组分的影响。经过对 20 多块样品 3 个较重族组分（即芳烃、非烃和沥青质）数据进行的逐步回归分析处理，发现样品的黏度和相对密度与每个族组分有着不同的相关密切程度。

假设 X_1、X_2、X_3 分别代表芳烃、非烃和沥青质含量，F_1、F_2 分别为引入、剔除变量的 F 检验临界值，Y_1 为黏度，Y_2 为相对密度，R 为复相关系数，Y_n 为 Y 的标准差，Y 为拟合值，D_y 为拟合偏差，I 为最终选入变量的下标，B 为相应的回归系数，a 为置信水平，B_a 为回归方程的常数项，则据处理结果，可得以下各关系的方程。

（1）黏度 Y_1 与各族组分的关系为

$$\log Y_1=0.244+4.785X_1+4.849X_2+4.232X_3$$

$$R=0.71187 \qquad Y_n=0.46614$$

在 $\alpha=0.1$ 水平下，对其进行 F 检验，剔除不显著变量，引入显著变量后，得偏回归方程为

$$\log Y_1=1.548+5.947X_2$$

$$R=0.60937 \qquad Y_n=0.49779$$

（2）相对密度 Y_2 与各族组分的关系为

$$Y_2=0.832+0.246X_1+0.084X_2+0.410X_3$$

$$R=0.83451 \qquad Y_n=0.02138$$

在 $\alpha=0.1$ 水平下，对其进行 F 检验，剔除不显著变量，引入显著变量后，得偏回归方程为

$$Y_2=0.906+0.512X_3$$

$$R=0.78952 \qquad Y_n=0.02246$$

从以上结果可知：重质油的黏度与其非烃含量关系最为密切，即黏度主要受非烃含量的影响，两者成正比关系（图 9.11）。而重质油的相对密度主要受沥青质含量的影响，两者也成正比关系（图 9.12）。

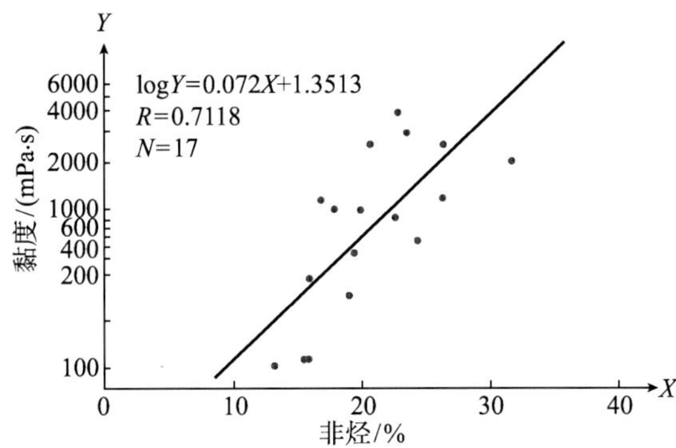

图 9.11　重油沥青黏度与非烃含量关系图

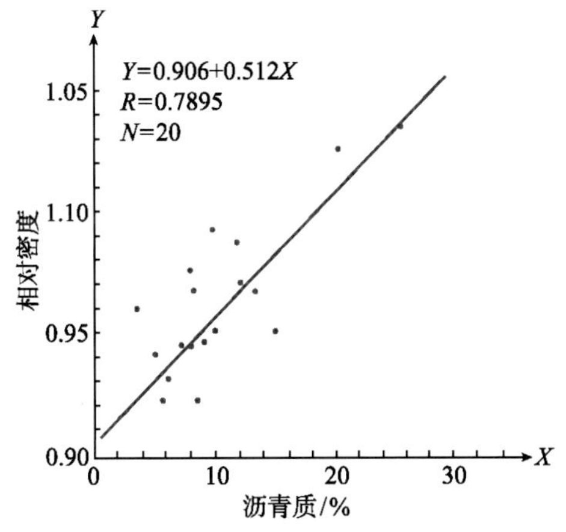

图 9.12　重油沥青相对密度与沥青质含量之关系图

同时，从复相关系数可以看出，相对密度与沥青质含量比黏度与非烃含量的相关性更好，即黏度受影响的因素比相对密度更为复杂。

（二）重油、焦油砂地球化学的变化特征

1. 元素组成特征

元素组成是原油化学组成的基础，主要元素是碳和氢，其次是氧、硫和氮。常规原油一般氧、硫和氮等元素含量低，硫元素含量一般小于 0.4%，氮元素含量小于 0.7%，而重质油一般是氧、硫、氮等元素含量高，硫元素含量为 0.4%～1.0%及以上，氮元素含量为 0.7%～1.20%及以上。与国外海相重质油相比，陆相重质油的含硫量偏低，而氮元素含量略高。重质油中硫和氮元素含量高是细菌生物降解作用的结果。由于细菌以原油和其他有机物质作为赖以生存、繁殖的食物，主要消耗原油中的正、异构烷烃化合物。因此，原油中的有机硫、有机氮的含量将随着正构、异构烷烃含量减少而相对富集。另外，在细菌生化作用中一部分硫、氮化合物的新陈代谢产物也不断加入到原油组分之中，使原油中含硫量和含氮量增加。细菌的生物降解作用越强，原油中硫、氮元素含量越高。

2. 饱和烃气相色谱的变化特征

由于受生物降解等稠变作用因素的影响，正构烷烃的分布特征可发生变化，随着水洗和生物降解程度的增加，正构烷烃部分至全部消耗。严重生物降解可使异构烷烃和环烷烃进一步消耗。饱和烃中，抗生物降解能力的次序是：环烷烃>异构烷烃>正构烷烃。在重质油饱和烃中，异构烷烃和环烷烃，尤其是环烷烃，相对富集，并且随着遭受生物降解等稠变因素作用的增强，二者的含量增加。值得注意的是，某些地区的重质油，虽然相对密度高，但气相色谱图上却存在有明显的正构烷烃，这种现象可能是高稠变原油中混入低稠变油的结果。

3. 生物标记化合物特征

经对重质油样品的 MS/GC 系统分析表明，原油中生物标记物——甾、萜烷分别具有较强抗生物降解的碳骨架。在受轻度或中度稠变时，甾萜化合物未受任何影响，其组成与分布取决于原油成熟度、生油母质类型、生成环境等。在遭受重度稠变时，甾萜化合物组成与分布有明显变化，出现有一些新的化合物。

1）甾烷分布特征

相对密度大于 0.98 左右的原油，其正常甾烷已遭明显破坏，甚至难于检测；重排甾烷和孕甾烷丰度增加显著，如辽河欢喜岭油田锦 45 块和曙光油田曙一区 C_{29} 重排/正常甾烷比值高达 1.938，比深部同源常规原油高 4 倍。同时，C_{27} 重排/正常甾烷比值可达 3.0 以上。

2）萜烷分布特征

生物降解较严重的油样，经检测均出现有 25-藿烷系列化合物，在 A/B 环的 C10 位上发生去甲基。*M/z*191 色质图中，25-降藿烷峰的相对丰度取决于生物降解的强度，随生物降解强度的增加而增高，甚至在稠变严重的原油中出现有 25、30-二降藿烷，如锦 8-34-30 井。25-降藿烷丰富出现，正常藿烷系列的丰度却明显降低。同时，三环二萜烷、

四环萜烷和γ-蜡烷表现有较强的抗生物降解能力，随生物降解能力增强，其相对丰度增大。例如，曙光油田一区沙三段油层到馆陶组油层的重质油，在层位上相对密度和黏度由老至新逐渐增大，三环萜/藿烷比值也分别由 0.047 和 0.587 增大到 1.4746 和 5.7857。

4. 多环芳烃的组成和分布特征

Rowland 等（1986）经过实验模拟与实际油样分析的对比，认为生物降解作用对萘系列、联苯和 3-甲基联苯有明显的影响。萘系列中，受生物降解作用的先后顺序是：萘→甲基萘→二甲基萘→三甲基萘。还指出菲比甲基菲更易遭受生物降解。然而他们并未对严重生物降解的原油芳烃特征进行研究，具有很大的局限性。至今，国内外对重质油的多环芳烃组成与分布探讨不多。经作者等分析研究提出，抗生物降解能力的顺序是：三芳甾烷系列>䓛系列→菲系列→萘系列。

1）萘、菲系列特征

在生物降解等稠变因素作用下，萘系列的损失明显早于菲系列。在样品处理过程中，由于对一些样品进行了切割，这里主要讨论菲系列的特征。

菲的较大幅度损失明显早于烷基菲如曙 1-29-16 井常规油的菲/烷基菲比值为 0.1275，而曙 1-7-310 井重质油却仅为 0.0348。根据烷基菲分布直方图分析（图 9.13），随着原油相对密度由 0.8817 变至大于 1.00，即稠变作用的增强，由甲基菲分布值最大 38.47%逐渐减少，且过渡为三甲基菲和 C_4-菲占主导地位，特别是 C_4-菲，对生物降解显示最为稳定。从上可见，烷基菲系列中抗生物降解能力随取代基团个数的增加而增强。

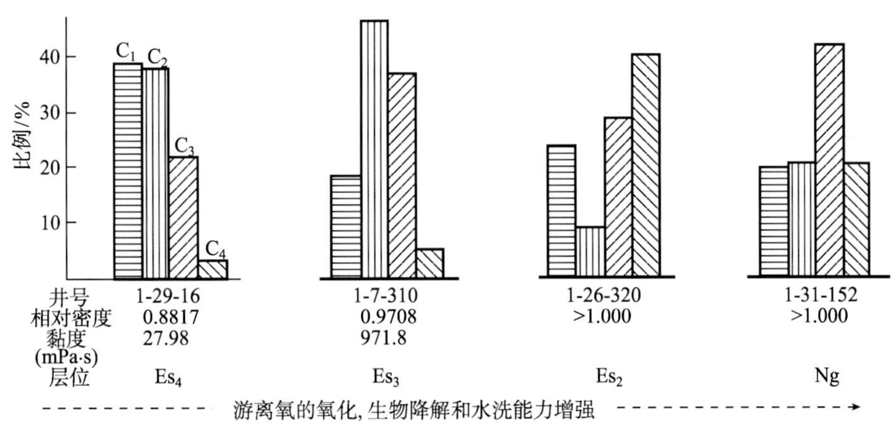

图 9.13 烷基菲分布直方图

2）䓛系列

䓛系列化合物比菲系列化合物多一个芳环，具有更强的抗生物降解和水洗的能力。这一结论，经过各井的（菲+烷基菲）/（䓛+甲基䓛）分析得到了证实，如（菲+烷基菲）/（䓛+甲基䓛）值，从曙 1-29-16 到曙 1-31-152 井，由 12.6808 变为 3.8182。并且在䓛系列中，甲基䓛又显得更为稳定，如䓛/甲基䓛值由曙 1-29-16 井的 65.78%变为曙

1–31–152 井的 36.85%（图 9.14）。

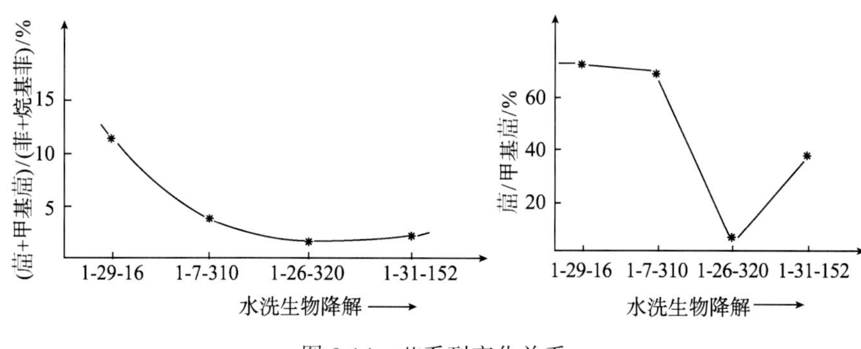

图 9.14　䓛系列变化关系

3）三芳甾烷

在曙一区的 4 个油样中，三芳甾烷的分布指纹极为相近。例如，基峰为 231 的三芳甾烷（$C_{26}+C_{27}$）/C_{28} 比值均为 1.1～1.3。这不仅反映了它们来自于同一油源，同时，也反映了它们在较强烈生物降解作用下，三芳甾烷未受任何影响，显示出较强的稳定性。

例如，（䓛 + 甲基䓛）/三芳甾烷(M/z231)值，由曙 1-29-16 井的 0.4442 变为曙 1-31-152 井的 0.1910，即三芳甾烷的稳定性比䓛系列还强。因此，三芳甾烷可作为重质油油源对比、成熟度的良好指标。

5. 稳定碳同位素特征

生物降解作用对原油及其族组成碳同位素的影响，近些年国外已有报道。一般认为，海相原油中，单芳、双芳和多芳馏分随着环数增加，其碳同位素值δ^{13}C 有增大趋势。Stabl（1980）经过原油进行生物降解模拟实验得出，随降解时间增长，饱和烃δ^{13}C 值增加，芳香烃无变化，沥青质降低。

原油的碳同位素组成主要依赖于原油的生成环境和生油母质类型，Ⅲ型干酪根生成的原油比Ⅰ型干酪根更富集重碳同位素。相比之下，有机质成熟度和运移等作用对碳同位素的影响却很小。经过原油及其族组成碳同位素的分析，作者等对生物降解和水洗作用过程中原油碳同位素的分馏得出了初步认识。据三芳甾烷等资料对比，辽河西斜坡成熟常规油和重质油的生成环境和生油母质类型均相似，而随生物降解和水洗作用增强，原油相对密度黏度增大，其原油及族组成的碳同位素值δ^{13}C 均增大，即越来越富集重碳同位素（图 9.15）。随着原油的稠变程度越来越强，原油饱和烃中正构烷烃越来越少，环烷和异构烷烃越来越多，重碳同位素富集，致使稠变原油中饱和烃同位素越来越重。芳烃的碳同位素值越来越重，是由于芳烃中低环数芳烃减少，高环碳数芳烃增加，而使碳同位素值增高。非烃和沥青质的碳同位素也有类似变化规律，这与原油中非烃和沥青质含量越来越富集有关。经分析，在常规原油中各族组分之间碳同位素富集的先后顺序是：沥青质>非烃>芳烃>饱和烃。而重质油中各族组分之间碳同位素富集的顺序变为：

非烃>沥青烃>芳烃>饱和烃。此外，对于遭受轻微稠变原油，各族组分之间碳同位素值变化甚微，这可能与原油的生成环境有关。

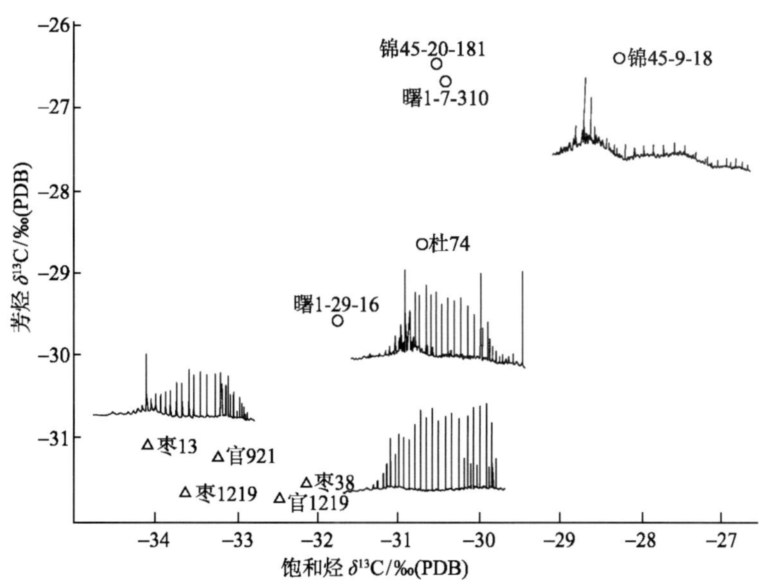

图 9.15　芳香烃与饱和烃稳定碳同位素的稠变分馏

三、稠变作用因素与阶段

石油的变稠、变重可以出现于烃类运移至聚集成为油藏，以及之后的任何阶段，直至石油遭到完全破坏，成为固体沥青为止。因此，我们把石油经初次运移进入储层，以及之后的各个阶段中，使其变稠、变重的各种作用统称为稠变作用。而每一阶段的稠变作用既有其独特性又有其共同性，总的可分为两个发生稠变的阶段：油藏阶段和运移阶段。现分述如下。

（一）油藏阶段

在油藏阶段，与大气连通的底水通过油水界面影响着石油的性质，而盖层的质量却对油藏内轻质组分的保存起着一定的作用。该阶段发生的稠变作用因素可归纳为以下几种。

（1）水洗作用：烃未饱和的地层水，沿油水界面运动，有选择地吸收可溶烃，并将其带走。

（2）通过盖层的极差运移而造成的轻质馏分损失。

（3）因大气因素所造成的氧化作用。

（4）生物降解作用：微生物有选择地消耗某些类型的烃。

（5）造成油相对于圈闭运移的水冲刷作用。

（二）运移阶段

在运移阶段，由于在压力、孔隙水性质、烃溶解性、氧化过程等方面的变化，烃类受各种物理化学因素的影响。该阶段可发生如下稠变作用因素。

（1）气体或轻质组分蒸发，或单独运移，从而使母体原油变稠、变重。

（2）气体或轻质组分可被溶解于孔隙水之中，其溶解量大小取决于静水压力和地层水含盐度。

（3）在浅层，地层水中及大气中所含的氧，使烃类遭受氧化，产生富氧的沥青质分子。

（4）生物降解作用。

（5）水洗作用。

此阶段稠变作用的强度取决于运移通道的类型、性质及运移距离的大小。运移通道有三种，即不整合面、断层和储层。

由以上讨论可见，无论在运移阶段，还是在油藏阶段，其主要的稠变作用因素是水洗作用、生物降解作用和游离氧化作用。而且，水洗作用和生物降解作用几乎总是同时发生，两种作用较难区别，这是因为细菌的出现与生存往往依赖于流动地层水来提供必要的条件。

此外，有必要指出的是：从油的生成到其运移、聚集、再运移、再聚集的过程中，各种稠变作用的出现因具体的地质条件而异。重质油的形成可是两阶段稠变作用的共同结果，也可是其一阶段作用的结果。而每一阶段的作用因素可以一种为主，也可多种同时出现。

四、重油、焦油砂的成因与稠变系列

关于重油、焦油砂的成因，目前大多数人认为有两种成因类型：原生型和次生型。原生型主要是指所谓的未成熟油或低成熟油，生成时的比重和黏度就比较高，达到了重油或稠油的标准；次生型是指常规稀油后期遭受生物降解等稠变作用形成的重油。

目前，低成熟油（或未成熟油）生成阶段的划分，也有两种看法：一种认为是干酪根在进入成油门限后的初始阶段（R^o 为 0.5%～0.7%）降解生成的油。另一种看法是在未成熟阶段，即成油门限之上，可溶有机质形成未成熟油。本书认为：既然干酪根生成烃类是一个逐步的降解过程，那么，在研究低成熟油生成阶段时，应抛开过去所定的 R^o 为 0.5%这一生油门限值。新门限值的具体确定应取决于具体地区的地质特征和经济技术水平。总体来看，低成熟油大致形成于生油高峰的前期，从而，低成熟油主要是干酪根降解过程中长期处于初始阶段（R^o 为 0.4%～0.7%）的产物，在这里时间因素尤为重要。而可溶有机质在未成熟阶段形成低成熟油在理论上是可以肯定的，但不具较大的实际意义。

据对中国各地区处于低熟、成熟和高成熟阶段相应埋深范围的低熟油、成熟油和高熟油的物性参数统计，低熟油的相对密度范围为 0.87～0.89，黏度(50℃)为 25～80mPa·s；成熟油和高熟油相对密度一般小于 0.85，黏度（50℃）一般小于 10mPa·s。也就是说，经初次运移，刚进入储层的未稠变油物性参数值应小于或等于上述数值。因此，无论低熟油还是成熟油均需通过后期稠变作用，才能形成重质油。即重油沥青均是次生的，只是由于生油母质类型和原始成熟度的不同，其相应形成的重油各具特色而已。

低熟或未熟重质油与成熟重质油在地球化学方面的区别或差异随着生物降解等稠变作用的增强而变得越来越不明显。一般来讲，遭受轻度生物降解的成熟重质油和低熟重质油在饱和烃气相色谱图上的特征相近，难以区别，主要依赖于甾、萜烷等生物标记化合物的特征来区别。但对于遭受重度生物降解的低熟重质油和成熟重质油，由于甾萜等生标化合物已遭严重破坏，所以，二者几乎无法区分。未熟重质油的实例是中国辽河拗陷的高升油藏、美国犹他州的 Spring 和 Sunnyside 油田等。

在研究原油稠变过程中，原油中各种有机化合物抵抗细菌破坏的能力是不一样的。随着原油的降解程度增加，在原油化学组成上产生一系列特殊变化，原油中烃类化合物损耗有一定的演变顺序，即原油稠变系列顺序，依次为正构烷烃、异戊间二烯烷烃、二环倍半萜、规则甾烷（20R，20S）、五环三萜烷、三环二萜烷、重排甾烷、25-降藿烷、25、30-二降藿烷、四环二萜烷、17（α）（H）-22、29、30 三降藿烷（Tm）、伽马蜡烷（具 5 个六元环骨架）。应用气相色谱、色-质谱和碳同位素资料，并结合原油物性资料，以渤海湾盆地为例，研究原油稠变系列，可将东部地区原油分为未稠变、轻度稠变、中度稠变、轻重度稠变、重度稠变和极重度稠变等六个等级。

在研究渤海湾盆地原油的稠变系列时，发现原油的成熟度对重质油的稠变有一定影响，各具特色，特别是在原油常规物性变化上较为明显。未遭受任何稠变时，低成熟原油相对密度为 0.8～0.89，黏度为（50℃）25～80mPa·s。而成熟原油相对密度小于 0.85，黏度小于 10mPa·s，这表明低成熟油比成熟油重而稠。在相对密度相同条件下，低成熟油的黏度比成熟重质油的要高，这与低成熟油中非烃含量高有关。从原油稠变路径图（图 9.16）可以看出，成熟的和低成熟的常规油均沿各自回归线（平均稠变途径）发生稠变，两条回归线的截距不同与成熟度有关，随着原油成熟度降低，相应的截距增大。由于低成熟油生成时，其油质相对重而稠，只需经轻微稠变，即可成为重质油。而成熟油生成时，油质轻而稀，需经大幅度的稠变，才能成为重质油。为此，原油的稠变系列还可分为低成熟和成熟等两种类型的稠变系列，系列特征如下（图 9.17）。

（1）轻度稠变：原油受生物降解、水洗作用影响轻微，轻质馏分开始散失，正构烷烃部分受消耗，类异戊间二烯烷烃、甾烷、萜烷和芳香烃化合物未受影响，饱和烃δ^{13}C 值产生微小变化，原油相对密度小于 0.925。低熟油的原油黏度接近重质油标准，而成熟油的尚未达到标准。

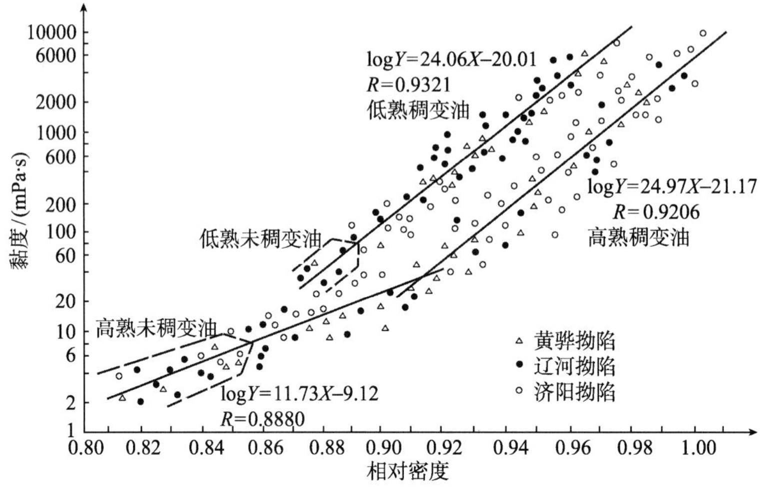

图 9.16　渤海湾盆地石油稠变路径图

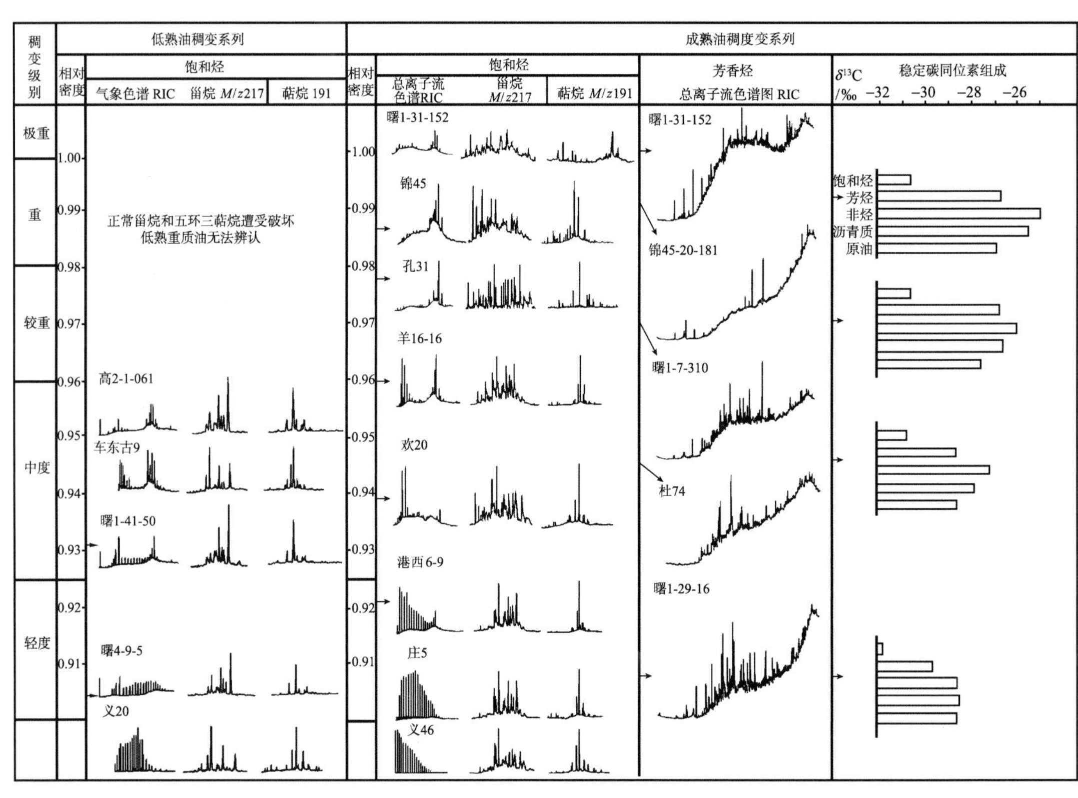

图 9.17　原油稠变的物理、化学特征

（2）中度稠变：正构烷烃明显开始大幅度消耗，类异戊间二烯烷烃已部分或全部消失；多环芳烃的萘系列消耗幅度很大，菲也明显遭到损失，烷基菲中甲基菲开始受到影响；原油及族组成$\delta^{13}C$ 值明显增大，且非烃比沥青质已开始更富集重碳同位素；原油相对密度 0.925～0.960，成熟油的原油黏度一般小于 632.7mPa·s，低熟油的高达 4036.45mPa·s。

（3）较重度稠变：正构烷烃已全部消失，异构烷烃大幅度消耗，二环倍半萜、正常甾烷和藿烷系列开始受到破坏，重排甾烷、孕甾烷、三环二萜和四环二萜的丰度开始增加，且开始出现 25-降藿烷；甲基菲已被明显消耗，二甲基菲开始受到影响，三甲基菲和 C_4-菲的丰度开始增加。䓛系列未受较大损失；原油及族组成更加富集碳同位素；原油相对密度为 0.96～0.98。

（4）重度稠变：正构烷烃和类异戊间二烯烷烃已全部消失；*M/z*217 色质图上，正常甾烷遭到明显破坏，甚至难于检测。重排甾烷和孕甾烷的相对丰度极高，正常藿烷相对丰度很低，25-降藿烷系列丰富，三环二萜化合物和 γ-蜡烷丰度很高；多环芳烃中，二甲基菲已受明显的消耗，三甲基菲也受一定影响，C_4-菲相对较为稳定；䓛系列化合物中，䓛相对最不稳定，䓛/甲基䓛值明显降低，三芳甾烷 C_{26}-C_{28} 仍未受影响；原油及族组成的$\delta^{13}C$ 进一步增加；原油相对密度为 0.98～1.00。

（5）极重度稠变：原油正、异构烷烃全部消失，正常甾烷、重排甾烷遭受破坏，孕甾烷丰度仍较高，且开始有新的化合物出现；*M/z*191 谱图上，三环二萜和γ-蜡烷的丰度进一步增高，25-降藿烷系列化合物相当丰富；多环芳烃中，也有一些新化合物出现，且 C_4-菲已受到损失；原油相对密度大于 1.00。

第三节　重油藏及焦油砂矿形成的地质条件

一、含油气盆地重油和焦油砂资源形成的基本条件

从目前已发现和探明的重油和焦油砂形成与分布特征来看，全球各类沉积盆地中重油和焦油砂的地质特征及形成条件呈现出许多共性：

（1）中、新生代构造运动是重油和焦油砂形成的主要控制因素，特别是新生代的构造运动把先前聚集的油气带到近地表，导致各种程度的生物降解和氧化。一般来说，新生代构造运动起决定性作用，因为它很大程度上决定盆地最终的几何形状，并控制重油藏和焦油砂矿的分布。

（2）油气自油源区开始进行大规模的运移和聚集常发生在抬升期间，油从生油区向斜坡上倾方向运移，形成大面积的地层油藏。因此，地层圈闭是重油藏焦油砂矿的主导类型。另一种不可忽视的重油藏类型是由于基底抬升而发育起来的以浅层披覆背斜为主的圈闭。因此重油与焦油砂主要沿盆地斜坡（被覆盖或部分遭受剥蚀）的外缘和发育在盆地持续抬升基底之上的浅表披覆构造分布，油藏规模通常很大。

（3）重油是原油通过生物降解作用和游离氧氧化而形成的，重油与焦油砂形成于近地表的浅部（通常在 2000m 以内）或地表。

（4）重油藏主要分布在时代较新的地层中，90%以上的重油与焦油砂分布在白垩系、古近系与新近系油气藏中。

例如，西加拿大盆地属早期的克拉通边缘盆地，白垩纪以来逐渐演化为前陆盆地，油砂富集在前陆盆地缓坡斜坡带高部位。油砂资源主要赋存在阿萨巴斯卡（含瓦巴斯卡）、冷湖和皮斯河这三大油砂矿的下白垩统 Mannville 群矿层中，该矿层向东以不整合的方式覆于泥盆系、石炭系和二叠系之上。阿萨巴斯卡油田油藏的埋藏深度是 0～300m，在其他油田则是 75m 到几百米。

在俄罗斯东西伯利亚的列那-阿拿巴盆地，重油藏存在于 Aolinesikeye 凸起之上，主力含油气层系为二叠系碎屑岩，它不整合地覆于寒武系碳酸盐岩之上，继白垩纪反转之后，盆地被强烈剥蚀，二叠系地层广泛出露，二叠系的残余厚度为 30～300m，古油藏的抬升导致烃类的生物降解和氧化，形成累计面积达 $1000km^2$ 的重油和天然沥青分布区。而伏尔加-乌拉尔盆地属于早期的克拉通边缘盆地，二叠纪以来，乌拉尔山隆起，伏尔加-乌拉尔盆地演化为前陆盆地，盆地内前渊拗陷中的烃源岩埋深迅速增加，油气生成、运移达到顶峰。其中运移至前缘隆起带上的部分油气（诸如卡马隆起、南北鞑靼隆起及日古列夫-普加乔夫隆起），因上覆盖层封闭性较差，处于氧化环境，遭受氧化、生物降解作用，发生稠化形成油砂。

著名的东委内瑞拉盆地奥利诺科焦油砂带分布于玛图林拗陷的边缘，在白垩纪至古近纪，由于加勒比海崖褶皱山系的抬升，盆地由北向南被依次抬升，渐新统不整合地覆于白垩系之上，主力含油层系为渐新统和中新统。在晚中新世和上新世，加勒比海岸褶皱山系进一步抬升，盆地南缘的奥里诺科重油带被抬升至近地表，形成延伸长 20～100km 的重油带。

在中国准噶尔盆地西北缘，沉积巨厚的石炭系—二叠系生油岩为该区提供了充足的油气，三叠纪末期印支运动使西北缘逆掩断裂带活动剧烈，形成了二叠系—三叠系早期油气藏。燕山运动的进一步活动，造成多套不整合，使印支期形成的油藏遭受破坏，油气富集于推覆体上盘高断块以及上覆地层中，通过喜马拉雅期构造运动的调整，在西北缘形成了八道湾组、齐古组和吐谷鲁组油藏以及大面积分布的地表油砂和天然沥青。重油与焦油砂的显示也几乎在每一个含油气盆地都有报道。

由此可见，在任何沉积盆地，重油与焦油砂资源的形成、分布与规模主要取决于以下两方面。

1. 相当规模的常规油形成与聚集

盆地在其地质历史的演化过程中，具有相当规模的常规油气聚集是形成重油与焦油砂资源的前提。依据物质平衡原理进行的统计，常规油必须损失自身 10%～90%的数量，才能成为重油或沥青。其中成熟常规油需损失 50%～90%，低熟常规油因原始比重、黏度值高，损失量要小，一般为 10%～50%。

因此，大型重油和油砂矿床的形成要求含油气盆地应具有丰富的优质烃源岩，只有充足的油源才可补充和满足重油与油砂形成过程中原油的消耗和逸散。在西加拿大盆地，发育泥盆系-下石炭统 Exshaw 组、三叠系 Doig 组、侏罗系 Nordegg 段和上白垩统等 5 套主要生油岩，东委内瑞拉盆地发育上白垩统 2 套、古近系和新近系 5 套烃源岩，且烃源岩沉积厚度大、分布面积广，有机质丰度高。伏尔加–乌拉尔盆地弗拉斯阶（泥盆系）–杜内阶（石炭系）多马尼克相页岩及弗拉斯阶-法门阶（泥盆系）碳酸盐岩、尤因塔盆地古近系和新近系绿河组页岩和灰岩等。一般早期的克拉通边缘盆地或聚敛板块边缘盆地接受了广泛分布的优质烃源岩，有丰富的物质基础，也是常规油气富集的盆地。

2. 后期构造运动

后期构造运动的发生恰恰为石油进入连通系统提供了动力，即只有在油气生成、聚集之后发生的构造运动，才能为原始聚集的常规油进入连通系统创造条件，如产生开启断层、不整合面以及开启储层等。同时，构造运动的方式又必须在连通系统内创造较好的或一定的封盖条件，使石油在连通系统内不会迅速散失，能够有相当数量的石油聚集，从而既遭受运移期又遭受油藏期的稠变作用，为形成相当规模的重油沥青奠定基础。后期构造运动的次数越多，构造运动的强度越大，原油遭受的稠变作用越强。而且，运动的方式越适宜封盖条件的创造，连通系统内重油和焦油砂的形成量与聚集量就越大。

因此，在盆地（或凹陷）内，必须有足够数量的石油由非连通系统进入连通系统，遭受各种稠变因素的作用，并使之有相当数量的原油在连通系统中聚集。如此，最终才可在连通系统中形成重油与焦油砂。该形成过程中，连通系统内石油总供给量等于生油岩总排驱量与非连通系统总聚集量之差。总供给量包括连通系统内的保存量（未开始遭受稠变并聚集的量）和散失量（非稠变因素造成的损失量）。各量间的关系见式(9.1)、式(9.2)和图 9.18。

$$Q_{连} = Q_{排} - Q_{非} \tag{9.1}$$

$$Q_{保} = Q_{连} - Q_{散} = Q_{排} - Q_{非} - Q_{散} \tag{9.2}$$

式中，$Q_{连}$为连通系统内石油总供给量；$Q_{排}$为生油岩总排驱量；$Q_{非}$为非连通系统总聚集量；$Q_{保}$为连通系统内的石油保存量（未开始遭受稠变并聚集的量）；$Q_{散}$为连通系统内石油的散失量（非稠变因素造成的损失量）。

若设最终重油沥青形成量为 H_1，未达到重油标准的稠变油量为 H_2，总稠变油形成量为 H，稠变损失量为 L，则

$$H = H_1 + H_2 = Q_{保} - L \tag{9.3}$$

$$H_1 = Q_{保} - L - H_2 = Q_{保} t \tag{9.4}$$

式中，t 为重油沥青最终形成量在总保存量中所占的比例，一般低熟重油 t 为 90%～50%，成熟重油沥青 t 为 50%～10%。

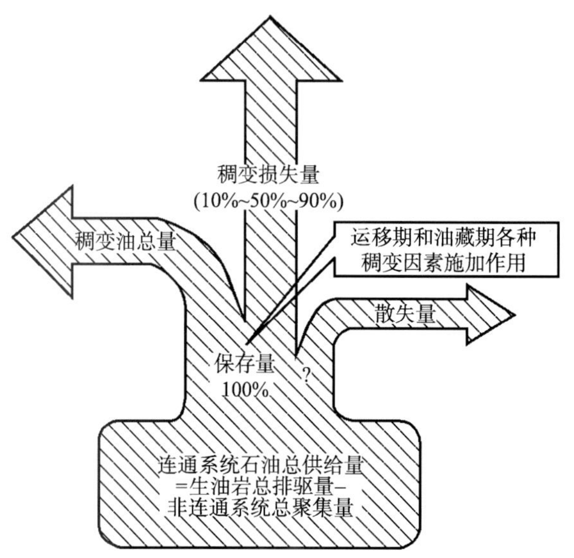

图 9.18　重油与焦油砂资源形成条件剖析示意图

由式（9.2）和式（9.4）又知

$$H_1 = Q_{排} - Q_{非} - Q_{散} - L - H_2 \tag{9.5}$$

由式（9.5）可知：$Q_{排}$越大，H_1越高，即在盆地的演化过程中有相当规模的常规油资源形成是重油和焦油砂资源形成的根本前提；其他各值均与 H_1 呈负线性关系。若未发生后期构造运动或后期构造运动的方式，使非连通系统总聚集量 Q 非近似等于生油岩总排驱量 $Q_{排}$，则 $H_1 = 0$，重油沥青难于形成。在 $Q_{排}$一定的情况下，只有当后期构造运动的方式使 $Q_{非}$、$Q_{散}$、L 和 H_2 各值足够小时，才能形成一定规模的重油和焦油砂资源。并且各值越小，H_1 值越大，即盆地形成的重油和焦油砂资源的丰度就越高。

在一个盆地或凹陷中，油源越充足，区域盖层越完整，则其油气聚集的丰度就越高。但是，在这一前提下，后期构造运动的发生和运动的方式与特征则是重油和焦油砂资源形成与聚集的必要条件。因为只有它才能造成盆地区域盖层的局部缺失或遭受断层的切割，使油气由非连通系统泄漏进入连通系统。泄漏进入连通系统的石油越多，在连通系统内创造的封盖条件越好，越有利于重油与焦油砂资源的大规模形成。

二、盆地演化类型与重油和焦油砂资源的丰度

不同盆地类型有着不同的地质历史演化特征、不同的重油沥青形成条件、资源丰度与特征。一般来讲，盆地按其沉降演化特征可分为多旋回型和单旋回型两大类。再按后期构造运动的活动强度，每一大类中又可分出相对活动型和相对稳定型两类（图 9.19）。

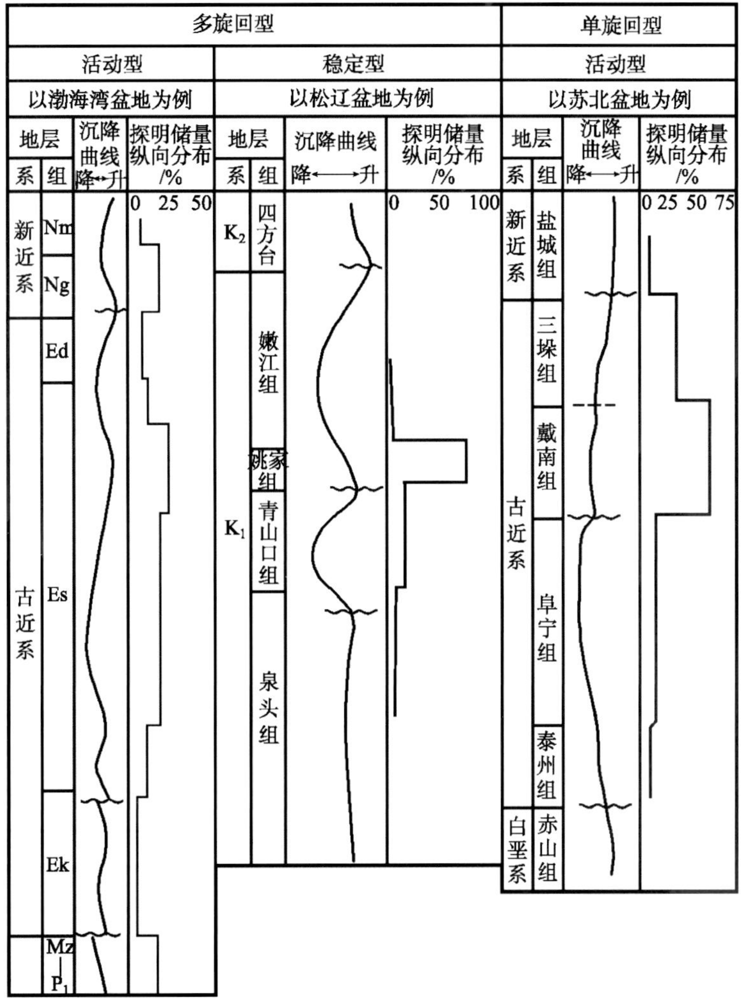

图 9.19　盆地类型与石油储量纵向分布图

（一）多旋回活动型

我国东部的渤海湾盆地和西部的准噶尔盆地都属此类。在渤海湾盆地，沉降幅度最大的时期是沙三段。向上，各个旋回的沉降幅度逐渐降低，油气最富集的层段在沙一至沙四之间。由于渐新世末期构造运动的影响，区域盖层遭受断层或剥蚀等构造因素破坏的程度较为严重，油气在纵向上分布更为分散，一定数量的油气泄漏至区域盖层沙一段地层之上，如在济阳坳陷，沙一至沙四段之间的油气储量分布约占总数的 63%（图 9.20）。沙一段地层由于受断层的严重切割，在凸起带遭受剥蚀或缺失。从而，相当数量的油气泄漏至沙一段之上的层系（主要聚集在馆陶组地层）。该泄漏并聚集的油气量约占总储量的 35%。并且该泄漏聚集量的 83%为重油沥青。但在不同凹陷，其泄漏程度以及聚集量又有所不同。沾-车凹陷 68%的石油储量分布在沙一段地层之上，而在东营凹陷只有

13%的石油储量分布在沙一段地层之上。这种凹陷储量纵向分布的不均衡性，主要是由于两凹陷中，除凹陷边缘储层泄漏外，沾-车凹陷内部发育许多处于连通系统之中的低凸起及其上的新近系披覆背斜使深部油气大量泄漏而进入浅部披覆背斜圈闭，形成了较大规模的重质油藏。而在东营凹陷，仅处于凹陷中的中央断裂背斜带提供了额外的垂向连通条件，从沙四段至馆陶组各层系地层的重质油纵向分布较为均匀，重油沥青储量约占凹陷总石油储量的 30%。这与重质油主要集中在馆陶组，约占凹陷石油总储量 54%的沾-车凹陷形成了较为鲜明的对比。

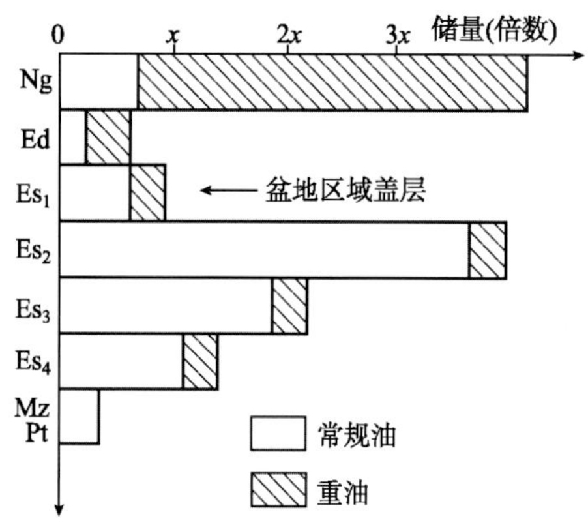

图 9.20　济阳拗陷各层系重油与常规油储量纵向分布图

在辽河西部凹陷，油源非常充足，东营组末期的构造运动，使古近系各层系地层与新近系馆陶组呈角度不整合接触，油气大量泄漏进入连通系统。但西部斜坡上部由于断阶带内断层和新近系底部不整合形成一定程度的遮挡，加之重油沥青的自身封堵因素，使原油在连通系统中的散失量远远小于连通系统石油总供给量。目前发现的三个馆陶组沥青自身封堵油藏，也由于沥青的自身封堵性，不但对自身的聚集起作用，而且对下面的沙一、沙二油层也实施了良好的封堵作用。凹陷约 91%的重油沥青聚集在沙河街组地层（图 9.21）。因此，辽河西部凹陷具有丰富的重油沥青资源，重油沥青储量约占凹陷石油总储量的 59%。

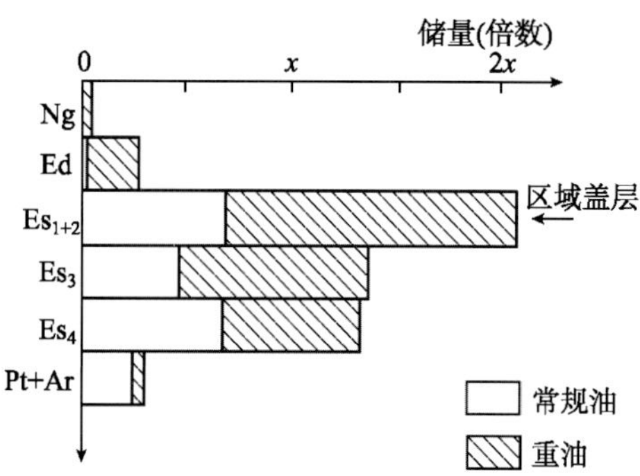

图 9.21　辽河西部凹陷各层系重油与常规油储量纵向分布图

在准噶尔盆地西北缘，也有着同样的充足油气供给，最主要的区域盖层为上三叠统白碱滩组，西北缘逆掩断层比较发育，使主要产于二叠系的油气沿断层和不整合面穿过区域盖层，泄漏进入浅部地层超覆尖灭带，形成大规模的重油沥青聚集。时至今日，后期构造运动已使三叠系、侏罗系和白垩系油层在山麓一带出露地表，形成大面积分布的地表油砂。预计西北缘重油沥青储量可高达该区总石油储量的 50%以上。同时，油气的散失量也比较大，目前仍可在地表见到许多油泉。

（二）多旋回稳定型

该类型以松辽盆地为代表。松辽盆地含油气非常丰富，盆地最大沉降期为青山口组沉积时期，其次为嫩江组沉积时期。巨厚的暗色泥岩为盆地提供了充足的油源。嫩江组末期，盆地经历了一次平缓的褶皱运动，形成了嫩江组与四方台组间的不整合，断裂活动较弱，并未使嫩江组地层（区域盖层）在盆地边缘完全缺失，厚度很大的嫩一、二段地层仍覆盖于盆地边缘。因此，对油气产生了完好的封闭。油气主要聚集于区域盖层嫩江组之下的姚家组和青山口组之中（图 9.19）。油气仅在盆地边缘的富拉尔基、白城、扶余 1 号构造和大庆长垣南端的葡萄花构造等地区出现局部泄漏。并且，原油仅普遍受到了中等稠变水平。因此，尽管该盆地有着丰富的常规油气资源，但由于后期构造运动的方式和强度较差，最终形成的重油沥青资源规模相对很小。

（三）单旋回活动型

该类盆地一般具有粗—细—粗的沉积旋回，如苏北盆地（图 9.19）、泌阳凹陷和二连盆地等。若在此类盆地中，沉积旋回构成了较有利的生储盖组合，则仍可形成相当规模的油气聚集，如泌阳凹陷和二连盆地。但在苏北盆地，最大沉降期沉积的阜宁组之内以及其下缺乏有利储集层配合，而位于其上的主要储集层之上又缺乏大面积分布的非渗透层，使由深部进入连通系统的油气迅速散失，无法在连通系统中造成相当规模的油气聚集。因此，形成的重油很少，仅在黄珏、潘庄两地分布有少量重质油。同时，油气分布在平面和纵向上都比较分散，受局部盖层的控制。

在泌阳凹陷和二连盆地则完全不同，在沉降阶段仍发育了较厚的储集层，自身或与其下的地层构成了一个完整的良好生储盖组合，从而形成了相当规模的油气聚集。在泌阳凹陷，作为区域盖层的是核一、二段地层，廖庄组末期的构造运动，使凹陷斜坡上部的廖庄组和核桃园组各段遭受了不同程度的剥蚀，并与上寺组地层呈角度不整合接触，即区域盖层出现泄漏区。同时，连通系统内断层的侧向封堵、不整合面和沥青自身因素又为泄漏进入连通系统的油气提供了有利封堵条件。因此，在该凹陷形成了相当规模的重油沥青资源。在二连盆地，主要沉降阶段沉积的腾格尔组地层和其下的阿尔善组顶部仍发育着有利的储集层，也构成了较有利的生储盖组合，形成一定数量的油气聚集。并且，后期构造运动的频繁发生，使下白垩统油砂出露地表。同时，在一些浅部断块腾格尔组中、下部和阿尔善组顶部储层均形成了一定规模的重油沥青资源。

可见，盆地类型与重油沥青资源的丰度有着密切的关系。盆地类型不同，常规油富集的规模以及后期构造运动的强度均有很大不同，从而导致重油沥青资源的丰度明显不同。其中多旋回活动型盆地最有利于重油沥青资源的形成与聚集，它具备有利的各方面条件和极佳的配置方式。

三、重油和沥青成矿环境、阶段与机制

对于一个沉积盆地或盆地的一部分，其地下水与地表水和大气水的联系程度，主要取决于地质构造。在地质构造中，向地表开启的断层、不整合面和储层越多，这种联系就越密切。同时，地下水接收补给和排泄的条件就越好。

此外，气候水文因素对这种联系程度也有一定的影响。在地质构造一定的情况下，即具备了一定的接收补给和排泄的条件下，地下水补给水源的丰富与否则成为地表水与地下水交替是否活跃的关键因素。补给水源越丰富，两者的交替就越活跃。在一个盆地或凹陷中，由不整合面、输导层（或储层）和断层配置而成的系统格架，可按其内部地下水与地表水的联系程度，分为两个子系统：连通系统和非连通系统。

可见，以上各种有利条件的配置组合将构成一个盆地或凹陷良好的连通系统，而这种连通系统的分布空间将取决于“有利构造”的发育规模，两者成正比关系。

地表水与地下水的联系程度将随着远离两者交替媒介接触面（地表面）的距离加大，即向盆地深处，而降低，最终将达到近于完全不连通状态——非连通状态。同时，生物降解、水洗、大气氧的氧化等作用也随着这种联系程度的减弱而降低。现将连通系统与非连通系统的特征分述如下。

（1）连通系统：在该系统中，地下水均是倾斜的测压面，水体向测压面倾斜的方向流动。地层水水型以 $NaHCO_3$ 型为主，总矿化度低至中等，地层温度小于 100℃。大气中的游离氧和水中的各种细菌依赖地表水与地下水的联系，通过运动着的水，被或多或少地带入系统的各个部分。因此，该系统为石油提供了很好的稠变环境。重质油的最终形成与聚集均发生在此系统之中。

（2）非连通系统：在该系统中，地层水具有水平的测压面，总矿化度很高（一般大于 1.0×10^4mg/L），地层温度大于 100℃，水交替几乎处于停滞的状态。细菌无法生存，游离氧已不存在。石油在该系统受到良好的保护，使其仅发生较轻微的稠变。因此，这一系统为石油提供了极佳的保护环境。

有必要指出的是，某一地区的连通和非连通系统在各个时期的表现形式有所不同。具体地区在某一时期的连通系统与非连通系统的空间与形式，取决于该区当时的地质构造、地形和气象水文条件。这就意味着石油的稠变为一历史的过程。自新近系沉积以来，渤海湾地区箕状凹陷之中连通与非连通系统的分布特征是：在倾斜块体的翘起部位，断裂、不整合面和开启储层的相互切割，提供了地下水补给和接收的好条件，使此部位连通性较佳，连通范围大。例如，地表水由地表露头进入，以基底不整合面和基岩裂缝为通道，可与埋深 2000 多米的古潜山内部地下水进行交替，造成良好的稠变环境。而在

深陷部位，仅靠新近系不整合面的水平联系和零星分布的浅层断裂的垂向联系，因此，连通范围小，连通性差。此外，在控制凹陷的同生大断层上升盘，披覆和超覆于隆起之上的储层内地下水交替活跃，也创造了良好的连通空间（图 9.22）。

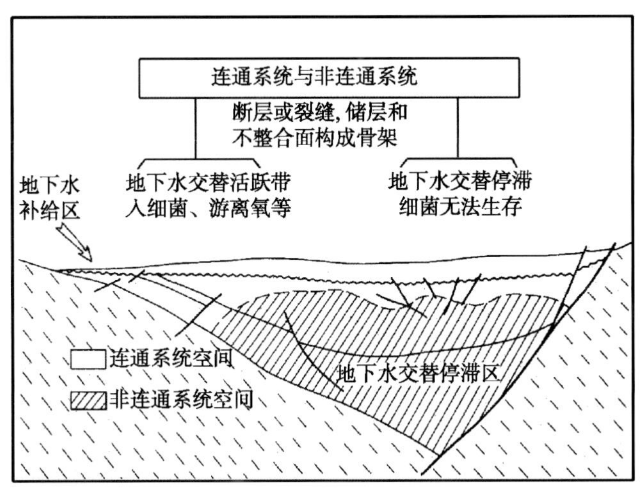

图 9.22 箕状凹陷连通与非连通系统分布模式

石油进入储层之后的整个稠变过程，实质上是一个由深层向浅层，由与地表水不连通的系统到与地表水连通系统周期性运移的过程。这一过程表现为运移、聚集、再运移、再聚集……石油随之变得越来越重、越稠。并且，在连通系统中，地下水对石油有着两种作用方式：①活跃水对石油在开启通道（储层、断层和不整合面）的侧上方实施更强的稠变作用；②活跃水对已聚集的石油在底部或边部实施更强的稠变作用。

在连通与非连通系统中，石油所遭受的稠变作用因素是不同的。据此，可把整个稠变过程分为两阶段。

1. 非连通稠变阶段

在该阶段，石油一直处于与地表水不连通的系统之中，其稠变因素有以下四种：①气体或轻质组分蒸发，或者单独优先运移，从而脱离母体原油，使母体原油变稠、变重；②孔隙水对气体或轻质组分的溶解；③不整合面、断层等易于轻质组分运移的通道对轻质组分的影响；④通过盖层的极差运移而造成的轻质馏分损失。

2. 连通稠变阶段

此阶段，石油处于连通系统之中，稠变作用因素除以上几种外，出现了以下三种新的主要稠变作用因素：①生物降解；②水洗；③游离氧的氧化。

由此可知，重质油的聚集均发生在连通系统之中，即发生在水不断运动的系统之中（尽管其流速可能很小）。也就是说，水动力因素在重质油藏的形成上起着一定的、甚至关键的作用。因此，高黏度重质油在运移阶段进行稠变时，所受的合力（F）可表达为(图 4.9)

$$\overrightarrow{F}=\overrightarrow{F_1}+\overrightarrow{F_2}+\overrightarrow{F_3} \quad (9.6)$$

式（9.6）中的 $\overrightarrow{F_1}$ 为重力与浮力所产生的合力，即

$$\overrightarrow{F_1}=gz_o(\rho_w-\rho_o) \quad (9.7)$$

式中，g 为重力加速度；ρ_w 为水的密度；ρ_o 为油的密度；Z_o 为石油聚集的垂直高度。

式（9.6）中 $\overrightarrow{F_2}$ 为石油由大孔隙进入小孔隙所要克服的压差阻力，即

$$\overrightarrow{F_2}=-2r(1/r_t-1/r_p) \quad (9.8)$$

式中，r 为表面张力；r_t 为小孔隙半径；r_p 为大孔隙半径。

式（9.6）中 $\overrightarrow{F_3}$ 为水动力，即

$$\overrightarrow{F_3}=gp_w(d_h/d_x)x_o \quad (9.9)$$

式中，$\overrightarrow{F_3}$ 为正值时表示水沿岩层向下倾方向流动，为负值时表示向上倾方向流动；x_o 为石油聚集的水平宽度；d_h/d_x 为势能面的坡度。

当 $F\leqslant 0$ 时，石油能够聚集。

当 $F>0$ 时，石油进行运移。

当重质油进行运移时，随石油的密度增大，F_1 值减少。从而 F 值也随之下降，即石油更易聚集。此外，随石油的黏度增大，其内阻摩擦力增大，也使其不易流动。

又知，随石油的变稠、变重，石油化学组成中的多芳烃、稠环化合物等非极性物质增加，从而使油水的表面张力随之增大，即使 $F_2=2r/(1/r_t-1/r_p)$降低，结果更难通过喉道。因此，更有利于聚集。

同时，也可看出，在相对密度一定的条件下，因低熟重质油的黏度或非烃含量比成熟重质油的高，所以，低熟油的自身保护条件比成熟油要好得多。

总之，对于重质油来讲，尽管在浅层油气的封闭条件相对差，但它们本身的高相对密度和高黏度性质，决定了它们在浅层具备更好的聚集条件，几米泥岩盖层即可封堵百米左右的重质油柱。在运移期，随石油的变稠、变重，其聚集的能力越来越强。而且，油藏期稠变将使已聚集油增强其封堵后续运移油的能力，即在边界条件一定的情况下，自身因素的加强，将封堵更大的油柱高度。对于自身因素起作用的重质油聚集，如果油藏期稠变作用不强，在后续油不断聚集的情况下，最终将使上部已聚集油失去封堵能力，造成继续运移；直到前方油稠变程度提高，重新达到封堵能力，或者遇到有利圈闭，才能重新聚集成为重质油藏。这可能是一种重质油的运移机理。当石油相对密度大于 1.00 时它们以固体-半固体的状态，黏结于孔渗性很好的输导层内。例如，辽河西斜坡上部馆陶组地层和东营凹陷单家寺油田馆陶组地层之中，油以“固体沥青”的形式，充填于孔隙之中，其顶部与水接触，成为重质油藏，即我们常说的自身封堵油藏。

四、重油藏及焦油砂矿的分布规律

盆地内的不同构造部位，具有不同的重油和焦油砂成矿模式。因此，重油藏和焦油砂矿在盆地内有着各自的分布特点，即不同类型的重质油藏和焦油砂矿大多分布于不同的构造单元。

（一）盆缘斜坡带

盆缘斜坡带以斜坡降解型成矿模式为主。该带往往发育有多期的不整合和断层，它们与浅部储层交织在一起，使该带内的含重质油层位多，油藏类型也较为多样，如地层不整合、地层超覆、断块、古潜山、岩性以及沥青自身封堵等重质油藏类型。在缓坡带更有利于重油沥青的形成与分布，往往形成富集带，如辽河西部斜坡重油聚集带，准噶尔西北缘重油聚集带、阿尔伯达盆地东北部油砂矿分布带和委内瑞拉奥里诺科重油带等。

（二）凸起带

在凸起带上，尤其是凹陷内的低凸起，往往发育着大型披覆背斜重质油藏，如埕北低凸起带、孤岛–弧东低凸起、辽西低凸起和石臼坨凸起等。在凸起围斜部位可发育其他油藏类型，如地层超覆、岩性、断块等油藏类型等，但发育规模较小。

（三）凹陷中央断裂背斜带

该带主要发育断块重质油藏，重油的形成与否取决于断裂的向外开启性。往往浅部为重质油，向深部则变为常规油，如济阳拗陷胜坨和东辛等断裂背斜和断块重质油藏。

但必须指出，由于每类盆地的沉积和构造演化特征具有很大的差异性，因此，它们的重质油藏分布特征也有较大的差异。以裂谷型盆地渤海湾盆地为例，断块活动发育，形成了 NNE 向和 NNW 向两组断裂网络系统，切割成 47 个翘倾块和上覆的箕状凹陷，每一断陷自成一个独立的沉积系统和成油单元，箕状凹陷连通系统的分布具有一定的规律性。各带的特征均有不同。

1. 斜坡带

斜坡带为箕状凹陷中基底埋深较浅，沉积盖层较薄的部位。斜坡带主要受两组与斜坡带走向一致的断裂切割：一组为基底断裂，大多数断层倾向与斜坡倾向相反；另一组为盖层断裂，断层倾向与斜坡倾向一致。同时，斜坡带也是碎屑岩发育的部位。

由此可见，在斜坡带，这些断裂、不整合面与开启储层交织在一起，创造了地下水补给接收和排泄的好条件。所以，这一地质条件和连通系统的分布及特点就决定了该带内的含重质油层位多，重质油藏类型也更为多样，形成了不整合重质油藏、地层超覆重质油藏、古潜山重质油藏和断块重质油藏以及储集层上倾尖灭重质油藏。不整合、地层超覆和断块重质油藏在石油未到达之前，储层均在侧上方，向地表间接或直接开启，即不具良好的封堵条件或根本不具封堵条件。到达的石油是依赖自身变稠变重的性质来创造自身聚集和保护条件的。而古潜山重质油藏和储层上倾尖灭重质油藏由于一般埋深相对大些，盖层条件好，因此，这两类重质油藏的形成主要依赖于油藏期稠变作用。

但上述各种重质油藏的发育程度，明显地受斜坡带成因类型控制。斜坡带的类型不同，其重质油藏的形成条件也不同。

1）沉积斜坡

斜坡的原始倾角较大，下部地层的沉积范围较小，上部地层的沉积范围较大，有逐层超覆现象。斜坡带顶部的剥蚀很微弱，剥蚀面一般仅存在于古近系顶部，断裂不太发育。这一地质条件就决定了该类斜坡主要依赖新近系顶部不整合面、基底不整合面以及超覆其上的储层创造连通条件。由于断裂不发育，缺少垂向的沟通，不整合面、储层以及断裂的配置不好，未构成较佳的连通系统。因此，连通系统空间小，重质油藏类型不多，油藏规模也小，主要为地层超覆和不整合重质油藏。但也可出现古潜山和断块重质油藏，如冀中凹陷的文安斜坡即属此类。

2）构造斜坡

斜坡的原始倾角很小，在沉积过程中，块断翘倾活动也不强烈，不存在地层的明显超覆和退覆，只存在每个地层单位的厚度自凹陷深部至斜坡顶部逐渐变薄。古近纪末，斜坡强烈翘起，遭受明显剥蚀，古近系各地层均通过新近系不整合面向地表间接开启。这类斜坡的油源充足，可形成规模较大的自身封堵和不整合重质油藏；也可出现断块、古潜山和储集层上倾尖灭重质油藏，如冀中凹陷的牛北斜坡。

3）构造沉积斜坡

斜坡的原始倾角较小，在沉积过程中，断陷的沉积幅度时而大于块断翘倾辐度，时而小于块断翘倾幅度，从而，在斜坡带上地层超覆和退覆交替出现。总体上早期以超覆为主，晚期以退覆为主。斜坡边缘遭受较强的剥蚀，断裂比较发育。古近系各地层均通过新近系不整合向地表间接开启。这一特点就决定了该类斜坡带中，不整合面、储层和断裂相互交织在一起，配置成了极佳的连通系统。连通系统空间大，加之油源充足，可形成各种重质油藏类型，重质油藏的规模也比较大，如辽河西部凹陷斜坡带。因此，构造沉积斜坡是形成重质油藏十分有利的斜坡带。

2. 深陷带

深陷带为箕状凹陷中沉积盖层厚度很大的部位。在深陷带，主要靠浅层断裂的垂向联系以及新近系不整合和储层的水平联系相配合，来开辟连通范围。因此，重质油藏的形成与否主要取决于在深陷带是否存在浅层圈闭和深大断裂。而浅层圈闭和深大断裂的存在与否及类型又取决于深陷带的类型。

1）具潜山带的深陷带

这类深陷带内部有次一级块断潜伏隆起。若这一隆起较高，使上覆层内的储层和潜山储层埋深小于1500m左右时，尽管披覆背斜断裂不发育，潜山盖层条件好，但由于该子系统处在浅部，同外界浅部地下水活跃环境联系密切，使储层内部边、底水活跃，从而，形成了披覆背斜和古潜山重质油藏。在潜山的侧面陡翼同生断层下盘也可形成逆牵引断裂背斜重质油藏。在这一重质油藏形成过程中，浅层断裂的垂向沟通起着关键性作用。

2）具塑性拱升断裂背斜的深陷带

塑性拱升断裂背斜中，发育的多条断层为洼陷生成的石油提供了极好的垂向运移通道，并使深部地下水活跃层与浅层地下水活跃层建立了密切的联系。从而，在浅部层位形成了重质油，而深层部位却为常规油藏。

3）具滑陷挤压断裂背斜的深陷带

这种背斜产生于两条相向基底断裂控制的地区。在这一背斜中，断裂的垂向连通作用仍是形成重质油藏的关键。

4）简单的深陷带

有些箕状断陷比较窄，内部基底结构简单，沉积盖层缺乏明显的褶皱。在这种情况下，深部石油无法进入浅层，形成重质油藏。

3. 陡坡带

陡坡带为一个翘倾断块与另一翘倾断块的交界部位，也就是一个箕状断陷的深陷带与凸起的突变带。在陡坡带内，基底断裂和盖层断裂的垂向沟通，使该带也为重质油藏的形成创造了较为有利的条件，主要发育地层超覆、不整合、逆牵引断裂背斜和断块重质油藏。但各类重质油藏的发育程度仍然与陡坡带的类型有关。

（1）断剥型陡坡带：凸起与深陷带之间的基底大断裂，经过一定程度的剥蚀，沿断剥面有明显的地层超覆，在沉积盖层中有一系列与此基底断裂倾向一致、倾角更陡的同生断层。在大同生断层的下降盘可形成逆牵引断裂背斜重质油藏，在该类陡坡带的高部位则可形成不整合、地层超覆和断块重质油藏。

（2）断阶型陡坡带：断陷与凸起之间有若干条基底大断裂，使断阶逐级下落，深洼陷中的石油依赖这些大断裂的输导，可进入高台阶形成断块重质油藏。

（3）单断型陡坡带：断陷与相邻凸起之间以一条基底大断裂相接触，基底断裂的倾角较陡，超覆带的宽度小。该类陡坡带的油源条件好，但圈闭条件不太好。在高部位，可形成小规模的地层超覆和不整合重质油藏。

4. 凸起带

新近系地层披覆于凸起之上，凸起各山头之上的披覆层往往构成披覆背斜。在凸起边缘，地层向凸起层层超覆。整个凸起带为一地表水与地下水交替较为活跃的场所。在这一连通系统中，可形成地层超覆、披覆背斜和不整合重质油藏，其中披覆背斜重质油藏可以相当大的规模出现。

在箕状凹陷中，低熟油的形成与否及分布范围主要取决于各生油洼陷的演化特点。由于低熟油产生于长期处于低熟状态的生油岩，因此，低熟重质油主要分布于早期沉降，并沉积一定体积的暗色泥岩，后期一直处于相对抬升的区域。这种相对抬升主要是翘倾块体的局部不均衡升降造成的，往往受继承性中、大型低凸起的影响，如辽河西部凹陷的北部地区、黄骅坳陷的南区和济阳坳陷的羊角沟-八角沟-八面河等地区。

根据以上各类重质油藏的特征及在箕状凹陷内的分布特点，可建立箕状凹陷重质油藏的分布模式（图 9.23）。

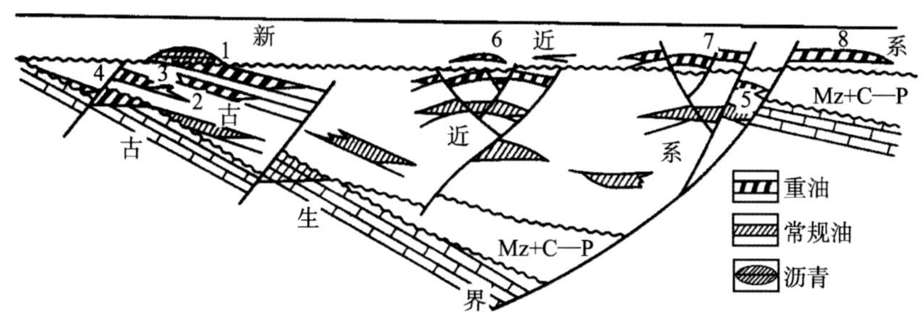

图 9.23　裂谷盆地箕状凹陷重质油藏分布模式图

1.自身封堵重质油藏　2.不整合重质油藏　3.断块重质油藏　4.地层超覆重质油藏　5.古潜山重质油藏　6、7.断裂背斜重质油藏　8.披覆背斜重质油藏

在中国,大地构造主要受西伯利亚板块的向南挤压，印度板块的 NEE 向挤压和太平洋板块的 NWW 俯冲及挤压的控制，中国西部遭受西伯利亚和印度板块的南北向挤压。在喜马拉雅构造运动中盆地边缘的造山带以很高的速率抬升，破坏了前喜马拉雅期形成的油藏，石油向浅部运移和聚集。在中国西北的准噶尔和塔里木盆地北部或西北边缘形成中生界和古生界稠油与焦油砂（图 9.24）。中国东部受太平洋板块的影响，自侏罗纪开始，断陷盆地明显沿 NE 和 NEE 发育。同断陷期是油气生成和运移的主要时期，很多拉张断层在后断陷期形成断块。这种掀斜引起油气在同裂谷期向浅部油藏，特别是向盆地斜坡的高部位运移聚集，形成中国东部丰富的新近系重油藏。中国南方古生界油藏自从晚印支期来遭受了较大幅度的改造与破坏（在白垩纪末期和古近纪末期两次抬升与剥

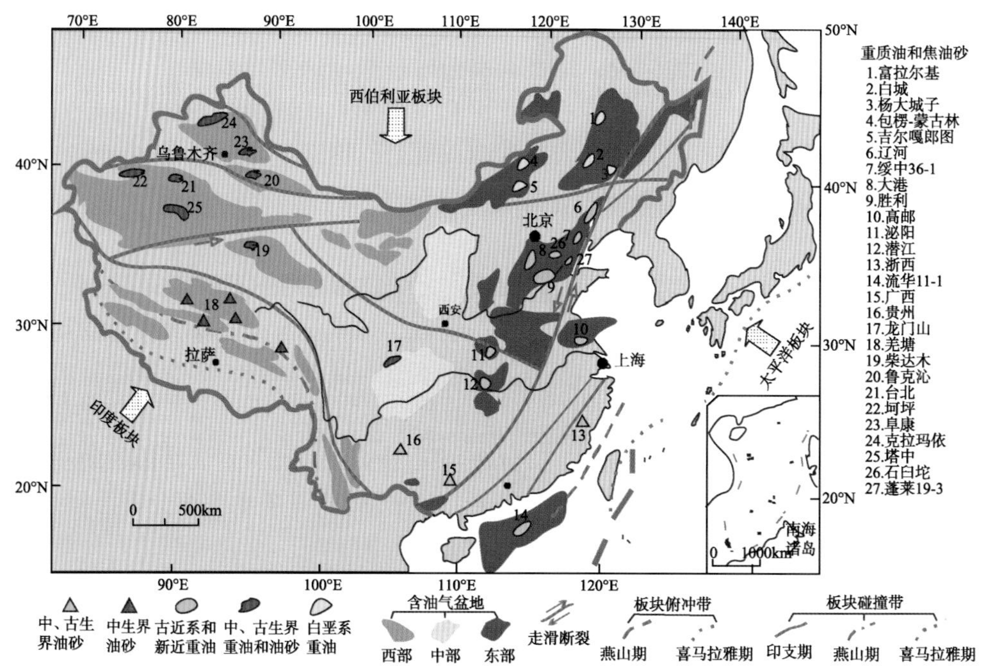

图 9.24　中国重质油和焦油砂展布图（牛嘉玉等，2002）

蚀）。同时，有机质的热演化程度也很高。因此，中国南方广泛分布阿尔卑斯构造运动形成的中、古生界沥青脉和油砂。

第四节　重油与油砂资源评价方法与参数

一、评价方法体系

油砂和重油主要评价方法为体积法，并可进一步细分为质量法和容积法。当可测得油砂的含油率和岩石密度时，采用质量法。当可求得油砂和重油的储层孔隙度和含油饱和度时，采用容积法。当无法准确获得计算参数时，可采用类比法、蒙特卡洛法等计算资源量。

（一）体积法

体积法是计算油气地质储量的主要方法之一，适用于不同驱动方式的砂岩油、气田，但裂缝性灰岩油、气田的可靠性较差。它不依赖油井的生产动态趋势，是油气田勘探开发初期油气储量评估的最好及最常用的方法，也是目前评价非常规油气资源的比较现实且常用的方法。

1. 质量法（含油率法）

当可测得油砂的含油率和岩石密度时，即可采用含油率法。采用以下公式计算，即

地质资源量：$Q_1 = 0.001 \times A \times H \times \rho \times \omega$

可采资源量：$Q_2 = Q_1 \times C$

式中，Q_1为地质资源量（10^4t）；Q_2为可采资源量（10^4t）；A 为纯油砂面积（km^2）；H 为纯油砂厚度（m）；ρ为油砂岩密度（t/m^3）；ω为含油率（%）。

2. 容积法（含油饱和度法）

当可求得油砂和重油储层孔隙度和含油饱和度时，可采用容积法。采用以下公式计算，即

地质资源量：$Q_1 = 0.001 \times A \times H \times \varPhi \times S_o \times \rho / B_o$

可采资源量：$Q_2 = Q_1 \times C$

式中，Q_1为地质资源量（10^4t）；Q_2 为可采资源量（10^4t）；A 为纯油砂或重油储层面积（km^2）；H 为纯油砂或重油储层厚度（m）；ρ为油砂或重油密度（t/m^3）；$\varPhi$为有效孔隙度（%）；S_o为原是含油饱和度（%）；B_o为油砂油或重油体积系数。

（二）类比法

类比法主要是通过评价区与高地质研究程度区的成藏条件的类比来进行评价区资源量计算的一种方法。

其资源量估算公式为

$$P = S \times \alpha \times A$$

式中，P 为地质资源量（10^4t）；S 为资源丰度（10^4t/km^2）；α 为相似系数（用小数表示）；A 为纯油砂或重油面积（km^2）。

（三）统计法

统计法包括蒙特卡洛模拟法、油田规模序列法、发现过程模型法、广义帕莱托法等，都可以用来进行重油或油砂的资源评价，但一般针对经过详细勘探的含油区，而且勘探程度越高，评价结果越接近实际。下面简单介绍一下蒙特卡洛模拟法在重油和油砂资源评价中的应用。

当系统中各个单元的可靠性特征量已知，但系统的可靠性过于复杂，难以建立可靠性预计的精确数学模型，或模型太复杂而不便应用，则可采用蒙特卡洛模拟法近似计算出系统可靠性的预计值。随着模拟次数的增多，其预计精度也逐渐增高。

蒙特卡洛数学基础是，假设有一个随机变量 x，为了描述这个随机变量,在数学上通常使用密度函数 $P(x)$和分布函数 $f(x)$这两个概念。但在实际工作中通常用大于累积分布函数 $F(x)=1-f(x)$计算资源量期望曲线，通过资源量期望曲线进行实际应用。为了得到随机变量 x 与大于累积分布函数 $F(x)$之间的关系，通常需要借助一定的数学模型。

在重油和油砂资源评价过程中，计算资源量的主要参数经常是有一定取值范围的随机变量，所以能够用概率统计的方法计算资源量。其做法分 3 步：首先要建立符合这些参数统计规律的数学模型；然后进行抽样模拟计算，得出一个计算单元的资源量概率分布曲线；最后对多个计算单元的资源量进行概率累加，得到总资源量概率分布曲线。

蒙特卡洛模拟法可以含油率法和含油饱和度法为基础，以含油率法为基础的蒙特卡洛模拟法进行油砂的资源量计算主要过程如下。

第一步：依据蒙特卡洛的数学原理，选取含油率和油砂岩密度为基础的均匀分布模型；第二步：根据选取的样品参数，即含油率和油砂岩密度参数（或前人的资料），得出某个层位的资源量概率分布曲线，进而得出该矿区资源量分布曲线，最后以盆地各个矿区资源量为基础进行概率累加，得到盆地内油砂的总资源量概率分布曲线。

二、评价的参数体系

在地质评价基础之上，根据勘探程度和评价方法，选取评价参数。油砂和重油的评价参数包括孔隙度、渗透率、含油率（针对油砂）或含油饱和度、厚度、面积、埋藏深度、可采系数。

（一）参数获取

1. 不同地质研究程度区参数获取

1）高地质研究程度区

高地质研究程度区资源量计算参数来自实际取得的数据，如野外露头、钻井、测井、地震、分析测试等方法。

2）低地质研究程度区

低地质研究程度区采用类比法获取参数。根据资源评价的实际情况，根据评价区与高地质研究程度区油气成矿条件的相似性，由已知区的成藏参数特征类比评价单元的资源量计算参数。具体分为 3 种情况：

（1）在同一盆地中，有中、高地质研究程度区的，应用类比法获取资源量计算参数。

（2）在同一盆地中，无中、高地质研究程度区的，对出露地表的油砂或地下重油进行实地勘查和地质研究取得资源量计算参数。

（3）上述两种条件都不满足时，可与其他地质条件相似的盆地的油砂区进行类比，获取资源评价参数。

3）中等地质研究程度区

中等地质研究程度区评价单元资源量计算参数，采用体积法和类比法两种方法相结合获取。

2. 类比法获取参数的操作流程

（1）选择合适的高地质研究程度区。

（2）对评价区和高地质研究区进行地质特征研究，搞清评价区和高地质研究程度区的油砂和重油成矿条件，确定类比参数。

（3）据类比评价标准进行评价区和高地质研究程度区之间的地质类比，求出两者之间的相似系数。

（4）根据计算公式计算评价区油砂或重油的评价参数和资源量。

3. 类比参数及评分标准

1）类比参数

在类比法中，成矿条件主要包括储集条件、圈闭条件、构造破坏条件等。在类比评价中，通过评价区和高地质研究程度区成矿条件研究得到类比参数作为类比评价的基础。具体类比参数见表 9.17。

表 9.17　油砂或重油成矿条件类比参数表

参　数	矿体特征	分　值
孔隙度	储层沉积相	
	储层岩石特征（岩性、粒度）	
	成岩作用	
	埋藏深度	
含油率或含油饱和度	孔隙度	
	渗透率	
	构造部位	
	构造活动强度及次数	
	储盖组合数及类型	

2）评分标准

确定评价区和高地质研究程度区的油砂或重油成矿参数后，可以根据类比评分标准计算评价区与高地质研究程度区的相似系数。类比评分标准可以采用绝对标准，也可以采用相对标准，具体评价标准在评价研究中确定。

将成矿条件类比参数按一定的标准分级，每个级别赋予不同的分值，建立类比参数的评价标准。以此评分标准为依据，根据评价区与高地质研究程度区的类比参数，得到评价区与高地质研究程度区的地质类比总分，并求出类比系数。

（二）关键参数

1. 含油率（质量分数）和含油饱和度

油砂含油率ω_1是就是油砂中油的质量分数，是评价油砂资源的重要指标。目前国外以化学方法测定含油率是应用改良式索氏抽提法。

含油饱和度ω_2是指油砂或重油中原油体积所占储层孔隙体积的比例。

2. 面积

面积是通过露头资料、钻井资料、地层产状和地球物理资料等，结合边界品位而估算出来或用类比法获得。

3. 厚度

厚度是通过露头资料、钻井资料和地球物理资料等取得或用类比法获得。

4. 孔隙度

孔隙度是指岩石孔隙体积占岩石总体积的比例，可以通过孔隙度与含油饱和度来计算油砂或重油的资源量。

5. 技术可采系数

技术可采系数是将地质资源量换算成技术可采资源量的关键参数。不同品质的油砂或重油，其技术可采系数是不同的。

6. 类比评价参数体系与参数取值标准

类比评价参数体系与参数取值标准是类比法获得计算参数的基础。孔隙度通过储层沉积相、储层岩石特征（岩性、粒度）、成岩作用、埋藏深度参数类比获得。含油率或含油饱和度通过孔隙度、渗透率、构造部位、构造活动强度及次数、储盖组合数及类型类比获得。具体选取哪些起主要作用的类比参数，同时建立类比参数的分级与取值标准，将通过评价过程中对高地质研究区的研究确定。

三、油砂资源评价标准

综合考虑油砂可采资源量、资源丰度、油砂厚度、含油率、资源可信度等 5 个地质条件和地理环境、交通、水、电等 4 个经济条件，对全球油砂进行综合评价（表 9.18），上述因素同时参与评价时，Ⅰ类（优）积分>150，Ⅱ类（中）积分 100～150 分，Ⅲ类（差）积分<100。

表 9.18　全球油砂资源评价标准

大项	分值参数	75～100	50～75	25～50	0～25	参数权重
地质条件	可采资源量/10^4t	＞8000	5000～8000	2000～5000	＜2000	0.25
	资源丰度/(10^4t /km^2)	＞200	100～200	50～100	＜50	0.25
	油砂厚度/m	＞50	10～50	5～10	＜5	0.35
	含油率	＞10%		6%～10%	3%～6%	0.3
	资源可信度	可信		较可信	一般	0.2
经济地理条件	地理环境	平原	丘陵	山地 戈壁 沙漠	高原	0.15
	交通	方便	一般	不方便		0.2
	水	方便	一般	不方便		0.2
	电	方便	一般	不方便		0.1

第五节　重油与油砂矿资源的分布与潜力

一、全球重油与油砂资源的分布特征

据 Roadifer（1986）对世界常规油气田和 19 个已知重油沥青油田的统计，稠油沥青资源在全球烃类资源中占有相当大的比例。统计包括地质储量在 50×10^8Bbl 以上的 313 个大型常规油田和 2000 多个小型常规油田以及 19 个已知的重油沥青油田。统计结果表明：19 个已知重油沥青油田地质储量（2.8×10^{12}Bbl）略大于 313 个大型常规油田地质储量（2.7×10^{12}Bbl）。而这些大型常规油田在地质储量上却占所有常规油田（3000 多个）的 57%。此外，据各方面研究机构的预测，世界常规石油地质储量约为 7.15×10^{12}Bbl，世界重油沥青则约为 6.18×10^{12}Bbl。因此，从整体上看，尽管各方面预测的绝对数值有较大差异，但相比来看，世界常规石油与世界重油沥青资源在烃类资源分布和规模上均有着同等重要的地位。

重油与油砂的形成和展布与中、新生代构造运动有紧密的关系，尤其是新阿尔卑斯构造运动对全球重油和油砂的形成与分布起着至关重要的作用。因此，它们的展布受控于全球新生代造山褶皱带的分布。中、新生代构造运动导致古油藏遭受破坏，常规油运移进入浅部，甚至地表，遭受生物降解、水洗和游离氧的氧化，形成重油与油砂。图 9.25 展示了全球重油与油砂主要沿两个中、新生代构造带展布，即环太平洋带和阿尔卑斯带。东委内瑞拉盆地、阿尔伯达盆地、列那-阿拿巴盆地和中国东部诸盆地的重油与油砂均归属环太平洋带。中国西部诸盆地、印度坎贝海湾和欧洲诸盆地的重油与油砂均归属阿尔卑斯带。中国重油与焦油砂同时具备两个带的地质特征。

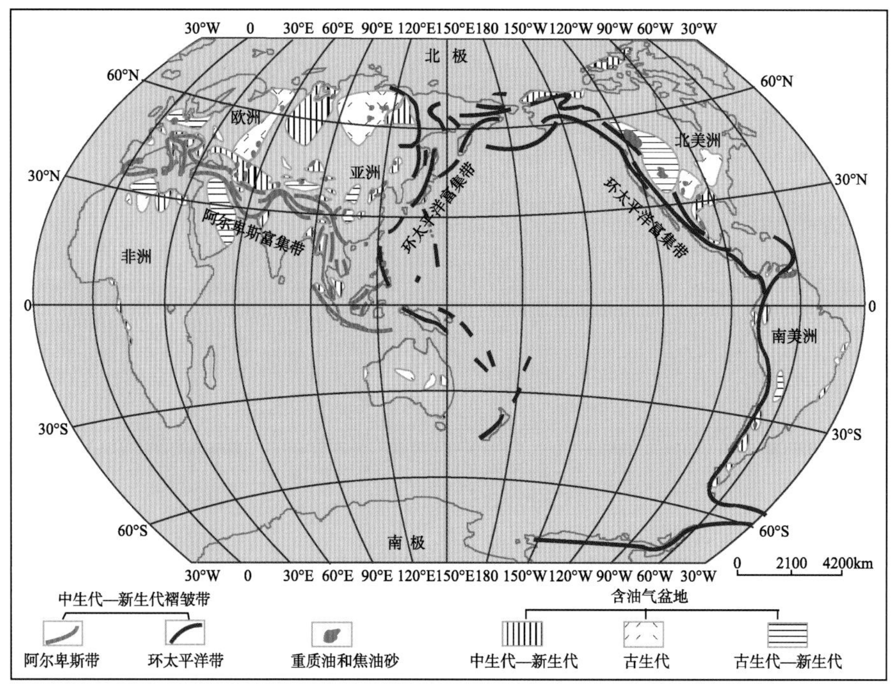

图 9.25 全球重油与油砂展布图

同时，全球油砂和重油高度富集在六大盆地，包括西加拿大、东委内瑞拉、北里海、伏尔加-乌拉尔、马拉开波和东西伯利亚盆地。主要原因是，早期的克拉通边缘盆地或聚敛前与小洋盆连通的盆地接受了广泛分布的烃源岩，有丰富的物质基础，也是常规油气富集的盆地；多旋回演化是油砂资源形成的动力学条件，先期克拉通边缘盆地或聚敛前与小洋盆连通的盆地，后期受挤压应力作用，出现前渊拗陷，在前渊拗陷接受沉积的过程中，早期沉积的烃源岩成熟，挤压应力造就了新的盆地格局——大型箕状拗陷和前缘隆起及斜坡带，为油气长距离、大规模向斜坡带运移提供了条件和动力；运移到斜坡带浅部位的油气进入氧化环境的各类物理圈闭中，轻组分散失同时遭受水洗和生物降解等作用演化为油砂油，与较深部位的稠油、正常油在平面上形成具有密切成因联系的资源序列。

任何含油气地区，无论油砂资源赋存于何处，其在盆地内的空间展布均遵守着同一规律，即展布于盆地（或凹陷）的边缘斜坡和凸起之上或边缘以及断裂构造带的浅部层系。从层位上来说，绝大部分的油砂资源赋存在白垩系和古近系—新近系中，前者如阿尔伯达盆地，后者如尤因塔盆地。古生界赋存的该类资源与长期的构造运动、破坏和氧化作用有关，如伏尔加-乌拉尔盆地。前寒武系—寒武系赋存的该类资源与区域性隆起、古油藏整体抬升、破坏和氧化作用有关，如东西伯利亚盆地的阿纳巴尔隆起和阿尔丹隆起。

重油和油砂虽然在成因上一样，但因各盆地具体地质条件以及油气形成后的生物降解作用、氧化作用、水洗作用和逸散等强弱程度的差异，油砂和重油虽然在全球整体分布上比较一致，一般共存，但在盆地内分布各有侧重。通过本书对全球重油和油砂资源的评价结果来看（图 9.26），油砂主要分布在北美和前苏联地区，约占全球油砂总资源量的 96%。而重油则主要集中在南美地区，约占全球重油总资源量的 70%以上；北美和亚洲地区次之。

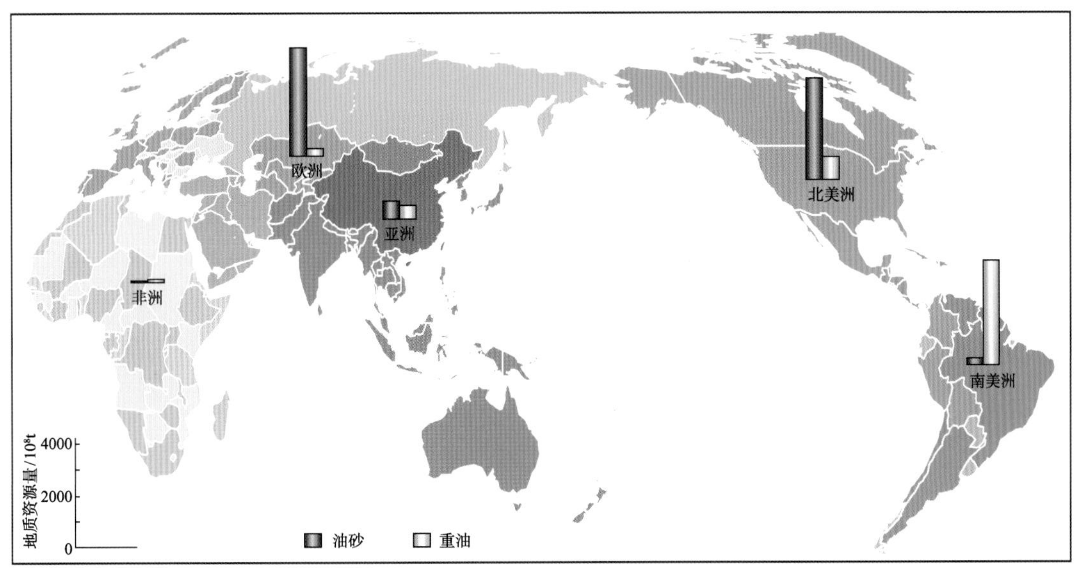

图 9.26 全球重油和油砂资源分布图（欧洲包括俄罗斯地区）

从全球重点盆地的油砂资源分布来看(图 9.27)，以西加拿大盆地和俄罗斯的东西伯利亚盆地最为集中，约占全球油砂总资源量的 82%，其次为滨里海盆地、伏尔加-乌拉尔盆地、马拉开波盆地、加纳盆地、蒂曼-伯朝拉盆地等。

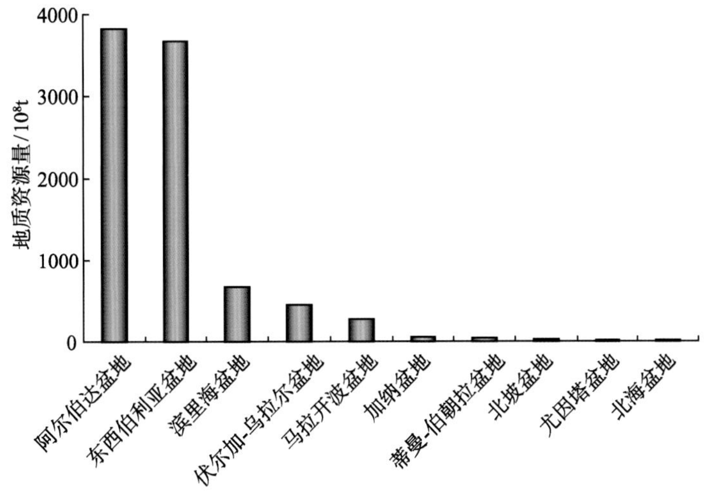

图 9.27 世界主要盆地油砂地质资源量分布直方图

北美地区41个油砂盆地的油砂地质资源量约为4000×10^8t，可采资源量约390×10^8t。油砂资源分布极其不均，主要分布在阿尔伯达盆地、北坡盆地、尤因塔盆地、帕拉多盆地、黑勇士盆地、南得克萨斯盐丘和阿纳达科盆地，这7个盆地油砂地质资源量占北美地区的99.7%，可采资源量也占北美地区的95%以上。其油砂盆地类型多样，以克拉通边缘盆地、封闭式聚敛板块边缘盆地和聚敛边缘裂谷盆地为主，油砂成矿模式与盆地类型密切相关，盆地类型多样导致油砂成矿模式也多样化，其中斜坡降解型成矿模式为该地区油砂成矿主导模式，其他成矿模式形成的油砂矿仅局部发育。

欧亚地区共含32个油砂盆地，其油砂总地质资源量约为4900×10^8t，可细分为俄罗斯、高加索、中东、亚洲其他地区和欧洲其他地区。俄罗斯地区包含13个含油砂盆地，其油砂地质资源量约4200×10^8t。高加索地区包含4个含油砂盆地，其油砂地质资源量约680×10^8t。欧洲其他地区包含9个油砂盆地，其油砂地质资源量约27×10^8t。亚洲其他地区包含4个油砂盆地，其油砂地质资源量约24×10^8t。由此可见，欧亚地区油砂资源集中分布在俄罗斯和高加索地区，其中俄罗斯油砂资源主要聚集在东西伯利亚盆地（西伯利亚地台周缘山系成矿构造带）和伏尔加–乌拉尔盆地（乌拉尔山前成矿构造带），这两个地区所所蕴涵的油砂资源占整个欧亚地区的93.2%。

南美地区共有4个含油砂盆地：马拉开波盆地、纳波/普图马约盆地、巴里纳斯–阿普雷盆地和中马格达莱纳盆地。油砂地质资源量约为270×10^8t，可采资源量约为54×10^8t (表 9.19)。油砂资源分布极其不均，集中分布在马拉开波盆地，该盆地油砂地质资源量占整个南美洲地区的99.3%。

表 9.19 南美地区油砂盆地资源量统计表

盆地名称	成矿模式	地质资源量/10^8t	可采资源量/10^8t	可采系数/%
马拉开波盆地	断裂疏导型	269	54	20
纳波/普图马约盆地	斜坡降解型、构造抬升型	1.86	0.19	10
巴里纳斯-阿普雷盆地		0.604139	0.060414	10
中马格达莱纳盆地	断裂疏导型			
总计		271	54	

非洲地区共含7个油砂盆地，油砂地质资源量约73×10^8t，主要为加纳盆地、宽扎盆地、木论达瓦盆地、苏伊士湾盆地、卡宾达盆地、死海地堑和毛里求斯-塞舌尔盆地。

从全球重点盆地重油资源的分布来看（图9.28），其中尤以委内瑞拉的东委内瑞拉盆地和马拉开波盆地最为集中，约占全球重油总资源量的63%，其次为阿拉伯地盾、坎佩切盆地、中加利福尼亚陆架、圣华金盆地等。

南美重油地质资源量约4000×10^8t，约占全球总重油资源量的69%。东委内瑞拉盆地的重油地质资源量约为2700×10^8t，可采资源量约为540×10^8t；马拉开波盆地地质资源量约为950×10^8t，可采资源量约为140×10^8t。北美地质资源量约为900×10^8t，约占全球总地质资源量的15%；可采资源量约为110×10^8t，约占全球总可采资源量的12%。

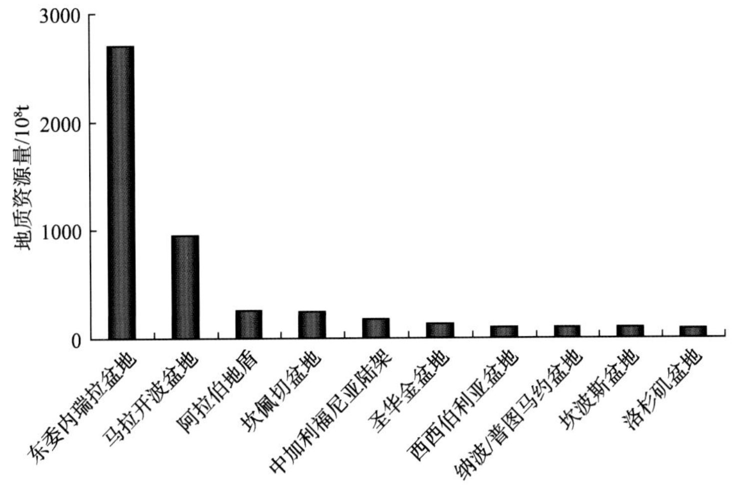

图 9.28 世界主要盆地重油地质资源量分布直方图

亚洲地质资源量约为 470×10^8t，约占全球总地质资源量的 8%，其中重点盆地有扎格罗斯盆地、中阿拉伯盆地、西阿拉伯盆地、坎贝盆地等。亚洲的重油主要分布在中东的一些国家，这里是世界上常规油气最富集的地区，相对而言，开采成本要更高，对环境污染更严重的重油没有得到足够的勘探和开发。

前苏联总地质资源量约为 280×10^8t，约占全球总地质资源量的 5%。其中，提曼-伯朝拉盆地地质资源量约为 44×10^8t，伏尔加-乌拉尔盆地地质资源量约为 18×10^8t，西西伯利亚盆地地质资源量约为 102×10^8t。非洲总地质资源量仅约为 63×10^8t，主要富集在尼日尔三角洲盆地。欧洲总地质资源量约为 111×10^8t。

二、典型盆地重油与油砂资源地质特征

（一）加拿大阿尔伯达盆地

阿尔伯达盆地位于加拿大西部，是在克拉通边缘盆地之上发育的前陆盆地。阿尔伯达盆地主体分布在阿尔伯达省，盆地面积为 $30\times10^4km^2$（图 9.29）。盆地西南构造复杂一侧，地层总厚度约 6000m，几乎从泥盆系至上白垩统均有油气藏分布。盆地内油砂和重油资源非常丰富，主要分布在盆地东翼浅部的白垩系下部，总体上处于不整合面之上。其中阿萨巴斯卡（含瓦巴斯卡）、冷湖和皮斯河是三个最大的油砂矿，Lloydermister 为最大的重油油藏。丰富的油源、良好的砂体储层、不整合面和稳定的砂体等构成了油气运移的疏导体系，烃类降解稠化是油砂富集成矿的主要因素。

白垩纪时期，阿尔伯达前陆盆地西侧的落基山脉，受太平洋板块向东俯冲于北美板块之下所产生的近东西向的挤压作用，使得盆地东北部的下白垩统 Mannville 群及其等效地层从未深埋过，几乎没有发生成岩作用，原生孔隙得以保存，矿层物性极好；同时

也使得盆地西部泥盆系到中侏罗统的烃源岩层系深埋，生成并排出大量的油气，这些油气通过不整合面、渗透性砂岩体自西向东，向隆起区斜坡带进行成距离的运移至Mannville群及其等效地层中，由于埋深浅，处于氧化环境，运移至此的油气随后氧化、生物降解形成油砂。

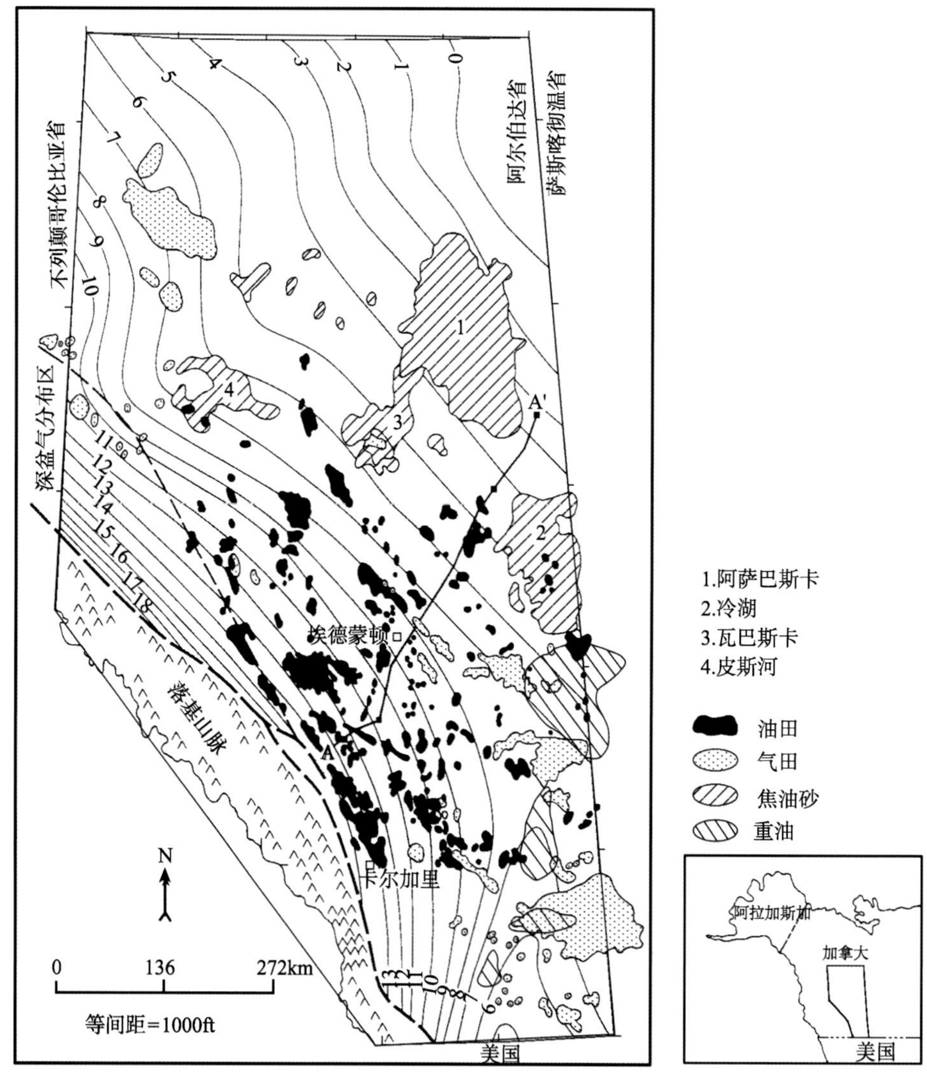

图 9.29 阿尔伯达盆地油气田分布图（Deroo et al，1977，修改）

1. 阿萨巴斯卡油砂（包括瓦巴斯卡区）

阿萨巴斯卡是阿尔伯达盆地中最大的油砂矿，矿区面积为 75 000km^2，Wabiskaw-McMurray组矿层含油砂部分占据该区 49 000km^2 的面积。阿萨巴斯卡油砂矿也是唯一的一个出露地表的油砂矿，已进行了大规模的露天地表开采（图 9.30）。

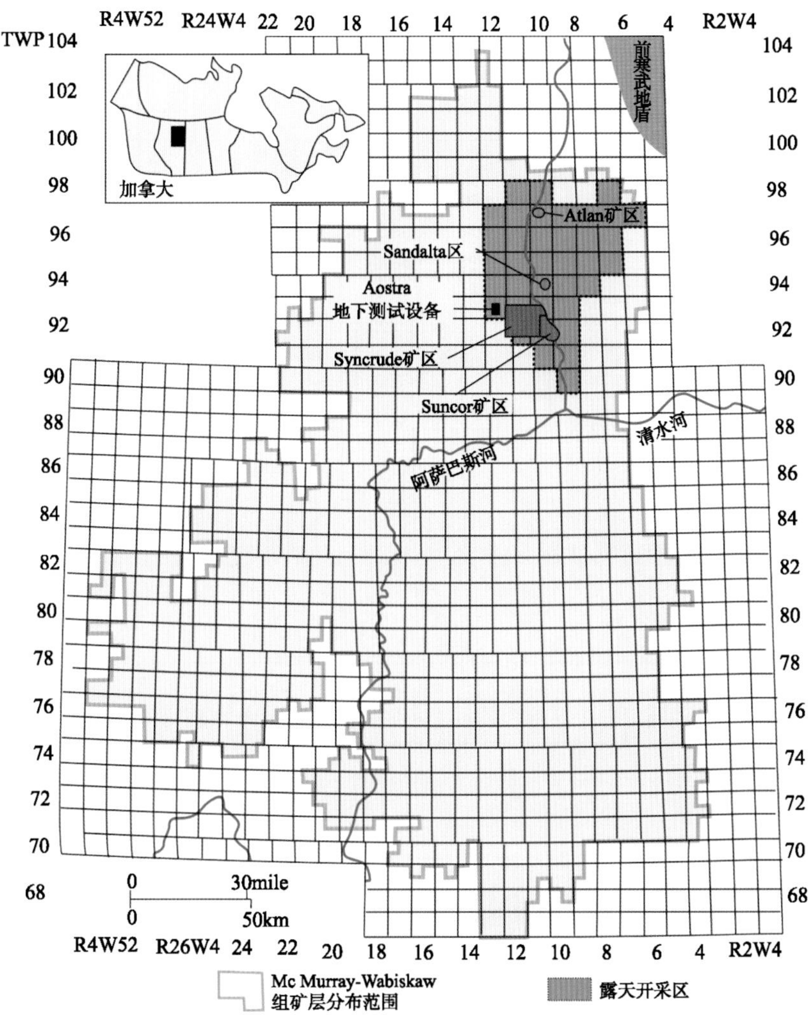

图 9.30　阿萨巴斯卡油砂矿 Wabiskaw-McMurray 组矿层面积分布图
（Wightman and Pemberton，1997）

1）地层和沉积体系特征

在阿萨巴斯卡油砂矿，68%的油砂储量是储集在下白垩统 Mannville 群砂岩中的，而32%储集在下伏的泥盆系 Grosmont 和 Nisku 组碳酸盐岩中。因泥盆系油砂矿层埋深较大，不具开采价值，目前未对其进行研究。

在阿萨巴斯卡油砂矿，Mannville 群自下而上由阿普特阶 McMurray 组、阿尔必阶 Clearwater 组和 Grand Rapids 组组成。McMurray 组直接沉积在一个前白垩系角度不整合之上，下伏古生界碳酸盐岩（图 9.31）。McMurray 组以河流/滨海平原砂岩为主，而 Clearwater 组以海相陆架页岩为主。在 Clearwater 组的底部是一个薄层的陆缘海沉积的海绿石砂岩和页岩，称为 Wabiskaw 段，该段直接上覆在 McMurray 组之上。尽管 McMurray 组和 Wabiskaw 段之间的界面是平行不整合的，但是通常很难分开。因而，这两个单元

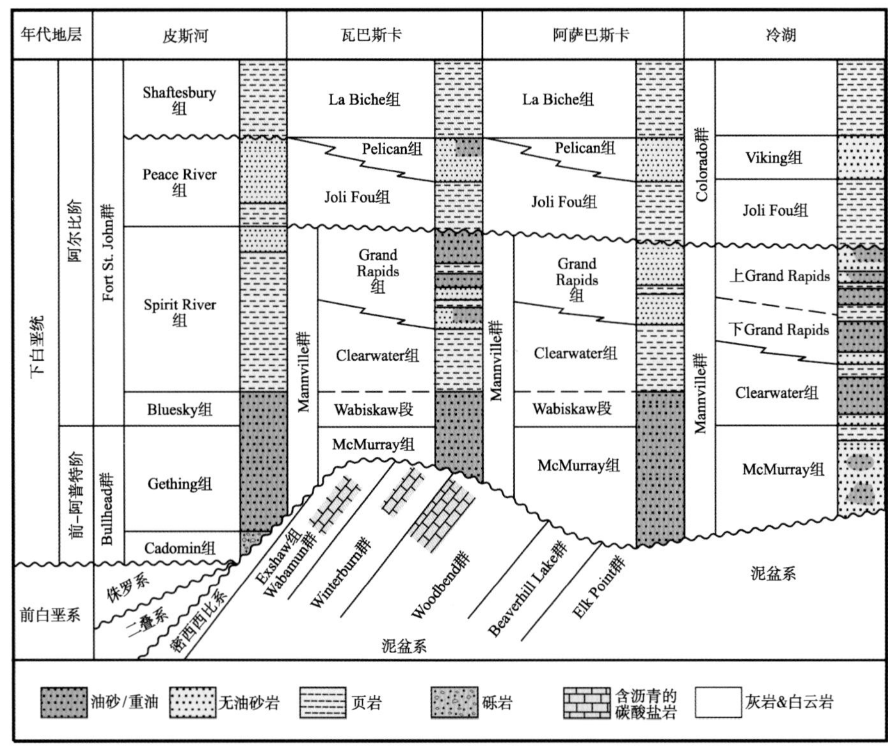

图 9.31 阿尔伯达盆地油砂矿矿层对比图（Kramers and Brown，1976）

被认为是一个整体，共同组成了 Wabiskaw-McMurray 组矿层。

在下白垩统 Mannville 群油砂中，94%的油砂储量储集在 Wabiskaw-McMurray 组矿层中，剩余的 6%储藏于 Grand Rapids 组中。McMurray 组被分为下和中-上两段，而 Wabiskaw 段可划分为三个主要的次级单元，定为 A、B、C 层段（图 9.32）。每个 Wabiskaw 层段由一层海相砂岩组成，与下一个次级单元间以一层页岩分开。

McMurray 组一般厚 40～60m（平均 50m），但在前白垩系不整合面中的沟槽中局部可厚达 110m 以上，特别是在沿着油砂矿东缘的 NNW-SSE 走向的“主河谷”中，而在基底隆起上减薄到小于 5m（图 9.33）。Wabiskaw 段总厚度范围为 5～30m，向西边砂体发育更好[图 9.34（a）]。A、B 和 C 砂体累积厚度可达 20m[图 9.34（b）]。前白垩系不整合面上的古地形影响 Wabiskaw C 层段的沉积厚度，在不整合面的低点沉积厚度更大。B 和 A 层段是区域连续的，表明它们沉积时沉积物已经完全充填了所有的主河谷。

McMurray 组和 Clearwater 组代表了 Mannville 群的水进体系域。McMurray 组由河流、三角洲平原和潮流影响的河口沉积组成（图 9.35），主要的河流体系沿着在前白垩系不整合面中的伸长的 NNW-SSE 走向的低地（“主河谷”）集中。随着向南的海侵，在低地发育了河口湾和咸水海湾。河口湾反复发育和充填，形成逐步进积层系，而咸水海湾、潮坪、潮道和垂向加积河道沿着河口湾边缘发育。前白垩系不整合面最高的古隆起几乎被 McMurray 组末期沉积所覆盖，但是在 McMurray 组沉积末期，一次相对海平面下降导致了发育下切谷。随后是自北向南的一次主要海侵。Clearwater 组 Wabiskaw 段区域性连续的浅海临滨和滨线砂岩沉积在 McMurray 组之上。之上覆盖 Clearwater 组上部浅海页岩，代表了最大洪泛面。Clearwater 组页岩上覆 Grand Rapids 组的浅海陆架/临滨、三角洲前缘和三角洲平原沉积。Grand Rapids 组在海退时的多个三角洲旋回中向海前积。Grand Rapids 组与上覆的 Joli Fou 组浅海页岩不整合接触。

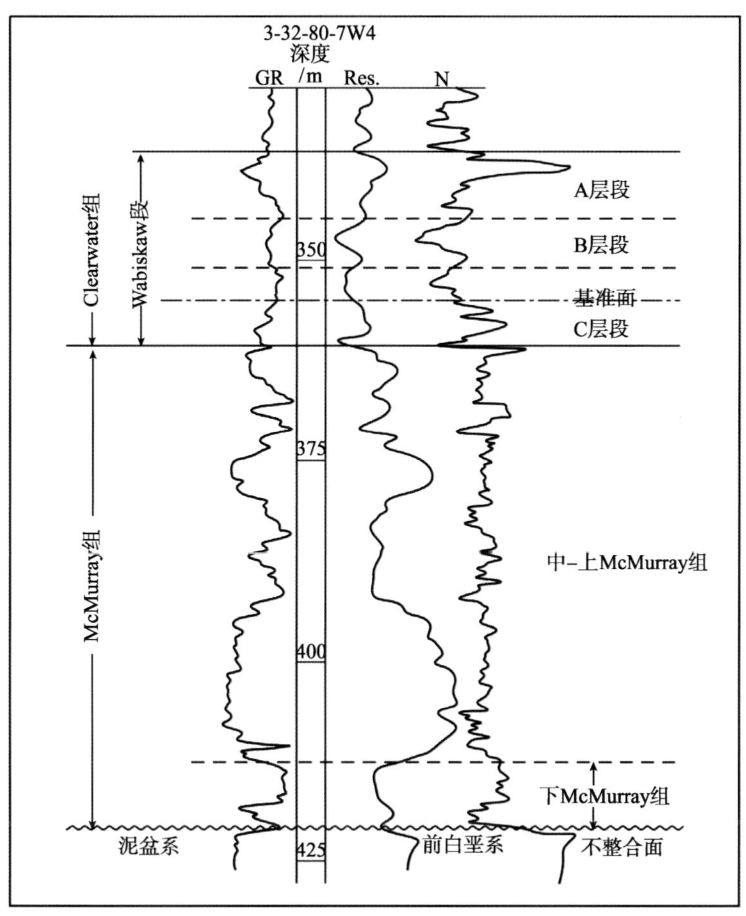

图 9.32 阿萨巴斯卡油砂矿中部 Wabiskaw-McMurray 组测井曲线图（Keith et al., 1990）

Wabiskaw 段由多个浅海泥岩分割的海绿石砂岩旋回组成。砂岩具有向上变粗的性质，为浅海临滨环境沉积（图 9.36）。A、B、C 层段，南方的上临滨砂岩转变为北方的中和下临滨砂岩，最终向北尖灭到浅海页岩中。向南，夹层泥岩消失，砂岩被剥蚀面分开。A、B、C 砂岩由侧向连续的向上变粗的准层序组成。在油砂区的南部，这些准层序向上变浅至东西走向的滨线。每个层段底部为与粉砂岩和粉砂质砂岩互层的泥岩，向上变为极细至细粒，常含海绿石的砂岩（最南部泥岩缺失区除外）。由于强烈的生物扰动，各层段泥质含量较多的部分被严重扰动，它们留下的化石和遗迹化石组合指示浅海条件。

2）构造和圈闭特征

阿萨巴斯卡油砂矿区下白垩统 Wabiskaw–McMurray 组油砂矿层处于一个构造–地层圈闭中。矿层区域与下伏泥盆系岩石呈角度不整合接触，这个不整合面向西南方向缓倾，并展现出显著的沟谷和山脊古地形（图 9.37）。最大的沟谷名为“主河谷”，位于该油砂矿东缘，走向 NNW–SSE，最大地形起伏 70m。这种地形部分是剥蚀产生的，部分是下方泥盆系岩盐溶解造成的沉降的结果。区域上，油砂矿区在 Munnville 群顶部层面上沿一个宽缓的背斜岭分布，这个背斜岭沿 SSE 方向从阿萨巴斯卡油砂矿区延伸到南方的劳埃德明斯特地区（图 9.38）。这个山岭的东翼主要是泥盆系盐溶的结果。沥青在东部圈闭黏滞不动的“沥青封闭”中；在南边和西南被盐溶和下伏古生代部分的古地形所导致的隐蔽的背斜闭合所圈闭；局部被油砂矿区边界内的河道充填和侧向的沉积尖灭圈闭。

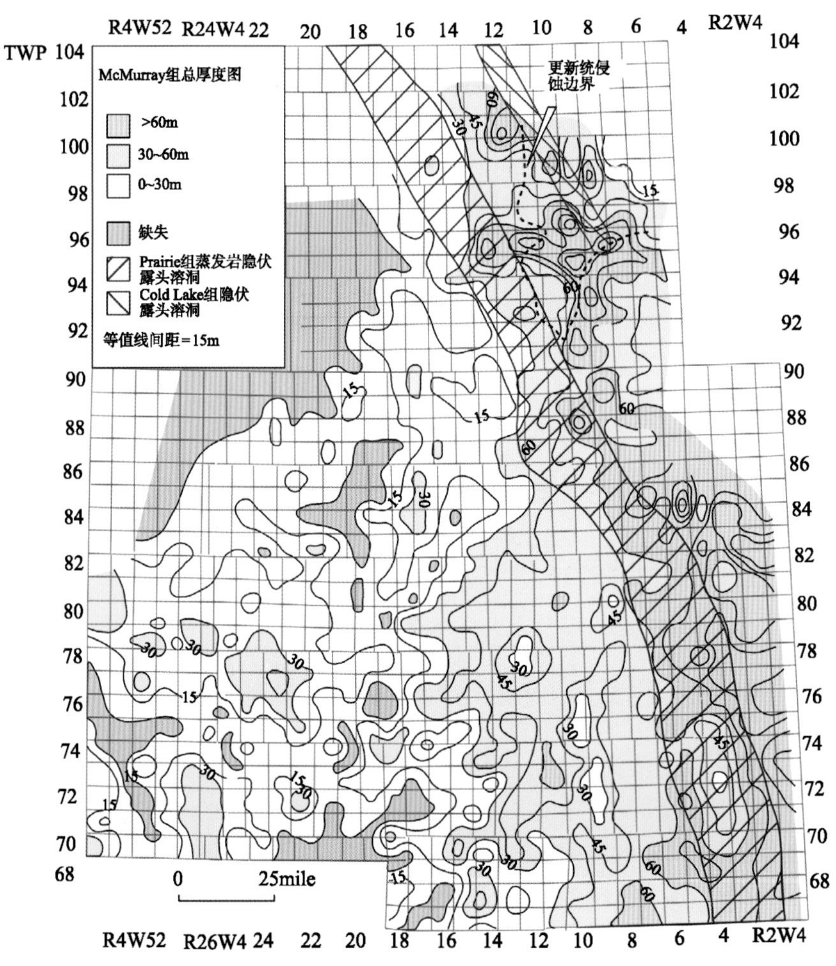

图 9.33 阿萨巴斯卡油砂矿 McMurray 组总厚度图（Wightman and Pemberton，1997）

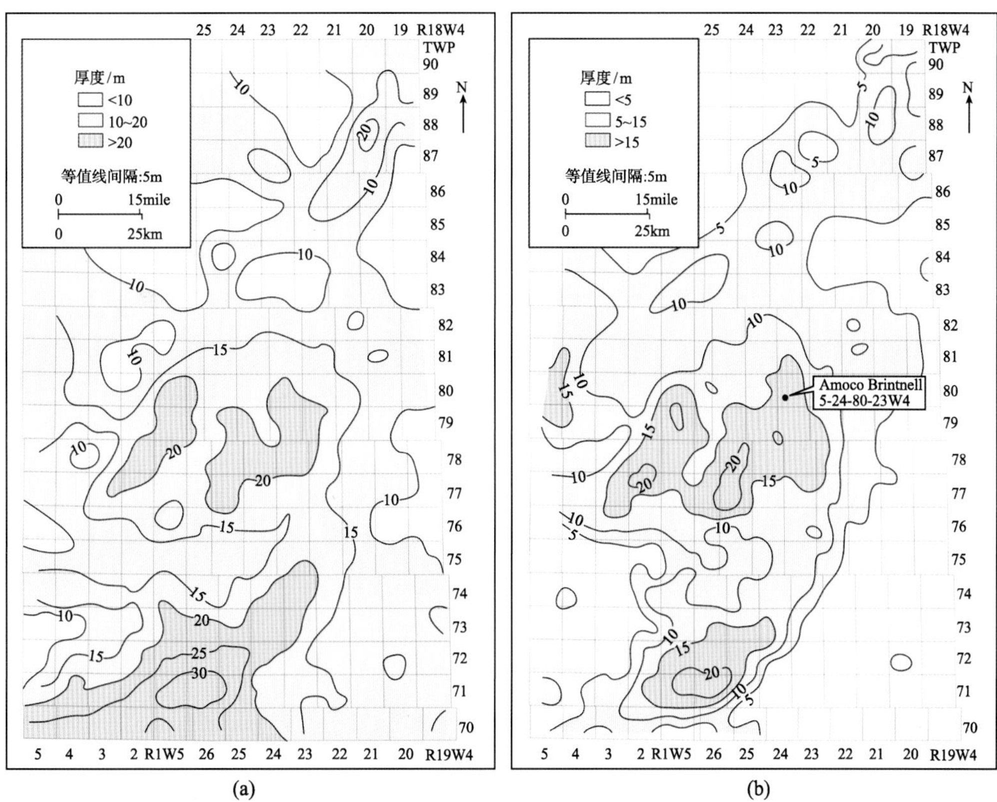

图 9.34　阿萨巴斯卡油砂矿西南部 Wabiskaw 段总厚度图（a）和砂岩净厚度图（b）（Wightman and Pemberton，1997）

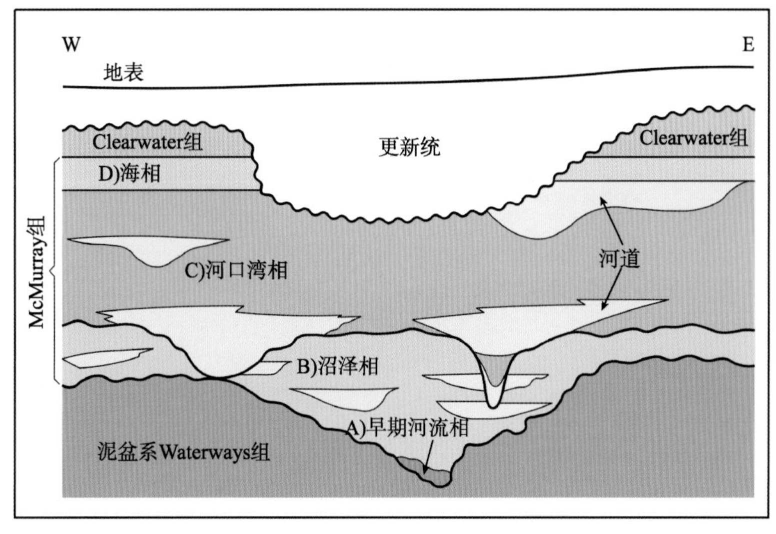

图 9.35　阿萨巴斯卡油砂矿 Wabiskaw-McMurray 组沉积格架东西向展布图（Mossop，1980）

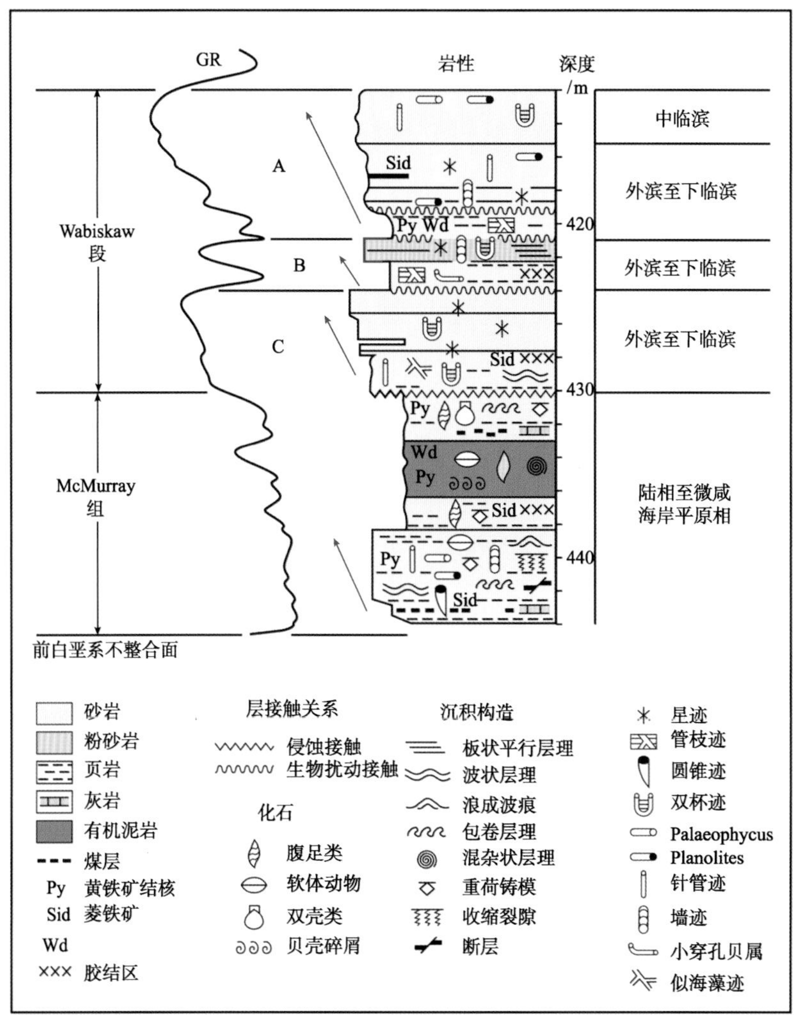

图 9.36 阿萨巴斯卡油砂矿 Wabiskaw-McMurray 组岩心描述图（Wightman and Pemberton，1997）

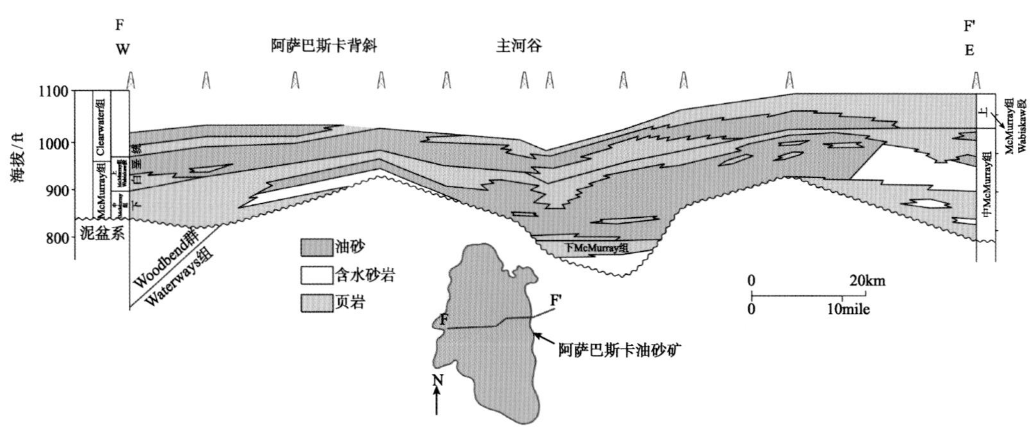

图 9.37 阿萨巴斯卡油砂矿构造剖面图（Mossop，1980）

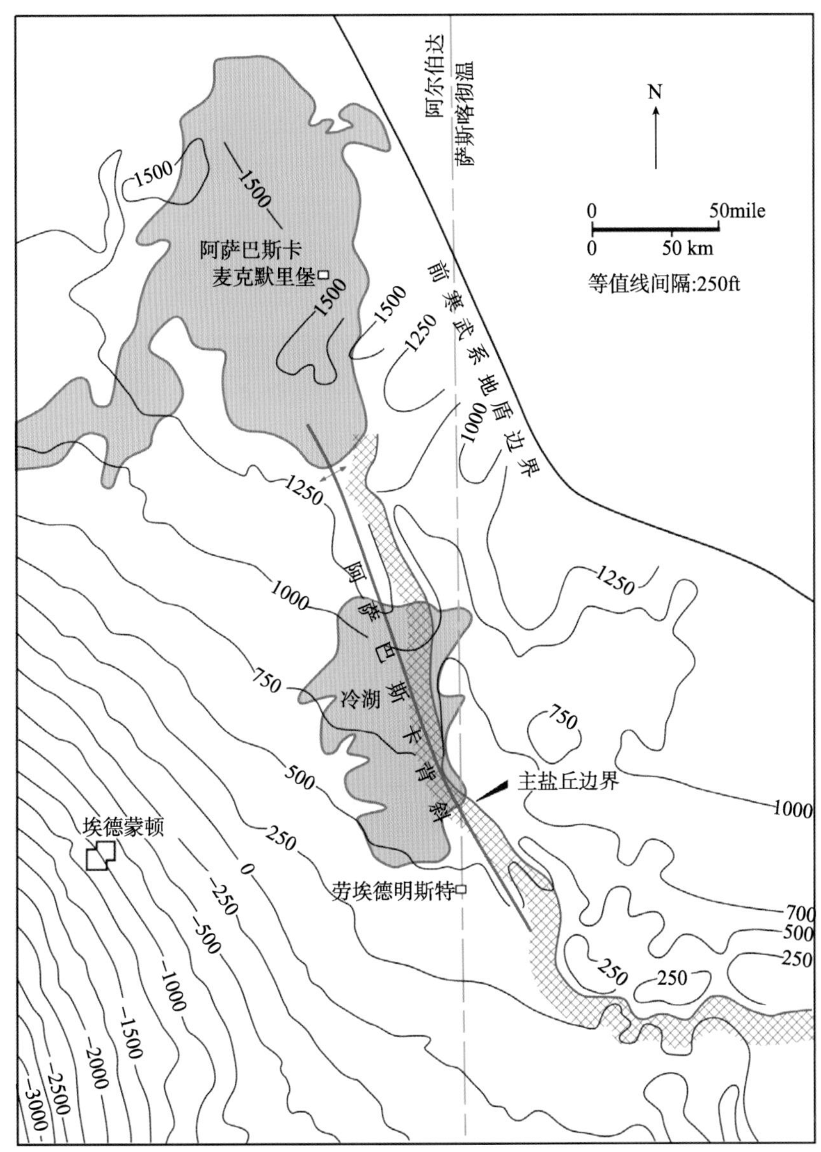

图 9.38　阿萨巴斯卡油砂矿 Munnville 群顶部构造等值线图（Wightman and Pemberton，1997）

3）矿层特征

Wabiskaw-McMurray 组矿层从下 McMurray 组分选差、含砾的、粗粒石英砂岩变化到中-上 McMurray 组和 Clearwater 组 Wabiskaw 段分选好、极细-细粒石英砂岩，砂岩是未固结-弱固结的。

沉积相控制孔隙度、渗透率和含油（指沥青）饱和度。孔隙度一般为 20%～40%（平均 35%），渗透率为 3～12D。多孔的净砂岩具有较高的含油饱和度；低孔的泥质砂岩具有较低的含油饱和度；而泥质含量很高的砂和泥岩倾向于含水。沥青含量 0～18%（质量分数）。含油饱和度在最净最粗的砂岩中为 85%（体积分数），在细粒和泥质含量更高的砂岩中降低到 70%～75%。矿层为含水砂岩层。

Wabiskaw–McMurray 组矿层平均净厚度为 5～35m，净、毛厚度比为 0.1～0.8（平均 0.4）。绝大部分矿床净油砂层厚度为 0～30m，沿“主河谷”轴部的零散区域厚度可大于 70m，特别是在地表可采区域（图 9.39）。Wabiskaw-McMurray 组埋深浅、未固结、未压实，基本未遭受断裂化，因此沉积作用控制着矿层的物性。

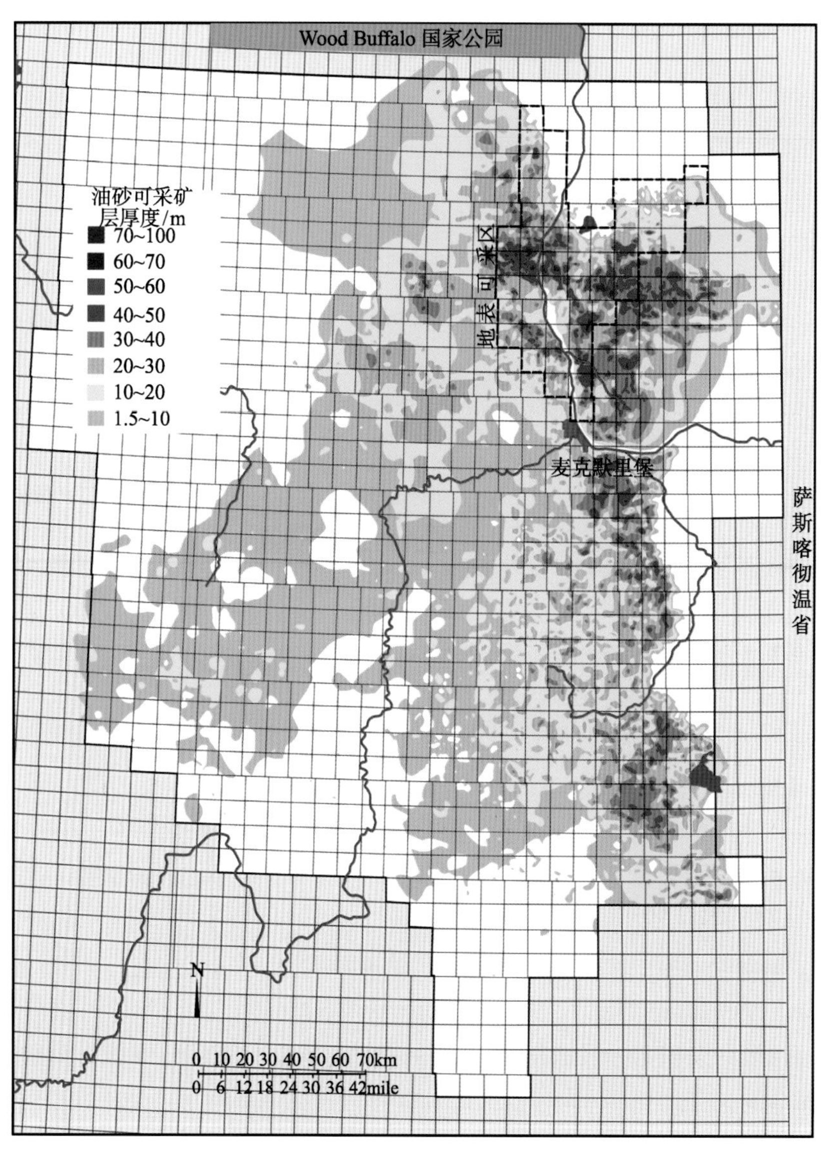

图 9.39　阿萨巴斯卡 Wabiskaw-McMurray 层段油砂可采矿层厚度分布图
(Alberta Energy and Utilities Board，2006)

Wabiskaw–McMurray 组油砂主要分布在矿区的东部，唯一地表可采的油砂区位于阿萨巴斯卡油砂矿区的北部。McMurray 组是非均质性很强的矿层单元，受相连砂体的合并程度以及泥岩段的沉积范围和剥蚀控制，矿层构型为拼合板状–迷宫状。中 McMurray 组一般含沥青饱和度最高，并且是最多产的矿层层段。最厚的高品质的矿层由河道砂或开放环境的河口砂组成。叠置河道层序构成分层复杂的矿层，其流体流动性很难预测。海湾充填/盐沼/洪泛平原相一般是泥岩为主的，泥岩层侧向连续，而砂体薄且泥质含量高。整个阿萨巴斯卡油砂矿区平行于河流–河口系统的古流向，南北向矿层连通性更好，相对的，东西向砂体侧向不连续，很难在间距 400m 的井间进行对比，矿层连通性较差。Wabiskaw 段的 3 个临滨砂岩段是侧向连续的，矿层构型为千层饼状。与 McMurray 组相比，矿层非均质性远不是一个问题，但是区域砂层厚度变化很重要。采收作业在南部比北部更有吸引力，南部三个主要的 Wabiskaw 砂层垂向合并到一起，而北部的三个砂层被海相泥岩分开并最终减薄、尖灭在海相页岩之中。

2. 冷湖油砂矿

冷湖油砂矿面积为 9000km^2，油砂主要赋存在下白垩统 Clearwater 组和 Grand Rapids 组中。其中，Clearwater 组油砂分布面积为 5610km^2，Clearwater 组矿层埋深为 350m 左右。Grand Rapids 组油砂分布面积为 16 030km^2，埋深为 250m 左右。

1）地层和沉积特征

冷湖油砂赋存在下白垩统 Mannville 群。该群由互层的砂岩、页岩和薄煤层组成。Mannville 群角度不整合地上覆在泥盆系碳酸盐岩之上，上部与阿尔必阶 Joli Fou 组的海相页岩呈平行不整合接触。在冷湖地区，Mannville 群厚 120～225m，从下至上分为 McMurray、Clearwater 和 Grand Rapids 三个组，将近 90%的油砂储量赋存在 Clearwater 组和 Grand Rapids 组中，剩余储量赋存在下伏的 McMurray 组及其上部的 Clearwater 组下部 Wabiskaw 段。但是，Wabiskaw-McMurray 组矿层只是阿萨巴斯卡油砂矿区向南延伸部分，越过边界延伸到冷湖油砂矿区的最北部。Clearwater 组赋存的油砂储量占冷湖油砂矿区地质储量的 30%，由于该组矿层物性好，矿层构型好，冷湖地区的采收作业大多集中在 Clearwater 组矿层中。冷湖油砂矿 Clearwater 组油砂分布面积为 5610km^2，总厚度为 50～80m（图 9.40）。

在加拿大自然资源部 Wolf 湖项目区（图 9.40），西北部油砂层厚度呈增大趋势，Clearwater 组一般厚度是 20～30m，最大可达 43m。Clearwater 组由三角洲前缘和浅海砂岩组成，可以划分为三个矿层单元（C1、C2 和 C3），矿层单元之间被薄层页岩分开。C3 砂岩层厚度 12～20m，C2 砂岩层厚度 2～5m，C1 砂岩层厚度 3～5m。在开发区，C2 和 C3 砂岩层被 0～1m 厚的粉砂质页岩层隔开，C1 和 C2 砂岩层被 3～5m 厚的粉砂质页岩层隔开。项目区可识别出滨外相、滨外–过渡相、临滨相三个主要的沉积相。滨外相主要由泥岩组成，含有少量粉砂和含海绿石的极细粒砂岩，显示断断续续的平行层理和流水型波痕。滨外-过渡相由互层的含海绿石极细粒砂岩、粉砂岩和泥岩组成，砂层可达 3m 厚，具有水平层理，流水型和/或浪成波痕，具有少量低角度和丘状交错层理，生物扰动弱到中等。临滨相由极细到细粒的含海绿石砂岩层（厚 2～5m）组成，含有大量的黏土夹层和丘状交错层理，生物扰动没有滨外-过渡相强烈（图 9.41）。层序的下部代表一个前积的临滨层序，上部代表了一个退积的临滨层序。

在加拿大帝国石油公司的生产作业区（CLPP），Clearwater 组由前积单元下段组成，其上覆地层为一个退积单元，Clearwater 组一般厚度是 50～80m，由互层的砂岩和页岩组成，是潮控三角洲体系沉积的产物。在一个北西走向的下切谷中，沉积了四个角度不整合限定的层序，所含的砂岩层和油砂层厚度为冷湖油砂矿最大的厚度，在 CLPP 地区识

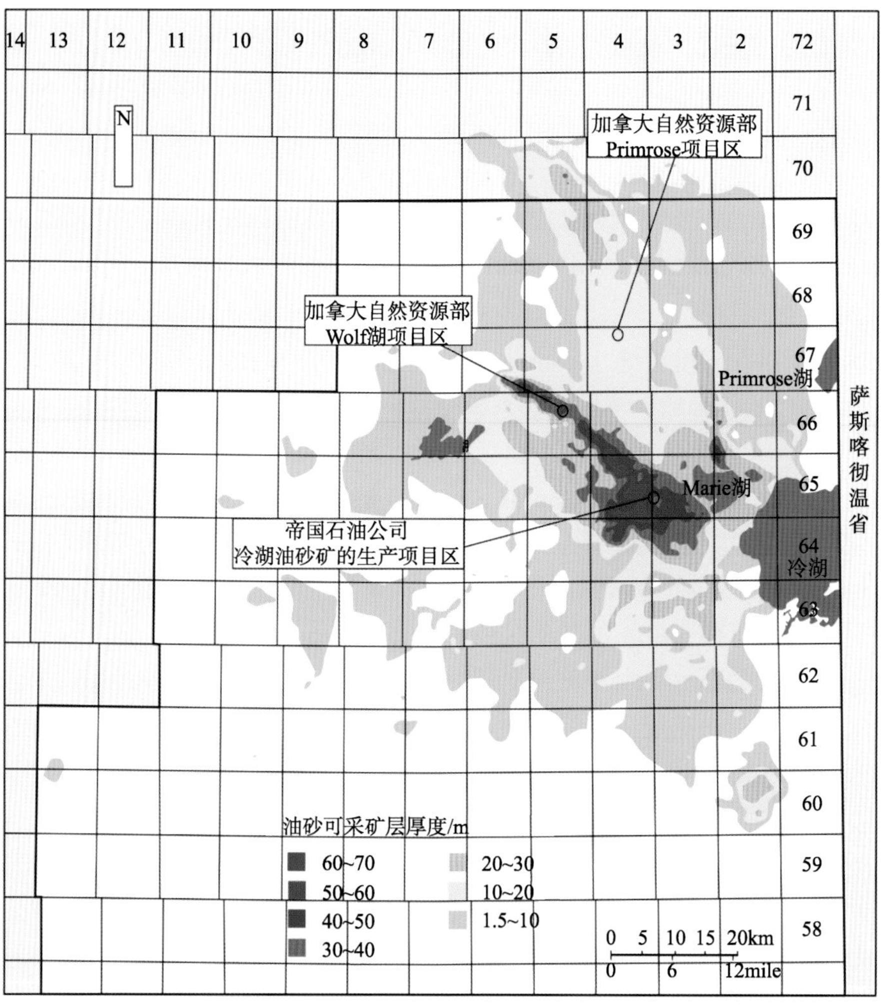

图 9.40　冷湖油砂矿 Clearwater 组油砂可采矿层厚度分布图
(Alberta Energy and Utilities Board，2006)

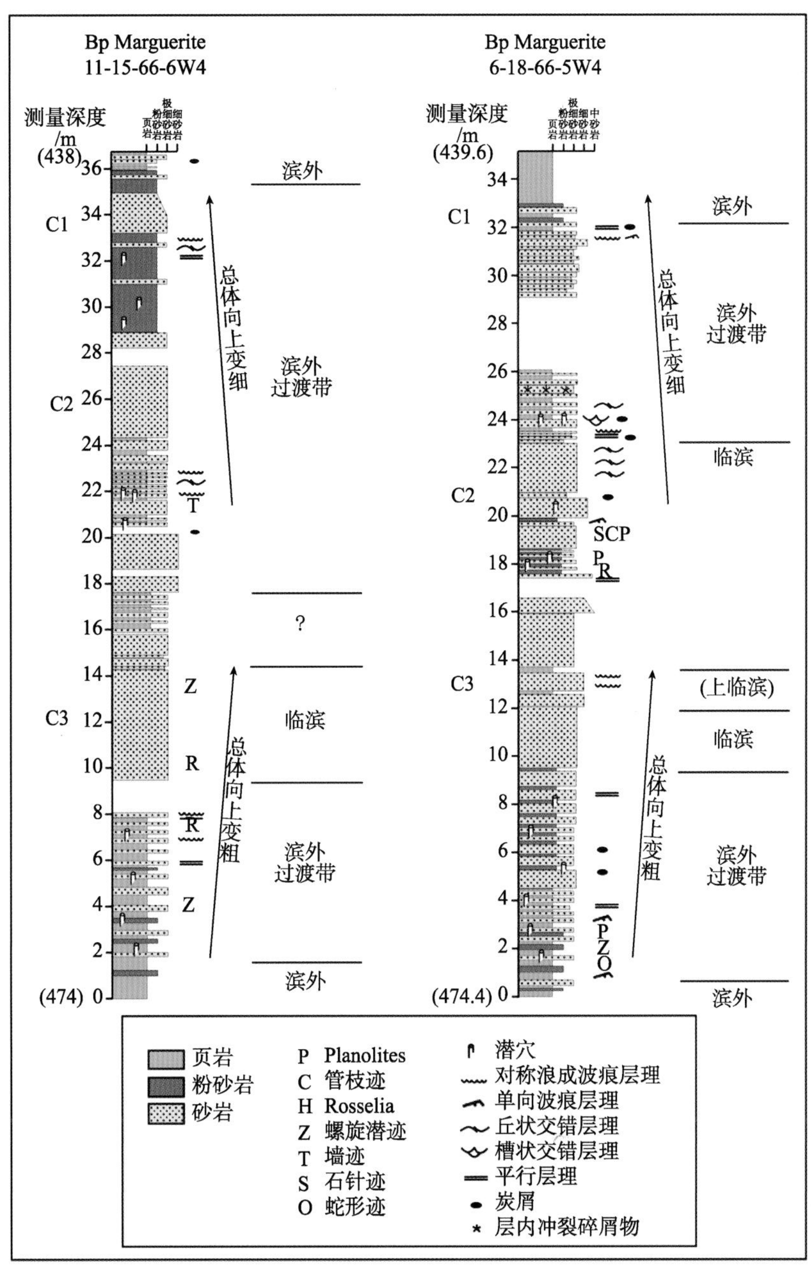

图 9.41 冷湖油砂矿 Wolf 湖作业区 Clearwater 组岩心录井图（Visser and Scott，2005）

别出了六个沉积组合。潮坝相沉积是向上变粗的层序，具有小型交错层理的砂和互层的泥岩层。单层厚度为 1～30cm，并形成高达 20m 厚的层序。高能砂坪由向上变粗的板状到块状砂体组成，含有少量煤屑。砂体厚 8～30m，一般缺乏生物扰动。遭受冲刷的潮道充填砂岩上覆在潮坝和砂坪之上，由大型交错层理砂与层间的倾斜的泥屑和泥层组成。它们形成 0.5～5m 厚的向上变细的层序，并叠置形成 20～30m 厚的地层单元。河道充填砂岩由板状的小型交错层理砂组成，具有泥岩纹层夹层，处于潮道充填沉积之上的向上变细层序之中。遗迹化石很少。单个层序厚度为 0.5～3m，叠置形成 5～30m 厚的沉积单元。临滨到前滨沉积由生物扰动的海绿石砂到泥质砂岩、小型交错层理砂、板状层理砂组成。向上变粗的层序由厚度为 0.5～1m 的地层组成，叠置可形成达 6m 厚的地层单元。滨外相由呈平行层理的灰色泥岩层组成，泥岩中含有小型交错层理的粉砂岩透镜体，滨外泥岩一般厚度为 3m。河道充填和高能量砂坪沉积形成最好的矿。向上部分，随着三角洲向西北方前积，下切古充填从远源潮控三角洲相，到近源潮控三角洲相，再到河道充填相沉积物。随着下切古充填沉积物，砂岩矿层带宽度从大于 12km 变窄到小于 3km。

Grand Rapids 组赋存的油砂储量占冷湖油砂矿区油砂地质储量的 56%。该组矿层非均质性强，因此该组所蕴涵的巨大资源量还未开发。在冷湖油砂矿区，Grand Rapids 组油砂分布面积为 16 030km^2，油砂层毛厚度达 60～120m。Grand Rapids 组为海岸平原相到浅海相的波动地带中的广阔海退层序，它由数个顶覆海泛面的前积的三角洲旋回组成。沉积物主要源于西部和西南方的火成岩。Grand Rapids 组整合上覆在 Clearwater 组之上，上部与 Joli Fou 组页岩平行不整合接触。

冷湖油砂区的东中部，Grand Rapids 组由海相陆架-临滨、三角洲前缘、间湾充填/三角洲平原、分流河道四个主要的沉积亚相组成。分流河道砂岩是 Grand Rapids 组最好的矿层，海相陆架-临滨砂岩矿层物性也较好。三角洲前缘砂岩由于其粒度较细，泥质含量增加，矿层品质较差。间湾充填/三角洲平原砂岩层薄且不具备成为矿层的潜力。

2）构造和圈闭特征

冷湖油砂区的下白垩统 Clearwater 组和 Grand Rapids 组圈闭类型为构造-地层圈闭，展示出相同的构造形态和封闭机制。沥青聚集在一个巨大的盐溶背斜中，但是在每个矿层中，沥青因矿层砂岩的侧向沉积尖灭局部地聚集在大量的河流和河口河道充填的圈闭中。因而，冷湖地区由许多叠置的独立矿藏组成（图 9.42）。圈闭由一个宽广的不对称背斜构造构成，枢纽接近东部边缘。这个背斜岭是一个北西走向的古生界高点，称为阿萨巴斯卡背斜。该背斜从北部的阿萨巴斯卡油砂矿区延伸到南部的劳埃德明斯特地区。冷湖油砂矿的东翼向北东向的基底低点缓倾，基底低点（“主河谷”）底下的泥盆系盐岩已被广泛淋滤（图 9.43）。盖层是上覆的下白垩统 Colorado 群 Joli Fou 组海相页岩。

3）矿层特征

Clearwater 组矿层总厚度为 50～80m，平均净厚度为 40m。净油砂层（定为含油率大于 6%的砂岩）厚度一般为 10～40m，沿下切谷矿层最大厚度可达 70m。平均净、毛厚度比 0.7。矿层由未固结的、极细到中粒的长石岩屑砂岩组成，含有大量源自西南方科迪勒拉山脉的火山岩碎屑。由于埋深浅，矿层受成岩作用的影响小，大量的原生粒间孔隙得以保存。孔隙度一般为 30%～40%，渗透率为 2～3D，含油率为 2%～16%（质量分数），一般为 10%（经济可采下限 6%），原始含水饱和度为 20%～35%。沥青含量随着粒度增加和细碎屑含量减少而增加。因而，沥青含量极为依赖沉积相。粗粒的泥质含量低的以河流相为主的沉积物，沥青含量最高。远端滨外的沉积物粒度更细，泥质含量更高，沥青含量最低。岩性的非均质性也影响含沥青饱和度。泥质滨外相中孤立透镜和潜穴中的砂岩，尽管粒度相对较粗，但倾向于饱含水，因为周围的细碎屑阻止了油气运移到砂体中。

Grand Rapids 组矿层总厚度为 60～120m，平均净厚度为 20～40m，净油砂层厚度平均为 7m，平均净、毛厚度比 0.3。Grand Rapids 组矿层也是由未固结的极细-中粒长石岩屑砂岩组成的，碎屑和自生黏土都降低矿层的品质。孔隙度一般为 32%～35%，渗透率 500～5000mD，原始含水饱和度为 20%～25%。分流河道充填砂岩矿层物性最好，平均孔隙度 35%，平均含油率为 10.6%（质量分数）。海相陆棚-临滨相砂岩矿层物性也非常好，平均孔隙度为 35%，平均渗透率为 4.7D。三角洲前缘和间湾充填/三角洲平原砂岩矿层物性较差，平均孔隙度为 32%，平均含油率分别为 8.6%和 8.2%。

3. 皮斯河油砂矿

皮斯河油砂矿白垩系油砂层分布面积 10 158km^2，主要赋存在白垩系 Gething、Ostracode 和 Bluesky 组砂岩之中。但是，目前唯一的商业开发在壳牌公司的租借区，面积 370km^2。

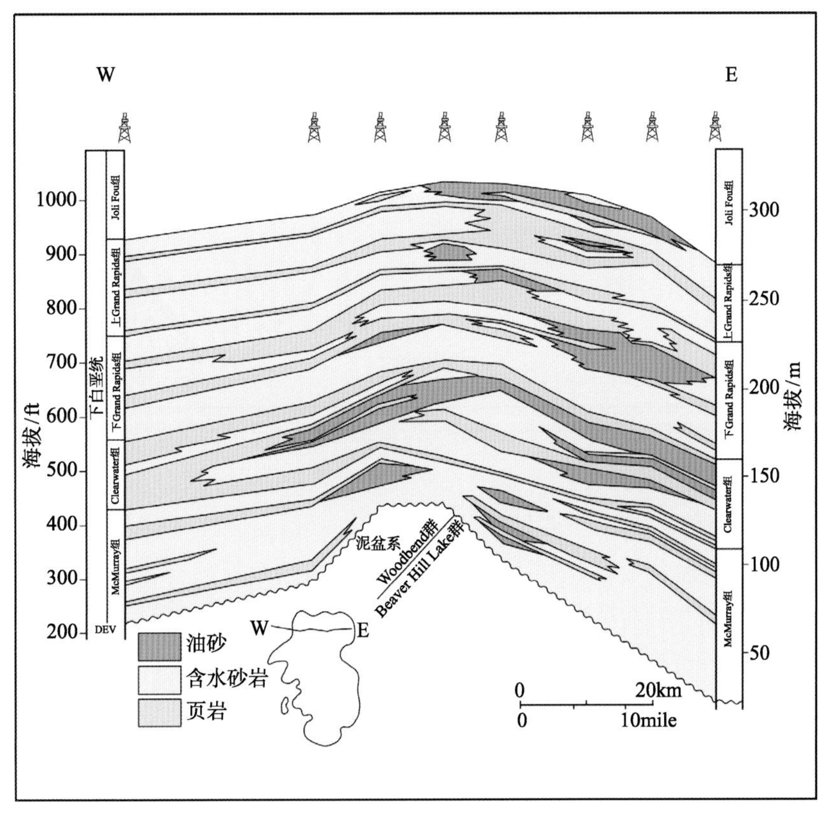

图 9.42　冷湖油砂矿构造剖面图（Mossop，1980）

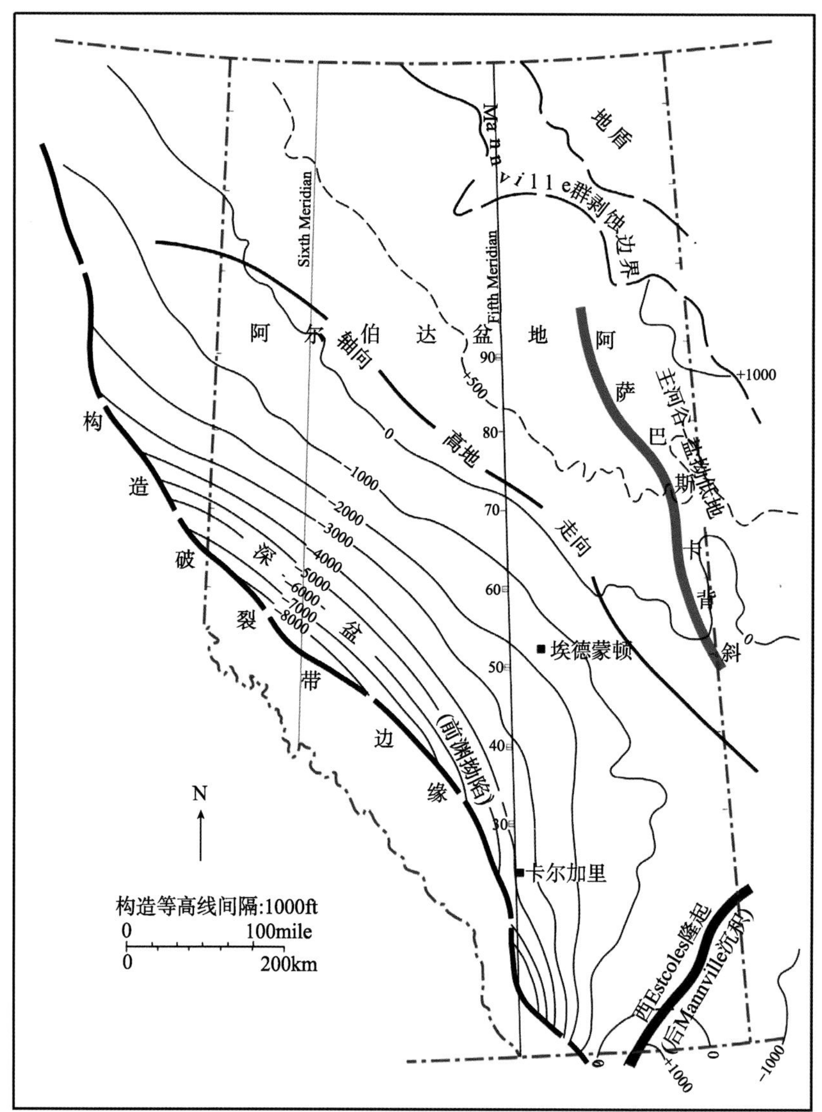

图 9.43　阿尔伯达盆地前白垩系不整合面构造等值线图（Jackson et al.，1991）

1）地层和沉积体系特征

皮斯河油砂矿是加拿大油砂矿中研究程度最低的。油砂赋存在 Gething、Ostracode 和 Bluesky 组砂岩之中。在壳牌公司皮斯河项目区的早期研究中，大多数高产层段被划分到河流相的 Gething 组中（图 9.44）。只有一层最上部的含海绿石砂岩的薄层被划分到河口湾相 Bluesky 组（图 9.45），而主要的含油砂层被解释为河道砂。后来，半咸水化石和沉积构造指示的震荡潮流沉积在大部分的含油砂层中识别出来。地层重新解释，大部分的含油砂层划分为半咸水海湾和河口相 Bluesky 和 Ostracode 组中。油砂区主要高产沉积相被解释为河口湾三角洲和潮控三角洲砂岩。在壳牌公司的租借区内，现在只有少量

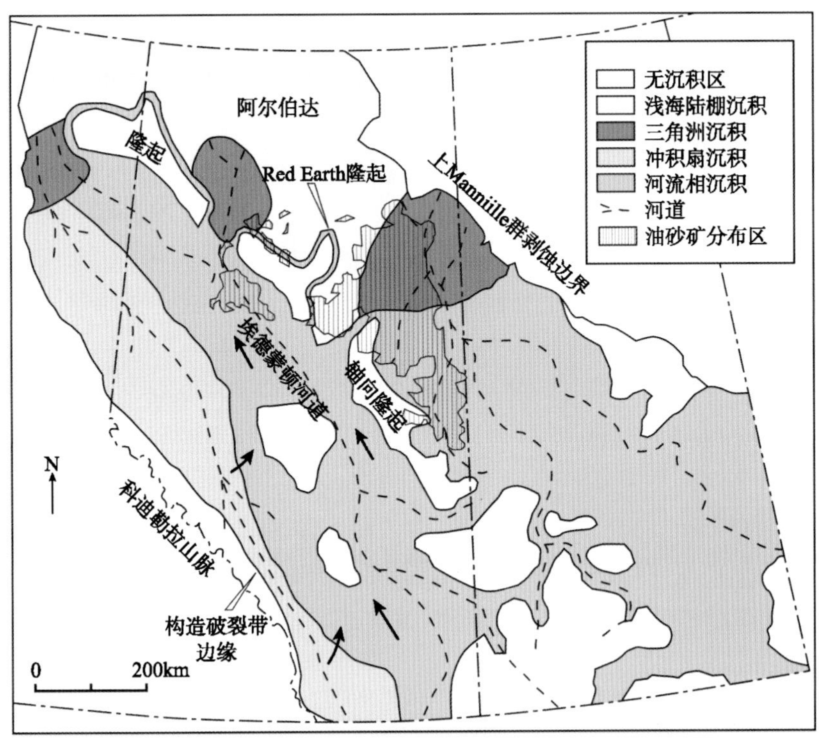

图 9.44　西加拿大沉积盆地 Gething 组沉积格架图（Hubbard et al.，1999）

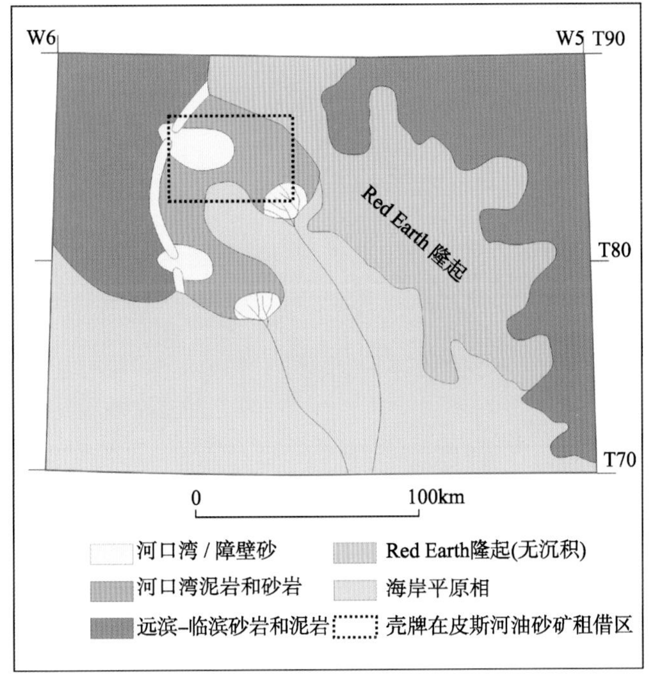

图 9.45　皮斯河油砂矿 Bluesky 组沉积格架图（Hubbard et al.，1999）

侧向不连续的砂体被解释为河道砂体。Hubbard 等（1999）解释皮斯河油砂矿为一个浪控河口湾沉积，在东部有一个湾头三角洲，西部有一个泥质的中央海湾和一个障壁岛-潮汐三角洲复合体。

2）构造和圈闭特征

皮斯河油砂矿的顶部，在整个油砂矿的钻遇深度为 304.8～792.5m。壳牌项目区内，最浅的油砂埋深为 548.6m（海拔约 30m），平均厚度为 30m。上部的 25～29m 砂岩层，平均含油饱和度为 80%，为油砂的矿层。下部 1.5～5.5m 的砂岩层平均含油饱和度 54%，含有可流动的水。

皮斯河油砂矿区的顶部是一个向西南倾斜 0.3°的单斜（图 9.46）。油砂赋存在下白垩统 Bluesky、Ostracode 和 Gething 组砂岩以及下石炭统和二叠系的 Shunda、Debolt 和 Belloy 组等隐伏于油砂下前白垩系不整合面之下的碳酸盐岩中。大多数可采油砂赋存在 Bluesky 组中，少量赋存在 Ostracode 和 Gething 组中。赋存在 Shunda、Debolt 和 Belloy 组中的油砂储量远少于下白垩统中的油砂储量。Shunda、Debolt 和 Belloy 组碳酸盐岩沉积相几何形态复杂，孔隙结构复杂， API 重度低，现今还不能被商业开采。白垩系油砂层分布面积为 10 158km^2。

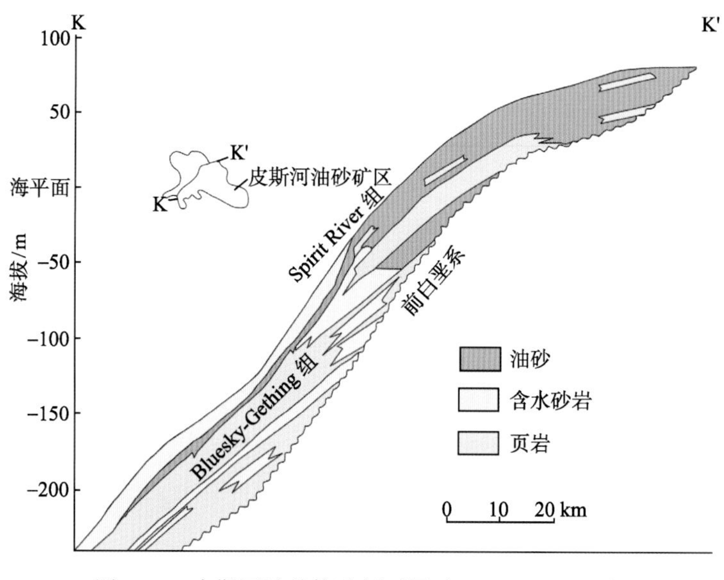

图 9.46 皮斯河油砂构造剖面图（Mossop，1980）

皮斯河油砂矿位于下白垩统 Blusky、Ostracode 和 Gething 组砂岩组成的地层圈闭中，砂岩上超尖灭在古构造高地上（以先前的碳酸盐岩为核部的 Red Earth 隆起）。皮斯河油砂矿都位于地下，缺乏地表显示。圈闭的底部封闭地层是隐伏在前白垩系不整合面之下的低渗含沥青的古生界 Shunda、Debolt 和 Belloy 组碳酸盐岩，顶部封闭地层是上覆的

Spirit 河组 Wilrich 页岩段的海相页岩，东南方向是由储层砂岩向河口湾泥岩的侧向沉积尖灭构成侧向封闭。

3）矿层特征

Ostracode 组产层岩相为细到中粒的富燧石砂岩，Bluesky 组产层岩相由细到中粒的石英砂岩组成。孔隙都是以粒间孔为主，含有少量次生孔隙。孔隙度为 25%～31%（平均为 28%）。湾头三角洲砂岩的渗透率为 100～1000mD，潮控三角洲砂岩的渗透率为 1000～3000mD。含沥青饱和度在主要的油砂带中平均为 80%，而在底部过渡带中为 54%。活动水存在于底部过渡带中，在大多数的油砂带中不存在，这对三次采油作业有深远的影响，向缺乏活动水的主要油砂带注射蒸气是困难的，而向存在活动水的底部过渡带注射蒸汽更容易一些，所以，应用到该矿层中的很多注蒸气技术都是将蒸汽注入底部过渡，从下往上加热沥青柱。

皮斯河油砂矿中主要的含油带由湾头三角洲和潮控三角洲沉积组成，矿层结构为千层饼状。Ostracode 组和 Bluesky 组沉积相和砂层厚度在油砂矿中自西向东呈规律变化。最好的矿层发育在 Bluesky 组潮控三角洲砂体直接沉积在厚层的 Ostracode 湾头三角洲砂体之上的位置。壳牌公司的项目区位于皮斯河油砂矿砂岩最厚的位置，矿层平均毛厚度为 30.48m，矿层净厚度为 28.96～29.87m，净油砂层厚度为 24.38～28.96m。在项目区内不存在断层，而且矿层砂岩物性非常好，只含有少量薄层的不连续页岩层。一些井网中，甚至都不存在这些薄层页岩。

4. Lloydminster 地区重油油藏

Lloydminster 地区油气聚集带位于西加拿大盆地中部，横跨在阿尔伯达省和萨斯喀彻温省交界处，面积为 26 000 km^2。勘探始于 1919 年，直至 1944 年才获得具有商业价值的重油产量。Lloydminster 地区油气聚集带包括 33 个主要重油油田。储集在 Lloydminster 地区油气聚集带中的重油主要是石炭系 Exshaw 页岩中生成的液态烃，后期经生物降解等作用形成的。

1）储层特征

重油赋存于下白垩统 Mannvile 地层，由砂岩和页岩夹层组成（图 9.47），为连续的海相席状砂和不连续的河道砂。砂体未经压实，渗透率高达 50～1000mD。整套砂岩厚 150～200m，向北厚度增加，但单个油藏砂体小于 5m。Mannvile 地层划分为 9 套一级地层单元，其中最好的储层是 Sparky 和 Waseca 地层，Cummings 和 Colony 地层的砂岩含油性最差。

Sparky 和 Waseca 地层分布连续，主要为席状砂和河道砂，储集空间主要为原生孔隙，不含次生断裂和裂缝（表 9.20），砂体孔渗性很高。

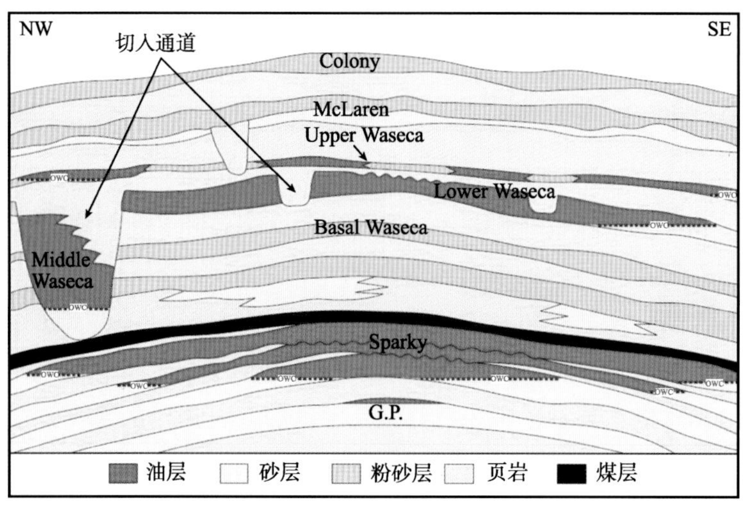

图 9.47　Lloydminster 地区主要储层（Orr et al., 1977）

表 9.20　Lloydminster 地区 Sparky 地层参数表

参　数	特　征
储　层	下白垩统 Sparky 地层
储集空间	原生粒间孔、次生溶洞
孔隙度	未压实，27%～33%
渗透率	500～8000mD，平均 2000mD
最初含水饱和度	15%～20%

2）重油的形成

重油的形成与油砂的形成过程类似。位于 Lloydminster 西南地区的石炭系 Exshaw 源岩在早三叠世—晚白垩达到成熟期，油气开始向优势区运移聚集在 Lloydminster 地区的圈闭中。西边地层下降，东部抬升，地层整体向西倾斜，高孔渗的 Mannvile 砂岩为有利指向区。由西至东，油水界面倾斜，运移通道受区域性地层水流动影响，聚集在 Mannvile 地层。盆地东部遭受古近纪—新近纪强烈剥蚀，淡水侵入和生物降解，Mannville 组石油由轻质、中质油变为重质油。

（二）俄罗斯伏尔加-乌拉尔盆地

伏尔加-乌拉尔盆地位于俄罗斯西部欧洲部分，在行政区域上包括彼尔姆、乌德穆尔特、鞑靼、巴什基里亚、萨马拉、奥伦堡、萨拉托夫等州和自治共和国，还包括乌里扬诺夫和斯维尔德洛夫州的部分地区。在大地构造方面该地区位于东欧地台东部和乌拉尔山前缘拗陷，属于地槽构造体系。其东界和北界为乌拉尔褶皱山系和提曼山，南部为滨里海盆地，而西界为瑟科蒂夫卡尔、科捷尔尼和托克莫夫隆起以及沃罗涅日隆起东坡（图 9.48）。在构造发展上看，本盆地的陆台部分，在前泥盆纪由于断裂形成的若干巨形地堑，其中充填碎屑岩，即坳拉谷沉积，泥盆纪至二叠纪为地台发育阶段。因此可认为本盆地是俄罗斯陆台向乌拉尔褶皱带过渡时的一个宽缓斜坡带，也可认为本盆地是滨里海盆地向北延伸的宽缓斜坡带。总面积为 $70 \times 10^4 km^2$。

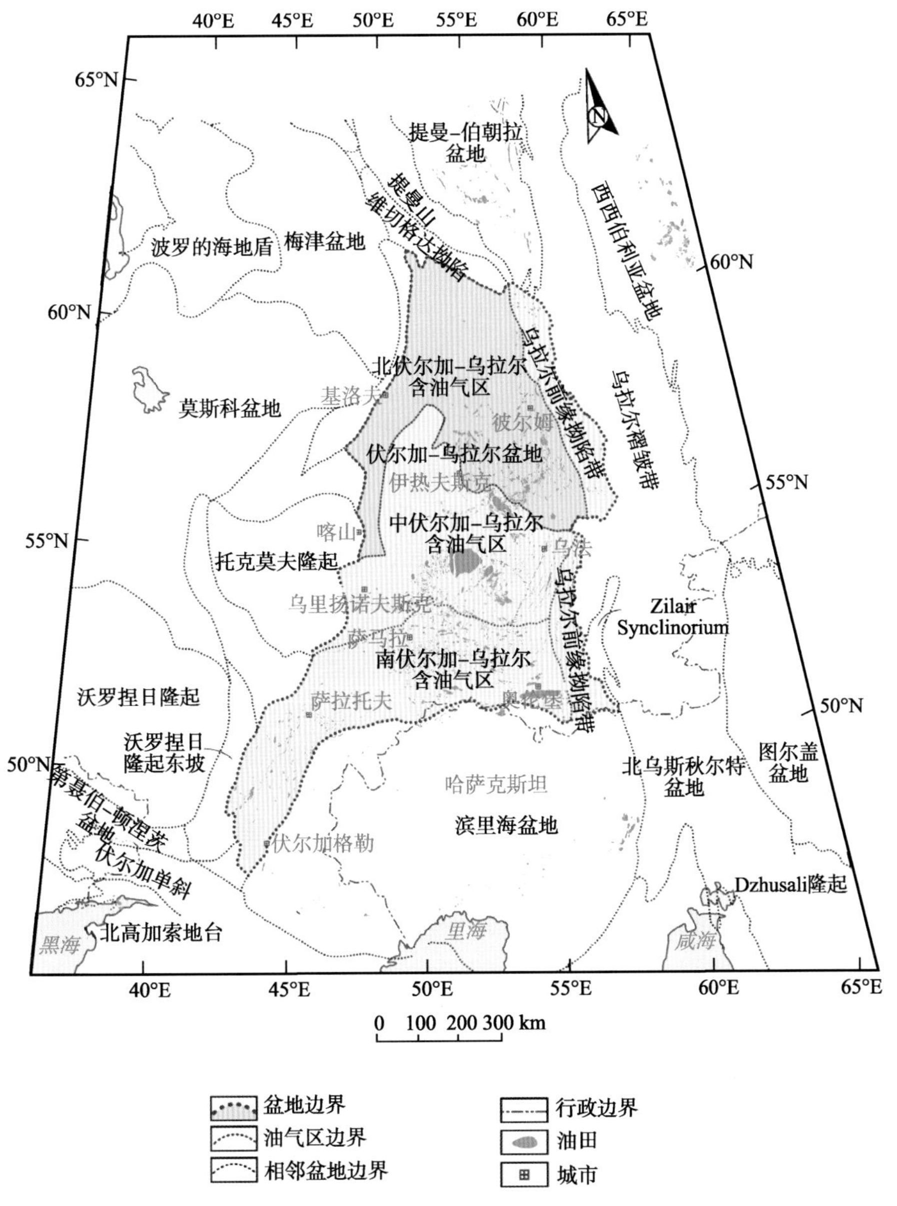

图 9.48 伏尔加-乌拉尔盆地位置图(IHS Energy，2009，修改)

1. 石油地质特征

1）地层特征

伏尔加-乌拉尔盆地在地质构造上有三个构造层：下构造层（即结晶基底）由片麻岩、

结晶片岩、超变拗质岩类及侵入岩等组成，主要形成年代是太古代，一部分是元古代前期；中构造层为坳拉谷沉积，分布在结晶基底的拗陷或断陷之中，有上元古界和下古生界组成，即里菲系，文德系和奥陶—志留系；上构造层为地台盖层，由广泛分布的泥盆系、石炭系、二叠系，以及部分地区分布的中新生界组成。含油气的上古生界以近海相、浅海相和蒸发相为主。

2）构造特征

在大地构造格局上，伏尔加–乌拉尔含油气盆地位于俄罗斯（东欧）地台东部，包括乌拉尔前缘褶皱带的一部分，为太古代—早元古代结晶基底块断隆起区背景上受伏尔加-卡姆古生代巨型隆起区控制的富油气区。盆地的西边，以俄罗斯陆台上一系列隆起（沃罗涅日、托克莫夫、谢克梯夫卡和科捷尔尼）与莫斯科盆地相望；南边则与滨里海盆地相接，中间仅被一个构造陡坎划分；东边和乌拉尔褶皱带相连，其前缘拗陷，在大地构造属性上应划归乌拉尔褶皱带的体系，但目前包括在本盆地中，占据了中段和南段，其北段划在提曼-伯朝拉盆地的范围内；北边则与提曼褶皱带相接。

本盆地的地质结构是由下古生界和上古生界—中生界等两套沉积构造层组成，下构造层在统一的前寒武纪结晶巨型隆起区背景上分为若干隆起区，如南、北鞑靼、科捷尔尼、日古列夫-普加乔夫、卡马、彼尔姆、东奥伦堡和索利-伊列茨克等隆起，在这些隆起之间分布一系列拗陷带或地堑带，如维西姆、上卡马、喀山-卡日姆、比尔、梅列克斯、布祖卢克和姆拉科夫等拗陷带。东部边缘发育乌拉尔山前拗陷带（由索利-卡姆斯克、尤留赞-瑟尔文、Belskaya、Shikhan-Lshimbay 和乌拉尔山前拗陷带组成）。上古生界—中生界构造层侵蚀不整合在下古生界构造层之上，后期构造层运动改造早期古构造，致使上、下构造形态不符合，同时在拗陷带形成一系列长垣和局部构造。

该盆地油气分布主要受古隆起、长垣型隆起带和局部构造控制，形成了一系列的油气聚集带和大型油气田，如大基涅尔、下基涅尔、顿麦德维京、普加乔夫、杜玛兹、谢拉菲莫夫和红卡姆等长垣型隆起构造带，均为富油气聚集带。

3）烃源岩

A. 主要烃源岩——中弗拉斯阶—杜内阶（多马尼克相）烃源岩

晚泥盆世—杜内期烃源岩沉积在东欧地台急剧扩大，覆盖整个东欧地台及附近的小陆块和大洋区。中弗拉斯阶—杜内阶为巨大洋盆环境下沉积层序，包括沉积在较大的隆起区的浅水碳酸盐岩和和沉积在分离的盆型区域的泥质碳酸盐岩和硅质沉积物。该沉积层序包含了伏尔加-乌拉尔盆地主要的烃源岩序列，一些研究人员认为，这些烃源岩提供的油气足以供给整个伏尔加-乌拉尔盆地。

B. 次要烃源岩

（1）前寒武系里菲系和文德系。里菲期，东欧地台烃源岩沉积在陆内裂谷和地台的边缘海。文德纪—早寒武世，烃源岩沉积在断裂后的拗陷中。东欧地台广泛分布的古代腐泥质有机质沉积物主要来自蓝绿藻和浮游动物。海平面上升期间（中里菲期—晚文德期），沉积物沉积在还原环境中。

（2）下石炭统韦宪阶。中-下韦宪阶碎屑岩为卡马-基涅利（布祖卢克拗陷）Mukhanov—Yerokhovskiy 地槽的烃源岩。这些烃源岩由混合的腐殖质和腐泥质有机物组成，有机物含量从粉砂岩的2%到页岩的3%～4%。这些沉积物的有机质 R^o 为0.65%～1.15%，较低的生油窗到较高的生气窗，产生大量的石油和天然气。

（3）中石炭统。中石炭统（巴什基尔阶—莫斯科阶）碎屑和碳酸盐岩含有较多的腐殖质有机质、较少的腐泥质有机物，有机物含量不超过0.2%。中石炭统烃源岩中有机质分布在相邻的乌拉尔前缘拗陷和滨里海盆地，含量达到10%。TOC降低，为1%～3%。巴什基尔阶和 Vereyskiy 组沉积物中有机质 R^o 为 0.40%～0.85%，Kashirskiy 组—Myachkovskiy 组（莫斯科阶）有机质 R^o 为0.50%～0.65%。

（4）下二叠统。下二叠统沉积物有机质含量低（0.03%～0.5%）。

4）储层

北、中伏尔加–乌拉尔含油气区主要的储层为中弗拉斯阶—杜内阶礁相碳酸盐岩、下—中韦宪阶碎屑岩及巴什基尔阶—莫斯科阶碳酸盐岩。南伏尔加-乌拉尔含油气区主要储层为中弗拉斯阶—杜内阶礁相碳酸盐岩和下—中韦宪阶碎屑岩及下二叠统碳酸盐岩。

A. 前寒武系和下古生界

已证实的前寒武系储层在文德系砂岩中，具有潜力的前寒武系储层在里菲系和文德系中。

里菲系具有潜力的储层在 Tyryushevskaya 组碎屑岩、Kaltasinskaya 组碳酸盐岩，Gozhanskaya 组碎屑岩，Leonidovskaya 组（Abdulinskaya 群、上里菲统-Sturtian）、Kairovskaya 组和 Shkapovskaya 组（文德系）。大部分里菲系进行的勘探活动很少，不同地区的钻井显示里菲系不同的地质时代，相关性存在疑问。

文德系以 Borodulinskaya 和 Kudymkarskaya 组为代表。Borodulinskaya 组几乎分布在整个北伏尔加-乌拉尔含油气区，由互层砂岩、粉砂岩和页岩组成，该层序向上减薄。Kudymkarskaya 组分布在彼尔姆州中部和北部，基本为砂岩，有少量页岩。

B. 泥盆系艾姆斯阶—下弗拉斯阶

艾姆斯阶—下弗拉斯阶层序底部为 Takatinskiy 组，顶部为 Kynovskiy 组。艾姆斯阶向盆地的北东向（萨马拉州）尖灭，主要储层包括艾斐尔阶、Vorobyevskiy 组、Ardatovskiy 组、Pashiyskiy 组和 Kynovskiy 组。主要为砂岩，孔隙度为9.3%～25.8%（平均15.8%），渗透率为2～1562mD（平均174mD）。其他地区还有一些局部的碎屑岩和碳酸盐岩储层。

C. 石炭系韦宪阶碎屑岩

韦宪阶碎屑岩储层分布在 Malinovskiy 群（Radayevskiy 组）和 Yasnopolyanskiy 群（Bobrikovskiy 组和 Tulskiy 组）。

Radayevskiy 组储层单元 CII–CVI，砂岩和粉砂岩互层，砂岩粒度细到中等，分选比较差，净厚度为 2～86m，孔隙度为 10.8%～27.6%，渗透率为 33～1432mD。在地槽外侧的 Bobrikovskiy 组砂岩厚 7～79m，而在卡马–基涅利地槽厚度达到 450m，净厚度为 1～36m，孔隙度为 6%～38%，渗透率为 3～410mD。

Tulskiy 组至少含有 13 个储层单元，多为岩性砂、砂岩和粉砂岩。储层物性变化范围很大，孔隙度为 10.0%～26.0%，平均渗透率为 1.03 D。

D. 上石炭统—二叠系

上石炭统储层分布在盆地的东部，主要由裂缝性的多孔灰岩和白云岩组成，平均孔隙度为 2.66%，渗透率为 1mD。沥青质有机碳酸盐岩孔隙度为 5%～20%，渗透率为 18～20mD。

二叠系中具有商业价值的储层包括阿舍林阶、萨克马尔阶和亚丁斯克阶，均为碳酸盐岩储层，分布在盆地的东部和北部。阿舍林阶储层分布最广，最厚达 45m。萨克马尔阶储层厚 10m 左右。

5）盖层

伏尔加–乌拉尔盆地主要的盖层为下弗拉斯阶、韦宪阶、巴什基尔阶—下莫斯科阶及上石炭统页岩和碳酸盐岩，以及二叠系蒸发岩。其中前寒武纪储层的区域盖层为 Kynovskiy 组和 Shkapovskaya 组中上部页岩，下泥盆统—下弗拉斯阶含有层内盖层。弗拉斯阶—杜内阶碳酸盐岩储层的区域盖层为 Kizelovskiy 组（上杜内阶）和 Kosvinskiy 组（韦宪阶底部）泥质碳酸盐岩，由灰岩、页岩和粉砂岩组成，厚 3～19m。弗拉斯阶—杜内阶层序也含有区域或局部盖层。下—中韦宪阶碎屑岩储层的区域盖层为上 Tulskiy 组页岩和碳酸盐岩。上巴什基利亚阶和下 Vereyskiy 组（下莫斯科阶）的泥质碳酸盐岩为上韦宪阶—巴什基利亚阶碳酸盐岩储层的区域盖层，盖层岩性为灰岩和页岩，厚 4～23m。层内局部盖层，厚度一般为 10～25m，由致密的泥质碳酸盐岩组成。空谷尔阶蒸发岩为下二叠统储层极好的半区域盖层。

6）油气运移

晚里菲世，里菲系烃源岩首次进入生油窗。但是，前文德纪和前埃姆斯期长期构造变形有可能导致聚集的油气遭到破坏。中石炭世—早二叠世，里菲系烃源岩再次进入生油窗，主要的油灶位于卡马–乌法古生代坳陷中。直到中生代，油气开始运移，油气可能聚集在里菲系及文德系中。

前文德纪和前埃姆斯期的构造运动没有影响到文德系烃源岩,那时烃源岩还未成熟。这些烃源岩进入生油窗相当晚，晚石炭世—早二叠世进入生油窗，一些隆升区甚至在晚二叠世才进入生油窗。主要的油灶在上卡马坳陷。

主要的泥盆系油灶在卡马–基涅利地区、上卡马坳陷和邻近的乌拉尔前缘坳陷。喀山–卡日姆地堑为次要油灶。这些地区油气生成时期不同，因此在盆地演化过程其相应的重要性不同。

卡马–基涅利地区（Sarapulskiy 和 Shalymskiy 地堑）的泥盆系烃源岩在石炭纪末期进入生油窗。盆地的其他地区，泥盆系烃源岩在晚二叠世进入生油窗。

下-中韦宪阶油灶仅分布在卡马-基涅利地区。韦宪阶烃源岩在晚二叠世进入生油窗。韦宪阶储层中石油基本都产自韦宪阶烃源岩，也有一些是泥盆系烃源岩产生并运移过来的。卡马-基涅利及乌拉尔前缘拗陷都发生横向油气运移。

上韦宪阶-巴什基利亚阶主要的油灶位于上卡马拗陷。中石炭统储层中的油气主要产自较古老的烃源岩。

Vereyskiy 组的油气大多也是运移过来的，尽管乌拉尔前缘拗陷及上卡马拗陷北部的 Vereyskiy 组烃源岩能够生成油气。Kashirskiy—上石炭统储层中的油气来自较老的烃源岩。

总之，伏尔加-乌拉尔含油气区都发生长距离的横向和纵向油气运移，油气产自多马尼克组烃源岩。

2. 油砂成矿条件与分布

伏尔加-乌拉尔盆地的演化可划分为两个主要的阶段：奥陶纪至晚二叠世被动边缘阶段和晚二叠世至今前陆盆地阶段。前一阶段为盆地内生储盖地层的主要发育阶段，盆地内绝大多数油气储量都聚集在该阶段地层中。三叠纪以后，整个伏尔加-乌拉尔盆地处于陆相环境，仅有少量沉积。

伏尔加-乌拉尔盆地被动大陆边缘阶段发育了多套优质的烃源岩，其中最主要的为弗拉斯阶—杜内阶多马尼克相页岩及弗拉斯阶—法门阶碳酸盐岩，其 TOC 值高达 12.4%，提供的碳氢化合物足以供给整个伏尔加–乌拉尔盆地的常规油气和油砂资源。

晚二叠世乌拉尔地槽褶皱回返，乌拉尔山脉开始隆起，陆壳的负荷作用导致西部乌拉尔山前的前陆盆地发育，形成前陆盆地构造格局——大型箕状凹陷和前缘隆起，盆地埋深迅速增加，石炭系—泥盆系烃源岩在上覆地层埋藏压力的作用下，生烃达到高峰，并发生大规模油气运移。随着前渊凹陷—前陆斜坡—前缘隆起构造格局的不断加强，油气运移的动力也不断加强，为油气远距离向前缘隆起区（鞑靼隆起）运移提供了动力条件。运移至前缘隆起及前陆斜坡的高部位的油气，因上覆地层埋藏浅，缺乏品质好的盖层（尤其是二叠系蒸发岩盖层），油气聚集在相对开放和氧化的圈闭中，经过水洗、生物降解等作用而形成油砂矿。

从伏尔加-乌拉尔盆地的构造格局及已证实的油砂矿的构造位置可以明显看出，其油砂成矿模式为斜坡降解型（图 9.49）。二叠纪，乌拉尔山隆起，使得盆地埋深迅速增加，泥盆系—石炭系烃源岩生烃达到高峰，大量油气向前缘隆起（日古列夫-普加乔夫、鞑靼隆起及卡马隆起）和斜坡带运移。因缺乏二叠系蒸发岩的致密盖层，运移至此的油气，随后遭受氧化、生物降解形成油砂。

伏尔加-乌拉尔盆地已发现的油砂矿都分布在鞑靼隆起及其附近的构造单元。油砂的形成与二叠系蒸发岩的分布相关。众所周知，二叠系蒸发岩盖层可塑性强，岩性致密，在二叠系蒸发岩作为盖层的地区，其下伏的油气很难逸散出来、遭受降解。只有在二叠系蒸发岩盖层的周边及其覆盖的地区，下伏的油气才能运移至地表浅层，在合适的圈闭中聚集成矿。

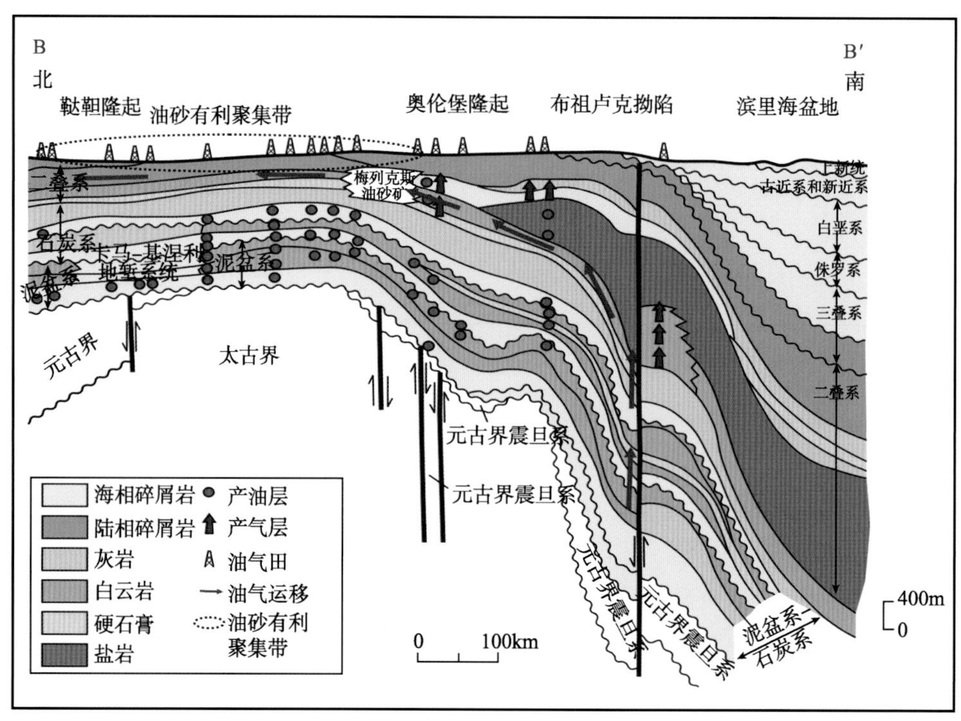

图 9.49　伏尔加-乌拉尔盆地斜坡降解型成矿模式示意图

通过对伏尔加-乌拉尔盆地地层特征、沉积特征的综合分析，以及预测该盆地的二叠系蒸发岩盖层分布范围之后（图 9.50），可进一步预测油砂的分布范围（图 9.51）。

（三）俄罗斯东西伯利亚盆地

东西伯利亚盆地位于叶尼塞河与勒拿河之间，是典型的大陆地区，仅在北部与北冰洋的喀拉海和拉普捷夫海毗邻，总面积为 4×10^6 km^2。可划分 14 个超级构造单元：叶尼塞-哈坦加拗陷、勒拿-阿纳巴尔拗陷、通古斯拗陷、阿纳巴尔-奥列尼奥克隆起、前维尔霍杨边缘拗陷、巴伊基特隆起、卡坦加拗陷、邻萨彦-叶尼塞拗陷、涅普-博图奥滨隆起、西维柳伊拗陷、维柳伊拗陷、安加拉-勒拿阶地、前帕托姆拗陷和阿尔丹隆起（图 9.52）。

由于严酷的大陆性气候，这里冻土很厚，常年冻土带的分布面积超过 3×10^6 km^2，冻土层的厚度达 200～700m，局部地区（雅库特共和国的希尔马河流域）达 1500m。

1. 石油地质特征

1）地层特征

东西伯利亚盆地的沉积盖层可分为四大层系：基底-前地台层系、被动边缘层系和碰撞层系。

（1）基底（太古界—元古界）和前地台层系（下-中里菲统）。盆地的基底是太古界和元古界。太古界可大致划分为下太古界和上太古界。下太古界中发育有被规模不大的侵入体切割的片麻岩和结晶片岩。早太古代与晚太古代之间有一个很大的沉积间断，地层呈角度不整合接触。元古界主要是千枚岩、石英岩、大理岩及含钙质藻灰岩、侵入岩和喷出岩，总厚度达 9000m。

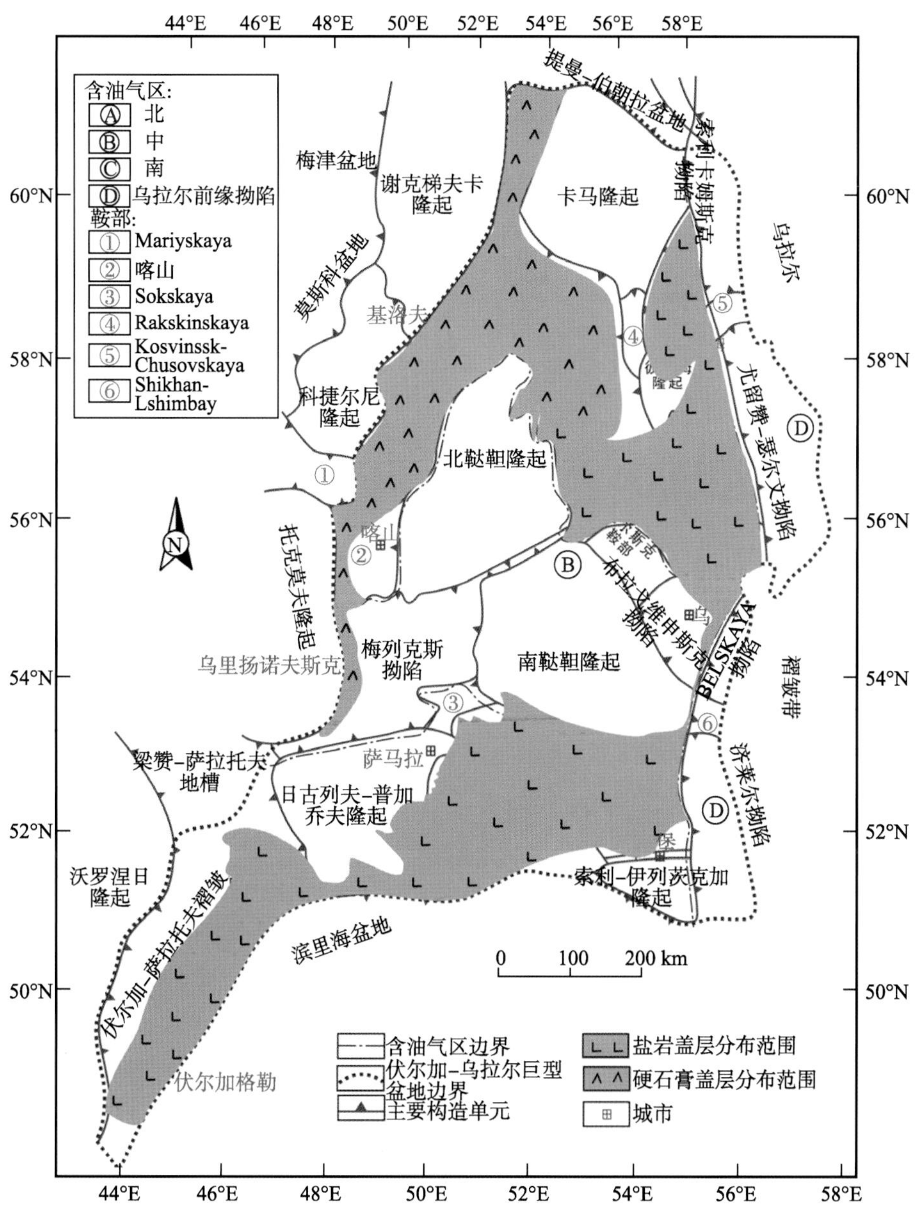

图 9.50 伏尔加-乌拉尔盆地二叠系蒸发岩盖层分布图(IHS Energy，2009，修改)

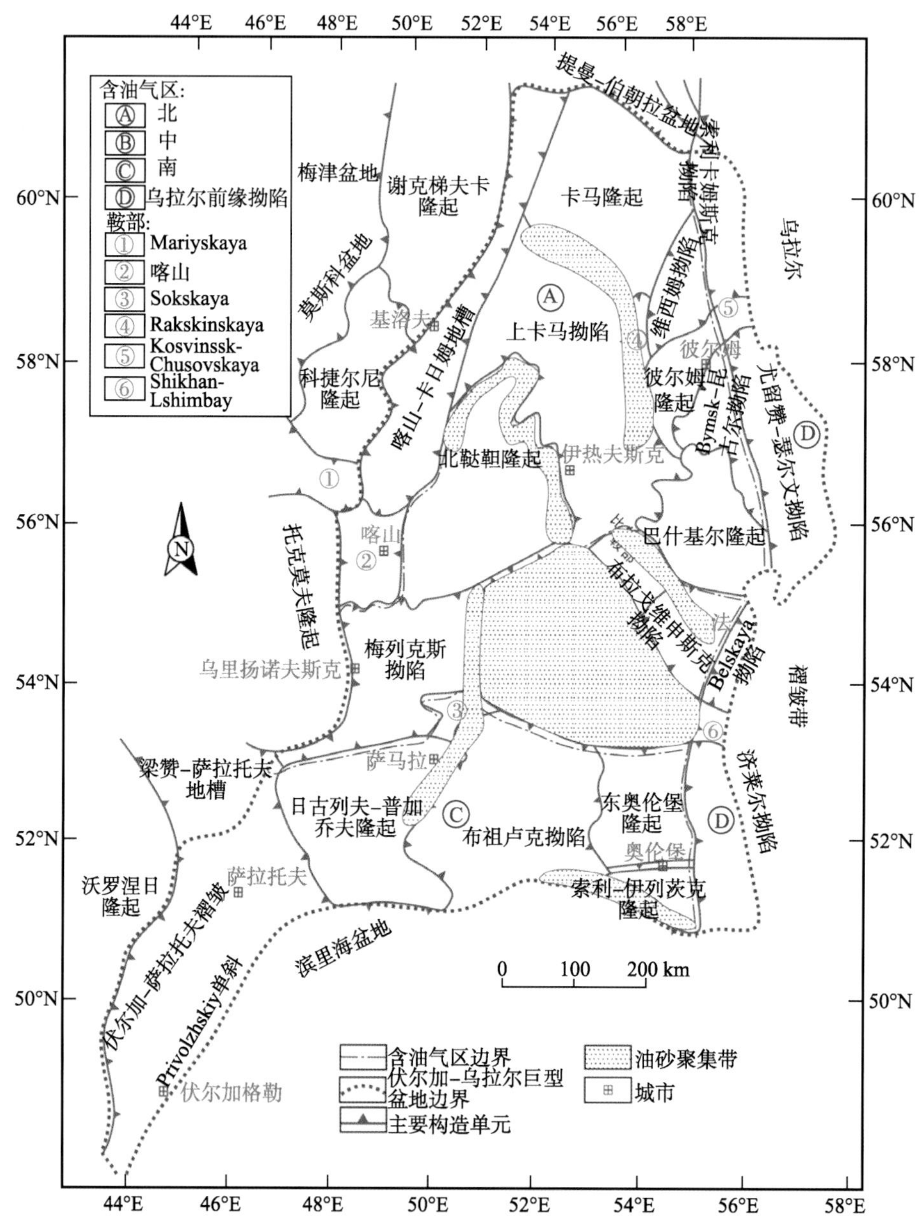

图 9.51 伏尔加-乌拉尔盆地油砂分布图(IHS Energy，2009，修改)

（2）被动边缘层系（中里菲统—志留系）。里菲系露头见于西伯利亚地台与周围褶皱带的交界地区，以及地台边缘和内部隆起区。地台西部和东部里菲系存在差异，里菲系次生变化的程度从东向西增加。文德系与寒武系之间的界限不是很清楚，最具争议。寒武系可分为三个统，碳酸盐岩占优势，厚度达数百米，其中含有海洋动物群化石，大多是三叶虫和腕足类。奥陶系广布，为海相地层，厚度很大，其中含有动物群化石。志留系在泰梅尔和北地群岛发育完整。

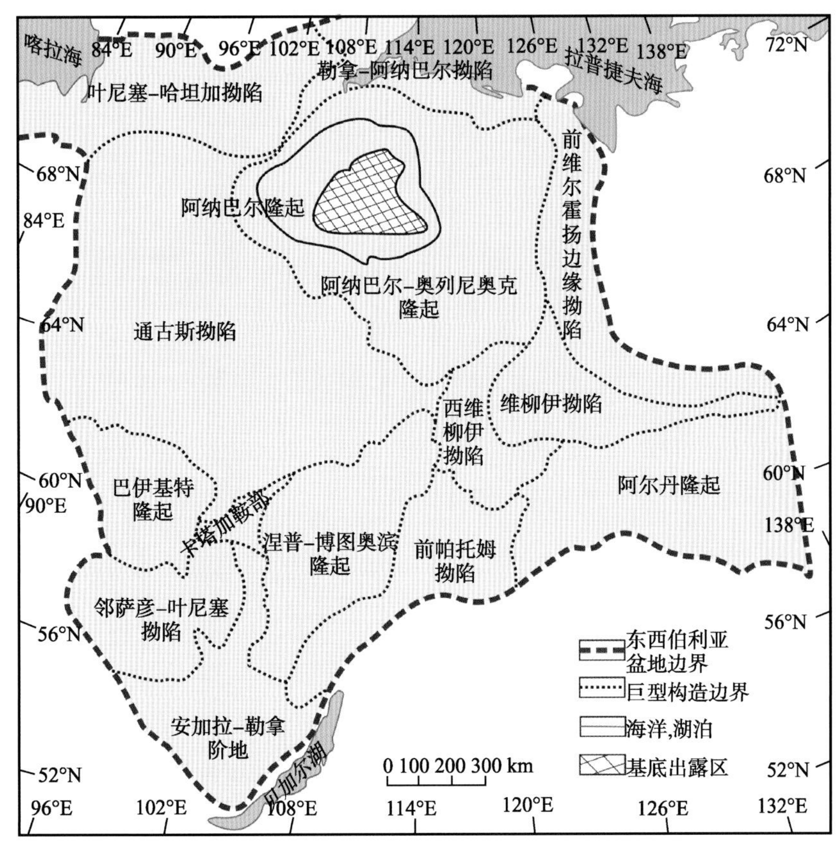

图 9.52 东西伯利亚盆地构造单元划分图

（3）碰撞层系（泥盆系—第四系）。泥盆系在北极西部地区广泛发育，以海相沉积为主。二叠系分布很广，由巨厚的陆源碎屑岩、海相和陆相沉积组成；三叠系主要在泰梅尔发育。侏罗系和下白垩统在高地与岛屿上基本缺失，但在海水覆盖的斜坡上广泛分布，其煤系地层具有重要意义。新生界分布局限，为松散的陆相沉积物，不含海洋动物群化石。

2）构造特征

东西伯利亚盆地具有太古代—早元古代形成的变质岩基底，其大部分地区被里菲系—显生宇沉积盖层所覆盖，是世界上最古老的稳定沉积区之一。

东西伯利亚盆地呈不规则的多边形，向南部有一尖端突出。在地台的东北缘和东缘（从勒拿河三角洲到朱格朱尔山一线）的北段，地台以前维尔霍杨边缘拗陷与维尔霍杨–楚科奇中生代褶皱区为界，在南端以地台边缘的叠瓦状错断带（涅里坎带）与维尔霍杨–楚科奇中生代为界，南维尔霍杨褶皱系的谢杰–达班复背斜沿着布尔哈林断裂从东面向该带上推覆。在东南角，地台与鄂霍茨克–楚科奇晚中生代火山活动带的南端为界。在东南、西南和西部边缘，地台与弧形展布的乌拉尔–蒙古活动带相邻。然而，只有该活动带的东段——东外贝加尔–鄂霍茨克中生代褶皱系沿北图库林格拉深断裂直接与阿尔丹–斯塔诺夫地盾的东南边缘相接触，而在西部地区，该活动带与地台之间夹着一系列准地台。在地台的南部边缘分布着楔入地台的贝加尔准地台，其外部的贝加尔–帕托姆带局部逆冲于地台之上。在贝加尔地区以西的伊尔库茨克地区，地台的边缘形成直角，构成地台的最南端。在地台的西南缘与乌拉尔–蒙古活动带的阿尔泰–萨彦古生代褶皱区之间分布着叶尼塞–邻萨彦准地台区，在该地块中，早前寒武系变质基底与贝加尔期拗拉谷–地槽褶皱带相接。地台与该准地台东南部的边界为东萨彦山前的比留辛断裂，而与该准地台西北部的边界则沿着贝加尔期褶皱带向地台逆冲的断裂延伸。

盆地的西部边缘的北段，一种可能是沿着图鲁汉–诺里尔错断带的西边界（即叶尼塞河谷）延伸，另一种可能是沿着图鲁汉–诺里尔错断带的东部边界延伸（如果该错断带属于叶尼塞–邻萨彦准地台的一部分的话）。地台在叶尼塞河和勒拿河下游之间的北部边界也不是十分清楚。在地台以北分布着泰梅尔–北地岛准地台区，其边界在西段很有可能沿着埋藏于叶尼塞–哈坦加拗陷的第四系和白垩系地层之下的拉索辛–巴拉赫宁长垣状隆起带延伸，往东至勒拿河三角洲一带则可能沿着奥列尼奥克复背斜带延伸，该复背斜带构成了勒拿–哈坦加拗陷的北部边界。

西伯利亚地台的含油气构造分区是按板块构造理论进行的。一级构造单元为含油气省，二级构造单元为台向斜、台背斜、区域阶地及鞍状构造等，三级构造单元为隆起、拗陷及长垣等，在这里，二、三级构造单元混用。根据以上原则，将西伯利亚地台分成勒拿–通古斯和哈坦加–维柳伊两个含油气省。典型的地台区（勒拿–通古斯含油气省）与边缘拗陷的基底和盖层结构存在很大的差别。

哈坦加–维柳伊含油气省又可以分为叶尼塞–哈坦加盆地、勒拿–阿纳巴尔盆地和勒拿–维柳伊盆地。前两个含油气盆地位于地台北缘，前中生代为地台边缘拗陷，中生代为裂陷盆地。勒拿–维柳伊盆地由两部分组成：一是前维尔霍杨前陆拗陷（中生代），二是维柳伊半台向斜（古生代和中生代）。

勒拿–通古斯含油气省为西伯利亚地台的主体，可划分为以下二级构造单元：阿纳巴尔（隆起）台背斜、巴伊基特（隆起）台背斜、涅普–博图奥滨（隆起）台背斜、阿尔丹（地盾）台背斜、通古斯（拗陷）台向斜、邻萨彦–叶尼塞（拗陷）台向斜、西维柳伊（拗陷）台向斜、卡坦加鞍部和安加拉–勒拿区域阶地。

3）生油层

（1）勒拿–通古斯含油气省。勒拿–通古斯含油气省为西伯利亚地台典型的地台区，该含油气烃源岩层系主要在被动边缘阶段发育。其中，通古斯拗陷主要生油层为下–中寒武统浅海相碳酸盐岩、碎屑岩及深海相泥质碳酸盐岩，里菲系潜在生油层已过成熟；勒拿–通古斯含油气省其他地区主要生油层为里菲系浅海相沥青质页岩、页岩、泥质灰岩及白云岩，文德系和寒武系为次要生油层。

（2）哈坦加–维柳伊含油气省。哈坦加–维柳伊含油气省属于西伯利亚地台边缘拗陷区，其烃源岩层系与典型的地台区存在很大差异。叶尼塞–哈坦加盆地主要烃源岩为侏罗系—下白垩统浅海相页岩及粉砂岩；勒拿–维柳伊盆地主要烃源岩为二叠系陆相–浅海相页岩、煤质页岩及煤层。

4）储集层

（1）勒拿-通古斯含油气省。勒拿-通古斯含油气省储集层段主要在被动边缘阶段发育。其中，巴伊基特隆起区（含卡坦加鞍部）主要的储层为上里菲统缝洞/裂缝性碳酸盐岩，文德系碳酸盐岩和碎屑岩为次要储层；勒拿-通古斯含油气省其他地区主要的储层为文德系、文德系—寒武系及寒武系砂岩、灰岩和白云岩。

（2）哈坦加-维柳伊含油气省。勒拿-维柳伊盆地主要储层为上二叠统—下三叠统及侏罗系砂岩。叶尼塞-哈坦加盆地主要储层为下白垩统砂岩、粉砂岩，次要储层为侏罗系和上白垩统砂岩、粉砂岩。

5）盖层

（1）勒拿-通古斯含油气省。勒拿-通古斯含油气省盖层在被动边缘阶段发育，基本都为文德系—寒武系盐岩、硬石膏、页岩和泥质碳酸盐岩。

（2）哈坦加-维柳伊含油气省。哈坦加-维柳伊含油气省为西伯利亚地台边缘区，地层发育较新，其盖层基本都在中生代发育。其中，勒拿—维柳伊盆地盖层为下三叠统、侏罗系-下白垩统页岩，叶尼塞—哈坦加盆地盖层为侏罗系—白垩系页岩。

6）生油灶、油气生成及运移

生油灶是盆地的一部分，生油灶内发育富含有机质的沉积岩层，这些岩层在地质历史上曾经强烈下沉进入主要生油带和（或者）生气带。油气聚集带空间上可以与生油灶叠合，也有可能错开，在第一种情况下垂向运移起主导作用，而在第二种情况下侧向运移起主要作用。西伯利亚地台分布五个主要的生油灶。

A. 通古斯东部生油灶

通古斯东部生油灶形成于西伯利亚地台中西部，主要生油岩层为下-中寒武统浅海相碳酸盐岩、碎屑岩及深海相泥质碳酸盐岩，文德系为次要的生油岩系，里菲系已过成熟。下-中寒武统这套烃源岩层系的下部在奥陶纪末期进入较高的生油窗，二叠纪末期进入主要的生油窗。三叠纪，整套层系进入主要的生油窗。中-上寒武统潜在的烃源岩，在志留纪—二叠纪，进入较高的生气窗。

二叠纪末期，发生构造反转，大量的构造重组创造良好的油气运移条件，诸如已聚集的油气运移到古近系和新近系中。晚二叠世/早三叠世，岩浆喷发，极大地改变了通古斯拗陷的地温状况。岩浆的影响作用是双重的：一方面，地温增加，增强了成熟度，加强了油气生成和运移；另一方面，破坏了原来已形成的油气聚集，形成固体沥青和大量二氧化碳及硫化氢。

B. 叶尼塞-巴伊基特生油灶

叶尼塞-巴伊基特生油灶形成于西伯利亚地台西部边缘，生油灶内沉积岩层的最大厚度在 11 000m 以上。主要生油岩层为里菲系，文德系及寒武系为次要生油岩系。

里菲纪末期，里菲系烃源岩可能初次进入生气窗。在随后漫长的前文德纪隆起和沉积间断期，这些聚集成藏的天然气藏可能遭到破坏。文德纪—寒武纪，里菲系一直保存生烃潜力的烃源岩进入生油窗开始生油，这一阶段里菲系烃源岩生烃能力最强。文德纪，里菲系和文德系烃源岩油气生成并运移，主要从油灶区向安加拉-勒拿阶地运移。首先，聚集成藏的可能是油藏，随后的沉降和成熟度的变化导致这些油藏发生转化，较轻组分逸散，沥青质沉淀在孔隙中（即为沥青）。这个过程即是里菲系大量沥青的形成过程。晚志留世，安加拉-叶尼塞盆地开始隆升，导致油气再次运移，安加拉-勒拿阶地南部及东南部发生生物降解作用，氧化后的沥青保存在文德系储层中。中生代—新生代阶段，安加拉-勒拿阶地的沉降作用和构造运动产生的逆冲褶皱带，生成新的气态烃。巴伊基特隆起隆升，促使毗邻拗陷生成的油气向此处运移，形成新的油气藏，部分老的油气藏重新分布。

C. 前帕托姆生油灶

前帕托姆生油灶形成于西伯利亚地台南部，主要生油岩层为里菲系，文德系以及文德系—寒武系为次要生油岩系。最早的石油生成可能始于早里菲世，那时，部分下里菲统进入生油窗。随后，在早里菲世末期/中里菲世初期，沉积地层遭受褶皱作用，油气聚集遭到破坏。文德纪—寒武纪沉降阶段，里菲系烃源岩进入生油窗，产生大量油气，部分聚集在前帕托姆拗陷，部分向涅普-博图奥滨斜坡运移。寒武纪末期—奥陶纪，文德系碎屑岩进入生油窗。文德—寒武系尽管富含海相有机质，但没有成熟，因此生油潜力不大。前帕托姆拗陷最新的生烃阶段为古生代末期—中生代初期。此时，文德系进入较低的生气窗，产生一些干气，主要是甲烷。泥盆纪构造运动中形成的新的复杂构造圈闭可能充填了最新生烃阶段（古生代末期—中生代初期）产生的油气。

D. 勒拿-维柳伊生油灶

勒拿-维柳伊生油灶形成于西伯利亚地台东缘，主要生油岩层为二叠系非海相含煤地层，以生气为主。三叠纪，维柳伊拗陷中部的二叠系烃源岩进入生油窗；侏罗纪-早白垩世，勒拿-维柳伊盆地边缘的二叠系烃源岩进入生油窗。侏罗纪，勒拿–维柳伊盆地的烃源岩进入生气窗；白垩纪—新生代，勒拿-维柳伊盆地边缘的烃源岩进入生气窗。勒拿-维柳伊盆地的大部分构造形成于早白垩世末期，那时，二叠系烃源岩已进入生气窗，生成的天然气聚集在圈闭中。形成的油气藏早于此运移阶段的遭受重组或破坏。二叠系烃源岩产生的油气主要为垂向运移，可以通过碳同位素含量及沥青和原油的多环芳香烃高含量来证实。尤其是勒拿-维柳伊盆地边缘低品质具有盖层潜力的泥岩和粉砂岩夹层（砂岩含量增加），促使油气运移。横向上，气态烃主要从维尔霍杨斯克前缘拗陷向西伯利亚地台边缘和维柳伊拗陷运移。

E. 叶尼塞-哈坦加生油灶

叶尼塞-哈坦加生油灶形成于西伯利亚地台北缘大型区域地槽，如中泰梅尔、杜德普塔–鲍加尼德、扎尼辛和 Turovskiy，主要生油岩层为下侏罗统系赫塘阶—中侏罗统阿林阶和上侏罗统启里莫支阶—下白垩统凡兰呤阶。晚侏罗世，在叶尼塞-哈坦加盆地前陆盆地演化阶段，可能产生生物成因的天然气，开始第一个热成因气生成期。下-中侏罗统烃源岩生成的油气大部分在后期的变形过程中散失。晚白垩世，烃源岩成熟度可能提高并开始生成天然气。古近纪和新近纪的构造重组中，上侏罗系—下白垩系烃源岩已成熟，生成天然气和少量石油。油气主要为横向运移，从油灶向局部和区域高点运移，一般位于叶尼塞-哈坦加盆地的西部。局部地区，油气垂向运移非常显著，使油气聚集在Sigovskaya 和 Nasonovskaya 组圈闭中。

2. 油砂矿特征

在阿纳巴尔隆起斜坡带（文德系—寒武系）、奥列尼奥克隆起北坡-东坡（二叠系）、马尔辛长垣西北端（下-中寒武统）、阿尔丹隆起以及通古斯拗陷西缘已证实大型油气矿的存在。

1）奥列尼奥克隆起油砂矿

奥列尼奥克沥青聚集带是东西伯利亚勘探程度最高的沥青矿。以软沥青为主，见少量地沥青，位于阿纳巴尔隆起区东北部奥列尼奥克隆起的北坡二叠系砂岩中，呈半圆形。

阿纳巴尔隆起区的基底为太古界变质岩，并形成窄褶皱出露于阿纳巴尔隆起区东北部。出露区可称为狭义的阿纳巴尔隆起，里菲系发育于其周缘地区，由碎屑岩和碳酸盐岩组成，并形成向四周倾斜的单斜。文德-寒武系过渡层分布于奥列尼奥克隆起上，由砂岩、孔洞型石灰岩和白云岩组成。寒武系在全区均有分布。

奥列尼奥克沥青聚集带二叠系沥青组合结构比较简单，地面只发现三个规模很小的褶皱，总体上为平缓的单斜（0～10°30′）。

二叠系以海进式不整合沉积在寒武系侵蚀面上，现今的出露区呈半圆形分布于奥列尼奥克隆起北部。二叠系沉积相由南向北有规律地变化：靠近隆起部位为陆相，到隆起边缘变为海陆交互相，进入勒拿-阿纳巴尔盆地则为海相。二叠系主体为碎屑岩：砂岩、粉砂岩和泥岩底部夹细砾岩，总厚 60～85m，向北增厚到 340m。二叠系厚度变化较大，这主要取决于沉积时的古地面。二叠系底部发育细粒石英砂岩，向上过渡为中粒砂岩，并夹有细砾岩。这套砂岩平行于古海岸线，呈透镜状，透镜体长度从几千米到 10～15km，宽从 1～2km 到 10km。孔隙度为 3%～30%（主要为 20%～25%）。这种砂体多分布于剖面顶部遭侵蚀带，胶结物为高岭石（5%～7%）。向下，胶结物为混合型，沥青含量减少。这种分布规律可与表生作用（地面风化）程度有关。该地层组合顶部处于地表风化状态，遭强烈侵蚀、淋滤，使孔隙度变化为 15%～25%；在深部，淋滤水形成次生方解石充填孔隙，使孔隙度降低为 5%～12%。

奥列尼奥克沥青聚集带含沥青总厚度 100～200m，总面积 $4800km^2$，形成的主要原因是二叠系之上所覆盖的薄层陆相地层在新构造运动期间被剥蚀，使二叠系长期处于地表风化状态，所含石油遭受强烈改造从而形成沥青聚集带。

2）马尔辛长垣油砂矿

马尔辛沥青聚集带位于阿纳巴尔隆起区南部马尔辛长垣西北端上，地沥青到软沥青含于中–下寒武统石灰岩和白云岩中。该长垣具有不对称结构，西南翼缓（局部接近 0°），东北翼陡（7°～9°）。断层广泛发育，并有与此相关的暗色岩侵入。在马尔哈河上游钻“马尔哈”控制井，钻遇了含油和黏性沥青的里菲系和下寒武统砂岩及碳酸盐岩。

马尔辛沥青聚集带未进行详细的研究工作，但根据一些资料，含沥青岩石呈宽广的带状，规模达几十千米。含有黏性沥青包体的石灰岩和白云岩延伸达几千米，但其内部并不都含高浓度沥青，这与岩性的变化有关。在寒武系中上部，一些石灰岩和白云岩发育次生粒间孔（重结晶）和洞穴–裂缝，其中前者含沥青较高，并在马尔辛长垣较高部位形成沥青层和巨型沥青透镜体。沥青含量为 0.3%～5%的区域达 6000km^2。

3. 油砂成矿条件与分布

东西伯利亚盆地典型地台区的演化可分成四个阶段：早太古代—早元古代基底形成阶段、里菲纪—Sturtian 同生裂谷阶段、文德纪—志留纪被动边缘阶段以及泥盆纪—全新世碰撞挤压阶段。前两个阶段为盆地孕育阶段，被动边缘阶段为盆地繁盛阶段，碰撞阶段为盆地的消亡阶段。

1）烃源岩主要发育阶段——同生裂谷阶段

西伯利亚地台形成准平原化后，早里菲世的扩张作用导致发育一些裂谷盆地，沉积一些陆相碎屑岩。随后随着热沉降，西伯利亚地台处于水下，陆相碎屑岩被海相碳酸盐岩沉积取代，沉积了沥青质页岩、页岩、泥质灰岩及白云岩，作为盆地内主要的烃源岩，为常规油气和油砂资源的形成奠定物质基础。

2）储盖主要发育阶段——被动边缘阶段

西伯利亚地台大部分地区的沉积盖层形成于该阶段，该阶段为盆地繁盛阶段，也是盆地内储盖的主要发育阶段。

西伯利亚地台典型地台期的构造演化始于文德纪（局部地区为晚里菲世）整个地台沉降。地台的盖层分为两个巨层序：文德系—下古生界（被动边缘层序）和上古生界—新生界（碰撞层系）。地台内及周边，这两个巨层序内含多个因地球动力环境变化形成的不整合面。

其中，文德系由红层组成，以碎屑岩为主；下寒武统和中寒武统下部主要由互层的白云岩和盐岩及碳酸盐岩组成；中寒武统上部和上寒武统沉积岩性为碎屑岩和碳酸盐岩。该阶段的沉积物被认为沉积在地热逐渐降低的区域。沉降速率相对比较低，伴随着海侵和海退，发生沉积间断。

3）油气远距离运移动力和通道条件分析

（1）东西伯利亚盆地大型拗隆相间的构造格局（图 9.53），形成大型斜坡带，为油气长距离向斜坡带浅部位运移提供很好的条件。

（2）盆地内区域性的连通砂体，成为油气大规模远距离向隆起区斜坡带运移的通道。

（3）二叠纪末期的暗色岩侵入活动，一方面，地温增加，增强了烃源岩成熟度，加强了油气生成和运移；另一方面，破坏了原来已形成的油气聚集，对围岩进行加热并在接触带形成了高裂缝性地带，形成新的运移通道，促使油气重新分布。

（4）碰撞阶段以来，盆地构造格局发生巨大变化，发生构造反转，典型地台区整体抬升，破坏了先前形成的油气聚集，形成许多新的油气运移通道，促使油气重新分布。

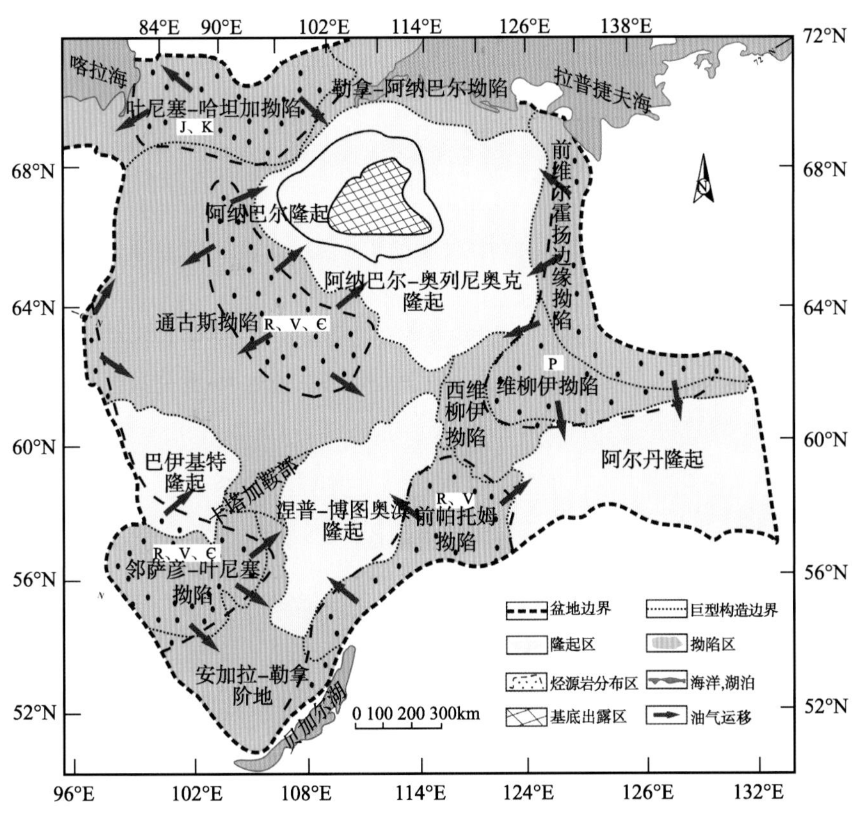

图 9.53　东西伯利亚盆地主要烃源岩分布及油气运移示意图

4）油砂成矿条件综合分析

（1）在同生裂谷阶段和被动陆缘阶段沉积的优质烃源岩、良好的储盖组合和大范围连通的砂体，以及拗隆相间的构造格局，为盆地内油砂成矿提供了坚实的物质基础、储集条件和油气远距离运移通道和动力。

（2）二叠纪末期的暗色岩侵入活动，破坏已形成的油气聚集，对围岩进行加热并在接触带形成了高裂缝性地带，形成新的运移通道，为油气向地表浅层运移提供了条件。

（3）碰撞阶段以来，西伯利亚地台与周围地块碰撞，造成盆地构造格局发生重大变化，发生构造反转以及地台区整体差异抬升，一方面造成已形成的油气聚集整体抬升至近地表地区，另一方面破坏已形成的油气聚集，形成新的油气运移通道，促使油气向地表浅层运移。这些位于地表浅层的油气聚集处于相对开放和氧化的地下环境中，经过水洗、生物降解等作用而形成油砂矿。

综合分析可以看出，丰富的油源、良好储盖组合和油气运移的疏导体系、必要的盖层封闭，以及烃类降解稠化是油砂富集成矿的主要因素。东西伯利亚盆地存在两种油砂成矿机制，可划分为两种成矿模式：斜坡降解型和古油藏抬升破坏型。

A. 斜坡降解型成矿模式

里菲系—中寒武统沥青质页岩、页岩、泥质灰岩、白云岩以及二叠系页岩和煤层中生成的大量烃类沿着盆地坳隆格局形成大型斜坡带，向浅部位运移，最终储存在上里菲统—寒武系砂岩、灰岩及白云岩，以及二叠系砂岩中。油气在长距离运移过程中，轻组分散失，遭受氧化生物降解作用形成油砂矿。

B. 古油藏抬升破坏型成矿模式

油砂成矿关键因素：泥盆纪以来多期次的碰撞作用，致使西伯利亚地台全面抬升，阿纳巴尔隆起、阿尔丹隆起、涅普-博图奥滨隆起等抬升幅度较大，这些地区已经形成的大量特大型油藏抬升到地表或近地表遭受剥蚀氧化作用成矿。

通过对东西伯利亚盆地生油灶位置和油气运移方向分析，结合东西伯利亚盆地内坳隆相间的构造格局，以及已发现的油气田和已证实的油砂矿分布位置，可划分出四大油气聚集带，如图 9.54 所示。

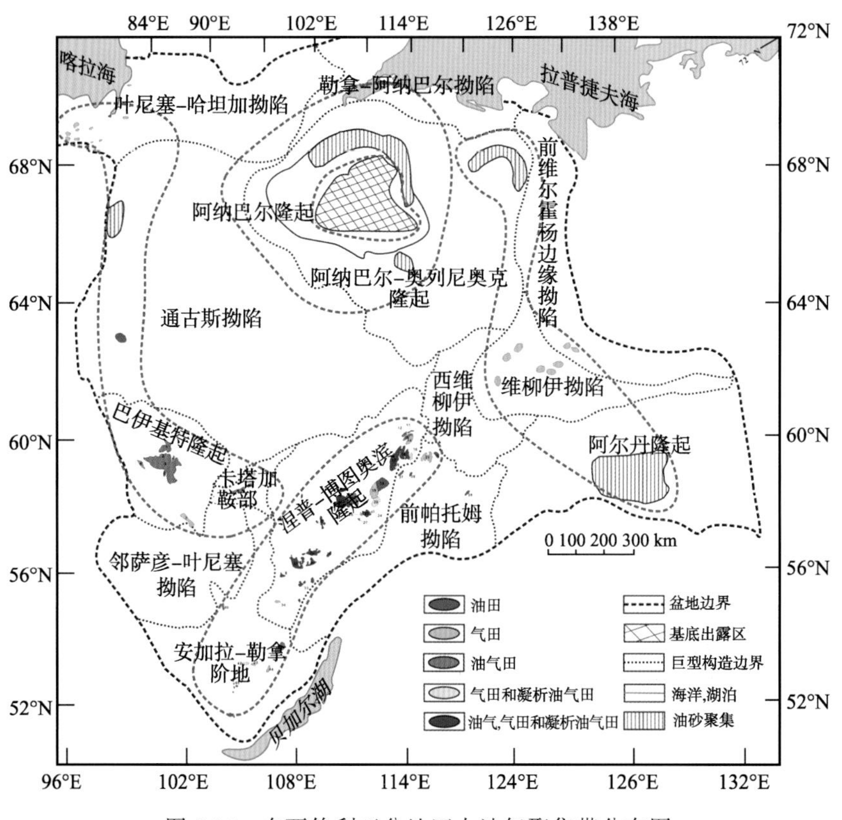

图 9.54 东西伯利亚盆地四大油气聚集带分布图

在这四大油气聚集带的隆升地块，油砂成矿模式以古油藏抬升破坏型为主，在坳陷的边缘斜坡带和隆起区斜坡带，油砂成矿模式以斜坡降解型为主。对东西伯利亚盆地油砂聚集带分布预测如图 9.55 所示。

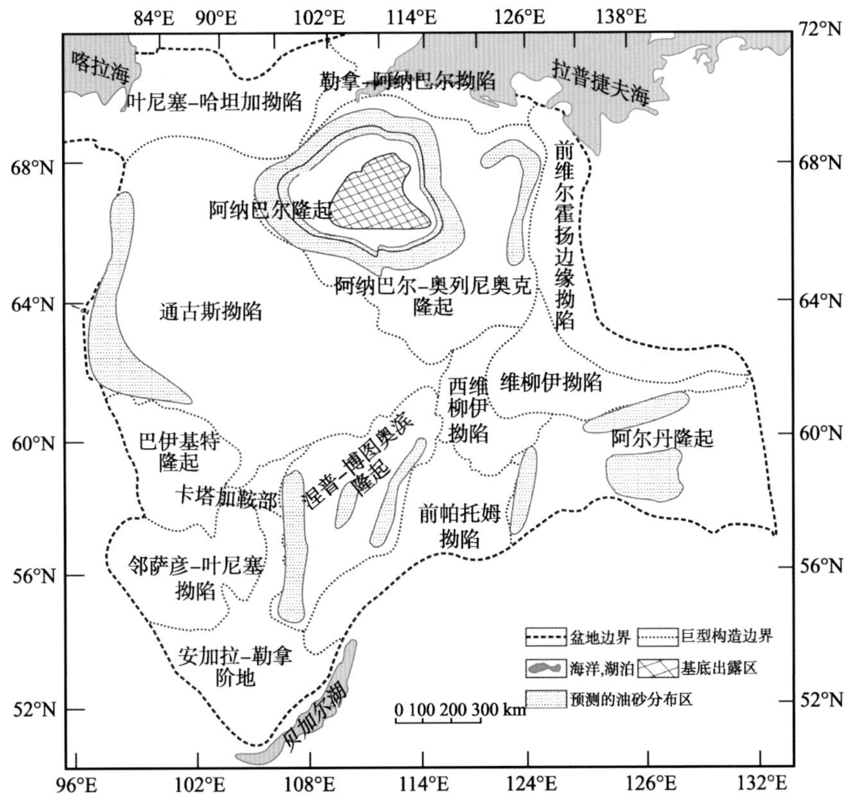

图 9.55　东西伯利亚盆地油砂分布预测图

（四）东委内瑞拉盆地

东委内瑞拉盆地是一个大型非对称前陆盆地，位于委内瑞拉东北部，覆盖了中、东委内瑞拉的大部分区域，面积为 $21.9\times10^4km^2$，盆地 70%部分位于陆上，海上面积为 $4.9\times10^4km^2$。盆地南部边界为圭亚那地盾；北部边界为埃尔皮拉尔断层，该断层为一个大型走滑断层，与南美板块和加勒比板块间的板块边界相关；西部边界为埃尔包尔隆起；东部边界为大西洋沿海大陆架。

Orinoco 重油带位于东委内瑞拉盆地南部（图 9.56），Orinoco 河以北，Calabozo 和 Guarico 水库以东 90km，Mocapra 河峡谷以西的广大区域，是一个接近 600×90km 的长方形条带，勘探面积约 55 000km^2。

Orinoco 重油带油田东西长达 460～560km，南北宽度一般是 40～100km，面积约为 54 000km^2，对外公布的地质储量达 2000×10^8t（穆龙新等，2009），是一个分布面积广、产油区连片的含油带，是闻名于世的重油生产区。Orinoco 重油带基本上是超重油和天然沥青，原油重度一般小于 10°API。目前，该重油带只有 5%～10%的石油能被开采。从西向东，整个重油带可分成 Oyaca、Junin、Ayacucho 和 Carabobo 4 个评价区。

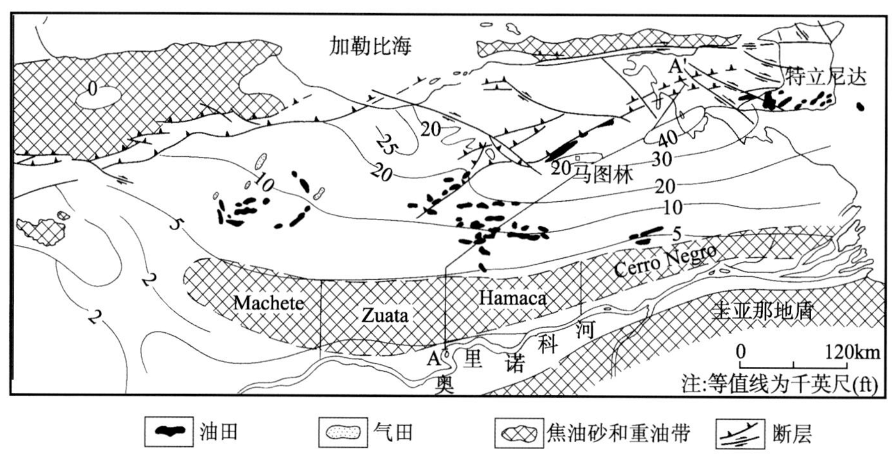

图 9.56 东委内瑞拉盆地油气分布图（Roadifer, 1986）

东委内瑞拉盆地现今处于成熟勘探阶段（陆上处于成熟阶段，海上处于未成熟阶段），陆上非常有前景，海上比较有前景。自 1913 年开始勘探以来，已经钻探了超过 1300 口的新油田发现井和 7000 余口其他类型的探井，取得了 335 个发现。盆地共有探井 8323 口，最大井深为 6545m（海上 5547m）。第一个勘探发现是 1913 年发现的 Guanoco 油田，储量为 2MMBOE；最大的石油发现是 1938 年发现的 Junin 油田，储量达 17000MMB，最大的天然气发现是 1941 年发现的 Santa Barbara 气田，储量达 21 836bcf。目前盆地中共取得了 337 个发现（陆上 329 个，海上 8 个），探明液体可采储量为 76 463MMBOE①，天然气可采储量为 138 994bcf，盆地可采油气当量为 99 628MMBOE。累计探井成功率为 26.5%，资源丰度为液体 349 148Bbl/km^2，天然气 635MMcf②/km^2，平均为 454 929BOE/km^2。

1. 成藏条件

1）构造条件

东委内瑞拉盆地北部主要为叠瓦状逆冲断层的冲断带，中部为地层平缓带，南部紧邻圭亚那地盾，多为地层超覆尖灭带（图 9.57）。与构造作用有关的构造层主要有三层：前白垩系变质基底、白垩系地层、古近系—新近系地层。构造格局是西高东低，北高南低，东北部的马图林次盆为沉积中心，为全盆最重要的烃源岩发育区。

盆地不同构造部位发育不同构造类型，进而形成各类圈闭。盆地北部主要为挤压构造，主要有南北向挤压形成的逆冲断层及其与断层有关的背斜、花状构造；盆地南部主要为伸展作用造成的褶曲。从图 9.58 可以看出，盆地可大致上分为瓜里科次盆地、马图林次盆地、埃尔富尔褶皱带和东部海上及三角洲三个构造单元，陆上是烃源岩和石油富集区，海上是天然气富集区。

① MMBOE 为百万桶油当量

② 1MMcf=10^6ft^3=2.8317×10^4m^3

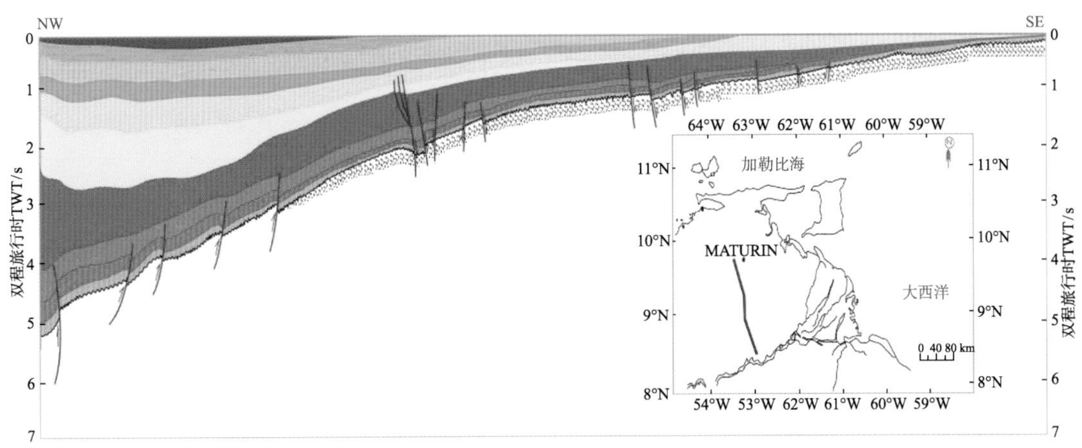

图 9.57 东委内瑞拉盆地南北向构造剖面图

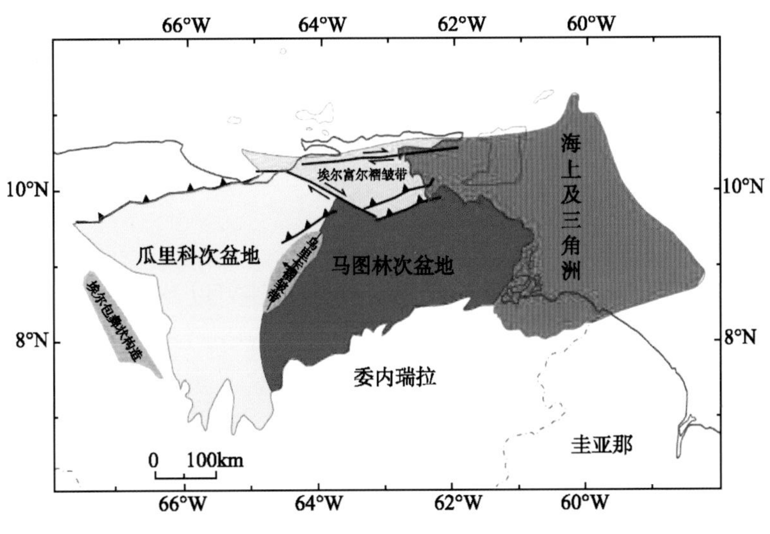

图 9.58 东委内瑞拉盆地构造单元划分

盆地古生代以后的构造演化经历了 3 个阶段：晚侏罗世裂谷运动，白垩世至古近纪的被动边缘，古近纪至第四纪的走向滑动、挤压/扭压阶段以及前陆盆地发育阶段。东委内瑞拉盆地叠置在超大陆的内陆地区，古生代沉积地层极少，且缺乏海相沉积，说明在裂谷活动以前，这个地区大部分属大陆区到边缘海区部位。Orinoco 重油带全区有 3 个断层系统。主断层系统是北东–南西走向，向北倾；第二个断层系统是东西走向，向南倾；第 3 个断层系统是北东–南西走向的横向移动。所有断层都是正断层。各地区的石油聚集情况不同主要取决于沉积年代、沉积相变化及断层的封闭性。

Orinoco 重油带是一个向南楔形尖灭的古近系—新近系沉积楔状体，不整合地覆盖于白垩系、古生界和前寒武系基底之上。该带在大构造背景上以拉张构造为特征。Hato 区 Viejo 隆起和 Hata Viejo 断层系将全区分成两部分，即东区和西区（图 9.59）。西区

（Boyaca-Junin 产油区）古近系—新近系地层覆盖在白垩系地层之上，两者之间为区域不整合；而东部区古近系—新近系地层则直接覆盖在圭亚那地盾前寒武纪火成—变质岩基底之上。重油带西部以北东–南西向的 Boyaca 隆起为界。Altamira 断裂为 Espino 地堑东南边界断层。在区域上该带的动力是断层构造，东部断裂以东–西向为主，西部断裂为以北东–南西向为主的反向正断层，断距不大，一般断层断距小于 60m，以刚性岩体为特征，没有明显的褶皱作用。断层主要是张性断层（正断层），平均垂向位移不超过60m。

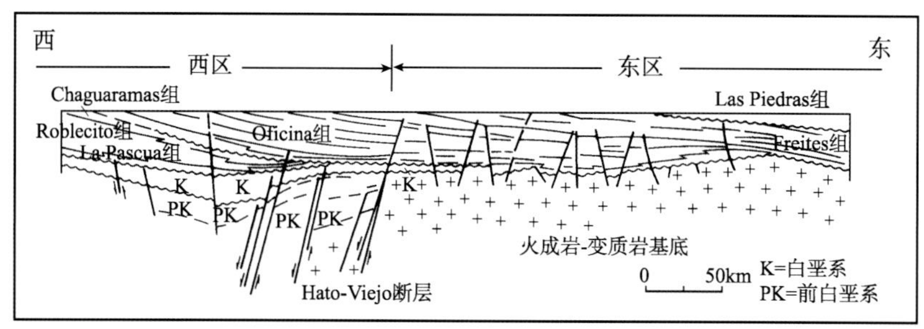

图 9.59　Orinoco 重油带东西向构造剖面图

2）烃源岩条件

上白垩统 Guayuta 群 (Querecual 和 San Antonio 组) 以及其侧向对应的 Tigre 组是盆地的主要烃源岩。在盆地的北部，包括 Serranija Interior Oriental 区域，可能自中渐新世至中中新世就开始生烃。在盆地南部，白垩系源岩不是缺失就是未成熟（图 9.60、图 9.61）。

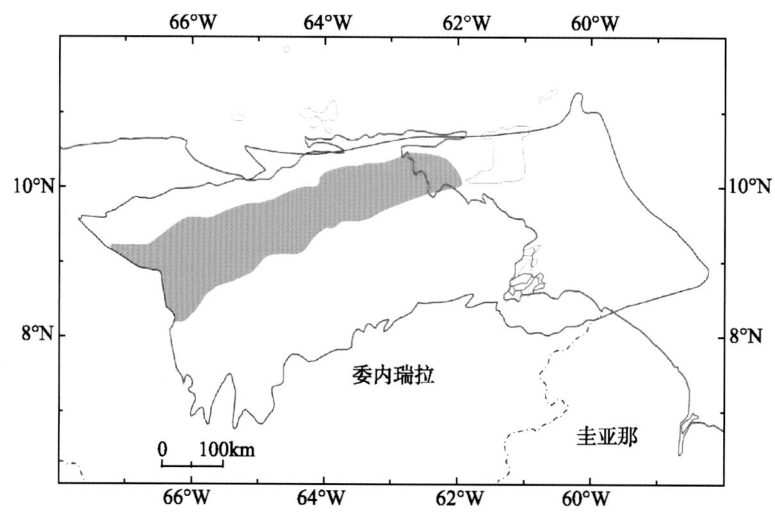

图 9.60　东委内瑞拉盆地上白垩统 Guayuta 群烃源岩分布

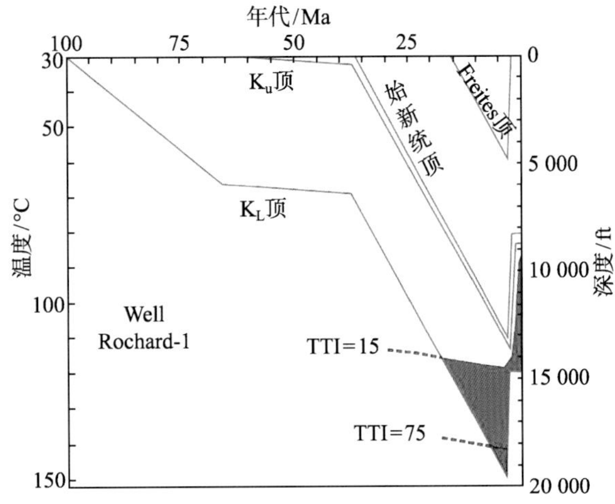

图 9.61　东委内瑞拉盆地埋藏史图(穆龙新等，2009)

San Antonio 组与 Querecual 组海相源岩为次要烃源岩，平均 TOC 为 2.0%～6.0%，Ⅱ型和Ⅲ型干酪根，生烃潜力大于 5mg HC/g，主要分布于 Pirital 和 El Furrial 逆掩体及其南部。Carapita 组烃源岩为混合类型，主要为陆相，平均 TOC 为 2.0%；生烃潜力为 2～5mg HC/g，主要分布于盆地前陆凹陷部位（图 9.62）。

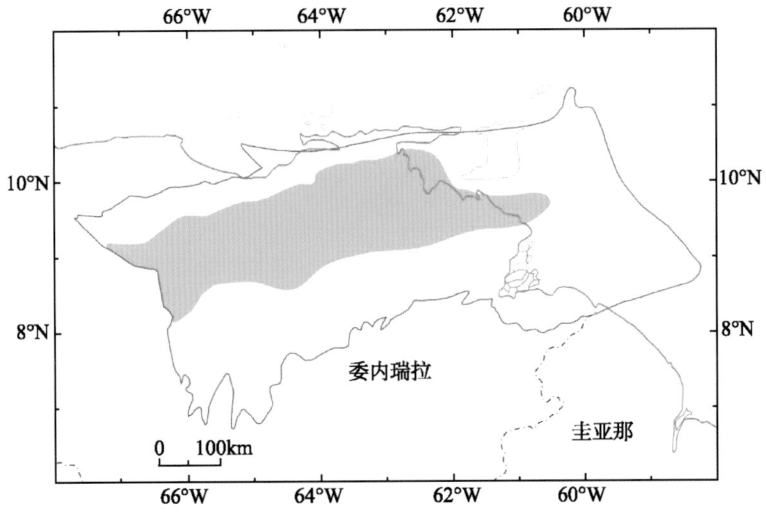

图 9.62　东委内瑞拉盆地古近系和新近系次要烃源岩分布

3）储层条件

除了 El Cantil、Tigre 组(Infante 段) 和 Guayuta 群外，盆地中所有的含油储层都是砂岩储层。砂岩储层的年代各异，从晚白垩世(Guayuta 和 Temblador 群)到上新世(Quiriquire 组)都有，沉积环境从陆相变化到深水海相。渐新统至中新统储层(Oficina，Merecure 和 Naricual 组)包含了盆地中的大部分油气储量（图 9.63）。

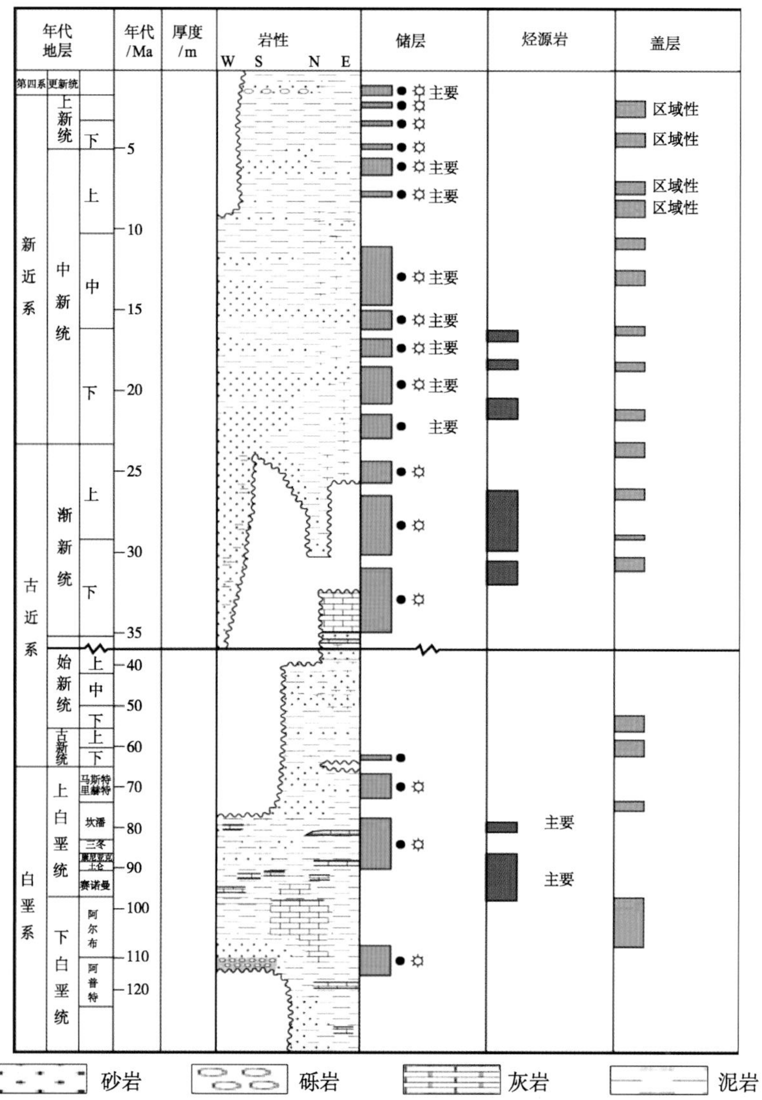

图 9.63　东委内瑞拉盆地地层柱状图

盆地的主要储层以三角洲–滨浅海相砂岩为主，河流相次之，仅渐新统和下白垩统发育部分灰岩。渐新统—全新统 Merecure 组和 Oficina 组河流–三角洲相砂岩，孔隙度为 9%～30%，渗透率为 20～5000mD（图 9.64）。

Orinoco 重油带储层主要为古近系—新近系未固结砂岩，次棱角状，分选较差，含不同数量的黏土。表 9.21 为主要生产区内某些储层数据的变化范围和近似平均值。中新世海侵时期形成的 Oficina 组地层为主要储层。该储层的明显特征是向南与泥岩层一起超覆于老地层（白垩纪、古生代或前寒武纪地层）之上，为从北部运移来的油提供了圈闭。储层沉积环境为河流相到三角洲平原相。砂岩为未固结的细到粗砂，平均孔隙度为 34%，平均渗透率为 5D。

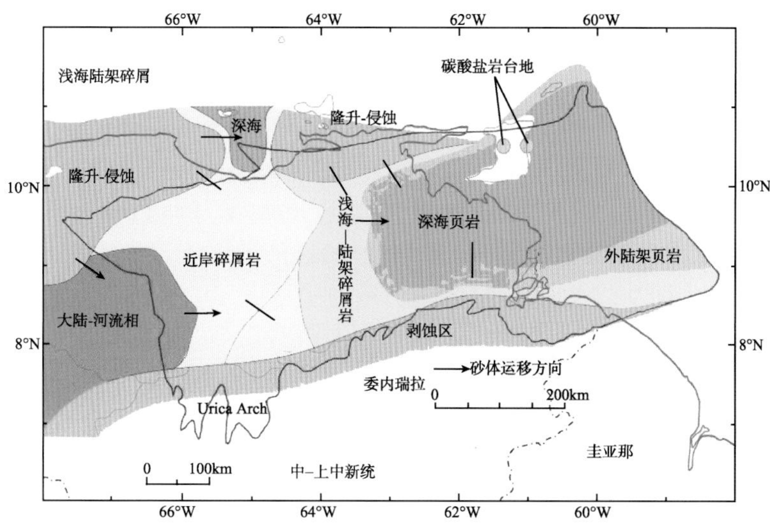

图 9.64 东委内瑞拉盆地中中新统–上中新统储层沉积相(穆龙新等，2009)

表 9.21 Orinoco 重油带储层特征

内 容	参 数
储层厚度/m	20～100
产层平均厚度/m	50
产层顶部深度/m	150～1300
产层顶部平均深度/m	600
井平均海拔/m	100
孔隙度/%	28～35
含油饱和度/%	>85
渗透率/mD	1～10
岩石固结程度	差
非均质性	差
海平面以下 500m 的储层压力/MPa	5.633
储层压力梯度/（MPa /m）	0.009614
海平面以下 500m 的储层温度/℃	53
地温梯度/（℃/100m）	3.24

Ofcina 储层沉积环境具体包括辫状河道、点坝、分支河道、决口扇，偶见潮汐河道和河口坝，沉积物源来自南部圭亚那地盾。这些河流三角洲砂岩粒度为细粒–粗粒，孔隙度为 34%，渗透率为 5D。储层没有经受明显的成岩作用的影响。该区砂岩厚度变化大，分布不稳定。对比 Orinoco 石油带东西部储层，东部储层好于西部，从东向西，储层单砂体厚度变薄，泥岩夹层增多，电阻率和自然伽马曲线特征反映明显。平面上，Oficina 下部砂体呈片状分布，向上砂体呈条带状分布，砂体平面上发生相变。局部有少量白垩纪 Temblador 组储层。

4）盖层及保存条件

盆地内盖层发育，区域性盖层、半区域性盖层和局部盖层与储层交互发育，形成了良好的储盖组合。大多数砂岩储层的盖层是层内泥岩、褐煤和黏土。在重油带，沥青塞和焦油席也是一个重要的封盖因素。

区域性盖层：区域性盖层为渐新统—中新统 Freites 组、Las Piedras 组、Chaguaramas 组和 Roblecito 组泥岩、褐煤和黏土等，封堵性能良好，分布广，能对盆地的油气聚集提供良好的封盖保障（图 9.65）。

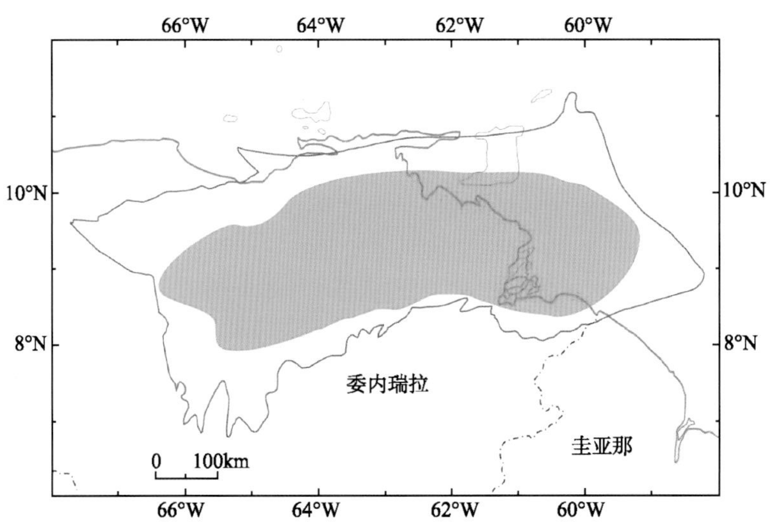

图 9.65 东委内瑞拉盆地区域性盖层-Las Piedras 组分布

局部盖层：层内泥岩、褐煤、黏土和沥青为重要局部盖层，在重油带的成藏过程中起到重要作用。

大规模的侧向石油运移距离达 150～300km，从盆地的沉积中心向上倾方向运移到 Guyana 地盾的边缘，疏导层包括 Temblador 群和 Merecure 组砂岩。在盆地的大多数地方油气以垂向运移为主。

5）圈闭条件

盆地的圈闭以构造型为主，大多为背斜、断背斜、断层或构造-岩性地层复合圈闭，在深层和南部斜坡地带发育岩性地层圈闭（岩性尖灭、不整合和基岩），在东南部的 Orinoco 重油带，非构造圈闭类型占有相当重要的地位，主要为地层和岩性圈闭。中新世的 Oficina 等砂岩上倾地层尖灭，以及砂岩向南超覆在基底之上，或由沥青堵塞上倾出口而形成圈闭。也有少量的反向断块圈闭，层间泥岩提供断层侧向封堵。上覆盖层为中新世的区域厚层泥岩和层间泥岩。由于断层断距较小，厚层的泥页岩盖层条件很好。

6）油气成藏过程

含有机质的上白垩统 Querecual 组及 San Anatonio 组泥岩是其有效烃源岩。石油形成始于古新世晚期加勒比板块向南美板块仰冲期，广泛分布在 100km 以外的 Maturin 和 Guarico 两个次盆沉积中心。本区内生油岩还未成熟，因为生油岩是由南向北盆地中心逐步进入生油窗的，因此从中中新世开始，石油由北向南长距离运移和聚集，且持续至今(图 9.66)。

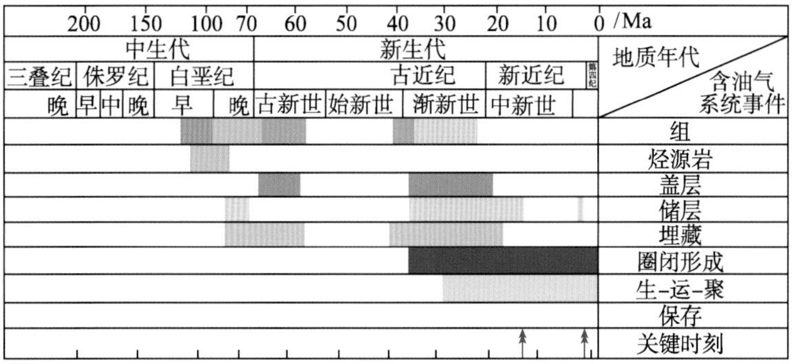

200 150 100 70 60 50 40 30 20 10 0 /Ma
中生代
新生代
三叠纪
侏罗纪
白垩纪
古近纪
新近纪
第四纪
晚
早
中
晚
早
晚
古新世
始新世
渐新世
中新世
地质年代
含油气系统事件
组
烃源岩
盖层
储层
埋藏
圈闭形成
生–运–聚
保存
关键时刻

图 9.66　东委内瑞拉盆地成藏事件图

油气主要分布于盆地的前渊带和斜坡带，隆起带以非常规油为主，褶皱带油气资源相对较少。油气以南部圭亚那地盾为主要运移方向，烃类通过断层和不整合向上部地层运移，断层和不整合都起到非常重要的作用，加上层内砂岩的配合，保证了油气能大规模长距离地运移。东部为次要运移方向，以天然气成藏为主。盆地的油气由于从烃灶到圈闭经历了长距离的运移，加上盆地内水动力条件活跃，大量烃类遭受降解，在南部斜坡带形成了大规模的非常规油的聚集（图 9.67、图 9.68）。

66°W
64°W
62°W
60°W
10°N
8°N
北部逆冲带
埃尔富里尔
基里基雷区
哥伦布次盆
三角洲及海上
瓜里科次盆
西部
奥里诺科重油带
委内瑞拉
圭亚那
0 100km
运移路径
烃源岩
OIL
GAS
CNG

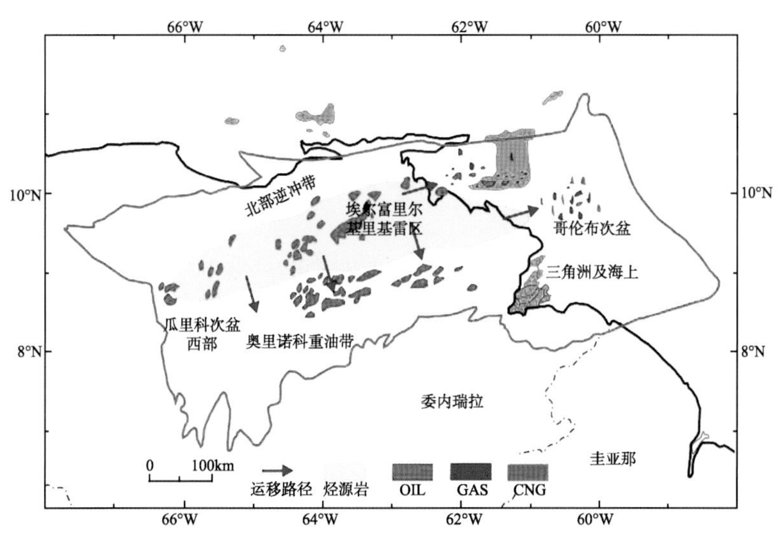

图 9.67　东委内瑞拉盆地含油气系统分布图

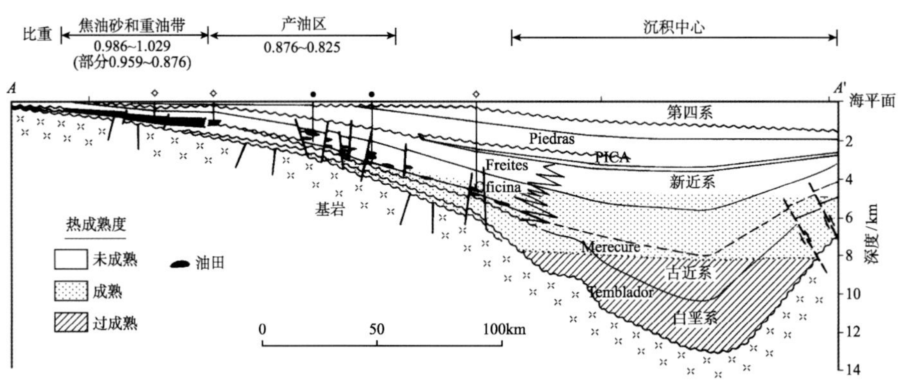

图 9.68　东委内瑞拉盆地油气成藏模式图

砂岩中的沥青是地层圈闭中的石油暴露到地表以后的残余，表明当时曾经生成一定数量的原油。虽然在盆地边缘油层被剥蚀形成沥青砂，但是油藏内部仍然集聚着大量的原油。稠油储集层大多数都是孔隙度和渗透率很高的砂体。

重油产区和沥青砂矿的圈闭类型以地层圈闭为主，其次为构造与地层相结合的复合圈闭，即圈闭是以伴有轻微局部隆起的大单斜地层控制为特征；沥青砂矿主要是地层圈闭，区域的地层圈闭超过构造因素。东委内瑞拉盆地有 50%储量在地层圈闭中，储量大的稠油产区都处于地层与构造相结合的复合圈闭中。

沥青砂矿形成在区域斜坡的背景下，有轻微的局部隆起。这种上倾的单斜层不仅能加强流体的运移能力，而且容易形成裂缝，雨水渗入古三角洲上端，造成稠油油藏。同时浅部形成的沥青塞和焦油垫又可以成为下面稠油的遮挡和封盖。

东委内瑞拉盆地南部非海相沉积物中，在当地缺乏生油层的情况下，石油经过长距离的运移，出现在未成熟的古近系—新近系储层未固结砂岩中。流体横向运移主要是指从北部主要生烃“灶”经过长距离运移到南部的 Orinoco 重油带，运移距离为 60～120mile。

由于原油生物退化作用大都在盆地边缘进行，并随着向盆地的中心而减弱，因此原油退化为重质含硫的沥青砂，原油重度随深度增加而降低，造成稠油油藏埋藏深度较浅，如委内瑞拉的阿萨巴斯卡原油最重（离地表浅）。

2. 资源分布与潜力

盆地北部拥有优质的烃源岩、储层和盖层。中南部地区石油丰富，一些就产自于储层和圈闭附近，一些经过了长距离从北部烃灶运移而来（图 9.69）。盆地的油气聚集具有以下特征：①沉积中心附近油气富集形成大油气田；②斜坡一侧形成巨大的不整合和岩性油气藏；③褶皱带中多出现逆掩断层带油气田；④破坏氧化后形成重油和油砂(Orinoco 重油带)；⑤盆地内整体上原油密度分布具有深部低、浅部高的特征；⑥产层深度跨度大，深处到浅部均有油气富集，如埃尔富尔/基里基雷带中的圈闭中产层深度为 600～5950m，再如 Orinoco 重油带，产层顶部深度 150～1220m；⑦地台部分，大油气田分布在基岩隆起-斜坡带。

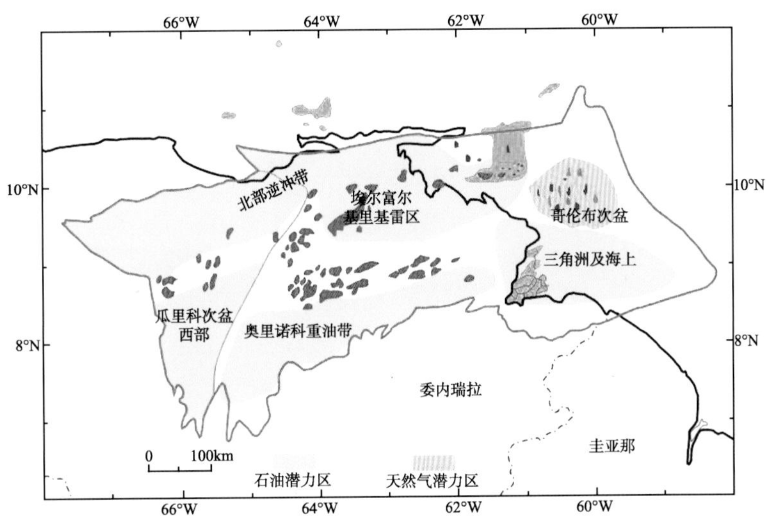

图 9.69　东委内瑞拉盆地有利油气勘探区分布图

类比世界著名的重油油藏可知，世界上 98%的重油储量和大多数沥青砂都是在勘探程度很高的前陆盆地中发现的。前陆盆地结合三角洲沉积体系背景是沥青重油资源分布的最理想环境，不仅生、储、盖条件适宜形成沥青和重油，而且又适合长距离运移和聚集。

东委内瑞拉盆地的重油主要分布在 Orinoco 重油带的 Oficina 组。根据中国石油勘探开发研究院 2010 年油气资源评价结果（表 9.22），盆地重油带重油资源量为 2696×10^8t，主要分布于 Orinoco 重油带，其次为北部逆冲带。按 20%采收率计算，可采资源量为 539×10^8t，资源潜力巨大。

表 9.22　资源量计算参数表

参　数	Orinoco 组
含油面积/km^2	16 000～20 000
储层厚度/m	5～120
孔隙度/%	26～35
含油饱和度/%	85～95
原油密度/(g/cm^3)	0.93～1
地层体积系数	1.048
OOIP/10^8t	2696

第六节　重油与油砂资源开发技术与应用效果

油砂或重油的性质、埋藏深度、黏度等不同，开采方法也不一样。目前主要的开采技术有热采技术、冷采技术和复合开采技术三大类（Chow，2008），其中热采技术包括蒸汽吞吐、蒸汽驱、火驱技术、SAGD、热水驱、电磁加热等；冷采技术包括出砂冷采、

注 CO_2 开采、微生物开采、VAPEX 开采、水驱、碱驱、聚合物驱、化学吞吐等，复合开采技术包括蒸汽+表面活性剂复合采油技术、蒸汽+碱复合采油技术、蒸汽+聚合物复合采油技术、蒸汽+CO_2+表面活性剂开采重油技术等。其他开采技术还有地下水力开采、地下气化开采、核能开采等。按照深度适用范围，油砂开采可分为露天开采、巷道开采和地下开采，重油全部为地下开采。

随着新技术的不断引进、开发，油砂开发将会向着规模化、挖掘技术现代化、提取温度低温化、开采就地化、高效环保化方向发展。对于油砂的露天开采，加拿大的可移动式矿区采矿技术将是未来主要的突破性技术，油砂分离工艺也将随之实现可移动机械化（图 9.70）。

(a) 大型运输机

(b) 动态粉碎和传输

图 9.70　加拿大大型采矿设备

对于重油和油砂的地下开采技术，根据重质油油藏的特点，将会演变出更加具体、更加灵活的变种，包括应用不同类型的蒸汽、溶剂、催化层和井管结构来进行演变，或者将几种技术的特点相结合，如 VAPEX 最近以二氧化碳溶剂为基础的实验研究证明其效果好，并且更加经济、环保；原先的原地火烧工艺现在可以和井下催化层联合使用；SAGD 技术注入井和生产井的搭配更加灵活，水平配对、交叉配对、变换井距以及和蒸汽吞吐开采技术井联合使用等。

一、露天开采技术

油砂矿的厚度及埋深的差异决定了开采方法的不同。当油砂层厚达 30～45m，上面覆盖层厚度不超过 100m，含油率超过 8%～9%，适合露天开采。世界范围内的油砂矿平均有 10%可进行露天开采。

加拿大在 1967 年开发了第一个距离地面不足 50m 的商业油砂矿。现在露天开采的油砂已经占到加拿大油砂生产的 60%，而受经济限定的可露天开采的油砂占加拿大油砂资源的 10%。露天开采所需的设备及费用、沥青回收率较其他方法好，技术上较为成熟，在加拿大及委内瑞拉等都已形成大规模工业开采。

露天开采油砂处理过程大致为四个环节：露天采掘油砂—重油沥青抽提—重油沥青改质—废物处理（图 9.71）。

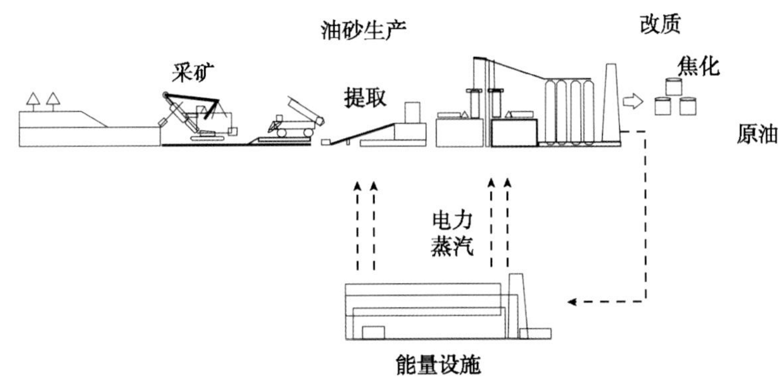

图 9.71　油砂矿露天开采工艺流程示意图

露天开采的经济可行性主要取决于石油的价格、开采成本、剥采比和油砂含油率。

（1）剥采比。对于规模较大的油砂矿，经济开采剥采比为 1:1～1.5:1；对于规模较小的油砂矿，经济开采剥采比为 2.5:1～3:1。

（2）含油率。加拿大阿尔伯达，含油率低于 6%的油砂一般不予开采；中国内蒙古图牧吉含油率低于 8%的油砂也没有开采，中国新疆克拉玛依含油率低于 5%的油砂一般不予开采。但在开采富矿时，可以对矿进行筛分，适当掺和低含油率油砂，以提高资源利用率。

（3）设备选型。选用大型挖掘设备及大吨位运输车以提高开采效率。特别是冬季结冰期间，挖掘难度增大，对开采设备及运输设备提出了更高的要求。

（一）采矿技术

在露天开采工艺流程中，油砂主要经过采矿、输送、萃取、改质等阶段才能变成可利用的原油，而露天采矿是生产无硫混合原油的第一步。加拿大采矿主要用的是一种滚动式开采回填技术，把后采的油砂矿表土及地层砂回填到先采的矿坑中去，并恢复地表的原貌。采矿包括两部分内容，即风化层的移除和油砂层的开采。在采矿之前，必须首先除去泥苔沼泽层、含水土壤层以及覆土层。

（二）输送技术

目前主要的输送技术是砂浆管线水力输送，即将油砂与热水相混合制成浆液，随后浆液通过管线运送至提炼厂。作为对运输系统的新举措，把采挖作业距离由以前的 6mile 提高到 25mile（图 9.72）。

砂浆管线水力输送作为矿藏一次运输和开采点—萃取厂长距离输送和低温油砂分离的主要方法，“新式管线”具有探测测量、控制流量和分离的作用，将确保最佳条件、降低能量的需求，降低了对环境的影响。

图 9.72　砂浆输送工艺技术

（三）提炼技术

油砂提炼包括沥青的分离和改质两个过程。分离效率的高低是成功的关键因素之一。矿山挖掘出的油砂经过传送系统直接运输到分离中心，在输送过程中加入热碱/活性剂以便有足够的时间让化学剂与油砂相互作用形成浆液，原油乳化脱落，达到与油砂分离的目的，然后进入分离中心通过沉淀池和离心机进行分离，将油砂与液体、油分离，砂子可以通过输送系统再返回矿厂原地以减少环境污染，也可以在专门指定地方存放；液体再经过破乳、提取分离，得到原油与分离出的液体，回收的液体通过补充适当的化学剂用量可以继续重复使用。

1. 油砂油分离技术

热化学水洗法与 ATP 干馏法分离油砂油将会成为未来地面油砂分离的主要方法，目前以热化学水洗为主。

1）热化学水洗法

目前加拿大地面油砂的分离主要是采用热水/表面活性剂，通过热碱、表面活性剂的作用，改变砂子表面的润湿性，使砂子表面更加亲水，实现砂与吸附在上面的沥青分离，分离后的原油上浮进入碱液中，而油砂沉降在下部，以达到分离的目的。

2）ATP 热解直接生产轻质油

ATP 工艺原理是采用 250℃以上高温进行裂解，经过高温处理后，沥青的质量得到很大改进，分子量变小，胶质和沥青高温处理过程中发生的最重要的变化就是轻质油的产生。

ATP 系统的核心是处理器。油砂进料（feed）通过传输带进入预加热区（preheat zone），加热到 250～300℃，出来的是固体和气体。原来油砂中的水和轻质组分变成蒸汽，等待被去除或采收，而结团的块都被融化。预热的油砂通过一个动态的密封口进入反应区（reaction zone），与燃烧区（combustion zone）循环过来的热残余固体混合进行热交换。在反应区的 500～550℃温度下，沥青被热裂解并汽化，从而与砂粒分离。从处理器出来的热碳氢化合物蒸汽随后在分馏器中被浓缩，产生裂解的碳氢化合物蒸馏物和气体。裂解反应的一个更深的产物就是反应区的残留砂中的焦炭。这些砂和焦炭通过第二个动态密封口出来，进入燃烧区。在这里，通过注入空气燃烧焦炭来提供处理过程所需的热量。燃烧的焦炭把燃烧区的温度提高到大约 700℃。通过非直接的热交换和循环部分燃烧区的固体到反应区，维持着反应区的温度。燃烧区的辅助燃烧器提供起始和调节控制所需的热量。热的剩余固体和燃烧气体通过内部圆柱体和处理器外壳之间的环面进入冷却区，通过内部圆柱体的壁来释放热量，提供预热区进料所需的热量。冷却的剩余固体从处理器出来以后在抛弃以前要用水淬火，而燃烧气体在离开处理器时除去微粒，经过洗涤以除去硫化物或其他酸性气体。

2. 油砂改质

油砂改质的主要目的就是将经过萃取后得到的沥青油进行加氢、脱硫、脱氮、脱芳烃和脱碳等精制和改质处理，使之变成合成原油、汽柴油和蜡油等。沥青油改质主要有以下几道工序：第一是回收随沥青油管输进厂的溶剂，回收后的溶剂再用管线送回生产沥青油的工厂循环使用；第二是常压（溶剂回收与常压蒸馏在一个常压塔中完成）或常减压蒸馏，将其中 10%左右的常压馏分油和 20%～30%的减压馏分油拔出，送至加氢精制、加氢处理、加氢裂化进行脱硫、脱氮、脱芳烃等精制或改质过程；第三是常压或减压渣油的加工，通常采用焦化（包括延迟焦化和流化焦化）、溶剂脱沥青、LC-fining 等组合工艺，进行脱碳、加氢等轻质化过程。渣油加工生成的汽柴油和蜡油分别进行加氢精制、加氢处理、加氢裂化，予以精制加工。

（四）环境保护

油砂开发所面临的环境问题有地面修复、尾渣处理、水资源的保护和节约、气体排放和环境的监测和控制。

1. 地面修复

在油砂开采的过程中，通常地表遭受破坏改造并形成敞口凹陷坑，这主要由于开发过程中地表植被、树林覆盖、表层土、沼泽、砂土、泥土及沙砾层都需要从表层移走。而工厂和补给设施的建立，如道路和专用公路，都会进一步加剧对地表的破坏。在原地运营的过程中，野外地震剖面、探井以及补给设施（如道路、管线和电线等设施）的建设均会对土地造成破坏。因此，作业一结束，就必须修复和补救。

2. 尾渣处理

油砂地表开采和随后的以水提取方式最终将产生大量的尾矿。尾矿从提取工厂中以泥浆样式排出，其成分包括水、残留沥青、砂、淤泥、黏土及溶剂。该泥浆被泵入巨大的沉淀盆或沉淀池中，粗粒砂迅速从细粒黏土和淤泥中分离出来。淤泥和黏土沉淀形成沉积层，其固化是一个相当慢的过程。

来自尾矿池的对环境的威胁主要是通过地下水污染物迁移，以及从尾矿池大坝泄漏到周边土壤和地表水的风险。处理不当会对环境能造成严重污染和破坏。尾矿中含有粗砂以及液体成分，液体成分中包括水、泥土以及黏土颗粒和一些残留的油气。这种污泥堆积成胶黏状的物质，不利于修复作业。

为了确保尾矿池渗流不污染地下水和地表水资源，设计建造尾矿池时要求在长时间内能够抵御剥蚀、裂隙以及地基裂缝。另外，还需要对地下水和地表水进行跟踪监测以保持尾矿池的完整性。最近尾矿池的重新开发也有进展，即通过注水形成人工湖。

3. 水资源的保护和节约

油砂产业包括开采和原地加工业，均需要大量的水，并且有一些环节产生废水。必须注意把淡水的用量降到最低限度，对生产运行废水和尾矿回收废水进行处理以供循环利用，保护水资源。

4. 气体排放

生产项目需要大量的能源，由此产生气态和微粒颗粒排放到大气中，采掘设备、开采面、萃取和改质设备中均有释放。为采掘提供电、水和蒸汽的工厂以及提取和改质过程都会产生排放物。新技术和更为有效的操作将极大地减少单位产品的排放物水平。

5. 环境的监测和控制

复垦油砂开采破坏的土地包括多项任务，需重建一个具有生物多样性且生物繁盛的生态环境，其生态质量要求应与破坏前的水平相当。最终，这个区域要形成一个生态系统，该系统应与本区发展前的原有生态系统基本相同。

二、地下开采技术

由于重油和沥青的重质、黏滞特征，在原始温度和压力条件下，其近地表赋存的状态决定其不能流动或流动性很差。因此，需要一定的热能来加热，使其能流动至钻孔，并可被采掘出来。当然，也可以选择溶剂来稀释以促使其流动。但是，也有例外的，如瓦巴斯卡地区和冷湖地区南部油藏中的油，以及东委内瑞拉盆地的重油等是可流动的，因此可在原始状态或“冷状态”下开采。

地下开采的方法多种多样，并且随着各种重油油藏的不断发现，将会有越来越多的方法运用到地下开采的方法中。地下开采技术多种多样，但主要是围绕如何降低重油和油砂黏度进行的，其黏度的降低程度直接决定了重油和油砂的开采质量，而温度是使重质油发生流动的最常用的方法，随着温度的升高，重质油的黏度逐渐降低（表 9.23）。而溶剂的方法在降黏方面也取得了显著的效果，但是种类众多，并且随着重油油藏原油化学性质的改变，溶剂的配置和比例都会发生较大变化。在垂直井生产重油和油砂多年之后，水平井的发明给重质油的开采技术带来很大改进，使地下开采方法的发展日臻完善。

表 9.23　温度与油砂性质变化相关关系表

项目	密度/（g/cm^3）	API/（°）	黏度/（mPa·s）（15℃）	黏度/（mPa·s）（24℃）	黏度/（mPa·s）（60℃）	温度/℃（500cP[①]）
沥青	1.010	8.5	1 000 000	200 000	2 400	95
超重油	0.985	12	40 000	10 000	550	62
重油	0.953	17	800	300	30	20
轻质油	< 0.930	20	< 80	< 30	< 5	< 4

（一）蒸汽吞吐技术

蒸汽吞吐采油又叫周期性注蒸汽或循环注蒸汽采油方法，就是对稠油油井注进高温高压湿饱和蒸汽，焖井数天，将油层中一定范围内的原油加热降黏后，回采出来，即“吞进蒸汽”，“吐出”原油。

蒸汽吞吐过程一般包括三个阶段，通过垂直井筒注入高压蒸汽，然后闭井加热地层，最后开井产油（图 9.73）。

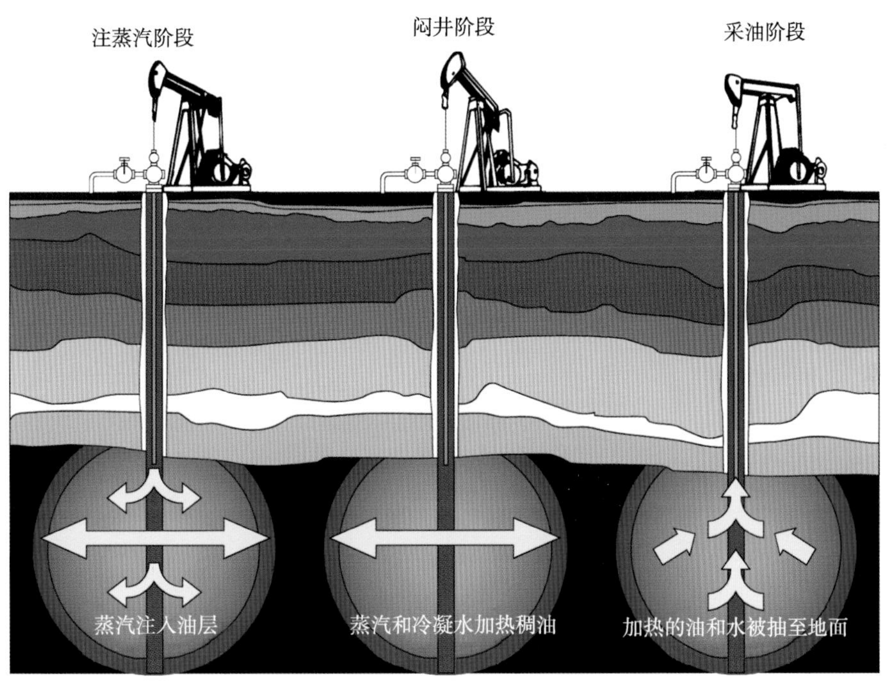

图 9.73　蒸汽吞吐（CSS）示意图

（1）注蒸汽阶段：将一定干度的高温蒸汽注入油层，注入温度一般为 250～350℃，注入量取决于油层厚度，一般为 40～100t/m，注入量越大，加热半径越大，现场（加拿大冷湖地区）操作时间为 4～6 周。

① 1cP=10^{-3}Pa·s

（2）闷井阶段：蒸汽注入完成后关井，使蒸汽携带的热量加热地层原油，降低原油黏度，由于重油和油砂的黏温特性比较好，温度升高，原油黏度大幅度降低，增加了原油的流动能力。闷井时间一般为 2～5 天。

（3）采油阶段：闷井完成后，开井生产。开始由于地层压力大，冷凝水及加热的原油大量排出，当井底流压接近地层压力时，必须采取抽取的措施，大部分的油是通过抽取得到的。当油井产量达到经济极限时，此蒸汽吞吐周期结束，开始进入下一轮吞吐周期。

蒸汽吞吐在重油和油砂开采中发挥了非常重要的作用，主要技术的特点是低成本（在加拿大地区 4～5 美元/Bbl）、技术成熟、低采收率、耗能和增加温室气体。

（二）蒸汽驱和蒸汽辅助重力泄油（SAGD）

蒸汽驱开采是重油和油砂经过蒸汽吞吐开采后为进一步提高原油采收率必然的热采阶段。因为蒸汽吞吐只能采出各个油井井点附近油层中的原油，井间留有大量的死油区，一般原油采收率仅为 10%～20%。采用蒸汽驱开采技术时，由注入井连续注入高干度蒸汽，注入油层中的大量热能加热油层，大大降低了原油黏度，而且注入的热流体将原油驱动至周围的生产井中，将采出更多的原油，使原油采收率增加 20%～30%。虽然蒸汽驱开采阶段的耗汽量远远大于蒸汽吞吐，油气比低数倍，但它是主要的热采阶段。

蒸汽驱作为蒸汽吞吐的接替技术，它与水驱类似，只不过驱替流体是蒸汽，通过注入井将水蒸气注入地下，而另一口井将油抽到地表（图 9.74）。此工艺有一定的复杂性，因为蒸汽要经过一些未知路径，注采效果受阻隔层、砂岩上下串通、钻井工艺（固井、封隔不好）和水窜等的影响。

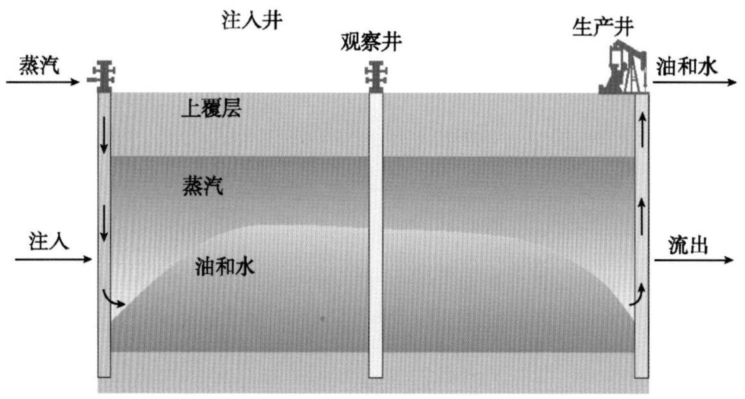

图 9.74　蒸汽驱示意图

蒸汽辅助重力泄油技术的基本原理是以蒸汽作为加热介质，依靠热流体对流及热传导作用加热，实现蒸汽和油水之间的对流,再依靠原油及凝析液的重力作用采油[图 9.75（a）、（b）]，采收率可达 60%～80%，是一种潜力很大的重质油开采方式（Vanegas Prada and Cunha，2008）。加拿大石油公司根据 SAGD 研究和现场应用情况给出了适合这种方式开发的油藏条件（表 9.24）。该技术的开采过程大致可以分为三个阶段：预热阶段，注入蒸汽形成蒸汽腔；降压生产阶段，蒸汽腔扩大相连通（Heins，2008）；SAGD 生产阶段，上部水平井注气，下部水平井产油。关键技术主要有充足的举升能力、避免气窜和出砂现象的发生、减少油藏的水侵等三个方面。

表 9.24　加拿大 SAGD 开采油藏筛选标准

性质指标	SAGD 筛选标准
油层深度/m	< 1 000
连续油层厚度/m	> 15
孔隙度/%	> 20
水平井渗透率/μm^2	> 0.50
垂向渗透率/水平渗透率	> 0.35
净总厚度比	> 0.7
含油饱和度/%	50
地层温度原油黏度/（mPa·s）	> 10 000

蒸汽辅助重力泄油技术主要有以下几个特点：①利用重力作为驱动原油的主要动力；②利用水平井通过重力作用获得相当高的采油速度；③加热原油不必驱动未接触原油而直接流入生产井；④几乎可立即出现采油响应；⑤采收率高；⑥累计油气比高；⑦除了大面积的页岩夹层以外，对油藏非均质性极不敏感。

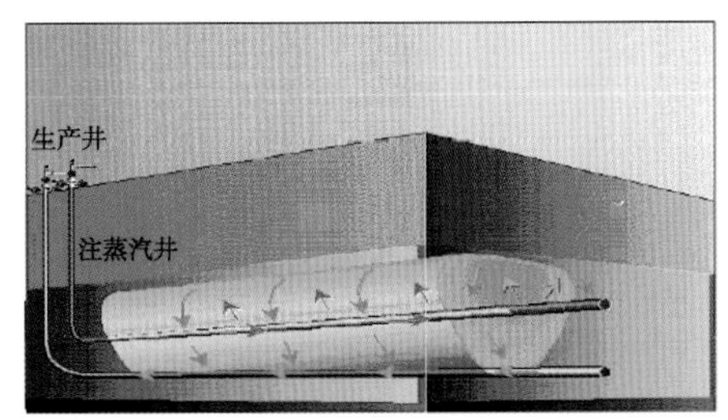

(a) 水平井蒸汽辅助重力泄油（SAGD）示意图

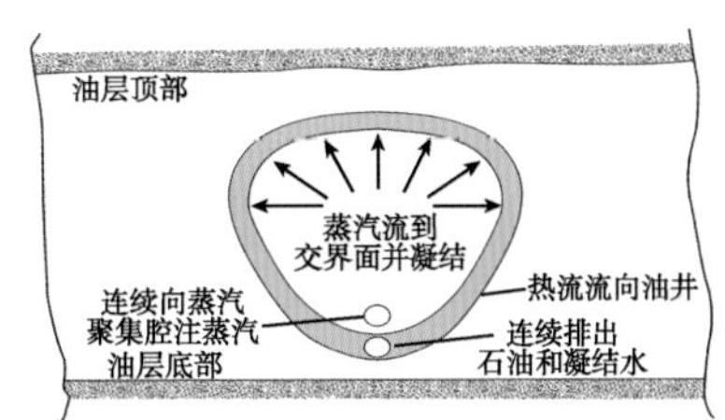

(b) 水平井蒸汽辅助重力泄油过程剖面

图 9.75　水平井蒸汽辅助重力泄油原理图

（三）蒸汽浸提法（VAPEX）

蒸汽辅助重力泄油（SAGD）技术在工业上已经得到了广泛的认可，虽然热采方法很成功，但是热会传递给顶部和底部岩石，所以这种方法的热能量利用率是很低的。由于需要很多能量，所以在薄层、低孔隙度、高水饱和度、上覆气顶、垂直裂缝、低岩石热导率和含水储集层地区不适合用热采法，在这样的储层中用其他的方法（稀释的溶剂）降低油的黏度就可以避免这个问题，如 VAPEX 方法。

蒸汽浸提法类似于 SAGD 方法，它们采用类似的重力驱动，并且都有成对的水平井用来注入蒸汽和生产（James et al.，2008）。与蒸汽不同的是，VAPEX 方法是蒸汽和溶剂的结合，其作用是扩散到沥青中，并显著降低其黏度，VAPEX 方法也被认为是利用溶剂相似物的 SAGD 方法，这个方法是把水平的注入井放到生产井之上，在注入井附近的蒸汽房不断扩大，稀释的油沿着蒸汽房附近的薄层流入生产井，其速度取决于蒸汽房附近溶剂稀释油的速度，而稀释率则随压力的增大而增大，并且在溶剂的露点压力处变得无限大，但是达到或超过露点压力是不可操作的，会引起蒸汽房气体的液化，所以需要在蒸汽房中加入没有凝析的气体，以使压力维持在露点压力以下。

对重油和沥青的开采来说，蒸汽浸提是最近热采技术的重要转变，它具有优化的操作条件和较高的能源利用率，但是技术不成熟，还处于实验阶段。由于蒸汽浸提法主要是通过注入轻的烃类气体减少油的黏度，其费用消耗取决于注入气和产油的价格，国外研究实例表明，在注入气方面应优先选择以 CO_2 为主要成分并混合丙烷的溶剂，因为在重油中 CO_2 比甲烷容易溶解，实验证明 CO_2 蒸汽浸提法比传统方法效果更好、更环保。

（四）火烧油层技术

火烧油层技术原理是向井下注入空气、氧气或富氧气体，依靠自燃或利用井下点火装置点火燃烧，使其与油藏中的有机燃料(原油)反应，借助生成的热开采未燃烧的重油，燃烧产生大量热量，加热油层和油层中的流体，将油层加热降低原油黏度（图 9.76）。根据燃烧前缘与氧气流动的方向分为正向燃烧和反向燃烧；根据在燃烧过程中或其后是否注入水又分为干式燃烧和湿式燃烧。

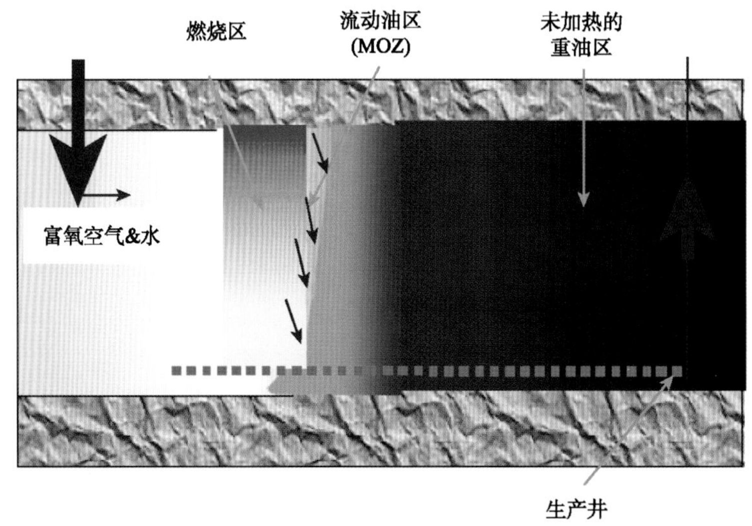

图 9.76　火烧油层技术示意图

1. 反向燃烧

首先从生产井中注入空气，并点燃地层，然后改为注入井注空气，空气从注入井向生产井运移，而燃烧前缘的移动方向相反。反向燃烧克服了正向燃烧存在冷油区的缺点。当原油和高温燃烧前缘会合后，产生热裂解。轻质部分蒸发，重质部分形成残渣。当蒸汽到达已燃区的较冷地带时，一部分就会发生凝结，在出口附近生成液体和水。燃烧前缘上游区域因热传导而受热，这将导致低温氧化反应，产生热量。

在反向燃烧时，原油的重要馏分（轻质部分）将被烧掉，而不重要馏分仍留在燃烧前缘后的地区内。此外，在注入井附近有可能发生自燃着火，使燃烧面反向推进，转为正向燃烧。而且反向燃烧难于控制，驱率低，只能应用于埋藏浅的沥青砂。

2. 正向燃烧

向注入井注入空气，点燃注入井附近的油层，继续注入空气，使燃烧前缘由注入井向采油井方向推进。在燃烧前缘处产生的热量，把靠近前缘的地层水汽化，并在燃烧前缘的前方形成蒸汽带。

这种方法的主要问题是：一是燃烧产生的大部分热量留在已燃带前缘的后面，易形成死油区，对采油毫无作用；二是形成流体阻塞，在靠近生产井的地区原油没被加热，还处于油藏的原始温度，因而还是高黏度的，而在燃烧带高温下被加热的油，尽管能够流动，但它不能推动未加热的油向前运动。

3. 湿式燃烧

实验室中控制的气水比是比较容易办到的，但在矿场实际工作中由于对前缘推进过程的监测问题没有解决，很难做到合理的调节，而且湿式燃烧时水易熄灭燃烧前缘，也不能防止液体阻塞。

火烧油层最大的问题是氧化过程在油藏中维持的时间以及氧化范围。通常，火烧油层工作特性与空气流量有关，因此使工作过程很难控制；很高的最佳气流量一般只能在井距很小时达到，加上其他因素的干扰，热损失导致油大部分馏分冷凝而难以采出；燃烧产出的气体污染空气，不利于环保；在火驱中，如果砂层是高度未胶结的，出砂将更为严重，油焦颗粒和很高的气体流速将使磨蚀问题变得越来越严重，清除砂子要求经常提出井中油管和更换井下泵。由于注入空气需使用大功率高压空压机，为此技术要求高，成本也大，因此火烧油层一般应用于油层深度小于 1500m。近几年，随着水平井技术的发展，火烧油层技术呈现出新的发展趋势，即由常规火驱变为复合驱。例如，利用水平井进行重力辅助火烧油层(COSH，也译为燃烧超覆分采水平井)、火驱与蒸汽驱复合驱等，从而提高采收率，提高经济效益。

（五）冷采和溶剂驱

冷采的方法是在重油和油砂开发过程中，不通过升温方式来降低原油黏度和提高流动性，而是通过其他工艺和方式开采出重油和油砂，大致包括水驱、碱驱、化学驱、生物驱等技术。冷采对重质油油藏开采曾是一个非常热门的话题，在适当的阶段和季节以及利用特殊的油藏特征，采用冷采的方法将会有效地降低开采成本，但是单独的冷采方法仅能开采出原油地质储量的 10%～15%。

化学驱在非热采的方法中应用较广，溶剂可以是纯溶剂（如丙烷），也可以是混合物形式的溶剂（如 70%甲烷+25%丙烷+5%丁烷）。其基本原理是在相对高的压力下，溶剂和重质油经过长时间的接触之后达到平衡状态，上层为富集溶剂的油相，中层为带有溶剂的重油，下层主要是重油。上层有最高浓度的溶剂和轻质组分以及最低黏度的稠油；中层的稠油有着和原油相似的碳数分布；下层有着最低的溶剂浓度和最高稠油浓度，并且当其中的溶剂被蒸发后黏度比原油还要高。结果只有上层溶剂饱和的稠油和中层的稠油能被开采，而底层的原油则滞留在稠油藏的下面，然后只有用同样的方法对生产的稠油进行改质。另外还可以根据不同油藏的油砂特性配置不同的溶剂组合类型。

注入溶剂方法关键在于：溶剂的选择；溶剂的注入量和注入时机；时刻注意溶剂对于地层的影响。溶剂方法避免了热采的各种能量消耗，具有很大的潜力，但是单纯的注入溶剂方法技术还不成熟，还需要和其他方法结合灵活使用才会取得良好的效果。

（六）地下开采技术的适用性

对于重油和油砂的地下开采技术，主要有蒸汽吞吐、重力排驱、蒸汽浸提法、SAGD和冷采等方法，其主要的技术特点见表 9.25。

表 9.25　油砂地下开采技术表

开采技术	优　点	局　限	建议解决方法	应用范围
蒸汽吞吐	采油速度快	采出程度低（20%）	蒸汽吞吐和重力排驱综合使用	不可动油藏
重力排驱	采收率高（50%）	初始产量低		
蒸汽辅助重力驱（SAGD）	改善了原油蒸汽比，采收率高（40%～60%）	初始产量低，水平井技术如何推广到低温低压和底水油藏	开发新的蒸汽开发智能探测设备	应用范围广
冷采	改善油藏利用程度；原油产量高；采油成本低	砂处理；油田开发战略规划；开采程度低	研制一种使超重油可动的低热处理方法；研究冷采后的技术	薄产层不可动油藏
蒸汽浸提法（VAPEX）	能源成本低；具有改进的可能	油田开发战略规划；初始产量低	用加热器-蒸汽热交换器、电或微波	薄产层不可动油藏；底水油藏；反应矿物质油藏
自上而下火烧油藏	具有良好的地下开采潜力；降低二氧化碳排放；成本低	现场相关问题：点火、维持燃烧和低温氧化作用	与 SAGD 联用	深层油藏；底水油藏

三、巷道开采

当油砂埋藏较深，无法采用露天开采时，可以采用井下巷道开采法。巷道开采的原理是：对于埋藏较深的油砂，先打一口竖井，然后在油砂层掘进集油巷道，再利用水力冲洗法或螺旋钻机法进行油砂开采，并进行油、砂的粗略分离，最后通过水力系统把少量泥浆和油砂油输送到地面，在地面进行分离。

井下巷道开采法在加拿大、德国的维泽和海德、法国的佩歇尔布龙、原苏联的雅列加和巴库、罗马尼亚的德尔纳等地区都曾采用。巷道中油砂的挖掘主要有两种方式：一是采用水力冲洗法；二是采用螺旋钻机法。

加拿大油砂地下开采公司（OSUM）2000 年研制了大型隧道挖掘机，对埋藏较深、不宜露天开采的焦油砂，先打一个垂直竖井至焦油砂埋藏层底，然后在下面进行水平式挖掘，可挖 20m 直径的水平圆柱形油砂，每天水平进深可挖出 4.5×10^4t 焦油砂。并且，挖掘费用不高于露天开采。 OSUM 开采技术的主要优点是：在开采面上形成了热水浆液，油砂的分离是在地下完成的，这样对地面的环境破坏较小，另外在地下直接完成回填技术，减少了油砂输送到地面的费用。

参 考 文 献

穆龙新, 韩国庆, 徐宝军. 2009. 委内瑞拉奥里诺科重油带地质与油气资源储量. 石油勘探与开发, 36(6): 785–789

牛嘉玉, 刘尚奇, 门存贵, 等. 2002. 稠油资源地质与开发利用. 北京：科学出版社

王剑秋. 1989. 能源技术手册: 油砂. 上海: 上海科学出版社

王剑秋. 1994.化工百科全书(第八卷): 焦油砂. 北京: 化学工业出版社

Alberta Energy and Utilities Board. 2006.油砂可采矿层厚度分布. http://www.eub.ab.ca [2007-12-09]

Anderson W G.1986.Wettability literature survey. Part 2. Wettability measurement. J of Petro Tech, 11：1246–1262

Bowman V E.1967. Molecular and Interfacial Properties of Athabasca Tar sands. *In*：The 7th World Petroleum Congress Proceedings. Mexico City, 3: 583–604

Bunger J W，Wells H M. 1983. Compound types and properties of utah and athabasca tar sand bitumems. Fuel, 62(4): 438–444

Chow D L. 2008. Recovery techniques for Canada's heavy oil and bitumen resources.Alberta Research Council Inc，47(5)：20–25

Deroo G, Powell T G, Tissot B, et al.1977. The original and migration of petroleum in the Western Canadian Sedimentary Basin, Albert–a geochemical and thermal maturation study. Geological Survey of Canada Bulletin, 262: 136

Donaldson E C.1981. Oil-water-rock wettability measurement. Symposium on Chemistry of Enhanced Oil Recovery, Atlanta Meeting：110–122

Guo S H, Qian J L. 1997. Micro-struture model of some Chinese oil sands. Petroleum Science and Technology, 15 (9): 857–872

Heins W F. 2008. Operational data from the World's first SAGD facilities using evaporators to treat produced water for boiler feedwater. Resources Conservation Co. International (GE Water & Process Technologies)，47 (9)：34–39

Hubbard S M, Pemberton S G, Howard E A. 1999. Regional geology and sedimentology of the basal cretaceous peace river oil sands deposit, north-central Alberta. Bulletin of Canadian Petroleum Geology, 47(3): 270–297

IHS Energy. 2009. Volga-Urals Province，Russia，Kazakhstan. http://www.ihs.com [2009-12-19]

Jackson J L, Gehrels G E, Patchett P J, et al. 1991. Stratigraphic and isotopic link between the northern Stikine terrane and an ancient continental margin assemblage. Canadian Cordillera Geology, 19: 1177–1180

James L A, Rezaei N, Chatzis I. 2008. VAPEX, warm VAPEX and hybrid VAPEX-The State of Enhanced oil recovery for in situ heavy oils in Canada. University of Waterloo, 47(4): 6–10

Keith D A W, Wightman D M, Berhane H, et al. 1990. Evidence of incisement and infill in a shelf setting; Wabiskaw Member (Lower Cretaceous) in the Athabasca oil sands area. Program with Abstracts - Geological Association of Canada; Mineralogical Association of Canada: Joint Annual Meeting, 15(5): 68

Koichi T.1982. Microscopic structure of athabasca oil sands. Can.J. of Chem. Eng., 60(8): 538

Kramers J W, Brown R AS. 1976. Survey of heavy minerals in the surface-mineable area of the Athabasca Oil Sand Deposit. Canadian Mining and Metallurgical Bulletin, 69(776): 92–99

Mossop G D.1980. Facies control on bitumen saturation in the athabasca oil sands, facts and principles of world petroleum occurrence. Canadian Society of Petroleum Geologists, Memoir, 6: 609–632

Nellensteyn F J. 1924. The constitution of asphalt. J Inst Petro, Technologists, 10(43): 11–325

Orr R D, Johnston J R, Manko E M . 1977. Lower Cretaceous Geology and heavy oil potential of the lloydminster area. Bulletin of Canadian Petroleum Geology, 25(6): 187–221

Pfeiffer J P, Van Doormaal P M. 1936.The rheological properties of asphaltic bitumens. J Inst Petro, Technologists, 22(152): 414–440

Pfeiffer J Ph, Saal R N J. 1940.Asphaltic bitumen as colloidal system. J.Phys.Chem., 44: 139–149

Roadifer R E. 1986. How heavy oil occurs worldwide. Oil & Gas Jounal, 3: 111–115

Rowland S J, Alexander R, Kagi R I, et al.1986. Microbial degradation of aromatic components of crude oils, a comparision of laboratory and field observations. Org. Geochem., 9(4) : 153–161

Sobalt W T. 1985. NMR line shape-relaxation correlation analysis of bitumen and oil sands. Fuel, 64(5): 583–590

Stahl W J. 1980. Compositonal changes and $^{13}C/^{12}C$ fractionations during the degradation of hydrocarbons by bacteria. Geochim Cosmochin Acta, 44: 1903–1967

Tissot B P, Welte D H. 1978. Petroleum Formation and Occurrence. Berlin: Springer-Verlag

Vanegas Prada J W, Cunha L B. 2008. Prediction of SAGD performance using response surface correlations developed by experimental design techniques.University of Alberta, 47 (9): 16–18

Visser J, Scott D. 2005. An early Tertiary meteorite impact structure at Eagle Butte, Alberta AAPG annual convention; abstracts volume: A146–A147

Wightman D M, Pemberton S G. 1997. The Lower Cretaceous (Aptian) McMurray Formation—an overview of the Fort McMurray area, northeastern Alberta Petroleum geology of the Cretaceous Mannville Group. Western Canada Memoir-Canadian Society of Petroleum Geologists, 18(6): 312–344

Yen T F. 1972. Present status of the structure of petroleum heavy ends and its significance to various technical applications. Preprints, Div. Petrol. Chem., ACS, 17(3): 102–114

Yen T F. 1992.The colloidal aspects of a macrostructure of petroleum asphalt.Fuel Sci., 10(4-6): 723–733

第十章 致密（油）气矿藏地质特征与评价

第一节 概 述

“致密”是一个描述性的词语，不同国家、不同学者在不同的石油工业发展阶段对此都有不同的解释和表述。随着先进开发技术的出现和发展，人们越来越关注致密油气矿藏的地质评价与经济开发。1970 年，美国政府就已将致密砂岩气（tight sand gas）定义为储层岩石渗透率小于 0.1mD 的气藏，并制定出相应的优惠政策，该标准用来界定一口致密储层气井是否需要缴纳联邦税或州税。1980 年，美国联邦能源管理委员会（FERC），根据《美国国会 1978 年天然气政策法（NGPA）》的有关规定，确定致密砂岩气的注册标准是渗透率低于 0.1mD。美国致密砂岩气层孔隙度的注册标准一般取10%为上限值，下限取 5%，若砂岩层裂缝较发育时，此下限值可降到 3%。

德国石油与煤科学技术协会（DGMK）宣布致密气藏是指储层平均有效气渗透率小于 0.6mD 的气藏；关德师等（1995）认为致密砂岩气藏是指平均孔隙度小于 12%、平均渗透率小于 0.1mD、含气饱和度小于 60%、含水饱和度大于 40%、天然气在其中流动速度较为缓慢的砂岩层中的天然气藏。Holditch（2006）从油藏工程的角度给出的致密气藏的定义是：在水力压裂处理和水平井或丛式井的情况下，才有经济气流产出的气藏。

关于“致密油”的定义，目前国内外已开始探讨。我国油气开发学者们一直习惯于使用“超低渗（孔）”或“非渗”等术语来描述这种致密油气层的储集特征。例如，鄂尔多斯盆地延长组超低渗储层具有岩性致密、物性差、孔喉狭窄、启动压力梯度大、易伤害等特点，采用垂直于主应力方向的水平井和水力喷射压裂技术，可初步实现该类油藏的有效开发（李忠兴，2006）。目前，在该盆地的长庆油田已成功开发了渗透率为 $0.5\times10^{-3}\sim1.0\times10^{-3}\mu m^2$ 的超低渗砂岩油藏，油层埋深在 2000m 左右，单井产油量可达 3～4t/d。地跨美国和加拿大两国的维利斯顿盆地，整体上为一宽阔的区域大向斜，盆地面积为 $34\times10^4km^2$，一直以古生界碳酸盐岩产油为主。国外部分学者认为“致密油气藏(tight oil & gas reservoir)”的储层岩石类型包含页岩、砂岩和灰岩等，即“致密油气（tight oil & gas）”包括页岩油气、致密砂岩和灰岩中储存的油气（Jarvie，2010），常表现为页岩、粉砂岩和灰岩互层的一套含油气致密储集层系。2005 年开始，在北美 Williston 盆地 Bakken 组（上泥盆统和下密西西比系）中部致密砂岩（白云质粉砂岩为主，部分细砂岩和碳酸盐岩）中应用水平井和大型压裂工艺技术，陆续获得工业油流。砂岩储层渗透率主要为 $0.2\times10^{-3}\sim1.0\times10^{-3}\mu m^2$，孔隙度为 5%～15%。Bakken 组地层自下而上划分为九个岩性段(图10.1),底部和顶部分别发育富含有机质的下Bakken页岩段和上Bakken页岩段，厚度主要为5～12m，TOC为10%～14%，R^o为0.6%～0.9%。

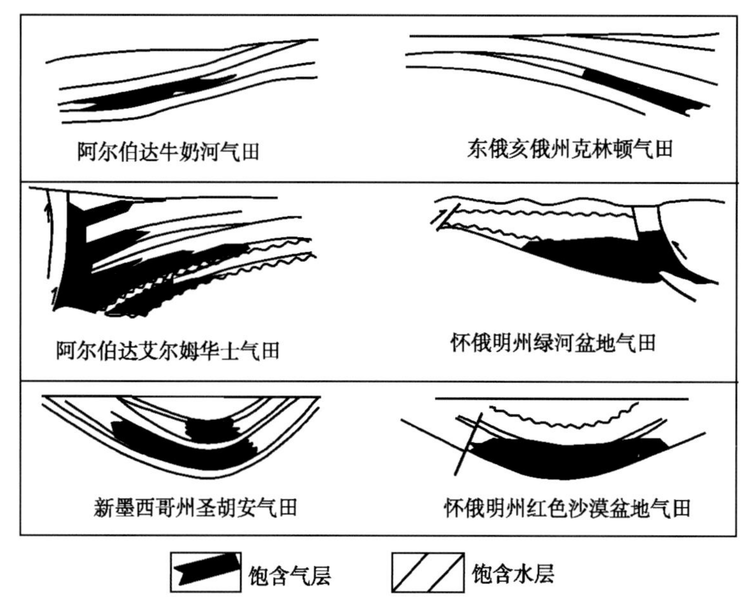

图10.1 致密砂岩气藏剖面模式图

由此可见，世界上对致密油气矿藏的定义并无统一标准，不同国家依据不同时期和地区的油气资源地质特性及经济技术条件来分别制定标准和界限。随着认识程度和技术水平的不断提高，对致密油气的界定也会不断地进行修正。本书认为致密油气不应包含在生烃页岩层系中原地生成并就地或就近赋存的油气，应指不具生烃能力的致密岩层系（砂岩或灰岩为主）中远源聚集的油气矿藏，尤其是分布规模较大的致密砂岩油气储层。可见，含油气致密岩石层系中是否存在生烃层是区分“致密（油）气”和“页岩（油）气”的重要标志之一。也就是说，对于页岩、粉砂岩和灰岩互层的致密储集层系中所含的油气，若页岩不具生烃能力，油气来自于远源供烃岩，则应称为“致密（油）气”。从当前技术水平以及人们对致密油气的认识和勘探实践来看，致密气可定义为赋存在渗透率小于$0.1\times10^{-3}\mu m^2$砂岩或灰岩储层中的天然气，相应的孔隙度一般为4%～10%；而致密油层的渗透率则主要变化为$0.1\times10^{-3}\sim1.0\times10^{-3}\mu m^2$，相应的储层孔隙度大多变化在10%左右。即“致密油”的经济和技术界限值要比“致密气”高得多。在致密储层中，油气的运聚特征主要受毛细管作用力的控制,并通过外部施加的压力差，来实现运移或渗流，即致密储层中的“油”和“气”具有相近的运聚特征。由于致密砂岩气矿藏的研究较为深入和系统，因此，本书仅以致密砂岩储层为例，来论述致密砂岩气资源的地质特征、评价方法与开发潜力。

关于致密砂岩气的勘探和开发研究,最早开始于美国圣胡安盆地1927年发现的致密砂岩气矿藏及1976年在加拿大阿尔伯达盆地西部发现的致密砂岩气矿藏，并已成为研究的样板或模板。自1979年Masters针对加拿大阿尔伯达盆地西部非常规天然气提出“深盆气”概念后，许多学者在此基础上对致密砂岩气藏的成因机理和解释开展了深入研究。国外对致密砂岩气的研究主要是利用钻井、测井资料分析致密砂岩储层的岩石物理特征；利用三维地震数据，研究古沉积相，确定致密砂体分布范围，再通过分析气水配置关系，进行气藏识别。对致密砂岩气的成藏机理一直存在着多种不同的解释，但一般认为，深盆区广泛发育的泥质气源岩、煤系地层及其活跃的生气作用是致密砂岩气成藏的基础，而分布规模较大的致密储层和平缓倾斜的构造背景又是成藏的关键条件。许多地质学家都对致密砂岩气的成藏机理提出了不同见解，致密砂岩气藏的勘探应用范围也得到了迅速扩大。致密砂岩气的成藏机理可归纳总结为以下几种解释：

（1）由于储层致密，狭窄的孔隙喉道形成了“水锁”，阻止天然气不能向上运移（Masters，1984a），储层上倾方向的含水饱和度较高（60%），导致了天然气的相对渗透率降低直至为零，高饱含水带中的水就自然形成了堵塞天然气运移的“水块”，从而阻止了致密砂岩中的天然气向上运移，形成所称的水封型圈闭。

（2）储层上倾方向上的水向下倾方向流动，阻止了天然气向上的扩散作用，形成了水动力封闭。

（3）这种特殊现象归因于地层-成岩作用（Cant，1983；1986），这一复合作用形成了综合圈闭，至少气水倒置关系的形成与储层的差异成岩作用有关。

（4）天然气不断向储层供应，而储层中的天然气同时又不断地向上扩散，天然气在储层中的富集仅是一种地质意义上的动态聚集（Masters，1984b；Gies，1984）。

（5）深盆气藏的圈闭机理完全是由毛细管压力或阻力所造成的。

由此又引出了人们对致密砂岩气矿藏的多种叫法：深盆气藏、水封（型）气藏、水动力圈闭气藏、致密动态气藏、盆地中心气藏、连续型气藏、气水倒置气藏等。

国内近年来在深盆气成藏机理和规律研究也开展了许多探讨。金之钧（1997）认为深盆气成藏主要受毛细管力、浮力、膨胀力的共同作用，并在此基础上建立了深盆气成藏动力平衡方程。张金川（1999）等提出了深盆气成藏的活塞式原理，建立了典型深盆气藏膨胀力（天然气运移动力）与毛细管压力、水柱压力（天然气运移阻力）之间的成藏动力平衡方程。庞雄奇和姜振学（2001）认为深盆气的形成取决于四种动力作用，即静水柱压力（P_w）、毛细管压力（P_c）、浮力（P_b）和气热膨胀力（P_e）之间的平衡。大多数学者认为“致密砂岩气”气源岩的大量生烃时期要晚于致密储层的形成时期，即储层先致密。此种致密砂岩气藏对气源岩供气量要求高，即气源岩生排气高峰期要晚，生气速率要大，且持续时间要长。随着天然气在致密砂岩层的不断运移，到达地表或孔隙更发育的浅部储集层时又会出现散失，这也是致密砂岩气藏动态聚集的机理过程。而也有学者认为储层致密化过程可发生在源岩生排烃高峰期的天然气充注之后，即储层后致密（姜振学等，2006）。这种“先成藏、后致密型”的气藏实际上是早期形成常规气藏、后期再改造的结果。该种天然气的分布依然受单个常规圈闭的控制，不具大面积连续性分布的特征，也不具有商业性勘探和开发研究的意义。因此，本书仅较为系统地论述连续型分布的经典“致密砂岩气”矿藏。

目前为止，已发现的致密砂岩气藏主要集中在北美的落基山盆地、阿科马盆地、阿巴拉契亚盆地、丹佛盆地、圣胡安盆地、大绿河盆地和阿尔伯达盆地中，其中著名的包括加拿大的艾尔姆华士（Elmworth）、牛奶河（Milk River）、霍德利（Hoadley）三大气田，以及美国的圣胡安、尤因塔、皮申斯、丹佛、大绿河、粉河、风河、拉顿等 12 个气田（图 10.1）。在我国鄂尔多斯、四川、松辽、塔西南和楚雄等盆地均有分布，但其独特性仍需深入研究和探讨。

第二节　致密砂岩气矿藏形成的地质条件

一、致密砂岩气成藏的基本地质条件

分布规模较大的致密储层是致密砂岩气成藏的基础，而深盆区广泛发育，并与致密储层直接对接的泥质烃源岩、煤系烃源岩及其活跃的生气作用又是形成连续型分布致密砂岩气矿藏的关键。在储集层致密、气水倒置的地质条件下，浓度差作用下的扩散和压差作用下的渗流是天然气运移主要方式，而大量微孔喉表面的吸附则是天然气赋存的主要方式。但赋存的烃类也可在局部高孔高渗部位形成浮力作用控制的常规油气聚集，即通常所说的“甜点”。

（一）大面积分布的致密砂岩储层

在致密砂岩储层中，孔隙喉道狭窄，压力场作用下的流体渗流已不符合达西定律，从而构成了油气在致密砂岩储层中独特的运聚机制。尽管在油气具体的赋存状态、运聚方式和动力等方面，依然存在着许多争议，但致密砂岩储层载体的大面积分布是致密砂岩油气构成商业性聚集规模的前提条件。

1. 致密砂岩储层的基本特征

据 Masters（1984b）、Smith 等（1984）、Spencer 和 Mast（1986）的研究，北美落基山地区的致密砂岩气藏的储层主要发育在海相及陆相，主要为潮汐水道、障壁砂坝、浪成三角洲、海滩砂体、河道、网状河平原砂体等，储层普遍致密，岩性通常为致密的砾岩、砂岩、粉砂岩以及粉砂质泥岩等。北美主要的致密气藏储层孔隙度为 7%～12%，一般小于 10%，渗透率通常低于 0.1mD（表 10.1）。孔隙和喉道的几何形状、大小、分布及其相互连通关系十分复杂，微观结构多样，且存在跨尺度效应（表 10.2）。储层主要孔隙类型包括缩小粒间孔、粒间溶孔、溶蚀扩大粒间孔、粒内溶孔、铸模孔及晶间微孔等，孔径的尺度范围为 1×10^{-8}～1×10^{-4}m；喉道类型主要以片状、弯片状、管束状喉道为主，喉道的延伸长度为 1×10^{-5}～1×10^{-1}m。致密砂岩由于其岩性坚硬，受构造作用而形成的微裂缝发育，包括构造微裂缝、解理缝、层面缝等，缝宽一般为 1×10^{-6}～1×10^{-4}m，缝长 1×10^{-2}～10m。解理缝主要发育在长石颗粒内，构造微裂缝缝宽一般为 1～15μm（杨建等，2008）。

表 10.1　北美几个主要致密气田的平均物性

致密气田/参数	Blanco	Wattenberg	Jonah	Milk River	Elmworth
孔隙度/%	7～10	9.5	6.5～8.0	14	6.1～8.6
渗透率/$10^{-3}\mu m^2$	0.15～1.5	< 0.05	< 0.1	1	0.001～1.22
含水饱和度/%	34	44	50～55	45	29～45
单层厚度/m	21.4	7.6	267	18.3	2.7

表 10.2　致密砂岩储层存在的多尺度描述（杨建等，2008）

尺度	空间尺度/m
致密基块孔喉	$<1\times10^{-8}$；孔喉半径 1×10^{-8}～1×10^{-4}m；距离 1×10^{-5}～1×10^{-1}m
天然裂缝	缝宽 1×10^{-6}～1×10^{-4}m；缝长 1×10^{-2}～1×10m

我国致密砂岩储层中自生黏土矿物发育，含量比常规储层高，致密砂岩的极低渗透性很大程度上可直接归因于黏土矿物的作用。种类丰富的各类黏土矿物充填孔隙空间以及占据颗粒表面，形成大量的晶间纳微孔隙，晶间微孔本身既是孔隙又是喉道。黏土矿物种类不同，含量不同，以及黏土微粒之间的接触关系不同都将使晶间孔的数量和大小有所变化。狭窄的流动空间使流体在微孔介质中的流动复杂化。黏土矿物微观结构特征主要有丝缕支架状结构、单片支架状结构、假蜂窝状结构、帚状撒开结构等。鄂尔多斯盆地上古生界下石盒子组盒二段储层属于辫状河流相沉积体系，研究区 292 个样品的常规物性分析结果表明孔隙度平均为 6.5%，渗透率一般小于 $1\times10^{-3}\mu m^2$，为典型的低孔特低渗致密砂岩储层（图 10.2）。

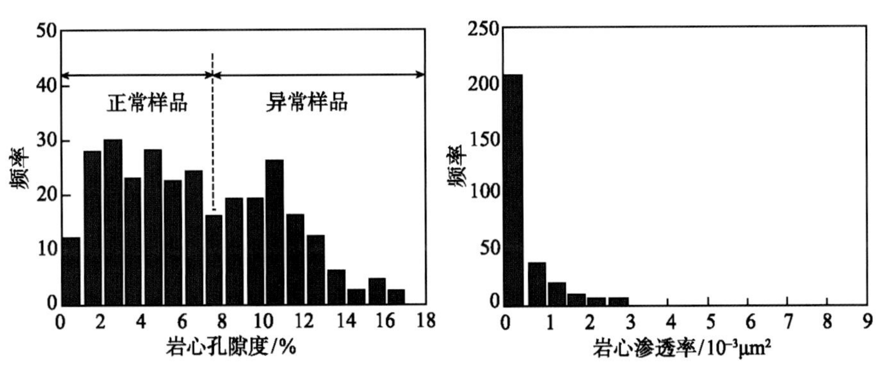

图 10.2　鄂尔多斯盆地上古生界下石盒子组盒二段储层物性分布

另外，致密砂岩储层一般具有较高的毛细管压力，束缚水饱和度变化也比较大，一般储层中的束缚水饱和度都比较高。Spencer（1989）认为致密砂岩储层的束缚水饱和度为 45%～70%，原因在于致密砂岩储层的孔隙空间主要是由分散的小孔隙组成的。

2. 砂岩储层致密的主要控制因素

致密砂岩的成因是多方面的，起主导作用的是岩矿组成、沉积与成岩作用。致密砂岩形成的早期主要以沉积作用为主，而中、后期则主要以成岩作用为主。我国致密砂岩的沉积条件多表现为沉积和沉降快，碎屑物质成分复杂，分选较差，泥质含量高，后期的成岩胶结作用又比较强烈，因而有利于致密砂岩层的形成，相应的陆相沉积环境为滨浅湖相、沼泽相、河流沼泽相及三角洲相等。

1）岩矿组成

矿物组成和填隙物的含量直接影响着储层原始的储集性能和渗流性能，也是储层成岩改造的物质基础。以岩屑砂岩为例，易变形的软颗粒组分较其他岩类多，在淡水、偏酸性水条件下，发生强烈蚀变和泥化，或者溶解。泥化的颗粒受上覆质量而变形，易被压实，重新排列，以致孔隙空间下降幅度大。加之岩屑中火山岩组分的水化作用以及蚀变，其中大量被泥化，使岩石更容易被强烈压实，可普遍见到假杂基。

在鄂尔多斯盆地塔巴庙地区，上古生界盒二段储层主要发育岩屑砂岩、岩屑石英砂岩和长石岩屑砂岩等 3 种基本岩性。砂岩中岩屑的含量较高，这是导致该区储层物性较差的一个重要原因。从图 10.3 可以看出，随着石英等刚性颗粒含量的增加，以及岩屑等揉性颗粒含量的减少，储层的储集性能明显变好。但是长石含量与孔渗的关系不甚明显，主要是因为部分长石被溶蚀，形成一些次生孔隙，使得储集条件得以改善，导致异常值的出现。

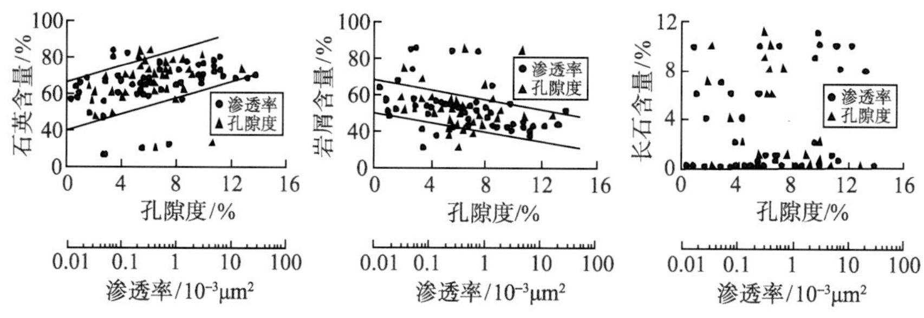

图 10.3　塔巴庙地区盒二段储层石英、岩屑、长石含量与孔渗关系图（唐海发等，2007）

2）沉积微相

众所周知，沉积微相类型不同，其碎屑颗粒的大小、磨圆程度、分选性、填隙物含量和岩矿组成等均有不同，最终影响了储层物性的非均质程度，控制了岩石原始孔、渗性的好坏。鄂尔多斯盆地塔巴庙地区上古生界下石盒子组盒二段不同沉积微相的储层物性（表 10.3）表明，辫状河主河道中的砂体，因其水动力能量最强，岩屑等细碎屑含量相对较少，物性最好，河道边缘次之，洪泛平原最差。

表 10.3　鄂尔多斯盆地塔巴庙地区盒二段储层物性参数统计表（唐海发等，2007）

参数	辫状河主河道				河道边缘				洪泛平原		
	砾岩	粗砂岩	中砂岩	细砂岩	砾岩	粗砂岩	中砂岩	细砂岩	中砂岩	细砂岩	粉砂岩
孔隙度/%	7.65	8.17	5.74	4.97	2.91	6.19	4.00	3.18	6.26	2.89	1.85
渗透率/$10^{-3}\mu m^2$	1.26	0.60	0.47	0.18	0.09	0.45	0.11	0.16	0.31	0.12	0.06

3）成岩作用

成岩作用是储层致密、低孔特低渗的另一个重要原因。压实作用是碎屑岩固化成岩的主要作用之一，会使颗粒的原生粒间孔隙大为缩小。马力（2010）对孔隙结构进行的薄片和电镜分析表明，封闭围压的增加造成渗透率降低，这是由于强力的压实和成岩构成了复杂而曲折的结构。当上覆岩石压力增加时，原有的开启裂缝极易闭合，因而造成了渗透率的降低。压实作用的类型及其对储层物性的影响与碎屑岩储集层的矿物成分有关。压实作用的强弱一般与砂岩中碎屑颗粒的粒度、分选、刚性（或塑性）颗粒含量及砂体厚度等有关。单层厚度小、粒度细、分选差、刚性颗粒含量低、泥质含量高的砂体，其压实作用强度相对较大。

胶结作用过程中，胶结物的形成占据了孔隙空间，将使砂岩储集物性变差。鄂尔多斯盆地靖边气田盒八段低渗透砂岩储层的研究发现，一方面，石英类胶结物以次生加大边形式产出，充填于孔隙空间，降低了储集性能。但是，从另一方面来说，石英类胶结物含量的多少也反映溶蚀和蚀变作用的强弱。当石英胶结物含量较多时，破坏砂岩原生孔隙，但溶蚀、蚀变作用较强，则次生孔隙形成较多，又改善了砂岩的储集性能。高岭石和绿泥石等黏土矿物对孔隙空间的影响也存在两面性。

（二）与致密砂岩储层对接的充足气源

根据资料统计，致密砂岩气藏中天然气的来源有多种途径，主要的气源岩分别是海、陆相暗色泥质岩、煤系地层、碳酸盐岩及其共同组合的层系。从国内外已发现致密砂岩气田的盆地（如新墨西哥圣胡安盆地 Blanco Mesaverde 气田、阿尔伯达盆地牛奶河气田，以及鄂尔多斯盆地等）的情况来看，气源岩多位于致密砂岩储层的下倾位置,并与之直接对接。这些供气的烃源岩一般具有厚度大、层位多、分布范围广、演化程度高的特征。

若保证致密砂岩气矿藏有丰富的气源，首先要求源岩要具有大量生成天然气的能力，烃源岩的母质类型主要是生气潜量高的腐殖型母质，属Ⅲ型干酪根，部分为Ⅱ型干酪根；岩性以煤、暗色泥岩及页岩为主。有机质丰度高和成熟度高，供气足，当 R^o 为 1.0%～2%阶段，才能有大量的气体生成，才可提供足够的气源。烃源岩的生气强度一般大于 $20\times10^8m^3/km^2$。可见，大面积演化程度较高的气源岩能够保证更加充足的气源供给和较强劲的充注动力，天然气才能大规模进入致密储层，并向上整体排驱早先占据储层中的孔隙水，形成致密砂岩气矿藏。致密砂岩气的烃源岩大多是成熟度高、含有机质非常丰富的煤系地层，这与煤系强大的生烃能力有关，一般来讲，煤的生气能力是湖相泥岩和碳酸盐岩的 3～10 倍。只有大的生气量才能把地层中的水向上倾方向驱排，从而才有可能形成致密砂岩气藏（马新华，2004）。一方面煤层能够提供充足的气源，生气数量巨大，生气高峰出现的地质时代较新，生气高峰期持续较长，乃至现今还在生气，为致密砂岩气藏的形成提供了充分条件；另一方面是煤层伴生的碎屑岩储集层因受沉积作用控制和成岩作用影响，往往比较致密。

在加拿大阿尔伯达盆地深盆气分布区，含煤的下白垩统海陆交互相沉积厚度平均在

2000m 以上，其中煤层厚度一般为 3～9m，煤层最厚分布区和最大生气区中心与深盆气藏主要分布区基本吻合。另外，这套源岩现今仍处在生气窗中，并不断对气藏持续补给，一直保持着生、运、聚和部分散失的动态平衡，使储集层至今仍有较高的赋气量。一旦缺乏天然气的充足供给，致密砂岩中赋存的天然气会因扩散等作用而逐步散失。因此，活跃的生气作用是天然气持续补给形成致密砂岩气藏的必要条件之一。

二、致密砂岩气成藏的典型特征

（一）致密砂岩气藏多具异常压力

致密砂岩气矿藏大多具有异常压力，包括异常高压和异常低压。例如，加拿大阿尔伯达盆地、美国圣胡安盆地和丹佛盆地的白垩系致密气藏多具异常低压特征，美国红色沙漠（Red Desert）盆地、绿河（Green River）盆地、皮申思盆地和尤因塔盆地的白垩系—古近系致密气多具异常高压特征。我国鄂尔多斯盆地致密砂岩气藏则为负压特征（图 10.4、表 10.4）。

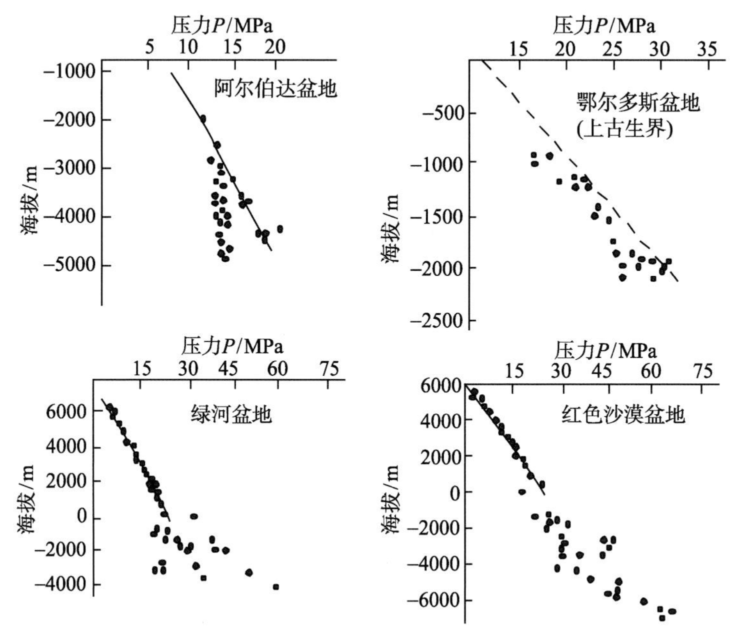

图 10.4　国内外主要深盆气藏的压力场特征

表 10.4　北美典型致密气田的异常压力统计表

盆地名称	构造背景	沉积环境	源岩时代	异常压力地层时代	异常压力顶面深度/m	异常压力系数
阿尔伯达	前陆	三角洲、边缘海	K	T,J,K	＞1000	高至低压异常
哥伦比亚	前陆	河流	R	R	2700～3000	1.85
粉河	前陆	海相为主	K	K	3000	1.85
风河	前陆	海相、河流	K	C，K，R	变化	1.85
大绿河	前陆	三角洲、河流	K	R，K	2440	2.19
皮申思	前陆	河流到海相	K	C，K	1830～2440	1.89

续表

盆地名称	构造背景	沉积环境	源岩时代	异常压力地层时代	异常压力顶面深度/m	异常压力系数
尤因塔	前陆	湖泊、河流	R	R	3000	1.92
阿纳达科	前陆	河流、三角洲、海相	C—D	C	2740～3050	2.08
阿巴拉契亚	前陆	河流、三角洲、海相	O	S	＞760	0.83,＞3000m时为高压

从致密砂岩气成藏动力来看，天然气进入亲水的致密储集层时所需的排替压力主要来源于生烃作用产生的膨胀压力，此时的流体压力必然高于静水压力的异常高压。可见在致密砂岩气成藏的主要阶段必须要具有异常高压，烃源岩的排气量必须大于天然气在致密储集层中由于部分渗流、水溶、扩散等作用而散失的量，处于供给气量远大于散失气量的动态平衡。在生烃膨胀压力导致的异常高压作用下，天然气在致密储集层中不断地运移扩展，一旦膨胀压力不足以克服致密储集层的毛细管阻力，天然气运移即终止。当运移终止后，深盆气即进入保存或散失大于供给的萎缩阶段，其压力也就由异常高压逐渐转变为异常低压和常压。可见，深盆气的压力旋回是由最初的正常静水压力到异常高压，再由异常高压转变为异常低压，最终又演变为常压的过程。

从目前已知的深盆气情况看，时代较老的多为异常低压，而古近系和新近系的多为异常高压。例如，已发现的世界最大的阿尔伯达盆地深盆气多是异常低压，而且连续含气段埋藏越深，偏离静水压力的负压值越大（图 10.4）。

造成致密砂岩气藏异常低压的原因主要包括：①盆地后期抬升，造成气藏温度下降，压力降低；或造成孔隙膨胀，压力降低；或气体散失，压力降低。②由气水密度差引起的气藏负压。马新华等（2002）认为，气水倒置造成深盆气藏内出现负压异常。如图 10.5 所示，在水封的背景条件下，深盆气藏内部任一点（x）的地层压力（P_x）等于气水界面之上的静水柱压力（P_{wa}）与该点（x）至气水边界的气柱（H_{xa}）压力之和。由于气体的密度远比水的密度小，因此上述气水两段压力之和（P_x）小于该两段都为静水柱时的压力之和（P_{wx}），即

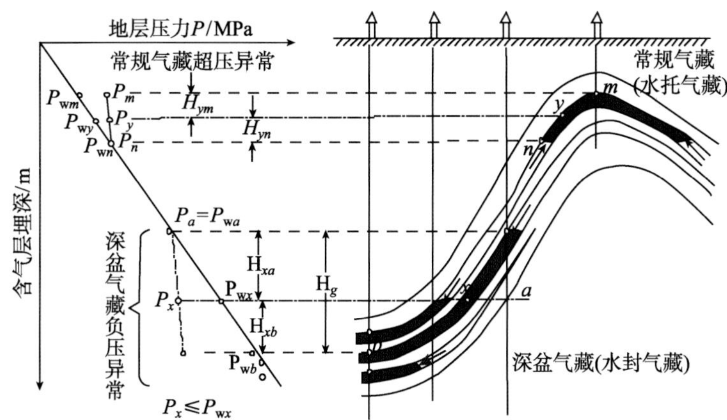

图 10.5　深盆气藏的负压特征及其成因机理（马新华等，2002）

$$P_x = P_{wa} + H_{xa}\rho_g g \leqslant P_{wa} + H_{xa}\rho_w g = p_{wx} \quad (10.1)$$

式中，ρ_g、ρ_w 分别为气和水的密度；g 为重力加速度。

从图 10.5 和式（10.1）可以得出：

（1）在气水边界上，气层的压力和上覆静水柱压力相等，即

$$P_x = P_{wa}\ (x = a) \quad (10.2)$$

（2）在气层埋深最大处，深盆气藏内的负压最大，即该点的气层压力与该点对应的静水柱压力（P_{wb}）差值最大，即

$$\Delta P_{max} = P_x - P_{wb}\ (x = b) \quad (10.3)$$

在储层孔喉半径较大的情况下，天然气运移受浮力作用控制，它们只能在遇到上方盖层的阻障后富集成常规气藏。常规气藏内部气在上，水在下，气水边界受构造等深线控制。在这种情况下，气藏内部任一点（y）的压力（P_y）等于下方气水边界处的静水柱压力（P_{wn}）与该点（y）至气水边界处（n）的气柱（H_{yn}）压力之差，由于气体的密度远较水的密度小，因而气层内的压力较对应点的静水柱压力大，表现为高压。即

$$P_y = P_{wn} - H_{yn}\rho_g > P_{wn} - H_{yn}\rho_w g = P_{wy} \quad (10.4)$$

从图 10.5 和式（10.4）可以得到：

（1）在常规气藏的气水边界（n）点上，气层的压力与上覆静水柱压力相等，即

$$P_{wn} = P_y\ (n = y) \quad (10.5)$$

（2）在常规气藏的顶点（m）处，气层的压力最大，该点的气层压力（P_m）与同一埋深下的水静柱压力（P_{wm}）之差最大，即

$$\Delta P_{max} = P_y - P_{wm}\ (y = m) \quad (10.6)$$

因此，无论前人开展的物理模拟实验还是地质分析均表明，深盆气成藏过程是一个从超压到负压，甚至到常压的动态过程，现今矿藏的保存压力是正或负，取决于气藏的具体发展阶段。若气源充足，供气量始终远远大于损失量，气藏就可保持原有的超压；若气源逐步衰竭，则转变为负压，最后为常压。

（二）多种气体运聚动力

天然气在致密储集层的运聚过程中，动力来自源岩的生烃膨胀力、储层狭窄孔喉的毛细管力、静水柱压力、气柱自身重力等。当存在浓度差时，天然气的扩散作用也比较明显。此外，当油气运移到孔渗性较好的局部常规储集空间时，还要受到浮力的作用。

1. 毛细管压力

在致密砂岩中，毛细管阻力是决定气体运动状态的主要动力。在通常情况下，岩石孔隙内表面具有亲水性特征。当气水两相同时存在时，毛细管压力指向天然气所在方向。所以，毛细管压力是致密砂岩气成藏时所要克服的主要阻力。换言之，一旦天然气进入致密砂岩储集层的狭窄孔隙空间，上方水的毛细管压力将对其产生封闭作用。

2. 生烃膨胀力

生烃膨胀力是指油气生成过程中，干酪根热化学反应所产生的高压。当达到或超过致密储层的启动压力时，会促使天然气由烃源岩进入致密储层孔隙。由于致密储层孔隙空间狭窄，传递而入的生烃膨胀力无法获得迅速释放。随着生烃膨胀力的不断传递而入，天然气会在致密储层孔喉网络空间内克服毛细管阻力，不断向前推水而进。当传递而至的生烃膨胀力不足以克服毛细管阻力时，天然气将聚集成藏。这种运移和停滞聚集的过程会往复式地周期性发生，所以天然气聚集体的能量是一个得不到释放或有限释放的过程。因此，在气源充足、生烃膨胀力持续而强劲的条件下，气源岩会不断地对致密储层中的天然气聚集体进行气体或能量的补充，并逐渐迫使上覆地层水缓慢上移，构成明显的下气上水的倒置现象。

3. 静水柱压力

在常规储集层中，浮力大小为连续物体上、下部所受静水柱压力差，即静水柱压力与浮力作用不可重复考虑。浮力产生的前提条件是天然气上、下部地层水处于完全连通和自由流动状态。而对于较为致密的储集体，地层水在空间上的沟通条件受到约束，甚至完全被限制沟通，造成浮力作用基本不存在。在致密砂岩气成藏的过程中，天然气的充注将地层水整体排开，破坏了地层可动自由孔隙水分布的连续性，因此天然气在致密储集体的运聚不受浮力作用。只有当储层特点向常规储集条件过渡时或在局部的“甜点”部位，浮力作用才开始显现，构成“上气下水”的经典现象。在实际的地层剖面中，由于致密储层的非均质性，致密砂岩气的气水界面通常表现为参差不齐的过渡带。

4. 气体的扩散作用

扩散是由于微粒（分子、原子等）的热运动而产生的物质迁移现象。可由一种或多种物质在气、液或固相的同一相内或不同相间进行，主要是由于浓度差，也可由于温度差等，微粒从浓度较大的区域向较小的区域迁移，直到一相内各部分的浓度达到一致或两相间的浓度达到平衡为止。扩散速度在气体中最大，液体中次之，固体中最小。浓度差越大，微粒质量越小，温度越高，扩散也越快。菲克（Fick）定律是物理学中关于扩散宏观理论的基础。若设扩散沿 X 方向进行，单位时间内通过垂直于 X 方向的单位面积扩散的量（扩散流 J）决定于物质浓度 n 的梯度，即

$$J=-D\left(\mathrm{d}n/\mathrm{d}x\right) \tag{10.7}$$

$$\mathrm{d}n/\mathrm{d}t=-\mathrm{d}J/\mathrm{d}x \tag{10.8}$$

式中，D 为扩散系数；t 为时间；物质浓度 n 可以取单位体积内的摩尔数。

式（10.7）及式（10.8）分别称为菲克第一定律和菲克第二定律，其中第一定律只适用于稳定扩散（$\mathrm{d}n/\mathrm{d}t=0$ 的情况）。由菲克定律可得下述结论：$D>0$，扩散沿着浓度减少的方向进行，扩散的结果将物质的浓度分布趋于均匀；$\mathrm{d}n/\mathrm{d}t=0$ 时，$J=0$，表明均匀物质系统内浓度均匀分布时，没有净扩散流。菲克定律可用来成功地解释常见的各种扩散现象，成为人们研究一般扩散现象的经典公式。Weltel（1984）的地球化学研究表明，在致密砂岩层里，没有大量重烃和水体流动的标志，却有大量气态烃运移的证据。这说明在

没有底水且自由水又极少的情况下，在烃类浓度场作用下的扩散作用可能是天然气运移的主要方式之一。天然气在地质体中的扩散特征大体符合 Fick 定律，但需要针对具体地质体的生气量变化和储集特性分布等特征，进行必要的修正。

（三）较为独特的气体运聚机制

由于气源岩供气的量或浓度随演化时间而变化，并且地层载体的非均质性也有较大变化，因此天然气在运聚过程中的扩散特征比较复杂，需进一步探索。但整体来看，扩散作用对天然气商业性聚集的贡献应比较小。因此，本书重点讨论由生烃膨胀力、毛细管阻力、静水柱压力等主要动力造成的致密砂岩气运聚特征与机理。由于多年来，加拿大阿尔伯达盆地西部发现的致密砂岩气一直是众多学者的研究样板，因此本书主要以该盆地牛奶河气田为例，来叙述致密砂岩气主要的运聚机理。

牛奶河气田是阿尔伯达盆地内地跨阿尔伯达省和萨斯喀彻温省最大的非伴生型气藏，其上白垩统牛奶河组砂岩气层埋深浅、低压、低渗、含泥质。估算的原地地质储量超过 $2183\times10^8m^3$。该气田是 1883 年加拿大太平洋铁路公司打水井时偶然发现的，但直至 20 世纪 70 年代才引起广泛重视。90 年代钻井就已超过 1.5 万口。据 Gautier（1981）的研究，牛奶河组为上白垩统南北向展布的沉积，其上覆层为 Pakowki 页岩，下伏层为 First Speckled 页岩。地表埋深由南部的 300m 变为东北部的 450m。地层厚度一般为 90m 左右。研究区沉积相的分布由南部的非海相沉积，向北到海岸砂岩沉积，陆架砂岩，再到最北部的远岸海相粉砂岩和页岩（图 10.6）。

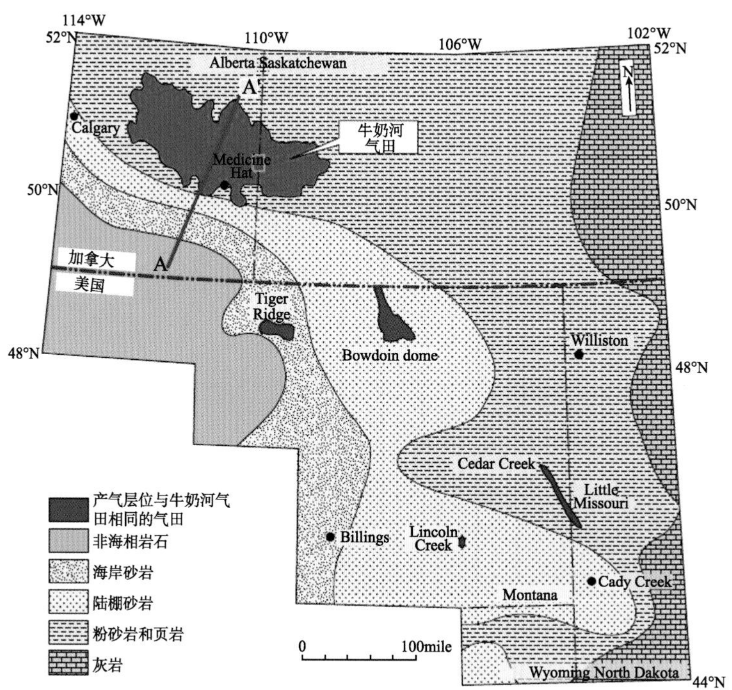

图 10.6　牛奶河气田及邻区的沉积相图（Gautier，1981）

气田位于 Sweetgrass 背斜的东北翼，地层倾角为 0.1°，直接处于淡水饱和的水层下倾部位（图 10.7）。水层的南部实际上属于常规型的砂岩储层，渗透率为 100～300mD，孔隙度 20%～30%。而水层的北部则由中等质量的砂岩储层构成，渗透率变化为 1～100mD，孔隙度为 10%～30%。气田的大部分储层由粉砂岩和泥岩构成，未见砂岩。粉砂岩透镜体的厚度一般不超过 1cm，很少超过一个岩心的宽度。这些粉砂岩透镜体的相互叠置构成了垂向上的部分连通性，使其横向上又具有了良好的储集连续性或连通性。该套储集岩层由 32%的泥、5%的砂和 63%的粉砂组成，其孔隙度变化为 10%～18%，渗透率小于 1mD。该区气井的原始平均气产率为 $4.5\times10^3m^3/d$，三年后降至 $1.6\times10^3m^3/d$，并且年递减率稳定在 7%～8%。钻井密度变化较大，但操作者一般应用 160acre①的井控范围进行开采。气藏中 95%的气为甲烷，部分天然气为产自于牛奶河组页岩的生物型气（Rice et al.，1981）。而该区水的来源有两个：一是原始的同生地层水；二是由南部地表露头渗入牛奶河组地层的大气淡水。

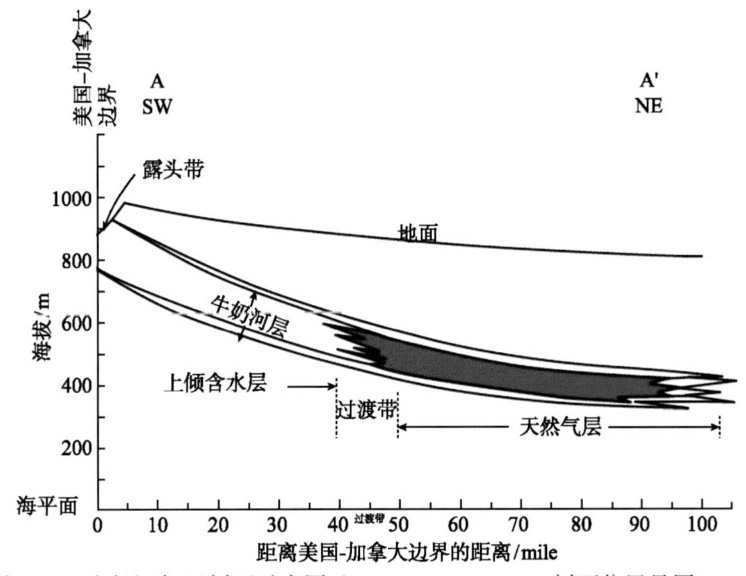

图 10.7　牛奶河气田剖面示意图（Berkenpas，1991；剖面位置见图 10.6）

Berkenpas（1991）还利用 105 个中途测试数据和 17 口气井的压力恢复数据，绘制了牛奶河地区流体压力与深度剖面图（图 10.8）。采用含水层比重为 1.005 的水，标出了静水柱压力梯度基线（9.8kPa/m）。全部数据可划归为五个区组，其中四组代表有着相近压力趋势的含水区（位置见图 10.9），一组代表气田区。A 区数据点落在基线位置，表明含水层中的水不流动或流速极低。B、C 和 D 区数据点均落在基线以下位置，表明含水层中的水均有不同程度的向下倾方向的流动。依据达西定律，这会产生压力损失。C 区数据点低于所有其他的数据趋势线，表明压力损失最大。从图 10.8 还可看出，气藏的压力梯度趋势线与相邻的 C 区压力梯度趋势线恰好相交在气藏最高点的压力数据点之上，该

① $1acre=0.404\ 856hm^2$

点压力也是气藏的最高压力，即气藏的其他位置都表现为负压。同时，也表明气藏中仅有的束缚水无法传递静水柱压力。

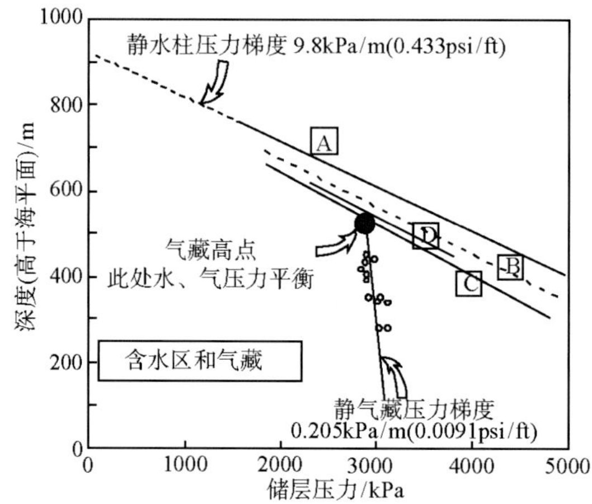

图 10.8 牛奶河地区流体压力与深度剖面图（Berkenpas，1991）

Meijer-Drees 和 williams（1973）利用水层和气田的砂/粉砂比值来确定哪些井产气、产含气水和产水。图 10.10 展示了含气区、含水区与沉积相之间的相互关系，区域 1 的砂/粉砂比值大于 90%，区域 2 为 5%～90%，区域 3 小于 5%。图 10.9 展示了牛奶河组顶部的海拔等值线与大气渗水流动方向。在流体分布、相变边界以及气田开采的南边界之间有着较好的对比性。仅有水显示的南部区与区域 1（砂/粉比大于 90%）相符合。而气田的南部区域有气又有水，与区域 2 相吻合，该处也是由陆架砂岩向海相粉砂岩过渡的相变区。

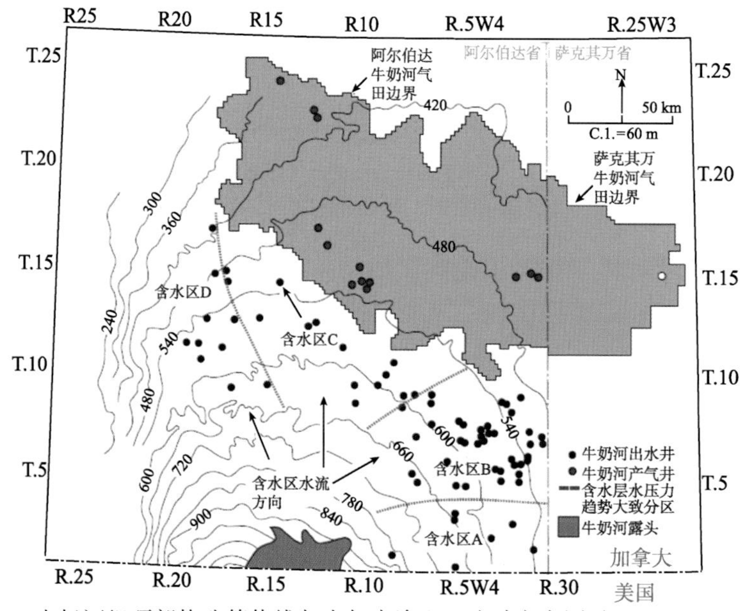

图 10.9 牛奶河组顶部构造等值线与大气水渗入、流动方向图（Berkenpas，1991）

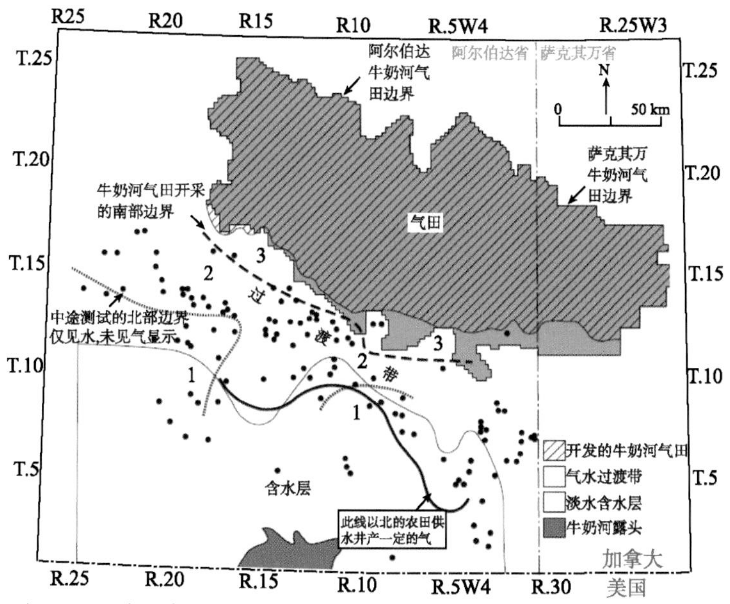

图 10.10　含气区、含水区与沉积相之间的相互关系图（Meijer-Drees and Williams，1973）

因此，牛奶河气田的运聚具有如下关键点：①气田开采的南边界与相变位置的吻合性好。②气田位于含水层的下倾部位，下倾方向产生的生物型气排替大部分可动水，构成气藏。这一过程可被认为近似于石油开发上的气驱。在气田区，未发现含水区。③替换过程和最终的静态平衡可利用施加于一个连续气相上的作用力来简单地加以解释。④当向前运移的压差作用力不能克服毛细管界面张力时，气会在水下聚集。⑤控制最终聚集的关键参数是压差作用力、孔喉和孔隙半径、地层倾角以及甲烷-水的界面张力；当因压差作用力和浮力逃逸至上倾部位的气，再遇到足够小的孔喉时，仍可聚集在水层的下倾部位。这一机制可用来解释牛奶河气田南部的气水过渡带。

Gies（1984）依据牛奶河气田的地质特征，建立了一个物理实验模型，来确认这种圈闭机制是否可行，把空气从水饱和的砂柱底部注入。该砂柱的下半部为细砂，上半部为粗砂。当空气开始注入时，逐步替换砂柱下部可动水，并在顶部逃逸。当停止注入，并达到静态平衡时，观察到以下三种现象：①气水接触面稳定在粗砂和细砂之间的界面（即模拟的相变处）；②气饱和的砂柱段仍然是水润湿的；③气水界面之下细砂段中一些封闭孔隙仍然被 100%的水充填，未被气驱离。

由此可见，依据牛奶河气田的运聚要点，可用一个较为简单的作用力体系理论模型，来解释气在水之下聚集的现象。可将该模型描述为一个缓倾的充满饱和水的储集层，低部位渗透性差，高部位渗透性好。而向该储集层的注气则可描述为从下倾低部位开始的气驱过程。对于置换可动自由水和最终聚集在水之下，并达到静态平衡的气相来讲，存在三个主要的作用力：气泡的浮力（F_b）、气-水界面张力构成的作用力（F_i）和气相与自由水相之间的压差作用力（F_p）（图 10.11）。由于流体的流速极低，摩擦阻力可忽略不计。

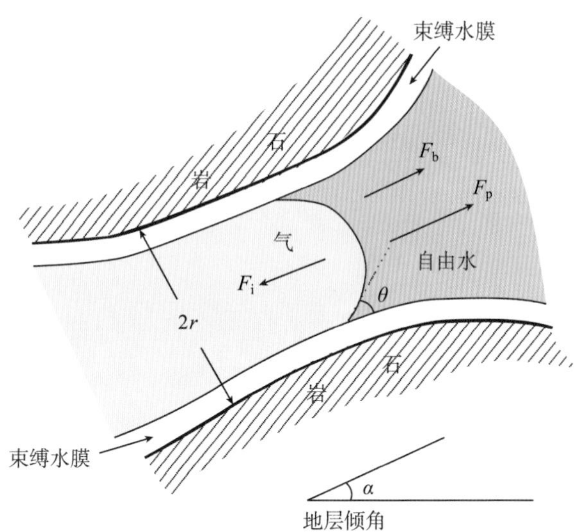

图 10.11　气相与水相在孔喉尺度下的主要作用力示意图

只有当孔隙中存在连续的自由水膜时，浮力才能起作用。因为只有这种连续的自由水膜才能传递可动自由水压力，并构成连续气相的上下压差，即浮力。而由于分子间的吸引力黏附于岩石颗粒表面的不可动束缚水膜是不能传递压力的，从而无法构成浮力。浮力是垂直作用力，只有平行于地层的分力才能起到向前推移的作用。当地层倾角为α时，浮力可表示为

$$F_b = \sin\alpha \times (\rho_w - \rho_g) \times g \times V_g \tag{10.9}$$

当连续气相呈现为球形气泡时，可表示为

$$F_b = \sin\alpha \times (\rho_w - \rho_g) \times g \times \left(\frac{4}{3} \times \pi \times r_p{}^3\right) \tag{10.10}$$

式中，ρ_w、ρ_g分别为水相和气相的密度；V_g为连续气相的体积；g为重力加速度；r_p为存在自由水膜的孔喉半径。

界面张力引起的作用力（F_i）是气-水界面张力、岩石润湿性和孔喉半径的函数，可表示为

$$F_i = (\pi \times r_t^2) \times \left(\frac{2\sigma\cos\theta}{r_t}\right) = 2\sigma\cos\theta \times \pi \times r_t \tag{10.11}$$

式中，σ、θ分别为气-水界面张力和气-水-岩石界面接触角；r_t为孔喉半径。

第三个作用力是施加于连续气相-自由水相界面上的压差作用力（F_p），可表示为

$$F_p = (\pi \times r_t^2) \times (P_g - P_w) \tag{10.12}$$

式中，P_g、P_w分别为连续气相和自由水相的压力。通常情况下，P_g受控于烃源岩的生烃膨胀力，而P_w为静水柱压力。

Berkenpas（1991）建立了一个由孔喉尺寸依次变大的四类孔隙构成的理论模型，来解释牛奶河组砂岩天然气聚集与散失的过程和机制（图 10.12）。气源岩生烃产生的高压[相当于式（10.12）中的 P_g]，使天然气从下倾方向的低部位开始充注，并逐步驱替孔隙空间内的可动自由水[相当于式（10.12）中的 P_w]，构成面积越来越大的含气区。此充注阶段的早期，含气区常存在异常高压。随着天然气运聚的能量消耗，含气区又会出现异常低压。当可动自由水被全部驱替或置换后，连续气相的浮力就会消失（F_b=0）。此时，气运聚的主控要素是气-水界面张力构成的作用力（F_i）和气相与自由水相之间的压差作用力（F_p）。当 $F_i \geqslant F_p$ 时,气构成聚集。当 $F_i < F_p$ 时，气相进入上倾方向上的第二类孔隙；在第二类孔隙段，可动自由水膜把连续气相全部包裹起来。此时，浮力开始发挥作用（F_b>0），生烃膨胀构成的压差作用力已在此处被释放、消失（F_p=0）。当 $F_i \geqslant F_b$ 时，气泡聚集。当 $F_i < F_b$ 时，气泡逃逸至上倾方向上更大的第三类孔隙；在第三类孔隙段，气运聚的主控要素是气泡的浮力（F_b）和气-水界面张力构成的作用力（F_i）。由于在三种作用力当中，浮力与孔喉半径的三次方成正比[式（10.10）]。因此，随着第三类孔隙段孔喉进一步变大，浮力大幅增加。浮力开始起主导作用。同时，可动自由水相占据了大部分的孔隙空间。气泡的浮力（F_b）大多大于界面张力构成的作用力（F_i），气相开始逐步散失。

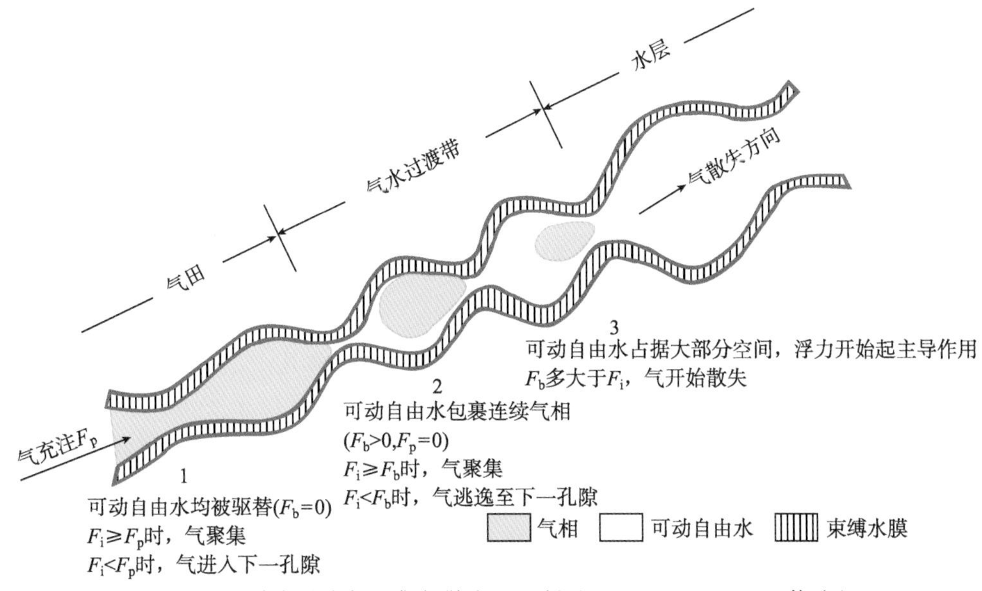

图 10.12　致密砂岩气聚集与散失的机制（Berkenpas，1991，修改）

从目前世界各地已发现和明确的致密砂岩气田来看，其大面积或规模分布的致密储集层中天然气的运聚机理基本符合牛奶河气田的运聚机制。即在气源层与储集层一体（源储集一体）且充足的前提下，天然气会将狭窄孔喉中的可动自由水不断地向上倾方向驱替，并在含气带的前沿形成气-水接触带或气-水混合带（过渡带），从而产生气水倒置现象。同时，大面积分布的饱含气致密层除了向构造上倾方向渐变为饱含水层外，不会有较大的含水区存在。但在局部相对高孔高渗的“甜点”位置，由于浮力出现并起主导作用，在常规的有效圈闭的配合下，构成局部的常规天然气藏，可存在边、底水。这种驱替作用的前提是向前的压差驱动力能够克服毛细管阻力。当驱动力持续而强劲时，可动自由水会被全部驱替，进入上倾部位相对高渗透的砂岩中，此时的含气范围或面积最大。其含气边界一般与沉积相的变化带（储层物性由差变好）相吻合，即气水过渡带的位置分布及规模大小常受储层岩相及物性条件变化带的控制。Leythaeuser 等（1982）和 Welter 等（1984）认为深盆气或致密砂岩气实际上也是一种动态圈闭。由于不存在常规意义上的封堵条件，这种天然气的聚集是不断散失和持续补给的动平衡结果，即气体连续而缓慢地向上倾方向渗漏、散失，但下倾部位又连续不断地有足够弥补散失数量的气体注入。

第三节　典型地区致密砂岩气资源的地质特征

北美地区致密砂岩气的勘探和开发取得了较大的进展。除本节重点论述的圣胡安盆地和阿尔伯达盆地外，阿巴拉契亚盆地作为北美地台和阿巴拉契亚褶皱带间的山前拗陷，致密砂岩气主要分布于密西西比系和下志留统砂岩中。密西西比系气藏主要赋存于俄亥俄和西弗吉尼亚的 Berea 砂岩中。在俄亥俄州，超过 12400 口井钻至 Berea 砂岩，这些砂岩深度达到 6000ft，为浅海相砂岩；下志留统 Clinton/Medina 等砂岩厚约 150ft，估算赋存大约几十万亿立方英尺的可采致密气。而上泥盆统 Venango、Bradford 和 Elk 地层中，超过 30 个致密砂岩透镜体被包裹于页岩之中。这些富含气的致密砂体多分布于深度 1200～5500 ft。目前，被统一归为泥盆系页岩气进行商业开采。

一、圣胡安盆地

科罗拉多台地西部和南部是 Cordilleran 褶皱带，北部和东部是落基山前陆。与周围地区相比，科罗拉多台地构造变形微弱。科罗拉多高原包含几个盆地，构造主要为单斜（图 10.13）。圣胡安盆地位于新墨西哥州的西北部，科罗拉多平原的东部，面积约 70 000km^2。圣胡安盆地是一个近似于圆碗状的洼地，沉积了 15 000ft 的寒武纪—新近纪岩石（Peterson et al.，1965）。盆地的北部与处于科罗拉多南部的圣胡安地垒相邻，西部沿着亚利桑那州—新墨西哥州的界线与 Defiance 地垒和 Hogback 单斜相邻，南部紧靠 Zuni 隆起，东部毗邻 Nacimiento 隆起和 Archuleta 背斜。这些压性构造形成于晚白垩纪—始新世拉腊米造山运动（Woodward and Callender，1977）。Blanco Mesaverde 气田位于盆地中部最深的部位（图 10.14）。圣胡安盆地轴线靠近盆地东北部边缘，方向西北，呈现出很强烈的不对称性。盆地很浅并且内部构造相对较少，仅有一些小幅度的褶曲和平缓的局部倾斜（Lorenz and Cooper，2003）。元古代结晶基底出现在 13 000～16 000ft（图 10.15）。在拉腊米造山运动期间，环绕着圣胡安盆地的科罗拉多平原相对于落基山前陆向东北运移，并且顺时针旋转（Lorenz and Cooper，2003）。地壳的俯冲作用形成了 Zuni 隆起、圣胡安山脉和圣胡安盆地，并且使 Zuni 隆起和圣胡安山脉分别向北和南移动，这使圣胡安盆地两侧逐渐形成锯齿状。拉腊米变形被渐新世的盆地范围扩张所取代。

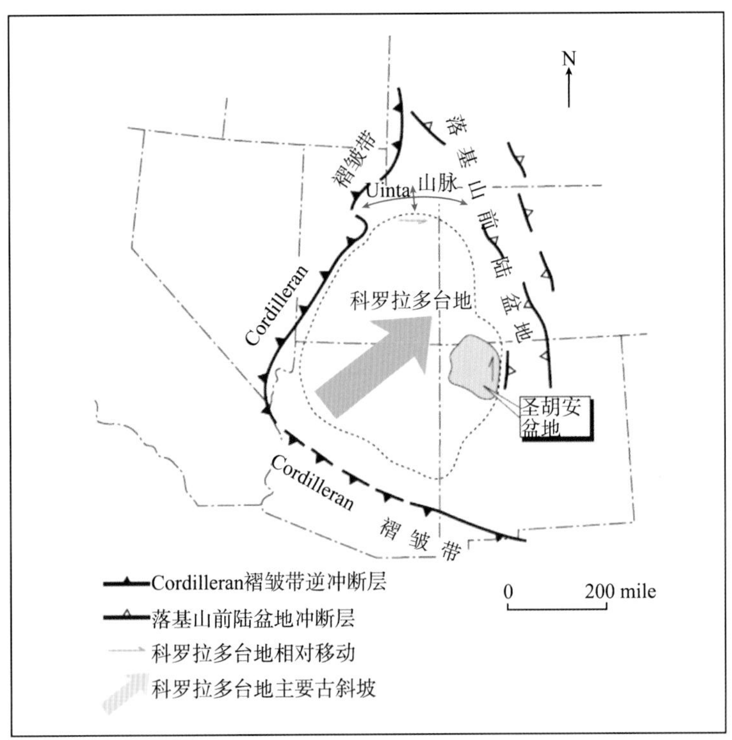

图 10.13　圣胡安盆地大地构造位置图

（一）地层特征

圣胡安盆地基底岩石之上主要是宾夕法尼亚系—新近系和大多数早白垩纪岩石。宾夕法尼亚纪和二叠纪地层由海相石灰岩、页岩和砂岩构成（图 10.16）。三叠纪是 Chinle 组非海相砂岩和泥岩的沉积时期。侏罗纪 Entrada 和 Morrison 地层砂岩分别是风成和河成的陆相沉积。气田范围中前白垩纪的地层都没有含油气远景。一次早白垩世的沉积间断（Peterson et al.，1965）记录了下白垩统地层受到剥蚀。在晚白垩世，现今的圣胡安盆地形成以前，Blanco Mesaverde 地区位于白垩纪的西部内海道海岸线的西部边缘。盆地中超过 4000ft 的沉积岩石都是在这时候形成的（Hollenshead and Pritchard，1961；Molenaar，1977）。圣胡安盆地白垩系主要的砂岩单元包括下白垩统 Dakota 和 Gallup 地层、上白垩统 Mesaverde 组的 Point Lookout 和 Cliff House 地层，以及 Pictured Cliffs 地层（图 10.17）。这些沉积单元代表了在海平面随着盆地沉降而涨落的驱动下，海平面发生五个主要的海退-海进旋回。每个海退-海进旋回楔形体的底部由向东前积的滨线海退砂岩组成。每个楔形体的中部包含边缘海砂岩之上前积作用形成的河流和冲积海岸平原及沼泽沉积。每个楔形体的顶部为海进向西回返的障壁岛砂岩体。许多较小规模的海进和海退都叠加于主要的旋回之上。这些小的事件保存下来，体现在海平面静止和运动时期沉积的砂岩厚度方面。

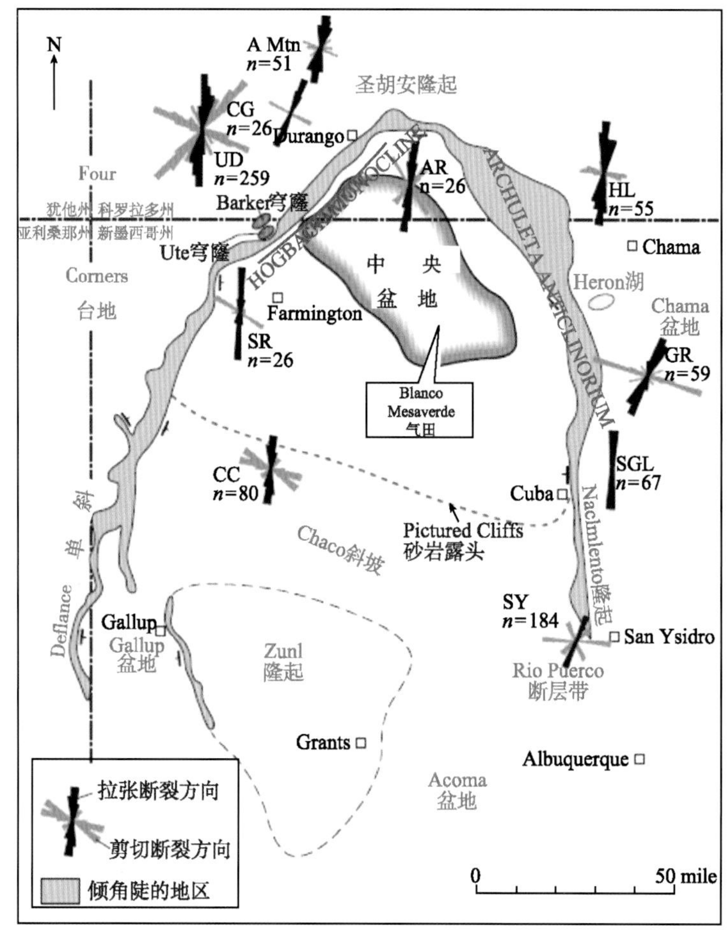

图 10.14　圣胡安盆地构造单元划分和 Blanco Mesaverde 气田位置图

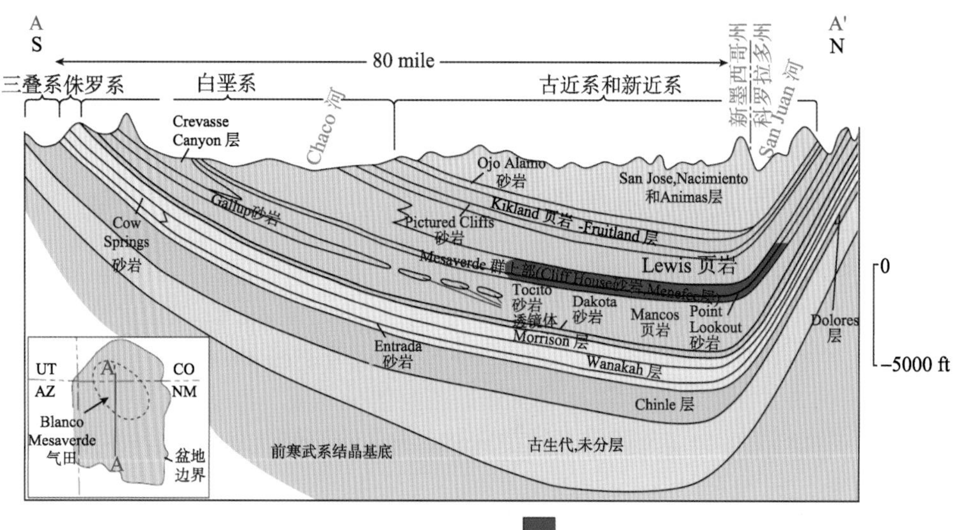

图 10.15　圣胡安盆地的南北向构造横切面（Brister and Hoffman，2002）

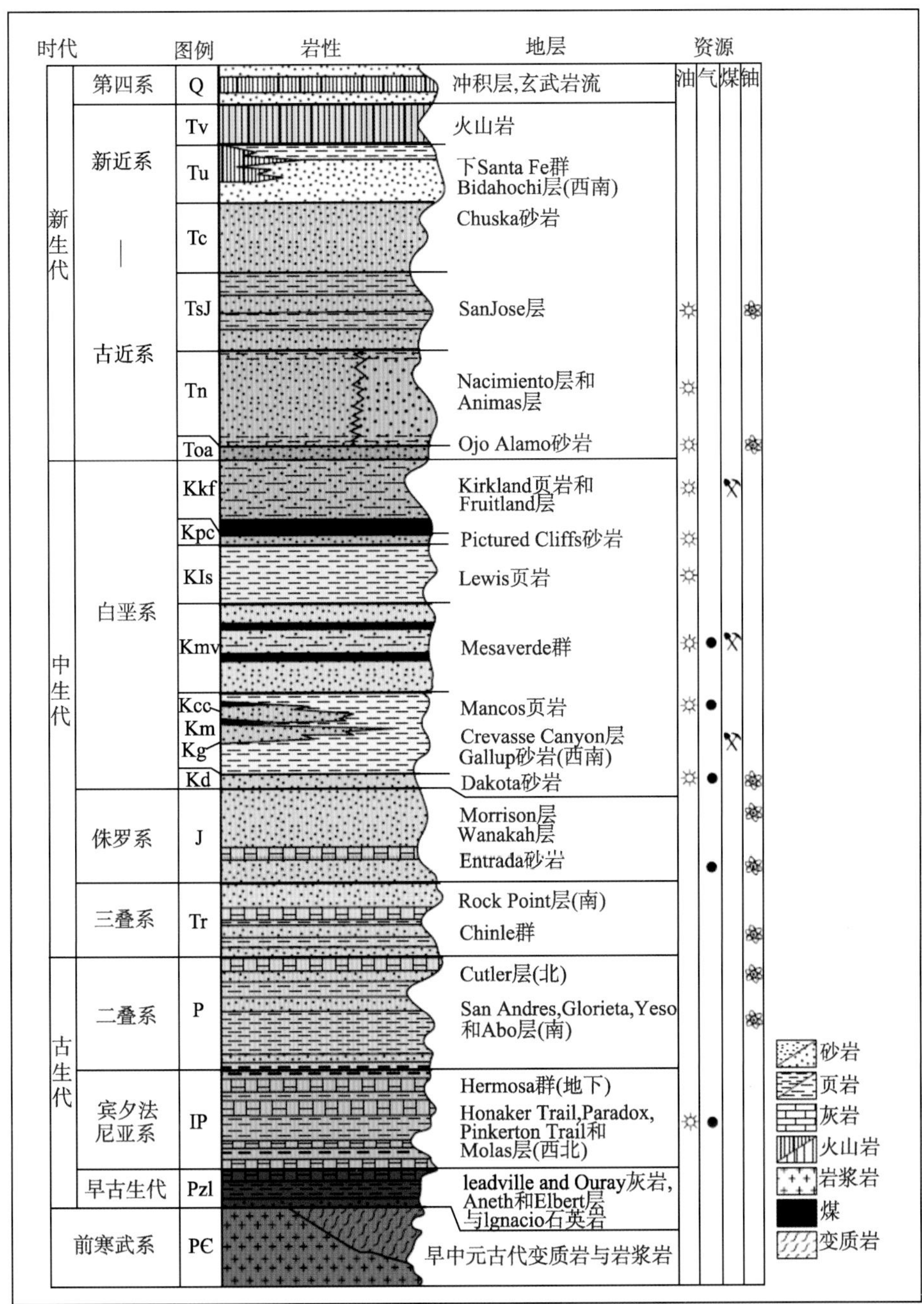

图 10.16　圣胡安盆地的地层和资源分布层位图（Brister and Hoffman，2002）

注：☼、●、❀分别为油、气、煤、铀的含矿层位

（二）储层特征

整个 Mesaverde 群分别上覆和下伏于上白垩统的 Lewis 和 Mancos 组地层。Mesaverde 群从基底向上可以再细分为 Point Lookout、Menefee 和 Cliff House 地层（Peterson et al.,

1965）。Mesaverde 群地层厚度为 400～900ft。Point Lookout、Menefee 和 Cliff House 地层产状都是一致的，厚度分别为 130～190ft、150～420ft 和 135～240ft。气田内部 NNW 向共轭裂缝比较发育，和拉腊米运动引起的缩减效应有关。

Point Lookout 和 Cliff House 地层中产气砂岩都是从极细粒到中粒的泥质长石砂岩、亚岩屑砂岩和长石岩屑砂屑岩（Pritchard，1973）。滨海平原和砂坝的砂岩趋向于从极细粒到细粒，一些港湾砂岩粒级可以达到较低的中粒级。普遍见到自生石英和钾长石，孔内充填的方解石和正交晶的白云岩胶结物在局部含量较大。海绿石颗粒和碎屑岩岩屑被压缩并浸出，形成多微孔的假基质。黏土含量范围为 5%～14%，黏土以孔隙附着和孔隙充填的形式出现，还会以碎屑岩岩屑的形式出现。在多数样品中，孔隙度范围为 4%～14%，整个储层的平均孔隙度在 9.5%左右（Joyner and Lovingfoss，1971）。岩石基质渗透率为 0.01～8mD，在 Point Lookout 地层平均值为 2.0mD（图 10.18），而在 Cliff House 地层中为 0.5mD。低渗透率反映出在假基质中和被自生高岭石充填的丰富的微孔隙特征。有效孔隙度及压力门限在储层砂岩中差异很大，孔隙度和渗透率也是如此。钻穿裂缝带储层的气井显示出裂缝带体渗透率呈数量级增长（Basinski et al.，1997）。裂缝的开口度小于 1mm，裂缝部分被方解石和石英晶体堵塞（Lorenz and Cooper，2003）。

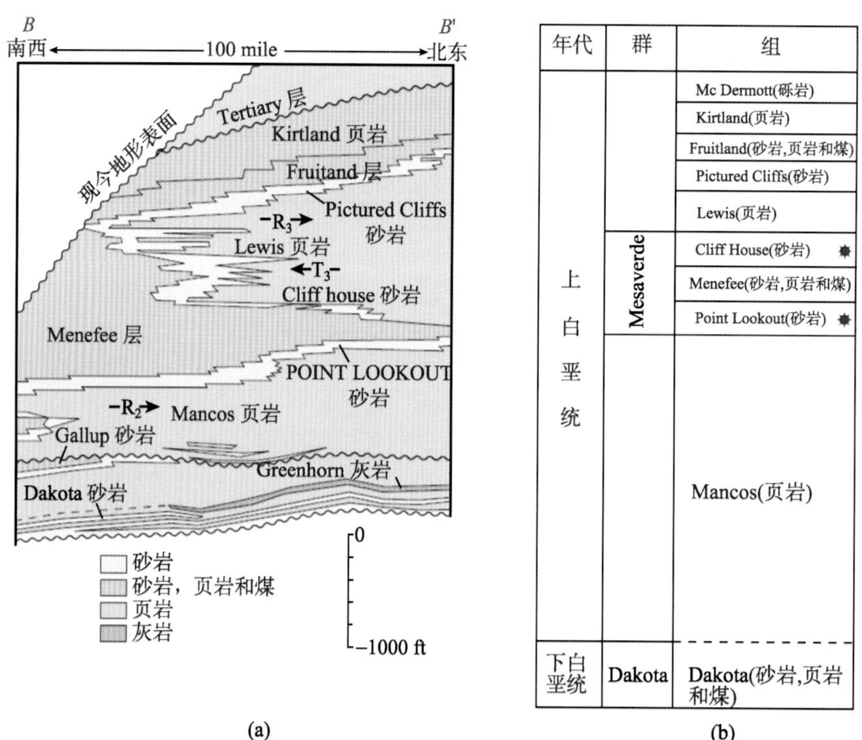

图 10.17　圣胡安盆地西南-东北向简略剖面与白垩系地层划分图（Devine，1991）

产层厚度从气田边界的 0ft 到气田中心部位的 160ft，大多数产层发育在 Point Lookout 和 Cliff House 地层（图 10.19）。天然气储量丰富区一般是砂体发育最厚的地区，并且与构造位置无关 （Hollenshead and Pritchard，1961；Hower et al.，1992）。区域性的裂缝系统提高了渗透率（Al-Hadrami and Teufel，2000）。裂缝分布在 0.5～1.0mile 宽的高渗透率地带。这些张性的裂缝群在 Mesaverde 组的全部三个地层中都发育。其倾

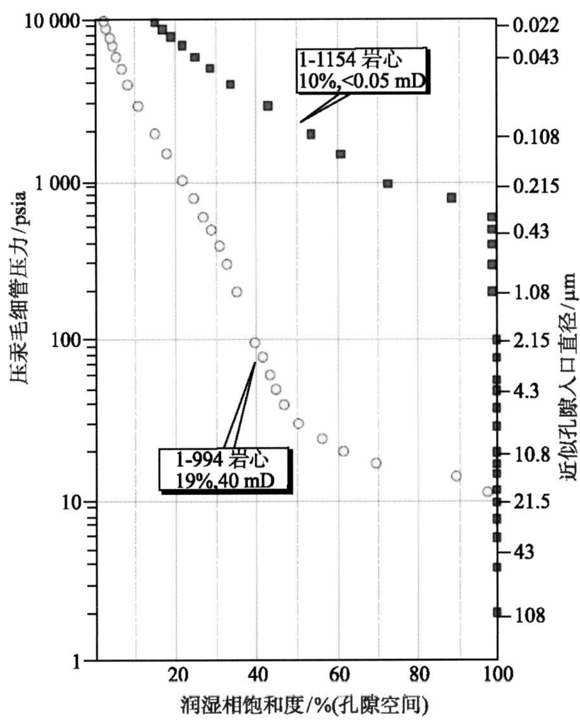

图 10.18 Point Lookout 砂岩压汞曲线

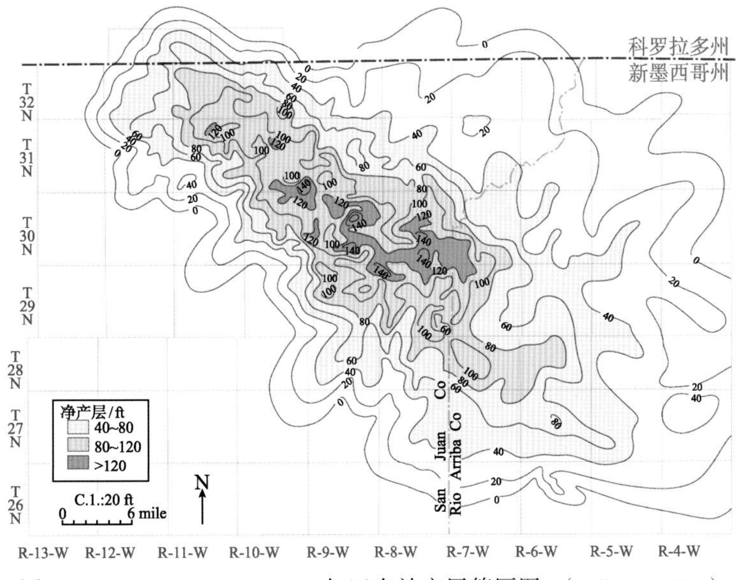

图 10.19 Blanco Mesaverde 气田有效产层等厚图 （Allen，1955）

向为 NNE（图 10.20），与水平应力最大值的方向平行。在这些高渗地区以外，天然裂缝不能提供足够的产气能力，为了使油气能够按能盈利的速率流动，气井必须进行水力压裂。气井产量最终的控制因素取决于天然裂缝的分布和水力压裂的渗透深度。

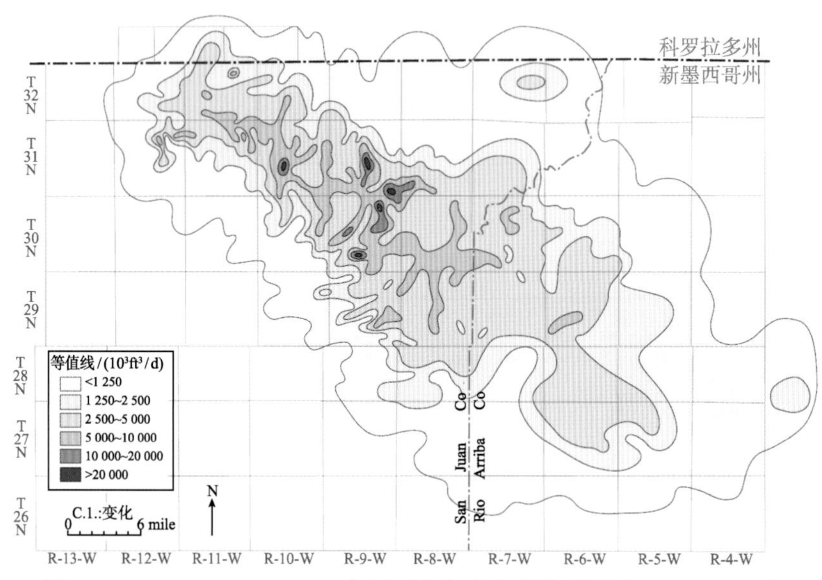

图 10.20 Blanco Mesaverde 气田天然气产率等值线图（Allen，1955）

（三）生烃与气藏特征

Blanco Mesaverde 油气田位于圣胡安盆地的中心和最深的部位。气田面积为 3467km^2（Pritchard，1978）。气水界面海拔为 1700～1900ft（图 10.21）。背斜的西南翼构造倾角为 0.5°，东北翼构造倾角为 0.6°。1927 年发现，1929 年投入生产。当时它所生产出的少量气仅仅用于当地能源消耗，一直到 1951 年该油田架设起一条通往加利福尼亚

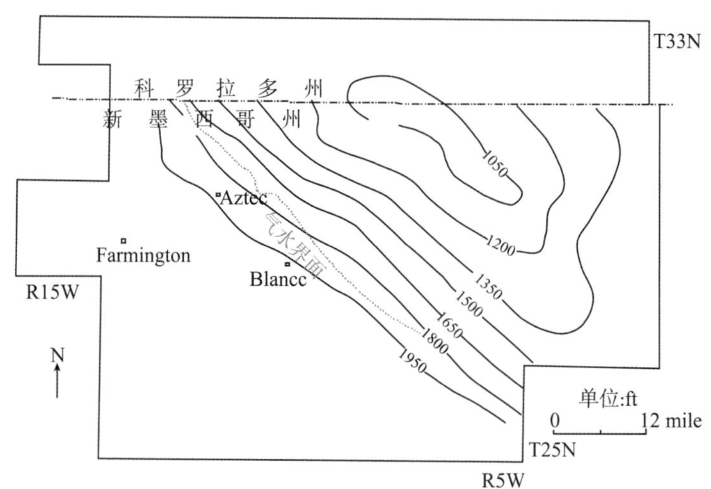

图 10.21 圣胡安盆地 Blanco Mesaverde 油气田 Cliff House 地层的构造图

州的管线，才开始大规模开发应用。该油气田最终可采天然气储量为 $170\times10^8ft^3$。天然气是干气，从上白垩统 Mesaverde 群的 Menefee 、Cliff House 和 Point Lookout 储层中混合产出。

Blanco Mesaverde 油气田的天然气是非伴生气，气源层主要是 Menefee 组地层，由河流和沼泽环境中形成的非海相含碳页岩和煤发生热裂解而形成（Rice，1983）。有机质类型主要为Ⅲ型腐殖质干酪根。地球化学研究表明，天然气是在有机质生烃阶段的成熟期和过成熟期形成的，最干燥和所含同位素最重的天然气生成于盆地最深处。生烃量最大值发生在渐新世最深处地层形成时期，从圣胡安山脉基岩中放出的高热流促进了生烃过程。运移被源自盆地边缘的动水压力和非储集岩中出现的膨胀黏土所阻碍（Huffman，1987），就近成藏。

在 Blanco Mesaverde 油气田，大多数天然气产自 Mesaverde 群的海进 Point Lookout 和海退 Cliff House 砂岩，少量的天然气分布于 Menefee 地层中的河成砂岩。Blanco Mesaverde 气田圈闭是走向西北的盆地中心向斜。这个圈闭既是岩性圈闭又是水动力圈闭，油气聚集主要受岩性和水动力两因素的控制。圈闭能力受侧面从渗透砂岩到黏土状砂岩、粉砂岩及页岩的相变化控制。倾斜的气水界面形成了上倾的西南向油气藏边界，当西南部储层砂岩黏土化程度增大时，界面受控于相变化和附带的储层物性的降低以及残留水饱和度的增大（Budd，1952）。砂岩储层沉积于浅海、海岸平原，构成一个海进–海退楔形体岩层，储层物性最好的部分位于滨前带、砂坝及河口和河道砂。西北走向的滨前厚沉积物平行于西部白垩纪海岸线分布，堆叠到包含有最佳油气通道的砂岩阶地上。在缺少天然裂缝的情况下，必须用水力压裂的方式使油井产生裂缝，才能保证油井能进行商业生产。几乎每口经过增产改造处理的井都能每天生产约 $300\times10^4ft^3$ 的气，在储层的高渗透率部分，流量可以达到每天 $3000\times10^4ft^3$ 的气。20 世纪 50 年代，开发初期的单井井控范围为 320acre，20 世纪 80 年代和 90 年代进行的加密钻井工程使得单井井控范围分别缩减为 160acre 和 80acre。每次工程都增加了油田的可采总储量。该油田波动的历史产量也反映出在天然气不能产生利润时，一些气井被周期性关闭。

二、阿尔伯达盆地

盆地北部以塔斯得纳隆起与马更些盆地为界，东南部以香草隆起与威利斯顿盆地相隔，西缘即为 NNW-SSE 方向延伸的落基山前缘逆冲褶皱带。盆地具有典型前陆盆地的特点，盆地西缘为落基山逆掩带的前缘冲断带，盆地内沉积岩最大厚度为 5800 m，北西向分布的古生界和中生界沉积楔形体向东逐渐减薄，并尖灭于加拿大地盾（图 10.22）。在沉积楔形体内发育一个区域性角度不整合面，由内华达运动造成，它将古生界碳酸盐岩与中生界碎屑岩地层分开。晚白垩世末期至早古新世，拉腊米造山运动结束，从而终止了盆地的沉降史，在盆地西部形成了山脉，形成了现今的构造格局。

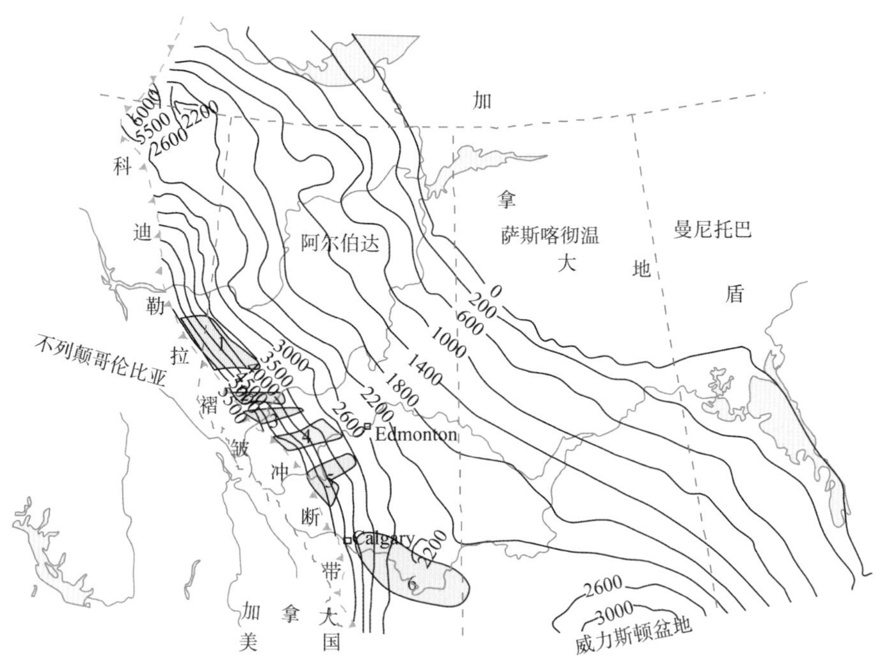

图 10.22　西加拿大盆地显生宙（古生界、中–新生界）地层厚度等值线图（单位：m）（Wright et al.，1994，修改）

深盆气田：1 艾尔姆华士（Elmworth-Wapiti）；2 韦尔德河；3 埃德森；4 比戈雷；5 霍得利（Hoadley）；6 牛奶河（Milk River）

（一）构造与地层特征

以内华达运动形成的区域不整合面为界，可将盆地沉积层系分为被动大陆边缘背景下沉积的下部层系和主动大陆边缘背景下沉积的上部层系。下部层系以台地型碳酸盐岩沉积为主，时代跨越寒武纪至早侏罗世。上部层系以落基山山前沉积为特征，沉积了一套中侏罗世至古新世的海陆交互相碎屑岩体（图 10.23）。盆地内各大区的地层划分方

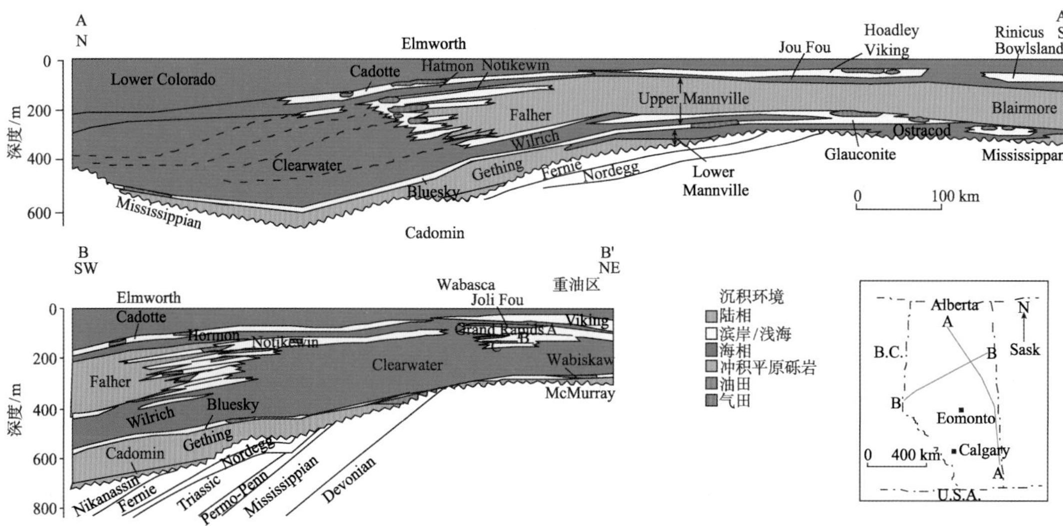

图 10.23　Mannville 组地层区域横剖面图（Jackson，1984）

案有所差异，但整体的演化特征还是比较一致的。其具体的层组对比如图 10.24 所示。

		大不列颠哥伦比亚	阿尔伯达	萨斯喀彻温和曼尼托巴
古近系			Saunders Group, Paskapoo	Ravenscrag
白垩系	U	Wapiti	Edmonton, Belly River	Riding Mountain
		Smoky	Cardium, Colorado/Alberta	Milk River, Colorado/Alberta
		Dunvegan	Base of Fish Scales	Lower Colorado
	L		Bowlsland	Viking
		Spirit River	Mannville	Pense, Swan River, Lloydminster
		Gething, Minnes	Ellerslie	Dina
侏罗系	U	Nikanassin	Passage Beds	Success S1
	M	Fernie		Ellis, Upper Watrous
	L	Nordegg		
三叠系		Pardonet, Baldonnel, Montney	Montney	Lower Watrous
二叠系				
石炭系	U	Belloy		
	L	Stoddart, Rundle	Banff, Exshaw	Bakken
泥盆系	U	Palliser	Wabamun	Three Forks
			Winterburn, Woodbend	Birdbear, Duperow
			Beaverhill Lake	Souris River
	M		Bk Point	
	L			
志留系				Interlake
奥陶系		Road River, Kechika		Winnipeg
寒武系	U	Lynx, Cathedral	Pika, Earlie	Deadwood
	M	Mt Whyte		
	L	Gog		
前寒武		Proterozoic		Precambrian basement

图 10.24　西加拿大沉积盆地各大区地层综合分布与对比图（Mossop and Shetsen，1994）

在早寒武世，阿尔伯达盆地为一个向西缓倾的低而平的陆上平原，从早寒武世末期开始，科迪勒拉海由西向东侵进；依次形成了页岩—碳酸盐岩—砂泥岩—砂岩岩相带。在寒武纪末期，地层抬升遭受剥蚀，盆地内大部分地区缺失奥陶纪和志留纪沉积，仅在盆地东南部和西北部地区出现少量薄层灰岩和白云岩。

早泥盆世末期，阿尔伯达盆地又经历了第二次海侵–海退旋回，海水由北向南向盆地侵进，出现了浅而广的海域，为各种类型礁体大量发育的最佳时期，奠定了礁型油气藏发育的物质基础。密西西比纪时，盆地西部继续沉陷，沉积了广海相灰岩；至密西西比纪末期和宾夕法尼亚纪早期，海水退出，上升为陆地，碳酸盐岩沉积遭受溶蚀，形成了许多与不整合面有关的地层（岩性）圈闭。

侏罗纪末期的内华达运动改变了阿尔伯达盆地的沉积环境，从原来以碳酸盐岩沉积为主的环境转变为以碎屑岩沉积为主的环境。早白垩世海侵以规模小、频率高为基本特点，每次海侵均形成了海侵–海退碎屑岩沉积韵律，造成了许多小型的地层（岩性）圈闭。至晚白垩世中期、末期，阿尔伯达盆地转变为以陆相沉积为主，古近纪为典型的冲积相沉积，但沉积范围仅限于最西部的盆地深凹区。

在盆地东部的克拉通中央，下部层系的古生界和上部层系的中生界沉积广泛，但厚度较小，最大沉积厚度 2100m，平均只有 1250m。在盆地中部的克拉通边缘，古生界和中、新生界沉积岩发育完全，厚度急剧增加，达到 6000～7000m，平均厚度 3500m；上、下层系组成的双盖层结构表现明显，下部层系的古生界以碳酸盐岩和蒸发岩占优势，而上部层系的中、新生界以碎屑岩占优势，两者间为清楚的不整合接触关系，岩性上可以截然分开。在盆地西部的变形克拉通边缘，沉积岩最大厚度达 8000m 以上。

（二）储层特征

盆地下白垩统以河流三角洲砂体和海绿石砂岩为主要储层，储层具低孔、低渗特点，是典型的深盆气储层，并以产气为主。以 Elmworth-Wapiti 气田的储层为例，下白垩统砂岩孔隙度普遍小于 13%，渗透率一般小于 $1\times10\mu m^2$。作为主要储层的 Sprit River 层包含了堆叠到一起的一系列 W–E 向平行于岸线的砂岩和砾岩体（图 10.25），垂向上被海进海相泥岩和局部煤层分隔。Falher A 和 B 砾岩是最好的储层，主要是前滨和滨前上部砂岩体，通常厚 2～6m，形成了 15km 宽的 W–E 向不规则条带。Falher B 砾岩储层，下段 8m 厚，分选较差，上段 5m 厚，分选较好。连续的海岸砂岩体之间由切入的河流、河口砂岩体连通，主要走向为 NNW-SSE。

Sprit River 层天然气产量相当一部分来自透镜体和海滩、障壁岛砾岩、砂岩带（孔隙度 8%～12%，渗透率达到 5000mD），也从邻近的低渗透陆架、临滨、河口储层（孔隙度 4%～7%，渗透率小于 1mD）中产出。许多单独的气田都是近 W-E 走向展布，与主海岸储层相带高孔隙带分布趋势一致。天然气主要在低渗透砂岩中聚集，分散存在一些高渗透区域。没有证据表明气层下倾方向有饱含水的砂岩层。在一些储层中地层圈闭可以有效聚气，特别是 Falher 层，其上倾气水界限处于孔隙性滨前、障壁岛砂岩到滨海相细粒砂岩的相变带。

气田范围内储层物性变化较大。Smith（1984）定义了两种类型的储层，分别是高产能型和低产能型。Sneider 等（1984）又划分为Ⅰ型、Ⅱ型和Ⅲ型等三类。Ⅰ型储层是粗砂岩和砾岩，孔隙度为 8%～12%，渗透率为 0.5～5000mD；Ⅱ型储层为中-细粒砂岩，孔隙度为 4%～7%，渗透率小于 1mD。气田早期开发阶段集中于高产能储层，在 1984 年高产能储层产气占总量的 95%。低产能Ⅱ型储层砂岩致密，为细粒薄层，通常向上变粗。Ⅱ型储层包含了大量的原地天然气，但是一般不被看做为可采储量；Ⅲ型是比较致密的岩石，即使通过压裂也无法使天然气在其中以商业产气速率流动。Gies（1984）提出了 Falher A 单元中Ⅱ型储层两种类型微裂缝的证据（孔隙度为 4%～5%，渗透率为 0.01～0.04mD）。一种微裂缝切穿颗粒，其他的都围绕颗粒分布。Ⅰ型、Ⅱ型和Ⅲ型可以互相转化或直接接触。Ⅰ型的砾岩或粗砂岩储层侧向延伸范围很局限，周围围绕的都是低渗透的Ⅱ型和Ⅲ型岩石。

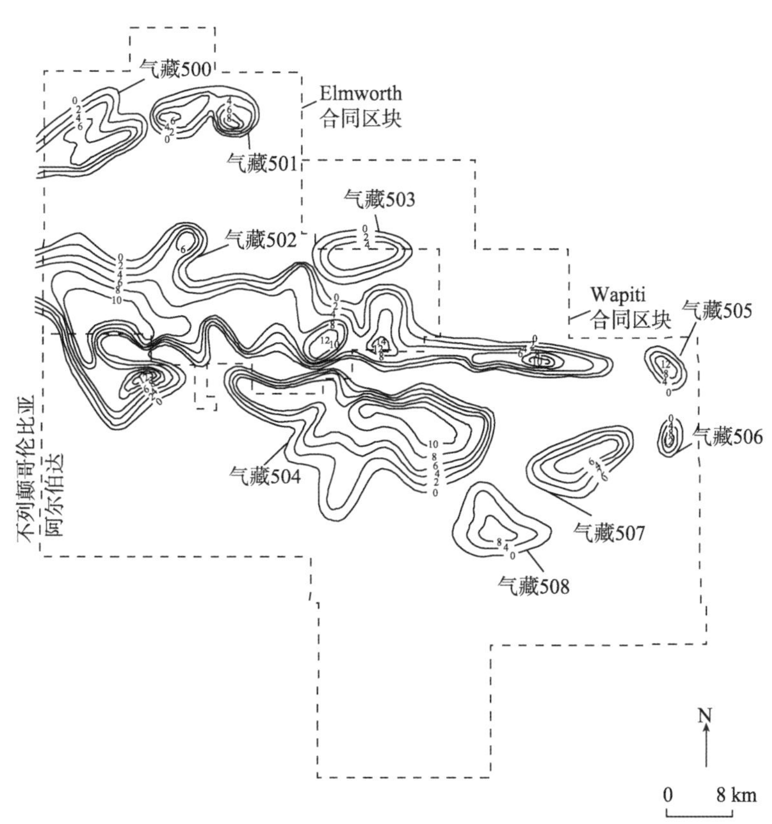

图 10.25 Falher A 砾岩净储层厚度等值线图（单位：m）及储量分布（Smith，1984，略修改）

致密Ⅱ型储层由石英、沉积岩碎屑、白云石（碎屑灰岩颗粒重结晶）和 4%～25%的黏土组成，由于成岩作用，相对低的沉积孔隙度进一步减小，包括：①压实作用；②石英增长；③钙质胶结；④晚期伊里石和高岭石胶结（Cant，1983）。在黏土颗粒变形之前有一个次生孔隙度形成阶段，主要由燧石、其他沉积物颗粒和钙质胶结物溶解形成。气水界面以上，在较浅的层位于颗粒溶解造成孔隙度增加是很常见的。 在粗粒Ⅰ型储层中溶解作用的影响很明显，残留的孔隙结构提供了侵蚀溶解的“通道”。Ⅱ型储层通常都是微孔隙，含有小的连通性差的粒间孔隙和磁石、泥质岩碎屑中的粒内孔隙。

NE-SW 向天然裂缝发育区的存在有利于天然气聚集。椭圆形井孔的长轴方向一致为 NW-SE 向，指示出最小应力方向为 NW-SE。Elmworth-Wapiti 气田南西部，邻近逆冲带前缘部分，勾绘出了一系列 NW-SE 向应力带，一般宽 1km，长几千米。这些应力带与明显的构造加厚作用和储层内部页岩密集裂缝带有关（图 10.26），可能导致页岩内层面滑动逆冲，或沿砂岩界面发生逆冲，从而影响到砂岩储层。

1985～1990 年，一系列的水平井穿过了这些裂缝带，水平井设计用合适的角度穿过裂缝，多数的产量都来自于这些裂缝。储层为低压（压力梯度：0.30～0.38psi/ft）。开发井使用轻泥浆钻井，并进行酸化以清洁钻井污染。普遍使用水力压裂，极大改善了井生产状况。至 1984 年，气田钻了 1125 口井，到 2003 年年底，Elmworth 区块产量为 $8.6\times 10^8 ft^3/d$。

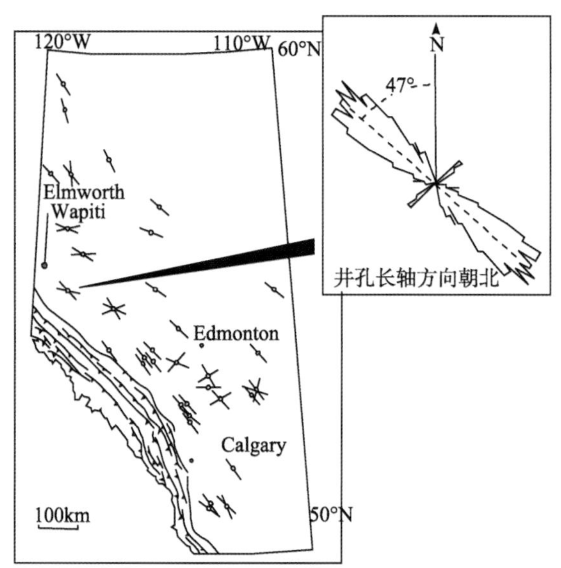

图 10.26　Alberta 盆地井孔破裂方向（Sneider et al.，1984，略修改）

（三）生烃与气藏特征

阿尔伯达盆地主要发育了三套生油气源岩系：①上白垩统海相页岩：晚白垩世初期盆地遭受了一次海侵，发育了一套海相页岩沉积，具源岩特征。晚白垩世中期又发生了一次更大的海侵，盆地沉积了巨厚的暗色页岩，为中生界的主要生油岩系之一。②下白垩统海陆交互相含煤层系：下白垩统 Mannville 群沉积时，盆地沉积环境主要为河流、河口湾和潟湖等，形成了一套厚层的海陆交互相含煤层系。有机质以陆源为主，平均含量在 2%以上，部分含煤层段含量相当高，为盆地的主要生烃岩系，是密西西比系至下白垩统储层的主要天然气来源。③上泥盆统 Duvernay 海相页岩与灰岩：晚泥盆世盆地遭受一次古生代以来最大规模的海侵，在盆地中部和北部沉积了厚达 500m 的碳酸盐岩台地相页岩和灰岩，有机质含量高，具有油气生成的良好条件，是古生界储层的主要源岩。

据古地温及有机质热演化资料分析认为，盆地中各生油气源岩只有当埋藏深度超过

1500m 时才能进入门限开始大量生成油气。按盆地埋藏史分析，到白垩纪时盆地发生强烈沉陷作用，各烃源岩有机质开始成熟。泥盆纪以来沉积的丰富有机质开始陆续大量转化为油气，并在晚白垩纪至古近纪初达到生油高峰。在早白垩世初期，海岸周围发育的大面积煤系地层构成了盆地深部 Elmworth-Wapiti 等气田的主要气源岩。早白垩世沉积的海相地层与煤层互层，向上为系列厚层页岩和砂岩沉积，走向 NW-SE。在 Elmworth-Wapiti 等地区，整个中生代都富含有机质源岩。Elmworth-Wapiti 气田侏罗纪海相页岩 TOC 含量达 2%，TOC 含量最高的为早白垩世地层，其中包含 8m 厚的煤层，而总厚度为 70m。基本上所有的富含有机质地层都赋存Ⅲ型干酪根，具生气能力。上白垩统源岩的镜质体反射率浅层为 0.5%，到 2200m 左右变化到 1.0%。在更深部位的煤岩和页岩则正处于生气高峰，镜质体反射率为 1%～2%。Wyman（1984）认为在 Elmworth-Wapiti 等地区，部分天然气应是从下白垩统煤层中释放出来，大约会有 $50\times10^{12}ft^3$ 的煤层甲烷资源量。生成的天然气通过对接的致密砂岩储层，不断驱替孔隙中的地层水向前扩移（图 10.27），普遍认为盆地深部地区的天然气现今正在处于动态聚集之中。

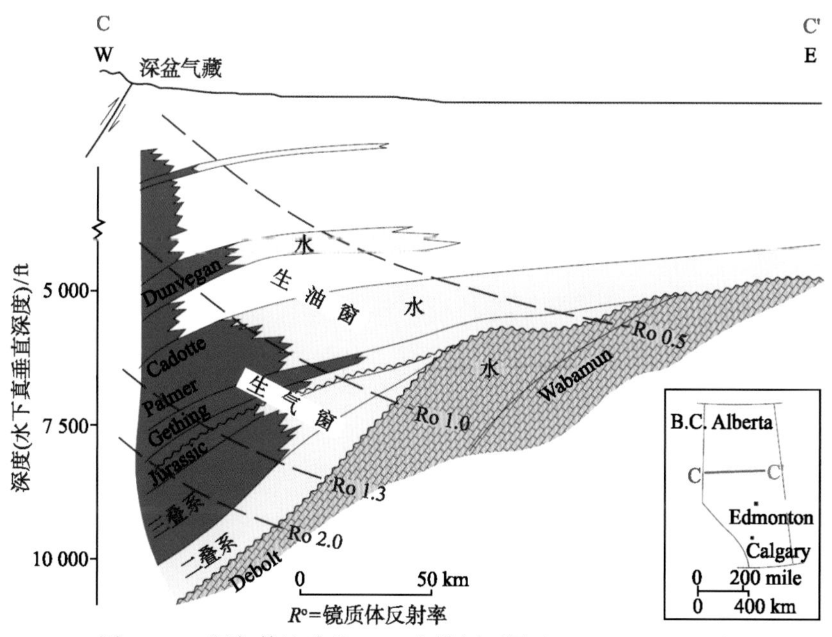

图 10.27 阿尔伯达盆地 W-E 向横剖面图（Masters，1984b）

阿尔伯达致密砂岩气藏分布于盆地西部最深拗陷的深盆区，以中生代地层为主，厚达 4600m。在 80km 宽、1000km 长的区域内，1000m 以下的地层几乎都饱和了天然气。共发现 20 多个产气层段，含气面积超过 60 000km^2。含气系统西部以 Cordillern 褶皱带前缘为界，含气层向西下倾，向东上倾方向变为含水层。目前已发现了艾尔姆华士（Elmworth-Wapiti）、霍得利（Hoadley）、牛奶河（Milk River）等一系列致密砂岩气产区（图 10.22）。它们的原始天然气储量巨大，构成了加拿大的前三大气田。致密砂岩气藏主要分布于白垩系碎屑岩层段中。在 Elmworth-Wapiti 地区，以 Cadotte、Fadher 及 Cadomin 组为代表，在 Medicine Hat 地区，则以牛奶河组地层为代表。艾尔姆华士、牛奶河及霍得利气田的深盆气储层分别为下白垩统致密砂岩、上白垩统牛奶河组致密砂岩和下白垩统海绿石砂岩。

以 Elmworth-Wapiti 气田为例，300 余个分散的可经济开采的气藏构成了该产气区。每个气田的边界都是由“甜点”孔隙度分布范围所限定。天然气赋存于 29 个三叠系—上白垩统的砂岩层中。但是，几乎所有（97%）的最终可采储量都分布在下白垩统砂岩和砾岩中，其中 66%的最终可采储量分布在 Spirit River 储层中，尤其是 Falher 组。Elmworth-Wapiti 天然气聚集带面积约为 $5000km^2$，平均构造倾角为 SW 向，约 1°。Elmworth-Wapiti 气田的天然气聚集机制是一种动态平衡。天然气从层间煤层和页岩中生成并充注到储层中的速率，超过了东翼沿上倾方向天然气泄露的速度。Elmworth-Wapiti 是西加拿大 Alberta 深盆地最大的气田，天然气储量几乎占整个盆地总储量的 50%。1976 年发现，1979 年投入开发。1984 年估计地质储量和最终可采储量分别约为 $800\times10^{12}ft^3$ 和 $17\times10^{12}ft^3$，还有 10×10^8Bbl 液化天然气。由于储量定义的变化，2004 年估算的最终可采储量仅为 $1.54\times10^{12}ft^3$。致密砂岩气主要由甲烷构成，C_1～C_4 的含量为 96%～98%，仅有 1%～3%二氧化碳，0.5%的氮气，不含硫元素。

第四节　资源评价方法与资源量分布

一、致密砂岩气资源评价方法

致密砂岩气具有独特的形藏机理及特征，其资源评价不应直接套用常规天然气评价方法。目前，世界各大石油公司针对致密砂岩气资源评价的方法千差万别，没有形成完整统一的评价体系。但常规气藏评价中的许多有效方法在修正模型和评价参数的基础上均可被参照和借鉴，尤其是容积（体积）法和地质类比法。系统综合各石油地质专家经验和知识的“特尔菲法”在北美等国家应用得比较广泛；但用“地质类比法”估算致密砂岩气资源量时，因受评价人对致密砂岩气藏和研究区地质资料了解程度的限制，需要与“特尔菲法”结合使用才能取得较高的可信度。此外，还有根据资源评价中的“黑箱”原理建立的“聚散平衡计算法”、利用计算机技术模拟的“盆地模拟法”，以及以生产开发数据为基础“生产开发过程中的动态分析法”等致密砂岩气资源评价方法（张金川等，2001）。

致密砂岩气最终可采资源量的估算（EUR）取决于地质复杂性和新技术进展等方面的不确定性。例如，产层厚度的计算受控于储层渗透率、孔隙度、泥质含量和含水饱和度等参数门限值的确定。不同储层的门限值会有较大的不同，从而导致对最终可采量会有不同的贡献；“甜点”部位的井通常有着较高的单井可采量。但“甜点”的主控地质因素和预测手段常存在不确定性；产气砂体横向上的水力连通性，在预测上也存在不确定性。一些砂体的井控范围可达 80acre，而另外一些仅能达到 10acre 或更少（Jenkins，2009）；预测天然裂缝发育部位以及对产气或产水的贡献率等方面仍然存在较大的难度和不确定性。致密砂岩气井的生产递减曲线在早期一般呈现为很平的样式，随后会加速递减。其主控地质因素的确定和如何预测长期生产递减曲线等方面都存在不确定性。

现将常用的致密砂岩气资源量计算方法论述如下。

（一）容积（体积）法

通过对深盆气藏致密储层及其饱含气范围的界定，可求得饱含天然气的致密储层体积，进而求得深盆气藏资源量或储量。以容积法计算气藏地质储量的公式为

$$G = 0.01Ah\phi S_{\mathrm{gi}}\frac{T_{\mathrm{sc}}}{P_{\mathrm{sc}}T}\frac{P_{\mathrm{i}}}{Z_{\mathrm{i}}}$$

式中，G 为天然气原始地质储量（$10^8\mathrm{m}^3$）；A 为含气面积（km^2）；h 为平均有效厚度（m）；$\varPhi$ 为平均有效孔隙度；S_{gi} 为平均原始含气饱和度；T 为平均地层温度（K）；T_{sc} 为地面标准温度（K）；P_{sc} 为地面标准压力（MPa）；P_{i} 为平均气藏的原始地层压力（MPa）；Z_{i} 为原始气体偏差系数。

考虑各参数的统计分布，用蒙特卡洛法计算可得到资源的概率分布数值。

（二）地质类比法

依据已知致密砂岩气矿藏的基本地质数据，如储量密度、聚集系数、面积与体积丰度系数等，通过与评价预测区地质条件的比较，来确定致密砂岩气资源量计算的有关参数，估算致密砂岩气资源量。由于该方法受评价人对已知研究区地质资料了解程度的限制，需与特尔菲法结合使用。以资源体积丰度类比为例，其公式为

$$Q = S \times h \times \left(\sum_{i=1}^{n} K_i \times a_i / n \right)$$

式中，Q 为预测目标的油气总资源量（t）；S 为预测目标的面积（km^2）；h 为预测目标储层平均厚度（m）；a 为类比系数，a=预测目标类比总分/刻度区类比总分；i 为刻度区个数（1，2，3，…，n）；K 为刻度区的油气资源丰度（$\mathrm{t/km}^3$）。

类比法资源评价需要考虑刻度区和目标区各项成藏指标的相似程度。针对致密砂岩气的特征，对相应参数的选取和取值标准等应做出一定的修正。在构造方面，常规油气藏需要一定程度的正向构造，一般来说，幅度越大，运移动力越强，配合好的保存条件可形成大的油气藏。而致密砂岩气位于深部凹陷、向斜中心或构造斜坡，最重要的条件是构造稳定，地层倾角小，典型致密砂岩气藏倾角多小于 2°。此外，断裂一般不发育，垂向构造运动简单，剥蚀次数少或没有，条件最佳。气源方面，致密砂岩气供气条件比较单一，输导体系类型多数为储层，极少数有断层配合。多数表现为“源储一体”的形式，烃源岩直接向储层供气。在储层岩性及物性标准方面，虽然致密砂

岩普遍为致密状碎屑岩，物性差。但孔渗相对较好的“甜点”仍是高产的部位。在圈闭条件方面，致密砂岩气圈闭较为单一，多数为地层岩性圈闭，也有受水动力影响的情况。在保存条件方面，一般为上覆层泥岩或页岩，横向连续性好，上倾含气边界多为储层物性变化带。

（三）聚散平衡法

根据资源评价中的“黑箱”原理，将致密砂岩气视为“黑箱”，并以致密砂岩气研究为核心，使用不同的方法和技术可以分别计算求得源岩向致密砂岩气矿藏致密储层中已供给的总气量（Q_t）和致密砂岩气在保存过程中天然气的总散失量（Q_e），则可以求得致密砂岩气矿藏中天然气的平衡聚集量 Q_s，即

$$Q_s = Q_t - Q_e$$

二、致密砂岩气资源分布与潜力

（一）全球致密砂岩气分布特征

据国内外不同机构和学者的统计，全球已发现或推测发育致密砂岩气的盆地超过70个，主要分布在北美和南美地区。目前国外所开发的大型致密砂岩气藏主要集中在加拿大西部和美国（图 10.28）。在南美洲、亚洲、欧洲甚至非洲也有致密砂岩气分布，如俄罗斯蒂曼-伯朝拉盆地的二叠系大型致密砂岩气藏、乌克兰第聂伯-顿涅茨的石炭系以及南美玻利维亚 Chaco 盆地的泥盆系等。近 10 年来，致密砂岩气在加拿大、澳大利亚、墨西哥、委内瑞拉、阿根廷、印度尼西亚、中国、俄罗斯、埃及和沙特阿拉伯的开发逐步活跃起来。对于低渗储层，全球普遍使用水力压裂措施来增加天然气产量。

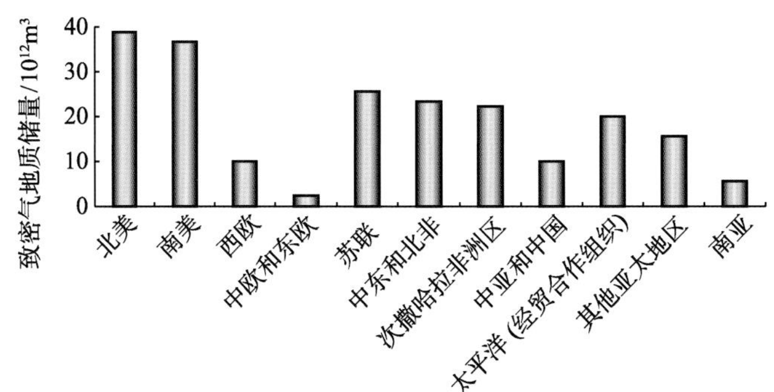

图 10.28 世界致密砂岩气地质储量分布直方图（Rogner，1996）

世界上已成功投入开发的致密砂岩气田主要集中于加拿大的阿尔伯达盆地与美国的落基山地区盆地群、墨西哥湾岸和阿巴拉契亚等盆地中，美国占世界产量的绝大部分。落基山地区盆地群是美国致密砂岩气藏开发最成熟的核心地区（图 10.29）。落基山盆地群位于美国的中西部，包括有蒙大拿、怀俄明、科罗拉多和犹他州等 11 个州或其中的部分地区，面积约为 $260 \times 10^4 km^2$，其中分布着 14 个盆地。美国致密砂岩气产量从 20 世

纪 50 年代以来持续增长。90 年代中期，致密砂岩气年产量迅猛增加，1996 年就已超过 $900\times10^8m^3$，占美国本土 48 个州天然气年总产量的 15%以上。在过去各类非常规天然气的勘探和开发过程当中，与煤层气和页岩气相比，致密砂岩气一直占有主导地位（图 10.30）。虽然美国 1992 年底就已终止了对包括致密砂岩气在内的非常规气藏勘探开发税收信贷的优惠政策，但并没有影响致密砂岩气藏的勘探与开发进程。1994 年的证实储量已超过 $9300\times10^8m^3$（落基山地区超过 $5300\times10^8m^3$）。受技术进步和气价上升预期的影响，经营者们对非常规气，尤其是致密砂岩气，钻探了大量生产井。近年来，每年所钻的致密砂岩气井超过 10 000 口，占美国天然气总生产井数的 1/3 左右（图 10.31）。据美国能源信息管理部（EIA）2007 年度能源展望报告，未来几十年中，尽管页岩气的发展很快，但致密砂岩气依然构成了美国未来非常规天然气供给的主体，占非常规天然气总量的 60%左右（图 10.32）。

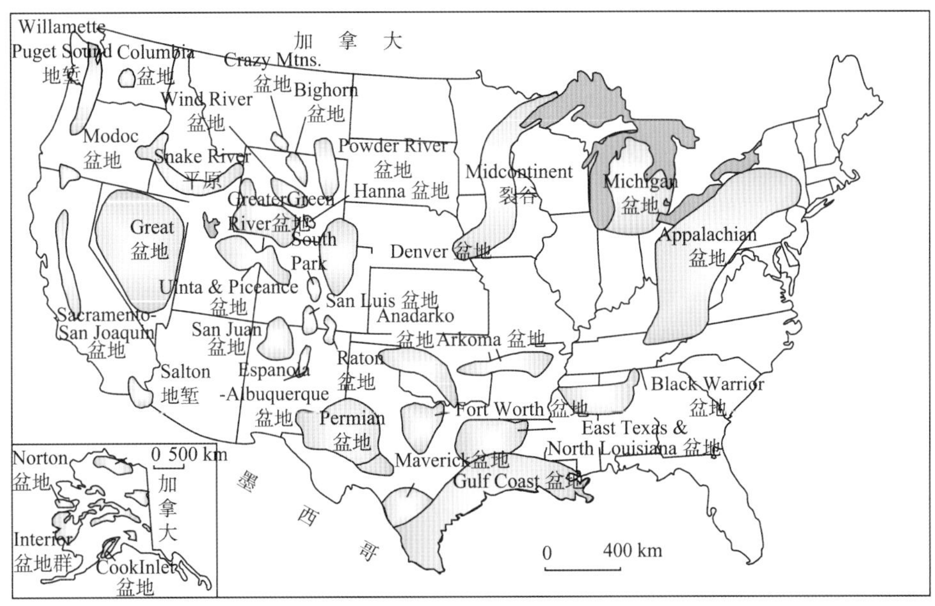

图 10.29　美国致密砂岩气盆地分布图（Stevens et al.，1998，略修改）

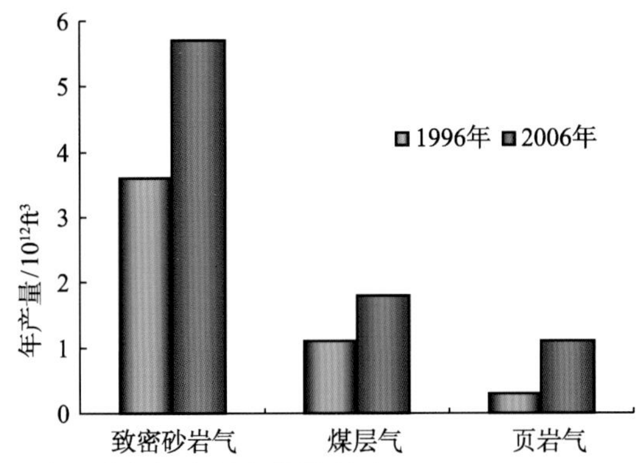

图 10.30　美国致密气产量变化情况（Kuuskraa and Godec，2007）

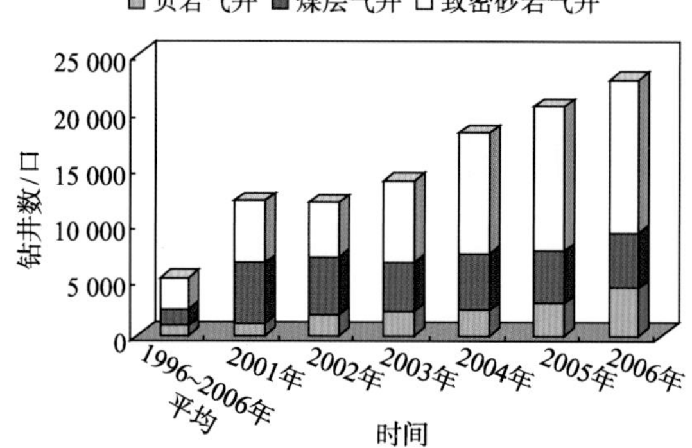

图 10.31　美国历年非常规天然气所钻井数变化（Kuuskraa and Godec，2007）

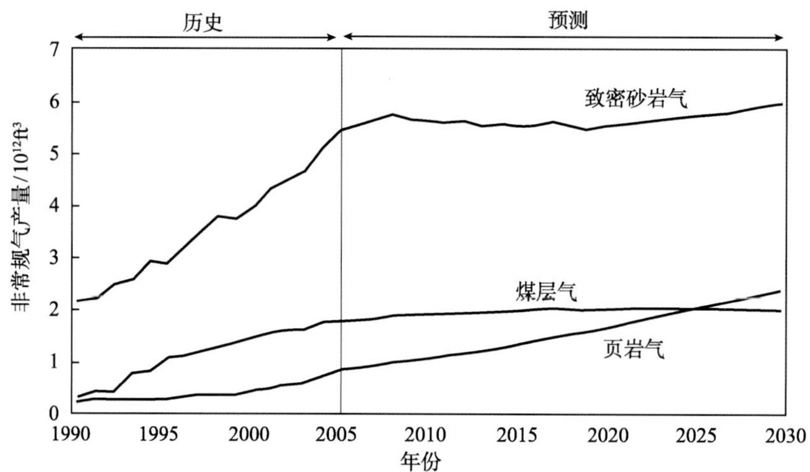

图 10.32　美国非常规气年产量变化与预测（Kuuskraa and Godec，2007）

（二）中国致密砂岩气资源的潜力

根据国外致密砂岩气的地质评价研究、勘探和开发实践，致密砂岩气形成的地质关键点是：在较为稳定、平缓的构造背景条件下，发育分布规模较大的致密储层和与之对接、生气作用活跃的泥质或煤系烃源岩。也就是说，充足的气源、连片的致密砂岩储集层和稳定的构造背景是形成致密砂岩气矿藏的关键。中国一些盆地或凹陷基本具备形成致密砂岩气的地质条件。

1. 气源条件

世界上的致密砂岩气都与成熟度高、含有机质非常丰富的煤系层系有关，这与煤系强大的生烃能力关系密切。一般来讲，煤系的生气能力是湖相泥岩和碳酸盐岩的 3～10 倍。只有足够大的生气强度和数量才能具备把地层中的自由水向上倾方向驱排的动力和能量，才可形成致密砂岩气矿藏。中国是世界上煤系较为发育的国家之一，与致密砂岩气相关的煤系生烃层系主要有三套：一是石炭系—二叠系海陆过渡相煤系地层，主要分布于华北地台上的克拉通盆地，煤系大面积连片分布超过 $100\times10^4km^2$，生气量巨大，仅鄂尔多斯盆地煤系生气量就达 $484\times10^{12}m^3$ ；二是三叠系—侏罗系陆相湖沼相煤系地层，主要分布于我国中西部盆地；三是我国东部中-新生代裂谷盆地湖沼相含煤地层等优质烃源岩系。

2. 储集条件

中国含油气盆地相应分在上述三套煤系生烃层系内部或邻近层系中，均发育规模较大的连片低孔、低渗储集层。例如，华北地区石炭系-二叠系发育的海陆过渡相和大型河流-三角洲相致密砂岩储层；我国中西部盆地三叠系-侏罗系的河流-三角洲相致密砂岩储层。这些储层经深埋后，变得比较致密，后期的抬升又导致许多地区埋深适中。储层与气源岩层相互叠置呈大面积接触，有利于生成的天然气就近、直接向储集岩层充注，形成致密砂岩气。在鄂尔多斯盆地，石炭系-二叠系发育一套大面积连片分布的低孔、低渗砂岩储层，埋深一般为 1000～3000m ，西部深凹陷可达 4000 m 以上。砂岩厚度为 100～150m，其孔隙度平均值一般小于 12%，渗透率低于 $0.5\times10^{-3}\mu m^2$ 。又如在吐哈盆地，中、上侏罗统发育大面积分布的扇状砂体，埋深 1500～2500m ，其孔隙度平均值一般小于 11% ，渗透率小于 $1\times10^{-3}\mu m^2$ 。此外，对应中-新生代裂谷盆地湖沼煤系，也发育河流三角洲-深湖相碎屑岩储层。当其埋深超过 3500m 之后，其储集物性均比较致密。因此，在深陷部位，储层压实作用较强，有机质演化程度较高，构成“源储一体”，有利于形成致密砂岩气矿藏。

3. 构造条件

世界已发现的致密砂岩气矿藏大多发育于继承性向斜盆地，且构造稳定。因此，在中国含油气盆地中，由于各自的构造演化特征不同，其致密砂岩气可能发育的层位和富集程度应有较大差异。

古生代克拉通盆地碎屑岩储层主要发育于华北地台区石炭系—二叠系。由于后期抬升，华北东部地区储层遭受剥蚀，仅在一些深凹及斜坡区有所保留。其中，在鄂尔多斯盆地、沁水盆地和渤海湾盆地的沧县隆起及外围地区，地层保留较全。克拉通盆地生储组合层系广覆性沉积的特点，决定了其致密砂岩储层具有大面积分布的特点。例如，鄂尔多斯盆地盒八段山二段致密储层大面积含气，致密砂岩气广布于盆地腹部。

吐哈盆地、准噶尔盆地、塔里木盆地等中-新生代前陆盆地致密砂岩气主要分布于前渊拗陷和斜坡带，其中现今埋藏适中的地区为有利的致密砂岩气分布带。此外，我国东部中-新生代裂谷盆地的深洼部位也具有较好的致密砂岩气形成的构造条件。

总之，中国许多盆地和凹陷都具备形成致密砂岩气的基本地质条件，尤其是鄂尔多斯盆地致密砂岩气的勘探已经取得很大突破，展示了中国致密砂岩气良好的勘探前景。然而，中国含油气盆地独特的地质演化特征，又决定了其致密砂岩气成藏的地质特征具有一定的独特性，与国外阿尔伯达、圣胡安等典型盆地致密砂岩气有着明显的差异。从目前利用容积法和地质类比法对我国致密砂岩气资源的初步评价来看，鄂尔多斯盆地、吐哈盆地等 10 余个基本具备致密砂岩气形成地质条件的盆地或地区，估算的总远景资源量为 90×10^{12}～$110\times10^{12}m^3$，其中鄂尔多斯盆地致密砂岩气远景资源量约为 $50\times$

$10^{12}m^3$ ，约占总量的 50%。其他盆地的致密砂岩气资源潜力仍需进一步探索。

第五节　开发技术与应用效果

致密砂岩气藏储层岩性通常为致密的砾岩、砂岩、粉砂岩以及粉砂质泥岩等，单井产量有限。储层多具异常地层流体压力，这些特点为致密砂岩气的开发带来了较多的困难。致密砂岩气开发早期，采用地球物理技术（三维地震）可以确定沉积体系的最有利趋势，预测裂缝分布，帮助揭示气藏发育的复杂地质情况，预测“甜点”发育的基本规律，并为工程钻井的实施提供基础。特殊钻探工艺（包括水平井钻探技术、斜井钻探技术、定向井钻探技术等）的应用不但提高了钻井成功率，降低了生产成本，而且有效地提高了地层采气率和单井产量。同时，钻井过程中储层保护技术（包括钻井保护液的研制与应用、欠平衡钻进技术等）的应用是致密砂岩气开发开采过程中必须采用的措施。必要的增产措施，包括大型水力压裂技术、分层压裂技术、多层合采技术等，是致密气藏开采的重要手段。此外，合适的开发方案制定，包括开发布井方案制定、井间及区块接替方案制定等，是经济、高效的开发致密砂岩气藏的保障。

一、地球物理技术应用

根据构造地震学和层序地层学，运用地质、测井和地震资料，可以描述分析盆地的沉积环境，分析确定岩石单元的构造背景、岩性、孔隙度及其分布，还可以进一步分析可能的孔隙充填和气水界面等。即通过运用层间速度差异分析（DIVA）和 AVO 等技术识别含气砂层，用三分量 VSP 资料圈定气藏范围，应用沉积相分析和地震地层学研究气藏“甜点”等。

（一）AVO 烃类检测技术

越来越多的学者认同 AVO （振幅随偏移距变化）技术可以用来定量预测岩性与油气的有效地球物理技术。AVO 对孔隙度和流体黏度的变化比较敏感，但对渗透率不敏感；在孔隙低时，振幅变化反映的是孔隙中流体的变化。由于含气砂岩比含油砂岩具有更加明显的 AVO 异常，因此对于致密砂岩气来说，AVO 技术具有很好的适用性。利用 AVO 技术预测致密砂岩气分为个三个步骤：①通过叠前保幅处理和合适的反演方法反演出各种 AVO 属性；②模型正演模拟技术，采取流体和厚度替换方法来合成地震道集和模拟 AVO 响应特征，并对 AVO 属性分类；③利用已知井信息标定和选取对该区流体变化敏感的 AVO 属性后，可对目的层进行含气性预测。常用的 AVO 属性包括垂直入射剖面（P）、梯度剖面（G）、P 波速度、流体因子、泊松比、拉梅常数（λ）、角度叠加（远、中、近）、S 波速度和剪切模量（μ）。在分析和解释过程中，交会图技术是行之有效、可信和准确的，尤其是三维交会图解释；利用交会图技术对研究区敏感的 AVO 属性进行分析，可以圈定出致密砂岩气的异常范围。常用于交会的 AVO 属性有 P–G、$\lambda\rho$–$\mu\rho$（ρ 是密度）、

AI–EI（AI 是声阻抗，EI 是弹性阻抗）、近道叠加和远道叠加等。

（二）弹性阻抗反演技术

弹性波阻抗是 AVO 技术的延伸和波阻抗反演的推广，是纵波和横波速度、密度以及入射角的函数。从常规采集的地震资料出发，利用非零偏移距道集中含有的纵、横波信息的特征，通过对不同角道集部分叠加资料进行反演，可获得反映流体成分的弹性参数（纵波速度、横波速度、密度等）。随后，再根据纵、横波速度和密度，可得到其他岩石地球物理参数，以便提供更可靠的岩性模型及精确地预测储集体所含的流体成分（油、气、水），最终实现岩性或流体的定量预测。含气以后地层的泊松比降低（砂岩含气饱和度增加 20%～30%，泊松比降低 26%～53%，而纵波速度仅降低 7%～12%），纵波速度降低，横波基本不变。依据这些特征，利用弹性波阻抗反演和计算的各种属性就可以预测致密砂岩气的地震异常特征，并圈出气藏的分布范围。常用的弹性阻抗属性有纵波阻抗、横波阻抗、泊松比、纵横波速度比 V_P/V_S。

（三）瞬时子波吸收识别低频异常带

依据致密砂岩气具有的低频特征，利用瞬时子波吸收技术（WEA）可以找出高频衰减比较快的有利区域。其基本原理就是分析叠后剖面的频率展布特征，结合含气层厚度和分布范围，选取分析时窗的长度和频段。利用相位反演反褶积（PID）方法在复赛谱域提取子波的振幅谱，拟合谱上高频端的能量衰减曲率，再使用趋势分析方法分离出剩余衰减曲率，去除自然吸收背景，剩余的吸收异常就能更好地反映目标储层的吸收衰减作用，从而圈出高频吸收的有利含气区。瞬时子波吸收分析不受地层埋深的限制，但要求地震资料相对保幅且具有较高的信噪比。瞬时子波吸收分析的结果是相对值，通常高吸收异常指示含气储层，但针对某一地区，需井标定后才能更好地对地层含油气性进行预测，与构造信息相结合可使预测结果更加准确。

（四）分频特征参数分析

分频特征参数分析法就是分频提取含气层段的地震属性，对比分频地震特征在横向上的相对变化，以识别气藏，主要的识别参数包括振幅、频率和波形衰减等。F_l、A_l 和 AT_l 分别描述低频成分的频率、振幅和衰减程度；F_h、A_h 和 AT_h 分别描述较高频率成分的频率、振幅和衰减程度；W_F 描述加权频率，D_F 描述优势频率。当地层含气时频率类特征出现低值，衰减类表现为强衰减低值特征，振幅类表现为强振幅（亮点）或者弱振幅（暗点）。对于储、盖层比较稳定的储层，含气后低频特征比较明显，W_F 和 D_F 呈低值。对于孔渗条件好或厚度较大的碎屑岩产层，D_F 异常更为显著；而对于低孔渗砂岩储层，W_F 更为有效。另外衰减特征 AT 受砂泥岩互层变化的影响较小，在储层条件较差（如致密砂岩储层）或岩相变化较大的条件下，衰减特征比较敏感。但是对于不同的地质条件，不同的分频特征参数敏感性不一样，需要结合地震、地质、测井和钻井等资料进行试验和标定，对各种参数进行优化组合来综合判别。

（五）波形分类法

地震道波形是地震数据的基本性质，它包含了所有的相关信息，如反射模式、相位、频率、振幅以及时频能量等信息，是地震信息的总体特征。地层含气后必将引起这些参数发生变化，如果能有效识别出因为含气后对应的波形变化特征，就可有效识别气藏。波形分类的形状识别使用神经网络技术，通过对目的层实际地震道（最好是井旁道）进行训练，模拟人脑思维方式识别不同目标的特征，利用神经网络方法进行分类，根据分类结果形成离散的“地震相”。依据“拟合度”准则，把具有某些相关联、相似性的特征归到一起。利用已知的测井、地质信息对分类的结果进行标定，即可寻找出由含气引起的异常变化的那类相。对于定性分析波形而言，信噪比是一个很重要的条件。当信噪比较高时，得到的波形异常就比较可靠。信噪比较低时，波形受到的干扰较大，则波形异常的不确定程度变大。所以，对于深层利用波形特征进行致密砂岩气预测存在着提高地震资料信噪比的问题。

（六）射线追踪相干速度反演分析层速度异常

密砂岩气很重要的特征之一就是水／气边界处存在明显的低速异常界面，如果能准确求取层速度，也就能找到这个低速异常界面，有效确定气藏边界。射线追踪相干反演技术是目前比较好的层速度求取方法。该方法基于射线追踪理论和非双曲线 CMP（共中点反射道集）旅行时假设，考虑垂直速度梯度，利用叠前道集或叠加速度来反演出准确的层速度。该方法不受地层产状的限制，尤其适用于发育在盆地深凹陷中心或构造斜坡带下倾部位等具有大倾角、垂向速度和横向速度变化都比较快的致密砂岩气藏。对于埋藏浅（双程反射时间 1～2.5s）且地震资料品质高的致密砂岩气，利用叠加速度反演的方法就可以得到比较准确的地层速度，在这种情况下叠加速度的分析精度较高。对于埋深较大或者地震资料的信噪比较低的致密砂岩气，需要利用叠前地震道集来反演才能得到准确的层速度，利用该速度场就可以直接寻找低速异常界面。

（七）地震波速度梯度确定气藏边界

该方法建立在寻找速度场异常分布的一次导数（沿方向导数）的极值之上，这种极值以油气藏边界（周围空间）速度场形状的急剧变化为先决条件。速度梯度参数强调速度场形态的变化，并在空间内确定参数稳定分布的区域，确定分隔稳定分布区的具有速度场最大变化的异常带。当地震波通过气藏的气、水界面时会造成两种速度分布区（从高速分布区过渡到低速分布区），与含水区或者含气区相比较，气、水过渡带为速度梯度的突变带。因此，根据速度梯度的异常值分布，可圈出致密砂岩气的环状异常分布范围。

（八）BP 神经网络模式识别

BP 神经网络模式识别是应用效果比较好的一种油气综合判别方法，更加适用于致密砂岩气这种地质条件复杂、单一地震识别特征不是特别明显的特殊气藏。该方法主要包括输入层、中间隐含层（任意层）和输出层3部分；学习过程由正向传播和反向传播组成，正向传播时由输入层经隐含层进行逐层处理，满足期望输出就归类输出；如果输出层得不到期望的输出就反向传播，修改各神经元权值反复训练，直到得到满意的期望输出为止。利用BP神经网络模式识别致密砂岩气，充分利用各种地震属性，如前述各种方法得到振幅、频率、相位、波形、AVO（振幅随偏移距变化）特征、弹性阻抗属性；先对BP网络进行训练，取含气井附近的地震属性作为含气训练样本，取干井附近的地震属性作为干井训练样本，共同形成训练集；输入BP网络，网络完成训练后即可以用于预测地层的含气性。然后逐一输入地震属性，网络根据训练时学习到的特征对地震属性加以分析和判断是否含气，最后把含气和非含气以图形方式表达出来就达到预测目的。训练样本的选取应该包括典型的含气和不含气特征信息，不适用于只有干井或者含气井的地区。

二、特殊钻探工艺应用

在致密砂岩气钻探方面，钻井工程面临以下3个主要问题：①井壁页岩坍塌，主要后果是造成裸眼井资料的损失；②地层普遍表现为压力异常，导致水基泥浆钻进时出现过平衡现象而影响钻井速度并使地层受到伤害（尤其是低压异常的气层）；③多数井中存在有多个产层且彼此间距大，给注水泥固井带来诸多不变和困难。20世纪90年代以来，深井–超深井、水平井、丛式井、小眼井的钻井和完井，以及欠平衡钻井、老井重钻及油气层保护等技术在国内外开始日趋成熟。

（一）套管钻井

套管钻井技术主要由岩心钻探技术发展而来，在油气钻井工程的应用中取得了良好成果。该项技术可以有效地提高钻速、减轻储层污染，还可以使井筒更安全快速地通过破碎、易漏、坍塌和高低压并存的复杂地层段，而这些是常规钻井难以克服的。这项技术从原理上讲比较简单，即采用大直径管柱（套管）代替常规钻杆进行钻井，并在钻井后将套管永久安放在井筒内。为降低开发复杂地质环境和可采储量有限的小气藏的经济成本，优化开发和生产作业，作业者越来越多地采用套管钻井技术。

（二）水平井

水平井技术于20世纪20年代提出，40年代付诸实施，80年代相继在美国、加拿大、法国等国家得到广泛工业化应用。如今，水平井钻井技术已日趋完善，由单个水平井向整体井组开发转变，并以此为基础发展了水平井各项配套技术，与欠平衡等钻井技术、多分支等完井技术相结合，形成了多样化的水平井技术。近年来，水平井钻完井总数几乎成指数增长，全世界的水平井井数为4.5万口左右，主要分布在美国、加拿大、俄罗斯等69个国家，其中美国和加拿大占88.4%。在国内，水平井钻井技术日益受到重视，在多个油田得以迅速发展。目前，国外水平井钻井成本已降至直井的1.5～2倍，甚至有的水平井成本只是直井的 1.2 倍，而水平井产量是直井的 4～8 倍。

（三）小井眼钻井

小井眼钻井技术是一项综合性、技术密集型的钻井配套技术，包含许多先进的生产工艺，如侧钻水平井、分支水平井、径向水平井、欠平衡钻井及连续管钻井等。小井眼钻井适于钻浅井、加深井、修井及水平径向井，能节约耕地，利于搬迁，减少人员、环保等费用。实践证明，与常规井相比，小井眼探井和评价井的钻井成本可降低 25%～40% 或更大，从而该技术具有广阔的发展前景（图 10.33）。

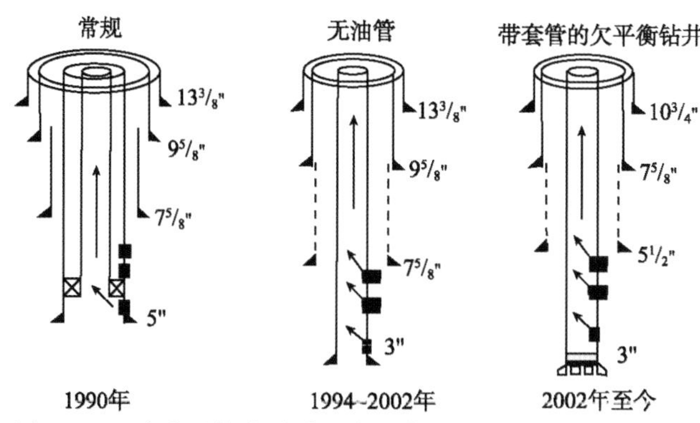

图 10.33　小井眼钻井设计历史沿革（Shell E & P，2009a）

（四）多分支井与大位移井钻井技术

多分支井是指在一个主井眼的两侧再钻出多个分支井眼作为泄气通道。为了降低成本和满足不同需要，有时在一个井场朝对称的 3 或 4 个方向各布一组井眼，有时还利用上下两套分支同时开发两个气层。大位移井（extended-reach drilling，ERD）是指水平位移深度（HD）与垂直深度（TVD）之比大于 2.0 以上的定向井、斜井或水平井（图 10.34）。

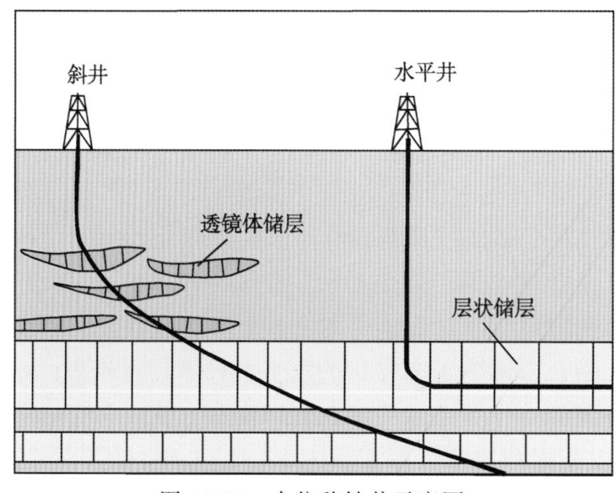

图 10.34　大位移钻井示意图

大位移井钻井的技术关键包括：井身剖面和钻柱优化设计、降低摩阻和扭矩及下套管技术、井眼轨迹测量与控制技术、井壁稳定技术、洗井与固控技术、套管磨损预测与防治技术及钻柱振动控制技术等。

三、储层保护技术应用

于致密砂岩气储层的渗透率一般较低，钻井过程中又容易造成储层伤害，从而井筒周围地层的渗透率进一步降低，钻杆测试结果不能用来有效地评价储层的渗透率。致密砂岩气储层的异常压力特点常使采用正常水基泥浆钻井时出现较大的压力不平衡现象，既伤害了储层也影响了钻井速度。为了解决这些问题并同时考虑降低井壁黏土膨胀的可能性，最大限度地减小钻进过程对储层所造成的伤害，北美的致密砂岩气藏储层开采通常在储气段使用油基泥浆液进行钻井。油基泥浆体系的主要优点是消除了页岩的滑塌，使得钻井能够在没有中间套管的情况下进行，并且仍能获得完整的裸眼井评价。油基泥浆体系的缺点是所得的钻屑在通常情况下较常规的水基泥浆为更小，更难于分析。同时由于泥浆比重较轻，就容易发生气涌，当发生井漏时，钻井成本的损失就较高。

采用欠平衡钻井时，钻井液的静液柱压力低于储层压力，主要目的是避免钻井泥浆和碎屑侵入产层，从而减小了储层污染发生的机会（图 10.35）。在欠平衡钻井中，通常将气体注入钻井液中来减小泥浆柱的质量，获得欠平衡环境。欠平衡钻井不但可以及时发现并有效地保护产储层，提高油气井产量，而且还可以防止井下复杂事故（如井漏、压差卡钻等）的发生，从而减少完井增产的作业费用。

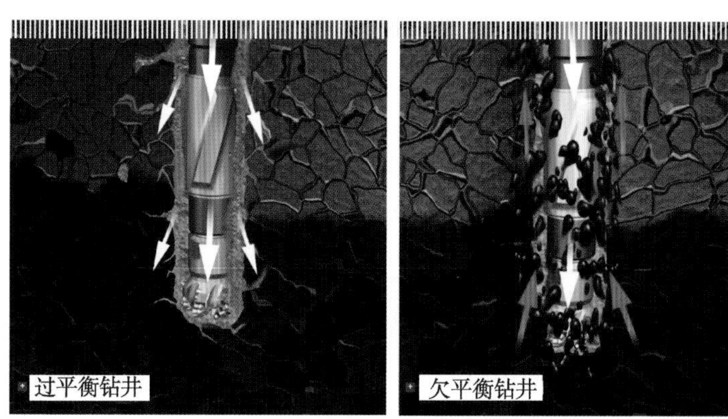

图 10.35　过平衡与欠平衡钻井效果示意图（Shell E & P，2009b）

除此之外，另外还可以考虑的特殊钻井方法是空气钻井和泡沫钻井，这些方法已分别在北美得到了有效应用。选择考虑这些方法的优点是它们均可以在不同程度上产生对储层的保护作用，减少作业污染和人为伤害。

四、增产措施应用

由于地层渗透率普遍较低，致密砂岩气钻井的原始产能通常不高，所以致密砂岩区的几乎所有井都必须通过酸化-压裂来进行完井或增产措施处理后才能投产。压裂的方法能够有效地改善储层的渗透性，增加地下天然气的流动性。国外油公司已研发出一些新型技术。

（一）时射孔技术（JITP）和环形连续管压裂技术（ACT-Frac）

这两项技术是由埃克森美孚公司研发推出的油田增产新技术，研发目的是提高多层油气藏的采收率，并使生产层长期增产。即时射孔技术（JITP）可以用装配在井中的射孔枪将处理液高速泵入井下，该射孔枪可以一次有选择性地射开某个层段，层段之间的转换通过密封球实现。环形连续管压裂技术依赖于底部钻具组合的使用，通常这一装置通过连续管输送。不同产层作业时用膨胀式封隔器进行隔离，并通过射孔枪进行选择性射孔。最后沿着油套环空泵入压裂液，以达到有效增产所需的高流速。即时射孔技术已经在美国西部的低渗透气田中被应用；相比即时射孔技术，环形连续管压裂技术在技术开发和商业化过程中还处在早期阶段。即时射孔和环形连续管压裂技术已经使以前不可能经济开采的低渗透气藏实现了经济开发。

（二）FracFactory 压裂技术

哈里伯顿公司研发的 FracFactory 压裂技术与常规的压裂作业不同，它通过一个半永久性压裂基站实现多井压裂，有效避免了常规压裂作业的弊端。通过安装地面管线将从 FracFactory 压裂装置出来的压裂液输送至丛式井。每口井都通过有效的管汇系统完成从泵到井口的连接。

（三）混合压裂新技术

Anadarko 石油公司将水力压裂和凝胶压裂这两种方法的优点结合起来，开发了新型混合压裂技术，采用凝胶和水混合压裂，可以在降低成本的同时提高压裂效果。新方法在得克萨斯州 Bossier 油田进行了应用。对常规水力压裂和新型混合压裂的增产效果的综合评价和对比发现，混合水力压裂技术生成的有效裂缝半长更长（图 10.36），裂缝导流能力更大（图 10.37）。

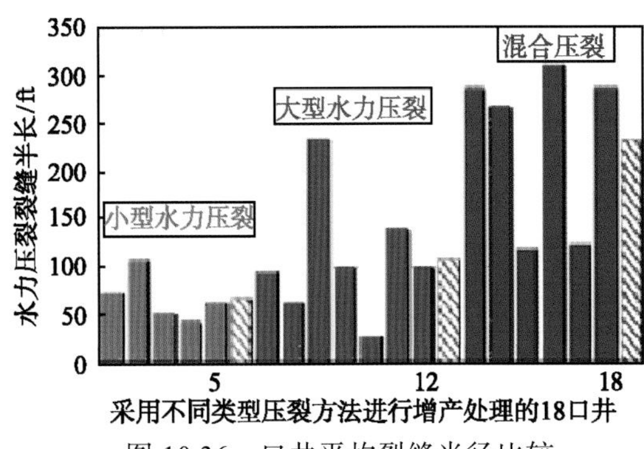

图 10.36　口井平均裂缝半径比较
（Rushing and Sullivan，2003）

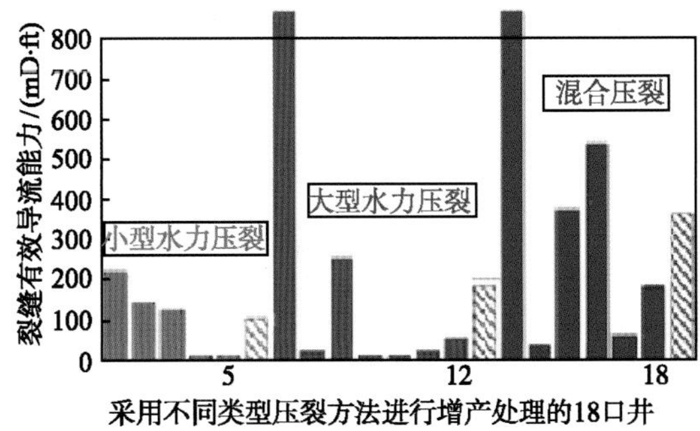

图 10.37　口井平均裂缝导流能力比较
（Rushing and Sullivan，2003）

（四）连续管压裂技术

连续管压裂技术是斯伦贝谢、贝克休斯、BJ 等大服务公司的重点研究内容。其中，贝克休斯公司研发的 Fastfrac 技术所采用的是一种低成本、高效率的压裂系统工具，由连续管封隔器和桥塞组成。采用跨式封隔器，可以减少 75%的完井时间。作业队可测试单层产量或对微裂缝进行分析，油井在 1～2 天内即恢复生产。分级压裂作业成本为 17.5 万～22.5 万美元，目前已经达到长期稳产 $1.8\times10^{4}ft^{3}/(d\cdot ft)$，有效半裂缝长度达 100～150ft。

（五）AbrasiFRAC 压裂技术

斯伦贝谢 AbrasiFRAC 技术获得 2007 年世界石油最佳开采技术奖，该技术可以一次性完成多层段射孔和压裂，可以在连续管-套管环空中准确进行要压裂作业，允许压开裂缝的初始压力大幅下降。用 CT 串输送特制的射孔枪，将含有研磨固体的泥浆在高压差下泵入进行射孔，尽管是极端环境，射孔枪也可以在井筒条件高效工作几个小时。对于多级压裂，层间封隔可以用砂堵或桥塞。通过应用可回收或可铣桥塞，AbrasiFRAC 可以一次作业进行多层的射孔和压裂。

参 考 文 献

关德师，牛嘉玉，郭丽娜.1995.中国非常规油气地质．北京：石油工业出版社

姜振学，林世国，庞雄奇，等. 2006.两种类型致密砂岩气藏对比.石油实验地质，28（3）：210-214,219

金之钧. 1997. 从油气资源特点看我国油气发展战略．见：周光召．中国科协第 21 届“青年科学家论坛”报告文集.北京：石油工业出版社

李忠兴. 2006. 复杂致密油藏开发的关键技术．低渗透油气田，11（3）：60-64

马力. 2010. 特低渗砂岩气藏气井真实产能特征研究.科技资讯，26：119

马新华，王涛，庞雄奇，等. 2002.深盆气藏的压力特征及成因机理.石油学报，23（5）：23-27

马新华. 2004. 中国深盆气勘探开发前景与对策．天然气工业，24（1）：1-3

庞雄奇，姜振学. 2001. 深盆气分布范围理论预测模型与应用实例．见：傅成德．深盆气研究．北京：石油工业出版社：65-73

唐海发，彭仕宓，赵彦超，等. 2007. 致密砂岩储层物性的主控因素分析．西安石油大学学报（自然科学版），22（1）：59-63

杨建，康毅力，李前贵，等. 2008. 致密砂岩气藏微观结构及渗流特征．力学进展，38（2）：229-236

张金川. 1999. 深盆气成藏机理及其应用研究．北京：石油大学博士毕业论文

张金川，金之钧，郑浚茂，等.2001.深盆气资源量——储量评价方法.天然气工业，21（4）：32-35

Al-Hadrami H K, Teufel L W. 2000. Influence of permeability anisotropy and reservoir heterogeneity on optimization of infill drilling in naturally fractured tight-gas Mesaverde sandstone reservoirs, San Juan basin. 2000 Society of Petroleum Engineers Rocky Mountain Regional/Low Permeability Reservoirs Symposium, Denver, Colorado, March 12-15, 2000, SPE Paper 60295

Allen R W Jr. 1955. Stratigraphic gas development in the Blanco-Mesa Verde pool of the San Juan Basin: The Geological Record, Rocky Mountain Section AAPG, 39(2): 195-205

Basinski P M, Zellou A M, Ouenes A. 1997. Prediction of Mesaverde estimated ultimate recovery using structural curvature and neural network analysis,San Juan Basin,New Mexico:AAPG Bulletin, 81（6）: 1218-1219

Berkenpas P G. 1991. The milk river shallow gas pool: role of the updip water trap and connate water in gas production from the Pool. Paper 22922 Presernted at the 66th Annual Technical Conference and Exhibition of the Society of Petroleum Engineers Held in Dallas, TX

Brister B S, Hoffman G K. 2002. Fundamental geology of San Juan Basin energy resources. New Mexico's Energy, Present and Future; Policy Production, Econocics, and the Environment; Decision-Maker's Field Conference 2002, San Juan Basin 21-25

Budd H.1952. Blanco field, san juan basin. Four Corners Geological Society Symposium,October: 113-118

Cant D J. 1983. Spirit River Formation-a stratigraphic-diaganetic gas trap in the Deep Basin of Alberta. AAPG Bulletin, 67（2）: 577-587

Cant D J. 1986. Diagenetic trap in sandstones. AAPGBulletin，70（2）: 155-166

Devine P E. 1991. Transgressive origin of channeled estuarine deposits in the Point Lookout Sandstone, northwestern New Mexico: a model for Upper Cretaceous, cyclic regressive parasequences of the U.S. western interior. AAPG Bulletin, 75（3）: 1039-1063

Gautier D L. 1981. Comparison of Conventional and low-permeability reservoirs of shallow gas in the Northern Great Plains. Paper 9846 Presernted at the SPE/DOE Low Permeability Symposium, Denver

Gies R M. 1984. Case history for a major Alberta Deep Basin gas trap: the Cadomin formation, AAPG Memoir, 38: 115-140

Holditch S. 2006.Tight gas sands. Journal of Petroleum Technology, 58（6）: 86-90

Hollenshead C T, Pritchard R L. 1961. Geometry of producing Mesaverde sandstones, San Juan basin. *In*: Peterson J A, Osmond J C. Geometry of Sandstone Bodies. Tulsa: AAPG. 98-118

Hower T L, Bergeson I, Decker M K.1992. Identifying recompletion candidates in stratified gas reservoirs. SPE Mid-Continent Gas Symposium,Amarillo,Paper 24307: 137-147

Huffman A C Jr. 1987. Petroleum geology and hydrocarbon plays of the San Juan Basin Petroleum Province. U.S.Geological Survey Open-File Report 87-450B: 67

Jackson P C. 1984. Paleogeography of the lower cretaceous mannville group of western Canada. *In*: Masters J A. Elmworth-Case Study of a Deep Basin Gas Field. AAPG Memoir, 38: 49-77

Jarvie D. 2010. Geochemical tools for assessment of tight oil reservoirs，AAPG Search and Discovery Article #90122©2011 AAPG Hedberg Conference, Austin, Texas

Jenkins C. 2009. Estimating resources and reserves in tight sands: geological complexities and controversies. A presentation at AAPG Geoscience Technology Workshop, "Geological Aspects of Estimating Resources and Reserves," Houston, Texas

Joyner H D, Lovingfoss W J. 1971. Use of a computer model in matching history and prediction performance of low-permeability gas wells: SPE Paper 3078

Kuuskraa V A, Godec M. 2007. Outlook sees resource growth during next decade. Oil & Gas Jounal, 105(4):52-57

Leythaeuser D, Schaefer R G, Yukler A. 1982. Role of diffusion in Primary migration of hydrocarbons. AAPG Bulletin, 68（8）: 408-429

Lorenz J C, Cooper S P. 2003. Tectonic setting and characteristics of natural fractures in Mesaverde and Dakota reservoirs of the San Juan Basin. New Mexico Geology, 25（1）: 3-14

Masters J A. 1984a. Introduction. *In*: Masters J A. Elmworth - Case Study of a Deep Basin Gas Field. AAPG Memoir, 38: vii-ix

Masters J A. 1984b. Lower Cretaceous oil and gas in western Canada. *In*: Masters J, A. Elmworth - Case Study of a Deep Basin Gas Field. AAPG Memoir, 38: 1-33

Meijer-Drees N C, Williams G K. 1973. Some observations on the Milk River gas pool. Geological Survey of Canada, 73-1B: 193-197

Meissner F F. 1987. Mechanisms and patterns of gas generation/storage/expulsion migration/accumulation associated with coal measures in the Green River and San Juan Basin，Rocky Mountain region，USA. *In*: Doligez B. Migration of Hydrocarbons in Sedimentary Basins；2nd IFP Exploration Research Conference Carcais France. Paris: Editions Technip：79-112

Molenaar C M. 1977. Stratigraphy and depositional history of Upper Cretaceous rocks of the San Juan basin. New Mexico Geological Sodety Field Conference, 28th, Guidebook: 159-166

Mossop G, Shetsen I. 1994. Geological Atlas of the Western Canadian Sedimentary Basin. Calgary, Alberta, Canadian Society of Petroleum Geologists and Alberta Research Council

Peterson J A, et al. 1965. Sedimentary history and economic geology of San Juan basin. American Association of Petroleum Geologists Bulletin, 49: 2076-2119

Pritchard R L. 1973. History of mesaverde development in the San Juan Basin,Four Corners Geological Society Memoir Book. Four Corners Geological Society: 174-177

Pritchard R L. 1978. Blanco mesaverde. *In*: Fassett J E. Oil and Gas Fields of the Four Corners Area. New Mexico: Four Corners Geological Society: 222-224

Rice D D,Claypool G E. 1981. Generation, accumulation and resource potential of biogenic gas. AAPG Bulletin, 65（1）：5-25

Rice D D. 1983. Relation of natural gas composition to thermal maturity and source rock type in San Juan Basin, northwestern New Mexico and southwestern Colorado. AAPG Bulletin, 67（6）：1199-1218

Rogner Hans-Holger. 1996. An assessment of world hydrocarbon resources. IIASA, WP-96–26, Laxenburg, Austria

Rushing J A, Sullivan R B. 2003. SPE 年度技术大会论文（SPE 84389）. 谭志明译. 朱起煌校. 致密砂岩气井混合滑水压裂工艺的评价分析.石油地质科技动态. 2005：33-44

Shell E & P. 2009a.Slimwell design: lean and mean. EP Technology,（2）：10-13

Shell E & P. 2009b.Underbalanced drilling offers more. EP Technology,（2）：14-16

Smith D G, Zorn C E, Sneider R M. 1984. The paleogeography of the Lower Cretaceous of western Alberta and north-eastern British Columbia, in and adjacent to the Deep Basin of the Elmworth area, *In*: Masters J A. Elmworth-Case study of a Deep Basin Gas Field. AAPG Memoir, 38: 79-114

Smith R D.1984. Gas reserves and production performance of the Elmworth/Wapiti area of the deep basin. *In* Masters J A. Elmworth— Case Study of a Deep Basin Gas Field. AAPG Memoir, 38: 153-172

Sneider R M, King HR, Hietala R W, et al. 1984. Integrated rock-log calibration in the Elmworth field—Alberta, Canada, *In*: Masters J A. Elmworth Case Study of a Deep Basin Gas Field. AAPG Memoir, 38: 205-282

Spencer C W，Mast R F.1986. Geology of tight gas reservoirs. AAPG Studies in Geology, 2426

Spencer C W. 1989. Review of characteristics of low—permeability gas reservoirs in western United States. AAPG Bulletin, 73（5）：613–629

Stevens S H, Kuuskraa J, Kuuskraa V A.1998. Unconventional natural gas in the United States: production, reserves, and resource potential（1991—1997）. Report Prepared for the California Energy Commission. http://www.adv-res.com/unconventional-gas-literature.asp#TightSands[2011-10-19]

Welte D H, Schaefes R G, Stoessingerw, et a1. 1984. Gas generation and migration in the deep basin of western Canada. *In*: Masters J A. Elmworth：Case Study of a Deep Basin Gas Field. AAPG Memoir, 38：35-47

Woodward L A, Callender J F. 1977. Tectonic framework of San Juan basin, *In*: Fassett J E, James H L, San Juan. Basin III: New Mexico Geological Society Guidebook, 28: 209-212

Wright G N, McMechan M E, Potter D E G. 1994. Structure and architecture of the western Canada sedimentary basin. *In*: Mossop G D, Shetsen I. Compilers, Geological Atlas of the Western Canada Sedimentary Basin. Canadian Society of Petroleum Geologists and Alberta Research Council, Calgary, http://www.ags.gov.ab.ca/publications/ATLAS_WWW/ATLAS.shtml[2010-12-09]

Wyman R E. 1984. Gas resources in Elmworth coal seams. AAPG Memoir, 38: 173-187

第十一章　可燃冰矿藏地质与评价

可燃冰是天然气水合物的俗称，它存在于海底或陆地冻土带内，是由天然气与水在高压低温条件下结晶形成的固态笼状化合物。纯净的天然气水合物呈白色，形状似冰雪，可以像固体酒精一样直接被点燃，因此，又被形象地被称为“可燃冰”、“气冰”和“固体瓦斯”。天然气水合物实质上是一种被高度压缩的天然气，是一种固体状态的天然气。天然气水合物具有能量密度高、分布范围广、储量规模大、埋藏浅等特点。据理论计算，在标准条件下，$1m^3$ 饱和天然气水合物可释放出 $164m^3$ 的 CH_4（甲烷）气体，是其他生烃岩（煤层、黑色页岩、黑色泥岩等）能量密度的 10 倍，是常规天然气能量密度的 2～5 倍。据许多研究者的初步估算，天然气水合物的 CH_4 碳总量大致相当于全世界已知煤、石油和天然气等化石燃料中碳总量的两倍。

从天然气水合物的结构来看，它是由烃类气体和其他气体与水分子组成的一种冰状结晶，其形似冰雪状，多呈白色（图 11.1），也可以有多种颜色。例如，从墨西哥湾海底取得的水合物有黄色、橙色或红色等多种颜色，从大西洋海底的布莱克-巴哈马海台取得的水合物则呈现为灰色或蓝色，我国南海北部陆坡区取得的水合物为浅灰蓝色。水合物呈多种颜色是由于细菌、矿物等物质赋存于水合物而产生的。在各种高压低温条件下，自然界中的水合物晶体有Ⅰ型、Ⅱ型和Ⅲ型三种不同的结构形式。这种笼形结构或格架的中间普遍存在一个空腔或孔穴，构成水合物的气体便充填其中，即气体被包围（或储存）在晶体的笼子之中，每个晶格储存一个气体分子，气体分子与水分子在低温和特定压力的作用下，而稳定地结合在一起（图 11.2）。

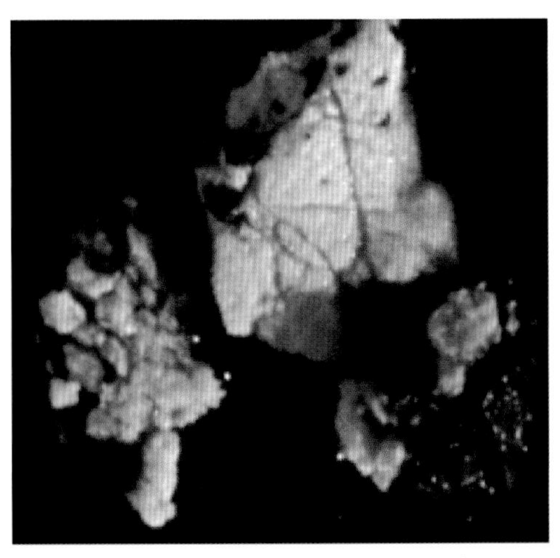

图 11.1　天然气水合物样品照片（宋岩等，2009）

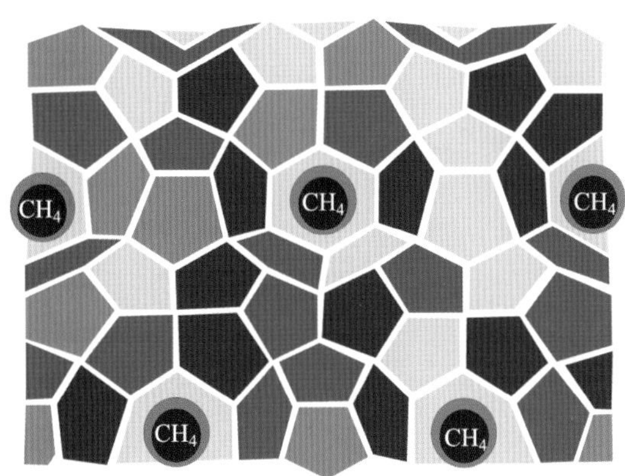

图 11.2　天然气水合物的结晶结构图（Kvenvolden，1995）

（1）Ⅰ型结构（也称立方晶体结构）水合物：该型结构的水合物是由 46 个水分子构成两个小十二面体“笼子”，以容纳气体分子。其笼状格架中只能容纳一些较小分子的烃类化合物，如 CH_4、C_2H_6、N_2、CO_2、H_2S 等气体。布莱克海台水合物的晶体结构属此类型。

（2）Ⅱ型结构（也称菱形晶体结构）水合物：此型结构的水合物是由十四面体“笼子”容纳气体分子。其笼状格架较大，不仅能容纳小分子的 CH_4、C_2H_6气体，而且还能容纳较大分子的 C_3H_8、I-C_4H_{10}（异丁烷）气体。墨西哥湾水合物的晶体结构属此类型。

（3）Ⅲ型结构（也称大方晶体结构）水合物：这种类型结构的水合物是由六方十六面体“笼子”容纳气体分子。其笼子格架最大，可以容纳分子直径大于 i-C_4的有机烃类气体。

自然界中已产出的水合物以 I 型为主，但 I 型比Ⅱ、Ⅲ型结构水合物的稳定性差。在多数情况下，水合物比冰具有更好的稳定性。例如，冰在正常大气压下 0℃时稳定，压力升高或盐度增加时，其稳定性降低；而水合物的稳定性却随着压力的升高而增强，在 1000atm 时，水合物甚至可以在 30℃的环境下稳定地存在。大量的水合物合成实验表明，尽管形成水合物的分子间并没有真正意义上的化学键，但由于气体分子与水分子间氢键的作用，多数情况下，其水合物比冰具有更好的稳定性。水合物的稳定性不仅取决于气体混合物本身的组分，而且还取决于水中的其他气体组分和离子杂质。

第一节　天然气水合物资源的勘探开发历程

一、国外水合物调查

1934 年，美国科学家 Hammersemidt 首次在输气管道中发现有水合物堵塞管道。水合物的笼形结构是由原苏联科学院院士尼基丁于 1936 年首次提出，并被沿用至今。在水合物笼形结构中普遍存在空腔或孔穴，其间被烃类、CO_2、H_2S 等气体充填。天然气水合物的分子式为 M-$n$$H_2O$，式中，M 为 CH_4 气体，n 为水分子数。

西伯利亚冻土带的 27 个油气田中均发现有天然气水合物。1965 年，苏联在西伯利亚的麦索亚哈气田首次发现天然气水合物矿藏。该气田的含气层位为上白垩统赛诺曼阶组砂岩。天然气水合物矿层位于气田上部砂岩和泥岩中，埋深 750～850m，水和物饱和度为 20%～40%。1969 年投入开发，在该气田水合物矿层中注入甲醇，促使水合物分解，回收 CH_4气体。采气 14 年，累积采气量为 $50.17 \times 10^8 m^3$。随后，各国陆续开展了冻土带和海底的调查。

（1）美国和加拿大在北美洲调查发现水合物。加拿大帝国石油公司 1972 年在钻探 Mallik L-38 井时发现了水合物。在马更些河三角洲冻土带利用 200 多口石油探井的测井资料，在其中的 58 口井钻遇水合物（占 29%）矿层，单井平均厚度为 82m；在北极群岛的斯沃德鲁普盆地的 168 口石油探井中，87 口井钻遇水合物（占 52%），其矿层单井平均厚度为 65m；在大西洋边缘的戴维斯海峡等陆架区的 48 口探井中，有 26 口井钻遇水合物（占 54.2%），矿层单井平均厚度为 79m；在太平洋边缘的卡斯凯迪亚大陆斜坡北端，利用似海底反射层（bottom simulating ref'ector，BSR）确定水合物分布范围，推测矿层厚度约 110m；1974 年美国地质调查局通过地震勘查，在布莱尔海台发现 BSR，并实施深海钻探，在第 75 航次 533 号钻孔中获得水合物样品，从岩心中释放出大量 CH_4气体，由此证实了似海底反射波与水合物有关，即 BSR 是水合物存在的重要地球物理标志。1979 年深海钻探计划的第 66、第 67 航次，在中美洲海槽的钻孔岩心中也发现了水合物。

（2）德国"太阳号"调查船在太平洋（亚洲部分）发现水合物。20 世纪 80 年代，德国利用"太阳号"调查船与其他国家合作，对东太平洋白令海、俄勒冈海域、南沙海槽和苏拉威西海等水合物进行调查，均发现与水合物有关的地震标志。1984 年该船在 S049、S098 航次在南沙海槽东南部，于水深 1500～2800m 海底以下 300～600m 沉积层中发现 BSR；在苏拉威西海北部俯冲带的增生楔的上、下坡内均发现了 BSR。

（3）俄罗斯在克里米亚半岛东南黑海进行水合物调查。1996 年俄罗斯在克里米亚半岛东南海域进行了水合物调查。2002 年德国、俄罗斯和乌克兰科学家用海底深潜器等手段，对黑海水合物进行联合科学考察。在水深 260～1950m 海底发现了高出海底数米的堆积物，并不断冒气泡，在其周围形成死菌层；在多处海底断裂带附近有 CH_4气体释放，最高释放量达 $1.7 \times 10^4 m^3/d$。在黑海海底以下 60～650m 深处发现 150 多个水合物矿点，水合物矿层厚 5～6m。另外，苏联在 20 个世纪 80 年代用海底取样器和地震勘查手段，先后在里海、贝加尔湖和鄂霍茨克海等水域发现了水合物。

（4）日本在南海海槽和日本周缘海域发现水合物。20 世纪 70 年代末期至 80 年代初期，日本先在南海海槽开展地震调查，发现了 BSR；后在 ODPl27、131 航次于日本周缘海域进行钻探，获得了水合物样品。至 1999 年日本石油公司已在日本南海海槽完成 7 口探井，其中的 2 号井在海底以下 150～300m 深处发现了 3 层水合物矿层，厚度分别为 3m、5m 和 7m。

（5）印度在印度东、西海域发现多处水合物标志。迄今为止，印度已在其东、西海域发现了多处水合物的地球物理标志，并在安达曼海发现一个很大的水合物远景区。

（6）韩国在其郁陵盆地海域发现大量水合物。韩国燃气公司（KOGAS）于 2000 年 4～5 月，开始在韩国东海（郁陵盆地）8325km^2 海域进行地震调查。初步结果显示该海域极有可能富集大量水合物。2001 年 5 月进行了第二次勘探。

1979 年, 国际深海钻探计划 （DSDP） 第 66、67 航次先后在中美海槽的钻孔岩心中发现了海底的天然气水合物。此后, 水合物成为许多国家和部分国际组织关注的热点, 美国、苏联、日本、德国、加拿大、英国、挪威等国以及 DSDP 和随后的大洋钻探计划（ODP）、综合大洋钻探计划（IODP） 进行了大量调查研究, 先后在世界各地直接或间接地发现了大量天然气水合物产地。2002 年春, 美国、日本、加拿大、德国、印度等 5 国合作对加拿大马更些冻土区 Mallik 5L- 38 井的天然气水合物进行了试验性开发, 通过注入约 80℃的钻探泥浆, 成功地从 1200m 深的水合物层中分离出甲烷并予以回收, 同时进行的减压法试验也获得了成功, 由此进入到开发利用阶段。目前世界各国都在大力开展天然气水合物的开发利用研究, 预计在 2020 年前后能实现陆上冻土区水合物的商业性开发，2030～2050 年前后有望实现海底水合物的商业性开发（张洪涛等，2007）。

二、我国水合物的调查

我国在这一领域的研究和调研较晚，20 世纪 80～90 年代有关单位和学者开始翻译和收集国外有关水合物的调查和科研成果。1999～2001 年由广州海洋地质调查局率先在我国南海北部陆坡的西沙海槽区，开展高分辨率多道地震调查，之后，于 2002 年启动对南海北部陆坡的西沙海槽、东沙海域、神狐暗沙附近和琼东南海域等分别开展水合物调查。

2006 年 5 月 17 日，我国在南海北部陆坡首次成功钻获天然气水合物实物样品。这是中国继美国、日本、印度之后第 4 个采集到天然气水合物样品的国家。此次成功采集到天然气水合物样品的钻探航次由中国地质调查局组织，广州海洋地质调查局实施，委托辉固国际集团公司 Bavenit 号钻探船承担。2006 年 4 月 21 日，钻探船从深圳出发执行第一航次钻探，同年 5 月 18 日返回深圳，历时 28 天，分别于 5 月 1 日在第一个站位，5 月 15 日在第四个站位钻获两个天然气水合物实物样品。第一个站位样品取自海底以下 183～201m，水深 1245m，水合物丰度约 20%，含水合物沉积层的厚度为 18m，气体中 CH_4 含量为 99.7%；第四个站位样品取自海底以下 191～225m，水深 1230m，水合物丰度为 20%～43%，含水合物沉积层厚 34m，气体中 CH_4 含量为 99.8%。由此初步预测，我国南海北部陆坡天然气水合物的远景资源量约 $100\times10^{11}m^3$。除已在南海北部陆坡之外，还在南沙海槽和东海陆棚等处发现了可燃冰证据。

第二节　天然气水合物成矿的地质条件

前已述及，天然气水合物作为一种高压低温条件下结晶形成的固态笼状化合物，其形成与分布除需要适宜的温压条件外，更需要充足的气源以及足够的储集介质空间和孔隙水。在一定的孔隙空间中存在天然气和水介质是形成天然气水合物的物质基础，而适宜的温压等条件则确保了天然气与水能够构成结晶体。从目前对海洋水合物的研究结果看，具有较高沉积速率的地区大多具备上述天然气水合物形成的基本条件，也是非常有利的成矿区。不同地区构造背景、气源供给程度及流体活动机制等方面的差异，直接构成了水合物形成的多种成矿机制与模式。

一、天然气水合物成矿的基本条件

（一）天然气水合物稳定域的存在

水合物稳定域（hydrate stablization zone，HSZ）是指由温度、压力、气体组分和水介质等环境因素所控制的，具备形成天然气水合物并使其稳定赋存的地质空间区域或带，也称之为“水合物稳定带”。

水合物形成于海底沉积物或永久冻土带中。研究和实践表明，在世界 90%的海洋中的某一深度以下均有适宜水合物存在的温压环境。年轻的、欠压实的海洋碎屑沉积层内一般都具有充足的孔隙和大量的孔隙水，当源于沉积物自身的生物成因的浅成气和热成因的深成气在向上迁移过程中进入该水合物稳定域，并充满沉积物的孔隙，就可以形成水合物富集带（图 11.3）。水合物充填在稳定域沉积层孔隙中，可形成一个油气封盖层，为其下常规的游离气藏提供良好的遮挡条件。因此，通常情况下，水合物稳定域基底代表了游离气-水合物之间的准稳定相边界。地震剖面上的似海底反射层）是天然气水合物赋存的主要地球物理标志，它是由水合物沉积层的高阻抗与其下伏沉积层的低阻抗

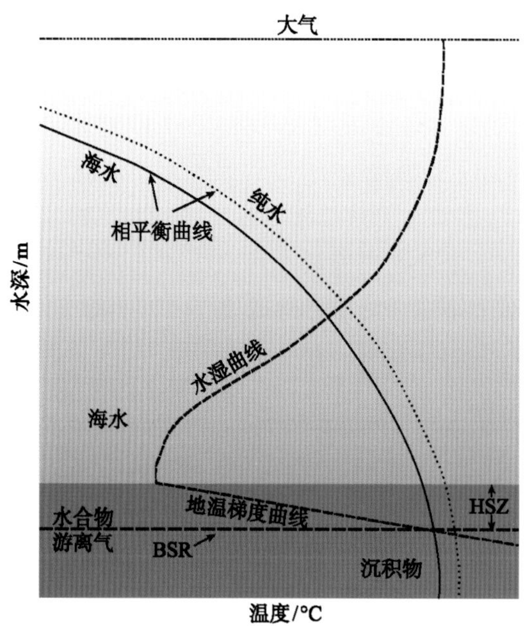

图 11.3　水合物稳定域相图（Dickens et al.，1997）

之间的相互作用而形成的振幅较强的地震反射，具有与海底基本平行、速度异常、极性反转、高振幅的特点。BSR 深度与水合物稳定域的理论底界一致，是水合物沉积层与其下部含游离气沉积层的相边界。可见，BSR 已成为判断海洋中存在天然气水合物及查找其分布的重要依据。但是在某些情况下，游离气带的顶界与 HDZ 的底界并不一致，其间可能存在一层既无水合物也无游离气的沉积层。ODP164 航次的 994 站位处无 BSR 显示，但钻探结果表明该处也蕴藏有丰富的水合物。研究分析表明这里的游离气顶界深于水合物沉积层底界，这主要是由于甲烷的供给速率低于某一临界值而导致的（金庆焕等，2006）。

尽管BSR是沉积层中存在天然气水合物的典型特征，但天然气水合物与BSR并不存在一一对应的关系。BSR 受到构造升降作用、沉积压实作用、沉积层厚度、孔隙度、饱和度、含碳量及下部可能存在的游离气等因素的影响，可能会产生地球物理处理中多种因素造成的反射假象，这已为 ODP 的多个航次及站点所证实（ODP184 航次 1144 站位的 BSR 解释假象）。显然，BSR 的应用存在一定的适用范围（姜辉等，2008），具体包括：

（1）仅适用于海洋沉积物中。

（2）BSR 的识别效果与合适的频宽关系密切，应选择对 BSR 最敏感的频谱范围进行解释与分析。

（3）当天然气水合物带之下有游离气存在时，BSR 往往可准确揭示水合物及其稳定带（HSZ）的存在；反之，若天然气水合物带之下没有或含少量游离气时，一般 BSR 发育不明显或者没有。

（4）含有不同气体组分（如 H_2S 含量达 15%）和高盐度的孔隙水时易造成 BSR 缺失。

（5）BSR 只能反映天然气水合物层和下伏沉积层（游离气层）的厚度范围。

金庆焕等（2006）依据大量的调查资料分析指出水合物稳定域受温度、压力、沉积物中气体成分和流体盐度的影响，具体包括以下几个方面。

1. 温度和压力

水合物的形成需要高压低温，这就使得自然界中的水合物基本上产自高纬度的永久冻土带和深海浅层沉积物。对海洋环境来讲，甲烷水合物多产于水深 300m 以下的海底沉积物中。

2. 气体成分

自然条件下，天然气的组成往往很复杂，并非总是纯甲烷，通常还含有乙烷、丙烷、二氧化碳、硫化氢等杂质组分。杂质组分的存在，同样影响水合物的平衡态性质，通常乙烷、丙烷、二氧化碳等杂质的混入，在较小的压力和较高的温度下就可以形成以甲烷为主的水合物，从而使水合物稳定域变厚。甲烷纯水体系物化试验研究表明，与纯甲烷相比，在含有 8.7%乙烷的情况下，同一温度下形成水合物的压力要小 2MPa 左右，而在同一压力下形成水合物的温度要高 3～4℃，类似组分的天然气形成的水合物稳定域的厚度则可增加几十米至数百米。

3. 同生水的盐度

Dickens 和 Quinby-Hunt（1994）的实验表明，在海水中水合物分解的温度要比在纯水中低 11℃。因而，当有盐溶液进入孔隙时将使水合物带变薄。假定水深 2000m，地温梯度为 2.5℃／100m，当给纯水中加入了 3.5%的氯化钠时，水合物稳定域的厚度将减小 9%。在墨西哥湾盐底辟带，因盐度的增加，底辟中心水合物厚度要比周围减少数百米。

4. 地温梯度

海底沉积地层中的地温梯度是决定水合物稳定域厚度的一个关键参数。沉积层热导率主要取决于沉积层的岩石成分、密度、孔隙度、含水量等因素。不同的岩性具有不同的热导率，从而使海底沉积物的地温梯度也发生相应变化。在盐底辟构造中，盐的热传导率相对较高，盐底辟构造内部的地温梯度相对较低，而其上覆地层的地温梯度较高，从而导致盐底辟之上的水合物带比周围要薄。与此相反，泥页岩通常比周围沉积物的热传导性差，从而导致泥页岩底辟内的地温梯度较高，底辟之上的地温梯度较低．因此，泥页岩底辟之上的气体水合物带会变厚。有热流活动的深断层和现代火山活动均能导致地温梯度的局部升高，从而使水合物底界上升。通常在相同的水深条件下，高的地温梯度一般形成相对薄的水合物稳定域；而低的地温梯度区一般形成相对厚的水合物稳定域。

值得提及的是，尽管在高压和低温的适宜环境下，当甲烷气供给充足时，水合物将出现于整个水合物稳定域中。但随着沉积作用、深部热流等各种地质作用的进行，海底压力和温度会产生变动，将使水合物稳定域的相边界稳定条件发生变化，甚至遭到破坏。水合物会开始释放出气体，水合物稳定域底界将向上移动。同时，水合物分解释放出的甲烷气体也可能会在合适的温压场中再次固化，形成新的水合物层。

（二）充足的气源

水合物中的气体分子可以是 CH_4、C_2H_6 等烃类气体的分子，也可以是 CO_2、H_2S 等非烃类气体的分子。而天然气水合物烃类气体的成因，主要为微生物成因和热成因，少数地区则混合了两种成因的烃类气体。微生物成因的甲烷气体主要由二氧化碳还原（$CO_2+4H_2 \longrightarrow CH_4+2H_2O$）和醋酸根发酵（$CH_3COOH+4H_2 \longrightarrow CH_4+CO_2$）作用形成（Paull et al.，2000）。在微生物作用生成甲烷的过程中，会出现较大的碳同位素分馏，一般为 60%～70%，它是区别热成因作用生成甲烷（碳同位素较少出现分馏）的一个标志。据 Kvenvolden（1995）统计的，世界各地水合物样品不同成因甲烷的碳同位素组成，其中大多地区的样品属于细菌微生物还原成因，甲烷气的 $\delta^{13}C_1$ 值非常低，一般为–94‰～–57‰。例如，1995 年 11～12 月，ODP164 航次在大西洋西部布莱克海台于 995、997 钻孔采集到水合物样品的甲烷气的 $\delta^{13}C_1$ 值为–69.7‰～–65.9‰，是典型的微生物成因的甲烷气体。它与我国陆上盆地许多浅气田（藏）的生物气的低甲烷 $\delta^{13}C_1$ 值的特征是一致的。

而热成因的甲烷气体是由于干酪根在温度超过 120℃时经热降解作用形成。在此过程中，碳同位素较少出现分馏，故其碳同位素组成与沉积物有机质同位素组成比较接近。为此，可用气源碳同位素组成对比方法，确定热成因气的成因问题。上述统计中只有部分水合物样品的甲烷气的 $\delta^{13}C_1$ 值较高，一般为 57‰～–29‰。此值与我国许多含油气盆地的油型气和煤型气较高甲烷 $\delta^{13}C_1$ 值特征相近似。

应用天然气水合物烃类气体的 $C_1/(C_2+C_3)$ 比值以及甲烷的 $\delta^{13}C_1$ 同位素组成可以有效地区分气体成因（Kvenvolden, 1995； Matsumoto et al., 2000）。一般来说，$C_1/(C_2+C_3)>1000$、$\delta^{13}C_1$（PDB 标准）<–60‰指示气体为微生物成因；$C_1/(C_2+C_3)<1000$、$\delta^{13}C_1>-50$‰指示热成因；介于两者之间表明为混合成因（图 11.4）。

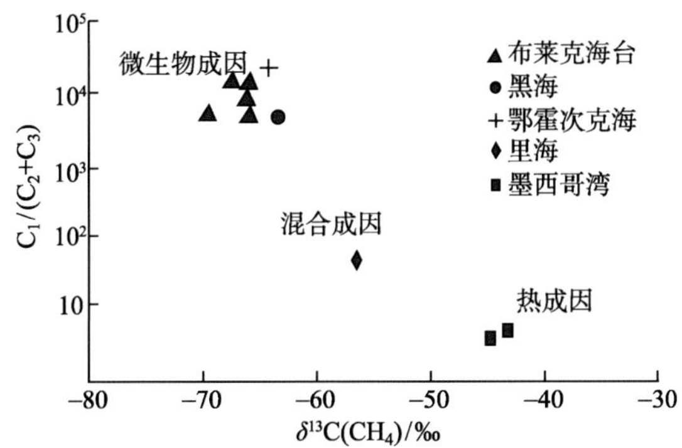

图 11.4　甲烷碳同位素和烃类气体组成判别气体成因
（Matsumoto et al.，2000，修改；赵祖斌等，2001）

研究天然气水合物中甲烷的 δD 同位素组成可以进一步判别微生物成因的方式（图 11.5），如果 CH_4 由 CO_2 还原生成，那么 CH_4 中的 H 来源于周围的水，而当 CH_4 由醋酸根发酵形成时，CH_4 中的 H 有 3/4 来源于有机质，只有 1/4 来源于水，从而导致 δD 同位素组成的差别。通过 CO_2 还原形成的甲烷 δD 值一般大于–250‰（SMOW 标准），典型值为–191‰ ±19‰，如果 CH_4 由醋酸根发酵形成，其 δD 值通常小于–250‰，一般为–355‰～–290‰。布莱克海岭天然气水合物样品的甲烷 δD 同位素组成为–206‰～–201‰，为典型的 CO_2 还原成因（Matsumoto et al, 2000）。

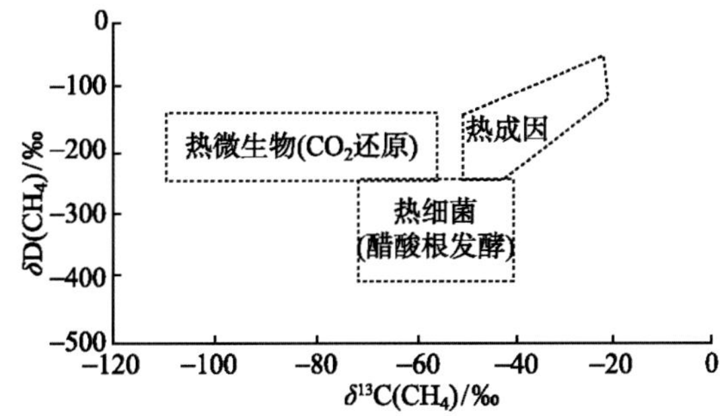

图 11.5　甲烷 C、H 同位素组成判别气体成因 （Matsumoto et al, 2000）

目前主要有两种成矿气体运移观点：一种是原先的天然气藏因温度或孔隙压力变化而转变为水合物；另外一种是微生物成因气或热成因气从邻近或下部运移至水合物稳定域而形成水合物。前一种情况下，原先的天然气藏内部发生冷却或者受到挤压，使得系统内部的烃类气体和水达到水合物形成的温度压力条件而形成水合物；后一种情况是在适宜的气体和含水渗流条件下，邻近或深部的烃类气体源源不断地被运移到水合物稳定域，于天然气丰度不断增加而导致水合物的生成和聚积。

研究表明，当总有机碳（TOC）含量为 1%时，如果沉积物中所有有机质全部转化为甲烷，那么由此形成的水合物可以占据孔隙度为 50%的沉积物中 28%的孔隙空间，即水合物的饱和度为 28%。若假定有机质转化为甲烷的效率为 50%，则海洋环境中水合物形成所需要的 TOC 最低含量为 0.5%。而 TOC 含量达到 2%时，可确保证生成水合物形成所需的甲烷量。目前，世界上已发现的海洋水合物，除少数地区含有热解成因的烃类外，大部分为生物成因甲烷。因此，有机碳含量是生物成因水合物形成的重要控制因素，即水合物形成的关键是要有充足的甲烷供应，而丰富的有机碳（TOC）是甲烷生成的必要条件之一。世界主要水合物发现海域的海底沉积物有机碳分析结果表明，水合物分布区的表层沉积物有机碳含量（TOC）一般大于 1%（Gorntiz and Fung，1994），若有机碳含量低于 0.5%，则难以形成水合物（Waseda，1998）。

（三）充足的粒间孔隙水和赋存空间

水合物的形成，在有了水合物稳定域和充足的气源之后，还需要提供形成水合物所必需的水介质与储集空间，其储集空间由沉积体的类型所决定。ODP 164 航次在位于美国佐治亚州南部岸外 350km、水深 2000～4000m 的大西洋海域的布莱克海台地区发现沉积物中存在水合物，科学家对钻孔揭示的沉积物常量组分进行了分析（Lu et al.，2000），认为该地区沉积物中陆源物质和生物碳酸盐的含量超过 99%，沉积物 Al／Ti 值为 16～20，属于典型的陆源成因范围，表明布莱克海台地区沉积物主要来源于陆源和生物成因物质。

沉积物中的水合物通常具有四种存在形式：①占据粗粒沉积物的孔隙；②分散在细粒沉积物中形成结核；③充填裂隙；④具少量沉积物的水合物块体。越来越多的研究表明，沉积物性质对水合物的形成与分布具有重要的控制作用。例如，阿拉斯加和中美洲海槽沉积物中水合物分布明显与沉积物岩性有关(Collett,1997),在中美洲海槽 DSDP570 站位中发现水合物的沉积物粒度要比没有发现水合物的上、下地层沉积物的粒度大得多，砂、粉砂粒级沉积物含量明显增加。Clennell 等（1995）认为，水合物是由于毛细管作用和渗透作用在沉积物颗粒间的空隙中形成的。粗粒沉积物由于其较大的孔隙空间，有利于流体活动和气体富集，也有利于大量水合物的形成。例如，北阿拉斯加的水合物主要充填在粗粒沉积物孔隙中。

但 ODIP204 航次资料表明，含水合物的沉积物粒度都比较细，主要为粉砂级沉积物。从目前的情况来看，世界海域已经发现的水合物主要呈透镜状、结核状、颗粒状或片状分布于细粒级的沉积物中（Brooks et al.，l991；Ginsburg et al.，1993），含水合物的沉积物岩性多为粉砂和黏土。而在黑海北部克里米亚大陆边缘 Sorokin 海槽泥火山发现的水合物都存在于泥质角砾岩中，并饱含气体（表 11.1）。上述情况说明水合物成矿与沉积物颗粒粗细之间没有明显的对应关系。金庆焕等（2006）认为，水合物主要生成于细粒级的沉积物中，富集于细粒沉积物背景中的较粗沉积物中，这是由于其所处的深水沉积环境所决定的。

表 11.1　世界范围内水合物样品岩性及特征一览表（金庆焕等，2006）

位置	发现航次	发现站位	样品描述
中美洲海槽（Costa Rica）	DSDP84	565	发育于泥及泥质砂中
	ODP170	1041	呈分散状或层状（泥岩、粉砂岩中）
中美洲海槽（危地马拉）	DSDP67	497	沉积物中发育
		498	胶结于粗屑玻质砂中
	DSDP84	568	泥岩
		570	水合物块，发育层状火山灰
中美洲海槽（墨西哥）	DSDP66	490	层状火山灰和泥
		491	泥中发育
		492	层状火山灰
鳄鱼河盆地（加利福尼亚）			泥岩中呈节结状或层状产出
卡斯凯迪亚（俄勒冈）	DSDP146	892	淤泥中呈集簇状、层状产出
水合物脊			在碳酸盐壳中呈块状、层状产出
鄂霍茨克海（俄罗斯） Paramushir 岛滨外			在软泥中呈层状产出
鄂霍茨克海（俄罗斯） Sahkailin 岛滨外			在淤泥和黏土中呈层状产出
日本海	ODP127	796	在砂和黏土中呈结晶产出
南海海槽	ODP131	808	冲积碎块
秘鲁-智利海槽	ODP112	685	泥岩中有水合物残留
		688	泥岩中见水合物颗粒
墨西哥湾	DSDP96	618	泥岩中呈节结状或晶体产出
格林峡谷			在砾石层呈节结状或层状产出
戈登海岸			在砾石层呈节结状或层状产出
密西西比峡谷			在粗粒沉积物中呈片状产出
布什山			海丘
布莱克海台	DSDP76	533	泥中发现水合物残留物
	ODP164	994	粉砂质黏土中发现水合物残留物
		996	钙质软泥中呈节结状或脉状产出
		997	块状产出（约 30cm）
Hakou Mosby 泥火山			包体和板片
尼日尔三角洲			节结状散布于黏土中
黑海	TTR-6		叶脉状产出于淤泥质角砾岩中
里海			层状产出于黏土质淤泥中
贝加尔湖			分散见于砂、淤泥中
马更些三角洲			分散见于砂、砾中

海洋水合物主要产自于晚中新世以来的未固结沉积物中，如含砂软泥、粉砂质黏上等，如 ODP 在布莱克海台 997 孔取得的水合物分布于上新世地层。而一些通过构造裂隙或盐底辟构造部位渗出的水合物可分布在全新世地层，如德国“太阳号”在东太平洋

水合物海岭和大洋钻探在布莱克海台 996 站位取得的水合物样品。此外，根据 ODP164 航次含水合物的沉积物特征，水合物稳定带的沉积物含较丰富的硅藻化石，也表明古气候适宜和古生产率高的环境。由于硅藻具有孔隙较发育的特点，大量硅藻的存在增加了沉积物孔隙度和渗透率，并且沉积物孔隙度与生物硅含量呈显著的正相关关系。

（四）较高的沉积速率

大多数海洋水合物是由生物甲烷生成的。在快速沉积的半深海沉积区聚积了大量的有机碎屑物。由于被迅速埋藏，有机物质未遭受较大程度的氧化作用而被保存下来，并在沉积物中经细菌作用转变为大量的甲烷（Claypool and Kaplan，1974）。同时，沉积速率高的沉积区易形成欠压实区，从而构成良好的流体赋存体系。因此，沉积速率是控制水合物聚集的主要因素之一，高的沉积和沉降速率有利于水合物的形成。根据美国大西洋边缘水合物的研究结果，含水合物沉积物的沉积速率一般都较快，一般超过 30m/Ma。在东太平洋边缘的中美洲海槽地区，赋存水合物的新生代沉积层的沉积速率高达 1055m/Ma；在大西洋美洲大陆边缘中的 4 个水合物聚集区中，3 个与快速沉积有关。其中，布莱克海台地区晚中新世至全新世沉积速率为 4.0～34cm/ka，哥斯达黎加地区上新世至全新世沉积速率为 5.5～9.3cm/ka。

从世界已发现的水合物分布区来看，大多处于沉积速率较高、沉积厚度较大、砂泥比适中的三角洲、扇三角洲以及浊积扇、斜坡扇和等深流沉积等相带中，如加拿大西北部 Mackenzie 三角洲地区的水合物主要形成于三角洲前缘（Collett，1997）。

Matveeva 和 Shoji（2002）认为，水合物分布区与等深流沉积有较为密切的关系，全球六大等深流沉积区基本上都是水合物有利的分布区（图 11.6）。

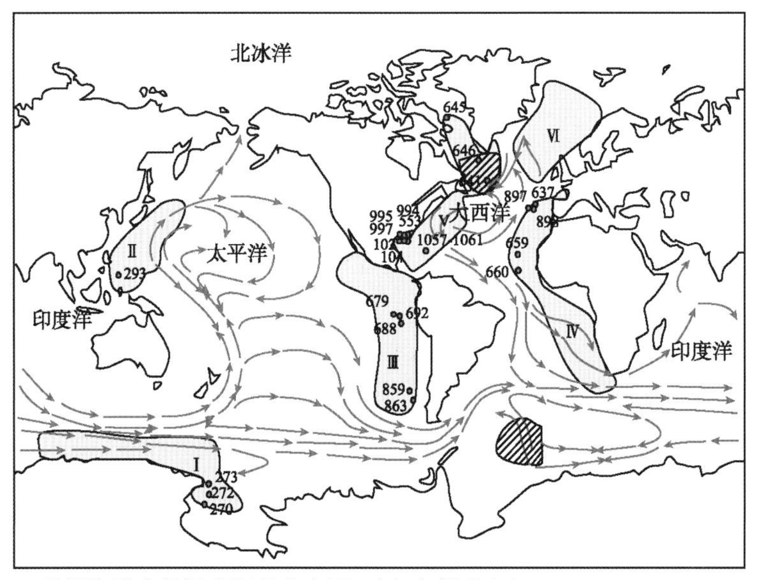

图 11.6　世界海洋中等深流沉积分布图　（灰色部分）（Matveeva and Shoji，2002）

Ⅰ为南极洲，Ⅱ为西北太平洋，Ⅲ为东太平洋，Ⅳ为东南大西洋，Ⅴ为西北大西洋，Ⅵ为北大西洋-北冰洋；斜线区为底流沉积区，红点为 DSDP-OOP 发现等深流沉积站位，红色箭头表示深水洋流方向

等深流是在科氏力和水体密度梯度作用下，顺同一深度形成的密度底流。等深流沉积主要分布在沉积速率较高的地方，形成的首要条件是沉积物的重力固结作用不稳定而导致上升流的流动，是海洋沉积物沉积后又被活跃的等深流充分改造过的沉积，广泛分布于深水海底，通常以庞大的规模沿着大陆边缘漂移，高的含水量和源于生物的生产力增长影响着其成岩，其特性是组分的重新分配和特有的内生矿物的形成以及独特的孔隙水成分。等深流沉积体在形态和空间展布上具有自身的特性。

著名的含水合物地区——布莱克海台位于大西洋西北部，其沉积物受到向南流动的大西洋西部边缘潜流和径流的相互作用，是在中新世至上新世期间，由沉积物漂移堆积而成的，具有非常高的沉积速率（可达 350m / Ma）。通过对布莱克海台沉积物的研究，发现等深流沉积与水合物形成具有密切关系（Matveeva and Shoji，2002）。首先，根据粒度分析和孔隙度、渗透率测试结果，布莱克海台的水合物总体上受粒度较粗、渗透性较好的沉积物所控制；其次，从水文地质条件来看，水合物形成过程中的溶解气和水通过含气的淡化上升流进入水合物稳定带；再次，构造形变引起的断层和破裂带是流体运移的通道；最后，含气流体的流动主要受海岭形态的控制。总体上，水合物的聚集主要受限于 BSR 的分布范围。

二、天然气水合物成矿的地质模式

如前所述，天然气水合物主要形成、分布于大洋、陆上深湖和永久冻土带等环境。不同的构造背景及流体活动机制直接导致了不同的水合物形成机理和分布规律。大洋环境中甲烷通常是最主要的烃类气体，而永冻区环境中乙烷和其他较重烃则占有较高的比例。从目前已发现的海底水合物气田和陆上已发现的几十个水合物气田形成的地质特征，可总结出如下不同环境下的成矿地质模式。

（一）大陆永冻土区成矿地质模式

在陆上永久冻土带，天然气水合物气田的形成与常规气田的分布似乎更为密切，分布通常与冻结岩石带一致，分布范围相对局限。苏联学者 Ginsburg 和 Soloviev(1990) 主要依据陆上已发现的西西伯利亚麦索雅哈等气田的资料，将陆上天然气水合物成藏过程或模式概括为四种情况（图 11.7）：图 11.7（a）、（b）主要展示了常规气藏变为天然气水合物气藏的过程。图 11.7（a）中，由于水量不足，只有常规气藏的一部分天然气变成了水合物。天然气水合物形成带底界高于常规气藏的气-水接触界面。目前已工业开采的麦索雅哈天然气水合物气田完全符合该成矿模式。图 11.7（b）中，如果天然气水合物形成带下降到常规气藏的气-水接触面以下，则变为天然气水合物的气体数量会不断增加；图 11.7（c）、（d）主要展示了游离气形成天然气水合物气藏的动态过程。如果天然气水合物形成带底部穿过含有游离气或溶解气孔隙水的地层部分，则该部分岩石会随着含游离气或溶解气地层水的不断补充、开始被水合物充填[图 11.7（c）]。在天然气水合物形成带中水合物丰度不断增高的情况下，当地层充满水合物的程度很高时，则该部分地层会变成不透水、不透气的遮挡层，使其下方易形成常规气藏[图 11.7（d）]。

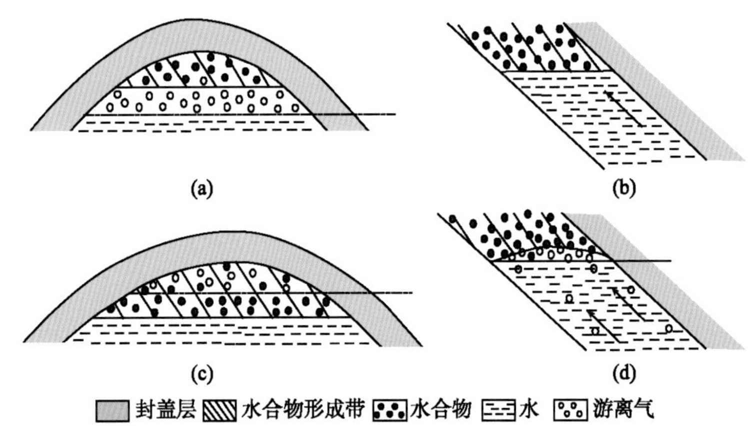

图 11.7　大陆天然气水合物成矿地质模式（Ginsburg and Soloviev，1990）

在上述前两种情况中，无外来物质供给，水合物主要是由冷却、挤压或天然气丰度增加等因素的作用而原地形成的。而后两种情况中，则存在与外来物质的交换，形成水合物的作用主要是渗流等因素。

（二）海洋和深湖区成矿地质模式

1. 主动陆缘水合物成矿地质模式

主动活动大陆边缘俯冲带增生楔区（简称增生楔）是天然气水合物最为发育的地区，如南设得兰海沟、秘鲁海沟、中美洲海槽、俄勒冈滨外、日本南海海槽、中国台湾西南近海等。这些地区水合物的分布与海底扇、海底滑塌体、台地断褶区、断裂构造、底辟构造、泥火山、“梅花坑”地貌等特殊地质构造环境紧密相关，是具有水合物成矿的有利地质条件。

增生楔区是水合物最为发育区。1977～1998 年利用地震探测技术，在世界上东太平洋地区、西太平洋地区和印度洋地区的 12 个增生楔中都发现了天然气水合物（表 11.2）。

表 11.2　世界部分海域 12 个增生楔中水合物发现统计表（金庆焕等，2006）

地区	增生楔位置	构造背景	发现方式	发现组织（国家）	发现时间
东太平洋地区	南设得兰海沟东南侧	南极板块内的菲尼克斯微板块向东南俯冲至南设得兰板块之下	识别 BSR	澳大利亚	1989 ~ 1990 年
	智利西海岸智利三联点附近	纳兹卡板块、南极洲板块俯冲至南美洲板块之下	识别 BSR，并经钻探证实	ODP 组织	ODP14 航次
	秘鲁海沟	太平洋板块俯冲于南美洲板块之下	获取水合物样品，识别 BSR	ODP 组织	1986 年
	中美洲海槽区	—	外遇水合物，后识别 BSR	DSDP 组织、美国得克萨斯大学海洋科学研究所	1979 年

续表

地区	增生楔位置	构造背景	发现方式	发现组织（国家）	发现时间
东太平洋地区	北加利福尼亚陆缘岸外	门多西诺断裂带北部板块聚敛	识别 BSR，并于海底地球化学岩样中见水合物	美国地质调查局	1977 年、1992 年
	俄勒冈滨外	卡斯凯迪亚俯冲带南延部分	识别 BSR，后经 ODP 钻探证实	美国迪基肯地球物理勘探公司、ODP 组织	1989 年、1992 年
	温哥华岛外	卡斯凯迪亚俯冲带南延部分	识别 BSR，后经 ODP 钻探证实	美国迪基肯地球物理勘探公司、ODP 组织	1985 ~ 1989 年、1992 年
西太平洋地区	日本海东北部北海道岛滨外	菲律宾板块向西北方向俯冲	钻遇水合物，后经地震资料处理，识别 BSR	ODP 组织	1989 年
	日本南海海槽	菲律宾板块向西北方向俯冲	钻遇水合物，后经地震资料处理，识别 BSR	ODP 组织	1990 年
	台湾碰撞带西南近海	南中国海洋壳向东俯冲于吕宋岛弧之下	识别 BSR	中国台湾	1990 年、1995 年
	苏拉威西海北部及西里伯海周边	西里伯海洋壳在苏拉威西海西北部海沟处俯冲至苏拉威西岛之下	识别 BSR	德国与印度尼西亚在西里伯海执行的地质科学调查计划（GIGICS）SO 第 98 航次	1998 年
印度洋地区	印度洋西北阿曼湾莫克兰近海	阿拉伯板块、印度洋板块向北俯冲至欧亚板块之下，形成自霍尔本兹至卡拉奇的东西向俯冲带	识别 BSR	英国剑桥大学贝尔实验室	1981 年

所谓增生楔（又称增生楔形体或俯冲杂岩）是指由洋壳下插至陆壳之下，大洋板块沉积物被刮落下来，堆积于海沟的陆侧斜坡，这种堆积体称为增生楔。它是主动活动大陆边缘的一种主要构造单元，沿板块活动边界发育深海沟，靠陆一侧为多个逆冲岩席组成的复合体，在其后发育的有沉积型弧前盆地，两者构成陆坡。当大洋板块、海沟中的物质在板块俯冲中被刮落下来，通过叠瓦状冲断层、褶皱冲断等各种机制附加到上覆板块，并沿海沟内壁形成大陆边缘及增生楔独特的成矿地质体。利用高精度地震探测技术可显示出增生楔的发育叠瓦状冲断层和褶皱，是水合物大规模发育的有利区域，在浅层易发现水合物存在的地震标志——BSR。这是因为，在板块俯冲运动中，新生的且富含有机质的大洋沉积物由于俯冲板块的构造底侵作用刮落并带到增生楔内，不断加厚，载荷增加，构造挤压使沉积物脱水脱气，孔隙流体携带深层 CH_4 气沿断层向上快速运移、排出，这些活动均为水合物的形成提供了物质条件，在适宜的温压条件下聚集形成水合物矿藏，部分 CH_4 气从海底逸出并形成海底碳酸盐岩壳。于增生楔属于构造不稳定区，构造隆升可导致水合物稳定带底部压力降低，造成水合物分解，从而使稳定带底部层位形成游离 CH_4 气聚集，BSR 特征更清晰可辨（图 11.8）。

例如，日本南海海槽水合物分布区是菲律宾海板块向西北方向俯冲与欧亚板块碰撞，形成了南海海槽及其西北靠大陆一侧的增生楔，浅部发育斜坡盆地。地震剖面资料揭示了俯冲洋壳基底、拆离断层及上覆增生楔的各构造单元，是水合物发育的地区。

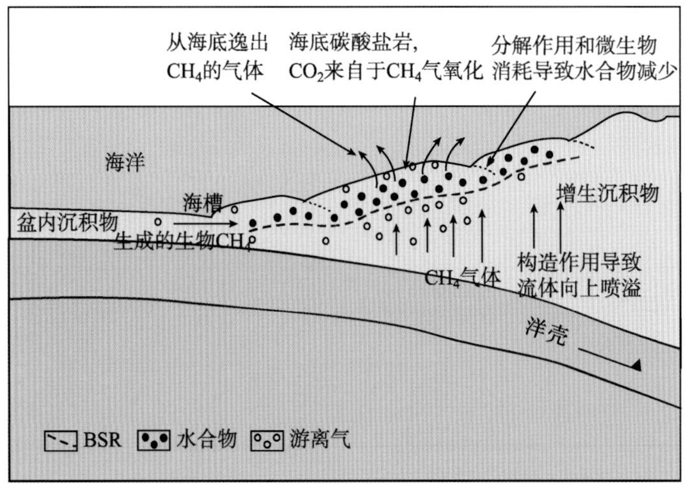

图 11.8 主动陆缘增生楔内 CH_4 气体运移与水合物 BSR 形成图
（Hyndman and Davis 1992，修改）

2. 被动陆缘水合物成矿地质模式

被动大陆边缘是指构造上长期处于相对稳定状态的大陆边缘，具有宽阔的陆架、较缓的陆坡和平坦的陆裙等地貌单元，通常围绕大西洋、印度洋分布，约占大陆边界的60%，多沿苏亚古陆、冈瓦纳大陆裂谷内侧或克拉通内部形成。在这些地区的下陆架——陆坡区（变薄的下沉陆壳）或陆坡-陆隆区（变薄的下沉洋壳）边缘处，在重力驱动的拉伸构造作用下发育了一系列平行于海岸线的离散大陆边缘盆地。被动大陆边缘的陆坡、岛屿、内陆海、边缘海盆地和海底扩张盆地等的表层沉积物中易形成水合物，并且是水合物富集成藏的有利地区。

在被动大陆边缘中，断裂褶皱、底辟构造、海底重力流和滑塌体等地质构造环境与水合物的形成和分布密切相关，著名的海区有阿拉斯加北部波弗特海陆坡、布莱克海台、北卡罗来纳洋脊、墨西哥湾、挪威西北部巴伦支海、印度西部陆缘和非洲西部岸外等。被动大陆边缘内巨厚沉积层塑性物质流动、陆缘外侧火山活动及张裂作用，均可构成水合物成矿的有利环境。例如，阿拉斯加北部波特海陆坡是一个由水合物分解形成的大型海底滑坡的一个典型实例，其滑塌体的规模与地震反射剖面上识别出的含水合物的分布范围很相近；美国东部大西洋南卡罗来纳大陆隆上的 Cape Fear 滑坡规模巨大，滑坡面和滑塌沉积物向坡下延伸达 400km，高 120m，分析认为与海底盐隆和水合物的分解有关。滑坡区西侧的深穿透高分辨多道地震剖面中，发现明显的盐上拱并侵入到上覆地层，沿底辟柱两侧的牵引地层出现强反射 BSR，在 BSR 之上地层因为层间坡阻抗差减小而出现空白带。底辟柱顶部有亮点，显示 BSR 之下的局部地区聚集游离气；另一个与盐底辟构造相伴生的水合物地区是墨西哥湾盐丘区。用高分辨率地震反射剖面测量，发现了水合物 BSR 及“空白带”，圈定出了水合物的分布范围，推测出强反射带即为水合物稳定带的底界，并用 3.5kHz 回声探测仪等手段观察，发现了与盐底相关的海底滑坡构造及其附近有水合物及气体的喷溢，用海底深潜考察船取得了墨西哥湾水合物的样品。

金庆焕等（2006）在 Milkov 和 Sassen（2002）研究工作的基础上，将被动大陆边缘水合物成矿地质模式分为成岩型、构造型和复合型等三类。其中，构造型地质模式根据主要的构造控制因素，又可进一步细分为断褶带、底辟或泥火山、滑塌构造等成矿地质模式。

1）成岩型水合物成矿模式

成岩型水合物的形成与分布主要受沉积因素控制，其成矿气体以生物成因气为主，既有原地细菌生成的，也有经过孔隙流体运移而来的。在富碳沉积区，甲烷气主要在水合物稳定域中生成，水合物形成与沉积作用同时发生，水合物可在垂向上的任何位置形成，并在“相对渗透层”中富集。当甲烷水合物稳定带变厚和变深时，其底界最终沉入造成水合物不稳定的温度区间，在此区间内可生成游离气。但如果有合适的运移通道，这些气体将会运移回到上覆水合物稳定区（图 3.63）。成岩型水合物成矿实例包括布莱克海台、墨西哥湾的小型盆地、日本南海海槽等。

2）构造型水合物成矿模式

构造型水合物主要受构造因素控制，由热成因、生物成因气或者混合气从较深部位沿断裂、泥火山或其他构造通道快速运移至水合物稳定域而形成，水合物主要分布在构造活动带周围，丰度较高。

A. 断裂褶皱构造

在被动陆缘的盆地边缘、海隆或海台脊部，水合物稳定带之下经常伴生有多条正断层，正是这些断层为深部气源向浅部运移提供了通道，而浅部的褶皱构造圈闭可适时捕获运移到浅部的气体，形成构造型水合物及其 BSR。由于浅部沉积层扭曲变形及断裂作用，BSR 显示出轻微上隆并被断层错断复杂化，部分气体可通过断层再向上迁移进入水体形成“羽状流”，在海底形成“梅花坑”地貌，发育各种化能自养生物群落（图 11.9）。

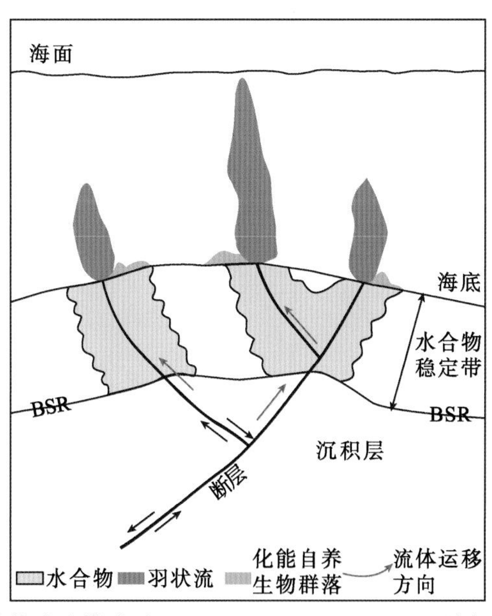

图 11.9　断裂褶皱构造水合物成矿模式（Milkov and Sassen，2002；引自金庆焕等，2006，略修改）

构造型水合物矿藏通常以断裂系统控制的渗流模式形成，一般发生于断裂发育、流体活跃的断褶带，流体以垂向运移方式为主，成矿气体主要为中深层热解气。在断褶带，以断裂为主的运移通道体系和与不整合面有关的运移通道体系起主导作用，气体运移方式以顺流-热对流型为主，气体沿断层和不整合面由下部气源高压区向上部低压区侧向运移，或垂向与侧向联合运移而形成上升流，当富含烃类气体的上升流进入水合物稳定域时，即可形成水合物。布莱克海台、印度西部陆坡、阿拉斯加北部波弗特海、挪威西北巴伦支海熊岛盆地都已发现断裂-褶皱构造水合物。

B. 底辟构造或泥火山

在地应力驱使下，深部或层间的塑性物质（泥、盐）垂向流动，致使沉积盖层上拱而形成底辟构造，当塑性流刺穿海底时，即形成泥火山。海底泥火山和泥底辟是海底流体逸出的表现，当含有过饱和气体的流体从深部向上运移到海底浅部时，由于受到快速的过冷却作用而在泥火山周围形成了水合物。因此，深水海底流体逸出大多是气体（溶解气或游离气）作为现代水合物聚集稳定存在的特殊自然反应。全球海洋中具有这种流体逸出迹象的海底不少于 70 处，均是水合物存在的有利远景区。

被动陆缘内存在巨厚沉积层塑性物质及高压流体、陆缘外侧火山活动及张裂作用，导致该地区底辟构造发育，如美国东部大陆边缘南卡罗来纳盐底辟构造、布莱克洋脊泥底辟构造、非洲西海岸刚果扇北部盐底辟构造、尼日尔陆坡三角洲小规模底辟构造等。而黑海、里海、鄂霍茨克海、挪威海、格陵兰南部海域和贝加尔湖等地区，都已发现存在水合物的海底泥火山。

底辟构造或泥火山形成的水合物往往呈环带状分布在底辟构造或海底泥火山周围，可直接出露于海底，在底辟周围可见清晰的 BSR 显示，在泥火山周围常发育着大量的局限化能自养生物群落（图 11.10）。底辟构造或泥火山水合物成矿实例包括南卡罗来纳近海盐底辟构造、非洲西海岸等。

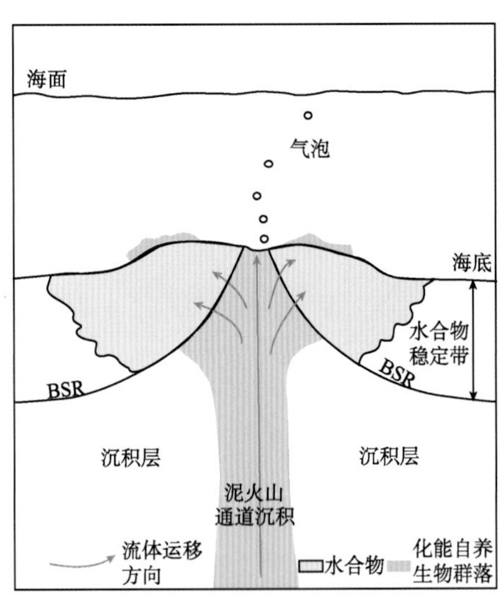

图 11.10　泥火山水合物成矿模式（Milkov and Sassen，2002；金庆焕等，2006，略修改）

C. 滑塌构造

滑塌构造是指海底土体在重力作用下发生的一种杂乱构造活动。深水海底滑塌构造与水合物关系密切。一方面，滑塌构造是水合物形成与分布的有利地质件。首先，海底滑塌体由沉积物快速堆积而成，地震反射特征表现为杂乱反射，沉积物一般具有较高孔隙度，可为水合物的形成提供所需储集空间；其次，由于快速堆积，沉积物中的有机质碎屑物在尚未遭受氧化作用情况下即被迅速埋藏而保存下来，经细菌作用可转变为大量的甲烷气体：同时，由于滑塌沉积物分选差、渗透率低，不利于气体疏导，能较好地屏蔽压力，为水合物的形成提供良好的压力环境。另一方面，滑塌本身可能是由于水合物分解而产生的构造效应。

与滑塌构造伴生的水合物最有可能的分布区是在毗邻宽广陆架（或带有含气沉积地层的古陆架）的陡峭陆坡上。在滑塌构造附近，水合物主要以孔隙流体运移模式形成。滑塌体中的沉积物受到侧向压实作用导致大量流体排放，在成岩作用过程中，烃类气体向浅部地层扩散、渗滤，水合物的形成速度明显慢于甲烷的生成速度，所形成的水合物大多聚集在 BSR 上一个相对狭窄地带，水合物稳定带的底界呈不连续或突变状，而上界则是扩散和渐变的（图 11.11）。挪威海 Storegga 滑塌区即为典型的滑塌构造水合物。

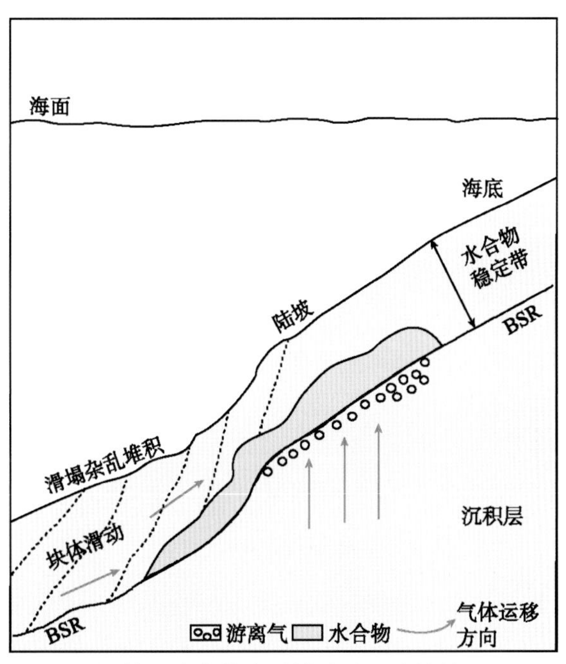

图 11.11　滑塌构造水合物成矿模式（金庆焕等，2006，略修改）

3）复合型水合物成矿模式

复合型水合物的形成受到成岩作用和构造作用的复合影响，复合型水合物矿藏同时受成岩作用和构造作用控制，其成矿气体既有由活动断裂或底辟构造快速供应的流体（天然气和水），又有通过孔隙流体运移，从侧向或水平运移来的浅层生物气，流体通过成岩-渗流混合成矿作用，在渗透性相对高的沉积物中形成。因此，复合型水合物主要分布在构造活动带周围相对高渗透层中（图 11.12）。复合型水合物成矿实例包括水合物脊、布莱克海台、日本南海海槽等。

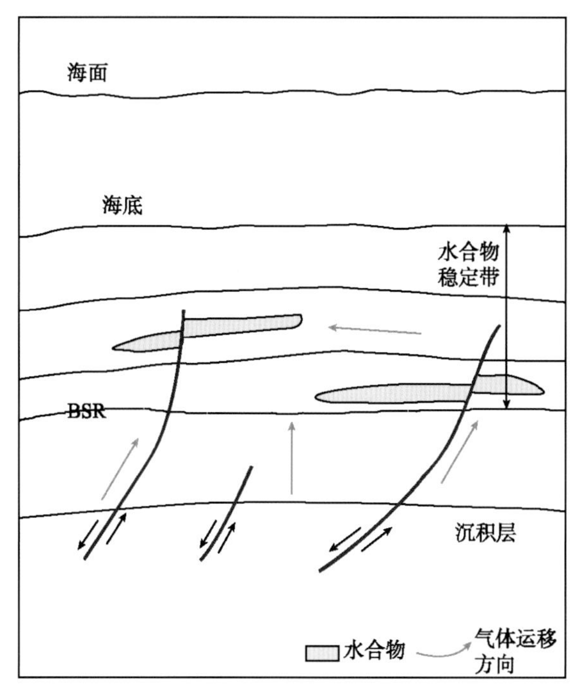

图 11.12　复合型水合物成矿模式（Milkov and Sassen，2002；金庆焕等，2006，略修改）

第三节　资源计算方法与相关参数

自 20 世纪 80 年代以来，许多学者对全球主要大区的水合物资源量进行了估算。尽管估算方法很多，但其核心依然主要沿袭了常规油气评价中的“体积法”。不同的学者得到的估算值最多相差了几个数量级，其根本原因在于各项参数的确定和取值上。Gornitz 和 Fung（1994）提出的水合物资源量计算公式为

$$Q_G = A_H \times \Delta Z_H \times \Phi \times H \times E \tag{11.1}$$

式中，A_H 为天然气水合物的分布面积；ΔZ_H 为含天然气水合物沉积层的平均厚度；Φ 为沉积物的平均孔隙度；H 为天然气水合物饱和度，系指水合物在孔隙空间中充填的百分比；E 为天然气水合物的产气因子，表示水合物在常温、常压下转化为气体所扩大的体积倍数。

随着天然气水合物气藏开采试验的不断深入，在确定采收率（R）基础上，可获得天然气水合物的可采资源量（Q_R），即

$$Q_R = Q_G \times R \tag{11.2}$$

同样，在许多水合物远景区的评价过程中，仍然可采用常规油气资源评价中“类比法”，通过参照已评价区或生产开采区的特征，对上述各项参数的综合对比并取值，最终可获得评价区的远景资源量。

关于水合物资源量各项主要计算参数的确定，金庆焕等（2006）研究结果如下。

一、水合物的分布面积

在计算水合物资源量时，水合物的分布面积可通过两种方法来确定：

（1）利用地球物理资料来确定，通过一定测网密度的地震调查，在对地震资料进行充分解释的基础上圈定 BSR 的分布范围，如果有钻井资料或其他更可靠的地球物理资料（如速度异常、地震属性异常等）作为标定，可结合 BSR 的分布范围来进一步确定水合物的分布面积。在没有钻井的条件下，一般将 BSR 的分布面积作为水合物的分布面积。

（2）利用物理化学的方法来推算水合物的分布面积，该方法主要是根据水合物形成的温压条件，针对研究区的水深、海底温度及地热条件来预测水合物可能的分布区面积。在没有进行地球物理勘探的地区，可利用该方法对水合物资源前景进行预测。

二、含水合物沉积层的厚度

含水合物层的厚度是资源量计算的另一个重要参数。在不同勘探程度的条件下，厚度的获取方法及精度要求是不同的。计算和确定含水合物层的厚度主要有如下几种方法：

（1）根据钻井和测井资料获得较精确的厚度数据。已成功应用于水合物勘探的常规测井方法主要有井径测量、电阻率、自然电位、声波时差测井、自然伽马和中子孔隙度测井等六种。在含水合物层段中，井径、电阻率、声波速度及中子孔隙度明显增大，而自然伽马和自然电位值显著减小。因此，利用测井曲线可获得包括含水合物层厚度在内的一些重要参数。

（2）根据地震反射参数估算含水合物层的厚度，一是可以利用振幅空白带确定含水合物层的厚度；二是可以进一步通过地震特殊处理，根据其他地震属性特征来确定其厚度。水合物成矿带通常是一个物性相对均匀的地质体，在地震剖面上表现为一个平行于海底的弱振幅反射带，称为空白带。因此，根据 BSR 分布及空白带发育情况，可估算出含水合物层的厚度，最后编制出含水合物层的等厚图。

（3）当沉积物孔隙中含水合物时，地层的声波速度比含液体和气体时高；海洋中浅层沉积层的纵波速度通常为 1.6～1.8km/s。如果存在水合物，地震速度可达 1.85～2.5km/s，如果水合物层下面为游离气层，则地震波速度可以骤减 0.5～0.2km/s。因此，在含水合物的速度剖面上，地层的速度变化趋势呈典型的三段式，即上、下小，中间大。可见，根据速度剖面中速度异常层段来确定含水合物层的厚度。

（4）可利用物理化学的方法来计算含水合物层的厚度。主要是根据研究区的水深、海底温度及地热条件等来估算可能含水合物的厚度。

三、含水合物层的孔隙度

在计算水合物的资源量时，含水合物沉积物的孔隙度可以通过钻井实测数据获得。在没有钻井资料的情况下，可以利用地震速度资料来估算或者通过类比的方法来确定。

根据钻探资料分析，ODP184 航次 1143、1144、1145、1146、1147、1148 钻孔资料揭示在海底以下 200～400m，沉积物孔隙度平均为 55%左右，与布莱克海台区相差不大。其中 994、995、997 钻孔在含水合物层位（100～450m）沉积物孔隙度分别为 57%、58%、58.1%。Majorowlcz 等（2001）通过对大量的钻井资料分析，得出了加拿大 4 个水合物发现区的沉积物孔隙度变化范围为 22%～50%。从秘鲁大陆边缘 ODP 112 航次 688 钻孔资料看，在不同深度条件下，含水合物层孔隙度的变化范围大体为 52.36%～80.09%，海底以下由深至浅，沉积物的孔隙度逐步增大（表 11.3）。因此，通过类比方法确定某地区含水合物层的孔隙度时，应该综合考虑地层的深度和岩性等因素。

表 11.3　ODP 112 航次 688 站位实测孔隙度及沉积物类型（金庆焕等，2006）

深度/m	孔隙度/%	岩性	备注
2.73	80.09		海底
66.0	70.04	陆缘沉积物	
75.0	78	黑色硅藻泥	
120～140			发现水合物
141	71.61		水合物带
150～200			含氮量剧减
312	72		
350	74		
360			含氯量很少
386.46	76.27		
390.55	59.12		
395.12	60.99	泥岩	
420.71	52.36	泥岩	
429.01	64.69		
630.04	3.81	白云岩薄层	水合物理论底界

四、水合物的饱和度

水合物在沉积物孔隙中的饱和度是较难把握的一个参数。由于水合物并不稳定，在采样过程中容易分解，因而难以直接测定水合物饱和度的大小，可利用地球化学和地球物理等间接方法来求取。

（一）地球物理方法

利用含水合物沉积层声波速度、孔隙度和饱和度的数学关系[式（11.3）]，可估算出沉积层中水合物的饱和度，即

$$1/V_P = \Phi(1-S)/V_w + \Phi S/V_h + (1-\Phi)/V_m \quad (11.3)$$

式中，V_P为含水合物沉积层的纵波速度；V_w、V_h和V_m分别为水、纯水合物和沉积物的速度；Φ为孔隙度；S为沉积物孔隙中水合物的饱和度。

此外，还可利用所建立的岩石模型来计算孔隙度变化曲线，将含水合物和不含水合物沉积层的孔隙度变化曲线进行比较。两者的孔隙度变化趋势是不同的（理论上所计算的孔隙度在含水合物层段要变小，而在含游离气的层段要增大）。根据拟合出的在无水合物条件下（无 BSR 显示）孔隙度随深度变化函数公式来计算含水合物段和游离气段的真实孔隙度，最后依据所建立的岩石物理模型就可求出沉积层中水合物的饱和度，该方法也被称为曲线拟合法。

（二）地球化学方法

由于水合物采样过程中易于分解，直接测定其饱和度比较困难，除利用地球物理方法来求取外，还可利用地球化学方法来求取。

水合物富集 ^{18}O 同位素而不含 Cl^-，实际测定的沉积物孔隙水的 Cl^-浓度和 ^{18}O 组成的异常都是由于水合物的分解造成的。假设沉积物孔隙水的 Cl^-浓度的背景值就是海水的 Cl^-含量，原来孔隙水的 ^{18}O 组成通过曲线拟合求得，这样沉积物孔隙水的 Cl^-含量异常和 ^{18}O 组成就可以用来粗略估算水合物的饱和度。

Paull 和 Matsumoto（1995）根据孔隙水 Cl^-含量异常计算出布莱克海台水合物饱和度最高为 14%，其中 994、995 和 997 钻孔水合物的平均饱和度分别为 1.3%、1.8%、2.4%。由于沉积物孔隙水原来的 Cl^-浓度并不一定就与海水的氯离子浓度相等，所以这种方法估算的结果并不一定完全准确。Matsumoto 等（2000）分别利用最新的氧同位素分馏数据，通过沉积物孔隙水的 $\delta^{18}O$ 和 Cl^-含量分别对 ODP 164 航次 994、997 钻孔的水合物的饱和度进行了计算。计算结果显示，利用不同参数计算出的同一站位水合物的饱和度存在明显差异。利用沉积物孔隙水 $\delta^{18}O$ 组成计算得出的 994、997 钻孔水合物的平均饱和度分别为 6.2%和 12%，几乎是通过孔隙水 Cl^-含量计算得出的这两个站位水合物饱和度的两倍。

由于沉积物原地孔隙水的 Cl^-含量、$\delta^{18}O$ 和 δD 同位素组成难以确定，通常采用海水的 Cl^-含量来代替原地孔隙水的 Cl^-含量，并通过曲线拟合来确定原地孔隙水 $\delta^{18}O$ 同位素组成，这种做法简单易行，但不准确，可产生较大的误差。同时冷却对 Cl^-含量、$\delta^{18}O$ 影响的差异以及样品本身可能发生的去离子化作用，都可以导致在利用不同参数计算时出现偏差。一般认为，原地孔隙水的 Cl^-含量、$\delta^{18}O$ 和 δD 同位素组成的不确定性对水合物饱和度的计算结果影响较大。

Hesse 等（2000）根据对流／扩散模型利用 Cl^-含量对 ODP164 航次 997 钻孔的水合物饱和度进行了估计。研究结果表明，在 997 钻孔的 24～452m，水合物的平均饱和度为 4%；而沉积物孔隙水 Cl^-含量的低值区间，即 255～450m，水合物的饱和度高达 24.5%。如果没有这些富含水合物层的存在，997 钻孔水合物的平均饱和度为 2.3%；将分解后进行对流／扩散的甲烷计算在内，从 50～450m，水合物的饱和度将从 2.3%增加到 3.8%。

表 11.4 列出了利用多种方法得到的布莱克海台和卡斯凯迪亚地区的水合物饱和度资料。Kastner 等（1995）根据卡斯凯迪亚大陆边缘 889 钻孔的声速测井以及垂直地震速度数据估算得出水合物饱和度至少为 15%；Spence 等（1995）利用 889 钻孔地震速度资料估算水合物饱和度为 11%～20%；Holbrok 等（1996）根据地震速度数据计算 994 钻孔水合物饱和度为 2%，在 995 和 997 钻孔为 5%～7%；Dickens 等（1997）利用保压取心器所获样品的甲烷含量估算布莱克海台水合物饱和度为 0～9%；Collett 和 Ladd（2000）依据电阻率测井数据估算 994、995、997 钻孔水合物饱和度分别为 3.3%、5.2%、5.8‰；Lee（2000）利用声速测井资料计算出 991、995、997 钻孔水合物饱和度分别为 3.9‰、5.7%、3.8%。从表 11.4 还可看出，不同方法得到的水合物饱和度值有一定的差异，利用沉积物孔隙水的 Cl^- 含量估算的水合物饱和度数值偏低一些。

表 11.4 布莱克海台和卡斯凯迪亚地区多种方法的水合物饱和度估算值

位置	ODP 钻孔	饱和度/%					
		孔隙水		保压取心	地震速度	电阻率测井	声速测井
		Cl^-	氧同位素				
卡斯凯迪亚大陆边缘	889				11～20		>15
布莱克海台	994	1.3	6	0～9	2	3.3	3.9
	995	1.8		0～9	5～7	5.2	5.7
	997	2.4	12	0～9	5～7	5.8	3.8

五、产气因子的确定

水合物有三种结构（Kvenvolden，1995）：Ⅰ型（立方晶体结构）、Ⅱ型（菱形晶体结构）和 H 型（六方晶体结构）。自然界中水合物以Ⅰ型结构为主，Ⅰ型结构水合物仅能容纳甲烷和乙烷这两种小分子的烃类气体以及氮、二氧化碳、硫化氧等非烃分子每个单元的Ⅰ型结构水合物由 46 个水分子构成 2 个小的十二面体“笼子”以及 6 个大的四面体“笼子”以容纳气体分子（Lorenson and Collett，2000）。因此，在理想状态下，每个Ⅰ型结构水合物单元包含 46 个水分子以及 8 个气体分子，水/气分子值（n 为水合物指数）为 46/8，即 $n = 5.75$，（化学式为 $CH_4 \cdot 5 \cdot 75H_2O$）。依此推算在压力条件为 28MPa 的情况下，单位体积的水合物可以包含 173 体积的气体（“笼子”结构被 100%充填），即产气因子为 173。实际上，在自然界的水合物中不可能所有“笼子”均充填有气体，因此，水合物指数通常要大于 5.75。如果“笼子”结构 90%被充填，产气因子仅为 155。

Lorenson 和 Collett（2000）指出产气因子与水合物指数、气/水的体积比、气体充填率、水合物密度等参数具有明显的对应关系（表 11.5）。

许多学者对不同地区水合物指数进行了测定（Matsumoto et al.，2000），但结果却相差较大，有些结果与水合物的晶体结构明显不符。Handa 和 Stupin 1992 年对中美洲海槽水合物样品的分析结果表明，其水合物指数为 5.91，墨西哥湾北部的格林大峡谷水合物指数为 8.2。Ripmeester Ratc liffe（1988）测定了人工合成水合物样品的水合物指数变化为 5.8～6.3。Matsumoto 等（2000）测定的布莱克海台水合物的水合物指数为 6.2。

表 11.5 水合物特征参数的对应关系表（Lorenson and Collett，2000）

水合物指数(n)	气体充填率/%	气 / 水（体积比）	压力:28MPa（布莱克海台）		压力:1MPa	
			产气因子	水合物密度 /（kg/m³）	产气因子	水合物密度 /（kg/m³）
5.75	100.0	216.4	173.0	924.0	168.5	900.0
5.9	97.5	210.9	168.6	920.9	164.2	896.9
6.0	95.8	207.4	165.8	919.0	161.5	895.0
6.1	94.3	204.0	163.1	917.1	158.9	893.1
6.2	92.7	200.7	160.5	915.3	156.3	891.3
6.3	91.3	197.5	157.9	913.5	153.8	889.5
6.37	90.3	195.4	156.2	912.3	152.1	888.3
6.4	89.8	194.4	155.5	911.8	151.4	887.8
6.5	88.5	191.5	153.1	910.2	149.1	886.2
6.6	87.1	188.6	150.8	908.5	146.8	884.5
6.7	85.8	185.7	148.5	907.0	144.6	883.0
6.8	84.6	183.0	146.4	905.5	142.5	881.5
8.2	70.1	151.8	121.5	888.1	118.2	864.1

从实际测定的布莱克海台的水合物样品所产生的气体/水值(体积比)来看(表 11.6)，

表 11.6 世界主要地区水合物气体/水值统计表（Lorenson and Collett，2000）

位置	钻孔	海底以下深度/m	气/水（体积比）	Cl^-校正后的体积比值	Cl^-含量 /（mmol/L）
布莱克海台	994	260.0	154	173	57
	996	2.1	43	58	169
		2.1	18	29	248
		2.3	45	78	294
		2.3	58	90	245
		2.4	24	48	352
		32.1	59	107	317
		58.6	142	145	21
	997	331.0	139	204	167
中美洲海槽	565	319	133	137	15
哥斯达黎加滨外	568	404	30	36	92
		404	7	8	89
		192	29	30	19
		192	29	30	19
		259～268	24～42		
		273	12		
墨西哥湾*		<5	152		
		1～1.5	70	94	138
秘鲁海沟	685A	165.6	100	111	51.4
	688A	141	13	16	90.6
		141	20	35	232.3
卡斯凯迪亚大陆边缘	892D	18	70	81**	
		18	53	62**	

*可能为Ⅱ型结构水合物；**根据孔隙水氧同位素校正

其变化范围为 18～154，平均为 76。在测定水合物气体/水值过中存在孔隙水的混染，造成计算结果偏低。Lorenson 和 Collett（2000）采用水中的 Cl^-含量对气体/水值进行了校正，计算结果表明，孔隙水的混染程度为 2%～50%，校正后的水合物气体/水值为 29～204，平均为 104。

第四节　天然气水合物资源的分布特征与前景

世界上 98%的天然气水合物分布于海底沉积物中，只有 2%的水合物分布在陆地的冻土层中。截至 2002 年年底，世界上已直接或间接发现水合物矿点共有 118 处（图 11.13），其中，海洋和深水湖泊有 109 处（占 94%），陆地永久冻土带有 9 处（占 6%）。据 Kvenvolden（1988）测算（表 11.7），水合物中的有机碳占全球有机碳的 53.3%，煤、石油、天然气三者总量占 26.6%。海洋中的水合物最大地质储量为 161×10^{12}t （油当量），占有绝对优势。陆上水合物最大地质储量近 530×10^{9}t（油当量）。

自 20 世纪 70 年代以来，世界上的许多学者相继对全球海洋和陆地上水合物的资源量进行了预测。但因对实际资料掌握的程度和评价方法的差异，预测结果相去甚远，最大差异可达 5 个数量级。以全球海底（包括陆架、陆坡和深海平原）天然气水合物中甲烷资源量的估算为例，估算值变化为 3053～0.2×10^{15} m^3。即使采用同一方法，在关键参数（如分布面积、厚度、饱和度等）的取值上也存在较大的差别。Kvenvolden（1999）分析了有关全球水合物资源量估算的文章，认为全球天然气水合物中含有 $21 \times 10^{15} m^3$ 甲烷气，是学者比较集中的看法。但从对全球水合物资源量作出的最保守估算来看，其潜力也是非常巨大的。虽然全世界天然气水合物资源量非常可观，但除了小型现场试验之外，目前唯一实

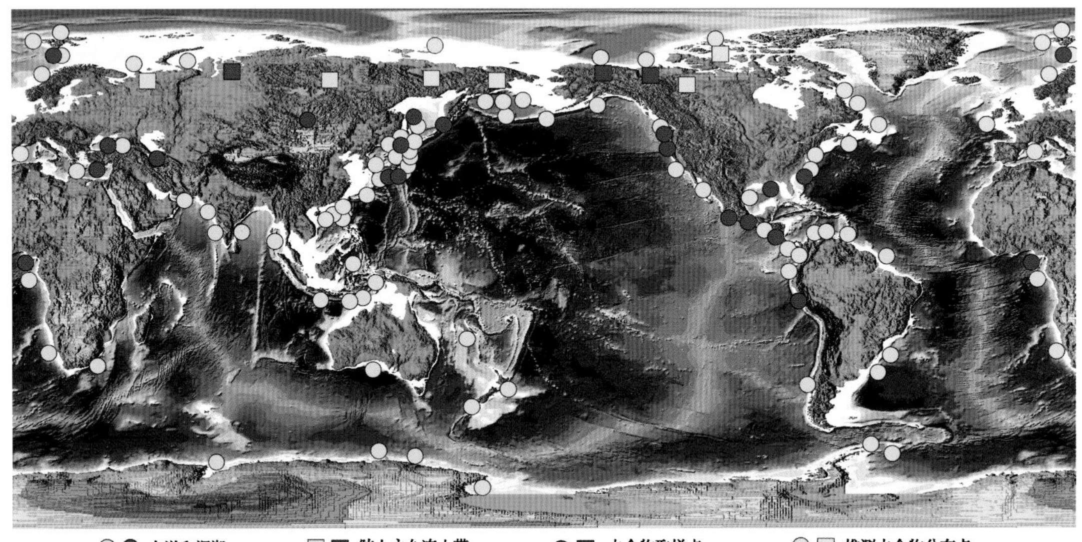

图 11.13　全球水合物的分布图（Matsumoto，2001，修改）

现开采的只有俄罗斯的麦索亚哈天然气水合物气田，全球未来的天然气水合物产量尚不确定。随着全球水合物勘探资料的丰富，勘探和研究程度以及水合物资源评价和开采技术水平的不断提高，全球水合物资源储量的预测或估算值会越来越可靠、客观。

表 11.7　全球可燃矿物资源预测表

可燃矿物	可采储量/10^9t	最大地质资源/10^9t
煤	9 000	15 800
天然气	280	330
油	415	39 500
陆上水合物	53	530
海洋水合物	11 300	16 1000

海洋中天然气水合物主要分布在西太平洋海域的白令海、鄂霍茨克海、千岛海沟、冲绳海槽、日本海、四国海槽、南海海槽、苏拉威西海、新西兰北岛，东太平洋海域的中美海槽、北加利福尼亚—俄勒冈滨外、秘鲁海槽，大西洋海域的美国东海岸外布莱克海台、墨西哥湾、加勒比海、南美东海岸外陆缘、非洲西西海岸海域，印度洋的阿曼海湾；北极的巴伦支海和波弗特海，南极的罗斯海和威德尔海，其他还有如黑海与里海等。中国在西沙海槽、东沙陆坡、台湾西南陆坡、冲绳海槽、南海北部等区域也发现了天然气水合物的大量地球物理与地球化学证据。这些海域内有 88 处直接或间接发现了天然气水合物，其中 26 处岩心见到天然气水合物，62 处见到 BSR，许多地方见有生物及碳酸盐结壳标志；而大陆天然气水合物主要分布于阿拉斯加北坡、加拿大马更些三角洲、加拿大西北部北极诸岛、俄罗斯的麦索亚哈、俄罗斯季曼-伯朝拉、东西伯利亚贝略依气田、堪察加等地区。中国青藏高原永久冻土带和东北的漠河等区域也见有天然气水合物资源大量赋存的证据。

一、世界典型水合物分布区的资源潜力

麦索雅哈天然气水合物气田位于西伯利亚 Yenisei-Khatanga 拗陷中，背斜构造面积 238km^2，天然气属热解气，来自于构造以南深凹陷的侏罗系烃源岩，储集层为白垩系砂岩。天然气部分从气藏内沿断层向上运移至第四纪地层中，由于低温和高压，形成了像冰一样的固态水合物。永久冻土层的低温，使气藏上层的天然气水合物能以稳定的形式存在。由于下部游离态气藏中的天然气被生产、开采后压力逐渐降低，当压力低于水合物的稳定压力 68kPa 时，水合物分解，分解的天然气重新加入到下部的游离气储集层中，使下部气藏的压力得以保持，可回收的天然气总量不断增加，并延长了天然气田的开发期限。该气田含气层厚度为 77m，有效孔隙度为 16%～38%，剩余含水率为 29%～59%。地层水的矿化度不超过 1.05%。在地层条件下自由气体的组成：甲烷为 98.6%，乙烷为 0.1%，丙烷及更重组分 0.1%，CO_2 为 0.5%，N 为 0.7%。气田内多年冻结岩石层厚度为 450m。该气田具有热动力学特性，矿体含气层的温度为 8℃（顶板）～12℃（气-水接触处）化；初始地层压力为 7.8MPa。地下温度、地层压力和孔隙水含盐度的区域分析表明，西伯利亚盆地北部甲烷水合物稳定带的赋存深度大约可达 1000m。麦索雅哈气田的

天然气层为 Pokur 组 Dolgan 层，埋深为 720～820m。该气田上部产层（约 40m）位于预测的甲烷水合物稳定带内。按地层压力为 7.8MPa，Makogon（1988）以 10℃等温线作为原地天然气水合物的下界，把麦索雅哈气田分为上部天然气水合物聚集带和下部游离气聚集带（图 11.14）。该气田的储量估计为 370×10^8～$4000 \times 10^8 m^3$。由于水合物的存在，气田的储量增加了 78%，气田的最高年产量为 $21 \times 10^8 m^3$。已从该气藏的游离气中大约生产出 $80 \times 10^8 m^3$ 天然气，从分解的水合物中生产出约 $30 \times 10^8 m^3$ 天然气。当初以游离态形式存在的天然气已被采空，现在的所有产量都来自水合物。据估算，该区水合物的储量至少占该气田天然气储量的 1/3。据推测，1969～1983 年，在麦索亚哈气田至少有 $5 \times 10^9 m^3$ 的天然气从水合物中释放出来。

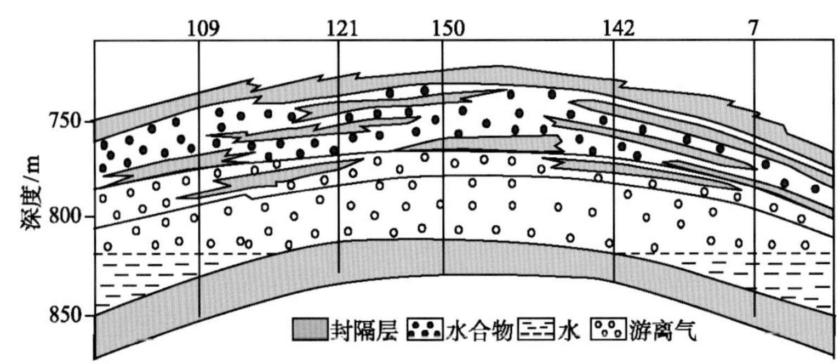

图 11.14　麦索雅哈气田天然气水合物与游离气分布剖面（郭平等，2006）

不同学者对美国东海岸外布莱克海台的水合物甲烷资源量进行了估算，其中最大估算值为 $80 \times 10^{12} m^3$（Holbrok et al.，1996），最小估算值为 $18 \times 10^{12} m^3$（Dillon and Paull，1983）。从预测结果看，布莱克海台的水合物资源潜力非常巨大的。金庆焕等（2006）认为预测结果不同的原因主要是由于预测的对象、方法以及所采用的参数不同。例如，Holbrok 等（1996）和 Dickens 等（1997）的估算值包括了水合物之下的游离气数量，Holbrok 等（1996）假定水合物分布面积为 $10 \times 10^4 km^2$，游离气数量根据地震剖面数据来估算；Dickens 等（1997）假定水合物分布面积为 $26 \times 10^3 km^2$，游离气数量则根据岩心样品推算获得；Collett 和 Ladd（2000）通过 ODPl64 航次钻孔资料计算，假定水合物分布面积为 $36 \times 10^3 km^2$；Dillon 和 Paull（1983）假定布莱克海台顶部水合物分布面积仅有 $3000 km^2$。

Collett 等（1999）、Collett （1993）和其他学者或机构分别对日本南海海槽、印度洋阿曼湾、美国普拉德霍湾、加拿大马更些河三角洲等地区的水合物甲烷资源量进行了估算，上述地区的甲烷资源量分别为：日本南海海槽 $50 \times 10^{12} m^3$，印度洋阿曼湾 $6.0 \times 10^{12} m^3$，普拉德霍湾 $1.2 \times 10^{12} m^3$，马更些河三角洲 $0.2 \times 10^{12} m^3$。世界主要地区水合物甲烷资源量估算的关键数据见表 11.8。

Majorowicz 和 Osadetz（2001）依据大量的钻探和测井资料，对所有加拿大边缘地区的天然气水合物总量和天然气前景作出了可比性评价，得出了加拿大 4 个研究地区的水合物分布面积、平均厚度、孔隙度和饱和度等参数，并估算了上述地区水合物甲烷气体的资源量（表 11.9），认为加拿大天然气水合物中的甲烷总量可能高达 $8.1\times10^{14}m^3$。

表 11.8　世界主要地区水合物甲烷资源量估算的关键数据表（Collett，1993）

地区	井位号	推测水合物埋深/m	水合物稳定带厚度/m	沉积物孔隙度/%	水合物饱和度/%	气体丰度/（$10^9m^3/km^2$）
布莱克海台	994 站位	212.0～428.8	216.8	57.0	3.3	0.7
	995 站位	193.0～450.0	257.0	58.0	5.2	1.3
	997 站位	186.4～450.9	264.5	58.1	5.8	1.5
卡斯凯迪亚大陆边缘	889 站位	127.6～228.4	100.8	51.8	5.4	0.5
阿拉斯加北部斜坡	Unit C	651.5～680.5	29.0	35.6	60.9	1.0
	Unit D	602.7～609.4	6.7	35.8	33.9	0.1
	Unit E	564.0～580.8	16.8	38.6	62.6	0.4
马更些河三角洲	HY Unit	888.8～1101.1	212.3	31.0	44.0	4.7

表 11.9　加拿大水合物资源量估算表（Majorowicz and Osadetz，2001）

区域	水合物分布面积/km^2	含水合物层厚度/m	孔隙度/%	饱和度/%	甲烷气体积（最小值～最大值）/$10^{11}m^3$
马更些河三角洲和Beaufort 海	125 000	80	25～48	2～38	24～87
北极地区	770 000	65	22～38	2～38	190～6200
大西洋边缘	400 000	80	34～46	2～6	190～780
太平洋边缘	30 000	110	40～50	5～30	32～240
加拿大总量					440～8100

二、我国天然气水合物资源分布与前景

调查和研究表明，中国海域的南海北部陆坡与西部陆坡、东海冲绳海槽西部以及东北大兴安岭地区和青藏高原等冻土区均具有良好的生成和赋存天然气水合物的地质条件。经过地质、地球物理、地球化学调查和研究，已圈定了若干有利远景区。

姚伯初等（2008）研究认为南海海域，在氧同位素 2、4、6 期气候变冷，海平面下降，南海与周边海域的海水交换不活跃，菲律宾海中的高盐度海流经巴士海峡进入南海东北部，使南海发育高盐度海流，生物生产率变高，有利于有机质的沉积，进而为天然气水合物的生成提供良好的物质基础。自距今约 10Ma 以来，沉积速率较高，为 4～25cm /ka。陆坡上的高沉积速率为生成生物气提供坚实的物质基础，使生成天然气水合物具备物质条件。海洋的物理、化学及海洋地质环境变化影响海洋中生物的演化，即影响海洋的生物生产率。在氧同位素 2、4、6 期，生物生产率高，尤其是第 2 期，生物生产率特别高。生物生产率高，则可沉积丰富的含生物沉积物，为产生生物气、进而为生成天然气水合物提供物质基础。从构造环境看，南海地区，无论是北部还是南部，从晚中新世以来都遭

受到挤压构造的作用，新生代沉积过程中普遍受到挤压构造的改造，形成断块、背斜、泥底辟、活动断裂等构造。这种构造环境有利于流体在沉积作用中活动，从而有利于天然气水合物的形成。南海海域有 $93\times10^4km^2$ 海域适合天然气水合物形成的地质和物化条件，已在西沙海槽、东沙神狐和琼东南的地震剖面中发现了明显的 BSR 显示和生物地化显示。

东海海域有 $7.2\times10^4km^2$ 海域适合天然气水合物形成和赋存的水深和地化条件，地震调查在冲绳海槽中南部发现了大量的 BSR 标志。东海冲绳海槽的沉积速率高，为 10～40cm /ka，且海槽中海水流动性不大，沉积过程中有机质得以保存下来。这里断裂构造十分活跃，底辟构造发育，有利于天然水合物的形成。综合卫星热红外遥感、沉积物烃含量、放射性热释光、底水甲烷含量、标志矿物等成果，在东海冲绳海槽西南部海域的海底沉积物中还发现了烃类气体等地球化学异常，并划出了钓鱼岛附近海域一个天然气水合物有利成矿异常区。

金庆焕等（2006）以概率统计法对我国海域水合物资源进行了初步预测，在南海海域划分出了 11 个天然气水合物远景分布区，主要包括台西南区块、东沙南区块、神狐东区块、西沙海槽区块、西沙北区块、西沙南区块、中建南区块、万安北区块、北康北区块、南沙中区块和礼乐东区块等。沉积物孔隙度为 50%～60%、水合物饱和度为 2.0%～5.0%、产气因子为 121.5～160.5。整个南海海域 BSR 有效分布面积约为 $12.6\times10^4km^2$。各区块水合物成矿带厚度为 47～389m。南海海域预测结果在 90%概率的条件下，水合物的资源量约为 $8\times10^{12}m^3$，在 50%概率的条件下水合物的资源量约为 $65\times10^{12}m^3$。整个东海海域水合物稳定带的分布面积约为 $5250km^2$。水合物稳定带厚度为 50～492m。东海海域预测结果在 90%概率的条件下，水合物的资源量约为 $3.5\times10^{11}m^3$，在 50%概率的条件下水合物的资源量约为 $33.8\times10^{11}m^3$。

中国冻土区主要分布于东北大兴安岭地区和青藏高原，并零星分布在一些高山上。东北冻土区位于环北极冻土区的南缘，主要分布于东北大兴安岭地区，面积 $38.2\times10^4\ km^2$，占中国冻土区总面积的 17.8%。东北冻土属纬度冻土，随着纬度降低，年平均气温升高，永久冻土的发育程度降低，连续性变差，冻土层厚度减薄，由大片连续冻土逐渐演变为岛状冻土和稀疏岛状冻土。青藏高原是中国最大的冻土区，南北跨越 12 个纬度，东西横亘近 30 个经度，面积 $150\times10^4\ km^2$，占中国冻土总面积的 69%。青藏高原冻土是典型的高山冻土（中低纬度冻土），纬度和海拔是冻土的主要控制因素。青南藏北高原特别是羌塘盆地是多年冻土最发育的地区，基本呈连续分布或大片分布，由此向周边地区，随着海拔降低，年平均地表地温逐渐升高，由连续冻土或大片冻土逐渐过渡为岛状冻土。祁连山冻土区地处青藏高原北缘，总体上也属于高原冻土，年平均地表地温为–2.4～–1.5℃，冻土层厚度为 50～139m。木里地区是祁连山冻土区的核心，除局部地段外，多年冻土连续分布，其年平均地表地温最低（–2.4℃），实测冻土层厚度 60～95m，并常见厚层地下冰。祝有海等（2011）运用体积法和蒙特卡洛法初步估算了中国冻土区天然气水合物资源量，其中青藏高原约为 $35\times10^{12}m^3$，东北漠河盆地约为 $3\times10^{12}m^3$。中国冻土区天然气水合物的总资源

量合计约 $38\times10^{12}m^3$。

尽管未采用统一方法开展全国的统一评价，但从目前许多学者对我国天然气水合物资源形成的条件分析、初步预测和资源量估算来看，南海海域赋存最多，其次为青藏高原（图 11.15）。

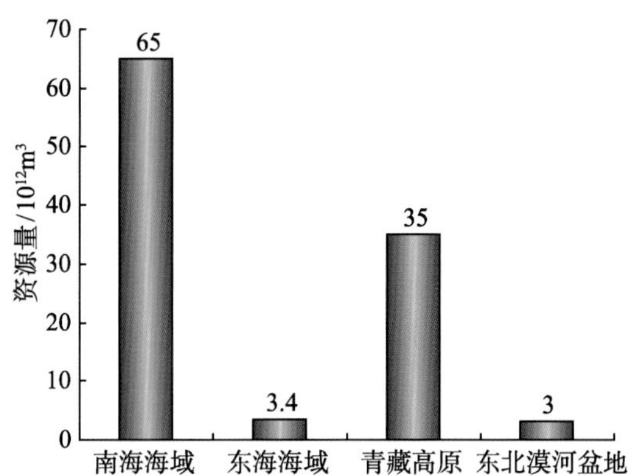

图 11.15　我国天然气水合物资源分布直方图（金庆焕等，2006；祝有海等，2011）

第五节　天然气水合物开发技术与效果

天然气水合物开发面临着许多经济和技术上的可行性问题。目前，天然气水合物的开采技术和方法仍处于实验阶段。唯一工业开采是位于极地永久冻土带的俄罗斯 Messoayka 天然气水合物气田，海底天然气水合物的开发至今仍是理论和技术上的探索模式。陆地水合物的开采一般是在矿体中把水合物分解为自由气体，然后用传统的方法开采气体。把水合物分解为自由气体，可以通过以下方法实施：把压力降到水合物在矿体内分解的压力以下，或对水合物施以热化学作用、电声作用以及其他作用。

郭平等（2006）认为与陆地水合物矿体相比，海洋水合物矿体的开采具有以下特点：①在水合物矿体上方没有致密、不渗透的岩石盖层。②矿层埋深与海底平面的距离不大，从几厘米到几百米。③水合物矿层分布十分广泛。④覆盖和围绕水合物的非胶结层的机械强度低。⑤水合物本身就是海底沉积水合物埋深范围内的基本胶结成分。⑥海底水合物矿体表面上方有很厚的水层存在。⑦不论水合物分解方法如何，水合物矿体的开采都是在整个开采期间静水压力不变条件下进行的。⑧水合物矿体不同厚度的冷却度是个变量，这个变量取决于海洋内水合物形成带上部界线的深度、水合物形成带的厚度和水合物矿体剖面范围内的地热梯度。⑨对于下部埋藏的自由气体或石油来说，水合物矿体是个不渗透的盖层。⑩在水合物矿体的下方有自由气体或石油存在，必须先开采自由气体或石油，然后开采水合物矿体；在水合物矿体和自由气体或石油自由接触时，必须同时开采。

面对天然气水合物分解过程中的热动力学参数和环保方面的要求，需探索水合物开采的有效方法，尤其是在大洋深水区。在钻井和开采水合物矿体时，必须考虑水合物分解为自由气体时，气体体积和压力的急剧增大等问题。目前许多有关天然气水合物分解的动力学问题尚不清楚，开采技术和工艺仍处于理论和实验阶段。综合各国天然气水合物开发方法，大体分为以下五类：①热激发法；②化学剂法；③CO_2 等气体驱替法；④减压法；⑤综合法等（以上方法的组合）。

一、热激发法

热激发法或称为加热法是利用注入的蒸汽、热水、热盐水或其他热流体等传入的热量，促使地层中水合物温度上升并分解，也可使用开采重油的火驱法或电磁加热法等。但热激发法的主要不足是大量的热损失，效率低，特别是在永久冻土区。热激发法虽然在陆上的永冻区获得成功使用，但是有的学者认为不适用海洋水合物的开采，原因是需要较多的热输入，花费太高。但经过实测，海洋中水合物的温度较海底温度和陆地永冻区水合物温度要高得多，这些地区温度最高可达 20℃。这表明海洋水合物分解所需要的热输入量比永冻区要少得多。

（一）热盐水注入法

相比之下，热盐水注入开采水合物气技术要成熟些。它的主要特点有：热载体能级低；用于储层加热及水合物分解所耗能量小；热损失低；气产量高，热效率大。另外，它不会出现采气过程中水合物二次生成而诱发孔隙堵塞和井眼堵塞等问题。热盐水注采技术的施工设计要求包括：①盐水含盐度对能量效率比的影响很大，含盐度每增加 2%，能量效率比就会有所增长。为提高效果，应尽量提高含盐度，或采用稠化盐水的方法，使用超饱和度盐水。②能量效率比和气产量随注入排量增大而增加。盐水的注入排量至少大于 $795m^3/d$。③设计最佳注入温度须考虑热效应，过高或过低都会带来不良后果。若采用地热储层的热盐水，地热层的温度便是盐水温度的上限，盐水温度一般为 121～204℃。循环注入热盐水开采水合物的过程中，每一次循环需经过四个阶段：井中含水合物区段隔水期、温（热）盐水注入区段期、等待水合物分解期和从井中回收天然气或气水混合物期。

（二）电磁加热法

为了提高热激发法的效率，可以采用井下装置加热技术。井下电磁加热方法就是其中之一。该种方法是在垂直（或水平）井中沿井的延伸方向，在紧邻水合物带的上下（或水合物层内）放入不同的电极，再通以交变电流使其生热、直接对储集层进行加热。储集层受热后压力降低，通过膨胀产生气体。在电磁加热的方法中. 选用微波加热应是最有效的方法，使用此方法时可直接将微波发生器置于井下，利用仪器自身重力使发生器紧贴水合物层，使其效果更好；同时发生器可附加驱动装置，使其在井下自由移动。

二、化学剂法

该方法是将某些化学剂，如盐水、甲醇、乙醇、乙二醇、丙三醇等从井孔泵入后，可以改变水合物形成的相平衡条件，降低水合物稳定的温度，使天然气水合物不再稳定，从而使其分解。此法较加热法作用缓慢，且成本高，但确有降低初始能源输入的优点。若将它与降压法配合使用，仍有很大潜力。室内试验表明，天然气水合物的溶解速率与抑制剂浓度、注入排量、压力、抑制液温度及水合物和抑制剂的界面面积有关。麦索雅哈气田水合物气层的开采初期，有两口井在其底部层段注甲醇后其产量增加了 6 倍；在美国阿拉斯加的永冻层水合物中做过实验，在成功地移动相边界方面比较有效，可获得明显的气体回收。

用化学抑制剂来促使水合物溶解，如采用钻井压裂方法注入低浓度的甲醇、乙二醇和氯化钙等诱发剂，造成水合物稳定层的温压失去平衡，使天然气水合物在原地的温压条件下不再稳定而分解。由于化学抑制剂法最大的缺陷是费用高，因此开发便宜、有效的化学剂是非常关键的环节。

三、CO_2 等气体驱替法

CO_2 等气体驱替法是指依靠 CO_2 等气体将水合物晶格中的甲烷置换出来，即用 CO_2 等气体置换开采，通过形成 CO_2 水合物放出的热量来分解天然气水合物， 也可称之为分子置换法。此法可使用工业排放的 CO_2。这种开采方案不仅考虑了水合物的裂解和生成，考虑了经济开采，并且还提出了在开采后消除对海底环境产生的有害影响，但仅适用于深水海域的水合物开采方案。图 11.16 为海底地层水合物分子置换法开采的设想。

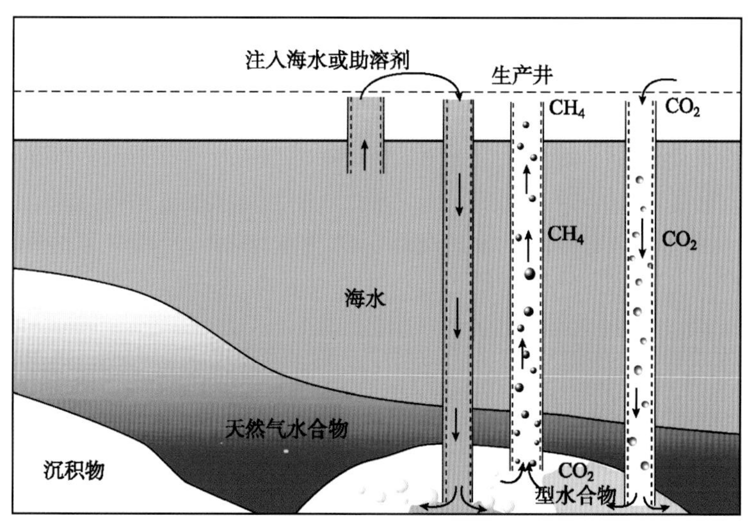

图 11.16　CO_2 等气体置换方法开采水合物原理图
（宋岩等，2009）

假定水深 1000m 左右，水合物层的基底距海底 300m 左右。开采前，预先在海洋钻探设施（海洋平台）上，穿过海水，在海底甲烷水合物层中保持一定间距钻 3 口井，分别下入隔水管柱（密封套管）。当基底下存在游离气时，伴随游离气开采，储集层压力下降，促使上部水合物裂解。无论基底下有无游离气，都需要通过隔离管先向水合物层注入高温海水，使水合物裂解。通过另一隔离管提取甲烷气体（靠水合物裂解产生的甲烷气压力上逸）。开采后，通过另一隔离管柱，向产生气后的残流水中注入二氧化碳，回收甲烷燃烧的废气，使之在地层中生成二氧化碳水合物。同时，还可使地球变暖的二氧化碳气体固存地层内。

四、减压法

减压法是指在水合物层之下的游离气聚集层中“降低”天然气压力或形成一个天然气空腔（可由热激发或化学试剂作用人为创造），使与天然气接触的水合物变得不稳定，分解为天然气和水。如果天然气水合物气藏与常规天然气气藏相邻，降压开采水合物气的效果更好。前苏联的麦索雅哈水合物气田就是采用这种技术开采的，即首先开采下伏游离气体，随着游离气体的不断减少，天然气水合物与气之间的平衡不断受到破坏，使得天然气水合物层开始融化，并产出气体不断补充到下伏的游离气气库中，直到天然气水合物开采完为止。通常降压开采适合于高渗透率和深度超过 700m 的水合物气藏，若气体中含有重烃就需要较高的压力降。一般有两种方式，可以达到降压的目的：一是通过下伏游离气层产气，来降压；二是通过抽取裂隙流体的直接降压，这种方法是通过采取矿层中液体的办法来降低水合物矿层的层压。压力降低可使平衡温度降低，因而使水合物分解。而且还可通过从相邻地段补充的能量使水合物层发生预热。

与热激发法相比，降压开采水合物无热量消耗和损失，可行性较高，其特点是经济，简便易行，无须增加设备，然而开采速率比较慢。适合于较大规模的天然气水合物开发，但一般不用于储集层原始温度接近或低于 0℃的水合物气藏，以免分解出的水结构堵塞气层。

从上述各种开采方法来看，每一种开采天然气水合物的方法都有其各自的优缺点（表 11.10）。只有结合不同方法的优点才能达到对水合物的有效开采。如将降压法和热开采技术结合使用，即先用热激发法分解天然气水合物，后用降压法提取游离气体，这样的效果会更佳。因此，针对具体天然气水合物矿藏的特征，采用两种方法以上的“综合法”进行开采，应是优先考虑的最佳方案。

表 11.10　开采天然气水合物方法优劣对比表

编号	开采方法	优　点	缺　点
1	注热水	方案简单，可实行循环注热，循环利用	分离前需输入显热，同时又需把热量输出到非水合岩中。二次加热中损失热约 10%到 75%
2	电磁加热	作用速度快，可控	设备较复杂，需要大量电能
3	微波加热	作用速度快，操作简单，可通过波导传输	需要大量电能，而且缺乏大功率磁控管
4	减压	成本低，不需要连续激发	作用缓慢，效率低，并且需要较高的储层温度
5	化学试剂	降低了初期能源输入，方案简单，易实现	费用高，作用缓慢，腐蚀设备，在水合物中难扩散，不宜在开采海底水合物时使用
6	CO_2 等气体驱替法	更具经济性，更环保。可利用工业排放的 CO_2	仅适用于深水海域的水合物开采

参考文献

郭平，刘士鑫，杜建芬，等. 2006. 天然气水合物气藏开发. 北京：石油工业出版社

姜辉，岑芬，于兴河. 2008. 天然气水合物 BSR 的影响因素分析. 天然气工业, 28（1）：64-65

金庆焕，张光学，杨木壮等. 2006. 天然气水合物资源概论. 北京：科学出版社

宋岩，张光学，牛嘉玉. 2009. 中国油气资源发展趋势与潜力. 中国工程院，内部报告

姚伯初，杨木壮，吴时国，等. 2008. 中国海域的天然气水合物资源. 现代地质, 22（3）：336-340

张洪涛，张海启，祝有海，等. 2007. 中国天然气水合物调查研究现状及其进展. 中国地质，34（6）：953-954

赵祖斌，杨木壮，沙志彬，等. 2001. 天然气水合物气体成因及其来源. 海洋地质动态，17（7）：38-40

祝有海，赵省民，卢振权，等. 2011. 中国冻土区天然气水合物的找矿选区及其资源潜力. 天然气工业，31（1）：13-19

Brooks, et a1. l991. Observation of gas hydrate in marine sediments, offshore northern California. Marine Geology, 96（1）：103-109

Claypool G E, Kaplan I R. 1974. The origin and distribution of methane in marine sediments. *In*: Kaplan I R Natural Gases in Marine Sediments. New York: Plenum：99-120

Clennell M B, Martin H, James S B, et al. 1995. Formation of natural gas hydrates in marine sediments: conceptual model of gas hydrate growth conditioned by host sediment properties. Journal of Geophysical Research, 104（B10）： 22985-23003

Collett T S, Lewis R E, Dallimore S R, et al. 1999. Detailed evaluation of gas hydrate reservoir properties using JAPEX/JNOC/GSC Mallik 2L-38 gas hydrate research well downhole well log display. *In*: Dallimore S R, Uchida T, Collett T S. Scientific Results from JAPEX/JNOC/GSC Mallik 2L-38 Gas Hydrate Research Well, Mackenzie Delta, Northwest Territories, Canada, Geology of Canada Bulletin, 544; 295-312

Collett T S, Ladd J. 2000. Detection of gas hydrate with downhole logs and assessment of gas hydrate concentrations（saturation）and gas volumes on the Blake Ridge with electrical resistivity log data. *In*: Paull C K, Matsumoto R, Wallace P J, et al. Proceedings of the Ocean Drilling Program, Scientific Results, 164：179-191

Collett T S. 1993. Natural gas hydrate of the Prudhoe Bay and Kuparuk River area, North slope, Alaska. AAPG, 77（5）：793-812

Collett T S. 1997. Gas hydrate resources of Northern Alaska. Bulletin of Canadian Petroleum Geology, 45（3）：317-338

Dickens G R, Castillo M M, Walker J G. 1997. A blast of gas in the latest Paleocene: simulating first-order effects of massive dissociation of ocean Methane hydrate. Geology, 25（3）：259-262

Dickens.G R, Quinby-Hunt M S. 1994. Methane hydrate stability in seawater. Geophysical Research Letters, 21: 2115-2118

Dillon W P, Paull C K. 1983. Marine gas hydrate II: geophysical evidence. *In*: Cox J L, Natural Gas Hydrate: Properties, Occurrence and Recovery. London: Butterworth Publishing：73-90

Ginsburg G D, Soloviev V A. 1990. Geological models of gas hydrate formation. Lithology and Mineral Resources, 25（2）：150-159

Ginsburg, Soloviev V A, Cianston RE, et al. 1993. Gas hydrate from the continental slope offshore Sakhalin Island, Okhotsk Sea. Geo-Marine Letters, 13（1）：41-48

Gorntiz V, Fung I. 1994. Potential distribution of methane hydrate in the world oceans. Global Biogeochem Cycles, 8（3）: 335-347

Handa Y P, Stupin D. 1992. Thermodynamic properties and dissociation characteristics of methane and propane hydrates in 70-A-radius silica-gel pores. J Phys Chem, 96: 8599-8603

Hesse R, Fiape S K, Egebeig P K et al. 2000. Stable isotope studies(Cl, O and H) of interstitial waters from Site 997, Blake Ridge gas hydrate field, West Atlantic. *In*: Paull C K, Matsumoto R, Wallace P J, et al Proceedings of the Ocean Drilling Program, Scientific Results, 164: College Station, Texas, Ocean Drilling Program：129-138

Holbrok W S, Hoskins H, Wood WT, et al. 1996. Methane hydrate and free gas on the Blake Ridge from vertical seismic profiling. Science, 273：1840-1843

Hyndman C D, Davis E E. 1992. A mechanism for the formation of methane hydrate and seafloor bottom-simulating reflectors by vertical fluid expulsion. J. Geophys. Res., Solid Earth and Planets, 97(5): 2025-7041

Kastner M, Kvenvolden K A, Whiticar M J, et al. 1995. Relation between pore fluid chemistry and gas hydrate associated with bottom-simulating reflectors at Cascadia Margin, Site 889 and 892. *In*: Carson B, Westbiook G K, Musgiave R S, et al, Proc. ODP, Sci. Results, 146（Pt 1）: College Station, TX（Ocean Drilling Program）: 175-187

Kvenvolden K A. 1988. Methane hydrates—a major reservoir of carbon in the shallow geosphere. Chemical Geology, 71（1）: 41-51

Kvenvolden K A. 1995. A review of the geochemistry of methane in natural gas hydrate. Organic Geochemistry, 23（11-12）: 997-1007

Kvenvolden K A. 1999. Potential effect s of gas hydrate on human welfare. Proceedings of Natural Academy of Science, 96：3420-3426

Lorenson T D, Collett T S. 2000. Gas content and composition of gas hydrate from sediments of the southern North American continental margin. *In*: Proceedings of the Ocean Drilling Program. Scientific Results, 164: College Station, Texas, Ocean Drilling Program：37-46

Lu H, Matsumoto R, Watanabe Y. 2000. Data report: major element geochemistry of the sediments from site 997, Blake Ridge, Western Atlantic. *In*: Proceedings of the Ocean Drilling Program. Scientific Results, 164: College Station, Texas, Ocean Drilling Program：47-148

Lee M W, 2000. Gas hydrate amount estimated from acoustic logs at the Blake Ridge, Site 994, 995 and 997. Proceedings of the Ocean Drilling Program, Scientific results, 164: College Station, Texas, Ocean Drilling Program, 193-198

Makogon Y F. 1988. Natural gas hydrates- the state of study in the USSR and perspectives for its use: proceedings of the Third Chemical Congress of North America, Toronto, Canada, June

Majorowlcz J A, Osadetz K G. 2001. Gas hydrate distribution and volume in Canada, AAPG Bulletin, 85(7): 1211-1230

Matsumoto R, Uchida T, Waseda A. 2000. Occurrence, structure and composition of natural gas hydrate recovered from the Blake Ridge , Northwest Atlantic. Proc. ODP, Sci. Results, 164: College Station, TX（Ocean Drilling Program）: 13-28

Matsumoto R. 2001. Occurrence, distribution and the amount of methane of natural methane hydrates. Aquabiology, 23（5）: 439-445

Matveeva T, Shoji H. 2002. On gas hydrate prone areas associated with Bottom Current Sediments. *In*: Andreev S I, Torokhov M P. Mineral of the Ocean. St Petersburg: VNIIOkeangeologia 152-154

Milkov A V, Sassen R. 2002. Economic geology of offshore gas hydrate accumulations and provinces. Marine and Petroleum Geology. 19(1): 1-11

Paull C K, Borowski W S, Alpevin M J, et al. 2000. Isotopic composition of CH_4 , CO_2 species, and sedimentary organic matter within samples from the Black Ridge: Gas source implications, Proc, ODP, Sci. Results, 164: College Station, TX （Ocean Drilling Program）: 67-78

Paull C K, Matsumoto R. 1995. Leg 164 overview. Proceedings of the Ocean Drilling Program, Scientific Results, 164：3-10

Ripmeester J A, Ratcliffe C I. 1988. Low-temperature cross polarization/magic angle 13C NMR of solid methane hydrates: structure, cage occupancy, and hydration number. The Journal of Physical Chemistry, 92（2）：337-339

Spence G D, Minshull T A, Fink C.1995. Seismic structure of a marine methane hydrate reflector off Vancouver Island. ODP Scientific Results, 146：163-174

Waseda A. 1998. Organic carbon content, bacterial methanogenesis, and accumulation processes of gas hydrates in marine sediments. Geochemical Journal, 32（3）：143-157

第十二章　沉积盆地中油气矿藏的分布特征

在一个理想、单一的沉积盆地中，构造上持续沉降，沉积充填物在盆地中间厚，向盆地边缘逐步减薄。在较为温暖、潮湿的气候条件下，盆地沉积充填物中除了包含大量的各种无机矿物质之外，还含有大量的生物有机物质。一个盆地在某一地质历史时期赋存有机物质的丰度取决于当时的古气候、水介质条件、构造条件和沉积环境等古地理特征。因此，一个含油气沉积盆地不仅是一个相对独立的构造和沉积上的地质实体，也是一个在温压条件作用下的有机质赋存和反应的独立体系。在该温压体系中，各种生烃岩、储集岩和遮挡层的发育，以及相互之间的配置最终导致了各种油气矿藏资源类型的形成，并在现今盆地中具有较好的分布规律。

第一节　盆地不同区域水体沉积有机质分布

在地质历史演化过程中，沉积盆地不同区域水体（沼泽区、滨浅水区和开阔深水区）中各种生物群落的繁殖和生长发育程度有着明显的差别，构成了盆地水体生物发育的分带性和各类沉积有机质分布的分区性。图 12.1 为中、新生代某一历史时期盆地水体生物发育与各类沉积有机质分布的理想模式。自陆地森林向沼泽和湖盆或海盆开阔深水区方向，形成可燃有机矿产的母质生物类型主要由高位沼泽的木本植物，依次到低位沼泽的半水生植物、滨浅水区的浮游与底栖生物、深水区的浮游生物；在由陆地向开阔深水区的方向上，覆水保存条件具有由差变好的整体趋势。在低位沼泽和滨浅水区，覆水保存条件变化较大，条件好坏取决于该区域水体与外界的流通程度以及某一时期水体的深度，不流通的滞水会使保存条件变得很好，在不流通、滞水的滨浅水区会形成较大面积的油页岩或腐泥煤。流通好的水体，有利于生物繁盛，但沉积有机质保存条件变差。同时，若该区水体的深度较大，会使保存条件变好。然而，尽管沼泽区覆水保存条件比深水区差，但极高的生物产量和生产率却足已弥补有机物质在该区的被消耗量，形成煤层；在开阔深水区，大量浮游生物在水体光合作用层繁殖，死亡后的遗体残片会沉入深水层底部得到较好的保存，并与陆源细粒碎屑物和有机物质一起形成深水相优质生烃岩。

因此，由陆地向开阔深水区，随着盆地水体深度的不断加大，保存的生烃母质生物类型依次由木本植物、水生植物变为浮游生物，含有机质的岩石类型也由陆地上的缺失，依次到高位沼泽的低灰分腐殖煤（甚至残殖煤），低位沼泽开始出现的腐泥煤或油页岩和较高灰分腐殖煤，以及深水区富含分散型有机质的优质生烃岩和部分油页岩。可见，图 12.1 展示出了盆地水体生物发育的分带性与沉积有机质赋存方式和分布的良好对应关系，以及较为密切的成生关系。

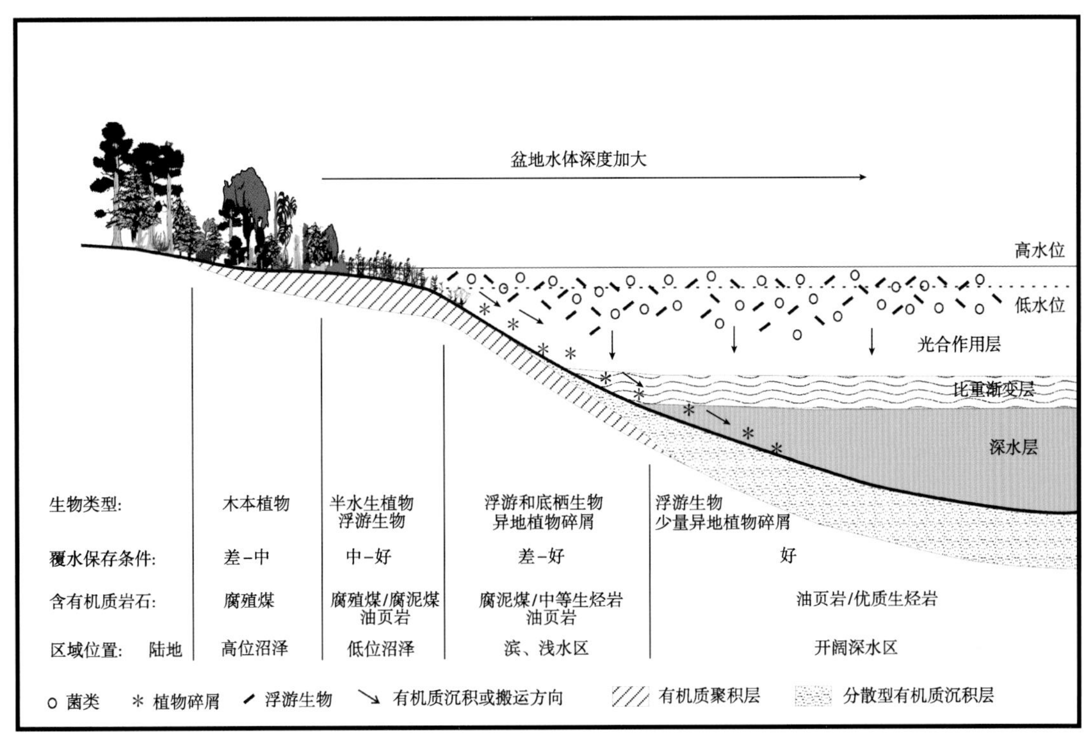

图 12.1　中、新生代生物群落在盆地不同区域水体中的分布与沉积有机质赋存特征

值得提及的是：盆地在不同地质历史演化时期，其沉积有机质在纵向层序上有不同程度的富集和保存水平。以湖相盆地为例，在由水进至水退一个理想的完整沉积旋回中，各种含有机质岩石类型在纵向层序上的展布特征明显不同。在水进至水退的完整沉积旋回中，体系域由低位、水进至高位和新一轮低位体系域构成；沉积相由盆地开始发育的河流相，依次变为水进体系域的滨浅湖和深湖相、高位体系域的湖泊-三角洲相和下一旋回低位体系域的河流-沼泽相（图 12.2）。三角洲平原沼泽和河流沼泽相有利于有机质的大量聚积，构成煤岩层。其中，三角洲平原沼泽相形成的煤岩层分布稳定，层数多，厚度较大。而河流冲积平原沼泽相形成的煤岩层分布范围局限，厚度变化大，从巨厚至薄层均发育。油页岩多与煤岩层共生。但在湖泊深水相也发育油页岩，与富含分散型有机质的优质生烃岩相伴生，厚度相对较薄，这与深水相生物总产率偏低有关。而深水相中，富含分散型有机质的暗色生烃岩厚度较大。因此，在理想单一沉积旋回纵向层序上，煤岩与油页岩大多分布于高位体系域三角洲平原沼泽相以及低位和水进体系域早期的河流沼泽相（即盆地发育得早、晚两个浅水期沉积层系）。而传统富含分散型有机质的生烃岩和少量油页岩则主要分布于沉积旋回中部的水进体系域晚期层段和高位体系域的早期层段（即盆地发育的深水期沉积层系）。

然而，在沉积盆地地质演化过程中，由于生物群落的发育程度、构造沉降速率、沉积环境、覆水保存条件、陆源无机物输入等方面的变化，上述理想展布模式产生不完整，构成各种组合。例如，在我国依兰盆地古近系达连河组沉积时期，最大湖泛期的盆地覆水深度仅构成了盆地中心的半深湖相和边缘的浅水沼泽相，造成全盆古近系达连河组主要发育煤岩与油页岩，自下而上，构成了含煤段、油页岩段和砂页岩段。因此，一个沉积盆地可以是一个典型的聚煤盆地，但不一定是一个典型的富油气盆地，或反之。

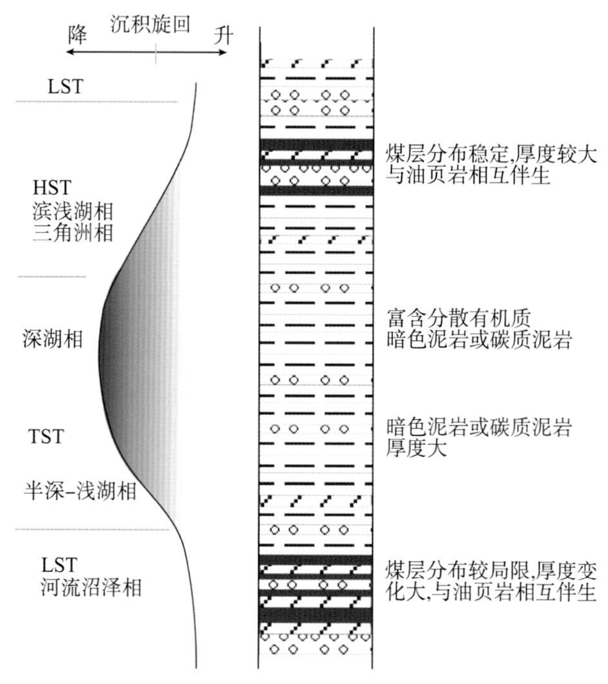

图 12.2　湖相盆地完整沉积旋回中各类含有机质岩石纵向发育剖面示意图

第二节　盆地不同发育时期油气矿藏的分布特征

在沉积盆地的一个完整沉积旋回中，尽管不同层系生烃岩的发育程度以及与储、盖层的配置关系有所不同，但整体来看，生烃岩的类型主要受控于盆地发育的浅水期和深水期沉积。在盆地深水期沉积层系中，分散型有机质生烃岩广泛发育，煤岩和油页岩仅分布于盆地大型缓坡的高部位。而在盆地浅水期沉积层系（主要指盆地发育的初始期和衰退期沉积），聚积型有机质占有较高的比例，煤岩和油页岩大面积广泛发育，分散型有机质生烃岩则分布局限。因此，在盆地浅水期和深水期沉积层系中，发育的油气矿藏类型和规模也有较大差别。

一、盆地深水期层系油气矿藏的分布特征

从体系域的角度讲，深水期层系包括了水进体系域和大部分高位体系域沉积层系。为了分析各类油气矿藏资源分布规律的便利，该套层系可按生烃岩有机质的演化阶段，

分为上部层系和下部层系，上部层系生烃岩主体处于生油阶段，而下部层系生烃岩主体处于生气阶段。在一个具有完整沉积旋回的含油气沉积盆地中，盆地初始发育期之后的水进体系域层序发育初期，盆地缓坡的高部位或外边缘可发育一定面积的煤岩和油页岩[图 12.3(b)]。随着水进的不断深入和水体深度的加大，盆地中心部位广泛沉积了富含分散有机质泥页岩或灰岩等。大型河流三角洲也不断向盆地中心推进，前缘砂体和重力流扇体穿插、嵌入生烃岩之中，构成了生烃岩与储集岩的直接对接，非常有利于油气的初次运移。生烃岩中有机质演化进入生油窗之后，排出的石油除富集成为常规油藏，还可进入浅部储层或接近地表形成重油和油砂。进入水进体系域后期，地层埋深不断加大。当已发育的深水期下部层系开始陆续进入有机质演化的生气窗之时，生成的大量天然气除在常规储层中形成气藏外，还会向大面积展布的深部致密砂体内运聚。因此，下部层系在盆地中央区域的深部位非常利于页岩气、致密砂岩气和常规气矿藏的形成。在相对浅的部位，则分布有常规油藏、重油和油砂。在盆地最外缘又可陆续出现油页岩和煤岩。若煤岩的变质程度高，则有利于煤层气矿藏的形成。从平面分布来看，上述深水期下部层系各类矿藏资源，包括页岩气、常规气、常规油、致密砂岩气、重油和油砂、油页岩和煤岩油气可依次分别由盆地中央向外呈环带状展布[图 12.3(a)]。除常规油气矿藏和重质油藏受单个传统圈闭的控制，在某一层系呈现相对零散分布外，其他非常规油气矿藏资源在一个层系内均表现出大面积、连续分布的特征。

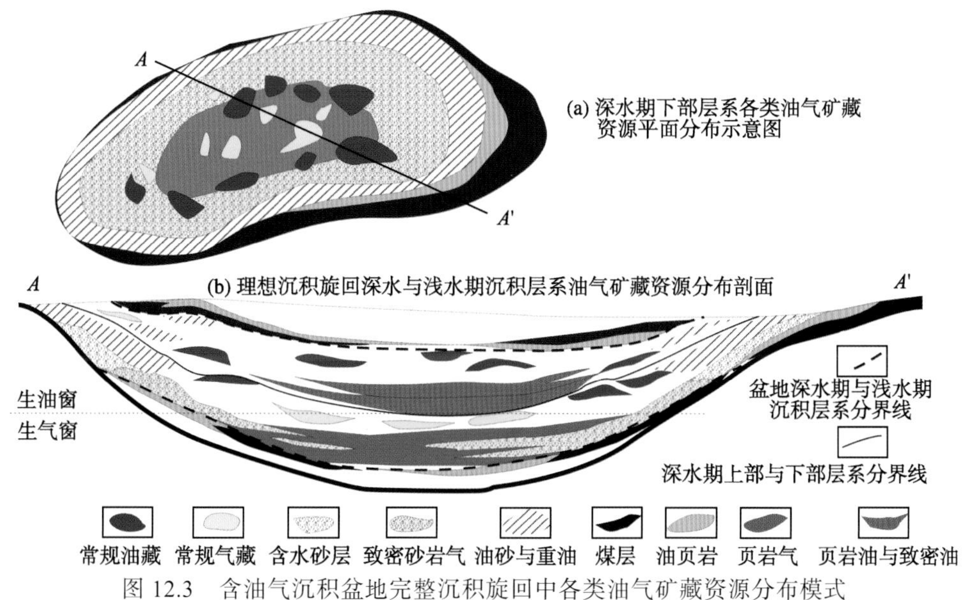

图 12.3　含油气沉积盆地完整沉积旋回中各类油气矿藏资源分布模式

盆地进入水进体系域后期和高位体系域早中期，形成了深水期上部沉积层系。该阶段依然发育较大规模的富含分散有机质的优质生烃岩。因生烃岩主体依然处于生油阶段，各种矿藏资源类型均以油为主，包括致密油（页岩油和致密砂岩油等）、常规油、重油和油砂等。一些有机质演化程度比较低的盆地，主要由深水期上部层系构成，为富油盆地。在实际情况中，若该套生烃岩主体也处于生气阶段，则各类矿藏资源的分布具有与深水期下部层系一样的规律和特征。

二、盆地浅水期层系油气矿藏的分布特征

从单一完整沉积旋回层序地层学的角度来看，浅水期层系包括盆地发育初始期的低位体系域-水进体系域早期的沉积层系以及盆地发育晚期的高位体系域上部沉积层系。盆地的初始发育期沉积主要由河流相构成。河流泛滥平原与沼泽相广泛发育，可形成巨厚的煤层，但煤岩厚度变化较快，平面分布局限。与其伴生的油页岩也具有同样的特征。煤岩油气矿藏具有一定的潜力；对于盆地发育晚期的浅水期层系，主要发育三角洲平原沼泽相以及滨浅水相。煤岩和油页岩层分布稳定，层数较多，厚度较大。当该期也发育半深水相沉积时，可形成富含分散有机质的生烃岩。例如，在我国鄂尔多斯盆地中生界，盆地中心发育相当规模的生烃岩，使盆地中心形成了众多的常规油藏，而其外围邻近区域则发育了大面积的煤岩和部分油页岩。在遭受岩浆活动等热事件影响的地区，煤层气资源也有一定的潜力。因此，盆地浅水期层系，尤其是盆地发育晚期的浅水期层系，除非常有利于形成煤岩油气矿藏和油页岩矿藏外，还可发育一定规模的常规油气藏。

上述盆地浅水期和深水期沉积层系油气矿藏类型和发育规模的论述是按盆地发育的单一完整沉积旋回模式展开的。在实际的含油气沉积盆地发育过程中，常具有多套沉积旋回，并遭受多次沉积剥蚀或间断，从而使盆地沉积层系具有浅水和深水期层系间互发育的特征，两套层系可具有多种组合方式。可见，实际盆地的生烃岩类型、储盖层和相互配置形成的各种油气矿藏类型丰富多样，资源规模也比较大。此外，在油气矿藏分布模式中，将盆地沉积层系划分为处于生油窗和生气窗两部分。实际情况中，盆地生烃岩主体可能全部处于生油阶段或生气阶段。从而，各种油气矿藏类型会以偏油或偏气为主，构成富油盆地或富气盆地或富油气盆地。当盆地边界为深大断裂时，将影响各种油气矿藏类型的形成和分布特征，上述平面分布模式图中的较完整环带状和圆状会被破坏，大多呈半环带状或半圆状。下面以我国鄂尔多斯富油气盆地、美国阿巴拉契亚富气盆地和西加拿大富油气盆地为例，来论述含油气沉积盆地中各种油气矿藏类型的形成与分布特征。

第三节　实例 1：中国鄂尔多斯盆地

鄂尔多斯盆地四面被不同时期形成的造山带所环绕。北到阴山，南接秦岭，东邻吕梁山，西到贺兰山一线，总面积 $37\times10^4\mathrm{km}^2$。盆地东部以离石断裂带与山西地块的吕梁山隆起带相接，北侧和南侧分别以河套地堑南界断裂和渭河地堑北界断裂与二地堑相连，西部以桌子山东断裂、银川地堑东界断裂和青铜峡断裂为界。盆地可划分为六个二级构造单元，即伊盟隆起、渭北隆起、晋西挠褶带、伊陕斜坡、天环拗陷和西缘逆冲带。

盆地沉积盖层仅缺失志留系和泥盆系，平均沉积岩厚 5000m。其中，中上元古界以海相、陆相的裂谷沉积为特征，厚 200～3000m；下古生界以海相碳酸盐岩为主，厚 400～1600m；上古生界以沼泽、三角洲、河流相为主，厚 600～1700m 。

从鄂尔多斯盆地的构造演化过程来看（图 12.4），自早元古代基底形成后，受区域构造背景及多期构造应力作用的控制，盆地发育的不同时期具有明显的独特性。按不同阶段盆地类型的发育特点，可将鄂尔多斯盆地的演化划分为四期，即中晚元古代拗拉谷发育期、古生代稳定克拉通发育期、中生代类前陆发育期、新生代周缘断陷发育期（杨华等，2006）。

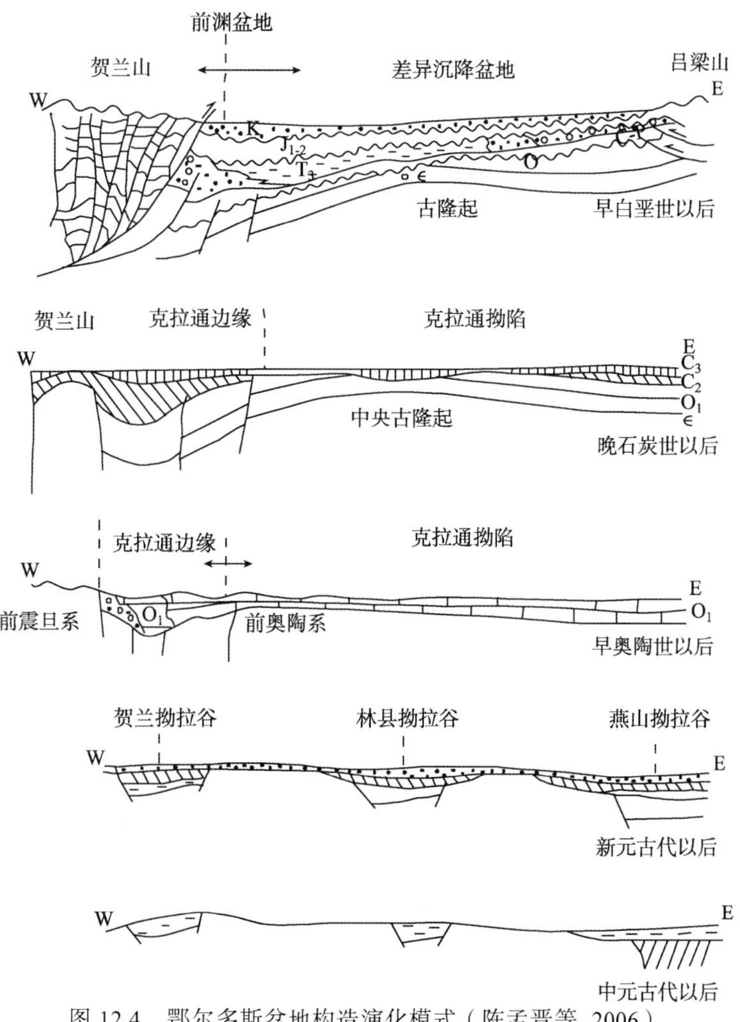

图 12.4　鄂尔多斯盆地构造演化模式（陈孟晋等, 2006）

（1）拗拉谷至稳定克拉通发育期。中-晚元古代，鄂尔多斯盆地正是在贺兰、晋陕两拗拉谷夹持的背景上发展起来的。进入古生代，盆地以整体升降为主，构造发育稳定，进入大型的稳定克拉通发育期。古构造面貌表现为北部高、南部低，中部高、东西两侧低的特点。早古生代，作为华北地台的一部分，鄂尔多斯盆地沉积了厚度为400～1600m的浅海台地相碳酸盐岩。而其南缘和西缘濒临秦祁海槽，属于被动大陆边缘，沉积了厚度达4500m的碳酸盐岩、海相碎屑岩和浊积岩，形成向秦祁海槽倾斜的广阔陆架区。奥陶纪末期，受华北地块南、北洋壳向地块下俯冲消减而形成对挤力的影响，华北地块整体抬升，鄂尔多斯盆地缺失了志留系、泥盆系及下石炭统，沉积中断1.3亿年以上。晚古生代中石炭世，鄂尔多斯盆地重新开始接受沉积。晚石炭世晚期，海水侵入，沉积范围扩大，盆地西侧的中央古隆起东超，盆地东侧的华北海向中央古隆起西超，最终在中央古隆起部位汇于一体。下二叠统山西组沉积为煤系地层，中央古隆起仍有残存，西部浅坳在银川—环县一带，东部浅坳在绥德—宜川一带。石盒子期基本继承了山西期沉积背景，气候逐渐干旱，鄂尔多斯地区作为大华北盆地的组成部分沉积了河流相杂色碎屑岩。石千峰期，盆地南部和北部沉降，代替了前期的东部和西部沉降，中央古隆起不复存在，向吕梁山区减薄趋势明显。中央古隆起的消亡预示着鄂尔多斯盆地沉积区与大华北盆地的分离。总之，晚古生代的鄂尔多斯地区，沉积环境由海相变为陆相，气候由潮湿变为干旱，沉积充填由坳陷型变为广覆型。

（2）中生代类前陆发育期。印支运动末期，鄂尔多斯盆地西部的阿拉善地块受到特提斯板块向北东方向的推挤而发生向东逆冲，在鄂尔多斯盆地西部的汝箕沟—石沟驿—平凉安口窑一带形成了前渊坳陷，沉积了厚度达2300m以上的粗碎屑。在侏罗纪和白垩纪，伴随着西部逆冲作用的持续发展，与之伴生的前渊坳陷也依次向东迁移。在坳陷带的东翼，发育坳陷带的调节构造——前隆，在前隆带的后方又形成调节坳陷。因此，逆冲带、前渊坳陷、前隆和隆后坳陷组成了典型的类前陆盆地构造序列。鄂尔多斯盆地中生代发育着五个内陆盆地陆相碎屑岩沉积旋回，即晚三叠世延长组、早侏罗世富县-延安组、中侏罗世直罗-安定组，早白垩世志丹统下部和上部，普遍以河流相开始，湖泊相告终。

（3）新生代周缘断陷发育期。新生代以来，太平洋板块向亚洲大陆俯冲产生了弧后扩张作用。同时，印度板块与亚洲大陆南部碰撞并向北强烈推挤，使中国东西部之间产生了近南北向的右行剪切应力场，并在鄂尔多斯盆地及其以东地区产生NE-SW向的张应力。因此，鄂尔多斯盆地东部相对隆升，而周边地区却相继断陷形成一系列地堑，包括银川地堑、渭河地堑等。

总之，鄂尔多斯叠合盆地构造、沉积演化的多阶段和多旋回性，构成了多套生烃岩系、储集层系和多套成藏组合。

一、生烃岩特征

由于沉积环境的差异，鄂尔多斯盆地主要发育两套生气岩和两套生油岩，即下古生界奥陶系海相暗色泥灰岩和泥页岩、上古生界石炭系—二叠系海陆交互相泥页岩和煤系，以及中生界上三叠统湖相暗色泥页岩和侏罗系延安组煤岩（图 12.5）。这四套生烃岩有机质丰度高，分布范围广，为鄂尔多斯盆地大油气田的形成奠定了雄厚的物质基础。

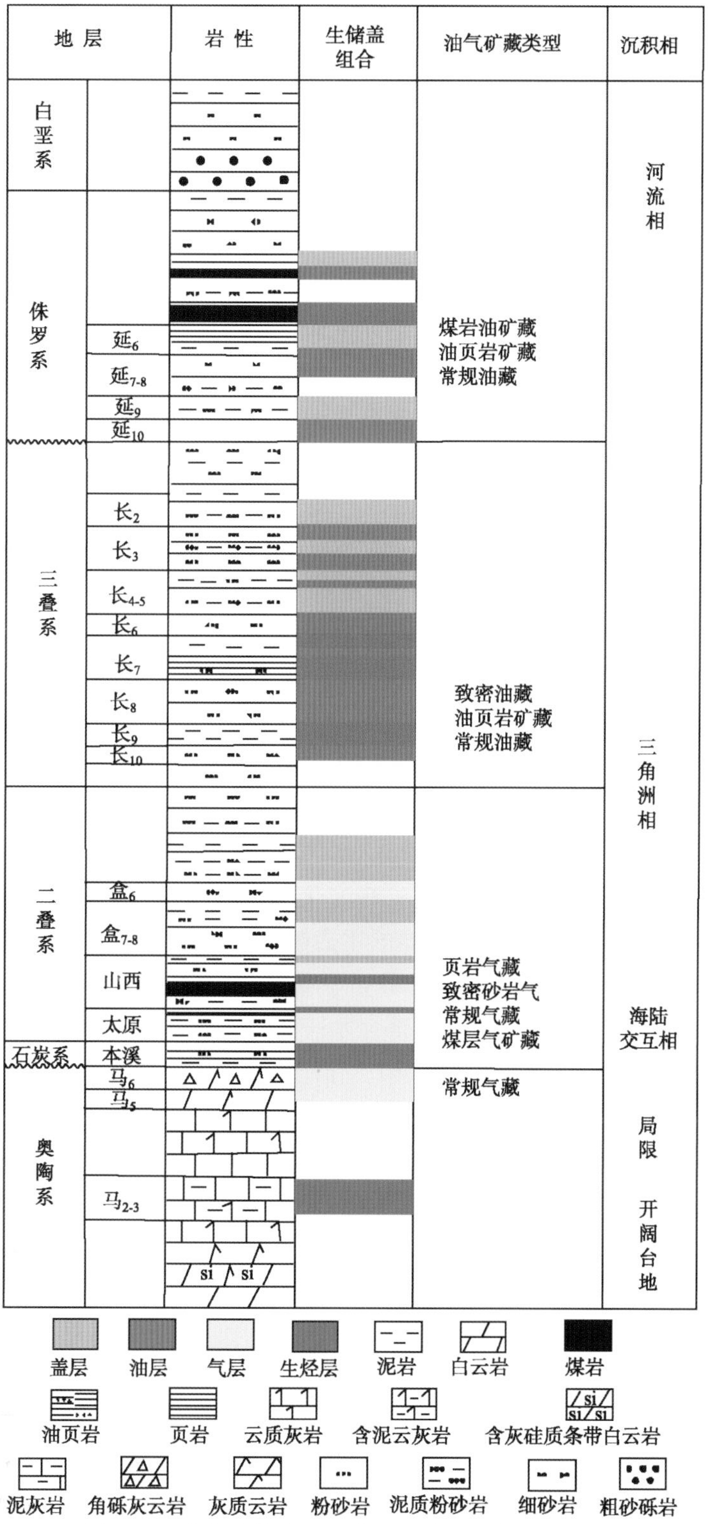

地层		岩性	生储盖组合	油气矿藏类型	沉积相
白垩系					河流相
侏罗系	延$_6$ 延$_{7\text{-}8}$ 延$_9$ 延$_{10}$			煤岩油矿藏 油页岩矿藏 常规油藏	
三叠系	长$_2$ 长$_3$ 长$_{4\text{-}5}$ 长$_6$ 长$_7$ 长$_8$ 长$_9$ 长$_{10}$			致密油藏 油页岩矿藏 常规油藏	三角洲相
二叠系	盒$_6$ 盒$_{7\text{-}8}$ 山西 太原			页岩气藏 致密砂岩气 常规气藏 煤层气矿藏	海陆交互相
石炭系	本溪				
奥陶系	马$_6$ 马$_5$ 马$_{2\text{-}3}$			常规气藏	局限 开阔台地

盖层　油层　气层　生烃层　泥岩　白云岩　煤岩

油页岩　页岩　云质灰岩　含泥云灰岩　含灰硅质条带白云岩

泥灰岩　角砾灰云岩　灰质云岩　粉砂岩　泥质粉砂岩　细砂岩　粗砂砾岩

图 12.5　鄂尔多斯盆地生储盖组合与油气矿藏类型

下古生界生烃岩主要以奥陶系碳酸盐岩为主，分布在盆地的西南缘和中东部地区，厚 40～800m。早古生代，盆地西部、南部地处碳酸盐台地与槽台过渡带，岩相古地理环境变化较为复杂，所形成的海相烃源岩，既有各类碳酸盐岩，又有斜坡-盆地沉积的钙质泥（页）岩。碳酸盐岩中，含泥灰岩、泥灰岩、泥云岩和含泥云岩的残余有机碳含量相对丰富，泥质碳酸盐岩烃源母质类型以腐泥型为主，厚度可达到 150m；残余有机碳丰度平均值达 0.25%，有机质热演化程度大多处于高、过成熟阶段。热解烃含量（S_1+S_2）分别为 0.14mg/g 和 0.25mg/g，表明具有较好的生烃能力。上古生界生烃岩是一套呈现广覆型分布的海陆过渡相至陆相的含煤岩系，受同期构造的控制，主要在盆地东部形成厚度中心。煤层有机质含量较高，生气能力强。侏罗纪以前，上古生界有机质以深成变质作用为主；晚侏罗世到白垩纪由于构造热事件的影响，有机质进入生烃高峰。目前，盆地内生烃岩主要处于高-过成熟阶段。而盆地边部生烃岩处于成熟-高成熟阶段，其中盆地南部庆阳—富县—延长一带 R^o 大于 2.8%，处于过成熟干气带，以此为中心向周围环带状降低。R^o 大于 1.25%的生烃岩面积占现今盆地总面积的 70%以上，生烃强度大于 20 $\times 10^8 m^3/km^2$ 的生烃岩分布面积占现今盆地总面积的 50%以上。可见，上古生界生烃岩可为鄂尔多斯盆地大中型气田的形成提供充足的烃源条件。总之，鄂尔多斯盆地古生界气田的分布主要受生烃中心控制，上、下古生界的生烃中心主要位于盆地中东部。

在鄂尔多斯盆地中生界上三叠统湖相暗色泥页岩中，长 7 段是一套半深湖-深湖相、岩性为黑色泥页岩（含油页岩）的优质生油岩，其有机质含量是延长组生油岩中最高的。该套生油岩主要分布在盆地的西南部，单层厚度一般为 5～25m，累计厚度一般变化为 10～50m，最厚可达 80m 以上。干酪根类型以Ⅰ和Ⅱ$_1$ 型为主，有机质丰度高，有机碳含量平均为 5.8%，并且有机质已达到成熟演化阶段，镜质体反射率值大多为 0.9%～1.15%。研究表明长 7 段应为盆地中生界的主力油源岩（杨华和张文正，2005）。其平面展布呈北西-南东向，厚度大的区域主要分布于盆地西部中区的定边—吴起地区、盆地中南部的志丹—安塞南地区以及盆地西南部合水—正宁地区。而长 9 段的李家畔页岩位于长 9 油层组顶部，是晚三叠世湖盆初次湖泛作用形成的暗色泥页岩，也是鄂尔多斯盆地中生界上三叠统优质生油岩的一部分，其热演化程度也已达到生油高峰期。但其分布范围相对长 7 段生烃岩而言较为局限，主要分布于盆地东南部的志丹—安塞南—富县区域。此外，广泛分布于盆地中北部的侏罗系延安组煤岩多为长焰煤等低变质煤，单层厚度可达 10m 以上，可构成鄂尔多斯盆地中生界的第二套生油和储油层，具备“煤岩油”成矿或成藏的有利条件。

二、储集岩和封盖岩特征

鄂尔多斯盆地形成于裂谷充填与克拉通沉积背景上的沉积建造，自下而上包括下古生界寒武—奥陶系海相碳酸盐岩与浊积碎屑岩，上古生界石炭、二叠系海陆交互相煤系碎屑岩，以及中生界湖相暗色泥页岩、砂岩和煤岩。它们形成了多种储集岩和封盖岩类型，也构成了多套有利储盖组合（图 12.5）。

（一）下古生界储盖组合

下古生界主要构成了四套储盖组合，包括上寒武统泥质岩和中寒武统张夏组灰岩组合，盆地中东部马家沟组碳酸盐岩与蒸发岩储盖组合，盆地西部下奥陶统灰岩和中奥陶统泥质岩的储盖组合，以及奥陶系风化壳和中石炭统铝土岩储盖组合。上寒武统发育的泥质岩、碳质泥岩与下部的张夏组碳酸盐岩构成了下古生界最老的一套储盖组合。张夏组在全区主要发育一套鲕粒灰岩、粒屑灰岩，其粒间溶孔、溶缝、溶洞发育，具有良好的储集性能；在盆地中东部，马家沟组碳酸盐岩与膏、盐岩间互发育，构成了有利的储盖组合。例如，在绥德—榆林地区和靖边—乌审旗以东地区，马家沟组内部发育了膏盐湖相的沉积，其中马五段和马三段以膏盐、盐岩为主，而马四段和马二段以泥粉晶、细粉晶云质灰岩为主，从而在奥陶系内部形成了以碳酸盐岩与膏、盐岩间互的储盖组合；盆地西部，中奥陶统发育深水盆地相的砂质泥岩，构成了下奥陶统气层的区域盖层。下奥陶统储层为亮晶砂屑灰岩、凝块含藻灰岩、团粒灰岩。储集空间由溶孔、溶洞、裂缝、晶间孔、粒间孔形成的不均质孔隙网络所组成，渗透性好；奥陶系顶部风化壳发育了一套风化淋滤和溶蚀带储层，而位于风化壳之上的中石炭统铝土岩和碳质泥岩构成了良好的直接封盖层。

（二）上古生界储盖组合

上古生界主要构成了五套储盖组合，包括太原组海相砂泥岩储盖组合，太原组海相碳酸盐岩和碎屑岩储盖组合，山西组砂泥岩储盖组合，上、下石盒子组砂、泥岩储盖组合，以及石千峰组砂、泥岩储盖组合等。在太原组下部，全区零星发育了一套离岸砂坝砂岩，成岩作用强烈，次生孔隙相对发育，而覆于其上的太原组海相泥质岩和碳质泥岩为其提供了直接的封盖；在神木—乌审旗—靖边—华池以东地区太原组发育了一套海相碳酸盐岩的沉积，自上而下可分为五段，即东大窑灰岩段、斜道灰岩段、毛儿沟灰岩段、庙沟灰岩段和吴家峪灰岩段。除东大窑为泥灰岩段外，其他灰岩下部均为质纯的生物碎屑泥晶灰岩，上部为海相泥质岩或碳质泥岩，从而在太原组的灰岩段内部可构成有利储盖组合；山西组中下部分流河道砂作为储层，中上部冲积平原相的泥质粉砂岩和沼泽相的碳质粉砂质泥岩可作为盖层，可构成一套有利储盖组合；下石盒子组曲流河、网状河沉积的砂体以及大量的点砂坝、心滩、决口扇，形成了多种储集体。而上石盒子组湖相泥质岩累计厚度一般为 150～250m，可作为下石盒子组储集体的区域盖层；石千峰期沉积环境属于干旱、炎热、氧化的陆相湖泊环境，发育了一套独特的红色碎屑岩沉积。在石千峰组砂、泥岩储盖组合中，储层为三角洲平原分流河道及三角洲前缘的水下分流河道砂体，盖层为冲积-三角洲平原的泥岩。

（三）中生界储盖组合

鄂尔多斯盆地中生代地层划分与岩性特征见表 12.1。三叠系延长组主要发育冲积扇、河流、三角洲和湖泊等沉积相。其中，三角洲砂体为延长组大型低渗透和特低渗透岩性油藏最主要的储集体。在东北、西北、西部、西南和南部五大沉积物源控制下，鄂尔多斯盆地三叠系延长组三角洲发育，其中东北物源区的靖边—安塞三角洲规模最大、覆盖的范围最广，其次是西南物源控制的崇信—庆阳三角洲和受西北物源影响的盐池三角洲。不同沉积时期三角洲规模呈现此消彼长的特征，随着湖岸线的进退，分流河道、水下分流河道、河口坝等不同类型的三角洲砂体纵向叠加，横向复合连片，形成伸入湖盆的、围绕湖盆沉积中心的大型三角洲群。同时，在湖盆中部地区，长 6 油层组和长 7 油层组中上部发育大型重力流复合沉积砂体，砂体纵向叠加厚度大，平面上平行于相带界线或围绕三角洲前端稳定分布。这几套不同成因、不同方向展布的砂体，在空间上构成了纵横交织的庞大的储集体，形成了“满盆砂”的储集层分布格局（邓秀芹等，2011）。

湖盆振荡发展构建了延长组多套储盖组合类型。延长组沉积时期，湖盆最显著的一次湖侵发生于长 7 段沉积时期，形成了广泛分布的长 7 段优质烃源岩。长 6 段三角洲和重力流沉积砂体发育，具有较好的储集条件。长 4+5 油层组沉积时期以湖泊沉积为主，三角洲相不发育，沉积物以泥岩为主夹少量砂岩，或为砂岩与泥岩的互层沉积，厚 80～100m，构成了延长组中下部储层的良好区域盖层。长 8 段位于长 7 段优质烃源岩之下，三角洲砂体发育，也构成了有利的储盖组合。同时，在沉积中心地区，长 7 段本身发育较大规模的重力流储集体，自身也构成了一套重要的有利储盖组合。

早侏罗世富县组沉积时期，盆地整体呈现为在三叠纪末高低不平古地貌上的填平补齐式沉积，厚度、岩性变化大，地层厚 0～190m。沉积环境主要以河流相为主。延安期沉积的地层，厚度一般为 200～300m，地层等厚线呈椭圆形展布，反映沉积作用受构造运动的影响不明显，主要为一套河流-湖泊相沉积，也为盆地的主要成煤期。其中，下侏罗统延安组的延 10、延 9 和延 8 段砂岩为主要储集层，而延安组的泥岩和煤层则为其良好的封盖层（表 12.1）。

表 12.1　鄂尔多斯盆地中生代地层划分与岩性特征（罗建强和何忠明，2008）

<table>
<tr><th colspan="5">地层</th><th rowspan="2">油层组</th><th rowspan="2">厚度/m</th><th rowspan="2">岩性</th><th rowspan="2">盆地演化</th></tr>
<tr><th>界</th><th>系</th><th>统</th><th>组</th><th>段</th></tr>
<tr><td rowspan="11">中生界</td><td rowspan="2">白垩系</td><td>上统</td><td></td><td></td><td></td><td></td><td>缺失</td><td>晚白垩世盆地消亡期</td></tr>
<tr><td>下统</td><td></td><td></td><td></td><td></td><td>红色、杂色砾岩、砾岩</td><td>早白垩世盆地整体抬升期</td></tr>
<tr><td rowspan="9">侏罗系</td><td>上统</td><td>芬芳河组</td><td></td><td></td><td>1000</td><td>以厚层红色粗粒碎屑岩为主</td><td>晚侏罗世生排烃高峰期</td></tr>
<tr><td rowspan="2">中统</td><td>安定组</td><td></td><td></td><td>10～50</td><td>下部黑色页岩，上部砂泥岩互层</td><td rowspan="8">早-中侏罗世构造稳定期</td></tr>
<tr><td>直罗组</td><td></td><td></td><td>100～500</td><td>下部黄绿色块状粗粒长石砂岩，上部灰绿色泥岩与粉砂岩互层</td></tr>
<tr><td rowspan="6">下统</td><td rowspan="6">延安组</td><td rowspan="3">四段</td><td>延 1</td><td rowspan="3">40～50</td><td rowspan="3">灰绿、灰黄色泥岩，灰白色中-细砂岩与灰褐、灰黑色页岩、泥岩互层，油层组顶部常见煤层</td></tr>
<tr><td>延 2</td></tr>
<tr><td>延 3</td></tr>
<tr><td rowspan="3">三段</td><td>延 4</td><td rowspan="3">100～110</td><td rowspan="3">灰黑色泥岩与灰白色中细砂岩夹煤层，油层组下部常见厚层砂岩</td></tr>
<tr><td>延 5</td></tr>
<tr><td>延 6</td></tr>
</table>

续表

地层					油层组	厚度/m	岩性	盆地演化
界	系	统	组	段				
中生界	侏罗系	下统	延安组	二段	延 7	30～40	灰色泥岩与砂岩互层，顶部发育厚煤层	早-中侏罗世构造稳定期
					延 8	30～40	灰色泥岩与砂岩互层，顶部发育薄煤层或碳质泥岩	
				一段	延 9	20～40	湖沼相泥岩发育，夹多层薄砂层与煤层	
					延 10	30～45	以河流相厚层砂岩为主，顶部常见薄煤层	
			富县组			0～190	灰色砂岩夹薄层泥岩	
	三叠系	上统	延长组	五段	长 1	20～170	灰色厚层块状杂砂岩	
				四段	长 2	120～140	上部深灰色泥岩夹粉细砂岩，下部灰色泥岩夹细砂岩	晚三叠世盆地生油岩形成期
					长 3	90～110	灰色砂岩夹薄层泥岩	
				三段	长 4+5	100～110	深灰色泥岩与浅灰色泥岩互层，中部泥岩相对发育	
					长 6	100～120	浅灰色砂岩层夹深灰色薄层泥岩	
					长 7	100～110	深灰色页岩、灰黑色炭质泥岩夹薄层粉细砂岩	
				二段	长 8	100～190	深灰色泥岩与粉细砂岩互层	
					长 9		灰色泥岩与粉细砂岩互层	
				一段	长 10	200～230	灰绿色、红色长石砂岩夹灰绿色或紫红色泥岩	
		中统	铜川组			100～250	灰色、深灰色泥岩夹中厚层粉细砂岩、夹煤线	早-中三叠世盆地格架奠定期
			纸坊组			100～300	紫褐色、紫红色粉砂质泥岩与砂岩互层	
		下统	和尚沟组			50～150	棕红、紫红色泥岩、砂质泥岩	
			刘家沟组			30～80	上部灰白色、杂色细砂岩、粉砂岩、粉砂质泥岩，紫色细砂岩夹薄层粉砂岩	

三、油气矿藏资源形成与分布特征

鄂尔多斯盆地古生界至中生界发育的四套生烃岩（包括煤岩）有机质丰度高，分布范围广，为丰富油气矿藏的形成与分布奠定了雄厚的物质基础（图 12.5）。按照经典石油地质学油气运聚理论，盆地发育的两条区域性不整合面（侏罗系与三叠系间不整合面和石炭系本溪组与奥陶系马家沟组间不整合面），为盆地内油气区域性的横向运移提供了有利通道，也为油气聚集创造了有利圈闭场所。邻近两条区域不整合面的层系，油气更为富集。由于分散有机质生油中心位于盆地西南部的原因，平面上构成了盆地“南油北气”的现今分布格局。按生烃层系地质年代，可将盆地自下而上划分为三个含油气体系：下古生界含气体系、上古生界石炭系—二叠系含气体系以及中生界三叠系—侏罗系含油体系（图 12.6）。每个体系中，所赋存的油气矿藏类型也有一定的差别，下古生界含气体系主要为常规气藏；上古生界石炭系—二叠系含气体系中，除常规气藏外，还赋存了大量的致密砂岩气、页岩气和煤层气矿藏；中生界含油体系中，除常规油藏外，还赋存了大量的致密油、油页岩和煤岩油气矿藏。

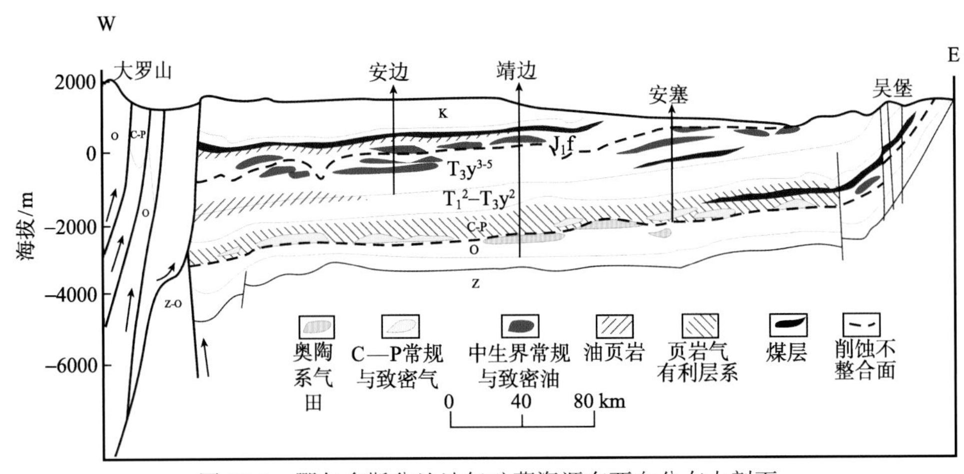

图 12.6 鄂尔多斯盆地油气矿藏资源东西向分布大剖面

（一）下古生界含气体系

鄂尔多斯盆地下古生界发育在晚元古代形成的古老地台之上，以碳酸盐台地及陆表海沉积为主。陆源碎屑岩主要发育于（寒武纪海侵早期及晚奥陶世）西缘的深水大陆斜坡地区，古地形整体表现为北高南低、东高西低。至加里东晚期，周缘海槽相继关闭，鄂尔多斯地台整体抬升，缺失志留系、泥盆系及下石炭统，形成了奥陶系顶面马家沟组岩溶古地貌，为鄂尔多斯盆地下古生界大气田的形成提供了非常有利的储集条件。奥陶系海相烃源岩主要分布在中上奥陶统，以暗色泥页岩、泥灰岩为主，形成于台地边缘斜坡和台内凹陷。在盆地西部和南部，上奥陶统发育了一套较好的斜坡相泥页岩，富含笔石。该套烃源岩围绕古隆起呈“L”形展布，分布范围广，有机质丰度较高，生烃潜力大，资源丰富。另外一类潜在的烃源岩主要发育于盆地东部局限海环境下的潟湖相，以微晶白云岩、含泥云灰岩为主，夹薄层泥页岩，TOC 分布为 0. 1%～0.5%，具有一定的生烃潜力（赵振宇等，2011）。

在该含气体系中，奥陶系气藏具有如下特征：①主要分布于风化壳附近，且主要集中在苏里格气田、乌审旗气田、靖边气田、米脂气田等；②风化壳气藏天然气主要源于上覆石炭系—二叠系煤系烃源岩，其次来源于奥陶系烃源岩，其中石炭系煤系、泥岩既是下伏地层的烃源岩，又是良好的盖层；③气藏储集层以含膏白云岩风化壳溶蚀孔洞型为主。

（二）上古生界含气体系

至中石炭世，海水再度侵入盆地，其范围与早古生代基本相当。至早二叠世下石盒子组沉积时期，海水又完全退出，开始进入陆相沉积阶段。石炭系—二叠系由下至上依次为石炭系本溪组，二叠系太原组、山西组、石盒子组和石千峰组。各层系沉积厚度相对均匀，主要含气层位为下石盒子组盒八段、山西组、太原组和本溪组等。由于受北部物源控制，河流、浅水三角洲砂体向南延伸较远，岩性以中粗粒石英砂岩和岩屑石英砂岩为主，整体表现为低孔低渗特征。上古生界生烃岩集中发育在本溪组—山西组，由暗色泥岩、煤岩、黑色页岩和含泥生物灰岩等构成，平面分布上呈东西部厚、中部薄而稳定的特点。生烃岩层的生气强度可达12×10^8～$24 \times 10^8 m^3/km^2$，具有较好的生烃潜力。

上古生界石炭系—二叠系致密砂岩气和常规气藏主要分布于伊陕斜坡中北部的构造较高部位，并被伊盟古隆起阻挡。形成的代表性气田为苏里格气田、榆林气田、神木气田、子洲气田、米脂气田等，富集层位主要集中在本溪组—盒八段的4套层系内。除盆地边缘外，盆地内部均有分布，形成了大面积连续型含气的整体分布特征。

上古生界海陆过渡相页岩具备形成页岩气的最有利条件，是鄂尔多斯盆地最现实的页岩气勘探和开发层系。该套页岩属含煤层系，具广覆型沉积特点。主要发育层位为中石炭统本溪组、下二叠统太原组和山西组，分布面积大，厚度中等，有机质丰度较高，埋深为2000～3500m。盆地东、西部黑色页岩较厚，累计厚度变化为100～150m；中部黑色页岩相对薄但稳定，厚度变化为50～80m。受构造运动抬升影响，该套页岩在盆地中东部保存较好。本溪组、太原组和山西组TOC较高，一般为1.0%～5.0%，其中本溪组TOC最高。本溪组、太原组和山西组二段 3 套页岩TOC平均值分别为2.79%、2.68%和2.93%。上古生界干酪根类型为偏腐殖混合型-腐殖型。R^o大多为1.1%～2.5%，大部分处于高成熟阶段，普遍处于有利于生成页岩气的成熟度范围内。鄂尔多斯盆地环14井山西组页岩和任5井太原组页岩的热模拟实验结果表明：R^o大于1.1%时，气态烃产率随R^o增大迅速增加；R^o为2.5%时的气态烃产率达到$110m^3/t$（有机碳）。从该区上古生界页岩的岩石学特征来看，太原组、山西组石英含量较高，为46.5%～54%，黏土含量为43.6%～47.8%。麻塔则沟下二叠统山西组中部黑色页岩，石英含量为48.7%，斜长石含量为2.3%，钾长石含量为1.2%，黏土含量为47.8%（王社教等，2011）。可见，该套页岩脆性矿物（石英、斜长石）富集，有利于产生微裂缝（天然或诱导裂缝）及页岩气藏开发。结合页岩沉积分布、有机地化特征及埋深浅于3500m 的特点，在银川—定边—靖边—榆林—子长—离石一带的山西组以及盆地的西北、东北地区均是形成页岩气矿藏的有利区。

鄂尔多斯地区在晚古生代发育稳定克拉通内的大型盆地，晚石炭世到二叠纪广泛发生聚煤作用。盆地连续沉降，构造简单，构造改造弱，含煤岩系在大面积内保存完整，为上古生界煤层气的生成和富集奠定了良好的基础。中石炭世，鄂尔多斯地块内部沉降幅度很小，沉积厚度仅10～25m。上石炭统太原组沉积厚50～100m，含煤5～8层。各地煤层厚度变化较大，如河东煤田太原组主要可采煤层为8、9、10号煤，平均总厚约7m。往南至乡宁一带变薄，甚至不可采。盆地西缘靖远组、羊虎沟组沉积厚度大，含薄煤层及煤线50层之多，晚石炭世时拗陷幅度减小，但沉积厚度仍比东部大，含煤10余层，是主要含煤地层之一。下二叠统山西组厚60～100m，形成较厚的可采煤层。河东煤田4、5

号煤层平均总厚近8m，南部渭北煤田由东向西煤厚减薄，3号煤层一般厚0.5～0.8m。石炭纪—二叠纪的煤主要经受深成变质作用。从北部的保德到南部的乡宁，煤级逐渐增高，煤镜质组反射率从0.65%增大到1.95%。随深度增加，煤级呈增高趋势，到盆地中部煤镜质组反射率达2.80%以上。在盆地西缘，由于叠加岩浆热变质作用，煤级分布比较复杂，镜质组反射率变化为1.0%～4.0%。

如上所述，石炭纪—二叠纪的煤主要为中高变质烟煤和无烟煤，煤级高。因此，煤层含气量也较高。鄂尔多斯盆地东缘、南部的渭北煤田和西缘桌贺煤田是石炭纪—二叠纪煤田的分布区。煤田勘探中采集了大量的煤层气解吸资料，煤层气勘探程度高，煤层气分布规律明显。如表 12.2 所示，鄂尔多斯盆地东缘是煤层气富集区，含气量中部高，北部和南部低。渭北煤田从东到西含气量降低，韩城矿区为煤层气富集区。桌贺煤田，煤类全，含气量较高。总之，石炭纪—二叠纪煤层气资源非常丰富，资源量超过 $4\times10^{12}m^3$（冯三利等，2002）。从煤层及其含气量、赋存特点、储层特性、资源条件等综合分析，煤层气开发最有利区块包括鄂尔多斯东缘的河东煤田和陕北石炭纪—二叠纪煤田、鄂尔多斯南缘的渭北煤田等。

表 12.2　鄂尔多斯盆地各煤矿区煤层含气量统计表（冯三利等，2002）

煤田	矿区	含气量/（m^3/t）
东缘北部	保德、府谷、临兴	<5
东缘中部	三交、柳林、吴堡	2.46～18.36
东缘南部	乡宁	3.18～4.19
渭北	韩城	4.53～23.25
	澄合	4.05～11.97
	铜川	5.52～6.44
桌贺	石嘴山	3.50～8.40
	韦州	4.12～7.20
黄陇	黄陵	4.76
	彬长	0.01～6.29
	焦坪	4.0～5.35
华亭	华亭	0.01～1.18

从前所述及的各类油气矿藏资源的分布特征来看（图 12.7），在石炭纪—二叠纪沉积时期，无论是分散型有机质还是聚积型有机质的汇聚中心均位于盆地的东部。煤炭和煤层气、页岩气、致密砂岩气和常规油气资源的分布均受这个汇聚中心的控制。高资源丰度区和潜在的有利区均处于或邻近汇聚中心呈带状展布，分布重心明显偏于盆地东部。

（三）中生界含油体系

中生界含油体系主要由中上三叠统延长组长 7 段—长 9 段泥质生烃岩、侏罗系延安组煤岩、中上三叠统和中下侏罗统两套砂岩储集层系组成（图 12.8）。

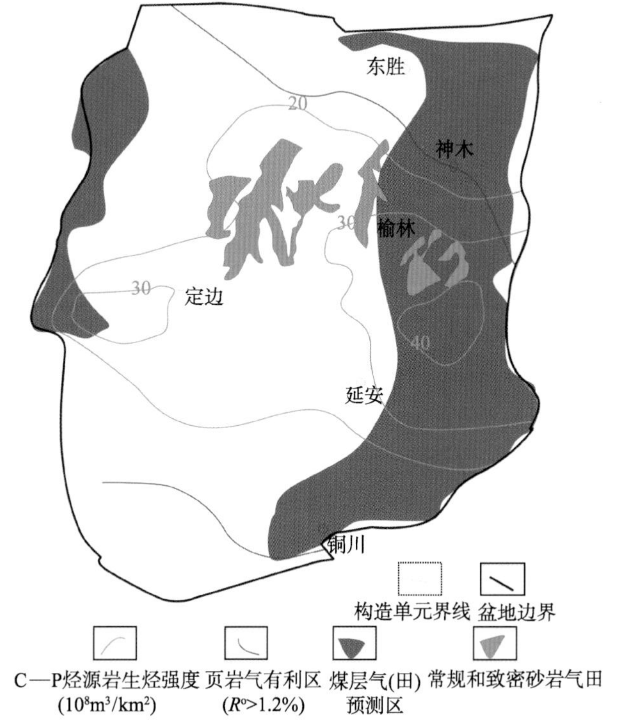

图 12.7　鄂尔多斯盆地石炭系—二叠系天然气矿藏资源分布图

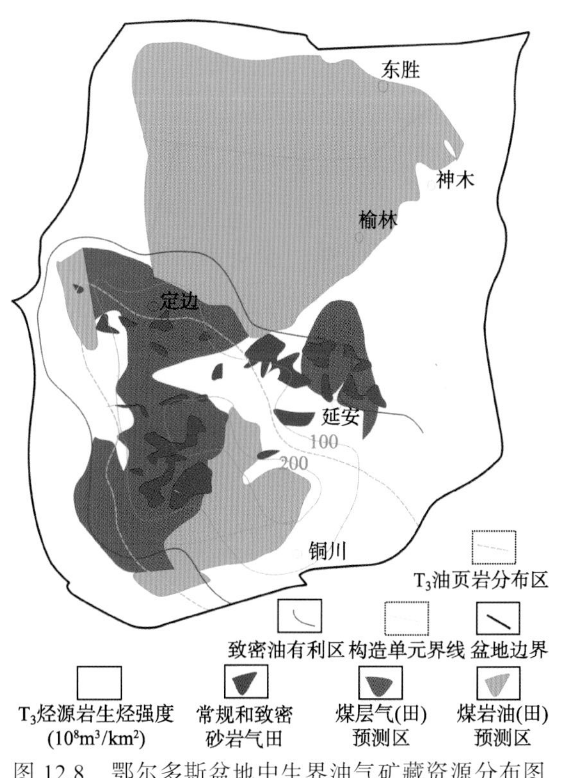

图 12.8　鄂尔多斯盆地中生界油气矿藏资源分布图

晚三叠世—白垩纪，盆地主要发育大型内陆河湖相沉积。三叠纪延长组沉积时期是盆地生油岩形成的主要时期。也是盆地最主要的含油层系之一，厚度大于 1000m，分布广。其发育演化经历了完整的湖进和湖退阶段：长 10 段—长 7 段为湖进期，湖盆逐渐扩大，水体逐渐加深，沉积物由粗变细；长 6 段—长 1 段为水退阶段，直至湖盆消亡，主要发育一套灰色中厚层块状细砂岩、粉砂岩与深灰色泥岩组成的旋回性韵律沉积。古地形整体表现为盆地四周高、中南部低，东北坡长而缓、西南坡短而陡。侏罗系由下至上依次为富县组、延安组（延 1 段—延 10 段）、直罗组及安定组（表 12.1）。富县组是一套洪积扇或山地河流相沉积，厚 120～150m。延安组厚 100～400m，与下伏富县组呈假整合接触，层位底部为河流相砂岩，厚达 120m，分布范围较广，中上部发育一套由煤系、灰色泥岩组成的韵律性沉积，属湖沼相。至中侏罗世，气候渐趋干燥，导致直罗组和安定组发育一套河流相至湖相的红色沉积，与下伏延安组侵蚀不整合接触。

中生界泥质生烃岩主要由延长组长 7 段、长 9 段优质油页岩组成，其中长 7 段为主力生烃岩系，具有厚度大、分布广、有机质丰富、成熟度适中等特点，集中分布在定边—吴起—庆阳—富县一带，范围约 $8\times10^4km^2$。中生界含油储集体主要为中上三叠统延长组与侏罗系延安组和直罗组。延长组由北东、南西两大物源控制的河流-三角洲沉积与湖相碎屑岩沉积组成，其中三角洲前缘的水下分流河道砂、河口坝，以及湖盆中部与重力流有关的砂质碎屑流、滑塌沉积和浊流沉积构成了叠置连片的有利储集体。延长组储层孔隙度一般为 1.4%～19.96%，平均为 9%；渗透率平均为 $2.15\times10^{-3}\mu m$，总体表现为低孔低渗的特征（许建红等，2007）。延长组油藏以致密岩性油藏为主，具有面积大、储量多、物性差、叠置连片分布等特点。可见，延长组致密油矿藏具有很大的潜力。而侏罗系含油储集体主要分布在延安组和直罗组，其中延 9 段、延 10 段河道相粗-中粒石英砂岩为主力储集层，延 6 段—延 9 段煤系为盖层。

中生界油田的分布均位于长 7 段有效烃源岩范围之内。其中，三叠系油藏主要分布在天环拗陷和伊陕斜坡的中南部，以姬塬、靖安、安塞和西峰等油田为代表。侏罗系油藏主要分布于西缘断裂带中北部以及天环拗陷、伊陕斜坡中南部。三叠系油藏约占整个中生界石油储量的 80%，侏罗系约占 20%（赵振宇等, 2011）。

油页岩分别赋存于中-晚三叠世延长组、晚三叠世瓦窑堡组及中侏罗世早期延安组、中侏罗世晚期安定组地层中。其中，中-晚三叠世延长组和中侏罗世早期延安组是主要含油页岩层位。中-晚三叠世延长组中的油页岩形成于陆相深湖或半深湖环境，主要分布于盆地的西南部，油页岩矿层厚度一般为 13～36m，含油率大多变化为 5%～10%。而晚三叠世瓦窑堡组油页岩、中侏罗世早期延安组油页岩则形成于陆相湖泊三角洲湖沼环境，与煤层共生，在盆地内呈大面积分布（图 12.5）。瓦窑堡组油页岩厚度一般为 8～12m，含油率一般为 6%～14%。延安组油页岩厚度一般为 4～10m，含油率大多为 1.5%～12%。中侏罗世晚期安定组油页岩仅局限于陆相半深湖环境。各组段油页岩发热量一般为 1.66～20.98MJ/kg（白云来等，2009）。因此，延长组和延安组油页岩的勘探开发前景较为广阔。

侏罗纪含煤岩系延安组，自下而上分为 5、4、3、2、1 煤组，主要可采煤层有 5～7 层，可采煤层累计厚度一般为 15～20m。主要可采煤层发育在盆地南部和北部，中部仅有煤线发育。聚煤作用受湖泊-三角洲-河流沉积环境控制，围绕盆地中心形成一个很大的聚煤环带，并且煤层层数和厚度均由无煤区向四周逐步增加。由于盆地东缘地层后期遭受剥蚀作用，煤层在盆地东部缺失。鄂尔多斯盆地延安组成煤模式可归纳为河流和湖泊三角洲两大主要成煤模式。河流沉积体系在延安组沉积过程的早期和晚期，主要发育在盆地的南缘和西北缘近物源区。在河流稳定条件下，煤层结构简单，有利于厚-巨厚煤层的形成（如 1 煤组），煤的灰分大于 10%，全硫小于 1%，煤种多为不黏煤；湖泊三角洲沉积体系在河流向湖盆的入口处形成，主要发生在延安组中期，含煤性好。鄂尔多斯盆地为大型内陆湖泊盆地，三角洲朵叶体规模大，缓坡三角洲平原上的泥炭沼泽长期稳定发育，构成大面积富煤区，湖湾和分流间湾聚煤作用较弱，东部神木一带湖泊三角洲体系含煤 13～27 层，累计厚 20 余米，低灰低硫，富镜质组，多为长焰煤和气煤，挥发分一般为 37%～44%，氢含量大于 4.8%，H/C（原子比）大于 0.71，镜质体反射率小于 0.75%，焦油产率为 7%～12%，非常有利于煤岩油矿藏的形成，主要分布于盆地的北部（图 12.5）。同时，在煤化工方面，富镜质组煤更有利于液化和配焦（李小彦等，2005）。鄂尔多斯盆地侏罗纪煤层含气量大多很低。但在局部地区和煤层较高变质和深部区，含气量将增高。在盆地西南部的定边—华池—庆阳一带，煤的变质程度相对较高，发育焦煤和无烟煤，有利于煤层气的形成。此外，在黄陵矿区，煤层平均累厚 32m 左右。其中 2 为稳定可采煤层，平均厚度 2.86m，以长焰煤、气煤为主，本区构造形变微弱，地层基本呈水平产状。区内分布了为数不多十分宽缓的褶皱，断层发育很少，黄陵矿区煤层气含量为 3.0～6.2m^3/t（冯三利等，2002）。因此，侏罗纪煤层气也具有一定的潜力（图 12.5）。

第四节　实例 2：美国阿巴拉契亚盆地

随着全球能源需求的不断增长以及常规油气资源发现率的逐步降低，各石油公司的油气勘探领域进一步扩大，对非常规油气资源勘探开发的重视程度日益提高。美国加强了对页岩气、煤层气和致密砂岩气的开发和利用（Shanley et al.，2004）。随着钻井技术和开采工艺水平的不断提高，非常规天然气资源的贡献已占美国天然气供应量的 30%左右。阿巴拉契亚盆地作为美国石油工业的发源地，勘探、开发时间早，是一个以产天然气为主的油气区。近年来，阿巴拉契亚盆地在非常规天然气勘探开发方面成果显著。

一、区域地质特征

阿巴拉契亚盆地位于美国东部（图 12.9），分布在强烈变形的中央阿巴拉契亚山脊和山谷西北处的前陆位置。盆地长 1120km，宽 400km，面积 280 000km^2，盆地西部边界至辛辛那提隆起轴部，东邻大西洋沿岸平原，北至美国与加拿大边界，南面包括田纳西州的东侧和西北卡罗来纳州。盆地整体呈现为近北东-南西向展布的北宽南窄的轮廓。

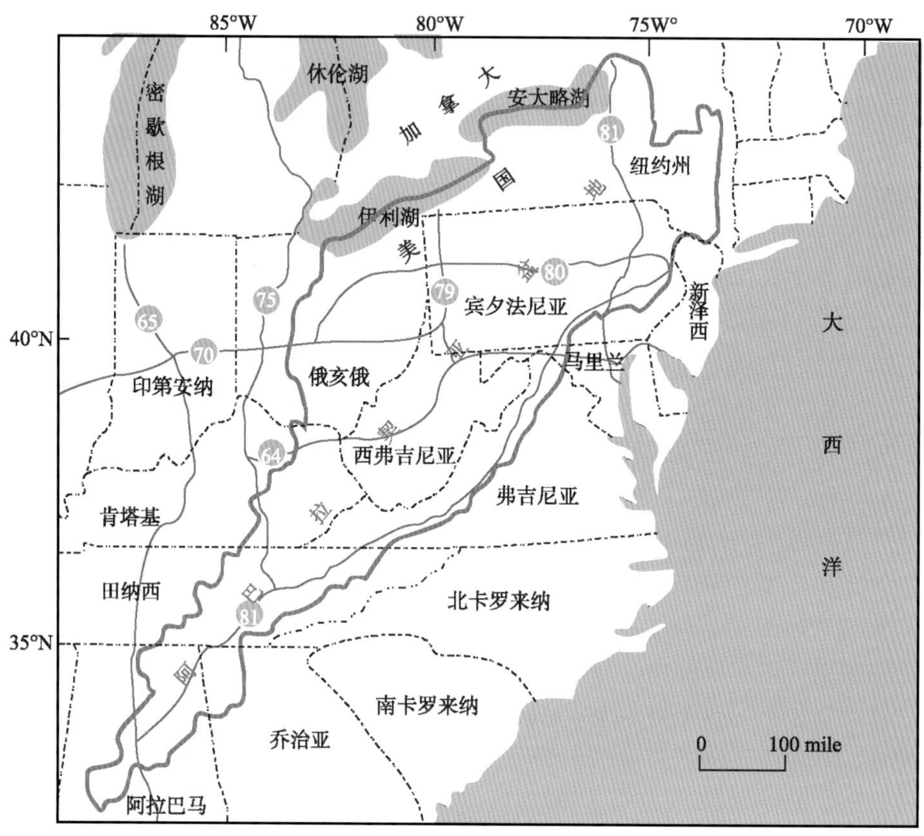

图 12.9　阿巴拉契亚盆地地理位置图（USGS, 2000）

（一）构造演化

阿巴拉契亚盆地属北美地台和阿巴拉契亚褶皱带间的山前拗陷（图 12.10），盆地呈北东-南西向延伸，东侧的山脉褶皱强烈。阿巴拉契亚盆地主要经历三次大的构造事件：Taconic、Acadian 和 Aleghanian 构造运动。在下古生代时期，阿巴拉契亚褶皱带为地槽，盆地范围内属地台型沉积，沉积厚度由东向西变薄，地槽中心的古生代地层总厚度达 12 000m。晚奥陶世，地槽东部开始上升，成为碎屑物质的主要供给区。二叠纪时，盆地东侧的地槽褶皱回返，盆地东部形成紧密褶皱和向西推覆的逆掩断裂；盆地西部因基底稳定，构造平缓。在盆地内，宾夕法尼亚系、二叠系地层分布在拗陷的中心，向四周渐次出露更老的地层（胡文海和陈冬晴，1995）。

（二）沉积特征

阿巴拉契亚盆地沉积层序由寒武系—晚宾夕法尼亚系和至少是早二叠纪的岩石组成。地层沉积在向东倾斜的三期前陆盆地内，形成三套主要沉积旋回。每一套旋回底部为炭质页岩，中部为碎屑岩，上部为碳酸盐岩（图 12.11）。

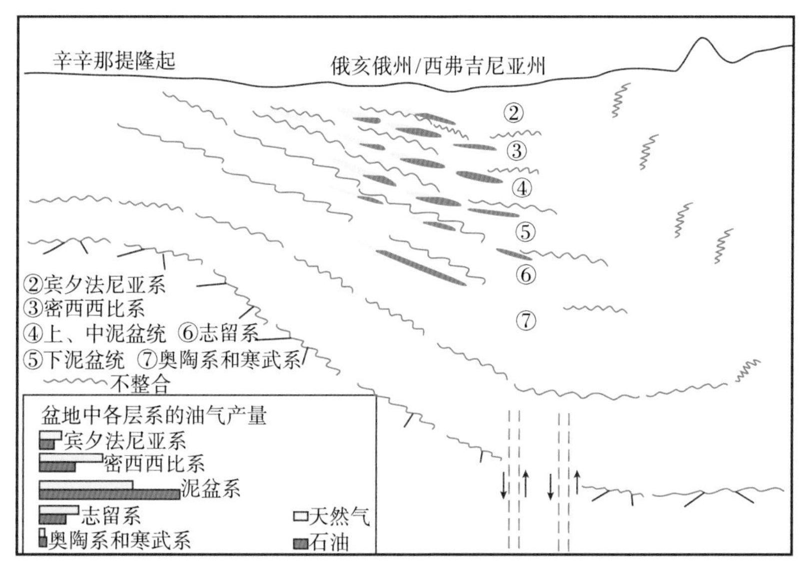

图 12.10　阿巴拉契亚盆地结构及含油气示意剖面图（胡文海和陈冬晴，1995，修改）

注：未按比例绘制

地质时期		地层单元	岩性剖面	储集层	油气藏	生烃岩	油气系统
石炭纪	宾夕法尼亚	Monongahela群		砂岩、页岩	煤层气	煤层 黑色页岩	石炭系煤层气系统
		Conemaugh群					
		Allegheny群					Pottsville煤层气
		Pottsville群					
	密西西比	Mauch Chunk/Pennington 组		Ravencliff 砂岩,Maxon砂岩	常规		泥盆系页岩—中古生代岩系
		Greenbrier灰岩		Big灰岩	常规		
		Pocono 组		Big Injun, Squaw, Weir	常规		
		Berer/Murrysville 砂岩		Bere/Murrysville 砂岩	致密气	Sunbury 页岩	
泥盆纪		Catskill,Brallier组, Cleveland,Ohio,Huron, Rhinestreet页岩		Venango,Bradford,Elk砂岩; 黑色页岩	页岩气	上泥盆统黑色页岩	
		Harrell组		黑色页岩	页岩气	Burket段	
		Hamilton 群				Marcellus页岩	
		Onondaga群, Huntersville 硅岩		Huntersville 硅岩, Comiferous岩灰	常规		
		Oriskany砂岩		Oriskany砂岩	常规		
		Helderberg群					
志留纪		Bass Islands 盐岩					
		Salina群					
		Lockport白云岩		Comiferous灰岩			Utica6页岩—下古生代岩系
		Clinton 群		Keefer/Big Six砂岩	致密气		
		Medina 群		Tuscarora/Clinch砂岩, Clinton/Medina砂岩			
奥陶纪		Juniata/Bald Eagle 组		Bald Eagle砂岩			
		Reedsville页岩					
		Utica 页岩		Utica 页岩	页岩气	Utica 页岩	Conasauga-Rome/Conasauga 岩系
		Trenton 灰岩		Trenton 灰岩	常规	Trenton 灰岩	Sevier-Knox/Sevier岩系
		Black River 灰岩		Wells Creek组	常规	Sevier/Block house页岩	
		Beekmantown群		Upper Knox白云岩	常规		
寒武纪		Chepultepec、Copper Ridge白云岩		Rose Run砂岩	常规		
				Lower Knox白云岩		Conasauga组	
		Conasauga组/群					
		Rome 组		Rome 组			
		Mt. Simon 砂岩		Basal碎屑岩			

砂岩　页岩　灰岩　白云岩　盐岩　煤层

图 12.11　阿巴拉契亚盆地地层及油气藏发育综合柱状图（Milici and Swezey，2006，修改）

从寒武系至中奥陶统，除下寒武统及上寒武统顶部主要为碎屑沉积外，均为碳酸盐岩沉积，厚 30～2500m。上奥陶统厚 760～1025m，下部为黑色页岩，为生油层，向上过渡为紫红色页岩、砂岩及泥岩互层。下志留统为 Tuscarora 砂岩，厚 55～365m，是区域性含油气层，以产气为主，在油气区的西部主要产油。中、上志留统由砂岩、页岩、石灰岩和蒸发岩组成，厚 380～520m，裂隙发育，是储气层之一。下泥盆统下部为灰岩、页岩及含燧石砂岩；上部为 Oriskany 砂岩，厚 50～60m，是主要产气层。中、上泥盆统厚 1100～2800m，下部为黑色页岩，厚 300m，是主要生油层；上部发育厚层三角洲砂岩，是这一地区主要的储层。密西西比系厚 300m，南部最厚达 600m，下部以灰岩为主，上部为暗红色粉砂岩、砂岩夹页岩，具陆相沉积特点，南部河道砂岩含油。宾夕法尼亚系厚 150～400m，发育有页岩、粉砂岩夹煤层，以陆相沉积为主。

（三）常规油气分布

阿巴拉契亚盆地的油气开发具有悠久的历史。据记载，盆地 1821 年钻了第一口天然气井，1859 年在宾夕法尼亚州钻第一口雷德福油井，1871 年发现盆地最大的布拉德福特油田。在盆地内，油田主要分布在山前拗陷的中部和西部，中部分布大面积的气田，盆地东部的逆掩断层带也零星分布有油气田。

总体上说，在盆地古生代的地层中，最主要的生油层为上泥盆统的黑色页岩，其次为上奥陶统下部的黑色页岩，下奥陶统的 Conoheagne 灰岩也有一定的生油条件。油气储层很多，从寒武系到宾夕法尼亚系的各套地层均产油气，其中泥盆系油气产量最多，主要集中于上泥盆统。

以西宾夕法尼亚州为例，天然气产于寒武系—中泥盆统 12 个地层单元和上泥盆统各种储层，其中少部产于密西西比系和宾夕法尼亚系包括煤层在内的储层。宾夕法尼亚州大部分天然气产于上泥盆系碎屑岩储层。该州产气量的 15%来自中泥盆统或更老的深部储层，主要是泥盆系砂岩和燧石岩储层以及下志留系致密砂岩层。宾夕法尼亚系潜在生油岩包括泥盆系黑页岩、上奥陶系 Utica 页岩和同期 Antes 页岩。此外，宾夕法尼亚系岩层中有可生气的煤层。

盆地内储集层的岩性可以分为砂岩、碳酸盐岩、裂缝性页岩和煤层等几类（图 12.11）。

在阿巴拉契亚盆地内，油气藏的分布主要受岩性的控制，其次为构造的影响。对于常规油气来说，生储油气层相邻处即油气分布区，尤其是不规则的砂岩。西侧辛辛那提隆起多次相对上升，使油气从东向西运移。在盆地的中、西部，油气大量聚集在砂岩沿上倾尖灭的圈闭中。地层圈闭是主要的圈闭类型，许多产层与盆地中的不整合密切相关。

二、非常规油气成藏条件

阿巴拉契亚盆地内的页岩极为发育，主要包括 8 套页岩单元：奥陶系 Utica 页岩层、志留系的 Rochester 和 Sodus/Williamson 页岩层以及泥盆系的 Marcellus/Millboro、Geneseo、Rhinestreet、Dunkirk 和 Ohio 页岩层，大部分沉积在每个地层组的底部或附近（Engelder et al.，2009），是区内页岩气和致密砂岩气气藏的主要烃源岩（图 12.11）。其中泥盆系页岩在盆地内分布广泛。

这些页岩中的有机质以陆源有机质为主，含量比较丰富。页岩均具有有机碳含量高、成熟度高、埋藏浅等特点。生烃层为已压实的页岩。在盆地东部 R^o 一般为 0.5%～2.0%，在弗吉尼亚州、肯塔基州和西弗吉尼亚州等产区，R^o 一般为 0.6%～1.5%。盆地内气藏中油和气主要来源于中泥盆系 Marcellus 页岩、上泥盆系黑色页岩和下密西西比系 Sunbury 页岩。盆地北部的中-上泥盆系黑色页岩厚度为 15～150m，TOC 为 3%～5%。田纳西州和阿拉巴马州气藏区，上泥盆系和下密西西比系黑色页岩厚 7～15m，TOC 范围为 5%～10%。

盆地内的俄亥俄页岩是典型的泥盆系页岩。根据对镜质体反射率的研究，Huron 下段页岩中所包含的有机质基本上都处于油气生成的热成熟阶段，有机质以Ⅱ型干酪根为主。TOC 为 1%的等值线所包围的地区包括西弗吉尼亚、肯塔基东部和俄亥俄南部的大部分地区。在底部产气区，TOC 可高达 2%。

Utica 页岩（晚奥陶世黑色页岩）是 Utica-早古生代油气系统的主要源岩，主要分布在纽约州、俄亥俄州、宾夕法尼亚州和西弗吉尼亚州。在东俄亥俄州，Utica 页岩典型厚度为 55～70m，北西弗吉尼亚州典型厚度为 55～75m，中宾夕法尼亚州典型厚度为 95～105m（该处称 Antes 页岩），在西纽约州典型厚度为 45～75m，在南东纽约州典型厚度为 105～230m。Utica 页岩的 TOC 值通常大于 1%，TOC 值为 2%～3%的地区呈北东走向，这片区域延伸穿过宾夕法尼亚州的西部和南部、俄亥俄州的东部、西弗吉尼亚的北部和纽约的东南部。Utica 页岩以Ⅱ型干酪根为主要特征，通常以生油为主。从上奥陶统的 Trenton 石灰岩（组）样品中可以看出，色变指数（CAI） 等值线表明 Utica 成熟源岩的呈扁透镜状占据了油气系统的大部分（图 12.12）。

俄亥俄州东部和西弗吉尼亚州北部的 Utica 页岩大概在介于晚泥盆世和晚宾夕法尼亚纪的时期到达了石油生成门限，Utica 页岩还在介于中密西西比纪和早二叠世的时期进入了天然气生成门限。

裂缝页岩、砂岩、粉砂岩、泥质砂岩、泥质粉砂岩、粉砂岩均为天然气的储层。生烃页岩的无裂缝部分将储层包围起来，形成岩性圈闭。储层的分布除受生烃条件的控制外，还受岩性和构造因素的控制，而主要是受裂缝带的控制。裂缝带又受断裂带、构造陡带等线性构造的影响。

石油在页岩中生成后不久，烃类运移同时发生在垂直方向和水平方向，这个运移至少持续到晚古生代隆起和剥蚀阶段的初期。运移可能沿多条路径进行，包括次生孔隙溶解带的层状平行带、区域性不整合溶蚀带，并且局部渗透到区域构造裂缝中。寒武纪和奥陶纪地层中由周期性的构造作用引起的渗透性裂缝可能会是一个有利的输导机制，可以将页岩产出的油气从下倾的盆形区域通过下伏的地层运输到更老的储层中。在一些地区可能发生二次运移，尤其是在埋藏更深的和经过构造作用重新调整的地区，在这些地区初期圈闭的石油被转换成天然气。

阿巴拉契亚盆地的煤层主要分布于盆地西南部的密西西比系和宾夕法尼亚系地层，是该地区煤层气的主要源岩。在生产煤层气的典型地区，解吸测试结果表明，煤层气量的获取值可达 9～20m^3/t（Milici，2010）。在自生自储的聚集单元中，随着热演化程度的变化，一般认为当煤层的 R^o 值达到 0.6%～0.8%时，会释放出甲烷气体。在晚古生代到早中生代时期，盆地的东部地层在不断地埋深、压实及煤化作用下，煤层被充分加热并产生大量的煤层气（Milici，2004）。

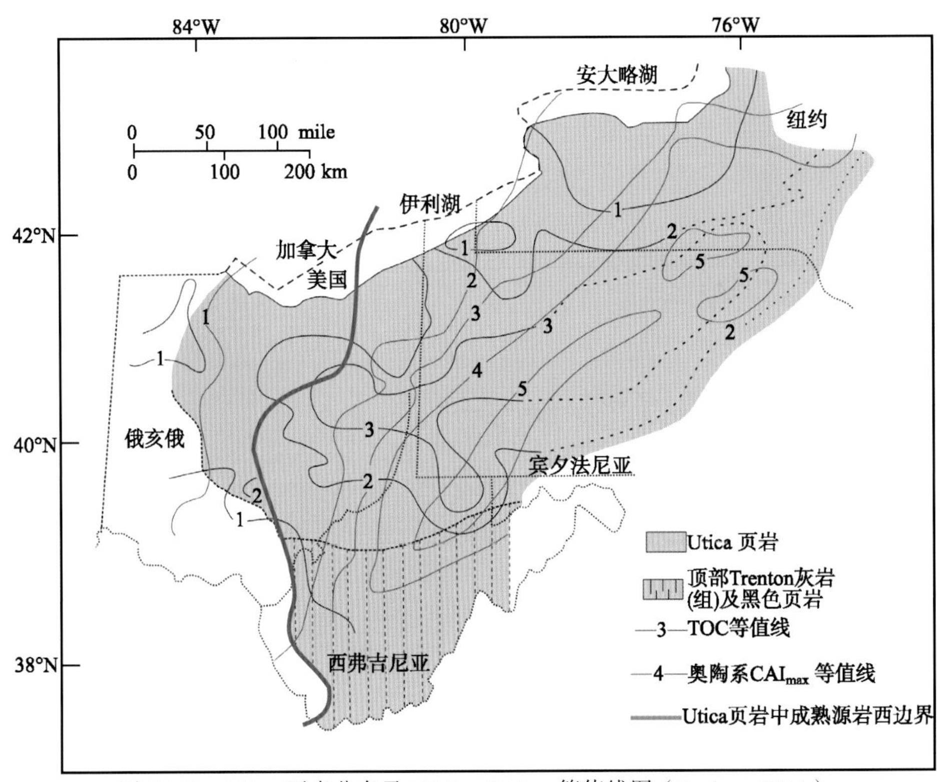

图 12.12　Utica 页岩分布及 TOC、CAI$_{max}$ 等值线图（Ryder，2011）

阿巴拉契亚盆地下志留系砂岩中的油气圈闭形成了盆地中央一个区域性的烃类储集。储层为浅海-非海相环境的沉积体系，其含气砂岩具有一定的复杂性（Castle and Byrnes，2005）。沉积环境变化较大，从东部的河流相、河口湾相和内部海陆架相到最两端则为外部海陆架和浪控滨海相。Clinton 砂岩和 Medina 砂岩为主要储层，以碎屑沉积为主。

油首先运移进入 Clinton/Medina 储层。随后，因盆地深部区域性的高压，油转化为气。埋藏史和烃类演化模型表明：源于奥陶纪黑色页岩的大多数油气在宾夕法尼亚西北部、中部的晚泥盆纪 Mississppian 时期和西弗吉尼亚西部以及俄亥俄东部的晚 Pennsylvania 时期开始排烃（Ryder and Zagorski，2003）。

宾夕法尼亚西北和东俄亥俄下志留系 Medina 群气田被看做是具有相变和渗透间断圈闭的储集层。Medina 气田砂岩层是低压、致密的气体储层。低压气体的聚集方向为盆地中心区域。分布于宾 A 法尼亚西北、俄亥俄东北和纽约西部的 Utica 和 Antes 页岩是

Medina 群天然气的源岩（Laughrey and Baldassare，999）。表 12.3 明确给出了阿巴拉契亚盆地内常规与非常规油气资源在各个评价单元内的成藏特点和分布特征。

表 12.3　阿巴拉契亚盆地主要天然气藏评价单元成藏特征（Milici and Swezey, 2006,修改）

评价单元	源岩	成熟期	运移方向	储层	圈闭	盖层
			常规油气资源			
泥盆系 Oriskany 砂岩	Needmore 和 Marcellus 页岩	石炭纪/二叠纪	侧向上倾，向下	细-粗砂岩	构造，地层	Marcellus 页岩
密西西比系 Greenbrier 灰岩	泥盆系页岩	石炭纪/二叠纪	侧向上倾，向上	鲕粒灰岩；白云岩裂缝，砂岩	地层	石炭系页岩
石炭系密西西比砂岩	泥盆系页岩	石炭纪/二叠纪	侧向上倾，向上	细-粗砂岩	地层	石炭系页岩
			非常规油气资源			
Pottsville 煤层	宾夕法尼亚系煤层	石炭纪/二叠纪	自生	煤层吸附	连续性	石炭系煤层
Greater Big Sandy	泥盆系页岩	石炭纪/二叠纪	自生	页岩裂缝	连续性	泥盆系页岩
泥盆系粉砂岩和页岩	泥盆系页岩	石炭纪/二叠纪	自生	页岩及粉砂岩裂缝	连续性	泥盆系页岩
西北 Ohio 页岩，Marcellus 页岩	Ohio 页岩，Marcellus 页岩	晚泥盆世/石炭纪/二叠纪	自生	页岩裂缝	连续性	泥盆系页岩
Catskill 砂岩和粉砂岩	泥盆系页岩	晚泥盆世?/石炭纪/二叠纪	侧向上倾，向上	细-粗砂岩	连续性	泥盆系页岩和粉砂岩
Berea 砂岩	泥盆系页岩	石炭纪/二叠纪	侧向上倾，向上	细-粗砂岩	连续性/常规	Sunbury 页岩
Clinton/Medina 砂岩	奥陶纪海相页岩	晚泥盆世/二叠纪	侧向上倾，向上	细-粗砂岩	连续性/常规	上志留统盐岩，灰岩

三、盆地内非常规气分布特征

阿巴拉契亚盆地内页岩气、煤层气和致密砂岩气均广泛分布，呈现出规模性聚集的特征。总体上看，煤层气主要分布于盆地的中西部，致密砂岩气主要分布于中部，页岩气则主要分布于中东部地区（图 12.13）。产自密西西比和宾夕法尼亚层系的煤层气从宾夕法尼亚州到阿拉巴马州连续广泛分布。煤层气产区主要有：盆地南部的阿拉巴马州黑勇士地区，盆地中部的弗吉尼亚州西南、西弗吉尼亚州南、肯塔基州东的 Pocahontas 地

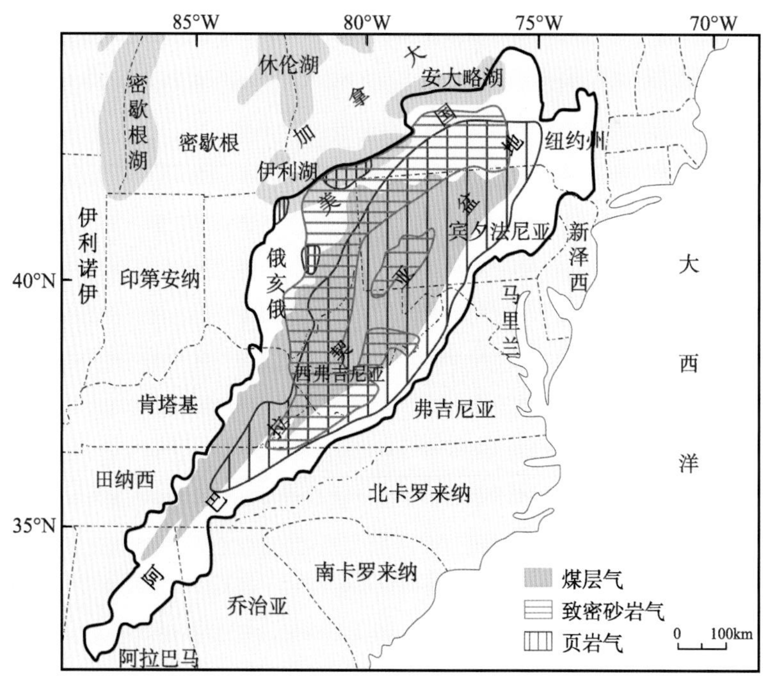

图 12.13　阿巴拉契亚盆地非常规天然气分布特征平面图

区，还有盆地北部的宾夕法尼亚州、西弗吉尼亚州北、俄亥俄州的部分地区。

煤层气主要见于盆地中部的弗吉尼亚州西南、西弗吉尼亚州南、宾夕法尼亚州和肯塔基州东的 Pocahontas 地区，以及盆地西部俄亥俄州的一些地区。弗吉尼亚地区是阿巴拉契亚盆地中北部煤层气的主要产区，该区虽只占盆地面积的 7%，但 96%的煤层气产量来自这里。在弗吉尼亚西南的煤田中，Buchanan、Dickenson、Russell 和 Wise 县是主要的煤层气产区（Nolde and Spears，1998）。自上而下，阿巴拉契亚盆地内的主要致密砂岩气区块分布于俄亥俄州、西弗吉尼亚州和肯塔基州的密西西比系的砂岩和碳酸盐岩中，宾夕法尼亚州、西弗吉尼亚州和肯塔基州的上泥盆系砂岩和页岩中，以及在纽约州、宾夕法尼亚州和俄亥俄州的志留系砂岩中。

从平面上看，阿巴拉契亚盆地的页岩气主要分布在肯塔基州东部、弗吉尼亚州、宾夕法尼亚州西部、纽约州西部以及俄亥俄州的局部地区。

在纵向层系上，页岩气、煤层气和致密砂岩气在盆地各个层系内广泛分布（图 12.14）。阿巴拉契亚盆地的页岩气主要分布在泥盆系和密西西比系，在盆地内总体呈现为自西向东厚度逐渐加大（图 12.15）。页岩内裂缝的发育特征是成藏的主控因素。

中上泥盆统的多个层位发育有良好的页岩气藏。地层发育为黑色富有机质页岩和灰色含石英及黏土矿物页岩互层，厚度为 0 m（辛辛那提隆起）到 1097m（西弗吉尼亚州），在肯塔基产气区页岩厚度为 60～480m，埋深为 0～1200m。1892 年，在东肯塔基州弗洛伊德郡 Beaver 河边所钻的一口井中发现了页岩气，目前在肯塔基页岩气井已超过

6000 口，天然气年产量为 14×10^{8}～$20\times10^{8}m^{3}$。Marcellus 页岩为深度 1200～2600m，估算拥有 4.76×10^{12}～$14.61\times10^{12}m^{3}$ 的页岩气资源量。位于阿巴拉契亚盆地西南部的 Big Sandy 气田，是典型的页岩气田。

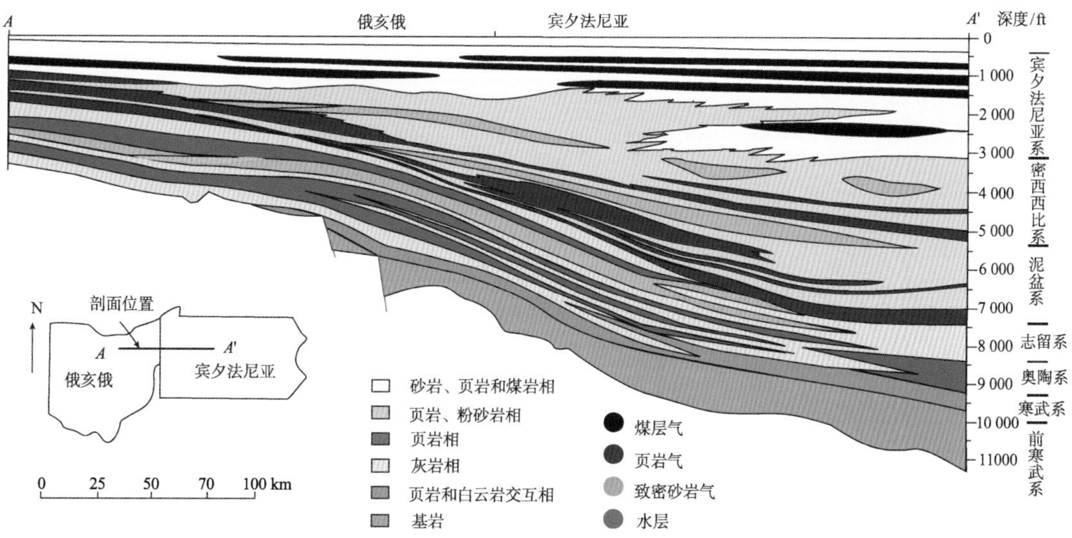

图 12.14　阿巴拉契亚盆地非常规天然气分布特征剖面图

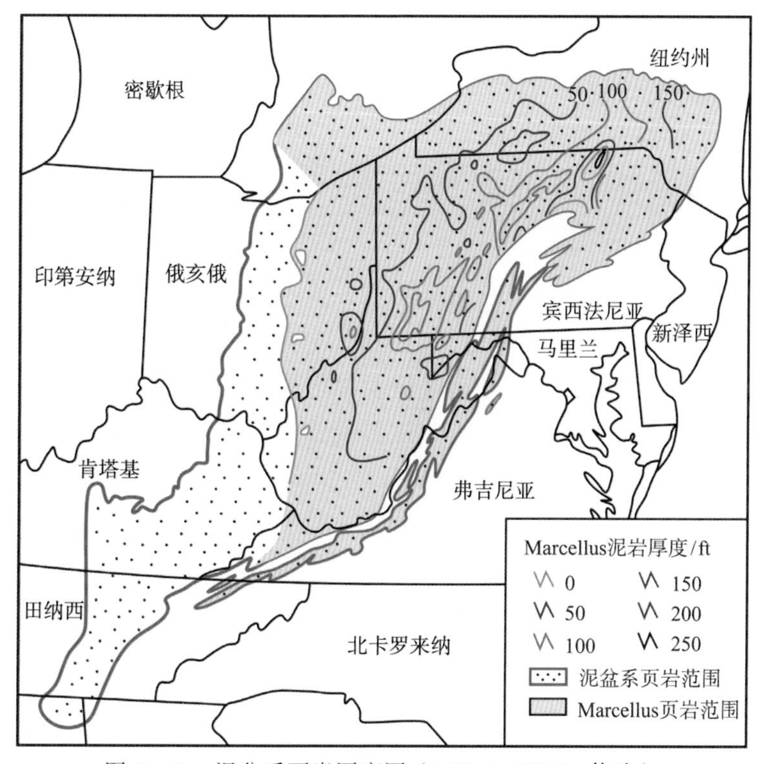

图 12.15　泥盆系页岩厚度图（Milici，2005，修改）

在阿巴拉契亚盆地内，煤层气主要产自石炭系宾夕法尼亚期的烟煤煤层（图 12.16）。宾夕法尼亚层系的煤层气主要产出地有：印第安纳的 Blairsville 气田、坎布里亚的 Munster 气田、费耶特的 Waltersburg 气田和华盛顿的 Munster 气田。

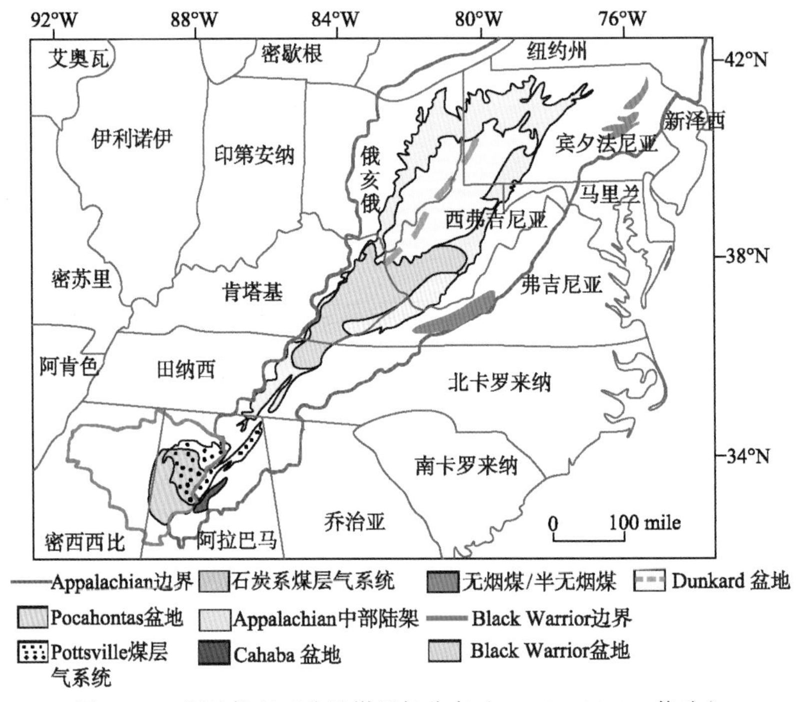

图 12.16　阿巴拉契亚盆地煤层气分布（USGS，2002，修改）

煤层埋深浅，一般为 193～756m，呈现为多套薄煤层，连续性好。R^o 为 0.6%～0.8%，为自生自储，煤层气近距离运移，气藏内单井日平均估算可采储量为 $560\times10^4m^3$，产量最高井可达 $4250\times10^4m^3$。一般来说，现今在阿巴拉契亚盆地北部的煤层气勘探主要集中在煤层较厚的向斜地区，处于盆地的深部位。在潜在的储层中，埋藏深度在 500ft 的煤层有利于煤层气的聚集成藏。

阿巴拉契亚盆地内的主要致密砂岩气分布于密西西比系上泥盆统以及志留系地层中（图 12.17）。密西西比系气藏主要赋存于俄亥俄州和西弗吉尼亚州的 Berea 砂岩中。在俄亥俄州，超过 12 400 口井钻至 Berea 砂岩，这些砂岩深度达到 1850m，为浅海相砂岩。一口典型井可以获取约 $11.33\times10^{12}m^3$ 的天然气。西弗吉尼亚地区含有多个密西西比系的致密砂岩气藏。

在上泥盆统的 Venango、Bradford 和 Elk 地层中，砂岩和页岩交互形成地层圈闭，超过 30 个具有前景的砂岩透镜体被包裹于页岩之中。致密砂岩气藏常叠置存在，多分布于深度 350～1700m。

下志留统 Clinton/Medina 砂岩中也赋存有大量的天然气，该砂岩发育在 44 $000km^2$ 的隆起中，厚度约 45m，该套砂岩自纽约州南部开始延伸并贯穿宾夕法尼亚州西北，达到俄亥俄州和肯塔基州东部。

除了传统的致密砂岩气区块,在宾夕法尼亚州的泥盆系页岩中也发育有致密砂岩气。

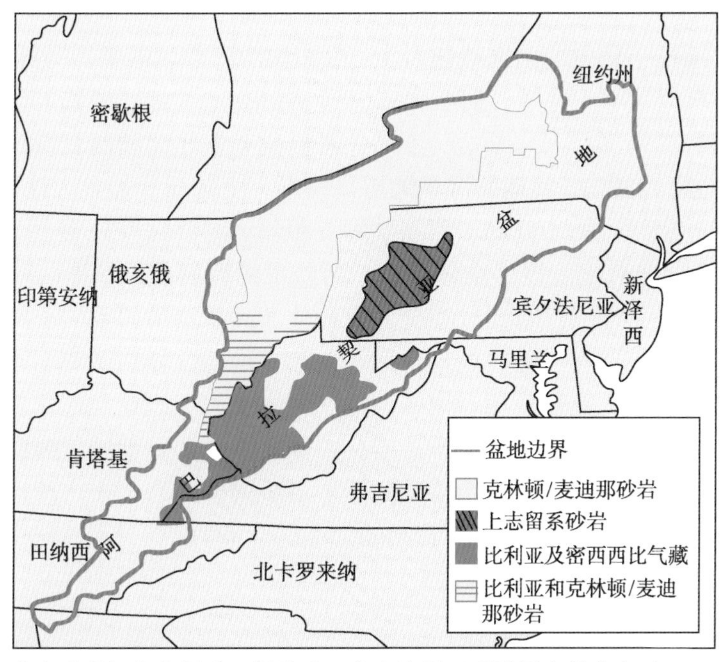

图 12.17　致密砂岩气在志留系、泥盆系、宾夕法尼亚系地层中的分布（Williams,2006）

四、勘探潜力分析

美国含煤盆地中，埋深小于 1200m 的煤层气资源量为 $11\times10^{12}m^3$，煤层气开发主要位于陆上的落基山脉、阿巴拉契亚盆地和石炭纪含煤盆地中，其中阿巴拉契亚盆地的煤层气资源量约为 $1.78\times10^{12}m^3$。2002 年，美国地质调查局评估阿巴拉契亚盆地内的煤层气技术可采储量为 $0.4\times10^{12}m^3$，截至 2009 年，在阿巴拉契亚盆地内的近 10 000 口井已生产煤层气 $850\times10^8m^3$（Milici，2010）。

阿拉巴马州的煤层气生产比较成熟，每年的产量持续保持在 $31.15\times10^8m^3$,弗吉尼亚州的 Pocahontas 地区的煤层气产量每年达 $14.16\times10^8m^3$。美国地质调查局报告指出整个中部阿巴拉契亚盆地的煤层气资源量为 $130\times10^9m^3$，其中技术可采储量为 $80\times10^9m^3$（Nolde and Spears，1998）。

2007 年以来，美国页岩气大规模勘探与开发主要集中于 Barnett、Fayetteville、Haynesville、Marcellus、Woodford 等 5 套页岩。ARI（2009）评价上述 5 套页岩气资源量为 $108.63\times10^{12}m^3$，其中阿巴拉契亚盆地泥盆纪 Marcellus 页岩气资源量为 $59.43\times10^{12}m^3$，占 5 套页岩气资源量的 55%。依据美国天气气远景委员会（Potential Gas Committee）统计，阿巴拉契亚盆地的泥盆系 Ohio 页岩拥有 6.37×10^{12}～$7.02\times10^{12}m^3$ 的天然气资源量，可采的天然气资源量为 4106×10^8～$7787\times10^8m^3$。美国地质调查局估计在 Clinton 和 Medina 气藏中赋存大约 $2\times10^{12}m^3$ 的可采致密砂岩气。

第五节　实例3：西加拿大盆地

西加拿大盆地位于稳定的前寒武地台上，西部和西南部以落基山为界，北至Tathlina高地，东北至前寒武加拿大地盾，向东和东南到Williston盆地，地域上包含了曼尼托巴西南部、萨斯喀彻温南部、阿尔伯达、不列颠哥伦比亚东北部和西北行政区西南部，面积140万km^2（图10.22）。盆地的沉积地层呈楔形，由东北部加拿大地盾的厚度为0m增加到西南部逆冲褶皱带的6000m。西加拿大沉积盆地的演化可分为三个阶段：前寒武纪-中侏罗世的克拉通台地阶段、中侏罗世—始新世的弧后前陆盆地阶段、始新世至今的内克拉通盆地阶段。地层发育比较齐全，发育从寒武系至第四系的全部地层，地层系统可划分为两个区域旋回——克拉通地台期和前陆盆地期，分别反映不同构造背景下的沉积。古生代至早侏罗世克拉通地台期的沉积序列主要为沉积在与古北美边缘（主要为被动型）相邻的稳定克拉通之上的碳酸盐岩，中侏罗世至古新世的前陆盆地期沉积序列主要为加拿大科迪勒拉活动边缘造山运动过程中形成的碎屑岩，在古新世拉腊米造山运动顶峰之后开始发生侵蚀和沉积缺失 (Wright et al.，1994)。

一、生烃岩特征

西加拿大盆地的油气资源之所以丰富，其丰富的生烃岩系的发育起到至关重要的作用。该盆地自下而上共发育奥陶系的Stony Mountain、Herald、Yeoman和Winnipeg组海相库克油页岩、中泥盆统的Keg River/Winnipegosis组海相复理岩、上泥盆统的Leduc、Duvernay和Cooking Lake、Majeau Lake组及同时代的海相复理岩、上泥盆统的Nisku群Cynthia段复理岩、泥盆系顶部和密西西比系底部的Exshaw/Bakken组大范围海相泥岩和Lodgepole组局部发育的页岩、中三叠统的Doig组底部海相磷酸质粉砂岩、下侏罗统Fernie群Nordegg段海相泥灰岩、上侏罗统—下白垩统陆相煤层和碳质页岩、上白垩统Colorado群海相泥岩（主要是第一和第二White Speckled组及Fish Scales组）等九套生烃岩系（图12.18）。

对于不同层系的烃源岩，其分布范围和成熟度差别较大。同一层系的烃源岩，从西南向东北成熟度逐渐降低，从而导致其生烃的类型从热成因气逐渐变为常规油，最后为生物成因气或油页岩。

二、储集岩和封盖岩特征

从整个盆地的构造演化分析，大的储盖组合分为两套，即克拉通地台阶段以碳酸盐岩储层-泥页岩盖层为主的储盖组合和前陆盆地阶段以碎屑岩储层-页岩盖层为主的储盖组合系统。前陆盆地的储盖组合系统又可以进一步分为侏罗系Fernie/Nikanassin组合、Mannville组合、Colorado组合、Milk river-Belly river-Edmonton组合等四套储盖组合。克拉通阶段主要的储盖组合为泥盆系储盖组合、密西西比系储盖组合和二叠系—三叠系储盖组合(图12.18)。

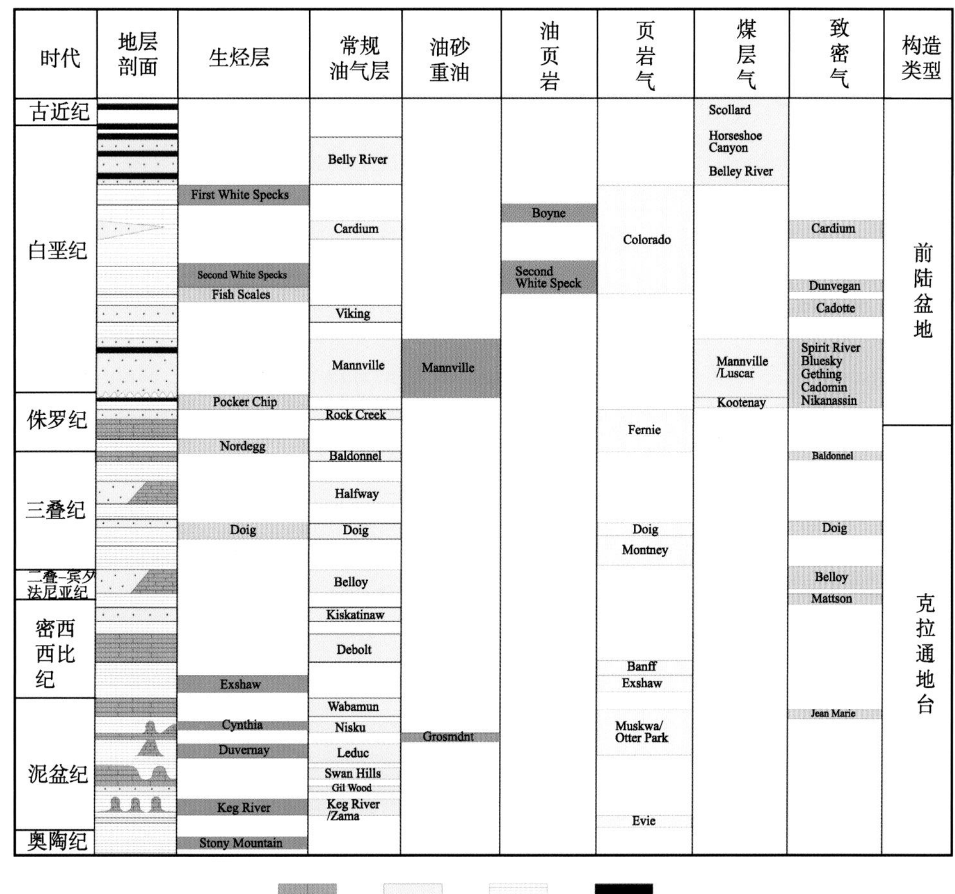

图 12.18　西加拿大盆地地层综合剖面及各类油气矿藏分布层系

1. 泥盆系储盖组合

泥盆系主要构成了五套储盖组合，包括 Keg river/zama 的碳酸盐岩和 Muskeg 泥岩组合、Gilwood 砂岩和 Swan hills 碳酸盐岩与 Beaverhill lake 页岩组合、Leduc 碳酸盐岩和 Ireton 页岩组合、Nisku 碳酸盐岩和 Winterburn 页岩组合、Wabamun 碳酸盐岩和 Exshaw 页岩组合。储集层以泥盆系链状礁体为主，盖层以泥岩和页岩为主。

2. 密西西比系储盖组合

密西西比系主要构成了两套储盖组合，包括 Debolt 碳酸盐岩和 Golata 泥岩组合、Kiskatinaw 砂岩和 Montney 泥岩组合。储集层以陆棚相沉积的碳酸盐岩为主，同时也有海滨砂岩储层，盖层以海相泥岩为主。

3. 二叠系—三叠系储盖组合

二叠系—三叠系主要构成了四套储盖组合，包括 Belloy 组砂岩和碳酸盐岩与 Montney 泥岩组合、Doig 砂岩和泥岩组合、Halfway 砂岩和碳酸盐岩与 Charlie lake 泥岩组合、Baldonnel 碳酸盐岩和 Nordegg 泥岩组合。储层以浅海砂岩为主，同时也有碳酸盐岩储层，盖层以海相泥岩为主。

4. 侏罗系 Fernie-Nikanassin 组合

侏罗系主要是 Rock creek、Swift、Nikanassin 等砂岩和 Fernie 群内页岩组合。组合下部储层主要是远滨沙坝，上部为河流相砂岩，盖层主要是 Fernie 群内的页岩和致密粉砂岩。该组合是前陆盆地中最早的由造山带碎屑组成的碎屑楔状体，以西部造山带为物源区的地层与以东部克拉通为物源区的沉积呈指状交叉。楔状体下段由充填在前渊区的海相沉积组成，上段为陆相碎屑沉积。

5. Mannville 组合

Mannville 群主要构成了下 Mannville 组合和上 Mannville 组合。下 Mannville 组合主要包括 Cadomin 组和 Gething 组河道砂岩和上覆的页岩组合。上 Mannville 组合主要包括 Cumming、Bluskey、Wabiskaw 组的海滨砂岩及其上的页岩组合。Mannville 组合是前陆盆地分布范围最大的碎屑楔状体，下段主要由充填在侵蚀水道中的粗粒碎屑物组成，包括冲积平原席状砂体、河流水道砂体和边缘海砂岩等，上段由三角洲和边缘海细粒碎屑沉积组成。

6. Colorado 组合

Colorado 群主要构成了 Viking、Dunvegan、Cardium 组的陆棚砂、砾岩、砾岩和其上覆的海相页岩组合。该组合主要是夹有薄层砂岩和砾岩的厚层状海相页岩层段，储层很薄，主要是砾岩，其次是砂岩，而且组合中的页岩既是很好的生油岩，也是很好的盖层。该组合主要分布在平原的中部和南部地区，虽然储层很薄，但常规油气资源量是前陆盆地中最大的。

7. Milk river-Belly river-Edmonton 组合

Milk river-Belly river-Edmonton 群主要包括 Milk river、Belly river 组的陆棚砂岩、浅海砂岩和三角洲砂岩和上覆的海相页岩组合。代表从下伏 Colorado 组合海相地层到总体海退的过渡，组合向东推进，覆盖在 Colorado 组合之上。

三、油气矿藏资源形成与分布特征

西加拿大沉积盆地是世界上油气资源最丰富的沉积盆地之一，尤其是油砂和重油资源。不但油气资源储量巨大，而且资源类型多样，除了常规油气，还包括油砂、重油、煤层气、页岩气、致密气和油页岩等。油气资源如此丰富主要因为发育多套优质烃源岩及煤层、多套优质储盖组合、有利的地层及构造圈闭、良好的烃类运移通道，以及良好的封盖条件等。

由于西加拿大盆地的构造演化特征和沉积环境的差异，以侏罗系 Fernie 组底不整合为界，盆地内可划分为克拉通期和前陆期两大套含油气体系。克拉通期含油气体系以常规油气资源为主，储层主要为海相碳酸盐岩礁体，还赋存一定的页岩气和致密气。前陆期含油气体系以非常规油气资源为主，包括油砂和重油、油页岩、煤层气、页岩气和致密气，储层主要是碎屑岩（图 12.19）。

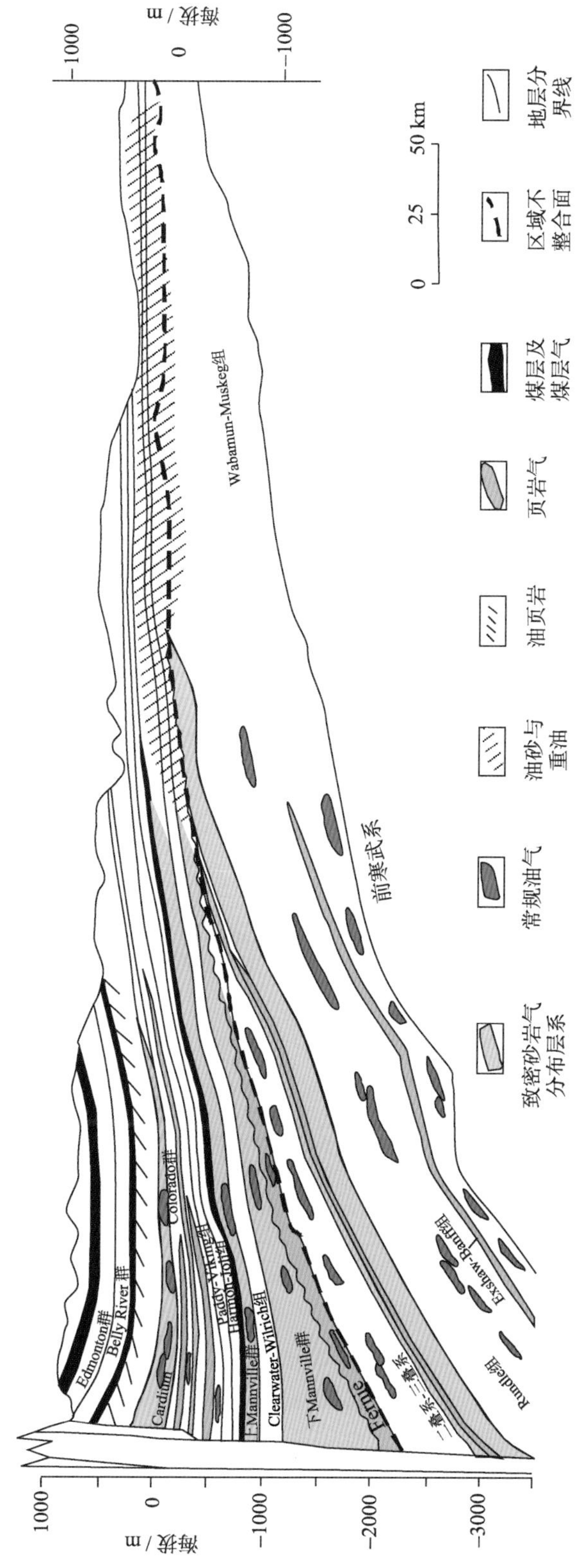

图 12.19　西加拿大盆地各类油气资源分布剖面示意图

（一）克拉通期含油气体系

克拉通期含油气体系主要包括泥盆系、密西西比系和二叠系—三叠系，其中泥盆系是其最重要的一个。克拉通期油气资源以常规油气资源为主，非常规油气主要为油砂、页岩气和致密气。从空间分布看，页岩气和致密气主要分布在盆地西部的埋藏较深的位置，油砂主要赋存在盆地东部埋藏较浅的地方，常规油气分布范围较广，深部和浅部均有分布（图 12.20）。

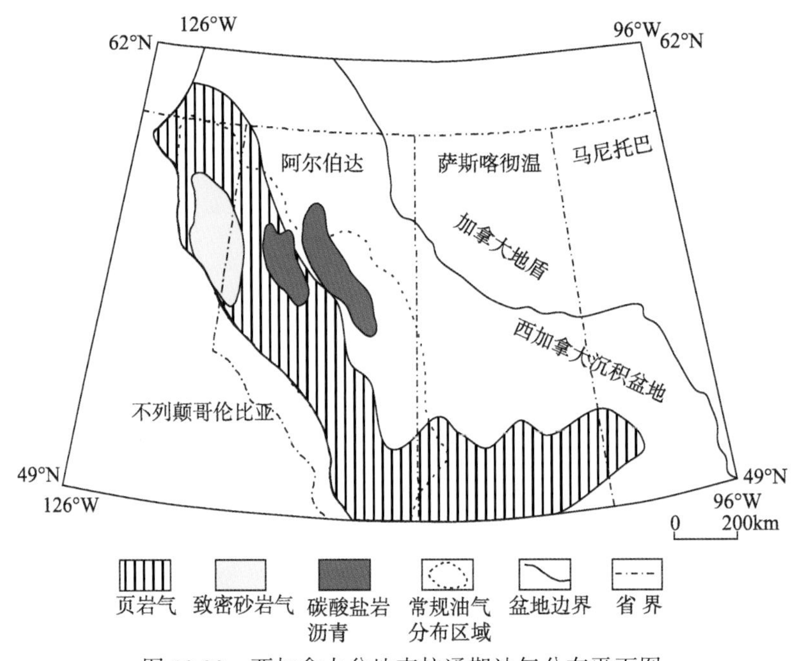

图 12.20　西加拿大盆地克拉通期油气分布平面图

1. 泥盆系

泥盆系除了 Gilwood 为碎屑岩外，其他均为碳酸盐岩油气藏，其常规石油地质储量约占西加拿大盆地总原始石油地质资源量的 30%和可采资源量的 51%（Creaney and Allam，1992）。除了常规油气资源外，泥盆系还有一个规模巨大的重油油藏，储量约达 $500 \times 10^8 m^3$。泥盆系有重要贡献的烃源岩有两套，即 Keg river 组和 Duverney 组。Duverney 组烃源岩分布广泛，几乎遍及整个盆地，厚 20～160m，TOC 值可达 20%，是泥盆系油气藏的主要源岩，同时也为上部包括白垩系的油气藏提供油气来源。Keg river 组烃源岩是泥盆系油气藏的次要源岩，因其成熟烃源岩的分布范围相对小，TOC 值为 15%。泥盆系的储层主要有 7 套，其中大部分常规油气储存在 Leduc 组和 Nisku 组及相应的地层中，油砂则赋存在 Grosmont 组中。从油气藏类型和分布看，泥盆系有 3 类油气藏，即位于浅部的重油和沥青矿藏、位于中等深度的常规油藏、位于深部的常规天然气藏和致密气、页岩气藏。油气圈闭类型以地层-成岩复合圈闭为主。

Grosmont 组油砂主要分布在阿尔伯达中北部的白垩系底不整合面之下，被称为碳酸盐岩三角带。其分布范围的落实程度低，仅依据非常有限的零散井孔资料。据初步估算，Grosmont 油砂占盆地油砂和重油总资源量的 30%左右。

泥盆系 Duvernay/Ireton 组页岩厚 30～120m，有机质类型为Ⅱ型，TOC 含量可达 14%，平均为 3.53，氢指数高达 692，平均为 273，根据地区的不同，有机质未熟-过熟均有，是目前非常重要的油气源岩。Duvernay 组上覆的 Ireton 组页岩平均厚 200m，TOC 含量可达为 12.09，平均为 0.64，氢指数高达为 534，平均为 146。该套地层厚度中等，在整个平原区均有分布，为好-优质源岩，有机质类型为Ⅱ型，未熟至过熟均有。Muskwa 组是上泥盆的海相富有机质页岩沉积，最大厚度 75m，一般为 35～40m（Glass，1990）。有机质类型为Ⅱ型，TOC 含量最大为 13.61%，平均为 1.93%。Fort Simpson 组是一套灰色的海相钙质页岩沉积，含有薄的粉砂岩和砂岩夹层，厚度较大，最大达 800m，有机碳含量最高达 6.98，平均为 0.88。Besa River 组是一套厚度很大的海相页岩，最大厚度达 1600m，并且单个的碳质地层单元可达 30m 厚，有机质类型为Ⅱ型，TOC 最大为 6.39%，平均为 1.22%（Hamblin，2006）。总之，泥盆系的页岩厚度大，分布广，尤其是 Besa River 页岩，孔隙度高、硅质含量高以及裂缝发育，具有很好的页岩气资源潜力。

2. 密西西比系

密西西比系总体特征与泥盆系类似，主要是碳酸盐岩油气藏，但资源规模远小于泥盆系，仅为其 1/5 左右。上泥盆系—下密西西比系的 Exshaw 组海相黑色页岩是密西西比系含油气系统的主要烃源岩，有机质丰度高，分布稳定，厚 10m 左右。Debolt 组碳酸盐岩是主要的储层，其次是 Kiskatinaw 砂岩。油气藏类型除了常规油气藏外，还有致密气藏和页岩气藏。

Exshaw 和 Bakken 段是一套海相碳质页岩沉积，具很好的页岩气资源潜力。Exshaw 段下部为约 10m 放射性黑色页岩，上部为棕色生物扰动钙质粉砂岩（Glass，1990；Caplan and Bustin，1998）。TOC 最大为 14%，具有较高的吸附气潜力（Ibrahimbas and Riediger，2005）。同时孔隙度为 2%～6%，局部裂缝和粉砂层也可以有较好的游离气潜力。Banff 地层是一套覆盖于 Exshaw 地层之上的黑色页岩，厚 8m 左右，TOC 达 14%（Smith and Bustin，2000）。Bakken 地层是一套海相富有机质沉积，最大厚度 20m。下部为黑色非钙质的放射性页岩，厚度达 13m，TOC 达 20%。中部为约 6m 厚的细砂岩、灰岩和泥岩互层。上部为黑色非钙质页岩，厚度 5m，TOC 达 35%（Fox and Martiniuk，1994；Smith and Bustin，2000；Toews，2005）。

3. 二叠系—三叠系

二叠系—三叠系为克拉通地台的最后阶段形成，储层由克拉通早期的碳酸盐岩储层为主过渡为碳酸盐岩和海相-滨海砂岩并重，油气资源规模与密西西比系接近，远小于克拉通早期的泥盆系。烃源岩主要是 Doig 组的海相磷酸盐质粉砂岩，虽然分布范围局限，但 TOC 含量可达 23%。油气藏类型和泥盆系和密西西比系类似，除了常规油气藏外，还有致密气藏和页岩气藏。

Montney 组主要由深灰色页岩和粉砂岩组成，厚 242～457m，有机质类型为Ⅱ-Ⅲ型，TOC 达到 7.55，平均为 0.97，氢指数为 642，平均为 195（Hamblin，2006），具有一定的页岩气潜力。Doig 组主要是暗色磷质页岩和粉砂质碳酸盐岩，是一套优质烃源岩，厚度可达 800m，下部有一层 10m 厚的磷质球粒层（Gibson and Barclay，1989；Riediger，1990a; Riediger et al.，1990）。有机质类型为Ⅱ型，TOC 最高 10%，一般大于 4%，氢指数大于 300，从东部到西部，有机质从成熟至过成熟（Ibrahimbas and Riediger，2005)，可能具有很好的页岩气资源潜力。

（二）前陆期含油气体系

前陆期拥有整个沉积盆地常规石油储量的 29%和可销售天然气储量的 50%（Porter，1992；Parsons，1973；Podruski et al.，1988），油气资源以非常规油气资源为主，常规石油的储量不及前陆盆地总石油储量的 1%。因为烃源岩以西部比较发育，且从西向东，成熟度逐渐降低，所以以自生自储或近距离运移为主的非常规气，一般分布在烃源岩成熟度较高的西部地区。非常规油主要分布在东部埋藏相对较浅的地区，主要因为从西部较深层位生成的常规油气沿着不整合和渗透性砂体等顺着斜坡向东部的高部位运移，在运移过程中逐渐变稠，并在东部斜坡高部位的近地表处遭受氧化和生物降解而形成了油砂和重油。富烃页岩层向西，随着埋深的逐渐加大，有机质演化程度变高，因此致密砂岩气和页岩气主要分布于盆地的西部，靠近深大断裂一侧。而油页岩则主要分布在盆地东南部的较浅部位。常规油气的分布区域则主要位于靠近盆地西缘深大断裂的较深地区（图 12.21）。

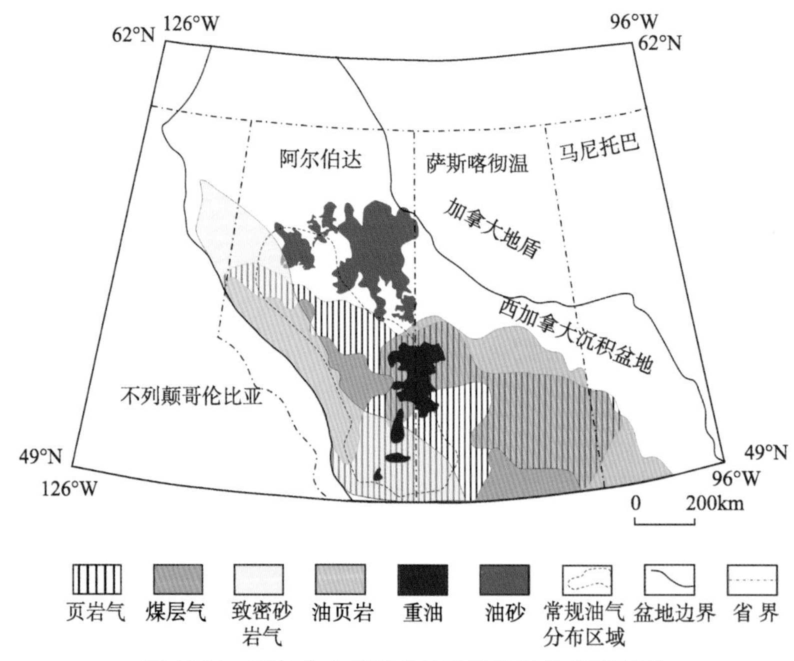

图 12.21　西加拿大前陆盆地阶段油气分布平面图

前陆盆地含油气体系主要包括侏罗系、下白垩统 Mannville 群、中上白垩统 Colorado 群和 Belly river-Edmonton 群。与克拉通期含油气体系不同的是，前陆期含油气体系除了有来自前陆阶段的烃源岩供给外，可能有来自克拉通地台阶段古老烃源岩的油气供给。

1. 侏罗系

侏罗系拥有前陆盆地常规石油储量的13%和可销售天然气储量的3%(Porter,1992)，具有海陆交互的沉积特征。主要的生烃层为 Nordegg 组和 Pocker chip 组，以含煤丰富为特征。油气藏类型除了 Rock creek 组的常规油气藏外，还存在 Fernie 组的页岩气藏、Kootenay 组煤层气藏和 Nikanassin 组致密气藏。

侏罗系的 Fernie 群具备形成页岩气的条件，主要以深棕色至黑色泥、页岩沉积为主，含一些砂岩和灰岩夹层，其间发育很多不整合，沉积物主要由五套向上变浅的沉积旋回组成，每套的底部都是富有机质的泥岩相(Stronach, 1984)。泥岩中 TOC 含量可达 28%，有机质类型为Ⅰ型和Ⅱ型，热成熟度从东部的未成熟变至西部的过成熟。同时，西部裂缝也非常发育，所以页岩气潜力很大。

Nikanassin 组致密砂岩储层以河道砂岩为主，部分为海滨和浅海相砂岩，是 Fernie 页岩向上变粗的沉积，其上覆与 Cadomin 不整合接触。埋藏深度从 Peace River 平原处的 1000m 增加至山麓深部的 3500～4000m。致密砂岩气主要分布在北部平原区（图 12.22），以脱硫干气为主。储层砂岩主要由细-中粒硅质岩屑砂岩组成，净砂岩/总厚度超过 50%，在某些地区发现了 500 多米纯砂岩，但储层性能很差，孔隙一般较小且孤立存在，同时大多数原生孔隙已经破坏，几乎没有形成溶解孔隙。

2. 下白垩统 Mannville 群

Mannville 群是整个盆地油气资源最丰富的，拥有前陆盆地常规石油储量的 32%和可销售天然气储量的 53%。更重要的是，几乎全部可采的重油和沥青资源均赋存在 Mannville 含油气系统内。除此之外，该含油气系统内的致密气和煤层气资源也十分丰富。

Mannville 群的油砂和重油资源可分为两类：一类是油砂矿床，包括阿萨巴斯卡、冷湖、瓦巴斯卡和皮斯河等，绝大部分储量都存在于下白垩统 Mannville 地层及相对应的层系当中。Mannville 地层厚度变化为 150～320m，主要由源于海相和陆相的胶结疏松的硅质碎屑沉积物组成。在阿萨巴斯卡和皮斯河油田，油砂赋存于连续单一的储集岩层当中。而在瓦巴斯卡和冷湖地区，储集岩相互叠置，其间由厚层非渗透页岩相隔。油砂比重为 1.014～0.986。另一类是指该区白垩系重质油，包括 Lloydminster 至 Suffield 地区的大量重质油藏，重质油的比重为 0.97～0.934。在 Lloydminster 地区，Mannville 地层被分为 9 个不同的地层组，有 20 个含重质油层位，分布复杂。据最新评价，Mannville 群油砂地质资源量为 3825×10^8t(已发现资源量为 2707×10^8t, 潜在资源量为 1118×10^8t)，重油地质资源量为 80.7×10^8t。

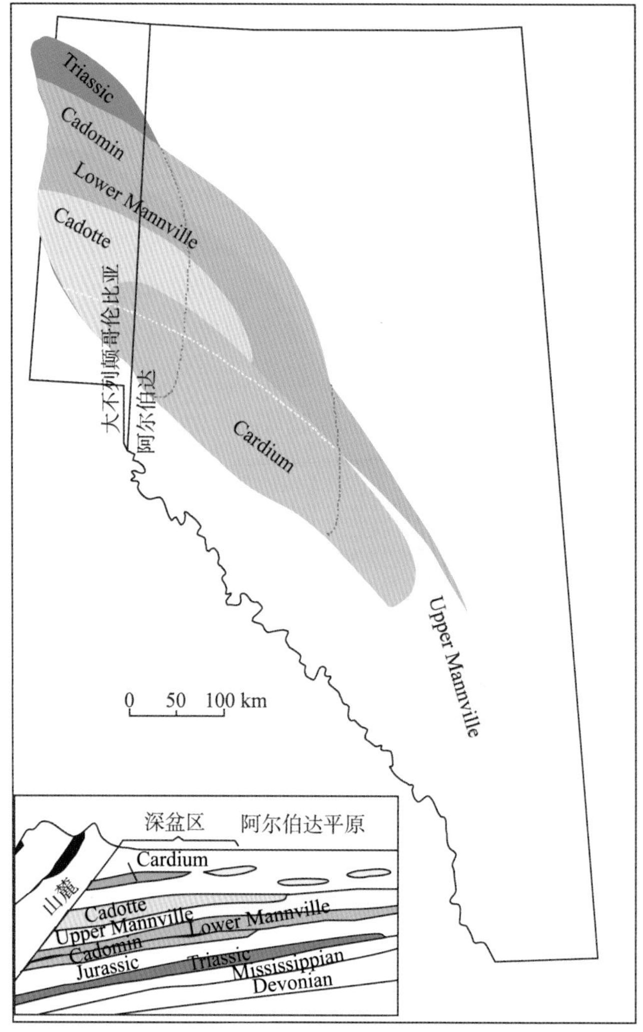

图 12.22 不同层位致密砂岩气分布图（引自 GUSHOR 公司，2010）

Mannville 群煤层形成于海滩及海岸平原沉积物。厚度大且分布范围广的 Mannville 煤层出现于 Red Deer 地区，净煤厚度为 6～12m。在盆地深部及变形带以西地区，净煤厚度可达 14m。与 Mannville 群煤层等时的还有 Gething 组煤层和 Gates 组（Luscar 群）煤层。Gething 组煤层位于阿尔伯达山麓中西部，但主要在不列颠哥伦比亚内分布。大量厚度大但横向上不连续的煤层沉积于上、下三角洲环境，在阿尔伯达西部地区净煤厚度平均为 2～4m。Gates 组（Luscar 群）位于阿尔伯达山麓的中部和北部，包含两段煤层。Grande Cache 段沉积于滨岸平原环境，煤层厚度大，分布范围广。上覆的 Mountain Park 段所含的煤层厚度较薄，煤层数也较少，沉积于河流环境。

Mannville 群的致密气藏很发育，主要分布层位包括 Sprite river 组、Bluesky 组、Gething 组和 Cadomin 组。Cadomin 组构成了白垩纪深盆体系的最老地层单元，它是一个厚度普遍为 5～40m 的横向连续的地层，埋深范围从 1500m 到大于 3200m，由分选差的硅质砾岩和砂岩构成，缺少明显的垂向趋势或成层特征。砂岩颗粒充填了大多数砾石内生孔隙，而石英次生加大与高岭石进一步降低了储层的质量(Gies，1984；Tuffs et al.，2005)。砂岩硅质含量很高，并且非常易碎，因此在构造变形发生的地区，它很有可能具有大量裂隙。Gething 组是深盆内一个厚度较大的泥质含量丰富的陆相层序，下部地层由块状、向上变细的河流相砂岩组成，覆以一个含煤洪泛平原层段，河谷中的砂岩提供了相当可观的储层潜力。上部地层只含有孤立的河道储层(Smith et al.，1984)。向西压实作用增强，储层性质更差，不过构造变形可能也会产生裂缝性储层。Bluesky 组是一个障壁岛滨外沙坝与后部障壁沉积物的混合体，埋深从 1500mm 到大于 3000m。主要由细粒-中粒河谷堆积相砂岩组成，在压实和胶结的作用下显示出极低的孔隙度和渗透率。Spirit River 砂岩是 Wilrich 海相页岩向上变粗的沉积，其上被 Harmon 页岩切割，埋深范围从 1000m 到大于 3000m。砂岩为燧石岩屑砂岩，燧石的绝对优势随岩石颗粒的变粗而更加明显。上部的临滨-前滨的分选好的砾岩与粗粒砂岩是储层“甜点”，分选较差、粒度较细的岩石储层相对较差，而且压实作用和石英与碳酸盐胶结作用严重降低了储层的性能。纯砂岩净厚度可达 100m，且分布广泛，是致密天然气的主要产层。

3. 中上白垩统 Colorado 群

Colorado 群是一套夹有薄层砂岩和砾岩的厚层状海相页岩层段，是前陆盆地唯一的烃源岩和油页岩赋存层段。Colorado 群是前陆盆地阶段的又一个非常重要的含油气层位，占前陆盆地常规石油储量的 51%和可销售天然气储量的 26%。除了常规油气外，还拥有油页岩、页岩气和致密气等油气资源。

西加拿大盆地的油页岩主要位于阿尔伯达东部、萨斯喀彻温和曼尼托巴省，主要分布在两个层位，即 Carlile 组的 Boyne 段和 Favel 组。稳定的、低能的、还原的浅海环境使富含藻类的物质长期大量沉积，并且有机质保存条件良好，缓慢的埋藏及合适的温度和压力使有机质分解成干酪根。Boyne 段为灰色和浅黄色有白色斑点的钙质或泥灰质页岩组成，含几个薄层膨润土。Boyne 段地层在曼尼托巴悬崖露头处厚度为 30～45m，到 Saskatchewan 中部变薄至 15～18m，向西至阿尔伯达省又增厚至 35～60m。Favel 组地层在悬崖的露头处为 30～40m，到 Saskatchewan 中部变薄至几米，再向西至阿尔伯达省又增厚至 35～60m。两层油页岩之间的夹层页岩（Morden 段）的厚度变化则由 45m，至 Saskatchewan 中部变为 0m，再向西至阿尔伯达省又增厚至 100m（Macauley，1984）。Favel 组是海洋陆架沉积，其富含有机沉积物是在海平面较高时的厌氧环境下形成的，在露头上可见大量富含钙质的微体化石。Favel 组油页岩厚度较薄，2～40m。Boyne 段油页岩厚度较大，10～84m，是油页岩开发很有潜力的层位。

Colorado 群含有多套较厚的优质烃源岩段，主要的优质页岩有机质含量高，为 8%～12%，干酪根类型为Ⅱ型，处于未熟-过熟阶段，其他页岩干酪根类型为易于生气的Ⅱ型和Ⅲ型，有机质含量中等，为 1%～4%，处于未熟、成熟和过熟阶段(Hamblin，2006)。

在盆地西部边缘的前渊地带，埋藏深，达到过成熟阶段，且山前褶皱带裂缝很发育，具有很好的页岩气潜力。具体的层段如下：

（1）Westgate-Shaftesbury 段的富含粗粒夹层的好-优质成熟烃源岩段（Ⅱ/Ⅲ）；

（2）Fish Scale 段的钙质脆性好的成熟-过成熟好-优质烃源岩层（Ⅱ）；

（3）Belle Fourche 段的含粗粒夹层的成熟的好-优质烃源岩层（Ⅱ/Ⅲ）；

（4）Second White Specks-Favel 段的钙质脆性好的成熟-过成熟好-优质烃源岩层（Ⅱ）；

（5）山区 Blackstone-Kaskapau 段含粗粒夹层的成熟-过成熟的好-优质烃源岩层（Ⅱ/Ⅲ）；

（6）Morden-Carlile 段含粗粒夹层的未熟-成熟的好-优质烃源岩层（Ⅲ）；

（7）Niobrara-First White Specks 段的钙质脆性好的未熟-过成熟好-优质烃源岩层（Ⅰ/Ⅱ）；

（8）山区 Wapiabi 段含粗粒夹层的成熟-过成熟的好-优质烃源岩层（Ⅱ/Ⅲ）。

Colorado 群的致密气资源主要分布在 Cadotte 组、Dunvegan 组和 Cardium 组。Cadotte 组埋深范围从 800m 到大于 3000m，分为上部与下部单元，上部 Cadotte 段粒度较粗，孔隙度和渗透率都比下部 Cadotte 段粒度更细的砂岩要大。分选足够好的 Cadotte 砾岩及粗粒砂岩是绝佳的储层，孔隙度为 6%～12%，渗透率可达几百毫达西。然而，从体积上来看，Cadotte 中占绝对优势的是更差的储层。极细粒的临滨砂岩孔隙度为 5%～7%，渗透率近似 $0.1 \times 10^{-3} \mu m^2$ 或更低(Petrel Robertson Consulting Ltd.，2003)。Dunvegan 组形成了一个向东南推进的三角洲和滨面沉积的大型楔形层，它起源于不列颠哥伦比亚东北部较远的地区及属地，在阿尔伯达中西部到达边界末梢；整个单元厚度达到 300m，个别砂岩只有 25m；埋深范围从 2500m 到超过 3000m。埋藏压实作用朝着西南方向大大降低了储层的性质，使得西南部厚层三角洲砂岩具有较差的储层性质，但是受拉腊米断层运动有关的压裂影响，其性能已经得到改善。Cardium 组是 Colorado 群中的最重要的含油气层位，占前陆盆地常规石油储量的 40%，既拥有大量常规油气，也赋存丰富的致密气。主要为一套海相砂岩地层，且较厚的砂岩层被页岩分隔开。Cardium 滨面砂为向上变粗且砂性更明显的层序，由 Kaskapau 海相页岩逐级增加至顶部的后滨-大陆细粒碎屑岩。Cardium 砂岩在下-中临滨为粉砂质或极细粒，而到达上临滨-前滨则突变为细-中粒砂岩。在某些地区，上临滨可能变为砾岩，不过这种情况非常少见，并且横向延伸范围很小。Cardium 砂岩是典型的石英-燧石岩屑砂岩，含有少量沉积岩和变质岩岩屑以及长石。中临滨砂岩的孔隙度值一般小于 10%，渗透率很少超过 $0.1 \times 10^{-3} \mu m^2$。上滨面的孔隙度仅在边缘稍高，渗透率可能达到 $1 \times 10^{-3} \mu m^2$。

4. Belly river-Edmonton 群

Belly river-Edmonton 群主要是拉腊米造山期的磨拉石沉积。Belly 组主要是三角洲和陆相沉积，含有常规油气。Edmonton 群主要的油气资源是煤层气，共发育 Scollard、

Horseshoe Canyon 和 Belly river 三套有煤层气潜力的煤层（图 12.23），具体特征已在第八章详述。

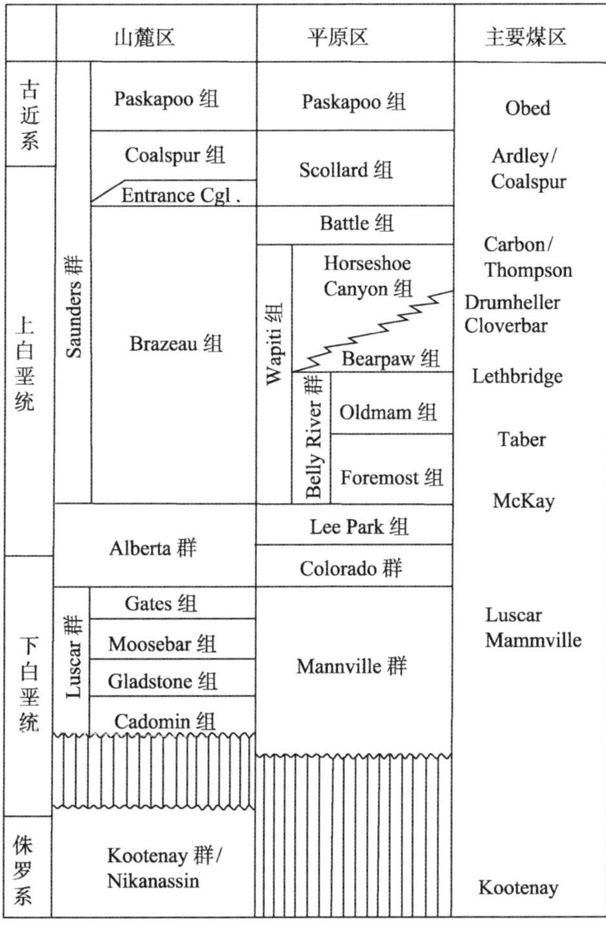

图 12.23 西加拿大盆地煤层气分布层位（EUB，2001）

参考文献

白云来，马龙，吴武军，等. 2009. 鄂尔多斯盆地油页岩的主要地质特征及资源潜力. 中国地质, 36(5): 1123-1135

陈孟晋，汪泽成，孙粉锦. 2006. 鄂尔多斯西缘前陆盆地油气地质. 北京：石油工业出版社

邓秀芹，付金华，姚泾利，等. 2011. 鄂尔多斯盆地中及上三叠统延长组沉积相与油气勘探的突破. 古地理学报, 13(4): 452-453

冯三利，叶建平，张遂安, 2002. 鄂尔多斯盆地煤层气资源及开发潜力分析. 地质通报, 21(10): 659-661

胡文海，陈冬晴. 1995. 美国油气田分布规律和勘探经验. 北京：石油工业出版社

李小彦，武彩英，晋香兰. 2005. 鄂尔多斯盆地侏罗纪成煤模式与煤质. 中国煤田地质, 17(5): 18-20

罗建强，何忠明. 2008. 鄂尔多斯盆地中生代构造演化特征及油气分布. 地质与资源, 17(2): 136-137

王社教, 李登华, 李建忠, 等. 2011. 鄂尔多斯盆地页岩气勘探潜力分析. 天然气工业, 31(12): 41-46

许建红, 程林松, 鲍朋, 等. 2007. 鄂尔多斯盆地三叠系延长组油藏地质特征. 西南石油大学学报, 29(5): 14-15

杨华, 席胜利, 魏新善, 等. 2006. 鄂尔多斯多旋回叠合盆地演化与天然气富集. 中国石油勘探, 33(1): 17-23

杨华, 张文正. 2005. 论鄂尔多斯盆地长 7 段优质油源岩在低渗透油气成藏富集中的主导作用: 地质地球化学特征. 地球化学, 34(2): 148-151

赵振宇, 郭彦如, 徐旺林, 等. 2011. 鄂尔多斯盆地 3 条油藏大剖面对风险勘探的意义. 石油勘探与开发, 38(1): 18-19

ARI. 2009. Annual Gas Shale Production of U S A. http://www.adv-res.com [2011-12-09]

Beaton A P. 2003. Production Potential of Coalbed Methane Resources in Alberta. ESR 2003-03

Caplan M L, Bustin R M. 1998. Sedimentology and sequence stratigraphy of Devonian-Carboniferous strata, southern Alberta. Bulletin of Canadian Petroleum Geology, 46(4): 487-514

Castle J W, Byrnes A P. 2005. Petrophysics of Lower Silurian sandstones and integration with the tectonic-stratigraphic framework, Appalachian Basin, United States. AAPG Bulletin, 89(1): 41-60

Creaney S, Allan J.1992. Petroleum systems in the foreland basin of Western Canada. *In*: Roger W. Macqueen and Dale A. Leckie. Foreland Basins and Fold Belts. AAPG Memoir, 55:99-108

Engelder T, Lash G G, Uzcategui R S. 2009. Joint sets that enhance production from Middle and Upper Devonian gas shales of the Appalachian Basin. AAPG Bulletin, 93(7): 857-889

EUB.2001.Regional evaluation of the coal-bed methane potential of the foothills/mountains of Alberta. EUB Earth Sciences Report 2001-19

Fox J N, Martiniuk C D. 1994. Reservoir characteristics and petroleum potential of the Bakken Formation, southwestern Manitoba. Journal of Canadian Petroleum Technology, 33(8): 19-27

Gibson D W, Barclay J E. 1989. Middle absaroka sequence, the triassic stable craton. *In*: Ricketts B D, Western Canada Sedimentary Basin, A Case History. Canadian Society of Petroleum Geologists, Special Paper 30: 219-231

Gies R M. 1984. Case history for a major alberta deep basin gas trap: the cadomin formation. *In*: Masters J A. Elmworth: Case Study of a Deep Basin Gas Field. AAPG Memoir, 38: 115-140

Glass D J. 1990. Lexicon of Canadian Stratigraphy. Vol. 4, Western Canada: Canadian Society of Petroleum Geologists: 772

Gushor Inc. 2010. Geological Characteristics and Production Technology of Unconventional Resources in the Western Canada Sedimentary Basin（内部资料）

Hamblin A P. 2006. The "Shale Gas" concept in Canada：a preliminary inventory of possibilities. Geological Survey of Canada, Open file 5384. http://www.eub.ab.ca/.[2003-01-09]

Ibrahimbas A, Riediger C. 2005. Thermal maturity and implications for shale gas potential in northeastern British Columbia and northwestern Alberta. Seventh Unconventional Gas Conference, Calgary, Alta

Laughrey C D, Baldassare F J. 1999. 宾夕法尼亚和俄亥俄阿巴拉契亚中央盆地高原区某些天然气的地化特征及成因. 天然气地球科学, 10(5): 38-47

Macauley G.1984. Cretaceous oil shale potential of the prairie Provinces，Canada. Geological Survey of Canada Open File Report of 977

Milici R C. 2010. Coalbed methane resources of the Appalachian basin, eastern USA. International Journal of Coal Geology ,82 (1): 160-174

Milici R C, Swezey C S. 2006. Assessment of appalachian basin oil and gas resources: devonian shale–middle and upper paleozoic total petroleum system. U.S. Department of the Interior, U.S. Geological Survey. Open-File Report Series 2006-1237. http:/www.usgs.gov.[2011-09-20]

Milici R C. 2004. Assessment of appalachian basin oil and gas resources: carboniferous coal-bed gas total petroleum system. U.S. Geological Survey Open-File Report. 2004-1272. http:/www.usgs.gov. [2011-12-20]

Milici R C. 2005. Assessment of undiscovered natural gas resources in devonian black shales, appalachian basin, eastern U.S.A. U.S. Geological Survey Open-File Report 2005-1268 http:/www.usgs.gov. [2011-12-01]

Nolde J E, Spears D. 1998. A preliminary assessment of in place coalbed methane resources in the Virginia portion of the central Appalachian Basin. International Journal of Coal Geology, 38: 115-136

Parsons W H. 1973. Alberta. *In*: McCrossan R G. Future Petroleum Provinces of Canada-their Geology and Potential. Canadian Society of Petroleum Geologists Memoir, 15: 387-399

Petrel Robertson Consulting Ltd. 2003. Exploration assessment of tight gas plays Northeastern British Columbia. Exploration Assessment of Tight Gas Plays Northeastern British Columbia. Ministry of Energy and Mines, B.C., Petroleum Geology Open File 2003-3

Podruski J A, et al. 1988. Conventional oil resources of Western Canada: (light and medium). Geological Surver of Canada Paper 87-26: 149

Porter J W. 1992. Conventional hydrocarbon reserves of the Western Canada foreland basin, *In*: Roger W. Macqueen and Dale A. Leckie. Foreland basins and Fold Belts. AAPG Memoir, 55:159-189

Riediger C L. 1990a. Lower and Middle Triassic source rocks, thermal maturation and oil-source rock correlations in the Peace River Embayment area, Alberta and British Columba. Bulletin of Canadian Petroleum Geology, 38A: 218-235

Riediger C L, Fowler M G, Brooks P W, et al. 1990. Triassic oils and potential Mesozoic source rocks, Peace River Arch area, Western Canada Basin. Organic Geochemistry, 16(1-3): 295-305

Ryder R J. 2011. Utica shale presentation_cwc2011. http://www.slideshare.net/OhioEnviroCouncil/utica-shale-presentationcwc2011.[2011-12-01]

Ryder R T, Zagorski W A. 2003. Nature, origin, and production characteristics of the Lower Silurian regional oil and gas accumulation, central Appalachian basin, United States. AAPG Bulletin, 87(5): 847-872

Shanley K W, Robinson J, Cluff R M. 2004. Tight-gas myths, realities have strong implications for resource estimation, policymaking, operating strategies. Oil & Gas Journal, 2: 24-30

Smith D G, Zorn C E, Sneider R M. 1984. The paleogeography of the Lower Cretaceous of western Alberta and northeastern British Columbia in and adjacent to the Deep Basin of the Elmworth area. Elmworth – Case Study of a Deep Basin Gas Field, AAPG Memoir, 38: 79-114

Smith M G, Bustin R M. 2000. Late devonian and early mississippian bakken and exshaw black shale source rocks, western Canada sedimentary basin: a sequence stratigraphic interpretation. AAPG Bulletin, 84(4): 940-960

Stronach N J. 1984. Depositional environments and cycles in the Jurassic Fernie Formation, southern Canadian Rocky Mountains. *In*: Stott D F, Glass D J. The Mesozoic of Middle North America, Canadian Society of Petroleum Geologists, Memoir, 9: 43-67

Toews C N. 2005. Sedimentology and stratigraphic architecture of the Bakken Formation (Devonian-Mississippian), westcentral Saskatchewan. Unpublished M.Sc. thesis, University of Regina: 314

Tuffs B, Wood J, Potocki D. 2005. Exploring for deep basin gas resources in the western Canadian sedimentary basin: a case study of the cutbank ridge cadomin field. Abstract at AAPG Hedberg Conference, Understanding, Exploring and Developing Tight Gas Sands, Vail, Colorado

USGS. 2000. Location of appalachian basin. http://certmapper.cr.usgs.gov/website/noga00/viewer.htm. [2011-12-01]

USGS. 2002. Assessment of undiscovered carboniferous coal-bed gas resources of the appalachian basin and black warrior basin provinces, national assessment of oil and gas. http:/www.usgs.gov.[2011-09-20]

Williams P.2006.The grande dame of tight gas, A Supplement to Oil and Gas Investor, Issue: 5-6

Wright G N, McMechan M E, Potter D E G. 1994. Structure and architecture of the Western Canadian sedimentary basin. *In*: Mossop, G, Shetsen I. Geological Atlas of the Western Canadian Sedimentary Basin. Calgary, Alberta, Canadian Society of Petroleum Geologists and Alberta Research Council